陈尚谨论文选

陈 鹏　陈 立　陈 林　主编

中国农业科学技术出版社

图书在版编目(CIP)数据

陈尚谨论文选 / 陈鹏,陈立,陈林主编 . —北京:中国农业科学技术出版社,2014.7
ISBN 978 - 7 - 5116 - 1586 - 2

Ⅰ.①陈…　Ⅱ.①陈…②陈…③陈…　Ⅲ.①土壤肥力 - 文集　Ⅳ.①S158 - 53

中国版本图书馆 CIP 数据核字(2014)第 059683 号

责任编辑	鱼汲胜　褚　怡
责任校对	贾晓红

出 版 者	中国农业科学技术出版社
	北京市中关村南大街 12 号　邮编:100081
电　话	(0)13671154890(编辑室)　(010)82109704(发行部)
	(010)82109709(读者服务部)
传　真	(010) 82106624
网　址	http://www. CASTP. cn
经 销 者	各地新华书店
印 刷 者	北京富泰印刷有限责任公司
开　本	787 mm ×1 092 mm　1/16
印　张	43. 75
字　数	1010 千字
版　次	2014 年 7 月第 1 版　2014 年 7 月第 1 次印刷
定　价	129. 00 元

陈尚谨

(1914—1994 年)

谨以此书

纪念陈尚谨先生诞辰 100 周年

1985 年，陈尚谨主持"黄淮海中低产地区经济合理施用磷肥技术"项目获农牧渔业部科学技术进步奖三等奖。

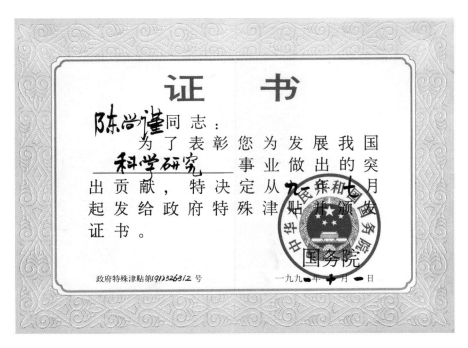

1991 年，陈尚谨获国务院科学研究突出贡献政府特殊津贴。

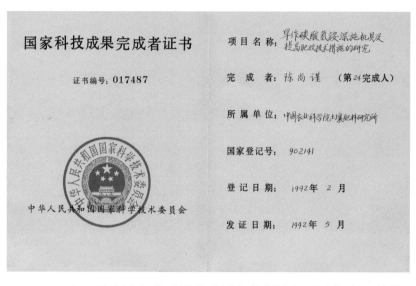

1992年，陈尚谨完成"旱作碳酸氢铵深施机具及提高肥效技术措施的研究"获中华人民共和国国家科学技术委员会颁发的国家科技成果完成者证书。

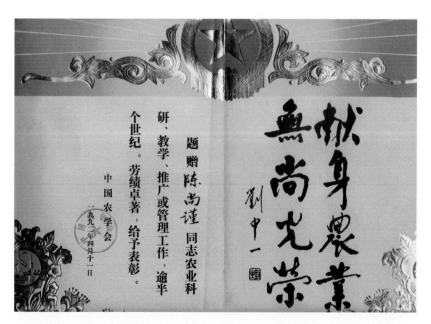

1992年，陈尚谨获中国农学会表彰"农业科研、教学、推广或管理工作逾半个世纪，劳绩卓著"荣誉证书。

字第　　　號　　　頁

逕啟者：本校理科研究所化學工程部研究生之

入學成績，業經審查完畢，台端已被取錄，每年給

予獎學金四百八十元，以資獎助，即希

查照，務於九月七日來校報到，為要，此致

陳尚瑾君

天津私立南開大學啟

中華民國二十六年　七月十二日　天津私立南開大學用牋

1937 年，陈尚谨考入天津南开大学化学系研究生并获较高奖学金的入学通知书（因 1937 年七七事变未能成行）。

《陈尚谨论文选》
编委会

主　编　陈　鹏　陈　立　陈　林
编　委　庞双印　高　阳　姚青松

编者的话

2014 年是我国著名土壤肥料学家陈尚谨先生诞辰 100 周年。

我们满怀崇敬的心情，收集了《中国科学技术专家传略》《中国农业科学院科学家名录》和《百度网百科名片》中，关于他一生在农业科学技术方面的贡献，并汇集了他生前撰写的 140 余篇论文中的一部分，编辑了《陈尚谨论文选》一书。以纪念这位热爱祖国，具有高尚民族气节，热爱自己的事业，对自己家庭负责的可敬、可爱的知识分子。我们在将他一生的科研成果，奉献给培育他的祖国和人民的同时，希望会对后人在学习、科研和工作上有所启迪和帮助。

陈尚谨先生读书期间刻苦学习，成绩优异，曾数次获得奖学金。

陈尚谨先生从小学全大学均在美国人办的学校中学习，受的是"洋教育"，但他热爱祖国，从不崇洋媚外。1948 年家里已为他办好去美国的签证，并为他做好出国定居的准备，但他毅然决然地留在了中国。他说："中国虽没有美国生活环境和工作条件好，但她是我的祖国，我要为我的祖国服务。"

陈尚谨先生具有高尚的民族气节。日伪沦陷时期，出入北平城门都要给站岗的日本兵鞠躬，而他就是不鞠躬，日本兵要打他，与他同行的人谎称他是个傻子，才躲过一场毒打；他父亲的一位同学在北平日伪政府任要职，曾邀请他的父亲出来为日伪工作（被他父亲婉言谢绝），他可根据这个关系很容易找到高职位、高工资的工作，但他坚决不为侵略中国的日本人工作。为了生活，他到北平私立贝满女子中学任化学老师。显示出中国人的民族气节。

陈尚谨先生是包办婚姻，妻子不工作，婚后仅 3 年妻子就患上了严重的脊椎骨结核病，卧石膏床 6 年。该病仅好了 5~6 年，又再次复发，当时已有 3 个女儿，小女儿仅一岁多，他不仅要挑起家庭生活的重担，还要承担妻子高额的医疗费用，生活十分艰难。但他不离不弃，不仅治愈了妻子的病，还将 3 个女儿供到大学毕业，成为社会有用之才。

陈尚谨先生为人谦和，淡泊名利，工作踏踏实实，深入基层，与农民同吃一锅饭，同睡在一个炕上，同劳动在大田中，勤勤恳恳，在农业科研战线耕耘逾半个世纪。20世纪 50 年代新中国刚刚成立，百废待兴，加之帝国主义对我国的经济封锁，人民生活十分困难。政府急需解决百姓的吃穿问题。这就要首先发展农业，农业发展首先需要肥料。当时，我国工业落后，无生产尿素技术。他通过对农家肥的研究，提出积肥、保肥方法和倡议"粪便无公害化处理技术"等。特别强调要充分利用人粪尿、猪粪尿、堆肥等农家肥。这些农家肥不仅含有作物需要的营养元素，还提供了大量有机物质，能够改善土壤理化性质，提供微生物活动的碳源。侯氏制碱法（即联碱法生产纯碱）技术的问世，大大降低了氯化铵的成本（其副产品是氯化铵），陈尚谨先生通过对氯化铵和硫酸铵肥效对比试验，得出：这两种肥料对作物产量无显著差异；对土壤也没有产生障害现象。这一研究成果开创了我国含氯化肥的长期定位试验，并使氯化铵成为我国氮肥品种之一。世界著名化学家侯德榜先生（即侯氏制碱法发明人）高度评价了这一研究成果。它不仅解决了化肥问题，而且对"联碱法"纯碱生产技术的发展具有十分重要意义（参见侯德榜著《制碱工学》一书）。为了满足农业对肥料的大量需求，1958 年，陈尚谨先生首先建议：先建设一个小型碳酸氢铵工厂。并着手对碳酸氢铵肥效、使用方法等进行全面研究，确立了碳酸氢铵是一种较好的氮肥品种。在相当长的一段时间内，成为我国农业生产上使用的最重要的氮肥品种，暂时替代了尿素。直至今日还在广泛使用，是世界上独一无二使用这种氮肥的国家。解决了国家的燃眉之急。20 世纪 60 年代初，南方低产田发生大面积水稻"坐秋"的严重危害，他根据多年来对磷肥的研究和对南方低产田土质的了解，在全国农业科研计划会上，建议调拨一部分磷肥到南方上述地区施用，果然收到很好效果，受到农民群众欢迎。80 年代，陈尚谨先生根据多年来对氮、磷肥料的研究得到结论是：在某些土壤中，单一使用氮肥不增产或增产效果很低，氮、磷配合施用可显著增产，磷肥的施用还可培养地力。为此，提出对"黄淮海"（山东德州、河南、安徽、河北廊坊等地）中低产地区进行氮、磷肥配合施用。在 160 万亩土地上进行示范推广，使原产量每亩仅 200～300 斤，提高到 500～600 斤。他的这一研究成果得到充分论证。

因此，陈尚谨先生曾多次获得奖励：

1962 年
1963 年　连续两年被评为中国农业科学院土壤肥料研究所先进工作者；

1964 年　对湖南祁阳丘陵地区水稻田施用磷肥，防止水稻"坐秋"研究成果显著，在当地生产上起到突出指导作用，这项成果被评为国家重大研究成果；

1964 年　被评为中国农业科学院先进工作者；

1985 年　主持"黄淮海中低产地区经济合理施用磷肥技术"项目获农牧渔业部科学技术进步奖三等奖；

1987 年　因碳酸氢铵深施机具及提高肥效技术措施获化学工业部科技进步一等奖；

1991 年　获国务院科学研究突出贡献政府特殊津贴；

1992 年　完成"旱作碳酸氢铵深施机具及提高肥效技术措施的研究"获中华人民共和国国家科学技术委员会颁发的国家科技成果完成者证书；

1992 年　获中国农学会表彰"农业科研、教学、推广或管理工作逾半个世纪，劳绩卓著"荣誉证书。

我们借此机会，缅怀这位热爱祖国、热爱人民、无私奉献，具有高尚品德和敬业精神的老一辈知识分子。

陈尚谨先生生平简介

1914 年 5 月 20 日	生于河北省新乐县
1920—1926 年	上海私立圣约翰小学毕业
1926—1932 年	北京私立崇实中学初中、高中毕业
1932—1936 年	先考入北京协和医学院预科，后因身体原因，转入北京私立燕京大学理学院化学系毕业并获理学学士学位
1936 年 8—10 月	绥远省归绥职业学校教员
1936 年 10 月至 1941 年 12 月	北京私立燕京大学化学系堆肥研究助理（其间于 1937 年考入天津私立南开大学化学系研究生并获较高奖学金，因 1937 年七七事变未能成行
1943 年 2 月至 1945 年 12 月	北京私立贝满女子中学化学老师
1945 年 12 月至 1948 年 12 月	北平农事试验场土壤肥料研究室技士
1949 年 2 月至 1957 年 6 月	华北农科所（北京）理化系副研究员
1957 年 6 月至 1963 年	中国农业科学院土壤肥料研究所副研究员兼肥料室副主任
1963 年	被选为北京市海淀区第三届人民代表及北京市海淀区人民委员会委员
1963—1979 年	中国农业科学院土壤肥料研究所研究员兼肥料室主任
1979—1986 年	因健康原因退休 中国农业科学院土壤肥料研究所研究员兼所科学技术委员会副主任
1994 年 5 月 7 日	于北京逝世，享年 80 岁

陈尚谨先生生平及技术成就简介

一、摘自《中国科学技术专家传略》

陈尚谨，土壤肥料学家。长期从事有机肥料和化学肥料肥效和施用方法的研究。在粪尿肥、堆肥的积制和保存，在氨水、碳酸氢铵及磷肥的肥效和施用方法，以及在揭示水稻缺磷"坐秋"实质和防治方面作出了重要贡献。

陈尚谨，1914 年 5 月 20 日生于河北省新乐县。从小刻苦学习，热爱自然科学。1936 年毕业于燕京大学理学院化学系。毕业后留校任研究助理。1941 年太平洋战争爆发后，燕京大学被迫停办，他转入北平私立贝满女子中学任化学教员。抗日战争胜利后，入中央农业实验所北平农事试验场任技士，从事土壤水分、氮磷钾三要素、人粪尿利用、含氯化肥长期定位试验等研究工作。

北平和平解放后，在北平农业试验场的基础上，组建成华北农业科学研究所，陈尚谨留在该所任技士，继续其研究工作。1949—1953 年，为了迅速恢复农业生产，提高土壤肥力，保证粮棉增收，他和同事们到河北、山东、山西和河南 4 省 48 个县进行农村肥料的调查研究，提出了解决华北农村肥料短缺的合理化建议。在建议中，他详细分析了 4 省农村肥料资源的数量、质量和利用状况，特别是土粪的积制原料、积制方法、化学成分、施肥方法以及增产效果等状况，提出要广辟肥源，重视积肥保肥和大力推广使用人粪尿和炕土等速效性农家肥的建议。他还根据自己的试验研究结果，详细论述了华北各城市人粪尿的处理和使用方法，粪干的质量及肥效变化状况，提出要因地制宜地改良厕所，充分利用人尿，主张人粪尿要拌土保存并进行堆置发酵处理。他倡议的"粪便无公害化处理技术"，不仅可以合理开发利用有机肥料资源，而且有利于保护城乡环境卫生，被卫生防疫部门采纳并推广应用。通过长期的试验研究，特别是等养分有机肥与化肥肥效对比试验，他特别强调要充分利用人粪尿、猪粪尿、堆肥等农家肥。这些农家肥不仅含有作物需要的营养元素，还提供了大量有机物质，能够改善土壤理化性质，提供微生物活动的碳源。这些试验研究成果已编入他参与编写的《人粪尿的保存和利用》《开辟肥源》和《中国肥料概论》等专著。

陈尚谨也是我国较早对氨水和碳酸氢铵进行肥效试验的研究工作者之一。1951 年他在玉米、水稻、白菜等作物上进行氨水和碳酸氢铵肥效和施用方法的试验，为我国生产和逐步推广使用这两种氮肥提供了科学依据。他还参加了河北、山西、山东、河南等省的小麦、棉花和杂粮的肥料三要素试验。试验结果表明，各地农田普遍缺氮，磷次之，钾更次之，为新中国成立初期化肥的合理分配和使用提供了依据。

20 世纪 60 年代，他任中国农业科学院土壤肥料研究所肥料室主任，主持全国化肥试验网工作；参加湖南祁阳县低产田改良研究，解决了鸭屎泥田水稻缺磷"坐秋"问题。这项研究成果，被国家科委登记为国家重要科技成果。在这期间，他于1963年、1964年连续两年被评为土肥所和中国农业科学院先进工作者。

"文化大革命"后，他继续进行研究磷素在土壤中的固定、转化和合理施用的理论。他主持的"黄淮海中低产地区经济合理施用磷肥技术，1985年获农业部科技进步三等奖。他参与研究的"碳酸氢铵深施机具及提高肥效技术措施"，1987年获化学工业部科技进步一等奖。

1986年，这位从事肥料科学研究达半个世纪的老专家因健康原因退休了，但人们将不会忘记他为发展我国化肥工业，推进科学施肥所作出的重要贡献。

我国现代有机肥料研究的奠基人之一

早在20世纪30年代，陈尚谨就开始从事堆肥的研究，并与王稘等人在燕京大学理学院院长威尔逊（Wilson）和齐鲁大学生物系主任温费尔德（Winfield）的指导下开展有机肥料的调查研究，以及堆肥中二氧化碳和氨的发生及测定方法。通过试验研究，他主张提高农村土粪的质量，重点是增加有机质和氮素含量，并预防氨的挥发损失。1940年，他和威尔逊、温费尔德在美国《土壤科学》（*Soil Science*）杂志上发表了有关我国山东省农家肥料之化肥分析的论文。

堆肥，尤其是高温堆肥，温度可达70℃，不仅能使肥料腐熟快，而且可以有效地杀死危害人、畜的病原菌和寄生虫（卵），以及残存于作物秸秆中的病、虫和杂草种子，是一种很好的无公害有机肥。城乡的垃圾和粪便可以通过堆置处理，防止环境污染，增加肥源。20年代，英人霍华德在印度开创印多尔法厌氧发酵堆肥，后来由贝盖洛尔改革为贝盖洛尔法。但他们的试验认为，堆肥发酵中没有氮素损失，反而可利用细菌固定一部分氮素。陈尚谨在30年代与温费尔德、威尔逊研究堆肥发酵变化时，发现堆肥发酵将导致氮素损失；在制造堆肥时，只要注意供给细菌需要的养分、水分和空气，即使不接种细菌，纤维素等也可迅速分解；好气堆肥发酵中既不固定空气中的氮素，也不分解氮化合物为游离氮素；发酵中损失的氮，大部分是氨，可以用硫酸吸收测定。他们的研究结果从理论上指出了人、畜粪尿与土壤拌和保存，以减少氨的挥发损失和提高肥效的可能性。

40年代，他进一步研究人尿贮存和氮素损失问题，提出土壤保氮效果优于有机物保氮，人尿添加4倍土壤，保氮效率可达70%～80%。他还做过大量人尿利用试验，证明人尿与等氮量的硫酸铵的效果相当，甚至更好，而且能提高农产品中蛋白质含量。他对人粪尿积攒、保存及合理施用研究中积累的数据，至今仍为有关部门参考采用。

氯化物和硫酸盐肥料长期定位试验的先驱

自联合制碱法问世以后，氯化铵的生产成本大大降低，产量迅速增加。早在1940年，日本人就在华北农事试验场开展旱地氯化物和硫酸盐肥料肥效比较试验。抗日战争胜利后，陈尚谨等接管并完善了这项试验，在北平、天津等旱地上，经过10年14茬作物定位试验，证明氯化铵对小麦、水稻、棉花、玉米、谷子、蔬菜的肥效，与等氮量的硫酸铵相当或稍过之；长期连续施用氯化铵和氯化钾，与施用硫酸铵和硫酸钾比较，作物产量无显著差异，对土壤也没有产生障碍现象。这项研究，开创了我国含氯化肥的长期定位试验，并促进了我国联合制碱工业的发展。

提倡合理施用氨水和碳酸氢铵

早在20世纪40年代，陈尚谨就研究了铵态氮肥施于石灰质土壤中氨的损失问题，得到氨的损失量与土壤水分、碳酸钙含量、温度和水分蒸发、肥料种类以及施用量等有密切关系的结果。1951年，又开始进行氨水和碳酸氢铵肥效和施用法试验。结果表明，碳酸氢铵的增产效果大致与硫酸铵相当，而氨水则比硫酸铵稍差。在施用方法上，提出氨水在旱地可用特制耧或直接施入土壤，在稻田或水浇田则可随灌水流入农田，但必须先对水以降低氨的浓度，以免伤苗。

50年代末，生产氨水和碳酸氢铵的小氮肥厂在我国迅速发展，氨水和碳酸氢铵成为我国的主要氮肥品种。针对这一情况，陈尚谨继续深入对这两种氮肥进行研究。根据对碳酸氢铵分解挥发速度、蒸气压变化以及存贮的试验结果，他建议采取用塑料袋包装碳酸氢铵，外面再套一层草袋或纸袋等密闭和防潮措施，以防止氨的挥发损失。这一建议已被生产和供销部门所采用。他还提出碳酸氢铵可在稻田上撒施后再中耕，在旱地或水浇土上可条施或穴施后覆土，或用粪耧施肥。他还建议，氨水做基肥时应施入土壤表层下10厘米后覆土。作追肥时要控制施肥量和多开几个灌水口，随水灌入。他验证了氨水表施容易灼伤稻苗的原因，不是氨水碱度高所造成，而是氨挥发的结果，可以采用加深水层（4~6厘米）的方法防止伤苗；碳酸氢铵作稻田追肥撒施后，也要保持4~6厘米的水层，以减少氨的挥发损失。这些建议，对氨水和碳酸氢铵的生产、贮存和合理施用，都起了指导作用。

80年代，他参加了"碳酸氢铵深施机具及提高肥效技术措施"的研究，实现了机械化施肥，提高了碳酸氢铵的利用率和增产效果。这项研究成果获化学工业部科技进步一等奖。

揭示"坐秋"实质，提出防治措施

水稻"坐秋"是我国四川、云南、湖南、广西等境内低产地区的突出问题。其主要表现是，水稻栽插后长期不返青，稻根变黑腐烂，不生新根，叶片发黄，分蘖少，产量低，一般减产30%~50%。60年代，陈尚谨等通过对湖南祁阳县低产田改良研究，证实了水稻"坐秋"的主要原因是土壤在秋冬季遇到干旱，不能泡水过冬，成为冬干田后，水分降低到田间最大持水量80%以下，土体收缩，第二年泡水耕耙后形成很多泥团，长期不能被水分分散，土壤结构变坏，泥团中养分很难被根系吸收利用。根部与土壤接触面积减少；特别是土壤有效磷含量不足，影响作物生长。因此，他和同事们成功地总结出"冬干坐秋，坐秋施磷，磷肥治标，绿肥治本，以磷增氮，氮磷配合"等一系列加速土壤熟化，防止水稻缺磷"坐秋"的技术措施，使水稻单位面积产量由150多千克提高到200~300千克。1963年仅在湖南省就有400万亩"坐秋"田得到改良。这一研究成果被评为1964年国家重要科技成果。

提出磷钾肥的有效施用技术

从 20 世纪 40 年代起，陈尚谨就做了许多氮磷钾肥料三要素试验，并得出就全国范围来说，总的趋势仍是氮肥的增产效果大于磷肥，磷肥又大于钾肥的结论。鉴于不同肥料的肥效将随生产条件的改变而出现很大差异，他一直在北京、天津、河北、湖南等地布置肥料试验。到 60 年代，根据试验结果，他总结出影响磷肥肥效的五大因素：土壤类型，气候条件，土壤肥力，栽培措施，作物品种。认为，对土壤有效磷含量低的低产地块上种植的小麦、豌豆、蚕豆、绿肥、油菜等冬作物施用磷肥，往往可获得突出效果，并提出局部集中施用磷肥作种肥，或在水稻插秧时用磷肥"蘸秧根"是最经济有效的方法。

1974 年，他总结了 24 个省（市、自治区）1 000 多个磷矿粉肥效试验结果，并提出了相应的报告，为合理开发我国中低品位磷矿资源提供了科学依据。80 年代，他和同事们根据土壤有效磷和"磷肥指标"与土壤需磷量的关系，推导出建议（推荐）施用磷肥的公式，从理论上指导了磷肥的合理施用。他还主持了黄淮海中低产地区科学施用磷（氮）肥示范和推广研究，1982—1985 年在 160 万亩农田上推广了合理施肥，增产效果显著。这一成果获农牧渔业部科学技术进步奖三等奖。1991 年，陈尚谨荣获了国务院颁发的享受政府特殊津贴证书。

随着我国氮磷化肥施用量的增加，单位面积产量和复种指数的提高，以及高产品种的推广，到 60 年代中期，首先在南方一些地区，土壤缺钾成为增产的限制因素。为了进一步研究我国钾肥肥效的演变规律，1973 年他主持编写了我国钾肥肥效及有效施用方法试验研究报告。根据我国南方 1 682 个钾肥试验结果，增施钾肥一般可增产 10%，高的可达 20% ~40%，而且能增强作物抗病和抗逆能力，提高农产品的品质。这一研究报告，已经成为我国钾肥生产、进口、分配和合理施用的重要参考资料。

（郭金如）

二、摘自《中国农业科学院科学家名录》

陈尚谨研究员，生于 1914 年 5 月 20 日，河北省新乐县人。1936—1942 年任母校燕京大学研究助理，1945—1949 年任中央农业实验所北平试验场技士。新中国成立后先后在华北农科所、中国农业科学院土壤肥料研究所工作。

长期从事人、畜粪尿、堆肥积制和施用技术研究；开拓我国氯化物与硫酸盐化肥长期定位试验；倡导国产氨水和碳酸氢铵（碳铵，下同）合理贮存及有效施用；揭示了鸭屎泥田水稻"坐秋"实质和提出综合防治措施；首次总结全国 1 000 多个磷矿粉肥及 1 682 个钾肥肥效试验报告。为发展我国有机肥料科学及化肥生产、供销分配与合理施用作出了贡献。

20 世纪 30 年代对华北农家肥料进行调查研究，特别对人、畜粪尿和堆肥化学成分、积制利用及增产效果等进行试验研究，并提出堆肥中二氧化碳和氨气的发生及测定新方法。有关论文发表于美国《土壤科学》杂志。40 年代关于铵基肥料中氨的损失的试验结果表明，氨损失与土壤水分、碳酸钙含量、温度及水分蒸发量、肥料种类和施用量有关；而施肥后覆土可减少氨损失。人尿利用试验结果表明，人尿与硫酸铵（硫铵，下同）增产效果相当甚至更好，并能提高农产品蛋白质含量。此外，对小麦、玉米、棉花、谷子、蔬菜等作物进行了 10 年 14 茬长期连续施用氯化铵与氯化钾，较施硫酸铵与硫酸钾的试验，表明产量无显著差异，土壤也无障害象征，为发展我国联碱工业及合理分配与施用含氯化肥提供了科学依据。

20 世纪 50 年代初在华北 4 省 48 个县开展农村肥料调查，提出要广辟肥源，重视积肥保肥，大力推广使用人、畜粪尿及堆肥发酵。后来，堆肥化发酵处理被卫生防疫部门称为"粪便无公害化处理技术"。进行养猪积肥和猪粪尿利用的试验研究结果表明，猪粪尿是优质的农家肥。1951 年开始氨水和碳铵的肥效及施用技术试验，结果表明，碳铵增产效果略优于硫铵，氨水则略差于硫铵。施用时均应深施覆土。对碳铵的分解挥发速度和蒸气压变化及贮存试验结果，碳铵在潮湿空气中分解快，氨气损失也较大；因而提出应加以密封和防潮的建议。

水稻"坐秋"是南方低产区突出问题，经多年试验研究，证明主要是土壤秋冬干旱，土壤脱水，土壤有效磷缺乏，加上耕作粗放，施有机肥不足和土壤结构变坏影响水稻生长。通过试验，成功地总结出"冬干坐秋，坐秋施磷，磷肥治标，绿肥治本，氮磷结合，有机无机肥结合，农牧结合，改革耕作"的综合防治措施。该项研究 1964 年获国家重要科技成果奖。

70 年代主要研究化肥（特别是磷肥和钾肥）肥效演变规律和有效施用技术。80 年代继续做磷素在土壤中固定、转化及合理施用理论研究。还主持"黄淮海中低产地区经济合理施用磷肥技术"，1985 年该项研究被评为农牧渔业部科学技术进步奖三等奖。1987 年参加"碳铵深施机具及提高肥效措施"研究，获化学工业部科技进步一等奖、国家科技进步三等奖。

三、摘自《百度网百科名片》

陈尚谨，土壤肥料学家。长期从事有机肥料和化学肥料肥效和施用方法的研究。在粪尿肥、堆肥的积制和保存，在氨水、碳酸氢铵及磷肥的肥效和施用方法，以及在揭示水稻缺磷"坐秋"实质和防治方面作出了重要贡献。

人物简介

陈尚谨，土壤肥料学家，直隶（今河北）新乐人。1936 年毕业于燕京大学化学系，曾任北平农事试验场技士。新中国成立后，历任华北农业科学研究所副研究员、中国农业科学院土壤肥料研究所研究员，长期从事肥料研究工作。1961 年起曾参与主持湖南省祁阳县丘陵地区水稻田施用磷肥防治水稻"坐秋"的研究，取得显著成果。主持黄淮海中低产地区合理施用磷肥技术研究，明确了磷肥的增产效应。撰有《石灰性土壤施用磷肥肥效的研究》等论文，参与编写《中国肥料概论》。

人物生平

陈尚谨，1914年5月20日生于河北省新乐县。从小刻苦学习，热爱自然科学。1936年毕业于燕京大学理学院化学系。毕业后留校任研究助理。1941年太平洋战争爆发后，燕京大学被迫停办，他转入北平私立贝满女子中学任化学教员。抗日战争胜利后，入中央农业实验所北平农事试验场任技士。从事土壤水分、氮磷钾三要素、人粪尿利用、含氯化肥长期定位试验等研究工作。

北平和平解放后，在北平农业试验场的基础上，组建成华北农业科学研究所，陈尚谨留在该所任技士，继续其研究工作。1949—1953年，为了迅速恢复农业生产，提高土壤肥力，保证粮棉增收，他和同事们到河北、山东、山西和河南4省48个县进行农村肥料的调查研究，提出了解决华北农村肥料短缺的合理化建议。在建议中，他详细分析了4省农村肥料资源的数量、质量和利用状况，特别是土粪的积制原料、积制方法、化学成分、施肥方法以及增产效果等状况，提出要广辟肥源，重视积肥保肥和大力推广使用人粪尿和炕土等速效性农家肥的建议。他还根据自己的试验研究结果，详细论述了华北各城市人粪尿的处理和使用方法，粪干的质量及肥效变化状况，提出要因地制宜地改良厕所，充分利用人尿，主张人粪尿要拌土保存并进行堆置发酵处理。他倡议的"粪便无公害化处理技术"，不仅可以合理开发利用有机肥料资源，而且有利于保护城乡环境卫生，被卫生防疫部门采纳并推广应用。通过长期的试验研究，特别是等养分有机肥与化肥肥效对比试验，他特别强调要充分利用人粪尿、猪粪尿、堆肥等农家肥。这些农家肥不仅含有作物需要的营养元素，还提供了大量有机物质，能够改善土壤理化性质，提供微生物活动的碳源。这些试验研究成果已编入他参与编写的《人粪尿的保存和利用》《开辟肥源》和《中国肥料概论》等专著。

陈尚谨也是我国较早对氨水和碳酸氢铵进行肥效试验的研究工作者之一。1951年他在玉米、水稻、白菜等作物上进行氨水和碳酸氢铵肥效和施用方法的试验，为我国生产和逐步推广使用这两种氮肥提供了科学依据。他还参加了河北、山西、山东、河南等省的小麦、棉花和杂粮的肥料三要素试验。试验结果表明，各地农田普遍缺氮，磷次之，钾更次之，为新中国成立初期化肥的合理分配和使用提供了依据。

60年代，他任中国农业科学院土壤肥料研究所肥料室主任，主持全国化肥试验网工作；参加湖南祁阳县低产田改良研究，解决了鸭屎泥田水稻缺磷"坐秋"问题。这项研究成果，被国家科委登记为国家重要科技成果。在这期间，他于1963年、1964年连续两年被评为土肥所和中国农业科学院先进工作者。

"文化大革命"后，他继续进行研究磷素在土壤中的固定、转化和合理施用的理论。他主持的"黄淮海中低产地区科学施用磷肥示范、推广研究"，1985年获农牧渔业部科学技术进步奖三等奖。他参与研究的"碳酸氢铵深施机具及提高肥效技术措施"，1987年获化学工业部科技进步一等奖。

1986年，这位从事肥料科学研究达半个世纪的老专家因健康原因退休了，但人们将不会忘记他为发展我国化肥工业，推进科学施肥所作出的重要贡献。

技术成就

早在 20 世纪 30 年代，陈尚谨就开始从事堆肥的研究，并与王稷等人在燕京大学理学院院长威尔逊和齐鲁大学生物系系主任温费尔德的指导下开展有机肥料的调查研究，以及堆肥中二氧化碳和氨的发生及测定方法。通过试验研究，他主张提高农村土粪的质量，重点是增加有机质和氮素含量，并预防氨的挥发损失。1940 年，他和威尔逊、温费尔德在美国《土壤科学》杂志上发表了有关我国山东省农家肥料之化学分析的论文。

堆肥，尤其是高温堆肥，温度可达 70℃，不仅能使肥料腐熟快，而且可以有效地杀死危害人、畜的病原菌和寄生虫（卵），以及残存于作物秸秆中的病、虫和杂草种子，是一种很好的无公害有机肥。城乡的垃圾和粪便可以通过堆置处理，防止环境污染，增加肥源。20 年代，英人霍华德在印度开创印多尔法厌氧发酵堆肥，后来由贝盖洛尔改革为贝盖洛尔法。但他们的试验认为，堆肥发酵中没有氮素损失，反而可利用细菌固定一部分氮素。陈尚谨在 30 年代与温费尔德、威尔逊研究堆肥发酵变化时，发现堆肥发酵将导致氮素损失；在制造堆肥时，只要注意供给细菌需要的养分、水分和空气，即使不接种细菌，纤维素等也可迅速分解；好气堆肥发酵中既不固定空气中的氮素，也不分解氮化合物为游离氮素；发酵中损失的氮，大部分是氨，可以用硫酸吸收测定。他们的研究结果从理论上指出了人、畜粪尿与土壤拌和保存，以减少氨的挥发损失和提高肥效的可能性。

40 年代，他进一步研究人尿贮存和氮素损失问题，提出土壤保氮效果优于有机物保氮，人尿添加 4 倍土壤，保氮效率可达 70% ~ 80%。他还做过大量人尿利用试验，证明人尿与等氮量的硫酸铵的效果相当，甚至更好，而且能提高农产品中蛋白质含量。他对人粪尿积攒、保存及合理施用研究中积累的数据，至今仍为有关部门参考采用。

自联合制碱法问世以后，氯化铵的生产成本大大降低，产量迅速增加。早在 1940 年，日本人就在华北农事试验场开展旱地氯化物和硫酸盐肥料肥效比较试验。抗日战争胜利后，陈尚谨等接管并完善了这项试验，在北平、天津等旱地上，经过 10 年 14 茬作物定位试验，证明氯化铵对小麦、水稻、棉花、玉米、谷子、蔬菜的肥效，与等氮量的硫酸铵相当或稍过之；长期连续施用氯化铵和氯化钾，与施用硫酸铵和硫酸钾比较，作物产量无显著差异，对土壤也没有产生障碍现象。这项研究，开创了我国含氯化肥的长期定位试验，并促进了我国联合制碱工业的发展。

早在 20 世纪 40 年代，陈尚谨就研究了铵态氮肥施于石灰质土壤中氨的损失问题，得到氨的损失量与土壤水分、碳酸钙含量、温度和水分蒸发、肥料种类以及施用量等有密切关系的结果。1951 年，又开始进行氨水和碳酸氢铵肥效和施用法试验。结果表明，碳酸氢铵的增产效果大致与硫酸铵相当，而氨水则比硫酸铵稍差。在施用方法上，提出氨水在旱地可用特制耧或直接施入土壤，在稻田或水浇田则可随灌水流入农田，但必须先对水以降低氨的浓度，以免伤苗。

50 年代末，生产氨水和碳酸氢铵的小氮肥厂在我国迅速发展，氨水和碳酸氢铵成为我国的主要氮肥品种。针对这一情况，陈尚谨继续深入对这两种氮肥进行研究。根据对碳酸氢铵分解挥发速度、蒸气压变化以及存贮的试验结果，他建议采取用塑料袋包装碳酸氢铵，外面再套一层草袋或纸袋等密闭和防潮措施，以防止氨的挥发损失。这一建议已被生产和供销部门所采用。他还提出碳酸氢铵可在稻田上撒施后再中耕，在旱地或水浇土上可条施或穴施后覆土，或用粪楼施肥。他还建议，氨水做基肥时应施入土壤表层下 10 厘米后覆土。作追肥时要控制施肥量和多开几个灌水口，随水灌入。他验证了氨水表施容易灼伤稻苗的原因，不是氨水碱度高所造成，而是氨挥发的结果，可以采用加深水层（4~6 厘米）的方法防止伤苗；碳酸氢铵作稻田追肥撒施后，也要保持 4~6 厘米的水层，以减少氨的挥发损失。这些建议，对氨水和碳酸氢铵的生产、贮存和合理施用，都起了指导作用。

20 世纪 80 年代，他参加了"碳酸氢铵深施机具及提高肥效技术措施"的研究，实现了机械化施肥，提高了碳酸氢铵的利用率和增产效果。这项研究成果获化学工业部科技进步一等奖。

水稻"坐秋"是我国四川、云南、湖南、广西壮族自治区等境内低产地区的突出问题。其主要表现是，水稻栽插后长期不返青，稻根变黑腐烂，不生新根，叶片发黄，分蘖少，产量低，一般减产 30%~50%。60 年代，陈尚谨等通过对湖南祁阳县低产田改良研究，证实了水稻"坐秋"的主要原因是土壤在秋冬季遇到干旱，不能泡水过冬，成为冬干田后，水分降低到田间最大持水量 80% 以下，土体收缩，第二年泡水耕耙后形成很多泥团，长期不能被水分分散，土壤结构变坏，泥团中养分很难被根系吸收利用。根部与土壤接触面积减少；特别是土壤有效磷含量不足，影响作物生长。因此，他和同事们成功地总结出"冬干坐秋，坐秋施磷，磷肥治标，绿肥治本，以磷增氮，氮磷配合"等一系列加速土壤熟化，防止水稻缺磷"坐秋"的技术措施，使水稻单位面积产量由 150 多千克提高到 200~300 千克。1963 年仅在湖南省就有 400 万亩"坐秋"田得到改良。这一研究成果被评为 1964 年国家重要科技成果。

从 40 年代起，陈尚谨就做了许多氮磷钾肥料三要素试验，并得出就全国范围来说，总的趋势仍是氮肥的增产效果大于磷肥，磷肥又大于钾肥的结论。鉴于不同肥料的肥效将随生产条件的改变而出现很大差异，他一直在北京、天津、河北、湖南等地布置肥料试验。到 60 年代，根据试验结果，他总结出影响磷肥肥效的五大因素：土壤类型，气候条件，土壤肥力，栽培措施，作物品种。认为，对土壤有效磷含量低的低产地块上种植的小麦、豌豆、蚕豆、绿肥、油菜等冬作物施用磷肥，往往可获得突出效果，并提出局部集中施用磷肥作种肥，或在水稻插秧时用磷肥"蘸秧根"是最经济有效的方法。

1974 年，他总结了 24 个省（市、自治区）1 000 多个磷矿粉肥肥效试验结果，并提出了相应的报告，为合理开发我国中低品位磷矿资源提供了科学依据。80 年代，他和同事们根据土壤有效磷和"磷肥指标"与土壤需磷量的关系，推导出建议（推荐）施用磷肥的公式，从理论上指导了磷肥的合理施用。他还主持了黄淮海中低产地区科学施用磷（氮）肥示范和推广研究，1982—1985 年在 160 万亩农田上推广了合理施肥，增产效果显著。这一成果获农牧渔业部科学技术进步奖三等奖。1991 年，陈尚谨荣获了国务院颁发的享受政府特殊津贴证书。

陈尚谨主要论著

1. 陈尚谨. 北平地区人尿利用之研究 I·人尿、人粪干与硫酸铵氮肥肥效比较. 中国土壤学会会志, 1948, 1 (1): 33 – 38.

2. 陈尚谨, 乔生辉. 北京地区人尿利用之研究 II·人尿贮存与氮素之丢失. 中国土壤学会会志, 1950, 1 (2): 95 – 102.

3. 陈尚谨, 乔生辉. 石灰质土壤施用氯化铵与硫酸铵肥效之比较. 中国农业研究, 1950, 1 (1): 89 – 96.

4. 陈尚谨, 乔生辉. 铵基肥料施用于石灰质土壤氨的丢失情形及其理论. 中国农业研究, 1950, 1 (1): 81 – 87.

5. 陈尚谨, 乔生辉. 华北粪干问题的探讨. 中国农业研究, 1950, 1 (2): 117 – 126.

6. 陈尚谨, 马乃祥, 乔生辉. 工业氨水对石灰质土壤的肥效初步报告. 农业学报, 1953, 3 (3): 211 – 216.

7. 陈尚谨, 马乃祥. 人粪尿的保存和利用. 上海: 中华书局, 1953.

8. 陈尚谨, 乔生辉. 华北农村肥料调查研究初报. 华北农业科学, 1956, 1 (1): 1 – 22.

9. 陈尚谨, 马乃祥, 张毓钟. 猪粪尿拌土、拌草不同比例对氮素保存的研究. 华北农业科学, 1957, 1 (3): 249 – 254.

10. 陈尚谨, 马乃祥, 张毓钟. 养猪积肥和猪粪尿肥效试验初步报告. 农业科学通讯, 1957 (5): 248 – 250.

11. 陈尚谨. 碳酸氢铵、碳酸铵的分解性质和包装贮存问题. 化学工业, 1958 (12): 31 – 33.

12. 陈尚谨, 陈玉焕. 水稻施用氨水、碳酸氢铵示范试验报告. 中国农业科学院土肥所土壤肥料专刊第 1 号, 1959, 1 – 5.

13. 中国农业科学院土肥所. 中国肥料概论. 上海: 科技出版社, 1962.

14. 陈尚谨, 郭毓德, 梁德印等. 石灰性土壤施用磷肥肥效的研究. 中国农业科学, 1963 (1): 34 – 38.

15. 陈尚谨, 杜芳林, 陈永安. 丘陵地区水稻田磷肥肥效的初步研究. 中国农业科学, 1963 (5): 46 – 48.

16. 陈尚谨, 陈永安, 杜芳林. 施用磷肥对提高丘陵地区水稻产量和防止稻苗"坐秋"的研究. 中国农业科学, 1963 (6): 7 – 12.

17. 陈尚谨, 郭毓德, 陈永安. 湖南鸭屎泥、黄夹泥、天津水田盐碱土与北京黑胶泥对水稻供应磷素能力的研究. 中国农业科学院土肥所土壤肥料专刊第 2 号, 1962.

18. 陈尚谨, 杜芳林, 陈永安. 湖南祁阳县丘陵地区水稻田施用氮肥肥效的研究. 中国农业科学院土肥所土壤肥料专刊第 2 号, 1962.

19. 陈尚谨, 肖国壮, 朱如源. 北京地区小麦丰产施肥的研究. 中国农业科学院土肥所土壤肥料专刊第 3 号, 1963.

20. 陈尚谨，郭毓德，王莲池．湖南鸭屎泥田土壤理化性质的研究．中国农业科学院土肥所科学研究年报第 4 号，1964：94 – 103.

21. 陈尚谨，郭毓德，王莲池．湖南鸭屎泥对水稻供磷能力的研究．中国农业科学院土肥所科学研究年报第 4 号，1964：104 – 108.

22. 陈尚谨，郭毓德，王莲池．湖南鸭屎泥田水稻"坐秋"的原因及防治方法的研究．中国农业科学院土肥所科学研究年报第 5 号，1965：135 – 139.

23. 中国农业科学院土肥所．钾肥的肥效．土壤肥料，1974（1）：21 – 30.

24. 中国农业科学院土肥所．磷矿粉肥的肥效试验．土壤肥料，1975（5）：21 – 26.

25. 陈尚谨，刘立新．磷肥在土壤中的固定和转化．中国农业科学院土肥所科学年报，1980：93 – 97.

26. 陈尚谨，黄增奎．硝酸磷肥的肥效和施用问题．土壤肥料，1981（5）：27 – 28.

27. 陈尚谨，刘立新，杨铮．施用磷肥对石灰性土壤的供磷能力、生产能力及对磷肥肥效的影响．土壤肥料，1986（5）：33 – 37.

28. 陈尚谨，刘立新，杨铮．在石灰性土壤上磷肥肥效演变的研究和施磷的建议．中国农业科学，1987，20（2）：56 – 62.

陈尚谨主要论文摘要表

序号	日 期	名 称	内 容	登载刊物
1	1936.10— 1941.12	堆肥研究	研究人粪尿、杂草、土制造堆肥过程寄生虫卵死亡情况和氮磷全部有机碳含量的变化 1. 发酵期间温度可达 60~70℃，大部分寄生虫卵被杀死； 2. 氮素以氨态形式挥发损失 50%~60%； 3. 磷损失较少； 4. 经过雨季，90%以上的钾被淋失； 5. 堆肥氮碳比从 1：40 下降到 1：20 左右	
2	1940	山东西部土粪化肥性的研究（英文）	从山东龙山采用土粪样本进行化学分析，分析项目有 pH 值、灰分、N、P_2O_5、K_2O、有机碳等	美国《土壤科学》447 卷 NO. S. pp. 379－390
3	1945.12— 1948.12	人粪尿的存储和利用的研究	1. 人尿、人粪干和硫酸铵氮肥肥效的比较，对小麦、玉米、蔬菜等作物进行 3 年田间肥效试验 ①在等氮量情况下，人尿与硫铵相仿； ②大粪干肥效较差，约为硫铵肥效的 80% 左右； 2.100 斤人尿在缸内贮存 100 天，氮素损失 90% 以上，表面用废机油覆盖，氮素丢失很少，仅 5% 左右	
4	1948.2	北平地区人尿的研究	对小麦、玉米、蔬菜等作物进行田间肥效试验，证明在等氮量情况下，与硝酸铵肥效相仿	中国土壤学会会志 I 第 2 期 pp. 33－38
5	1949	人尿贮存与氮素丢失	人尿 100 斤在缸中贮存，经 100 天，氮素丢失 90% 以上，表面用废油覆盖同期间仅丢失 5% 左右	中国土壤学会会志 I 第 2 期 pp. 95－102
6	1949	铵基肥料施用于石灰性土壤氨的丢失情况	硫铵、硝铵、氯化铵、磷酸铵等化肥施用在石灰性土壤上，有 10%~20% 氮素丢失，用土壤覆盖可防止氮素的丢失	中国农业研究（I）pp. 81－86
7	1950	华北地区小麦、棉花、杂粮三要素肥料试验	联合晋、冀、鲁、豫四省约 20 个地点，小麦、棉花、谷子、高粱等作物进行。对各种作物氮肥肥效大部分显著；约有 1/3 的磷肥肥效显著；钾肥肥效多不明显	农业科学通讯第 2 期 p. 35. 第 12 期 pp. 23－24

（续表）

序号	日　期	名称	内　　容	登载刊物
8	1949.2—1957.6	1. 华北农村调查	重点调查：河北、山西、河南和山东四省农家肥料积制、贮存和施用方法以及存在问题	
		2. 铵基肥料施用于石灰性土壤氮的丢失	对氯化铵、硝酸铵、硫酸铵、磷酸铵等化肥施用于石灰性土壤上，氮丢失可达10%～20%，若用土覆盖可以基本避免损失	
		3. 氯化铵与硫酸铵肥效比较试验	通过玉米、小麦、谷子、棉花和蔬菜肥效试验，氯化铵的肥效与硫酸铵相仿，经过雨季土壤中氮根并无积累情况	
		4. 华北化肥三要素试验	联合河北、河南、山西、山东四省对小麦、棉花和杂粮进行三要素试验，绝大部分试验地点氮肥肥效显著，约有半数地点磷肥肥效显著，钾肥多不表现肥效	
9	1949	有机肥料中硝酸态氮分析方法的研究	有机肥料中杂质干扰硝酸态氮的精确测定，作者采用先将硝酸根转为一氧化氮（NO），溶于稀硫酸内，经氧化为硝酸后，再用酚二磺酸比色法测定	土壤学报第2期 pp. 7 - 12
10	1950	华北粪干问题的探讨	在晒制粪干时，其中，人尿中氮素几乎全部挥发丢失，经过雨淋，氮素丢失更大	中国农业研究（华北农科所编）1卷（2）pp. 117 - 120
11	1950	建议用"联碱法"（即侯氏制碱法）生产纯碱副产品氯化铵进行肥效和使用方法研究	联碱法（即侯氏制碱法）每年副产品氯化铵5万吨，进行肥效试验和使用方法研究获成功并推广	
12	1950	石灰质土壤施用氯化铵与硫酸铵肥效比较	在北京长年施用两种肥料对小麦、玉米、棉花等作物无明显差别，每年经过雨季，深土壤内无积累情况	中国农业研究（Ⅰ）pp. 89 - 96
13	1953	工业氨水对石灰质土壤的肥效	对玉米深施并立刻覆土，肥效与等氮量硫铵相仿	农业学报3卷 pp. 211 - 216
14	1956	小麦的施肥技术	介绍小麦施用有机肥、化肥应注意事项	中国农报增刊
15	1957	施用化肥作种肥对小麦、棉花出苗的影响	试验用化肥有尿素、碳铵、氯化铵、硝铵、普钙等，因尿素对棉花出苗影响严重，应禁止使用；各种化肥对棉花、小麦出苗也有影响，不宜用量过大	华北农业科学第4期 pp. 353 - 369

（续表）

序号	日 期	名称	内　容	登载刊物
16	1957	养猪积肥和猪粪尿肥效试验	用豆饼或玉米喂猪，大部分 N、P、K 由粪尿中排出，猪尿中含氮量较粪为高，若不积肥，每百斤豆饼或玉米做饲料，仅靠畜产品的收入甚至亏本。每亩直接施用 100 斤豆饼作肥料盈利 0.35 元。用同量豆饼喂猪结合积肥，农业与畜牧业总收入可达 2.79 元	农业科学通讯（华北农科所编）第 5 期 pp. 248－250
17	1957	有机物、磷、石灰石混合肥料效果	经大量田间肥效试验，该种混合肥料的肥效与单用磷肥相同	华北农业科学第 1 卷第 1 期 pp. 22－29
18	1958	建议建小型碳酸氢铵工厂，生产碳酸氢铵进行肥效和使用方法研究	经各地进行肥效试验取得成功并推广	
19	1958	碳酸氢铵、碳酸铵分解性质和包装贮存问题	测定不同温度下氨的分压力，碳酸铵的分解挥发性大于碳酸氢铵，不易贮存。碳酸氢铵可试用塑料袋包装贮存，挥发丢失量不超过 5%	化学工业 第 13 期 pp. 31－33
20	1959	水稻施用氨水、碳酸氢铵试验示范报告	氨水随灌溉水流入，碳酸氢铵撒施后中耕一次，它们的肥效很好，基本与硫铵相仿	土壤肥料专刊 1959.2
21	1961	施用磷肥与增加农作物产量		大公报 1961.6.19
22	1962	湖南祁阳县丘陵地区水稻田磷肥肥效的研究	丘陵地区土壤种类和性质有很大不同，对鸭屎泥田施用磷肥，肥效最为显著，要因地制宜施用磷肥	土壤肥料专刊 1962.3
23	1963	湖南冬干鸭屎泥水稻"坐秋"的原因及其防止方法	鸭屎泥土壤物理性质差，经冬干后发生很多泥团，浸水后长期不能溶融，稻根很难穿透，不能吸收养分，这是这些水稻发生"坐秋"的主要原因。增施磷肥，促进根系发达，可以有效防治"坐秋"，使产量大幅度增加或成倍增加	土壤肥料专刊 1963.2
24	1963	国内化学肥料试验研究简述	国内化学肥料试验研究简述	土壤肥料科学研究汇编第 2 号
25	1963	关于经济有效施用化学肥料的商榷		人民日报 1963.12.24

（续表）

序号	日　期	名称	内　　容	登载刊物
26	1963	石灰性土壤施用磷肥肥效的研究	总结了近年来，华北石灰性土壤对不同作物，不同方法施用磷肥的增产效果。磷肥对作物增产效果大小基本上与土壤有效磷含量有关。磷肥的功能主要是促进根系发达和幼苗生长发育，提早成熟，因而提高产量和质量	中国农业科学（2）pp. 34－38
27	1963	建议施用磷肥防治水稻"坐秋"试验	在全国农业科研计划会议上提出：南方低产水稻田发生水稻"坐秋"的严重危害情况。该年冬季干旱，冬干旱面积很大，水稻"坐秋"又将大面积发生，建议调拨一部分磷肥到湖南祁阳县冷水田地区施用。总结施用磷肥对防治水稻"坐秋"的经验，收到很好效果，并受农民群众欢迎	
28	1964	河北省新城县低肥力土壤磷肥肥效试验	该地土壤肥力低，既缺氮又缺磷，单独施用氮肥或磷肥增产效果不大，两者配合施用，小麦产量可大幅度增产，经济效益很大	科学研究年报1964 年pp. 53－60
29	1971		对山东德州地区和山东省提出发展磷肥的意见及其重要性	
30	1975	磷矿粉肥效试验	在石灰性土壤施用磷矿粉一般没有增产效果，在酸性土壤上施用有效，肥效大小与磷矿粉中含2%柠檬酸可溶磷数量有关	土壤肥料第 3 期pp. 21－26
31	1971—1981	1. 磷肥在土壤中的固定和转化	试验是采用山东陵县三朝土进行的，从土壤供磷强度与土壤对磷的缓冲作用，可以估算磷肥需要量	
		2. 复合肥料田间试验	①对小麦和晚玉米进行田间试验，从结果看出复合肥料与单一化肥按比例混合，无明显区别②在当地施用单一磷肥、钾肥无效时，施用复合肥料也无明显效果	
32	1980	磷肥在土壤中的固定和转化	水溶磷施入土壤后，停放不同时间，用$0.5M NaHCO_3$浸提，有效磷在前 $2\sim3$ 天下降最快，以后逐渐减慢，除前 $2\sim3$ 天外，有效磷衰减速度的对数值与时间基本呈直线关系	土肥所科学研究年报1980 年

（续表）

序号	日期	名称	内容	登载刊物
33	1981	硝酸磷肥的肥效问题	硝酸磷肥在山东临朐进行肥效试验，基本与单一氮磷肥混合相仿。若计划达到好的产量，对小麦、玉米等作物还需补充氮肥。硝酸态氮对水稻肥效较差，不宜适用	土壤肥料第 5 期 p. 27 1981 年
34	1981	从土壤含磷强度和缓冲作用探索磷肥需要量的研究	选用山东四种石灰性土壤进行试验，加入水溶磷数量与 0.5MNaHCO₃ 浸出量呈直线关系，固磷斜线比值在 1.5 ~ 2.5。土壤适宜磷肥用量与土壤有效磷和固磷斜率有密切关系	土肥所科学研究年报
35	1982.2		提出"氮磷肥配合使用"是迅速改变"黄淮海"地区低产面貌的有效措施。并组织冀、鲁、豫、皖四省有关研究部门协作进行磷肥试验、示范和推广	
36	1982—1984	"黄淮海"中低产地区经济合理施用磷肥技术的研究	联合山东德州、河南、安徽和河北廊坊进行磷肥试验、示范、推广。通过调查研究获得结果如下： ①当地单独用氮肥不增产或增产效果很低； ②磷肥与氮肥配合，可以使原单产 200 ~ 300 斤，提高到 500 ~ 600 斤； ③磷肥后效显著，施用磷肥可以提高土壤供磷能力和培养地力； ④进行示范推广工作	
37	1985.2	"黄淮海"中低产地区合理施用磷肥技术	课题主持人对磷肥的增产效应推荐施磷量以及施用磷肥对土壤供磷能力的影响等，取得了可靠结果。并提出适合该地区经济施用磷肥技术和方法，在较大范围内（近 160 万亩）进行了示范推广，省肥增产效果显著	该项目经土肥所同意申请技术进步二等奖

目　录

我国有机肥料的研究

陈尚谨

（1976 年 2 月）

中国农业生产主要是靠施用有机肥料，广大农民对有机肥料的积存和施用，积累了丰富的经验。新中国成立以来，化肥工业有了很快的发展，有机肥料仍占重要地位。党和政府对有机肥料的研究工作十分重视，肥料研究工作者贯彻执行理论联系实际，肥料科学为农业生产服务，群众科学研究与专业研究相结合的方针，深入农村，向贫下中农学习，先从调查入手，发现问题，进行深入研究，就地研究，就地推广，对促进农业生产起了良好作用。现将我国近年来有机肥料的研究工作简要介绍如下。

一、肥源调查

农村肥料调查是有机肥料研究工作中的一部分。由于各地土壤、气候、作物种类和栽培条件等方面差异很大，各地的肥源、堆积方法、施用习惯和施肥中存在的问题，也有所不同。土肥研究所结合全国土壤普查和全国肥料试验网工作，联合各省（市、区）农业研究单位，选择重点地区，深入农村，进行调查，采取肥料样本进行分析，并了解当地农业生产情况和施肥上存在的问题。据各地调查资料，我国施用的农家肥料有 14类 100 多种，肥源十分丰富。

施用最广泛的有机肥料有人畜粪尿、土粪、堆肥、沤粪、绿肥等，各地因地制宜地设法充分利用当地肥源。如沿海地区利用不能食用的鱼、虾、蚌、蟹；靠近湖滨地区打捞水草，挖取湖泥、塘泥；平原地区养猪积肥、秸秆沤肥粪；山区多利用山青、杂草沤制肥料；草灰资源丰富地区挖取草灰，制成草灰堆肥；城市近郊利用城市人粪尿和垃圾，制成垃圾粪肥，并利用生活污水和工厂无害废水及其废弃物等。现将几种主要肥料及其肥分含量列入表 1。

表 1　几种主要有机肥料肥分含量表

名　称	氮（%）（N）	磷（%）（P_2O_5）	钾（%）（K_2O）
人粪尿	0.85	0.26	0.21
猪厩肥	0.45	0.21	0.60
牛　粪	0.42	0.19	0.52
马　粪	0.58	0.28	0.53

（续表）

名　称	氮（%）（N）	磷（%）（P_2O_5）	钾（%）（K_2O）
羊　粪	0.41	0.21	0.76
鸡　粪	1.66	1.26	1.27
蚕　粪	3.29	0.66	3.40
土　粪	0.32	0.67	0.86
湖　草	1.12	0.54	0.43
塘　泥	0.20	0.16	1.00
麦秆堆肥	0.18	0.29	0.52
豆　饼	7.00	1.32	2.13
棉籽饼	6.05	2.20	1.63
米糠饼	2.33	3.01	1.76
脱胶骨粉	1.17	31.90	—
老墙土	0.19	0.45	0.81
草木灰	—	1.04	6.41
煤　灰	—	0.29	0.20

二、猪厩肥的研究

党中央和各级党委对养猪事业十分重视，养猪积肥已成为增加有机肥料的主要措施之一。配合这项国家任务，对猪厩肥进行了以下研究。

（1）猪粪尿排出量与体重和饲料的关系

每头猪排出粪尿的数量与猪的体重和饲料种类有关。试验结果指出，猪体重增加，粪尿排泄量也随之增加，但排泄量与体重增加速度并非直线关系，有逐渐减少的趋势。结果详见表2。

表2　不同体重的肥育猪和精粗饲料对猪粪尿排泄量的影响

体重 （kg）	精饲料*		粗饲料*	
	每天排粪量 （kg）	每天排尿量 （kg）	每天排粪量 （kg）	每天排尿量 （kg）
20～30	2.4	3.7	2.9	3.5
30～40	3.1	5.2	4.1	5.0
40～50	3.3	6.1	4.5	5.7

体　重 （kg）	精饲料*		粗饲料*	
	每天排粪量 （kg）	每天排尿量 （kg）	每天排粪量 （kg）	每天排尿量 （kg）
50～60	3.5	6.1	5.1	5.9
60～70	3.8	7.2	5.8	5.0
70～80	4.2	6.1	5.3	5.2
80～90	4.3	6.8	—	5.2
平均每天排泄量	3.5	5.9	4.6	5.1
平均每年排泄量#	1 050	1 770	1 380	1 530

* 粗饲料的配合是玉米皮 30%，谷糠 30%，大米糠 20%，高粱糠 15%，花生皮 5%；精饲料是粗饲料增加豆饼 20%

#按 300 天计算。

从表 2 看出：每年每头猪排泄量按 300 天计算，用精饲料喂猪的排粪 1 050kg，尿 1 770kg；用粗饲料喂猪的排粪 1 380kg，尿 1 530kg，尿的排出量要比粪多些。反之，用粗饲料喂猪，粪的数量要多些，估计每头猪每年排出粪尿总量为 2 580～3 150kg。

（2）饲料与猪粪、尿养分含量的关系

饲料经过消化利用后，其中，大部分肥分由尿中排出；未消化部分和一部分消化液由粪排出。饲料和粪尿中的肥分数量列入表 3。

表 3　饲料与猪粪、尿中氮、磷、钾含量的关系*

项目 成分	粪中排出（%）		尿中排出（%）		粪尿共计（%）	
	精饲料组	粗饲料组	精饲料组	粗饲料组	精饲料组	粗饲料组
氮（N）	19.0	57.4	46.4	28.8	65.4	86.2
磷（P_2O_5）	69.9	103.1	5.4	微量	75.3	103.1
钾（K_2O）	22.1	30.2	55.0	63.1	77.1	93.3

* 以饲料中 N、P_2O_5、K_2O 含量为 100%

从表 3 结果看出：①精饲料组的氮素大部分由尿中排出，粪和尿中含氮量的比例为 1∶2.4；粗饲料组的氮素大部分由粪中排出，粪尿含氮比例约为 1∶0.5。饲料中含氮愈高，由尿中排出的比例也愈大，对猪尿中氮素的保存和利用，应予以重视；②磷绝大部分由粪排出，尿中含量很少；③钾大部分由尿排出，粪与尿排出钾的比例约为 1∶2，精饲料与粗饲料间的差别不大。在试验时期，无论用粗料或精料喂猪，饲料中 65.4%～86.4% 的氮，75.3%～100% 的磷和 77.1%～93.3% 的钾，由粪尿中排出，科学实验和生产实践证明：农业与畜牧业配合发展很有必要。凡是能用作饲料的农副产品如豆饼、糠麸、秸秆、杂草等，通过饲养业，发展养猪积肥，利用粪尿肥田，是经济有效开阔肥源，提高农业生产的好办法。

（3）猪粪尿的保肥研究

猪粪尿肥效大小与保肥方法关系很大。中国北方气候干燥，农民多习惯用土垫圈。试验证明，在圈内垫土对保存猪粪尿中的氮素有显著作用。露天贮存猪尿 12 天，仅能保存氮素 9.6%，在同期间加土 1 倍的，保存氮素 42.1%；加土两倍的，保氮 79.5%；加土 3 倍的保氮 91.6%；加土 4 倍的保氮 93.3%。我所又对谷子进行猪粪尿垫土保肥肥效试验，产量结果指出：垫土 1 倍的比对照每亩增收谷子 46 斤*，增产 9.8%；垫土两倍的增收 82 斤，增产 17.8%；垫土 3 倍的增收 102 斤，增产 21.8%；垫土 4 倍的增收 120 斤，增产 25.6%。按目前农村劳力情况以垫土 3 倍较为适宜。

为了进一步验证保肥方法与增产的作用，我所曾采用不同饲料和不同保肥的方法，对春玉米进行猪厩肥田间肥效试验。两年试验证明，以浅坑垫土保肥的效果较好，比平圈不垫土的每亩多增收玉米 129.1 斤；加饲豆饼的猪厩肥又比一般饲料每亩多增收玉米 74.3 斤，结果如表4。

表4 不同饲料和不同保肥方法猪厩肥的增产效果

处理名称	第一年玉米产量		第二年玉米产量		两年增产
	（斤/亩*）	增产（斤/亩）	（斤/亩）	增产（斤/亩）	（斤/亩）
1. 未施肥（对照）	227.6	—	223.6	—	—
2. 粗饲料组猪粪尿浅坑垫土	229.3	1.7	252.4	28.8	30.5
3. 加饲豆饼 100 斤，平圈不垫土	270.7	39.1	289.3	65.7	104.8
4. 同3，浅坑垫土	310.2	82.6	374.9	151.3	233.9

我国南方气温较高，雨量较大，猪厩多在池中贮存。四川省曾对猪粪尿在池内进行保肥试验，贮存期间一个月，加盖保肥比对照不处理的少丢失氮素 16%；加盖又密封的比对照少丢失氮素 32%。以上充分证明，厩肥中的氮素丢失情况很严重，除渗漏流失外，主要是通过氨气挥发损失，遮阴加盖可减少丢失，提高肥效。

（4）猪厩肥施用方法的研究

猪厩肥有机质含量高，分解较慢，肥效持久，适宜用作基肥。田间肥效试验结果指出，亩施猪厩肥 4 000 斤作基肥比对照区增收玉米籽粒 150 斤，增产 23.9%；半基半追的增收 56 斤，增产 15%。

---

* 1 斤 =0.5 千克，全书同；

　1 亩≈667m²，1 公顷 =15 亩，全书同；

　1÷15≈0.067 公顷，不能整除，所以只能用约等于（≈），如果用等于（=），应是：1 公顷 =15 亩

三、牛场积肥方法的研究

牛粪紧密、含水多，通气不良，难以腐熟，施用困难。牛粪在自然堆积中，暴露面积大，风吹日晒，肥分损失也很严重。为了改进牛场的积肥方法，我所曾与北京畜牧场协作进行试验，试验设 4 个处理：①纯牛粪堆积；②牛粪加土，分层堆积；③牛粪加半倍草、半倍土分层堆积；④牛粪加半倍土、半倍草、10% 马粪、2% 普钙分层堆积。试验于 4 月 27 日开始，7 月 2 日翻堆，8 月 20 日结束，每个处理用牛粪 4 000 ~ 6 000 斤，获得结果如下。

（1）堆内温度与水分含量的关系

原牛粪含有水分 202.1%，在堆积 113 天过程中，最初由于水分过高，通气不良，发酵较慢，堆内温度不高。翻堆后水分下降，温度逐渐上升，最高达到 44℃，维持约一个半月，牛粪含水量以 50% ~ 80%，较为适宜。垫草对降低水分的作用较大，反之垫土可以减少蒸发，保持水分。牛粪的干湿情况，可采用垫土或垫草数量加以调节，一般情况，以草、土各半为宜。

（2）处理间二氧化碳和氨的挥发

二氧化碳释放速度，大致可以反映堆内微生物活动和腐解的快慢，氨的挥发反映氮素的丢失。二氧化碳和氨分别用标准碱和酸吸收后测定，获得结果如表 5。

表 5　不同处理牛粪释放 CO_2 和 NH_3 的数量

处　　理		1. 纯牛粪	2. 牛粪加土	3. 牛粪拌土拌草	4. 同 3 再加 10% 马粪、2% 普钙	平　均
分析日期	分析项目			（mg/m³·h）		
4 月 29 日	CO_2	7.0	109.8	256.1	482.9	214.0
	NH_3	6.0	6.0	6.0	13.8	8.0
5 月 9 日	CO_2	13.3	183.5	402.5	475.7	268.8
	NH_3	54.8	32.2	54.8	59.8	49.2
5 月 19 日	CO_2	110.2	1 024.2	1 024.2	1 200.5	839.8
	NH_3	82.2	82.2	54.8	54.8	71.5
5 月 29 日	CO_2	203.4	—	649.3	917.1	589.8
	NH_3	54.5	54.5	38.2	27.2	43.6
6 月 6 日	CO_2	771.1	878.9	848.1	624.5	780.7
	NH_3	29.8	29.8	29.8	0	22.4

（续表）

处　理	1. 纯牛粪	2. 牛粪加土	3. 牛粪拌土拌草	4. 同 3 再加 10% 马粪、2% 普钙	平　均
分析日期　分析项目			（$mg/m^3 \cdot h$）		
7 月 15 日　CO_2	108.0	555.1	624.5	478.0	406.5
NH_3	54.7	29.8	29.8	29.8	36
平　均　　CO_2	202.2	550.3	611.0	696.6	
NH_3	47.0	39.1	35.6	30.0	

　　从表 5 结果看出：纯牛粪释放 CO_2 最慢，在试验期间，每小时每立方米空气中释放 202.2 毫克；拌土后，提高到 550.3 毫克；加拌土拌草的，又提高到 611.0 毫克，以拌草和土并加入 10% 马粪和 2% 普钙的处理分解最快为 696.6 毫克。牛粪处理间氨的挥发恰好与二氧化碳释放速度相反，以纯牛粪挥发最多，平均每小时丢失 47.0 毫克，加土的为 39.1 毫克，拌土拌草的为 35.6 毫克，第四处理加土加草又加入 10% 马粪和 2% 普钙的挥发最少为 30.0 毫克。对以上试验材料又进行牛粪经过发酵后肥料含量的分析，结果列入表 6。

表 6　不同堆积方法的牛粪肥分比较

处　理	全氮 N（%）	水解氮（mg/100g）	水解氮占全氮（%）	有效磷（mg/100g）	有机质碳（%）	活性胡敏酸碳（%）	胡敏酸占有机碳（%）	C/N
1. 纯牛粪	0.48	26.1	5.4	52.1	8.0	1.00	12.5	16.5
2. 牛粪加土	0.56	28.1	5.0	54.9	8.3	1.17	14.1	14.9
3. 牛粪拌土拌草	0.86	28.1	3.3	79.7	13.8	1.89	13.7	16.0
4. 牛粪加土草又加马粪和普钙	0.54	42.1	7.9	53.7	7.3	1.05	14.4	13.5

　　从表 6 结果看出：纯牛粪堆积的全氮、水解氮、有效磷和活性胡敏酸的含量都最低，碳氮比值最高，这表明，纯粪堆积的腐解慢，肥分损失也最大；加土和草的处理，有效养分的含量有所提高，碳氮比也有所下降，尤以加入马粪和普钙的效果最为明显。玉米田间肥效观察试验也验证了以上结果。

　　（3）牛尿的积存和利用方法

　　大部分牛场对尿汁没有很好利用。估计每头奶牛每天排尿 40 斤，在牛舍排尿约 2/5，运动场约 3/5。

　　①厩舍牛尿的积存利用。一般牛舍设有排水沟，尿随水流入池中，被水稀释 10～15 倍，含氮量约 0.06%。随水直接灌溉农田，肥效很好，每亩灌 5～6 立方米，即相当碳酸铵 30 斤左右。也可以用尿垫土、垫草沤肥。

②运动场牛尿的积存和利用。冬季为了保暖，在场内避风处垫褥草 5 寸*左右，春天起出堆腐一月，即可施用。在其他季节可以在较低洼地方局部垫土，随尿、随垫、随起，有专人管理。每隔半年左右，运动场表土所吸收尿汁已达饱和状态，约含氮 0.25%，相当于优质土粪，可以刮去 3 寸以上的表土用作肥料，再垫换新土。

四、人粪尿保存利用的研究

人粪尿是一项很大的肥源。若按每人每天排泄粪尿两斤计算，则全年积攒的肥料可增产粮食 100~150 斤。据调查，我国南方对人粪尿的利用比较重视，北方还有不少地区不够重视，保存和利用方法也不尽合理。近年来对人粪尿进行了以下研究。

（1）人尿在贮存中氮素的丢失

人尿含氮量约占粪便总氮量的 2/3。试验用尿 100 斤，在缸内贮存，从 3 月 21 日到 6 月 2 日共计 72 天。贮存前 100 斤尿中含氮素 0.6 斤，到试验结束时，仅存 0.06 斤，氮素丢失 90%。表面用废机油遮盖并严密加盖，同时期氮素仅丢失 5%。人尿除渗漏流失外，其中的氮素是以气态氨的形式挥发的。

（2）人尿与土和麦秆混合发酵对氮素的保存试验

试验设四个处理：①每天用尿 8 斤注入缸内贮存，②每天用尿 8 斤与麦秆 4 斤混拌后在水泥池内堆积，③每天用尿 8 斤与 3 倍土混合贮存，④每天用水 8 斤与麦秆 4 斤混拌堆积。试验连续加入材料 52 天后，任其发酵，经过 99 天和 337 天，取样分析，结果列入表 7。

表 7　人尿与麦秆和土混合发酵对氮素的保存

处　　理	发酵天数	试验前总氮量		保存氮素	
		（kg）	（%）	（kg）	（%）
尿 100 斤无处理	0	0.92	100.0	0.92	100.0
	99	0.41	44.6	0.41	44.6
尿与麦秆混合	0	1.21	100.0	0.92	100.0
	99	0.69	57.0	0.40	43.4
	337	0.55	43.8	0.26	28.2
尿与土混合	0	1.37	100.0	0.92	100.0
	99	1.13	82.5	0.68	73.9
	337	0.99	72.3	0.54	58.7
水与麦秆混合	0	0.29	100.0		
	337	0.32	110		

---

* 1 尺 =10 寸，1 米 =3 尺，全书同

从表7看出：尿与土混合，经过11个月，仍能保存氮素58.7%，其中，40%的氮已转化为硝酸态。尿与麦秆混合在同期内仅保存28.2%，硝化的情况也不明显。人尿贮存3个多月，大部分氮素已丢失。麦秆与水混合发酵，氮素没有明显的丢失。

（3）晒制人粪干对氮素的丢失

过去华北一带，有用人粪尿晒制粪干的习惯，经过试验证明：在春季晒制的氮素丢失34.5%，夏季晒制的丢失50.5%，秋季和冬季晒制的也分别丢失49.7%和36.0%，平均全年丢失氮素42.7%。在粪中掺入不同数量的人尿，尿中氮素全部丢失，并未能提高干粪中的氮素含量。

通过这些试验证明，在晒制干粪过程中，氮素丢失严重，对卫生也有危害，现今城市人粪尿已不再晒干粪，改用垃圾和土混合堆积，制成垃圾堆肥取得一定成效。

（4）人粪干、人尿、硫酸铵氮肥肥效比较试验

试验在等氮量情况下进行，每亩氮肥用量按8斤计算，共设4个处理：①对照、②硫酸铵、③人粪干、④人尿。对春玉米、小麦、夏玉米和谷子连续进行四季试验，结果列入表8。

表8　人粪干、人尿和硫酸铵氮肥肥效比较（旱地）

处　理	对照区产量 （斤/亩）	硫铵区产量 （斤/亩）	人粪干区产量 （斤/亩）	人尿区产量 （斤/亩）	显著差异（斤/亩）	
					5%标准	1%标准
第一作春玉米	297.9	593.5	479.7	591.0	58.7	88.9
第二作小麦	100.1	160.2	138.9	157.9	17.4	26.4
第三作夏玉米	277.8	416.1	375.9	417.8	67.1	101.7
第四作谷子	206.1	286.0	259.6	312.2	36.9	55.9
平均产量（%） （以硫铵区为100%）	62.9	100.0	87.2	102.0	—	

从表8看出：人尿的肥效很好，约相当等氮量硫酸铵的肥效，人粪干的肥效约为硫酸铵的87%。通过试验和示范，华北地区农民对保存和利用人粪尿有了新的认识，并推广直接利用人尿施肥，特别在冬季对小麦追肥，收到明显效果。在水浇地上每亩追施尿肥1 000~1 500斤，约可增收小麦100斤。

我国南方对人粪尿的利用比较重视，多在粪缸或池内贮存。江苏省曾对人粪尿的保肥问题进行了研究。试验在9~12月进行，结果列入表9。

表9　人粪尿在缸内贮存氮素丢失情况

处　理	氮素丢失（%）
不加盖、不遮阴	40.1
不加盖、遮阴	37.0

（续表）

处　　理	氮素丢失（%）
加盖、不遮阴	29.0
加盖、遮阴	24.6
加入 1%草木灰	45.8
加入 3%普钙	7.9

从表 9 看出：人粪尿露天贮存，氮素丢失 40.1%，加盖遮阴可以减少氮素丢失 15.5%，添加草木灰有加剧氮素丢失的情况，添加普钙可以显著降低氮素的丢失。

五、土粪和沤肥的研究

（1）土粪

我国北方天气比较干燥，农村习惯在猪圈和牲畜棚内垫土，吸收尿汁，积攒到一定数量，取出再混土堆积，腐熟后施用，由于其中含土较多，叫做土粪。土粪的组成是多种材料的，如牲畜家禽粪尿、人粪尿、作物秸秆、山青、杂草、污水、垃圾、草木灰等。各地土粪质量有很大差别，分析结果列入表 10。

表 10　土粪中肥分含量表

地　区	有机质（%）	N（%）	P_2O_5（%）	K_2O（%）	取样数目
华　北	2.08~5.0	0.10~0.86	0.18~1.71	0.26~1.62	59
东　北	2.92~37.9	0.16~2.21	0.07~0.60	0.72~1.65	32
西　北	0.89~6.6	0.07~2.44	0.12~0.58	0.70~3.24	63

土粪的特点是有机氮先经过微生物分解为氨，被土壤吸附保存，再被细菌转化为硝酸盐，硝酸盐不能被土壤吸收，所以，土粪的积制，主要在我国北方干旱地区使用。

各地对土粪的肥效进行了不少试验，据内蒙古自治区试验，每千斤土粪（约含氮 0.5%）当年增产小麦 23~33 斤，谷子 30~50 斤，玉米 30~50 斤，高粱 16~47 斤，水稻 62~84 斤，马铃薯 110~180 斤，糖用甜菜 600 斤左右。土粪的后效也很明显，第二作的后效约为当作肥效的 1/3。目前，华北地区每亩土粪用量一般在 3 000~5 000 斤，高产区有高达 1 万斤以上的。

（2）沤粪

我国南方温度较高，雨量较大，农民习惯用水和泥与人畜粪尿、草皮、杂草等混合，在嫌气或半嫌气情况下，制成各种沤粪。如华东一带的草塘泥、华中一带的凼肥、泡青，名称各异，性质却大致相似。

　　沤粪的特点是有机物经微生物分解为氨后，被土壤粒子所吸收，在淹水嫌气条件下，硝化作用不明显，没有渗漏流失的危险，氮素损失较少。江苏省曾用同样材料同时制成堆肥和沤粪，前者氮素丢失 8.7%，后者丢失 22.2%。沤粪中速效氮占总氮量 17.6%~23.1%，而堆肥中仅占 1.65%~2.76%，一般认为，沤粪在积制过程中，氮素损失少，速效养分含量和当年肥效也较高。

　　华东一带农民有习惯在塘泥中加入紫云英绿肥茎叶混合沤制草塘泥，紫云英在塘泥中分解的速度很快，试验结果列入表 11。

表 11　紫云英茎叶在草塘泥中的分解

腐沤天数（d）	有机质总量（%）	蜡脂（%）	半纤维（%）	纤维（%）
0	100.0	9.6	9.3	4.6
5	60.5	2.7	3.3	4.5
10	33.6	1.71	2.0	2.4
20	27.2	0.75	1.2	2.7
30	22.9	0.35	0.57	1.9

　　从表 11 可看出：在一个月内，有机质分解 77.1%，蜡脂由 9.6% 降低到 0.35%，半纤维由 9.3% 降低到 0.57%，纤维也由 4.6% 降低到 1.9%。在分解有机质的同时，水溶性氮素含量有所增加，在添加紫云英前，草塘泥中水解性氮为 0.012%，11 天后为 0.015%，37 天后则增加到 0.142%。

　　草塘泥的肥效很好，据江苏省的试验，每亩施用稻草草塘泥 150 担，亩产稻谷 697 斤，比对照区增产 8.3%，略高于亩施硫铵 20 斤、普钙 30 斤和氯化钾 20 斤的效果，每亩施用紫云英草塘泥 150 担，亩产 758 斤，比对照区增产 17.8%。结果列入表 12。

表 12　草塘泥对水稻的增产效果

肥料处理	稻谷产量（斤/亩）	增产（%）
亩施稻草草塘泥 120 担*	697	8.3
亩施紫云英草塘泥 120 担	758	17.8
亩施硫铵 20 斤、普钙 30 斤、氯化钾 20 斤	694	7.8
对照	644	—

＊　1 担 = 100 斤 = 50 千克，全书同

六、腐殖酸类肥料的研究

（1）我国草炭的种类和性质

我国草炭贮存量极为丰富，分布面积很广。目前发现和使用的以低位草炭最多，中位和高位草炭较少。低位草炭含有较多的氮和其他营养成分，肥效也较高。高位草炭具有较大的吸水和吸氨的性能，应用高位草炭混拌人粪尿或作为牲畜的垫圈材料，最为适宜。今将我国东北地区草炭的理化性质列入表13。

表13　草炭理化性质成分表　（平均数字）

草炭种类	pH 值（盐浸）	有机质（%）	N（%）	C/N	P_2O_5（%）	K_2O（%）	氨吸收量（%）	最大持水量（%）	分析样本（个）
低位	4.8~6.6	58.95	1.80	18.8	0.30	0.27	1.23	583	144
中位	4.4~5.0	60.05	1.68	23.8	0.31	0.23	2.26	715	13

（2）利用草炭混拌人粪尿和垫圈

据浙江省的试验，在两周内不加盖的人粪尿氮素丢失69.9%，加盖处理的丢失57.4%，拌入草炭并用草炭覆盖的，氮素损失显著减少，在同一时期内少丢17%~28%。

利用草炭垫圈也是保存厩肥中氮素的有效措施。采用分解程度较低的藓类和苔草类草炭垫圈较为适宜。一般每头猪每天要垫圈用草炭3~5斤，牛为6~10斤，马为5~8斤，羊为2~4斤。

（3）草炭堆肥

草炭中的养分大部分是迟效性的，总氮量比较丰富，但是其中的速效氮仅为总氮量的1%上下。直接施用草炭作肥料，肥效较慢，与人畜粪尿堆沤后，可以提高肥效。

草炭与人畜粪尿以及其他矿质肥料混合堆积，在通气的条件下，经过2~3个月就能沤制成优质肥料。据吉林省试验：用纯马粪堆积两个月，氮素丢失32%，用草炭3份和1份马粪混合堆积，在同一期间，氮素几年没有丢失。

大部分草炭酸度较高，pH值在5.4以下，为了调节微生物的生活环境，加入适量石灰、草木灰等碱性物质，可以促进草炭的腐熟分解，提高肥效。吉林省对草炭堆肥的田间肥效试验，结果列入表14。

表14　草炭堆肥的肥效　（作物：玉米）

肥料处理用量（斤/亩）	产量（斤/亩）	增产（%）
对　照	452.6	—
土粪800斤	461.8	2.0

（续表）

肥料处理用量（斤/亩）	产量（斤/亩）	增产（%）
草炭 800 斤	488.8	8.0
草炭与马粪堆积的堆肥 800 斤	541.3	19.6

（4）草炭加热分解

为了加速分解在几天内提高草炭中的速效养分，也可以采用烘、炒、熏、烧等加热办法。吉林省的试验结果列入表15。

表15　加热处理草炭速效养分的变化

处理	速效养分含量					
	N		P_2O_5		K_2O	
	（mg/100g）	增加倍数	（mg/100g）	增加倍数	（mg/100g）	增加倍数
未处理的草炭	15.5	1	6.5	1	2.6	1
炒至半干	29.7	1.92	10.7	1.64	2.9	1.12
炒　　干	46.4	2.99	14.0	2.15	3.3	1.27
炒至开始发焦	95.9	6.19	41.6	6.40	5.0	1.92
熏烧 4 天	56.9	3.67	7.2	1.10	11.0	4.23
熏烧 6 天	168.2	10.85	9.7	1.49	52.9	20.3

熏烧草炭是在土灶内进行的，先填入少许木柴或干草作燃料，四周堆以半干的草炭块，最外层盖上细碎草炭或细土，点燃后熏烧 3～7 天待火熄灭后，将草炭块打碎混合即成。注意温度不能过高，以免丢失养分。

（5）其他腐殖酸类肥料

一般草炭含胡敏酸 30%～40%，它在土壤中具有改善土壤理化性质，加强植物体内氧化酶的活动能力，增强根部呼吸作用，刺激作物生长，根部发达，促进对矿物质营养的吸收利用。目前，除使用草炭外，各地还在试用的腐殖酸类肥料有：腐殖酸铵、腐殖酸钠、腐殖酸钾、还有混合磷肥、钾肥、磷钾肥多种腐殖酸肥料。

我国近年来各地先后发现大量褐煤和风化煤。风化煤是褐煤和其他煤矿上层经过长期自然氧化的覆盖层，胡敏酸含量高 30%～60%，也可以用来改善土壤理化性质和促进作物的生长发育。有些褐煤含胡敏酸不多，经过人工氧化可以生成胡敏酸。

七、结合产生沼气沤制肥料

中国大部分农村使用秸秆和杂草作燃料，每年消耗有机物的数量很大，影响到饲料和肥料的来源，有饲料、肥料和燃料相争的矛盾。近年来，在党的领导和大力支持下，有不少地区的农村，采用当地材料，自力更生、土法上马，在密闭的窑池内，用人畜粪尿混合一部分秸秆、杂草沤粪，在沤粪的同时，产生沼气，试验获得成功，开始找到了解决"三料相争"相互矛盾的途径。沼气可以用来照明、煮饭，又在沼气发酵过程中，人畜粪尿和秸秆杂草中的氮素转化为氨，在严密封闭条件下长期贮存，几乎没有丢失，提高了肥效，还可以减少或消灭人粪传染病的发生，大大改善农村卫生条件。由于沤制沼气肥的好处很多，在我国农村特别南方冬季暖湿的地方，发展很快。

（1）沼气发酵中有机质的转化

纤维质、半纤维等有机质在沼气发酵条件下，首先水解为糖类，再分解为丁酸、乙酸和甲烷，丁酸和乙酸再进一步分解为甲烷和二氧化碳。据上海试验，采用人粪尿为主要材料，每斤挥发物产生 2.75~7.3 立方尺沼气，其中，含甲烷 67.0%，氢气 12.0%，一氧化碳 1.8%，二氧化碳 18.8%，氧和氮气微量。发酵物质不同，产气量和沼气成分也是有变化的。

（2）沼气池中肥分的变化

据四川省试验，在 21 立方米的沼气池中，加入人畜粪尿 1.4 万多斤，发酵一个月后，氨态氮增加 51.7%，两个月增加 164.7%，3 个月增加 155.6%，4 个月则达到311.1%。又在发酵和贮存期间，氮素几乎没有丢失，有效磷也有明显增加。

（3）沼气肥在不同作物上的肥效

据四川省试验，沼气池与对照池肥料经过 30 天发酵后，两者用量相等，对水稻、玉米、小麦、棉花、油菜共进行 49 个试验，用沼气池肥增产的有 46 个，占试验总数的93.8%。沼气肥比对照平均对水稻多增产 6.6%，玉米 13.8%，小麦 12.5%，棉花25.8% 和油菜 9.1%，结果见表 16。

表 16　沼气肥的肥效

处　理	沼气肥产量（斤/亩）	对照肥产量（斤/亩）	增　产		试验个数
			（斤/亩）	（%）	
水　稻	607.3	570.2	37.1	6.6	16
玉　米	556.3	488.5	67.8	13.8	7
小　麦	469.6	417.1	52.5	12.5	14
棉　花	195.0	155.0	40.0	25.8	1
油　菜	279.0	255.5	23.5	9.1	8

八、有机肥料和矿物质肥料配合施用的研究

中国施肥是以有机肥料为主，化学肥料为辅，在有机肥的基础上施用化肥，化肥起到补充和加强有机肥料肥分不足的作用。有机肥与矿物质肥料配合施用，可以取长补

短，相互促进。

有机肥料的种类很多，它们的成分也有很大不同（表1）。大致来说：动物性肥料如海肥、屠宰场废弃物、人畜尿汁、生活污水和豆类绿肥茎叶，含氮较多。氮肥肥效也很好，对这些肥料，增施磷钾肥，可以获得显著效果。家禽粪、骨粉、糠麸、厩肥等沤制的肥料，含磷较多，草木灰和秸秆肥含钾较多，对含磷钾较多的有机肥，配合施用氮肥，也可以获得显著的增产效果。在这方面曾进行以下研究。

（1）**在南方酸性地区**

翻压绿肥或施用大量猪牛栏粪，配合施用石灰，可以中和有机质分解过程中所产的有机酸，促进有机物的腐解，提高肥效。我国农民有施用石灰的习惯，特别在南方水稻田施用大量有机肥后，要施用石灰，石灰还可以消除有机肥腐解中产生硫化氢的危害，有防止水稻黑根和壮苗的作用。

（2）**磷矿粉与有机肥料混合堆沤，或与有机肥混合施用**

可以促进磷矿粉的溶解，提高磷肥肥效。四川曾试验用磷矿粉与一倍到两倍有机肥堆沤30天左右，作基肥施用，结果列入表17。

表17　磷矿粉与有机肥堆沤的肥效

作物名称	磷矿粉用量（斤/亩）	产量（斤/亩）		比对照增产	
		不堆沤	堆沤	（斤/亩）	（%）
油　菜	120	249	255	6	2.4
	160	192	209	17	8.8
小　麦	120	368	387	19	5.1
	160	429	458	29	6.7
棉　花	120	81.2	92.8	11.3	13.9

（3）**厩肥与氮肥、磷肥配合施用的连应效果**

我国施用厩肥的数量很大，为了探讨厩肥与氮磷化肥配合施用的肥效，我所曾在河北国营芦台农场对小麦进行试验，结果列入表18。

表18　芦台农场小麦施用厩肥与氮磷试验结果

牛厩肥用量（斤/亩）	不施化肥增产（斤/亩）	亩施普钙20斤增产（斤/亩）	亩施硫铵15斤增产（斤/亩）
0	—	71.1	21.9
500	16.1	34.2	26.3
1 500	41.1	7.8	35.9

从表18看出：亩施厩肥500斤，增收小麦16.1斤，亩施厩肥1 500斤，增收小麦41.1斤。在不施用厩肥的基础上，每亩施用普钙20斤，增收小麦71.1斤，磷肥肥效

十分显著。在亩施厩肥 500 斤的基础上，同量磷肥增产 34.2 斤，磷肥肥效有所下降，亩施厩肥 1 500 斤，同量磷肥仅增产 7.8 斤。但是，氮肥的肥效与磷肥不同，在不施厩肥的基础上，亩施硫铵 15 斤，增收小麦 21.9 斤，亩施厩肥 500 斤和 1 500 斤配合施用同量硫铵，约增收小麦 26.3 斤和 35.9 斤，氮肥的肥效随着厩肥用量而有增加的趋势。以上表明，厩肥中磷素是速效性的，其中，所含的氮大部分是迟效性的，配合施用氮肥可以促进厩肥分解，提高肥效；反之，在施用大量厩肥的情况下，磷肥的肥效有降低的趋势。

为了经济合理施用磷肥，我所曾在山东禹城县生产队土地上进行土粪与磷肥配合施用肥效试验。结果指出：亩施土粪 1 000～3 000 斤的低肥力地块，每斤普钙增收小麦 1.4 斤，亩施土粪 8 000～10 000 斤的高肥力地段，每斤普钙仅增收小麦 0.2 斤。以上说明，磷肥应优先施用在常年施用有机肥数量不足的地块最为经济，为合理施用和分配磷肥提供依据。

（4）有机肥与钾肥配合施用的效果

近年来，我国南方钾肥肥效试验结果指出：施用有机肥料的种类和数量，对钾肥肥效有一定的影响。如对早稻施用豆科绿肥，其中，含氮较高，施用钾肥肥效显著。晚稻的主要肥料是牛栏粪和沤肥，其中，含钾较多，再配合施用钾肥，肥效较差。如上海市对水稻进行的试验，在不施用有机肥的条件下，亩施氯化钾 20 斤，增收 8.78%，在施用有机肥的基础上施用同量氯化钾仅增收 3.78%。对棉花也有同样的趋势，在不施用有机肥的条件下，施用钾肥增收 14.95%，比在施用有机肥的基础上增施钾肥多收 6.98%。

有机肥料不仅含有氮、磷、钾等大量元素肥料，还含有一定数量的微量元素肥料。不少试验指出，在缺乏有机肥料的地块，对某些经济作物如油菜、果树有出现缺乏硼、铜、锰、锌、钼的情况，增施有机肥料后，这些病症有所减轻或消失。又腐殖酸和多种金属化合生成螯合物，使土壤中不能被作物利用的微量元素转化为有效态，有机肥料和微量元素特别是与硫酸亚铁，混合施用，在缺铁土壤上可以显著提高肥效。

华北农村肥料调查研究初报

陈尚谨　乔生辉

（华北农业科学研究所）

（1956 年）

一、绪　言

中国华北平原是产粮、棉的主要基地，每年要生产和供应 1 亿人口的粮食和全国半数以上的棉花。人口稠密，大部土地已连续耕种几千年，因为我们有良好的施肥和耕作习惯，到今天土地还有很好的生产能力。但是，我们对目前的生产情况，并不满意，根据 1956—1967 年全国农业发展纲要的规定，在今后 12 年内，华北地区的土地平均每亩产量要达到 400 斤，棉花的产量也要比现在增加一倍以上，要完成这个重要任务，增施和改善肥料的使用，是很关键重要的问题。

农业研究工作要结合生产，要为广大农村服务，农村肥料调查工作是肥料研究工作中的一部分，先从调查入手，可以发现很多问题，又可以指出研究结果，怎样实际应用。这项工作的重要性就不再多说，大家已经很明白了。

农业生产和施肥问题是密切联系着的，和土壤、气候、习惯、人口密度、劳动组织，都有很大关系。进行广大地区的肥料调查工作，是复杂的、艰巨的。如何进行调查，如何整理结果，如何应用这项材料，是很重要的问题。今将我们工作的方法，初步获得的结果，介绍在下面，供给参考。抛砖引玉，希望大家注意研究这个问题，这项工作主要是在 1950—1953 年进行的。在参考的时候，请加注意。

二、调查方法和材料的整理

华北地区广大，各地情况不同，施肥问题的区域性又很大，这项工作如何着手，是很值得研究的。在我们目前人手很少，调查和研究兼顾的情况下，只得有重点的，先在华北平川地带进行。我们是这样调查的。

①结合 4 省专区农科所，试验站合作肥料试验工作，就近在该地作农村肥料调查和访问，取回土壤和肥料样本，进行分析，明了当地生产情况、存在问题和施肥的习惯，在华北 4 省这样的据点共有 23 个。

②到河北、山西农业厅、部分专区农林局和重点县农林科，取得联系，明了其所属

地区的一般情况与特殊问题，并请各专区、县农林局，介绍重点村，大致能代表该地区情况的，进行农村肥料调查和访问，以补充第一种方法的不足。

③委托我系同仁在出差时顺作调查，或函寄合作农场代为进行。

调查时以自然村为单位。

结果的整理：总和各地调查材料，根据在各地了解的情况，将每一个问题按各地情况分为若干类，相似的归纳在一起，不同的分开，按地区分布做出一个概略图表。再按各地客观环境的不同，是否可以解释其不同和相同的原因，并比较各种方法或习惯的优点与缺点，作为研究与改善的基本资料和根据，从调查材料中发现的问题，需要加以研究的，就在所内进行试验，得出结果后，再提出对某些地区，对某种问题的具体改善意见。今将初步结果介绍如下。

三、调查内容和资料

为了简单明了，今将所获得的结果，按主要项目，分别报告如下：

1. 调查地点

从农村肥料调查地点分布情况来看，调查据点是很不够全面的，河北省比较详细一些，其他山西、山东、河南3省调查地点不够多，将来还需要继续工作，更希望各省作深入的调查。又所调查的地区，仅限于平原，4省山区面积也很大，目前，因为交通困难，人手不够，还没有着手进行。

虽然有以上等缺点，还可以拿河北省为中心，以山西、山东、河南作参考看出华北积肥、保肥、施肥的概略情况来。调查地点列入表1。

表1　调查地点表

河北省

1. 临清	理庄				
2. 邯郸	张家桥	干河沟			
3. 获鹿	南涧良	西焦	留营	小毕村	大河村
4. 束鹿	刘双营	辛巢胡合营			
5. 定县	南庄子	山庄子			
6. 安国	刘家村	流苗	南七公		
7. 保定	中马池				
8. 怀德	孔村	南大郭	会滨庄		
9. 沧县	西花园				
10. 唐山	越河				
11. 滦县	黄庄				

（续表）

河北省

12. 丰南	罗格庄	西罗格庄	东马格庄
13. 深县	北午村	前磨头村	大护驾村
14. 平山	韩庄		
15. 黄骅	沈庄		
16. 静海	蔡公庄	吴家堡	
17. 盘山	马厂	大韩	赵毛沟
18. 宁河	古家楼	杨分子	
19. 丰润	霍庄子		
20. 昌黎	何家庄	淳泗涧	
21. 衡水	前马店		
22. 清苑	中鲁岗	东鲁岗	
23. 涿县	南蔡村	西河村	
24. 涿县	北尉迟村	山塞村	
25. 藁城	北马村	系井村	
26. 景县	姜家园	南桥	
27. 通县	蒿庄		
28. 怀柔	张各屯	大屯	格各屯
29. 顺义	五里仓		

山东省

1. 广饶	三岔		
2. 济南	桑园		
3. 泰安	季家庄		
4. 海阳	大观村		
5. 寿光	寇家坞		
6. 垦利	永双十村		
7. 沾化	前路五庄	新迁户	义和庄
8. 无棣	刘家堡		
9. 菏泽	李洪周村	邱庄	
10. 定陶	孔朱庄		

河南省

1. 新乡	刘庄	
2. 辉县	樊塞	

(续表)

河南省			
3. 商丘	老关村	徐庄	
4. 洛阳	李家楼	杨堂	
5. 许昌	蒋家乡	大徐庄	
山西省			
1. 长治	鹿家庄	关村	嶂头
2. 太原	北营村	北张村	
3. 太谷	兆堡	石象村	孟家庄	申春村
4. 临汾	坂下	沙乔	郭家村	南孝村

2. 土粪化学成分、用量和肥效

本地区农村肥料以土粪为主。又叫作圈粪、柴草粪、草粪、灰土粪、牲口粪等。

猪圈粪、人粪尿、碎秸秆、杂草、草木灰混合大量的土，经过堆积腐熟而成。各地制造土粪的材料不同，拌土多少不同，土粪的质量成分也有很大区别，今将各地取回样本，分析结果，列入表2。

表2　华北土粪化学成分表（以鲜物重为100％）

	水分	灰分	氮	磷酸	氧化钾	氧化钙
河北省						
保定中马池	2.52	90.53	0.2	0.39	0.85	4.43
保定中马池	3.05	87.28	0.28	0.54	1.19	4.45
保定试验站	3.64	79.2	0.49	0.58	0.79	—
定　　县	1.29	95.32	0.12	0.28	0.58	3.63
定　　县	1.41	93.16	0.16	0.25	0.71	3.1
定　　县	1.18	95.9	0.11	0.48	0.47	—
安　　国			0.2			
安　　国			0.18			
安　　国			0.1			
石　家　庄	2.94	85.6	0.35	0.43	0.94	3.62
辛　　集	2.69	81	0.46	0.51	1.53	—
顺　　德	9.93	19.76	0.86	0.82	0.62	
顺　　德	4.91	68.83	0.42	0.38	1.31	
顺　　德	1.4	90.2	0.29	0.34	0.75	4.23
邯　　郸	2.84	84.78	0.36	0.36	0.79	
沧县西花园	15.04	78.65	0.22			

（续表）

	水分	灰分	氮	磷酸	氧化钾	氧化钙
沧　　县	1.2	93.2	0.2	0.29	0.65	
唐山越河			0.23			
唐　　山	2.02	92.9	0.19	0.18	0.42	
昌　　黎	1.29	93.3	0.21	0.22	0.4	
滦　　县			0.28			
沙　岑　子	11.65	85.3	0.1			
南　　宫	1.9	87.5	0.41	0.42	0.67	
山西省						
太　　原	4.24	73.9	0.59	0.66	1.06	
太　　原	2.22	93	0.14	0.19	0.26	
太原北营			0.2			
长　　治	2.17	85.2	0.17	0.2	0.66	
长　　治	6.53	59.9	0.77	0.8	1.36	
长治鹿家庄			0.24			
临　　汾			0.45			
临　　汾	6.51	61.9	0.79	1.03	1.5	
太谷石象村			0.29			
太　　谷			0.45			
太　　谷			0.24			
山东省						
济　南1	3.33	86.1	0.38	0.68	0.79	
2			0.31			
3			0.34			
临　清1	2.09	88.99	0.27	0.32	1.22	5.37
2	2.53	86.4	0.29	0.35	0.47	
3	1.63	90.6	0.23	0.34	0.98	
坊　子1	1.51	91.5	0.29	0.21	0.52	
2	19.92	75.4	0.24	0.19	0.39	
莒　　县	26.74	86.7	0.24	0.38	0.73	
菏　　泽	3.91	89.9	0.17	0.29	0.81	
菏泽李洪周村	4.38	80.93	0.44			

（续表）

	水分	灰分	氮	磷酸	氧化钾	氧化钙
菏泽李洪周村	5.52	86.32	0.25			
广　饶	26.69	60.29	0.44	0.44	1.22	3.87
广　饶	19.94	58.44	0.35	1.71	1.62	7.06
河南省						
辉　县	2.46	84	0.29	0.47	0.97	
辉县樊塞村	26.54	67.57	0.17			
辉县八田口村	19.19	73.87	0.29			
新　乡	2.21	92.1	0.21	0.34	0.68	
刘　庄	19.95	75.32	0.13			
刘　庄	22.79	71.8	0.18			
商　丘	4.41	79.9	0.58	0.6	1.07	
商　丘	4.28	81.6	0.49	0.49	1.05	
范　县	13.24	69.4	0.83	0.58	0.95	
许　昌			0.26			
许　昌			0.25			
平　均			0.316	0.669	0.858	

由上表可以看到华北土粪中灰分含量 60% ～ 95%，有机质的含量就相对减低为 5% ～ 20%，主要是因为掺土和加入柴灰草的原因。石灰（氧化钙）含量 3% ～ 7%，正是因为华北地区土壤是石灰性的，一般土粪的 pH 值也多在 8 左右。土粪里含氮量 0.10% ～ 0.86%，平均为 0.32%，磷酸 0.18% ～ 1.71%，平均为 0.67%，氧化钾 0.26% ～ 1.62%，平均为 0.86%，三要素肥料含量的比例大约是 1：2.1：2.7，按这比例施用在一般作物上，磷、钾是相当丰富的，氮素是比较不足的。

每亩土粪用量随各地区习惯，有很大不同，各地区土粪用量和当地土粪质量有很大关系（图 1）。

从图 1 可以看到土粪质量较好的地区，用量在 1 000 ～ 2 000 斤，土粪质量较低的地区，土粪用量增高，如河北定县、安国一带，土粪里含氮仅有 0.10% ～ 0.20%。每亩土粪用量为 5 000 ～ 10 000 斤。又根据本调查 21 个地点每亩土粪用量平均为 2 020 斤（表 3）。

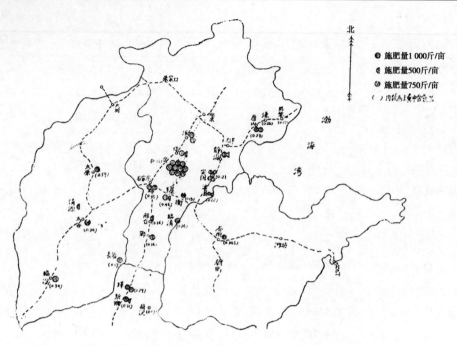

图1　华北地区每亩土粪施用量斤数与土粪含氮量分布图

图例从上至下顺序为：施肥量1 000斤/亩；施肥量500斤/亩；施肥量750斤/亩；
土粪中含氮%

表3　各地主要作物每亩土粪用量　　　　　　　　　　　　　（单位：斤）

河北省		山西省	
保　定	1 500	太　原	1 000
涿　县	2 000	长　治	1 000
定　县	10 000	临　汾	1 000
安　国	5 000	太　谷	600~1 000
石家庄	2 000~3 000	清　源	500
辛　集	1 000~1 500	河南省	
顺　德	500	辉　县	2 000
邯　郸	1 000	新　乡	1 500
沧　县	1 200	许　昌	3 000
唐　山	2 000	洛　阳	1 500~3 000
静　海	1 500	山东省	
		济　南	1 000
		平　均	2 025

再按土粪中氮、磷、钾平均含量计算估计每亩施用土粪中约含有以下的肥料成分。

N 6.4 斤；P_2O_5 13.4 斤；K_2O 17.2 斤。

土粪的肥效：土粪的肥效是很好的，我国千百年来的农业生产，都是靠着使用土粪，到现在还能维持在一定的产量水平。近年来华北各地农业丰产劳模如山西解虞曲耀离棉花每亩丰产 912 斤，河北临漳红光社谷子每亩 1 364 斤，河南洛阳韩俊昌玉米每亩 1 079 斤，都是主要靠着使用当地土粪而获得丰产的，不过他们的肥料用量是相当大的，并且是在多年连续大量施肥情况下，培育出来的，证明土粪的肥效是好的，不但可以供给充足养分，并且可以培养地力，改善土壤性质。不过农村土粪数量有限，在目前每亩施用土粪 2 000 斤的情况下，很明显若想获得高额丰产，肥料是不足的。土粪中 N、P_2O_5、K_2O 含量的比例是 1∶2.1∶2.7，但是主要作物体内的比例大约是 1∶0.5∶1，可知土粪里磷、钾含量是相当丰富的，氮素是很不够的，除非施用过多量的土粪或加施一些氮素肥料，才能获得丰产。

1950—1951 年本所与华北各省农场合作举办的肥料三要素试验，结果正能说明以上的情况。在 32 个小麦肥料试验中，施用氮肥增产的有 24 处，施用磷肥增产的有 13 处，施用钾肥有增产效果的仅有 2 处。证明在目前施用土粪基础上，增施氮肥，可以显著提高产量，部分地区增施磷肥，对小麦也有良好的效果，在现有土粪基础上增施钾肥，增产效果是很小的。氮素肥料包括有各种氮素的化学肥料，各种饼肥，目前，在华北各地，深受农民欢迎，供不应求的情况，也很可以证明这点。

3. 土粪施用的方法

华北地区土粪施用方法主要有以下几种。

（1）犁地前全面撒施

这种用法最为普遍，除机耕外，一般耕地 3~4 寸，施肥深度也有 10~15 厘米，河北部分棉区有秋季施肥春季播种的习惯，可以免去春天耕地跑墒的缺点，这种办法很好，不过秋季的肥料仅够秋播小麦，余下来供给翌年棉田的肥料是不多的。

（2）播种沟里条施

在河北省东北部地区包括北京近郊，农民有使用沟子粪的习惯，播种时先用耧子开沟，撒种撒粪后，覆土镇压，老乡谚语说："粪盖种，打的粮食没处盛"，施用这种方法，要注意播种时有足够的土壤水分。河北中部南部雨量比较少，就没有耠沟撒种的习惯。

（3）用粪耧集中条施

在河北新城、霸县和涞源等地区，农民有施用粪耧糇粪的习惯。粪耧的构造和种子耧相仿，不过耧腿比较粗，直径有 8~10 厘米，可以漏粗粪。在播种的时候，还可以一面漏籽，同时下粪，也有用粪拌种一同糇的，也有先糇粪再播种的。这种办法可以免去开沟跑墒，不过需要较多的劳力，土粪施用前必须晾干打碎，每亩土粪用量约为 1 000 斤，不能太大，施用上还有一定的不方便。

（4）小麦地冬季铺土粪

在河南、山东大部地区，农民存在冬季小麦地铺土粪的习惯，每亩冬小麦地铺上土粪 2 000~3 000 斤，农民反映在旧历 12 月铺粪，既可以保暖，又可以在翌年地解冻时供给肥分，肥效还好。但是在正月以后铺粪，肥力要大大减低，当地俗称小麦田施腊肥。

（5）土粪抓青（追肥）

华北大部分地区农民有用土粪抓青的习惯，农民喜欢用土粪抓青玉米，就是在玉米生长到 2～3 尺高的时候，抓一把土粪放在根的旁边，每亩土粪用量为 2 000 斤左右，中耕的时候就将土粪埋在土里，部分地区也有用土粪作棉花、谷子追肥的，土粪用作追肥多限于生长在夏季伏雨较多季节的作物。

4. 土粪制造材料

土粪里主要材料有土，占总量的 50%～90%，还有不同数量的牲口粪、人粪尿、碎秸秆、糠皮、杂草、秒土、柴草灰等，材料随不同地区、不同积肥季节有很大变化，如河北中部井水浇地一年两熟地区，单位面积产量很高，需要肥料很多，当地对肥料的保存非常重视，拌土数量也就大大增加，河北定县、安国一带，土粪里含氮平均为 0.15%，灰分 94.8%（当地土壤中含 N 量为 0.04%～0.06%），每亩土粪用量为 5 000～10 000 斤，拌土的作用在于吸收肥汁，保存氮素，促进微生物活动和硝化作用。一般习惯在冬季加土数量较少，夏天加土数量较多。

加入其他材料如：牲口粪、人粪尿、柴草灰等的数量，随当地牲口种类，人粪尿保存和使用的方法，烧柴或烧煤情况，土粪沤制方法等习惯而有改变。

5. 土粪堆积方法

主要分为坑内和地面堆积两种方法，以坑内堆积比较普遍。在河南省中南部、山西省南部等地区夏季沤粪有在地面堆积的习惯，这和当地温暖情况、雨季时期和地下水位高低，都是有关系的。这也和堆积材料有关，一般马粪、驴粪、羊粪等容易腐熟的肥料，多采用地面堆积的办法，秸秆茎叶野草等比较不易腐熟的材料，多采用坑内沤制。在小农经济的情况下，除有少数地区人粪尿是另外单存单用以外，各种肥源多半都混合掺土堆在一起制成土粪。堆积方法和各地习惯有所不同，今择其中主要情况介绍如图 2。

（1）猪圈、厕所、粪坑三联式的积肥方法（联茅圈）

这种方法是将猪圈、厕所、沤粪坑联结在一起的，在河北中部地区保定、安国、正定一带农村多采用这种办法，华北其他地区也有零星采用这种办法的，所有的牲口粪（包括牛、马、驴、骡等）、人粪尿、秒土、野草、柴灰等材料都通过猪圈和猪粪尿混合起来，并掺加大量的土和水，腐熟堆积制成土粪。

这个地区的猪圈比较深，比较大，每圈粪可装 5～6 车至 10 余车的。这种方法对人和猪的卫生都有妨害，现在正在动员大家将猪圈和厕所分开。

（2）猪圈粪坑两用式

这种积肥方法是和养猪结合在一起的，养猪的圈又作沤粪坑用。这种方法在华北农村最为普遍，正是结合养猪积肥的办法，在生产上起着很大的作用。有河北省的东北部、北部到山东、河南大部地区，都习惯采用这种办法。猪圈的形式有方的、圆的、长方形的、大的、小的、深坑、浅坑多种，但对积肥来说，主要可分作浅坑或深坑、漏底和不漏底几种，深坑浅坑积肥都有利弊，还需要按当地不同情况和需要处理。所有的牲

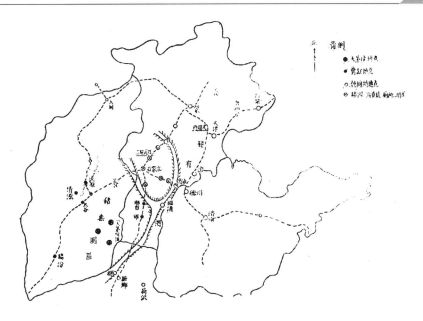

图2　华北地区猪圈、沤粪坑和厕所样式分布图

图例从上至下顺序为：大粪坑地点；粪缸地点；干厕所地点；猪圈、沤粪坑等

口粪、垃圾、柴草灰等都通过猪圈掺和大量土，制成土粪后施用。

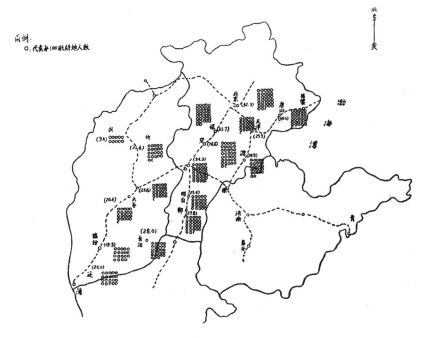

图3　华北地区每百亩耕地人数分布图

图例：○ 代表每100亩耕地人数

（3）粪坑单用式

这种办法是将猪圈、厕所、粪坑分开，在山西省中部南部、太原、太谷、临汾等地农村养猪习惯不大，并且养猪只有个窝而无圈，养跑猪的很多，这些地区专用粪坑积粪，不带养猪。这些地区夏季还有在平地上堆制草粪的习惯，也有过去的猪圈，现在一时没有猪就只好单用沤粪。

6. 农村肥源

华北农村肥料主要是有机肥料，有人畜粪尿和植物茎叶两大肥源。今将河北、山西两省的人口、牲畜等基本材料介绍如下。

（1）人口密度

河北、山西两省各地人口密度，按每 100 亩耕地中人数计算，如图 3。

由图 3 可以看到基本上河北省人口较山西为密。每 100 亩耕地人口超过 30 人的有河北石家庄、定县、保定、通县、唐山等专区，山西省还没有一个专区人口如此稠密，超过 20 人的，河北省有天津、沧县、衡水、邢台、邯郸等专区，山西省有榆次、长治、忻县、汾阳、运城等专区，每 100 亩耕地中人口不到 20 人的两省都不多（表 4）。

表 4　人口密度表（1951 年）

		人口（人）	耕地（亩）	每 100 亩人口
河北	唐山	3 996 590	13 101 171	30. 51
	天津	2 884 292	11 317 901	25. 47
	通县	2 994 713	9 111 888	32. 31
	保定	3 780 262	11 928 223	31. 68
	定县	2 762 673	7 544 868	36. 62
	沧县	2 472 927	9 196 287	26. 89
	石家庄	2 839 712	8 273 065	34. 33
	衡水	2 983 657	11 738 911	25. 42
	邢台	2 608 665	10 322 415	25. 28
	邯郸	3 529 006	12 697 586	27. 79
	小计	30 802 487	105 232 315	29. 28
山西	长治		8 796 113	28
	忻县		6 522 000	21.6
	兴县		10 342 328	9.4
	榆次		7 537 582	25.6
	汾阳		4 137 653	20.4
	临汾		7 191 489	18.87
	运城		8 560 640	20

人口密度说明了以下几个问题。

①人口多表明劳动力的储备大。

②生产的粮食大半在当地消耗。

③精耕细作，单位面积产量高，复种指数大。

④人粪尿在当地农村肥源中的比重增加，这点很重要。

（2）人粪尿排出量和肥分

人粪尿中肥分来源是靠着食品中或按每人平均一年用食粮 400 斤计算，绝大部分肥分仍由粪尿中排出，全部人粪尿中的肥分确实可观。平均每人每年约排出粪 180 斤，尿 1 000 斤。粪中约含 N 1%，P_2O_5 0.8%，K_2O 0.4%，尿中约含 N 0.5%，P_2O_5 0.1%，K_2O 0.15%，总计每人每年内由粪中排出 N 1.8 斤，P_2O_5 1.44 斤，K_2O 0.72 斤，由尿中排出 N 5 斤，P_2O_5 1 斤，K_2O 1.5 斤，可知由尿中排出的肥料成分远超过粪中的肥分。

（3）人粪尿贮存方法

人粪尿是速效肥料，可以代替细肥，在目前细肥供应情况下，对增产作用很大，估计每人每年人粪尿若能充分利用，可以作一亩细肥之用，这是一项很重要的肥源，不可忽视。但是各地对人粪尿的贮存和使用方法有很大区别，对人粪尿的重视程度也大有不同，今将各地人粪尿主要利用情况分列如下，分布地区如图2。

①粪缸式

粪尿混合多无盖，短期贮存，缸可容 100 ~ 200 斤，缸满后直接施用或拌土保存，或混入堆肥（雨期）。在山西中部，南部一带，河北顺德、邯郸、唐山等地多用粪缸的办法，加盖对卫生保肥都有很大好处，应当大力推行。

②大粪井式

粪尿混合长期贮存，多无盖，大粪井容量可达 200 ~ 300 担，粪尿直接施用。山西东南部地区如长治、太谷一带多用这种办法。粪起出后习惯掺入少量绿矾，有杀蛆作用，并使粪尿变成黑色。粪井加盖还要大力推行。

③猪圈、厕所、粪坑联合式

前面已略加介绍，利用大量的土拌和保存肥分。在河北正定、定县、安国一带，其他地区如济南也有少数仿效的。

④干厕所

粪尿分开，尿多抛弃不用，粪晒干后作细肥用，也有少数地区在厕所里设置尿罐尿桶收集（如河北保定、河南辉县等地），但不很普遍，现在各地正在推广这种办法。并提倡大粪和厩肥混贮，不晒干。干厕者主要又分以下两种。

甲、粪窖式：土窖为 5 尺 ×5 尺 ×5 尺的方坑，地表放木棍、木板等棚盖，中间留一小方口，约一尺大小，土底尿完全流失，粪起出晒干或拌柴草灰晾干。保定专区、通县专区农村多习惯用这种办法。也有粪由窖内取出，混加棉籽饼晒干的。这个办法丢失氮素肥分很多，又不卫生，需要加以改善。防漏加盖都是很重要的措施。

乙、小坑式：粪坑约为 7 寸 ×1.5 尺，这样做尿几乎全流失，坑内倒入柴草灰的习惯很普遍，粪起出晒干后用，在天津专区、沧县专区农民多用这种办法，农民反映：院内厕所在夏天若不加柴草灰太脏，苍蝇繁殖，也积不多粪。建议用干细土代替柴草灰的办法，对卫生、保肥都有好处。

以上利用人粪尿的方法，主要可以分为：

①山西省多用的水厕所。

②河北省中部地带多用猪圈拌土的办法。

③河北北部、东部大部分地区的干厕所。

按保存肥料成分来说，以水厕所为最好，拌土的方法次之，干厕所不能利用尿并晒成粪干丢失肥分最大。因为山西中部水茅房保肥好，当地对人粪尿的价值，看得很大。河北省、河南省多半是干茅房，不能很好保存人粪尿，没有获得应有的好处，当地对人粪尿的价值也看得很轻，这点很重要，要大力提倡对人粪尿的利用。

（4）人粪尿的施用

山西省大部地区，农村多年习惯直接施用茅粪。施用方法有：

①用作追肥。

②播种前全面撒施后耱盖或翻耕。

③运到地边、地头拌大量干细土封存，留作耕地前全面撒施。

④在雨期将人粪尿混入秸秆，制成草粪使用。

河北、河南、山东3省农村多将人粪尿在猪圈里和厩肥等材料混拌制成土粪。只有河北顺德、唐山等少数地区，用缸贮粪尿，有直接施用人粪的习惯，施用方法和山西相似，不再重述。

在河北邢台、河南洛阳、山东胶东少数地区，有粪尿分存，冬季地冻农闲，利用人尿浇麦子的习惯，每亩浇尿1 500～2 000斤，可增收小麦50～60斤，在河北邢台城郊水浇地小麦冬季浇尿3～4遍，每亩浇尿有多至5 000～6 000斤的，小麦返青时即开始浇水，小麦产量在600～700斤，但这样做法是不经济的，若能多浇几亩，每亩用尿1 500斤左右，要比一亩浇尿5 000～6 000斤合算。浇尿太多了，小麦有倒伏的情况。河南洛阳农民有在冬季小麦地穴施人尿的办法，穴施后覆土，这样施肥比较费工，但对保肥和提高肥效是很好的办法。

近年在华北各地推广施用人尿，冬季用尿浇麦子，收到良好的效果。

（5）耕畜、家畜数量种类

河北、山西两省各专区每100亩耕地中，牛、马、猪、羊等耕畜家畜数目介绍如表5及图4、图5。

表5　每百亩耕地猪（羊）只数

河　北　省（1949年）	每百亩耕地猪只数（头）	每百亩耕地羊只数（头）
唐山专区	2.6	0.1
天津专区	0.7	
通县专区	5	0.68
保定专区	6.9	

（续表）

河 北 省（1949 年）	每百亩耕地猪只数（头）	每百亩耕地羊只数（头）
定 县 专 区	7.1	48.6（阜平）
沧 县 专 区	0.95	
石 家 庄 专 区	9.2	1.65
衡 水 专 区	3.9	
邢 台 专 区	1.7	
邯 郸 专 区	1.1	
山 西 省（1949 年）		
忻 县 专 区	0.61	6.84
兴 县 专 区	0.2	4.19
榆 次 专 区	0.6	6.54
汾 阳 专 区	0.56	2.24
临 汾 专 区	—	2.21
运 城 专 区	0.23	0.12
长 治 专 区	0.75	6.93

可以看到河北省养猪较多，山西省养羊较多。这和两省基本情况的不同有很大关系，河北省养猪最多的地区是石家庄和保定、通县等专区，也是水浇地多，产粮比较多的地方。但全省养羊很少，山西省养羊比较多的地区有榆次、忻县、长治等专区，但全省养猪极少，山西中部盆地，是有养猪条件的，但是当地养猪没有圈，不能大量积肥，猪到外面找食，损害庄稼，又容易传病，以致养猪得不到好处，因而不养猪，应当大力提倡改善本地区养猪的习惯。

山西山地多，运粪很不方便，用羊卧地的办法，对山岭地施肥解决了很大问题，山西省养羊的办法也是河北省山地应学习的。

猪圈样式在土粪的制造一节中已介绍过，不再重复。

华北地区过去有直接用豆饼、大豆上地作肥料的习惯，虽然增产效果很好，但是不如先用它喂猪，再用猪粪尿作肥料，比较经济。两省耕畜普遍感到不足，饲料不足，影响牲口粪的数量。两省农村大部对牲口粪的垫土保肥相当重视，在很多地区牲口粪不论是牛、马、驴的，都先在猪圈坑内拌土沤过一次再用。这样可以使牲口粪充分腐熟，增加当年肥效。井水灌溉地区农村中，驴、骡较多，旱地、山地和交通不便的地方以牛较多。驴、马粪腐熟较快，牛粪腐熟较慢，对牛粪的沤制方法应加注意。

耕畜缺乏主要是饲料不足，水浇地地区情况稍好，杂粮区情况也较好，以棉区缺乏饲料的情况最为严重，如何在棉区增种杂粮等饲料作物，是很重要的。

用作饲料的作物，各地习惯不同，河南一带多用麦秆喂牲口，而河北很少用麦秆。

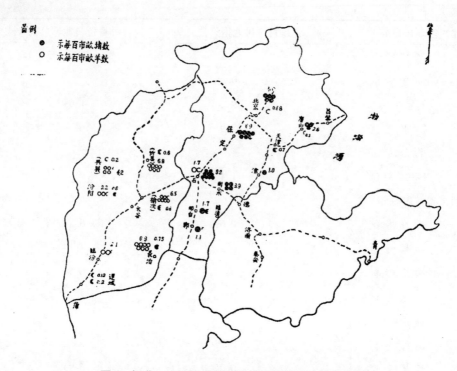

图4　河北、山西两省每百亩耕地猪羊只头数分布图

图例从上至下顺序为：●示每百亩猪数；○示每百亩羊数

谷草、大豆秸是各地公认为最好的草料，晚玉米秸普遍用作饲料，其他如花生秸、豆秸、甘薯蔓、谷糠、甘薯、萝卜等都是喂猪最好的饲料。

北京西郊三家店一带是通过门头沟向北京运煤的大路，每日往返大车很多，当地种菜很多，有接收牲口尿的办法，尿收集后存在砖池里，转售菜农，当地菜农都认为肥效很好，拉脚用的骡马，每天要喂黑豆7～8斤，牲口尿里含氮量是很丰富的，同时也是速效态养分。

若能提倡在大车运输频繁的地区，试用以上办法，或在大车底下带一个桶或篓，随时收集牲口尿，可能多积攒不少速效肥料，用作追肥，或拌土保存，都可以获得好处。

（6）作物秸秆和杂草沤粪

华北农村主要使用作物秸秆作燃料，产煤区和交通比较方便地区，农村也有使用煤的习惯，如山西长治、清远一带有些农村几乎全年烧煤。河北省中部、河南省北部一带交通方便，也有不少农村一年烧煤2～6个月不等，其余月份仍是烧柴，大部分地区交通不便，农村全年烧秸秆。

秸秆用作燃料的数量很大，五口之家，一日两餐，每天需秸秆30～40斤，全年需秸秆12 000～14 000斤，秸秆用作燃料，影响了牲口饲料和沤肥的材料，有"三料"争的说法。在许可的条件下，用煤代柴，一天有3～4斤即足，或加用风箱，也可以省下大量秸秆用作饲料和沤粪，是值得研究的。

华北各地就因为燃料不足，只在产煤和交通方便地区，有利用秸秆沤粪的习惯。山

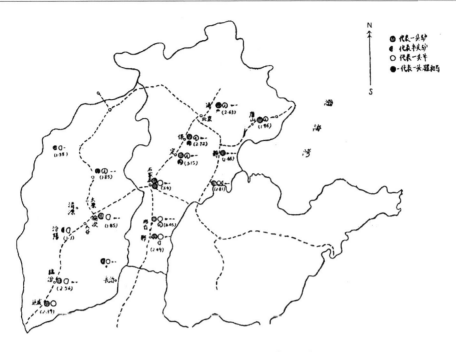

图5　华北地区每百亩耕畜数与耕畜种类分布图

图例从上至下顺序为：⊕ 代表一头驴；● 代表半头驴；○ 代表一头牛；◉ 代表一头骡和马

西省产煤丰富，大部分地区使用秸秆沤粪，他们的方法是将玉米秸切成3～4寸长段，在平地上或坑内堆积，秸秆一尺厚度撒土一层3～4寸并牲口粪一层，堆积了3～4尺高，上面再盖土3～4寸厚，在土顶上面灌水掺和茅粪人尿，堆内湿度不高，约2～3个月后沤好。或在通行大车道上铺放一些秸秆，让来往车辆轧碎，并排泄尿在上面，经过几天后再堆制草粪，这种办法各地都有。河北、山东、河南等地多将秸秆和其他麦根杂草在猪圈内沤制成土粪，详细情况见土粪不再重述。

过去山西省农村有在地里将秸秆随处放火烧掉的情况，近年来已不多见。

（7）柴草灰是利用秸秆作燃料的产物，对小灰单积存的习惯有以下几种

①掺入猪圈粪坑制成土粪；

②掺入厕所制成灰大粪；

③掺入厩肥、堆肥制成土厩肥。

杂草沤粪是华北农村夏季积肥很重要的肥源，靠山和离地较近地区，杂草沤粪收到很大的效果。河北北部农村认为山荆子沤粪，粪力很大。沤制方法多采用在猪圈和浅坑内沤的办法，在水里泡沤一个时期，取出再堆积一个时期，腐熟后施用。杂草沤粪的办法很值得继续大力推行。

（8）炕土、老房土、熏土

炕土是华北农村习惯使用的肥料，华北农村家家屋里有炕，土炕的构造是蜂窝式，冬季用以取暖。也有不少地区，烧饭烟道也都通过土炕，再由烟筒出去。这样秸秆或煤

炭在燃烧过程中，一部分氮素转化成氨，随同烟子附在土坯上，日久积累渐多，一年拆坑一次，坑土可以用作肥料，愈老的坑土，含氨态氮成分愈高，肥效也就愈大。坑土肥分列入表6。

表6　坑土、老房土、熏土肥料成分含量表

名　称	采样地区	氮（%）	磷酸（%）	氧化钾（%）
坑　土	山西洪赵	0.24	0.21	0.97
坑　土	山西临猗	0.35	0.15	0.68
坑　土	山西太原	0.08	0.11	0.43
坑　土	河北石家庄	0.18	0.11	0.4
墙　土	山西洪赵	0.1	0.1	0.54
房　土	山西洪赵	0.09	0.15	0.56
熏　土	河北武安	0.08	0.13	0.4
熏　土	山西平遥	0.08	0.2	0.71
河　泥	北京东郊	0.27	0.59	0.91
炉灰垃圾	北京西郊	0.2	0.23	0.3
淤泥土	河北商都	0.29	0.12	0.98

坑土成分很不一致，这和燃料种类，拆坑时间有关。群众认为，坑土肥效很好，每亩用量 1 000～2 000 斤，用作基肥追肥皆可。若按华北 1 亿人口 2 000 万户人家计算，每户一坑，每年拆换一次，就够 2 000 万亩土地一次速效氮素追肥之用，解决不少问题，这种习惯值得提倡。又烟筒土基本上和坑土性质相同，也可以提倡一年拆换 1～2 次。

老房土、墙土的肥分要比坑土低些，因为没有像坑土、烟筒土那样被烟熏火燎过。老墙土、房土里含有一些硝酸态氮素，一部分是由墙土中有机物质分解而成的，还有一部分是由土壤毛细管作用，从地下随水分上升而来的，每亩用量约为 2 000 斤，多用作基肥。

熏土是用作物秸秆、野草、树枝、甚至有些地区采用牛粪，堆积在沟里，上面盖土。点火后，因为火被土压盖，空气受到限制，不能充分燃烧，仅有黑烟冒出，用烟熏土。这样连续 10 天左右，内部渐渐冷却，打开后连土连灰一并使用。熏土在山西省长治、河北省邢台、武安等山区，最为普遍。熏土的基本道理和性质，与坑土相似，不过坑土是副产品，而熏土是主要产品。坑土一年大约拆换一次，而熏土在冬季可以熏制好几次。熏土的成分见表6。成分高低、肥力好坏，与熏制方法，时间，材料都有关系。每亩用量为 2 000～3 000 斤，多用作基肥，一般肥效很好。

熏土的肥效是肯定的，但在熏烧过程中，有机物大多被破坏了，柴草中氮素也丢失不少，仅有一部分氮素变为速效性的。在有水源和有条件沤制堆肥的地区，还是要提倡沤粪，在山区没有条件沤粪的地方，可以使用熏土。

淤泥、塘泥、河泥也都含有一些肥分，分析结果见上表，各地都在使用，不再多述。

（9）硝土、火硝、卤水和卤膏

河北保定，河南开封，山西太谷、清源、临汾一带，农民有用硝土作肥料的办法，硝土是熬盐和火硝的原料，而不是熬皮硝（芒硝）的硝土。硝土里面含有一些硝酸盐的成分，所以可以用作肥料，并且肥效是很快的。不过里面含有不少食盐和其他盐分，须加注意。硝土多用在水浇地上，每亩用量为 1 000～2 000斤，但不宜用于盐碱土。

火硝又名土硝，华北各省都有相当产量，它是用作花炮的主要原料，又是一种很好的肥料，肥料成分列入表7。

表7　火硝、卤水和卤膏肥料成分表

名　称	采取地点	氮（%）	磷酸（%）	氧化钾（%）
火　硝	北京朝阳门外	12.3	—	23.4
火　硝	河北保定	14.2	—	27
火　硝	山西清徐	13.4	—	48.9
卤　水	北京朝阳门外	2.69	—	1.62
卤　水	河北饶阳	3.37	—	4.76
卤　水	河北安国	2.3	—	2.5
卤　水	河北蠡县	3.27	—	4.31
卤　水	山西清徐	4.99	—	4.11
卤　水	山西汾阳	4.19	—	1.23
卤　膏	山西洪赵	0.3	—	0.9
卤　膏	山西洪赵	0.6	—	1.1

一般优良的火硝约含氮14%，含氧化钾40%，是相当纯的硝酸钾，但农民用作肥料的很少，主要是因为价昂的原因。

卤水是制火硝的副产品，一般含有硝酸态氮2%～5%，氧化钾3%，食盐20%，还有少量钙、镁等元素。比重约为1.4，一般比重愈高，肥分愈高。华北不少地区有用卤水的习惯，山西中部一带，叫卤水作"格老子"，几乎家家都用，如清徐、交城、文水、汾阳、平遥、太原等地使用最广。河北保定、饶阳，也有用卤水作肥料的习惯。使用历史也很久，据说已有几百年了，卤水一般都在菜地和水浇地上使用，每亩用量为20～100斤，多用作追肥，肥效很好，但不宜用在旱地或盐碱地上。

卤膏据说是由卤水浓缩制成的，其目的是为了运输方便。山西省南部如洪赵、曲沃、临汾等地不出产卤水，而习惯用卤膏，肥料成分见表7，由两个样品分析的结果，它所含的肥分不多，半数以上的重量是食盐，含氮量不过0.6%，氧化钾1.1%，它的肥效如何，还值得研究。

（10）豆饼、棉籽饼、豆子、芝麻饼、粉渣和油类

豆饼是含氮比较浓厚的肥料，所以，农村称它为细肥，含氮6%～7%，含磷酸1.5%，氧化钾2%。棉籽饼含氮量稍低，约为5%，但含磷酸较豆饼为高。各种饼类糟渣成分见表8。

表8　饼类、糟渣肥料成分表

名　称	取样地点	氮（%）	磷酸（%）	氧化钾（%）
豆　饼	河北芦台	7	1.32	2.13
黄豆饼	河北石家庄	6.36	1.4	—
黄豆饼	河北定县	6.34	1.4	—
黑豆饼	河北石家庄	6.4	1.2	—
黑豆饼	河北定县	6.35	1.4	—
棉籽饼	河北晋县	4.8	2.01	1.44
苏籽饼	河北邯郸	5.84	2.04	1.17
胡麻饼	河北邯郸	5.21	2.24	1.68
大麻饼	河北邯郸	5.28	2.13	1.16
芝麻饼	北　京	6.59	3.3	1.3
芝麻饼	天　津	7.46	3.5	1.44
芝麻饼	河北晋县	6.55	2.72	1.04
粉　渣	北　京	3.1	—	—
粉　渣	北　京	2.51	0.3	0.43
酒　糟	北京东郊	2.54	1.27	1.15

豆饼、棉籽饼在华北农村中施用比较普通，大部用在经济作物和水稻。如河北省的棉花，渤海区的水稻，北京、天津市郊的蔬菜，都施用很多饼肥，棉花地每亩用饼肥50～80斤，水稻和蔬菜地每亩有用到100～200斤的。农村反映饼肥肥效很好，豆饼、棉籽饼、芝麻饼等都深受农村欢迎。

饼类和糟渣中含有大量蛋白质和醣类，这些动物的营养物质并不是植物所直接需要的，经腐烂分解为简单氮、磷、钾无机化合物后，作物才能吸收利用。所以，豆饼应当通过家畜，然后用家畜粪尿作肥料，最为经济。但有些农村反映，用猪粪尿肥田，它的肥效不如直接使用豆饼，应当加强对猪圈粪的保管工作。用豆饼喂猪，再用猪圈粪肥田，畜产、农产总的收益，比直接用豆饼肥田，实际收益增加很多，这点是肯定的。

黑豆饼和黄豆饼，方豆饼和圆豆饼，圆饼和散粒状的，它们的成分和肥力都没什么区别。

过去还有直接用大豆肥田的，就是将豆子磨碎后，每亩施用30～40斤混同麦种耩下，山西、河北、河南、山东过去很多地区都有这样习惯，现在已很少了。

粉渣又名麻豆腐渣、豆汁干，是制造淀粉或粉条的副产物，内含氮2%～3%，在北京、天津近郊有用它作菜田肥料的习惯。

过去还有个别地区农村认为，用植物油如花生油、芝麻油、菜籽油拌种，或直接施用，均可增产。这是没有根据的，现在已经很少有人这样做了。

（11）废毛、废皮、蹄脚、骨粉和其他

产皮毛地区，农民有用废皮毛作肥料的办法。鸡毛、猪毛、牲口蹄脚等含氮量很高，在5%～10%，但很难分解，肥效很慢。某些地区地下水位较高，群众叫夜潮地，这样的菜园里如在北京三家店、丰台一带，使用以上肥料肥效很好，河北邢台也有这样的地方，但施用在干旱和比较瘠薄的地方，鸡毛、猪毛、头发的肥效就很小了。

骨粉分为生骨粉、蒸制骨粉和脱胶骨粉，生骨粉含氮2%～3%，磷酸20%，脱胶骨粉含0.5%～0.8%，磷酸25%～35%，蒸制骨粉的成分，约在生骨粉和脱胶骨粉的中间。现在华北各地推销的，是脱胶骨粉和蒸制骨粉，以前为最多。华北地区农民使用过骨粉的，大多反映骨粉无效或肥效很低，经过试验证明：骨粉里的氮素部分，肥效还好，而磷酸部分，用在华北石灰质土壤地区，骨粉磷肥作用不大。骨粉是以含磷为主的，氮的含量很小。河北、河南、山西等省农民对推销骨粉有意见，主要是上述原因。使用在华南酸性土壤地区，骨粉中磷肥效果很好。近年来，华北一部分骨粉调拨到华南使用，很受当地农民欢迎。

山西中部清徐一带，有使用黑矾水（硫酸低铁）的习惯，在人粪尿施用前，先混入黑矾少许，每200斤茅粪加黑矾2～4两。有使茅粪颜色变黑和杀蛆的作用。直接使用黑矾，在北京曾经试验过，对大麦、玉米肥效不显著。

山西晋祠水稻田，农民有使用石灰的习惯。每亩用量为100～200斤，在春天用作基肥。当地农民说，使用石灰是穷办法，因为舍不得或买不到肥料。隔几年使用石灰一次有好处，但若连年使用，反而有害。当地土壤石灰含量很高，用石灰是什么缘故呢？可能是利用生石灰杀死水蛭、水虫和小鱼，腐烂后就变成了很好的肥料，这是一个原因。华北主要水稻区如渤海沿岸一带，就没有使用石灰的。

7. 化学肥料使用概况

新中国成立前，华北农村施用化学肥料的数量很少，种类也很简单。可说只有硫酸铵一种，俗称"肥田粉"。现在化学肥料使用量增大，种类繁多，除硫酸铵外，硝酸铵钙、硫硝酸铵、氯化铵、尿素等是氮肥。磷酸铵（氮、磷肥）和过磷酸钙是磷肥，钾素化肥到目前还未大量供应。农民对以上各名字还不很习惯，都叫它们"肥田粉"。各种氮素化肥在当地使用，增产效果很好，农民说这些"肥田粉"是真的，是上等的，深受农民欢迎，供不应求。在某些地区过磷酸钙的增产作用不大，农民反映这种"肥田粉"是假的或是次等的。其实，过磷酸钙货色不假，成色也不次，因为当地土壤和过去施肥等原因，磷肥增产效果不大。

施用化肥较多的地区，水稻区、水浇地区和棉区。今将各种主要作物施肥方法和时期、效果，介绍如下。

渤海湾水稻区习惯使用硫酸铵作追肥，每亩用量10～40斤。在返青后、拔节和孕

穗期追用。肥效很好，每斤硫酸铵可增收稻谷4~5斤，收益很大。

水浇地小麦分布地区很广，近年来提倡在早春返青后结合灌水追用硫酸铵或硝酸铵或其他氮肥，每亩用量为8~15斤，肥效很好，每斤硫酸铵（其他氮肥按含氮量折合），可以增收小麦2~4斤。

山东、河北地区旱地小麦，近年来，提倡在播种时，使用少量硫酸铵作种肥或硫酸铵拌种，肥效也很好。每亩用硫酸铵6~8斤，每斤硫酸铵可增收小麦2~4斤，由于化肥数量供应不足，旱地小麦用化肥的还不普遍。

华北棉区在邯郸、临汾、安阳、临清等地推广施用硫酸铵作追肥，在定苗后，现蕾期到开花初期，每亩追用硫酸铵或其他氮肥7~15斤。每斤硫酸铵可增收籽棉1斤左右。

河北唐山专区农民有施用硫酸铵作玉米追肥的习惯，在玉米现雄花前，每亩用5~8斤，每斤硫酸铵可增收玉米籽粒6~8斤。农民反映肥效很好。

其他作物施用氮素化学肥料，增产效果也很好。如天津市郊大白菜，有追用硫酸铵的习惯，每亩最高有用到100斤以上的。河北、山东等省部分地区，对甘薯、谷子、烟草，甚至花生也有施用硫酸铵的。因为化肥供应不足，还没有普遍使用。

现在华北使用化学肥料存在以下几个主要问题。

①氮素化肥数量供应不足，供不及时。常常有应当追肥的时候，没有肥料，适宜追肥时期过去之后，化肥才能运到，这样使用化肥是不经济的，棉花过晚施肥有贪青徒长，增加霜后花的情况。其他作物，也有同样情况。

②华北地区磷肥效果很不一致，大多地区农民反映，磷肥效果不好，过磷酸钙有积压现象。有些地方，购买氮素化肥时，要搭配过磷酸钙，农民不满，意见很大。如何加强试验研究工作，使过磷酸钙用在有效地区和最有效的作物上，充分发挥磷肥增产效果，是很重要的。

③华北有不少城市，制造垃圾颗粒肥料，配合原料有城市垃圾、硫酸钙或磷酸铵，和过磷酸钙混合成。因为华北地区城市垃圾有机物含量很少，几乎完全是煤灰，也有不少地区用化学肥料和塘泥、草木灰制成粒肥。在制造过程中，增加不少工料成本，氮素也有一些丢失，又增加运输等费用。农民多反映，价钱太高，肥效不大，这也是应当解决的问题。

在目前化学肥料供应数量不足的情况下，开辟肥源，注意积肥保肥，如何充分使用人粪尿和炕土等速效肥料，是目前可行，行而有效的措施，还需要各地大力推行。

本文刊登在《华北农业科学》1956年

山东西部农家使用肥料之化学研究（中文概要）

陈尚谨与 S. D. Wilson，G. F. Winfield，赵宗彝

（美国土壤科学　第 49 卷第 5 号 379～392 页　1940）

中华民国二十八年（1939 年）作者等在山东西部调查农家施肥用土粪情形，并选定农户 32 家为代表，采取一整年中逐次土粪标样（作化学分析并研究各家农户每亩施肥中各要素含量）做下列研究。

1. 化学分析

（甲）普通主要成分

①有机氮②NH_3-氮③硝酸氮④有机碳素⑤CO_2-碳⑥$P_2O_5$⑦K_2O。以上各种成分皆曾定量分析，32 家土粪成分相差颇巨。

（乙）有机物概括分析

依照 Waksman 氏有机物概括分析法，32 家土粪中有机物中灰分、可溶氮、蛋白质、可溶有机物、半维质、纤维质、木质皆曾作定量分析。以木质为最多，平均为 35.5%；蛋白质次之，平均为 18.5%；纤维质又次之，7.84%；半维质最少，平均为 2.59%。

2. 施用量

32 家农户所施肥作物为谷、麦与蔬菜，各家每年每市亩所用土粪重量及其各要素含量详见原文。土粪中各种肥分之速效价值甚低，其迟效部分经分解后始能利用。农家年年如此施肥新旧交替，经相当期间后，当年所施各种肥分约即等于有效肥分之量，则可多年分解为有效时。依照南京中央农业试验场发表，每年每亩施肥量为标准，山东西部农家施肥量可做比较如下表。

表　山东西部施农家肥用量

	过少者约等标准用量 1/3→1/2		2/3→3/4 用量		约与标准同量		过　量	
N	14 家	44%	11 家	34%	7 家	22%	0 家	0%
P_2O_5	14 家	44%	10 家	30%	4 家	13%	4 家	13%
K_2O	2 家	6%	11 家	3%	3 家	9%	26 家	81%

又每亩每年施用有机物约为 434 斤，约等美国普通用量之半数，根据以上结果，山东西部所用土粪肥料成分以 N 肥为最低，P_2O_5 次之，K_2O 情形为最好，故该地土粪之施用，不能认为满意，实需要改善，增加氮素保存量及有机物为要，作者等所研究堆肥问题，意即在此，所得结果容后发表。

北平地区人尿利用之研究
I . 人尿、人粪干与硫酸铵氮肥肥效之比较

陈尚谨

（中央农业实验所北平农事试验场）
（1948 年 2 月）

一、绪　言

中国现仍沿用人粪尿为主要肥料，因各地环境不同，其使用方法也异，在华北半干旱地带，尿之肥料价值，多被忽视，少有直接使用于田地者。凡距城较远之农民，多使用土粪，城郊农民，多使用粪干，尿则抛弃不用。其堆积土粪者，由于液体之流失，氨之飞散，尿中肥分，大部丢失，未能利用，将于另文中讨论之。

查食物中不能消化之渣滓，由粪中排出，被消化部分，经新陈代谢后，而由尿中排泄，以浓度言，粪中肥料成分稍高，然若以每日之产量计算，尿应超出粪之价值 5 倍以上，尤以尿中含有大量氮素，为华北土壤中最急需之肥料。人粪尿中肥料成分见表 1。

表 1　人粪尿中肥料成分表

产量 肥料	每人一日间产量				百万人口一年间产量约相当		
	湿重（克）	氮（克）	磷酸（克）	加里（克）	硫酸铵（吨）	过磷酸钙（吨）	硫酸钾（吨）
粪	250	2. 5	2	1	4 000	4 000	600
尿	2 400	12. 5	2	3	20 000	4 000	1 800
粪尿比	1 : 10	1 : 05	1 : 01	1 : 03	1 : 05	1 : 01	1 : 03

唯因人尿贮藏及使用上之不得法，其肥料价值，未被人重视，又因其中含有盐分，亦不敢使用。人粪中虽含有各种病菌与寄生虫卵，每年死亡于人粪传染病者（Fecal-borne diseases）如伤寒，霍乱，疟疾等，以千万计，农民不顾其危险尚使用之，而竟将价值 5 倍，又无上述危险之肥料——人尿，抛弃不用，实为华北农业一大损失，当此食粮不足，肥料极端缺乏之际，进行人尿之肥效试验，并分析土壤中增加盐分情形，以期对于华北人粪尿问题，做一适当处理，并充分利用之。

二、田间试验

试验用地，在北平西郊北平农事试验场，土质为石灰性冲积壤土，地面 1 米以下，始见细沙，地下水位，在 5 米左右，表土中含有机质 1.7%，石灰质 2.6%，根据过去田间试验，对于氮素肥料反应显著，对于磷质及钾质肥料，无显著反应。试验工作现仍在继续中，计完成者有黍作，玉蜀黍及蔬菜连作 3 个试验，分述如下。

1. 人尿对于黍作之肥效试验

于中华民国三十五年（1946 年）进行，采用 3×3 拉丁方设计，每小区面积为 10 平方米，分为无肥料，施用人尿与硫酸铵 3 个处理。施用肥料区，以每亩氮 8 斤为标准，5 月 29 日播种，6 月 29 日施肥，并灌水 24 公厘，9 月 3 日收获，产量如表2。

表2　肥料处理与黍作产量

区　别	籽粒产量		秆叶产量	
	（斤/亩）	（%）	（斤/亩）	（%）
无肥料区	157.6	100	596.8	100
施用人尿区	250.4	159	908	152
施用硫酸铵区	252.8	160	908.8	152
5% 显著差异	40.6	216		
1% 显著差异	95.2		499	

施肥与不施肥间，产量差异极为显著，施用氮肥每亩 8 斤后，可增加产量 60%，人尿与硫酸铵之肥效，无显著差异。

2. 人尿对于玉米之肥效试验

原用黍作试验地，不敷应用，中华民国三十六年（1947 年），另采用 4×4 拉丁方设计，每小区面积，约为 1/30 亩，共分为无肥料，施用人粪干、人尿及硫酸铵 4 个处理。施用肥料区，以每亩用氮 8 斤为标准，5 月 7 日播种，行距为 60 厘米，株距30 厘米，6 月 6 日灌水及施肥，粪干区一次施完，人尿及硫酸铵区，则又于 7 月 18 日共分两次随水施用，9 月 17 日收获，所得结果见表3。

表3　肥料处理与玉蜀黍产量（平农一号品种）

区　别	籽粒产量		秆叶产量	
	（斤/亩）	（%）	（斤/亩）	（%）
无肥料区	297.9	100	1 106.60	100
粪 干 区	479.7	161	1 325.90	120

（续表）

区　别	籽粒产量		秆叶产量	
	（斤/亩）	（%）	（斤/亩）	（%）
人 尿 区	591	198	1 388.30	126
硫酸铵区	593.3	199	1 417.20	128
5% 显著差异	58.7	116.9		
1% 显著差异	88.9		180.4	

施肥后产量增加极为显著，人尿与硫酸铵之肥效，无显著差异，每亩施用 8 斤氮，可增加籽粒产量 98% 与 99%。人粪干之肥效，则显著较低，仅增加产量约 60%。肥料处理与每穗粒数、粒重之关系见表 4。

表 4　肥料处理与每穗粒数、粒重之关系

区　别	每亩株数	每亩穗数	穗数／株数	秆重／粒重	每百克粒数	每穗粒数	每穗粒重（克）
无肥料区	3 460	3 060	0.884	3.71	495	241	48.7
粪 干 区	3 645	3 152	0.865	2.76	441	336	76.1
人 尿 区	3 542	3 450	0.974	2.35	430	368	85.7
硫酸铵区	3 470	3 234	0.932	2.39	424	389	91.7

无肥料区，玉蜀黍穗小粒小，且多空秕，秆叶与籽粒重量之比，随施用肥料而减低，由田间观察，株高约 2.5 米，生育不甚茂盛，下部叶多枯干，以无肥区为最甚，每亩虽施用氮肥 8 斤，仍感不足，然以产量计算，施用人尿及硫酸铵区，每亩约达 600 斤，为普通农家产量之 1 倍，它与株间密度，施肥量，施肥期有关（农家玉米每亩约 2 000 余株），若施肥数量，再度增加，收获量仍有增加趋势。

3. 蔬菜试验

城镇中需要大量蔬菜，栽培蔬菜更需要大量肥料，种菜园地，距城较近，灌水便利，人尿之利用，当更为有效，试验作物：①菠菜；②茴香菜，连续栽培。

田间设计为 4×4 拉丁方附裂区，共分无肥料，施用人粪干、人尿及硫酸铵 4 个主要处理，每小区面积为 24 平方米，其中，又分为两个裂区，灌水量不同，以求肥料与灌溉之相互作用，施用肥料区，每亩用氮 15 斤，共分 3 次随水施用，施肥与灌水日期，详见图 1。菠菜于 4 月 11 日播种，5 月 21 日收获，茴香菜于 5 月 30 日播种，7 月 22 日收获，所得产量如表 5。

表5　肥料处理间，蔬菜之产量

区　别	菠　菜　试　验				茴香菜试验*	
	每亩产量（斤）		平均产量（斤）			
	少量灌水	多量灌水	每亩产量（斤）	（％）	每亩产量（斤）	（％）
无肥料区	687	790	739	100	1 653	100
粪 干 区	899	1 098	999	135	3 003	182
人 尿 区	1 370	1 732	1 551	210	4 762	288
硫酸铵区	1 371	1 850	1 610	218	4 041	244
平　　均	1 082	1 368	1 225			
肥料处理间	显著差异（5％）184.9 斤（1％）280.1 斤				显著差异	
灌　水　间	显著差异（5％）196.2 斤（1％）360.2 斤				（5％）386.8 斤	
肥料×灌水	显著差异（5％）131.2 斤（1％）188.5 斤				（1％）586.0 斤	

＊因逢雨季，灌水裂区试验停止

　　施用人尿与硫酸铵对于菠菜之肥效，最为显著，菠菜施用每亩 15 斤氮肥后，较无肥料区增收 110％ 与 118％，同样茴香菜也可增收 188％ 与 144％，人粪干之肥效，明显较低，施用同等氮量，仅增收菠菜 35％、茴香菜 82％。

三、各种肥料处理间，对于作物中成分之影响

　　欧美各地，有传说试验人粪尿生长之蔬菜，含有臭味，作者曾分别尝试，各种肥料处理间，并无特殊之气味，各作物中成分如表6。

表6　各种肥料处理间，对于作物成分之影响

作物　成分（％）	菠　菜				茴香菜				玉米粒			
	无肥区	粪干区	人尿区	硫铵区	无肥区	粪干区	人尿区	硫铵区	无肥区	粪干区	人尿区	硫铵区
干　物	11.1	9.8	8.4	7.8	8.4	7.1	5.4	6.8	85.5	85.3	86	85.1
干物百克中												
氮	2.31	2.51	3.45	4.17	1.94	2.3	3.3	3.5	1.22	1.25	1.34	1.34
磷　酸	1.51	1.65	1.18	1.29	1.25	1.2	1.1	1.11				
加　里	5.87	6.41	6.52	5.55	4.81	5.07	4.35	4.26				
盐　分	3.1	3.1	3.53	3.32	5.04	5.05	8.35	3.34				
灰　分	23.2	22.9	23.8	24.6	21.8	22.2	25.7	22.6				

　　速效氮肥可以增加蔬菜中蛋白质之含量，施用人尿及硫酸铵区，含氮量最高，人粪干区次之，以无肥料区最低，含量相差可达 40％，玉米粒中也有同样情形，施用人尿

与硫酸铵区，较人粪干区及无肥料区，增高7%与9%，故使用充足之肥料，不仅产量增加，且可增高营养成分。各种肥料处理间，磷酸与加里之含量，无显著区别，施用人尿区之茴香菜，干物中盐分增高至8%，较其他各区间盐分稍高。

四、施用人尿后，土壤中盐分增加情形

由田间试验，品质检定，已可确定人尿之肥效之价值，华北农民恐尿中盐分发生危害，不敢使用，今特对此问题略述如下。

土壤中盐分之增加，与人尿使用量、使用期、降水量、灌水量有密切关系，作图解表示如图1。

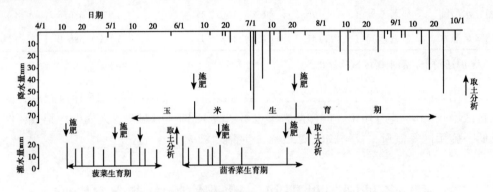

图1　作物生育期间降雨灌水施肥日期分布图

于每种作物收获后，取土分析，所得结果，列入表7。

表7　肥料处理间，土壤中盐分增加情形

试　验　名　称	菠　菜　试　验				茴　香　菜　试　验				玉　黍　蜀　试　验			
区　　别*	1	2	3	4	1	2	3	4	1	2	3	4
前作增加盐分（斤/亩）	—	—	—	—	13.8	21.6	54.5	13.8	—	—	—	—
本作肥料中盐分（斤/亩）	—	7.81	40.66	—	1.4	6.5	52.5	1.4	—	2.7	25.5	—
灌水中盐分（斤/亩）	13.8	13.8	13.8	13.8	10.2	10.2	10.2	10.2	1.5	1.5	1.5	1.5
土壤中盐分（NaCl）	毫克/千克	毫克/千克	毫克/千克	毫克/千克	毫克/千克	毫克/千克	毫克/千克	毫克/千克	毫克/千克	毫克/千克	毫克/千克	毫克/千克
深度（cm）												
0～10	34.1	46.3	82.6	21.9	12.7	10.7	53.5	5.2	17.2	23	25	20
10～20	45.5	83.1	147	62.8	7.9	9.6	33.6	7	17.2	23	29	17
20～30	26.2	28.2	231.8	9.7	5.6	5.5	10.4	5.3	20.1	23	22	15.5
30～40	21.4	30.7	35.9	22.9	6.7	7.2	9.1	6.9	23	21	24.5	15.5

（续表）

试 验 名 称	菠菜试验				茴香菜试验				玉黍蜀试验			
区　别*	1	2	3	4	1	2	3	4	1	2	3	4
40～50	16	23.9	30.8	21.9	2.8	8.2	9.8	3.8	23	17.2	39.5	17
50～60									23	17.2	21	20
60～70									23	28.7	58	17.2
70～80									22.5	20	47	20
80～100									23.5	28.7	148	14.4

＊区别：1. 无肥料区；2. 粪干区；3. 人尿区；4. 硫酸铵区

普通人尿中，约含氮 0.5%，食盐 1.5%，两者之比约为 1:3，初春菠菜田地，施用人尿每亩合 3 000 斤，内含盐分 40 斤。收获后取土分析，发现所有盐分，皆存积于地表至 20 厘米间，土中盐分，最高量可至 250 毫克/千克，茴香菜生育期中，再施入盐分每亩 62 斤，连前作所加入之盐分，共达 117 斤。因逢雨季，共得降水量 244mm，土中盐分多被洗去，茴香菜收获后，7 月 24 日，取土分析，盐分未见增加，反由 247 毫克/千克降至 33 毫克/千克，恢复未施用人尿前之状态。

玉黍蜀田地施用人尿合每亩 1 700 斤，内含氮 8 斤，食盐 26 斤。26 斤之食盐，分布于 1 亩之土壤中，为量甚微，经过雨期后，被水冲洗至 80～100cm 深处，土壤中含盐最高量为 150 毫克/千克，普通土壤中，食盐成分在 500 毫克/千克以下者，不致发生危害，具有刺激植物生长之功效，故使用人尿作氮素肥料，在短期数年内，绝无食盐过高之危险。

五、结　论

华北农民多不习惯使用人尿，今用黍作、玉蜀黍、菠菜及茴香菜田间肥料试验，已证明人尿之肥效约与硫酸铵相等。确为良好之远效肥料，玉蜀黍每亩施用氮肥 8 斤，施用人尿及硫酸铵区，较无肥料区，增加产量 98% 与 99%；人粪干区，则仅增收 61%。人尿对于菠菜之肥效，尤为显著，使用人尿与硫酸铵区，菠菜每亩增收 110% 与 118%。茴香菜则增收 180% 与 144%。施用同氮量之人粪干区，仅增收菠菜 35% 与茴香菜 82%（图 2）。

使用良好之肥料，对于作物之品质也有关系，玉米使用人尿或硫酸铵后，较施用粪干与无肥料区，蛋白质含量增高 7% 与 9%，菠菜中蛋白质含量受肥料之影响尤为显著，差异可达 40% 以上，对于人民之营养不无影响。

再者，人尿中不含各种病菌及寄生虫卵（Fecal-brone diseases），故较人粪安全，栽培蔬菜若能以尿代替鲜粪，每年必减少若干死亡与医药费用。

人尿中约含氮素 0.5%，食盐 1.5%，两者之比为 1:3。若旱田每亩施用氮肥 8 斤，则同时添入盐分24斤，以24斤之食盐，分布于1亩之土壤中，为量极微，再经过雨期后，大部分盐可被洗去，一年冲洗一次，想由肥料增加之食盐，不致堆积至有害程度，现仅有一年之结果，不敢肯定，有待将来之证明。

承蒙叶和才先生指教，洪梦麟与乔生辉两位先生之协助，特致谢忱。

参考文献

［1］王祖泽. 天然氮肥与人造氮肥对于莲花白中粗蛋白质含量之影响［J］. 中华农学会报.

［2］S D. Wilson and Yueh，Wang. A Preliminasy Repot on the Chemistry of Feces Cakes，Peking National History Bulletin，1938—1939，vol. 13 p. 269.

［3］G. F. Winfield. Studies on The Control of Fecal-Borne Diseases in North China［J］. Chinese Medical Journal，1937，51：217－236.

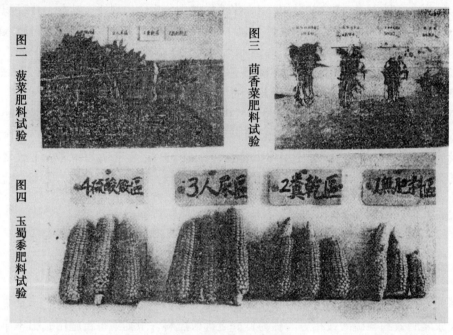

图2　田间试验结果摄影

Studies on the Utilization of Human Urine as Fertilizer in Peiping
1. Effect of Direct Application of Urine on Crop Yield and On Salt Content of the Soil

Shang-Jin Chen

SUMMARY

Field experiments of corn, millet, spinach, and fennel were made to test the fertilizing value of urine in Peiping soil. On equal nitrogen content basis, urine has nearly the same fertilizing value as ammonium sulfate and they are much superior than feces cakes. The amount of salt in urine applied to the soil was very small.

Photographs: 1, No manure 2, Feces cakes 3, Human urine 4, Ammonium sulfate.

本文刊登在《中国土壤学会会志》1948 年 2 月　第 1 卷

北京地区人尿利用之研究
II. 人尿贮存与氮素之丢失

陈尚谨　乔生辉

（华北农业科学研究所）

（1950 年 12 月）

人尿为良好之速效氮肥，田间试验结果已于前篇讨论（I），唯因贮存上之困难，仍难充分利用。查人尿中尿素，在普通贮存情况下，迅速水解为碳酸铵，再分解为氨与二氧化碳，氨则飞散丢失，故尿之贮存问题即是氮的保存问题。今将初步试验结果讨论如下：一是人尿贮存氮素丢失情形；二是人尿与土或麦秆发酵对于氮素之保持；三是土壤吸收铵根的性能；四是钾、钠离子对于土壤吸收铵根之影响。

一、人尿贮存与氮素之丢失情形

用人尿 400 斤拌均后注入 4 个缸内，每缸 100 斤，分为以下 4 个处理：①不加何处理；②添加氯化钙 1 公斤；③用机器油 2 两遮盖表面；④添加石膏 4 公斤。置于院内，每隔 10 天，采取样本分析一次，并称其重量，自 3 月 21 日起，至 6 月 2 日止，共计贮存 72 天，所得结果如表 1、图 1 与图 2。

表 1　人尿贮存与氮素丢失

处理种类	日期	天数	尿的重量（斤）	尿中总氮量（%）	尿中总氮量（斤）	氨氮*（斤）	氮之丢失（%）
	3 月 21 日	1	100	0.6	0.6	0.49	0
	3 月 31 日	10	91.6	0.47	0.43	0.33	28.3
	4 月 10 日	20	82.3	0.43	0.35	0.25	41.3
	4 月 21 日	30	60.4	0.41	0.25	0.18	58.3
1. 不加处理	5 月 1 日	40	46.6	0.36	0.17	0.16	71.7
	5 月 11 日	50	39.4	0.38	0.15	0.1	75
	5 月 21 日	60	28.2	0.36	0.1	0.07	82.9
	6 月 2 日	72	11.5	0.49	0.06	0.04	90
	3 月 21 日	1	100	0.6	0.6	0.49	0

（续表）

处理种类	日期	天数	尿的重量（斤）	尿中总氮量		氨氮*（斤）	氮之丢失（%）
				（%）	（斤）		
	3月31日	10	92.8	0.61	0.57	0.06	5
	4月10日	20	84.2	0.65	0.55	0.06	8.3
	4月21日	30	63.2	0.84	0.53	0.03	11.5
2. 加氯化钙	5月1日	40	49.6	1.02	0.51	0.02	15
	5月11日	50	40.4	1.25	0.51	0.02	15.8
	5月21日	60	30.1	1.72	0.52	0.01	13.7
	6月2日	72	13.6	3.62	0.49	0.01	17.9
	3月21日	1	100	0.6	0.6	0.49	0
	3月31日	10	100	0.58	0.58	0.49	3.3
	4月10日	20	100	0.58	0.58	0.48	3.3
3. 用机油遮盖	4月21日	30	99.9	0.58	0.57	0.43	5
	5月1日	40	99.9	0.59	0.58	0.48	3.3
	5月11日	50	99	0.59	0.58	0.45	3.3
	5月21日	60	98.8	0.58	0.57	0.42	5
	6月2日	72	98.5	0.58	0.57	0.43	5
	3月21日	1	100	0.6	0.6	0.49	0
	3月31日	10	91	0.58	0.53	0.14	11.7
	4月10日	20	83.2	0.6	0.5	0.12	16.7
4. 加石膏	4月21日	30	61	0.7	0.43	0.07	28.3
	5月1日	40	46.8	0.88	0.41	0.06	31.5
	5月11日	50	38.5	1.03	0.39	0.03	35.9
	5月21日	60	28.9	1.42	0.4	0.03	33.3
	6月2日	72	13.3	2.64	0.37	0.03	38.3

＊氨氮包括氨与碳酸铵中氮素

以用机器油遮盖表面，保存氮素成绩最为良好，72天内，仅丢失5%，添加氯化钙，氮素丢失18%，添加石膏，丢失38%，以未加处理者最劣，氮素丢失竟达90%。再查遮盖机油，水分蒸发甚少，氮之浓度也未增减，添加氯化钙与石膏者，水分减少甚多，而氮之浓度由0.60%增至3.62%与2.64%，不加处理者，水分与浓度同时减退，总氮量由0.6斤减至0.06斤。

氯化钙与石膏之功效，可用以下化学方程式表明。

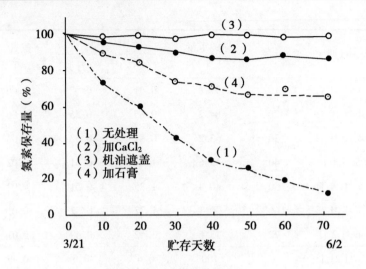

图1　人尿贮存氮素丢失情形

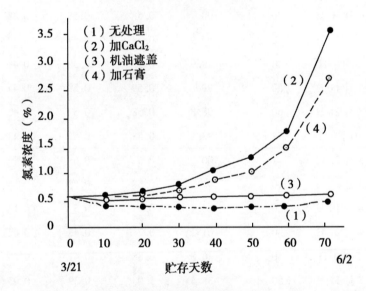

图2　人尿贮存，氮素浓度之改变

$$CaCl_2 + (NH_4)_2CO_3 \uparrow = CaCO_3 \downarrow + 2NH_4Cl$$

$$CaSO_4 + (NH_4)_2CO_3 \uparrow = CaCO_3 \downarrow + (NH_4)_2SO_4$$

以上可逆反应变化，碳酸钙不溶解，故向右端推进，石膏溶解度甚小，故其功效也较氯化钙为薄弱。

二、人尿与土或麦秆发酵对于氮素之保持

本实验起始于1947年8月25日，分为以下4个处理（表2）。

①无处理——每日用尿 8 斤，注入缸内。

②尿与麦秆混合——每日用尿 8 斤，麦秆 4 斤拌合，贮入洋灰池内。

③尿与土混合——每天用尿 8 斤，干土 24 斤拌合，贮入洋灰池内。

④水与麦秆混合——每日用水代尿，其他与 2 项同。

连续加入材料，共计 52 天，此后任其发酵，不再添加，第 2 与第 4 处理保持水分在 60％上下，水分按需要情形补充。尿与麦秆发酵，温度略升，保持 37℃约有两星期，水与麦秆发酵甚慢，温度仅升高至 25℃，该年 12 月 2 日采取样本分析一次，腐烂尚未成熟，至翌年 7 月 22 日，再作第二次分析，采取样本及分析方法，参照温、韦二氏方法（2），先分析湿物，风干后再磨细分析，互作对照。

表 2　人尿与土或麦秆发酵对于氮素之保持

处　理	发酵天数	干　物		总氮量		保持原尿中氮素	
		（kg）	（%*）	（kg）	（%*）	（kg）	（%*）
1. 无处理	0	—	—	0.92	100	0.92	100
	99	—	—	0.41	44.6	0.41	44.6
2. 尿与麦秆	0	95.7	100	1.21	100	0.92	100
	99	62.9	66	0.69	57	0.4	43.4
	337	52.8	55	0.55	43.8	0.26	28.2
3. 尿与土	0	577	100	1.37	100	0.92	100
	99	577	100	1.13	82.5	0.68	73.9
	337	572	90	0.99	72.3	0.54	58.7
4. 水与麦秆	0	86.9	100	0.29	100	—	—
	99	82.4	95	0.32	110	—	—
	337	66.1	76	0.33	114	—	—

*百分保持量

麦根含氮 0.29％，腐烂极为缓慢，加尿可增加速度，按保持尿中氮素言，以尿与土混合较好，11 个月后，仍可保存 59％，其中，4/10 已变为硝酸态，尿与麦秆发酵，仅能保存 28％，亦无硝酸根之发生。麦秆与水发酵极慢，氮素无显著变化。

氮之丢失，大部分为氨，实验初期，丢失较多，接近红色石蕊试纸，可迅速变为蓝色。

三、土壤吸收铵根之性能

新鲜人尿中，尿素迅速分解为碳酸铵，故陈旧人尿可视为稀薄碳酸铵溶液，唯混有其他杂质而已。以下实验，用人尿与约同浓度之碳酸铵溶液同时进行，互作对照。

用风干土500g，置入抽气瓶内，一瓶内加入人尿150mL，另一瓶内加入约同量之碳酸铵溶液，在50℃干箱内风干，同时用抽气管，使空气先经过浓硫酸干燥后，通过瓶中，连带所发生之气体，通入标准硫酸，氨被吸收后，煮沸用标准碱液滴定，每日更换标准硫酸及称重一次，土壤水分由每次改变重量计算，俟水分及氨不再丢失时，另加人尿或硫酸铵溶液150mL，照法实验，共计重复4次，所得结果如图3。

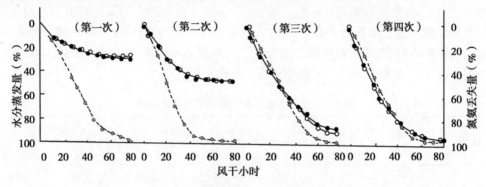

图3　土壤添加碳酸氨溶液，水分蒸发与氨丢失之关系

。氮素（人尿）　·氮素（碳酸氨溶液）　⊙水分

由图3可知，水分与氨丢失之速度有关，水分蒸发最快之阶段，亦即氨丢失最快之时期，土壤水分降低至3%，可丢失之氮已大部丢去，若再继续干燥，氨之丢失，亦极为缓慢。每次风干后，取土样分析，证明用抽气法测定氨之丢失，颇为准确。在实验期间，硝化作用甚微，土中硝酸铵含量仅增高至0.01%，人尿与碳酸铵溶液性质完全相似，第一次加入人尿风干后氮素丢失31%，土壤中铵氮量由0.00%增至0.10%，第二次加入人尿再风干后，氮素丢失46%，土壤中铵氮量增加至0.17%，第三次丢失86%，土中铵氮增加至0.20%，第四次丢失95%，所加入之氮素，几全部丢去，此后若再加入人尿或碳酸铵溶液，亦不能吸收。

用Pari氏法分析用土之可置换盐基总量为18.3m. e/100gm. 土，若被铵基置换完全后，含氮量应为0.256%，但实际情况，若不洗去原土壤中所含之盐基，土壤吸收铵根，使土中含氮量仅可增高至0.2%，约为总饱和量之80%。

四、钾、钠离子对于土壤吸收铵根之影响

华北土壤pH值多在7.0以上，吸收铵根，系由于盐基置换之原理，而不能直接与氨化合，若溶液内除含有铵根外尚含有钾、钠等离子，亦可同时被土壤胶体吸收，其影响如何，进行了以下实验。

参照Knop氏测定土壤吸收系数之方法，先测定人尿或碳酸铵溶液之铵氮含量，加入土壤震荡后，再分析溶液中减少之铵量，以计算百克土壤对铵根之吸收量，然后将溶液滤去，土不用水洗，移到50℃烤箱内风干（附着于土粒上之碳酸铵，可完全分解丢失），再分析风干土中铵氮量。改变溶液中铵根与钾、钠离子浓度，对于土壤置换铵根

之性能，有显著影响，结果如表3、图4。

表3 钾钠离子对于土壤吸收铵根之影响（溶液用量为200.0mL）

用土量 （gm.）	溶液内添加离子浓度			土壤与碳酸铵溶液			土壤与人尿		
	NH_4^+	Na^+	K^+	(1)*	(2)*	(3)*	(1)	(2)	(3)
	N.	N.	N.	m. e.	m. e.	%	m. e.	m. e.	%
50	0.3			18.8	11.7	38	16.1	9.6	41
50	0.15			18.6	11.2	40	14.6	8.1	45
50	0.1			15.7	9.9	37	12.4	6.7	46
50	0.03			10.6	7.7	32	9.1	5.3	42
50	0.03			7.4	6.4	27	6.4	4.1	36
200	0.1			8.1	6.5	19	6.9	4.9	30
150	0.1			9.6	7.3	24	7.7	5.4	30
100	0.1			12.3	8.7	30	9.4	6	36
50	0.1			15.8	9	43	12.4	6.7	46
25	0.1			20.6	9	56	14.4	6.4	55
50	0.3	1.2		15	6.1	59			
50	0.3	0.6		15.6	8.2	47			
50	0.3	0.3		18.1	10	45			
50	0.3	0.15		19	10.4	45			
50	0.3	0.075		19	10.8	43			
50	0.3	0		19	10.9	43			
50	0.3		0.6	8	0.2	97	9.4	1.6	83
50	0.3		0.3	12.6	0.8	94	13.7	2.1	85
50	0.3		0.15	18.8	3	85	14	4	71
50	0.3		0.075	18.3	3.9	79	17.1	4.3	75
50	0.3		0.03	19.4	6.8	65	18.3	7.1	61

（1）*用分析溶液中铵根减少数量，计算百克土壤对铵之吸收量；

（2）*用分析风干土铵根增加数量，计算百克土壤对铵之吸收量；

（3）*土壤风干过程中铵氮丢失百分率。｛（1）－（2）｝×100／（2）＝%

　　由表3、图4分析结果指出，液体内铵根减少数量，较风干土增加数量为高，添加钾离子后，两种方法所得结果之差别，尤为显著。盖风干期间，土壤上附着氯化钾溶液，浓度增高，将土壤已吸着的铵根，再置换而出，故丢失铵量增大。溶液中添加同当量氯化钾后，土壤对铵吸收力，明显减退，每百克土吸收铵量，由18.8m. e. 降低至13.3m. e.。分析风干土所得之结果，由11.7m. e. 降至0.8m. e.，土壤几不能保留所有之铵根，而尽被丢去。

　　钠离子对于铵基吸收之影响则甚微，增加同当量之氯化钠，风干后之土壤每百克尚

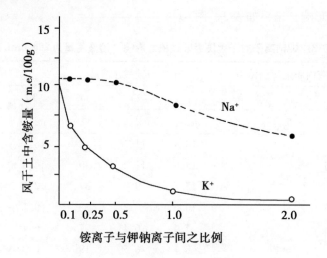

图 4   钾钠离子对于土壤吸收铵之影响

可含铵基 10.0 m. e.，若钠离子浓度增加至两倍，风干土中仍可保留 6.1 m. e.，尿中含有大量氯化钠，钾之含量则甚微，故尿中盐分对土壤吸收铵的影响不大。

五、结 论

人尿中氮素最宜丢失，贮存 72 天丢失可达 90%。故尿的贮存方法应加注意，否则氮素丢失，仅余有盐分，施用后有害无益，为华北农民多不使用人尿原因之一。

尿的表面若用机油遮盖，或加密盖使与空气完全隔绝，两个月后，尚可保持原尿中氮素 95%，添加氯化钙或石膏，亦有相当效果，可保存氮素 80% 与 60%，石膏溶解度较小，其功效亦较氯化钙为薄弱。凡一种盐类，其金属部分，可与碳酸根化合为沉淀者，皆有固氮之能力，如硫酸铁、氯化铁、硝酸钙，亦必有同样之功效，但药品比较昂贵，不能普遍使用。

添加有机质发酵，亦可暂时保存一部分氮素，按微生物与氨及蛋白质间的变化，也是一个可逆反应，不能使氮素完全保留。再者消耗大量植物秸秆，在华北农村缺乏燃料情况下，亦有困难。

使用土壤保存氮素，为最经济之材料，但用量必须很大。普通土壤，每百克可置换性盐基总量约为 15 ~ 20 m. e.，若能完全被铵基饱和，土中含氮量仅为 0.21% ~ 0.28%，但实际达到 0.2% 也颇不易，在普通情况下，尿与干土用量之比若为 1∶4，土中氮素可增加 0.1%，氮素保持效率为 70% ~ 80%，尚为适用，若再混入少量有机质，当更为有利。

土壤吸收铵根，显受其他离子之干扰，以钾离子之影响最大，钠离子之影响则较小，堆制土粪时，若加入多量草木灰，灰中碳酸钾不仅使碱度增高，钾离子且可降低土壤吸收铵根之能力，故以分别贮存，最为重要。

用土愈多，铵量愈少，保存氮素之效率亦愈大，在可能情况下，人尿应尽量用作追肥，冬季休闲期间，可直接运到田内，拌土保存，如此可减去往返运土之脚力，及贮存时不可避免之损失。若以每亩施用氮肥 5 斤计，每亩增加盐分仅不过 10 斤，绝不致对作物有何妨害，然产量必有显著之增加。在华北惯行使用干体肥料，人尿之贮存与利用，应加注意。

本文承陆钦范先生阅校，特致谢忱。

参考文献

［1］陈尚谨. 北平地区人尿利用之研究 Ⅰ. 人尿、人粪干与硫酸铵氮肥肥效之比较［J］. 中国土壤学会会志，（1）：33.

［2］Winfield, G. F. etc.（1939）Cheeloo and Yenching Universities Agricultural Sanitation Investigation, Sixth Progress Report.

［3］Puri, A. N.（1938）Reaction Between Ammonia and Soil［J］. Soil Science, 45 p. 477.

［4］Davis, L. E.（1945）Theories of Base-exchange Equilibium［J］. Soil Science, 59 p. 379.

［5］Puri, A. N.（1935）A New Method for Estimating Exchangeable Bases in Scil［J］. Soil Science, 40 p. 159.

Studies on the Utilization of Human Urine as Fertilizer in Peking Area. Ⅱ. Storage of Human Urine

Shang-chin Ch'en and Sheng-hui Chiao

（1976 年 2 月）

Stored urine can be considered as a dilute solution of ammonium carbonate with some organic and inorganic impurities. Nearly all its nitrogen can be conserved by a close-fitting cover, or still better by a layer of lubricating oil. In so far as conservation of nitrogen is concerned, mixing urine with air dry soil is much better than with organic matter. Treatment with calcium chloride is also more effective than that with gypsum.

It is found that potassium ion exerts a very unfavorable influence on the absorption of ammonium ion by soil colloid, whereas the effect of sodium ion is much less. The fact that straw and wood ashes can not be mixed with urine earth, or soil compost rich in ammonia is not only due to the alkalinity of the ashes, but also due to the interference of potassium ion on the absorption of ammonia by soil colloids.

本文刊登在《中国土壤学会会志》1950 年 12 月 第 1 卷 第 2 期

华北粪干问题的探讨

陈尚谨　乔生辉

（1950 年）

一、绪　言

全国农业生产会议和土壤肥料会议，先后强调推行城粪尿下乡的决定。实际上各城市人粪尿处理的方法，都保守着传统习惯，更由于环境条件的限制，很难改变；若想充分达到城粪下乡之目的，须解决当前的困难和明了现在使用的方法。

华北大小各城市，人粪尿处理与施用方法，大致可分为下面两种。

①茅粪制——人粪尿同贮，直接运到田里，全面撒泼，或拌土保存。山西各城市，都普遍采用这种方法；如太原市的茅粪（当地称人粪尿为茅粪），最远可运抵晋祠稻田内施用，两地相距 60 里。

②粪干制——粪尿分贮，人尿多抛弃不用（个别城市外），粪稀由粪商搜聚运赴城郊，掺和各种杂质，晒成干粪，转售农民使用。除山西省外，华北大部城市，都惯用着这种方法，较茅粪使用地区广泛。

以上两种处理和施用方法，各具有特殊的性质，茅粪制用法比较简单，只需要注意卫生、组织、运输与分配的工作。粪干处理法，经过一次加工制造，改变了形状和施用方法，是否经济适宜，是需要加以研究的。

二、粪干的品质

粪干的品质，向来极不一致，近年来食粮高涨，肥料缺乏，粪商多不顾信用，大量掺伪，农民受到损失很大。一般粪干的优劣，可用含氮量来表示。兹将北京市粪干含氮量与 10 年前分析之结果列入表 1。

表 1　1948 年与 1938 年粪干含氮量比较表

号　数	采样地点	含氮量（%）（1948）	采样地点	含氮量（%）（1938）**
1	北　京	1.13	北　京	0.89
2	北　京	1.4	北　京	2.15

（续表）

号 数	采样地点	含氮量（%） （1948）	采样地点	含氮量（%） （1938）**
3	北 京	0.91	北 京	1.98
4	北 京	0.88	北 京	1.45
5	北 京	1.3	北 京	1.42
6	北 京	1.12	北 京	1.34
7	北 京	1.07	北 京	2.15
8	北 京	0.95	北 京	1.49
平 均	北 京	1.09%	北 京	1.61%
1	顺 德	1.08*	济 南	1.73
2	定 县	1.02*	济 南	1.81
3	保 定	1.18*	济 南	1.88
4	保 定	0.75*	济 南	1.56
平 均		1.01%*		1.74%

*系 1950 年样品；

**摘自王岳分析结果，详见参考文献（1）

由以上结果，可知北京市粪干，10 年内含氮量平均由 1.61% 降低至 1.09%，相差约达 50%，其他各地粪干的品质，也都是普遍低降。

三、粪干的肥效

农民对于粪干的肥效，素有极良好的信仰，但近年来由于大量掺伪，品质降低，却使农民受到很大的损失。北京四郊土壤，主要是缺乏氮素，普通作物对磷肥钾肥皆无显著反应，兹将 1946—1949 年 3 年连续使用大粪干与同氮量硫酸铵、人尿肥效之比较，列入表 2、表 3。

表 2　粪干、硫酸铵与人尿对粮食作物氮肥肥效比较表*（每亩产量）

时间 / 作物名称 \ 肥料种类	硫酸铵（斤/亩）	硫酸铵（%）	人粪干（斤/亩）	人粪干（%）	人 尿（斤/亩）	人 尿（%）	不施氮肥（斤/亩）	不施氮肥（%）	显差（斤/亩）5%标准	显差（斤/亩）1%标准
1947 年　早玉米	593.5	100	479.7	80.8	591	99.6	297.9	50.2	58.7	88.9
1947—1948 年　小麦	160.2	100	138.9	86.7	157.9	98.6	100.1	62.5	17.4	26.4
1948 年　晚玉米	416.1	100	375.9	90.3	417.8	100.4	277.8	66.8	67.1	101.7
1949 年　谷 子	286	100	259.6	90.8	312.2	109.2	206.1	72.1	36.9	55.9

（续表）

时间 作物名称	硫酸铵		人粪干		人 尿		不施氮肥		显差（斤/亩）	
肥料种类	（斤/亩）	（%）	（斤/亩）	（%）	（斤/亩）	（%）	（斤/亩）	（%）	5%标准	1%标准
平 均	—	100	—	87.2	—	102	—	62.9		
1949—1950年小麦**	161.1	100	177.6	110.2	177.4	110.1	141.3	87.7	24.4	37

＊每作除施用上述肥料合每亩用氮8斤外，各区统使用土粪每亩1 000斤；

＊＊残效试验，各区皆未施用肥料

表3　人粪干、硫酸铵与人尿对蔬菜肥效比较表（每亩产量）

时间 作物名称	硫酸铵		人粪干		人 尿		不施氮肥		显差（斤/亩）	
肥料种类	（斤/亩）	（%）	（斤/亩）	（%）	（斤/亩）	（%）	（斤/亩）	（%）	5%标准	1%标准
1947年　菠菜	1 609	100	998	62	1 549	96.3	752	46.7	185	280
茴香菜	4 031	100	3 003	74.3	4 762	117.9	1 653	40.9	387	586
大白菜	18 620	100	15 190	81.6	19 200	103.1	9 194	49.4	564	852
1948年　甘蓝	8 744	100	8 345	95.4	8 872	101.5	4 121	47.1	360	481
萝卜	3 543	100	3 967	112	3 706	104.6	2 436	68.8	390	591
1949年　甘蓝	4 514	100	5 564	123.2	5 077	112.5	3 348	74.2	291	441
大白菜	15 573	100	14 044	91.2	16 124	103.1	8 703	55.9	858	1 300
平 均		100		91.4		105.6		54.7	—	—

＊大白菜、甘蓝每亩用氮素24斤，其他作物施用15斤。各区间每作都使用土粪2 000斤/亩

由以上结果，可知大粪干之肥效，仅为同氮量硫酸铵或人尿肥效的7～8成。按商售粪干内掺有大量炉灰及牛马粪，普通炉灰煤屑约含氮0.14%，植物不能利用；牛马粪肥效亦甚低，所以，影响到粪干的肥效。粪干对蔬菜的肥效较粮食作物稍高，且逐年产量有增加的趋势，又系因有机质肥料，对浅根作物的影响所致。

四、晒制粪干与氮素的丢失

晒制粪干时，磷、钾不能挥发，损失较少；氮素丢失最为严重。今对氮素丢失原因与受到掺杂及气候影响，获得初步结果，分为以下各项。

1. 掺杂的影响——试验方法

每处理用粪稀30斤，地面上铺晒面积为1.5公尺×1.5公尺，分掺和炉灰、人尿与麦秆以下4个处理。

①较纯粪干（号数Ⅰ）——粪稀30斤，加煤球灰3斤铺底。

②炉灰粪干（Ⅱ）——粪稀同上，掺和煤球灰20斤。

③炉灰粪干加尿（Ⅲ）——粪稀炉灰同上，又掺和人尿32斤。

④麦根粪干（Ⅳ）——粪稀同上，煤球灰3斤，再掺麦根2斤。

所用材料与晒成粪干含氮成分，列入表4，氮素丢失情况，列入表5。

表4　原料与制成粪干含氮成分表

分析项目 材料	总氮量 （%）	铵态氮 （%）	铵态氮占 总氮量（%）
鲜　粪	0.84	0.29	34.5
煤球灰	0.14	0	0
人　尿	0.43	0.40*	93
麦　根	0.3	0	0
粪干Ⅰ号	2.58	0.36	14.2
Ⅱ号	0.81	0.051	6.1
Ⅲ号	0.765	0.064	8.5
Ⅳ号	1.81	0.266	14.7

* 系 NH_4 态氮与尿素氮之和

表5　粪干处理间氮素丢失比较表（3月2日晒制）

粪干处理号数	Ⅰ	Ⅱ	Ⅲ	Ⅳ
原料用量（kg）	16.5	25	41	17.5
粪稀中氮素（gm）	126	126	126	126
尿中氮素（gm）	0	0	68.8	0
煤球灰与麦根中氮素（gm）	2	14	14	5
总氮量（gm）	128	140	208	131
干后全重（kg）	3.15	13.35	13.6	5.4
粪干中总氮量（gm）	81.1	108.1	104	97.7
煤灰与麦根中氮素（gm）	2	14	14	5
保存原粪稀中氮素（gm）	79.1	94.1	90	92.7
保存率（%）	62.8	71.4	71.4*	73.6
氮素丢失量（%）	37.2	25.3	28.6*	26.4

* 系按原粪稀中氮素计算，尿中氮素丢失未计

由以上试验，可知初春晒制粪干，氮素丢失量在25%～40%，掺和大量炉灰或麦草，可减少一部分丢失，但其效果不大。又粪稀中加入人尿，晒干后原尿中氮素，已丢失无余。

2. 季候对于氮素丢失的关系

试验与计算方法和上段同，详细数字不再赘述。兹将四季不同时期，所得结果，列入表6。

表6 粪干处理间氮素丢失量与季候的关系

处理号数 ＼ 晒制日期	3月2日 含氮（%）	3月2日 丢失量（%）	6月2日 含氮（%）	6月2日 丢失量（%）	9月29日 含氮（%）	9月29日 丢失量（%）	12月1日 含氮（%）	12月1日 丢失量（%）	平均 含氮（%）	平均 丢失量（%）
Ⅰ 较纯粪干	2.58	37.2	18.9	46.1	2.08	43.2	2.46	35	2.25	40.6
Ⅱ 炉灰粪干	0.81	25.3	0.79	40.6	0.9	46.7	0.95	24.2	0.85	34.2
Ⅲ 掺加人尿	0.765	28.6*	0.72	36.4*	1.02	49.3*	0.92	30.2*	0.86	36.1*
Ⅳ 掺加麦根	1.81	26.4	1.05	37.2	1.91	26.4	1.76	26.2	1.63	28.9
平均	1.49	29.4	1.11	40.8	1.48	41.4	1.52	29.1	1.4	34.9
粪稀中铵态氮占全氮（%）	34.5		50.5		49.7		36		42.7	

＊人尿中氮素完全丢失，未计氮量

在冬季或初春，天气寒冷，细菌活动力较少，粪稀中铵态氮含量较低，晒成粪干氮素丢失量，亦较夏季或秋季为少。掺和大量炉灰，可减少一部丢失，但所用数量太大，使氮素含量过低，增加运输费用。添加麦草，亦有同样功用，但增加体积太大，对运输贮存，皆有不便。4个不同季候下，晒制较纯粪干，氮素平均丢失40.6%，与鲜粪中铵态氮占全氮量42.7%，两数极为接近；可知原粪中所有之铵态氮，几全部丢失。又粪稀中掺和人尿，晒干后尿中氮素，亦丢失无余，晒制粪干氮素丢失的多少，与所用粪稀中铵态氮之含量，有直接关系。粪商晒制粪干，多将人尿抛弃不用，原因至为明显。

3. 添加化学药品，保存粪干中的氮素

晒制粪干，氮素丢失情形，甚为严重，本试验使用4种化学药品，如石膏、氯化钙、过磷酸石灰及硫酸铁，对于粪干保持氮素的效果，列入表7。

表7 化学药品对于晒制粪干丢失氮素的影响（表内数字为百分丢失量）

处理	3月2日	6月2日	9月29日
1. 对照	37.2	46.1	43.2
2. 添加石膏1kg	29.8	38.6	—
3. 氯化钙0.5kg	27.1	41.1	26.4
4. 过磷酸石灰1kg	—	36	30.2
5. 硫酸铁1kg		40.3	34.1

由以上结果，可知石膏、氯化钙、过磷酸石灰与硫酸铁，保存氨的功效皆甚低。粪

干平均含有磷酸1.0%，与氮之比例约为1：1，磷酸含量尚称丰富。华北大部土壤，主要缺乏氮肥，粪干内已含有大量磷酸，故无须再配合过磷酸石灰；其他3种药品，亦因价格昂贵，固氮功效不大，不能普遍使用。添加硫酸固氨的情形，详见下段。

4. 氮素丢失与有机酸挥发之关系

本试验粪稀用量为100克，在玻璃真空干燥器内晒干，同时连接抽气管，使干燥空气通过干燥器，连带水分及发生之气体，通入标准硫酸溶液，每日更换硫酸溶液一次，先煮沸排去二氧化碳，用标准碱液滴定游离氨【系指原粪稀中 NH_3 与 $(NH_4)_2CO_3$】，再加入浓碱蒸馏，按照普通数量，与添加硫酸的关系，获得结果如图1至图6。

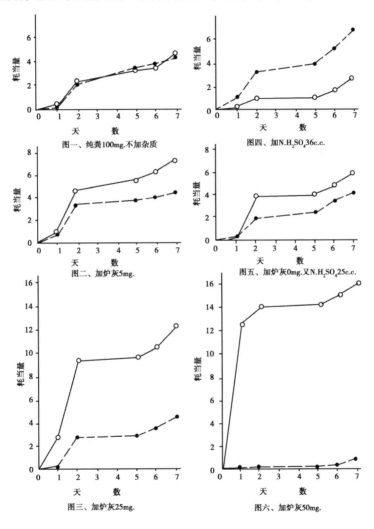

图1至图6　稀粪干燥时期氨的丢失与有机酸挥发之关系
。表示氨的丢失　·表示有机酸的挥发

①由图1可知粪稀在晒干期间，氨系与约等当量之有机酸共同发生（与少量之胺类），有机酸大部为乙酸与丁酸，故氨的丢失，可认为系乙酸铵或丁酸铵之分解；与吾

人所想象仅丢失氨的情形，完全不同。

②如图1、图3、图6所示，100g鲜粪掺入煤球灰5g、20g与50g，氨之丢失，随炉灰用量增加；有机酸的发生，随炉灰用量而减少。所用煤球灰的pH值为7.8，碳酸钙含量为3.5%，故一部有机酸被碳酸钙中和，增高碱度与空隙，促进氨的迅速丢失。纯粪稀在7天暴晒下，丢失氨氮60mgs；掺入5g煤球灰，氨氮丢失量为100mg；添加20g炉灰，氨氮丢失量为175mgs；炉灰再增加至50g，氨氮丢失240mgs，有机酸的发生，由不加炉灰4.0m.eq.减低至1.3m.eq.【耗当量（m.eq.）即千分之一化合当量】。

③粪稀内添加少许硫酸，如图4所示，可增加有机酸的挥发并减少氨的丢失，但并未能完全控制氨的不丢失，若粪内含有少量炉灰（图5），一部硫酸被炉灰中和，硫酸效用减退。普通商品粪稀，常混有不等量之炉灰，若欲使用硫酸保持氮素，须先消耗一部分与碳酸钙中和，故其用量当较固氮需要量为大。

本试验因系在玻璃器内举行，通气缓慢，干燥速度较低，氨的丢失量，较地面上进行之试验结果为小，对炉灰的影响，亦与地面上所进行之试验不同。炉灰内所含之碳酸钙，可促使氨的丢失，但同时炉灰内土壤胶体部分，又有吸着铵的性能。炉灰用量较少时，中和有机酸的作用，比较显著；但若增加至一定数量后，中和作用不再增加，而土壤胶体吸着铵的力量，则逐渐加强，可多保留一部分氮素，变为有利的条件。但须注意者，即土壤胶体吸着铵的数量有限，普通100g土壤可吸附盐基15~20m.e，或每千斤土最高仅能吸着约2斤的氮素，炉灰吸收铵的能力，为土壤的7~8成，所以，若欲利用炉灰或土壤保持氮素，增加重量太大，运输不便。

五、讨　论

晒制粪干是中国特有的人粪尿处理法，也是华北特有的商品肥料，促成晒制粪干的基本条件，是天气干燥、人工低廉与肥料缺乏。华北农民多习惯使用干体肥料，粪干较粪稀便于运输与贮存，这都是有利制造粪干的原因，但这样处理人粪尿的方法，困难和缺点也很多，兹略述如下。

①凡人粪处理不当的地区，人粪传染疾病就要猖獗地流行起来，人粪传染疾病包括：霍乱、伤寒、赤痢及各种寄生虫病，全国每年死亡或传染以上疾病的，不下千百万人，人力与物力的损失又不知若干万亿，晒制粪干地区，也是人粪传染病最凶恶的地方，这表明人粪尿处理方法上，是需要彻底改善的。

②在这些地方，已受到严重传染病的灾难，但按照城市粪尿下乡的原则，这样使用方法的效率，却是微小得很。制造粪干区域的城市，人尿大多抛弃不用（个别城市有单独使用人尿的习惯，但为数很少），按每人每天排泄物中，尿里所含氮素，要占8/10，而粪中所含的，仅占2/10，磷酸和加里，也是由尿排出的较多。华北各地土壤主要是缺乏氮肥，在这些地方，人尿抛弃不用就减少了8/10的肥料价值，若再减去暴晒时氮素的丢失和每年被雨水冲失的数量，实际利用的效率，不过1/10，很不经济，也极不合理。

③晒制粪干在技术上也有很多困难，每年夏季生产的粪稀，大部分都要被雨水冲失，估计要损失全年产量的二成。又在冬季冰冻时期，无法铺晒，须贮到翌年春季；全年能顺利工作期间，不过仅 6~7 个月，浪费大量土地与人工。

④普通粪稀含氮量为 0.8%~1.0%，现今粪干的氮量亦不过 0.8%~1.2%，按重量言，对运输并无任何帮助，仅由半流动体变为干体。晒制粪干主要目的是便于运输，今由于大量掺伪，此种目的亦难达到。

⑤由于以上的困难，人力物力耗费太大，成本过高，不得不大量掺伪，但如此又影响到品质、肥效和运输上的困难，缩小了粪干使用范围，仅限到各城市的四郊，不能大量下乡。以现在北京市粪干价格计算，每千斤约值玉米 150 斤，与硫酸铵及豆饼价格之比较列入表 8。

表 8　人粪干与硫酸铵、豆饼价格比较表 *

肥料种类	每吨价格（元）	含氮量（%）	每斤氮素价格（元）	运输费用比例
人粪干（北京）	228 000	1.1	10 360	19
硫酸铵	3 350 000	20.5	8 170	1
东北豆饼	1 200 000	7	8 570	3

* 硫酸铵与豆饼价格按天津进步日报批发价

由表 8 可知，使用粪干较使用硫酸铵贵 21%，较豆饼贵 17%，若再加上运输费用，相差更远。粪干当年肥效，仅为硫酸铵的 7~8 成，这些原因，都限制了粪干不能大量下乡。

根据初步调查，以上的情形，不仅限于北京市，其他各地也大致如此。

六、今后改善意见

制造粪干不是很好的办法，已做以上讨论，改良方法，只有去找其他的途径；过去对于人粪尿处理和利用的研究很多，但多不能适用，今择其主要者略述如下。

①嫌气性发酵处理——粪尿与有机质发酵，有甲烷等气体发生可供燃料，余下渣滓可用作肥料[4]。但因贮存时间过久，可燃气体产量不多，设备费用甚大，不合实用。

②好气性发酵处理——粪尿与有机质发酵，腐烂甚速，发酵初期温度可升高至 60℃，能杀死各种寄生虫卵与病菌，但消耗大量有机质秸秆，氮素丢失亦嫌太多[2]，在华北燃料饲料价格及供给情形下，目前尚难普遍使用。

③地下污水排粪的办法，也可回一部活性污泥，用作肥料，但大量用水的供给，污道的建筑，工程浩大，也非数年内所能建立，又仅限于较大城市。

在目前华北经济情况下，按城市的大小，距离农村远近，可分为以下 3 种，提出初步意见如下。

①靠近农村的市镇，若采用晒制粪干的办法，浪费人力物力，太不经济。应将厕所

略加修建，改为盖土氏茅坑[6]，既可吸收液体，又可防止夏季苍蝇的繁殖，减少疾病传染。农村接近田地，运输干土当不成问题，一举两得，很值得如此去做。

②中小城市，距农村稍远，环境与农村不同，可直接将人粪尿运到田里使用，或拌土保存；粪尿同贮或分贮分用皆可，但须注意到人尿的利用，可参考山西施用和输送茅粪的办法。但须注意环境卫生，每个茅坑要加密盖或勤加清除，防止苍蝇的繁殖。经济情况较好的城市，在夏季可喷入少量杀蛆药剂如六氯化苯等，用量极少，较使用石灰尚为便宜。华北泥灰产区很少，否则可用泥灰拌和吸收尿汁，以现在情况言，直接运到田里使用，或拌土保存，最为妥善。

③较大城市人粪尿的处理，就比较困难，地下污道尚未能建筑的城市，可用粪尿分贮办法，卫生措施可参考上节，人尿直接运往郊区使用或拌土保存，大粪干要向较远地区运输使用，注意粪干品质，节省运费，以便大量下乡。在产煤地区，特别是在夏天雨季，粪干无法晒制，可试用人工烘干的办法，所得到的成品，含氮量可达 4.0%，较市售粪干，增高 3 倍有余，对运输贮存，皆为便利；若烘干时温度不超过一百度太远，氮素的丢失较普通制法，并无何区别；既可利用雨季丢失的肥料，又可做到彻底消毒的目的。最近，广州市正拟筹设有机肥料公司，统筹全市粪便消毒与运输事宜，希望早日成功，可作参考。

最后，改进城市人粪尿处理与利用方法，是个组织、宣传与教育的工作。必须注意到农业与卫生两重问题，缺一不可，本文仅可作原则上的参考，应由当地农业机关，行政与卫生部门及农村生产代表，联合起来，因地制宜，按当地情况，谋求合理改进。

本文蒙陆钦范先生校阅，李笃仁、马复祥两同志协助田间试验，敬表谢忱。

参考文献

［1］ Wilson, S. D. and Wang, Yueh. A Preliminary Report on the Chemistry of Feces Cakes. Peking Natural History Bulletin, 1939, 13：269.

［2］ Winfield G. F. etc. Cheeloo and Yenching Universities Agricultural Sanitation Investigation, Sixth Progress Report, 1939.

［3］ 陈尚谨. 人尿、人粪干与硫酸铵氮肥肥效之比较［J］. 中国土壤学会会志 I，1948（1）：33.

［4］ 王岳等. 粪便厌气发酵之化学变化［J］. 协大农报 II，1949（2）：27 - 36

［5］ Winfield G. F. Studies on the Control of Fecal-Borne Diseases in North China［J］. Chinese Medical Journal, 1937, 51：217 - 236.

［6］ 华北农业科学研究所工作通讯 II. 液体肥料的保存与利用问题.（2）：16.

A REPORT ON FECES CAKES IN NORTH CHINA BY

SHANG-CHIN CHEN AND SHENG-HNI CHIAO

ABSTRACT

A critical study is made on the problem of faces cakes in North China，experiments show that all the urinary and ammonium nitrogen is lost during the drying of faces cakes. It is suggested that the latrine in rural villages be modified to use dry soil to hold the urine and also to cover the stools in order to reduce the fly breeding grounds. In towns，use of insecticides is suggested to kill fly larvae during the summer time；the night soil is better transported directly to the farm and stored there after admixture with soil than to make faces cakes before the transport.

本文刊登在《中国农业研究》1950，1（2）：117 – 126

养猪积肥和猪粪尿肥效试验初步报告

陈尚谨　马复祥　张毓中　张子仪　胡锡堃

（华北农业科学研究所农化系；华北农业科学研究所畜牧系）

（1957 年）

发展农业、畜牧业，需要综合性配合，才能获得最高的经济收益。提倡养猪积肥，是目前发展生猪生产和增加肥料来源的重要措施。今将 1956 年在华北农科所进行的养猪积肥和田间肥料试验的结果，报告如下，供作参考。

一、试验方法

用不同饲料喂猪，在平圈和浅坑两种不同圈里积肥。8 个月后，进行屠宰，分析饲料种类对增长生猪体重的关系。在饲养阶段，搜集猪粪、猪尿，并进行氮素的测定，获得饲料种类和数量对猪粪尿的排泄量和猪粪尿含氮量的变化。最后又将一定时期内排出的粪尿，按不同饲料种类和不同的保肥方法，作为肥料处理，进行田间肥料试验，以测定猪粪尿对农业增产的作用。从生猪增加的体重，和使用猪粪尿肥田增加的产量，可以看到养猪积肥，在农业、畜牧业上增产的效果和农业、畜牧业互相配合的经济意义。

二、试验结果

1. 粗饲料里添加细料（豆饼、玉米）对生猪增长的关系

试验猪体重由 48 斤开始，每组用猪 4~5 头，采用 3 种不同的饲料，并分别在平圈和浅坑内饲养，8 个月后，各组生猪体重增长的结果，列入表 1。

表 1　各组生猪体重增长结果

组别	试验猪头数	食入饲料总量（斤）			圈的形式	共计增加体重（斤）	细料对增加体重效果（斤）
		粗料	豆饼*	玉米*			
1	5	4 000	1 000	0	平圈不垫土	671	260.4
2	5	4 000	1 000	0	浅坑垫土	649.2	238.6
3	5	4 000	0	1 000	浅坑垫土	606	195.4
4	4	4 000	0	0	浅坑垫土	410.6	—

*豆饼里约含氮7%，玉米含氮2%

粗饲料的配合比例是：玉米皮 30%，谷糠 30%，大米糠 20%，高粱糠 15% 和花生皮 5%。组别 1 和 2 饲料相同，在粗料内用豆饼 20%，但饲养圈式不同，第一组用平圈不垫土积肥，第 2 组用浅坑垫土，按每天猪粪尿排泄量加 3 倍干土垫圈保肥。由表 1 可以看到第 1、第 2 两组猪，较第 4 组仅用粗饲料的，在 8 个月内多吃进豆饼 1 000 斤，多增长体重 260.4 ~ 238.6 斤。又第 3 组猪，粗饲料里加用玉米 20%，较第 4 组猪多吃进玉米 1 000 斤，多增长体重 195.4 斤。由此可以推算：约合每 4.0 斤豆饼或 5.1 斤玉米喂猪，生猪体重可以增长 1 斤。

2. 猪粪、猪尿排泄量和饲料种类与数量的关系

在以上饲养试验过程中，猪的体重和平均每日饲料用量如下。

猪体重（斤）	平均每日饲料用量（斤）
40 ~ 60	2.48
60 ~ 80	3.54
80 ~ 100	4.10
100 ~ 120	4.26
120 ~ 140	4.52
140 ~ 160	5.16
160 ~ 180	5.74

又在试验过程中各组猪粪尿排泄量列入表 2。

表 2　各组猪粪尿排泄量

组　别*	相当 1 斤饲料猪粪尿的排泄量**			平均每天每头粪尿排泄量		
	粪（斤）	尿（斤）	合计（斤）	粪（斤）	尿（斤）	合计（斤）
1	1.78	2.88	4.66	7.42	12	19.42
2	1.84	2.61	4.45	7.66	10.88	18.54
3	1.7	2.83	4.53	7.04	11.68	18.72
4	2.2	2.43	4.63	8.96	9.92	18.88

* 饲料种类成分详见表 1；

** 饲料以风干物重量计算，猪粪尿为新鲜物湿重

由表 2 可以看出猪粪排出量，为干饲料的 1.7 ~ 2.2 倍。猪尿排泄量为干饲料的 2.4 ~ 2.9 倍。各组饲料虽然不同，粪尿排泄量基本上变化不大。

3. 猪粪尿里肥分含量和饲料的关系

在每天搜集粪尿时，并进行化学分析，今将猪粪、猪尿里氮素含量列入表 3。

表3　猪粪、猪尿里氮素含量

饲料组别	猪体重（斤）	平均含氮浓度（%）		每斤饲料排出氮量（克）			每天每头排泄物中含氮量（克）
		粪	尿	粪	尿	合计	
1. 粗饲料加豆饼（平圈）	80	0.6	0.2	10.48	6.35	16.83	31.1
	160	0.69	0.39	12.8	9.32	22.12	60.5
2. 粗饲料加豆饼（浅坑）	80	0.6	0.2	10.16	5.71	15.87	29.4
	160	0.63	0.41	10.97	10.24	21.21	58
3. 粗饲料加玉米（浅坑）	80	0.48	0.05	7.94	1.59	9.53	17.6
	160	0.55	0.12	8.69	4.2	13.16	36
4. 粗饲料（浅坑）	80	0.39	0.04	8.57	0.95	9.52	17.6
	160	0.48	0.08	9.32	1.65	10.97	30

各组用不同的饲料，对猪粪尿排出量虽然没有很大差别，但对粪尿中的含氮量，却有很大变化。第1、第2两组猪加饲豆饼，每天排出粪尿中含氮量为31.1～60.5克和29.4～58.0克，较第4组仅用粗饲料的猪17.6～30.0克，增加一倍左右。第3组加用玉米的含氮量是17.6～36.0克，较第4组也稍有增加。以上结果可以说明，用豆饼喂猪，不仅猪的体重增长得很快，猪粪尿的肥料质量，也大大地提高。

4. 用猪粪尿上地，当年的玉米的肥效

为了明确养猪积肥和猪粪尿的肥效，利用以上的猪粪尿材料，进行玉米田间肥料试验。用6个肥料处理，重复5次，随机排列，小区面积是99平方千米，处理名称和玉米籽粒、秸秆产量结果，列入表4。

表4　处理名称和玉米籽粒、秸秆产量

号数	处理名称	每亩玉米产量	
		籽粒（斤）	秸秆（斤）
1	本作未施肥	227.6	1 235.20
2	用粗饲料的猪粪尿浅坑垫土保肥	229.3	1 268.50
3	粗料加饲玉米100斤，浅坑垫土保肥	266.7	1 335.10
4	粗料加饲豆饼100斤，平圈不垫土	270.7	1 364.80
5	粗料加饲豆饼100斤，浅坑垫土保肥	310.2	1 542.50
6	同2，追施豆饼每亩100斤	358	1 637.00

籽粒产量显著差异标准差：

5%　　　　　40.5斤/亩

1%　　　　　54.8斤/亩

以上试验猪粪尿每亩用量，按每头猪100天的排泄量计算，即合每头猪一年肥田

3.6 亩的数量使用。浅坑垫土积肥法按照华北一般农村的积肥习惯处理，加土数量按每斤粪尿垫干土 3 斤计算。平圈不垫土积肥法，系按华北地区普通国营农场养猪的习惯处理。由以上结果可以看到：用粗饲料喂猪的粪尿上地（处理 2），每亩产量为 229.3 斤，对第一年玉米增产效果不大。加饲 100 斤玉米的猪粪尿区（处理 3），产量为 266.7 斤，较仅用粗料区（处理 2），每亩增产玉米 37.4 斤。加饲豆饼 100 斤的粪尿区（处理 5），产量是 310.2 斤，较仅用粗料区（处理 2），增收玉米 80.9 斤。又浅坑垫土保肥的效果比较好，比平圈不垫土保肥的猪粪区（处理 4）产量 270.7 斤，增收玉米 39.5 斤。直接用豆饼作肥料区（处理 6）产量最高，每亩为 358.0 斤，较仅用粗料区（处理 2）增收玉米 128.7 斤。但直接使用豆饼上地，并不合算，不如先拿豆饼作饲料喂猪后，再用猪粪尿作肥料，较为经济，其原因将在下段里说明。

5. 养猪积肥在发展农业和畜牧业上的经济意义

按饲养试验结果折算，在粗饲料里搭配 20% 豆饼喂猪，每 4.0 斤豆饼可使生猪体重增长 1 斤，即每 100 斤豆饼可以获得生猪 25 斤。再从肥料试验结果来看，加喂 100 斤豆饼的粪肥，还可以多增收玉米籽粒 82.8 斤，按 1956 年底北京地区市价计算，4 种处理获得的总收益，列入表 5。

表 5　四种处理获得的总收益

处理方法	细料成本（元）*	生猪增重（斤）	生猪增重（元）*	粪肥对玉米增产（斤）	粪肥对玉米增产（元）*	农畜产共收入（元）	纯益（元）
1. 加饲豆饼 100 斤，平圈不垫土保肥	9.95	26	10.4	41.4	3.31	13.71	3.76
2. 加饲豆饼 100 斤，浅坑垫土保肥	9.95	23.9	9.56	80.9	6.47	16.03	6.08
3. 加饲玉米 100 斤，浅坑垫土保肥	8	19.5	7.8	37.4	2.99	10.79	2.79
4. 直接用豆饼作肥料	9.95	—	—	128.7	10.3	10.3	0.35

＊玉米每斤合 0.08 元，豆饼 0.0995 元，生猪 0.40 元（按 1956 年第四季度北京食品公司收购一级折价，但实际第四组猪不够一级标准）

由上表可以看到用豆饼喂猪，若不利用猪粪尿肥田，纯益较少（盈 0.45 元—欠 0.39 元）。若直接用豆饼肥田，也是同样纯益很小（盈 0.35 元）。若将畜产和农产的收入加起来，用豆饼 100 斤喂猪，再用猪粪尿作肥料，可以获得纯益 3.76 ~ 6.08 元，收益很大。用玉米喂猪也是同样的情况，用 100 斤玉米喂猪，若仅按生猪价值计算，还亏 0.20 元，但若能结合积肥工作，农业、畜牧业总的收入就可以获得 2.79 元。

猪粪尿保存方法，对农业增产数量关系很大。浅坑垫土保肥较平圈不垫土积肥，每亩可以多增产玉米 39 斤，垫土保肥的效果是很大的。这种保肥方法，很久以来，在华北农村都普遍使用着，至于垫土的方法和数量，还值得今后研究。

本文刊登在《农业科学通讯》1957 年 第 5 期

猪粪尿拌土、拌草不同比例对氮素保存的研究

陈尚谨　马复祥　张毓中

（华北农业科学研究所）

（1957 年 9 月）

1955 年本所张子仪等[1]进行过豆饼喂猪营养试验，1956 年我们和他们合作，在北京举行玉米猪粪肥效试验，初步试验结果证明，垫土保肥效果很好。使用猪粪尿在浅坑里垫上 3 倍积成的肥料，每亩玉米籽粒产量为 310.2 斤。用同样猪粪尿不垫土积肥的，每亩产量为 270.7 斤，两种不同积肥方法使产量相差 39.5 斤或 14.6%。可以说明垫土保肥的重要性。1950 年陈尚谨、乔生辉[2]曾对人尿的保存做过试验，在无渗漏的情况下，尿中氮素是先变成氨飞失的，可以用抽气法将化气飞失的氨吸收在酸里，用酸碱滴定法来测定氨的丢失量。土壤的保肥作用主要是利用土壤盐基代换的性能来保存尿中的铵态氮素。

华北农村都习惯用土垫圈，但各地垫土数量和方法很不相同。为了增加农业生产，提高积肥、保肥技术，并考虑适宜地减少劳力，进行了以下拌土、拌草不同比例试验，试验中所用的猪粪尿材料，系由畜牧系供给。

一、试验方法

以前粪尿贮存试验，多在贮存前后采样分析，不仅手续繁杂，取样也很难均匀，不能获得准确结果。本试验改为抽气的装置，使空气通过样本瓶，将氨带到标准硫酸瓶里，被吸收后，过剩的硫酸用氢氧化钠滴定。每天滴定一次，即可获得每天丢失氮素的数量，又每天称瓶重一次，以观察水分的变化。仪器装置如图 1。

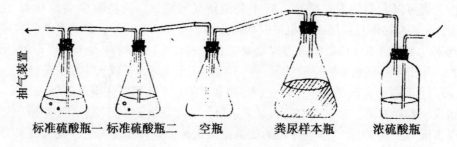

左侧竖排：抽气装置

标准硫酸瓶一　标准硫酸瓶二　空瓶　粪尿样本瓶　浓硫酸瓶

图 1　试验仪器装置

装置从左向右依次为：标准硫酸瓶一、标准硫酸瓶二、空瓶、粪尿样本瓶、浓硫酸瓶

为了试验抽气法的性能，同时用另一份样本放入开口瓶内，每隔一天，取样后用分解蒸馏法分析一次，以作比较。结果列入表1。

表1　用抽气滴定法和取样分解蒸馏法结果比较表（氮素丢失累加数量）

停放日数 处　理	0		2		4		6		8		10	
	(mg)	(%)	(mg)	(%)	(mg)	(%)	(mg)	(%)	(mg)	(%)	(mg)	(%)
猪尿100克样本												
用抽气法测定	362*	0	74	20.4	185.5	51.1	237	65.5	260	71.8	271.3	74.9
用取样法测定	362*	0	65	18	127.6	35.3	182.9	50.5	227.4	62.8	272	75.1

注：＊为原样本含氮量

由以上结果可以认为，用抽气的方法和用采样分析的方法所获得的结果，大致是相仿的。猪尿采样比较容易，若猪尿掺拌土壤和秸秆后，再想取均匀的和有代表性的样本，就很困难了。

二、试验结果

猪粪尿贮存试验系在温室里进行，温室温度在 25～28℃，所用猪尿内含氮由 0.087%～0.371% 等不同浓度5种。猪粪样本内含氮素0.56%，限于仪器份数，试验分作3次进行，各次处理如下。

①第一次在1956年12月10～30日进行，有1～6号6个处理。以测定猪粪尿拌土数量和氮素丢失的关系。所用土壤为黏土壤，系采自本所中圃场。

②第二次在1957年1月4～24日进行，有7～16号10个处理。以试验猪粪尿掺拌土和麦秸数量对丢失氮素的关系。

③第三次在2月11～18日进行，有17～26号10个处理，来研究含氮量不同的猪尿需要拌土的数量。

以上各试验处理方法和结果列入表2。

表2　贮存试验各种处理方法和氮素丢失数量表（累加数字）

贮存日数 贮存方法和材料	1		3		5		7		9		11		13		15	
	(mg)	(%)	(mg)	(%)	(mg)	(%)	(mg)	(%)	(mg)	(%)	(mg)	(%)	(mg)	(%)	(mg)	(%)
1. 猪尿100克含氮0.362%（对照）	28.2	7.8	100.3	27.8	149.5	41.3	204.5	56.5	251.9	69.6	285.3	78.8	296.8	82	327.3*	90.4
2. 猪尿拌黏壤土100克	16.7	4.6	51.4	14.2	93.8	25.9	123.8	34.2	148.4	41	168.3	46.5	181.4	50.1	209.6*	57.9
3. 猪尿拌黏壤土200克	2.7	0.8	11.6	3.2	26.4	7.3	39.1	10.8	46.7	12.9	52.5	14.5	57.9	16	74.2*	20.5

（续表）

贮存日数 贮存方法和材料	1 (mg)	(%)	3 (mg)	(%)	5 (mg)	(%)	7 (mg)	(%)	9 (mg)	(%)	11 (mg)	(%)	13 (mg)	(%)	15 (mg)	(%)
4. 猪尿拌黏壤土300克	2.7	0.8	6.9	1.9	11.6	3.2	16.7	4.6	20.3	5.6	23.5	6.5	26.1	7.2	30.4 *	8.4
5. 猪尿拌黏壤土400克	2.4	0.7	5.4	1.5	9.4	2.6	13	3.6	16.3	4.5	19.6	5.4	22.4	6.2	24.3 *	6.7
6. 猪粪100克	4.8	0.9	13.5	2.4	28.7	5.1	41	7.3	48.9	8.7	58.5	10.4	73.1	13	98.4 *	17.5
7. 猪尿100克含氮0.3708%（对照）	38.7	10.4	100.8	27.2	194.9	52.5	248.2	66.9	280.7	75.7	314.7	84.8	336.6	90.7	349.7	94.3
8. 猪尿拌沙壤土100克	16.1	4.3	80	21.6	128.3	34.6	161.6	43.6	179.3	48.3	204	55	222.8	60.6	239.7	64.6
9. 猪尿拌沙壤土200克	5.2	1.4	25.7	6.9	47.6	12.8	74.2	20	91.2	24.6	109.9	29.6	126.3	34	136.2	36.7
10. 猪尿拌沙壤土300克	0.9	0.3	10.2	2.4	22.6	6.1	33.2	9	37.6	10.1	41.9	11.3	45.8	12.3	49.8	13.4
11. 猪尿拌沙壤土400克	2.7	0.7	6.3	1.7	8.8	2.4	12	3.2	15.6	4.2	19.6	5.3	22.5	6.1	25.8	6.9
12. 猪尿拌沙麦秸10克	40.8	11	113.2	30.5	167.5	45.2	201.1	54.2	224.8	60.6	264.8	71.4	285.3	76.9	29.3	79
13. 猪尿拌沙麦秸20克	28.1	7.6	87.4	23.6	137.6	37.1	161.6	43.6	182.5	49.2	199.1	53.7	207.3	55.9	211.3	57
14. 猪尿拌沙麦秸10克沙壤土200克	5.5	1.5	26.4	7.1	39.5	10.6	54	14.6	74.9	20.2	83.8	22.6	94.8	25.6	100.1	27
15. 猪尿拌沙麦秸20克沙壤土100克	6.2	1.7	43.3	11.7	73	19.7	87.2	23.5	100.3	27	100.9	29.9	119.8	32.3	125.2	33.8
16. 猪尿100克混合猪粪50克 **	34.4	9.3	115.2	31.1	189.4	51.1	267.3	72.1	300.2	81	330.2	89.1	362.3	97.7	381.1	102.8
17. 猪尿（含氮0.344%）100克对照	11.1	3.2	100.3	29.2	165	48	209.5	60.9	245.6	71.4	275.3	80	293	85.2	302.3	87.9
18. 猪尿（含氮0.344%）拌沙壤土300克	0	0	0.6	0.2	5.6	1.6	11.3	3.3	15.4	4.5	17.7	5.1	18.7	5.4	19.5	5.7
19. 猪尿（氮0.175%）100克	11.7	6.7	43.4	24.8	68.9	39.4	99.8	57	114.7	65.6	130.4	74.5	144.8	82.7	152.8	87.3
20. 猪尿（氮0.175%）拌沙壤土100克	5.5	3.2	20.6	11.8	29.8	17.1	39.2	22.4	43.9	25.1	55.2	31.6	62.5	35.7	67.8	38.8
21. 猪尿（氮0.175%）拌沙壤土200克	0.3	0.2	2.8	1.6	4	2.3	5.6	3.2	8	4.6	10.2	5.8	11.6	6.6	11.9	6.8
22. 猪尿（氮0.175%）拌沙壤土300克	0	0	0	0	0	0	0	微痕	8	4.6	10.2	5.8	11.6	6.6	11.9	微痕
23. 猪尿（氮0.087%）100克	6.5	7.4	22.2	25.5	35.1	40.3	47.2	54.2	55.5	63.8	64.1	73.7	69.1	79.4	72.9	83.8
24. 猪尿（氮0.087%）拌沙壤土100克	2.8	3.2	14.5	16.6	17.5	20.2	20.7	23.8	23.7	27.3	27.4	31.4	29.8	34.2	31.1	35.8

（续表）

贮存日数	1		3		5		7		9		11		13		15	
贮存方法和材料	(mg)	(%)	(mg)	(%)	(mg)	(%)	(mg)	(%)	(mg)	(%)	(mg)	(%)	(mg)	(%)	(mg)	(%)
25. 猪尿（氮0.087%）拌沙壤土200克	0	0	1.2	1.4	1.5	1.8	1.7	1.9	2	2.3	2	2.3	2.3	2.6	2.3	2.6
26. 猪尿（氮0.087%）拌沙壤土300克	0.9	1.1	0.9	1.1	1.5	1.8	1.5	1.8	1.5	1.8	1.5	1.8	1.5	1.8	1.5	1.8

* 系18日后丢失量， ** 以猪尿含氮量为100%计算，猪粪含氮量未计

三、结果讨论

1. 贮存期间，猪粪、猪尿中氮素丢失的比较

猪尿和猪粪丢失氮素的速度，相差很远。在第一次试验中，100克猪尿在18天内（处理1号）丢失氮素327.3毫克或90.4%。在同样情况下，100克猪粪（处理6号）仅丢失94.4毫克或17.5%。第二次试验中，100克猪尿在15天内（7号）丢失氮素349.7毫克或94.3%，100克猪尿混加50克猪粪（16号）丢失氮素381.1毫克或102.8%（以猪尿含氮量为100%，猪粪含氮量未计）。结果如图2。

由此可见对猪粪尿的保存，应特别注意猪尿中氮素的保存。

2. 垫土和垫草对保存氮素的作用

用风干粉沙壤土和0.5～1厘米碎麦秸，来混拌100克猪尿保肥。在13天内氮素丢失百分率结果列入表3、图3。

表3　猪尿混拌粉沙黏壤土和麦秸对氮素丢失结果（猪尿*为100克）

处　理	不拌土 mg%		拌土100克 mg%		拌土200克 mg%		拌土300克 mg%	
不拌麦秸	336.6	90.7（7）	222.8	60.0（8）	126.3	34.0（9）	45.8	12.3（10）
拌麦秸10克	285.3	76.9（12）	—	—	94.8	95.6（14）	—	—
拌麦秸20克	207.3	55.9（13）	119.8	32.3（15）	—	—	—	—

注：（　）内数字为试验处理号数。* 猪尿含氮量为0.37%。

由以上结果看到，混拌麦秸对保肥也有一些作用，但作用不大。100克猪尿拌用20克麦秸的保肥作用和拌土100克的作用相仿，混拌麦秸10克再加土200克，比单拌土200克的作用要好些，但仍不及拌土300克。秸秆在华北农村多用作燃料、饲料和建筑材料，用作垫圈的数量有限，由保肥能力和材料来源考虑，在华北地区应以拌土为主要保肥方法。拌土并掺入少量有机物质效果是很好的，但有机物质不能代替土壤，这点是很明确的。有机物保存氮素的作用，主要是靠着微生物的作用，在有机物分解过程中利用了一部分氨形成蛋白质而保存下来，但微生物蛋白仍要被分解为氨，再释放出来。土

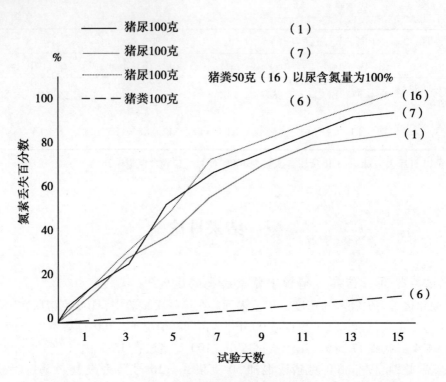

图2 猪粪和猪尿中氮素丢失比较

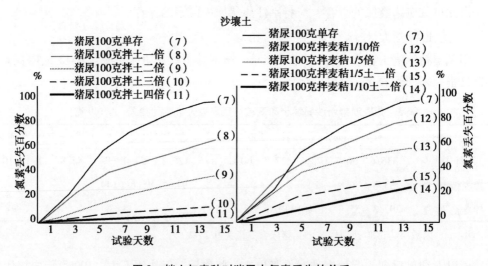

图3 拌土与麦秸对猪尿中氮素丢失的关系

壤固定氮的作用主要是靠着盐基置换的道理，置换作用是离子间的变化，变化是立刻的，所以，单用有机物保存氮素的效果，不及改用多量土壤，或有机物混加多量土壤的作用大。

3. 拌土数量和不同土壤质地对保肥的作用

采用风干北京黏壤土和风干藁城粉沙黏壤土进行试验，结果表示如图4。

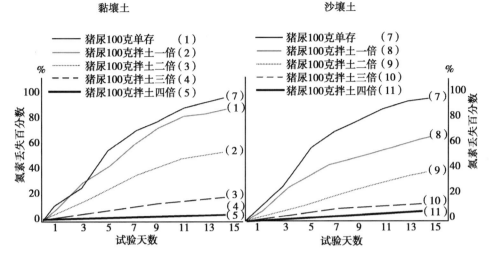

图 4　拌土数量与猪尿中氮素丢失的关系

　　结果表明，拌土数量较多，对保存氮素的作用也较好。但是拌土到一定数量后，如更增加拌土量，对保肥作用就不很大了。猪尿单存（不拌土）在 15 天内丢失氮素 86% ~ 94%，拌土 1 倍，丢失氮量为 53% ~ 65%，拌土 2 倍丢失氮量 19% ~ 37%，拌土 3 倍丢失氮量 8% ~ 13%，拌土 4 倍丢失氮量为 6% ~ 7%，拌土的作用就逐渐减低。从保肥要求和适当地节省运土劳力来考虑，拌用 3 倍土较为适宜。不同土壤质地对保肥作用的结果列入表 4。

表 4　不同土壤质地对保肥的作用（猪尿用量为 100 克，含氮 0.37%）

土壤种类 ＼ 氮数丢失量	猪尿单存 mg%	拌土 100 克 mg%	拌土 200 克 mg%	拌土 300 克 mg%	拌土 400 克 mg%
黏壤土	327.3　90.4 （1）	209.6　57.9 （2）	74.2　20.5 （3）	30.4　8.4 （4）	24.3　6.7 （5）
粉沙黏壤土	349.7　94.3 （7）	239.7　64.6 （8）	136.2　36.7 （9）	49.8　13.4 （10）	25.8　6.9 （11）

注：（ ）内数字为处理号数

　　由上表可以看出，黏壤土保肥作用比沙壤土要好些。用土保存氮素的原因，上面已经谈到，主要是因为猪粪尿分解生成的碳酸铵，铵离子可以被土壤胶体进行盐基交换的作用，而被保存下来。黏壤土胶体含量较高，盐基交换量较大，所以保氮能力较强。在垫圈时最好用黏壤土或粉沙黏壤土，并应考虑土壤的质地不同，而适当增减用量。

4. 猪尿含氮量高低和拌土数量对氮素丢失的关系

　　饲养试验[1]结果曾指明猪尿中含氮量和饲料好坏关系很大，喂粗饲料的猪尿含氮量约为 0.1%，加饲 20% 豆饼后，猪尿含氮量可以增高到 0.35% 或更高。猪尿含氮量高低不同需要拌土数量也应有不同，试验结果如图 5。

　　由图 5 可以看到含氮量较高的猪尿须拌用较多的土。猪尿含氮量 0.344%，拌土 3 倍在 15 天内丢失氮素 5.7%，猪尿含氮量 0.175%，拌土 2 倍，丢失氮素 6.8%。又猪

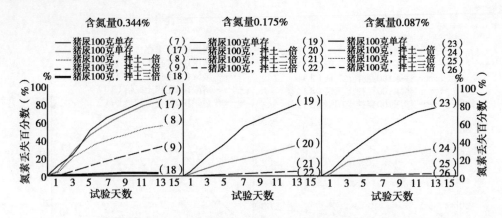

图5 猪尿含氮量不同对拌土数量与猪尿中氮素丢失的关系

尿含氮0.087%，拌土2倍仅丢失2.6%。当生猪在肥育阶段，饲料好，粪尿内含氮量高，拌土3倍保肥比较适宜。如喂粗饲料时，粪尿内含氮量较低，垫土数量可以适当地减少到两倍。如猪体重平均为100斤，每天约用干饲料4斤，排出粪8斤，尿10斤，猪尿中约含氮0.15%，每天垫干土量不应少于20斤，加喂豆饼或其他精饲料时，尿含氮量提高，每天垫干土量不应少于30斤。上述的数量是土壤要和猪粪尿全部直接接触的数量，而在实际垫圈时，并不能使土壤和粪尿完全接触，所以垫土量要相对地增加。在设计和改进华北猪圈时，如何适宜地缩小垫土面积，使猪粪尿与土壤接触的机会加大，以提高拌土保肥的效果，相对地减少土壤用量，这点是值得考虑的。又猪粪尿和土壤混拌后，很快要开始硝化作用，变化成硝酸盐后，不能再被土壤吸收，就要防雨防水，以免流失。

参考文献

［1］张子仪，李坚，乔生辉. 豆饼喂猪后的氮、磷、钾代谢试验［J］. 农业学报，1956，7（1）：51－58.

［2］陈尚谨，乔生辉. 人尿贮存与氮素的丢失［J］. 中国土壤学会会志，1950（12）：95－102.

［3］张子仪等. 养猪积肥和猪粪尿肥效试验初步报告［J］. 农业科学通讯，1957（5）：248.

A Study on the Conservation of nitrogen of Pig's Excreta by mixing with Soil and Wheatstraw

Shang-Chin Ch'en，Fu-hsiang Ma，and Yii-chung Chang

（North China Agli. Research Institute）

Farmers of North China are used of in adding a large quality of soil and vegetable matters into pig's pits. The purpose of this paper is to find out the suitable amount of soil and wheatstraw that should be added in order to conserve most of the fertilizer value of pig's excreta. Experiments were carried out in green house at $25 \sim 28^\circ C$. Pig's urine and feces in flasks were mixed with different amounts of soil or wheatstraw. NH_3 was aspirated 8 hrs per day from each treatment through standard H_2SO_4. The NH_3 absorbed was directly determined by titration. This technique eliminated sampling errors and simplified manipulation.

Results show that the loss of N from urine is much more serious than that from feces about 90% of N was lost from urine within 15 days, only about 18% of N was lost from feces 100 gms of urine samples mixed with 100 gms of soil losed N 58% ~ 64%, mixed with 200 gms of soil losed N 21% ~ 26%, mixed with 300 gms of soil losed N 8.4% ~ 13.4%, and finally mixed with 400 gms of soil losed N 6.7 ~ 6.9. The use of wheatstraw alone as absorbent is not so effective as the soil. It is more advantageous to use wheatstraw in addition with a certain amount of soil as urine absorbents. The mechanism of the NH_3 absorption by soil is chiefly due to the basic ion exchange phenomenon. Experiments also show that the use of clayed loam is more effective than the use of sandy loam.

本文刊登在《华北农业科学》1957 年 9 月 第 1 卷 第 3 期

The Evolution of Carbon Dioxide and Ammonia from Compost and Human Feces

By Shang-chin Chen

（1940 年 1 月）

Recently much attention has been paid on the nitrogen conservation during the storage of night soils and in the process of composting. Howard[1] and fowler[2] in India claimed that compost with a wide carbon-nitrogen ratio could conserve all its nitrogen and could fix some nitrogen from the air. Wilson[3] and Wang reported that from 5. 3% to 70. 2% nitrogen was lost in the manufacture of feces cakes, and 50% nitrogen was lost from feces cakes during its storage. Winfield[4] etc. found that the loss of nitrogen from compost was inevitable even with a high carbon-nitrogen ratio.

As the loss or gain of nitrogen was usually calculated indirectly by the difference between initial and final determinations, a small sampling error in each determination would cause a very big error in the final result. the moisture change during the sampling is also a serious trouble. So no matter how many samples were taken and how carefully their samples were analyzed, their results as determined by the difference could not be very accurate. For the above reasons a new method of study was made by analyzing the gases evolved from compost and human feces. By using this technique, daily loss of ammonia and carbon dioxide could be determined without disturbing the solid materials. So the error introduced from sampling and drying out could all be eliminated.

Apparatus and Procedure

The apparatus as shown in diagram 1 consisted of three washing bottles, a soda-lime absorption tower, a five liter-desiccator, two standard acid tubes, and a carbon dioxide absorption flask. The compost or other materials was placed in（diagram 1.）the desiccator.

By means of a water pump, a stream of air was allowed to pass through the apparatus from right to the left. The air after been purified entered the desiccator and carried with the carbon dioxide and ammonia formed by fermentation to the standard acid and alkaline solutions where the ammonia and carbon dioxide were absorbed and determined. An absorption column was inserted in flask H, as shown in diagram 2. The column was made with a 50 cm. long air con-

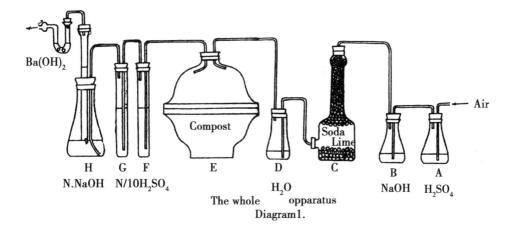

Diagram 1.

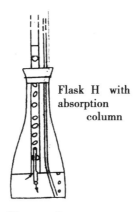

Flask H with absorption column

Diagram 2.

dense. A short piece of glass tubing was inserted, by means of a half rubber ring on the lower end the condenser. By adjusting the height of the column, the water level could be maintained at any desired height. The upper end of the column was connected to a U-tube containing 5 c. c. of Ba (OH)$_2$ solution, a few drops of phenolphthalein indicator, and several glass beads. The change of color of the indicator showed the exhaustion of sodium hydroxide in flask H. For every twenty four hours the standard acid and sodium hydroxide solutions were washed out and renewed. Ammonia was determined dy titration with standard alkali. The carbon dioxide-carbon was determined from a 10 c. c. aliquot of the normal sodium hydroxide solution by a Collins' calcimeter to measure the volume of carbon dioxide liberated. It could also be determined by a titration with standard hydrochloric acid after the removal of the carbonate with barium chloride.

Experimental Results

Part A: Compost of human feces and wheat straw mixtures. Six treatments were made; their compositions were shown as follows:

Tab. 1 Raw materials used at the start.

Treatment no.	1&2	3&4	5&6
Human feces	200g	200g	200g
Wheat straw	300g	100g	0
Soil	20g	20g	0
Straw ashes	10g	10g	0

Treatments 1. 3. 5 were kept at room temperature and treatments 2. 4. and 6 were kept at 45℃ in a thermostat. Ashes were used to supply phosphorous and soil was added to introduce micro-organisms. After thorough mixing water was added to maintain roughly 60% moisture. The daily losses of ammonia-nitrogen and carbon dioxide-carbon in each treatment were shown in the following figures (fig. 3 to 8).

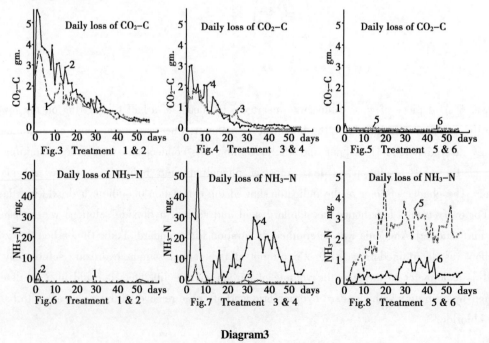

Fig.3 Treatment 1 & 2

Fig.4 Treatment 3 & 4

Fig.5 Treatment 5 & 6

Fig.6 Treatment 1 & 2

Fig.7 Treatment 3 & 4

Fig.8 Treatment 5 & 6

Diagram3

At the end of fifty six days, the residual materials were sampled and analyzed for ammonia, organic nitrogen, nitrate-nitrogen, and carbon. The nitrogen transformation during the experiment was shown as follows.

Tab. 2　Chemical composition of raw materials and finished composts

Raw materials used at start			In the finished composts				
Treatments 1 & 2			Treatments	1		2	
	g	%		g	%	g	%
(1) N from straw	1.16	32.1	(1) NH$_3$-N lost to air	0.003	0.09	0.02	0.6
(2) N from feces			(2) N found in residue				
as organic N	1.65	45.7	as Organic N	3.46	95.81	3.59	99.0
as NH$_3$-N	0.80	22.2	as NH$_3$-N	0.10	2.80	0.03	1.0
as NO$_3$-N	trace		as NO$_3$-N	trace		Trace	
(3) Total Nitrogen	3.61	100	(3) Total Nitrogen	3.56	98.7	3.64	100.5
(4) Carbon	136.7	100	(4) Carbon found in air	73.2	53.6	94.9	68.4
			found in residue	55.7	42.5	38.5	28.3
			Total C found	128.9	96.1	135	96.7
(5) Dry matter	349.3	100	(5) Dry matter	174.2	49.9	144	41.2
			(6) pH	7.8		7.7	
Treatment 3 & 4			Treatments	3		4	
(1) N from straw	0.38	13.4	(1) NH$_3$-N lost to air	0.026	0.93	0.667	23.6
(2) N from feces	2.45	86.4	(2) N found in residue				
as organic N	1.65	58.3	as organic N	2.61	92.5	1.855	65.2
as NH$_3$-N	0.80	28.3	as NH$_3$-N	0.239	9.6	0.210	7.4
as NO$_3$-N	trace		as NO$_3$-N	trace		trace	
(3) Toal Nitrogen	2.83	100	(3) Total Nitrogen	2.91	103.0	2.722	96.2
(4) Carbon	50.65	100	(4) Carbon in air	35.38	71.0	39.55	77.9
			In residue	21.4	40.1	16.6	51.5
			Total C Found	56.8	111.1	56.2	109.4
(5) Dry Matter	160.55	100	(5) Dry Matter	82.6	58.3	73.75	45.9
			(6)　　pH	7.7		7.7	

（续表）

Raw materials used at start			In the finished composts				
Treatments			5 & 6	Treatments	5		6
	g	%		g	%	g	%
(1) Nitrogen from feces			(1) NH₃-N found in air				
as NH₃-N	0.80	32.7		1.30	52.9	0.294	11.99
as organic N	1.65	67.3	(2) N in residue				
as NO₃-N	trace		as NH₃-N	0.177	7.1	0.70	28.5
			as organic	0.98	40.0	1.40	57.0
(2) Total Nitrogen	2.45	100.0	as NO₃-N	trace		trace	
			(3) Total Nitrogen				
(3) Carbon	10.65	100.0		2.45	100.0	2.39	97.7
			(4) Carbon				
			found in air	8.15	76.4	7.64	71.6
			in residue	2.50	23.6	3.01	28.4
(4) Dry Matter	37.0	100.0	Total C found	10.65	100.0	10.65	100.0
			(5) Dry Matter	16.2	43.8	19.2	51.9
			(6) pH		7.8		7.3

Part B: Composting of Human urine and vegetable matter. Another experiment was made on the nitrogen transformation during composting urine with vegetable matter, with soil, and with a mixture of vegetable matter and soil. The raw materials used were as follows.

Tab. 3　Raw materials used at the start of the experiment

Treatment no.	7.	8.	9.
Urine	300c. c.	300c. c.	300c. c.
Soil	2 000g	1 000g	10g
Veg. Matter	—	100g	300g

Same method was used as mentioned in part A. Temperature was kept at 25℃ and the experimental time was 83 days, from March 18th to the middle of June. Daily evolution of ammonia-nitrogen was carefully determined; the loss of carbon dioxide was only determined once for several days. The results were shown as follows.

The nitrogen transformation during the time of composting were shown as Tab. 4.

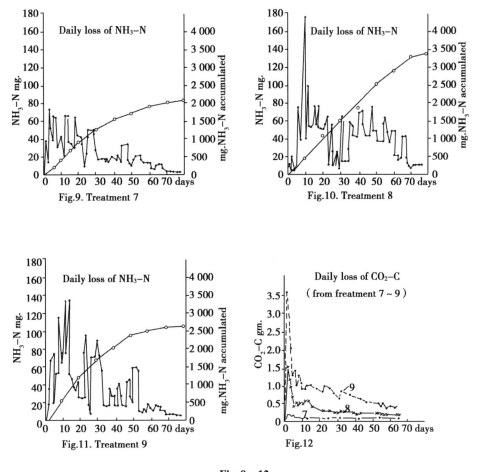

Fig. 9 ~ 12

Tab. 4   The nitrogen transformations during composting

（Raw materials）

Treatments	Treatment 7			Treatment 8			Treatment 9		
Chemical consit.	C	N	D. M.	C	N	D. M.	C	N	D. M.
	g	g	g	g	g	g	g	g	g
Urine	3. 72	4. 38	22. 4	3. 72	4. 38	22. 4	3. 72	4. 38	22. 4
Veg. matter				37. 0	1. 76	91. 5	111. 0	5. 28	274. 4
Soil	25. 6	0. 80	1 950	12. 8	0. 40	975. 0	9. 7		
Total	29. 32	5. 18	1 972. 4	53. 52	6. 54	1 088. 9	114. 72	9. 66	306. 5
C∶N		5. 66			8. 2			11. 9	

(In the finished compost)

Treatments	7.		8.		9.	
	g	%	g	%	g	%
NH₃-N lost to air	2.15	41.5	2.65	40.6	3.41	35.3
Nitrogen found in residue						
as NH₃-N	2.11	40.7	1.23	18.6	1.69	17.5
as organic N	0.90	17.4	2.08	31.8	4.71	48.7
as NO₃-N	0.05	1.0	trace		trace	
Total nitrogen found	5.21	100.6	5.96	91.2	9.81	101.6
Dry matter	1 970	99.9	1 045	96.2	179.5	58.5
Carbon	25.6	87.4	30.8	57.5	58.8	51.3
C: Nratio	8.5		9.3		9.2	
pH 值	7.8		7.7		7.8	

Discussions

The method mentioned above was found to be simple and accurate. By the use of an absorption column, the carbon dioxide as much as fifteen grams per day could be absorbed and determined. The daily carbon dioxide evolution showed the rate of decomposition of organic matter and the activity of micro-organsiums. It was found that the formation of carbon dioxide was very rapid in the beginning, and began to slow down on the fifth day, and became very slow after fifty days. In practice of making composts, inoculum from actively fermenting compost was introduced at the start to make rapid development of micro-organisms. The result here showed that the use of inoculum was unnecessary. From the final nitrogen balance of nine treatments, there was no sign of fixation of atmospheric nitrogen from the air; nor any evidence of nitrogen lost as elementary nitrogen. The total percentages of nitrogen found at the end of the experiment were 98.7%, 103.0%, 100.0%, 100.6%, 96.2%, 97.7%, 100.6%, 91.2%, 101.6%, with an average of 98.6%. An negative balance of 1.4% was surely within the experimental errors. So the problem of the loss of nitrogen from aerobic composts is simple as approximately all the nitrogen loss is in the form of ammonia which can be absorbed in acid and determined.

The transformation of ammonia and organic nitrogen in different treatments was show in Tab. 5.

Tab. 5 Nitrogen transformations in different treatments.

Treatments	1	2	3	4	5	6	7	8	9
Raw Materials									
% NH_3-N	22. 2	22. 2	28. 3	28. 3	32. 7	32. 7	84. 5	67. 0	45. 4
% organic N	77. 8	77. 8	71. 7	71. 7	67. 3	67. 3	15. 5	33. 0	54. 6
C : N	38. 0	38. 0	18. 5	18. 5	4. 3	4. 3	5. 7	8. 2	11. 9
In the finished composts									
% NH_3-N in air	0. 09	0. 55	0. 93	23. 57	52. 90	11. 89	41. 5	40. 6	35. 3
% residual NH_3-N	2. 80	0. 96	9. 40	7. 41	10. 0	50. 2	40. 7	18. 8	17. 5
% Total NH_3-N	2. 89	1. 51	10. 3	30. 98	62. 9	62. 1	82. 2	59. 4	52. 8
% NO_3-N	—	—	—	—	—	—	1. 0	—	—
% organic N	97. 11	98. 49	89. 7	69. 0	37. 1	37. 9	16. 8	4. 06	47. 2
C : N	15. 9	10. 3	10. 0	8. 1	3. 0	3. 9	8. 5	9. 3	9. 2
Percentages of NH_3-N changed into organic N.									
19. 3	20. 7	18. 0	-2. 7	-30. 2	-29. 4	2. 3	7. 6	-7. 4	

Compost No. 1 and 2 with wide carbon-nitrogen ratio at 38 held all their nitrogen without loss, 90% of free ammonia was fixed into crude protein. Compost No. 3 and 4 with carbon-nitrogen ratio at 18. 5 were kept at two different temperatures, No. 4 kept at a higher temperature decomposed more rapidly, the loss of ammonia happened. Treatments 5 and 6 were feces alone. It was found that more nitrogen was lost at the room temperature than at 45℃. This was probably due to the formation of organic acids. Treatments 7, 8, and 9 were urine straw and urine soil mixtures. The vegetable matter used was wild grass having a high nitrogen content of 1. 76%. This made the carbon-nitrogen ratio very narrow. All the urinary nitrogen was lost to the air. In treatment 7, 41. 5% NH_3-N was lost to air and 40. 7% of NH_3-N was found in the soil. The ammonia content of the soil was increased from 0. 00 to 0. 09%. This was evidently due to the absorption of ammonia by soil.

The effect of temperature and ventilation on the conservation of nitrogen in compost is very important. Appropriate temperature and abundant air hasten the activities of micro- organisums. If organic matter is in great excess, the free ammonia can be converted into bacterial protein and thus temporarily stored. On the contrary, if no much organic matter is in excess, or all the excess vegetable matter has been decomposed, then the temperature and ventilation hasten the decomposition of protein and the loss of nitrogen. Under this condition lower temperature and less ventilation are more desirable. (1940. 1)

Summary

A study was made on the daily evolution of carbon dioxide and ammonia from compost and human feces. The loss of nitrogen from the above samples under aerobic conditions was approximately all in the form of ammonia which could be absorbed in standard acid and determined. The effect of temperature and carbon-nitrogen ratio on nitrogen conservation was also studied.

Literature cited

[1] Howard, Albert. The Waste Product of Agricuture (1931) .

[2] Fowler, Gilbert J. : An Introduction to the Biochemistry of Nitrogen Cohseration. Edward Arnold & Co. , London, 1934.

[3] Wilson, S. D. &Wang Yueh: A Preliminary Report on the Chemistry of Feces Cakes. Peking National History Bulletin 1938-9 Vol. 13. Part 4, p. 269.

[4] Winfield, G. F. &Wilson, S. D. Cheeloo and Yenching Universities. Agricultural Sanitation Investigation, Sixth Progress Report (1939).

[5] Waksman, S. A. Thermophilic Decomposition of Plant Residue in Composts by pure and mixed cultures of micro-organisms. Soil Sci. 47, pp. 215 – 25. (1935).

[6] Acharya, C. N. Comparison of Different Methods of Composting Waste Materials. The Indian J. of Agri. Sci. 9, p. 565 (1939).

好气堆肥中二氧化碳与氨之发生及其测定（摘要）

陈尚谨

（华北农业科学研究所）

速成堆肥，可用作厩肥代替品，供给土壤中有机质，为主要目的；在中国经济与土壤需要情况下，有机质与氮素的供给，须同时并重，所以，堆肥制造中，氮素的保存，是很重要的问题。

近年来，研究堆肥制造的很多，约 30 年前在印度，Howard 和 Fowber 二氏，提倡 gndore 式堆肥法。报告中称述堆肥发酵中，无氮素丢失，并可利用细菌固定一部分空中氮素，而有氮素增加之趋势。1928 年板野氏在东北做耐温分解纤维细菌的研究，提倡制造堆肥时，接种该项细菌，可以促进分解。1937—1942 年作者与 Winfield，Wilson 等在北京与济南两地，对堆肥发酵中的变化，做精细的研究指明，在发酵期间，可能有大量氮素丢失；在发酵前接种细菌，亦无效果。以后，我国各地，做堆肥试验和推广的很多，结果亦多不一致；除因各地气候环境不同影响结果外，在试验分析技术上，亦有很多困难。如样本的采取，是否能代表整体材料，又在翻堆或取样时，水分的改变，都可影响结果。

作者感觉到以上困难，并为了校对田间试验结果的正确性，在实验室内采用了测定氨气和二氧化碳的方法，以代替过去残余物之分析，既可免去采取样本的一切误差，又可获得在发酵期中逐日间的变化。方法准确灵敏，可供参考。仪器连接情况如图 1，氨气用标准盐酸吸收，每日更换溶液一次，用碱液滴定。二氧化碳用 4% NaOH 吸收后，取出一部分溶液，加硫酸测定二氧化碳之体积。实验期间逐日发生二氧化碳与氨的情况如图 3 至图 12。获得结果，简述如下。

①堆肥发生二氧化碳的速度，代表细菌活动情况，以发酵开始后 5 天中，最为活跃，以后逐渐迟缓，到 50 天，二氧化碳之发生大为减少。按本实验结果，制造堆肥，须注意供给细菌的养分、水分和空气；无须接种，纤维质亦可迅速分解；与以前在北京、济南所进行的田间试验结果完全符合。

②好气堆肥发酵中，细菌没有固定空气中氮素的希望，亦无分解氮的化合物为游离氮气的危险。发酵中丢失的氮素，大部分为氨气，可用硫酸吸收测定。本试验因时间较短，硝酸态氮素产量甚低。

③堆肥制造初期，氮碳比值若超过 30，无机态氮素可迅速固定为蛋白质，若氮碳比值过小，有机态氮素亦可分解为氨而丢失。

④温度由 25℃增至 45℃，细菌活动力则大为增加，若碳氮比值不高或有机质已大部分被分解后，温度愈高，愈促进空气的对流和碳酸铵的分解与丢失，氮的丢失将更趋严重；故温度须注意调节，不可过高。

⑤土壤可以吸收一部分氮素，本试验中，土壤的含氨氮量由 0.00% 增至 0.09%。添土过多，增加运输重量，又妨碍空气的流通，温度不能上升，发酵也必迟慢，故以适量为度。但在缺乏氮素比较严重之地区，宁可使发酵速度减低，仍以多拌土保存氮肥较为适当。华北地区使用土粪，土粪中会有大量泥土，就是因为以上原因。

有机物、磷、石灰混合肥料在华北
石灰质土壤上应用的效果

陈尚谨　郭毓德　梁德印

（华北农业科学研究所）

（1953 年 4 月）

т. д. 李森科院士[1~3,9]提出在酸性灰化土上，施用有机物、磷、石灰混合肥料的方法和理论以后（以下简称混合肥料），引起苏联和中国农业工作者的普遍重视。李森科指出，在 1 公顷土地上，施用 1.5 吨或 3 吨或 5 吨腐熟厩肥，混合 1 公担*粉状过磷酸钙，或 2 公担磷矿石粉，再混加 3 公担石灰，在播种前 2~3 天，最多不超过 7 天，施入种了深度的上层里。这样它的肥效，就相当于每公顷按普通方法，施用 20~40 吨厩肥—将近 10 倍厩肥的肥效，5~6 公担磷灰石粉，或 2~3 公担过磷酸钙，和 2~5 吨石灰。他又指出，混合施肥法，创造了对有益微生物生活的良好条件，可以固定空气中氮素，并使矿石中的养分，变为植物可以利用的形态，提高施肥效率。（1 公顷施用 1 公担，约合 1 亩用 13.33 斤）

л. у. 普切尔金[7]、A. r. 加诺斯金[8]、C. A. 札哈勒琴科[10]等报告：混合肥料施用在苏联灰化酸性土上，对黑麦、冬小麦等作物效果很好。ф. в. 土尔钦[4]、A. r. 舍斯达科夫[12]等提出与李森科不同的意见。他们认为，过磷酸钙混加石灰，要降低过磷酸钙的肥效。粉状过磷酸钙全面撒施，不及条施颗粒状过磷酸钙更为有效。又有广大土地上，采用混合施肥的办法，限定在播种前 7 天以内施肥，在时间和劳力上，要增加很大困难。п. r. 纳依金等[13]总结 43 个试验结果指出，施用混合肥料对秋播作物和马铃薯有显著增产效果，但对春小麦效果不大。混合肥料中的石灰成分，未呈现出任何良好的效果。混合肥料中的磷肥成分，对秋播各类作物，具有特别重要的作用，土壤中含磷量的多少，对混合肥效的表现，有决定性的意义。他们认为，有必要在不同土壤和气候条件下，对混合肥料施肥法，再做深入研究。

我国对混合肥料施肥法，也很感兴趣。今将华北地区土壤和施肥情况，简单介绍在下面，并将 1955—1956 年在本所进行的田间试验，在河北、山西农村工作基点上进行的对比试验和一部分农业试验站、国营农场的试验结果，报告在下面，供作参考。

---

*　1 公担 = 2 担 = 100 千克，全书同

一、华北地区土壤、气候和施肥情况简单介绍

华北平原和晋中盆地，大部分是以次生黄土为主的冲积土，由黄河、汾河、滏阳、漳沱等河流冲击而成的。石灰质含量很高，$CaCO_3$ 2% ~ 5%，pH 值 7.5 ~ 8.5，有机质含量很低，为 0.5% ~ 1.5%，全氮量 0.05% ~ 0.10%，磷酸 0.10% ~ 0.15%，盐基可代换性氧化钾 0.02% ~ 0.03%，一般耕地都有多年的种植历史。土粪是本地区主要的肥料，它是由各种厩肥、人粪尿、草木灰、残余秸秆茎叶等材料，拌和大量土壤，堆积腐熟制成。每亩土粪用量为 2 000 ~ 5 000 斤。土粪成分随地区和拌土数量变化很大（土壤分析和土粪分析结果系本所土壤肥料室分析组同志所做），一般土粪含氮 0.2% ~ 0.4%，磷酸 0.3% ~ 0.5%，氧化钾 0.4% ~ 0.8%，灰分 80% ~ 95%。在目前施肥和产量的基础上，加施氮素肥料，有显著增产效果。施用 1 斤硫酸铵，可增收小麦 2 ~ 4 斤。加施磷肥，只在部分地区有增产效果，施用 1 斤过磷酸钙，可增收小麦 1 斤左右，增产数字远不及施用氮肥。增施钾肥对主要作物，增产效果不显著。

华北地区，目前大部分是旱地。全年平均降水量 400 ~ 700 毫米。雨期集中在 6 月、7 月、8 月 3 个月，约占全年降水量的 70%。大部分是两年三熟或一年两熟，一年一作小麦地区很少。春天和秋天气候干燥，地面蒸发量很大，春播和秋播的时候，常有因土壤水分不足，而感到困难。小麦生育期间，很少降雨，它的产量受水分的影响很大。农民有秋耕保墒的习惯，只有在土壤水分充足的情况下，才进行春耕，对播种前松土的措施，有怕丢失土壤水分的顾虑。

二、试验材料和方法

在农业研究所和农业试验站所进行的混合肥料试验，系采用小区多重复（3 ~ 5 次）的田间试验法。在农村工作基点上就采用简单对比的方法（1 ~ 2 次重复）。以小麦的主要试验作物，肥料处理，包括以下几种材料配合而成。

1. 有机物

每亩施用腐熟厩肥 400 斤。

2. 磷矿粉

每亩施用海州产磷矿粉 40 斤，和有机物混合施用。海州磷矿粉属于磷灰石类型，带有微粒结晶，约含 P_2O_5 20%，含铁量很高，制粉后约有 80% 可以通过 100 号筛孔。海州磷矿粉在华北石灰质土壤上施用，磷肥效果很低，当地没有施用磷矿粉作肥料的习惯。

3. 过磷酸钙

每亩施用 20 斤。过磷酸钙里含水溶性 P_2O_5 18% ~ 20%。

4. 石灰

每亩施用 30～40 斤，和有机物、磷肥混合施用，石灰系建筑材料生石灰。

5. 硫酸铵

每亩用 20～40 斤，作追肥施用。

6. 农村肥料

施用农村当地肥料和土粪、厩肥或堆肥，按当地施用量和施用习惯使用。以下试验中多采用每亩 4 000 斤的用量，全面撒施后，耕翻深施。

以上有机物、磷矿粉、过磷酸钙、石灰 4 种材料，互相配合，可以构成多种不同的混合肥料处理，这些处理都按照李森科院士所提出的方法——在播种前 2～3 天临时混合并施到播种深度土壤里。玉米试验和一部分小麦试验，采用当地习惯，在播种当天将混合肥料施入播种沟里。

现将各地试验结果，报告在下面，其中一部分结果，引自华北农业科学研究所1954—1955 年冬小麦研究工作总结。

三、试验结果和讨论

为了简单明了，今将各地结果，按各种肥料成分的增产效果，分开列表，并加说明和讨论如下。

1. 混合肥料中石灰的肥效见表 1

表 1　混合肥料中石灰的肥效

试验地点	年份	作物	施肥基础	对照产量（斤/亩）	混用石灰产量（斤/亩）	石灰增产效果（斤/亩）	
						（＋）	（－）
北京华北农科所	1955	冬小麦	有机物	338.3	319.6		18.7
			有机物、磷矿粉	304	325.9	21.9	
			有机物、过磷酸钙	327	319.2		7.8
	1956	冬小麦	有机物、磷矿粉	305.6	293.4		12.2
	1956	夏玉米	有机物、磷矿粉	196	185.1		10.9
河北藁城焦庄社	1955	冬小麦	有机物、过磷酸钙	472.3	427.5		44.8
山西临汾试验站	1955	冬小麦	有机物、磷矿粉	158.8	158.7		0.1
山西洪赵李堡村	1955	冬小麦	有机物、过磷酸钙	250.1	259.8	9.7	
山西襄汾北众村	1955	冬小麦	有机物、过磷酸钙	132.5	131.1		1.4
共计						31.6	95.9

由表 1 可以看到，在华北石灰质土壤上，施用石灰，对冬小麦、玉米肥效很不明显。北京华北农科所 1955 年小麦试验结果：有机物、磷矿粉内混加石灰，每亩多收21.9 斤，但 1956 年结果不同，每亩少收 12.2 斤。9 个试验材料中有 7 个试验，都表示磷矿粉或过磷酸钙里混加石灰，有减产的趋势。证明在华北石灰质土壤上，混合肥料里不需要加入石灰。

2. 混合肥料中磷矿粉的肥效见表 2

表 2　混合肥料中磷矿粉的肥效

试验地点	年份	作物	施肥基础	对照产量（斤/亩）	混用磷矿粉产量（斤/亩）	磷矿粉增产效果（斤/亩）	
						（+）	（-）
北京华北农科所	1955	冬小麦	有机物	338.3	304		34.3
			有机物、石灰	319.6	325.9	6.3	
	1956	冬小麦	有机物	288.7	305.6	16.9	
			有机物、石灰	—	293.4	-4.7	
	1956	夏玉米	有机物	196	196	—	
			有机物、石灰	—	185.1		-10.9
河北衡水试验站	1955	冬小麦	有机物	144.9	148.7	-3.8	
河北芦台国营农场	1955	冬小麦	有机物	228.4	243.1	14.7	
山西临汾试验站	1955	冬小麦	有机物	166.3	158.8		7.5
			有机物、石灰	—	158.7		-7.6
共计						46.4	60.3

注：（）里数字，系磷矿粉与石灰的增产效果

由以上结果，可以看到：混合肥料里混加海州磷矿粉，不论添加石灰与否，增产效果都不显著。10 个试验材料里面，5 个结果，产量稍有增加，有 5 个结果表示减产或不增产。增产、减产可能都在试验误差之内。说明海州磷矿粉，在华北石灰质土壤地区使用，磷肥效果是很有问题的。

3. 混合肥料中过磷酸钙的肥效见表 3

表 3　混合肥料中过磷酸钙的肥效

试验地点	年份	作物	施肥基础	过磷酸钙用法*		对照产量（斤/亩）	加用过磷酸钙产量（斤/亩）	过磷酸钙增产效果（斤/亩）	
				混合使用	其他用法			（+）	（-）
北京华北农科所	1955	冬小麦	有机物	粉状		338.3	327	11.3	
			有机物、石灰	粉状		319.6	319.2	0.4	

（续表）

试验地点	年份	作物	施肥基础	过磷酸钙用法*		对照产量（斤/亩）	加用过磷酸钙产量（斤/亩）	过磷酸钙增产效果（斤/亩）	
				混合使用	其他用法			（+）	（-）
	1956	冬小麦	有机物	粉状		288.7	293.8	5.1	
			有机物		颗粒		297.1	8.4	
			有机物		根外喷施		291.2	2.5	
	1956	夏玉米	有机物	粉状		196	191.7		4.3
			有机物		颗粒		189.4		6.6
			有机物		根外喷施		187.3		8.7
河北衡水试验站	1955	冬小麦	有机物	粉状		144.9	-141.6		3.3
河北宁河芦台农场	1955	冬小麦	有机物	粉状		292	381	89	
			有机物		颗粒（13斤/亩）		374	82	
河北藁城焦庄社	1956	冬小麦	有机物	粉状		473.4	498.1	24.7	
			有机物		颗粒		492.9	19.5	
山西洪赵李堡	1955	冬小麦	有机物	粉状		250.1	250.1	—	—
			有机物、石灰	粉状			-259.8	9.7	
山西襄汾北众村	1955	冬小麦	有机物	粉状		176.6	132.5		44.1
			有机物、石灰	粉状			-131.1		45.5

＊每亩施用过磷酸钙20斤，颗粒过磷酸钙系用草灰和过磷酸钙按1：1等量制成。根外喷磷采用2%过磷酸钙溶液，在拔节、孕穗和开花末期喷施；

（ ）内数字是过磷酸钙和石灰的效果

由以上结果可以看到：在华北农科所、河北衡水试验站、山西洪赵李堡、山西襄汾北众村等地，混合肥料里加施过磷酸钙，对冬小麦、玉米没有显明的增产效果。华北农科所的试验结果还指出：在土壤含速效磷酸含量较高的情况下，0~20厘米土层里，含1%（NH_4）$_2CO_3$可提出$P_2O_5$44~47毫克/千克，每亩小麦产量在300斤左右，施用粉状过磷酸钙和有机物混合施用，或用有机无机颗粒过磷酸钙，或采用根外喷施过磷酸钙溶液，都未获得增产效果。

河北宁河国营芦台农场（芦台农场土壤系海滨盐渍土，石灰质含量较低）、河北藁城焦庄社两地试验，加施过磷酸钙，对小麦增产效果很显著。两地土壤里含1%（NH_4）$_2CO_3$可提出P_2O_5较低，在10毫克/千克左右，每亩小麦产量在300~400斤，加施过磷酸钙，对小麦增产效果很大。河北宁河国营芦台农场，每亩施有机物混合过磷酸钙20斤，较单用有机物，每亩增收小麦89斤，改用颗粒过磷酸钙每亩13斤，也增产小麦82斤。同样在河北藁城焦庄社，施用有机物混合过磷酸钙每亩20斤，增收小麦24.7斤，改用颗粒过磷酸钙20斤，增产小麦19.5斤。以上结果表明：施用混合肥料的效果，和当地土壤对磷肥的需要情况，有很大关系，在不缺磷肥的土壤上，施用混合肥料效果不显著，而施用在磷肥有效地区，混合肥料也有良好的效果。

4. 加施硫酸铵作追肥的效果见表4

表4 加施硫酸铵作追肥的效果

试验地点	年份	作物	施肥基础	对照产量（斤/亩）	加施氮肥产量（斤/亩）	氮肥增产效果（斤/亩）	
						（+）	（−）
北京华北农科所	1955	冬小麦	有机物、磷矿粉、石灰	325.9	383.4	57.5	
			有机物、过磷酸钙、石灰	319.2	371.8	52.6	
北京华北农科所	1956	冬小麦	有机物	288.7	352.9	64.2	
			有机物、过磷酸钙	293.8	340.2	46.2	
北京华北农科所	1956	夏玉米	有机物	196	235.2	39.2	
			有机物、过磷酸钙	191.7	246.1	54.4	

以上结果表明：适期追肥硫酸铵氮肥，对冬小麦，夏玉米增产效果很大。又根据田间观察，施用混合肥料不追施氮肥的处理，作物叶色淡黄，下部叶子枯萎，缺乏氮肥情况严重，若想维持产量在一定水平，增施氮肥是不可缺少的。

5. 混合肥料和当地农村肥料肥效的比较见表5

表5 混合肥料和当地农村肥料肥效的比较

试验地点	年份	作物	混合肥料的配合	混合肥料产量（斤/亩）	农村肥料产量*（斤/亩）	混合肥料和农村肥料比较（斤/亩）	
						（+）	（−）
北京华北农科所	1955	冬小麦	有机物、磷矿粉、石灰	325.9	351		25.1
			有机物、过磷酸钙、石灰	319.2			31.8
	1956	冬小麦	有机物、磷矿粉、石灰	293.4	321.6		28.2
			有机物、过磷酸钙	293.8			27.8
	1956	夏玉米	有机物、磷矿粉、石灰	185.1	230.9		45.8
			有机物、过磷酸钙	191.7			39.2

（续表）

试验地点	年份	作物	混合肥料的配合	混合肥料产量（斤/亩）	农村肥料产量*（斤/亩）	混合肥料和农村肥料比较（斤/亩）	
						（+）	（-）
河北衡水试验站	1955	冬小麦	有机物、磷矿粉、石灰	148.7	182.4		33.7
			有机物、过磷酸钙、石灰	141.6			40.8
河北藁城焦庄社	1955	冬小麦	有机物、过磷酸钙、石灰	427.5	406.2	21.3	
			有机物、过磷酸钙	472.3		66.1	
	1956	冬小麦	有机物、过磷酸钙	498.1	444.5	53.6	
山西洪赵李堡	1955	冬小麦	有机物、过磷酸钙	250.1	340		89.9
			有机物、过磷酸钙、石灰	259.8			80.2

* 每亩施用土粪 4 000 斤，按当地习惯施用

由以上结果可以看到，河北藁城焦庄社试验结果，因当地土粪质量较低（土粪含氮 0.15%，其他试验所用土粪含氮量在 0.3%～0.5%），又当地施用磷肥增产效果很好，施用混合肥料比施用当地土粪（4 000 斤/亩），每亩增收小麦 21.3～66.1 斤。此外，其他 10 个结果，因当地磷肥效果不明显，混合肥料中的磷肥，未能发挥增产作用，所以，施用混合肥料的效果，都不及施用当地农村肥料。又华北农科所 1956 年夏玉米试验，系在小麦混合肥料试验地上，按原来小区和处理，继续进行的，混合肥料继续施用两年，它的肥效，仍不及施用当地农村肥料。

四、结　论

根据 1955—1956 年有机物、磷、石灰混合肥料在华北石灰质土壤地区 7 处 12 个试验材料，初步得以下结果。

①在华北石灰质土壤地区，pH 值在 8 左右，混合肥料里混加石灰，对冬小麦和玉米，石灰未能表现增产效果。

②在本地区，施用有机物混合海州产磷灰石粉，不论混加石灰和不用石灰，对冬小麦、玉米都没有显著增产效果。

③在土壤含速效磷酸较高、增施磷肥不能增加产量的土壤上，施用有机物混合过磷酸钙肥料，也不能表现增产效果。在磷肥效果良好地区，施用有机物混合过磷酸钙肥料，肥效也好。

④本地区施用氮肥增产效果很大，施用混合肥料，不能代替或减少氮肥的施用。

⑤在气候干旱和土壤水分缺乏的情况下，播种前松土施肥丢失水分，可能影响出苗和产量，须加注意。

总之，混合肥料施肥法，主要系一种施用磷肥的方法，在比较缺磷的土壤上和在一定条件下，可以试用。

参考文献

[1] т. д. 李森科．植物土壤营养科学在提高农作物收获量的任务［J］．苏联农业科学，1954（3）：1.

[2] т. д. 李森科．在冬作物播种地中施用有机无机混合肥料［J］．苏联农业科学，1954（11）：21.

[3] т. д. 李森科．植物的土壤营养和田间施肥［J］．苏联农业科学，1955（5）：193.

[4] ф. в. 土尔钦．植物的营养和肥料的使用［J］．苏联农业科学，1954（12）：4.

[5] м. м. 康诺努娃对土尔钦报告的发言［J］．苏联农业科学，1954（12）：10.

[6] E. H. 米苏斯金对土尔钦报告的发言［J］．苏联农业科学，1954（12）：12.

[7] в. у. 普切尔金，等．利用混合肥料提高农作物的产量［J］．苏联农业科学，1954（4）：41.

[8] A. г. 加斯金．按李森科院士的方法，施用有机、无机混合肥料的试验．苏联农业科学，1955（11）：507.

[9] т. д. 李森科．植物的土壤营养［J］．苏联农业科学，1956（2）：57.

[10] C. A. 札哈勒琴科，等．有机—无机混合肥料对抗寒性的影响．苏联农业科学，1956（8）：404.

[11] A. T. 波诺玛列娃，等．论有机—无机肥料浅施于冬小麦田中的效果［J］．农业生物学（苏联），1956（4）：84.

[12] A. г. 舍斯达科夫，等．论非黑钙土地带的施肥制度［J］．土壤学译报，1956（3）：37.

[13] п. г. 纳依金，等．论有机肥料、磷肥及石灰的混合肥料的肥效［J］．土壤学译报，1956（3）：58.

[14] 华北农业科学研究所．1954—1955 年小麦混合肥料、颗粒磷肥、根外施磷试验总结．

附：各地试验结果详见表 1 至表 8。

表 1 北京华北农科所冬小麦混合肥料试验（1955 年）

肥料处理	秆重 （斤/亩）	籽粒重 （斤/亩）	籽粒增产 （斤/亩）	千粒重 （克）
（1）有机肥	517.8	338.3	+12.4	35.4
（2）有机物、石灰	474.7	319.6	−6.3	35.5
（3）有机物、磷矿粉	435.9	304.0	−21.9	35.2
（4）有机物、磷矿粉（接种固氮菌）	420.1	304.0	−21.9	35.3
（5）有机物、磷矿粉碳、石灰、追施硫酸铵	579.4	383.4	+57.5 **	34.2
（6）有机物、磷矿粉、石灰	493.1	325.9	—	35.3
（7）堆肥 4 000 斤	533.6	351.0	+25.1 **	35.0
（8）有机物、过磷酸钙	468.7	327.0	+1.1	36.1
（9）有机物、过磷酸钙、石灰	434.2	319.2	−6.7	36.0
（10）有机物、过磷酸钙、石灰、追施硫酸铵	571.7	371.8	+45.9 **	34.9

籽粒产量差异标准差 7.94 斤/亩、1% 显差 21.62 斤/亩，5% 显差 16.11 斤/亩
注：小区面积 75.6 平方公尺重复 5 次；
试验地 0～20 厘米土壤含 1%（NH_4）$_2CO_3$ 可浸出速效磷酸 47 毫克/千克；
碳酸钙 2.44%，氮 0.10%，pH 值 8.4、粉沙壤土，水浇地

表 2 北京华北农科所冬小麦夏玉米混合肥料试验（1956 年）

肥 料 处 理	冬小麦				夏玉米			
	秆重 （斤）	粒重 （斤）	增产 （斤/亩）	千粒重 （克）	秆重 （斤）	粒重 （斤）	增产 （斤/亩）	千粒重 （克）
（1）无肥	613.4	293.9	—	31.8	406.2	193.8	—	70.2
（2）有机物	662.2	288.7	−5.2	31.7	424.7	196.0	+3.8	70.6
（3）有机物、磷矿粉	685.8	305.6	+11.7	31.8	402.9	196.0	+3.8	70.5
（4）有机物、磷矿粉、石灰	683.7	293.4	−0.5	31.8	389.9	185.1	−8.7	71.4
（5）堆肥 4 000 斤	743.4	321.6	+27.7 **	31.0	466.1	230.9	+37.1 **	73.5
（6）有机物、过磷酸钙（粉状）	641.3	293.8	−0.1	31.5	400.8	191.7	−2.1	68.9
（7）有机物、过磷酸钙（颗粒）	649.5	297.1	+3.3	31.4	368.1	189.4	−4.4	70.7

（续表）

肥料处理	冬小麦				夏玉米			
	秆重（斤）	粒重（斤）	增产（斤/亩）	千粒重（克）	秆重（斤）	粒重（斤）	增产（斤/亩）	千粒重（克）
（8）有机物、过磷酸钙、追施硫酸铵	794.0	340.2	+46.3	30.3	409.5	246.1	+52.3 **	74.5
（9）有机物、追施硫酸铵	858.8	352.9	+58.8	30.0	404.0	235.2	+41.4 **	72.5
（10）有机物、过磷酸钙（喷雾）	697.9	291.2	-2.7	30.8	402.9	187.3	-6.5	69.6
粒粒产量差异标准差（斤/亩）			9.98					11.5
1% 显差（斤/亩）			27.65					31.87
5% 显差（斤/亩）			20.46					23.60

注：小区面积 54.0 平方公尺，重复 4 次，水浇地

表3　河北衡水农业试验站（1955 年冬小麦 旱地 重复 3 次）

肥料处理	籽粒重（斤/亩）	增产（斤/亩）
（1）有机物	144.9	—
（2）有机物、磷矿粉、石灰	148.7	+3.8
（3）有机物、过磷酸钙、石灰	141.6	-3.3
（4）高温堆肥 4 000 斤/亩	154.1	+9.2
（5）土粪 4 000 斤/亩	182.4	+37.5

表4　河北宁河芦台国营农场（1955 年冬小麦 水浇地 重复 2 次）

肥料处理	籽粒重（斤/亩）	增产（斤/亩）
（1）有机物	292	—
（2）有机物、过磷酸钙 20 斤（粉状）	381	+89
（3）有机物、过磷酸钙 13 斤（颗粒）	374	+82
又		
（1）有机物	228.4	—
（2）有机物、磷矿粉 40 斤	243.1	+14.7

表5 河北藁城焦庄社（1955年冬小麦 水浇地）

肥 料 处 理	籽粒重（斤/亩）	增产（斤/亩）
（1）有机物、过磷酸钙	472.3	+66.1
（2）有机物、过磷酸钙、石灰	427.5	+21.3
（3）土粪4 000斤	406.2	—
又1956年冬小麦水浇地		
（1）有机物	473.4	—
（2）有机物、过磷酸钙（粉状）	498.1	+24.7
（3）有机物、过磷酸钙（颗粒）	492.9	+19.5
（4）土粪4 000斤	444.5	−29.1
又		
（1）厩肥1 000斤	301.1	—
（2）厩肥1 000斤、过磷酸钙25斤	399.6	+98.5

表6 山西临汾专区农场（1955年冬小麦 旱地 重复2次）

肥 料 处 理	籽粒重（斤/亩）	增产（斤/亩）
（1）有机物	166.3	—
（2）有机物、磷矿粉	158.8	−7.5
（3）有机物、磷矿粉、石灰	158.7	−7.6

表7 山西洪赵李堡（1955年冬小麦 水浇地）

肥 料 处 理	籽粒重（斤/亩）	增产（斤/亩）
（1）有机物	250.1	—
（2）有机物、过磷酸钙	250.1	0.0
（3）有机物、过磷酸钙、石灰	259.8	+9.7
（4）土粪6 000斤	340.0	+89.9

表8 山西襄汾北众村（1955年冬小麦 旱地）

肥 料 处 理	籽粒重（斤/亩）	增产（斤/亩）
（1）有机物	176.6	—
（2）有机物、过磷酸钙	132.5	−44.1
（3）有机物、过磷酸钙、石灰	131.1	−45.5

本文刊登在《华北农业科学》1957年4月 第1卷 第1期

华北石灰质土壤骨粉肥效的商讨

陈尚谨　马复祥

（1953 年）

在中国华南酸性土壤上，使用骨粉作肥料，效果很好，但是，在华北石灰质土壤上的情况则完全不同。近年，华北有大量骨粉用在本地农业生产上，群众对于骨粉肥效的反映，颇不一致：有的说效果不大，有的说没有效果，有的地方群众用了一次再也不买了，也有的劳模讲究氮磷钾三要素的配合，而使用骨粉，也有的劳模反映说试了一下没有效果再也不用了的情况。总之，说明在华北骨粉的肥效是一个问题。华北的土壤大部为石灰质土壤，在这样土壤上，骨粉的肥效到底如何，是一个试验研究的问题，根据近3 年来调查及试验结果，对于骨粉的肥料效果，提出初步意见，以供参考。

一、骨粉的种类

处理生骨所用方法不同，制出肥料成品也就不同，常见的有以下 5 种：即骨灰、骨炭、脱胶骨粉、蒸制骨粉、生骨粉。此数种成品互相比较，按氮素含量来说，则生骨粉较多，蒸制骨粉次之，脱胶骨粉及骨灰、骨炭等最少，按磷酸含量来说则相反，不过不论哪种骨粉，氮与磷的含量来比较，总是氮少而磷多。市上常见的骨粉，为脱胶和半脱胶骨粉，一般多把骨粉当作磷肥应用，至于同一名称的骨粉，因为制造方法不同，成品中氮素及磷酸的含量也有差别，将骨粉豆饼等肥料成分举例如表1。

表1　骨粉豆饼等肥料成分

名　称	氮素（%）	全磷酸（%）	水溶性磷酸（%）
骨　灰	0	40	0
骨　炭	0.2	35	0
脱胶骨粉	0.8	55	0
蒸制骨粉	1.8	29	0
生骨粉	5.6	22	0
大豆饼	7.2	1.5	—
棉籽饼	6.4	5.2	—
硫酸铵	20	0	0
过磷酸石灰	0	20	19

二、骨粉的肥效

骨粉的主要肥料成分为磷，其次为氮素，所以骨粉的肥效，一为磷酸的效果，一为氮素的效果。但群众反映骨粉的肥效如何，常是把它混在一起来说的，这就不宜明确，兹分述于下。

1. 骨粉的氮素肥料效果

1951年在本所用大麦及晚玉米进行试验，在磷钾供给充分情况下测定骨粉的氮肥肥效。结果为第一作大麦施用生骨粉167斤（含氮素5.6%，折合氮素每亩施用量为6斤），较无肥区（产量为195斤）增加产量47斤；第二作晚玉米再施用骨粉167斤，较无肥区（产量为243斤）增加产量为54斤，说明骨粉中的氮素是有肥效的。与等氮量每亩用硫酸铵50斤（含氮素20%）得大麦产量280斤，晚玉米产量383斤相比较，牛骨粉氮肥效果约相当于硫酸铵的一半。与等氮量每亩用大豆饼83斤（含氮素7.2%）得大麦产量277斤，及棉籽饼施用111斤（含氮素5.4%）得大麦产量269斤等，相互比较，生骨粉的氮肥效果约相当于油饼类的6成。至于骨粉的氮肥残效，在大麦收后晚玉米上的表现，只较无肥区（产量为243斤）增产15斤，比同样氮量施用大豆饼的残效47斤，及棉籽饼的残效26斤为少，所以，生骨粉当年残效不如油饼类。

生骨粉中氮素的形态主要为骨素的形态，不能被作物直接吸收利用，需要在土壤中经过分解，变化成有效态的氮素，因此，它的肥效就不如硫酸铵；骨粉中氮素含量低，分解的速度没有豆饼及棉籽饼快，肥效也就不如油饼类。若是脱胶骨粉、骨灰、骨炭等的氮素肥料效果就很小很低了。

2. 骨粉的磷酸肥料效果

1950—1951年，有些农场曾与本所合作进行骨粉肥效试验，兹将骨粉效果一项的结果摘录于表2。

表2　骨粉肥效结果（表内数字为每亩斤数）

农场地点	石家庄	石家庄	临汾	太原	临清	顺德
作物名称	小麦	晚谷	棉	高粱	谷子	棉
平均产量	376	315	543	555	614	246
骨粉效果	-9	15	-2	0	48	9

所用骨粉为脱胶骨粉，石家庄农场每亩用50斤，其他各场用40斤。由表2看并没有显著的肥料效果。为了补充田间试验之不足，本所于1950年进行骨粉等磷肥效果盆栽试验（因本所土壤含磷较高，不适于做此项试验，石家庄农场土壤缺磷，根据农场试验结果磷肥肥效甚好，故取石家庄农场土壤进行），兹将盆栽试验结果，简述如下。

①石家庄农场土壤，盆栽棉麦，硫酸铵与过磷酸钙合用较单用增产效果极为显著，

确证该土壤需要补充磷肥。

②骨粉的磷肥效果，在小麦上无显著肥效，连续使用至第四作小麦骨粉的磷肥效果表现仍甚微。

③骨粉的磷肥效果，在缺磷严重的石家庄土壤上对于棉花第一作无显著肥效，第二作产量增加 14%。骨粉的磷肥效果在棉花上有逐渐被利用的趋势。

④豆饼的磷肥效果甚好，虽然豆饼的含磷量仅为 1.5%，磷与氮含量之比约为 1:5，在盆栽中，单用豆饼较单用硫酸铵产量均有显著增加，单用豆饼肥效相当于硫酸铵与过磷酸石灰合用的 80% 以上，三作均如此，说明豆饼中磷肥效果甚好。但在第四作小麦上表现则差，说明在缺磷土壤上连续栽培，豆饼中之磷仍不敷需要，要考虑另外补充。

⑤在缺磷土壤及沙耕栽培情况下，发现缺磷在小麦幼苗上有明显的表现，接近叶尖部分或叶子呈红色或紫红色，分蘖少，生育不健壮，甚至不分蘖。数作小麦均系如此，证明缺磷较严重时，小麦幼苗有特殊现象。

⑥磷酸二钙的肥效，在四作中约与过磷酸钙（磷酸一钙）肥效相同。在理论上是很有意思的问题。

⑦用 5% 过磷酸钙水溶液喷射 3 次，对棉花产量增加 5%，仅系一年结果，尚待今后试验。

骨粉含磷相当多，但磷的形态，主要为磷酸三钙，在华北石灰质土壤上，是既不溶于水又难溶于植物根部分泌的汁液，因此，不易被作物吸收利用。小麦生育期间比较低温，因此，骨粉磷肥的效果，在小麦上就更不显著。棉花生育期间温度较高，骨粉的磷肥效果有逐渐被利用的趋势。棉花、小麦对骨粉利用的能力，也有不同。

豆饼中磷的形态为有机态，如核蛋白、蛋黄素等，此种形态也同样不能被植物直接吸收利用，但与磷酸三钙不同，在石灰质土壤上，分解比较迅速，因此，有机态的磷酸效果很好。棉籽饼的磷肥效果一定也很好。

根据以上所述，对骨粉的使用，提出初步意见如下。

肥料的使用，最重要的问题为经济地利用。骨粉主要成分为磷，氮素含量较少，若当作氮肥使用，是不经济的。假定每亩施用氮素量为 4 斤（一般施细肥水平，按氮素计算，现在约为每亩 4 斤），则用含氮素 2% 上下的蒸制骨粉需施用 200 斤，若是脱胶骨粉则要 400 斤以上了，与 20 斤硫酸铵或 50 多斤豆饼相比，数量和价钱都相差过多，并且肥效又差，所以，用骨粉作氮肥使用是不经济的。

骨粉主要成分磷的含量很高，但在缺磷严重，磷肥显著有效的土壤上，骨粉磷肥的效果还是比较缓慢的，不能满足生产上的要求，用在小麦上还不如用在棉花上好些。

从个体农民经济及整个国家经济上着眼，骨粉用在华北石灰质土壤上是不合算的，骨粉在工业上用处很大，可以利用。或把骨粉用作禽畜饲料，能显著提高其经济效果，或把骨粉运往华南酸性土壤上使用，求得合理的利用，更能发挥它的效果。

在华北土壤种类很多，有习惯使用骨粉的地区，希望在当地进行对比试验，明确它的肥料效果，并请把结果告诉我们。

本文刊登在《农业科学通讯》1953 年

有机质肥料中硝酸态氮素分析方法的研究

陈尚谨

（华北农业科学研究所）

（1949 年）

一、绪　言

硝酸态氮素定量分析，普通多使用还原法与比色法两种。但有机质肥料如厩肥、堆肥含大量有色体、尿素、氯化物等杂质，以上两种方法，都不适用。

动物粪便中，每含有大量铵盐及易于分解的各种氮的化合物。无论在酸性或碱性溶液中还原，一部分有机态氮素，将被分解为氨，会使结果太高，虽选用各种不同的还原剂，或在不同的酸碱度溶液中进行，也无任何效果。

有机肥料里，硝酸态氮素含量甚低，并混大量有色体、氯化物及混浊胶体等杂质，使用各种药剂如活性炭、硫酸铝、硫酸铜、硫酸银等[5]，也不能将上述杂质除净。酚二磺酸比色法，灵敏度虽高，但因杂质不能完全除去，仍难适用。迄今有机质肥料中硝酸根的分析，还没有理想而适用的方法[2]。在这种情况下，Robertson[8] 氏采用间接计算的方法如下。

总氮量减去不溶水氮素等于水溶氮素。

水溶氮素减去（水溶有机氮素与铵态氮素）等于硝酸态氮量。

一般有机肥料中硝酸态氮含量可低至 $0.005\% \sim 0.010\%$，总氮量为 $1.0\% \sim 2.0\%$，普通实验结果准确度不过 $\pm 0.005\%$，若利用多次分析结果之差，来计算硝酸态氮的含量，是不会准确的，理由极为显明。所以，有机质肥料中硝酸态氮素的分析方法，须加以研究。兹将作者初步研究结果，试拟一个分析方法，报告如下。

二、试拟分析方法的原理

试拟分析方法的原理，可用以下化学变化方程式表示。

①$HNO_3 + 4FeCl_2 + 3HCl \longrightarrow Fe(NO)Cl_2 + 3FeCl_3 + 2H_2O$

$Fe(NO)Cl_2 \xrightarrow{\triangle} FeCl_2 + NO \uparrow$

②$2NO + O_2 \longrightarrow 2NO_2$

③$2NO_2 + H_2O \longrightarrow HNO_2 + HNO_3$

④$HNO_2 + H_2O_2 \xrightarrow{H_2SO_4} HNO_3 + H_2O$

⑤$\underset{SO_3H}{\overset{OH}{\bigcirc}} SO_3H + HNO_3 \longrightarrow O_2N \underset{SO_3H}{\overset{OH}{\bigcirc}} SO_3H \xrightarrow{3NH_3} O_2N \underset{SO_3NH_4}{\overset{ONH_4}{\bigcirc}} SO_3NH_4$

以上各化学变化都经证明是正确的，可以利用。方程式（1）曾被 Schlosing 与 Tie-mann[6] 二氏应用，测定水中硝酸态氮素的含量。先将硝酸还原为一氧化氮（NO），再测量 NO 的体积。但一般有机肥料里硝酸氮很少，同时又受到二氧化碳（CO_2）的影响很大，所以不能普遍应用。今利用这个化学变化作第一步，使硝酸与样品中杂质分开。

方程式②、③、④曾被 Piccard 等[3,4] 利用来分析火药爆炸后所生成一氧化氮气体的数量，方法准确可靠。

方程式⑤酚二磺酸与硝酸化合后再遇氨生成黄色物，可用比色计测量之[7]。

作者利用以上变化，先使硝酸根还原为一氧化氮，用二氧化碳带入另一瓶内，再被氧化而为硝酸。在此瓶内所生成的硝酸，与样品内所含硝酸根的数量，完全相等，而不含有任何杂质，再按酚二磺酸比色法测定。利用以上原理，有机质肥料中虽然含有各种有妨害的杂质，可以尽被除去，而直接分析。较 Robertson 氏间接计算的方法简便而准确。

三、实验方法

1. 试药的配制

① 氯化低铁溶液——用铁钉 20 克溶于 100 毫升（mL）的盐酸内。在暗处置放。② 吸收液——10 毫升当量硫酸加水至 100 毫升，再加过氧化氢 1 毫升。③ 标准硝酸钾溶液——0.1444 克硝酸钾加水至 100 毫升，每 5 毫升溶液中含有硝酸态氮素（NO_3–N）1 毫克（mg）。④ 酚二磺酸试药——可按标准方法配制[7]，不再赘述。

2. 仪器的装备

如图 1 所示，Knop 氏二氧化碳发生器（1）与洗气瓶（3）连好，用二氧化碳将瓶内空气排净后备用。

还原瓶（5）构造详见图 2，为 100 毫升分解瓶，有磨口并附一支管。

冷凝器（6）系特制试管，详见图 3，管之上部较粗，外侧有磨口，与还原瓶（5）磨口吻合。管上有双孔橡皮塞。中间长玻管由管低下部穿出。另一玻管与一支管，系作通过冷水之用。吸氧瓶（8）系 4 升细口瓶，瓶塞上安有水银低压计（9）。栓（2）、（4）、（7）、（10）接连如图 1，功用详见下段。

3. 处理方法

取样品 5～10 克，或 5～10 毫升，（相当于 NO_3—N 0.05～10.0 mg），放入还原瓶（5），加二氯化铁（$FeCl_2$）溶液 20 毫升，1∶1 盐酸 10 毫升，蒸馏水 10 毫升，与小玻球两个。吸氧瓶（8）放入吸收液 10～50 毫升，关闭拴（7），用抽气机将瓶内空气压

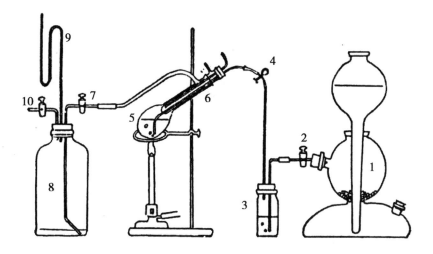

图1 仪器安装图

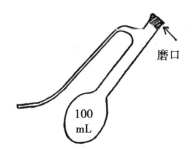

图2 还原瓶

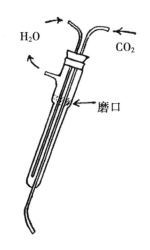

图3 冷凝器

力减低至 5 厘米的水银柱，将栓（10）关好。然后将冷凝器、二氧化碳发生瓶、洗气瓶等按图1紧密接好，绝不漏气。

使用时先将栓（4）关闭，打开栓（7），使还原瓶内空气排入瓶（8），再将栓

（2）、（4）微徐打开，使二氧化碳慢慢向左方流动。每分钟移动速度为 40～50 毫升。俟各瓶及各管内空气完全排入瓶（8）以后，加微火将瓶（5）内液体烧沸（注意调节火力及通气速度，瓶（5）内压力不可一时过高）。最初，瓶（5）内液体先变为黑褐色（$FeSO_4 \cdot NO$），一氧化氮排出后即变为黄色。继续煮沸与通二氧化碳气体 30 分钟，将栓（2）、（4）、（7）关好并停火。将吸氧瓶取开，开栓（7）使空气放满，再将栓（7）关好。摇荡两分钟，静置 30 分钟后，将瓶内液体洗至 100 毫升量瓶内，用吸管提出 20 毫升或相当 NO_3-N 0.2 毫克，放入玻皿内，加氢氧化钠中和后蒸干，按酚二磺酸比色法测定 NO_3-N 量，比较方法可参阅普通定量分析，不再赘述[7]。

在煮沸与通过二氧化碳的期间，冷凝器内通过冷水，效用极佳（图 3）。瓶（5）虽有盐酸，吸收液内仅含有极微量的氯根，氯根浓度在 5 毫克/千克之下，不至影响结果。

四、实验结果

用上述方法，分析标准硝酸钾溶液，列入表 1。

表 1　标准硝酸钾溶液中 NO_3-N 量分析表

实 验 次 数	已知 NO_3-N 含量（毫克）	分析结果 NO_3-N（毫克）	误差（%）
1	0.01	0.011	—
2	0.01	0.012	—
3	0.05	0.05	—
4	0.05	0.054	—
5	0.1	0.102	2
6	0.1	0.094	−6
7	0.5	0.515	3
8	0.5	0.48	−4
9	1	1.05	5
10	1	1	0
11	2	2.08	4
12	2	2.03	1.5
13	2.5	2.5	0
14	5	5.05	1
15	5	5.05	1
16	10	10.3	3
17	10	9.8	−2
平均	—	—	1.00

由表 1 可知，NO_3-N 含量在 0.10~10.0 毫克时，准确度约为 ±5%，平均误差约为 +1%，普通比色计对黄色的误差亦约为 ±5%，故认为上述方法，尚称准确可靠。为了再证明各种杂质，对本方法的影响，进行以下试验。先分析堆肥与马粪中所含 NO_3-N 的数量，另取该样本加入石灰氮素 0.1 克，尿素 0.1 克，硫酸铵 0.1 克，与标准硝酸钾溶液 5 毫升，再按上述方法分析，前后两次所得结果，列入表 2。

表 2　杂质对本分析方法的影响

肥 料 种 类	克样本中 NO_3-N 含量（毫克）	加入杂质与硝酸钾后 NO_3-N 含量（毫克）	硝酸钾溶液内 NO_3-N 含量（毫克）
堆　肥	1.132	2.18	1.048
堆　肥	1.16	2.15	0.990
马　粪	1.59	2.58	0.990
马　粪	1.55	2.58	1.030
平　均	—	—	1.015
5mL. KNO_3 中 NO_3-N 含量	—	—	1.000

由表 2 结果证明，上述分析方法，在原理与实用上，都不受有机肥料中一般杂质的影响。

五、结　论

直接测定有机质肥料中硝酸态氮素，迄今还没有理想与适用的方法。作者利用二氯化铁先将硝酸还原为一氧化氮，由样品分开，至另一瓶内，再被空气与过氧化氢氧化成硝酸，再用酚二磺酸比色法测定。样品中所有杂质，可完全除去。对一般有机质肥料、各种土壤或污水样品，皆可直接分析，而获得准确结果。

本分析方法将 HNO_2 与 HNO_3 合并一起，不能分开，这是一个缺点。不过土壤与肥料中 NO_2-N 含量甚微，并极不稳定，很快可以变成硝酸。所以，将这两种氮素数量，合并一起，问题不大。

试拟分析方法仅系初步研究，操作上仍嫌繁杂，若能参用上述原理，加以简化，即可能变为最理想而实用的方法。现在对某些土壤肥料样品，所含杂质较多，不能用直接分析方法测定时，可以试用上述的方法。

参考文献

［1］Francis，A，G，etc. 1925. Analyst 50：262.

［2］Griffin，R. C. Technical method of Analysis 2nd Ed. p. 683.

［3］Harper，H. J. 1924. Ind. Eng. Chem. 16：180.

［4］ Piccard，J. and etc. 1930. Ind. Eng. Chem. Anal. Ed. 2：249.

［5］ Roller and Mckaig. 1939. Soil Sci. 47：379.

［6］ Treadwell and Hall. Analylical Chem. 2：401.

［7］ Wright，C. W. 1935. Soil Analysis p. 133.

［8］ Method of analysis，A. O. A. C. 4th Ed. p. 506.

A New Method for the Determination of Nitrate-Nitrogen in Compost and Animal Manures

Shang-Chin Chen

A new method is used to determine the nitrate-nitrogen content in organic fertilizers which contain large amounts of ammonia, colored organic matter, and colloidal substances that can not be removed by usual methods. In this method the nitrate is reduced into nitric oxide by ferrous chloride and thus removed from the impurities, and then converted back into pure nitric acid by air and hydrogen peroxide. The nitric acid formed is determined by the usual phenoldisulfonic acid method.

It is to be noted that this method is sensitive to 0. 005 mg. of nitrate-nitrogen. Samples containing from 0. 01 to 10 mg. of nitrate-nitrogen can be easily determined without preliminary treatments. The accuracy of this method is about 5% within the precision limit of a simple colorimetric determination for yellow colors.

本文刊登在《土壤学报》1952 年 第 2 卷 第 1 期

有机质中纤维素水解方法的研究

陈尚谨

（1938 年 12 月）

1930 年 S. A. Waksman 对堆肥和土壤有机质进行有机分组分析。他建议用 80% H_2SO_4 水解纤维素后，用菲林氏溶液沉淀 Cu_2O，溶解于 $Fe_2(SO_4)_3$ 溶液，再用标准 $KMnO_4$ 溶液测定。以前有人介绍用 72% H_2SO_4 对纤维素进行分析。为了弄清硫酸浓度与温度对纤维素水解的关系，于 1938 年 12 月对普通滤纸，两种有机质和一个堆肥样品，用 72% 和 80% H_2SO_4 在温度 0～56℃ 下，进行纤维素分析测定，获得结果如下页图。

从结果看出，用 80% H_2SO_4 水解，适宜温度为 8～32℃，接近一般室温，72% H_2SO_4 适宜水解温度为 24～48℃，温度偏高。若低于 8℃或 24℃纤维素水解不完全，有白色絮状物产生，若高于 32℃或 48℃，有黑色沉淀发生，有脱水和焦化现象。对普通滤纸、有机物和堆肥样本，都有同样情况。为了分析方便起见，分析有机物中纤维素含量，以采取 $H_2SO_4$80% 溶液为宜。

（1984 年 9 月补）

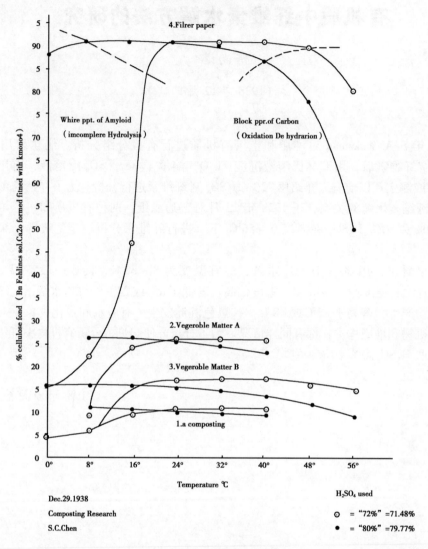

图　纤维分析结果

扩种豆类作物

陈尚谨

（1962 年 12 月）

　　增施肥料是提高农业产量的关键性问题。在目前施用农家肥料的基础上，增施氮素肥料的增产效果最大，施用在各种土壤和各种作物上（豆类除外），都能获得显著效果。

　　空气中含有80%的氮素，但是一般植物却不能吸收利用。增加氮素肥源主要有两方面的途径：一方面可采用化学方法，固定空气中氮素制成化学肥料；另一方面可以采用生物方法，种植豆科作物，借助于根瘤作用，将空气中氮素直接合成为蛋白质。养猪枳肥、人畜粪尿、秸秆沤粪等都是农村里很重要的肥源，但主要是取之于土，用之于土，加强物质循环利用，减少在循环中肥分的损失，并又能真正起到增加氮素的作用。种植绿肥或豆科作物能在氮素循环中起到增加氮素的作用。

　　中国种植绿肥（大部分是豆科绿肥）的面积约 5 000 余万亩，种植豆子的面积要比绿肥多 5 ~ 6 倍。种植绿肥可以培养地力提高产量，是众所周知的事情，一般豆类绿肥亩产约为 2 500斤，植株中含氮素 0.4% ~ 0.5%，折合每亩氮素 10 ~ 12.5 斤，估计其中2/3 的氮素，是由空气中固定的，其余1/3 是由土壤中吸收的，种植豆子也大约有同样的固氮作用，前者直接反压用作肥料，后者是经过人和牲畜消化利用后，再以人畜粪尿形态肥田。估计全国每年从豆类作物增加的氮素不少于施用硫酸铵四五百万吨的作用，数量很大，很值得重视。

　　生产实践和试验研究证明，先用绿肥作饲料，再利用厩肥肥田，可以提高绿肥的经济价值。据四川省农业科学研究所和中国农业科学院江苏分院试验结果，每百斤紫云英、苕子绿肥用作猪饲料，可以增加猪体重 1.2 斤，绿肥中氮素有 24.4% 转化为畜产品，75.6% 的氮素由粪尿中排出。种植绿肥既能发展畜牧业，又能增加厩肥数量和质量，是一举两得的好办法。大部分畜产品最后还是要转化为人粪尿，回到土壤里。

　　同样先利用大豆、豆饼、花生饼作食物或饲料，再利用人畜粪尿肥田，也是最经济合理的方法，它的道理与先利用绿肥作饲料，是完全相同的。

　　各种豆子含有大量蛋白质和脂肪，营养价值很高。如将豆子与米比较，豆子中所含的蛋白质比米多3 ~ 5 倍，大豆中所含的脂肪比米多 13 倍。各种豆子的热量也很高，是很好的食品和精饲料。而长期食用谷物和玉米所含的蛋白质，不能满足人的生理上的要求，也需要配合豆类和其他蛋白质。

　　由于豆类根瘤的作用，豆子不施用氮肥，仍可获得较好的产量。因此，农民一般对豆子不施肥，把积余的肥料增施给其他需肥较多的作物。同时，大豆和花生的抗涝抗旱和耐沙、耐瘠性很强，一般农民多将豆子种在最瘠薄的土地上，田间管理也很粗放，所以，产量一般较低。若能加强田间管理，提高栽培技术，增产的潜力很大。

在扩种豆子方面，生产实践和试验研究证明，豆子与谷类作物间作、混作、套作，可以适当地解决豆子与粮食作物争地的问题。如土壤肥料研究所在北京西郊的试验，单作玉米每亩产量为 235 斤，单作大豆为 215 斤，大豆与玉米按两行与两行间作，产量是玉米 173 斤和大豆 121 斤，折合每亩产玉米 346 斤和大豆 242 斤，较单作大豆增产 10% 以上。较单作玉米增产 50% 左右。在南方各省也有秋季增种禾根豆的办法。因此，根据各地气候条件和栽培方式，研究豆子或绿肥和粮棉作物混作、间作和套作的技术，在生产上值得进一步重视。

关于提高豆子和绿肥单位面积产量的技术，各地进行了不少试验研究，在一般土壤上特别是低产田，对绿肥或豆子增施磷肥，可以显著提高产量。据江苏、江西、四川等省的经验，对豆类适当地施用磷肥，每斤磷肥可增收紫云英或苕子青草 30 ~ 60 斤，蚕豆或豌豆 2 ~ 3 斤，通过绿肥施用磷肥，加强了固氮能力，因而，可大大提高产量。群众称为"以小肥换大肥"或"以磷增氮"，可以显著提高下茬水稻和棉花的产量，是我国改良低产田的主要经验。对豆类作物接种根瘤菌，也可以增加固氮作用，是简而易行的增产措施，对新豆子地，接种适当的根瘤菌，增产效果更为显著。为了达到培肥土壤和增加氮素肥源，需要加强对绿肥的利用和对人畜粪尿的积肥、保肥工作，以减少肥分的损失，使全部肥分能够充分利用，这对迅速恢复和发展我国农业生产具有极为重要的意义。

本文刊登在《文汇报》1962 年 12 月 21 日

采用"熏肥"的办法和名称要比"烧土"好

陈尚谨

读过本刊吴志广、唐振尧两同志及 1953 年第 10 期刊载"熏肥介绍"后，对熏肥问题，提出以下意见供作参考。

北方的"熏肥""烧土""炕土坯"，南方的"焦泥""草皮烧灰""稻泥灰"等，虽然在材料和炼制方法上有些不同，但基本上是一种办法。是要将土壤中有机质加热分解，使植物不能迅速利用的肥分，变成速效的养分；同时，燃料里面的磷、钾不会丢失，存留在灰里，可以利用，当不成问题。若火烧温度不很高，并用土遮盖，燃料中一部分氮素化为氨态，同黑烟子，一起吸着在熏土里面。经过多次证明，华北熏土与炕土坯内，含有不等量的氨态与硝酸态氮素。年久的黑炕土含氨态氮量可达 0.15%（土壤氨态氮含量在 0.001% 以下），所以，用到田里，肥效表现得很快，但肥力大小长短，要看成分和施用量的多少来决定。又有机质在加热中，虫卵病菌可以完全杀死，有效磷部分，也有相当增加。但土壤有机质就要破坏丢失，也是有缺点的。为要增加土壤中有机质，在有条件沤制堆肥地区，应尽先采用沤粪的办法，而使熏肥用在不易沤肥的地区，和采用不易沤成粪的材料。又在山区、土地倾斜地区，随意采掘地面草皮，对水土保持工作影响很大，也要充分注意。

在熏肥的时候，温度不要太高，并要尽可能用土遮盖，使黑烟子吸收在土里面。否则最宝贵的速效氮素就要完全丢失，如唐振尧同志所报告烧土内速效氮、磷都有显著减少，而仅增加了速效钾的成分。所以，采用"熏肥"的办法和名称，要比"烧土"好。

认识肥料对农业增产的重要意义
和农民们一起劳动做好积肥工作

陈尚谨

（陈尚谨为下放干部作关于肥料的报告）

（1958 年 1 月 18 日）

农业发展纲要修正草案里第二条指出：增加农业生产十二项主要措施中，第一是兴修水利，第二就是增加肥料。又在第六条里面，详细规定大力增加农家肥料和化学肥料的具体办法。由此可以看到增加肥料是提高单位面积产量的重要措施。现在我介绍一些关于肥料方面的几个基本问题。

俗语说得好："粪大水勤、不用问人"。又说："粪是土里金"。"种地不上粪，等于瞎胡混"。为什么粪有这么大作用呢？因为它里面含有植物生长所需要的各种肥料成分，简单来说，一般庄稼里，含有碳、氧、氢、氮、磷、钾、钙、镁、硫、铁等十几种元素。前面 3 种（碳、氧、氢）要占植物体干重量的 95%，主要是靠着太阳光的力量，从空气和水里面得到的。碳、氧、氢不包括在肥料范围里面。后面几种元素，不超过植物干重量的 5%，是从土壤里面吸来的，若是土壤里供给能力不足，就需要人工来补充。但是普通土壤里面，钙、镁、硫、铁的含量是很丰富的，除去个别地区外，可以不用我们去费心。那么只余下氮、磷、钾三种元素了。这 3 种元素在土壤里面含量比较少，而庄稼年年吸收的数量又比较多，所以，需要设法来补充供给，这是肥料主要部分，我们称它们叫肥料三要素。

拿小麦来作例子，每亩收获麦子 100 斤，就要从土壤里面吸收氮素 3 斤、磷酸 1.5 斤、氧化钾 2.5 斤。若将每亩小麦产量从 100 斤提高到 500 斤，就要从土壤里面多吸收大约 5 倍的数量。所以，提高农业产量，就要施用肥料，来满足庄稼的要求。从上面的例子来看，供给少量的肥料，可以获得大量的粮食，经济利益是很大的。

有人说："我种地不外行，我曾种过多年地，也没有用过氮磷钾化学肥料，庄稼比谁的都长得好，这是什么道理呢？"这个问题很好，也不难答复。他种地一定要上粪吧！粪里面氮、磷、钾那些养分都有了，此外，它还含有大量有机物质，能改良土壤性质，培养地力，像猪粪里面含有氮 0.5% ~ 0.8%，磷酸 0.3% ~ 0.5%，氧化钾 0.2% ~ 0.5%，有机物 20% ~ 40%。其他牲口粪、人粪尿、堆肥、绿肥等等，里面也含有各种养分，都是很好的肥料。又因为这些肥料都是在农村里积存的，所以又叫做农家肥料。

现在谈一下猪圈粪的肥力问题，1956 年曾在北京大钟寺农业社举行过这样的试验，每亩施用圈粪 4 000 斤，当年玉米产量是 362 斤，不施用圈粪的，每亩产量是 228 斤，增加 134 斤。施用猪圈粪，不仅是一两年的力量，到 1957 年又增收玉米 94 斤，两年合计共增收玉米 228 斤。所以说猪圈粪的肥力很大，并且连年有劲，连年施用培养地力，产量可以逐年增高。

猪圈肥不仅对玉米效果很好,施用在小麦、棉花、谷子、水稻和其他庄稼上,肥力也是很好的。牲口粪、人粪尿、堆肥、绿肥等农家肥料,也和猪圈肥一样。因为时间关系,增产情况就不再举例了。俗语说:"有粪就有粮食",这句话一点也不错。

现在我再谈一谈关于增加化学肥料的问题。老乡们把化学肥料叫做肥田粉,指的是化学肥料中的硫酸铵。化学肥料种类很多,有氮肥、磷肥、钾肥三大类。氮素肥料中,除硫酸铵外,还有硝酸铵、氯化铵、石灰氮等多种。磷肥中有过磷酸钙、重过磷酸钙,钾肥中有硫酸钾、氯化钾等,在这里就不多介绍了。在新中国刚成立的时候,我国化学肥料生产数量,每年不过几万吨,到了1957年每年化肥产量增加到57万多吨,这已经是发展得很快了。在农业发展纲要里面决定,到1962年,要争取计划生产化学肥料500万~700万吨,到1967年还要达到1 500万吨。这样突飞猛进的发展,只有在共产党、毛主席领导之下才能够有这样的力量,若是在资本主义国家,由每年几十万吨的产量,发展到1 500万吨,不知道要经过多少年代。

化学肥料若施用得当,每斤化学肥料可增收粮食3~5斤。1 500万吨化学肥料如果全部用在粮食作物上,以增产5斤计算,可以增收粮食1 500亿斤。按日前全国粮食年产量3 700亿斤计算,这个增产数字,约相当目前全国年产量的40.6%,这是一个很了不起的数量。

化学肥料的肥效虽然很好,但仅是当年的力量,这点和施用农家肥料不同,若长期单靠施用化学肥料是不成功的,必须同时大力增加当地农村有机肥料。使农家肥料和化学肥料配合施用,才能培养和提高我国土壤的肥沃度,改善了土壤性质,提高了土壤保水、保肥的能力,才能使农业产量永远保持向上发展。目前化学肥料数量还不很多,更要大力开辟肥源,增加农家有机肥料。

关于如何增加农家肥料的几个主要问题,愿意向各位同志谈一谈。农业发展纲要第六条指出:"农业合作社要采取一切办法,尽可能由自己解决肥料的需要,应当特别注意养猪(有些地区养羊),除了某些少数民族地区和因为宗教习惯不养猪的少数家庭以外,要求1962年达到农村平均每户养猪一头半到两头,1967年达到农村平均每户养猪两头到三头,要做到猪羊有圈、牛马有栏,还应当因地制宜的积极发展各种绿肥作物,并且把城乡的粪便,可作肥料的垃圾和其他杂肥,尽量利用起来。"以上决定是完全正确的和必要的。

首先拿农村养猪积肥的决定来说:一头猪每年约可生产猪粪尿1~2吨,全国每年可生产猪粪尿4亿~8亿吨,可以上地4亿~8亿亩,能生产上千亿斤粮食。养猪又是很好的副业,增加的畜产品,更可以使农村增加很多的收入。

多养牲口是开辟肥源的好办法,除去养猪以外,山区可以养羊,羊群可以到山坡地排泻粪尿,对于山区农业的发展,起着很大的作用。随着耕作技术的改进,新式畜力农具的大量推广,需要大量繁殖牛、马、驴、骡等耕畜,这些牲口粪也是很大一项肥料来源,要加以妥善管理和施用。

我国农村有5亿多人口,人粪尿是一项很大的肥源,但是还有不少地区特别是北方地区,对它没有很好地保存和利用。这样,不但把很好的肥料糟蹋了,对于公共卫生的妨害也很大。为了发展农业生产，为了保护人民健康，我们一定要加强对人粪尿的管理和使用。

一个有 1 000 户人家的农业社，平均按 3 000 成年人计算，大约每人每年可攒粪 180 斤、尿 1 000 斤，一年约可产出大粪 50 多万斤，尿 300 多万斤，总计每人每年由粪中排出氮素 1.8 斤、磷酸 1.4 斤、氯化钾 0.7 斤；由尿中排出氮素 5 斤、磷酸 1 斤、氯化钾 1.5 斤。从以上数字来看，由尿中排出的肥料成分，远远超过粪中的肥分。这点很重要，请大家重视。人粪、人尿都是好的速效肥料，用到地里，见效很快。它们的性质和施用豆饼或硫酸铵化学肥料差不多。这样的一个农业社全年的人粪尿，若能充分利用，它的肥力就约相当于 28 万斤豆饼或 10 万斤硫酸铵化学肥料，不可忽视。要想充分利用人粪尿，在某些地区，先要改良厕所，使人粪、人尿都能保存起来，特别要注意尿的保存。厕所要有专人负责管理，粪缸、粪坑要加盖盖好，不让肥力跑走，不让苍蝇繁殖。尿罐、尿池、尿桶也要有人负责，经常把它集中起来，运到田里施用。

现在再谈一谈关于北方地区施用人粪尿的意见。在不施用的时候，大粪最好和牲口粪或干土混拌起来，堆的四周和顶部要用泥糊好，臭味就是肥力，不要让它跑掉。更要防止日晒、雨淋、苍蝇繁殖，使全部人粪尿的肥力，能够充分利用。

现在正是冬季，在华北有不少地区，有冬季用尿浇麦子的习惯，这种办法很好，每亩浇尿 1 000 斤，可以增收麦子 30～50 斤，利益是很大的。地里有庄稼需要施肥的时候，可以用尿作追肥，每亩施用人尿 1 000～1 500 斤，可以增收玉米 100 多斤，经济收益很大。施尿要均匀，用量不可过多，除了重盐碱的土地外，对一般土地，粮、棉和一般蔬菜，都可以施用，增产效果很大。若地里没有庄稼，一时用不着的人尿，可以运到地头上，拌上干细土保存起来，或全面撒施，施后再糖盖一遍。

现在再谈一谈青草沤肥和绿肥的问题。俗话说："见青就是粪"。青草和庄稼一样，里面也含有各肥料成分，经过沤制后，施回到地里，可以供给庄稼所需要的养分，并使土壤增加大量有机物质，改良土壤，增加保水、保肥的能力，功效很大。夏季、秋季杂草很多，是割草沤粪的好时期，除去可以用作饲料的，尽量用作饲料，其他各种杂草都可以用作沤粪和垫圈的材料，在不影响燃料和饲料的情况下，作物秸秆也可以沤成很好的肥料。

农业发展纲要指出："还应当因地制宜的积极发展各种绿肥作物。"什么叫做绿肥呢？绿肥是在倒槎地上，加种或套种上一些植物，生长到一个时期，翻耕入土，用作肥料，这种肥料就叫做绿肥。普通多用豆科植物作绿肥，因为豆科植物的根部有根瘤菌，可以固定空气中的氮素，增加大量氮素肥料的来源。

我国施用绿肥的经验最早。现在华中、华南、西南等水稻区，普遍有种苕子、紫云英等冬季绿肥的习惯，每亩可以获得绿肥 2 000～4 000 斤，翻压到地里，对下茬水稻的产量，就可以大大地提高。在华北、西北地区也有套种草木樨等绿肥的办法，在空地上还可以种上苜蓿、紫穗槐，用作绿肥或沤粪材料，还可以用作饲料，对繁殖猪羊等牲口，意义很大。

只要大家勤动手，其他肥料来源还很多，如河泥、墙土、炕土、锅台土、屋土、院土、草木灰等，都是很好的肥料，农村里也都大量采用，在此就不再加说明了。

最后请各位同志们注意，中国面积很大，气候、土壤、作物种类不同，开辟肥源和施用肥料的方法，也就有很大不同。应该按各地不同的条件，因地制宜地想办法，不可机械搬用别处的经验。俗语说："靠山吃山，靠水吃水"。各地都有很多肥源，要大家钻研想办法。积肥是一个群众性的工作，各地也都有很好的经验。希望各位同志到农村中，先要向农民群众学习，在一起劳动和学习中，随时宣传有关积肥和保肥的知识。做好季节性的和常年性的积肥工作，并结合消灭四害中的蚊蝇，保证 1958 年大丰收，为保证人民的健康，为早日实现全国农业发展纲要生产指标而努力。

本文刊登在《科学小报》1958 年 1 月 18 日

怎样开辟肥源

陈尚谨

（1956 年 7 月）

俗语说："种地不上粪，等于瞎胡混"。开辟肥源，就是想办法多攒粪上地，增加生产。

农业合作化，大大提高了农民对农业生产的积极性。全国各地，都掀起了农业增产运动的高潮，积肥运动也正在广泛深入地展开。有很多地区，在去年冬天，就已经蓬勃展开了，像河北省安国县，已形成了普遍火热的群众积肥运动。在那里成千上万的男女庄员、社员们，都参加了积肥工作，在很短的时间，就找到 30 多种肥源，每亩施肥数量达到 30 多车，农民成群结队向地里送粪，真是"白天红旗歌声，夜晚灯笼火把"。当地产生了一支歌谣："十七八岁的大姑娘，挖土又背筐，增施万斤肥，增收万担粮"。

积肥是群众性的工作，也是经年长期的工作。若想提高和稳定产量，就非想办法多攒粪上地不成。怎样来开辟肥源呢？这就要按当地具体情况想办法啦。俗语说："靠山吃山，靠水吃水"，各地都有很多肥源，要我们大家去钻研挖掘。像安国县先锋集体农庄和崭新集体农庄的庄员们，就找到 30 多种。

下面介绍几种最主要的方法，供大家参考。

一、养猪、养羊积肥

华北很多地区，有养猪积肥的习惯，这个办法很好。猪肥了可以吃肉，攒的粪又可以增加生产，真是一举两得。养猪一定要有圈，圈里要经常垫土、垫草，这样可以多攒粪，并减少猪粪尿肥分的丢失，用到地里粪劲大。一口猪每年可以出圈粪七八千斤，能上三四亩地。凡是有养猪积肥习惯的地区，那里庄稼长得就比别处好，产量高，庄员、社员们的收入也会显著增加。目前，还有不少地区养猪没有圈，不但不能积肥，猪在外面又容易传染疾病，应该改正。河北石家庄专区，共养猪 72 万多头，到 1955 年腊月，已积圈肥 418 亿斤，对 1956 年增加生产，将起很大的作用。

靠近山区和草多的地方，养羊也是积肥的好办法。养羊可以卧地（在山区运粪不方便，常常把羊赶到地里，羊粪直接排泻地里作肥料），又可以攒粪，羊粪尿肥力很大。养羊本身收入很多，照管又很省事，有条件的地方，应该多加提倡。

二、注意管理牲口粪

牲口棚里要经常垫干土、垫干草或碎秸秆，这样能减少粪尿里肥分丢失。要天天打扫，将粪堆起来，防止日晒雨淋。驴粪、马粪容易腐熟，腐熟后要盖土糊泥，防止肥分丢失。牛粪腐熟较慢，要注意使它沤好再用。华北有些地区，用牲口粪烧火；也有很多地区，对牲口粪不加注意，随便乱扔，要赶快加以改进。一头牲口每年大约可以积肥两万多斤，能上八九亩地，牲口粪如果保存管理不好，氮、磷、钾各种肥分，就要丢失很多，见图1。

图1　畜圈要经常打扫勤起勤垫

三、改良厕所，充分利用人粪尿

人粪尿是很大的一笔肥源，但还有不少地区对它没有很好地保存和利用。这样不但是把很好的肥料糟蹋了，而且对公共卫生的妨碍也很大。痢疾、伤寒、霍乱、各种疾病，都是由大粪传染来的。为了增加农业生产，为了保护人民健康，我们一定要加强对人粪尿的管理和利用。

有1 000户人家的农庄或农业社，一年可出大粪50多万斤，人尿400多万斤（按3 000成年人，每人每年攒粪180斤，攒尿1 400斤计算）。经过试验证明，每人一天排出的粪尿中，按最主要肥料成分——氮素来计算，尿里占七八成，大粪里只占两三成。大粪、人尿都是很好的细肥，用到地里，见效很快，它们的性质和豆饼、硫酸铵肥田粉差不多。每1 000斤人尿的氮肥，约相当于70斤豆饼或25斤硫酸铵。1 000户的农庄或农业社，一年出400万斤人尿，单是这一项若能充分保存利用，就相当于28万斤豆饼或10万斤硫酸铵肥田粉。

要想充分利用人粪尿，第一，要改良厕所，使人粪、尿都保存起来，特别要注意尿的保存。第二，厕所要有专人负责管理，粪缸、粪坑要加盖盖好，不让肥力跑走，不让苍蝇繁殖。尿罐、尿池、尿桶也要有人负责，天天把尿集中起来。

大粪最好和牲口粪或干土混拌起来，在不用的时候，用泥糊好。臭味就是肥力，不要让它跑掉，更要防止日晒、雨淋，使全部人粪尿的肥力能够充分利用。

有不少地区，在冬天有用尿浇麦子的习惯，这办法很好，每亩浇尿1 000斤，可增收麦子30~50斤，利益是很大的。春季、秋季可以用尿浇白地，浇后耱盖一遍。一时不用的尿可运到地头上拌干土保存起来。地里种了玉米的时候，可以在庄稼行里用尿作追肥，每亩浇尿1 000~1 500斤，可以增收玉米100~150斤。浇的时候要均匀，用量不要过多，除重盐碱地外，对一般土地，粮、棉、蔬菜各种主要庄稼，都可以施用人尿，增产效果很大。

四、割青草沤肥

俗语说："见青就是粪"，这句话很有道理。青草吸收土壤里的氮、磷、钾各种肥分，经过沤制以后，施回到地里，可以供给庄稼所需要的养分，并且使地里增加大量有机质，改善土壤性质，使黏土、碱土、沙性瘠薄的土地变为肥沃的土地。若不经过沤制，青草里面的肥料成分，是不能被庄稼吸收利用的，所以，要先沤好再用。野草的种类很多，山区可以用山草沤肥，距水近的地方可以捞水草沤肥，路边杂草也很多，都可以割下来沤肥。最好在结籽以前割下来，防止草籽的传播。夏季、秋季草籽很多，是割青草沤肥最好的时期。青草沤肥的方法也是多样的：可以用杂草作堆肥，可以用杂草垫圈，也可以晒干草留作牲口的饲料，再用牲口粪作肥料。各处可按当地具体情况来做。

很多地区有铲草皮沤肥的习惯，但须注意在山坡倾斜地段上，草皮可以保护土壤不被雨水冲蚀，不要将山上草皮铲去。

五、用秸秆沤肥

庄稼里有一部分养分存在籽粒里，还有一部分存在秸秆里。若能将秸秆沤成肥，施回到地里，也是很大一项肥源。但有些地区，对秸秆不加重视，为了便于整地、耕地，就放火把秸秆烧掉了；也有很多地区，使用秸秆作燃料，秸秆里的氮素和有机物质，经过燃烧就跑掉了，这是很可惜的。在用煤做燃料的地区，秸秆就可以剩下来沤肥。玉米秸、麦秆、棉花秆、高粱秆、瓜蔓、菜皮都可以沤成很好的肥料，见图2。

凡是秸秆可以喂牲口的，应尽先用作饲料，再拿牲口粪作肥料。沤肥的方法，可以采用高温堆肥的方法，采用在猪圈里沤粪的方法，或拿来垫圈也可以，可按当地具体条件办理。

图2　利用秸秆落叶沤肥

六、在不能沤肥地区使用火熏肥

很多山区，农民有冬季熏肥的习惯。用山上杂草、枯枝落叶、草皮，放在壕沟里，上面用土盖好、压好，下面加火去熏，闷出很多烟来，杂草里所含的肥分经燃烧分解后，变成可以被庄稼吸收利用的成分，随同烟子，散布在土里面，用作肥料上地。但是这样做，有机物质被破坏了，氮素也丢失不少，是很可惜的。改用沤肥或沤堆肥的办法，要比熏肥的办法好。所以，除去像山区水源困难，不能沤肥，可以采用当地熏肥的办法以外，在平川地带，有条件沤肥和制造堆肥的地区，还是要大力提倡割青草沤肥和秸秆沤肥，不要提倡熏肥。

七、单存草木灰

华北大部地区，还使用秸秆、杂草作燃料，烧后的灰里，含有很多钾素和磷素。草木灰是我国农村主要钾素肥料的来源，木灰和棉柴灰里含的钾素最多。草木灰里面所含的钾是水溶性的，有碱性，过去农村使用灰水洗衣服，就是利用灰里面的碳酸钾。人粪尿里面的铵态氮素，遇到碱性的东西，就要化成氨气跑走，所以，草木灰不要和人粪尿混在一起贮存。现在要提倡草木灰单攒、单存，上面用东西盖好，不要被风吹走或被雨淋湿。草木灰施用在甘薯、花生、大豆地里，效力是很大的。在施用的时候，可以临时混合土粪、圈粪一同施用，但不要长期混合贮存。

八、绿肥压青

在倒茬地上，加种上一些植物，生长一个时期，翻耕入土，用作肥料，这种肥料，就叫作绿肥。普通多半用豆科绿肥，因为豆科植物根部有根瘤菌，可以固定空气中的氮素，增加大量氮素的来源。在苏联和其他民主国家，都很注意绿肥的利用。我国华中、华南、西南水稻地区，在水稻收获后，有种苕子和紫云英作冬季绿肥的习惯，得到利益很大。在河南省和山西省南部，也有种夏季绿肥的办法。当地习惯是每隔三五年倒茬的时候，在小麦行里或在小麦收获后，种上绿豆、大豆、草木樨等作绿肥，在小麦播种前一个多月，绿肥在刚刚开花时，将它翻耕到土里，用作肥料。这种办法要注意掌握绿肥翻压时期和保墒工作，才能达到很好的结果。

最容易的办法，是在空闲地上，像道旁、沙荒、坟丘和不能种庄稼的地方，种上苜蓿、紫穗槐、马豆秧（又名麻豆秧）各种多年生豆科植物，一年可以收割嫩枝条几次，用作绿肥压青，或混合杂草沤肥，或用作饲料都可以。在天津军粮城水稻地区，农民有习惯在插秧前压紫穗槐作绿肥的办法，每亩压紫穗槐嫩枝叶 1 000 ~ 2 000斤，可增收稻谷七八十斤。希望大家多钻研，在不影响产量和复种面积的条件下，想办法在大田里套种些豆科绿肥，这也是开辟肥源的好办法。

九、草炭垫圈

草炭又叫泥炭，俗名叫草筏子和漂筏子，颜色是灰褐的，很轻松，是很多年前杂草或水草，埋在地下，经过变化而成的。在我国东北各省出产草炭很多，河北、山西、河南各省也都有发现，将来还可以找到很多。草炭最好用来垫圈，它可以吸收尿汁，减少氮肥的丢失，草炭和圈粪混合发酵后施用，更能提高它的肥效。草炭还可以和过磷酸钙制成颗粒肥料，提高化学肥料的肥效。请大家留心发现草炭，草炭是地下埋藏得很好的有机质肥料。

十、挖塘泥、沟泥上地

靠近水塘、河沟的地方，可以挖塘泥、沟泥上地。它是多年积累的肥土，地上脏水也多流到水塘里，塘泥颜色是黑黑的，也是很普遍的肥料来源。在水深的地方，可以在船上掏泥，用船运泥，都很方便。浅水塘可以将水放出去再挖。春天天气干燥，塘里水少，正是挖塘泥的好时候，结合修浚灌水沟、排水沟、贮水池，一方面防止了水涝灾患，同时又得到很多肥料，好处更大。沟泥先和圈粪混合堆积一个时期再用，肥效较好，见图3。

图3 挖塘泥、沟泥上地

十一、炕土、烟筒土、老房土和硝土，都可以用作肥料

华北大部农民，都喜欢睡热炕。柴草里一部分养分，经过燃烧分解变成植物可以吸收利用的东西，随同烟子，被土坯吸收，所以，炕土年代越久，吸收的肥分越多，肥力也就越大。烟筒土、老房土和炕土一样，也是很好的肥料。还有很多地区有用硝土作肥料的习惯，硝土是熬火硝所用的材料，里面含有少量火硝，是很好的氮素肥料。山西中部农民又有使用卤水作肥料的办法。卤水是熬火硝剩下的液汁，里面含有不少火硝成分，是很好的氮素和钾素肥料。当地多用卤水作玉米和蔬菜追肥，每亩用量在七八十斤左右。硝土和卤水里含有不少盐分，每亩用量不能过多。在水浇地上或在雨季前后使用，比较妥当，但不要用在盐碱地上。

十二、其他肥源

在农业增产和积肥运动里，各地社员、庄员又找到不少新的肥源，现在举出以下各种。
①拆锅台土；
②挖碾道、磨道土，换上新土；
③挖井台土换新土；
④厕所底翻身；
⑤猪圈底翻身；
⑥牲口圈底翻身；
⑦挖街道土，扫街土；

⑧鸡粪、鸭粪、头发、碎皮子、骨粉……

以上都是很好的肥源，并且在这次大增产运动里，起了很大的作用。

*　　*　　*　　*　　*

总起来说，积肥工作，大致可以分为两种：一种是全年经常性的，另一种是有季节性的。像养猪积肥工作，牲口粪、人粪尿和草木灰的保存利用，都是常年的工作，要有专人负责，贯彻全年执行。此外，还有季节性的工作，像在夏天伏里挂锄以后，正是大力推行割青草沤肥的时候。麦秋后要抓紧进行麦秸、麦根沤肥，准备好种下一场麦子的肥料。大秋后进行玉米秸、棉柴沤肥，准备好来春用肥或秋耕用肥。冬天可以大力开展小麦浇尿、挖河泥、塘泥各样工作。种苜蓿、紫穗槐各种绿肥，也要选择春季、秋季最恰当的时期播种、翻压，不要错过时期。

以上提出的 12 项开辟肥源的办法，只是供给大家参考，还要按当地具体情况，因地制宜地去想办法。积肥是群众性的工作，要大家动手，大家动脑筋想办法。希望大家赶快组织起来，行动起来，制定奖励办法，展开积肥竞赛，随着农业增产运动的高潮，将积肥工作更向前推进一步。

本文由《中华全国科学技术普及协会》出版　新华书店发行　1956 年 7 月

国内化学肥料试验研究简述

陈尚谨

（中国农业科学院土壤肥料研究所）

（1963 年 3 月）

新中国成立以来，由于党和政府的重视，化学肥料的制造和施用，有了很快的发展。各地试验和生产实践证明，在施用有机肥料的基础上，适当地施用化学肥料，可以显著提高粮食和经济作物的产量，在农业生产上起到很大作用。

在党的正确领导下，肥料科学研究，得到了迅速的发展。全国各省、市、自治区农业科学院（所）均有土壤肥料研究所或系，大部分专区、县农科所也有肥料技术干部和肥料研究任务。特别自 1958 年农业生产大跃进以来，在中国农业科学院的统一领导下，开始在全国范围内有组织有系统地进行肥料试验，以便找出不同地区，不同土壤，不同作物需要什么肥料、什么品种和最有效的施用技术，作为国家计划生产、分配和合理施肥的依据。各地积累了不少试验资料，我们将近几年来各地化学肥料试验成果，初步整理，并在 1963 年 3 月全国肥料试验网工作会议期间，由出席代表们加以修改补充。概括介绍如下，供作参考。

一、氮素化学肥料研究成果

新中国成立以来，随着化学工业的发展，化学肥料的生产逐年增加，对提高农作物产量起到很大的作用。农业生产实践和肥料科学研究证明，各种化学肥料中以氮肥增产效果最大，在我国需要量也最多，对各种主要农作物，主要农业土壤都能获得显著增产效果。每斤硫酸铵可增收稻谷 4~5 斤，小麦 2~3 斤，籽棉 2 斤左右，菜籽 1 斤左右，玉米 4~6 斤，马铃薯、甘薯、甜菜 8~12 斤，对麻类和其他经济作物增产效果也很显著。

各地试验指明，施用氮肥增产效果与土壤类型、栽培条件、施用方法都有密切关系。增产幅度随着不同环境条件也表现不同。今将各地施用氮肥的肥效与土壤、作物、有机肥料及与磷钾肥配合的关系，氮肥施用量、施用期和施用方法，以及氮肥品种等问题分别介绍如下。

（一）氮肥肥效和土壤类型的关系

各地对氮肥肥效与土壤类型和地力的关系进行了很多工作。如黑龙江省在哈尔滨黑土地上进行小麦试验，每亩施用氮素 8 斤合硫酸铵 40 斤，增收小麦 83.4 斤或 81%，对玉米增收 317.8 斤或 97.4%。在牡丹江白浆土上种植水稻，施用氮素 8 斤，增收稻谷231.3 斤。在北京西郊黑黄土上试验每亩施用氮素 8 斤，增收小麦 90.7 斤，籽棉 55.9斤，玉米 112 斤。在江苏太湖及沿江地区，在一般农家肥料的基础上，亩施硫酸铵 10～40 斤，每斤硫酸铵可增产稻谷 2.5～3.5 斤。在江西省南昌、宜春等 6 个地点黄泥田和河淤泥上试验，每亩施用氮素 8 斤增收稻谷 50～345 斤，平均为 130 斤。在四川省成都、郫县、眉山、内江等地对大土泥、沙夹泥施用每斤硫铵增收稻谷 4 斤，小麦 4 斤，对黄泥田增收稻谷 3.2 斤，小麦 4.7 斤，玉米 3.7 斤，甘薯 14.8 斤。以上例举仅系部分试验结果，通过近年来各地试验和生产实践一致证明，氮肥是生产上最迫切需要的化学肥料，在各种主要土壤上施用，增产效果都很大，在有灌溉条件的土壤或旱涝保收、精耕细作的地区，施用氮肥增产效果更大。但也有的试验因为有机肥料用量过大或氮肥施用量过多或施用方法不当，发生倒伏贪青晚熟等情况，增产效果不显著，甚至减产，这仅系个别情况。

（二）氮肥效果与作物种类的关系

各地试验指出，适当地施用氮素化学肥料对各种主要作物包括谷类、块茎、叶菜和各种经济作物都能获得显著增产效果。如中国农业科学院土壤肥料研究所在河北省石家庄谈古村进行的试验，每亩施用氮素 6～8 斤，合硫酸铵 30～40 斤，增收小麦 61.3 斤，籽棉 48.1 斤，玉米 243.6 斤，谷子 99.7 斤，甘薯 177.3 斤；四川农科所试验结果，每斤氮素约增收稻谷 20 斤，小麦 17.6～23.5 斤，油菜籽 7.8 斤，甘薯 44.8～74.0 斤；贵州农科所试验，每斤硫酸铵增收稻谷 3.5～4.4 斤，小麦 2.1 斤，籽棉 1.3 斤，玉米5.4～6.4 斤，白菜 16.5 斤；内蒙古农科所在呼和浩特试验，施氮肥对马铃薯增产16.1%，甜菜增产 30.4%，糜子 18.6%，亚麻 5.1%，大麻 16.7%。由以上各地试验结果可以充分说明，氮肥施用得当，对各种作物均能获得显著增产效果，对春玉米、一季稻和叶菜类增产效果更大，各种作物增产效果的幅度与土壤肥力、栽培技术和施用方法均有密切关系。豆类作物能借助根瘤菌、固定空气中氮素，在目前生产和施肥水平条件下，一般不必施用化学氮肥。

（三）化学氮肥和有机肥料的关系

化学氮肥的施用除受到土壤类型和作物种类的影响外，还受到有机肥料的影响很大。有机肥料的种类很多，主要有厩肥与绿肥两大类，它们的成分性质不同，对氮肥的影响也有所不同，分述如下。

1. 氮肥和厩肥配合施用，可以促进有机肥料的分解，提高肥效

厩肥系用牲畜粪尿，混加不同数量的泥土、草木灰、秸秆、杂草，经过堆沤制成的肥料，主要有土粪、圈肥、堆肥、沤粪等多种，其中，含有机质、氮、磷、钾各种成分，是我国最主要的有机肥料。在一般土壤肥力水平和一般厩肥用量的情况下，增施氮素化肥，可以显著提高产量，由于厩肥改善了土壤性质，并丰富了磷、钾和其他肥分，增施氮肥能够提高氮肥的肥效。如在江西省黄泥田上对水稻试验，在不施厩肥的基础上，亩施氮素 8 斤增收稻谷 73.2 斤；在施用牛粪的基础上，同量氮肥增收 111.8 斤。

在湖北省襄阳石灰性褐土上对棉花试验，每亩施用硫酸铵 45 斤，增收籽棉 71.5 斤；加施牛栏粪，同量氮肥增收 113.2 斤。在山西运城、四川简阳等 10 个棉花肥料试验指出：单独施用化学肥料，每斤氮素增产籽棉 7.5 斤，在施用厩肥的基础上，增施氮肥，每斤氮素平均增收籽棉 9.5 斤。河北芦台农场进行的小麦肥料试验也获得类似结果，在不施用厩肥的基础上，每亩施用硫酸铵 15 斤，增收小麦 21.9 斤，在每亩施用厩肥 500 斤的基础上加施同样氮肥增收小麦 26.3 斤，在 1 500 斤厩肥的基础上加施氮肥则增收小麦 35.9 斤。在北京西郊进行的蔬菜试验也充分证明了这点。在不施用马粪的基础上，单独施用氮肥合每亩氮素 15 斤，两年四季蔬菜平均增收 90.8%，在施用少量马粪的基础上，加施同样氮肥则四季平均增收 138.3%，比不施用马粪的等量化肥多增收 47.5%。以上结果指出，氮素化肥与厩肥适当地配合施用，可以促进有机肥料的分解，提高肥效。

2. 氮肥与绿肥、饼肥和人粪尿的关系

豆科绿肥中含有大量氮素，各地试验证明绿肥的肥效很好，每亩施用紫云英或苕子 1 500 斤，其中，含氮素 6～8 斤，可增收稻谷 100 斤左右，与等氮量的硫酸铵肥效相仿。若每亩施用绿肥数量很大，再增施大量氮肥，常常发生贪青倒伏肥效降低的情况。如江西南昌、吉安等 6 个地点，单独施用硫酸铵 30～100 斤，平均每亩增收稻谷 140.9 斤；每亩加施苕子或紫云英 1 500～3 000 斤，同量氮肥平均增收稻谷 63.8 斤，比不施绿肥的少增产 77 斤。充分说明种植豆科绿肥可以代替或节省氮素化肥的施用，每亩施用绿肥 1 000 斤，当年氮肥肥效约相当硫酸铵 20 斤，可以按当地土壤肥力、栽培条件，灵活施用氮素化肥。

大豆饼、棉籽饼、芝麻饼、菜籽饼等优质饼肥内含氮 5%～7%，各地试验证明这些饼肥肥效很好。在北京地区的试验指出，大豆饼当年的肥效相当等氮量硫酸铵肥效的 80%～90%。人粪尿内所含的氮素，绝大部分是速效性的，大粪干当年氮肥肥效相当等氮量硫酸铵的 85% 左右。人尿的性质和肥效，几乎与同成分化肥相同。上述这些肥料与施用氮肥的关系和绿肥相仿。

（四）氮肥与磷肥、钾肥的关系

大部分试验证明，氮素化肥与磷素、钾素化学肥料配合施用，增产效果可以大大提高。如在四川眉山黄泥田水稻试验，施用氮肥 6 斤，每亩增产 93 斤或 15.6%；施用磷酸 6 斤，每亩增产 27 斤或 3.1%；氮肥与磷肥合用增产 141 斤或 19.7%，比单施用氮肥与磷肥增产之和多 21 斤。陕西省武功小麦试验结果，亩施氮素 8 斤增收 190.5 斤，亩施磷素 8 斤增收 23.3 斤，氮肥与磷肥合用则增收 229.5 斤，比氮肥与磷肥单施增产之和多 15.7 斤。河北石家庄谈古村棉花试验，亩施氮素 8 斤，增收籽棉 7.2 斤，施用磷肥未能增产，施用钾肥增收 14.5 斤，氮肥与磷肥合用则增收 53.6 斤，氮肥与钾肥合用增收 57.1 斤，氮、磷、钾肥三者合用则增收 72.6 斤。又如山西长治农科所玉米试验，单施用氮肥增收 161 斤，单独施用磷肥或钾肥都没有显著增产效果，而氮磷合用则增收玉米 172 斤，氮钾合用增收 206 斤，氮、磷、钾三者合用增收 211 斤。以上试验说明，氮素化肥与磷肥或钾肥配合施用可以提高肥效。各地情况不同，是否需要施用磷钾肥，还需要看土壤类型和作物种类，并请参阅磷肥和钾肥研究成果部分。

（五）氮素化肥施用量、施用期和施用方法的研究

各地对水稻、小麦、棉花、玉米等作物进行了不少施肥期、施肥量和施用方法的试验。总起来看，氮肥的施用量、施用期和施用方法是互相联系、互相制约的。并且与土壤肥力、气候因子、栽培技术等都有密切关系。氮肥施用方法又与肥料品种有密切关系。硫酸铵、硝酸铵等不挥发性的肥料，一般采用撒施、穴施、沟施。对具有挥发性的氨水、碳酸氢铵的施用方法要求比较严格。今将各地施用硫酸铵的试验结果简述如下，其他肥料品种详见另段。

1. 氮肥施用量

中国目前农业生产，以有机肥料为主要肥料，化学肥料起着加强和补充的作用。按目前栽培技术和产量水平，在一般土壤肥力和有机肥料用量的基础上，对水稻、小麦、棉花、玉米等主要作物，每亩增施氮素 4 ~ 8 斤，合硫酸铵 20 ~ 40 斤比较适宜，每斤肥料增产的效果也较大。氮肥需要量的高低和土壤肥力，有机肥料质量数量、栽培条件、施用时期等因素都有密切关系。由于各地栽培条件的不同，各种作物对氮肥用量的反应也很不一致。如江苏兴化农科所 1958 年试验，在施用农家肥料亩产稻谷 647 斤的基础上，每亩增施硫酸铵 10 斤，合氮素 2 斤，增收稻谷 14.2 斤，每亩施用硫酸铵 20 斤合氮素 4 斤，增收稻谷 50.4 斤，每亩施用硫酸铵 40 斤合氮素 8 斤，增收稻谷 139 斤。同年吉林通化农科所试验，在亩产 580 斤稻谷的基础上，每亩施用硫酸铵 10 斤，增收稻谷 16.9 ~ 23.2 斤，亩施用硫酸铵 20 斤，增收稻谷 69.6 ~ 70.6 斤，亩施硫酸铵 40 斤，增收稻谷 174 斤。华北农业科学研究所于 1950 年和 1951 年曾组织华北 4 省联合进行了 32 个小麦肥料试验，每亩施用硫酸铵 20 斤，合氮素 4 斤，平均增收小麦 35.2 斤；每亩施用硫酸铵 40 斤合氮素 8 斤，平均增收 48.4 斤。1958 年在河北、河南、江西、四川等 7 个省 10 个地点棉花氮肥施肥量试验，每亩施用硫酸铵 20 斤，平均增收籽棉 45.7 斤；每亩施用硫酸铵 40 斤合氮素 8 斤，平均增收 70.4 斤；每亩施用硫酸铵 60 斤合氮素 12 斤，平均增收 67.6 斤。同年山西、河南、甘肃、黑龙江等 8 个玉米氮肥施用量试验，在每亩玉米产量 211 ~ 1 005 斤的基础上，施用硫酸铵 20 斤，平均增收玉米 105.7 斤；施用硫酸铵 40 斤合氮素 8 斤，平均增收玉米 117.6 斤；施用硫酸铵 80 斤平均增收玉米 180.8 斤。试验同时指出：在肥力较低的土壤上，配合施用磷肥和在精耕细作、栽培技术水平较高的地区，施用氮肥增产效果较大，可以适当地增加氮肥用量。相反地，在耕作管理粗放或地力很高的土壤上，不宜施用过多的氮肥，以免发生贪青倒伏情况，降低肥效。在目前化肥供不应求的情况下，为了普遍地提高单位面积产量，不应过分集中在小块地上施用。

2. 氮肥的施用时期

我国农民多习惯施用有机肥料作基肥，根据作物生育情况，追施氮肥，氮肥的施用时期因作物种类和气候条件而异。今将水稻、小麦、棉花、玉米试验结果分述如下。

（1）水稻施肥期

水稻生育期中，有 3 个主要需要施肥的时期，即返青期（直播稻的苗期）、分蘖期

和幼穗分化期，对单季水稻穗肥起着重要作用。据吉林和江苏两个省 6 个水稻氮肥施用期试验，每亩施用硫酸铵 20 ~ 40 斤，在亩产 500 斤左右的水平上，在幼穗分化期作追肥施用，增产效果最大，每亩施用硫酸铵 20 ~ 40 斤，增收稻谷 20.4% ~ 45.6%，比在分蘖和孕穗期施用多收 1.3% ~ 2.5%。华中农科所一季晚稻氮肥施用期试验，在施用厩肥 1 600 斤的基础上，每亩施用硫酸铵 35 斤，分在插秧前、分蘖期、小穗分化期和孕穗期施用，获得结果见表 1。

表 1　水稻各施肥期试验结果

肥料分配时期（斤/亩）				产量（斤/亩）	产量（%）
秒口肥	分蘖肥	小穗分化肥	孕穗肥		
—	—	—	—	675.5	100
35	—	—	—	768.2	113.7
5	—	30	—	820.9	121.5
15	5	10	5	819.5	121.3
15	—	15	5	832.4	123.2
5	5	20	5	847.1	125.4
5	10	20		828.9	122.7

这个试验是在土壤肥力较高的基础上进行的，所有施用穗肥的各个处理，都获得了比较高的产量；重施穗肥并在穗肥前后分期少量施追肥的产量最高。

华中、西南地区双季早稻，生长季节较短，早期气温低，有机肥料分解慢，不能满足作物生长需要，早施追肥能促进植株早发，保证幼穗分化时的养分，穗肥应提早施用。

（2）小麦施肥期

华北、西北地区旱地冬小麦和春小麦生育期间雨水缺少、化学氮肥作基肥施用，增产效果较大。河南郑州、商丘等几个地点的小麦试验，为了补充基肥的不足，在播种时与种子混播硫酸铵 5 ~ 8 斤，增产小麦 3.8% ~ 19.5%，合每斤硫酸铵增产小麦 3 ~ 7 斤。施用种肥手续简便，对水地、旱地小麦增产效果都很大，深受农民欢迎。在河北、山东、山西等省也同样获得很好的效果。水地小麦在早春返青期每亩追施硫酸铵 10 ~ 20 斤，可以显著提高产量，如山东、河北、山西等省试验，每斤硫酸铵可增收小麦 3 ~ 5 斤。河南洛阳地区不同时期追施硫酸铵的试验，也证明了返青到拔节期追肥，效果最好，在分蘖期追施的较对照区增产 12.2%，在返青期追施的增产 18.7%，在拔节期追施的增产 21.3%，在孕穗期追施的仅增产 5.3%，肥效最低。青海西宁春小麦氮肥施用量、施用时期试验指出：小麦施肥期应根据肥料用量而定，若肥料多时，分播种、幼苗、拔节 3 期施用效果较好，若肥料少时，以苗期、拔节期两次分用较好。

（3）棉花施肥期

棉花追肥时期与气候、霜期、水分等条件的关系较其他作物更大，在气温高，无霜期长的地区，将一部分氮肥延迟到花、铃、吐絮期追施，仍可以促进后期铃的成长，提高产量。但是在气温低无霜期较短的地区，氮肥应偏重于蕾期，开花初期追施，后期要少追或不追，以免后期贪青，增加霜后花，降低棉花品质。

在长江流域棉区，气温较高，无霜期长，氮肥应适当地分配在各个生育期施用，增产效果较高。如四川简阳棉花试验站试验结果见表 2。

表 2　四川简阳棉花试验站试验结果

肥料处理（氮肥每亩用量）	生育阶段亩施硫酸铵纯氮斤数				籽棉产量（斤/亩）	增产（%）
	蕾 期	花 期	铃 期	絮 期		
对　照	—	—	—	—	357	—
纯氮 4 斤	1.2	1.6	1.2	—	417	16.8
同　上	0.6	0.6	1.6	1.2	417	16.8
纯氮 8 斤	2.4	3.2	2.4	—	410	14.8
同　上	1.2	1.2	3.2	2.4	466	30.5
纯氮 12 斤	3.6	4.8	3.6	—	425	19
同　上	1.8	1.8	4.8	3.6	453	26.9
纯氮 16 斤	4.8	6.4	4.8	—	389	9
同　上	2.4	2.4	6.4	4.8	427	19.6

表 2 指出：每亩施用 4 斤氮素，在前期施用与后期施用增产效果没有显著区别，氮素用量增加到每亩 8 斤、12 斤、16 斤，一部分在蕾花期施用，一部分在铃期、吐絮期施用的，优于蕾、花、铃 3 期分用，前者增产率为 30.5%、26.9%、19.6%，后者增产率为 14.8%、19.0%、9.0%，前者较后者多增产 15.7%、7.9%、10.6%。

在黄河流域棉区，无霜期较短，氮肥应提早在苗期、蕾期和开花初期施用，肥效较高。如山西运城试验，每亩 4 000 ~ 5 000 株，亩施硫酸铵 40 ~ 100 斤，在苗期、蕾期和花期施用的，比对照增产 30.2% ~ 36.7%，在苗期和蕾期施用的增产 28.7% ~ 34.5%，在蕾期和花期施用的，仅增产 12.6% ~ 12.8%。结果如表 3。

表 3　山西运城棉花氮肥施用期试验结果表

密度（每亩）	追　肥　处　理	籽棉产量（斤/亩）	增产（%）
	对照（不追施硫酸铵氮肥）	414	—
	追施氮肥（每亩 40 斤、60 斤、80 斤、100 斤的平均）		
5 000 株	分苗期、蕾期、花期三个时期施用	539	30.2
	分苗期、蕾期两个时期施用	533	28.7
	分蕾期、花期两个时期施用	467	12.8

（续表）

密度（每亩）	追 肥 处 理	籽棉产量（斤/亩）	增产（%）
	对照（不追施硫酸铵氮肥）	420	—
	追施氮肥（每亩40斤、60斤、80斤、100斤的平均）		
4 000株	分苗期、蕾期、花期三个时期施用	574	36.7
	分苗期、蕾期两个时期施用	565	34.5
	分蕾期、花期两个时期施用	473	12.6

在我国西北内陆地区，如新疆维吾尔自治区的北疆、甘肃河西棉区和辽宁省辽东一带，生长季节短，追施肥料宜早，肥料提早在播种时施用，对促进早熟和提高产量有显著效果。如甘肃敦煌试验，每亩追施硫酸铵30斤，在播种时和定苗时作追肥，比定苗后和浇第一次水时二次追用产量要高，在西安试验也获得相似结果。

（4）玉米氮肥施用时期

各地试验结果指明，在春玉米抽雄前追施氮肥，可以促进生殖器官生长发育，显著提高籽粒产量。1958年河南洛阳玉米氮肥施肥期、施肥量试验，在4种不同氮肥用量的情况下，皆以抽雄前追施氮肥产量结果最好。试验结果列入表4。

表4 河南洛阳玉米硫酸铵施用量、施用时期产量结果表

氮素用量（斤/亩）	施用时期			产量（斤/亩）	增产（%）
	幼苗	拔节	抽雄		
0	—	—	—	484	—
8	2	—	6	696	44
8	—	8	—	660	36
8	—	—	8	751	55
8	—	4	4	746	54
12	2	—	10	733	51
12	—	12	—	651	35
12	—	4	8	696	44
12	—	—	12	747	55
16	4	—	12	775	60
16	3	13	—	659	36
20	3	17	—	644	33
20	5	—	15	718	48

表4结果指出：在土壤肥力较高和施用农家肥料的基础上，不论氮素用量为8斤、12斤、16斤和20斤，在拔节期和抽雄前施用，或抽雄前一次施用效果均大于前期施用。夏玉米生长期较短，追肥应适当地提早施用，并应重视种肥的施用。

（六）化学氮肥品种

近年来，大部分省、市、自治区农村农业科学院（所）和部分专区、县农科所进行了不少氮肥品种肥效比较试验。试验所用的化肥品种有硫酸铵、硝酸铵、硝酸铵钙、氨水、液氨、碳酸氢铵、硝酸钙、氯化铵、尿素、石灰氮10种，在水稻、小麦、棉花、玉米、谷子、高粱、甘薯等主要作物上进行试验。试验是在等氮量基础上进行比较的，每亩氮素用量为6～8斤，也有少数试验超出这个范围，经各地试验结果总的来看，施用各种氮素化肥按品种特性，用法得当，都能显著增加产量，不同肥料品种的肥效也表现有所不同。如铵态氮肥比较适用于稻田、水浇地、旱田各种作物。硝酸态氮肥比较适用于小麦、棉花等旱地作物。各种氮肥的肥效与其施用方法，有密切关系，特别对具有挥发性的肥料如氨水、碳酸氢铵和具有毒性的石灰氮的施用技术更应加以注意。今将试验所用10种氮肥分为铵态、硝酸态和酰氨态3类，将它们的肥效及其适宜的施用方法，分述如下。

1. 铵态氮肥主要有硫酸铵、氯化铵、氨水、液氨和碳酸氢铵

①硫酸铵含氮21%，硫酸根72%，是我国施用历史最久、施用经验最多的品种。它具有结晶体大、吸湿性小、易于贮存和施用等优点，对水稻、小麦、棉花各种水旱作物都很适宜，很受农民群众欢迎。硫酸铵的施用方法也被大部分地区农民所掌握。因此，各地肥料试验都选用硫酸铵作标准来比较其他肥料品种的肥效，通过各地试验证明，硫酸铵为最优良的氮肥品种之一，但是在工业生产中需要大量硫酸，每生产5吨硫酸铵约需浓硫酸4吨，为了节省我国硫黄资源，可根据各地区工业资源条件和农业需要，适当地增加其他氮肥品种。

②氯化铵含氮24%～25%，氯根70%，可以由氨法制碱工业联合生产，生理酸性较硫酸铵稍大，适宜用在石灰性和中性土壤。在酸性土壤上施用，需注意使用石灰。施用方法与硫酸铵相同。各地试验结果证明，氯化铵施用在水稻田肥效很好。根据广东、广西壮族自治区、福建、浙江、河北、吉林等11个省区的24个试验，氯化铵的肥效为等氮量硫酸铵的114.1%。又曾在天津水稻区进行示范推广，也很受农民欢迎。氯化铵施用于小麦、玉米等谷物作物，据浙江、安徽、河北等省24个试验证明，它的肥效为等氮量硫酸铵的87%～94%。施用在棉田，根据河北沧县、安徽淮北、湖北襄阳、浙江萧山等地试验，氯化铵的肥效约为等氮量硫酸铵的95.3%。由于棉花试验数目不够多，试验年限也较短，尚待继续研究。对烟草、茶叶、马铃薯等忌氯作物，不易施用氯化铵作肥料。在西北干旱地区或土壤排水不良、盐分不能排出的地带和盐碱土，也不易施用氯化铵。但对一般稻田和排水良好的旱地或水浇地，氯根可以通过雨水或灌水由土壤表层排出，在北京西郊曾进行长期肥效试验，连续施用氯化铵10年、14季作物，肥效都很好，土壤并无盐分积累。

③氨水含氮18%～20%。系氨和水制成的液体肥料，由于制造成本低廉，是我国

将要发展的氮肥品种之一。近年来，部分地区结合小型合成氨厂的生产进行氨水肥效试验和示范，收到良好的效果。氨水分解性强，在常温下有大量氨气挥发，增产效果与施用方法有密切关系，施用得当，它的肥效与硫酸铵相仿，施用不当，不仅氮素挥发丢失，降低肥效，挥发到空气中的氨还可能熏伤作物叶部。通过近年来各地试验，对氨水的施用方法获得了不少经验。如对水稻田以氨水随水灌入稻田的办法最为便利，肥效也很好，对旱地作物施肥可以采用简便氨水施肥机具，结合中耕将氨水条施在地表 10 厘米以下随后立即覆土，可以基本防止氨的挥发；又据山西省农科所试验，对沙性较大、耕地质量差和土壤水分较少的土壤，施用氨水的深度要求更深一些。浙江省农科所用草炭和氨水按 1∶1 混拌后施用，方法简便，肥效也好。因为各地条件不同，施用氨水的技术水平也很不一致，如江苏分院在南京地区水稻和玉米试验，施用氨水的肥效为等氮量硫酸铵肥效的 87.6% ~ 98.5%，在睢宁石灰性沙土地区对水稻和玉米氨水的肥效为等氮量硫酸铵的 74.7% ~ 84.5%，施肥技术尚需进一步研究与提高。在氨水的贮存、运输和施肥工具上，还存在不少问题，亟待解决。

④液氨含氮 82%，是已知含氮量最高的氮肥。曾在北京和吉林两地进行试验。由于液氨挥发性强，需要在能耐 10 个大气压力的铁罐内贮存或运输，并需要高度机械化水平的施肥机具，目前，除少数地区外，尚不能推广施用。

⑤碳酸氢铵含氮 16%，是具有挥发性的固体肥料，吸湿性强，遇潮后生成碳酸铵，挥发性更显著增大，施用得当，它的肥效与等氮量硫酸铵相仿，但是在施肥时由于氮素的挥发，肥效常较等氮量硫酸铵低一些。如在南京地区试验，它的肥效为等氮量硫酸铵的 73.5% ~ 99.4%，在江苏睢宁沙土地区施用，其肥效为等氮量硫酸铵的 77.6% ~ 85.7%，其他试验结果，也大致相仿，各地对碳酸氢铵的施用方法获得了一些经验。水稻田可以直接撒施，田内水层需要保持在 1 寸左右，随后耘田一次。旱地需要施在地面 5 ~ 10 厘米以下，穴施、沟施均可，最好采用粪耧或其他简单机具施肥，随后立即覆土，或对水后条施、穴施随后覆土。园田也可以采用随水流入的办法，均能获得良好的效果。由于碳酸氢铵具有挥发性，在贮存时需要密封，以免肥分损失，北京地区生产的碳酸氢铵使用塑料口袋包装，解决了运输和贮存上的困难，由于口袋破裂和农民还缺乏施用经验，挥发损失甚大，亟待解决。

2. 含有硝酸态氮的肥料主要有硝酸铵、硝酸铵钙和硝酸钙，肥效试验结果如下

①硝酸铵含氮 33% ~ 34%，铵态和硝态氮各占一半，在我国施用的数量很大。根据各地试验结果，在一般旱地、水浇地，对小麦、棉花、玉米等作物施用硝酸铵的肥效与同氮量硫酸铵相等，甚至有时超过。如山西省试验结果，对小麦、棉花施用硝酸铵比等氮量硫酸铵多增产 3.8% ~ 8.4%，黑龙江玉米试验地证明，硝酸铵比硫酸铵多增收 10.0%。在北京、内蒙古等地，也有相似的结果。硝酸铵施用在水稻田，由于水稻田长期淹水，土壤呈嫌气状态，有一部分硝酸被脱氮而损失，如施用得当其肥效与铵态氮肥相似。江苏省试验结果，硝酸态肥料用于水稻田的肥效为等氮量硫酸铵的 87.3% ~ 93.7%，河北、江西、广西壮族自治区、贵州、四川、宁夏回族自治区等省区也获得相仿结果。由于硝酸铵含氮量比硫酸铵高出 60%，按重量计算，每斤硝酸铵仍能比硫酸

铵多增收 30%~40%，将来改进硝酸铵在水稻田上的施用方法，肥效还可以提高。

硝酸铵吸潮性很大，是南方多雨地区农民不欢迎硝酸铵肥料的主要原因，在多雨地区和雨季时节，贮存时要注意增设防潮设备，以免溶成液体造成损失或结块不易施用。按目前施肥技术水平，硝酸铵最适宜在华北、西北、东北各省水浇地和旱地及南方旱地作物施用。

②硝酸铵钙含氮 20%，铵态和硝酸态氮各占一半，约含碳酸钙 40%。各地试验结果证明，它和硝酸铵的性质相似，在等氮量情况下，硝酸铵钙与硝酸铵的肥效约相等，无显著区别。硝酸铵钙适宜于旱作物和酸性土壤，用于水稻田肥效稍差。这种肥料吸潮性很大，与硝酸铵很相似，由于其中含有石灰，在强酸性土壤上施用，它的肥效稍优于硝酸铵。

③硝酸钙含硝酸态氮 14%，最适用于旱作物。根据山东、河南两省 6 个小麦试验结果，硝酸钙用在旱地和水浇地上肥效很好，它的肥效为同氮量硫酸铵肥效的 136.5%。但施用在水稻田肥效很差，据广东、浙江、安徽 5 个试验结果平均，仅为同氮量硫酸铵肥效的 52.4%，硝酸钙吸潮性很强，贮存时需注意。

3. 醯氨态氮肥有尿素和石灰氮两种

①尿素含氮 45%，是含氮最浓厚的固体肥料，吸潮性不大，物理性状优良，施用方便，是我国将大量发展的氮肥品种。根据试验结果，尿素对水、旱各种作物都很适宜；若以同氮量硫酸铵作 100%，27 个水稻试验，尿素肥效平均为 106.3%，10 个棉花试验，尿素的肥效平均为 105.3%，13 个玉米试验，尿素的肥效为 100.0%。尿素适宜用作追肥或基肥，但不应用作种肥，用作追肥时，一次用量不宜过多，以免对作物发生毒害，由于尿素含氮量很高，每斤尿素增产效果相当于 2.2 斤硫酸铵或 1.3 斤硝酸铵，在运输和包装上可以节省很多，适于远途运输。

②石灰氮含氮 18%~20%，对作物有毒性，需要在播种或移栽前 10~15 天作基肥施用，经过在土壤中转化，可以消除毒害，发挥肥效，并有杀死作物病菌和消灭杂草的作用。我国农民习惯施用氮素肥料作追肥，一般追肥肥效比基肥好。浙江和安徽省农业科学院试验，先将石灰氮与 10 倍湿土或有机肥料堆沤 10 天并注意保持湿润，再用作追肥，可以消除毒害，肥效与等氮量硫酸铵相仿，解决了石灰氮不能用作追肥的问题。制造石灰氮不需要高压制备，在我国电力低廉的地点，生产石灰氮肥料是适当的。

二、磷素化学肥料研究成果

中国磷矿资源极为丰富，1958 年以来，磷肥工业有了很快的发展，磷肥产量逐年增加，我国农民对施用磷肥，还缺乏经验，如何合理施用磷肥，提高肥效是迫切需要解决的问题。

磷素是构成作物体中核蛋白、磷脂和植素不可缺少的物质，适当地施用磷肥，可以使作物根系发达，更好地从土壤中吸收水分和养分，促进生长发育，提早成熟，增加抗旱和抗寒能力，饱满籽粒，提高作物产量。但是磷肥和氮肥不同，并不是在所有土地上，都能获得显著效果，通过各地试验和生产实践，总结出来磷肥效果的大小与土壤性质、作物种类、栽培措施和施肥方法，都有密切关系，今将近年来各地试验结果，简报如下。

（一）我国主要土壤磷素含量概况

我国土壤种类很多，含磷量高低有很大差别。如东北黑土含全磷 0.20% ~ 0.35%。江南红壤仅含全磷量 0.05% 左右，相差 4 ~ 7 倍，土壤中速效磷的含量差别更大，今将我国几种主要土壤养分分析结果列入表 5。

表 5　我国几种主要土壤化学成分含量表

地　区	土壤名称	地　点	pH 值	有机质（%）	全氮（N）（%）	全磷（P_2O_5）（%）	全钾（K_2O）（%）
东北地区	黑　土	黑龙江哈尔滨	6.3 ~ 7.6	3 ~ 5	0.20 ~ 0.30	0.20 ~ 0.35	1.7
	白浆土	黑龙江牡丹江	6.0 ~ 6.5	2 ~ 3	0.14 ~ 0.20	0.10 ~ 0.43	—
	水田白浆土	吉林公主岭	6.5 ~ 7.5	2.4 ~ 2.7	0.20 ~ 0.24	0.11 ~ 0.15	—
	淤泥土	辽宁沈阳	6.9	—	0.18	0.046	—
	棕黄土	辽宁沈阳	—	—	0.16	0.064	—
华北地区	黄　土	河北石家庄	7.7	1.2	0.08	0.11	
	黄　土	山东济宁	7.2	1.86	0.068	0.099	—
	黄绵土	山西解虞	7.9 ~ 8.1	0.60 ~ 0.95	0.05 ~ 0.08	0.18 ~ 0.20	2.1
	水田盐碱土	河北芦台农场	8.2	1.14	0.09	0.09	1.0 ~ 6.8
西北地区	黑垆土	甘肃泾川	7.5	1.51	0.12	—	—
	黑　土	青海脑山地带	6.5 ~ 7.1	2.99	0.33	0.18	0.87
	麻　土	甘肃川地	8.3	1.73 ~ 2.13	0.11 ~ 0.27	0.15 ~ 0.18	0.75 ~ 0.91
	黄白土	甘肃武山	8.4	1.00 ~ 1.10	0.12 ~ 0.18	0.16 ~ 0.36	0.49 ~ 0.92
	河淤土	宁夏银川	7.6	1.05	0.14	0.16	2.95
	白板土	新疆玛纳斯	7.8 ~ 8.3	0.68 ~ 0.95	0.04 ~ 0.08	0.12	2.76
西南地区	紫色土	四川内江	7.5	0.63	0.06	0.17	
	紫泥田	四川内江	7.5	1.42	0.09	0.15	
	红泥土	四川眉山	5.0 ~ 5.5	0.74	0.06	0.03	
	黄泥土	云南昆明	6.2	1.9	0.15	0.22	
	黄泥土	贵　州	5.5 ~ 6.5	1.0 ~ 1.5	0.10 ~ 0.15	0.10 ~ 0.15	
华东地区	冲积土	江苏沿江地区	7.2 ~ 7.5	1.5 ~ 2.0	0.10 ~ 0.16	0.10 ~ 0.20	
	冲积土	江苏太湖流域	6.5 ~ 7.0		0.11 ~ 0.16	0.14 ~ 0.16	
	白泥田	浙江长兴	5.7	1.91	0.13	0.051	
	红泥田	江　西	6.5	2.12	0.09	0.08	
	鳝泥田	江　西	6.4	1.81	0.13	0.051	
	红壤土	江西南昌	4.5 ~ 5	1	0.05	0.05	

（续表）

地 区	土壤名称	地 点	pH 值	有机质（%）	全氮（N）（%）	全磷（P_2O_5）（%）	全钾（K_2O）（%）
中南地区	黄红土	湖北蒲圻	5.4～6.8	2.09±0.51	0.12±0.02	0.13±0.04	1.63±0.34
	岗地黄土	湖北襄阳	6.7～7.6	1.05±0.25	0.08±0.03	0.08±0.03	2.07±0.03
	冲积土	湖北荆州	6.5～8.5	1.90±0.50	0.13±0.36	0.16±0.03	2.70±0.72
	鸭屎泥	湖南祁阳	7.5～7.9	3.3～4.4	0.18～0.26	0.08	1.69
	黄泥田	广西南宁	5.5～6.3	1.5～3.0	0.02～0.64	0.08～0.17	0.64～1.21
	赤 土	广东海南		1.84	0.14	0.065	
	红黄泥	广东海南		2.06	0.11	0.081	

我国大部分土壤含磷量相当丰富，有 20%～40% 的耕地是含磷量低的土壤。我国土壤的全磷量大致可以分为以下 4 级。

①全磷量在 0.15% 以上是磷素潜在肥力高的土壤，属于这一类的土壤主要有东北大部分黑土，华北大部分黄绵土，西北大部分黑土、黑垆土、麻土、黄白土，西南紫色土、华东部分河淤土、华南部分黄红土和各地的老菜园土等。

②含磷量在 0.1%～0.15% 的是磷素潜在肥力中等的土壤，属于这类的土壤有东北部分白浆土、华北大部分黄土、西南地区紫泥土、华东地区部分河淤土、湖淤土、华南部分黄红土、黄泥田等。

③含磷量在 0.05%～0.1% 的，是磷素潜在肥力低的土壤，属于这类的土壤有东北部分棕黄土、华东部分白泥田、鳝泥田、红泥田，华南地区部分黄泥田、赤土、红黄泥等。

④含磷量在 0.05% 以下系磷素潜在肥力最差的土壤，有少部分瘠薄的土壤属于这一类，如四川眉山的红泥田、江西红壤等。

土壤含磷量仅能表示磷素潜在肥力的高低，除土壤含磷量很低，必须施用磷肥外，其他土壤目前是否需要施用磷肥，并无明显关系。土壤中，速效磷的含量大致可以反映土壤对施用磷肥的效果，同一土壤类型，由于培肥程度和肥力不同，土壤中，全磷和速效磷含量也有很大变化，如广东红黄泥水稻土培肥程度和全磷、有效磷含量的变化如表6。

表6 广东红黄泥水稻土培肥程度和全磷、有效磷含量的变化

土壤名称	肥力水平	有机质（%）	全氮（N）（%）	全磷（P_2O_5）（%）	速效磷（毫克/千克）
乌黄泥	肥力较高	2.7	0.137	0.115	75
红黄泥	肥力中等	2.06	0.113	0.081	45
顽泥田	肥力最差	1.45	0.052	0.04	28

又据河北省农业科学院在赵县和晋县的调查资料证明，多年施用土粪，熟化程度较高的土壤，在 10 厘米的土层中，速效磷含量为 21.9 毫克/千克，而邻近多年未施肥的地段，10 厘米的土层中，速效磷只有 7.5 毫克/千克。以上说明土壤中全磷量和速效磷含量不仅受土壤母质和生成发育的影响，与施用有机肥料和熟化土壤过程也有很大关系。

（二）我国不同地区施用磷肥肥效情况

近年来，肥料试验证明施用磷肥的效果与土壤性质和土壤供应磷素的能力，有很大关系。在开垦年代不久，有机肥料用量不足，熟化程度差，土壤肥力低或酸度较强的土壤以及盐碱土、冷性低产水稻田等地区，适当地施用磷肥肥效较好；在水旱轮作地区、沤田改旱田的地区，磷肥施用于旱作，效果也很好；在南方丘陵地区水稻低产"坐秋"田施用磷肥增产效果也很大，反之，磷肥施用在磷素供应能力高的土壤上，肥效表现较差，甚至表现不出增产效果，兹将我国各地区土壤磷肥肥效概述如下。

1. 东北地区

东北黑土，潜在肥力高，磷肥施用于大豆，增产 7.2%，在吉林黑土上对高粱施用磷肥，增产 22.9%，合每斤过磷酸钙增产 2.1 斤。本区白浆土全磷量虽高，但有效磷很低，每斤过磷酸钙约可增收小麦 1.2 斤，增产大豆 1.4 斤。

磷肥在棕黄土上每斤磷肥增产粮食 1~1.6 斤，在淤土上对禾谷类、棉花等增产不明显，对大豆则具有较高效果，每斤磷肥约可增产大豆 1.6 斤。

磷肥肥效大小与土壤熟化程度有关，在开垦较早的草湿土，对小麦施磷增产 83.1%，新开垦的草湿土，磷肥增产效果更大，对小麦增产 143.5%。本地区很多经验证明，对豆科作物和经济作物施用磷肥比禾木科作物增产效果大。

2. 华北地区

华北平原土壤全磷量在 0.12%~0.14%，一般土壤速效磷 10~30 毫克/千克，土壤有机质和全氮量较低，常常限制了磷肥肥效的发挥，单独施磷肥对小麦、棉花、玉米等作物多不表现增产效果或增产数量不大，氮磷配合施用，常常表现出很好的效果。河北平原地区黄土、黄沙土及滨海盐土，土壤速效磷低，只 5~10 毫克/千克，磷肥肥效较好。每斤过磷酸钙可增产粮食 1.5~2.5 斤。

晋南、晋东南及晋中石灰性褐色土地区磷肥肥效较好，每斤磷肥平均增产棉花 0.4~0.5 斤，小麦 0.2~0.4 斤，玉米 0.5~1.0 斤，谷子 0.5 斤左右，马铃薯约 15 斤。但在晋北及晋中西部丘陵干旱地区磷肥肥效不明显，就作物而言，在山西省 45 个小麦磷肥试验中，每斤过磷酸钙增产数在一斤以上的仅占 40%。51 个玉米试验中，每斤磷肥增产籽粒 1 斤以上的占 29%，其他如高粱、莜麦等作物增产效果多不明显，对经济作物施用磷肥增产效果比较好，如麻类施磷可提高收获量 30%，51 个棉花试验结果，增产籽棉 1 斤左右者占 40%，半斤左右者占 40%，磷肥对于豆科作物，有显著增产效果，豌豆施磷增产 17.3%，苜蓿增产 154.5%，同时，磷肥还具有显著后效作用。河南省石灰性黄褐土地区磷肥肥效差，如商丘、郑州、灵宝等地对水稻、玉米、甘薯、棉花等试验，亩施过磷酸钙30～40斤，只增产0.3%～4.1%，氮磷配合也只增产0.7%～7.7%，增产效果不显著。

3. 西北地区

陕北长城沿线风沙土、秦岭北麓靠山多雨不含碳酸盐的土壤，施用磷肥具有突出的效果，前者每斤过磷酸钙可增产小麦1.7～2.5斤，稻谷2.1斤，后者增产籽棉3.0斤。在关中垆土、陕北黄绵土，汉中水田磷肥效果中等、每斤过磷酸钙可增产小麦1斤左右，但对油菜、荞麦、豌豆等作物增产较显著，每斤过磷酸钙增产在1.6～2.3斤左右。在陕南安康地区磷肥效果不明显。

甘肃陇东垆土地区，速效磷10.6毫克/千克，施用磷肥增产效果较大，36个试验平均增产26.0%，中部麻土地区，土壤速效磷34毫克/千克，平均增产22.2%。河西地区及陇南地区，磷肥增产效果较小。根据36个试验资料统计，磷肥在本地区各类作物上平均增产19.7%，每斤P_2O_5平均增产禾谷类籽粒6.7斤（冬小麦6.0斤、春小麦4.5斤、玉米6.2斤、高粱5.3斤、糜子5.9斤、谷子6.3斤），豆类籽粒4.9斤，绿肥鲜草150斤、籽棉0.44斤、甜菜43.5斤。

青海川水地区红土、灌溉灰钙土施用磷肥具有肯定的增产作用。对春小麦施磷，每斤过磷酸钙增收小麦2.7斤，蚕豆施磷增产35.9%，肥效也很大。浅山地区，以麻土为主，早春土壤速效磷很低，只有3.4～5.2毫克/千克，夏季土壤速效磷大大提高，早春增施磷肥有增产作用，小麦施磷亩产224.7斤，增产64.2斤。脑山地区黑土，土质肥沃，对小麦、油菜增施磷肥也有一定效果，平均每斤过磷酸钙增产小麦0.35斤，油菜2.49斤。柴达木、海北等地区磷肥对油菜也有增产作用。

4. 西南地区

据四川农科所试验，该省耕地中约有33%的面积为缺磷土壤，土壤全磷量多在0.05%以下。在黄泥田上施用磷肥，肥效最好，大土泥、夹沙泥、油沙土次之，石骨子土最差。如在黄泥田施用过磷酸钙每斤磷酸增产稻谷12.2斤，小麦17.3斤，玉米4.5斤，甘薯40斤，石骨子土上对小麦增收9.5斤，棉花4.1斤，甘薯6.5斤。成都岷江冲积土土壤含磷量较高，每斤过磷酸钙对小麦仅增收0.4～0.6斤，在遂宁、眉山、紫色大泥山、红黄壤和白鳝泥上土壤含磷量低，每斤过磷酸钙增产小麦0.3～4.0斤。

云贵高原地区红白胶泥田、红泥田等中性和微酸性水稻田，施用磷肥肥效较好，每斤过磷酸钙增收稻谷1～2斤，红黄旱地施用磷矿粉，对大豆、荞麦、油菜等作物也有一定肥效，据云南省11个磷矿粉试验，大豆亩产142.6斤增产6.8%，荞麦亩产98.3斤增产5.0%，油菜亩产183.9斤增产2.1%，据贵州省试验，每亩施用磷矿粉50～100斤与圈粪堆沤，可以提高磷肥肥效。

在西南地区低产水稻田如发红田、冷浸田、胶泥田、坐秋田等施用磷肥，肥效很突出，云南石屏和玉溪4个磷肥试验对发红田、坐秋田施磷，平均每亩增收278.2斤合100.9%，对照区产量275.8斤。

5. 华东地区

本地区北部淮北平原石灰性土壤中有机质和氮素很低，单独施用磷肥，常无增产表现，在氮磷配合下，磷肥有一定增产作用。黄泛淤土地区施用磷肥肥效也差。滨海盐土区施用过磷酸钙，对绿肥、三麦有显著增产作用。淮南丘陵地区黄褐色土，速效磷含量低，对小麦施用磷肥增产18.2%，皖南山区红黄土及江苏西南部低山丘陵地区红沙土和板浆白土，都是酸性缺磷土壤，对各种作物施用过磷酸钙都有显著增产效果，施用钙镁磷肥和磷矿粉也有一定效果。长江沿岸冲积性水稻土，对水稻施用磷肥肥效差，对豆类、三麦、油菜有一定增产作用。

浙江太湖地区土壤含磷量高，施用磷肥对水稻、小麦一般无增产作用，但对绿肥有一定效果，如昆土青泥土亩施过磷酸钙10～30斤，对紫云英增产41.1%，每斤过磷酸钙增收鲜草35～40斤。浙江海滨新垦涂地区淡塘泥磷肥肥效很好，每斤过磷酸钙可增产小麦1.2～4.5斤。

福建省61%的耕地土壤含磷量在0.06%～0.07%，33%的土壤全磷量在0.05%以下，磷肥肥效在山垄黄泥田上比较显著，在漳浦、宁化、沭化等县试验，过磷酸钙对水稻、小麦、油菜、甘薯、花生、豆类等作物，增产效果很显著，一般增产10%～30%，南平专区试验每斤过磷酸钙增产小麦2.1～2.2斤。

江西省几种主要土壤，对水稻用过磷酸钙10斤蘸秧根，试验指出，冷浸田亩产320～420斤，增产30.4%～53.9%，在黄泥田亩产240斤，增产35.8%，紫色水稻田亩产149～249斤，增产27%～63%，红壤性水稻土火隔田亩产355斤，增产4.1%，冲积性水稻土亩产468斤，增产3.9%，磷肥施用在低产水稻土上增产效果较大。

6. 中南地区

据湖北省180多个试验统计，磷肥肥效最好的地区是鄂东南的红黄土，其次是鄂北岗地黄土，再次为鄂中丘陵黄土及白鳝土，最差的是汉江平原冲积土及鄂东沙泥土。以水稻为例，每亩施用过磷酸钙25～35斤，每斤磷肥在红黄土上增产达5～6斤，冷浸田、阴山田及岗地黄土增产3.7斤，丘陵黄土2.2斤，油沙土2斤，而在冲积土和沙泥土没有增产效果。小麦亦有相似的增产效应，棉花几乎全部种植在冲积土上，据65个试验，平均增产6%，每斤过磷酸钙增产0.42斤籽棉，油菜增产效果很显著，基本上不受土壤类型的影响，据27个试验计算，亩产50～120斤，每亩增产36.7斤，每斤过磷酸钙增产平均达1.2斤。但配合施用多量有机肥料，大大减低了过磷酸钙的增产效果。苕子亩产587.78～1 303斤，施用过磷酸钙可成倍增产。板田施或犁田施，用作基肥或追肥，蜡肥或春肥，均有显著增产效果，且地下部分增产效果比地上部分约大1/3，并且还提高了鲜草中氮磷含量。

据湖南71个水稻磷肥试验统计，平均亩产508.3斤，亩施过磷酸钙26.2斤增产32.5斤，或6.8%，每斤过磷酸钙增产稻谷1.23斤；湖沙泥田亩产水稻422斤增产10.9%，黄泥田亩产537.5斤增产9.9%，大眼泥田亩产520.7斤，增产8.7%，丘陵地区冷浸田和鸭屎泥低产水稻田，施用磷肥，增产效果很大，据祁阳县试验，每亩用10～15斤过磷酸钙蘸秧根，增收稻谷71～102斤，黄夹泥上磷肥肥效较差。

广东省据土壤普查资料，含磷量普遍很低，尤以红壤含磷最为缺乏，多在0.03%～0.08%。据1962年全省多点对比试验结果，除平原地区土壤较为肥沃外，大部分地区施用磷肥都有良好反映，其中，以滨海咸酸田、丘陵红土、壤性水稻土、黑泥田、山区冷浸田，铁锈水田、涤隘田等肥效最好。如吴川县新勇大队咸酸田不施磷肥水稻产量仅 94.4～170 斤/亩，施用磷肥产量为 300～385 斤/亩，增产 190%～216%，每斤过磷酸钙作基肥施用增产 4.2 斤稻谷，作追肥施用增产 1.8 斤稻谷。港口专区农科所 1956 年在红壤性土壤上试验，施用过磷酸钙 25 斤，水稻亩产 302.3 斤，增产 42.3%，每斤过磷酸钙增产稻谷 3.6 斤。

广西壮族自治区桂林、柳州、南宁、玉林等 28 个点试验统计，磷肥肥效在低产田地上效果最大，在肥力稍高的土壤效果较差。如在红壤性水稻田，其中，8 点试验平均亩产 215.6 斤，增施过磷酸钙 25～40 斤，增产 29.45%，而 6 个地点亩产在 433～614.7 斤，只增 0.97%～16.2%，在石灰性鸭屎泥田上，亩产 122.8 斤，施过磷酸钙 30 斤增产 94.8%，在红壤性水稻田低产地区施用钙镁磷肥，脱氟磷肥效果很好，摩洛哥磷矿粉也有一定效果。21 个地点平均亩产 204.4 斤，增施钙镁磷肥 40 斤增产 58.7%。

南方红壤旱地面积很大，尤其是新垦荒地，磷肥增产幅度很大。如湖南省在邵阳等地试验，新垦荒地第一年在施用有机肥料和氮肥的基础上，施用过磷酸钙 20～30 斤，增产小麦 79～206 斤/亩或 37.9%，不施磷肥，产量很低。又如云南省 66 个旱作磷肥试验，苕子增产 16 倍，荞麦增产 7 倍，油菜增产 45.8%，蚕豆增产 38%，玉米增产 18.3%，小麦增产 18.1%，甘薯增产 18.1%，花生增产 9.9%。广东试验也有相同的结果。以上结果说明，在南方旱土和新垦荒地上施用磷肥，效果很突出，特别对绿肥作物施用磷肥经济效果更大，是改良土壤和提高产量的重要经验。

（三）磷肥肥效与土壤肥力、轮作栽培等农业措施的关系

磷肥肥效不仅决定于土壤类型，与土壤肥力和熟化程度有着更密切的关系。在同样的土壤上，由于前茬作物、施肥种类、施肥数量以及生产水平的不同，施用磷肥的效果也有很大差别，掌握了这些因子，对合理施用磷肥提高肥效的作用很大，分述如下。

1. 磷肥肥效与前茬的关系

由于前茬作物对于土壤中磷的利用效率不同，对后作施用磷肥效果有很大影响。据各地经验，在种植绿肥、蚕豆、豌豆等豆科作物的下茬，施用磷肥较其他作物的后茬效果大，在前茬作物上施用磷肥，对后茬绿肥的影响也很大。如陕西省试验，在前作豌豆的茬地上，种植小麦，亩施过磷酸钙 40 斤，亩产小麦 282.0 斤，而未施磷的只有 187.6 斤，增产 94.4 斤，在前作油菜茬地上，施用同等数量的磷肥，每亩增产 34.3 斤。在草木樨的茬地上，施用同等数量的磷肥小麦每亩增产 55.7 斤。又如在山西省解虞和临猗县沙质壤土上试验，施用磷肥对棉花后茬小麦增产 3.8%，对休闲地小麦增产 9.9%，在 8 年苜蓿地后茬小麦施用磷肥增收 154.5%，合每斤过磷酸钙增收小麦 4.4 斤，增产效果很大。在多年栽培苜蓿以后，土壤里消耗了大量磷素，并在土壤中积累了大量氮素，因此，增施磷肥的效果是极为显著的。

2. 磷肥肥效与土壤、水分条件的关系

在水旱轮作地区，种植三麦、油菜，施用磷肥效果较好，因水稻田经过冬干后，土壤酸度增高，土壤物理性质也有很大变化，有一部分速效性磷被土壤固定，减弱了土壤

供给磷肥的能力，需要施用磷肥。如江苏省望亭中性水稻土上试验结果，土壤中速效磷的含量随淹水日期的延长而逐渐增加，淹水 20～70 天，土壤中速效磷的含量增加 2～2.5 倍，反之，沤田改旱地后，土壤中有效磷被固定而减少，因而在沤改旱或冬干水稻田施用磷肥，肥效较大。如湖南祁阳县鸭屎泥冬浸田，每亩施用过磷酸钙 12～15 斤蘸秧根，增产稻谷 71.5 斤或 19.5%，由于冬季干旱，冬浸田冬干后，翌年稻苗发生"坐秋"严重影响产量，施用磷肥可以防止"坐秋"，同量磷肥增产稻谷 105.5 斤或 33.0%，效果很突出。

3. 磷肥肥效与氮素化肥配合施用的关系

大部分试验证明，氮肥与磷肥配合施用，增产量超过单独施用氮肥与磷肥之和，在一定的限度内，磷肥的增产率随着氮肥施用量而增长，但不同土壤中，磷与氮配合的效果也不相同。对含磷多的土壤施用氮肥能增加作物对磷的吸收能力，对含磷少的土壤，如南方各地红壤、黄壤或施用有机肥料少的新垦荒地上，施用磷肥配合氮肥，不但增加作物吸收肥料中的磷，而且可以多利用土壤潜在磷素，提高了土壤中磷的利用率。在土壤含氮量很低或氮肥施用水平较低的情况下，对谷类作物单独施用磷肥，常常不能获得增产效果。如河南新乡专区农科所试验，在施用硫酸铵的基础上，每亩加施过磷酸钙 20 斤，增收小麦 47 斤，单独施用磷肥增产效果不显著。在连年施用氮素化肥，单位面积产量较高的地区，施用磷肥肥效一般较好。如江苏徐淮地区单独施用磷肥，肥效不显著，在施用 4～8 斤氮素情况下，氮磷结合施用，较单独施氮一般增产 20%～40%。

4. 磷肥肥效与施用厩肥的关系

厩肥中含有大量的有机质和各种矿物质营养，含磷量高，并且大部分是速效性的，厩肥是很好的磷肥肥源。在施用有机肥料较多的情况下，土壤中的磷素有较多的积累，磷肥肥效常常相对下降，所以，在常年施用较多有机肥料的土壤上，可以适当地减少磷肥用量。如河北省芦台农场试验，在当年不施用厩肥的情况下，亩产小麦 173.4 斤，加施过磷酸钙 10～20 斤，每斤过磷酸钙增收小麦 5.7 斤；每亩施用厩肥 500 斤，产量增到 211.3 斤，加施磷肥，每斤过磷酸钙增收小麦 2.8 斤；每亩施用厩肥 1 500 斤，产量达到 250.5 斤，再加施磷肥，每斤过磷酸钙仅增产 1.2 斤。其他地点获得与芦台相似结果的也很多。但在土壤肥力很低的土壤上，有机肥料配合磷肥施用，由于改善了土壤理化性质，并供应了氮素和其他肥分，也能提高磷肥肥效。

近年来有不少试验田，由于连年施用大量厩肥，土壤肥力很高，含磷量达到 0.2%～0.4%，有效磷含量达到百万分之 50～100，大大地超过了一般农田的肥力水平，在这样的土地上，磷肥效果很低，不能代表农村实际情况，这点需要注意。

（四）磷肥肥效与作物种类的关系

在磷肥供应能力较差的土壤上，施用磷肥，对绿肥、豆科作物、水稻、小麦、棉花、杂粮和其他作物，均能获得显著的增产效果，在磷肥供给能力中等的土壤上施用磷肥，由于各种作物对磷肥的要求和吸收磷肥的能力不同，作物种类间对施用磷肥的效果表现有很大差别。磷肥施用于豆科绿肥和豆科作物效果最大，油菜次之，禾本科作物更次之，冬季或早春作物施用磷肥一般比夏播作物效果大，兹将几种主要作物需磷程度概述如下。

1. 磷肥对豆科作物和豆科绿肥的肥效

我国大部分土壤缺乏氮素，常常由于氮肥的供应不足，而削弱了施用磷肥的效果，豆科作物可以借助根瘤菌固定空气中氮素，丰富土壤中氮素营养，所以，在豆科作物上施用磷肥，效果较大。同时，施用磷肥对增加绿肥种子产量也有很大作用。这对农业生产有很重要的意义。如山西太原试验，大豆不施磷肥亩产180斤，施过磷酸钙30斤，增产15%～21%，每斤磷肥增产大豆1.0～1.2斤。在临猗试验对豌豆施用磷肥，增产20%，每斤磷肥增产0.5～1.2斤，获得显著增产作用。又如四川省眉山地区的经验，磷肥施用在蚕豆、豌豆和冬季绿肥上，增产效果最大，每斤过磷酸钙约可增收蚕豆或豌豆2～3斤，紫云英或苕子鲜草20～30斤，油菜籽1斤左右。每亩施用过磷酸钙或钙镁磷肥10斤，约可增收紫云英或苕子鲜草300斤，并能从空气中多固定氮素1.2～1.6斤，约相当于硫酸铵6～8斤，绿肥中所含的磷又全部是速效性的，可以供给下茬作物吸收利用，所以，施用磷肥又增加了氮肥，一举两得，效果很大。有不少地区，在水稻或棉田上直接施用磷肥，增产效果不大，而将磷肥施用在前茬绿肥作物上，通过绿肥还田，可以大大提高水稻或棉花的产量，这是简而易行、经济有效的好办法。绿肥由于施用过磷酸钙促进了根瘤生长和固氮能力，提高了植株含氮量。湖北省试验对绿肥扁豌豆施过磷酸钙25斤，根瘤数由27.3个增加到62.4个，地土部分植株含氮量和土壤中含氮量均有所增加。

江苏盐城专区土壤所，在轻盐土上试验，磷肥施用于绿肥比直接施用于棉花肥效好。过磷酸钙20斤作苕子基肥提高了鲜草产量，耕翻作棉花基肥，合每斤过磷酸钙增产籽棉0.77～1.86斤，对苕子不施磷肥，磷肥直接施用于后作棉花，每斤过磷酸钙只增产籽棉0.34～0.46斤。又据湖南祁阳官山坪鸭屎泥水稻田中稻—绿肥轮作中，绿肥田每亩施用过磷酸钙40斤增产紫云英鲜草800斤或50%，翻压作稻田绿肥，对水稻的增产作用比直接施磷于水稻上，每亩多增收21斤。对绿肥施用磷肥的时期和方法，没有其他作物严格，据湖北省试验，磷肥应作基肥或种肥施用，在冬季或早春追施，增产效果也很大。

另外，对稻田水生绿肥施磷也能大大提高产量。如四川省试验，一般红萍施过磷酸钙20～30斤，增产50%～100%，间接提高了土壤有机质及氮素含量，因而水稻显著增产。

2. 磷肥对油菜的肥效

油菜的生理特性，对磷肥反应比较敏感，增产幅度比禾木科作物的大，湖北省14个试验证明，油菜对磷肥的反应受土壤类型的影响比其他作物小，土壤速效磷在2～50毫克/千克的土壤上都有显著增产效果，平均每斤过磷酸钙增产菜籽1斤，在江汉平原冲积土，油菜施磷增产达1倍，而禾木科作物增产幅度不大。又如四川在丘陵地区试验，1斤过磷酸钙增产菜籽0.61斤，1斤钙镁磷肥增产菜籽0.33斤。

3. 磷肥对小麦的肥效

小麦对磷肥反应不如绿肥、豆科作物和油菜敏感，但是小麦在冬春季播种，土壤温度较低，土壤微生物活动力弱，施用磷肥，也有较好的效果。据湖北省 27 个试验证明，小麦磷肥肥效与土壤类型的关系比较明显，如长江以南红黄土，土壤磷素含量低，有效磷少，成为小麦产量的限制因子，对这种土壤施用磷肥，小麦增产显著。反之，如江汉平原冲积性沙土，土壤速效磷含量高，小麦对磷肥反应不很明显。

4. 磷肥对水稻的肥效

水稻磷肥效果，不仅与土壤类型有关，更主要的取决于土壤肥力、水热条件及施肥方法。

南方低产冬水田，若在冬秋放干，土壤理化性质起了变化，土壤有效磷降低，翌年水稻返青慢，分蘖少，水稻产量很低，施用磷肥，再加其他措施，可以大大提高水稻产量。如湖南鸭屎泥和云南红锈田冬干，稻苗"坐秋"严重，影响产量很大，施用磷肥，可以防止"坐秋"，并显著提高产品。四川冬水田放干后和江苏沤田改旱，施用磷肥也都有很大的增产效果。

南方丘陵地区冷浸田，因常年泡水泥温低，土壤养分不能充分发挥，施用磷肥可以显著提高产量，如江西宁都等地试验，冷浸性深泥田施用过磷酸钙，水稻增产 30.4% ~ 53.9%。云南、贵州锈水田，土壤中有过多的游离铁质，影响水稻生育，施用磷肥可减少铁质毒害。四川硝水田，灌溉水中含有芒硝（硫酸钠），水稻产量很低，平均每亩稻谷 250 斤，采用钙镁磷肥包粪秧，水稻产量提高到 380 斤。

关于水稻田磷肥施用技术，我国农民创造了蘸秧根、塞秧兜等集中施肥方法，效果很好。如湖南祁阳官山坪磷肥施用方法试验，对双季早稻蘸秧根比基肥效果大得多，并能节省肥料用量，但对中稻万粒籼两种施肥方法的作用区别不大，结果如表 7。

表 7　湖南鸭屎泥磷肥不同施用方法肥效的比较

施用方法	磷肥用量（斤/亩）	水稻品种	对照区产量（斤/亩）	磷肥区产量（斤/亩）	增产率（%）	每斤过磷酸钙增产稻谷的斤数	试验田块
基肥	12 ~ 15	南特号	821	430	38	7.3	2
蘸秧根	12 ~ 15	万粒籼	386	432	12	3.1	2
基肥	30	万粒籼	317	429	34	3.7	2
撒肥	30	万粒籼	387	476	22	3	2
追肥	50	公　黏	460	492	7	0.6	2

另外，据江西、云南、贵州等省对秧田施用磷肥增产效果比本田大，是经济用肥的良好途径。

（五）磷肥主要品种的性质及其施用方法的研究

我国生产磷肥的品种很多，按其性质大致可以分为①水溶性磷肥，主要有过磷酸钙、重过磷酸钙、磷酸铵。②柠檬酸溶性磷肥，主要有钙镁磷肥、钢渣磷肥、脱氟磷肥。③酸溶性磷肥，包括各种磷矿石粉。由于以上各种肥料的性质不同，适用的土壤地区和施用方法有很大差别，通过各地试验，初步获得以下结果。

1. 过磷酸钙

含水溶性磷酸 18%～20%，是我国目前施用数量最多的磷素化肥。它的适用范围比较广，对微酸性、中性和微碱性的土壤，都很适宜。近年来，在各地进行磷肥品种比较试验，采用过磷酸钙作为标准，在等磷量的基础上，进行品种比较。通过试验证明，过磷酸钙是最优良的品种之一。但由于制造过磷酸钙需要大量硫酸，为了节约我国硫黄资源，也可根据各地工业资源和农业需要情况，选择其他适宜品种。

过磷酸钙施到酸性土里，水溶性磷酸被土壤水分溶解，与土壤化合生成磷酸铁和磷酸铝等沉淀，这些物质不溶于水，移动性很小，各地试验证明，磷肥施在作物根系周围，效果最好。不能施得过浅或过深，更不应施在土壤表层，又因作物苗期，从土壤中吸收磷素的能力很弱，在苗期适当地供给速效性磷肥，增产效果最大，磷肥应作基肥或种肥施用。若必须用作追肥时也要早施，为了提高磷肥肥效，并防止过磷酸钙被土壤所固定，需要避免使它与土壤粒子过分接触，可以采用以下几种办法。

①局部集中施肥。将过磷酸钙集中施用在播种沟或播种穴内或在水稻插秧时蘸秧根，都是最经济有效的施肥方法。如吉林省农业科学院在黑土上进行玉米试验，过磷酸钙在播种时施用比对照增产 25%，将过磷酸钙施在种子下面 3 厘米，增产 19.7%，施在种子下面 7 厘米，仅增产 11.3%，证明以过磷酸钙施在播种沟或播种穴内，肥效最大。又据湖南祁阳县鸭屎泥早稻田磷肥试验，每亩施用过磷酸钙 12～15 斤蘸秧根，增收稻谷 109 斤或 38.8%，每亩施用过磷酸钙 30 斤作基肥，增收稻谷 110 斤或 34%。

②与厩肥混合或堆沤施用。过磷酸钙与有机肥料混合施用，使有机质包围在过磷酸钙的周围，有减少被土壤固定的作用，同时，有机质在分解过程中所产生的二氧化碳和有机酸，有助于磷酸钙、硫酸铁和磷酸铝的溶解，促进作物吸收利用。

过磷酸钙和厩肥、人粪尿一起堆沤，不仅可以提高磷肥的肥效，同时过磷酸钙与粪尿中的游离氨化合生成磷酸铵，可减少氮素挥发丢失，提高粪肥的质量。

③在酸性土壤施用过磷酸钙。要注意配合施用石灰，以便降低土壤酸度和铁铝离子的含量，提高肥效。但不宜与石灰混合施用。

④制成颗粒状肥料施用。各地试验证明，在用量较低的情况下，在酸性土壤施用粒状过磷酸钙的肥效，优于粉状过磷酸钙，如湖南长沙和浙江金华的水稻试验，施用粒状过磷酸钙比粉状多增产 4.4%～11.7%，这是由于酸性土壤固定磷酸的作用强，采用粒状肥料集中施用并减少了肥料与土壤接触的机会，可以提高肥效。但是，在中性或石灰性土壤地区施用粒状和粉状肥料，区别不大。粒状肥料流动性大，便于机械集中施肥，所以，肥效较高，若能对粉状过磷酸钙采取集中局部施用的办法，也能获得良好的效果。

2. 重过磷酸钙

重过磷酸钙含水溶性磷酸 45%，较普通过磷酸钙含量高出 1 倍以上，各地试验证明，在等磷量的基础上，它的肥效与普通过磷酸钙相等。如江西南城、浙江金华、黑龙江佳木斯等地水稻、玉米和大豆的试验，重过磷酸钙的肥效为普通过磷酸钙肥效的

75.4%~111.7%，平均98.3%。由于重过磷酸钙肥分浓厚，适宜远途运输，也便于贮存和包装，优点很多，施用方法与普通过磷酸钙相同，用量可以减少一半。

3. 磷酸铵

磷酸铵有磷酸一铵、二铵两种，含氮11%~20%，水溶性磷酸20%~48%，是含有氮磷的复合肥料。大部分试验证明，磷酸铵的肥效很好，在缺氮和缺磷的土壤上施用，肥效更大。如江西南城、河北芦台、四川简阳、吉林白城等地对水稻、小麦、棉花和甜菜试验，在等氮量和等磷量的基础上，磷酸铵的肥效比过磷酸钙多增产8.2%~20.8%。

4. 氨化过磷酸钙

氨化过磷酸钙含氮2%~3%，柠檬酸铵可溶性磷酸18%~20%，系用过磷酸钙加氨制成。适宜在中性和微酸性土壤上施用，在石灰性土壤上施用肥效稍差。如在浙江金华酸性土壤上水稻和玉米试验，氨化过磷酸钙的肥效为普通过磷酸钙肥效的111.6%；在河北芦台石灰性小麦田上施用，当年肥效相当于普通过磷酸钙的81.7%。一般用法与用量与普通过磷酸钙相同。

5. 钙镁磷肥

钙镁磷肥含柠檬酸溶性磷酸14%~18%，系磷矿石与蛇纹石或白云石加热融成，由于制法简单，不需要硫酸，是我国将大量发展的磷肥品种之一。近年来试验证明，钙镁磷肥施用在酸性和微酸性土壤上肥效很好，约与等磷量过磷酸钙的肥效相等，甚至超过。如浙江金华水稻试验，钙镁磷肥的肥效为过磷酸钙肥效的110%；贵州贵阳玉米试验，钙镁磷肥的肥效为过磷酸钙肥效的108.6%；在江西、黑龙江、吉林等省的水稻、谷子、甜菜和大豆的试验，钙镁磷肥的肥效约与过磷酸钙相等。在石灰性土壤地区施用钙镁磷肥的肥效则稍差，据河北芦台和吉林白城小麦和甜菜试验，钙镁磷肥的当年肥效为过磷酸钙肥效的80%~90%。试验结果很少，尚待进一步研究。

钙镁磷肥的肥效与粒子细度有密切关系，粒子愈细与作物根部接触的机会愈大，肥效也愈高。据河北省水稻研究所在石灰性土壤上的试验，若以通过100号筛孔细度的肥效为100%，通过80号筛孔的肥效为94%，通过60号筛孔的肥效为80.6%，粗粒肥料的肥效仅为25.4%。

钙镁磷肥与有机肥料堆沤后施用，借助于微生物的作用，可以促进钙镁磷肥的溶解，提高肥效，钙镁磷肥应用作基肥或种肥，不应用作追肥。由于钙镁磷肥不溶于水，在土壤中不能移动，应施用于地表下2~4寸（1寸≈3厘米。全书同）作物根部密集区域，每亩用量一般20~40斤，若用作种肥局部集中施用或在水稻插秧时蘸秧根，每亩施用10~20斤即可。

6. 钢渣磷肥

钢渣磷肥含柠檬酸可溶性磷10%~18%，是炼钢工业的副产品。通过试验，它的性质与钙镁磷肥很相近，在酸性土壤地区施用效果很好。如在江西南城、黑龙江佳木斯、浙江金华、吉林省吉林市等地水稻、小麦、大豆、玉米、谷子试验，钢渣磷肥的肥效为等磷量过磷酸钙肥效的80%~106%。在石灰性土壤地区肥效较差，如河北芦台农场试验，钢渣磷肥当年肥效约为过磷酸钙的70%。四川曾进行73个试验，水稻每亩施用 50～100 斤增产稻谷 26～58 斤，合 5.1%～8.9%；棉花增产籽棉 26 斤合 8.5%；玉米增产 25 斤合 8.5%。施用方法及应注意事项与钙镁磷肥相同。

7. 脱氟磷肥

脱氟磷肥含柠檬酸可溶性磷酸 15%～20%，系用磷矿石混合石灰、石英在高温熔融时通过水汽制成。1958 年在江西南城微酸性土壤上水稻试验，脱氟磷肥的肥效约为等磷量过磷酸钙肥效的 65.3%，在河北芦台和吉林白城石灰性土壤上的试验，对小麦的肥效约为过磷酸钙的 82.4%，对甜菜为 75.2%。由于试验数目不多，尚待进一步研究。

8. 磷矿粉

磷矿粉含磷酸 15%～25%，系磷矿石加工粉碎而成。各地磷矿性质不同，肥效也有很大差异。如浙江金华农科所试验，小麦田施用江苏海州磷矿粉肥效不显著，施用浙江省磷矿粉增收 26.7%，对玉米施用浙江省磷矿粉增收 100.7%，施用安徽省凤台磷矿粉增收 164.9%。据中国科学院土壤研究所试验，磷矿粉肥效快慢与结晶体大小和 2% 柠檬酸可溶性磷酸含量有关。如贵州开阳、安徽凤台等地所产磷矿中，含柠檬酸可溶性磷均在 3% 以上，在酸性土壤上施用，当年肥效约相当过磷酸钙肥效 50%，可以磨细后直接施用。江苏海州磷矿系磷灰石类型，产品有效磷成分较低，直接使用肥效很慢，应加工制成过磷酸钙或钙镁磷肥后施用，较为经济合理。一般施用磷矿粉的数量要比化学磷肥多用 2～3 倍，为了节约国家磷矿资源，低品位的磷灰土不适宜加工制成化肥，而适于磨成磷矿粉直接施用。

近年来，在四川、贵州、云南等省在较大面积上，曾进行磷矿粉肥效试验和示范，收到很好的效果。如四川古蔺、合川、内江、犍为等地试验，用磷矿粉与有机肥料堆沤后施用，水稻增产 4.7%～17.7%，小麦增收 15.4%，蚕豆增收 15%。在河北、山东、山西等石灰性土壤上施用海州产磷矿粉，肥效不明显。广东沿海地区咸酸田土壤酸碱度在 4.0～4.5，含磷量很低，施用摩洛哥磷矿粉，肥效很好，不次于过磷酸钙肥效。

磷矿粉分解缓慢，适用于酸性土壤，可以借助于土壤酸度，促进分解，提高肥效。对中性和石灰性土壤肥效较差，由于试验资料不多，尚需继续进行试验。磷矿粉的肥效与粒子细度有关，一般要求 80% 的粒子可以通过 100 号筛孔，若粒子过大，肥效就差。在施用前若与有机肥料堆沤后施用，可以提高肥效，并可提高有机肥料的质量。磷矿粉应结合犁地，用作基肥，不宜用作追肥。

三、钾素化学肥料研究成果

目前，我国施用钾素化学肥料的数量不多，施用的历史也比较短，为了促进钾肥工业的发展，并有计划地合理施用钾肥，提高农作物产量，总结近年来各地钾素化学肥料试验成果，具有重要的意义。

（一）钾素化肥增产效果与地区和土壤性质的关系

我国大部土壤含钾量相当丰富，一般壤土和重壤土，全钾（氧化钾）量为2%~3%，1∶1盐酸可溶性钾为0.5%~0.8%，盐基代换性钾为0.01%~0.03%。由于连年施用厩肥、草木灰等含钾丰富的肥料，大部分农田对主要作物增施钾肥的效果不如氮肥和磷肥。钾肥的肥效与土壤类型、土壤质地有密切关系。兹将各地试验结果简述如下。

新疆维吾尔自治区（全书称新疆）单施钾肥在莎车、焉耆、玛纳斯、炮台、伊犁、安宁渠、米泉等地，对玉米、冬春小麦、甜菜、水稻都有增产效果，特别是玉米在沙质土壤上，每斤氧化钾增收8.8~16斤。施用钾肥对防止玉米条纹病有一定作用。氮钾配合施用亩产377斤，比对照增产146.6斤，比氮钾单施增产之和79.7斤多66.9斤。其次是甜菜，每斤氧化钾增产52斤。这个地区施用钾肥的问题尚需进一步深入研究。

在甘肃陇东覆盖垆土上试验，钾肥对玉米肥效较高，增产20.7%，但对小麦、糜谷等作物仅增产0.4%~4.0%。在甘肃其他类型土壤上，施用钾肥效果不大。

在陕西秦岭南北靠山多雨地区，如盩厔、安康两地试验，施用钾肥有较明显的效果。棉花每亩增产籽棉13.4~15.4斤，合5.3%~6.2%。其他土壤上施用钾肥的效果多不明显。

在山西省施用钾肥也有较好的效果。该省农科所在太原试验，每亩施用硫酸钾16斤，对谷子增收29斤或4.3%，对棉花增收籽棉40.9斤或10.0%；在隰县和长治农科所玉米试验，每亩增收20.5~24.4斤或5.2%~6.0%，在忻县高粱试验，每亩增收111~252斤或12.6%~40.3%，增产效果都很突出。

黑龙江、吉林和辽宁主要土壤上对小麦施用钾肥，增产效果多不明显。在黑龙江克山黑土上对马铃薯施用钾肥增收4.1%~11.0%，在安达盐碱土对玉米试验增收5.0%。辽宁省沈阳水稻田施用钾肥增收6.3%，凤城油沙土烟草试验增产11.4%。

河北省对水稻、小麦、谷子施用钾肥试验，增产效果多不明显。在承德沙壤土对甘薯试验，施用钾肥增收块根205~312斤或4.27%，在保定对棉花试验增收籽棉41.0斤或9.1%。

在北京西郊对棉花试验每亩施用氧化钾8斤，增收籽棉20.2斤或14.9%，对甘薯增收95斤或4.1%，对小麦、谷子、玉米效果不明显。

在上海市郊区各县的青紫泥、沟干泥、夹沙泥和沙土地上对小麦、油菜增施钾肥，除个别情况外，一般效果不明显。在安徽淮南丘陵黄褐土上施用钾肥对烟草增产12.9%。

在浙江宁波、建德对水稻试验，每亩用氧化钾16斤，增收稻谷33.2~59斤合5.25%~10%。在福建沙土和半沙土上施用钾肥肥效显著，如在福州对水稻和马铃薯试验增收7.1%~9.4%，在龙溪水稻试验增产高达40.4%。在江西吉安、宜春、九江、南昌黄泥田和青泥田对水稻试验，每亩施用硫酸钾16斤，增收稻谷14.8~37.5斤，合7.8%~8.9%。又南昌黄泥田和赣州紫色田在施用有机肥的基础上，早晚稻各亩施硫酸钾8斤，两季增产之和平均为110斤，并有提高有效分蘖和降低空壳率的作用。湖北宜昌、恩施等地冷浸田和马干土水稻试验施用钾肥每亩增收22.8~61斤，合7%~

13.4%，襄阳棉花试验增收籽棉 33.5 斤合 9.1%。广西壮族自治区（全书称广西）在玉林和南宁石灰性水稻田和黄泥田上进行水稻试验，施用钾肥对水稻增收 26.2 ~ 63.7 斤合 5.4% ~ 14.7%。1958 年又曾在广西南宁、玉林、荔浦 3 个地点石灰性水稻土和黄泥田上对水稻进行试验，9 个试验平均亩产稻谷 350.7 斤，增施钾肥合氧化钾 6 ~ 8 斤，增产 12.5%。

以上虽然是初步的结果，但是可以充分说明，钾肥在我国很多地区施用，增产效果是显著的，有很大的发展前途，需要继续在不同地区、不同土壤上对当地主要作物进行试验，摸索经验并找出规律。

（二）钾肥肥效与作物种类的关系

在严重缺乏速效性钾的土壤上，增施钾肥，对各种作物，均能获得显著效果，在一般肥力的土壤上，增施钾肥的效果与作物种类有关，对喜钾作物如甘薯、马铃薯、烟草、麻类等，有较好的效果。内蒙古农科所试验，钾肥对向日葵增产 12.3%，对大麻增产 30.6%，在同样土壤上对其他谷类作物增产效果不明显。四川农科所试验，钾肥用在甘薯和水稻田，每斤氧化钾增收块根 21 斤，稻谷 2.8 ~ 6.3 斤，对其他作物效果不显著。又湖南衡阳农科所试验，在大眼泥上钾肥对中稻每亩增产 17.5 斤，合 3.5%，对禾根豆（中稻下茬秋大豆）增收 251 ~ 270.5 斤。今后对豆类和绿肥作物施用钾肥的效果，很值得注意研究。在北京、河北、黑龙江等地试验，钾肥对甘薯、马铃薯等根茎作物效果较大，一般均可增收 10% ~ 20%；这些作物多种在沙性土壤上，沙性土中有效钾含量比较低，施用钾肥，大多能表现良好的效果。

施用钾肥对提高黄麻和烟草的质量有较明显的作用。如在浙江试验，施用钾肥黄麻精洗纤维拉力提高 3 磅；山东益都试验，增施钾肥提高烟草级指 5% 左右。新疆试验，在沙质土壤上增施钾肥对防止玉米条纹病有明显的作用。在河北、山西也有试验报道，钾肥对防止棉花黄萎病有良好的作用。根据以上各地试验证明，钾肥不仅供给作物生长的需要，并对提高抗病能力和产品质量也有一定的作用。

（三）钾肥施用方法，钾肥与氮磷化肥和有机肥料配合施用的效果

钾肥一般用作基肥效果较好，如河北唐山农科所试验，小麦田施用钾肥作基肥，比用作追肥的每亩多增收 45.1 斤，合 7.5%；邯郸农科所小麦试验基肥施用钾肥效果较好，在返青、拔节、开花期追施也有一定的效果。关于这方面的资料不多，尚待进一步研究。

不少地点试验证明，钾肥与氮肥、磷肥配合施用，较单独施用效果大。新疆伊犁小麦试验，单独施用氮肥、磷肥、钾肥增产效果均不显著，氮钾肥配合施用增产 6.5%，氮磷钾三者配合施用增产 35.3%。河南新乡和伊川农科所对小麦单独施用钾肥每亩仅增收 10 ~ 22.2 斤，氮钾配合施用比单用氮肥多增收 62.8 斤。由于施用氮肥提高了单位面积产量，更需要钾素营养的供应，因此，氮磷钾肥配合施用可以显著提高肥效。

有机肥料内含有大量的钾，并且是水溶性的，是很好的钾素肥源。1958 年各地水稻试验指出，钾素化肥与农肥配合施用，钾肥有增产效果的占试验总数的 22%，而当

年不用农肥，施用钾肥有增产效果的占试验总数的 42%；但有机肥料里不仅含有钾，还含有氮、磷和其他养分，也有试验证明，施用农肥有促进钾肥发挥肥效的作用，尚待进一步研究。

（四）钾镁肥和钾钙肥的肥效

我国施用钾素化肥以硫酸钾为主，自 1958 年大跃进以来有些省市生产钾镁肥和钾钙肥，试验结果简介如下。

钾镁肥是制盐工业的副产品，沿海各省产品质量有所不同，一般含氯化钾 5% ~ 10%，氯化镁和硫酸镁 31% ~ 54%，食盐 10% ~ 31%。据辽宁、河北、山东、江苏、广东等省试验，肥效不很稳定，每亩施用钾镁肥 30 ~ 60 斤，作基肥或追肥，每斤肥料可增收甘薯 1 ~ 9 斤，玉米 0.7 ~ 1.0 斤，谷子 0.6 ~ 1.1 斤。施用前应先与有机肥料堆沤，肥效表现较好；但不宜用作种肥，基肥也不宜用量太大，以免影响出苗，在盐碱土上不宜施用。

钾钙肥系用钾长石和石灰石与少量石膏混合加热制成的肥料，含氧化钾 2% ~ 4%，石灰 10% ~ 20%；在酸性水稻田施用，肥效较好，除供给钾素营养外，其中，石灰并有中和土壤酸度，加速有机肥料分解的作用。如广西农科所试验每亩施用钾钙肥 320 斤，合氧化钾 9 斤，增收稻谷 63.7 斤，合 14.7%；但在山东中性、石灰性土壤地区施用，肥效多不显著。

本文刊登在《土壤肥料科学研究资料汇编》1963 年　第 2 号

我国化肥肥效试验研究概况

陈尚谨　梁德印

（1973 年 9 月 15 日）

一、化肥施用的发展过程

在毛主席革命路线指引下，中国化肥工业有了很大发展，化肥施用量增加很大。如何经济合理施用，对迅速提高我国粮食和经济作物产量有着密切关系。

我国施用化肥的情况和国外有所不同。欧美各国主要依靠化肥来供给作物营养，而我国是以农家有机肥为主，化肥为辅。自 1958 年全国成立化肥试验网以来，在各级党组织的领导下，肥料研究工作者，深入农业生产第一线，组织三结合的群众性科研队伍，在各地进行了数万个化肥肥效试验，取得了很大成果。

我国在发展化肥和施用方面，大致可以分为 3 个阶段。

第一阶段是氮肥发展阶段。

从新中国成立初期到 1962 年，由于当时化肥用量不多，施用时间不久，单产较低，肥料来源主要靠有机肥。在这种情况下，施用少量氮肥，可以显著增产，施用磷钾肥，增产效果多不显著或增产数量很低。因此，从这个时期开始，对氮肥的生产和施用，有了较快的发展，直到现在仍在积极发展中。

第二阶段是磷肥发展阶段。

大约在 1960 年前后，首先在我国南方，如湖南、广东、浙江、广西等省（区）的鸭屎泥、发红田、冷浸田等低产水稻田上，施用磷肥，可以防止稻苗“坐秋”，产量大幅度提高，若能再把磷肥预先施在豆科绿肥“以磷增氮”更能成倍增加绿肥鲜草量，增加粮食产量，这样，磷肥被认为是低产区的“翻身肥”。同时，磷肥也在高产地区表现了稳产保产的作用。

文化大革命以来，北方也开始大面积施用磷肥。在施用有机肥和氮素化肥的基础上，增施磷肥在各种主要作物和绝大部分土壤上，都能显著增产。磷肥由积压很快变为脱销，供不应求。特别是在常年施用氮肥较多的土壤上，若不配合施用磷肥，氮肥肥效很低，甚至不增产，造成氮肥的大量浪费，增加了农业成本。

第三阶段是开始施用钾肥阶段。

大约是 1967 年前后，在广东、福建、浙江等省的一些地方所进行的钾肥试验，大部分都获得了显著效果。随着氮磷肥施用量的增加，单产和复种指数的提高，土壤和有机肥供给的钾素，已不能满足作物高产、稳产的需要。因此，增施钾肥，补充钾素的不足，使氮、磷、钾能均衡供给作物的需要，这是近年来钾肥肥效开始显著的主要原因。

钾素化肥对水稻、小麦、玉米、薯类、棉花、烟草、油料、果树以及豆科绿肥等作物，除可显著增产外，并对提高产品质量，促进生长发育，增加抗病、抗逆性等均有明显效果。如对提高稻谷出米率，菜籽含油量，棉花纤维长度，甘蔗含糖量等。

近年来，微量元素肥料在局部地区，也开始发现肥效很好。

现将氮磷钾化肥、复合肥料和微量元素肥料的肥效试验情况简述如下。

二、氮、磷、钾化肥、复合肥料和微量元素肥料

（一）氮肥

中国面积广阔，自然条件复杂，化肥类型的需要程度与土壤类型、耕作栽培条件和施肥方法都有密切的关系。随着粮食生产的不断提高，化肥将有大幅度的增加。目前各种化肥中，氮肥是最主要的，施用化学氮肥每斤氮素增收稻谷 20～25 斤，小麦 10～15 斤，籽棉 10 斤左右、油菜籽 5 斤左右，玉米 20～30 斤，马铃薯、甘薯、甜菜 40～60 斤，烤烟 10 斤上下，对各种主要粮食、油料、经济作物也都有良好的增产效果。

氮肥的肥效与农业技术措施有密切的关系，增施有机肥料，配合施用磷钾肥，改进施肥方法，注意施肥时期和施用量，都能提高氮肥的利用率。

1. 有机肥和氮肥配合施用

在不施有机肥和少施有机肥的低肥力土壤上，土壤中不仅缺氮，也缺乏磷和其他养分，单施氮肥的增产效果不大。中国农业科学院陕西分院在杨陵公社一块多年未施有机肥的土地上进行试验，对冬小麦每亩施用 10～150 斤硫铵，没有获得增产效果。

硫铵用量（斤） 0、 10、 20、 30、40、 50、 80、 110、150

小麦亩产（斤）109、113、107、93、119、120、133、127、108

（土壤有效 P_2O_5 1.2 毫克/千克 硝化磷 29.45 毫克/千克）

氮肥和厩肥配合施用，由于厩肥丰富了土壤中磷、钾和其他养分，增施氮肥能够提高氮肥的肥效，见表 1。

表 1 有机肥和氮肥配合使用的肥效

供试地点或土类	作物	有机肥数量（斤/亩）	施用氮肥（斤/亩）	增产籽粒（斤/亩）
河北省 芦台 农场	小麦	0	硫酸铵 15	21.9
		厩肥 500	硫酸铵 15	26.3
		厩肥 1 500	硫酸铵 15	35.9
江西省 黄泥田	水稻	不施	纯氮 8	73.2
		施牛粪	纯氮 8	111.8
湖北省 襄阳石灰性褐土	棉花	不施	硫酸铵 45	籽棉 71.5
		施牛粪	硫酸铵 45	籽棉 113.2

2. 磷肥和氮肥配合施用

土壤中缺磷，单施氮肥增产效果不大，氮磷配合施用两种化肥利用率都提高了，各地试验都有一致的结果，兹举陕西省试验站结果见表2。

表 2 氮磷肥配合肥效试验（亩产斤数）

（1963—1967 年平均、陕西）

用 N 量 每亩 （斤）	小麦				玉米			
	用 P_2O_5 量（斤/亩）				用 P_2O_5 量（斤/亩）			
	0	5	10	平均	0	5	10	平均
0	179.2	234.9	261.2	226.6	238.6	278.2	296.2	271.0
5	184.6	312.5	330.7	275.9	349.8	401.0	399.9	383.2
10	184.6	355.5	392.9	311.0	391.3	479.3	495.6	455.4
15	190.1	377.2	424.2	330.5	388.4	550.4	607.0	515.3
20	175.7	384.6	454.5	338.3	351.3	564.2	631.5	515.7
平均	182.5	333.8	372.7		343.8	454.6	486.02	

以上试验说明：对小麦和玉米在不施用磷肥的情况下，亩施氮素 10 斤，比不施氮肥分别增收 5.3 斤和 152.7 斤；亩施磷酸 10 斤，同样，氮肥分别增收 131.7 斤和 199.4 斤，由于增施了磷肥，氮肥对小麦提高肥效 238%，对玉米提高 30.5%，同样氮肥对磷也有很大的促进作用，在不施氮肥的情况下，对小麦和玉米亩施磷酸 10 斤比不施磷分别增收 82.0 斤和 57.6 斤，每亩增施氮素 10 斤，同量磷酸分别增产 208.4 斤和 104.3 斤，磷肥的肥效增加 154.1% 和 81.1%。

为了进一步证明氮磷配合施用的连应效果，采用北京西郊肥力瘠薄的轻质草甸褐土，施入用 N^{15} 和 ^{32}P 双重标志肥料，探讨了氮、磷肥相互影响。试验结果表明：氮、磷混施，硫酸铵显著地提高了玉米对肥料和土壤磷的利用，并且连续进行到第四茬，氮对促进磷肥的后效还有明显的作用，而单独施磷处理，不仅当季作物利用很低，而且没有任何残效反应。并且，过磷酸钙也有促进作物对肥料氮和土壤氮吸收的趋势。如表 3 所示。

表 3 四茬作物分别对标志肥料 N 和标志肥料 P_2O_5 的利用百分数

肥料种类处理 种植茬数	收获物中标志肥料 N 占施 N 肥的（%）		收获物中标志肥料 P_2O_5 占施 P_2O_5 的（%）	
	N^{15}	N^{15} ^{32}P	N^{15} ^{32}P	^{32}P
第一茬玉米*	62.01	64.54	9.77	2.83
第二茬荞麦*	3.33	3.4		
第三茬春小麦	0.95	0.68		
第四茬荞麦	1.09	1.18	14.23	0

*第二、第三茬作物因未施 ^{32}P，故未能测得磷肥的残效

3. 氮肥深施

氮素化肥施入土壤后，通过 3 个途径造成损失：①直接挥发损失，以氨水和碳酸氢铵最严重、尿素次之；②铵态氮肥经过硝化作用随水流失；③经过反硝化作用的脱氮损失。各地试验证明，采用氮肥深施的办法，可以减少损失，提高利用率。

（1）碳酸氢铵深施

碳酸氢铵施在土壤表面，会造成氮素损失，降低肥效。据河北省土肥所测定，在气温 32℃ 的条件下，撒施地表立即有氨挥发，一天挥发 2.6%，3 天挥发达 10% 以上。不到 6 天挥发量超过 20%。在同样气温条件下，撒在地表立即浇水，肥分损失也不少，一天挥发 6.1%，3 天挥发 12.5%。因此，不论浇水不浇水，将碳酸氢铵施在地表，都不是好办法，不宜采用。应采用深施覆土的办法，把肥料和空气隔开，氨散发不出去，防止挥发，同时，土壤本身对氨有吸附力，所以，深施覆土及时浇水是施用碳铵的合理措施。山东泰安农科所对春玉米追施碳铵试验，以深施 10 厘米，覆土肥效最好，每斤氮素增产 20.8 斤，浅施 4 厘米次之，每斤氮素增产 13.2 斤，表面撒施最差，每斤氮素增产 10.7 斤。北京市农科所试验对玉米刨穴后追施碳铵后覆土，每斤氮素增产 12.9 斤，撒施不覆土每斤氮素只增产 4.6 斤。

试验证明，对水稻田碳铵作基肥深施或采用全层施肥法，可提高肥效。上海市农业科学院在南汇、金山等县对早稻试验，每亩施用 60 斤碳酸氢铵作基肥深施的比面施每亩增产 10.74%；对晚稻试验碳铵深施比面施增产 14.91%。湖北省襄北农场农科所1972 年对中稻进行试验，全层施用碳酸氢铵，每亩施 60 斤碳酸氢铵在稻田撒在犁后的土垡全层追肥耙碎土垡，立即灌水，进行湿整，以施 60 斤碳铵分 3 次追肥为对照，全层施用碳铵的，每亩稻谷 876.4 斤，追肥处理的亩产 781.8 斤，每亩增产稻谷 94.6 斤，增产 12.1%，每斤碳铵多增产稻谷 1.58 斤。江西农科所试验碳酸氢铵以基肥深施最好，比追肥分施每斤氮素多增产稻谷 2.6 斤。

（2）氨水深施或灌施

在氨水施用方面，很多地区创制了简而易行的氨水施肥机具。如山东省荣城县创制的镰刀式氨水钩，造价便宜，使用简便，适于密植小麦的追肥。辽宁地区创制注射式氨水枪，适于中耕作物的后期追肥。河北、山东等省用耘锄改制的氨水耧，施用氨水也很方便，这些机具，能使氨水施进土壤两寸深，防止氨水的挥发，提高肥效。

试验证明，氨水作基肥，深施的效果很好，宁夏农科所试验在稻田开沟 3 寸作基肥用，每斤氨水增产稻谷 4.7 斤，比其他施肥方法效果高。山东省桓台县在种麦前耕地时，用氨水耧把氨水施到犁沟中，施用深度达 6 寸，氨基本没有挥发，肥效持久。

氨水随水灌施的方法，在稻田和水浇地都已推广应用，能节约劳力。灌施氨水每亩用量 30 斤左右，可将氨水浓度稀释到万分之三以下，基本防止氨挥发和作物的灼伤。

（3）球肥深施

近年来，湖南、辽宁等省试验铵态氮肥与磷肥、有机肥按比例制成球肥，在水稻田深施，取得较好的增产效果。湖南省农业科学院在全省布置了 20 多个试验点，进行深层施肥的研究。试验证明：球肥深施在 2 ~ 3 寸深的土层中比同样数量表层撒施每亩增产 65.2 斤，增产率 11.8%。采用其他深施方法，如集中点施（与球肥同样原料直接插于禾苗根部附近）和秒田深施（秒田之前把肥料撒施田中，边撒边秒）都比表层撒施的增产，增产率为 10% 左右。化肥制成球肥深施增产的原因是由于减少氮肥的反硝化作用脱氮。减少杂草、藻类对肥料的消耗，并减少土壤对磷的固定。氮磷化肥和有机肥配合后可以互相促进，提高肥效。湖南省农业科学院测定球肥深施比其他施用方法的氮肥利用率高，见表4。

表4 湖南省农业科学院测定球肥深施比其他施用方法的氮肥利用率

氮肥品种	氮素利用百分率（%）		
	球肥深施	粉肥深施	表面撒施
硫酸铵	70.4	60.8	55.9
碳酸氢铵	54.1	51.6	28.6
尿素	82.7	46.5	40.1

（二）磷肥

中国大部分土壤，总磷量相当丰富，但是能被作物利用的速效磷养分不多。随着我国工农业生产的迅速发展，氮肥用量逐年增加。灌溉面积扩大，单位面积产量普遍提高的情况下，施用磷肥对提高作物产量和质量起着重要作用。

在我国南方的鸭屎泥，冷浸田、发红田和北方大部分的盐碱土、新垦稻田、白浆土和一般瘠薄的土壤，都比较缺乏速效磷，若不施用磷肥，往往引起水稻"坐秋""稻缩苗"，严重减产，单施氮肥不起作用，适当增施磷肥可以有效地防治上述生理病症，产量成倍提高。不同土壤类型磷肥肥效也有不同。广西农科所试验结果见表5。

表5 不同土壤类型水稻磷肥肥效表（广西）

土壤类型	试验地点	每亩产量（斤）		增产效果	
		施磷	不施磷	（%）	每斤肥料增产稻谷（斤）
第四纪红土母质黄泥田	南宁五塘	473	293	61.4	8.4
砂页岩母质黄泥田	容县石寨	467.5	332.5	40.2	4.5
花岗岩母质沙泥田	陆川良田	438.2	344	27.3	2.9
石灰性鸭屎土	象州	370	213.2	73.5	5.2
冲积性水稻土	象州良种场	494	500	−1.2	—
中性紫色页岩羊血土	贵县桥圩	536	556	−3.4	—

不论在南方和北方都把磷肥施在豆科绿肥上，作为一项增产的主要措施，并为改良南方红土、黄壤、低产水稻田和北方的盐碱土、风沙土等瘠薄土壤，提供了切实可行的

技术措施。近年来，各地高产田也施用大量磷肥，如河北省石家庄地区单产 1 000 多斤，也把增施磷肥作为一项高产、稳产的措施。

中国农业科学院土肥所曾在北京、河北、山东、湖南等地石灰性土壤上进行多点试验，在土壤速效磷百万分之十以下的地块，（碳酸铵或碳酸氢钠法）磷肥肥效十分显著；百万分之十到二十的也有较好的增产效果；百万分之二十以上的地块肥效很低。近年来，陕西农科分院根据试验结果，提出用土壤速效磷含量和土壤氮磷比值相结合的方法，作为土壤需磷指标更为全面。例如，有效磷小于百万分之十五，速效氮磷比大于1.5，表示土壤供磷能力低，土壤供氮能力相对较高，施磷效果显著。黑龙江省农业科学院根据试验结果也指出，凡每百克土壤含速效磷 3 毫克以下（吉尔散诺夫法）和氮磷比值 6 以上（水介氮与速效磷之比）的，施用磷肥增产显著。这些结果可以为有效施用磷肥提供依据。

作物在不同生育期从土壤吸收磷的能力不同，幼苗根系尚未发达，吸收难溶性磷的能力弱，需要补充速效性磷。特别是小麦、油菜、紫云英、苕子等作物的幼苗期正在秋冬、春季土壤温度较低，土壤微生物活化难溶性磷的能力弱，苗期常常得不到充足的磷素营养，影响作物正常发育，到生育中期，根部已渐发达，可以利用土壤中的磷，这时再补给磷肥，作用不大，也不能弥补以前的损失，影响产量很大。所以，磷肥多用作基肥，供给幼苗期吸收利用，每亩一般施用磷酸（P_2O_5）6～8 斤，较为合适。近年来，为了经济有效施用磷肥提高肥效，多改用种肥，在播种时每亩用磷酸 2 斤左右，施在种子附近或在水稻、高粱等作物移栽时蘸秧根，用肥少，肥效大，是经济施肥的好办法。

过磷酸钙是我国生产最多，施用很广，肥效很好的肥料，深受农民欢迎。适应性很广，对各种土壤和作物都能适用。目前生产的普钙大部是粉状的，用机械施肥有一定困难，在一部分机耕农场，利用农闲季节，土法自制颗粒肥，适宜用作种肥，便于机械操作，并能减少磷被土壤中铁铅钙等离子所固定，节约用肥，提高肥效。

钙镁磷肥不溶于水，但可为土壤所产生的二氧化碳和植物根系分泌物所溶解，被作物吸收利用。在酸性、微酸性和中性土壤上施用，肥效很好，和施用普钙相似，甚至超过。在石灰性土壤上施用，肥效稍慢，连年施用，肥效不低于普钙。近年来，在河南、河北等石灰性土壤地区生产和施用受到群众欢迎。它适宜用作种肥或蘸秧根，用量适当地增加也不会伤苗。钙镁磷肥含有一定数量的氧化镁，在缺镁地区施用，兼有镁肥的作用。钙镁磷肥系粉状，目前多用纸袋包装，口袋易破，漏失很多，在运输中要注意。

近年来，我国生产一部分偏磷酸钙（铵）、重钙、钢渣磷肥、脱氟磷肥等，各地试验反映较好，上海化工研究院有汇总材料，不再重述。磷矿粉是难溶性矿物质磷肥，适用于酸性或微酸性土壤，近年试验在中性缺磷土壤磷矿粉也有一定肥效。利用难溶性磷能力强的作物如萝卜菜（绿肥）、油菜、荞麦、薯类、豆科绿肥和茶树、果树、橡胶等作物，施用磷矿粉肥效较好。在石灰性土壤上施用，目前试验效果不很明显。

湖北省试验，在微酸性土壤上，亩施磷矿粉 100 斤，增产油菜籽 31～44 斤。浙江省台州地区对早晚稻用磷矿粉作面肥，都有一定的效果，并有防治"稻瘟病"的作用，发病率比对照区减轻 12.5%，磷矿粉与有机肥堆沤后施用，可以提高肥效。

（三）钾肥

近年来，在广东、浙江、湖南、广西、福建、上海等省（市、区）进行的钾肥肥效试验，大部分获得显著效果。在施用有机肥、氮磷化肥的基础上，亩施硫酸钾 10 ~ 12 斤或氯化钾 8 ~ 16 斤，含氧化钾 5 ~ 10 斤，比对照增产10%左右，高的可达20% ~ 40%，对各种主要作物的增产幅度是：水稻、小麦、玉米9.4% ~ 16%；薯类、棉花、烟草、油料作物11.77% ~ 43.3%；豆科绿肥44.3% ~ 135.1%，合每斤氧化钾增收粮食2.8 ~ 7.2 斤，薯类33.3 斤，花生7.1 斤，棉籽1.9 斤，黄麻4.1 斤。

施用钾肥不仅可以增产，并对提高产品质量，增强抗病和抗逆性，都有显著效果。如提高稻谷出米率1% ~ 3%，提高甘薯淀粉率0.6% ~ 2.1%，菜籽含油量5%，棉花纤维增长 1 ~ 6 毫米，黄麻纤维拉力 3.15 公斤，并显著提高甘蔗含糖量和烟草品质。施用钾肥还可以减轻水稻、胡麻叶斑病、稻瘟病、小麦赤霉病，花生叶斑病、褐枯病、油菜毒素病、金边叶病、烟草枯斑病、黑茎病、花叶病、西瓜黑腐病等；并对水稻、小麦等作物的防倒伏、抗逆性和抑制早衰等也有明显效果。

目前施用的钾肥主要有硫酸钾和氯化钾，还有一部分窑灰钾肥，都受到群众欢迎。硫酸钾和氯化钾性质相似，都是速效性的，一般用作基肥或早期追肥，追肥时期过晚，肥效差。除忌氯作物如烟草、茶树、葡萄等需要施硫酸钾外，对一般作物都可以用氯化钾。钾肥在有机肥、氮磷肥的基础上配合施用，肥效较大，单用钾肥肥效多不明显。

窑灰钾肥含水溶性钾（K_2O）约10%，还含有大量石灰，在南方酸性水稻田，群众有施用石灰的习惯，在这些地区推广施用窑灰钾肥，除钾肥肥效外还有施用石灰的作用。制盐工业副产品钾镁肥也有一定的增产效果，并含有相当量的镁肥，但含盐分较高，需要提高产品质量。钾钙肥、磷钾复合肥等也有较好的肥效。现将各省不同品种的钾肥对水稻的肥效试验结果列于表6。

表6　钾肥品种对水稻的增产效果

品　种	试验数	K_2O用量（斤/亩）	增产		每斤 K_2O 增产（斤）	试验地点
			（斤/亩）	%		
硫酸钾	546	8.5	47.0	9.4	5.6	浙江、湖南、广东、江西、上海
氯化钾	137	6.4	34.7	6.9	5.4	湖南、江西
窑灰钾肥	463	9.6	73.0	14.2	7.7	浙江、湖南、广东、江西、吉林
钾镁肥	43	10.5	52.0	11.5	4.8	浙江、广东
钾钙肥	25	4.5	83.3	12.3	17.5	湖南、广东
磷镁复合肥	124	3.3	74.2	12.8	—	湖南
三钾肥	5	10.4	93.3	15.3	9.2	湖南
草木灰	14	8.0	98.3	20.7	12.0	江西、广东

钾肥的肥效和土壤类型有关。我国南方红壤性水稻田，如广东的黄泥土，江西、湖南等省的红壤性稻田，钾肥的增产效果都比较显著。由紫色砂页岩和石灰岩风化物为母质的紫色土和青坤泥，土壤含钾量较高，黏性重，钾肥肥效较差。分布在山区或丘陵地区的冷浸田，渗漏性强和串灌流失，导致钾素的淋失，有效钾含量低，施用钾肥肥效明显，江西省试验结果见表7。

表7　几种土壤类型钾肥对水稻增产效果（江西）

编　号	土壤名称	试验地点	平均 K_2O 用量（斤/亩）	平均增产（斤）	每斤 K_2O 增产（斤）
1	红壤性水稻土	78	6.0	37.0	6.2
2	冲积性水稻土	29	7.1	57.2	7.9
3	冷浸性水稻土	5	6.2	51.5	7.9
4	紫　色　土	29	6.1	9.4	1.9
5	青　坤　泥	12	6.0	18.1	3.0

土壤质地不同，对钾肥肥效的影响很大。黏土中含钾较高，又对钾离子的吸附能力较强，供钾能力较高；沙土含钾较低，一般吸附能力差，供应钾素的能力也弱。因此，一般沙质土壤施用钾肥的增产效果较为明显。广西柳州农业试验站在同样的成土母质而土壤质地差别较大的土壤上进行试验，钾肥肥效差别很大，见表8。

表8　土壤质地与钾肥肥效（广西柳州农试站）

母　质	第四纪红土		砂页岩		石灰岩		河流冲积物	
质　地	壤土	黏土	沙壤	黏土	沙壤	黏土	沙壤	黏土
产量（斤/亩）	480	402.7	801.0	399.1	331.0	294.5	646.2	456.3
增产（％）	5.0	4.2	12.8	-0.3	24.4	8.0	19.9	5.2

钾肥用量试验证明，在缺钾的土壤上施用钾肥，农作物的产量随施钾量的增加而增加，而每斤钾肥的增产则随用量的增加而递减，用量超过一定范围时则增产作用不明显。广东开平县农科所进行水稻钾肥用量试验，在亩施硫酸铵40斤的基础上，增施硫酸钾3～30斤，以每亩施用10～20斤的增产效果最大，也较经济。如下页图所示：

（四）复合肥料

近年来，随着农业生产水平的提高，化肥用量增加，为了便于贮存、包装和运输，各地生产多种浓度较高的复合肥料，肥效较好。

磷酸铵是一种较好的二元复合肥料，用作种肥，优点很多。四川对磷酸铵进行试验表明，除能提高作物产量外，还能提高稻谷的千粒重、棉花衣分和绒长。上海对三元复合肥料进行试验，除能促进作物增产外，还能提高棉花纤维长度1毫米，提高稻谷千粒

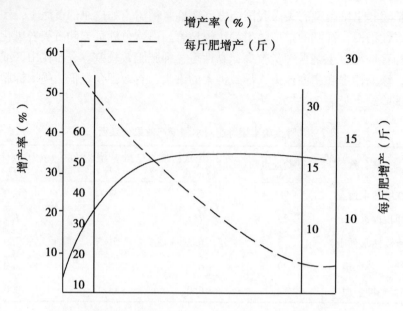

图　硫酸钾不同用量对水稻的增产效果（广东开平县农科所）

重约 1 克，并能提高籽粒和秸秆的比例。黑龙江对甜菜进行试验，每斤三元复合肥料（15∶15∶15）提高块根 12.1 斤，产糖量 2.58 斤，施用三元复合肥料比对照区增加含糖量 32.8%，比氮肥区增加含糖量 19.8%。硝酸磷肥也是一种较好的品种。四川省农业科学院试验结果见表 9。

表 9　氮磷复合肥（硝酸磷肥）不同用量的增产效果（四川省农业科学院）

（含 N 13.68%，P_2O_5 11.48%）

试验土壤	作物名称	产量（斤/亩）				每斤肥料增产（斤）		
		对照	用肥量			用肥量		
			20 斤	40 斤	60 斤	20 斤	40 斤	60 斤
紫色土	水稻	565.6	621	652.1	667.9	2.7	2.2	1.6
	玉米	403.9	453.5	459.3	482.8	2.5	1.4	1.3
	棉花	124.8	165.8	178.6	191.6	2.1	1.3	1.1
黄泥土	水稻	489.2	564.6	578.9	597.2	3.7	2.2	1.7
	玉米	409.6	423.6	467.6	465.3	0.7	1.5	0.9
冲积土	水稻	679.2	737.4	718.2	726.6	2.7	1	0.8
	玉米	311	340	361	—	1.5	1.3	—

　　各地对氨化过磷酸钙、钾钙肥、磷钾肥等复合肥料也进行了试验，获得较好结果。各地反映，复合肥料最好用作基肥或种肥，但以后还必须追施氮肥。

（五）微量元素肥料

我国对微量元素肥料的应用方面的研究还不够多。吉林、黑龙江等地曾着重研究钼肥对大豆和甜菜的作用，结果指出，对甜菜可以提高产量，硼钼合用效果更好。钼对大豆的增产作用较大，并能提高蛋白质和油量，钼有促进根瘤菌的固氮作用，对多种豆类作物和绿肥都有显著增产效果。近两年，湖北进行了近 4 万亩的大豆钼肥试验，收到良好的效果，每亩用 10 克钼酸铵拌种，可增产大豆 16.6% 或更高。中国农业科学院陕西分院曾在施用磷肥的基础上，对豆科绿肥毛叶苕子进行锰肥试验，不但能提高鲜草量，还能提早生育期。江苏省曾在石灰性土壤上对紫云英和甜菜进行锰肥试验，肥效也较明显。

近两年来，中国农业科学院油料所发现湖北省东北丘陵地区一带土壤含硼量很低，全硼量为百万分之十五到三十，水溶性硼只有百万分之零点一五，油菜常常发生根部肿大，叶色变紫，叶形变小等症状，产量很低，喷施 0.1% ~ 0.4% 硼砂溶液，对防治上述病害和增产效果都很显著，每亩增收菜籽 32.8 ~ 162 斤，增产 61.2% ~ 324%。在浠水、圻春等县已开展群众性示范推广工作，防治面积约 1 000 万亩。

三、存在问题和初步意见

①根据各地反映，化肥在运输、贮存和保管中肥分损失很多，特别是一些挥发性化肥，由于口袋破裂渗漏和挥发损失，数量也很大。据山东部分地区调查，在搬运碳铵过程中，塑料袋破损率达 70%，肥料损失约在 30%。据上海群众反映，氨水出厂时含氮 18%，但是，运到生产队施用前只剩 9%，丢失肥分一半以上，如再加上由于施肥不当，肥分损失将会更大。江苏群众反映，普钙用草袋包装，路程中漏失不少，散装普钙损失尤为严重。在出厂时分析，含水溶性磷 18%，由于没有注意防雨，经过雨淋后有效成分仅为 4%，运到东北北部的散装普钙，在铁路旁停放很久，经过风吹雨淋，剩下来的大部是很少肥效的残渣，据当地估计，肥分损失一半左右。又据济南同志反映，从青岛生产的钙镁磷肥，由于纸袋破裂，边运边漏，运到各地生产队，估计要丢失一半。

我国生产的碳铵和氨水约占全国氮肥总产量的 2/3，普钙和钙镁磷肥约占磷肥总产量的 90% 以上，这 4 种化肥在我国农业生产上的作用也最大，因此，建议有关部门紧密协作，进行深入的综合性调查研究，切实做好化肥的包装、运输、贮存、管理、加工等项工作，更好地发挥化肥的增产作用。

②目前，我国有些地区特别是在一些北方省份，磷肥缺乏，供不应求，氮磷比例很不协调，因而影响氮肥和磷肥对作物的增产效果。如山东省 1972 年全省施用化肥近 200 万吨，氮磷比例为 1/7，磷肥显然不足，而且磷肥又是大部分用在花生、烟草等经济作物区，对粮食作物很少。缺少磷肥，严重影响粮食产量的提高。山东德州地区是粮棉产区，1971 年供应化肥折合标准氮肥约 13 万吨，磷肥仅为 3 000 吨，平均每亩折合施用硫酸铵 25 斤，普钙仅 0.5 斤。

据两三年来在德州地区进行联合试验证明：磷肥在主要土壤和粮食作物上，均有显著增产效果。在施用当地有机肥和氮肥的基础上，施用磷肥，每斤普钙增收小麦 2~4 斤，平均 3.4 斤，稻谷 4 斤左右，在低产地区磷肥增产幅度更大。通过三结合的群众性科学实验，提高了认识，磷肥由过去的积压很快变为脱销。当地严重缺乏磷肥，竟有农民自愿用 2 斤氮肥调换 1 斤磷肥的。这说明在磷肥不足地区，亟待发展磷肥生产。

③为了加速磷肥生产支援农业，不少地方大办地方工业，有县办、社办和大队办的工厂，自力更生，土法上马，因陋就简，生产磷肥，在农业生产中起到一定作用。但是也存在一些问题，例如，在北方有些社办、队办的磷肥厂，原料从外省运来，来源复杂，品位不一，成本较高，产品质量也多没有化验，有效成分低，有的只有 3%~4%，因此，农民不得不提高施肥量，目前，有不少地方每亩施用磷肥 100~200 斤，增加了农业成本。建议有关部门根据当地需要，将这些小工业扶植起来，供应他们原料，协助他们改进技术，提高质量，降低成本，尽可能纳入国家计划，充分发挥这些地方工业的积极作用。

④关于我国要不要很快地发展钾肥工业。钾肥肥效试验在广东、浙江、湖南等省已有不少结果，前面已经说到，这里再举上海农业科学院的材料：上海市郊区在 1958—1960 年，化肥用量少，每年平均每亩施氮肥 30~40 斤，土地复种指数仅 140% 左右，亩产粮食 800 斤，皮棉不足百斤，施肥主要靠有机肥，在这种情况下，对小麦、水稻、油菜等进行多次试验，钾素化肥肥效不明显，仅有马铃薯增产 7%。到 1964—1965 年，粮食亩产超过千斤，皮棉超过百斤，复种指数约 160%，当时，每年每亩施用氮肥 60~80 斤，钾肥试验对水稻和棉花已开始表现肥效，但增产幅度较小，每斤硫酸钾平均增产稻谷 1.62 斤，籽棉 1.05 斤。到 1971—1972 年，上海郊区粮食每年单产已达 1 300 斤左右，皮棉 130 斤左右，复种指数 220% 上下，普遍推广了粮食三熟制，每年每亩施用氮肥 180~190 斤，并有磷肥配合，在这样长期施用氮磷肥的情况下，对早晚稻进行了 22 个钾肥试验，有 21 个表现增产，对水稻增产 8.9%，每斤钾肥增收稻谷 4.0 斤，对棉花增产 10.6%，每斤钾肥增收籽棉 2.1 斤。施用钾肥还显著加强了对稻、棉的抗病性和提高产品质量。

对我国化肥试验网研究方法的商榷

陈尚谨

（1963 年）

根据国家需要和中央的指示，于 1958 年，在中国农业科学院的领导下，组织了化肥试验网，以便在全国范围内，找出不同地区、不同土壤、不同作物，需要什么肥料和最经济有效的施肥技术，为国家计划生产、分配和施用化学肥料，提出科学依据。几年来，各地进行了很多工作，取得了不少结果和经验，充分认识到这项工作的重要性和复杂性，由于工作逐渐深入，也发现了不少新的问题，如何提高今后研究工作质量，多、快、好、省地完成这项研究任务，是值得讨论和研究的问题。

一、问题的提出

磷肥是我国近三五年内亟待解决的问题，也是目前全国化肥试验网的重点工作，通过近几年来农村基点的研究，有一些新的体会，以磷肥为例，加以说明如下。

湖南祁阳县丘陵水稻区，过去统称为红黄壤地区，该县农业科学研究所曾在该所试验农场黄沙泥上连续进行了 4 年水稻磷肥试验，历年磷肥肥效都不显著，单从这个试验来说，它的设计和田间操作是精细的，试验结果的准确性也是无可怀疑的，这个试验给了不少人错误印象是"本地区磷肥无效"，过去几年间，该地磷肥积压情况严重，农民不知施用。

1960 年中国农业科学院土壤肥料研究所开始在该县官山坪建立农村研究工作基点。通过调查访问，明确了黄沙泥是该县土壤肥力较高的一种，分布在湘南河流两岸，面积不大。据文富市公社官山坪大队调查，该大队共有稻田 423 亩，主要土壤类型为鸭屎泥和黄夹泥，分别占水田总面积的 65% 和 27%，黄沙泥和冷浸田仅占百分之几。据几年来在该大队群众性磷肥对比试验，这几种土壤对磷肥的需要程度有很大不同，在黄沙泥上施用磷肥，对早中晚稻一般不表现肥效或肥效很小；在黄夹泥上施用磷肥对水稻肥效不明显，但对紫云英、冬油菜、小麦、甘薯等旱作物肥效很大；在鸭屎泥和冷浸田上施用磷肥对水稻、紫云英等作物肥效都很大，特别对鸭屎泥冬干田施用磷肥，可以防止水稻"坐秋"，肥效更为突出。这几种土壤的分布是犬齿交错，相距几十米或几百米，土壤就有所变化。以上说明丘陵地区土壤分布很复杂，只有在当地多点进行试验，才能客观反映不同土壤、不同作物磷肥肥效的全貌，若仅根据一两个试验，来推断某一个地区的需磷程度，可能发生严重的错误。

通过官山坪群众性对比试验，农民掌握了当地磷肥肥效的规律，将磷肥施用在最适宜的土壤和作物上，施用的对象明确了，施用方法也有所改进。过磷酸钙的肥效不次于硫酸铵，变为农民最欢迎的肥料。据湖南省初步估计，在湘南、湘西就有鸭屎泥、夹泥田、冷浸田几千万亩，但是它们的分布是比较分散的，需要根据当地具体情况，按土壤、按作物灵活施用磷肥，才能发挥磷肥的最大增产效果，并达到经济有效施用的目的，这个经验对华中、华南、西南各省丘陵地区均有参考意义。

在华北平原地区，有不少试验指出在相似土壤情况下，作物对磷肥的反应，有很大不同。如在新中国成立初期，华北4省联合进行的小麦三要素肥效试验，均系在各省、专区农业研究单位试验农场土地上进行的，由于前后两年气候条件、栽培措施和选用地块不同，所获得结果也有很大差别，一部分结果列入下表。

表　气候条件、栽培措施和选用地块不同，所获得结果（作物：小麦）

试验年份	1949—1950 年		1950—1951 年	
试验单位所在地点	每亩平均产量（斤）	磷肥肥效（斤/亩）	每亩平均产量（斤）	磷肥肥效（斤/亩）
石家庄西焦村	254	119	—	不显著
山东坊子	120	不显著	317	122
山东临清	130	不显著	226	46
河南辉县	234	23	261	不显著

上表所列4个试验，由于年份地块不同，两年结果，相差很大，互相矛盾。特别值得提出的是，河北省农业科学研究所在石家庄西郊西焦村的试验，土壤是石灰质冲积性黄土，在1949年新中国成立初期，试验圃场地力尚差，对小麦配合氮肥亩施过磷酸钙40斤，增收小麦籽粒122斤，肥效极为显著，但是在1950年改用了另一地块进行试验，施用磷肥对小麦未能表现效果，以后由于连年施用大量厩肥，土壤肥力继续提高，磷肥试验多年不再表现效果。1957年中国农业科学院土壤肥料研究所在石家庄东郊谈古村一个生产队土地上，进行小麦三要素肥效试验，试验地也是石灰质冲积性黄土，磷肥肥效又极为显著，每亩施用过磷酸钙22斤作基肥，增产小麦83.2斤，早春开沟追施增产76.9斤，基肥和追肥各施22斤，增产110.8斤。但是自1958年在该地建立试验农场后，连年施用大量厩肥，土壤肥力显著提高，再施用磷肥肥效又不显著。1962年河北省农业科研院土壤肥料研究所在该试验场附近生产队土地上进行小麦磷肥试验，磷肥肥效又很显著，充分说明了影响磷肥肥效的因素除土壤类型外，土壤肥力、厩肥用量和栽培措施，都起到重要作用。

又据中国农业科学院陕西分院和山西省农业科学院的试验资料，在垆土和绵土上进行试验，由于前作不同，对小麦施用磷肥的肥效也有很大区别，一般来说对苜蓿、豌豆等作物的下茬，种植小麦，施用磷肥肥效较大，初步指出磷肥肥效与轮作方式也有密切关系。

以上说明影响磷肥肥效的主要因素有以下几个：①土壤类型；②气候条件；③土壤肥力；④栽培措施；⑤作物种类和品种。这5个因子是互相联系的，互相影响的，也就是说在一种土壤类型上，由于另外 4 个因素的影响，对磷肥的需要程度，可能有很大变化，同样，其他因素也受到另外 4 个因素的影响，除个别情况外，在一般耕地情况下，很难用一个因素，来判断当地对磷素的需要程度。

二、对研究工作方法的初步意见

1963 年 3 月全国化肥试验网研究工作会议中，提出了"少点"试验和"多点"试验相结合的工作方法，这个办法很好，可以大大提高工作质量和效率，早出成果。什么是"少点"和"多点"试验，如何进行，还是不够明确。初步认为"少点"和"多点"试验不仅是试验数目和试验地点多少的不同，它们之间的研究方法和研究目的，也有基本区别。

"少点"试验是我们经常在施用着的，也是比较熟悉的。首先要选择一块具有代表性的土地，尽可能消除这块试验地内土壤和其他环境条件的差异，在一个相同的条件下，来进行各种肥料单因子的或复因子的试验，这种方法有它的优点，可以在某一种环境条件下，比较几种肥料的肥效，不同肥料间的相互关系，肥料和各种栽培措施的关系等。但是，用这种方法来解决一个地区内各种土壤、各种作物在不同栽培条件下对磷肥的需要程度是不适宜的。因为磷肥的肥效正如以上所述，受到当地自然条件和人为因素的影响很大，如在一个人民公社或国营农场内有坡地、平地、洼地、水地、旱地、肥地、瘦地等，可能在一部分土地上施用磷肥，肥效很突出，而在另一部分土地上肥效很差，若仅靠一两块、几亩地的试验，来确定这个地区磷肥的需要程度，虽然试验本身是准确的，由于代表性差，是不能达到目的的。

为了获得比较可靠的结果，就要将试验分布在很多地点进行，按目前人力条件，每个县设立一个试验点，全国就要有 2 000 多点（实际上一个县搞一个试验点，是很不够的），每一个试验点最少要有一技术人员，全国就要有 2 000 多人，每个人虽然可以同时进行一两个精细的田间试验，全国每年可以有两三千个试验，由于各地气候、土壤、栽培等条件的不同，在这个地点的试验和另一点的试验距离很远，作物种类、品种不同，各地的试验结果，彼此是独立的，既不能代表当地情况，点与点之间不能形成一个有机联系的面，更由于各地条件不同，结果可能有很大差别，甚至互相矛盾，虽然有试验记载和土壤分析资料，也难以分析，不易找到共同性的规律。

"多点"试验和"少点"试验的精神不同，多点试验是采用解剖小麻雀的办法，选择典型地区，采用简单的试验设计，在农村生产复杂的情况下，有计划地布置多点试验，来寻找这个地区磷肥肥效的规律。什么土壤、什么作物和什么栽培条件下，磷肥如何施用肥效最大，什么情况下磷肥肥效较差，掌握了这些规律，就可以灵活运用，指导生产。通过一两年的反复试验和修正后，可以进一步扩大试验范围，加以验证提高并总结更具有普遍性的规律。按目前情况初步估计，在我国主要农业区选择一两百个"麻雀"，进行解剖分析，就很不错了，以每个麻雀为一个试验单元，需要一个比较熟练的技术干部，一两个辅助人员，全国不过两三百人，青年技术人员，经过短期训练，即可担任这项工作。

在新垦国营农场，土壤受到人为影响程度较浅，局部地区的变化比较简单，可以根据土壤情况，以农场或生产大队为单元进行试验；一般平原地区土壤变化也较小，可以公社或几个生产大队为单元；在丘陵地区土壤比较复杂，可以生产大队或一两个生产队为单元，每个单元作为一个小"麻雀"，进行分析研究。首先要认识到"麻雀虽小，五脏俱全"，每个单元是一个复杂体，各个部分的条件不同，对磷肥的反应是不同的，要分别对待。在一个单元内，要根据不同土壤类型，不同土壤肥力，不同作物和不同栽培条件，进行群众性多点试验，试验设计要力求简单，但不要忽略重复，保证试验的准确性，肥料处理可在当地施用农肥基础上和施用氮肥基础上，设施磷和不施磷即可。今将中国农业科学院土壤肥料研究所和湖南省农业科学研究所在祁阳县官山坪农村基点的经验，简单介绍如下。

第一年调查了解当地一般农业生产情况，选择文富市公社官山坪大队，作为一个试验单元，这个单元大致可以代表这个地区的情况，通过宣传解释，组织农民群众在三十几块不同土壤、不同作物的田丘，进行磷肥大田对比试验，并在有代表性的黄夹泥和鸭屎泥两种土壤上，进行多重复的小区试验，经过一年时间，就可以初步找到在这个大队各种土壤和作物对磷肥的需要程度，并学到对各种作物正确施用磷肥的技术，群众掌握了这个初步规律，灵活掌握，为合理施用磷肥打下了基础。

第二年在这个基础上，结合土壤普查资料和土壤、植株分析，继续进行试验，并加以验证提高，在试验中进一步发现磷肥的肥效，不仅与土壤类型和作物种类有关，与农业措施如轮作方式、土壤熟化程度和土壤水分都有密切关系。在冬干鸭屎泥冬闲田或绿肥田，施用磷肥，可以有效防止水稻"坐秋"，对水稻稳产和增产的作用极为显著，是提高当地水稻产量和扩种绿肥，改良低产水稻田的有效措施。

第三年除继续在官山坪大队深入研究外，并结合祁阳县技术站和衡阳专区农业局，扩大进行试验，进一步总结普遍性的规律，同时在寒陵、郴州、湘潭等丘陵低产水稻区，示范推广，开始在大面积生产上发挥作用。

采用"多点"试验的办法，可以很好地与当地农民和农业行政技术人员，协作起来，一方面有计划地进行大田对比试验，摸索规律；另一方面还可以做好示范样本，将研究成果传授给群众，因此，得到当地的支持，工作展开很快。

单靠"多点"试验的方法还是不够的，必须"多点"和"少点"试验很好配合起来，才能达到全国化肥试验网的目的和要求。磷肥中也有些问题，受局部性的影响不大，为了节约劳力和增加试验结果的准确性，不必先进行群众性的"多点"试验，可以按全国主要土壤和主要气候地区，选择几个具有代表性的地点，进行多重复和精确的小区试验，有必要时，还得要固定地块，进行长期试验。比如研究磷肥新品种肥效问题，连续施用磷肥的残效问题，磷肥的施用期、施用量和施用方法问题，磷肥的机械化施用技术等问题，只要在全国几个大区或主要省份，选择具有代表性和施用磷肥肥效显著的地点，进行试验，即可在附近地区，参考施用。为了研究施用化肥对土壤理化性质的影响，也不需要进行"多点"试验，只要在全国几个主要气候和土壤上，进行少数长期试验，就可以回答这个问题。

　　"多点"试验和"少点"试验，配合起来，加以综合分析，一方面可以找到某种肥料在各种复杂的自然条件下不同反应的规律；另一方面可以获得在某种自然条件下肥料与肥料间，肥料与各种栽培措施之间的相互关系等资料，正好是国家所提出要解决的问题，三五年内就可以基本回答，这样回答的答案是科学的，确切可靠的，是领导、技术人员、群众三结合，通过科学分析、生产实践所得出的规律，并在农业生产上经过考验。

　　采用"少点"与"多点"的研究工作方法，不仅多、快、好、省地解决我国化肥的生产、分配和施用问题，总结出来的理论，也将具有我国农业特点和风格，在生产上和科学上，都有重大意义。

本文刊登在《土壤学会会刊》1963 年

关于经济有效施用化学肥料的商榷

陈尚谨

（1963 年 12 月）

新中国成立前，我国化学肥料施用量很少，基本上是硫酸铵一种，施用地区也仅限于沿海几省。新中国成立后，党和政府对化肥的生产和施用十分重视。新中国成立 14 年来，化肥有了很大发展，在数量上增加了几十倍，在品种上也增加了十几种，施用面积普及全国。由于我国耕地面积很大，目前化肥的供应仍不能满足农业生产的需要。在这样的情况下，经济有效地施用化肥显得特别重要。经济有效地施用，不仅可以使有限的化肥发挥最大的作用，降低农业成本，还可以扩大施用化肥的面积，普遍提高农业产量。即便在将来化肥的生产有了很大的发展，能够满足农业需要时，也还有必要有计划地合理分配，经济有效地施用。

经济有效施用化肥应注意以下几个方面：①把各种化肥施用到最适宜的土壤和作物上；②结合农业"八字宪法"和当地具体情况，确定最适宜的肥料用量和施用方法；③按各地需要化肥的种类、时间和数量，做好调拨和分配工作；④根据农业需要和工业资源计划，生产各地最适宜的化肥品种并保证质量；⑤有计划地进行化肥试验、示范和推广工作，对农民进行宣传教育。以上 5 个环节是密切联系着的，不能忽视某一方面。为了做好这 5 个方面的工作，现在提出以下几点意见，以供商榷。

一、化肥、粪肥、绿肥配合施用是经济有效的施肥关键

化肥的性质和有机肥料不同，它的成分单纯，肥分浓厚，大部分是水溶性的，肥效快，能及时供给作物所需要的氮、磷、钾营养。有机肥料中，含有大量有机质和各种营养成分，施在土壤里逐渐分解，能较长期地供给作物吸收利用，还有改良土壤和培肥土壤的作用。有机肥和化肥配合施用，正好有着"取长补短，刚柔相济"的效果，既节省用量，又提高肥效。目前，各地应在施用有机肥料的基础上，适当地配合施用化学肥料。

种植绿肥提高土壤肥力，是我国农民宝贵的经验。在南方的水稻田，群众有种紫云英、苕子、黄花和苜蓿等绿肥的习惯；在北方部分地区，群众也有种草木樨、香豆子、毛叶苕子和田菁的经验。在豆科绿肥作物上施用少量磷肥，可以促进根部发育，加强根瘤的固氮能力，显著提高绿肥的鲜草量。在一般低肥力土壤上种植绿肥，生长不好，每亩鲜草产量不过 1 000 斤左右，而适当地加施磷肥后，鲜草可以提高到 3 000 ~ 4 000 斤，

鲜草内氮磷的含量也均有显著提高。根据各地试验，对豆科绿肥作物施用1斤磷酸，就能使它多从空气中固定1斤氮素，耕翻后种植水稻、小麦或棉花，增产效果极为显著。如每亩对绿肥作物施用10斤过磷酸钙，通过绿肥还田，单从养分来说，即相当于施用了10斤过磷酸钙和10斤硫酸铵的综合效果，好处很大。农民将这种办法叫做以"小肥换大肥"或"以磷增氮"，确是最经济有效施用化肥的好办法。

大部分绿肥如紫云英、苕子和金花菜，又是优良的饲料。扩种绿肥，增施磷素化肥，是提高绿肥产量的重要措施。绿肥多了，可以多养牲畜，牲畜多了，粪肥就多了，又可以增产大量粮食和饲料。施用化肥、扩种绿肥，也是增加粪肥的有效措施。施用化肥可以大幅度增产粮食，这样就有可能腾出一部分土地来，种植绿肥和饲料作物，促进畜牧业的迅速发展。因此，化学肥料、绿肥和粪肥的发展，是密切联系着的，是相互促进的。目前，有不少低产区亟待提高粮食产量，但是当地化肥和有机肥料的数量都不多，绿肥单产也很低，农民不愿种植。如果单独提倡增加某一种肥料，常常遇到很大困难，但是如果将化肥、粪肥和绿肥3种肥料结合起来，就可以解决很多困难。化肥—粪肥—绿肥三结合，有计划地配合施用，互相促进，是解决我国肥料问题的方向，也是经济有效施用化肥的关键。

二、氮、磷、钾三要素比例问题

氮、磷、钾3种肥料对促进作物生长发育的作用，各有不同，不能相互代替，缺少一种庄稼就长不好，哪一种过剩也没有用处。为了节约用肥并获得丰产，氮磷钾的适宜比例，是一个重要问题。国内外有关这方面的资料不少，但是将一个地区的经验在另一地区使用，就发生很多问题。欧美各国施用化学肥料中氮磷钾的比例，是随着农业的需要和工业的发展而变化的。如在1900年以前，施用氮磷钾三要素的比例大约是1:3:1，到1930年逐渐改变为1:2:1，最近大致趋向于1:1:1。按一般农作物植株内氮磷钾三要素的平均含量，大致为1:0.5:1。我们所施用的化肥中，氮肥和钾肥大部分是水溶性的，当年利用率较高，一般为60%~80%；磷肥施用在土壤里，容易被土壤固定，降低肥效，利用率大致仅为氮钾化肥的一半。所以，欧美各国按1:1:1等量比例施肥，大致可以满足作物对三要素肥料的需要。这些国家化肥的施用量都较大，农作物所需要的肥料，主要靠化肥来供给，所以，他们采用1:1:1的比例是合适的。我国情况有所不同。新中国成立后化肥工业虽然有了很大发展，但是还不能满足农业生产的需要。我国施用化肥是在有机肥料的基础上作补充施用的，农作物需要的养分主要靠有机肥料来供给，化肥中的养分仅起到加强和支援的作用。我国大部分地区农村施用的土粪和堆肥中所含氮磷钾的比例大约是1:2:2，绿肥中三要素的比例是2:1:2，我们必须按作物和土壤的需要，因地制宜地来施用化肥，采用最经济有效的施用方法，将化肥用在刀刃上，发挥它最大的效果。具体到某一个地区，需要施用氮磷钾哪一种化肥，就可以施用哪一种；三五年内施用哪种化肥增产效果不明显，就可以暂时不用它，这样，才能达到经济合理有效施用化肥的目的。

三、施用化肥首先要选择最适宜的土壤

中国幅员广大，土壤种类很多，土壤肥力又有所不同，对氮磷钾的需要程度，也有很多差别。根据目前各地试验，大致可以分为以下几类。

①在土壤肥力高，熟化程度良好的地区，目前增施氮素化肥增产效果最大，磷钾肥效较小，甚至显不出效果来。在大城市的近郊、市镇的周围、较新的冲积土上和常年施用大量牲口粪、人粪尿的地区，大多属于这一类。

②在土壤肥力低，有机肥料用量少，熟化程度差的土壤上，施用磷肥一般肥效很好，在施用磷肥的基础上，施用氮肥，才能更好地发挥氮肥的增产效果。在南方红壤性旱土、酸性黄泥、冷性低产水稻田如鸭屎泥、冷浸田、夹泥田、海滨咸酸田、低产紫色水稻土等，东北白浆土、黑土、棕黄土岗地，低洼盐斑地，以及东北国营农场新垦区等，多属于这一类。

③在一般熟化程度良好的地区，由于长年种植，有机肥料用量不足，氮肥肥效显著，氮磷化肥配合施用，更可以显著提高粮食作物的产量。除上述两类土壤地区外，大部分属于这类。

此外，我国农村普遍有施用草木灰的习惯，对供给土壤钾素起到一定的作用。一般黏土、盐碱土中钾质含量丰富，沙粒中含钾较少。在沙性土壤上种植甘薯、马铃薯和烟草等喜钾作物，增施钾素化肥，也常常获得显著效果。目前，我国对钾肥需要量不大，将来农村大量施用氮磷化肥，产量普遍提高后，钾肥的需要量也将相应地增加。

施肥、灌溉、耕作等农业措施，直接影响到土壤的性质和肥力。绿肥中含氮丰富，含磷较少，施用大量绿肥的地区氮素化肥可少用，磷素化肥应适量地供给。一般厩肥中，磷钾含量丰富，氮素不足，因此，厩肥与氮肥配合施用，可以促进有机质的分解，提高肥效。常年施用大量厩肥的土壤有效磷增加，磷肥可少用或不用。

施用磷肥可以促进作物根部发育，提早成熟，增加作物抗旱和抗寒能力。在无霜期短、作物生长期长的地区，如北方寒冷地区种植高粱，华中地区种植双季稻，适当地施用磷肥，可以提早成熟，避免霜冻和秋旱危害。田间水分直接影响土壤性质和释放矿物质养分的能力。江南丘陵地区的冬水田，有的因气候关系土壤经过一度干旱开坼，耕性变坏，形成很多泥团，不易耙碎，使稻苗生长不良，发生"坐秋"，严重影响产量。施用磷肥可以防止"坐秋"，对水稻增产稳产的作用很大。根据湖南省祁阳县的经验，在鸭屎泥冬干"坐秋"田上施用过磷酸钙，一般可以提高早稻产量30%～50%。在江苏省水旱轮作地区，稻田改种小麦，或旱作后种水稻，施用磷肥，肥效也很突出。

四、施肥与作物种类的关系

一般作物大致可以分为豆科和非豆科两大类。豆科作物主要有大豆、蚕豆、豌豆、花生、紫云英、苕子、草木樨和田菁等，它们可以靠根瘤的固氮作用，利用空气中的氮气，对氮肥的要求不高，因此，对这些作物可以不施用氮素化肥。但是，它们对土壤要求足够的磷和钾，施用磷肥可以大大提高产量。非豆科作物主要有稻、麦、棉、玉米、果树和大部分蔬菜，它们对氮肥的要求较高，因此，必须充分供给氮素化肥，在缺乏有效磷的土壤上还要补充足够的磷肥。油菜和荞麦对磷素营养的要求较高，因此，也要注意施用磷肥。烟草和大部分根茎作物如甘薯、甜菜、甘蔗、马铃薯等喜钾作物，除了需要氮、磷以外，还需要较多的钾，因此，要不要供给钾素化肥，应视当地土壤性质和有机肥料用量来确定。

农民常常根据各种作物的习性和需要，在不同肥力的土壤上，采用各种轮作方式，所以，因土、因作物施肥就更显得重要。例如，紫云英和苕子等绿肥作物，多种在地力较差的土地上，由于它们的特性和土壤的性质，增施磷肥的效果更为突出。花生、甘薯和马铃薯多种在沙土上，由于沙土含钾较少，对这些作物施用草木灰，就有更好的效果。蔬菜多种在城市郊区熟化程度较高的菜园土上，就需要施用足够的氮素肥料。以上说明施肥、土壤和作物三者之间的关系，查明它们之间的关系，就能更好地施用肥料。

五、经济有效施用化肥的技术

植物吸收养分是通过水溶液进入植物根部的，所以，肥、水有着密切的联系。我国大部分地区的雨季是在春季或夏季，正是作物生长最快的时期，同时，我国有大面积的稻田和水浇地，因此，完全有条件根据作物最需要的时期来进行施肥和灌溉。

我国大部分农民对施用氮肥作追肥有很好的经验，并取得很好的效果。例如，水稻在小穗分化期，小麦在返青期，春玉米在抽雄前，棉花在现蕾期，施用少量氮素化肥，均能以少量肥料获得较高的增产效果。

施用氮肥的时期也受到气候的影响。例如，北方旱地小麦由于小麦生育时期正是干旱季节，将肥料施在干土上是不会发生作用的，应改为基肥或种肥施用。北方棉区无霜季节较短，为了提早成熟，减少霜后花，氮肥应提早在蕾期或现蕾前追施；长江以南的棉区无霜期长，为了保证棉花生育中期所需要的肥料，可适当地分一部分在开花盛期施用。

磷肥的施用期与氮肥不同，磷肥应作基肥或种肥施用，在一般情况下不宜用作追肥。由于磷肥容易被土壤固定，不能在土壤中移动，所以，需要采用局部集中施用的办法，施在作物根部附近，才能发挥最大的作用。局部集中施用磷肥的方法是多种多样的。例如，在水稻秧田施用磷肥作基肥，比用同量磷肥施在本田，增产效果大。在水稻插秧时，用少量过磷酸钙或钙镁磷肥蘸秧根，它的肥效约相当于用 3~4 倍磷肥作基肥撒施。在播种小麦、玉米、油菜和冬季绿肥时，用少量磷肥拌种或施在播种沟或播种穴内，都是集中施用磷肥和提高磷肥肥效的好办法。

作物产量是贯彻"八字宪法"各项措施的综合结果，因此，单独采用某一项措施是不可能达到高产的。在目前土壤肥力和栽培措施条件下，化肥用量应当有一个适宜的范围，超过这个范围，产量不但增加很少或不能继续提高，反而可能发生倒伏贪青，招致病虫为害，遭到减产。在我国目前化肥还不能普遍满足农业生产需要的情况下，如果一个地区施用了过多的化肥，造成浪费，就必然影响到另一地区化肥用量减少而不能提高产量。因此，各地区必须加强研究并拟定最适宜的化肥用量。

据各地试验结果，在目前生产水平和施用当地有机肥料的条件下，一般粮食作物每亩施用氮素以 4~8 斤，折合硫酸铵 20~40 斤较为适宜；磷肥应选择在缺磷土壤和需磷最多的作物施用，每亩磷酸用量以 4~8 斤，折合过磷酸钙 25~50 斤较为经济。

六、有关化肥品种方面的问题

化肥种类很多，主要分为氮肥、磷肥和钾肥三大类，每一大类又分几种到几十种之多。优质化肥品种，主要取决于以下 3 个条件：①肥分浓厚，成本低廉，农业需要量大，适合于大量生产制造；②便于贮存和运输，不吸潮，不变质，不损失养分；③施用简便省工，肥效确实，施用方法容易被群众掌握。

由于各地气候、土壤和作物栽培条件不同，优良品种的对象也可能是不同的。例如，硝酸铵在华北、西北和东北等地施用肥效很好，是最优良的氮肥品种之一，但是，在华东和华南等多雨地区施用，由于硝酸铵吸潮性很大，容易结块或溶成液体流失，就需要解决造粒、包装和防潮等问题。磷矿粉含磷量高，成本低，经过粉碎后，就可以直接施用，在华南、西南和东北部分酸性土壤上施用，肥效很好，并且持久，是一种优质磷肥，但是，在华北和西北等碱性或石灰性土壤上施用，肥效很慢，不能满足农业的需要，应研究如何加工和提高肥效的问题。

氨水和碳酸氢铵具有制作简便、成本较低等优点，但是，它们具有分解和挥发性，贮存和施用不当，则费工费事，还要损失很多肥分，甚至引起熏灼作物叶子的情况。这类化肥过去不受农民欢迎，但是经过试验示范推广，解决了一些技术上的困难，使农民掌握了它们的特性，采用适宜的施肥机具，沟施深盖或利用电灌、电井，将氨水随水灌施，这才为农民所爱用。

钙镁磷肥和钢渣磷肥如果施用得当，肥效与过磷酸钙相等。我国生产这两种磷肥，资源丰富，成本低廉，肥效很好，可以大量发展。

粉状和粒状化肥的成分，几乎完全是相同的。但是，粒状化肥流动性大，便于机械化施肥，宜于局部集中施用，较一般人工撒施，肥效可以提高一两成，也没有被风吹失和沾污作物叶面等缺点。为了适应我国农业机械化和化学化，粒状肥料比粉状肥料具有更多的优越性。

复合肥料是含有氮磷钾中的两种或三种的肥料，它具有肥分浓厚的优点，施用方便，适宜远途运输。例如，磷酸铵约含氮 20%，磷酸 40%。1 吨磷酸铵的肥分，约相当于 1 吨硫酸铵和 2 吨过磷酸钙，宜在需氮和磷的土壤和粮食作物上施用。由于这样的土壤在我国面积很大，制造磷酸铵肥料是适宜的。但是，如果施用不当，将它施用在不缺磷的土壤上，则就只能表现与硫酸铵相似的肥效，不能发挥它含磷的优点。所以，各地施用复合肥料时，要根据农业需要，合理分配，合理施用。

混合肥料是用两种以上的化学肥料机械混合而成的，它具有氮、磷、钾3种成分，这是它的优点。这类肥料近年来在国外发展得很快，每年消费量很大。但是，我国目前农业情况不相适应。我们施用化肥是作有机肥料的补充，缺少氮磷钾哪一种，就补充哪一种；各地条件不同，需要三要素的程度也有很大变化；再者氮肥、磷肥和钾肥的性质不同，磷钾肥适宜作基肥施用，氮肥适宜作追肥用，如果施用混合肥料，就必须在同时施用，这样就会造成浪费。我们在施用化肥方面也要进行具体分析，不能大而化之，笼统对待。如果某地需要施用混合肥料时，最好在当地人民公社或国营农场按需要自行制造，不必由国家生产混合肥料。

为了经济有效施用化学肥料，应在各地广泛地进行田间肥料试验，并有计划地加以示范、推广，使农民能够掌握各种化肥的特性和施用的原则，根据各地具体条件，灵活运用。

本文刊登在《人民日报》文选第 2 辑 p. 87~97

《人民日报》1963 年 12 月 24 日

小麦三要素肥料试验（1949—1950年度）总结报告

陈尚谨

（本所理化系土壤肥料研究室）

有鉴于新中国化学肥料工业兴起的必然性，1949年秋，本所与河北、山西、平原、山东、察哈尔、河南等6省20余个农业试验场，开始合作举行肥料区域试验，兹将本试验之目的、方法与初步结果，简报如下。

本试验之主要目的，是测定不同地区，当地主要棉粮作物，对氮、磷、钾三要素肥料与其连应间之反应，以及各种肥料用量对各地主要作物每亩增产的数量，以为政府分配肥料与各地区合理施肥的参考资料，同时，并配合农家肥料调查，对现用的肥料作合理的调整与利用，以及配合土壤化学速测法，制定适用于各地土壤分析的标准。这与过去仅为了推销肥田粉而试验，显然不同，我们并认为，这是为了达到合理而经济使用肥料的基本准备工作。

因受人力、物力与时间的限制，本年度先在各合作农场内举行，设计为（3×3×2）复因子试验，排列式成为一个（6×6）假拉丁方，共计36区，所用化学肥料为硫酸铵、过磷酸钙与硫酸钾，氮素与磷酸每亩施用量为0斤、4斤、8斤三个用量，钾、磷为0斤、8斤两个用量，小区面积约为1/20亩，共用地约两亩。播种前按当地农家习惯全面施用土粪，化学肥料则于1950年春季作追肥施用。田间观察，注意肥效、缺株、病、虫及其他各种灾害，将小麦各处理间籽粒产量结果，列入下表。

表 小麦三要素肥料试验结果（产量籽粒每亩斤数）

省份	合作农场地点	是否灌溉	平年产量	试验平均产量	氮肥效果 4斤 N	氮肥效果 8斤 N	磷肥效果 4斤 P_2O_5	磷肥效果 8斤 P_2O_5	钾肥效果 8斤 K_2O	肥料处理间连应 氮×磷	肥料处理间连应 氮×钾	肥料处理间连应 磷×钾	标准差（斤/亩）	变异系数（%）	备注
	石家庄	是	220	254	40**	45**	92**	119**	-8	**	—	—	13.5	5.3	本作未施土粪
	保定	是	300	231	-3	-12	-2	-1	12	—	—	—	21.1	9.1	锈病严重代表性较差
河北省	昌黎	否	200	180	29	13	7	13	-6	—	—	—	42.8	23.7	有局部枯死情形代表性较差
	唐山	否	180	197	19**	13**	9*	14**	2	—	—	—	10.0	5.1	
	沧县	否	150	313	87**	43**	1	9	-2	—	—	-*	17.4	5.6	本作未施土粪
	定县	是	150	386	47**	75**	9	10	-4	—	—	—	31.4	8.1	
	临清	是	130	179	36**	41**	9	10	13	—	—	—	24.0	13.4	
	辛集	是	300	307	52**	65**	10	17	-2	—	—	—	25.5	8.3	
	邢台	是	—	235	84**	151**	28**	27**	-7	—	—	—	17.2	7.3	

（续表）

省份	合作农场地点	是否灌溉	平年产量	试验平均产量	氮肥效果		磷肥效果		钾肥效果	肥料处理间连应			标准差(斤/亩)	变异系数(%)	备 注
					4斤N	8斤N	4斤P_2O_5	8斤P_2O_5	8斤K_2O	氮×磷	氮×钾	磷×钾			
山东省	济南	是	200	341	10	8	-9	-9	-10	—	—	—	22.8	6.7	地力不均有倒伏枯死等现象代表性较差
	坊子	否	120	254	18*	17*	-4	3	1	—	-*	—	17.5	9.7	天旱、感染锈病代表性较差
	莒县	否	100	302	75**	126**	5	20*	-14				20.4	6.8	
	惠民	否	110	205	89**	57**	2	16*	4	*	—	—	16.3	7.9	
察哈尔省	沙岭子	是	125	141	32**	38**	8	14*	-7				12.3	8.7	春麦、未用土粪
山西省	太原	是	130	202	-6	-22*	-9	-7	-3				24.1	12.0	地力不均代表性较差(47年洪水后约1/4区数存有细沙)
	临汾	是	260	318	5	6	2	0	10				38.0	12.0	锈病及倒伏严重、代表性较差
	长治	否	160	106	2	2	0	-4	-5				13.1	12.3	一年一作小麦
平原省	菏泽	否	150		103	84**	22**	2	9	-4		—	12.8	12.5	
	濮阳	是	100	121	4	13*	8	6	7	*		—	13.2	10.9	施肥较晚、代表性较差
	辉县	是	160	234	108**	162**	18**	23**	-2	*		—	12.7	5.4	

注：* 表示显著在 5% 平准，** 表示显著在 1% 平准

由上表可获得以下结果。

①华北普遍缺乏氮素肥料，每亩施用硫酸铵 20 斤，增加小麦产量在 30 斤以上者有 11 处，超出试验地区半数以上。增加产量在 40 斤以上者有 5 处；50 斤以上者有 4 处，20 个合作农场中，以辉县增加小麦产量最高，每亩达 108 斤。若按普通价格，以每斤硫酸铵合小麦一斤半计算，除可增产大量粮食外，并获实益不少。

②每亩增施硫酸铵 40 斤，较施用硫酸铵 20 斤，显著增加小麦产量者有邢台、辉县等 5 个地点。

③缺乏磷肥之地点有 7 处，以石家庄缺乏情形最为严重。按本试验结果，每亩施用过磷酸钙 20 斤，增产小麦达 92 斤，较氮肥肥效尚大，氮磷间连应亦极显著。在该地区增施磷质肥料，为增产小麦重要措施。

④钾肥对小麦普遍无效。

⑤本年度小麦普遍感染黄锈病，对结果不无影响，有些农场土地较为肥沃或地力不均，试验代表性较差，但大致尚可代表当地一般情况。

最后，本试验因系初次举行，缺点甚多，如设计较为复杂，布置并试验时，事先又未与各农场之领导机关取得密切联系，同时在各农场试验，不能代表广大农民耕地的情形，今后拟将设计简化，采取三区、四区的试验，在农家田里举行。希望各合作农场或对本工作关心的同志批评与指教，以求本工作之改进。

本文刊登在《农业科学通讯》第 3 年 第 2 期

棉花、杂粮三要素肥料试验（1950年度）总结报告

陈尚谨

（本所理化系土壤肥料研究室）

为了供给政府作统一分配与合理施用化学肥料的参考，本所与华北、山东、河南等地12个农场，在1950年合作进行棉花、玉米、谷子、高粱等作物的三要素肥料试验。田间设计仍采用（3×3×2）复因子试验（1949—1950年度小麦三要素肥料施用总结，登在本刊第3年第2期第35页）。氮肥使用硫酸铵，分为每亩施用40斤（合8斤氮素）、20斤（合4斤氮素）与不施3种；磷肥使用过磷酸石灰，分为每亩施用40斤（合8斤磷酸）、20斤（合4斤磷酸）与不施3种；钾肥使用硫酸钾，分每亩施用16斤（8斤钾磷）与不施两种。以上各种肥料与用量，配合成为18个处理，为了混杂氮磷及氮磷钾的连应以达到用地少而试验准确的目的，排成一个（6×6）假拉丁方，每小区面积约为1/20亩。土粪按当地农家习惯数量，全面施用；化学肥料用作基肥，一次施用；其他栽培方法，皆按当地一般习惯举行，所得结果列入下表。

表 1950年度棉花、玉米、谷子、高粱肥料三要素
试验结果（表内数字为籽棉或籽粒产量每亩斤数）

| 省份 | 合作农场地点 | 作物名称 | 是否灌溉 | 常年产量 | 试验平均产量 | 氮肥效果 | | 磷肥效果 | | 钾肥效果8斤 | 肥料间连应 | | | 标准差 | 变异系数（%） |
						4斤氮	8斤氮	4斤磷酸	8斤磷酸		氮×磷	氮×钾	磷×钾		
河北省	安国	棉	是	160	459	5	2	9	6	−5	—	—	—	14.1	3.2
	临清	棉	是	100	422	32 **	50 **	−3	−2	1	—	—	—	17.1	4.1
山西省	太原	高粱	是	350	866	−25	−18	−1	−6	−32	—	—	—	72.5	8.4
		谷子	是	280	628	11	−10	37 *	48 **	29 *	—	—	—	36.2	5.7
	长治	玉米	否	300	524	52 *	69 **	7	8	−19	—	—	—	45.2	8.6
		谷子	否	300	286	30 *	89 **	10	7	−8	—	—	—	29.6	10.3
	临汾	棉	是		527	16	23	−15	−13	−1	—	—	—	60.6	11.5
察哈尔省	长岭子	谷子	是	329	437	−13	−19	−15	11	18	—	—	—	51	11.7
		高粱	是	480	725	70 **	115 **	−5	10	−27	—	—	—	44.1	6.1

（续表）

省份	合作农场地点	作物名称	是否灌溉	常年产量	试验平均产量	氮肥效果		磷肥效果		钾肥效果8斤	肥料间连应			标准差	变异系数(%)
						4斤氮	8斤氮	4斤磷酸	8斤磷酸		氮×磷	氮×钾	磷×钾		
平原省	新乡	谷子	是	300	245	78**	143**	-3	6	1	—	—	—	15.7	6.4
		棉	是	45	275	45**	74**	10	22**	3	—	—	—	14.2	5.2
		高粱	是	200	232	32**	41**	2	6	5	—	—	-*	11.6	5
山东省	济南	谷子	否		463	77**	119**	11	37	3	—	—	—	56.7	12.2
	莒县	高粱	否	150	408	97**	201**	3	-19	-19*	—	—	—	20.8	5.1
	惠民	棉	否	100	366	56**	80**	5	25	6	—	—	—	30.9	8.5
河南省	洛阳	谷子高粱棉	是	300	409	49**	68**	9	13	14	**	—	—	34.1	8.3
	商丘				695	44	30	64*	50	6	*	—	—	60.9	8.8
					181	-3	11	-7	0	-9	—	—	-*	27.6	15.2

注： * 表明该肥料效果具有5%的显差；

** 表明该肥料效果具有1%的显差

由上表可获得以下结果。

①棉花——临清、新乡、惠民3农场，每亩施用硫酸铵20斤，增产籽棉32～56斤，施用硫酸铵40斤，可增产籽棉50～80斤。安国、临汾、商丘增产数量不显著。新乡每亩施用过磷酸石灰40斤，增产籽棉22斤。钾肥一般没有结果。

②玉米——长治农场，每亩施用硫酸铵20斤，增产籽粒52斤，施用硫酸铵40斤，增产60斤。

③谷子——长治、洛阳、新乡、济南等农场，每亩施用硫酸铵20斤，增产谷粒30～78斤，施用硫酸铵40斤，增产68～143斤。太原农场磷肥、钾肥效果俱显著。洛阳氮肥与磷肥并用，连应效果显著。

④高粱——新乡、沙岺子、莒县等农场，每亩施用硫酸铵20斤，增产籽粒32～97斤，施用硫酸铵40斤，增产41～201斤。商丘磷肥效果显著，每亩施用过磷酸石灰20斤，增收高粱籽粒64斤。

产量表内，各种肥料效果栏内数字，因受地力与其他环境影响，间有正数或负数，凡每数字后面，无 * 或 ** 符号者，表示结果不显著，不能认为确实增产或减产。

最后，本结果系在各地农场田内举行，又系初年度成绩，是否可以代表一般农家田地情况，尚有问题。于1951年，已商同各合作农场，将田间设计，简化为四区，移到农家田内举行，结果正在汇集整理中，容后再作报告。尚祈各地农场同志多加批评与指教，并希予以合作，以解决在今后的大丰产运动中，氮磷钾3种肥料究应如何配合，才能达到最高产量的目的。

本文刊登在《农业科学通讯》第3年第12期

174

在华北石灰质土壤的播种沟内施用化学肥料对冬小麦棉花出苗影响的研究

陈尚谨　郭毓德　张毓钟　马复祥

（华北农业科学研究所）

（1957 年 12 月）

播种时，在播种沟内条施肥料，使肥料靠近种子，以提高肥效的施肥方法，早为华北地区农民所创造应用，最先为有机肥料如土粪、豆饼、粪干等。例如，山东胶东某些地区，河北冀东某些地区以及新城一带，在播种沟内施用土粪；河北安国等地在小麦播种沟内施用豆饼；河北保定等地在播种沟内施用粪干。近年河北静海，山东黄县、掖县等地农民，创造在播种沟内施用化学肥料，首先是在旱地小麦上，普遍反映肥效良好，方法简便。随着在生产上应用面积的迅速扩大，对科学研究工作提出了以下问题：第一，在播种沟内施用化学肥料对发芽影响的问题，肥料种类，尤其是氮素化学肥料种类和施肥量与发芽影响的关系问题。第二，如何做到均匀播种和均匀施肥的问题，尤其是适合于机器施肥的问题。第三，播种沟内施肥的肥效和适用范围的问题。对发芽影响的问题，是一个基本问题，需要首先明确，故首先针对华北主要作物——小麦和棉花进行了研究。

播种沟内施用化学肥料的施肥法，远在 19 世纪 90 年代，在俄罗斯农业科学方面就进行了研究[1]。许多年来，全苏土壤肥料农业化学研究所中央试验站，在重生草灰化土壤上所进行的研究证明，冬作物在播种时，于播种沟内施用少量过磷酸盐，具有高度肥效。但是这种施肥法在苏联首先带来的也是需要明确对发芽影响的问题。近年的研究结果，例如，1951 年 H. H. 米哈列夫进行的专门田间试验证明，肥料与种子混合播种，假如混合物的湿度正常，在播种前 3~4 小时将种子与颗粒过磷酸盐混合，不会降低种子发芽率。1952—1953 年的试验证明，在耕作中等的大地上，条施过磷酸盐的适当用量为 10 公斤/公顷，N. 马姆勤科夫[2]和 E. 保德罗娃指出，团粒过磷酸盐混合种子不应存放到第二天，以免影响发芽。很多研究资料都指出，过磷酸盐靠近种子施用的优越性，因此，把少量过磷酸盐与种子一起用普通谷类播种机施用的方法，在苏联日益普及。但是，氮肥的资料则比较少，N. B. 莫索洛夫和 B. A. 阿列克山德罗夫斯卡娅[3] 1954 年玻璃皿试验结果指出，NO_3 态氮肥在初期阻碍植物生长，特别是根的发育，认为应将氮肥与种子隔离开，不应单独施用氮肥，应与磷肥或有机肥料混合施用，这样能消除氮素在发芽和出苗时期的不良影响。

此外，近年的研究结果，例如（1944 年），A. H. Lewis 和 A. G. Stricklaud 在英国观

察到施肥量为 300 磅/英亩*时，对粮食作物影响发芽。1938 年 R. M. Salter 指出，肥料中离子影响发芽的次序为：$NO_3^- > Cl^- > SO_4^= > PO_4^{\equiv}$。特别指出石灰氮及氨的影响最大。1931 年 L. G. Willis 和 J. R. Piland 指出：棉花施用磷酸二铵，水解的 NH_3 影响发芽，但硫铵、氯化铵、硝酸铵等则无大影响，同时，磷酸铵的影响也小。1952 年，A. D. Ayers 指出，水溶盐分减低发芽，是在土壤水分低时最为严重。R. A. Olson 和 A. F. Dreier 研究结果指出（1956 年），在土壤水分低时影响严重，但多大水分也不能绝对不影响发芽，除非水分冲走肥料。这种施肥法适合磷肥，氮肥不应与种子接触。按氮肥种类来说，对发芽影响最大的为 $CaCN_2$ 和 NH_4OH，其次为 CO（NH_2）> $NaNO_3$ > KNO_3 >（NH_4）$_2SO_4$ > NH_4NO_3。此外，并认为氮肥施用量不应超过 10~15 公斤/英亩，多时应用别法施用[4]。

综合上述各种研究结果可以归结为：化学肥料对发芽有影响，影响的大小和肥料种类、施肥量、土壤水分情况等有密切关系。华北地区过去缺乏比较系统的研究资料，1953 年秋，各地试验研究机关开始进行此项研究，例如：山东省农业科学研究所及垦利县农场[5]、曲阜县农场等地试验结果，用少量硫酸铵混合种子播种，对小麦出苗无任何影响，且有显著提苗作用，认为用量不宜超过 10 斤/亩或一般播种量的 1 倍以上，并且提出，土壤水分不足时以不用为佳。1954 年山东省农业科学研究所研究结果[6]，认为不同颜色和晶形的硫铵，除含杂质及游离酸过多者外，一般无显著差异，认为，硫铵用量以和种子比例为二分之一至一为安全，最大不能超过种子量。同时认为，硫酸铵对种子出苗有延缓的作用，湿拌比干拌危害作用大。1954 年华北农业科学研究所首先在藁城、衡水、静海等农村工作基点，进行了对出苗影响的调查，为了进一步明确，遂于 1955 年开始对棉麦进行本报告所述的专门的试验。将试验经过及结果分述于下。

一、冬小麦方面

（一）试验方法

冬小麦为华北地区主要作物，过去试验研究结果，氮肥肥效最为显著，磷肥次之，钾肥又次之，故着重研究氮肥对发芽的影响。试验是在北京本所圃场石灰质土壤上进行，该地为旱地，不灌溉。本类土壤可代表华北大多数麦区的土壤。

1. 第一次田间试验

肥料种类：分硫铵、尿素、硝酸铵、氯化铵、硫硝酸铵、硝酸铵钙、硝酸钠、硫酸铵加硫酸钾、硫酸铵加过磷酸钙以及不施肥，共 10 个处理。

肥料用量：行距 1 尺，耧播播幅（约 5 厘米）计算，每亩用量除尿素外分 6 斤、8 斤、10 斤 3 种，尿素分 2 斤、4 斤、6 斤。

---

* 1 磅 = 0.4536 千克，1 公顷 = 2.4711 英亩，全书同

按裂区试验排列，以肥料种类为主区，用量为副区，9次重复，小区采用平行区，播种1885小麦200粒（按千粒重及行距折合为12斤/亩）。9月28日施肥播种。在沟内施用固体风干肥料，然后播种覆土，肥料与种子在同一沟内。

2. 第二次田间试验

为补充第一次田间试验结果，增加了肥料用量。尿素每亩用量分为6斤、8斤、10斤3种，其余肥料每亩用量分为10斤、15斤、20斤3种，其余处理同上，5重复，播种期为10月19日，因比正常播种期稍晚，播种量增加至每亩13.7斤，每行播种229粒。

3. 温室盆栽试验

为了明确土壤水分的影响，用直径8厘米，高15厘米的广口瓶，填充石灰质土壤进行试验，室温15℃左右，于11月7日播种，每瓶播精选的1885麦种20粒。水分处理分为：

（1）一般麦地水分：干土水分12%，可代表大多数麦田播种时水分情况。

（2）播后灌水20毫米：代表播后遇雨或灌溉的情况，计算当时土壤水分含量为干土的28%。

（3）饱和水分：可代表水脱地犁沟播麦时的土壤水分情况，水分含量为干土的51%（实际是过饱和）。

肥料处理分为：不施肥、施硫铵0.5克、施硫铵1克、施尿素0.2克、施尿素0.5克、施硫硝铵1克等共6处理。

将肥料均匀撒布，然后均匀撒播种子，肥料和种子在同一平面上分布，然后盖土。

（二）试验结果和讨论

1. 第一次田间试验结果

现将最后一次小区平均出苗株数调查结果列入表1。

表1　第一次小区平均出苗株数调查结果

处　理	6斤/亩		8斤/亩		10斤/亩		平　均	
	出苗株数	（%）	出苗株数	（%）	出苗株数	（%）	出苗株数	（%）
氯化铵	127.8	94.7	126.2	93.5	118.6	87.9	124.2	92.1
尿　素	134.8	99.9	124.1	92	117.1	86.8	125.3	92.9
硝酸铵	133.3	98.8	126.3	93.9	121.2	89.8	126.9	94.1
硝酸钠	133.6	99	132.2	98	128.8	95.5	131.5	97.5
硫硝酸铵	135.1	100.1	128.2	94.9	131.2	97.2	131.5	97.5
硫酸铵加硫酸钾	135.4	100.4	132.3	98.1	128.9	95.5	132.2	98
硫酸铵	138.4	102.6	134.6	99.8	131.7	97.6	134.9	100
硝酸铵钙	140.3	104	133.3	98.8	134.4	99.6	136	100.8
硫铵加过磷酸钙	135.9	100.7	133.9	99.2	138.1	102.4	136	100.8
无　肥			134.9	100			134.9	100
平　均	135	100.7	130.1	97.1	127.8	95.4	131.3	98

注：①表内数字为9次重复的平均数；

②表中尿素每亩用量为2斤、4斤、6斤

	各处理间株（%）	肥料种类株（%）	肥料用量株（%）
标 准 差	3.3（2.45）	2.1（1.56）	1.1（0.82）
差异标准差	4.7（3.48）	3.0（2.22）	1.6（1.19）
5% 差异显著	9.2（6.82）	6.0（4.45）	3.1（2.30）
1% 差异显著	12.1（8.97）	8.0（5.93）	4.1（3.04）

根据以上出苗率调查，本试验结果如下。

第一，播种时在播种沟内施用化学肥料，对小麦出苗率有显著降低的影响。

第二，按肥料种类看，对出苗影响程度不同，在本试验用量下：

①下列 3 种肥料显著降低出苗率，其顺序为：尿素 > 氯化铵 > 硝酸铵。

②下列 6 种肥料对出苗率的影响不显著，按出苗多少排列则其顺序为：硝酸钠 > 硫硝酸铵 > 硫铵加硫酸钾 > 硫铵 > 硝酸铵钙 > 硫铵加过磷酸钙（硫酸钾或过磷酸钙按同样数量与硫铵混用）。

③按肥料用量看，增加用量对出苗率有降低的影响，顺序为：10 斤/亩 > 8 斤/亩 > 6 斤/亩。

从肥料种类和用量间情况来看，尿素施用量每亩 4 斤，出苗率降低至 92%；6 斤时降低至 87%。氯化铵 8 斤时降低至 94%；10 斤时降低至 88%。硝酸铵 8 斤时降低至 94%；10 斤时降低至 90%，上述用量均显著影响出苗。其他肥料在本试验用量下，无明显差别。

④根据本试验结果，旱地小麦在行距 1 尺，播幅 5 厘米，播种量为 12 斤/亩的情况下，尿素可以施用 2 斤/亩（最好不在播种沟内施用），氯化铵、硝酸铵可以施用 6 斤/亩，其余肥料可以施用 10 斤/亩，不影响出苗。

2. 第二次田间试验结果

兹将最后一次小区平均出苗株数调查结果列入表 2。

表 2　第二次小区平均出苗株数调查结果

处 理	10 斤/亩		15 斤/亩		20 斤/亩		平 均	
	出苗株数	（%）	出苗株数	（%）	出苗株数	（%）	出苗株数	（%）
尿素 *	114.2	74.1	87.4	56.7	64.4	41.8	88.7	57.6
氯化铵	130.8	84.9	117.8	76.4	105.8	68.7	118.1	76.6
硫硝酸铵	144.8	94	139.2	90.3	125.2	81.5	136.2	88.4
硝酸铵	145.2	94.2	140.2	91	136.2	88.4	140.5	91.2
硝酸钠	154.4	100.2	147	95.4	127.6	82.8	143	92.8
硝酸铵钙	161	103.8	145	94.1	135	87.6	147	95.4
硫铵加硫酸钾	154.6	100.3	148.2	96.2	143	92.8	148.6	96.4

（续表）

处 理	10 斤/亩		15 斤/亩		20 斤/亩		平 均	
	出苗株数	（%）	出苗株数	（%）	出苗株数	（%）	出苗株数	（%）
硫 铵	149.8	97.2	152	98.6	144.4	93.7	148.7	96.5
硫铵加过磷酸钙	159.4	103.4	155.4	100.8	148.2	96.2	154.3	100.1
无 肥			154.1	100				100
平 均	146	94.7	136.8	88.8	125.6	81.5	137.9	89.5

注：①表内数字为 5 重复的平均数；

②＊尿素用量为 6 斤/亩、8 斤/亩、10 斤/亩

	各处理间株（%）		肥料种类株（%）		肥料用量株（%）	
标准差	5.6	3.63	4.2	2.73	1.9	1.23
差异标准差	7.9	5.13	5.9	3.83	2.6	1.69
5%差异显差	15.8	10.25	11.9	7.72	5.3	3.44
1%差异显差	20.9	13.56	16.0	10.38	7.0	4.54

根据以上出苗率调查，本试验结果如下。

第一，播种时在播种沟内施用化学肥料对小麦出苗率有显著降低的影响。

第二，按肥料种类看，影响出苗程度不同，在本试验用量下：①下列 5 种肥料显著影响出苗，其严重次序为：尿素 > 氯化铵 > 硫硝酸铵 > 硝酸铵 > 硝酸钠。

其中，尿素显著比氯化铵严重，氯化铵又显著比其他 3 种肥料严重，其他 3 种肥料间差异不显著。②下列 4 种肥料对出苗影响不显著，互相之间差异也不显著，其出苗多少顺序为：硝酸铵钙 > 硫酸铵加硫酸钾 > 硫酸铵 > 硫酸铵加过磷酸钙。

第三，按肥料用量看，增加用量显著影响出苗率，影响顺序为：20 斤 > 15 斤 > 10 斤。

施用尿素 6 斤出苗率即降低为无肥区的 74%，用 8 斤降低为 57%，用 10 斤降低为 42%；用氯化铵 10 斤出苗率降低为无肥区的 85%，用 15 斤降低为 76%，用 20 斤降低为 69%；用硫硝酸铵 15 斤降低为 90%，用 20 斤降低为 82%，用硝酸铵 15 斤降低为 91%，用 20 斤降低为 88%；用硝酸钠 20 斤降低为 83%，上述施用量均显著影响出苗。

第四，根据本试验结果，旱地小麦在行距 1 尺，播幅 5 厘米，播种量 13.7 斤/亩的情况下，各种肥料在播种沟内施用数量为：① 尿素不能用到 6 斤，氯化铵不能用到 10 斤；② 硫硝酸铵、硝酸铵可以用到 10 斤；③硝酸钠、硝酸铵钙可以用到 15 斤；④硫酸铵以及硫酸铵混合过磷酸钙或硫酸钾在 20 斤以下均无显著影响。

第五，各种肥料同样施用 10 斤，尿素 6 斤，比较第一次和第二次试验结果，其对无肥区出苗率之影响列入表 3。

表3　第一次和第二次试验结果对比

	尿素	氯化铵	硫硝酸铵	硝酸铵	硝酸钠	硝酸铵钙	硫酸铵	硫酸铵加 P	硫酸铵加 K
第一次试验	87	88	97	90	96	100	98	102	96
第二次试验	74	85	94	94	100	104	97	103	100

从上表数字比较来看，除尿素外均无大差异，所以，两个试验结果可以联系应用。

第一次试验，9月28日播种施肥后，于10月3日降雨23.5毫米，从表3来看，这一次降雨，对第一次试验，在减低肥料对出苗影响上，似乎未起作用。

3. 室内试验结果

将最后一次每瓶平均出苗株数列入表4（3重复平均，播种数量20粒），又作图如下。

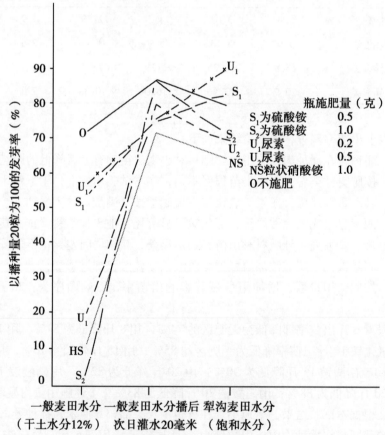

图　室内试验平均出苗率

表4 室内试验平均出苗株数

出苗株数	一般水分	播后灌水	饱和水分	平 均
不 施 肥	14.3	17.3	16	15.9
硫酸铵0.5克	14	15	13	14
硫酸铵1.0克	0.3	17.3	14.3	10.7
尿素0.2克	11.3	15	13.3	13.2
尿素0.5克	3.7	16	10.7	10.1
硫硝铵1.0克	2	14.3	13	9.8
平 均	7.6	15.8	13.4	12.3

结果分析如下：第一，总起来看肥料对出苗有影响见表5。

表5 总起来肥料对出苗的影响

	不施肥	硫酸铵 0.5 克	硫酸铵 1.0 克	尿素 0.2 克	尿素 0.5 克	硫硝铵 1.0 克
出苗平均数	15.9	14	10.7	13.2	10.1	9.8
与不施肥比			**			
与硫铵0.5克比			*		*	**

注：差异标准差 = 1.5 株，* 表示显著影响出苗，** 表示严重影响出苗

即少量施肥不影响出苗，多量施用有显著影响。第二，总起来看水分对出苗有显著影响见表6。

表6 总起来水分对出苗的显著影响

	一般水分	播后灌水	饱和水分
出苗平均数	7.6	15.8	13.4
与一般水分比		**	
与饱和水分比		*	

差异标准差 = 1.1 株，* 表示出苗显著良好，** 表示出苗特别良好

即播后灌水出苗最好，其次如饱和水均比一般水分优越。第三，一般水分情况下，肥料对出苗的影响，见表7。

表7　一般水分情况下，肥料对出苗的影响

	不施肥	硫酸铵 0.5 克	硫酸铵 1.0 克	尿素 0.2 克	尿素 0.5 克	硫硝铵 1.0 克
出苗平均数	14.3	14	0.3	11.3	3.7	2
与不施肥比			**			

差异标准差 = 2.7 株，** 表示显著影响出苗

一般水分情况下，少量施肥对出苗无显著影响，多量施用严重影响出苗。第四，播后灌水情况下，肥料对出苗的影响，见表8。

表8　播后灌水情况下，肥料对出苗的影响

	不施肥	硫酸铵 0.5 克	硫酸铵 1.0 克	尿素 0.2 克	尿素 0.5 克	硫硝铵 1.0 克
出苗平均数 与不施肥比	17.3	15.0 均不显著	17.3	15.0	16.0	14.3

差异标准差 = 2.7 株

在播后灌水情况下，未表现对出苗的显著影响，灌水显著有利，播后遇雨可以降低肥料对出苗的影响。第五，饱和水分情况下，肥料对出苗的影响，见表9。

表9　饱和水分情况下，肥料对出苗的影响

	不施肥	硫酸铵 0.5 克	硫酸铵 1.0 克	尿素 0.2 克	尿素 0.5 克	硫硝铵 1.0 克
出苗平均数 与不施肥比	16.0	13.0	14.3	13.3	10.7 显著影响出苗	13.0

差异标准差 = 2.7 株

在饱和水分情况下，除多量施用尿素，对出苗有显著影响外，其余均不显著，证明土壤水分含量多，对出苗有好作用，换句话说，水脱地小麦更适宜在播种沟内施用化学肥料。

（三）小 结

从上述3个试验结果看来，在华北石灰质土壤上，沟施化学肥料对小麦出苗影响的问题，可总结如下。

1. 化学肥料在播种沟内施用，对小麦出苗影响，主要与肥料种类、施肥量、土壤水分情况等有关

影响出苗主要有两个原因：第一，为肥料本身对种子的毒害作用，如尿素；第二，为增高种子附近土壤溶液的盐分浓度影响种子吸水。因此，在出苗上，就表现两种情况：①降低出苗率；②种苗生长迟缓。在适当施肥量和适当土壤水分情况下，这种影响可以消除或减少，并不像 R. A. Olson 和 A. F. Dreier 所说的："多大水分也不能绝对不影响出苗，除非水分冲走肥料。"N. B. 莫索洛夫认为必须将氮肥与种子隔离开来。在原则上可以这样讲，在实践上却不一定要这样，氮肥可以单独施用在播种沟内，问题主要

看施肥量和土壤水分情况，在华北地区氮肥对于小麦肥效显著，旱地小麦仍然占大部分，土粪施用量不足，品质低下，一般土粪中无机态氮的含量大多为总氮量的 10% 左右，不能满足幼苗生长需要，因此，以少量氮肥施用在播种沟内，在研究上和实践上就具有重要意义。

2. 肥料种类对出苗的影响可以归纳为下列情况

尿素 > 氯化物 > 硝酸盐 > 硫酸盐 = 硫酸铵加过磷酸钙

3. 肥料用量间对出苗的影响，是随施用量增加，影响也随之加大

在行距 1 尺、播幅 5 厘米、播种量十数斤的情况下，各种肥料在下列用量限度内施用，对出苗无显著影响：

尿素 2 斤、氯化物及硝酸铵 6 斤、硝酸钠和硝酸铵钙 15 斤、硫酸铵及硫酸铵混合过磷酸钙或硫酸钾 20 斤。

第一，上述用量只是对出苗而言，若从肥效及经济施用观点来看，则用量不应过多，需要进一步进行研究决定。

第二，上述用量是指在行距 1 尺的情况下而言，若行距缩小，用量仍可增加。

第三，上述用量是指在正常土壤水分情况下而言，干土水分约 12%，土壤水分不足时，用量应当减小，土壤水分严重不足时，则影响出苗，主要已经不是肥料问题，而是水分问题，可不在播种沟内施用化学肥料。

二、棉花方面

棉花方面的试验包括 5 部分：第一，为在播种沟内条施化学肥料；第二，为在播种沟内条施有机、无机颗粒肥料；第三，为采用拌种的方法，在播种时同时施肥；第四，为关于拌种停放时间的试验；第五，为肥料浸种对出苗的影响。进行浸种试验，主要是为了与播种沟内施肥，在施肥量上进行比较。

所有试验都是在 4 月 27 日进行的，在北京本所圃场石灰质土壤上进行，分述如下。

（一）播种沟内条施化学肥料

本试验用 3 种肥料：硫铵、尿素及硝酸铵，每种氮肥均分为 4 种用量，并各分为加过磷酸钙与不加过磷酸钙两种，过磷酸钙的用量为 5 斤，氮肥用量如表 10。

表 10　硫铵、尿素及硝酸铵用量

硫酸铵	不施	3 斤/亩	6 斤/亩	9 斤/亩
尿 素	不施	1 斤/亩	2.5 斤/亩	5 斤/亩
硝酸铵	不施	3 斤/亩	6 斤/亩	9 斤/亩

小区采用单行区，行长 1 米，播幅 5 厘米，每行播种棉子 50 粒，按行距 2 尺折合

约为15斤/亩。6次重复，开沟施肥，然后播种，肥料与种子在同一播种沟内。

将小区平均出苗调查结果列入表11、表12、表13。

表11　播种沟条施硫铵

	不施过磷酸钙		施用过磷酸钙5斤/亩		平　均	
	出苗株数（株）	出苗率（%）	出苗株数（株）	出苗率（%）	出苗株数（株）	出苗率（%）
不 施 硫 铵	35.8	100	36.2	101.1	36	100.6
硫铵　3斤/亩	30.5	85.2	32.8	91.6	31.7	88.5
硫铵　6斤/亩	31.3	87.4	30.3	84.6	30.8	86
硫铵　9斤/亩	26.3	73.5	28.2	78.8	27.3	76.3
平　　均	31	86.6	31.9	89.1	31.5	88

	标准差		差异标准差		5%差异显差		1%差异显差	
	株数	出苗率（%）	株数	出苗率（%）	株数	出苗率（%）	株数	出苗率（%）
氮　肥	1.3	3.6	1.8	5	3.6	10.1	4.8	13.4
磷　肥	0.9	2.5	1.3	3.6	2.6	7.3	3.5	9.8
各处理间	1.8	5	2.5	7	5	14	6.7	18.7

表12　播种沟条施尿素

	不施过磷酸钙		施用过磷酸钙5斤/亩		平　均	
	出苗株数（株）	出苗率（%）	出苗株数（株）	出苗率（%）	出苗株数（株）	出苗率（%）
不 施 尿素	33.6	100	32	95.2	32.8	97.6
尿素　1斤/亩	37.2	110.7	31	92.3	34.1	101.5
尿素　2.5斤/亩	27	80.4	28.3	84.2	27.7	82.4
尿素　5斤/亩	14	41.7	15	44.6	14.5	43.2
平　　均	28	83.3	26	79.2	27.3	81.2

	标准差		差异标准差		5%差异显差		1%差异显差	
	株数	出苗率（%）	株数	出苗率（%）	株数	出苗率（%）	株数	出苗率（%）
氮　肥	1.5	4.5	2.1	6.2	4.2	12.5	5.6	16.7
磷　肥	1.1	3.3	1.6	4.8	3.2	9.5	4.3	12.8
各处理间	2.2	6.5	3.1	9.2	6.2	18.5	8.3	24.7

表 13　播种沟条施硝酸铵

	不施过磷酸钙		施用过磷酸钙5斤/亩		平　均	
	平均出苗株数	出苗率（%）	平均出苗株数	出苗率（%）	出苗株数（株）	出苗率（%）
不施硝酸铵	34.8	100	28.7	82.3	31.8	91.3
硝酸铵　3斤/亩	28.7	82.3	31.2	89.5	30	86.1
硝酸铵　6斤/亩	25.8	74.2	27	77.5	26.4	75.8
硝酸铵　9斤/亩	25.2	72.3	22.7	65.1	24	68.9
平　　均	28.6	82.1	27.4	78.7	28.1	80.7

	标准差		差异标准差		5%差异显差		1%差异显差	
	株数	出苗率（%）	株数	出苗率（%）	株数	出苗率（%）	株数	出苗率（%）
氮肥	1.5	4.3	2.1	6	4.2	12.1	5.6	16.1
磷肥	1	2.9	1.4	4	2.8	8	3.8	10.9
各处理间	2.1	6	3	8.6	6	17.2	8.1	23.3

根据以上出苗率调查，本试验结果如下。

1. 硫酸铵

①将硫酸铵与15斤棉种一起播种于沟内，显著降低棉花出苗率，3斤/亩与6斤/亩的用量间无显著区别，出苗率降低为无肥区的86%左右，施用量增大至9斤/亩，出苗率降低至73.5%，比用3斤/亩及6斤/亩者有显著区别。

②过磷酸钙在本试验用量，即对15斤棉籽用5斤/亩的情况下，对出苗率无显著影响。

③过磷酸钙与硫酸铵混合应用，在本试验用量下，未能显著降低硫酸铵对出苗的影响。

2. 尿素

①将尿素与15斤棉籽一起播种于沟内，用量为1斤时，对出苗率无显著影响；2.5斤时则显著降低出苗率，为无肥区的80%；用量为5斤时，则为42%，即有半数以上种子不能出苗，随施用量加大，影响越严重。

②过磷酸钙未表现对出苗的显著影响。

③过磷酸钙与尿素混合应用，亦未能显著降低尿素对于出苗率的影响。

3. 硝酸铵

①将硝酸铵与15斤棉籽一起播种于沟内，用量为3斤时对出苗率影响不大，6斤及9斤时则显著降低出苗率，6斤时降低为无肥区的74%，9斤时降低为72%左右。

②过磷酸钙单用，未表现对出苗的显著影响。

③过磷酸钙与硝酸铵混合应用，比硝酸铵单用，在对出苗率影响上未表现显著区别。

总括上述结果，将化学肥料与 15 斤棉籽在一起播种于沟内，影响出苗。考虑到棉花为间苗作物，并且本试验播种量又大，为 15 斤/亩，所以，可以放宽尺度来考虑。我们认为，硫酸铵在上述情况下，可以施用 6 斤，即播种量的 40%；尿素可以施用 2.5 斤，即播种量的 16%；硝酸铵可以施用 3 斤，即播种量的 20%；过磷酸钙施用 5 斤，对出苗无显著影响，也可以混合氮肥施用。

从 3 个试验总平均来比较 3 种肥料对出苗影响的区别，尿素显著比硫酸铵要严重，硝酸铵也显著比硫铵要严重，尿素与硝酸铵比较时，因为尿素比硝酸铵的用量少，所以，未表现出显著严重情况。列入表 14。

表14　3 种肥料对出苗的影响

试验	硫酸铵	硝酸铵	尿素
总平均出苗数（株）	31.5	28.1	27.3
		−3.4	−4.2
差　　异			−0.8

差异标准差均为 0.9 株

（二）播种沟内条施颗粒肥料

本试验用 3 种肥料用量，即按硫铵 10 斤/亩计算的各种配合比例的颗粒肥料及按 20 斤/亩与 30 斤/亩计算的各种配合比例的颗粒肥料，其配合比例分为 7 种，列入表 15。

表15　三种肥料用量

草炭	硫铵	过磷酸钙
1	1	0
1	2	0
1	3	0
1	1	1
1	2	1
1	3	1
1	0	1

小区采用单行区，行长 1 米，播幅 5 厘米，每行播种棉籽 50 粒，按行距 2 尺，折合播种量约为 15 斤/亩。6 次重复，开沟施肥，然后沟内播种，肥料与种子在同一播种沟内。将小区平均出苗调查结果列入表 16。

表 16　小区平均出苗调查结果

处理代号*		0:0:0	1:1:0	1:2:0	1:3:0	1:0:1	1:1:1	1:2:1	1:3:1	平均
硫酸铵	出苗株数	32.9	23.7	22.8	23.2	31.8	23.8	24.7	27.7	26.4
10 斤	%	100	71.9	69.4	70.4	96.7	72.4	75	84.1	80
硫酸铵	出苗株数	32.1	16.2	16.7	13.5	28.8	22.8	17.3	20.3	21
20 斤	%	100	50.4	52	42.1	90	71.2	54.1	63.4	66.4
硫酸铵	出苗株数	33.1	5.7	7.3	8.2	24.7	13.3	8	13.2	14.2
30 斤	%	100	17.2	22.2	24.7	94.9	40.4	24.2	39.9	45.5

*前一数字代表颗粒肥料中的草炭，中间数字代表硫酸铵，后一数字代表过磷酸钙，如 1:2:1即用一分草炭、二分硫酸铵、一分过磷酸钙制成

	标准差		差异标准差		5%差异显差		1%差异显差	
	株数	%	株数	%	株数	%	株数	%
硫酸铵 10 斤	1.8	5.6	2.5	7.9	5	15.9	6.7	21.2
硫酸铵 20 斤	2.3	7.2	3.3	10.3	6.6	20.6	8.8	27.4
硫酸铵 30 斤	2.2	6.6	3.1	9.4	6.2	18.7	8.3	25.1

①用硫酸铵与草炭制成颗粒肥料与 15 斤棉种一起播种于沟内，显著降低棉花出苗率，与不施硫酸铵颗粒肥料者比较，施用 10 斤者，出苗率降低至 70% 左右；施用 20斤者，出苗率降低至 42%～52%；施用 30 斤者，出苗率降低至 17%～25%，均显著影响出苗。

②从 3 个试验总平均结果来看，随施用硫酸铵数量增加，对出苗率的影响也显著加大。总平均出苗数比较列入表 17。

表 17　总平均出苗数比较

用量	硫酸铵 10 斤	硫酸铵 20 斤	硫酸铵 30 斤
总平均出苗数	26.4	21	14.2
差　异		−5.7①	−13.3②
差　异			−6.7③

差异标准差　①　为 0.9 株
　　　　　　②　为 0.9 株
　　　　　　③　为 1.0 株

③颗粒肥料的制造，本试验所用的草炭与硫酸铵与过磷酸钙的不同比例浓度，在硫酸铵对 15 斤棉籽用量为 10 斤、20 斤、30 斤 3 种情况下，均未表现显著差异。本试验所用不同比例浓度情况下，不能减低硫酸铵对出苗率降低的影响。

④单用过磷酸钙颗粒肥料时，不论 10 斤、20 斤、30 斤对棉花出苗率均无显著影响。

⑤硫酸铵加用过磷酸钙制造颗粒肥料，比较单用硫酸铵颗粒肥料在硫酸铵用量为 10 斤时，1：1：1 及 1：2：1 浓度情况下，对出苗率影响无显著降低作用，但在 1：3：1 即浓度大的情况下，表现有降低硫酸铵对出苗率影响的作用，单用硫酸铵时出苗率为 70%，加用过磷酸钙则提高至 84%。在硫酸铵用量为 20 斤及 30 斤时，除 1：2：1 比单用硫酸铵 1：2 时，未表现显著作用外，在 1：1：1 及 1：3：1 浓度的情况下，均能降低硫酸铵对出苗率的影响，但比起无肥区来，仍显著降低出苗率。硫酸铵用量增加时，不能依靠加用过磷酸钙来降低硫酸铵对出苗率的影响。

综上所得结果，考虑到棉花为间苗作物，因此，可以稍放宽尺度，我们认为，用硫酸铵和草炭并混合少量过磷酸钙或颗粒肥料，可以按棉花播种量的 70% 左右数量，在播种沟内施肥。若单独用硫酸铵与草炭制成颗粒施用时，应低于此数量。至于过磷酸钙对出苗率无显著影响，施用量可以为一般播种量的 1~2 倍，并且氮肥可以和磷肥混合应用。

（三）拌种施肥对出苗的影响

本试验分 4 部分进行，第一部分、肥料用量为百斤干棉籽用 5 斤；第二部分，为百斤干棉籽用 10 斤；第三部分，为百斤干棉籽用 15 斤；第四部分，为百斤干棉籽用 20 斤。肥料种类分为：硫酸铵、尿素、硝酸铵、氯化铵 4 种。另外，为过磷酸钙单用及与氮素化学肥料合用，合用之过磷酸钙均为百斤干棉籽用 5 斤，以及氯化钠共 11 个处理，经过温汤浸种的棉籽，于播种时混拌肥料，立即播种。6 次重复，其他操作同前面试验，将出苗调查结果平均数列入表 18。

表 18　出苗调查结果平均数

		单用							与 5 斤过磷酸钙合用				平均
		无肥	硫铵	尿素	硝铵	氯化铵	过磷酸钙	食盐	硫铵	尿素	硝铵	氯化铵	
5 斤	出苗株数	36.8	38.5	8.8	35	32.8	35.8	25.7	33.2	27	34.2	31.5	29.8
	%	100	104.8	24	95.2	89.3	97.5	69.8	90.3	73.5	93	85.7	81.1
10 斤	出苗株数	36.6	35.8	4	17	21.5	36.2	18.8	31.8	5	27.2	20.3	22.7
	%	100	97.9	10.9	46.5	58.8	98.9	51.4	86.9	13.7	74.4	55.5	61.9
15 斤	出苗株数	37.8	28.8	1	3.2	21.3	29.5	9.7	30.7	1.5	19	19.3	17.6
	%	100	76.1	2.6	8.5	56.3	78	25.6	81.1	4	50.2	51	46.5
20 斤	出苗株数	37.7	27.5	0.2	0.8	15	21.2	8.5	28	0	5.8	13.2	13.9
	%	100	73	0.5	2.1	39.8	56.3	22.6	74.4	0	15.4	35.1	36.9

表中尿素用量为百斤干棉籽用 1 斤、2.5 斤、5 斤、10 斤 4 种；过磷酸钙单用量为百斤干棉籽 5 斤、15 斤、25 斤、35 斤 4 种。

	标准差		差异标准差		5%差异显差		1%差异显差	
	株数	%	株数	%	株数	%	株数	%
5斤浓度拌种	2.3	6.3	3.3	9	6.6	18	8.8	23.9
10斤浓度拌种	2.3	6.3	3.3	9.1	6.6	18	8.8	24.1
15斤浓度拌种	2	5.3	2.8	7.4	5.6	14.8	7.5	19.8
20斤浓度拌种	1.6	4.2	2.3	6.1	4.6	12.2	6.2	16.5

根据以上出苗率调查，本试验之结果如下。

①经过温汤浸种后的棉籽，100斤干棉籽用5斤化学肥料拌种，拌种后立即播种，其对出苗的影响如下。

氮素化学肥料间，尿素为100斤干棉籽用量1斤严重影响出苗率，单用时出苗率降低至无肥区的24%，其余氮素肥料（100斤干棉籽用5斤）对出苗没有显著影响，单用过磷酸钙（100斤干棉籽用5斤）影响出苗也不显著，出苗率为98%。

过磷酸钙与硫酸铵、硝酸铵、氯化铵合用，较氮肥单用没有显著的区别，但与尿素合用较单用对出苗有显著的良好作用，出苗率由24%提高至74%，不过对出苗仍有显著影响。

食盐拌种影响出苗率为70%。

②经过温汤浸种后的棉籽，100斤干棉籽与10斤化学肥料拌种（尿素为2.5斤、过磷酸钙为15斤），拌种后立即播种，不同氮素化学肥料间，除硫铵出苗率为98%、没有显著影响外，其余均显著影响出苗。以尿素最为严重，其出苗率只有11%，其次为硝酸铵，出苗率为47%，再次为氯化铵，出苗率为59%，两者间无显著区别。

过磷酸钙与氮素化学肥料合用和单用比较时，除硝酸铵外，对出苗都没有良好的作用。硝酸铵单用出苗率为47%，与过磷酸钙合用时出苗率为74%，有显著的良好作用，不过与无肥区比较，仍显著地影响出苗。

食盐对出苗有显著影响，出苗率为无肥区的51%。

③温汤浸种后的棉籽，按100斤干棉籽用15斤化学肥料拌种（尿素为5斤、过磷酸钙为25斤），均显著影响出苗，氮肥种类间顺序为：尿素>硝酸铵>氯化铵>硫酸铵。与过磷酸钙混用其顺序为：

尿素混过磷酸钙>硝酸铵或氯化铵混过磷酸钙>过磷酸钙单用或与硫酸铵混用

硝酸铵混用过磷酸钙比单用有良好作用，出苗率由9%提高至50%，其余肥料混用单用无显著区别。以硫铵、过磷酸钙或两者混用影响最小，出苗率为无肥区的80%左右（硫铵为76%、过磷酸钙为78%、两者合用为81%）。

④温汤浸种后的棉籽，按干棉籽100斤用20斤化学肥料拌种（尿素10斤、过磷酸钙35斤），均显著影响出苗，氮肥种类间顺序为：

尿素>硝酸铵>氯化铵>硫酸铵

与过磷酸钙混用其顺序为：

尿素混用过磷酸钙>硝酸铵混用过磷酸钙>氯化铵混用过磷酸钙>过磷酸钙单用>

过磷酸钙混硫酸铵。

硝酸铵混用过磷酸钙比单用有利，出苗率由 2% 提高至 15%，其余各种氮肥混用与单用无显著区别。

以硫酸铵或硫酸铵混用过磷酸钙，对出苗影响最小，出苗率为 74% 左右。

⑤综合上述 4 种拌种用量总的来比较，则随拌种用量增加，对出苗影响也显著加大（表 19）。

表 19　四种拌种用量对出苗的影响

试验区别	5 斤	10 斤	15 斤	20 斤
小区平均出苗数（株）	29.8	21.5	17.6	13.9
差　　　异		$-8.3^{①}$	$-12.2^{②}$	$-15.9^{④}$
			$-3.9^{③}$	$-7.6^{⑤}$
				$-3.7^{⑥}$

差异标准差　　①、②、④为 0.9 株
　　　　　　　③、⑤ 为 0.8 株
　　　　　　　⑥ 为 0.7 株

总括上述结果可以认为，尿素拌种对出苗影响严重，不易应用。氯化铵、硝酸铵按 100 斤干棉籽用 5 斤拌种，立即施用，对棉花出苗无显著影响。硝酸铵在与过磷酸钙合用时，拌棉籽用量可以稍加提高。硫酸铵用量可以为按 100 斤干棉籽用 10 斤，与过磷酸钙合用时，可以提高至 15 斤。单用过磷酸钙用量可以为 15 斤。过磷酸钙用 5 斤可以与上述用量氮肥合用，对出苗无影响。

（四）拌种停放时间对出苗的影响

本试验分 4 部分进行：第一部分，肥料用量为按 100 斤干棉籽用 5 斤肥料拌种后，停放 3 小时进行播种；第二部分，同样 5 斤肥料用量停放 6 小时；第三部分，肥料用量为 10 斤，拌种后停放 3 小时；第四部分，同样 10 斤用量，停放 6 小时。

肥料种类分硫酸铵、尿素、硝酸铵、氯化铵及不施肥 5 种，同时，分单用与加用过磷酸钙及单用氯化钠共 11 个处理，6 次重复，其他操作同前，兹将出苗调查结果平均数列入表 20。

表 20　出苗调查结果平均数

处　　理		单用							与 5 斤过磷酸钙合用				平均
		无肥	硫铵	尿素	硝酸铵	氯化铵	过磷酸钙	食盐	硫铵	尿素	硝酸铵	氯化铵	
5 斤	出苗株数（株）	33.8	26.5	0	22.5	22.7	30.3	10.2	24.5	4.3	20.8	19.8	18.8
3 小时	出苗率（%）	100	78.5	0	66.7	67.3	89.8	30.2	72.6	12.7	61.6	58.7	55.7

（续表）

处　　理		单用							与5斤过磷酸钙合用				平均
		无肥	硫铵	尿素	硝酸铵	氯化铵	过磷酸钙	食盐	硫铵	尿素	硝酸铵	氯化铵	
5斤 6小时	出苗株数（株）	32.3	24	0.2	8.2	17.5	30.2	12.5	18.3	4.7	1.7	19.3	15.2
	出苗率（%）	100	74.4	0.6	25.4	54.3	93.6	38.8	56.7	14.6	5.3	59.8	47.1
10斤 3小时	出苗株数（株）	34.7	24.3	0.5	0.2	14	12.3	4.3	20.5	3	1	11.8	10
	出苗率（%）	100	70.1	1.4	0.6	40.4	35.5	12.4	59.1	8.7	2.9	34	28.8
10斤 6小时	出苗株数（株）	32.5	11.2	0	0	7.8	2.2	0.2	14.6	1.2	0.2	6.2	6.4
	出苗率（%）	100	34.5	0	0	24	6.8	0.6	44.9	3.7	0.6	19.1	19.7

注：尿素用量为1斤及2.5斤，过磷酸钙用量为5斤及15斤

	标准差		差异标准差		5%差异显差		1%差异显差	
	株数	（%）	株数	（%）	株数	（%）	株数	（%）
5斤停放3小时	1.8	5.3	2.5	7.4	5	14.8	6.7	19.9
5斤停放6小时	1.7	5.3	2.4	7.4	4.8	14.8	6.4	19.8
10斤停放3小时	1.3	3.8	1.8	5.2	3.6	10.4	4.8	13.8
10斤停放6小时	1.7	5.2	2.4	7.4	4.8	14.8	6.5	20

根据以上出苗率调查，本试验结果如下。

①按100斤干棉籽用5斤肥料用量拌种（尿素为1斤）后，停放3小时，在氮肥种类间均影响出苗，以尿素影响最为严重，完全不出苗；以硫酸铵影响最小，出苗率为无肥区的79%。单用过磷酸钙对出苗无显著影响，过磷酸钙与氮肥混用，除与尿素混用较尿素单用稍好外，其余反而有不良趋向，但差异不显著。

②按100斤干棉籽用5斤肥料用量拌种（尿素为1斤），停放6小时，在氮肥种类间均影响出苗，同样以尿素最为严重，其顺序为：尿素＞硝酸铵＞氯化铵＞硫酸铵。

单用过磷酸钙无显著影响，过磷酸钙与氮肥合用比氮肥单用，在硫酸铵、硝酸铵方面，显著增加对出苗的影响，出苗率显著比单用低。在氯化铵方面差异不显著，在尿素方面则相反，混用比单用显著有良好作用。

从总平均出苗情况来比较，在按100斤干棉籽5斤肥料用量拌种（尿素为1斤），停放3小时与6小时的区别，则小区总平均出苗数差异为18.8 – 15.2 ＝3.6株，差异约为差异标准差的5倍（0.7株），故停放时间长显著对出苗不利。从肥料种类看，单

用硫酸铵或过磷酸钙可以停放 6 小时，若两者合用则最多只能停放 3 小时，其余肥料不论混用单用都不能停放，以免加大对出苗的影响。

③按 100 斤干棉籽用 10 斤肥料用量拌种（尿素为 2.5 斤），停放 3 小时，在氮肥种类间均显著影响出苗，其顺序为：尿素、硝酸铵＞氯化铵＞硫酸铵。

尿素和硝酸铵几乎不出苗，硫酸铵出苗率亦降低为无肥区的 70%。

单用过磷酸钙（15 斤用量）亦显著影响出苗，氮、磷肥混用比氮肥单用在尿素、硝酸铵方面未表现显著的良好作用，在氯化铵方面反而有降低出苗率的趋向；在硫酸铵方面，则显著降低出苗率，由 70% 降低至 59%，混用不良。总上结果可以得出结论：在 10 斤肥料用量拌种，不应停放 3 小时。

④关于 10 斤肥料用量拌种（尿素为 2.5 斤）停放 6 小时的情况与停放 3 小时的大体类似，只是出苗率更加降低，出苗更是不良。

从两试验小区总平均出苗数来比较，其差异为 10.0 − 6.4 = 3.6，为差异标准差（0.6）的 6 倍，即停放时间愈长对出苗愈为有害。

总括上述结果，可以认为，肥料拌籽施用，停放时间愈长对出苗影响愈大，肥料用量愈多，情况也愈严重。但从实用上来考虑，一定时间的富余还是必要的，从本试验结果来看，肥料用量按 100 斤干棉籽用 5 斤（尿素为 1 斤）时，单用硫酸铵可以停放到 3 小时，单用过磷酸钙可以停放到 6 小时，若两者合用最好不要停放到 3 小时，其余肥料以及肥料用量为 10 斤时，则均不应停放，以免加重对出苗的影响。

拌种施肥法在经过温汤浸种后，肥料与种子充分接触，与在播种沟内条施或与干棉籽混合施用情况不同，对出苗的危害显著加大，试以硫酸铵为例来比较：同样要求为无肥区出苗率的 70% 的情况下，则与草炭制成 1∶1 颗粒肥料，与种子混施于播种沟内，硫酸铵用量可以为播种量（15 斤/亩）的 67%，而用粉状硫酸铵时，则用量可以为播种量的 60%。但是用拌种施肥法时（温汤浸种后拌种），则用量只能为播种量的 10% 左右，亦即这种施肥法显著降低肥料用量，只能在肥料用量少时可以采用。

（五）肥料溶液浸种对出苗的影响

1. 棉籽温汤浸种后，在各种肥料溶液内浸种对出苗不影响

本试验分 4 部分进行：第一部分，肥料溶液用 0.5% 浓度；第二部分，用 1% 浓度；第三部分，用 5% 浓度；第四部分，用 10% 浓度。所用肥料分硫铵、尿素、硝酸铵、氯化铵及无肥 5 种。另为过磷酸钙单用与和氮素化学肥料混用，单用氯化钠共 11 个处理。棉籽经过温汤浸种后，在不同浓度的肥料溶液中浸泡 24 小时，取出立即播种，其余操作同前。将出苗调查平均结果列入表 21。

表21　4种肥料出苗率的调查平均结果

处　　理		单用							与1斤过磷酸钙合用				平均
		无肥	硫铵	尿素	硝酸铵	氯化铵	过磷酸钙	食盐	硫铵	尿素	硝酸铵	氯化铵	
0.50%	出苗株数（株）	38.9	36.3	35.7	36.3	39.5	38	38.7	34.8	37.5	39.7	36.7	37.6
	出苗率（%）	100	93.4	91.7	93.4	101.5	97.7	99.4	89.5	96.4	101.9	94.2	95.9
1%	出苗株数（株）	37	32.7	14.7	34.8	35.8	38.7	36	36.7	19.5	36.3	40.3	33.2
	出苗率（%）	100	88.3	39.6	94.1	96.9	104.5	97.3	99.1	52.7	98.2	109	89.7
5%	出苗株数（株）	35.8	18.7	2.5	12	6	8.8	22.8	17.2	4.7	6.8	18.5	12.2
	出苗率（%）	100	52.1	7	33.5	16.7	24.7	63.7	47.9	13.2	19.1	51.6	34
10%	出苗株数（株）	39	12	0.2	3.5	3.5	1.3	8.8	9.3	1.2	2.8	5.5	8
	出苗率（%）	100	30.8	0.4	9	9	3.4	22.7	23.9	3	7.3	14.1	20.5

注：尿素用量为0.1%、0.5%、1%、2%

项　目	标准差		差异标准差		5%差异显差		1%差异显差	
	株数	（%）	株数	（%）	株数	（%）	株数	（%）
0.5%浸种	1.5	3.9	2.2	5.7	4.4	11.3	5.9	15.2
1.0%浸种	1.9	5.1	2.7	7.3	5.4	14.6	7.2	19.5
5.0%浸种	2.5	7	3.5	10	7	20	9.4	26.2
10.0%浸种	1.5	3.8	2.1	5.4	4.2	10.8	5.6	14.4

根据以上出苗率的调查，本试验结果如下。

（1）棉籽经过温汤浸种后

用0.5%浓度的肥料溶液浸种（尿素为0.1%），对棉花出苗率的影响，变量分析的结果不显著，磷肥、不同氮肥种类间及氮肥合用各处理间，对出苗率均无显著影响。

（2）棉籽经过温汤浸种后

用1%浓度的肥料溶液浸种（尿素为0.5%），除尿素出苗率为无肥区的40%严重影响出苗外，其余几种氮素肥料及氯化钠对棉花出苗率的影响不显著，过磷酸钙反而有良好表现。

（3）棉籽经过温汤浸种后

用5%浓度的肥料溶液浸种（尿素为1%），显著影响出苗。

① 各种氮素化学肥料影响出苗顺序为：尿素 > 硝酸铵、氯化铵 > 硫酸铵。尿素出苗率降低至无肥区的7%，硫酸铵为34%，氯化铵降低至17%左右，硫酸铵降低至52%。

② 单用过磷酸钙显著影响出苗，出苗率降低至无肥区的25%。

③ 硫酸铵、尿素、硝酸铵与过磷酸钙合用，与单用比较无显著区别。

④ 氯化铵与过磷酸钙合用，显著比单用对出苗有良好作用，但与无肥区比较，出苗率仅为52%，作用不大。

（4）棉籽经过温汤浸种后，用10%浓度的肥料溶液浸种（尿素为2%），各处理都显著影响出苗，出苗率最高的为硫酸铵，仅为无肥区的31%；最低为尿素，几乎不出苗，氮肥种类间顺序仍为尿素 > 硝酸铵、氯化铵 > 硫酸铵。

单用过磷酸钙对出苗影响严重，与氮肥混用和单用比较，亦无显著区别。

总括上述结果，0.5%浓度的肥料溶液浸种，对出苗无影响。1%浓度除尿素外也影响不显著。5%及10%浓度显著影响出苗，各种氮素肥料的顺序为：尿素 > 硝酸铵、氯化铵 > 硫酸铵。单用5%及10%浓度的过磷酸钙浸种，也严重影响出苗。故此两种浓度的肥料溶液浸种不宜采用。

2. 干棉籽在肥料溶液内浸种24小时对出苗的影响

本试验使用硫酸铵和过磷酸钙两种肥料，采用0、0.5%、1%、5%、10% 5种浓度。干棉籽在以上溶液内浸泡24小时后，取出即行播种，将出苗调查平均结果列入表22。

表22 硫酸铵和过磷酸钙对出苗率调查平均结果

肥料处理	硫酸铵		过磷酸钙		平均	
	出苗数（株）	出苗率（%）	出苗数（株）	出苗率（%）	出苗数（株）	出苗率（%）
0	37.8	100	37.8	100	37.8	100
0.50%	31.7	83.7	35.3	93.4	33.5	88.6
1.00%	34.8	92.1	36.3	96	35.6	94.2
5.00%	24	63.4	21	55.5	22.5	59.5
10.00%	23.8	63	9.7	25.5	16.8	44.4
平均	28.6	75.7	23.6	67.7	29.2	77.2

项目	标准差		差异标准差		5%差异显差		1%差异显差	
	株数	（%）	株数	（%）	株数	（%）	株数	（%）
肥料	0.86	2.3	1.22	3.2	2.46	6.5	3.28	8.7
浓度	1.22	3.2	1.73	4.6	3.48	9.2	4.65	12.3
肥料×浓度	1.72	4.6	2.43	6.4	4.89	12.9	6.54	17.3

根据以上出苗率调查，干棉籽用肥料溶液浸种，所得的结果与上述结果大致相同。

（六）小 结

总结上述各试验所得结果，可以概括如下。

1. 在石灰质土壤上施肥，肥料靠近棉种，对棉花出苗有显著影响

2. 在土壤水分良好的情况下（干土水分18%左右），肥料对出苗影响程度的大小与肥料种类、施肥量多少、施肥方法等有密切关系

3. 在肥料种类间：尿素＞硝酸铵＞氯化铵＞硫酸铵＞过磷酸钙

4. 在肥料用量间，随施用量增大，对出苗影响也增大

5. 在拌种施肥与停放时间上，随着时间加长，对出苗影响也加大

肥料用量愈多，情况也愈严重，肥料用量按100斤干棉籽用量5斤时（尿素为1斤），单用硫铵可以停放到3小时，单用过磷酸钙可以停放到6小时，两者混用最好不要停放到3小时。此外，尿素、氯化铵、硝酸铵均不能停放，最好立时播种。

6. 棉花为间苗作物，肥料对出苗影响可以从宽考虑

假定以相当无肥区出苗率80%以上为标准的话，那么：

（1）在播种沟内条施肥料时

硫铵可以施用6斤，即播种量的40%；尿素可以施用2.5斤，即播种量的17%；硝酸铵为3斤，即播种量的20%。均可单用或与过磷酸钙5斤/亩混合施用。

（2）有机无机颗粒肥料，在播种沟内条施时

硫酸铵施用10斤时，出苗率为无肥区的70%，故用量应低于10斤，亦即低于播种量的66.7%。若与少量过磷酸钙混用，则可以用10斤。从本试验看，对出苗影响来说，颗粒未表现比粉状优越。

（3）拌种

尿素不能用作拌种，对出苗影响严重，其他肥料对100斤干棉籽可以用以下数量：
① 硫铵用10斤，加5斤过磷酸钙混用时，用量可提高至15斤。
② 氯化铵、硝酸铵用5斤，加5斤过磷酸钙仍同。
③ 过磷酸钙单用为15斤。

（4）浸种

尿素可以用0.5%的溶液浸种，硫铵、硝酸铵、氯化铵可以用1%的溶液浸种，过磷酸钙可以用1%的溶液浸种。

棉花为华北区主要作物，目前，大部分栽培在旱地上，施肥量不足，幼苗生长不良，同小麦情况类似。因此，用少量化学肥料在播种沟内施用，促进幼苗发育，在研究上及实用上均有重要意义。从本试验结果来看，肥料对棉花出苗的影响，远较小麦为大。最近（1956年）苏联专家安沙略夫在北京农业大学讲授农业化学，概述苏联的研究结果时也指出，棉花及玉米的幼苗不耐高浓度的盐类，最好不把过磷酸钙或其他肥料与种子一起施用，同时，应保证种子与施肥地点之间保留一薄层土。他指出，这种施肥

法，对于氮肥和钾肥往往不采用，原因是在幼苗周围有形成高浓度的危险。当必须用氮肥在播种沟内施用时，用量每公顷不能超过 10 ~ 15 公斤盐类，用联合播种机时，不能超过 10 ~ 15 公斤/公顷，并且尽可能避免与种子直接接触。从本次试验结果来看，氮肥在播种沟内施用对出苗来说，还是可以采用的，问题是用量要适当。施肥法方面，尽可能不采取拌种的施肥法，因为用量少，时间短，至于制成颗粒也不能减小对出苗影响。至于浸种用量很少，是种子肥育问题，不应包括在播种沟施肥的问题内。

本试验已经初步明确，在播种沟内施用化学肥料，对棉、麦出苗的影响。关于肥效及均匀施肥播种的问题，尚待进一步研究。

参 考 文 献

［1］H. H. 米哈列夫. 谷类作物的条施肥料（播种沟内施肥）［J］. 苏联农业科学，1955（2）农业杂志，1954（4）.

［2］N. 马姆秦科夫及 E. 保德罗娃. 有机无机颗粒肥料［J］. 苏联农业科学，1954（9）集体农庄生产，1952（8）.

［3］N. B. 莫索洛夫等. 条施肥料成分的生理根据［J］. 苏联农业科学，1954（9）.

［4］R. A. Olson. A. F. Dreier. Fertilizer Placement for Smail Grains in Relation to Crop Stand and Nutvient Efficiency in Nebraska Soil Sci. Soc. Amer. Proc. 1956（20）.

［5］山东省农业技术试验研究资料汇编（1949 - 1953）. 1953.

［6］山东省农业科学研究所 1954 年试验研究总结. 1955.

本文刊登在《华北农业科学》1957 年 12 月第 1 卷第 4 期

粟幼苗蒸腾率和施肥、产量的关系

陈尚谨　郭毓德

（华北农业科学研究所）

（1957 年 2 月）

本试验设计是根据 A. Arland 教授所提出的方法和问题——测定幼苗蒸腾率来指导施肥而进行的。运用粟作指示作物，采用本所圃场土和北京西山红土两种土壤，施入不同肥料，进行粟幼苗蒸腾率的测定。同时，用以上两种土壤，同样肥料处理，进行粟三要素肥料盆栽试验，根据收获产量，以明确幼苗蒸腾率与施肥和产量的关系。今将初步结果报告如下。

一、试验用土壤的性质和成分

本试验所用的两种土壤，都是石灰性的。本所圃场土连年施用大量厩肥，土壤比较肥沃，速效磷酸含量较高。一般作物对施用磷肥，反应不明显，施用氮肥效果很大。西山红土耕种年代较浅，土壤比较瘠薄，速效磷酸含量较低，对施用磷肥、氮肥，效果都很大。以上两种土壤对钾肥的反应不明显。今将两种土壤的性质和成分列入表 1。

表 1　两种土壤的性质和成分[*]

土　壤	土　性	pH 值	$CaCO_3$（%）	有机质（%）	全 N（%）	总 P_2O_5（%）	速效 P_2O_5[**]（毫克/千克）	盐基可置换性 K_2O（%）
圃　场　土	粉沙壤土	8	2.85	1.43	0.09	0.22	43	0.023
西山红土壤	土	8.1	0.76	1.41	0.08	0.15	18	0.017

[*] 分析结果是本系土壤分析组所作；[**] 用 1%（NH_4）$_2CO_3$ 溶液提出测定

二、粟幼苗蒸腾率和施肥的关系

测定幼苗蒸腾率的方法，系按照 Arland 氏所介绍的标准方法办理，不再重述。并使用了他赠送的自动天平、称重架等仪器。操作方法，力求合乎标准。粟采用中毛黄品种，在 1955 年 5 月 30 日播种。土壤分为圃场土和西山红土。肥料处理有：O、N、P、K、NP、NK、PK、NPK 8 种。生长期间，土壤水分保持在 60% 持水量，每天淋水两次，并用天平校正重量。7 月 1 日幼苗生长到四片叶子，不同施肥处理生育情况有很大的区别。圃场土幼苗生育一般较西山红土为佳。圃场土施用氮肥，幼苗生育较好，施用磷肥效果不大，钾肥没有效果。西山红土施用磷肥，对幼苗生长效果很大，氮磷肥合用，肥效更好。单用氮肥、钾肥或氮钾合用，肥效都不明显。今将粟幼苗青重、株高和测定幼苗蒸腾率的结果列入表2。

表2　粟幼苗青重、株高和测定幼苗蒸腾率

肥料处理	圃场土				西山红土			
	株高（厘米）	20株青重（克）	蒸腾率		株高（厘米）	20株青重（克）	蒸腾率	
			（%）	（平均%）			（%）	（平均%）
无肥	15	5.1	4.41		14	2.2	6.36	
		3.91	4.6	4.51		1.88	7.98	7.17
N	24	10.17	3.74		14	2.17	6.91	
		7.56	4.1	3.92		2.45	6.12	6.52
P	16	5.49	4.19		18	4.21	4.75	
		4.26	4.82	4.51		3.56	5.06	4.91
K	14	3.29	6.23		14	2.78	6.29	
		5.06	5.04	5.64		2.15	7.04	6.67
NP	26	9.27	3.99		28	7.2	3.82	
		8.8	4.83	4.41		9.76	3.48	3.65
NK	24	6.73	4.31		15	2.7	7.59	
		7.48	4.62	4.47		2.42	6.4	7
PK	16	4.53	4.75		16	3.32	5.57	
		4.64	5.29	5.02		2.49	3.61	4.59
NPK	22	8.35	4.07		26	9.87	3.34	
		9.4	4.04	4.06		10.23	3.23	3.29

由表2可以看到：粟幼苗蒸腾率和幼苗生长势有关。幼苗生长较好的，青重大、植株高、幼苗蒸腾率就相对减低。反之，幼苗生长不好，青重小、植株低、幼苗蒸腾率就相对增大。粟幼苗蒸腾率和幼苗青重的关系如图1。

由图1曲线可以看到粟在幼苗生育较好的情况下，蒸腾率的改变较小。幼苗生育不好，蒸腾率上升得较快。

三、粟三要素肥料盆栽试验

在测定幼苗蒸腾率的同时，进行粟三要素肥料试验。粟品种为中毛黄，5月30日

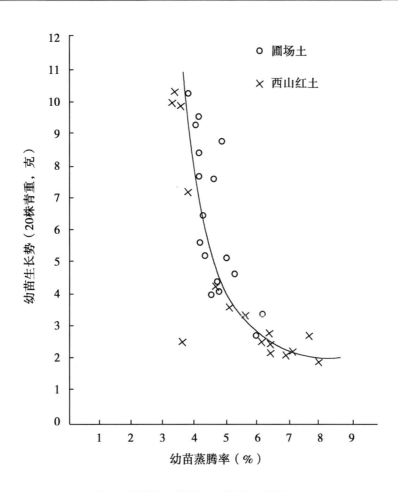

图1 蒸腾率和幼苗生育的关系（粟）

播种，9月18日收获。使用二万分之一亩的盆钵，采用圃场土和西山红土两种肥力不同的土壤。肥料处理仍分为：不施肥、N、P、K、NP、NK、PK、NPK 8种处理。氮肥用硫酸铵肥料，每盆6克。磷肥用过磷酸钙，每盆8克。钾肥用硫酸钾，每盆6克。以上肥料一半用作基肥，一半用作追肥，在7月25日追施。重复3次，每盆10株，其中，一个重复为9株。粟生育调查结果列入表3。

表3 肥料处理与粟生长（株高）速度的比较

土壤种类	圃 场 土			西 山 红 土			
调查日期	25/Ⅵ	23/Ⅶ	18/Ⅸ	17/Ⅵ	25/Ⅵ	23/Ⅶ	18/Ⅸ
（肥料处理）	（厘米）	（厘米）	（厘米）	（厘米）	（厘米）	（厘米）	（厘米）
无肥	36.7	110.3	117.3	10.6	30.7	94.8	98.7
N	37.5	116.3	132	9.3	29	105	113.7
P	38.1	107.3	114.7	21.8	35.7	87.5	92.7

（续表）

土壤种类	圃 场 土			西山红土			
调查日期	25/Ⅵ	23/Ⅶ	18/Ⅸ	17/Ⅵ	25/Ⅵ	23/Ⅶ	18/Ⅸ
K	38	108.5	114.3	10.6	28.7	97.2	103.7
NP	39	120.3	135	27	38.2	117.3	116.7
NK	38.2	121	135.3	11.3	30.3	112.3	119.3
PK	38	113	113	26	36.2	91.3	89
NPK	38	120.3	137.7	24	39.8	113.3	117.7

圃场土壤含速效磷酸较高，施磷和不施磷肥对幼苗生育差别不大。而西山红土施用磷肥，对幼苗生育效果极为明显。施用磷肥的幼苗植株较高，分蘖也多，氮磷合用，肥效更大。但是，在生育中期以后，加用氮肥各处理，粟生育转佳，而单用磷肥的处理，表现早期衰老，生育不佳，最后产量反而最低。今将西山红土粟幼苗期间生长情况和施用氮肥、磷肥的关系表示如图2。

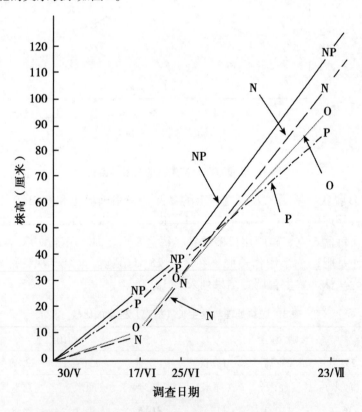

图2　粟幼苗生育和施用氮肥磷肥的关系（西山红土）

由图2可以看到施用磷肥的P、NP两处理，幼苗生长很快，株高近似直线上升。而不施用磷肥的O、N两处理，幼苗期生长缓慢，受到暂时的影响。但在生育中期以后加用氮肥处理的，生育转佳，而单用磷肥处理的，就表现衰老，生长转慢转弱，最后植株也最低。

粟在全部生育期中，未曾受到什么灾害。施用磷肥的处理，提早出穗、开花和成熟2~3天。籽粒产量和秸秆产量列入表4。

表4　籽粒产量和秸秆产量

肥料处理	圃场土（穗数、产量3盆合计）				西山红土（穗数、产量3盆合计）			
	幼苗蒸腾率[*]（%）	穗数（穗）	粒重（克）	秸重（克）	幼苗蒸腾率[*]（%）	穗数（穗）	粒重（克）	秸重（克）
无肥	4.51	29	85.9	225.7	7.17	29	77.2	171.7
N	3.92	49	185.7	395	6.52	47	158	260.1
P	4.51	30	72.9	182	4.91	30	67.8	119.5
K	5.61	30	72	204.5	6.67	29	76.8	196.6
NP	4.41	55	210.5	390.5	3.65	50	184	300.5
NK	4.47	41	190.5	355	7	46	162.2	290.6
PK	5.02	27	83.5	218	4.59	29	57.1	132.1
NPK	4.06	47	201	439	3.29	47	180.7	294.4
籽粒产量标准差（克）	7.56				8.99			

[*] 由表2移入

由表4可以看到：施用氮肥对产量起着主要的作用。氮磷肥合用，肥效最好。单用磷肥，幼苗期虽然长得很好，但生育中期后呈早衰现象，产量反较无肥处理为低。钾肥未能表现增产效果。圃场土和西山红土两种土壤最后产量，对肥料三要素的反应是很近似的，并没有多大区别。

四、幼苗蒸腾率和肥料处理、籽粒产量的关系

圃场土含速效磷酸较高，谷子幼苗生育很好，肥料处理间幼苗生育区别不大。测定幼苗蒸腾率的结果为3.92%~5.64%，高低也相差不多。但最后产量为73~210克，肥料处理间产量差别很大。幼苗蒸腾率大小和最后籽粒产量的关系很不明确。结果详见图3。

由图3可以看到：决定产量高低的主要是氮肥，图上面表现两簇点迹，4个施用氮肥处理的点迹都在上部，4个不施用氮肥处理的点迹在下面。横距幼苗蒸腾率的变化不大。

西山红土含速效磷较低，结果指出：4个不施用磷肥的处理—O、N、K、NK，幼

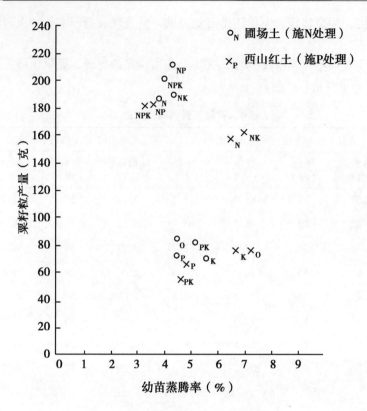

图3　粟幼苗蒸腾率和籽粒产量的关系

苗期生育很差，幼苗蒸腾率很高，6.52%～7.17%，最后产量受氮肥的影响很大，施用氮肥的产量为158.0～162.2克而不用氮肥的产量仅为76.8～77.2克，幼苗蒸腾率和籽粒产量并没有直接的关系。又施用磷肥的处理—P、NP、PK、NPK，幼苗期生长得很好，幼苗蒸腾率也比较低，3.29%～4.19%，但最后产量还是要看施用氮肥与否而决定，加用氮肥的，产量为180.7～184.0克，不用氮肥的，仅为57.1～67.8克。产量相差很远，但幼苗蒸腾率相差不大。

　　由以上结果可以看到：幼苗蒸腾率和幼苗期生长势有很清楚的关系，但是它和最后产量并没有直接的关系。作物在各不同生育期间所需要的肥料种类和数量，有所不同。按本试验结果，在粟生育初期施用磷肥，效用很大，而施用氮肥，在生育中期以后，起着最重要的作用。仅凭幼苗期生长的好坏，不能预定最后的产量，所以，幼苗蒸腾率的高低，与最后产量也没有直接的关系。

　　测定幼苗蒸腾率的手续，并不简单，结果也不很容易准确。而用直接观察的方法如测定株高、青重、分蘖数、色泽等，来表示幼苗生长势的好坏，则比使用蒸腾率的方法简便、准确，而且灵敏度还高。

　　以上结果指出，测定幼苗蒸腾率的方法，不能准确地预示产量，应用在指导施肥上还是存在着问题的。

　　本试验同时指出：在比较瘠薄土壤上磷肥对粟幼苗生长的重要性，并可以利用粟幼苗对磷肥的反应，来指示土壤中速效磷酸含量丰富或不足的情况。

参考文献

［1］ A. Arland, New Methods of Soil Analysis. German Academy of Agricultural Sciences, Berlin.

［2］ 张心一，许国华．从蒸腾率测定丰产栽培条件的方法［J］．科学通报，1955（3）：67.

THE CORRELATION BETWEEN RELATIVE TRANSPIRATION (ARLAND) AND THE FINAL YIELD ON MILLET WITH DIFFERENT N, P, K, FERTILIZER TREATMENTS

(Abstract)

(North-China Agricultural Research Institute)

Pot experiments and transpiration studies with different N, P, K, fertilizer treatments were carried out on millet to study the correlation between relative transpiration (Arland) and the final crop yield. Silt loam from the farm of North China Agricultural Research Institute and red colored loam from Western Hills (Peking) were used, the former soil contained more available phosphorus than the latter. Results show that there is a correlation between the relative transpiration and the growth rate at the seeding stage, the lower the transpiration the better the growth, but the correlation with the final crop yield is inconsistent. Pot experiments show that millet grown on the red loam needs P fertilizer badly during the early stage, but N fertilizer becomes more important at later stages, Millet received P without N fertilizer grows very soundly at the early stage, but the rate of growth slows down at later stages, and finally gives the lowest yield. Although there is a clear correlation between the relative transpiration and the seeding growth, no significant correlation can be found with the final crop yield.

本文刊登在《农业学报》1957 年 2 月第 8 卷第 1 期

小麦的施肥技术

陈尚谨　顾荣申

（1956 年）

一、华北地区小麦施用氮、磷、钾肥料增产效果

收获小麦籽粒 100 斤，包括茎叶在内，约需由土壤里吸收氮素 3 斤，磷肥 1 斤半，氧化钾 2 斤半。各地土壤肥力、施肥习惯和栽培方法都不同，所以，施用氮、磷、钾肥料的效果，也就不一样。今将 1949—1952 年在河北、山西、山东、河南 4 省农场所举行的小麦肥料三要素试验结果列入表 1。

表 1　小麦施用氮、磷、钾肥料增产效果（产量籽粒每亩斤数）

试验农场地点	试验年份	常年产量	试验平均产量	氮肥效果 4 斤氮	氮肥效果 8 斤氮	磷肥效果 4 斤磷酸	磷肥效果 8 斤磷酸	钾肥效果 8 斤钾$_{20}$	连应效果		标准差（斤/亩）	备注
河北安国	1951	—	136	4 *	5 *	13 **	14 **	6 **	NK **	PK **	4.5	土粪 4 000 斤/亩
石家庄	1950	220	254	40 **	45 **	92 **	119 **	−3	NP **		13.5	本作未施土粪
保定	1950	300	231	−3	−12	−2	−1	12	−		21.1	锈病严重
保定	1951	300	374	31	44 *	−25	−1	12			36.6	土粪 1 600 斤/亩
唐山	1950	180	197	19 **	13 *	9 *	14 **	2			10	
唐山	1951	180	121	10 *	2	5 *	10 **	−2			5.7	土粪 1 600 斤/亩
辛集	1950	300	307	52 **	65 **	10	17	−2			25.5	
辛集	1951	300	271	58 **	82 **	11		2	PK *	NP *	17.0	土粪 3 000 斤/亩
临清	1950	130	179	36 **	41 **	3	10	13			24.0	
临清	1951	130	226	102 **	120 **	21 *	46 **	−23			24.4	土粪 800 斤/亩
山东济南	1950	200	341	10	8	−9	−9	−10			22.8	有倒伏枯死
山东济南	1951	200	300	75 **	115 **	16	17	6			27.1	土粪 1 500 斤/亩
坊子	1950	120	254	18 **	17	−14	3	1	−NK *	K **	17.5	天旱及锈病
坊子	1951	120	317	23 **	35 **	84 **	122 **	−9	NP *	PK *	15	土粪 2 000 斤/亩

（续表）

试验农场地点	试验年份	常年产量	试验平均产量	氮肥效果		磷肥效果		钾肥效果8斤钾20	连应效果	标准差（斤/亩）	备注
				4斤氮	8斤氮	4斤磷酸	8斤磷酸				
菏泽	1950	150	103	34**	22**	2	9	-4		12.8	
菏泽	1951	150	178	22**	38**	15**	21**	2		9.8	
山西太原	1950	130	202	-6	-22*	-9	-7	-3		24.1	地力不均
山西太原	1951	130	143	-8	-2	9*	5	10*		10.9	
临汾	1950	260	318	5	6	2	0	10		38	锈病倒伏严重
临汾	1951	260	479	-23	-11	-2	-9	11		42.4	土粪1 000斤/亩
长治	1950	160	106	2	2	0	-4	-5		13.1	一年一作小麦
运城	1951	—	192	40**	32**	1	5	-2		16.8	
河南濮阳	1950	100	121	4	13	8	6	7	NP*	13.2	施肥较晚
辉县	1950	160	234	108**	162**	18**	23**	-2	NP*	12.7	土粪2 000斤/亩
辉县	1951	160	261	90**	178**	-2	14	-20		28.7	土粪2 000斤/亩

注：* 表示5%显著 ** 表示1%显著

在32个试验中氮肥效果最为显著。除有6个试验因地力不均，或因小麦倒伏锈病严重等原因，未能表现增产外，大部分试验都表现氮肥效果。每亩施用硫酸铵20斤，折合氮素4斤，增收小麦4～108斤。施用硫酸铵40斤，折合氮素8斤，增产小麦5～178斤（表1）。

磷肥效果一般不及氮肥显著。32个试验中有13个试验，表现磷肥效果。每亩施用过磷酸钙20斤，合磷酸4斤，增产小麦9～92斤。施用过磷酸钙40斤，合磷酸8斤，增收小麦10～122斤。有19个试验未能表现磷肥效果。

钾肥效果多不显著。32个试验中，仅两处表现有效，每亩施用硫酸钾18斤，合氧化钾8斤，增收小麦6～10斤。

氮肥与磷肥合用，较单用有更好肥效。

以上试验系在农场举行，土壤肥力比一般农田为高，若在农村土地上施用以上肥料，增产效果更要明显。目前我国主要冬麦区华北平原的一般土壤，含氮很低，为0.06%～0.08%，磷酸为0.12%～0.15%，盐基可交换速效氧化钾0.02%～0.03%。所用土粪数量不多，质量也低，一般仅含氮0.2%～0.3%，磷酸0.2%～0.4%，氧化钾0.5%～0.6%，因此，增施氮肥，肯定可以增产。根据过去试验和调查材料，全国麦田也都最需要施用氮肥，在目前生产基础上，对小麦增产，占着最主要的地位。将来改善栽培方法，单位面积产量增加，又连年施用化学氮素肥料后，对磷肥、钾肥的要求，就要逐年提高。又因为磷肥、钾肥肥效和土壤种类关系很大，在华东、中南、西南及东北等地区酸性的和缺磷钾的土壤上施用，要比在华北地区石灰质土壤上效果较好。

二、国内小麦施肥研究上取得的成就

为了简单明了，按照小麦施肥时期，顺序介绍如下。

（一）基肥

麦区土壤，普遍缺乏有机质，结构不良，保水保肥力差，华北地区小麦基肥以土粪为主，每亩施1 000～3 000斤。根据1954年河南省调查，全省麦田施肥面积占80%，施基肥的仅占55%。华东稻麦两熟地区，每亩用猪粪1 000～1 500斤，施用面积也不普遍。近年来，政府提倡基肥施肥，群众对小麦基肥已加重视，施用面积大为增加，对小麦增产和提高麦区土壤肥力，作用很大。

1. 集中施肥

由于肥料不足，部分群众有采用开沟施粪或粪耧施粪的方法，肥料集中在种子沟内，供给幼苗营养，可以提高肥效。根据山东郯城与汶上群众对比结果，用沟施或用粪耧施粪，较翻耕前铺施，每亩能增产小麦25～30斤。但施用上比较费工，小麦密植后更增加施肥困难，尚待改进解决。

2. 混合肥料

1954—1955年各地进行有机、无机混合肥料试验，研究李森科院士的方法，在我国应用的效果。混合肥料是用厩肥、磷肥和石灰混合，在小麦播种时或一周内，施入播种层内。这样可以促进土壤微生物的活动，增加氮、磷、钾等矿物质营养，达到经济施用肥料目的。但各地试验效果不大，还需做进一步研究。

（二）种子肥料

为了供给小麦苗期营养成分，在播种沟里施用少量细肥，经济使用肥料，增产效果很大。近3年来，在山东、河北、山西、河南旱地麦区，进行硫铵种肥试验对比，结果列入表2。

表2　旱地小麦硫铵种肥试验结果

试验地点	肥料处理	小麦产量	增产效果	备注
			（每斤硫铵增产斤数）	
		（斤/亩）	（斤/亩）　7.4	
河北、静海、英勇社	每亩用硫铵7斤作种肥	170.3	52　5.8	
	冬季追用硫铵7斤	159	40.7　3.9	冬追1954年11月3日
	春季追用硫铵7斤	145.6	27.3	春追1955年3月30日
	对照（不用硫铵）	118.3	2	
河北、静海、徐云才社	每亩用硫铵6.5斤作种肥	142.5	12.9	

（续表）

试验地点	肥料处理	小麦产量	增产效果		备注
	对照	129.6		4.4	
河北、衡水、小辛集社	每亩用硫铵 5 斤作种肥	180	22		两年三作
	对照	158			
河北、衡水、王下塞社	每亩用硫铵 8 斤作种肥	170	55	6.8	两年三作
	对照	115			
河北、衡水、试验站	春季追硫铵 10 斤/亩	195.2	13	0.7	
	种肥硫铵 5 斤/亩	203.6	21.4	4.3	
	对照	182.2			
山西、临汾专场	每亩用硫铵 6 斤作种肥	286.9	35	5.8	一年一作
	每亩追用硫铵 6 斤	284.4	32.4	5.4	
	对照	251.9			
山东日照县农场	每亩用硫铵 10 斤种肥	276	92	9.2	
	对照	184			
山东滋阳县农场	每亩用硫铵 10 斤种肥	293.1	57.8	5.8	
	每亩用硫铵 5 斤种肥	275.3	40	8	
	对照（不用）	235.3			

施肥方法是将小麦种子与硫酸铵混拌均匀，用楼耩下或用手条播施用。每亩用硫酸铵 5～10 斤，可增收小麦 20～40 斤。按目前旱地小麦每亩产量为 100～150 斤，可增收小麦 20%，每斤硫酸铵增收小麦 3～5 斤，经济利益很大。混拌时要用干的种子和干的硫酸铵，以免肥料黏着在种子上，吸水后变成浓厚溶液，影响发芽。若肥料用量不大，每亩不超过 10 斤，并在土壤水分充足情况下播种，不至影响出苗。由于硫酸铵和麦种大小不同，不易均匀耩下，河北衡水，在楼旁另装一个硫酸铵漏斗，使种子和肥料分开，而同时耩下，效果良好。

硫铵种肥的优点是省工方便，供给小麦苗期和分蘖的营养。在华北春季干旱的情况下，由于水分不足，早春追肥将肥料施于干土层中，效果不良，若是改作种肥，效果较好。

（三）追肥

为了补助小麦基肥不足，农村多有施用追肥习惯，肥料种类南方以人粪尿为主，北方多施用土粪。近年来，推广硫酸铵作早春追肥，颇受农民欢迎。

1. 冬季追肥

河南、陕西一带，冬季习惯施用土粪铺麦，每亩用 2 000～4 000 斤，增加营养，并有保暖作用。群众反映，如延迟到春季施用，效果不及冬用为好。华东冬季多施用人粪尿、猪粪等作追肥，每亩 1 000 ~ 2 000 斤，华北局部地区也有冬季浇尿习惯，效果很好，近年来，在山东、河北、河南、江苏、安徽示范推广冬季小麦浇尿，每亩施用 1 000 斤，可增收小麦 50 ~ 60 斤，结果列入表 3。

表 3　小麦浇尿对比试验结果

试验地点	每亩浇尿斤数	小麦产量（斤/亩）	增产		备注
			（斤/亩）	（%）	
河北藁城焦庄社	0	279	—	—	水浇地
	500	325	46	15.7	水浇地
河北藁城焦庄社	0	309.7	—	—	水浇地
	1 500	382.2	72.5	23.4	水浇地
河北衡水小辛集庄	0	123			旱地
	500	104	41	33	旱地
	800	195	72	58	旱地
山东曲阜农场	0	171			每亩用土粪 1 500 斤
	1 000	239	68	39.4	每亩用土粪 1 500 斤
山东栖霞农场	2 000	276	105	61.4	每亩用土粪 1 500 斤
	0	228.1			
山东五莲农场	1 000	295.3	67.2	28.5	
	0	297.8			对水 2 000 斤，解冻前浇完
泰安、黄家庄、王瑞泉	2 000	460.8	163	45.6	
	0	214			
山东、栖东、松山村、于永昌	1 700	270.4	56.5	24.5	有 45% 倒伏
	0	207.7			
山东、盐山、韩家村、张月祥	1 200	291.5	83.8	40	浇尿小麦苗肥壮秆高穗大
	0	126			
山东苍山、王家庄、王德广	2 000	232.5	106.5	84.5	
	0	190			
安徽、宿县试验站	1 860	278	88	46	浇尿麦色浓绿秸粗高
	0	158.13			
1 月 26 日浇	1 000 斤	191.25	33.12	20.9	本材料为 1953—1954 年，1954—1955 年结果增产情况相同
3 月 17 日浇	1 000 斤	201.25	43.12	27.3	
3 月 31 日浇	2 000 斤	217.1	58.97	37.3	
3 月 31 日浇	3 000 斤	232.24	74.11	46.9	

（续表）

试验地点		每亩浇尿斤数	小麦产量（斤/亩）	增产		备注
				（斤/亩）	（%）	
江苏、徐州试验站	3月5日浇	1 500斤	378.55	178.6	89.28	新鲜人尿一次浇完
	4月5日前浇	1 500斤	355.34	155.3	77.67	新鲜人尿分二次浇完
	3月5日浇	1 500斤	224.99	25	12.5	腐熟人尿一次浇完
	4月5日前浇	1 500斤	398.19	98.2	49.1	腐熟人尿分二次浇完
	不浇		200			

浇尿方法简便，可在入冬至翌年春分前农闲时候，直接浇用，无须腐熟或对水，对麦苗无害。江苏徐州试验站曾试验比较用新鲜尿和腐熟尿的肥效，因为腐熟尿在腐熟期间，丢失了肥分（主要是氨态氮），增产效果反不及用新鲜尿好。在雪地上浇尿使麦苗露出雪外，有受冻害危险。浇施量以每亩1 000斤为宜，安徽宿县西北乡，在每亩浇施生尿4 000斤时，麦苗显著受到损害，须加注意。每1 000斤人尿内，约含氮素5斤，磷酸半斤，并有盐分7斤半。盐分数量很少，雨后可以淋去，除重盐碱地外，不至有反碱危险，或对土壤起不良作用。华北大部地区，人尿多废弃不用，这项肥料要普遍利用，以利小麦增产。

2. 早春追肥

根据河北、山西、山东、河南等省试验结果，早春施用硫酸铵或其他速效性氮肥，肥效显著，结果列入表4。

表4　水地小麦分期追施硫酸铵试验结果

试验地区	肥料处理	每亩产量（斤）	增产		备注
			（斤/亩）	（%）	
山东鄄城县农场	早春追硫铵15.5斤/亩	375	80	27.1	复青后追施
	不追	295			
山东农业科学研究所	全部作基肥	322	95.7	42.3	旱地小麦肥料用量为硫酸铵每亩20斤
	1/2基肥，1/2在复青期用	292.1	65.8	29	
	全部在复青期施用	262.3	36	15.9	
	不施肥	226.3			
河南洛阳农业试验站	冻前分蘖期施	476	51.2	14.3	每一处理，均设不施区为对照
	返青期施	505	79.7	18.7	
	拔节期施	476.6	84	21.3	
	打苞期施	456.6	—	5.3	
	冻前分蘖3月+返青期施	480	48.7	11.2	
	冻前分蘖3月+拔节3月施	495.3	54.7	10.1	

（续表）

试验地区	肥料处理	每亩产量（斤）	增产（斤/亩）	增产（%）	备注
	返青期+打苞3月施	461.3	16	3.6	
	冻前分蘖3月+打苞3月施	471	32.4	7.3	
河北藁城县农场	分期早追硫铵15斤/亩	435.3	32	8	3月15日追10斤
					4月15日追5斤
	晚追硫铵15斤/亩	403.5			4月5日追用
藁城申文林社	分期早追硫铵15斤/亩	467	23	5.2	3月20日追10斤，4月13日追5斤
	晚追硫铵15斤/亩	444			4月13日追用
藁城孙丑货社	分期早追硫铵15斤/亩	258.9	25	10.8	3月20日追10斤，4月15日追5斤
	晚追硫铵15斤/亩	233.7			
藁城焦庄社	返青期追硫铵15斤/亩	354.6	35.3	11	返青期2月12日
	拔节期追硫铵10斤/亩	374.8	55.5	17.4	拔节期4月5日
	不追肥	319.3			品种不特14日
	返青期追硫铵15斤/亩	409.5	26	6.8	返青期2月8日
	返青期10斤，孕穗期5斤	413.3	29.8	7.7	拔节前3月23日
	拔节前追15斤	417.2	33.7	8.8	孕穗期4月19日
山西洪赵张德有社	分期早追硫铵20斤/亩	595.9	64.8	12.2	4月5日及4月20日分用
	晚追硫铵20斤/亩	531.1			4月20日追用
	拔节前10斤孕穗期5斤	437.5	54	14.1	品种不特14日
	不追肥	383.5			
四川万县农业试验站	氮磷钾肥各14斤作基肥用	292.1			
	氮磷钾肥各14斤作基肥用				
	基肥2/3，追肥1/3	314.2	22.1	7.57	追肥在分蘖期末施用
	基肥2/3，追肥1/3				
	基肥1/2追肥1/2分二次用	341	48.9	15.74	追肥一次在分蘖期末一次在抽穗初期各用一半

　　早春追肥可以促进小麦回青，并适时地供给幼穗分化时所需要的大量养分，因此，能增加有效分蘖和穗重，华北水浇地小麦和春季雨水较多地区，每亩硫酸铵用量在10斤以下时，可在拔节前或拔节时一次施用，若追肥数量在15斤以上，根据河北藁城试验，可结合灌水在拔节及孕穗期分两次施用。每斤硫酸铵可增收小麦3～5斤。每亩用

量，一般不超过 20 斤，可按小麦品种耐肥程度和地力情况增减。南方稻麦区如小麦未施基肥，可将部分硫酸铵在冬季冬至前追施，以促进分蘖，硝酸铵肥料含氮量较高，肥效也很好，每一斤硝酸铵约相当硫酸铵 1 斤半，可以酌量施用。

施肥方法和时期，与土壤水分及肥料性质关系很大，水分不足，肥效不易发挥，华北麦区，春季土壤干旱，结合灌水施肥，或趁早春墒好时在春耙前施用，效果最好，一般粪尿及油饼肥料，更宜早施、深施，使麦苗在拔节期间，能吸到大量养料。

3. 根外施肥

1953—1955 年在河北、山西、安徽等地举行小麦根外追肥试验，结果列入表 5。

表 5　小麦根外施肥试验结果

试验地点	施肥处理	每亩产量（斤）	增产或减产（斤/亩）	（%）	备注
河北芦台国营农场	1. 喷过磷酸钙4%，一次用4斤/亩	319	28.2	9.6	第一次在拔节期，第二次在开花末期，田间观察喷氮喷磷效果皆甚显著
	2. 喷过磷酸钙4%，二次用8斤/亩	348.5	57.7	19.9	
	3. 喷过磷酸钙粉，一次用4斤/亩	342	51.2	7.9	
	4. 喷尿素3%，一次用3斤/亩	308.1	17.3	6	
	5. 喷尿素3%，2%，二次共用5斤/亩	339.1	38.3	11.4	
	6. 对照（不喷）	290.8	—		
	1. 飞机喷过磷酸钙6%，4%，二次用6斤/亩	350.9	38.6	12.4	
	2. 对照（不喷）	312.2	—		
山西临汾专区农场	1. 喷过磷酸钙粉，二次用6斤/亩	264.5	−20.4	−7.2	田间观察无效
	2. 喷过磷酸钙1.5%，二次用6斤/亩	270.6	−14.3	−5	
	3. 喷粉一次用6斤/亩	259.8	−25.1	−8.7	
	4. 喷雾3%，一次用6斤/亩	287	2.1	0.7	
	5. 对照（不喷）	284.9	—		
山西洪赵红段社	1. 喷过磷酸钙1.5%，二次用6斤/亩	567	14.7	2.7	在孕穗及开花始期喷用
	2. 喷过磷酸钙3%，二次用12斤/亩	602	49.7	9	
	3. 对照（不喷）	552.3	—		

（续表）

试验地点	施肥处理	每亩产量（斤）	增产或减产		备注
			（斤/亩）	（%）	
山西省农业试验场	1. 喷硫酸铵三次，共用2.4斤/亩	295	10	3.5	第一次在拔节期喷，以后每隔15天进行一次
	2. 喷硫酸铵三次，共用3.6斤/亩	310	25	8.7	
	3. 喷硫酸铵三次，共用4.8斤/亩	305	20	7.3	
	4. 对照（不喷）	285		—	
	1. 喷过磷酸钙三次，用2.4斤/亩	297.4	17.4	6.2	第一次在拔节期喷，以后每隔15天进行一次
	2. 喷过磷酸钙三次，用3.6斤/亩	290.5	10.5	3.7	
	3. 喷过磷酸钙三次，用4.8斤/亩	330.5	50.5	17.7	
	4. 对照（不喷）	280		—	
安徽省农业试验站	1. 喷过磷酸钙一次，用6.6斤/亩	184.5	6	3.37	于抽穗后10天喷
	2. 对照（不喷）	178.5			
滁县专区农场	1. 喷过磷酸钙一次，共用2斤/亩	473.5	71.5	17.76	4/24，喷
	2. 喷过磷酸钙二次，共用4斤/亩	440.5	38.5	9.58	4/24，5/1喷
	3. 喷过磷酸钙三次，共用6斤/亩	447.7	45.7	11.37	4/24，5/1，5/8喷
	4. 对照（不喷）	402		0	
六安专区农场	1. 喷过磷酸钙二次，共用4斤	442	33.75	8.2	4/22，5/7喷
	2. 对照（不喷）	408.25			

河北国营芦台农场于1955年用飞机喷施过磷酸钙4%～6%溶液，在拔节和开花末期两次共喷过磷酸钙8斤，每亩增收小麦39斤。山西省农场，洪赵、红段社，安徽省试验站，滁县与六安专区农场，喷磷后增收小麦10～71斤（但在山西临汾专区农场用过磷酸钙，喷雾喷粉均无效）。又在芦台农场喷2%～3%尿素，每亩用3～5斤，增收小麦17～38斤。山西省农场每亩喷射硫酸铵3次共用2.4～4.8斤，增收小麦10～25斤。一般喷雾浓度用1.5%～3.0%，澄清溶液，在拔节后和开花末期两次喷用较好，为了将来可能利用飞机喷施肥料，应及早在各地举行精确试验，确定效果，提供科学依据。

根外施肥是根据肥料溶液喷在叶面，很快可以透过叶面为植物吸收，可以避免肥料被土壤固定，而提高肥效。又在开花末期，土壤施肥操作困难，植物根部吸收作用降低，采用根外追肥，可以及时供给植物养分。通常有喷粉与喷雾两种办法，喷粉要趁着露水喷施，喷雾多在上午或傍晚，喷雾较喷粉肥效佳。硫酸铵溶液喷在叶子上，容易发生浸蚀现象，根外施用氮肥，以用尿素较为适宜。

（四） 小麦绿肥

晋南、淮北、关中等麦区部分农民，有小麦压绿肥的习惯，在小麦收获后，播种绿豆、黑豆、芝麻等绿肥作物。以绿豆为最好，每千斤鲜草含氮素 5 ~ 6 斤，可在小麦播种前 40 天上下耕埋。旱地耕翻绿肥，首先应保证麦田整地质量，同时注意绿肥青草收量，按华东农科所在淮北试验，绿豆在出苗后 50 ~ 55 天，即初花至盛花期间，每亩收获的鲜草或氮素量最高，因此，不影响耕作质量下，应争取达到绿肥的最高产草时期耕埋。山西省 1954 年于晋南推广小麦绿肥 95 万亩，根据晋南对比结果与淮北试验结果列入表 6。

表 6　小麦绿肥肥效对比结果

地点	绿肥种类	小麦产量（斤/亩）	增产（斤/亩）	增产（%）	备注
山西临猗、许家庄、许化寅	压绿豆	136	16	13.3	小麦未施肥
	不压	120			小麦未施肥
山西解虞王庄、翟乐俊	压绿豆	180	20	12.5	小麦未施肥
	不压	160			小麦未施肥
山西解虞、南梯、张屯娃	压绿豆	117	27	32.5	小麦未施肥
	不压	85			小麦未施肥
山西解虞、西张耿	压黑豆	194.9	24.3	14.2	小麦未施肥
	不压	170.6			小麦未施肥
山西万荣、通爱社	压绿豆	188	15.8	9.2	小麦未施肥
	不压	172.2			小麦未施肥
山西稷山、西王村、刘建堂	压绿豆	147.8	18.8	14.6	小麦施用基肥
	不压	129			小麦施用基肥
山西万荣、贾村、王清武	压绿豆	88.8	16.2	22.4	小麦施用基肥
	不压	72.6			小麦施用基肥
山西襄汾、北众、舒金龙	压绿豆	124.6	24.9	24.9	小麦施用基肥
	不压	99.7			
山西临汾、贾升、贾振峒	压绿豆	185.4	33	21.6	
	不压	152.4			
山西解虞、土桥社、任季俊	黑豆	131.5	30.5		
	绿豆	118.75	17.75		
	芝麻	114.75	13.75		
	施土粪二车半	118.75	17.75		
	不压青	101	—		

（续表）

地 点	绿肥种类	小麦产量（斤/亩）	增产（斤/亩）	增产（%）	备注
江苏徐州试验站淮阴分场	1. 休闲→小麦→休闲→小麦	315.28	133.33	73.28	轮种自1953年夏种，至1955年夏收止，小麦产量系指1955年夏收产量
	2. 休闲→小麦→秋豆→小麦	181.95		1	
	3. 绿豆压青→小麦→秋豆→小麦	240.28	58.33	32.06	
	4. 绿豆压青→小麦→秋豆压青→小麦	388.89	206.94	113.73	
安徽宿县农业试验站	前作大豆、不压青	100.5			1953—1954年
	休闲	155.3			压绿豆比大豆茬小麦增产114%
	压绿豆	234.49	89.19	50.9	1954—1955年
	高粱内套种绿豆、压青	232.8	62.4	36.6	
	高粱内未套种绿豆、不压	170.4			

试验结果初步看到：宿县、淮阴等地小麦压绿肥效果最好，每亩增收小麦 58～207 斤，或 57%～114%。晋南雨量较淮北一带缺乏，10 个地点试验结果，每亩增收小麦 16～33 斤，或 12.5%～32.5%。

压绿肥成功，关键在于抢早播种，选用适当品种来提高绿肥产量，并要深埋盖实，及时保墒，促进绿肥及早分解，同时，保证麦田整地质量。若技术掌握失当，以至丢失土壤水分，或耕作不良，均可造成不增产或减产，根据华东农科所在宿县农场初步观察结果，在淮北高粱行内夏季套种绿豆，不影响当地栽培制度，而可获绿肥效果；又在华北、西北水浇地小麦田，早春在麦行内套种草木樨代替绿豆，用种子既经济，绿肥产量也较高，需要继续在各地试验和创造。

在绿肥产量高效果良好的地区，小麦轮作中可适当插种绿肥作物，以培养地力和解决缺肥困难。在绿肥产量低而效果不大的地区，研究解决绿肥田的耕作和保墒技术很关重要。

本文刊登在《中国农报》增刊 1956 年第 5 期

北京地区高肥力石灰性土壤上有机无机肥料配合施用长期肥效试验（第一年）

陈尚谨　祁明　朱如源

（1963 年）

一、提要

本试验研究高肥力土壤上，长期使用有机、无机肥料，对培肥土壤以及提高作物的产量和品质的关系。今年是第一年，在这一年中，曾得到小麦和晚玉米两季作物的产量结果，对土壤和植株部分的项目进行了分析，并建立了田间档案，保存了全部植株、土壤样本。从施肥对增产的关系上得出以下的初步结果。

①氮肥对小麦、玉米均有明显的增产效果。由于当年 8 月份暴雨，晚玉米受到涝害，产量较低，按施用化肥的经济效益，还是硫酸铵使用在本年小麦上，收益较大。每亩施用硫酸铵 40 斤，每斤硫酸铵可增收小麦 1.8 ~ 3.8 斤。同量硫酸铵用在本年晚玉米上，每斤硫酸铵仅增加玉米籽粒 0.9 斤左右。

②磷钾肥对本作小麦的增产作用不明显，对玉米有增产的趋势。

③有机肥对本作小麦、玉米均有增产效果，每千斤厩肥增收小麦 9.1 斤；玉米 16.1 斤，看来对晚玉米经济效益优于小麦。

二、试验目的

本试验是为了探索长期施用三要素肥料与有机肥配合施用，对高肥力土壤的物理、化学等性状方面的变化以及对提高作物产量和品质的作用。

三、试验方法和结果

（一）田间基本情况及供试材料来源

冬小麦试验地的前茬为晚玉米，其肥力情况（表 1），于 9 月 21 日灭晚玉米的茬，9 月 22 日灌水，9 月 26 日耕翻，深度在 15 厘米。试验品种是北京六号冬小麦。9 月 29

日用 3 行播种机进行播种，行距在 19 厘米。10 月 5 日出苗，齐苗后调查（表 2）其基本苗达 15.6 万～19.4 万株。冬前有效分蘖每株达 3～4 个。各处理间差异不明显。小麦收获后，在 6 月 19 日地里进行灌水，24 日耕地，25 日播晚玉米，品种是华农二号。每亩定苗 4 000 株。9 月 17 日收获。

表 1　原土养分分析*

深度（cm）	全氮（%）	全磷（%）	CaCO$_3$（%）	pH 值
0～20	0.1	0.232	6.8	8.7
20～50	0.07	0.248	7.1	8.7

*分析组同志协助分析

表 2　小麦基本苗和冬前分蘖调查

处理	区号	苗数（株/米^2）			平均（株/米^2）	折合每亩苗数（万株）	冬前分蘖（个）
0	41	40	50	37	37.3	15.8	3.6
	31	31	37	31			
N	36	51	37	51	43.1	18.3	3.7
	43	56	37	33			
NP	48	52	38	39	45.6	19.4	3.7
	43	38	36	30			
NPK	40	34	26	35	36.7	15.6	3.4
	35	43	42	38			
MNPK	33	38	37	47	40.6	17.3	3
	—	49	40	38			
MNP	29	46	50	46	41.7	17.7	3.3
	45	36	44	39			
MN	33	53	42	39	40.3	17.1	3.8
	48	41	36	30			
M	27	34	34	45	36.7	15.6	4
	43	29	31	40			

（二）试验处理和施肥灌水时期

试验处理分 O、N、NP、NPK、M、MN、MNP、MNPK 8 个处理，小区面积 110m^2，重复两次。肥料每季作物用量：硫酸铵合氮素（N）8 斤/亩；过磷酸钙合磷酸（P$_2$O$_5$）8 斤/亩；钾合氧化钾（K$_2$O）8 斤/亩；有机肥（M）小麦使用 3 800 斤/亩，玉米使用

3 200斤/亩。肥料使用方法：有机肥和磷钾肥均作基肥（翻地时施下）使用；氮肥作追肥使用。在小麦起身期（3月18日），抽穗期（5月5日）两次平均使用。夏玉米是在苗期（7月12日），抽雄期（7月28日）两次平均使用。灌水时期：小麦在冬前（11月23日）、起身期（3月18日）、拔节期（4月15日）、插穗期（5月5日）4个时期进行。夏玉米处雨季，未能灌水。

（三）小麦成熟期的生育调查和产量结果

今年1~8月降水量蒸发量以及平均气温（表3）。从表3中可看出，4月降水32.7毫米，5月又降水51.9毫米，刚刚在小麦拔节期和开花期，因此，小麦部分发生倒伏。尽管此种情况，从表4尚能看出氮肥增产效果，如有氮处理的在株高，每穗粒数，秆/籽比均优于对照，最后也反映其产量在增长。如对照495.5斤/亩，有氮处理者产量在568.7~649.0斤/亩，增产14.7%~30.9%，每斤硫酸铵可增收小麦1.8~3.8斤。有机肥也有增产效果。如对照每亩495.5斤，有机肥每亩是530.1斤增产6.9%。当有机肥与氮、氮磷、氮磷钾配合，看来也有增产的趋势。如有机肥530.1斤，配合后每亩产量是587.5~670.2斤，各处理间千粒重无明显的差异。

表3　1~8月降水和蒸发量表（1963年）

月	1	2	3	4	5	6	7	8
降水（毫米）	0.9	0.8	12.4	32.7	51.9	6.1	161	492.1
蒸发（毫米）	100	100.5	169.9	186.3	217.7	330.1	241.2	132.3
气温（月平均）℃	−9~1.3	−7.5~6.3	0.8~13.6	6.5~18.5	13.4~25.6	19~32.9	22~32.7	21.7~30.2

表4　1962—1963年小麦长期试验考种资料

处理	编号	株高（厘米）	每亩株数（万株）	每亩穗数（万株）	每穗粒数（粒）	每株成穗数（个）	千粒重（克）	秆/籽比	产量（斤/亩）
O	45	117	12.8	45.4	17.2	3.5	38.1	3	510
	57	103	13	34.8	19.2	2.7	37.4	2.3	481
	平均	110	12.9	40.1	18.2	3.1	37.7	2.7	495.5
N	46	123	15.3	44.8	21.6	2.9	38.9	2.3	686.5
	58	115	15.7	46.2	24.4	2.9	37.2	1.8	611.5
	平均	119	15.5	45.5	23	2.9	38.1	2.1	649
NP	47	121	14.2	46.1	19.9	3.2	37.2	2.3	662.5
	59	116	11.9	46.5	21	2.9	36.7	2	601.7
	平均	119	13.1	46.3	20.4	3.5	36.9	2.2	632.1

（续表）

处理	编 号	株 高 （厘米）	每亩株数 （万株）	每亩穗数 （万株）	每穗粒数 （粒）	每株成穗 数（个）	千粒重 （克）	秆/籽比	产 量 （斤/亩）
	48	118	14.4	46.4	20.8	3.2	37.4	2.2	−384.1
NPK	60	115	15.6	51.8	21.5	3.3	32.9	2.1	568.7
	平均	117	15	49.1	21.1	3.3	35.1	2.2	568.7
	52	119	16.4	51.2	18.5	3.1	36	1.9	554.5
M	56	109	12.9	40	20	2.6	36.9	1.2	505.6
	平均	114	14.2	45.6	19.3	2.9	36.4	1.6	530.1
	51	126	14.7	50.5	19.6	3.4	37.2	2.4	611.5
MN	55	114	11.6	41.8	22.2	3.6	34.1	1.9	563.5
	平均	120	13.2	46.2	20.9	3.5	35.6	2.2	587.5
	50	125	11.8	54.8	21.2	4.6	37.9	1.8	670.2
MNP	54	114	15.4	60.1	27	4	36.7	1.9	−905.4
	平均	119	13.6	57.4	24.1	4.3	37.3	1.9	670.2
	49	125	15.2	56.6	20.9	3.7	38.1	2.3	670.2
MNPK	53	119	17.2	55.1	23.9	3.2	37.6	1.7	616.2
	平均	122	16.2	55.9	22.4	3.4	37.9	2	643.2

（四）晚玉米试验结果（表5）

表5　1963 年晚玉米考种资料

处 理	编 号	1 米地上 部重 （千克）	穗重 （千克）	秆、叶重 （千克）	秆/穗比	产 量 （斤/亩）	平均产量 （斤/亩）
对照	45	2.31	0.78	1.53	1.6	177.3	173.1
	57	2.28	0.98	1.3		168.8	
N	46	2.55	0.94	1.61	1.7	213.3	208.7
	58	2.8	1.04	1.76		204	
NP	47	2.5	0.92	1.57	1.5	233.1	213.7
	59	2.35	0.99	1.36		194.2	
NPK	48	3.72	1.4	2.32	1.5	235.7	229.6
	60	2.86	1.16	1.7		223.5	

（续表）

处理	编号	1米地上部重（千克）	穗重（千克）	秆、叶重（千克）	秆/穗比	产量（斤/亩）	平均产量（斤/亩）
M	52	3.59	1.41	2.17	1.7	244	223.9
	56	2.62	0.91	1.71		203.9	
MN	51	3.16	1.26	1.9	1.5	242.7	210.7
	55	2.6	1.02	1.58		178.6	
MNP	50	3.36	1.25	2.11	2	258.7	235.9
	54	2.43	0.7	1.73		213	
MNPK	49	3.81	1.51	2.3	1.7	247.8	231.7
	53	2.07	0.7	1.36		215.6	

该季作物生长期间突然遇到大雨，8月共下492.1毫米，而8~9两天就下了337.6毫米，占全月的68%，地里积水一星期之久，玉米碰到此情况倒伏达到3%~50%，产量受到很大影响。从表5还可看出，施用氮肥有增产作用，如对照每亩产量在173.1斤，施氮处理亩产218.7斤，增产20.5%，每斤硫酸铵增收玉米0.89斤，其经济效益很低，在氮磷，氮磷钾以及有机肥处理者均有提高产量的效果，但增产幅度不大。有机肥与无机肥配合处理的看不出效果，有机肥单独使用增产效果较大，如对照每亩产173.1斤，有机肥处理223.9斤，增产28.9%。

（五）玉米收获后土壤分析结果（表6）。小麦植株分析（表7）

表6　土壤分析

处理	深度（厘米）	全氮（%）	全磷（%）	有机质（%）
对照	0~20	0.088	0.248	1.267
	20~50	0.074	0.248	1.026
N	0~20	0.081	0.225	1.257
	20~50	0.067	0.199	0.923
NP	0~20	0.091	0.204	1.433
	20~50	0.072	0.201	0.927
NPK	0~20	0.091	0.238	1.393
	20~50	0.066	0.195	0.846

（续表）

处 理	深 度（厘米）	全氮（%）	全磷（%）	有机质（%）
MNPK	0～20	0.093	0.245	1.407
	20～50	0.067	0.185	0.874
	50～80	0.047	0.121	0.527
	80～100	0.029		0.268
MNP	0～20	0.089	0.336	1.28
	20～50	0.067	0.256	0.876
MN	0～20	0.09	0.243	1.323
	20～50	0.068	0.182	0.825
M	0～20	0.091	0.267	1.295
	20～50	0.075	0.207	0.979

小麦植株里的全氮分析（表7）。

表7　小麦植株全氮分析

处 理	籽粒 N（%）	秆 N（%）
对 照	1.49	0.19
N	1.87	0.30
NP	1.85	0.27
NPK	1.89	0.29
MNPK	1.84	0.27
MNP	1.84	0.29
MN	1.92	0.28
M	1.59	0.19

　　从表6看出通过一年试验，在晚玉米成熟后分析土壤全氮、全磷、有机质含量，各处理间变化不大，看来需要长期积累资料。从表7小麦植株的全氮分析看出，施氮肥对秸秆和籽粒里含氮量有明显增加，籽粒含氮量的增加是标志着小麦籽粒质量的提高。由此看来，施肥对作物不仅增产，而且对品质也起到一定的作用，但对土壤肥力的提高尚需一定时间。

北京地区小麦丰产施肥的研究

陈尚谨　肖国壮　朱如源

（中国农业科学院土壤肥料研究所）

（1963 年 2 月）

新中国成立以来，党和政府对提高单位面积粮食产量极为重视，各地出现了不少高额丰产田，并取得了很多经验，生产实践中证明，培肥土壤是获得高额丰产的重要基础。近年来，各地对小麦丰产栽培技术进行了不少研究，着重研究了小麦丰产群体结构和达到合理群体结构所采取的技术措施，但对土壤肥力问题联系得不够，显然对不同肥力基础的土壤所应采取的丰产技术措施是不相同的。为了阐明小麦丰产与土壤肥力的关系，并研究高肥力土壤条件下所应采取的施肥技术进行了这项研究工作。

一、试验地土壤肥力和本年度气候概况

（一）试验农场土壤肥力与历年小麦产量增长的关系

本试验是在北京西郊中国农业科学院试验农场进行的。新中国成立以来，我院就很注意农场地力的培养，自 1953 年起连年每亩施用优质圈肥五大车，约合 1 万斤左右，和较大量的化学肥料，土壤肥力逐年提高。据几年来的分析结果，1954 年 0~20 厘米土壤中有机质含量约为 1.0%，1960 年达到 1.5% 左右，1954 年以前表土全氮量多在 0.08% 上下，1960 年达到 0.10% 左右，土壤有效磷在 1956 年以前多在百万分之五十上下，1960 年提高到百万分之一百左右。在土壤肥力逐渐提高的基础上，采用了良种、深耕、施肥、密植等措施，小麦产量从 1956 年以前的 300~400 斤，1958 年提高到 400~500 斤，1960 年小麦平均产量又提高到 600~700 斤，近两年来，丰产试验田的产量已超过 800 斤。历年来肥料试验地小麦产量结果列入表 1。

表 1　本院农场历年小麦产量概况表

年 份	小麦产量		施肥量（氮素，斤）	每斤氮素增产量（斤）
	对照区（斤/亩）	施肥区（斤/亩）		
1947—1948	108.8	199.5	8	11.3
1949—1950	176.8	148	8	施肥区因锈病严重而减产

（续表）

年 份	小麦产量		施肥量 （氮素，斤）	每斤氮素 增产量（斤）
	对照区（斤/亩）	施肥区（斤/亩）		
1951—1952	102	173	8	9
1952—1953	246	368	4	15.3
1954—1955	338.3	371.4	8	8.4
1956—1957	222.8	308.8	8	10.8
1957—1958	308.8	481.8	8	21.7
1959—1960	393.4	494	8	12.6
1960—1961	495.5	706.6	15	14.1
1961—1962	620.1	723	8	12.9

注：以上对照区当年不用氮肥，施肥区除 1960—1961 年每亩施用厩肥 15 000 斤及硫铵 75 斤外，其他施肥区当年均不施用有机肥料，试验地每年调换

从上述资料可见，由于土壤肥力的提高，对照区产量逐年上升，在培肥土壤的基础上，施肥区产量更大幅度增长，说明了培养地力与高额丰产之间的密切关系。

为了研究在不同肥力的土壤上冬小麦丰产的施肥技术和相应管理措施，今年选择几种不同肥力的土地进行了冬小麦丰产肥料试验，同时又在北京郊区顺义县和河北新城县高碑店农场，中肥力和低肥力土壤上进行小麦肥料试验，以资比较（顺义和高碑店试验另有总结）。本试验分成两部分，第一部分为氮肥用量试验，第二部分为有机、无机肥料试验，两部分试验是密切结合进行的。今将试验地土壤肥力概况，试验方法和获得结果分述如下。

（二）试验地土壤性质与养分含量

试验地土壤为黑黄土，系石灰性土壤，pH 值 7.6～8.0 微碱性，春季地下水位 3 米左右，30 厘米以下有石灰结核。本年度小麦地有 33 亩，肥料试验占地 3 条共 4.5 亩，第Ⅰ、第Ⅱ条地为有机、无机肥料试验，第Ⅲ条地为氮肥用量试验，各条地土壤肥力有所不同。土壤分析结果列入表 2，并附列我院高碑店农场低产土壤的分析结果。

表 2　小麦肥料试验地土壤分析表

试验名称	采样深度 （厘米）	pH 值	有机质 （%）	全 氮 （%）	全 磷 （%）	有效磷 （毫克/千克）
第Ⅰ、第Ⅱ条地 （有机无机 肥料试验）	0～20	7.6～7.8	1.3～1.68	0.095～0.122	0.23～0.24	96～104
	20～50	7.8～8.0	1.15	0.085～0.094	0.20～0.21	38～72
第Ⅲ条地 （氮肥用量试验）	0～20	7.9	1.28	0.103	0.24	70
	20～50	7.9	1.01	0.084	0.22	45

（续表）

试验名称	采样深度（厘米）	pH 值	有机质（%）	全 氮（%）	全 磷（%）	有效磷（毫克/千克）
高碑店农场（小麦试验地）	0～20	7.7	0.82	0.080	0.13	9
	20～50	7.8	0.75	0.082	0.07	10

　　第Ⅰ、第Ⅱ条地为 1958 年卫星田，曾大量施用有机肥料，表层 0～20 厘米有机质含量 1.30%～1.68%，全氮 0.095%～0.122%，全磷 0.23%～0.24%，肥力高于第Ⅲ条地，土壤有效养分很高，0～20 厘米速效磷 96～104 毫克/千克。第Ⅲ条地土壤肥力与农场大田相似，耕层土壤有机质 1.28%，全氮 0.103%，全磷 0.24%，速效磷 70 毫克/千克。各条地均属高肥力土壤，肥力顺序从高到低为Ⅰ条，Ⅱ条，Ⅲ条及大田。

（三）本年度气候概况

　　从当年小麦生育期间气候情况来看，1961 年 9～11 月降水量比往年为多，秋播时耕作层土壤水分都在 18%～20%，对小麦冬前生长甚为有利，越冬期间，11 月、12 月及 1 月气温比往年稍高，雨雪较往年为少，2 月、3 月份气温又略低于往年，从 2 月到 4 月降水量仅 32.8 毫米，比往年少 1/3，在这种情况下春季灌溉对小麦生长更具有重要意义。气候记录见表 3。

表 3　1961—1962 年气候情况表 *

年	月	气温（℃）		降水量（毫米）		地温（℃）		
		月平均	与近三年同期比较	总量	与近三年同期比较	地表	10 厘米	20 厘米
1961	9	18.9		119.4		22.6	20.8	20.9
	10	11.9		10.1		13.4	12.8	13.4
	11	6.3	+2.8	12.0	+7.0	6.5	7.0	7.7
	12	-2.7	+0.8	0.8	-1.2	-3.6	-1.3	-0.2
1962	1	-4.3	+1.0	3.9	-1.5	-5.2	-3.1	-2.5
	2	-0.3	-2.4	4.6	-8.1	0.2	0.0	-0.3
	3	7.1	-1.4	17.7	-12.9	8.9	7.9	7.4
	4	14.6	+0.3	6.6	-0.4	8.2	16.2	15.6
	5	20.7	-1.1	24.6	+15.8	30.0	23.9	22.1
	6	23.7		65.2		31.2	25.7	25.0

　　注：摘自北京气象站

二、研究内容及设计

（一）试验处理

试验地第Ⅰ、第Ⅱ条有机、无机肥料试验，设 O、N、NPK、M、MN、MNPK 6 个处理，有机肥料（M）亩施炉灰粪 15 000 斤，氮肥（N）每亩施用硫酸铵 40 斤，合氮素 8 斤，磷肥（P）用过磷酸钙 53.3 斤，合 P_2O_5 8 斤，钾肥（K）用硫酸钾 17.8 斤，合 K_2O 8 斤。小区面积 98 平方米，重复 3 次。另设无苗区以作比较观察。由于第Ⅰ条和Ⅱ条地土壤肥力不同，小麦生育也不同，后期管理采取了不同措施。第Ⅲ条氮肥用量试验，土壤肥力与农场大田相似，稍低于第Ⅰ条、第Ⅱ条地，一般管理措施也与大田相同，以便与大田生产相比较，在亩施炉灰粪 15 000 斤的基础上，设 5 个处理，每亩硫酸铵用量分：不施，20 斤，40 斤，60 斤，80 斤，合氮素 0 斤，4 斤，8 斤，12 斤，16 斤，重复 4 次，随机区组排列，小区面积 40 平方米。每个处理另设采样区 20 平方米。不同氮肥用量施用时期如下：施硫酸铵 20 斤的，在起身期一次施入；施 40 斤的，在起身、拔节期各施 20 斤；施 60 斤的，在起身、拔节、孕穗期各施 20 斤；施 80 斤的，在返青、起身、拔节、孕穗期各施 20 斤。

（二）田间栽培管理

试验地前茬为玉米大豆间作，于 9 月 15 日耕翻，耕深 18 厘米，耕地前施用炉灰粪和磷钾肥，炉灰粪质量较差，含全氮 0.14%；全磷 0.37%；氮肥作追肥施用。9 月 26 日播种，每种播种量 28 斤，品种为北京六号，用拖拉机播种，行距 15 厘米，播种时土壤水分充足，并施入毒饵，出苗良好，没有缺苗现象，越冬前全部为壮苗，冬前分蘖达 4.8 个，每亩总分蘖达 129.1 万，基本苗因土壤肥力不同而有很大差异，第Ⅰ条地为 28.1 万株苗，第Ⅱ条地为 26.9 万株苗，第Ⅲ条地为 25.8 万株苗，大田为 21.8 万株苗。11 月 23 日灌冻水，越冬期间没有死苗；3 月 8 日开始返青，土壤墒情好，3 月 29 日灌头水，并施起身肥硫酸铵 20 斤，以促进前期生育，施肥后植株迅速长高，分蘖和次生根大量增加，在起身期调查，第Ⅰ、第Ⅱ条地总分蘖已达 280 万~300 万个，超过了一般所认为的丰产群体指标。第Ⅰ、第Ⅱ条地植株有徒长趋势，4 月 11 日株高达 22.6 厘米，开始封行，因此，拔节期对第Ⅰ、第Ⅱ条地均进行了蹲苗，直至孕穗末期（5/8日），才浇两水，施穗肥硫酸铵 20 斤，5 月 25 日降雨 24.6 毫米，第Ⅰ条地局部发生倒伏，以后未再灌水；第Ⅱ条地直到 6 月初没有倒伏，6 月 3 日浇第三次水（灌浆水）遇风，局部发生倒伏，对产量影响不大，由于在生育中期采取了有效控制，生育基本正常，第Ⅰ、第Ⅱ条地均获得较高的产量。第Ⅲ条地，肥力较差按一般大田管理，没有蹲苗，植株生长正常，没有发生倒伏，也获得较高产量。试验处理及田间管理情况列入表 4。

表4　1961—1962年冬小麦丰产肥料试验处理及田间管理情况表

试验名称	土壤肥力	处理代号*	追肥时期	管理措施	备注
氮肥用量试验	第Ⅲ条地：土壤肥力与大田相同，低于第Ⅰ、第Ⅱ条地	M	—	灌水6次：越冬前、起身、拔节、孕穗、扬花、灌浆	未倒伏
		MN_4	起身期施硫铵20斤		
		MN_8	起身、拔节期各施20斤		
		MN_{12}	起身、拔节、孕穗各施20斤		
		MN_{16}	返青、起身、拔节、孕穗期各施20斤		
大田		$MN_{11}P_3$	起身、拔节、孕穗三次施用	灌水5次：越冬前、起身、拔节、孕穗、扬花	未倒伏
有机无机肥料试验	第Ⅰ条地：土壤肥力最高	O	—	灌水3次：越冬前、起身、孕穗	抽穗后下雨，大部分倒伏
		N_8	起身、孕穗各施20斤		
		$N_8P_8K_8$	同上		
		M	—		
		MN_8	起身、孕穗各施20斤		
		$MN_8P_8K_8$	同上		
	第Ⅲ条地：土壤肥力稍次于第Ⅰ条地	M	—	灌水4次：越冬前、起身、孕穗、灌浆	成熟后期（6/3）灌水后，部分倒伏
		MN_8	起身、孕穗期各施20斤		
		$MN_8P_8K_8$	同上		

注：M代表每亩用炉灰粪1.5万斤，N_8，P_8，K_8代表每亩用硫酸铵40斤，过磷酸钙53.3斤，硫酸钾17.8斤，合有效成分各8斤，其余类推

三、试验结果

（一）冬小麦氮肥用量试验生育情况及产量

在高肥力土壤上施用氮肥不当，常易引起倒伏，今年肥料用量最多的每亩施用硫酸铵80斤，并没有发生倒伏，氮肥用量与产量增加约呈直线上升的关系，平均每斤硫酸铵增产小麦1.6~2.0斤，不施肥的处理亩产620.1斤，施硫酸铵20斤的亩产660.0斤，施40斤的亩产700.1斤，施60斤的亩产715.9斤，施80斤的亩产762.9斤。从试验材料可见，增施氮肥增加了土壤速效性氮的含量，保证了养分的供应，巩固了早期分蘖，增加了次生根，提高了有效分蘖率和增加了千粒重，因而，有效地提高了产量。从

氮肥施用时期来看，施肥量20~40斤时，以起身期一次施用硫酸铵20斤或在起身、拔节期各施20斤增产效果较好。因小麦起身、拔节期正当幼穗分化成长阶段，施用氮肥对增产效果较大。若施肥量增加可分3~4次施用，结果列入表5。

表5 1961—1962年小麦氮肥用量试验成熟期生育调查及产量表

处理代号		收获时每亩株数（万株）	每亩穗数（万个）	单株有效穗（个）	籽粒产量（斤/亩）	产量（%）	秆籽比	穗长（厘米）	结实小穗（个）	不孕小穗（个）	每穗粒数（粒）	千粒重（克）	每斤硫酸铵增产（斤）
1	N_0	24.1	65.7	2.7	620.1	100	2.7	6.1	11.9	3.5	15.2	38.0	—
2	N_4（起身追）	26.8	67.2	2.5	660.3	106.5	2.5	5.7	11.3	3.4	16.0	38.4	2.0
3	N_8（起身，拔节追）	25.2	65.1	2.7	700.1	113.0	2.2	5.4	10.0	3.7	18.0	38.6	2.0
4	N_{12}（起身，拔节，孕穗追）	25.5	69.9	2.8	715.9	115.4	2.2	6.4	12.3	3.7	17.6	38.3	1.6
5	N_{16}（返青，起身，拔节，孕穗追）	27.4	73.6	2.7	762.9	123.0	2.1	5.7	10.1	3.4	16.8	38.8	1.8

注：N_0代表不施氮肥对照，N_4代表每亩用氮素4斤，其他类推。籽粒产量标准差25.03斤/亩；5%显著54.6斤/亩；1%显著76.6斤/亩

（二）有机、无机肥料试验小麦生育情况及产量

第Ⅰ条地土壤肥力高，小麦早期生长很突出，分蘖过多，为了防止倒伏在拔节和灌浆期没有灌水，受到一定干旱，处理之间没有明显差别，平均亩产732.4斤。第Ⅱ条地土壤肥力较第Ⅰ条稍低，小麦生长正常，平均亩产788斤。M处理亩产770.9斤，MN处理亩产825.3斤，比M处理增产54.4斤合7.1%，MNPK处理平均产量达853.8斤，比M处理增产82.9斤合10.8%。从今年试验证明，在长期大量施用有机肥料的土壤上，增施氮肥仍有极明显的增产效果，增施磷钾肥的效果尚待进一步深入研究。结果列入表6。

表 6　1961—1962 年有机无机肥料试验成熟期生育调查及产量表

地块	处理	收获时每亩株数（万株）	每亩穗数（万个）	单株有效穗（个）	籽粒产量（斤/亩）	产量（%）	秆/籽	结实小穗（个）	不孕小穗（个）	每穗粒数（粒）	千粒重（克）	重复次数
第Ⅰ条	O	29.1	81.1	2.8	709.2	100.0	2.2	11.9	3.8	17.6	33.8	2
	N_8	27.8	93.0	3.4	735.3	103.6	2.4	10.8	4.3	15.9	33.0	2
	$N_8 P_8 K_8$	23.6	78.4	3.3	697.2	98.3	2.4	11.4	3.9	16.9	31.2	2
	M	29.5	95.1	3.2	727.9	102.6	2.5	10.8	4.6	15.2	31.3	2
	MN_8	24.3	76.9	3.2	735.7	103.7	2.4	12.8	3.6	17.1	33.8	1
	$MN_8 P_8 K_8$	30.3	85.3	2.8	755.3	106.5	2.4	12.4	3.9	17.1	33.1	1
第Ⅱ条	M	27.3	76.8	2.8	770.9	100.0	2.5	12.8	4.6	15.2	36.4	3
	MN_8	25.0	77.4	3.1	825.2	107.1	2.4	12.8	3.6	17.1	36.0	2
	$MN_8 P_8 K_8$	26.8	83.0	3.1	853.8	110.8	2.3	12.4	3.9	17.1	36.7	3

（三）土壤水分和养分动态变化

在小麦生育期中按期进行土壤水分，硝酸态氮和有效磷的分析。并在第Ⅱ条 MNPK 处理中设立无苗区，以资比较，土壤水分采用烘干法，硝酸态氮用酚二磺酸比色法，有效磷用 1%（NH_4）$_2CO_3$ 浸提，钼蓝比色法。结果列入表 7、表 8、表 9。

表 7　土壤水分动态变化（干土重%）

试验名称	处理	取土时间 / 取样深度（厘米）	播种 0/26	苗期 10/24	越冬前 11/22	返青 3/14	起身 3/28	拔节 4/18	孕穗 5/17	灌浆初期 5/21	灌浆 5/29
（一）氮肥用量试验灌水日期	N_0	0~5	13.8	15.8	13.7	15.0	8.4	6.5	10.6	5.3	6.8
		5~20	16.9	19.1	17.2	19.4	16.6	10.8	14.3	9.8	10.3
		20~50	18.1	20.6	18.1	20.0	18.9	14.7	13.3	11.5	9.6
	N_8	0~5	13.8	15.8	13.7	15.0	8.4	8.2	11.9	—	10.8
		5~20	16.9	19.1	17.2	19.4	16.6	10.3	13.5	—	11.4
		20~50	18.1	20.6	18.1	20.0	18.9	16.1	13.3	—	11.5
	N_{16}	0~5	13.8	15.8	13.7	15.0	8.4	8.0	11.6	7.2	11.4
		5~20	16.9	19.1	17.2	19.4	17.0	13.3	13.0	10.1	11.4
		20~50	18.1	20.6	18.1	20.0	18.9	14.8	12.6	10.0	10.8
	灌水日期				11/23	—	3/29	4/26	5/13	5/22	5/29

（续表）

试验名称	处理		取土时间 / 取样深度（厘米）	播种 0/26	苗期 10/24	越冬前 11/22	返青 3/14	起身 3/28	拔节 4/18	孕穗 5/17	灌浆初期 5/21	灌浆 5/29
（二）有机无机肥料试验	Ⅰ条	0	0~5	13.8	15.8	13.7	13.8	7.2	7.1	10.0	7.4	2.7
			5~20	16.9	19.1	17.2	18.1	14.5	11.2	9.1	8.2	5.7
			20~50	18.1	20.6	18.1	19.2	17.8	15.2	10.1	7.1	8.1
		MNPK	0~5	13.8	15.8	13.7	15.7	7.2	7.0	9.5	—	4.9
			5~20	16.9	19.1	17.2	20.5	16.7	10.5	9.1	—	3.7
			20~50	18.1	20.0	18.1	19.8	17.7	13.1	10.6	—	5.3
	Ⅱ条	MNPK	0~5	15.5	13.8	13.9	15.7	7.2	6.5	9.1	—	4.2
			5~20	17.9	17.8	17.1	20.5	16.6	11.9	10.0	—	6.6
			20~50	19.0	19.6	18.3	19.8	17.7	14.5	10.7	—	6.1
		无苗区	0~5	—	—	—	13.2	9.3	11.5	14.1	—	5.8
			5~20	—	—	—	17.8	15.4	16.1	14.2	—	13.3
			20~50	—	—	—	18.5	17.3	17.1	14.9	—	16.5
灌水日期						11/23	—	3/29	—	5/11	—	6/3

表8　土壤硝酸态氮动态变化　　　　（单位：毫克/千克）

试验名称	处理	取土时间 / 取样深度（厘米）	苗期 10/24	越冬前 11/22	返青 3/14	起身 3/28	拔节 4/18	孕穗 5/7	灌浆 5/29
（一）氮肥用量试验	N_0	0~5	—	—	18.5	5.4	1.4	1.6	2.1
		5~20	—	—	7.2	1.5	1.7	1.6	7.2
		20~50	—	—	4.4	2.1	1.3	1.6	1.7
	N_8	0~5	—	—	18.5	3.4	4.8	16.4	1.2
		5~20	—	—	7.2	1.5	5.0	4.3	2.0
		20~50	—	—	4.4	2.1	1.6	1.9	2.0
	N_{16}	0~5	—	—	18.5	13.9	4.7	34.0	6.7
		5~20	—	—	7.2	2.7	2.3	3.1	8.1
		20~50	—	—	4.4	2.0	1.0	1.6	3.7
施肥日期					3/12	3/28	4/23	5/8	—

（续表）

试验名称	处理		取土时间 / 取样深度（厘米）	苗期 10/24	越冬前 11/22	返青 3/14	起身 3/28	拔节 4/18	孕穗 5/7	灌浆 5/29
（二）有机无机肥料试验	I条	O	0~5	16.6	5.1	19.4	18.5	8.8	5.3	7.9
			5~20	8.3	3.5	4.4	6.3	5.4	9.2	4.0
			20~50	8.0	6.9	14.0	18.3	25.8	17.6	5.7
		MNPK	0~5	—	—	19.2	37.2	12.9	9.1	21.0
			5~20	—	—	4.4	17.3	5.4	3.8	28.7
			20~50	—	—	3.2	21.2	9.4	5.6	35.3
	II条	MNPK	0~5	8.1	5.8	5.8	—	7.8	2.2	25.2
			5~20	2.9	1.3	1.3	—	2.1	2.9	6.6
			20~50	3.7	2.6	2.6	—	2.0	1.8	6.5
		无苗区	0~5	—	—	23.0	42.7	28.1	16.4 **	60.0
			5~20	—	—	7.2	9.6	7.0	23.8	10.3
			20~50	—	—	6.6	5.6	6.4	6.1	17.3
	施肥日期					—	3/28	—	5/8	—

注：土壤硝态氮均在施肥、灌浆前测定（ ** 在灌水后测定）

表 9 土壤速效磷动态变化 （单位：毫克/千克）

试验名称	处理	取土时间 / 取样深度（厘米）	返青 3/14	起身 3/28	拔节 4/18	孕穗 5/7	灌浆 5/29
（一）氮肥用量试验	N_0	0~5	100	85	115	80	120
		5~20	128	84	126	118	129
		20~50	144	79	117	94	120
	N_8	0~5	100	85	148	125	160
		5~20	128	84	151	149	171
		20~50	144	79	157	131	180
	N_{16}	0~5	100	92	134	156	153
		5~20	128	99	133	133	162
		20~50	144	85	174	124	162

（续表）

试验名称	处理		取土时间 取样深度（厘米）	返青 3/14	起身 3/28	拔节 4/18	孕穗 5/7	灌浆 5/29
（二） 有机 无机 肥料 试验	Ⅰ条	O	0～5	88	92	146	110	226
			5～20	72	78	144	110	157
			20～50	60	24	33	40	39
		MNPK	0～5	104	73	176	154	197
			5～20	120	91	130	90	183
			20～50	40	37	41	40	185
	Ⅱ条	MNPK	0～5	108	—	208	154	208
			5～20	120	—	122	121	208
			20～50	40	—	89	78	153
		无苗区	0～5	68	46	77	110	85
			5～20	124	47	105	128	87
			20～50	72	29	58	60	60

注：土壤有效磷系灌水、施肥前测定

①从表7可以看到，第Ⅰ、第Ⅱ条地在小麦起身前后，根系密集层土壤水分经常保持在17%～19%，有利于麦苗早期生长，拔节前后采取了蹲苗措施，土壤水分只有10%左右，但由于根系发达，扎根深，能利用深层土壤水分，植株生长正常，并无缺水现象。孕穗期（5/11～13）灌两水，到乳熟期0～50厘米土层中土壤水分下降到10%以下，第Ⅱ条地于6月3日灌第三水，第Ⅰ条地因生长过旺未灌水，受到一定程度的干旱，影响了籽粒灌浆，平均千粒重33.0克，比第Ⅱ条地低3.5克。从表7还可以看出，小麦拔节以前土壤水分的消失主要是地面蒸发，无苗区地面没有覆盖，水分消耗快，土壤水分经常低于有苗区，而拔节以后，土壤水分主要是被小麦植株吸收，无苗区水分经常高于有苗区，因而，拔节期以后，土壤灌水是十分重要的。

土壤水分运动也影响到土壤养分运动，在干旱季节，硝酸态氮随土壤水分上升积累于土表，0～5厘米以内经常保持在10～20毫克/千克，比下层土壤高出几倍，按每亩表土十万分之一计算，这部分硝酸态氮即相当于5～10斤硫酸铵，因表土水分不足，不能被小麦吸收，灌水或降雨时随水分下渗到根层，再供作物吸收，如在5月12日测定，无苗区灌水前0～5厘米土层硝酸态氮28.1毫克/千克，5～20厘米7.0毫克/千克，而灌水后一天测定，0～5厘米硝酸态氮即下降到16.4毫克/千克，5～20厘米增加到23.8毫克/千克，所以，灌水或降雨一次，就相当于施一次肥料。

②从土壤养分来看（表8，图1）无苗区硝酸态氮高于有苗区，第Ⅰ条地高于Ⅱ条地，第Ⅱ条地又高于第Ⅲ条地。无苗区没有作物吸收，硝态氮逐渐在土壤中累积而增多。而土壤中速效磷却表现不同，无苗区反而低于有苗区，见图2，这可能是小麦根系

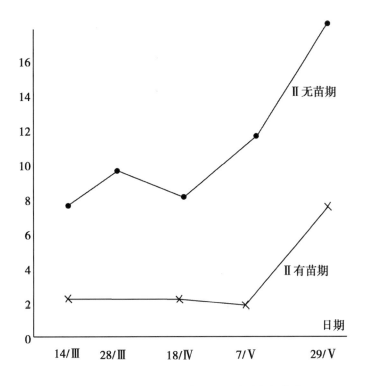

图1 小麦田0~50厘米土层中硝酸态氮含量

呼吸，放出二氧化碳和分泌其他有机酸，对土壤有效磷的释放有关，除无苗区外，各处理间土壤有效磷的含量无明显的区别。在本农场历年施用大量有机肥料的情况下，土壤磷素有比较丰富的积累，氮素仍显不足，而小麦植株对氮素吸收量多，对磷吸收量较少。所以，限制小麦产量的因子是氮素，增施氮肥可以显著提高产量；在小麦生长时间测定土壤中硝态氮含量，大致可以反映土壤肥力和小麦生长的情况，可以用作施用氮肥的参考。

③土壤肥力和田间管理对植株冬前分蘖、次生根和干物重变化的影响。本试验地土壤肥力高，水分充足，冬前分蘖多，根系发达，从表10可见，第Ⅰ、第Ⅱ条地土壤肥力较高，越冬前单株分蘖达4.8个，次生根3.9条，返青期单株分蘖8.8~9.0个，起身期单株分蘖10.3~10.6个，次生根6.5~6.8个，明显地多于第Ⅲ条地，第Ⅲ条地及大田土壤肥力稍差，返青期分蘖5.0~6.4个，次生根6.1~6.7条，起身期单株分蘖9.9~10.7个，次生根6.8~6.9条。由于各条地肥力不同，冬前分蘖和次生根数不同，收获时有效分蘖也有不同，越冬前的次生根数与成熟期的穗数，有明显关系，研究如何促进冬前次生根的生长，对增加有效分蘖和产量有重要的作用。

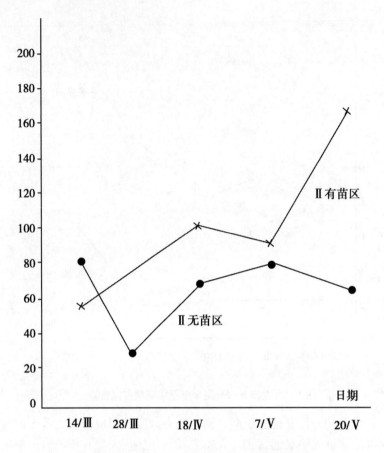

图 2　小麦田 0～50 厘米土层中速效磷含量

表 10　1961—1962 年冬小麦生育期植株分蘖次生根调查

试验地块	土壤肥力	处理	基本苗（万株）	越 冬 前			返 青 期			起 身 期			收获时单株有效分蘖
				单株分蘖	总分蘖	单株次生根	单株分蘖	总分蘖	单株次生根	单株分蘖	总分蘖	单株次生根	
第Ⅲ条	低于第Ⅰ、第Ⅱ条与大田相同	N_0	24.1	—	—	—	6.4	154.2	6.7	9.9	285.9	6.9	2.7
		N_8	25.2	—	—	—	5.4	128.5	6.3	9.9	249.5	6.9	2.7
		N_{16}	27.4	—	—	—	5	137	6.1	10.7	293.2	6.8	2.7
第Ⅱ条	低于第Ⅰ条高于第Ⅲ条	M	26.9	4.8	129.1	3.9	9	242.1	—	10.3	277.1	6.5	3
第Ⅰ条	高于第Ⅱ、第Ⅲ条地	0	28.1	—	—	—	8.8	247.3	—	10.6	297.9	6.8	3.1

注：N_{16} 处理返青期（3/12）施硫铵 20 斤/亩

在肥力较高的基础上，前期灌水施肥，对分蘖和次生根有显明促进作用，如第Ⅲ条地，返青以前各处理间分蘖和次生根基本上一致，而 N_{16} 处理返青期追施硫铵20斤，到起身期分蘖数比不施肥的增加0.8个。各生育期干物重结果见表11，从表中可见，起身期以前，第Ⅰ、第Ⅱ、第Ⅲ条地植株干物量比较接近，3月28日施肥灌水，到拔节期，第Ⅰ条地植株干重急剧增加，达到起身期的2.1倍，第Ⅱ、第Ⅲ条地仅增加1.5～1.6倍，但第Ⅰ条地因小分蘖增加，拔节期蹲苗以后，小分蘖迅速衰亡，到孕穗期干物重增长速度下降，仅为拔节期的1.9倍，而第Ⅱ条地干物重增长为拔节期的3.8倍。第Ⅲ条地拔节期继续灌水施肥，干物重增长量为拔节期的3.7倍。可见对肥力较高的丰产地在拔节期给予适当控制，能促使大小分蘖加速分化，小分蘖提早退化，减轻了孕穗期前后群体过多的矛盾，不致因为遮光郁闭严重倒伏而减产。

表11　1961—1962年冬小麦生育期植株干物重调查表

试验地块	越冬前(11/15)		返青期(3/12)		起身期(4/11)		拔节期(4/19)		孕穗期(5/7)		收获期(6/8)
	克/100株	斤/亩	克/100株	斤/亩	克/100株	斤/亩	克/100株	斤/亩	克/100株	斤/亩	
第Ⅰ条	34.1	197	44.8	258.9	74.2	428.9	153.9	889.5	288	1 664.60	367 2 122
第Ⅱ条	25.5	143	—	—	70	387.8	111.9	619.9	432	2 393.30	391 2 166
第Ⅲ条	—	—	27.1	150.1	66.4	367.9	100.1	554.5	372	2 061.00	400 2 216

注：第Ⅰ条以 MNPK 处理为代表；

第Ⅱ条以 MNPK 处理为代表；

第Ⅲ条以 N_{16} 处理为代表

（四）灌水和倒伏问题

本试验局部地区在灌浆后发生倒伏，主要是灌水不均，因局部地区土地不平，水量过大，与施肥关系不大。由于倒伏日期较晚，小麦已经灌浆，对产量影响不大，一般倒伏小区的产量反较不倒伏的高。于灌水后6天（15/17 日）测定，发生倒伏的地点，土壤水分0～10厘米为10.4%，10～20厘米为10.6%，20～50厘米为10.3%，50～70厘米为10.5%，70～100厘米为12.0%，100～120厘米为12.5%，未发生倒伏的地点，土壤水分0～10厘米是7.4%，10～20厘米是8.2%，20～50厘米为7.1%，倒伏和未倒伏地点土壤水分显然有很大区别。在土壤水分过多的地段有发生贪青的情况，比正常生育的晚出穗2～3天，据田间记载，发生贪青晚出穗的地点，正是以后发生倒伏的位置。

四、结果讨论

第一，从以上小麦肥料试验可以看出，长期施用有机肥料，熟化程度高的土壤中，养分平衡的动态是，磷素随有机肥料施入的多，植株吸收带走的少，流失少，逐年有丰富的积累；而氮素则不同，植株吸收多，并有一部分随水淋失，土壤中累积较少，若要求进一步提高产量，氮素仍显不足，所以，在高肥力土壤上增施氮素，仍有明显的增产效果。如今年小麦试验地，0～50厘米土层内每亩有效磷经常保持在80～100斤，而硝酸态氮只有8～10斤，相差达10倍，在亩产600～700斤的基础上，增施硫酸铵20～80斤，每斤仍能增产小麦2斤左右，磷钾肥则不很明显，尚待进一步研究。反之，在顺义、高碑店，有机肥料用量不足，肥力低的土壤，氮肥磷肥均有显著增产效果，磷肥肥效很突出。氮肥效果与土壤水分和磷肥的供应有很大关系，在严重缺磷的情况下，单施氮肥，增产效果常不明显。如我们在顺义县十里堡基点下地试验（顺义县十里堡生产队土地，分上地和下地两种，上地地势较高，水分条件差，历年施肥量比下地少，土壤肥力较差。下地地势较低，历年施肥量较大，土壤肥力也较高），土壤肥力中等，水分较好，每亩施用硫酸铵9斤作种肥，增收小麦58.8斤，每斤硫铵增收小麦6.5斤。而上地肥力较低，土壤水分也较差，亩施硫酸铵5斤作种肥增收小麦16.1斤，合每斤硫铵增收小麦3.2斤。高碑店农场旱地，近年来未曾施用有机肥料，土壤肥力很低，不施肥区小麦产量每亩仅41.5斤，单施硫铵40斤作基肥，仅增收小麦7斤，很大部分肥料没有发挥作用，在施用等氮量基础上增施过磷酸钙20斤，比单施氮肥增收小麦37斤。在肥力低的土地上，单施磷肥也常有增产效果，如顺义基点的上地，有效磷缺乏，单施过磷酸钙20斤，增收小麦17.3斤，高碑店农场旱地，单施磷肥对玉米也有增产效果。

第二，今年小麦肥料试验地丰产的特点是苗足穗多，有效分蘖数高，由于土壤肥力高，播种适期，冬前分蘖多，达到很高的有效分蘖数，单株有效分蘖平均在2.7～3.4个（包括主茎），每亩穗数平均在74万～78万个，根据过去试验资料，一般单株有效分蘖多在1.2～1.7个，本试验有效分蘖超过了1倍，成为获得丰产的主要因素，但穗子比较小，千粒重稍低，为31.2～38.8克，是其缺点。今年小麦丰产肥料试验，进一步明确了下述3个问题。

1. 培肥土壤是小麦丰产的重要基础

我院农场经过10多年连年施用大量有机肥料，土壤肥力逐年提高，产量也随着增加。今年农场小麦，第Ⅰ条地无肥区仅灌两次水，单产即达709斤，第Ⅲ条地对照区不施追肥，也达到620斤。在这样高肥力的基础上，采用适当的栽培技术，增施氮素化肥20～80斤，每斤硫铵仍能增收小麦2斤左右，因此，继续培肥地力，采用相适应的高产品种和管理措施，产量还可以大大提高。土壤肥力高，首先有利于齐苗、壮苗，增加冬前分蘖和次生根，提高有效分蘖率，今年小麦单株有效分蘖普遍较高，主要是土壤肥力的作用。小麦生育期中，根系密集层土壤中硝态氮经常保持在3～5毫克/千克，土壤有效磷经常在100毫克/千克左右。由于土壤肥力高，冬前次生根数增加，和第二年有效分蘖数有一定的正相关，本试验第Ⅰ、第Ⅱ、第Ⅲ条地小麦单株有效分蘖分别为3.1个，2.9个，2.7个，而一般肥力低的小麦田极大部分为单株，根系浅而弱，冬前次生根很少，更由于在高肥力土壤中，小麦根系发达，次生根多，能充分利用深层土壤水分和养分，有利于后期抗旱和采取蹲苗措施，可以有效地防止倒伏，今年第Ⅱ、第Ⅲ条小麦试验地，从起身期（3月29日）灌水以后，直到孕穗末期（5月11日）才灌两水，前后40天未灌水，这期间仅降两次小雨，土壤水分很低，5月7日测定，5～20厘米土壤水分仅9.1%，接近凋萎含水量（去年南圃场定位观察，凋萎系数为9.9），20～50厘米仅10.1%，50～90厘米为10.4%～11.6%，因为根部发达，扎根深，能吸收深层土壤水分，植株生长正常，并无缺水现象。再与高碑店农场低肥力旱地小麦对比，高碑店小麦拔节期（4月18日）和孕穗期（5月11日），土壤水分都比北圃场高1%～3%，但由于扎根浅，35厘米以下就很少根系，不能利用下层土壤水分，抗旱能力弱，严重地受到干旱影响，植株生长不良，产量很低。顺义基点上地小麦也有同样现象。

2. 栽培管理措施必须与土壤肥力相适应，才能保证小麦丰产

（1）在高肥力土壤上，小麦植株密，分蘖过多，生长势过旺，在拔节期前后，进行蹲苗，控制水分是适合于高额丰产的有效措施

丰产地土壤肥力高，分蘖多，尤其在春季返青，起身期间灌水，施肥以后，产生很多分蘖，增加了叶面积，对光合作用和积累养分有一定的积极作用，但到拔节期以后，对通风透光不利，植株细弱，容易发生倒伏，如何利用前期分蘖的有利方面，而控制其在拔节到孕穗期的不利影响，是获得高产的重要问题。本试验在拔节期前后，适当地蹲苗，控制土壤水分，促使后期小分蘖提早退化，改善通风透光条件，而对早期大分蘖并无不利影响，因早期分蘖扎根深，可以利用下层土壤的水分，在拔节前（4月19日）调查，一般小分蘖达4.3～5.2个，占单株分蘖的40%～50%，由于拔节期前后采取蹲苗措施，4月11日调查，小分蘖已开始退化，到孕穗期（5月7日）调查，无效分蘖叶面积只占有效分蘖叶面积的10%～20%，大大改善了通风透光条件，孕穗期叶面积系数仅为5.6左右。在拔节期前后进行蹲苗，可以适当地控制后期小分蘖，调节过早封行不利于壮秆的矛盾。但是在一般中等肥力的小麦田，拔节前后蹲苗是不适当的，需要采用早施肥早灌水，促进早期生育。所以，不同地力水平，需要采用与地力相适应的不同措施。

（2）灌水量与小麦生长的关系

灌水时尤其在拔节以后，应注意水量均匀，大小适宜，今年因土地不平，浇水不均，产生局部地区抽穗不齐，贪青倒伏的情况，如第Ⅰ条地对照区两畦，因灌水过多，比另二畦晚抽穗3～4天，同时，灌水一定要选择无风晴天，以5～6点钟灌水为好，以免灌水时遇风，引起倒伏。

灌浆水对提高千粒重有一定作用，今年第Ⅰ条地在灌浆期少灌一次水，千粒重为33.0克，比第Ⅱ条地低3.5克，从今年情况来看，在灌浆后期倒伏对产量没有影响，如后期干旱应该灌水。

（3）选用良种适期播种是获得小麦丰产的重要条件

当年试验地小麦品种为北京六号，具有抗倒伏的特征，适用于高肥力的土壤，试验

地于 1961 年 9 月 26 日播种，出苗整齐。从去年冬季气候条件来看，冬季气温地温都较前三年平均数略高（表 3），11 月、12 月与翌年 1 月平均气温各为 6.3℃，2.7℃，4.3℃，比前三年平均数分别高出 2.8℃，0.8℃，1.0℃，1 月 10 厘米深地温为 −3.1℃，比去年高 0.6℃，同时，冬季土壤水分充足，所以，冬前分蘖达 4.8 个，次生根达 3.9 条。今年开春以后气温又较往年略低，2 月、3 月份平均气温各为 0.3℃ 和 7.1℃，比前 3 年平均气温低 3.4℃ 和 1.4℃。并且延续时间较长，这样就相对地延长了小麦分蘖时间，同时推迟了其他发育阶段两三天，所以，适时提早播种，对增加年前分蘖，增加次生根，提高有效分蘖率有很大关系。再从雨量来看，1~5 月总雨量仅 57.4 毫米，这是不利条件，但对有灌溉条件的田地可以人为调节土壤水分，对控制小麦生长发育和防止倒伏都有很大作用，这又成为华北地区水浇地小麦可以获得高额丰产的有利条件。

*　*　*

在本试验高肥力土壤基础上，前茬是玉米大豆间作，深耕 18 厘米，亩施炉灰肥 15 000 斤，小麦品种是北京六号，在 9 月 26 日播种，播种量是 28 斤，行距 15 厘米，在冬前、起身、孕穗、灌浆各灌一水，分两次追施硫酸铵 40 斤，每亩获得 77.4 万穗 825.3 斤，基肥中加施过磷酸钙 53 斤、硫酸钾 17.8 斤，每亩获得 83.0 万穗 853.8 斤。施肥、灌水和用工数量都不超过大田，既获得了丰收，经济收益又很高，可以在生产上参考使用。我们的经验是：根据土壤肥力基础，来确定田间管理措施和丰产指标，可以做到既丰产又合乎经济的要求，研究切实可行培养地力的方法和相应的栽培措施是获得小麦高额丰产的基本条件。

增加肥料与合理施用，是增加单位面积产量的重要措施

陈尚谨　马复祥　李笃仁　乔生辉　郭毓德

中国耕地已连续使用了几千年，由于伟大劳动人民掌握着优良的耕种技术，到现在仍能保持着相当的产量。作物每年由土壤吸取的养分是很多的，必须年年设法补充，才能保持长久的产量。在过去旧社会里，仅注意到眼前的生产利润，忽略了基本施肥工作，发生了对土地严重的剥削现象，以至产量逐渐降低。若想恢复原来的生产能力或再提高产量，增加肥料与肥料的合理施用，是最重要的措施。

兹将增加肥料具体办法，择其重要者，略述如下。

一、在目前农村施肥情况下，合理增施硫酸铵、硝酸铵或各种油饼，可以保证当年产量的增加

增加各种肥料对于主要作物增产情况，可以用具体数字指出，如每斤硫酸铵或 3 斤大豆饼施用在华北一般田地里，约可增收：

水稻（稻谷）	4 斤，
小麦	2 斤，
玉米	3 斤，
棉花（籽棉）	1 斤，
谷子	3 斤。

二、肥料与灌溉有密切的关系

肥料配合着适宜的灌水，更能发挥肥料的效果。在华北、西北比较干旱地区，灌溉工程与局部水井的添设，是增加单位面积生产的重要工作。

三、改善农家肥料的贮存与合理使用，
是增加生产最现实的办法

商品肥料，可用作肥料的补充，广大农村主要肥料的来源，仍靠自己所堆积的肥料。这种肥料不但现在是最主要的，即使将来化学肥料充足后，也必须配合有机质肥料一并使用，所以，农家肥料的保存与增加，是很重要的。

1. 增加耕畜，并提倡饲养猪羊等副业

对各种牲畜粪尿，要拌土堆积，勤加打扫，在不用时要盖草糊泥，妥加保存。少丢失一分肥料，即等于多增加一分生产。

2. 对人粪尿的保存与利用

应按当地情况，设法改善与提倡，确可明显地增加生产，不可忽视。人粪尿属于细肥，肥效速且大，但若贮存不当，最易丢失，且为各种传染病主要来源。最简便而有效办法如下。

①可在使用粪缸或粪井的地区，提倡家家添加紧密盖子，防止渗漏，减少飞失，并减少苍蝇的繁殖。

②在简单茅坑地区，应提倡人粪尿用干细土拌合保存，注意人尿的保存与利用。以上方法虽然简单，认真去做，收效一定是很大的，特别是在人烟稠密的地区。

3. 利用农闲，提倡割青沤粪，制造堆肥

不但供给肥料成分，并可改良土壤性质，维持地力，补救目前牲畜厩肥之不足。

四、及早建立过磷酸钙工厂，使华北骨粉充分发挥增产效用

在目前施肥与生产情况下，长江以南大部酸性土壤地区，都等待着磷肥的补给；华北一部地区，增施过磷酸钙，也可以增加产量。将来氮肥用量与每亩产量增加后，磷肥的供给问题，将更加重要，因为氮肥与磷肥合用，更能发挥两种肥料的效果。

过去我国磷灰石矿，是大量向日本输出的，国内并无制造过磷酸钙的工厂。尽早建立过磷酸钙工厂，是增加生产的基本工作。

华北骨粉每年产量极多，为制骨胶工业的副产品，价格低廉。其中，含磷酸三钙甚高，折合磷酸 P_2O_5 25% ~30%，氮素含量甚低 0.5% ~1.5%，在华北石灰质土壤上施用，仅氮素有效，磷酸三钙在碱性土壤，效用极为迟慢，而成为多年不能利用的堆积；应在华北就近建设小型过磷酸钙工厂，使华北骨粉，充分发挥效用，增加生产。在工厂未能出货以前，骨粉应设法向华南酸性地带输送。

五、城乡交流，工农互助；使城粪尿下乡，煤渣下乡，并检查城市各工厂废物，充分用作肥料

城粪尿下乡，主要是组织与教育的工作，对农业生产，人民健康，关系颇大，应列为市政工作重点之一。

华北农村大部作物秸秆，用作燃料，有些地区并用牛粪作燃料，皆造成农村肥料的重大损失，应逐步地供给农村煤炭，使秸秆沤粪，重返土壤。

城市工厂，也有多种废物，可以用作肥料。如屠宰场、制革厂、粉条作坊、毛丝纺织厂、渔业加工等废物，炼钢厂的碱性渣滓，炼焦厂、炼铁厂的氨和烟子等，都是很好的肥料，但这些肥料，必须经过严格的化验检查，制定价格，谋求合理的使用。

六、在适宜地区，提倡栽培绿肥作物，豆科作物和豆科与谷类间作

华中、华南、西南地区，水分充足，作物生长期较长，栽培豆科绿肥作物，如苜蓿、苕子等，确为增加氮肥与土壤有机质的重要办法，当地农民已获得很大好处，应在适宜地区，大力推行。华北、西北比较干旱寒冷地带，绿肥效果如何，尚须另作研究；但在适宜地区，提倡豆科作物，豆科与谷类间作或混作，并在当地提倡榨油工业，增加财富，油饼又为最良好的肥料与饲料。

七、肥料增加后，对于各种肥料的使用，应妥为分配与指导使用

使宝贵的肥料，用在最需要的地区，最恰当的时间和最主要的作物上。在肥料供应尚未能达到充分的时候，更应当注意肥料的经济分配与经济利用。

农业生产是个多因子的综合体，施肥与灌溉、排水、耕耙、作物种类、品种、病虫害都有密切的关系；更受到当地土壤、气候及其他经济条件的影响很大。加强土壤肥料研究与培养工作人员，分在各地区指导生产等事宜，对目前的生产以及将来的再度提高，意义是很重大的。

本文刊登在《农业科学通讯》11 期

种子肥料

陈尚谨

（华北农业科学研究所）

（1956 年）

种子肥料简称种肥，是在播种的时候，同种子一同施入的肥料。它和基肥有一定的区别，基肥是在耕翻前施用的肥料，像秋耕前施用的基肥，春耕前施用的基肥，都是在播种很早以前施肥，并且将肥料耕翻得很深。而种子肥料是在犁地以后，在播种的时候，随同种子使用的肥料，施肥深度也和种子深度差不多。

这种施肥方法有很多好处：

①可以很早供给植物幼苗生长发育所需要的肥料。特别是在肥料不足地区，提倡深耕以后，幼苗常有缺乏肥料的情况。施用少量种肥，对增产作用意义很大。

②种肥是经济使用肥料的方法，种肥用量少，效果大。伴随种子施入或是在种子旁侧条施、穴施，都能收到集中施肥的好处。在缺磷土壤地区，使用少量过磷酸钙作种肥，效果最大。根据苏联经验，每公顷施用过磷酸钙 150 公斤随拌种子施用，它的增产效果就相当于按普通方法，每公顷施用过磷酸钙 300 公斤以上。

③使用种肥，省工方便，并适用于机械化的操作。在目前可以使用简单粪耧，随种下粪或是开沟撒粪下种，都很方便。将来还可以使用联合播种施肥机，同时播种，同时施肥，不另外增加任何操作。

根据以上优点，种子肥料施肥法，将在我国农业生产上，起很重要的作用。

"种子肥料"是一个新的名词，但是，我们祖先千百年来，在农业劳动生产实践中，早已在使用这种方法。广大农村，还有这种施肥习惯。现在简单介绍华北几点情况。

①河北省东部、北部农民有使用沟子粪的习惯。他们不用耧播种，而是用耩子开沟，先播种后撒粪，采用粪盖种的办法，收到很好的效果。在干旱地区，不宜采用开沟播种办法，以免丢失水分过多。

②河北省和山东省部分地区，因为肥料缺乏，农民有使用粪耧，拌粪下种的习惯，也得到一定的好处。但是这样做比较费工，播种不容易均匀，粗粪在使用前又须要捣碎过筛，这些困难，还未能解决。

③华北不少地区，农民有使用豆饼和小麦种子混合，用耧播种的习惯。每亩豆饼用量在 40~50 斤，用量太多，就有烧苗危险。过去也有用炒熟了的大豆代替豆饼的。这是我国农民使用细肥作种子肥料最明显的例子。

④近两三年来，在山东、河北，农民创造了旱地小麦用硫酸铵拌种的方法。每亩用硫酸铵 6~8 斤，混拌小麦种子后，一同播种，增产效果很大。因为省工省时，效果好，

在各地示范推广，深受欢迎，这是我国农民使用化学肥料作种子肥料的开端。

过去采用"小麦硫铵拌种"的名称，不很合适，并曾发生过一些误会，硫酸铵仅是同种子一同耩下，而不是将硫酸铵肥料，都均匀地粘在小麦种子上，若是小麦种子粘上化学肥料，是会影响发芽的，这点很重要。所以，改用"小麦施用硫酸铵种肥"的名称，比较恰当。

从上面事实来看，种子肥料的名称，虽然是新鲜的、生疏的，而早已在我国农民中间使用着。将来随着农业合作化、机械化，种子肥料施肥法，更要广泛采用，并在生产上起重要作用。

施用种肥应当注意下列事项。

①种肥是施肥方法的一种，不能完全代替基肥和追肥。

②在目前化肥供不应求的情况下，合理地使用饼肥、圈粪作种子肥料，需要加以研究和总结（像棉花不要使用饼肥作种肥，以免招致种蛆为害的危险，影响出苗）。

③使用化学肥料作种肥，最为方便。但是用量不宜过多，在施用前首先要考虑化学肥料对种子发芽的影响，这与不同作物、土壤种类、墒情好坏都有关系，在大面积采用种肥措施以前，先要通过试验证明，才比较安全。在不影响出苗情况下，应用粒状和粉状化学肥料都是可以的。

④使用有机、无机颗粒肥料作种肥，在机械播种操作上，最为便利。这是制造颗粒肥料主要原因之一。化学肥料制成有机颗粒肥料后，使用方便，并有减轻它对种子发芽的不良影响，但用量仍然不宜过多。

⑤在土壤缺磷地区，要注意使用少量过磷酸钙作种肥，最为经济，效果是很大的。

⑥种子肥料不必和种子混合后使用，可以在种子旁侧条施或穴施，对某些作物，种子肥料的深度，也可以较种子稍深一些。

小麦出苗率，不要采用上表第一行"种肥最高用量"，而应酌量选用第二行"适宜用量"。硝酸铵、硝酸铵钙、硫硝酸铵等肥料吸潮性很强，注意不能用潮湿的化学肥料拌种，要切记将肥料晾干，拌种后立即播种，不要停放，以免危害发芽。同样肥料，粒状的或较大结晶体的要比粉状的好，所以，在混拌时不要将肥料磨细。又因为肥料和麦种粒子大小不同，比重也不同，很难均匀施到播种沟里，若能在耧旁安装一个肥料漏斗，肥料就能均匀施入，安装漏斗用费很低，试用效果很好，可以采用（请参阅《农业科学通讯》1955 年第 10 期 579 页"介绍硫铵播种耧"一文）。

种肥对小麦出苗的影响，受土壤水分的关系很大。根据试验结果，在墒情很好的情况下，可以酌量放宽一些种肥用量；墒情不好的时候，酌量减少一些种肥用量。施肥后灌溉或遇雨，都能减轻肥料对出苗的影响。小麦行距在 1 尺以上的，要酌量减少种肥用量；密植小麦行距小于 1 尺的，可以酌量放宽种肥用量。又施用种子肥料，对水脱地晚播小麦的效果最好，但是应注意适时播种对小麦产量关系很大，不能因为要施用种肥而延迟播种。

本文刊登在《农业科学通讯》1956 年第 9 期

植物营养学说发展简况

陈尚谨

（1974 年 7 月）

自有农业生产到现在，人们在作物营养的实践和基本理论方面，有一系列的历史发展过程。中国远在商朝（纪元前 1780 年）就已知道施用肥料，有伊尹"教民粪种"之说。欧洲在罗马时代（纪元前后 500 年）已经知道施用厩肥、绿肥、灰分和石灰作肥料。后魏贾思勰《齐民要术》书中（纪元后 400 年）对施用绿豆压青、垫牛脚积肥已有清楚的记载。

用实验方法研究施肥问题要首推万格里蒙特（1629 年），他在筐内种柳树，5 年内柳树长成 200 磅，而筐内土壤的重量仅减少二两，就误认为植物生长只要有水就行了。后来图俄（1731 年）发表植物生长需要：①空气；②水；③土；④盐类；⑤油；⑥火，这种说法，比较发展了一步，但对施肥理论仍不明确。1771 年沃勒瑞斯等从分析土壤中含有腐殖质，便误认为植物体中碳素是吸收土壤腐殖质而来的，这就是"土壤营养腐殖质学说"。

18 世纪末，拉瓦西和沙苏尔（1775—1804 年）发现氧气并创立燃烧学说，才开始用科学方法正确研究植物营养问题，以后发现绿色植物生长和光合作用的关系，才知道以前柳树试验，柳树重量的增加主要是靠空气中的二氧化碳。从此，人们对植物的生活就有了比较正确的认识。

1840 年李必西发表植物矿物质营养学说，纠正了腐殖质营养学说，发明用骨粉制造过磷酸钙肥料，他主张对作物施用磷、钾质肥料，而忽视了氮素肥料的作用，并误认为空气中含有少量氨和硝酸态氮，从雨水中就可以获得足够的氮素。1843 年鲁次用田间试验证明施用氮肥的重要性，不次于施用磷肥和钾肥。

1858 年克诺普用人工培养法（水耕法）对植物营养学说的研究开辟了新的途径。他以植物营养溶液盛入盆中栽培植物，在没有土的情况下，改变营养溶液的成分，以测验植物生长究竟需要什么元素，进一步明确了植物生长不但需要氮、磷、钾，还需要钙、镁、硫、铁、硼、铜、锰、锌等十几种元素。1866 年俄国伏罗宁发现豆科根瘤菌。盖列里盖尔等（1870—1886 年）研究了豆科与非豆科作物施用氮肥的作用。1886 年门得也夫和季米里亚捷夫开始用化学肥料作田间肥效试验和盆栽试验。

1870 年欧洲开始施用钾素化肥，并发现钾矿。1842 年在英国开始生产过磷酸钙。1838 年欧洲开始使用智利硝作肥料，这是南美洲的矿产，它的主要成分是硝酸钠。1880 年挪威开始用电弧法利用空气中的氮和氧制造硝酸钙化学氮肥，1914 年哈博发明用氮、氧直接合成氨造硫酸铵，1919 年才开始在世界各地大量生产。

到 1968—1969 年度，国外化肥总产量为 5 998.4 万吨（以有效成分如氮、磷酸和氧化钾计算，下同），其中，氮肥 2 658.4 万吨，钾肥 1 746.6 万吨，磷肥 1 593.4 万吨。

华北几个实际肥料问题的讨论

李笃仁　马复祥　乔生辉　陈尚谨

施用适合的肥料和改进栽培方法，是农业增产上最重要和最早见效的措施。近年来，接到各地报告或来函询问有关肥料问题的很多，有些经验是很成功的，有些是不经济的，今选择各地几个问题，分别讨论如下。

一、油的肥效怎样

油类用作肥料的数量不大，但使用地区却散布很广，东北北部、山西、陕西、山东、平原、河南各省，都有施用植物油作肥料或拌种的习惯；河北省、平原省又在大量使用油籽如：大豆、棉籽甚而芝麻用作肥料。一般农民认为，使用油籽较用油饼好，也就是注意到油的肥效上。

油和淀粉一样，是植物制造的成品，而不是需要的基本原料。欧洲18世纪（Francis Home，1757）也曾认为，油是植物生长肥料要素之一；但到19世纪（Theodore de Saussure 1804）植物生理和化学的基本知识，逐渐明了，油的肥料假说，就被推翻，直到现在还不能用试验方法证明它的肥效。

今为了批判油的效果，1950年曾在本所举行了以下田间试验，肥料种类有：①不施肥；②施用油；③施用黑豆；④施用豆饼4个处理，随机排列，重复4次，小区面积约为1/25亩。播种玉米，施油区又分豆油和蓖麻油两种，用作早追肥，按每亩油8斤量点施。所用黑豆含氮6.6%，含油约18%；豆饼含氮7.2%，含油约8%。黑豆与豆饼都用作基肥，按每亩施用氮素8斤折算，获得产量总结如下。

肥料处理	籽粒产量（每亩斤数）	差异
1. 无肥区	512	−29
2. 每亩用油8斤	483	
①豆油	（455）	
②蓖麻油	（531）	
3. 每亩用豆饼111	682	120
4. 每亩用黑豆121	614	102
5%显差		92

由以上试验，可知氮的效果很是显著而油在肥料上是无何效果的。若想用油作肥料，远不如用黑豆；但直接使用油籽作肥料，还不如将油榨出来，使用油饼。若再能利

用油饼作饲料，而使用厩肥，更是最理想最经济的办法；但厩肥中的肥分如何保存，是需要切实注意的，以后将再做讨论。

节省就是增加财富。河北、平原两省每年直接使用油籽的数量很大，若每百斤大豆可出油 10 斤，就等于 50 斤大豆的价值，棉籽芝麻出油较多，更值得注意。希望政府在习惯施用油和油籽地区，举行简单示范试验，并在适宜地区，倡办榨油工厂，统筹油和油饼的合理分配与使用。

二、黑矾、白矾、石膏的肥料价值如何

华北石灰质土壤，普遍缺乏氮素，有些地区，也需要磷肥的供给，但对钾的含量很高，土粪里又含有草木灰很多，所以，普遍作物，施用钾肥是无何效果的。

一般所谓「黑矾」就是硫酸低铁（$FeSO_4 \cdot 7H_2O$），「白矾」是硫酸钾铝（$K_2SO_4 \cdot Al_2(SO_4)_3 \cdot 24H_2O$），石膏是硫酸钙（$CaSO_4 \cdot 2H_2O$），以上 3 种物质，含有铁、硫、钾、铝、钙等元素，华北普通土壤对主要作物而言，含量是相当丰富的，不需要另外供给。

据现在初步了解，山西黄铁矿很多，每年有不少黑矾制造出来，当地使用黑矾多同人粪尿混在一起的。山西一般对人粪尿的利用，特别注意（当地称为茅粪），在夏天生蛆甚多，不能直接使用到蔬菜田里，普通每百担茅粪加入黑矾 5～6 斤，以减蛆虫，这种办法是很好习惯，但有些地区，单独施用黑矾作肥料，每亩用量为二三十斤不等，也有个别地区使用白矾，按当地黑矾和白矾价格，较一般肥料价格，高出甚多，为了批判他们的效用，使用后是否经济，1949 年在本所曾进行以下田间试验：肥料种类为：①无肥；②施用黑矾；③施用白矾；④施用石膏；⑤施用硫酸铵 5 个处理；肥料用量以每亩 25 斤计算，作早追肥施用。重复 6 次，小区面积为 1/20 亩，各区都施土粪合每亩 2 000 斤。1948 年种早玉米，收获后播种小麦，肥料于翌年 3 月间照原区原数量施用。获得籽粒产量结果如下表。

肥料处理	（1949 年）玉米产量（斤/亩）	（1949—1950 年）小麦产量（斤/亩）
①无肥	175	124
②黑矾	184	131
③白矾	195	121
④石膏	192	127
⑤硫酸铵	228	116 *
5% 显著标准差异	81.2	12.7
1% 显著标准差异	42.2	17.2

* 因当年小麦黄锈病甚重，氮肥无效

由以上结果，每亩施用 25 斤黑矾、白矾或石膏，不能增加产量（产量间之不同，系受地力及环境影响所致，不能认为肥料的效果），而等量硫酸铵，确可增加玉米产量每亩 48 斤。小麦收获后播晚玉米看残效也无效果，按当地黑矾、白矾之价格，并不低于硫酸铵或其他肥料如油饼等，故舍肥料不用而施用黑矾或白矾是不经济的。希望在当地有习惯施用上述物质地区，进行田间试验，用示范办法，宣传教育当地农民，购买有效肥料，设法供应贩卖肥料之不足，并使黑矾、白矾向外运销，导入正当用途，以上试验，系在北京举行，若个别地区，施用黑矾认为有效时，亦请通知本所。

限于篇幅，仅将油和黑矾两问题作以上讨论，其他问题，容后再续。

三、黄豆饼与黑豆饼肥力的比较

今年政府为了照顾农民的需要，替我们运来大量黄豆饼和其他肥料。而华北农民对黄豆饼多没有使用的习惯；一般反映认为，黄豆饼不如黑豆饼，不愿与黑豆饼等价购买使用。他的埋由是黑豆比黄豆油性较人。其实榨成豆饼后，豆子里的油分已大部除去，所余无几。按本所田间试验，豆油对于普通作物，是无何效果的，已于本刊上期详细谈过，所以，即使黑豆饼比黄豆饼剩油多些，亦不起任何作用。

各种肥料的肥力大小，主要是靠它所含氮、磷、钾的成分。华北土壤，主要是缺乏氮素，磷肥次之，又因家家施用草木灰的缘故，钾肥多不需要补添。本所为了确实明了今年黄豆饼与黑豆饼的成分，于本年 3 月中旬，亲赴石家庄一带，采回各种样品，今将其化学成分报告见下表。

肥料种类	水分（%）	总氮量（%）	总磷量（%）
黄豆饼	17.4	6.36	1.37
黑豆饼	14.8	6.40	1.23

根据以上结果，黄豆饼与黑豆饼中间，氮素几乎完全相等，磷酸的含量，亦无多大差别，黄豆饼反较黑豆饼高些。所以请各地负责机关，负责干部，放心地向农民多加解释，黄豆饼决不次于黑豆饼，仅是颜色和习惯上的不同而已。

四、与豆科间混作，可以增加生产量

间作，尤其是玉米与黄豆间作，在华北有些地区是这样做的，玉米与黄豆混作者也不少，一般食粮如玉米面谷子面等，也大都混合着黄豆面，从营养来看，这是好的习惯，从耕作栽培乃至肥料见地来看，间作虽不能代替施肥，但在现在情况下，却是增加生产的一个办法。

华北土壤大部为石灰质冲积土，一般碳酸钙含量较多，表土又多受黄土影响，从施肥方面来看，缺乏氮素，应注意氮肥之补给，有些地区缺乏磷，也应注意磷肥之补充，至于其他要素，对主要棉粮作物来说，一般是不缺乏的，这样环境，适合根瘤菌的活动，玉米与黄豆的间混作，能使单位面积产量增加，增加产量的原因甚多，如通风良好，日照充分，土中上下层水分、养分多被利用等，但若从肥料养分供给来看，普通有两种说法，A. I. Virtanen 曾认为，根瘤菌寄生后，豆科作物根部分泌一种含氮汁液，另一说是豆科因根瘤菌关系，不再从土壤中夺取多量氮素，使玉米吸取氮量相对增加，无论哪种说法，与豆科作物间混作，在增加单位面积产量与收入来说，则是确切之事实。本所曾于 1949 年做一简单田间栽培试验证实了此点，该试验地肥沃度中常，设计为 4 个处理，6 个重复，除施肥区外皆不施肥，间作区为两行玉米两行黄豆，各区除播种时灌水少许外，皆不灌水，所得结果简报如下表。

产量籽粒每亩斤数		
1. 黄豆区		198
2. 玉米区		217
3. 间作区	玉米 160	
		272
	黄豆 112	
4. 施肥区		803（施用硫酸铵 20 斤 1 亩）

从上面结果来看，无疑间作是增加产量的，一般黄豆价格低时约为玉米之 90%，高时约为 150%，但无论从经济收入与营养价值来看，均为合算。本试验虽甚简单，又仅限于玉米与黄豆之间作，想其他作物与豆科作物的间混作，也是同样可以提高产量的，将来希望在各处因地制宜做出一个合理的豆科间混作及轮作的耕作制度来，在增产上将起重要的作用。

最后间作虽能增加生产，但须注意以下几点。

①一般来说，根瘤菌与豆科作物共生，豆科作物若生长不良，则光合作用不盛，不能供给充分碳水化合物，根瘤菌固氮作用亦弱；所以，在作物播种时，应施基肥，旱时应注意补给水分，以保证幼苗健壮发育。又根瘤菌为好气性细菌，土地之耕锄应注意，不宜荒置，尤以雨后灌水后为要，并应勤加中耕除草。

②根瘤菌所起的作用，只限于氮素，在缺磷地区，应注意磷肥之补给。极少个别地区或者特用作物亦应注意钾肥之补充，方法是将草木灰分贮分用，不过这样情况是极少数的。

③许多地区栽培黄豆，因其生长期较长，常苦于不能接种秋麦，同时即使勉强能播秋麦，因土壤水分不足，小麦生育不良，所以，早熟种豆科作物的引种及育成，是有必要的。

④最后也是特别值得提出来的，就是常有人认为，种豆科作物或是间作或是混作不用施肥，这是片面的看法，作物生育不仅需要氮肥一种，所以，我们要提高生产，单靠间混作是不够的，仍须施用肥料，间作并不能代替施肥，在一个轮作系统中，肥料不足

情形下，间混作的利用，是有补于肥料的分配利用，更趋合理更趋经济的。

五、改善农家肥料应先以人粪尿的利用为重点

在华北现有肥料供给情况下，农村自给肥料实占最重要的地位。因为油饼类产量较小，其用途又不仅限于肥料；而化学肥料工业尚在发展中，供应不足，大部分农村尚未使用。所以，在现代农业生产上，数量最大应用最广的农村肥料就成为主要支柱。

农村肥料的来源，主要可分为动物性的与植物性的两种。属于动物性的如人粪尿及牲畜粪尿，属于植物性的如作物茎叶及野生植物（如荆条等）、杂草等。从其重要性看，在现在的情况下，动物性的应比植物性的更来得重要，因为：

①在质的方面，动物性的肥料成分浓厚，分解较易，肥效较速。

②在量的方面，因为华北大部地区，作物茎叶多用为燃料，压青沤肥又限于来源与地域，故植物性来源不足。另一方面，提倡养猪，牲畜又年有增加，尤以人口众多，人粪尿数量颇大，故动物性的来源亦较多。

在动物性的来源中，从保存肥分，改善积肥办法，减少损失来看，人粪尿又较牲畜粪尿为重要。同时，因为人口数目远比牲畜数目大，人的食物又较牲畜饲料良好，其粪尿的肥料成分也较浓厚。现时粪尿保存办法，多有不合理处，致肥分损失，这方面人粪尿的损失程度，尤其是人尿的损失亦比牲畜粪尿严重，故尤值得重视。

试以简单数字计算人粪尿的肥料价值。平均一个成年人一日排泄尿中所含氮素10～12克；排泄粪中所含氮素为3～3.5克。总计一人一日排泄物中所含氮素为13～15.5克。一年则合9.5～11.5市斤。用氮素含量折合或以肥效比较，则一个成年人每年所排粪尿，其肥料价值最低约相当于130余斤豆饼或600余斤粪干（现在市面所售粪干），或40余斤肥田粉（硫酸铔）。

假定一家5口人（内成年人3名，孩童2名），有10亩田，若此5口人的粪尿（孩童以成年人半量计算），处理办法得当，能尽量保存肥分，减少损失；则一年所得肥料价值，必能相当于500余斤豆饼或2 000余斤粪干，或150余斤肥田粉（硫酸铔）。按现在一般施肥量标准，则约相当于半数耕地的肥料用量，其数非小，用与土粪合施，以补充土粪中氮素之不足，增高肥效，实为上策。

其次，人粪尿与卫生有密切关系，许多传染病实由此而来，所以，无论从卫生看，从肥料来看，合理处理充分利用人粪尿尤其是人尿，在华北现在情况下，实为非常重要的事情。

六、人尿的保存和利用

人尿为良好的速效肥料，各地都在提倡保存和使用，有些地区，已充分了解人尿的

肥力，但仍未能合理应用，致使尿中肥分大部丢失，未能得到好处，为农村肥料一大损失。人尿中氮素，很容易发酵，变为碳酸铵，挥发性很强。现在农村中保存的方法很多，但适合的很少。今将几种普通方法简述如下。

1. 人尿与大粪一同晒成粪干

华北各大都市和河北省北部一般农村，都有晒制粪干的习惯，在晒干的过程中，尿中肥分完全丢失，粪中肥分也要丢失 30% 左右。有些地区，在晒粪干的时候，加入些土拌和起来，这样去做，可以减少一些丢失，但普通加土的数量是很不够的，得到好处不大。

2. 将人尿泼到马粪堆上

人尿泼到牛马粪堆上，可以促进有机物的腐熟和分解，这点是有益处的。但最后保存尿中养分有限，大部丢失。有些地区，将尿倒在猪圈里或土粪堆上，尿中氮素能保存多少，与圈粪或土粪堆中拌土数量有很大关系。

3. 人尿单独保存和直接使用

人尿若能在阴凉地方加盖保存，并在短期内直接施用，氮素丢失不多，所以它的效力很大。农民多在栽培蔬菜季节保存使用，得到利益很大。有些地区利用冬雨时期，将尿直接泼在麦垄里，增加产量很多。普通每亩用量 1 500～2 000 斤就够了，但靠近城市部分有用到三四千斤以上的。除去山西省农村，对各种作物都习惯施用茅粪（人粪尿混合物）外，其他地区很少直接使用人尿的。

4. 人尿与土混合

人尿与干土拌和保存，是最简便最有效的办法。每斤人尿要与 3 斤干土（要用好壤土）拌和，才能保存其中大部氮素。若用土过少，养分丢失就要很大。有些地区在茅坑旁边，堆一些土来吸收尿汁，这办法很好。不过一般用土的数量不够。吸过尿的土应堆在一边，不可循回再用。有些地区将人尿泼在土粪堆上或猪圈里，也就是利用土来吸收尿汁的道理。今将壤土吸收尿中氮量的性能列表如下。

表　壤土吸收尿中氮量的性能

人尿用量（市斤）	干土拌用量（市斤）	尿中氮素保存率（%）
1	0	0
1	1	30
1	2	45
1	3	70
1	4	80
1	5	85

所以，用干土保存尿中肥分，是最有效最简单最经济的办法，运土所花费的劳力是有代价的。

七、介绍农村盖土式厕所

河北省、山东省多位劳动模范为了增加生产，在各地提倡存尿和用尿的办法，得到不少成绩；不过在贮存和运输方面，也有不少困难，若想大量推行，基本解决华北人粪尿利用问题，应当由改善厕所结构做起。

华北各地农村茅房，大致可分为以下3种：①粪缸与大茅坑式；②猪圈粪坑厕所联合式；③单茅坑式。按保存肥料养分言，以粪缸粪井的办法较好，猪圈厕所联合制次之，但尚能得到部分拌土的好处，以单茅坑的办法最坏。若按环境卫生方面来说，这3种样式，都不很好。华北农村里到了夏天，各处苍蝇的繁殖，主要是因为人粪尿还没有得到合理利用的原因。

优良农村厕所应备的条件：第一要能充分保存肥料中肥分，增加生产，实际耐用；第二必须要注意到环境卫生和其他经济情况。若想不多费工，不多花钱，而能达到以上两重目的，华北农村盖土式厕所是值得大家研究和提倡的。

（一）盖土式厕所的基本原理

利用土壤对铵基置换的原理，不用添购盛尿容器，不改变运输和施肥习惯；只拿干细土来吸收尿汁，保存肥分，同时又能盖上大粪，减少苍蝇繁殖，减少粪味；土壤中的微生物，并可杀减粪便传染病菌，如伤寒、霍乱、赤痢、泻肚，对农村卫生之改善，作用甚大。

（二）盖土式厕所的简单样式

根据以上原则，形状大小，可由当地自己决定，今择一种最简单的样式，介绍如下，以供参考。

人口简单家庭，可试用三角式的茅坑如下页图：地面上为一狭长方形的粪坑，阔5~7寸（可按照当地铁锹的宽度），长约2尺半，后侧深度为3尺左右，由前面斜坡向下掘，直达于底，成为一个狭长方形三角式的土坑；其不采用正方形的原因，是为了便于起粪，减少占地面积和节省干土的用量（图）。

（三）建筑材料及使用方法

四边最好用碎砖石片筑成，有困难时，亦可不用，但在斜坡中间，要放置一块砖石或木板，以防尿的渗入。坑的旁面，要经常置放一大堆干细土，与一把木铲子；每次大便后，要盖土四五斤，小便时也就在这茅坑内干土上。盖土的数量，要宁多勿少，并切记要每次去做。茅坑将满的时候，用铁锹由前面斜坡向下取出，甚为方便。若一时不用肥料，可贮放在另一个较大粪池内或堆在地面上，盖土糊泥，雨季的时期，更要注意保护。施肥的时候，可按照土粪的办法，全面撒施或沟施皆可。

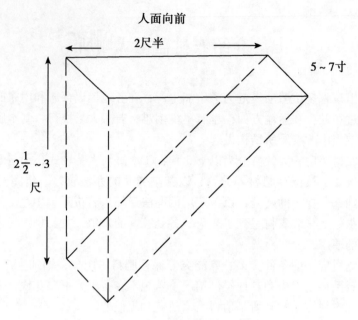

人面向前

2尺半

5～7寸

$2\frac{1}{2}$～3
尺

图　盖土式厕所的简单样式

（四）地点的选择

茅坑和土堆占地不多，最好在一个草棚的下面；否则，也要选择地势稍高，挡风背雨的地方，降雨的时候，要将干细土和茅坑盖好。

（五）人口较多的家庭、铺户或小型作坊，可用几个三角式茅坑并排起来，或改用墙后连接贮粪池的办法

方法是在厕所的靠墙部分，掘成若干个正方形小茅坑，而不采用斜坡式。因为将来土粪可在后面贮粪池内掘取，故以用正方形较为便利。坑的后面，通过墙去，连接一长壕式贮粪池。屋内经常存些干细土，每次大便后，随手盖土如前，在小坑内存一个时期，将满的时候，用锹推入墙后贮粪池内。贮粪池将满或到了施肥的时候，可一次运到田里。雨季的时候，注意贮粪池的加盖，或将后房沿伸长，防止雨水流入。

（六）推广地区与注意事项

①先要在最需要的地区推行——即单茅坑地带。

「猪圈厕所联合式」和使用粪缸粪井的地区，因为农民习惯，很难改变，这两种办法，还各有长处，可暂缓推行。但粪缸和粪井（如山西大部及河北西侧靠近太行山一带）先要使家家做到粪缸有盖的程度。

②根据初步调查，在冀中猪圈与厕所联合的地带，也有1/3到1/2的厕所是不与猪圈联合的单茅坑。那是推行盖土式厕所最好的对象。

③选择样式，要按当地实际需要情况，注意地下水位的深浅，雨季长短和雨量大

小；根据以上原则，因地制宜，选用最适宜的样式。

④出坑后的粪尿土，要堆成一个大堆，要盖草糊泥；因为尿中氮素，大部化为硝酸态，最容易被植物吸收，也容易被水冲失，所以，要注意保存。

⑤粪坑内加用些草末子，树叶糠皮等物，也是很好的，但不要加草木灰，干土用量亦不可减少。

⑥在地下水位较浅，盐碱土较多的地方，可将一季或全年厕所内的粪尿土与其他草粪土粪混拌起来，一并使用，这样一户一年尿中的盐分，本来不多，再平均分施到十几亩田地里，盐量更要减少，决不会发生障碍的。

本文刊登在《农业科学通讯》第 3 卷第 11 期

关于经济合理施用化肥的几个问题

陈尚谨　　梁德印

（中国农业科学院土壤肥料研究所）

（1974 年 7 月）

毛主席提出的农业"八字宪法"，为科学种田指明了方向。肥料是植物的粮食，广辟肥源，合理用肥，对发展农业，提高产量，有重要的意义。新中国成立以来，我国对发展化肥与合理施用化肥十分重视，于 1958 年成立全国化肥试验网，在广大地区有组织、有计划地开展了化肥肥效试验和示范工作，在各级党组织的正确领导下，实行领导、群众、科技人员相结合，试验、示范、推广相结合，进行了大量的试验，探索合理施肥规律，取得了一些试验结果，对农业增产起了一定的作用。下面汇报一下合理施用化肥的几个问题。

一、在增施有机肥料的基础上，配合施用化肥

中国施肥是以有机肥料为主，化肥为辅，有机肥和化肥配合施用。有机肥是农村中主要的肥源，有机肥不仅能供给作物养分，还能改良土壤，不论是改良低产田或建设高产稳产田，都需要增施有机肥料。化肥具有肥分浓厚、肥效快的特点。有机肥和化肥配合施用，可以取长补短，缓急相济，把土壤肥力和产量提到更高的水平。

增施有机肥料，可以加速土壤熟化，改善土壤结构。有机肥料中含有大量的有机质，在土壤中经过微生物的作用，形成腐殖质，腐殖质有助于土壤形成良好的结构。据测定，高度熟化的大寨海绵田，土壤中水稳性团粒占 36.3%，而低度熟化的土壤只占 16.4%。结构良好的土壤，疏松软绵，松紧适宜，透气性好，有利于作物根系的生长发育，在这种土壤上施用化肥，化肥的增产作用大。腐殖质有吸附土壤中铵、钾、钙、镁等养分的能力，比无机胶体对这些养分的吸附能力大 10 倍多。腐殖质吸收水分的能力也很强。增施有机肥就能提高土壤保持养分和保水的性能。据我们试验，每亩施用猪粪肥 4 000 斤，能提高土壤持水量 3.8%，减少土壤水分蒸发量 14.3%，很多地区通过平整土地，深耕增施有机肥料，把跑土、跑水、跑肥的三跑田，改造成保土、保水、保肥的三保田，化肥的肥效就能更好地发挥。

有机肥料是含多种养分的完全肥料，除含氮、磷、钾外，还含有各种微量元素，据我所的测定，猪粪肥中含硼百万分之十九，锰百万分之三十六，铜百万分之十，锌百万分之十五。化肥的肥分较单纯，通常只含一两种营养元素，而农作物需要从土壤中吸收 10 多种元素，有些元素作物虽然吸收得少，但缺乏时就会出现生理病症，如土壤缺锌

而引起的苹果小叶病，土壤缺硼而引起的油菜萎缩不实症，造成减产。有机肥和化肥配合施用，既满足作物最需要的大量养分，也供应作物所需要的少量养分，防止或减轻由于养分供应不协调而造成减产。

把不同种类的有机肥料和不同的化肥配合施用，可提高化肥的肥效，节约化肥的用量。如人粪尿和绿肥含氮较多，配合施用磷肥，磷肥的增产作用大，同时，可节约氮肥的用量。施用含磷钾较多的堆厩肥，配合使用氮肥，氮肥的效果就高。对稻麦棉等作物的田间试验结果：在每亩施用厩肥 3 000 斤左右的基础上，再施氮肥，氮肥的增产效果提高 55% ~ 70%，每斤硫铵多增加 1 斤稻谷、1 斤小麦、9 两籽棉。

有机肥和化肥配合施用，还可供给微生物活动需要的碳素来源和速效养分，加强土壤微生物的繁殖和活动，促进有机肥在土壤中进一步分解，在分解过程中释放出大量的二氧化碳和有机酸，有助于土壤中难溶性养分的溶解，供给作物的吸收利用。二氧化碳还能增加作物的碳素营养，提高光合作用的效率。

生产实践证明，养猪积肥发展得好。有机肥用量多或是绿肥种得好的单位，化肥的使用就可节约，而且产量增加，成本降低。如河南偃师岳滩大队亩产小麦 800 多斤，每斤小麦成本　分七厘，做到了高产、稳产、成本低，主要经验之一就是在搞好有机肥料的基础上，巧用化肥，充分发挥化肥的增产效益。

以有机肥为主，化肥为辅，并不排斥化肥的重要性。施用化肥不仅能较快地提高作物籽粒产量，还能增加作物秸秆的产量，扩大饲料和积肥材料的来源，为发展畜牧业和实行秸秆还田，以田养田创造条件。

二、氮磷化肥配合施用

作物的高产稳产需要氮、磷、钾等多种养分协调供应。施用单一元素的化肥，不能适应生产发展的需要。根据我国目前土壤养分情况，在大部分地区主要是氮、磷肥配合施用问题。

我国最早普遍施用的是氮素化肥，施用得当，氮肥的肥效很好。据全国化肥试验网联合试验的统计，在施有机肥料 2 000 ~ 4 000 斤的基础上，每亩施用 40 斤标准氮肥，每斤氮肥可增产水稻 3 ~ 5 斤，小麦 2 ~ 4 斤，玉米 3 ~ 6 斤，籽棉 1 ~ 2 斤，油菜籽 1 斤左右，薯类和甜菜 8 ~ 12 斤。在广大地区，由于增施氮肥，把粮、棉、油等各种作物的产量提高了一步。氮肥深受群众欢迎。

但是，氮肥的增产效果并不是在每块土地上都好。有些土壤，水分含量适宜，施用氮肥的增产作用不大，其主要原因是土壤中缺乏有效磷。还有一类土壤，原来施用氮肥的增产效果很好，每斤氮肥增产 3 斤粮食。而连续施用几年以后，氮肥的增产作用逐渐降低，每斤氮肥增产不到 1 斤粮食，加大氮肥用量以后，产量增加也很少。这种情况主要是由于连年施用氮肥，作物产量有所增加，同时，也消耗了土壤中的磷，尤其是施用有机肥料不足的地块，土壤中磷素养分得不到适当的补充，不能满足作物增产的需要，单施氮肥的效果就降低，造成了氮肥的浪费。在这种土壤上，氮肥和磷肥配合施用，就能充分发挥氮肥和磷肥的增产作用。因为氮、磷都是作物正常生长发育不可缺少的营养物质。不论缺氮或缺磷，都能影响作物体内新陈代谢活动，影响根、茎、叶、种子等器官的生长发育。据我所测定，土壤缺磷时，单施氮肥小麦根系发育不好，根少，叶黄，永久根少，配合施用磷肥后，次生根增加 3~4 倍，根的总体积和重量增加 4 倍，根系吸收表面积增加 5 倍，根系呼吸强度增加 1 倍，因而，提高了作物对土壤养分和水分的吸收能力，作物产量可以大幅度提高。

大量的田间试验证明，氮磷化肥配合施用，有明显的相互促进的作用，如我所在河北新城县进行的试验表明，在氮磷都缺的土壤上，单施氮肥或单施磷肥，两种化肥的增产效果都较低，每斤化肥增产不到 1 斤粮食，氮磷肥配合施用，每斤化肥可增产 3 斤粮食，高的可增产 5~6 斤粮食，说明氮、磷肥配合的效果是互相促进，成倍增加。

目前，我国土壤普遍缺氮，有很大面积的土壤缺磷。因此，有计划、按比例地生产供应和施用氮磷等化肥，应引起我们足够重视。

三、改进氮肥的施用方法

在氮肥施用方面的主要问题是如何减少损失和提高利用率，也就是保肥增效问题。氮肥施入土壤后损失的主要途径有三：①直接挥发损失，以碳铵和氨水最为严重，尿素次之；②硝态氮肥或铵态氮肥经过硝化作用随水流失；③在土壤中经过反硝化作用的脱氮损失。

针对氮肥损失的途径，特别是目前占氮肥总产量 70% 左右的碳铵和氨水容易直接挥发损失，采取相应的措施，各地试验、示范、推广了深施覆土和随水灌施方法，提高了这两种化肥的肥效。深施覆土的好处是：可以将肥料和地面空气"隔开"，防止挥发；铵还可以被土壤吸附，防止氮素损失；对水稻田深施，使铵态氮处于嫌气状态，减少和防止硝化、反硝化作用所造成的氮素丢失。各地研究出比较好的施肥方法有以下几种。

1. 基肥深施

不论在旱地或稻田都可以采用。把碳铵作基肥深施在犁沟内，随即盖土 3~4 寸厚，据山东、河北、北京等省市试验，这样肥效好，每斤碳铵增产小麦 2.5~3 斤，大致与等氮量硫酸铵的肥效相同。湖北省和上海市农业科学院试验，在稻田基肥深施比等量氮肥面施多增产稻谷 10%~15%。

2. 种肥底施

在土壤墒情较好的情况下，播种小麦、玉米、高粱等旱作物，把 10~20 斤碳铵，采用粪楼或其他简单机具，集中条施于种子层以下或种子旁下侧，避免与种子接触，每斤碳铵增产粮食 3 斤以上。

3. 追肥沟施、穴施

如江苏徐州地区农科所试验，于小麦分蘖末期，每亩追施碳铵 30 斤，每斤碳铵沟施增产小麦 2.9 斤，穴施增产 3.2 斤，而撒肥只增产 1.7 斤。又如山东泰安对春玉米追施碳铵，以深施 10 厘米覆土肥效最高，每斤碳铵增产 3.4 斤；浅施 4 厘米次之，增产 2.2 斤；表面撒施最差，只增产 1.7 斤。总之，肥料施得深，覆土严密，肥效就高，和等氮量硫铵的肥效相近；施肥浅，肥效降低一半或更多。

4. 球肥深施

近几年来，湖南、辽宁等省土肥所试验，铵态氮肥与磷肥、有机肥按比例混合制成球肥，在稻田深施取得较好的效果。据湖南、福建等省试验，球肥深施比撒施多提高氮肥利用率 20% ~ 30%，一般多增收稻谷 60 ~ 70 斤。由于球肥深施，减少了硝化和反硝化作用所造成的氮素丢失，又防止了串灌流失。

最近，福建省农科试验站创造了碳铵掺和干土干压球肥机和简易稻田追肥机，大大节约了劳力，为推广球肥深施创造了条件，深受群众欢迎。

各地试验氨水也以深施覆土 3 寸左右较好，并创造了许多适合氨水特点的施肥工具，如山东省荣城县镰刀式氨水钩，适于密植小麦的追肥，辽宁的注射式氨水枪，适于中耕作物后期追肥，华北各地的氨水耧施，用氨水很方便。又氨水随水灌施，每亩用量 40 斤左右，灌水 40 立方米，可将氨水浓度稀释到万分之三以下，可以基本防止氨水的挥发和对作物的熏伤。这种方法在稻田和水浇地都已先后推广。

此外，我国生产的其他几种氮肥，如硝酸态肥料适宜在北方旱地和水浇地施用，吸潮性强，在多雨地区和雨季贮存需要注意，在稻田施用肥效稍次于铵态氮肥。尿素含氮量高出硫铵两倍多，必须掌握用量，不宜过多，若施在土壤表面，经尿素酶的作用，分解为碳酸铵，造成氮素挥发损失，也以深施覆土为好。

四、经济合理施用磷肥

磷肥的推广施用，对低产田改良和建设高产稳产田，起了很大作用，成为低产地区的"翻身肥"，也是中产变高产，高产再高产的一项重要措施。经过各地科学实验和生产实践，合理施用磷肥，有以下几个方面。

1. 根据土壤缺磷程度施用磷肥

磷肥肥效的大小与土壤有效磷含量有密切的关系。土壤有效磷含量低，施用磷肥的效果好。根据我们在山东、河北、京郊对冬小麦进行的 32 个试验统计，土壤有效磷（碳酸铵法）含量在百万分之十以下的每斤磷肥增产小麦 3.5 斤，含量在百万分之十至二十的，每斤磷肥增产 2.8 斤，含量百万分之二十至三十的，每斤磷肥增产 0.8 斤，含量百万分之三十以上的，增产效果很小。在目前磷肥供不应求的情况下，根据土壤缺磷程度，按土施用磷肥，可以更好地发挥磷肥的增产作用。山东陵县袁桥大队实行科学种田，对全大队有代表性地块，进行土壤养分测定，按不同地块的缺磷程度，把磷肥重点施用在比较缺磷的土壤上，发挥了磷肥的作用。显著地提高了缺磷低产地块的小麦产量，达到均衡增产。全大队小麦亩产由 1971 年 200 多斤，提高到 1974 年小麦亩产 510

斤。合理施用磷肥起了很大作用。

2. 不同轮作中磷肥的施用方法

磷肥施入土壤中，当季作物只能吸收一部分，另一部分可继续为后季作物吸收利用。所以，磷肥一次施用对以后几季作物都有一定的增产效果。磷肥后效的大小与长短和磷肥的施用量有关。用量多时，后效较长，用量小时，后效相应地小一些、短一些。因此，在施用磷肥时，就要从整个轮作周期出发，把磷肥后效考虑进去，使磷肥的效果，得到最大的发挥。

绿肥双季稻轮作地区，把磷肥重点施用在冬季绿肥上，可促进绿肥根系发达，根瘤菌生长旺盛，根瘤增多，固氮能力增强，增加绿肥鲜草产量。绿肥翻压后，就为土壤中增加有机质和氮素，收到了"以磷增氮"。以小肥养大肥的效果。据各地试验证明，每亩绿肥施用磷肥 20～30 斤，一般可增产鲜草 1 000～1 500 斤，每斤磷肥增产绿肥所含的氮素约相当于硫酸铵 1 斤。把增产的绿肥翻压后，可增产稻谷 60～150 斤。湖南益阳农科所试验表明，过磷酸钙 30 斤，施在冬季绿肥比直接施在早稻上增产效果大，前者每斤磷肥增产稻谷 3.7 斤，后者仅增产稻谷 1 斤。

冬小麦、玉米一年两熟地区，把磷肥着重用作冬小麦的基肥，夏玉米可利用其后效。据山东商河试验，冬小麦每亩用 40 斤过磷酸钙作基肥增产小麦 119 斤，夏玉米不施磷肥，后效仍增产玉米 55 斤。

对连续多年施用有机肥和磷肥的地块，磷素在土壤中逐年积累，有效磷含量增加，在这种土壤上，磷肥用量可以减少，节约磷肥的施用量。在播种冬小麦时，用 20 斤左右磷肥做种肥，也能获得很好的增产作用。

3. 掌握磷肥特性，注意施用方法

磷肥的最大特点是在土壤中移动性小，又容易被土壤所固定，而一般作物的幼苗期又特别需要速效磷的供应。因此，在施用方法上，应该掌握早施、集中施和深施的原则。

①磷肥早施。

磷肥能促进作物幼苗根系发育，生长健壮，增加分蘖。若苗期缺磷，后期追肥很难补救。作物吸收磷素，苗期从肥料中吸收得多，后期从土壤中吸收得多。据测定，玉米苗期从肥料中吸收的磷素占植株全磷量的 55%～65%，中期为 25%～30%，后期仅占 15% 左右。因此，磷肥宜作基肥或种肥施用，作物吸收得越早，效果越大。群众把早施的磷肥称为"奶苗肥"。

②磷肥用量少时，集中施。

针对水溶性磷肥施入土壤后，易被土壤固定的特点，在播种或移栽时，将磷肥施于种子附近或根系周围，以便及时供应作物吸收利用，促进苗壮，并减少磷与土壤接触，提高肥效。采用种肥条施，穴施和秧头肥、塞秧根等，可使较少的肥料发挥较大的增产作用。

③磷肥用量多时，基肥深施。

由于磷肥施于土壤后移动性小，深施在根系分部层，易为作物吸收利用，提高肥效。特别是北方旱地，深施于耕作层更为重要。旱地 1～2 寸的表土层，常处于干旱状态，磷肥在这样的土层里，作物更难以吸收利用。

五、钾肥的肥效和微量元素

钾是作物需要的营养三要素之一。我国大部分土壤含钾量相对比氮磷高，所以，过去钾肥肥效试验结果多数不明显。近年来随着氮磷化肥用量增加，复种指数提高，作物产量大幅度增长，钾肥肥效已在南方部分地区逐渐明显起来。据广东、浙江、湖南、广西、福建、上海等省（市、区）进行的 1 600 多个钾肥肥效试验，大部分获得较好的效果。北方有的地区某些作物也有效果。据试验统计，在施用有机肥和氮磷化肥的基础上，亩施硫酸钾 10～12 斤或氯化钾 8～16 斤，比对照增产 10% 左右，高的可达 20%～40%。对各种作物的增长幅度大约是：水稻、小麦、玉米 9.4%～16%；薯类、棉花、烟草、油料作物 11.7%～43.3%；豆科绿肥 44.3%～135%。合每斤氧化钾增收粮食 2.8～7.2 斤，薯类 33.3 斤，花生 7.1 斤，籽棉 1.9 斤，黄麻 4.1 斤。增施钾肥不仅可以增加产量，并对提高产品质量，增强抗病和抗逆性都有显著效果，如提高稻谷出米率 1%～3%，棉花纤维增长 1～6 毫米，黄麻纤维拉力增加 3.15 公斤，并能提高苹果、梨、西瓜含糖量 2% 左右，对减轻水稻胡麻叶斑病、纹枯病、稻瘟病、赤枯病的发生率也有明显作用。因此，配合施用钾肥的问题，已提到生产和科学试验日程上来。

微量元素对作物生长发育具有特定的作用。东北地区曾研究钼肥对大豆的肥效，由于钼具有促进根瘤菌的固氮性能，对多种豆类和绿肥作物都有显著的肥效。湖北省进行了约 4 万亩大豆钼肥试验和示范，增产 16.6%。陕西和江苏在石灰性土壤上，对毛叶苕、紫云英和甜菜进行锰肥肥效试验，都取得了良好效果。近年来试验证明，湖北北部丘陵地区土壤缺硼，严重影响油菜的生育，喷施 0.1%～0.4% 硼砂溶液，增收菜籽 61.2%～324%，并在当地示范和大面积推广，取得显著效果。目前，不少地区的果树有缺硼、锌、锰、铁等微量元素的病症，叶面喷施相应的微量元素，有较好的效果。

在各级党委领导下，广大农民群众和肥料工作者，在科学种田，合理用肥方面，做了大量的工作，积累了丰富的经验，对农业生产起了积极的促进作用。我们要进一步学习、总结、推广这些经验和成果，同时，要运用现代科学技术，进一步研究经济合理施肥的规律，探讨保肥增效，提高化肥利用率的技术措施，把肥料科学和科学用肥提高到新的水平。

北京地区高肥力黑黄土小麦有机—无机肥料肥效试验报告

陈尚谨　　祁明　　余永年

（中国农业科学院土壤肥料研究所）

（1965 年 3 月）

本试验已进行了 3 年，1963—1964 年继续探索有机肥料和化学肥料配合施用的肥效、氮肥适用量和适用时期，以及为稳产高产提供合理的肥水措施。

一、试验方法

1. 有机—无机肥料配合试验

为了了解不同时期肥水处理的作用，在原有 6 个处理（不施肥、施氮、施氮磷钾、施有机肥、有机肥加氮、有机肥加氮磷钾）4 个重复的基础上，分两个重复，氮肥区每亩施用硫铵 30 斤，在起身期（3/27），孕穗期（5/7）两次平均施用，另外两个重复，在苗期灌水一次，氮肥区每亩用硫铵 60 斤，在苗期（10/30），返青期（3/14）、拔节期（4/22）分别施用 20 斤、10 斤和 30 斤。

磷钾肥和有机肥料处理与前两年相同，有机肥每亩用猪厩肥 1 万斤，过磷酸钙每亩用 53.3 斤，硫酸钾每亩用 17.8 斤，均作基肥施用。由于 1964 年春季雨水过多，除有两个重复在小麦苗期灌水一次外，全生育期未进行灌水。小区面积 78 平方米。

2. 氮肥用量试验

本年在每亩施用猪厩肥 1 万斤的基础上，设每亩施用硫铵 60 斤、40 斤、30 斤、20 斤以及不施氮肥 5 个处理。氮肥 60 斤用量是在起身期（3/27）、孕穗期（5/7）、冬前苗期（10/30）各用 20 斤；40 斤氮肥用量是在起身期和孕穗期平均施用；30 斤用量是在起身期用 20 斤，孕穗期用 10 斤；20 斤用量是在起身期施用。苗期各处理均进行灌水，以后未再灌水，小区面积 39 平方米，重复 4 次。

上述两个试验的前茬都是夏玉米，小麦于 9 月 28 日播种，播种量每亩 29 斤，6 月 16 日收获，品种是北京 6 号。

二、试验结果和讨论

1. 有机、无机肥料配合试验

（1）苗期不灌水，氮肥区每亩用硫铵30斤的试验结果（表1、表2）

表1 不同肥料处理小麦单株分蘖和青重调查表（氮肥用量30斤）

处 理	单株分蘖（个）					单株青重（克）			
	冬前	返青	拔节	孕穗	成熟	冬前	返青	拔节	孕穗
对照	2.8	5.0	5.5	2.5	2.9	1.16	0.61	2.48	8.70
N	3.0	5.7	6.7	3.2	3.2	1.19	0.71	3.52	11.40
NPK	3.3	5.9	6.0	3.1	3.1	1.58	0.79	2.76	10.75
M*	4.7	7.0	7.7	3.8	3.8	1.58	0.93	3.98	13.50
MN	3.1	6.8	7.0	3.9	3.9	1.63	0.88	3.56	15.55
MNPK	3.55	7.3	6.9	3.4	3.4	1.52	0.99	3.47	12.45

＊厩肥处理

表2 不同肥料处理成熟期考种和产量表（氮肥用量30斤）

处 理	每亩株数（万）	每亩穗数（万）	单株成穗（个）	秆/粒	每穗粒数	千粒重（克）	每亩产量（斤）
O	21.3	57.4	2.9	4.6	16.5	28.9	427.5
N	21.3	66.4	3.2	3.7	19.0	31.3	470.3
NPK	23.0	67.5	3.1	4.8	15.9	29.5	487.3
M	22.3	67.9	3.8	3.9	17.7	29.8	456.9
MN	19.2	74.0	3.9	4.7	18.5	26.1	418.9
MNPK	22.0	72.9	3.4	5.0	17.2	24.7	392.4

从试验结果可看出，在高肥力土壤上施用磷钾化肥，对年前单株分蘖和青重，有一定的促进作用，冬前单株分蘖增加0.3个，青重增加0.39克；返青期分蘖增加0.2个，青重增加0.08克，但是在拔节期以后，就看不出多大差异。磷钾化肥与有机肥料合用，磷钾化肥的肥效不明显。

在分蘖期对施用有机肥区和对照区连续测定了土温、土壤水分和土壤速效养分，有机肥小区5厘米土温比对照高0.7℃，0～20厘米土层土壤水分比对照高2%～3%，速效磷高百万分之24.6，硝酸态氮高百万分之14.7，施用有机肥对小麦冬前分蘖、单株、青重和单株成穗，均有良好的效果，见表1。

在不施用有机肥的基础上，单独施用氮素化肥，比对照增产10.9%，单株成穗、每亩穗数、每穗粒数和千粒重均有显著增加，见表2。在施用有机肥料基础上，再增施硫酸铵，效果不好，如有机肥加氮（MN），有机肥加氮磷钾（MNPK）处理每亩产量和千粒重均比有机肥处理降低，产量降低8.3%和14.1%，千粒重降低3.1克和5.1克。由此看来，在高肥力土壤上，要注意天情、地力和苗情来施肥。1964年春季雨水多，日照少，虽然未进行灌水，土壤含水量在返青期、起身期和拔节期比前两年同期分别高出13.3%～18.1%，1.8%～3.3%，1.1%～8.3%，在这种气候条件下，小麦生长过于繁茂，小麦锈病流行，施用氮肥较多，增加了锈病和倒伏的为害，产量不能提高，反而减产。

（2）苗期灌水、氮肥区每亩施用硫铵60斤的试验结果（表3、表4）

表3 不同肥料处理小麦单株分蘖和青重调查表（氮肥用量60斤）

处理	单株分蘖（个）					单株青重（克）			
	冬前	返青	拔节	孕穗	成熟	冬前	返青	拔节	孕穗
对照	2.9	4.9	6.7	3.4	2.5	1.40	0.75	2.80	11.40
N	2.8	6.5	7.6	3.1	3.1	1.35	0.82	2.06	10.75
NPK	3.8	6.1	7.3	3.1	3.1	1.72	0.81	3.35	9.85
M	3.9	7.8	8.6	3.6	3.0	1.76	1.26	4.69	15.35
MN	3.8	7.6	8.1	3.7	3.4	1.70	1.09	4.54	13.65
MNPK	3.6	7.2	8.3	3.8	3.4	1.72	1.12	4.64	14.45

表4 不同肥料处理成熟期考种和产量表（氮肥用量60斤）

处理	每亩株数（万）	每亩穗数（万）	单株成穗（个）	秆/粒	每穗粒数	千粒重（克）	每亩产量（斤）
O	23.6	58.5	2.5	3.5	17.9	34.4	457.5
N	22.1	67.7	3.1	3.8	18.1	25.7	414.7
NPK	24.7	77.2	3.1	4.6	17.0	26.1	436.1
M*	20.7	66.6	3.0	4.7	17.0	27.2	393.4
MN	21.6	72.0	3.4	5.5	17.1	23.5	341.1
MNPK	24.9	71.6	3.4	5.2	16.6	22.9	337.8

* 厩肥区

磷钾化肥及有机肥对冬前单株分蘖、单株青重均有促进作用，但到孕穗期以后效果不明显，对产量影响不大。施有机肥的从返青到拔节期继续分蘖，据调查施用有机肥区年前单株分蘖3.9个，比对照多1.0个；拔节期8.6个，比对照多2.9个，植株过分繁茂，倒伏严重，产量比对照区降低11.7%，千粒重减少2.6克，结果见表4。

不论在施用有机肥和不施用有机肥的基础上，每亩增施硫铵60斤，千粒重和产量均有所降低，千粒重下降8.7克和3.7克，产量降低9.3%和1.0%。在本年气候春季多雨的条件下，氮肥用量过大，并在苗期施肥灌水，是不适宜的。

2. 氮肥用量试验（表5）

表5　氮肥用量试验考种和产量结果表

氮肥用量	每亩株数（万）	每亩穗数（万）	单株成穗（个）	秆/粒	每穗粒数（个）	千粒重（克）	每亩产量（斤）
对照	19.6	39.6	3.1	4.2	18.1	32.2	461.7
20斤	21.8	80.9	3.7	5.1	16.7	23.4	440.3
30斤	19.9	76.7	3.8	4.5	18.8	25.1	463.9
40斤	22.2	89.1	3.7	5.3	17.3	25.5	436.1
60斤	21.3	76.7	3.6	5.0	17.7	21.6	429.6

从表5中看出：在每亩施用猪厩肥1万斤的基础上，再增施氮素化肥，增产效果不显著或有不同程度的减产，千粒重减少6.7～10.6克。同样说明，在本年春季多雨，锈病流行的年份，每亩施用有机肥1万斤，再增施氮肥，加重了倒伏和锈病的为害，产量未能提高。

通过本年和过去两年的试验结果初步看到，施肥受到土壤肥力和气候条件的影响很大。对土壤肥力高和常年施用大量厩肥水浇地麦田，在施用有机肥料的基础上，增施氮肥，肥效很好，磷钾肥效不明显。在春季阳光充足，雨量适宜的年份，小麦产量较高，单产在600～800斤，每亩施用硫铵20斤、40斤、60斤和80斤，均能获得显著增产效果，每斤化肥可增收小麦2斤左右。但是在春季多雨、日照不足和锈病流行的年份，小麦产量较低，单产在300～400斤，增施氮肥，肥效很差，甚至减产。为了经济用肥，充分发挥化肥的肥效，应考虑在这样的自然条件下，减少氮肥用量，将一部分氮肥转到春播作物上施用。同时，要注意选种抗锈小麦品种，适当密植、苗期要注意蹲苗，除特殊干旱年份外，冬前分蘖期不需要灌水，并要注意雨后排水和中耕，加强田间管理，提高栽培技术，进行综合研究，使肥料能够在不同自然条件下，充分发挥作用，获得稳产高产。

铵基肥料施用于石灰质土壤氨的丢失情形及其理论

陈尚谨　乔生辉

（1949 年）

一、绪　言

　　土壤具有吸着或置换铵根的作用，多年来未加考虑氨气由土表发生与丢失的问题。普通在石灰质土壤使用硫酸铵肥料，与湿土拌合撒施，常有浓厚的氨味产生，但也多未注意。至 1942 年 Jewitt[1] 报告在苏丹种植棉花，硫酸铵施用于碱土，一部分氮素分解为氨气而丢失，数量相当大，有加以研究的必要。1944 年 Willis 等[2] 发表氨自水浸土壤中丢失，对于温度和土壤反应的关系。1947 年作者等为保存有机质肥料中氮素，使用石膏与氯化钙，结果是氯化钙的功效，较石膏为强，但仅能保存氮素之一部分。俟后又发现硫酸铵与氯化铵，撒施于石灰质土壤，在天然环境下可能有 20% ~ 25% 的氮素，化成氨气而丢失，并且两种肥料间的丢失量，有显著不同。此点与以前使用石膏及氯化钙，不能全部保留有机质肥料中的碳酸铵，有互相关系。欲明了各种肥料使用于石灰质土壤的利用与丢失情况，进行以下实验。

二、试验方法与结果讨论

（一）北京西郊土壤，施用铵基肥料，氨气丢失的情形

　　土壤为石灰质冲积壤土，含有碳酸钙 2.74%，总氮量 0.08%，有机质 1.5%，试验方法如下：选用相同的玻璃真空干燥器数个，口径为 23.5 厘米，各装土壤 16 斤，调和其中湿度分为饱和水分与四分之一饱和两种，前者约含水分 40%，相当水稻田的湿度，后者约含水 10%，相当于旱田之湿度。铵盐用量，又分为每亩用氮 4 斤，8 斤与 16 斤量 3 种，（按干燥器上口面积推算）全面撒施均匀后，置于窗外自然环境下，覆盖，连接流水抽气唧筒，使净化后的空气，在土面上徐徐通过，连带发生之气体，通入标准硫酸，氨被吸收后，煮沸用碱液滴定。若氨量过少，改用 Nesseler 氏比色法定量。每天更换标准硫酸一次。最初氨的丢失量较大，两星期后，逐渐减少，又与蒸发量及温度有关，天气干燥，温度越高，则丢失氨量亦愈大。改变土壤的湿度，肥料种类与用量，施肥后盖土与不盖土，没水与不没水，获得结果如表 1 所示，曲线如图 1、图 2 所示。归

纳起来，可以分述以下几点。

表 1　北京西郊土壤添加硫酸铵后，氨气丢失情形

处理与曲线号数	土壤水分（%）	$(NH_4)_2SO_4$ 施用量		NH_3-N 丢失量（17 日内）	
		（mg）	（斤/亩）	（mg）	（%）
1	10	520	16	56	10.8
2	10	260	8	20.8	8
3	10	0	0	0.07	—
4	10	260	8	20.5	7.9
5*	10	260	8	8	3.1
6**	10	260	8	1	0.6
7	40	520	16	110.4	21.2
8	40	260	8	61	23.5
9	40	130	4	28.4	21.8
10	40	0	0	1.7	—
11	40	260	8	67.4	25.9
12′	40	260	8	60.6	23.3
13″	40	260	8	65.1	25

* 覆土 1cm　　** 覆土 2cm

′ 没水 1cm　　″ 没土 2cm

1. 氨的丢失量与土壤中水分有密切关系

硫酸铵撒施于含水分 40% 土壤表面上，肥料中所含的氮素，17 天中，丢失在 20% 以上。在同样环境下，含水分 10% 土壤，仅丢失 8%～12%。又如图 1 曲线（3）与（10）所表示，半干燥土壤，不添加硫酸铵，即无氨气发生，但水分饱和的土壤，虽不加铵盐，也有微量氨气发生。

2. 氨的丢失与硫酸铵施用量成近似比例

如图 1 曲线（1）与（2）所表示，含水分 10% 土壤，用氮 8 斤量，17 天中，丢失氮素 20.8mg，16 斤量则丢失 56.0mg，同样环境下，水分饱和土壤，施氮 4 斤量，丢失 26.4mg，8 斤量丢失 61.0mg，16 斤量则为 110mg，由此可推知，分期施用肥料，每次减少用量，亦不能完全避免丢失。

3. 硫酸铵施用后覆土 2cm 可减少损失

如图 1 曲线（4）、（5）、（6）所表示，施肥后覆土 1cm，可减少丢失量由 7.9% 至 3.1%，覆土 2cm 更可减低至 0.6%，若盖土再深，即可完全避免丢失。但对于没水的土壤，如曲线（11）、（12）、（13）所表示，土表有浮水 1cm 或 2cm 添入硫酸铵，较直接施用于湿土表面上，无显著不同。

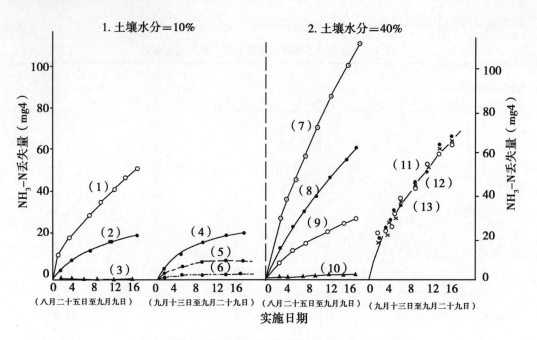

图1　（Fig 1）硫酸铵撒施于石灰质土壤氨氮丢失之情形

说明：处理间铵盐用量相当每亩用氮斤数，曲线（1）N＝16斤，（2）8斤，（3）0斤，（4）8斤，覆土，（5）8斤，覆土1cm，（6）8斤，覆土2cm，（7）16斤，（8）8斤，（9）4斤，（10）0斤，（11）8斤，不没水，（12）8斤，没水1cm，（13）8斤，没水2cm

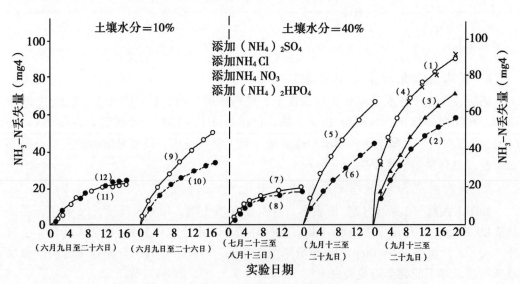

图2　（Fig 2）北京石灰质土壤添加铵基肥料后氨氮丢失情形

说明：处理间各种铵盐用量相当每亩用氮斤数，S/A代表硫酸铵，CL/A代表氯化铵，N/A代表硝酸铵，P/A代表磷酸氢铵，曲线（1）S/A 16，（2）CL/A 16，（3）N/A 16，（4）P/A 16，（5）S/A 8，（6）CL/A 8，（7）S/A 4，（8）CL/A 4，（9）S/A 16，（10）CL/A 16，（11）S/A 8，（12）CL/A 8

4. 各种铵基肥料种类与用量，对于氨气丢失的关系

所用肥料有硫酸铵、氯化铵、硝酸铵与磷酸氢铵4种，如图2曲线（1）、（2）、（3）、（4）所表示，水分饱和土壤，每亩用氮16斤，以硫酸铵与磷酸铵丢失量为最多，硝酸铵次之，以氯化铵为最少。查其原因，与生成4种不同钙盐有关，兹将化学变化写作方程式如下。

$$(NH_4)_2SO_4 + CaCO_3 \rightleftharpoons CaSO_4 + (NH_4)_2CO_3 \rightleftharpoons 2NH_3\uparrow + CO_2\uparrow + H_2O \quad (1)$$

$$2NH_4Cl + CaCO_3 \rightleftharpoons CaCl_2 + (NH_4)_2CO_3 \rightleftharpoons 2NH_3\uparrow + CO_2\uparrow + H_2O \quad (2)$$

$$2NH_4NO_3 + CaCO_3 \rightleftharpoons Ca(NO_3)_2 + (NH_4)_2CO_3 \rightleftharpoons 2NH_3\uparrow + CO_2\uparrow + H_2O$$
$$(3)$$

$$(NH_4)_2HPO_4 + CaCO_3 \rightleftharpoons CaHPO_4 + (NH_4)_2CO_3 \rightleftharpoons 2NH_3\uparrow + CO_2\uparrow + H_2O$$
$$(4)$$

硫酸钙与磷酸钙的溶解度较小，浓度不能增高，即将有固体发生，方程式（1）、（4）可多向右端移动，故氨之发生与丢失量较大。反之，硝酸钙与氯化钙溶解度甚大，浓度较高时，可使方程式（2）与（3）减少向右端移动，故丢失氮量较少。与以前施用石膏和氯化钙，不能全部保存有机质肥料中碳酸铵的理论，正是一种化学变化，两个进行方向而已。又氯化铵与硝酸铵可直接同氨化合生成 $CaCl_2 \cdot NH_3$ 及 $Ca(NH_3)_2 \cdot NH_3$（4），而保持一部分氮素，以后将再加讨论。

5. 使用硫酸铵与氯化铵，两种肥料间丢失氮量的差异，随用量增加而更显著

如图2中曲线（1）、（2）、（5）、（6）、（7）、（8）、（9）与（10）所表示，水分饱和土壤，每亩用氮16斤量，氯化铵较硫酸铵少丢失33.4mg，用氮8斤量，氯化铵少丢21.5mg，用氮4斤量则仅少丢3.2mg，含水10%土壤，亦有同样现象。普通田间一般施肥量，常低于每亩8斤氮，但因撒施不能均匀，肥料间之差异，仍可能发生不同现象。

（二）氮之丢失与土壤中石灰质含量的关系

试验中，除北京西郊土外，并选用太原、军粮城、唐山及青岛4种含石灰质不同的土壤，以作比较，兹将各土壤性质概况，列入表3。因试验材料较少，改用500mg土样在1公升玻瓶，40℃恒温箱内进行。每种土壤，分为两瓶，加入150mL、0.5N氯化铵溶液或等量硫酸铵溶液，照上述方法试验，每日分析一次，兼称瓶重，以水分蒸发量为横轴，氨之丢失量为纵轴，作图解如图3。

除青岛土壤不含碳酸钙，pH值在6.9，无氨气发生外，其余4种土壤氨氮的丢失量，与其所含碳酸钙呈正相关。以军粮城土丢失为最多，太原土次之，北京土又次之，以唐山土为最少。氨发生最速阶段，亦即水分蒸发最快时期，待水分完全蒸发后，氨亦停止发生。又各种土壤，添加氯化铵溶液，丢失氨量较添加硫酸铵为少，与以上各结果符合。

（三）石灰质土壤与各种铵基肥料混合，氨气发生的原理

如方程式（1）、（2）、（3）与（4）所表示，氨的发生，系由于生成碳酸铵的再分

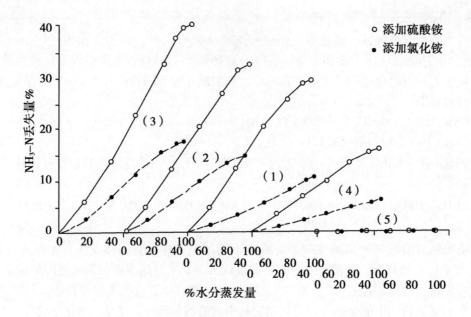

图3　（Fig 3）　五种土壤与硫酸铵氯化铵溶液混合后在 40℃下 NH₃-N 发生情形

说明：（1）北京西郊土含 $CaCO_3$ 2.74%，（2）太原土含 $CaCO_3$ 3.96%，（3）军粮城土含 $CaCO_3$ 5.40%，（4）唐山土含 $CaCO_3$ 0.55%，（5）青岛土不含有 $CaCO_3$

解。所以，发生之气体，不仅为氨一种，并含有同当量的二氧化碳。已用以下方法证明。

用北京西郊土 500mg 4 瓶，分别加入 150mL、0.5N 硫酸铵，氯化铵，硝酸铵，与磷酸氢铵溶液，在 50℃恒温箱内，照以上抽气方法试验。俟水分完全蒸发后，再加入原铵液 150mL，共计重复 4 次，每次氮素丢失量，与试验前后土壤中碳酸钙含量之变化，列入表 1 至表 4。

石灰质土壤与硫酸铵或磷酸铵化合，丢失氨气及二氧化碳数量很大，二分子间之比例约为 2∶1，（碳酸铵分子中氮碳的比例是 2∶1）与理论极为符合。同样情形下，土壤与氯化铵及硝酸铵化合，生成氨及二氧化碳较少，且二分子间的比例是 1.62∶1 与 1.54∶1，小于"2"并相差很远，显然与以上两种肥料，性质不同。其原因已在（四）段中说明，因生成钙盐的溶解度不同，溶液浓度不同，而影响到氨及二氧化碳的产量。又因钙盐的酸度不同，与氨化合受力不同，所以，发生氨气与二氧化碳分子间的比例，也就发生了变化。土壤胶体可以吸着或置换铵根，但肥料撒施于土壤表面上，每粒肥料的四周，先成为浓厚溶液，又因土壤中溶液扩散速度极为迟慢，氨与二氧化碳之发生，系局部作用所致。

三、摘　要

铵基肥料撒施在湿润石灰质土壤表面上，氨之丢失量，在十几天内，可达肥料中氮

266

素的20%，氨的发生，与土壤中水分，碳酸钙含量，施用肥料种类与用量，温度与水分蒸发量，皆有密切关系。施肥后盖土，可减少丢失。土壤中，石灰质含量与氨的丢失量呈正相关，水分饱和的土壤，较半干旱土壤丢失为多。使用硫酸铵与磷酸铵，较氯化铵及硝酸铵易于飞失，若施用量增加，肥料间之差异亦愈显著。氨之发生，系由于铵盐与碳酸钙化合，生成碳酸铵再经分解而成，所以，氨和二氧化碳同时发生，且有一定的比例，已用试验证明。石灰质土壤的水稻田比较湿润，若施用硫酸铵，氨的丢失，一定较半干旱田为多，施用方法，应加注意改善，就此点言，选用氯化铵，较施用硫酸铵为有利。

表2　铵基肥料种类与用量对于氨气发生之关系

处理与图2中曲线号数	土壤水分（%）	铵基肥料种类与用量				NH₃-N 丢失量（17日内）	
		$(NH_4)_2SO_4$	NH_4Cl	NH_4NO_3*	$(NH_4)_2HPO_4$		
		相当斤/亩	相当斤/亩	相当斤/亩	相当斤/亩	mg	%
1	40	16				91.5	17.6
2	40		16			58.1	11.1
3	40			16		72.6	14
4	40				16	92.7	17.8
5	40	8				67.4	25.9
6	40		8			45.7	17.6
7	40	4				22.7	17.5
8	40		4			19.5	15
9	10	16				56	10.8
10	10		16			42.1	8.1
11	10	8				23.1	8.9
12	10		8			25	9.6

*仅计铵氮量，不计硝酸根氮

表3　5种土壤及其一般性质

土壤号数	采土地点	土型	（%）CaCO₃	pH 值	（%）N	（%）有机质
1	北京西郊	壤土	2.74	7.6	0.08	1.6
2	太原	壤土	3.98	7.9	0.06	1.2
3	军粮城*	黏壤土	5.4	7.8	0.08	1.2
4	唐山	半石灰化棕色壤土	0.55	7.2	0.05	1
5	青岛	棕色壤土	0	6.9	0.03	0.6

*盐质碱土，种水稻田，含 NaCl 0.13%

表4　4种铵盐与石灰质土壤发生氨与二氧化碳分子间的比例

项目	$(NH_4)_2SO_4$		NH_4Cl		NH_4NO_3		$(NH_4)_2HPO_4$	
	（mg）	（%）	（mg）	（%）	（mg）	（%）	（mg）	（%）
NH_3-N 丢失量第一次	370.9	30.6	168.7	13.9	123.6	10.4	236.7	21.8
二	510.6	41.1	215.4	17.5	152.4	12.6	506.7	41.9
三	623.8	51.3	251.2	20.7	344.5	28.4	587.5	40.6
四	533.8	44.0	212.8	17.1	265.3	21.9	551.3	45.6
五*	482.6	—	347.0	—	—	—	—	—
总计	2 512		1 195		889		1 909	
NH_3-N 毫分子量	180	85.3	63.3	136				
土壤中 $CaCO_3$（mg）试验前	13.7	13.7	13.7	13.7				
试验后	4.79	8.45	9.59	7.03				
$CaCO_3$ 丢失量（mg）	8.91	5.25	4.11	6.67				
$CaCO_3$ 毫分子量	89.1	52.5	41.1	66.7				
NH_3/CO_2 分子比	2.02	1.62	1.54	2.04				
pH 值试验前	7.6	7.6	7.6	7.6				
试验后	7.05	7.1	7.25	7.15				

＊用蒸馏水代替铵液

参考文献

［1］ Jewitt, T. N. Loss of Ammonia from Ammonium Sulfate Applied to Alkaline Soils. Sci. , 1942, 54：401 - 409.

［2］ Willis, W. H. and Sturgis, M. B. Loss of Nitrogen（as ammonia）from Flooded Soil as Affected by Changes in Temperature and Reaction ［J］. Soil Sci. Amer. Proc. 1944, 9：106 - 113.

［3］ Puri, A. N. Interaction between NH_3 and Soils ［J］. Soil Sci. 1933, 45：477 - 481.

［4］ Davis, R. O. E. Vapor Pressure of Ammonium Salt Solutions ［J］. J. Amer. Chem. Soc. 1921, 43：1 580.

THE NATURE AND MECHANISM OF THE LOSS OF AMMONIA FROM AMMONIUM FERTILIZERS APPLIED TO CALCAREOUS SOILS

SHANG-CHIN CHEN AND SHENG-HUI CHAIO

ABSTRACT

Losses of ammonia were studied in four calcareous soils treated with four different ammonium fertilizers. The amount of ammonia lost is closely related to the soil moisture, $CaCO_3$ content of the soil, the amount and the nature of fertilizer applied. A soil covering layer of 2 cm. Thick reduces the loss of NH_3 very effectively, but a water layer of the same depth is ineffective. At a higher concentration, $(NH_4)_2SO_4$ and $(NH_4)_2HPO_4$ lose more NH_3 than NH_4Cl and NH_4NO_3. It is suggested that the mechanism of the loss is due to a chemical reaction between the ammonium salts and $CaCO_3$ to form $(NH_4)_2CO_3$. The gas evolved is not NH_3 alone but a mixture of CO_2 and NH_3 derived from the decomposition of the $(NH_4)_2CO_3$ as has been proved by determining the ratio of NH_3 and CO_2 lost. Evidently, the loss of NH_3 that may occur in the field, when ammonium sulfate is spread on high calcareous and alkali soils, is very important. The situation is still more serious in the case of the moist paddy field covered with a thin layer of water than for dry soils. The loss can be reduced by improving the method of application. The choice of fertilizers is also of practical importance.

本文刊登在《中国农业研究》1950 年 1 卷 1 期

石灰质土壤施用氯化铵与硫酸铵肥效的比较
（附硝酸铵在水稻田的肥效）

陈尚谨　乔生辉

（1950 年）

一、绪　论

最早于 1843 年英国 Rothamsted 农事试验场，曾使用等量氯化铵与硫酸铵的混合物，用为铵基氮肥，肥效卓著。后因工厂技术上的发展，硫酸与硫酸铵大量生产，氯化铵的产量很少，前者虽成为现代化学肥料最重要的一种，后者则无人使用而被忘记。现在制造氯化铵的技术改良，苏尔伟氏法制碱[1]工业中，氯化铵也可大量生产，其价格应较硫酸铵低廉，这两种肥料的肥效，经济价值及对于作物与土壤之影响，则须再加以研究。

氯化铵的施用与制造问题，在中国更有特殊的意义。因制造硫酸铵，须用硫酸而我国硫酸工业尚不发达，若每年需数十万吨之硫酸，用以合成硫酸肥料，于经济及资源上，皆受莫大的限制；同时利用石膏合成硫酸铵，成本与技术上，亦不简单。我国食盐极为丰富，塘沽已有苏氏碱厂基础，若能供给碱厂之氨，则碳酸钠与氯化铵可同时产生，最合乎近代工业经济原则，工农相辅发展的理想。

近年来肥料学者，对于施用氯化铵研究报告，多系零星短篇，据英国 Rothamsted 农场田间试验结果[1]，氯化铵施用于大麦，较施用等氮量之硫酸铵产量为高，且品质优良；若施用于马铃薯，产量也较高，惟含水分稍多。Wemer Schuphan 氏[2]，发表栽培蔬菜结果，硫酸铵适用于水分充足季节，氯化物肥料则适用于较为干旱气候。氯化铵在日本施用[3]，因各地土壤不同，与硫酸铵的肥效，互有上下。1947 年作者等[4]，发现铵基肥料，施用于石灰质土壤，可能有一部氮素化为氨而丢失，在同样情况下，施用氯化铵较硫酸铵的丢失量为少。撒施于水分饱和的土壤，较风干的土壤，差异更为显著。华北大部面积为石灰质土壤，氯化铵用作肥料而代替硫酸铵，有极大的可能性与重要性，特别是水稻田与蔬菜园圃，较施用硫酸铵或更为有利。作者等自 1948 年举行水稻与蔬菜田间试验，已有两年结果，连同前人设计的旱田氯化物与硫酸盐肥料之比较试验，已有 10 年的资料，今日简述如后，藉供我国化学肥料工业建设的参考。

二、田间试验结果

1. 旱田连续使用氯化铵与硫酸铵肥效的比较及土壤中氯根与硫酸根流失的情况

本试验开始于1940年，在北京西郊本所试验地举行，土壤为石灰质冲积壤土，地下水位在5公尺左右。田间设计分为施用氯化物区与硫酸盐区两种，氯化物肥料为氯化铵与氯化钾，硫酸盐肥料为硫酸铵与硫酸钾，两区皆使用骨粉为磷肥。每作间每亩施用基肥按氮素与加里各8斤、磷酸5斤计算，从未灌水、亦未曾添加厩肥或其他有机质肥料。实验最初目的，并非氯化铵与硫酸铵的对比，而加入了氯化钾与硫酸钾因子，参阅结果时，须注意之。设计简单，两种处理，4个重复，原定每年种植棉花，于1942年，每小区改为二裂区，一半种谷类，一半仍种棉花，裂区面积为32.4平方米，于1944年区外边行，亦统计产量作无肥区，1945年度结果遗失，是年后，仍按照原区计划继续举行。今将10年来所存结果列入表1。

表1　旱田连续施用氯化物与硫酸盐肥料产量比较表

作物种类	棉　花			谷　子			玉　米			小　麦		
产量	籽棉（斤/亩）			籽粒（斤/亩）			籽粒（斤/亩）			籽粒（斤/亩）		
年份	氯化物区	硫酸物区	无肥区	氯化物区	硫酸物区	无肥区	氯化物区	硫酸物区	无肥区	氯化物区	硫酸物区	无肥区
1940	209.9	219.3										
1941	248.0	264.6										
1942	238.8	237.7	324.4	358.8		275.3	269.5	109				
1943	28.0	29.0		462.8	497.9	231.5						
1944	200.0	203.6	161.6									
1946	194.0	188.8	—	342.1	332.0							
1947	238.7	247.2	143.0	269.2	304.8	113.5						
1948	204.2	210.8	184.6	332.1	319.7	116.1						
1949	—	—	—	179.3	191.5	75.3	355.1	355.0	116.3			
平均	217.7	223.2	163.1	289.4	301.3	101.6	409.0	426.5	173.9	275.3	269.5	109
%	97.5	100.0	73.1	96.1	100.0	33.7	95.9	100.0	40.8	102.2	100.0	40.4

根据10年14次作物产量结果，长期施用氯化铵与氯化钾，较施用硫酸铵与硫酸钾，产量无明显差异。土壤中增加氯根与硫酸根情形，列入表2。

表 2　旱田连续施用氯化物与硫酸盐肥料，土壤中氯根与硫酸根增加情形

取土日期	1947 年 11 月 5 日			1948 年 *6 月 29 日		1948 年 9 月		1949 年 11 月 10 日				
区　别	无肥区	氯化物	硫酸盐	氯化物	硫酸盐	氯化物	硫酸盐	无肥区	氯化物		硫酸盐	
分析项目	Cl	SO₄	Cl	SO₄	Cl	SO₄	Cl	SO₄	Cl	SO₄	Cl	SO₄
深度（厘米）	p.p.m.	p.p.m.	p.p.m.	p.p.m.	p.p.m.	p.p.m.	p.p.m.	p.p.m.	p.p.m.	p.p.m.	p.p.m.	p.p.m.
0~5	>	30	>	130	395	>	30	>	>	55	>	
5~10	>	40	>	50	180	>	15	>	>	15	>	40
10~20	>	45	>	65	68	>	45	>	>	70	>	
20~30	>	20	15	70	25	>	85	>	>			
30~40	>	35	25	160	30	>	85	>	>	15		
40~50	>	—	65	150	40	>	45	>	>			
50~60	>	30	65	—	50	>	30	>				
60~70	>	40	50	125	65	>	30					
70~80	10	35	30	100	85	>	15	>	>			
80~90	10	65	45	125	125	>	20	>	>			20
90~100	10	30	65	240	115	>	10	>	>			50
100~110					140	>	10	>	>			50
110~120					122	>	15	>	>			100
120~130								>	50	>		150
130~140								>	100	>		100

符号　> 小于 10p.p.m. *

— 未做

*　4 月 20 日施肥，雨季在 7~8 月

分析方法：氯根采用 Mohr 氏容量法，硫酸根则采用重量法。若土壤中氯根或硫酸根小于 10 毫克/千克时，1∶5 水浸液中加入硝酸银或氯化钡，即无显明沉淀发生。由试验结果，可知氯化铵连续使用 10 年，收获了 14 季作物，至 1949 年秋，0~20cm 土层中，仅含有氯根 50 毫克/千克或 0.005%，20cm 以下至 140cm 深度的土壤，含量更低，决无发生盐害的危险（注 2）。按 14 次作物，每次施用氮素 8 斤，共计施用氯化铵合每亩 450 斤，内含有氯素 298 斤，再加氯化钾中氯素约 106 斤，共计每亩 400 斤。但年年被作物吸收，雨水淋洗，土层中盐分，渗透至地层深处，即在春天干旱季节，亦无显著上升的现象。

2. 水稻对于氯化铵与硫酸铵肥效之比较

1948 年在军粮城前工作站进行，水稻田为盐质土壤，干土中含氯化钠 0.13%，碳

---

*　p.p.m. = 毫克/千克 = mg/kg，全书同

酸钙4.2%，pH值约为7.8，对于磷肥钾肥反应不显著。田间设计为4（4×3×［4］），分4个氮肥施用量，3个施肥期，裂区内肥料种类为氯化铵、硫酸铵、硝酸铵与豆饼4种，每小区面积43.2平方尺，重复4次，兹将1948年及1949年两年获得结果列入表3。

表3 水稻施用氯化铵、硫酸铵、硝酸铵与豆饼肥效比较表

产量 肥料种类	1948年稻谷产量		1949年稻谷产量	
	斤/亩	%	斤/亩	%
1. 无 肥 区	479.3	72.2	547.2	71.3
2. 硫酸铵区	664.0*	100	767.6	100
3. 氯化铵区	688.1*	103.6	765	99.7
4. 硝酸铵区	626.2	94.3	686.8	89.5
5. 豆 饼 区	692.1	104.2	717.8	93.5
标准差	8.49斤/亩		10.28斤/亩	
显差5%	23.79斤/亩		28.85斤/亩	
1%	31.46斤/亩		38.18斤/亩	

* 具5%显著性

由以上结果，氮肥肥效显著，用氮4斤约可增收稻谷100斤。1948年初夏，天气干燥，肥料种类间，产量差异显著，若以硫酸铵肥效为100%，氯化铵则为103.6%，豆饼为104.2%，皆较硫酸铵优良，各具5%显著性。硝酸铵仅为94.3%，硝酸根易于流失，故不适用于水稻田，氯化铵与硫酸铵肥效间之差异，随肥料用量增大而有增加趋势，与作者等前所报告石灰质土壤施用铵基肥料丢失氨之情形与原理（注2），颇为吻合。1949年施肥期前后，天气阴雨，空气潮湿，蒸发量减小，硫酸铵与氯化铵肥效完全相等，似与气候大有关系（注3）。结果见表4。

表4 水稻施用氯化铵与硫酸铵，施肥量施肥期对产量比较表（产量稻谷斤/亩）（1948年）

施肥方法 肥料区别	施肥期			施肥量（每亩用氮斤数）		
	半基半 早期追	1/3基， 1/3早追 1/3晚追	1/2早追 1/2晚追	4斤	8斤	12斤
氯化铵区	711.6	648.4	704.4	581.7	704.7	772.9
硫酸铵区	684.5	647.9	659.7	578.5	657.4	756.3
产量差别	27.1	0.5	44.7*	3.2	52.3*	16.6
标准差	14.7斤/亩	（肥料种类问题标准差）				
显差5%	41.2斤/亩					

3. 蔬菜对于氯化铵及硫酸铵肥效之比较

1948年春，在北京西郊本所试验地进行蔬菜试验。田间设计，分为氯化铵与硫酸铵两种化学肥料，3 个肥料用量，添加马粪与单用两种，又附加豆饼两个用量，共计 12 个处理，随机排列，4 个重复，每区面积为 60 平方尺。两年来，共计栽培香河白菜，大青口冬白菜，菠菜与萝卜，4 次作物，获得结果如表 5。

表 5　氯化铵与硫酸铵对于蔬菜肥效的比较（产量鲜重斤/亩）

作物名称　肥料　每亩用氮量	氯化铵		硫酸铵		豆饼
	不用马粪	添加马粪*	不用马粪	添加马粪*	不用马粪
（一）香河白菜 0 斤	− 1 445	− 1 875	− 1 445	− 1 875	− 1 445
8 斤	2 890	4 405	3 220	4 805	2 365
16 斤	5 150	6 235	4 640	6 320	3 045
平均	4 020	5 320	3 930	5 563	2 705
总平均	4 670	4 747	2 705		
（二）冬白菜（青口） 0 斤	− 10 755	− 11 620	− 10 755	− 11 620	− 10 755
12 斤	14 250	20 115	13 805	16 765	13 220
24 斤	18 850	20 405	17 280	19 800	17 515
平均	16 550	20 260	15 543	18 283	15 368
总平均	18 405	16 913	15 368		
（三）菠菜 0 斤	− 1 060	− 1 290	− 1 060	− 1 290	− 1 060
8 斤	2 395	3 850	2 240	3 780	1 850
16 斤	2 665	5 235	2 265	5 200	2 795
平均	2 530	4 543	2 253	4 490	2 373
总平均	3 537	3 372	2 373		
（四）萝卜 0 斤	− 2 380	− 3 915	− 2 680	− 3 915	− 2 680
8 斤	3 910	5 450	2 956	5 490	3 945
16 斤	4 410	6 715	4 250	6 360	4 945
平均	4 160	6 083	3 603	5 925	4 445
总平均	5 122	4 764	4 445		

* 添加马粪每亩 2 000 斤

处理间	标准差	差异准差	5% 显差	1% 显差
C. V.				
①香河白菜	208.7 斤/亩	294.7 斤/亩	601.2 斤/亩	810.4 斤/亩
10.8%				
②冬白菜	770.0 斤/亩	1 018.1 斤/亩	2 076.9 斤/亩	2 799.7 斤/亩　8.9%
③菠　菜	135.0 斤/亩	191.2 斤/亩	390.4 斤/亩	525.3 斤/亩

9.4%

④萝卜　340.3 斤/亩　481.2 斤/亩　982.6 斤/亩　1 323.2 斤/亩　14.7%

根据以上结果，两年四作蔬菜，连续施用大量氯化铵，无障害发生趋势。若施用等量氮素，这两种化学肥料的肥效，对香河白菜无显著差别，对于冬白菜，菠菜及萝卜，氯化铵则稍有优势，尤以未添加马粪区，差异更为显著。单用马粪的肥效虽低，但与化学肥料并用，连应效果甚大，由田间观察，凡施用马粪区之幼苗，发育特别迅速。蔬菜生育期间较短，影响到产量甚大。叶菜类的品质，与施用肥料有重要关系。无肥区生育不良，很早就衰老纤维化，产量品质皆低劣。含干物（粗纤维）较多，水分较少。若氮肥充足，生育健壮，叶厚嫩呈深绿色，品质产量都高，含水分也较多。叶菜类施用氯化铵，较施用硫酸铵所含水分稍多，兹将香河白菜、大青口冬白菜及菠菜 3 次作物中，各肥料处理间所含的水分，列入表6。

表6　各种肥料处理对于蔬菜中水分的变化

肥料处理	香河白菜		冬白菜	菠菜
	氮素（%）*	干物（%）**	干物（%）**	干物（%）**
1. 无肥区	1.72	9.73	7.85	9.6
2. 马粪区	1.62	9.57	7.33	9.2
3. 豆饼半量区	1.69	9.28	5.96	7.3
4. 豆饼区	1.69	9.74	5.73	6.7
5. 硫酸铵半量区	1.55	8.76	5.53	6.8
6. 硫酸铵区	1.7	8.54	5.47	6.4
7. 氯化铵半量区	2.04	7.33	6.17	6.2
8. 氯化铵区	2.21	6.86	5.42	6.2
9. 硫酸铵半量加马粪	1.68	8.1	5.51	6
10. 硫酸铵加马粪	1.8	8.17	4.88	6.1
11. 氯化铵半量加马粪	2.12	7	5.94	5.8
12. 氯化铵加马粪	2.06	6.38	5.84	6.1

*　干物中氮素，干物 = 100%

**　鲜重 = 100%

香河白菜施用肥料，不仅水分增加，氮素也增加得很多，由最低 1.5% 增加到最高 2.2%，干物则由 9.7% 减至 6.8%，大青口白菜与菠菜的结果也大致相同，不再赘述。

三、讨　论

根据以上结果，氯化铵在京津两地施用，种植棉花、水稻、玉米、谷子、小麦及普通蔬菜，其肥效与同氮量之硫酸铵相等，或稍过之无不及。旱田连续使用 10 年，亦无发生障害象征。今将氯化铵的特性及对于土壤作物的影响，经济的关系，略述如下。

1. 氯化铵的成分与物理性质

氯化铵中含氮 26.2%，较硫酸铵 21.2% 高出 1/4，对于运输贮存，皆为有利，氯化铵的潮解性同硫酸铵一样，都是因为杂质的原因，这点在制造上是可以克服的。氯化铵的结晶体，普遍较硫酸铵细小，但施肥时若能与湿土拌和撒施，亦可避免被风吹跑的弊病。

2. 使用氯化铵消耗土壤中钙质的问题

施用硫酸铵，铵质被植物吸收后，硫酸根与土壤中钙质化合生成硫酸钙。同样氯化铵则生成氯化钙。前者的溶解度，较后者为小，所以，怀疑到使用氯化铵多消失钙质的问题，但实际情形，并不如此简单。A. H. Lewis[5] 曾报告施用氮素化学肥料，土壤中丢失钙质的数量，恒较因肥料中负根产生之钙盐的数量为高，约相当于由负根生成之钙盐，再加上相当用氮量之硝酸钙的数量。今旱田连续施用氯化铵与硫酸铵 10 年，共计 14 季作物。由土壤分析，自地表至 140cm 土层中，并无堆积氯根或硫酸根的情形，证明氯化钙或硫酸钙，已被每年雨水渗透至更深土层。华北大部为石灰质土壤，施用化学肥料当无问题。

3. 硫酸根与氯根对于作物吸收水分之影响

普通认为，土壤中盐分过高，发生盐害时，硫酸钠性盐土，较氯化钠性盐土危害较小。因此，可联想施用氯化铵或不如硫酸铵较为安全。但施用肥料所增加的氯根或硫酸根很少，不致发生障害，对作物将发生不同的影响。K. Schmalfuss[6] 将各种肥料分为好水性、不好水性与中性 3 种。凡含有钾及氯根的属于第一类，易被作物吸收，增加细胞内渗透压力，而促进植物吸收水分的效能，并减少植物叶面不必要的蒸发。凡含有钙及硫酸根的肥料，属于第二类，其性质恰与第一类相反。即减少根部吸收水分的效能，并增加由叶面水分之蒸发。不属于以上两种的，都算作中性。蔬菜根部较浅，用水较多，由试验结果（表6），证明普通叶菜类，使用氯化铵，较用等氮量硫酸铵，蔬菜中含水分稍多，产量也有增加趋势。与上述理论，颇为吻合。氯化铵在华北半干旱地带使用，以水分吸收功效言，绝不会发生障害，反较使用硫酸铵为有利。

4. 石灰质土壤使用氯化铵较硫酸铵，氮素之丢失量为少

1948 年在军粮城水稻试验中，结果如表3，表4，以豆饼与氯化铵肥效最高，硫酸铵次之，硝酸铵最低。硝酸根易于流失，解释较为简单；氯化铵、硫酸铵间的差异，因土中含有大量食盐，故决不是因为氯根与硫酸根的区别。若用丢失氨的原理解释，(4) 颇为吻合。1949 年施肥期前后多逢降雨，天气潮湿，蒸发量减少，施肥后即渗入土中，因此，氯化铵与硫酸铵肥效几乎完全相等。硝酸铵的肥效则相差更远。旱田施用铵基肥料，因表土水分不足，氨丢失较少。故两种肥料间无显著差异[4]。

5. 长期施用氯化铵对于土壤酸度的影响

硫酸铵与氯化铵同有消耗钙质及增加土壤酸度的作用，氯化铵在华南施用情形，尚不明了，在华北石灰质地带使用，当不成问题。旱田连续使用 10 年的结果如表2，土

壤中并无大量氯化钙与硫酸钙，可知两种钙盐消耗流失无余。所以，两种肥料，对于土壤酸度的改变，不至有大的差别。

6. 氯化铵对于不同作物的影响

试验中所用作物种类有棉花、谷子、水稻、玉米、小麦及普通蔬菜等9种，对于施用氯化铵皆无不良影响，水稻、大白菜、菠菜与萝卜，反较施用硫酸铵的产量为高，三朝英雄[3]曾报告氯化铵用于大麻、亚麻、苎麻与一般纤维作物肥效特别有效。英国 Rothamsted 农场报告，氯化铵用于大麦，产量增加，氮素减低，淀粉增高，品质优良，特别适于制造啤酒；用于马铵肥，产量也高，惟含水分稍多。在苏丹亦举行氯化铵肥料试验，施用于棉花与硫酸铵肥效相等[7]。除氯化铵不适于烟草栽培外，其他普通作物，虽未一一试验，大致也无问题。

我国土壤缺乏氮素的情形，极为严重。全国需要硫酸铵肥料量，每年在100万吨以上，一个碱厂每年若生产碳酸钠5万吨，配合氨厂后，同时可生产氯化铵5万吨，约相当于硫酸铵63 000吨，此数量尚不足华北地区施用，所以，销路决无问题。惟最重要者，是工业上成本与出售价格的问题。若以氮素计算能较硫酸铵低廉，则氯化铵将来在中国，特别是华北将为最适宜与最需要的化学肥料。

本研究蒙永利化学工业公司赠送氯化铵400斤，又承叶和才教授热心指导，津沽区农垦处军粮城农场王芝棠先生供给两年水稻试验结果，本所马复祥、李笃仁同志协助田间工作；统于此处一并致谢。

注：1. 苏伟氏制碱化学变化：$NH_3 + CO_2 + H_2O + NaCl \rightarrow NaHCO_3 \downarrow + NH_4Cl$ 现在不能生产氯化铵，须加石灰蒸馏返回重用。

2. 普通作物在0.20%以下，即不至发生盐害（0.20% = 2 000毫克/千克）

3. 军粮城1948年7月份降水量为122.9mm。1949年7月降水量则为661.9mm。

参考文献

[1] Hall. A. D. Fertilizer and Manure, 3rd Ed. 1928：p. 77.

[2] Werner Schuphan, Bodenkunde u. Pflangenernahr, 1943, 19：265 – 315, 1940, 92：431 – 486.

[3] 三朝英雄. 肥科学. 朝仓书店, 1943, 229 – 231.

[4] 陈尚谨, 乔生辉. 铵基肥料施用于石灰质土壤氨的丢失情形及其原理 [J]. 中国农业研究, 1950 (1).

[5] Lewis, A. H. The Effect of Nitrogen Fertilizers on the Calcium Status of Soil. I. of Agri. Sci., 1938, 28：197.

[6] Scharrer, D. K. Nature and Problems of Fertilizing in Modern Times [J]. The Amer. Ferti., 1948, 108：10.

[7] Jealott's Hill, Agricultural Research Digest (oversea edition) England, 1949, 7：2.

THE AGRONOMIC VALUE OF AMMONIUM CHLORIDE COMPARED WITH SULFATE OF AMMONIA ON CALCAREOUS SOILS

SHANG-CHIN CHEN AND SHENG-HUI CHAIO

ABSTRACT

The agronomic value of ammonium chloride, with 26% N has compared equally with sulfate of ammonia at Tientsin for rice and Peking for cotton, wheat, corn, millet, spinach, radish, and Chinese cabbages. The ammonium chloride is slightly superior to the ammonium sulfate for rice and leaf vegetables. This is probably due to the different rate of loss of ammonia from the two fertilizers applied on calcareous soil, and their hydrophilic and hydrophobic effect on vegetables at dry seasons. It also shows that ammonium chloride and sulfate have been applied continuously for ten years, no appreciable amount of Cl and SO_4 are found in the soil from $0 \sim 140$cm. depth, after rainy seasons. Ammonium chloride is a very good substitute for ammonium sulfate on calcareous soils. The substitution is especially suitable in North China where sulfur supply is lacking and sulfuric acid industry is not well developed, but sodium chloride is very abundant and a Solvay Soda Plant is available.

本文刊登在《中国农业研究》1950 年 1 卷 1 期

工业氨水对石灰质土壤的肥效初步报告

陈尚谨　马复祥　乔生辉

（华北农业科学研究所）

（1952 年）

一、绪　言

钢铁工业和蒸馏煤炭的副产品——氨，是农业上所迫切需要的材料，普通多与硫酸化合制成硫酸铵，而后用作肥料。但我国硫黄产量尚少，硫酸价格昂贵，现在硫酸的市价，约相当于硫酸铵的价格，有些钢铁工厂，因为设备和成本的关系，不愿把他们的副产品制成硫酸铵，而把它吸收在水里面而制成氨水，但这样大量的工业氨水，尚受到销路上的限制，若能直接用作肥料，或稍加工制成重碳酸铵或其他化合物，较合成硫酸铵，可以节省很多，这是一个实际的问题。

氨可以直接用作肥料，但各工厂所产生的氨水，含有杂质很多，对某些作物或有影响的，又氨水的碱度较强，对华北碱性石灰质土壤的作用，和实际操作上施用的技术，是需要加以研究的。

本试验在北京本所试验地进行，所用的工业氨水及重碳酸铵系中央重工业部钢铁工业局所赠的，试验工作开始于 1951 年 6 月，选择晚玉米、水稻及大白菜 3 种作物，代表旱田、水田及菜圃 3 种不同的田地；对氨水的肥效、施用法及对各种作物的副作用，作充分的观察，对此项氨水的利用，提出后面的各项建议。

二、工业氨水、重碳酸铵的化学成分

表 1　工业氨水、重碳酸铵的化学成分*

项目	20% 氨水	稀氨水	重碳酸铵
比重	1.002	1.001	—
总氮量（%）	16.4	0.15	16.9
$SO_4 - S$（%）	0.02	0.006	—
** "$(NH_4)_2S - S$"（%）	0.97	0.14	—

（续表）

项目	20% 氨水	稀氨水	重碳酸铵
*** 总硫黄（%）	1.23	0.27	—
酚及其他有机物	微量	微痕	—

* 化学分析系武汉大学项斯桂、刘更另同学暑期来本所实习时所作；

** 系用溴滴定法测定，各种低价硫皆作"$(NH_4)_2S$—S"计算；

*** 用溴氧化后，按 $BaSO_4$ 沉淀法分析

按表 1 分析结果，"20% 氨水"中，含氮 16.4%，总硫 1.23%，其中，76% 的硫是低价的硫化物，酚类含量甚低，影响不大，氨水与重碳酸铵加水稀释后，化学反应列入表 2。

表 2　氨水与重碳酸铵加水稀释后的化学反应

稀释倍数	纯氨水　20%	工业氨水　20%	工业重碳酸铵
	pH 值	pH 值	pH 值
1	11.2	11.6	—
5	11.5	11.7	8.2（饱和溶液）
15	10	10.6	8.5
30	10.9	10.5	8.4
60	10.8	10.4	8.5
120	10.4	10.2	8.4
250	10.5	10.1	8.3
500	10.1	9.9	8.2

以上系用玻璃电极 pH 值计测定，冲稀所用蒸馏水 pH 值为 6.2，由以上结果可知氨水用水冲稀多倍后，碱度仍旧甚高，但与二氧化碳化合后，碱度大为减低。

三、施用方法及田间肥料试验结果

1. 旱田—晚玉米

氨水施入方法，主要分为基肥、追肥，浓氨水在犁地时直接施入，与冲淡后施入等数种，用量合每亩氮素 10 斤，每种处理重复 4 次，小区面积为 1/10 亩，详细处理方法及产量结果列入表 3。

表3　工业氨水对晚玉米肥料效果比较表（表内数字为籽粒产量每亩斤数）

	项　目	基肥	追肥
1	无肥区（对照）	—（251）	—
2	硫酸铵	328	—
3	20%氨水直接耧入	318	305
4	20%氨水施入后晚播种3天	305	300
5	0.5%氨水沟施	326	327
6	0.5%氨水满面泼施	310	—
	处理3、处理4、处理5平均	316	311

标准差＝19.8斤/亩；5%显差＝23.7斤/亩；1%显差＝38.8斤/亩

由以上产量表及田间观察，获得以下结果：工业氨水施用在华北石灰质土壤，氮肥效果显著，用作基肥、追肥皆可，但不可和种子与枝、叶、茎接触，20%氨水可直接用耧施入田内，大面积施用时，可装备在拖拉机或其他农具上，较用水冲淡后施用方便，因一般旱田，很难有水源可以利用。0.5%氨水沟施，肥效较高，本年7月天气干旱，可能因稀释用水，发生一些灌水效果。上表数字系一年产量，仅可用作参考。

2. 水田—水稻氨水肥料观察试验

稻田系普通栽培稻地，每亩普遍使用人粪干（基肥）约1 000斤，氨水、重碳酸铵、硫酸铵皆作追肥使用，每亩用量折合氮素5斤，小区面积为0.5～0.8亩不等，地内肥沃度亦较差，每亩稻谷产量列入表4。

表4　工业氨水、重碳酸铵对水稻肥料效果比较表（每亩产量稻谷斤数）

肥料种类	不用追肥区	硫酸铵	重碳酸铵	20%氨水
重复1	525	738（撒施）	734（撒施）	530（随水流入）
2	558	642（撒施）	745（加水15倍喷施）	556（加水30倍二次喷施）
3	—	716（撒施）	—	658（加水15倍一次喷用）
4	—	720（撒施）	—	739（加水30倍一次喷用）
平均	542	704	739	621

由田间观察及以上产量表，获得以下结果：稻田畦面积较大，氨水随水施入不能均匀，入水口附近，氨水较浓，较远的地方，氨水尚未能达到，以至局部地区氨水较浓，水稻有黄萎现象。20%氨水加水冲淡30倍（约合氮素0.5%），喷在水稻茎叶上，立即发生黄萎现象，隔日后发现根部变黑腐烂，显系受到氨水碱度过高和硫化物的毒害所致。经半月后始渐恢复。氨水分二次使用，较一次施用者危害尤大。重碳酸铵碱度较低，加水冲释15倍（约含氮素1.0%），在水稻茎叶上喷用，无明显损害，氮肥肥效显著。

氨水虽经冲释 500 倍，如表 2 所列结果，pH 值仍在 10.1，故分 2 次喷施，较一次喷施，对茎叶损害更大。重碳酸铵碱度则大减，虽为饱和溶液，pH 值仅为 8.2，喷施在水稻茎叶上，无显明妨害。固体重碳酸铵或液体重碳酸铵在水稻田使用，都很便利，肥效亦颇显著。

3. 菜田—大白菜氨水肥料观察试验

试验地系普通菜田，较肥沃。已普遍使用过人粪干每亩 2 000 斤作基肥，本试验小区面积为 1/30 亩，硫酸铵、氨水用作追肥，在 9 月初旬随水施入，每亩用量合氮素 10 斤。肥料处理与大白菜每亩产量，列入表 5。

表 5　大白菜工业氨水肥料试验产量表（每亩斤数）

项目	不用追肥区	硫酸铵追肥区	氨水追肥区
重复　1	5 770	6 640	6 000
2	5 400	6 800	6 600
3	6 400	6 660	6 800
平均	5 860	6 700	6 470

由田间观察及以上产量表，获得结果如下：本试验地力较肥，每亩施用追肥氮素 10 斤，增收大白菜 840 斤，氨水肥效显著。菜畦面积较小，氨水采用随水施入的办法，尚可均匀，一般菜农经济收入较高，劳工费用亦较高，对技术保守性强。氨水使用不便，由大桶改装困难，施用费工较多。在菜农中大量推广，不无困难，若改制固体重碳酸铵，则推广较易。

四、讨论与建议

根据初步观察试验，氨水在旱田、稻田及菜圃 3 种不同田地上，施用于晚玉米、水稻、大白菜 3 种不同作物上，获得以下经验。

①工业氨水施用在华北石灰质土壤，用法得当，肥效尚称显著，对作物副作用亦可设法避免。

②"20%氨水"挥发性甚大，在现今农村情况下，运输、贮存、容器都感到困难，氨水内含还原性硫黄约 1.0%，对铁桶有侵蚀作用，对水稻毒害性甚大，氨水由大桶倒装时，氮素丢失甚速，气味逼人，亦最感困难。

③"20%氨水"施用时，费工较多，华北农民多习惯使用干体肥料，与一般习惯不合。

④氨水使用方法中，以在旱田用水耧（特制的耧或其他农具）或在耕地时直接施入土中的办法，较为便利，花费劳力亦不太大，较在稻田、菜田推广施用氨水，条件

较佳。

⑤氨水碱度较高，施用时须特加注意，其中，杂质以硫化物对作物毒害最大，在水稻田嫌气状态下，危害更是显著，在旱田好气状态下，危害较轻。

⑥固体重碳酸铵碱度较低，杂质较小，在使用上亦颇便利，但重碳酸铵的分解性与吸湿性，应分别作研究解决。

⑦含氮低于0.3%的氨水，因运输上的困难，不宜推广（堆肥不能保存氨水中氮素）。

根据以上经验，并为节省硫酸计，不欲制成硫酸铵时，可考虑以下办法。

①可将此项氨水制成氯化铵（最好与苏打工业结合），氯化铵用作肥料，肥效与等氮量硫酸铵相等。

②制成磷酸铵，氨化过磷酸钙（与过磷酸钙工业结合），在需要供给氮肥和磷肥地区施用，较施用硫酸铵与过磷酸钙，可节省一部分硫酸和运费。

③使用固体重碳酸铵，或碳酸铵与重碳酸铵复盐，用木桶或油篓装运，并应尽力缩短贮存时期，早日施入土中，沟施、撒施、加水冲释后施用皆可，较使用氨水便利。

④将氨水除去硫化物后，通入二氧化碳制成浓厚碳酸铵溶液，减低碱度及挥发性，可采用直接施入的办法（在耕地或中耕时施入），先在就近国营农场试用。

⑤低于1%的氨水，可按推广使用市镇人尿的办法，在就近地区作示范试验，利用冬闲期间，将氨水运到田里，拌土保存或全面在休闲地上泼施，运输工具与容器，应设法解决，劳力互助、组织及宣传工作，也需要大力推行。

⑥较大面积的水稻田或水浇地，若欲采用将氨水随灌水流入的办法，必须降低氨的浓度，使氮与灌水量的比例，不要超过1∶10 000，方可减少氨的丢失和施肥不均匀的危险，在条件适宜地点，可以试用，但必须精确掌握用水量与含氮数量，才能得到良好的效果。若施用在水稻田，工业氨水中的硫黄，应在制造时，或施入前，设法除去。

本文经周建侯、徐叔华及张乃凤三先生校阅，特此致谢。

参考文献

［1］中央重工业部钢铁工业局. 经济氮肥—氨水［J］. 科学通报，1951（2）：620.

［2］陈尚谨，乔生辉. 石灰质土壤施用氯化铵与硫酸铵肥效的比较［J］. 中国农业研究，1950（1）：89－93.

［3］曾士迈. 水稻秧苗"黑根子"的初步研究［J］. 农业科学通讯，1951，3（12）：12.

VALUE OF CRUDE AMMONIA LIQUOR AND CRUDE AMMONIUM BICARBONATE AS FERTILIZER ON CALCAREOUS SOILS

Shang-Chin Chen, Fu-Herang Ma and Sheng Hui Chiao

North China Agricultural Research Institute

Field experiments have been carried on the fertilizer value of crude ammonia liquor with 16.4% nitrogen, and crude ammonium bicarbonate with 16.9% nitrogen, for rice, corn, and green cabbage at Peking. They are found to be both useful. But in practice ammonium bicarbonate as a solid is much more easy to use, less alkaline, and less volatile than the ammonia liquor, so the former is preformed. Different methods of applying ammonia liquor have been studied and found that direct application to the soil during ploughing is most suitable.

本文刊登在《农业学报》1953 年第 5 卷第 5 期

水稻施用氨水、碳酸氢铵示范试验报告

陈尚谨　　陈玉焕

（1958 年）

1958 年在芦台农场大面积水稻田进行了氨水、碳酸氢铵示范和试验。兹将分析结果汇报如下。

氨水和碳酸氢铵是两个新品种肥料，含氮 16% ~ 17.7%，制造简单，要比生产同等氮量的硫酸铵要减少基本建设投资 1/3，制造成本也可以降低 30% ~ 40%，这两种肥料，是我国将来发展最有希望的氮肥新品种。化学工业部并设计了省、专、县各级肥料工厂的标准方案，为全国建立肥料工厂做好准备。

氨水和碳酸氢铵挥发分解性强，过去还没有人面积使用的经验，氨水又是液体，须要容器和施肥器械，都要早日取得经验设法解决。因此，我所与芦台农场合作。化工部大连化工厂免费供给氨水 200 吨，碳酸氢铵 50 吨，进行大面积示范和试验，以取得经验。

芦台农场位于渤海湾盐碱土地区，是一个机耕农场，土壤质地较黏重。该场耕地约 5 万亩，实行水旱轮作，1958 年有旱直播水稻 2 000 亩，全部施用氨水作基肥。氨水施肥机器由芦台农场自制，用万能中耕机改装，用 C－80 号拖拉机牵引 3 台施肥机，共载氨水重 2 000 斤。每架有施肥开沟器 24 行，行距可以调整。每亩施用氨水 40 ~ 50 斤，施肥深度 10 厘米，每小时施肥 47 亩，每天可施肥 300 ~ 400 亩。施肥后进行播种。

在大田施用氨水，中间有不施氨水的地段，凡施过氨水作基肥的，水稻生育很好，比未施用氨水的，稻苗株高、分蘖数目、色泽都有显著不同，成熟后大田对比获得产量结果见表 1。

表1　施氨水与不施氨水水稻生育状况

肥料种类	对照（不施氨水）	施用氨水（每亩 40 斤）
株高（厘米）	81.78	88.39
穗长（厘米）	14.98	15.99
每穗粒数	59.0	81.8
每株穗数	1.24	1.78
千粒重（克）	25.10	24.57
每亩产量（斤）	534.5	965.2

按以上结果，施用氨水作基肥，每亩增收稻谷 431 斤。同时，芦台农场还在 2 000

亩水稻田用氨水和碳酸氢铵作追肥，由于氨水和碳酸氢铵示范试验成功，对该农场生产起很大的作用。附近其他农场也来参观，对全国推广施用氨水和碳酸氢铵打下了良好基础。

为了明确以上两种肥料用作水稻基肥和追肥的增产效果，在芦台农场进行了以下试验。①水稻氨水基肥肥效试验。②水稻氨水、碳酸氢铵追肥试验。③氨水对水稻灼苗的观察试验，分述如下。

一、水稻氨水基肥肥效试验

我国农民在水稻田中常使用秒口肥（插秧前把化肥施于水稻田中）和耙泥肥（在稻田耙地时施入），能促进幼苗发育，增加分蘖，显著提高产量，所以，用一部分化肥作水稻基肥是值得我们重视的一种稻田施肥法。氨水是一种液体肥料，适合机械化施肥，使用氨水作水稻基肥是很适当的。试验设计：共有5个处理，重复3次，小区面积0.1亩。①硫酸铵加厩肥；②硫酸铵；③氨水；④氨水加厩肥；⑤厩肥。

厩肥每亩施用2 000斤，硫酸铵和氨水每亩施纯氮0.4斤（氨水含氮16%，硫酸铵含氮21%）。5月20日将厩肥翻入20厘米土层中，不施厩肥小区也进行翻耕。5月29日施氨水和硫酸铵，施肥方法如下：氨水：用马拉中耕机改装，施肥深度15厘米，每小区施18行，行距28厘米。硫酸铵：用铁铲开沟深15厘米，用手将肥料均匀撒施沟中后覆土。

5月30日灌水洗盐，6月6日插秧，品种银坊稻，插秧密度是每平方米42穴。6月11日各处理全部返青。7月8日和29日各追硫酸铵每亩20斤。10月12日收获，水稻生育调查和产量列入表2（产量最低显著差异20.6斤/亩）。

表2　水稻氨水基肥肥效

调查项目数据 基肥	株高（厘米）	穗长（厘米）	每穗粒数（粒）	有效分蘖（个）	千粒重（克）	每亩产量（斤）	增产百分数（%）
厩肥加硫酸铵	113	19.1	97.8	0.94	25.31	1 185.20	123.80
厩肥加氨水	108	18.8	100.6	0.82	24.37	1 121.60	117.20
氨　水	108.3	18.4	93.6	0.9	24.31	1 117.80	116.80
硫酸铵	108.1	18.4	91.9	0.86	24.79	1 144.40	119.90
厩　肥	98.7	17.3	98.7	0.65	24.87	956.6	100.00

从增产效果来看，厩肥加硫酸铵和厩肥加氨水小区产量比单用厩肥小区产量分别增产228斤和165斤，增产效果显著。氨水小区产量比硫酸铵小区产量低，主要由于氨水施肥不均，今后注意解决这个问题，氨水基肥肥效和硫酸铵是相近似的。

二、水稻氨水、碳酸氢铵追肥肥效试验

试验设计：分为以下 5 个肥料处理。①硫酸铵；②氨水；③碳酸氢铵；④氯化铵；⑤对照。

以上处理普遍施厩肥每亩 2 000 斤，小区面积 0.1 亩，重复 4 次，5 月 29 日灌水洗盐，6 月 8 日插秧，密度是每平方米 42 穴，品种银坊稻，6 月 11 日全部返青。共追化肥 3 次，分为：①返青后；②分蘖盛期；③孕穗期，共施纯氮每亩 14.7 斤。施肥日期、数量、当天气候和稻田水层深度列入表 3。

表 3　水稻氨水、碳酸氢铵追肥肥效

追肥次数 其他	第一次追肥	第二次追肥	第三次追肥
施 肥 日 期	6 月 20 日	7 月 9 日	7 月 28 日
每亩用氮（斤）	7.35	5.25	2.1
气温最高（℃）	28	36.5	32
最低（℃）	19	25	24.4
平均（℃）	24.3	30.5	27.9
施肥时稻田水层深度（厘米）	(4~6)	(2~3) 或 (4~6)	(4~6)

硫酸铵含氮 21%，氯化铵含氮 25%，碳酸氢铵（固体）含氮 17.7%，氨水（通二氧化碳，即碳酸铵溶液）pH 值 = 10.0，比重 = 1.0，追肥方法：氨水顺行施于水层表面，碳酸氢铵、硫酸铵和氯化铵都用手撒施。每次施追肥后田间观察结果如下。

第一次追肥（日期 6 月 20 日）后：氨水小区施肥时，只在局部施肥过多地方闻到氨的臭味，但中耕后就消失了，水稻没有特殊反应。碳酸氢铵小区施肥后，在水层表面未闻到氨的臭味。施氨水和碳酸氢铵后小区中小鱼螃蟹大部分死亡，这是因为碱度较高和水中有氨的原故。施肥后到 7 月 9 日，氨水和碳酸氢铵小区植株生长情况与硫酸铵小区没有差异。氨水小区施肥前后酸碱度变化见表 4。

表 4　氨水小区施肥前后酸碱度变化

小区 测定日期 酸碱度	施氨水未中耕		施氨水中耕		对照小区	
	水	土	水	土	水	土
6 月 20 日	—	8	8	7.8	7.6	7.5
6 月 21 日	—	—	—	7.8	—	7.6
6 月 22 日	—	—	—	7.6	—	7.6

第二次追肥（7月9日）后：在第一重复的氨水小区中，施氨水时田埂上闻到很浓的氨味，小区中有 1/3 地方施氨水后立即发生卷叶现象，但很快就恢复过来，在卷叶地方水层只有 2~3 厘米。在其他 3 个重复的氨水小区中，没有发现有卷叶现象，水层一般在 4~6 厘米。造成卷叶现象主要由于当天气温高，而施肥时水层没有相应地加深，再加上把氨水施于水层表面，水温高，氨容易挥发所致。

施碳酸氢铵后，水层表面也有很微的氨味（比氨水小区小），植株生长正常。自从 7月9日以后氨水小区，尤其是灼叶那个小区，植株高度，叶色都比其他处理差些。

氨水灼叶的特征：施氨水时，立即发现有卷叶或叶色变成浅绿色，经 2~3 天，下部叶子发黄并往下垂，以后产生褐色斑点，叶子发棕红色，叶尖开始枯萎，6~7 天后，植株下部叶子全部枯死，以后心叶继续生长。

氨水和碳酸氢铵小区施肥中耕后 pH 值的变化见表5。

表5　氨水和碳酸氢铵小区施肥中耕后 pH 值的变化

测定日期	小区 酸碱度	氨水		碳酸氢铵		对照	
		水	土	水	土	水	土
7月9日		9	7.2	7.8	7	8.1	7
7月10日		—	7	—	7	—	7

第三次追肥（7月28日）后：在氨水和碳酸氢铵小区，水层都未闻到氨味，植株反应正常。水稻后期生长以氯化铵小区最好，硫酸铵小区次之，碳酸氢铵小区生长情况与硫酸铵相似，氨水小区较差。收获 10 月 12 日，现将各处理生育调查，成熟期、产量列入表6。

表6　施用硫酸铵、氨水、碳酸氢铵和氯化铵生育结果

小区处理	株高 （厘米）	穗长 （厘米）	每穗 粒数	有效 分蘖	千粒重 （克）	成熟期 （日/月）	产量 （斤/亩）	增产 （%）	增产 （斤/亩）
硫酸铵	100	17.6	88.6	0.69	26.38	8/10	943	158.9	349.7
氨水	102.7	18	94.9	0.67	25.96	8/10	917.1	154.5	323.8
硫酸氢铵	102.7	17.4	88.7	0.76	26.31	8/10	937.4	157.9	344.1
氯化铵	104.7	17.9	94.9	0.72	26.09	9/10	982.1	165.5	388.8
对照	88.6	16.6	82	0.26	26.52	6/10	593.3	100	0

注：产量最低显著差异每亩 17.6 斤

从产量上看，以氯化铵的肥效最好。硫酸铵和碳酸氢铵的增产效果大致是相同的。氨水小区产量稍低，是由于本试验采用氨水施肥方法不很完善，如能把氨水施于水层中，肥分损失可以减少，氨水的肥效还可以提高。

三、氨水对水稻灼苗观察试验

为了探索氨水对水稻灼苗的原因，另在小区外进行观察试验，并获得以下结果：7月23日在没有水层的稻田，施用氨水每亩40斤，施于丛间，不与茎叶接触。发现下部叶子很快变成淡绿色，并发生卷叶现象，以后叶子变成棕色，并有斑点，逐渐枯死，8～9天后，心叶才恢复生长。当天气温是28.4℃，同样在水层4～6厘米的稻田，施用氨水未发现有灼苗情况。7月24日又用100毫升玻璃杯，盛氨水60毫升，放在水稻丛间，当天气温28℃，分停放1分钟、4分钟、25分钟3种。3天后，发现停放1分钟的，下部叶子灼伤1～2片。停放4分钟的，叶子灼伤2～4片。停放25分钟的，灼伤叶片达6～8片。灼伤叶片现象和大田试验完全相似，说明氨水对水稻灼苗主要原因，是由于氨的挥发，熏坏了叶子的细胞。这种危害，可以用增加水层的办法来避免。按1亩地水层6厘米，约合水40吨，加入氨水40斤，十分稀薄，可以完全避免灼苗的情况。又曾在落干的水稻田，施入碳酸氢铵，也同样发现灼苗，增厚水层再用，就没有灼苗的情况。7月3日又曾用纯氨水和通入二氧化碳的氨水，进行比较，两种氨水都含氮16%，每亩用量40斤。施用纯氨水后，水层pH值是9.5，土壤pH值是8.8，对稻叶有灼伤的情况。同样施用通入二氧化碳的氨水，水层pH值是9.0，土壤pH值是8.3，未发现水稻有不正常的情况。可以证明，氨水通加二氧化碳后，碱性和挥发性都有降低，用作水稻追肥，安全性要比施用纯氨水好些。

结果讨论

本试验和示范结果证明，氨水可以用作水稻基肥和追肥，施用得当，它的增产效果，和施用等氮量硫酸铵、氯化铵相仿。

土壤对铵态氮吸着性很大，施在土里，可以保存不致流失。为了供给水稻幼苗生长需要，可以使用一部分氨水或硫酸铵作基肥，一部分作追肥，对水稻的增产效果很大。氨水用作旱直播水稻田基肥，要施在土表下10厘米左右，随后盖土，以免挥发，损失氮素。大田示范对比结果：对照区每亩产量是534斤，增施氨水区产量为965斤，增产效果极为显著。小区肥料试验也证明了氨水的肥效和等氮量硫酸铵相仿，对照区每亩产稻谷657斤，加施氨水作基肥产量是1 122斤，加施等氮量硫酸铵作基肥的产量是1 185斤。氨水和硫酸铵用作基肥对水稻增产效果，都很显著。

氨水用作水稻追肥，也获得了良好的效果。氨水碱度大，不能和作物茎叶接触，对水30～50倍，在稻田泼施，也有轻重不同的灼苗情况，最好采用随水灌入的办法，比较安全，也比较方便。施肥时氨水容器要注意密闭，以防挥发，氨水要加入灌水深层，不要加在灌水表面，并要控制施肥数量。在大面积稻田施肥，可以多开几个灌水口，避免施肥不均的现象。在天气炎热的时候，在稻田地表施用氨水，若稻田水层很浅，即会发生灼苗的情况。过去曾认为，是氨水碱度高的原故，经过本试验证明，土壤对酸碱缓冲作用相当强，施用氨水后，土壤碱度变化不大。灼苗现象主要是因为天气炎热，氨气挥发，对稻苗特别是下部的叶子，可以发生灼伤的作用。用加深水层的办法，一般水深4~6厘米，即可防止灼苗。

纯氨水含氮16%，pH值11，制造时通入二氧化碳后，即变成碳酸铵的水溶液，pH值降到10左右，挥发性也有降低，对水稻追肥的安全性也比施用纯氨水好。今后生产氨水，请注意考虑。

碳酸氢铵是固体，含氮17.7%，pH值在8左右，稍具挥发性，用作水稻田追肥，可以按一般肥料撒施，施用比较方便，对水稻灼苗的可能性要比氨水少，但也要注意水层最好在4~6厘米，以减少氨的挥发。施用得法，它的肥效也约与等氮量硫酸铵相仿。本试验中所用的氨水，含有二氧化碳，每亩施用氮素14.7斤，产稻谷917斤，施用碳酸氢铵固体肥料，产稻谷937斤，同样施用硫酸铵产量为943斤，对照区每亩产量是593斤，以上3种肥料，增产效果都很显著。

碳酸氢铵的容器，要保持严密，开一桶要用完一桶，在施肥时要尽力减少停放时间，并要注意干燥，因为碳酸氢铵遇潮，即变为碳酸铵，挥发性要增加很多。

氨水和碳酸氢铵对鱼蟹有杀害的能力，在养鱼的稻田中，应避免使用。

在大田使用氨水时，由于施肥不均，对氨水肥效有一定影响，今后对氨水施肥机具，还要进一步研究和提高。

本文刊登在《土壤肥料专刊》1959年　第1号

碳酸氢铵、碳酸铵的分解性质和包装贮存问题

陈尚谨

（中国农业科学院土壤肥料研究所）

（1958 年）

为了减低氮肥的制造成本和供应价格，1952 年曾进行了碳酸氢铵、氨水与硫酸铵对水稻的肥效比较试验，每亩追施氮素 5 斤，产量结果见表 1。

表 1　产量结果

肥料种类	每亩稻谷产量斤数
不追用氮肥	542
碳酸氢铵（氮素 5 斤）	739
20% 氨水（氮素 5 斤）	621
硫酸铵（氮素 5 斤）	704

1957 年又在北京重复了以上试验，目前已初步证明，碳酸氢铵用作水稻追肥，其肥效是很好的。氨水碱度较高，施用在石灰性土壤的水稻田上作追肥，会使土壤溶液的 pH 值从 8 升高到 9.6。即使氨水不沾染水稻茎叶，仍有轻重不同的灼伤现象。施用碳酸氢铵（饱和液 pH 值 8.2）就没有以上的危险。又碳酸氢铵是一种固体，施用方法简便，与硫酸铵用法相仿，不一定需要施肥机器，比推广施用氨水或液体氨要容易得多。如果能注意到碳酸氢铵的制造规格及包装方法，则它的分解挥发性是可以控制的。按目前我国工业和农业的生产情况，碳酸氢铵是一种很有希望的新氮肥品种，值得重视。

碳酸铵盐类的肥效很好，这点是不成问题的。人畜粪尿中的氮素在分解时，都要经过这个过程。在工业制造上，无论原料资源，合成技术，都不成问题。基建投资和制作成本也比制造硝酸铵、硫酸铵、尿素等肥料节约很多。将来能否大量生产碳酸铵盐肥料，关键问题在于如何控制其分解挥发性，以及如何解决包装问题。对此，我们以碳酸氢铵和碳酸铵两种样品做了试验。碳酸氢铵（NH_4HCO_3）样品系大连化工厂产品，保证成分为：氮 17.7%，低价硫 0.00026%，硫酸根 0.002%，灼失残余量 0.005%。碳酸铵系北京市公私合营化工试剂厂出品，保证含氮量在 28% 以上，水不溶性和不挥发等杂质总量约为 0.004%。经分析含氮量为 29.2%。

一、碳酸氢铵和碳酸铵的分解挥发速度

称取碳酸氢铵、碳酸铵各 5 克，放在玻皿上，室内温度为 30~31℃，相对湿度为

18.8% ~20.7%，停放一定时间后称重。室内分解挥发速度结果见表2。

表2　碳酸氢铵和碳酸铵的分解挥发速度

停放时间（小时累计）	碳酸氢铵			碳酸铵		
	重量（克）	丢失量（克）	失重（%）	重量（克）	丢失量（克）	失重（%）
0	5	—	—	5	—	—
2	4.997	0.003	0.06	3.2	1.8	36
16	4.927	0.073	1.46	1.396	3.604	72.1
25	4.889	0.111	2.22	1.292	3.708	74.2
48	4.775	0.225	4.5	1.052	3.948	79
71	4.663	0.337	6.74	0.858	4.142	82.8

表2结果表明，两种碳酸铵盐的分解挥发性有很大不同。在开始2小时内，碳酸氢铵失重0.06%，而碳酸铵失重为36.0%，相差很远。以后，碳酸氢铵按着直线的速度逐渐分解挥发，而碳酸铵最初失重最快，16小时以后，逐渐减慢。两者的分解挥发速度如图1所示。

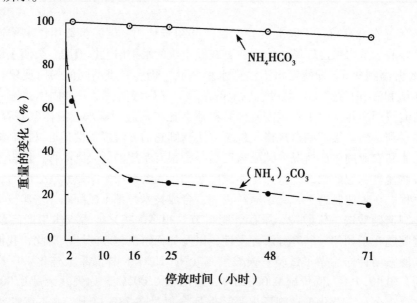

图1　碳酸氢铵、碳酸铵室内停放分解挥发的速度

温度：30~31℃；相对湿度：18.8%~20.7%

71小时以后碳酸氢铵挥发掉6.74%，碳酸铵挥发掉82.8%。其次，将残余的样品进行分析，停放前后重量和含氮量的变化见表3。

表3 停放前后重量和含氮量的变化

肥料种类	碳酸氢铵			碳酸铵		
试验项目	重量（克）	含氮浓度（%）	丢氮量（%）	重量（克）	含氮浓度（%）	丢氮量（%）
原样品	5	17.7	0	5	29.2	0
停放71小时后	4.663	17.6	6.7	0.858	18.5	89.1

表3结果指出，碳酸氢铵经过71小时的挥发后，成分没有什么变化。但是，碳酸铵经过挥发后，含氮量由29.2%降低至18.5%，可能在分解过程中有一小部分变化为碳酸氢铵。

二、干湿空气中碳酸氢铵的分解挥发速度

称取3份碳酸氢铵，每份20克，分别放入3个三角瓶中，第一瓶通入干燥空气，空气通过前预先用浓硫酸干燥。第二、第三瓶通入饱和湿空气。在第二瓶内除放入碳酸氢铵20克外，并混加石膏（$CaSO_4 \cdot 1/2H_2O$）1.33克。用抽气法使空气经过样品上方，携带少量分解挥发的氨和二氧化碳，再通过标准硫酸。每天抽气6小时，氨溶于标准硫酸内，经煮沸后用碱液滴定。每天丢失氮素的结果列于表4。

表4 每天丢失氮素的结果

处 理 号	1		2		3	
放入碳酸氢铵（克）	20		20		20	
混入石膏（克）	0		1.33		0	
通过空气种类	干燥		湿		湿	
试验时间（小时）	（氮素丢失量，毫克）					
0	当天	累计	当天	累计	当天	累计
6	15.4	15.4	20.4	20.4	115.9	115.9
12	16.1	31.5	206.2	226.6	253.6	369.5
18	24.1	55.7	307	533.6	268.4	637.9
24	16.2	71.9	371.4	905	510.6	1 148.50

表4结果表明，碳酸氢铵在干燥空气中分解较慢，而在潮湿空气中分解很快。遇到水则放出一部分二氧化碳，逐渐变为碳酸铵。所以，氨的丢失量就大为增加。但在碳酸氢铵样品内混入吸水剂石膏5%时，第一天稍有作用，以后作用不大。因此，对于碳酸氢铵的包装和贮存问题，以密闭防潮两点最为重要，加入吸水剂的好处不大。

三、两种碳酸铵盐的蒸气压在常温下的变化

为了研究这两种碳酸铵盐的包装问题，必须知道在常温下它们的蒸气压的大小。我们采用以下简单办法进行了测定：用 100 毫升干硬质三角瓶一个，以两孔橡皮塞塞好，一孔内插入温度计，另一孔用玻管和厚橡皮管联接水银气压计。三角瓶在水漕内逐渐加温，瓶内空气温度与压力的变化如图 2 甲线。同样称取碳酸氢铵或碳酸铵 5 克，放入干瓶内，分别测出两种铵盐的温度和压力的关系，结果绘成图 2 中的乙线和丙线。与空气相对照可以看到，碳酸氢铵在 27 ~ 50℃ 蒸气压的增加不大，仅有十几毫米汞柱。自 50℃ 以上，分压有加速增加的趋势。碳酸铵的蒸气压变化比较大，在 30 ~ 37℃ 就增加了 80 多毫米汞柱。

由此可见，碳酸氢铵在普通气温（50℃ 以下）时，蒸气压不大，包装问题比较容易解决，只要能够密闭即可。碳酸铵的分解挥发性稍大，容器不仅要密闭，还要能耐轻微的压力。

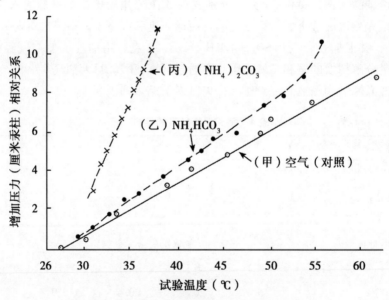

图 2　碳酸氢铵、碳酸铵分压与温度的变化

四、碳酸氢铵在塑料口袋内贮存的试验

由于碳酸氢铵的分解挥发性不大，可以考虑用简单的塑料口袋包装。我们用旧塑料口袋进行了试验。袋厚约 0.2 毫米，大小为 15 厘米 × 15 厘米 × 35 厘米，袋重 106 克，装入碳酸氢铵 5 566 克，总重量为 5 672 克，约有九成满，袋口用绳子捆紧。每天放在向

阳地面上暴晒。最高气温达到 35℃，地面温度约 50℃，在中午温度较高时，袋内气体稍有膨胀。暴晒一个月后，称重为 5 667 克，相差仅为 5 克，这可能是由于袋口捆扎不紧稍有漏气。袋口如能用粘合的办法，估计重量是可以不减的。因此，碳酸氢铵的包装问题，可以考虑用塑料口袋或其他密闭的办法来解决。

五、讨论

本试验说明，使用碳酸氢铵作肥料的可能性很大。不含有水分和碳酸铵的样品，其分解挥发性是不大的，可以考虑用塑料制成的口袋来包装。每袋 100 斤或 50 斤，外面再套一层草袋或纸袋。塑料口袋用完后可以收回再用，袋口如何封闭打开，还须加以研究。在施用时，最好开一袋用一袋，并要防潮防水，这样在施肥过程中，氮素的丢失是很少的。用作稻田追肥，可以像使用硫酸铵、氯化铵一样的办法撒在田里，随后中耕一次。我们所进行的水稻碳酸氢铵肥效试验，就是这样做的，肥效很好。如果施用在旱地或水浇地上，可以采用条施或穴施的办法，开穴、开沟后撒入肥料，随即覆土，或用粪耧施肥。在目前水稻田地块较小、农业机械还不很发达的情况下，推广施用碳酸氢铵，要比推广施用氨水或液氨容易得多，并且还可节省很多机械的投资费用。将来由制造碳酸铵盐的工厂，改为制造尿素的工厂，也是比较容易的。

参考文献

陈尚谨，马复祥，乔生辉. 工业氨水（和碳酸氢铵）对石灰质土壤的肥效初步报告 [J]. 农业学报，1953（3）：211 –216.

本文刊登在《化学工业》1958 年 12 期

施用厩肥对硫酸铵和过磷酸钙肥效的影响

陈尚谨　梁德印

（中国农业科学院土壤肥料研究所）

（国营芦台农场）

（1958 年）

本试验是在位于渤海湾西岸的国营芦台农场进行的，农场土壤属于浅色草甸土，质地较黏重，土壤含盐量一般在 0.2% 以下，栽培作物以水稻为主，小麦、大豆、玉米等次之。因为厩肥缺乏，施用厩肥面积仅占 20% 左右，水稻、小麦以硫酸铵和豆饼为主要肥料，以往没有施用过磷酸钙的习惯。

为了明确过磷酸钙的效果，1954 年曾在农场进行小麦试验，每亩增施过磷酸钙 20 斤，得到增产小麦 87.9 斤，增产率 30% 的显著效果。但是，磷肥的效果并不稳定，1955—1956 年的小麦肥料试验，试验田过去几年曾施用过较多量的厩肥，土壤较为肥沃，增施过磷酸钙没有获得明显的增产效果。因此，为了进一步明确过磷酸钙和厩肥，以及氮肥配合施用的效果，1956 年秋进行了以下试验。

一、试验方法

试验田前茬是小麦，连年习惯施用豆饼和硫酸铵，过去没有施用过厩肥和过磷酸钙。常年小麦产量约为 250 斤，水稻稻谷 700 斤。土壤分析结果，0 ~ 20 厘米质地属黏土，pH 值 8.2，含碳酸钙 1.63%，有机质 1.14%，全氮 0.09%，全磷酸 0.09%，有效磷酸（有效磷酸是 1% 碳酸铵溶液可提取的磷酸）10 毫克/千克，盐基可置换钾 0.046%，20 ~ 40 厘米土壤的碳酸钙含量增多到 5.05%，有机质降低到 0.82%，其余变化不大。

供试作物为小麦，肥料种类分为牛粪、硫酸铵、过磷酸钙 3 种，其中，硫酸铵处理一部分硫酸钙用豆饼代替。每种肥料分为 3 种用量见下表。

肥料种类	肥料用量（斤/亩）		
牛　粪	0	500	1 500
硫酸铵	15	30	15 + 豆饼 43 斤 *
过磷酸钙	0	10	20

* 按含氮量计算豆饼 43 斤相当硫酸铵 15 斤

田间小区按裂区法排列，以厩肥为第一主区，氮肥为第二主区，磷肥为副区，排列成 $3 \times 3 \times 3$ 二次裂区的复因子试验。重复 4 次，小区面积是 36 平方公尺。共计 108 小区。

供试用的腐熟牛粪，含氮 0.97%，$P_2O_5 0.75\%$，$K_2O 1.9\%$。硫酸铵含氮 20%，过磷酸钙含水溶性 $P_2O_5 18\%$，都用作基肥，均匀撒施后，用拖拉机牵引钉齿耙将肥料耙入土中，深 6~7 厘米。9 月 21 日播种，小麦品种是早津麦，每亩播种量 24 斤，行距 15 厘米。小麦生长期间共进行 3 次灌水，1956 年 11 月 6 日灌冬水，1957 年 5 月 8 日和 18 日两次春灌，试验田又按该场习惯普遍追施硫酸铵两次，第一次在 2 月 16 日，用量每亩 15 斤；第二次在 5 月 3 日，用量 10 斤，6 月 23 日分区收获。

二、小麦生育调查

在小麦出苗以后一个月，即 11 月初旬，各不同肥料处理的麦苗就表现了生长的差异。在拔节前进行了幼苗性状的调查。小麦收获前一日，取植株样本进行室内考种，各处理的小麦发育时期，也分别记载，共列于表 1。

表 1　肥料处理对于小麦的发育时期、幼苗和穗部性状的影响

肥料用量（斤/亩）			发育时期			幼苗性状（4 月 19 日）			穗部性状				
厩肥	氮肥	磷肥	拔节期（月/日）	抽穗期（月/日）	成熟期（月/日）	单株分蘖数	单株永久根数	苗高（厘米）	一穗粒重（克）	千粒重（克）	株高（厘米）	每米间穗数（穗）	产量（斤）
0	15	0	5/4	5/22	6/25	2.6	4.5	9.4	0.38	30.5	58.5	62.4	175.5
		10	5/2	5/21	6/24	2.8	4.7	10.6	0.43	33.1	62.5	70.8	204.5
		20	5/1	5/19	6/23	3	5.3	12.2	0.43	34.1	64	68.6	220.3
	30	0	5/4	5/23	6/25	2.8	4.4	10.3	0.41	31.7	55.4	64.6	163.7
		10	5/4	5/21	6/24	3.2	5.5	11.6	0.52	34	66	69.9	243
		20	5/1	5/20	6/23	3.3	5.9	12	0.47	34.4	66.8	68.5	259.3
	15 + 43	0	5/4	5/22	6/25	2.7	4.3	9.7	0.45	32.6	60	65.3	180.9
		10	5/1	5/21	6/24	3.5	5.9	11.8	0.46	33.5	67.6	66.9	244
		20	4/30	5/20	6/23	3.8	6.6	11.8	0.53	35.5	66.5	73.4	253.8

（续表）

肥料用量（斤/亩）			发育时期			幼苗性状（4月19日）			穗部性状				
厩肥	氮肥	磷肥	拔节期（月/日）	抽穗期（月/日）	成熟期（月/日）	单株分蘖数	单株永久根数	苗高（厘米）	一穗粒重（克）	千粒重（克）	株高（厘米）	每米间穗数（穗）	产量（斤）
	15	0	5/4	5/22	6/25	2.9	4.9	10.8	0.47	33	60.8	68	192.7
		10	5/1	5/20	6/23	3.2	5.3	11.4	0.47	33.6	64.5	69.3	221.2
		20	5/1	5/19	6/23	3.6	6.1	12.2	0.45	34.4	64.1	68.1	232
500	30		5/3	5/22	6/25	3.1	5	10.8	0.45	32.4	61.5	72.2	217.2
		10	5/2	5/21	6/24	3.3	6.1	11.7	0.53	34.6	67.7	72.5	252.4
		20	4/30	5/19	6/23	3.5	5.9	12.2	0.48	35.2	66.8	71.9	255.2
	15 + 43		5/3	5/22	6/25	2.9	4.5	10.8	0.47	33.8	64.7	66.3	223.9
		10	5/1	5/20	6/24	3.6	5.9	11.6	0.51	34.9	65.8	64.2	245.7
		20	4/30	5/19	6/23	3.6	6.4	11.6	0.51	35.9	66.8	68.8	249.3
	15	0	5/1	5/20	6/23	3.1	3.8	10.3	0.46	34.5	64.8	64.7	224.4
		10		5/18	6/23	3.6	5.5	12	0.46	34.6	64.3	68.9	243.1
		20		5/17	6/23	4		12.3	0.47	34.6	63.7	68.5	232.5
1 500	30	0	5/1	5/20	6/24	3.5	6.4	11.5	0.47	34.6	67.4	72	260.6
		10	4/30	5/18	6/23	3.8	6.5	12.6	0.54	36	68.9	73.8	273.8
		20	4/29	5/18	6/23	3.9	6.2	12.6	0.54	36.5	69.2	75.6	275.6
	15 + 43		5/1	5/20	6/24	3.2	5.4	10.9	0.53	35.5	67.1	68.3	266.5
		10	4/30	5/18	6/23	4.2	7.4	12.5	0.48	36.8	67.8	70.6	268.8
		20	4/30	5/18	6/23	4.2	7	13.1	0.53	36.3	68	72.5	266.8

从调查结果看到：磷肥能提前小麦的发育时期，能提早拔节、抽穗和成熟期2～4日，厩肥也有提前小麦发育的作用。施用厩肥，硫酸铵和过磷酸钙，对于小麦幼苗的高度，分蘖数，根数；以及穗部性状如一穗粒重和千粒重等，都有良好的效果。当厩肥用量增大时，过磷酸钙的效果有减低的趋势。

三、小麦产量结果

小麦收获后，称得籽粒重量，折合成每亩斤数，结果列于表2。

表2 产量比较表（表中数字为每亩籽粒斤数）

肥料处理		硫酸铵用量			过磷酸钙用量			平均（斤/亩）	增产（斤）
		15斤	30斤	15斤+43斤豆饼	0	10斤	20斤		
厩肥用量	0	200.1	222.0	226.2 (3)	173.4	230.5	244.5 (5)	216.1	(1)
	500斤	215.3	241.6	239.6	211.3	239.8	245.5	232.2	16.1
	1 500斤	234.1	270.0	267.4	250.5	262.7	258.3	257.2	41.1** 25.0*
硫酸铵用量	15斤				197.6	223.7	228.3 (6)	216.5	(2)
	30斤				213.8	256.4	263.3	244.5	28.0**
	15斤+43斤豆饼				223.7	252.6	256.6	244.4	27.9** −0.1
平均 斤/亩					211.7	244.3	249.4		
增 产					(4)	32.6**	37.7** 5.1*		

注：

变异	标准差	5%差异显差*	1%差异显差**
（1）厩肥	6.4	22.20	33.59
（2）氮肥	2.35	7.00	9.60
（3）厩肥×氮肥	4.08	12.12	16.62
（4）磷肥	1.77	5.03	6.70
（5）厩肥×磷肥	3.06	8.70	11.60
（6）氮肥×磷肥	3.06	8.70	11.60

从产量的比较结果，可以看出：

①每亩施用厩肥1 500斤，效果极显著，可增收小麦41.5斤。

②氮肥效果极显著，每亩增施硫酸铵15斤，增收小麦28斤。15斤硫酸铵和43斤豆饼，含氮量相等，效果也约相同。

③过磷酸钙肥效极显著，每亩施过磷酸钙10斤，增收小麦32.6斤，施20斤增收小麦37.7斤。每亩施用过磷酸钙10斤，较施用20斤为经济。

④厩肥和磷肥的连应极显著，在施用和不施用厩肥的基础上，过磷酸钙的效果有显著不同，兹将不同量的厩肥和磷肥配合使用后的效果列于表3。

表3 在厩肥不同用量下磷肥的效果*

肥料用量（斤/亩）		产量（斤）	增产（斤）
厩肥	磷肥		
	0	173.4	
0	10	230.5	57.1**
	20	244.5	71.1** 14.0**

（续表）

肥料用量（斤/亩）		产量（斤）	增产（斤）
厩肥	磷肥		
	0	211.3	
500	10	239.8	28.5 **
	20	245.5	34.2 ** 　5.7
	0	250.5	
1 500	10	262.7	12.2 *
	20	258.3	7.8 　4.4

＊每亩斤数是 3 个氮肥用量的平均数

从表中增产数字可见，当厩肥和磷肥配合施用时，随着厩肥用量的增加，过磷酸钙的效果降低；当不施厩肥时，施用磷肥的效果极显著，增施 10 斤和 20 斤过磷酸钙增收小麦 57.1 斤和 71.1 斤，合每斤过磷酸钙增产 3.6 ~ 5.7 斤。当施用厩肥 500 斤时，增施过磷酸钙也有一定的效果，增施 10 斤和 20 斤过磷酸钙增收小麦 28.5 斤和 34.2 斤，每斤过磷酸钙增产 1.7 ~ 2.9 斤，不及用在无厩肥区增产效果大。在厩肥 1 500 斤的基础上，磷肥效果就大为降低，增施 10 斤和 20 斤过磷酸钙仅增收小麦 12.2 斤和 7.8 斤，合每斤过磷酸钙增产 0.4 ~ 1.22 斤。以上结果证明，厩肥（牛粪）中磷的效果很好（含 P_2O_5 0.75%），能够供给小麦的利用，因此，施用了大量厩肥后，再增施过磷酸钙，它的肥效就大大降低了。

⑤厩肥和氮肥间没有连应效果，在施用厩肥的情况下，增施化学氮肥，仍能充分发挥它的增产作用。

⑥氮肥和磷肥连应显著，硫酸铵用量增加后，过磷酸钙的增产效果也随着增加。

四、讨 论

华北地区施用过磷酸钙的效果，各地结果极不一致。

本试验证明，在国营芦台农场，过去未曾施用过厩肥和过磷酸钙并连年大量施用硫酸铵和豆饼的土地上，施用过磷酸钙对小麦增产效果很大，每亩施用过磷酸钙 10 斤，每斤肥料最高可以增收小麦 5.7 斤。这个增产数字是很值得注意的，今后，应该着重在这样的土地上，施用过磷酸钙肥料。

试验结果指明了施用厩肥与过磷酸钙的相互关系，在当地产量相当高并缺乏厩肥和其他农家有机肥料的情况下，施用厩肥对小麦增产效果很大。反之，在大量施用厩肥的情况下，过磷酸钙的肥效不大，而不能达到预期效果。

近年来，在不少农业试验所、站的圃场上，进行磷肥肥效试验，多不显著，或者以前磷肥肥效曾经显著，以后几年就不显著，或者这块地磷肥肥效显著，换一块相隔不远的地，就不显著。其中，主要原因可能就是大量施用土粪的影响所致。今后，有关磷肥肥效的试验，为了反映当地实际实况，应预先选择在能代表当地农业社一般肥力的土地上进行。

　　我国磷肥肥效的问题，是相当复杂的，除去研究土壤类型与磷肥效果的关系以外，当地历年积肥和施用有机肥料的习惯对土地肥力的培育，和磷肥效果也有密切的关系，这是我国农业的特点，应加注意。

湖南祁阳县丘陵地区水稻田硝酸铵和
硫酸铵的施肥期和施肥法的研究

陈尚谨　杜芳林　陈永安　刘运武[*]

（中国农业科学院土壤肥料研究所）

（1962 年）

一、绪　言

随着中国化学工业的发展，化学肥料的用量逐年增加，化学肥料的新品种也不断地在增多，目前，水稻田施用化学氮肥，以硫酸铵为主，硝酸铵还很少施用，关于硝酸铵肥料的施用问题，各地进行过不少试验。大部分结果认为，硝酸铵施用在旱地和水浇地上肥效很好，约与等氮量硫酸铵的肥效相等，有时甚至超过。但是，施用在水稻田，肥效较差，约为等氮量硫酸铵肥效的 70% ~ 80%，各地对水稻施用硝酸铵的意见，也很不一致，为了我国硝酸铵肥料工业的发展和经济有效施用化肥，有必要结合江南水稻区农村实际情况进行深入研究。因此，选择湖南祁阳县丘陵地区，在黄夹泥、鸭屎泥上进行了硝酸铵的肥效及施肥方法的研究和硫酸铵对早稻、中稻、迟稻的施肥时期试验，以便根据当地具体条件，为合理计划如何分配肥料和经济有效施用肥料，提供科学依据。

二、试验材料、方法和结果

为了迅速找出不同土壤，不同作物品种上施用硝酸铵和硫酸铵最适宜的施肥时期，施肥方法，在湖南祁阳县文富市公社，利用了农村工作基点的特点，采取小区田间试验与群众性大田对比试验相结合的研究方法，密切联系生产实际，使研究成果能够迅速在大田生产上应用，并加以验证和提高。

湖南祁阳丘陵地区水稻田，是由红色黏土发育而成，受地形及农业措施的影响很大。地形较高的黄夹泥，排水较好，水源较差，冬季多种植小麦、油菜、蔬菜等旱作或冬干休闲，是当地低产土壤中较好的一种。鸭屎泥分布于地形较低的冲田或垄田中，终年积水，排水不良，土壤速效养分含量低，泥脚较深，多种植生长期较长的中稻和迟稻。当地一般情况，大致可以代表长江以南丘陵地区低产水稻区，现将本年度试验结

---

* 本报告系湖南祁阳官山坪农村工作基点 1962 年工作的一部分，刘运武同志单位系湖南衡阳专区农科所

果，分述如下。

（一）硝酸铵在黄夹泥、鸭屎泥水稻田上施用的效果

在湖南祁阳县丘陵地区黄夹泥、鸭屎泥两种水稻田上，选择了有代表性的田块，进行了硝酸铵肥效试验，基肥按当地一般施肥水平，每亩施用凼肥 1 万斤左右，其中，约含有猪牛粪 500 ~ 1 000 斤，人粪尿 90 ~ 100 斤，草皮 40 担，沟泥 100 ~ 120 担。早稻品种是江西早，中稻品种万粒籼，双季晚稻老黄谷，小区面积分别为 0.0375 亩、0.06 亩、0.048 亩。重复 3 次，肥料处理共分 5 个：

①对照：凼肥作基肥；

②每亩增施硫酸铵 20 斤合氮素 4 斤，点施作追肥；

③每亩增施硝酸铵 13.3 斤合氮素 4 斤，点施作追肥；

④每亩增施硝酸铵 13.3 斤合氮素 4 斤，深施（5 ~ 8 厘米）作追肥（塞禾根）；

⑤每亩增施硝酸铵 13.3 斤合氮素 4 斤，撒施作追肥。

追肥时期在水稻分蘖期，产量和生育调查情况见表 1。

表 1 早、中稻和双季晚稻施用硫酸铵和硝酸铵增产效果及水稻生育性状表

土壤	水稻品种	处理	株高（cm）	穗长（cm）	千粒重（g）	有效分蘖（个/株）	产量（斤/亩）	增产（%）
黄夹泥	早稻（江西早）	对照	106.5	20	26.4	2.4	365	100
		硫酸铵点蔸	110.9	20.3	26.3	2.7	443.6	121.5
		硝酸铵点蔸	109.6	19.7	26.4	2.52	403.4	110.5
		硝酸铵深施	104.5	19.3	26.4	2.56	422.1	115.6
鸭屎泥	中稻（万粒籼）	对照	125	19	28	1.55	512.3	100
		硫酸铵点蔸	124.4	19.6	28.1	1.93	583.1	113.9
		硝酸铵点蔸	121.2	19.7	27.8	1.72	567.8	110.9
		硝酸铵深施	122.8	19.8	27.2	1.91	583.1	113.9
		硝酸铵撒施	123.8	19.2	28	1.76	561.1	109.5
黄夹泥	双季晚稻（老黄谷）	对照	104	15.4	22.5	1.62	285.4	100
		硫酸铵点蔸	112	16.7	23	1.52	304.1	106.5
		硝酸铵点蔸	114	18.3	23.1	1.85	291.6	102.2
		硝酸铵深施	116	17.2	23.1	1.64	312.5	109.5

过去认为，硝酸铵施用在水稻田，由于硝酸根不能被土壤吸附，而引起流失或淋溶到土壤深层被反硝化细菌脱氮，损失氮素，增产效果不大，不宜在水稻上施用，但从表 1 看出：硝酸铵施用在黄夹泥和鸭屎泥两种水稻田，有明显的增产效果，每亩施用氮素 4 斤，增产稻谷，早稻 10.5% ~ 15.6%，中稻 9.5% ~ 13.9%，双季晚稻 2.2% ~ 9.5%；若能注意施用技术，改进施肥方法，还可获得更好的增产效果。在追肥时，将

肥料塞入禾根附近（比点蔸的要深，施入泥中5～8厘米），比点蔸的多增收稻谷3%～5%，有效分蘖，每穗穗长都有所增加。硝酸铵与硫酸铵两种肥料的肥效，若以等氮量增产效果来比较，前者为后者的90.8%～95.3%，但是，硝酸铵的含氮量比硫酸铵高70%左右，试验证明，硝酸铵比同重量的硫酸铵能多增收稻谷40%左右。因此，硝酸铵施用在水稻田，若能注意雨季防潮，改进包装和防潮设备，提高施肥技术，是值得考虑的问题。

鸭屎泥经过干冬后，土块收缩，翌年耕耙困难，成大泥团，水稻移栽后，禾苗根系发育慢，不发蔸，黑根死苗，植株生长缓慢，群众称为"坐秋"，过去曾认为，土壤通气不够，是根部缺氧的原因，群众曾采用施菜籽饼，施煤渣等办法，供给营养，并改善土壤结构与通气条件，来防止"坐秋"，但效果不显著。硝酸铵是一种强氧化剂，每百斤内含氧60斤，估计可以改善氧化还原条件，是否对"坐秋"起到一定作用呢？1962年我们进行了这个试验，在冬干鸭屎泥"坐秋"田水稻移栽后即施入硝酸铵，施到根部下层，经观察，在生长过程中，禾苗同样的黑根，稻叶枯尖，叶变黄，秧苗"坐秋"仍然很严重；在水稻移栽一个月后，又进行了硝酸铵、硫酸铵、过磷酸钙等几个肥料处理的观察试验，小区面积为$0.12m^2$，重复两次，折合每亩施用硝酸铵13.3斤，硫酸铵20斤和过磷酸钙40斤，每种处理的平均产量，分别为165.2克、156.5克和303.0克，株高为94.5厘米、95.0厘米和100.4厘米，施用过磷酸钙有明显的防止"坐秋"的作用，而施用硝酸铵、硫酸铵均没有起到防止水稻"坐秋"的效果。

（二）硫酸铵在黄夹泥、鸭屎泥水稻田施用方法的研究

近年来，硫酸铵施用数量，逐年增加，施用技术也逐渐被群众所掌握，根据不同的情况，看天，看苗，看土质，因地制宜地追施化学肥料，是经济有效施用化肥的主要经验。

祁阳县官山坪丘陵地区，在4～5月，有间断性的阴雨，气温低，对早稻早期生长有一定的影响，本地早稻品种多为生育期短的江西早与南特号，早施追肥，可以保证壮苗，促进早分蘖，是获得早稻丰产的基础，中稻与早晚稻有所不同，今将早稻、中稻氮肥施肥量和施肥期试验结果，简介如下。

1. 硫酸铵不同施用量在黄夹泥、鸭屎泥水稻田对早稻、中稻的增产效果

硫酸铵肥料是农业生产上需要量最大，最受群众欢迎的一种肥料，施用在各种主要土壤上，都有明显的增产效果。但是，不同的土壤肥力，基肥质量，基肥数量和作物品种，对需要硫酸铵施用量不同，增产幅度也有所不同。我们选用了黄夹泥、鸭屎泥，在一般施用农家肥（凼肥）的情况下，进行了早稻、中稻的试验，结果列入表2。

表2　硫酸铵不同用量在黄夹泥、鸭屎泥上对早稻中稻的增产效果

土壤	黄夹泥		黄夹泥		鸭屎泥		鸭屎泥		黄夹泥	
水稻品种	早稻（江西早）		早稻（江西早）		早稻（江西早）		中稻（万粒籼）		中稻（万粒籼）	
处理	对照	$(NH_4)_2SO_4$ 15斤/亩	对照	$(NH_4)_2SO_4$ 20斤/亩	对照	$(NH_4)_2SO_4$ 30斤/亩	$(NH_4)_2SO_4$ 15斤/亩	$(NH_4)_2SO_4$ 30斤/亩	对照	$(NH_4)_2SO_4$ 20斤/亩
产量（斤/亩）	326.0	379.0	365.0	443.0	477.5	556.1	465.1	513.7	330.0	367.0
每亩增产（斤）		53		78		78.6		48.6		37
备注	二丘		小区试验 3次重复		一丘		小区试验 3次重复		一丘	

由表2可见，在土壤熟化程度较高的黄夹泥上种植早稻，追施氮素3斤，增产稻谷53斤，追施氮素4斤，增产稻谷78斤，随着氮素的增加，产量有显著的增加。合每斤硫酸铵增收稻谷2.5～3.5斤。在土壤熟化程度较差的鸭屎泥上追施氮素6斤，增收78.6斤，合每斤硫酸铵增产稻谷2～2.5斤，又根据本年度大田对比试验，对低产土壤氮肥和磷肥配合施用，产量大有增加。

2. 早稻、中稻和迟稻硫酸铵施肥期试验

作物品种不同，土壤供应速效养分能力不同，对作物不同生育期追施速效养分的增产效果也有所差异。生长期短，是早稻的生理特点，促进幼苗生长旺盛，增加有效分蘖是保证穗多，籽粒饱满，增加产量的重要措施，插秧在土壤肥力较差的田丘上，更应注意。中稻生育期比早稻长，一般栽培在泥脚较深的鸭屎泥上，土壤潜在肥力较高，随着气温的升高，速效养分不断分解释放供给水稻吸收，看苗适时追施肥料，也可以促进多穗，籽粒饱满，是获得高产的关键之一。当地农民过去一般施用农家肥料，如火土灰拌人粪尿或是腐熟的猪牛栏粪作追肥，肥效比化学肥料来得缓，应提早追施。对施用化肥经验不足，为了探讨化学肥料在早稻中稻上什么时期施用效果最好，选用了黄夹泥、鸭屎泥与白夹泥3种土壤，在早稻、中稻和迟稻上进行了不同施肥期的试验，试验地土壤肥力中等，分冬干田、冬泡田和小麦的后茬田，历年产量每亩早稻为200～300斤，中稻为400斤左右，施肥量每亩人粪尿100斤，猪牛粪400～1 000斤，草皮40担，沟泥40担均用作基肥，每追施硫酸铵20斤，分别在水稻分蘖期与幼穗分化期，采用点蔸与撒施的方法来进行比较，将结果列入表3。

表3　硫酸铵不同施用时期对水稻的增产效果（硫酸铵用量每亩20斤）

土壤	水稻品种	处　理	株高（cm）	穗长（cm）	千粒重（g）	产量（斤/亩）	增产（%）	注
黄夹泥	早稻（江西早）	分蘖期点菀	119	20.1	27.3	394.4	108.2	二丘田
		幼穗分化期点菀	109	18.7	27.9	364.2	100	
	中稻（万粒籼）	分蘖期点菀	118	19.1	26.8	456	100	三次重复
		幼穗分化期点菀	120.6	19.8	26.4	488	106.5	
鸭屎泥		分蘖期点菀	127.4	20.3	26.6	493.3	100	三次重复
		幼穗分化期点菀	123.2	20.2	26.5	511.7	103.7	
白夹泥	迟稻（公黏）	分蘖期点菀	122	21.4	23.9	506.8	100	三次重复
		幼穗分化期点菀	117	19.8	23.3	552.2	108.9	

由表3可见，早稻早期追肥，对提早分蘖，起到了一定的作用，分蘖期追肥比幼穗分化期追肥，有效成穗率增长5%以上。中稻在拔节后随即进入幼穗分化期，新的器官开始形成，需要大量肥分供应，此时追肥速效氮素肥料，加强了营养，叶片内氮素水平提高，光合作用加强，有机物质营养的供应得到了改善，对减少较迟分蘖的萎缩，防止颖花退化和增加有效穗数起到了重要作用。分蘖期每亩追施氮素4斤，单株有效分蘖为1.9个，而在幼穗分化期追施的，单株有效分蘖为2.8个。在土壤潜在肥力低，底肥供应不足的情况下，追施穗肥的增产效果尤为明显，如表3内黄夹泥中稻万粒籼，前作为小麦，基肥用猪粪1 500斤，陈墙土5 000斤，前期养分供应能力较好，后期肥料不足，在幼穗分化期追施氮肥，增产效果很明显。由上可见，中迟稻在幼穗分化期施肥，比分蘖期施肥增产效果一般在3.3%～6.3%，在生育期间，7月27日及8月17日两次调查，在幼穗分化期追施氮肥，齐蘖期要比在幼穗分化期施用提前2～3天，由于施肥加强了后期氮素营养，成熟期要延长3～4天。

3. 不同施肥法的研究

对水稻田追肥，随着肥料的品种、数量的不同，群众所采取的施肥方法也有所不同。数量少的肥料多在稻丛中点施，有机肥料的精肥，如人粪尿拌火土灰，也多点施，也有将经过腐熟后的猪牛粪，在插秧后不久，施在稻根附近作追肥的。对化学肥料如硫酸铵、硝酸铵有点施的，也有撒施的，点施和撒施每亩用工数相差很多，每个劳力一天点施1～1.5亩，而撒施可提高到5～10亩。为了明确稻田中施入一定数量的硫酸铵，采用点施和撒施，对产量的影响，我们在黄夹泥、鸭屎泥两种土壤上，对中稻万粒籼进行了比较试验，结果列入表4。

表 4　硫酸铵点蔸和撒施对水稻产量的影响

土壤	水稻品种	处　理	株高（cm）	穗长（cm）	结实（粒/穗）	有效分蘖（个/株）	千粒重（g）	产量（斤/亩）
鸭屎泥	中稻（万粒籼）	硫酸铵15斤/亩点蔸	112.2	18.2	70.6	2.21	27.2	461.4
		硫酸铵撒施	117.8	19.5	74.4	2	27	468.9
		硫酸铵30斤/亩点蔸	116	18.2	70.4	2.32	27.6	510
		硫酸铵撒施	118.8	18.5	71.4	1.9	27.4	517.5
黄夹泥		硫酸铵20斤/亩点蔸	118	19.1	72.3	1.97	26.4	456
		硫酸铵撒施	118.4	19.6	75.8	1.76	27.2	466.3

由表 4 可见，追肥期在水稻分蘖期或是幼穗分化期每亩追施硫酸铵 15 斤，20 斤，30 斤，拌上黄土施用，点施与撒施的区别不大。中稻生育期较长，随着气温的升高，根系也逐渐发达，吸肥面积加大，撒施的可以大大减少施肥用工，肥效也很好。

三、摘　要

（一）在湖南丘陵地区黄夹泥和鸭屎泥水稻田施用硝酸铵肥料，有明显的增产效果，每亩施用氮素 4 斤，比不追肥的对黄夹泥早稻增产稻谷 38.4 ~ 57.1 斤，合 10.5% ~ 15.6%；对鸭屎泥中稻增产稻谷 48.8 ~ 70.9 斤，合 9.3% ~ 13.6%；双季晚稻增产稻谷 6.2 ~ 28.1 斤，合 2.2% ~ 9.5%；改进施肥方法，还可以获得更好的增产效果，深施 5 ~ 8 厘米塞入稻根附近的比点蔸的要多增收稻谷 3.3% ~ 5.6%。按施用等氮量的增产效果作比较，硝酸铵的肥效为硫酸铵的 90.8% ~ 95.3%，但是，以等重量的增产效果作比较，硝酸铵比硫酸铵要多增收稻谷 40% 左右。

（二）施用过磷酸钙对防止鸭屎泥稻苗"坐秋"有明显的效果，但施用硝酸铵和硫酸铵对防止或减轻稻苗"坐秋"作用都不明显，本地区稻苗"坐秋"与磷素营养有密切关系，硫及土壤氧化还原势对水稻"坐秋"的关系不明显。

（三）早稻生育期较短，为了促进早发，应在禾苗回青至分蘖期提早追施氮肥；中稻生育期较长，根系也较发达，在幼穗分化期追施较好。

（四）对中稻追施硫酸铵，每亩用量在 15 斤，20 斤，30 斤的情况下，撒施与点蔸对水稻产量没有显著区别，撒施较点蔸节省劳力，可以在大田生产上采用。

A New Method for the Determination of Nitrate-Nitrogen in Compost and Animal Manures.

Shangchin Chen

(National Agricultural Research Bureau, Peiping Station.) (1938)

Abstract

A new method is used to determine the nitrate-nitrogen content in compost and animal manures. They contain large amounts of ammonia, colored organic matter, and colloidal substances which can not be removed by usual method. In this method the nitrate is removed from the impurities as nitric oxide and then converted back into pure nitric acid which can be easily determined. Either liquid or solid samples can be directly used without preliminary treatment. Impurities of chloride, ammonia, urea, cyanamide, amines, colored substances, and colloidal matter have no influence on the determination, so the method can be applied to all kinds of agricultural materials.

Introduction

No single method appears, to be applicable to all kinds of samples and there is no method which is not subject to considerable error. No method is available especially for those samples containing highly colored organic matter, large amount of chloride, or in the presence of urea and cyanamides. This makes a very serious and difficult problem to the analysis of compost, animal manures, human feces cakes, and certain kind of sewage, and even some water, and soils. This paper introduces a new method which is not affected by these impurities.

Basic Principle of the new method

Phenoldisulfonic acid method is known to be the best method for nitrate-nitrogen determination in small quantities. The problem is how to remove the interfering impurities. Many attemps were made to remove the impurities by using various flocculating aggents, such as Al (OH)$_3$, Cu (OH)$_2$, Ca (OH)$_2$, CaSO$_4$, Ag$_2$SO$_4$, and H$_2$O$_2$, but they are only useful to soils which contain relatively small amount of impurities. All these methods are not applicable to fecal materials. Human feces and urine are under the worst condition. In this new method the nitrate is removed from the impurities by a chemical method instead of removing the impurities. It makes the analysis of the above mentioned feasible but it also gives very accurate results. the chemical reaction during the process can be shown by the following equations.

1. $HNO_3 + 4FeCl_2 + 3HCl \rightarrow Fe(NO)Cl_2 + 3FeCl_3 + 2H_2O$

$$Fe(NO)Cl_2 \rightarrow FeCl_2 + NO$$

2. $2NO + O_2 \rightarrow 2NO_2$

3. $2NO_2 + H_2O \rightarrow HNO_2 + HNO_3$

4. $HNO_2 + H_2O_2 \rightarrow HNO_3 + H_2O$

All the above equations are quantitive and are nothing new itself. The first two equations have been used to determine nitrogen in water, but the volume of nitric oxide is usually too small to measure and the presence of carbon dioxide lessens the accuracy of the determination. The third and fourth equations have been adopted in the determination of nitrogen oxide in the gases admixture after explosion. This method is very sensitive and accurate to determine nitrogen oxide even in a very small amount, and it is not influenced by carbon dioxide. But it cannot be directly applied to agricultural analyses. In the present research the author connected the reactions as show above by first convert the nitrate into nitrogen oxide then convert the nitrogen oxide back into nitric acid again to keep off all the disturbing impurities. A number of determinations were made to test the present method; each test verifies its accuracy. Some numerical date can be referred to the Tab. 1 and 2.

Experimental

Ferrous chloride solution was prepared by dissolving 20 gms. of iron nailsin 100c. c. of hydrochloric acid. The solution was kept in dark under hydrogen. The absorption solution was prepared by adding 10c. c. N. sulfuric acid to 1c. c, hydrogen peroxide and was then diluted to 100c. c. The phenoldisulfonic acid reagent and standard potassium nitrate solution were prepared according to the method given in A. O. A. C.

The apparatus was set as shown in figure 1. As shown in figure 2 (a), the condenser was made by a test tube which could be put in the reaction flask. Carbon dioxide was allowed to pass through the condenser by a small tubing. Thus the carbon dioxide was used to carry the nitrogen oxide produced from the reaction flask F to the absorption flask G. 10c. c. to 100c. c. of the absorption solution (according to NO$_3$-N content) was introduced into the flask G. The bottle was stoppered and the air inside was sucked out through E with D closed until the pressure in the bottle was reduced to about 5 cm. Hg. as indicated by the manometer M. Then E was closed and the bottle was ready for absorption.

Samples to be analyzed may contain nitrate-nitrogen from 0. 5 to 10 mgs, either solid or in solution. 10c. c. of the solution or 10 gms. of power was introduced into the reaction flask F. in addition with 20c. c. of ferrous chloride solution, 10c. c. 1: 1 hydrochloric acid, two glass beads, and 10c. c. distilled water. Then the condenser C was inserted into the mouth of the re-action flask F and delivery tubes was removed by openning D to allow the air to pass from the reaction flask F to the vacuum flask G, until there was no more air bubbles happened in G. The air remaining was again removed by rinsing it repeatedly with carbon dioxide.

Before distilling nitrogen oxide from flask F. the rate of flow of carbon dioxide must be reg-ulated by adusting the opening D, so that the rate of flow was about 40 c. c. per minute as indi-cated by the rate of bubbling in H. Flask F was then heated gently. Care must be taken to avoid booming and foaming. To prevent the pressure in the flask F was being too high, either the strengh of the flame or the rate of flow of carbon dioxide could be adjusted, the content was boiled for one hour with a continous flow of carbon dioxide from the generator to the bottle G. All of nitrate was reduced to nitric oxide and carried from F to G. . Finally the bottle G was disconnected and shaken for severed times, and was allowed to stand for two hours.

The content in bottle G or an aliquot containing about 0. 02mg. nitrogen was pipeted out to a procelin dish. It was neutralized with N. sodium hydroxide and evaporated on water bath to dryness. The nitrate was determined by the usual phenoldisulfonic acid method. To test the ac-curacy of this method a standard potassium nitrate solution, a compost, and a horse manure were analyzed for nitrate-nitrogen. The results are shown in Tab. 1 and 2.

Tab. 1 Determination of NO_3-N in standard KNO_3 solution

No. of trails	NO_3-N mg. added	NO_3-N mg. found	% error
1	0. 010	0. 011	
2	0. 010	0. 012	
3	0. 050	0. 050	
4	0. 050	0. 054	
5	0. 100	0. 102	+2. 0
6	0. 100	0. 094	−6. 0
7	0. 500	0. 515	+3. 0
8	0. 500	0. 480	−4. 0
9	1. 000	1. 05	+5. 0
10	1. 000	1. 00	0. 0

（续表）

No. of trails	NO$_3$-N mg. added	NO$_3$-N mg. found	% error
11	2.000	2.08	+4.0
12	2.000	2.03	+1.5
13	2.500	2.50	0.0
14	5.000	5.05	+1.0
15	5.000	5.05	+1.0
16	10.000	10.03	+3.0
17	10.000	9.80	−2.0
	Average	1.0%	

Tab. 2   Analysis of NO$_3$-N in compost and horse manure

No. of trails	NO$_3$-N found in sample mgs.	NO$_3$-N found in sample + 1 mg. NO$_3$-N. (mg).	NO$_3$-N found by difference mg.
compost 1	1.132	2.180	1.049
2	1.160	2.150	0.990
average			1.020
Horse manure 1	1.590	2.580	0.990
2	1.550	2.580	1.030
average			1.010

Results and Discussions

The accuracy of this method was tested by two different ways, In Tab. 1 are the result obtained in determining the nitrate content of pure standard potassium nitrate solution. The results appear to be in very close agreement. In Tab. 2 are results obtained by determining first the nitrate content of compost or horse manure. Then 1.00 mg of nitrate-nitrogen was added to the sample and the nitrate content was redetermined. The results showed that the presence of all impurities in the sample did not interfere with accuracy of the determination at all. In aluminum reduction method or the Devarda's method the nitrate is reduced to ammomia. Evidently these methods are not satisfactory when they are applied to samples containing large amount of ammonium salts, and substances easily decomposable into ammonia, such as urea cyanamide, etc. It will be hard to expel all the ammonia. Thus the residual ammonia possibly present may contaminate with the ammonia reduced from the nitrate, It is to be noted that this method is sensitive to 0. 005mg. of nitrate-nitrogen. Samples containing from 0. 01 to 10 mg. Of nitrate-nitrogen can be easily determined. The accuracy of this method is about 5%. This is within the limit of colorimetric determination for yellow colors.

Literature cited

[1] Griffin, R. C. Technical method of analysis 2nd Ed. P. 684

[2] Treadwell, and Hall, Analytical chemistry Vol. 2. p. 401

[3] Wright, C. W. Soil Analysis (1935) p. 133

[4] Harper, H. J. Ind. Eng. Chem. (1924) 16p. 180

[5] Roller, and Mckaig, Soil Sc. 47 p. 379 (1939)

[6] J. Piccard and etc. Ind. Eng. Chem. Anal. Ed. 2p. 249 (1930)

[7] Francis, A. G. etc. Analyst 50p. 262 (1925)

中文摘要刊登在《中国土壤学会会志》发表于约 1947 年

各种氮素化学肥料用作小麦种肥对小麦出苗的影响

马复祥　郭毓德　陈尚谨

（华北农业科学研究所）

（1956 年）

　　小麦施用少量速效肥料作种肥，对小麦生长发育和增加产量的作用很大。近年来，在山东、河北、山西各省，推广示范用硫酸铵作小麦种肥（也叫硫铵拌种），获得很好效果，深受当地农民欢迎。

　　目前，在华北供应的氮素化学肥料种类很多，除硫酸铵外，还有硝酸铵、硝酸铵钙、硫硝酸铵、氯化铵、尿素、硝酸钠、石灰氮素等多种，它们是否可以用作小麦种肥，每亩用量多少，对小麦出苗影响如何，经华北农科所试验，结果如表 1（石灰氮素对种子发芽的毒性很大，不能用作小麦种肥）。

表 1　各种肥料作种肥，对小麦小苗的影响（表内数字为出苗百分率）

播种日期	9 月 28 日（重复 9 次）			10 月 19 日（重复 5 次）			肥料形状
种肥用量（斤/亩）	6	8	10	10	15	20	
硫酸铵	102.6	99.8	97.6	97.2	98.6	93.7	结晶体
尿素*（减量）	99.9	92.0	86.8	74.1	56.7	41.8	小粒状
硫硝酸铵	100.1	94.9	97.2	94.0	90.3	81.5	粒 状
硝酸铵钙	104.0	98.8	99.6	103.8	94.1	87.6	粒 状
氯化铵	94.7	93.5	87.9	84.9	76.4	68.7	粉 状
硝酸铵	98.8	93.9	89.8	94.2	91.0	88.4	结晶
硝酸钠	99.0	98.0	95.5	100.2	95.4	82.8	小粒状
硫酸铵混加过磷酸钙（5 斤/亩）	100.7	99.2	102.4	103.4	100.8	96.2	过磷酸钙粉状
硫酸铵混加硫酸钾（5 斤/亩）	100.4	98.1	95.5	100.3	96.2	92.8	硫酸钾粉状
不用种肥		100			100		

　　注：1. 尿素用量：每亩 2 斤、4 斤、6 斤、6 斤、8 斤、10 斤；

　　2. 试验地点：华北农科所；

　　3. 小麦品种为 1885，播种时土壤水分良好

　　表 1 结果证明，各种肥料用作种肥，对小麦出苗影响程度不同，若以出苗率相差 5% 为临界线，各种肥料用作小麦种肥时，每亩适宜用量和最高用量如表 2。

表 2　每亩适宜用量和最高用量

肥料种类	种肥最高用量（斤/亩）	适宜用量（斤/亩）
尿素	2	0
氯化铵	6 以下	2～3
硝酸铵	6	3～4
硫硝酸铵	8	4～6
硝酸铵钙	10	5～8
硝酸钠	15	5～10
硫酸铵混加硫酸钾	15	5～10
硫酸铵	15	5～10
硫酸铵混加过磷酸钙	20	5～10

在土壤水分良好情况下，不同化肥用作种肥，对小麦出苗影响程度不同，以尿素危害最大，氯化铵、硝酸铵次之，而以硫酸铵对小麦出苗影响最小，硫酸铵混合少量硫酸钾或过磷酸钙（每亩 5 斤用量），对小麦出苗亦无明显影响。增加种肥用量，对出苗危害程度显著增加，尤以尿素、氯化铵最明显，所以，最好不用尿素作种肥，氯化铵也应当少用。为了保证小麦出苗率，不要采用表 2 第一行"种肥最高用量"，而应酌量选用第二行"适宜用量"。硝酸铵、硝酸铵钙、硫硝酸铵等肥料吸潮性很强，注意不能用潮湿的化学肥料拌种，要切记将肥料晾干，拌种后立即播种，不要停放，以免危害发芽。同样肥料，粒状的或较大结晶体的要比粉状的好，所以，在混拌时不要将肥料磨细。又因为肥料和麦种粒子大小不同，比重也不同，很难均匀施到播种沟里。若能在耧旁安装一个肥料漏斗，肥料就能均匀施入。安装漏斗用费很低，试用效果很好，可以采用（请参阅《农业科学通讯》1955 年第 10 期 579 页"介绍硫铵拌种耧"一文）。

种肥对小麦出苗的影响，与土壤水分的关系很大。根据试验结果，在墒情很好的情况下，可以酌量放宽一些种肥用量；墒情不好的时候，酌量减少一些种肥用量。施肥后灌溉或遇雨，都能减轻肥料对出苗的影响。小麦行距在 1 尺以上的，要酌量减少种肥用量；密植小麦行距小于 1 尺的，可以酌量放宽种肥用量。又施用种子肥料，对水脱地晚播小麦的效果最好，但是应注意适时播种对小麦产量关系很大，不能因为要施用种肥而延迟播种。

本文刊登在《农业科学通讯》1956 年第 9 期

石灰性土壤施用磷肥肥效的研究

陈尚谨　郭毓德　梁德印　张毓钟　陈玉焕

（1963 年）

中国石灰性土壤分布很广，据估计，占全国耕地面积的半数左右。石灰性土壤上如何合理施用磷肥，是值得研究的问题。

近几年来，各地试验证明，在石灰性土壤上施用磷肥，有的肥效很显著，也有的肥效不显著。磷肥肥效的大小受到土壤过去利用情况和当年农业措施的影响很大。不仅石灰性土壤如此，非石灰性土壤类型也有同样情况。今将我们近年来在石灰性土壤地区进行的一部分试验简介如下。

一、磷肥肥效与土壤肥力的关系

磷肥的性质与氮肥不同，在目前栽培条件下，磷肥并不是在任何土壤上都能获得显著效果的。我们曾在北京西郊中国农业科学院试验场内，进行过多年磷肥试验，对小麦、玉米、谷子、棉花、甘薯、大白菜、菠菜、萝卜等多种作物采用基施、追施、深施、浅施、根外喷施等不同方法，除个别情况外，都没有获得显著的增产效果。华北各省大部分农业研究单位在高肥力的试验地上所做的磷肥肥效试验，肥效也多不显著。我们认为，这是由于这些试验地段的土壤肥力比较高，与一般农村公社的土地相差很远，不能反映农村实际情况。因此，我们选择了几个农村公社和国营农场进行试验，结果如表1。

表1　华北石灰性土壤上施用磷肥的增产效果

试验地点	土壤名称	试验作物	磷肥用量（P_2O_5 斤/亩）	对照产量（斤/亩）	施磷产量（斤/亩）	增产（斤）	土壤有效磷（毫克/千克）P_2O_5
北京西郊中国农业科学院土肥所	黑黄土（高肥力试验地）	小麦	8.0	495.8	503.5	7.7	61 ~ 75
北京西郊中国农业科学院土肥所	黑黄土（高肥力试验地）	玉米	8.0	408.0	410.0	2.0	
河北芦台农场	改良海滨盐土	小麦	3.0	158.4	221.4	63.0	10 ~ 15
天津良王庄	水田盐碱土	水稻	5.3	121.3	162.2	30.9	10
天津稻作所		小麦	8.0	117.8	211.3	93.5	8 ~ 10

（续表）

试验地点	土壤名称	试验作物	磷肥用量（P_2O_5 斤/亩）	对照产量（斤/亩）	施磷产量（斤/亩）	增产（斤）	土壤有效磷（毫克/千克）P_2O_5
石家庄谈古村	黄土	小麦	9.0	452.9	563.7	110.8	13~18
河北新城齐刘樊公社	黄土（清碱土）	小麦	4.0	54.3	91.3	37.0	5~10
北京顺义县	黄土（上地）	小麦	4.0	116.7	137.0	20.3	18.5
十里堡	黑土（下地）	小麦	3.0	262.4	251.4	（-11.0）	31.2

试验结果表明，除中国农业科学院试验地和顺义十里堡下地有效磷含量较高（达 31~75 毫克/千克）因而肥效不显外，其余各地磷肥肥效都很显著。这些试验地土壤有效磷含量都比较低，在 10 毫克/千克左右。

上述各种土壤 pH 值均在 7.5~8.5，碳酸钙含量在 1.0%~7.0%，全氮量 0.06%~0.10%，全磷量 0.12%~0.16%，大部分是粉沙壤土和粉沙黏壤土，施用磷肥肥效大小与土壤中全磷量关系不大，与有效磷含量有明显的关系。

为了进一步明确磷肥肥效与土壤有效磷含量的关系，我们曾用两种有效磷含量不同的土壤，按不同比例混合配成含速效磷 10.0 毫克/千克，27.5 毫克/千克，45.0 毫克/千克，62.5 毫克/千克，80.0 毫克/千克 5 级土壤，在中国农业科学院土壤肥料研究所进行小麦盆栽试验，重复 4~5 次，结果列入表 2。

表2　北京黑黄土和藁城县黄土种植小麦施用磷肥的肥效（表内数字为每盆籽粒平均产量的克数）

土壤种类与混和比例	土壤速效磷（毫克/千克）	对照			施磷			磷肥肥效（克/盆）
		1957 年	1958 年	平均	1957 年	1958 年	平均	
藁城土	10	16.5	25.2	20.9	68.4	75.5	72	51.1
藁城土 3	27.5	71.3	79.8	75.6	120.8	92.6	106.7	31.1
北京土 1								
藁城土 1	45	94.5	103.8	99.2	116.3	110.6	113.2	14
北京土 1								
藁城土 1	62.5	104.1	117.9	111	99.9	100.7	100.3	-10.7
北京土 3								
北京土	80	111.4	87.9	99.7	110.8	84.7	97.8	-1.9

注：藁城黄土土壤化学成分：pH 值 8.5；全氮 0.06%；全磷 0.13%；石灰 7.4%

北京黑黄土土壤化学成分：pH 值 8.4；全氮 0.09%；全磷 0.12%；石灰 2.0%

土壤速效磷含量采用 1% 碳酸铵溶液浸提比色法测定

通过 1957 年和 1958 年两年试验证明，磷肥肥效与土壤有效磷的含量有明显关系，增产效果依次为 51.1 克，31.1 克，14.0 克，－10.7 克，－1.9 克，土壤中，速效磷肥超过 45 毫克/千克时，再施用磷肥就没有增产效果。

另外，在石家庄谈古村选用当地黄土中 4 种肥力不同的土壤（有效磷含量各为 7 毫克/千克、18 毫克/千克、38 毫克/千克和 79 毫克/千克）进行谷子盆栽试验，磷肥增产效果依次为 26.3 克，17.8 克，－9.3 克和－36.7 克，获得了与上述试验类似的结果。从上述两个试验和其他的田间试验，我们初步认为，用 1% 碳酸铵浸提法测定土壤有效磷含量，大致可以反映土壤供应磷素的情况。耕层土壤有效含磷量在 20 毫克/千克以下时，对小麦来说便需要施用磷肥。这个限量不能机械搬用，视作物种类、环境条件和栽培措施而各有不同。

从土壤层次中有效磷含量的分布情况来看，耕层土壤中有效磷含量较高，底层土壤中含量较低；一般肥沃的菜园耕层土中有效磷含量在 100 毫克/千克左右，最高的可达到 200 ~ 300 毫克/千克，底土也有 20 ~ 50 毫克/千克；一般中等肥力耕地表土中含 20 ~ 30 毫克/千克，底土 10 ~ 15 毫克/千克；多年不施肥或施少量有机肥料、比较瘠薄的土壤，耕层中仅含有 10 ~ 20 毫克/千克，底土为 5 ~ 10 毫克/千克。耕层土壤有效磷含量高，显然是因为连年施用有机肥料（有机肥料中含有丰富的有效态磷），对提高土壤肥力，熟化土壤，促进植物根部发育，都起到很重要的作用。土壤肥力提高以后，土壤对所施磷肥肥效的大小，就会起到不同的变化。

二、磷肥肥效与使用厩肥的关系

我们在许多田间肥料试验中，经常看到施用较多量厩肥的地段，产量显著提高，若再增施磷肥，磷肥肥效常常不显著。为了说明厩肥对磷肥的关系，于 1957 年和 1958 年与芦台农场合作进行了小麦施用厩肥和磷肥的试验，结果如表 3。

表 3　在不同厩肥用量下磷肥对小麦增产效果

肥料用量		产量（斤/亩）	磷肥增产（斤）
厩肥（斤）	过磷酸钙（斤）		
0	0	173.4	—
	10	230.5	57.1
	20	244.5	71.1
500	0	211.3	
	10	239.8	28.5
	20	245.5	34.2
1 500	0	250.5	
	10	262.7	12.2
	20	258.3	7.8

注：标准差 3.06 斤，5% 显差 8.70 斤，1% 显差 11.60 斤

试验地土壤化学成分：pH值8.2，有机质1.14%，全氮0.09%，全磷0.15%，速效磷10毫克/千克，碳酸钙1.63%。当不施厩肥时，施用磷肥的效果极为显著，每亩施过磷酸钙10斤和20斤，分别增收小麦57.1斤和71.1斤，每斤过磷酸钙增收3.6~5.7斤。当亩施厩肥500斤时，同样磷肥，分别增收小麦28.5斤和34.2斤，每斤过磷酸钙增收小麦1.7~2.9斤。在亩施1 500斤厩肥的基础上，增施过磷酸钙时，磷肥肥效就大为降低，仅增产12.2斤和7.8斤，肥效不显著。除在河北芦台农场进行小麦试验外，在天津良王庄稻作研究所的水稻试验，在石家庄谈古村的小麦、玉米试验都获得了相仿的结果。厩肥中含有大量的磷素，并且大部分是速效态的，其肥效往往可以延长数年之久，所以，连年施用大量有机肥料，土壤供应磷素的能力可以达到很高的水平，因此，有些试验单位的试验田和某些农村里的高额丰产田，由于连年施用大量厩肥，培肥了土壤，故磷肥效果多不显著。在这些土壤上，进行磷肥肥效试验，不能反映农村一般情况。

为了说明厩肥中磷素的有效性，我们曾采用北京西郊白祥庵黑胶泥和良王庄天津稻作所水田盐碱土进行水稻盆栽试验。处理分单用过磷酸钙和厩肥与过磷酸钙合用两种，并用同位素^{32}P标记过磷酸钙，结果证明，两种土壤施用厩肥与过磷酸钙合用，较单用过磷酸钙的水稻植株全磷量增加30.9%~181.0%，水稻植株由过磷酸钙吸取的磷素反而比单用过磷酸钙减少29.8%~34.8%，充分证明，厩肥中的磷是速效性的，可以代替或部分代替矿质磷肥。

三、磷肥肥效与配合施用氮肥的关系

很多试验证明，磷肥与氮肥配合施用，可以显著提高肥效，如芦台农场合作试验结果，详见表4。

表4　在不同氮肥用量下磷肥对小麦的增产效果　试验地点：芦台农场（改良过的海滨盐土）

肥 料 用 量		产量 （斤/亩）	增产 （斤）	合 计
氮肥（硫酸铵） （斤）	过磷酸钙（斤）			
15	0	197.6	—	
	10	223.7	26.1	
	20	228.3	30.7	56.8
30	0	213.8	—	
	10	256.4	42.6	
	20	263.3	32.9	75.5

注：标准差3.06斤，5%显差8.70斤，1%显差11.60斤

当每亩施用硫酸铵15斤时，增施过磷酸钙10斤和20斤分别增产小麦26.1斤和

30.7 斤，当每亩施用硫酸铵 30 斤时，增施同量的过磷酸钙分别增产小麦 42.6 斤和 32.9 斤，每斤过磷酸钙增产小麦 2.48 ~ 4.26 斤。配合施用氮肥显著地提高了磷肥的效果。在石家庄谈古村的小麦、玉米试验，也获得了相似结果。

在熟化程度较高的土地上，土壤供给作物吸收磷的能力比氮强，单独施用磷肥常常不能获得显著效果。氮肥与磷肥合用，比单独施用氮肥可以显著提高产量。如在河北唐县农科所黄土与该所合作进行谷子磷肥试验，对照区产量是 426 斤，单独施用过磷酸钙 40 斤，增产 10 斤谷子，效果不显著。单独施用硫酸铵 40 斤，增收谷子 77 斤，同量氮肥与 40 斤过磷酸钙配合施用，增收谷子 124 斤，比单用氮肥与磷肥之和还多收 37 斤，氮磷肥合用的增产效果极为显著。

在熟化程度差的土壤上，如多年不施有机肥或开垦年代不久的土地，土壤供给作物吸收磷的能力不及氮素，单独施用氮肥，增产效果不大或甚至不能增产，配合施用磷肥，便可以大大提高产量。如在河北新城旱地黄土上进行小麦试验，对照产量是 41.5 斤，单独施用硫酸铵 40 斤作基肥，仅增收 13.8 斤，再加用过磷酸钙 20 斤作基肥，则增收 49.8 斤。在熟化程度较差的土壤上施用氮肥，要配合施用磷素化肥或腐熟有机肥料才好。

四、磷肥肥效与作物种类的关系

在严重缺乏有效磷的土壤上，适当地施用磷肥，对各种作物，都能获得显著效果。但是，在一般中等肥力水平的土壤上，不同作物种类对施用磷肥则表现有不同的反应。为了说明这个问题，我们曾在石家庄谈古村黄土上进行了玉米、棉花、谷子、甘薯、小麦 5 种作物的三要素肥效试验。每种作物的试验地都是各各相邻，土壤差异不大，耕层土壤有效磷的含量为 15 毫克/千克左右，结果见表 5。

表5 在相同土壤条件下磷肥对冬小麦、玉米、棉花、谷子、
甘薯的增产效果 （试验地点：石家庄谈古村）

作物	冬小麦	玉 米	棉 花	谷 子	甘 薯
不施磷肥产量（斤/亩）	452.9	529.9	311.7	377.2	4 629.20
施用磷肥产量（斤/亩）	563.7	557.3	319.4	385.4	4 608.00
增产（斤/亩）	110.8	27.4	7.7	8.2	—
平均每斤磷酸（P_2O_5）增产（斤）	12.3	3.4	1	1	—

注：试验地耕层土壤化学成分：有机质 1.19% ~ 1.23%，全氮 0.08% ~ 0.10%，全磷0.14% ~ 0.10%，速效磷 13 ~ 18 毫克/千克，碳酸钙 3.98% ~ 4.19%

上述试验中，对 5 种作物施用磷肥，以小麦增产效果最大，小麦每亩施用磷酸 9

斤，增收 110.8 斤，每斤磷酸增收小麦 12.3 斤；玉米施用磷酸 8 斤，增收 27.4 斤，每斤磷酸增收玉米 3.4 斤。同样肥料的增产效果，棉花籽棉是 7.7 斤，谷子是 8.2 斤，甘薯未表现效果。特别要注意的是磷肥对小麦有更显著的效果。江南各省有不少试验指出，磷对小麦、豌豆、蚕豆、油菜、冬季绿肥（紫云英，苕子，肥田萝卜等）肥效也比较突出。这些作物都是在冬季生长的，对秋冬季作物施用磷肥的问题，很值得研究。

五、几种主要磷肥品种的肥效比较

过磷酸钙是我国目前施用数量最大，历史最久的磷肥品种，肥效较好。但是生产过磷酸钙需要很多硫酸，硫酸仅起到溶解磷矿的作用，本身并没有肥效。为了节约我国硫黄资源，近年来，有多种磷肥新品种，需要进行试验。为了明确磷肥新品种在石灰性土壤上的肥效，我们选用了过磷酸钙为标准磷肥，在等磷量的基础上，进行磷肥品种肥效比较试验。试验是在河北芦台农场进行的，作物是小麦，磷肥品种有过磷酸钙、磷酸铵、钢渣磷肥、钙镁磷肥、脱氟磷肥 5 种，结果见表 6。

表6　不同磷肥品种对小麦的增产效果　　（试验地点：芦台农场改良后的海滨盐碱土）

磷肥名称	每亩有效 P_2O_5（斤）	亩产（斤）	增产（斤）	株高（厘米）	成熟期（日/月）
对　照	—	387	—	64.2	6/22
过磷酸钙	5.4	645.5	258.5	88	6/16
钢渣磷肥	5.4	564.2	177.2	79.1	6/17
钙镁磷肥	5.4	608.1	221.1	82.2	6/17
脱氟磷肥	5.4	600	213	79.2	6/17
磷酸铵*	5.4	665.6	278.6	89.5	6/13

＊磷酸铵含氮16% 在追肥中扣除

增产效果以磷酸铵为最高，过磷酸钙次之，钙镁磷肥和脱氟磷肥又次之，钢渣磷肥肥效最差。若以过磷酸钙当年肥效作 100%，磷酸铵的肥效为 107%，钙镁磷肥肥效是85.5%，脱氟磷肥是 82.4%，钢渣磷肥是 68.8%。各种磷肥在石灰性土壤上施用，都有一定的肥效，以水溶性磷肥当年肥效较高。

我们并曾在河北省静海县良王庄天津稻作研究所合作进行水稻磷肥品种比较试验，采用过磷酸钙、钙镁磷肥、骨粉、钢渣磷肥 4 个品种直接施用和分别与土粪堆沤 45 天后均作基肥施用。每亩施用量为磷酸 5.4 斤。水稻增产数字依次是 30.9 斤、60.8 斤、54.8 斤、21.9 斤。除过磷酸钙外，其余 3 种磷肥与土粪堆沤后施用，均提高了肥效。但此仅系一年结果，还需要继续研究。

关于钙镁磷肥的细度问题，已成为目前农业和肥料加工业生产上的实际问题，因此，我们在天津稻作研究所合作进行试验。结果指出，在石灰性土壤上施用钙镁磷肥，粒子愈细，肥效愈高。若以通过 100 目筛的肥效为 100%，通过 80 目的肥效为 94.2%，通过 60 目的肥效为 80.1%，未磨细的粗粒肥效仅为 26.0%。

各种熟制磷肥如钙镁磷肥、钢渣磷肥、脱氟磷肥需要加工磨细是肯定的。施用前先与有机肥料堆沤，可以提高肥效。这些新品种在华北石灰性土壤上施用是有可能的。由于试验年代不久，数据不多，尚需继续研究。

六、磷肥施用方法与增产效果

作物幼苗从土壤中吸收磷素的能力较弱，常常由于土壤中速效磷含量不足，影响幼苗生育；在播种时或水稻插秧时，施用少量速效性磷肥，增产效果最大。作物生长到中期以后，由于根部呼吸作用增强，分泌物质增多，可以从土壤中吸取较多的磷，所以，在作物中后期追施磷肥，肥效不大。水溶性磷肥如过磷酸钙、磷酸铵，施到石灰性土壤里，很快被石灰固定为不溶性的磷酸二钙和磷酸三钙，降低肥效。所以，采用种肥在播种沟内或穴内集中施用，可减少磷肥与土壤的接触面，并分布在根系密集层内，是最经济有效的施用方法。在播种前用作基肥，施在种子层内或稍深一些，肥效也很好，但是，磷肥用量要大一些。由于磷肥在土壤中移动性不大，用作追肥施在土壤表层，肥效较低。我们曾在湖南祁阳县文富市公社丘陵地区石灰性的鸭屎泥水稻田进行了试验。鸭屎泥是一种低产水稻土，每亩用过磷酸钙 12～15 斤蘸秧根，增收稻谷 109 斤；用 20 斤过磷酸钙作基肥，增收稻谷 90 斤；用 50 斤过磷酸钙作追肥；增收稻谷 32 斤。施用磷肥可以完全防止当地稻苗"坐秋"，提早成熟期 5 天左右，增产效果很突出。过去，当地农民没有施用磷肥的习惯。通过磷肥试验和示范，群众认识了磷肥的增产效果，学习了磷肥的施用方法。目前，施用磷肥改良低产水稻田的办法，已成为当地所公认的重要措施。

用磷肥蘸秧根是我国劳动人民的创造，可以用很少量的磷肥，集中使用在秧根周围，发挥最大的增产效果，是最经济有效的施用方法。我们曾在天津良王庄进行钙镁磷肥蘸秧根的试验，也获得了与用过磷酸钙蘸秧根同样的效果。不过蘸秧根比较费工，尚需进一步研究提高。

高温磷肥（如钙镁磷肥、脱氟磷肥、钢渣磷肥等）不溶于水，所以，肥效要比水溶性磷肥（如过磷酸钙）稍慢一些。应采用作种肥集中施用或作基肥的办法，不宜用作追肥。

通过以上试验和其他调查材料初步认为，磷肥肥效不仅与土壤类型有关，更重要的是当地过去的利用情况和当年的农业措施如施肥种类、数量，作物种类、前茬后茬，水分情况、氮肥用量等。简单来说，一般在过去很少施用有机肥料、有机肥料用量不足、开垦年代不久、土壤熟化程度差、土壤有效磷含量较低的土壤，磷肥和氮肥配合施用可以显著增加产量。特别在低产水稻田，低产旱地，对小麦、豌豆、蚕豆、绿肥、油菜等冬季作物施用磷肥，常常获得突出的效果。局部集中施用磷肥作种肥如沟施、穴施或在水稻插秧时蘸秧根，是最经济有效的施用方法。由于我国气候、土壤和农业措施的复杂性，需要连续在不同地区、不同作物和不同农业基础条件下进行试验，根据试验和示范结果改进施用磷肥的方法，使全部磷肥采用当地最适合的方法，施用在最有效的土壤和作物上，发挥最大的增产效果。

参加工作的还有马复祥、张启昭、陈福兴、陈永安、杜芳林、贺微仙等同志，并蒙天津稻作所宁守铭和国营芦台农场刘天均两同志的热心帮助和支持。

本文刊登在《中国农业科学》1963 年第 1 期

河北省新城县中低肥力土壤磷肥肥效试验

中国农业科学院土壤肥料研究所

高碑店农业科学实验基点
（1965 年 1 月）

这项研究是河北新城县高碑店农村科学实验基点工作的一部分，基点成立于 1961 年秋季，在院、所和当地党政领导下，采用三结合的工作方法，先从调查研究入手，总结群众经验，通过科学实验，进行示范推广。

首先在乔刘凡公社进行调查访问，了解到当地肥料缺乏，产量较低，过去农民曾经把磷肥作追肥施用，增产效果不好，磷肥积压较多，土壤磷素营养缺乏，有效磷仅百万分之十。自 1962 年开始，在平安店大队进行磷肥肥效试验，3 年来，共进行了 9 个田间小区试验，磷肥肥效十分显著，1963—1964 年在乔刘凡公社和其他公社内进行了示范推广，共布置了 45 块磷肥样板田，约有 800 亩，有玉米、小麦、豌豆等作物。结果证明，若单独施用氮肥，效果很差，每斤硫酸铵仅增产粮食 1 斤左右；若每亩同时施用氮肥和磷肥各 10 ~ 20 斤，玉米产量由 150 ~ 200 斤可提高到 200 ~ 300 斤，小麦由 100 斤提高到 140 ~ 160 斤。在豆科作物上，1 斤过磷酸钙可增收豌豆 2 ~ 3 斤，增收大豆 2.8 斤。群众对磷肥有了新的认识，开始扭转了磷肥在华北石灰性土壤上无效的看法。

研究方法

试验采取小区试验和样板田相结合的方法。小区试验重点在乔刘凡公社平安店大队进行，样板田重点在乔刘凡全公社范围内和杨漫撒公社方家务大队进行。

乔刘凡公社共有 10 个大队，东部龚辛庄、平安店和南泽畔 3 个大队，土壤为黑黄土，土壤含氮 0.06% ~ 0.07%，含磷酸 0.10% ~ 0.13%，pH 值 8.7，有效磷百万分之五到七（用碳酸铵浸提法测定）地势较低，地下水位 4 ~ 5 尺，有盐斑。公社西部崔中旺、李中旺、台中旺 3 个大队，土壤为黄土，土壤含氮为 0.07%，含磷酸为 0.13%，pH 值为 8.0，有效磷百万分之十一到十二，地势较高，地下水位 15 ~ 16 尺，大部分土地有灌溉条件，产量中等。其他 4 个大队土壤一般情况介于两者之间。扬漫撒公社方家务大队靠近乔刘凡公社平安店大队，土壤为黑黄土和东部的 3 个大队情况很接近，今将试验结果分述如下。

试验结果

一、小区试验

本试验是在乔刘凡公社平安店生产大队进行的，试验作物有春玉米、夏玉米、小麦、豌豆和大豆，试验项目有磷肥肥效试验，氮磷化肥配合比例试验和磷肥品种试验。

1. 磷肥肥效试验：肥料用量和试验结果见表1。

表1　氮磷化肥肥效小区试验产量结果表

试验作物	试验年度	肥料用量（斤/亩）	产量（斤/亩）				标准显差（斤/亩）		重复次数
			对照区	施氮区	施磷区	氮磷区	5%	1%	
春玉米	1962	硫酸铵40斤，过碳酸钙20斤	68	236*	99	419	101	206	3
	1963	硫酸铵40斤，过碳酸钙45斤	139	127	291	306	110	196	4
夏玉米	1962	硫酸铵40斤，过碳酸钙40斤	123	151	215	296	56	79	3
	1963	硫酸铵40斤，过碳酸钙40斤	174	226	—	374	31	45	3
小麦	1962	硫酸铵40斤，过碳酸钙20斤	42	54		91	11	18	3
	1963	硫酸铵20斤，过碳酸钙20斤	80	82	105	205	47	97	3
豌豆	1963	硫酸铵10斤，过碳酸钙30斤	197	215	306	311			3
大豆	1963	过碳酸钙70斤	33	—	181				3

从表1试验结果可以看出，在当地低肥力土壤上，单独施用氮肥，每斤硫酸铵约可增收春玉米籽粒2斤，增收夏玉米1斤左右，增收小麦0.3斤；单独施用磷肥，每斤过磷酸钙可增收春玉米1~3斤，夏玉米2斤，小麦1斤左右，而同等数量的硫酸铵和过磷酸钙配合施用，则每斤化肥可增收春玉米2~4斤，夏玉米2.2~2.5斤，小麦1~3斤，平均比单施氮肥增收1.5倍，对豆科作物单独施用过磷酸钙，增产效果更大，每斤过磷酸钙平均增产大豆2.8斤，并提前成熟7~10天，有利于提早腾地，早播小麦。对豌豆施用氮肥肥效不显著。

2. 春玉米氮磷化肥配合比例试验，结果列入表2。

表2　春玉米氮磷配合比例试验产量结果和生育调查表

三要素用量 项目	不施化肥 （0）	氮8斤 （N8）	磷酸8斤 （P8）	氮8斤，磷酸2斤 （N8P2）	氮8斤，磷酸4斤 （N8P4）	氮8斤，磷酸8斤 （N8P8）	氮8斤，磷酸8斤，氧化钾6斤 （N8P8K6）
籽粒产量（斤/亩）	139	138	291	182**	248**	306**	322**
茎秆重量（斤/亩）	493	544	761	—	739	—	—
空秆率（%）	45.9	45.7	20.4	32.7	22.1	13.3	24.4

（续表）

项目 \ 三要素用量	不施化肥 (0)	氮8斤 (N8)	磷酸8斤 (P8)	氮8斤, 磷酸2斤 (N8P2)	氮8斤, 磷酸4斤 (N8P4)	氮8斤, 磷酸8斤 (N8P8)	氮8斤, 磷酸8斤, 氧化钾6斤 (N8P8K6)
株高（厘米）8/23调查	168.1	181.8	216.3	204.5	226.8	227.8	226.0
茎粗（毫米）8/23调查	15.5	16.9	20.6	19.1	22.1	19.9	20.6

注**：与对照区比较具有1%显著差异

籽粒5%标准显差每亩69斤，1%标准显差104斤

从表2看出：在不施用土粪基础上，每亩单用氮素8斤，肥效不显著，单用磷酸8斤增产152斤，肥效很显著。在每亩施用氮素8斤的基础上增施磷酸2斤，比氮肥区增收44斤；增施磷酸4斤增收110斤；增施磷酸8斤，增收168斤；磷肥肥效十分显著。

施用磷肥可以显著提高结实率，空秆率由45.9%降低到13.3%，对增加玉米株高和茎粗均有显著效果。在本试验中，配合施用硫酸钾（氧化钾6斤），钾肥没有明显效果。

3. 春玉米磷肥品种试验

我国目前过磷酸钙还不能满足生产上的要求，需要充分利用现有资源及可利用的副产品，发展多种肥料，钙镁磷肥和钢渣磷肥制造便利，成本低廉，适宜用作肥料。在华北地区施用这两种肥料是否经济，尚未有一定结论。因此，于1963年开始对春玉米进行了过磷酸钙、钙镁磷肥和钢渣磷肥3种磷肥品种肥效比较试验，试验地本作未施用有机肥料，磷肥作基肥撒施后耕翻，氮肥硫酸铵一半作基肥撒施，一半作追肥。试验结果如表3。

表3　春玉米磷肥品种试验产量结果和生育调查表

项目 \ 处理	不施磷肥 氮8斤 (N8)	过磷酸钙 氮8斤磷酸4斤 (N8P4)	过磷酸钙 氮8斤磷酸12斤 (N8P12)	钙镁磷肥 氮8斤磷酸4斤 (N8P4)	钙镁磷肥 氮8斤磷酸12斤 (N8P12)	钢渣磷肥 氮8斤磷酸4斤 (N8P4)	钢渣磷肥 氮8斤磷酸12斤 (N8P12)
籽粒产量（斤/亩）	107	256**	332**	251**	325**	291**	324**
茎秆重量（斤/亩）	478	793	799	—	79	—	793
空秆率（%）	42.6	22.9	15.6	25.2	12.0	15.3	15.0
株高（厘米）8/23	176.0	208.6	215.0	221.9	214.1	211.2	204.2
茎粗（毫米）8/23	17.1	21.0	21.4	21.0	19.6	20.0	21.6

注：** 与施氮区比较具有1%显著差异；

籽粒5%标准显差每亩74斤；

籽粒1%标准显差每亩112斤

从表3看出，在施用氮素8斤的基础上，每亩施用过磷酸钙合磷酸4斤，增产玉米149斤，同量钙镁磷肥增产144斤，同量钢渣磷肥增产184斤。每亩施用过磷酸钙合磷

酸 12 斤，增产玉米 225 斤，同量钙镁磷肥增产 218 斤；同量钢渣磷肥增产 217 斤。钙镁磷肥和钢渣磷肥增产效果与过磷酸钙很相近，每斤肥料增产玉米 2 斤左右，经济效益与过磷酸钙相仿。

1964 年继续了这个试验，每亩普遍施用有机肥料 2 000 斤。未施用氮素化肥，凡 1963 年施用磷酸 4 斤的各个处理，均按原磷肥品种继续按 4 斤施用。凡 1963 年施用磷酸 12 斤的各个处理本作未施用磷肥，以便观察后效，重复次数与小区排列与 1963 年同。将试验结果列入表 4。

表 4   春玉米磷肥品种后效试验产量表

项目＼处理	对照区有机肥 2 000（斤/亩）	过磷酸钙		钙镁磷肥		钢渣磷肥	
		1963—1964 年磷酸各 4 斤	1963 年用磷酸 12 斤残效	1963—1964 年磷酸各 4 斤	1963 年用磷酸 12 斤残效	1963—1964 年磷酸各 4 斤	1963 年用磷酸 12 斤残效
籽粒产量（斤/亩）	299.7	333.5	336.2	359.1	374.0	314.6	337.5
比对照增产（斤/亩）	—	33.8	36.5	59.4	74.3	14.9	37.8
秆重（斤/亩）	1 188.0	1 217.0	1 188.0	1 336.5	1 327.0	1 366.2	1 325.7
单穗重（克）	145	155	150	160	165	145	150
千粒重（克）	309.6	322.4	320.1	320.2	324.6	317.5	320.6

从表 4 看出，1964 年产量比 1963 年产量普遍提高，在施用有机肥料 2 000 斤的基础上，1963—1964 年两年连续施用过磷酸钙合磷酸 4 斤，每亩增产玉米 33.8 斤，同量钙镁磷肥增产玉米 59.4 斤，1963 年施用过磷酸钙、钙镁磷肥、钢渣磷肥合磷酸 12 斤的残效，比对照区每亩分别增产玉米 36.5 斤、74.3 斤及 37.8 斤，其中，以钙镁磷肥残效最大，从千粒重、秆重以及穗形大小来看，磷肥肥效都很显著。两年试验证明，这 3 种磷肥只要施用方法得当，都适宜在本地区施用。不仅当年能提高粮食产量，对翌年粮食产量仍有良好影响，钙镁磷肥和钢渣磷肥两个新品种可以在当地示范推广。

二、群众性样板田

1. 春玉米磷肥样板田

1963 年在平安店和龚辛庄大队共进行了 6 块玉米磷肥样板田，约占地 300 亩，样板田设有对照、施氮、施磷、施氮磷 4 个处理，其中，有两块样板田为两个处理。磷肥每亩用过磷酸钙 20 斤，全部作种肥沟施，氮肥每亩用硫酸铵 20 斤，一半作种肥沟施，一半于抽雄前作追肥。样板田产量，按每个处理 2 亩面积收获，在地头剥去包皮，称得湿重后，再取 20 斤风干，脱粒，折算每亩籽粒产量。结果列入表 5。

表5　1963年春玉米磷肥样板田产量结果表

试验作物	试验地点	产量（斤/亩）			
		对　照	施　氮	施　磷	氮　磷
春玉米	龚辛庄大队1队	131	139	151	197
	龚辛庄大队3队	130	193	210	228
	龚辛庄大队4队	116	135	139	195
	平安店大队3队	201	231	242	307
	平　均	144.5	174.5	185.5*	231.8**
春玉米	龚辛庄大队2队	95	—	—	193
	平安店大队2队	101	—	—	168

注：　5%差异显差每亩39斤　　　　　　　　　　1%差异显差每亩70斤
*：与对照比较具有5%差异显差　　　　　　**：与对照比较具1%差异显差

以上结果指出，每斤硫酸铵增收春玉米0.5~1.5斤，每斤过磷酸钙增收1~2斤，氮磷配合施用，每斤化肥增收2~2.5斤。样板田结果与小区试验结果很相近。在生产上得到了验证。在本公社低洼地，有盐斑的黑黄土上不施或少施有机肥料，单独施用磷肥，增产效果大于氮肥。氮磷配合施用，肥效更高，为经济有效施用氮肥和合理施用磷肥提出依据。

2. 小麦磷肥样板田

1963—1964年进行了14块小麦磷肥样板田，约占地240亩，样板田设对照、施氮、施磷、氮磷4个处理。重复2次，磷肥每亩施用过磷酸钙15~20斤，氮肥每亩用硫酸铵15~20斤，全部作种肥沟施。1964年返青期，大部分地块包括对照区普遍追施硫酸铵8~10斤。乔刘凡大队第四生产队，每亩氮磷化肥施肥量各为40斤。每个处理种小麦6~20行，行距1.2~1.4尺，行长600~700尺，每块样板田面积8~20亩。

1963年小麦秋播时，土壤墒情较好，播种质量较高，1964年春季雨水较多，小麦从返青到拔节生长较好，但因后期锈病为害，影响产量较大。

小麦样板田于播种施肥前取土壤样本，测定有效磷含量，小麦在出苗、拔节、抽穗期进行了植株调查，成熟期每块样板田不同处理各选两个点取样1米，进行考种，并收获产量。每重复收产面积为0.12~0.15亩，收产方法是选择均匀有代表性的小麦2行，行长300尺，将小麦收割后，在地头称麦秆和穗的总重，再均匀取样20斤，风干脱粒，折算每亩产量，将产量考种结果列入表6。

表6　1964年小麦磷肥样板田产量表

试验地点	土壤有效磷（百万分）	产量（斤/亩）				每斤化肥增产小麦（斤/亩）		
		对照	施氮	施磷	氮磷	施磷	施氮	氮磷
1. 龚辛庄二队	6	87.0	84.0	—	153.6	—	(-0.20)	2.20
2. 龚辛庄三队	—	33.0	44.0	88.8	103.6	3.7	0.73	2.40
3. 平安店五队	7	88.1	93.5	121.9	168.4	2.8	0.83	2.90
4. 南择畔三队	5	32.8	32.5	87.5	113.2	2.7	(-0.02)	2.00
5. 撞河七队（早茬）	10	66.2	63.2	115.8	110.1	2.5	(-0.15)	1.10
6. 撞河七队（晚茬）	10	60.5	79.7	111.6	115.8	2.6	0.96	1.40
7. 松林三队	14	67.5	36.9	79.2	150.0	0.59	(-1.50)	2.10
8. 乔刘凡四队	16	171.1	184.4	313.0	283.3	3.6	0.33	1.40
9. 乔刘凡五队	17	167.0	154.2	219.0	174.3	2.6	(-0.64)	0.18
10. 崔中旺二队	11	106.7	134.7	114.3	187.6	0.38	1.40	2.00
11. 李中旺二队	12	107.0	103.4	125.2	189.8	0.91	(-0.18)	1.80
12. 台中旺二队	10		84.6	95.7	185.0	—	—	—
13. 祁村一队	7	85.0	108.0	136.0	190.0	2.6	1.2	2.60
14. 方家务八队	9	101.0	74.0	172.0	140.0	3.6	(-1.40)	0.98
平均	10.8	89.7	98.2	136.9	161.1	2.2	0.15	1.78

　　从表6产量结果可以看出，在当地中低肥力土壤上，每亩单独施用氮肥15~20斤，每亩增产小麦8.5斤，肥效很差。每亩施用过磷酸钙15~20斤作种肥（返青后普遍追施硫酸铵8~10斤），磷肥增产效果较高，比不施磷肥区每亩平均增收小麦47.2斤，合每斤过磷酸钙增收小麦2.2斤，氮磷混合作种肥每亩增收小麦71.4斤，合每斤化肥增收小麦1.83斤。在乔刘凡大队及东部平安店、龚辛庄、南择畔、祁村、撞河、方家务等大队，低洼、有盐斑的黑黄土施用磷肥肥效较高，每斤磷肥增收小麦2.7~3.7斤。崔中旺、李中旺大队黄土地上，每斤磷肥增收小麦1斤左右。氮肥与磷肥配合施用，可以获得更高的效果。小麦生育调查结果列入表7。

表7　小麦磷肥样板田考种结果（14块样板田结果平均）

项目＼处理	对照	施磷	施氮	氮磷
株高（厘米）	94.1	104.0	89.8	110.9
株数（株）	191.0	183.1	173.3	173.2

（续表）

项目 \ 处理	对照	施磷	施氮	氮磷
穗数（穗）	231.9	258.1	200.7	276.0
总重（克）	266.7	483.3	261.3	496.1
穗重（克）	96.6	148.4	94.1	163.6
粒重（克）	63.2	104.4	61.0	120.6
穗数（穗/株）	1.21	1.41	1.16	1.59
秆/粒比	3.22	3.05	3.28	3.11
糠/粒比	0.53	0.42	0.64	0.36
粒数（粒/穗）	12.6	16.6	15.3	18.3
千粒重（克）	21.2	24.4	19.8	23.9

注：以上结果均系 2 米长植株样本调查平均数

　　从小麦生育情况及考种结果来看，单独施用氮肥，苗期叶色呈紫绿色，尤其是公社东部各大队样板田，抽穗期比施磷处理晚 4～5 天，成熟期延迟 5～6 天，在成熟后籽粒不饱满，分蘖成穗数比较低，秸秆和麦糠增重比例大，每穗粒数少，千粒重也最低。可见在缺磷的土壤上单施氮肥，增加了麦秆和麦糠的重量，对籽粒增产效果不大。特别在 1964 年锈病流行的年份，单独施用氮肥延长了各个发育期和成熟期，对产量影响很大。单独施用磷肥，苗期叶色浅绿，有氮肥不足现象。返青追施氮肥后植株生长迅速，抽穗和成熟期，比单施氮肥区提早 4～5 天，比不施化肥对照区提早 2～3 天，千粒重也最高。氮磷肥配合施用，苗期叶色深绿，生长最好，后期也一直生长良好，抽穗成熟期与施磷处理相同，分蘖成穗高，每穗粒数多，千粒重高，因而产量也最高。

　　3. 豌豆、棉花、花生、磷肥样板田

　　1964 年进行豌豆磷肥样板田 3 块，面积约 80 亩，设对照和施磷两个处理，每处理 20～25 行，行距 1.8 尺，行长 600～700 尺，施磷肥处理每亩过磷酸钙 20 斤，在播种时用耧沟施，其中，一块设有对照、亩施过磷酸钙 20 斤和 40 斤 3 个处理；重复 3 次，小区面积 0.2～0.5 亩，豌豆收产方法与小麦样板田同。将产量结果列入表 8。

表 8　乔刘凡公社崔中旺大队豌豆磷肥样板田产量表

试验地点	对照（斤/亩）	过磷酸钙 20 斤	每斤磷肥增产斤数	过磷酸钙 40 斤	每斤磷肥增产斤数
崔中旺二队场院（小区试验）	149.1	186.6	1.9	196.9	1.2
崔中旺一队南大方	81.3	213.6	6.6	—	—
崔中旺二队东大方	106.9	141.5	1.7	—	—

从表 8 看出，对豌豆亩施过磷酸钙 20 斤，每斤磷肥增收豆子 1.7~6.6 斤，亩施过磷酸钙 40 斤，每斤磷肥增收豆子 1.2 斤，施用磷肥对稳定豌豆产量有显著作用，不施磷肥，豌豆产量只有 100 斤左右，施用磷肥 20 斤，亩产可达 140~200 斤。

本年在陈各庄农场、龚辛庄、平安店和崔中旺进行了 4 块棉花磷肥样板田，面积约 110 亩，在每亩施用土粪 2 000~4 100 斤的基础上，设对照、施氮、施磷、氮磷 4 个处理，每个处理约占地 1.5 亩，重复 2~3 次。施磷处理每亩施过磷酸钙 20 斤，施氮处理，每亩施硫酸铵 10 斤，均在播种前用耧沟施，耢平后在肥料沟上播种，棉花行距 1.8 尺，株距 0.8 尺，合每亩 4 000 株，品种是岱字棉 15 号，生育期中，除前期发生虫害外，生育一般正常，平安店及陈各庄样板田在棉花现蕾期每亩普遍追施硫酸铵 15 斤。从 8 月下旬开始收摘棉花，从产量结果中看出，土壤肥力和有机肥用量不同，磷肥肥效有明显区别。陈各庄试验地为黄土，地力较肥、土壤有效磷含量为百万分之 18.0，每亩施用土粪 4 000 斤，亩收皮棉 50.4 斤，增施过磷酸钙 20 斤或硫酸铵 10 斤，肥效不显著，氮磷化肥配合施用，增收皮棉 8.4 斤。龚辛庄试验地为黑黄土，土壤肥力较差，有效磷含量为百万分之 11.8。每亩施用土粪约 2 000 斤，每亩仅收皮棉 33.0 斤。增施氮肥、磷肥或氮磷配合施用，比对照区分别增收皮棉 13.0 斤、14.8 斤和 13.0 斤。平安店土壤与龚辛庄近似，在每亩施用土粪 2 000 斤的基础上，单施磷肥增收皮棉 11.4 斤，单施氮肥仅增收皮棉 3.1 斤，氮磷配合用，增收 13.0 斤。崔中旺试验地生产水平较高，每亩施用土粪 4 000 斤，亩收皮棉 60 斤，由于前期虫害较严重，增施氮磷化肥，都没有明显增产效果。

配合县推广站在崔场公社进行了花生磷肥肥效及接种根瘤菌样板田约 5 000 亩，其中，设有对比试验田 110 亩，设有对照、接种根瘤菌和施用磷肥并接种根瘤菌 3 个处理。磷肥用量为 20 斤过磷酸钙，每亩播种 4 000 穴，10 月上旬收获了 4 块对比田，从产量结果中看出，对花生施用磷肥有显著的增产效果，在 3 块肥力较高的土地上，对照区产量为 315~349 斤，每亩增施磷肥 20 斤，增收花生 10.6 斤、41.0 斤和 80.9 斤，平均为 44.2 斤，在一块低肥力土壤上，对照区亩产花生 170 斤，增施磷肥增收花生 118.2 斤，肥效很突出。对花生接种根瘤菌，也有良好效果，每亩增收花生 22.0~40.7 斤。

3 年来，在河北省新城县中低肥力土壤上进行磷肥肥效小区试验和样板田，结果证明，对玉米、小麦、豌豆、大豆、花生等作物，施用磷肥肥效十分显著，对棉花也有良好作用，扭转了过去农民认为磷肥无效的看法，简结有以下几点。

①当地施用土粪和氮肥的基础上，对玉米每亩施用过磷酸钙 15~20 斤，每斤磷肥约增收 2.9 斤，单独施用氮肥，每斤硫酸铵仅增收 1.5 斤。对小麦每亩施用过磷酸钙 15~20 斤作种肥，早春再追施硫酸铵 8~10 斤，磷肥肥效很大，据 14 块样板田结果，平均每亩增收小麦 47.2 斤，合 52.6%，每斤磷肥增收小麦 2.4 斤。每亩单施硫酸铵 15~20 斤作种肥，早春再追施 8~10 斤，较对照处理仅增收 8.5 斤，肥效不显著。对豌豆每亩施用过磷酸钙 20 斤作种肥，磷肥肥效也很好，平均每斤磷肥增收豌豆 3.4 斤，对大豆施用磷肥每斤约可增收 2.1 斤。对花生平均每斤磷肥可增收 3.0 斤，由于豆科作物具有根瘤菌，可以固定空气中氮素，不必增施化学氮肥。棉花施用磷肥，由于试验数目还不够多，并受到虫害和地力影响，磷肥效果表现不够一致，在低洼瘠薄土壤上磷肥

有增产效果，在较肥的黄土地上磷肥效果不明显。

②在等磷量的情况下，钙镁磷肥、钢渣磷肥的肥效与过磷酸钙很相近，据1963年春玉米试验，每亩施用钙镁磷肥和钢渣磷肥合磷酸4斤，比单用氮肥增收玉米144斤和184斤，同量过磷酸钙增收149斤。这两个磷肥品种可以在华北石灰性土壤地区进行示范推广。

③在近年内施用有机肥料较少地区，土壤有效磷在百万分之十左右，土壤比较瘠薄，既缺氮、又缺磷，对这种土地。小麦单独施用氮肥，贪青晚熟，肥效不高，增施磷肥可以提早成熟4~5天，对千粒重、每穗粒数、每株穗数均有明显增加，特别在1964年小麦锈病流行的年份，增施磷肥对提早成熟、减轻锈病为害，有显著效果。

④在施肥方法上，磷肥应作种肥施用，对低洼旱地小麦和玉米，每亩施用过磷酸钙10~20斤，配合硫酸铵5~10斤作种肥较为合适。对水浇地小麦和玉米，每亩可以施用过磷酸钙和硫酸铵10斤，作种肥，小麦在早春结合灌水追施氮肥8~10斤，玉米在抽雄前追施氮肥10斤左右，更为合适。在目前条件下，磷肥可以与土粪一同施在播种沟内先用粪耧施后耙平，再在原行上用耧播种。

⑤采用小区试验与样板田相结合的工作方法，进行群众性多点试验，寻找本地区不同土壤、不同作物和不同栽培条件下，磷肥肥效的规律，农民掌握了这个规律和施用磷肥的技术，就可以灵活运用，达到经济有效施用化肥的目的。这种方法简单，可以发动群众一同进行，费力小收效大，同时起到试验、示范和推广作用，符合快出成果，快为生产服务的要求。

1971—1972 年山东省德州地区小麦
磷肥肥效试验总结

陈尚谨

（1972 年 7 月 19 日）

　　德州地区约有耕地 1 200 万亩，大部分土地是低洼、盐、碱、易涝、易旱，土壤肥力低，产量不高。为了迅速提高农业生产，改变低产面貌，在大力发展养猪积肥，广辟肥源和扩种绿肥的同时，积极发展化学肥料。目前，本地区有 5 处合成氨厂投产，并从外地购入一部分化肥，1971 年全地区计划供应氮素化肥折合硫酸铵 13 万多吨，过磷酸钙 3 000 吨，合全地区每亩平均施用硫酸铵 25 斤，过磷酸钙只有半斤。计划到 1975 年每个县、市都要有一个合成氨厂，全地区每亩氮肥施用量将提高到 50 斤。

　　本地区农民过去很少施用磷肥。近年来，随着工业、农业的发展，氮肥用量逐年提高，灌溉面积扩大，单位面积产量有所提高，磷肥的供应和施用问题很快地反映出来。有些县、社水利条件较好，氮肥用量较大，有机肥料缺乏，土壤严重缺磷，出现氮肥施用量不断增加，而产量增加很少的情况。因为磷肥的严重缺乏，制约着氮肥肥效不能充分发挥，生产不能继续提高，造成氮肥的大量损失。为了进一步发展本地区农业生产和经济有效施用化肥，在各级党委的领导下，于 1971 年开始在本地区 10 个农村实验基点的不同土壤上，联合进行小麦磷肥肥效试验，为发展本地区磷肥工业和经济有效施用磷肥，提供科学依据。

一、试验设计

　　本试验密切结合各地农村大田生产，是在施用当地有机肥料的基础上进行的。设施磷和不施磷两个处理。有些点还增加施氮和氮磷，一个或两个处理。施磷区，每亩施用过磷酸钙 40 ~ 50 斤作基肥，氮肥品种和用量按各地习惯和各地生产计划施用。小区面积 0.2 ~ 1.0 亩，重复 2 ~ 3 次。施肥前采取 0 ~ 20 厘米层次土壤样本，进行化学分析。在小麦主要生育阶段进行田间观察，成熟后分收分打，计算每亩产量，并进行室内考种。

二、试验地土壤种类、成分和肥料用量

　　试验地土壤有白沙土、两合土、盐碱土、黏壤土、红黏土，大致可以代表本地区的

土壤种类。常庄点有一块旱地试验，其他点试验均为水浇地。大部分土壤全氮量较低，除德州市近郊七里铺大队和武城邢庄大队土壤全氮量在 0.08% 以上，达到中上等肥力水平外，其他 6 个地区全氮量仅在 0.03%～0.07%，土壤肥力偏低。两个白沙土全氮量仅为 0.02%～0.03%，是十分瘠薄的土壤，结果列入表 1。

表 1　试验地土壤成分和肥料用量表

试验地点	土壤名称	0～20 厘米土层养分含量				过磷酸钙用量（斤/亩）	氮肥品种和用量（斤/亩）	农肥种类和用量（斤/亩）
		pH 值	全氮（N%）	全磷（P_2O_5%）	速效磷（P_2O_5 毫克/千克）			
禹城县沈庄	轻黏壤	7.6	0.074	0.19	5.7	40	按大田生产计划施用	土杂肥 8 000
临邑县张家林	白沙土	7.3	0.021	0.15	6.1	35	氯化氨 5 斤（种肥）氨水 15 斤（追肥）尿素 25 斤（追肥）	土杂肥 4 500
齐家县袁辛	白沙土	7.2		0.11	7.0	44	尿素 8 斤（种肥）尿素 49 斤（追肥）	厩肥 8，000饼肥 60秸秆肥 1 000
齐河县周庄	壤土	7.6	0.03	0.14	12.9	50	尿素 7 斤（种肥）尿素 10 斤（追肥）	土杂肥 10 000
商河县常庄（水浇地）（旱地）		7.9	0.069	0.17	9.0	40\n35	碳酸氢铵 40 斤（基肥）碳酸氢铵 30 斤（追肥）-	土粪 6 000\n土粪 6 000
平原县小野庄	中壤（盐碱土）	—	0.057	—	14.6	40	硫酸铵 10 斤（基肥）氨水 150 斤（基肥）碳酸氢铵 30 斤（追肥）	土杂粪 10 000饼肥 70
陵县小温庄	轻壤	8.0	0.068	0.14	17.0	40	碳酸氢铵 15 斤（基肥）碳酸氢铵 15 斤（追肥）尿素 15 斤（追肥）	土杂肥 5 500
德州市七里铺	两合土	7.5	0.086	0.16	24.5	60	碳酸氢铵 50 斤（基肥）氯化铵 38 斤（追肥）	土杂肥 23 000人粪干 1 600棉饼 100
武城县邢庄	红黏土				37.0	88	尿素 17 斤（追肥）	土杂肥 2 300饼肥 50
禹城县沈庄（大麦）	黏壤土		0.042	0.17	5.6	18	尿素 15 斤（基肥）尿素 20 斤（追肥）	土杂肥 8 000土人粪 6 000又土人粪 500（追肥）

试验地全磷量（P_2O_5）较高，平均为 0.15%；但速效磷含量偏低，用 1% 碳酸铵浸提法测定有 4 个地点速效磷在百万分之十以下，根据过去试验结果，系严重缺磷的土壤。4 个点在百万分之十到二十，也需要补充磷肥。有七里铺和邢庄两个点含速效磷在百万分之二十以上，含量比较丰富。本试验是在德州地革委领导下的农村试验点进行

的，在政治领导和生产条件等都比较好，单位面积产量和肥料用量都比一般社、队高。土杂肥每亩施用量在 1 万斤左右，有的还补充人粪干和饼肥。化学氮肥用量偏高，折合硫酸铵为 50～100 斤，有袁辛和小野庄两个点，每亩氮肥用量达到 131 斤和 180 斤。

三、小麦生育调查

据沈庄等 4 个点调查施磷区每株永久根数平均为 18.8 个，对照区平均为 12.1 个，增加 55.4%。小麦分蘖数也有明显增加，如张家林试验磷肥区比对照区每亩小麦分蘖数（分别为 96.4 万个和 50.5 万个），施磷区增加分蘖 45.9 万个，合 89.8%。除德州市近郊七里铺和武城县邢庄两点试验，由于土壤肥力很高，磷肥区小麦生育差别不明显外，大部分地点试验施用磷肥区的小麦植株较高，分蘖较多，叶色较绿，根系发达，抽穗期、开花期和成熟期提早 1～2 天，叶宽茎粗也都有明显增加。部分试验点小麦生育调查列入表 2。

表 2　小麦生育调查表

试验地点		分蘖数				根数（条/株）	成熟期	成熟期株高（厘米）
		越冬前		返青后				
		单株（个/株）	每亩（万个/亩）	单株（个/株）	每亩（万个/亩）			
禹城县沈庄	施磷	2.8		3.8		13.5	1/6	97.6
	对照	2.0		2.1		7.3	3/6	86.5
临邑县张家林	施磷		45.2		96.4	12.3	1/6	88.2
	对照		29.2		50.5	10.2	3/6	83.4
齐河县周庄	施磷		36.6		95.6	26	8/6	98
	对照		35.7		57.0	14	9/6	82
庆云县鲁家	施磷				3.6	23.2	4/6（收获）	112
	对照				2.6	17.0	贪青	92

四、产量结果

小麦成熟后，各小区分打分收，计算每亩产量。并进行每亩穗数，每穗粒数和千粒重的调查，结果列入表 3。

表3　小麦磷肥肥效试验产量结果比较表（附沈庄大麦结果）

试验地点		肥料处理	每亩产量（斤）	每亩增产（斤）	增产（％）	穗数（万穗/亩）	粒数（粒/穗）	千粒重（克）	每斤磷肥增产大小麦（斤）
禹城县沈庄		施磷	554.7	264.7	87.8	—	24.2	33.2	6.4
		对照	290.0				20.4	30.3	—
临邑县张家林		施磷	445.1	166.0	59.5	32.2	24.5	33.4	4.7
		对照	279.1			23.2	12.8	32.5	—
袁辛		施磷	555.8	186.8	50.6	45.5	21.9	36.1	4.2
		对照	369.0			34.3	20.5	31.5	—
齐河县周庄		施磷	687.0	131.0	23.6	33.3	26.6	46.0	2.6
		对照	556.0			27.8	22.2	43.0	—
商河县常庄	（1）肥地	施磷	506.3	117.3	30.1	65.9	—	35.7	2.9
		对照	389.1			55.0		35.4	—
	（2）旱地	施磷	144.1	44.6	44.8	18.0	21.4	36.5	1.3
		对照	99.6			17.5	19.0	35.5	—
庆云县鲁家		施磷	437.3	135.2	44.8	—	20.7	41.1	3.4
		对照	302.1				21.8	38.6	—
平原县小野庄		施磷	607.7	48.9	8.8	54.7	22.5	34.4	1.2
		对照	558.8			50.3	21.0	33.9	—
陈县小温庄		施磷	585.0	131.6	29.2	34.7	23.8	35.7	4.5
		对照	453.7			33.2	24.5	35.5	—
德州市郊七里铺		施磷	840.0	45.0	5.7	53.2	—	—	0.8
		对照	795.0			53.1			—
武城县邢庄		施磷	902.3	−46.5	−4.9	47.3	38.1	38.1	−0.5
		对照	948.8			46.3	38.1	38.1	—
禹城县沈庄大麦		施磷	407.7	84.7	26.2				4.7
		对照	323.0						—

　　从表3看出，除邢庄一个点由于常年施用大量磷肥，土壤有效 P_2O_5 肥力较高，磷肥效果不明显外，其余9个点，每亩施用过磷酸钙40斤左右，都有较大幅度的增产，如沈庄小麦每亩增产264.7斤合87.8％，每斤磷肥增产小麦6.4斤。张家林、袁辛、常庄（水浇地）、周庄、鲁家、小温庄6个点，每亩增产117.3～186.8斤，合23.6％～59.5％，每斤磷肥增产小麦2.9～4.7斤。常庄（旱地）、小温庄两个点每亩增产小麦分别为44.6斤和48.9斤，合44.8％和8.8％，每亩磷肥增产小麦1.3斤和1.2斤。七

里铺土壤肥力较高，每亩增产 45.0 斤，合 5.7%，每斤磷肥增产小麦 0.8 斤。8 个点平均施磷区每亩穗数比对照增加 2.9% ~ 38.4%，7 个点平均每穗粒数增加 7.1% ~ 19.8%，8 个点千粒重平均增加 0.6% ~ 10.7%。另外，沈庄大麦试验，施磷肥区每亩增产 84.7 斤，合 26.2%，每斤磷肥增产大麦 4.7 斤。

五、结果讨论

1. 土壤速效磷含量与磷肥肥效的关系

从表 1 结果中看出本地区土壤全磷量相当高，平均为 0.15%，这表明，土壤中磷素的潜力很大，但是与施用磷肥的肥效没有明显的关系，速效磷含量与土壤需磷程度有密切的关系。结果列入表 4。

表 4 磷肥肥效与土壤速效磷和全磷量的关系

试验地点	土壤全磷量 (P_2O_5)%	土壤速效 P_2O_5（毫克/千克）	磷肥增产 小麦（斤/亩）	每斤过磷酸钙 增收小麦（斤）
沈庄	0.15	5.7	264.7	6.4
张家林	0.15	6.1	166.0	4.7
袁辛	0.11	7.0	186.8	4.2
周庄	0.14	12.9	131.0	2.6
常庄	0.17	9.0	117.3	2.9
鲁家	0.15	13.6	135.2	3.4
小野庄		14.6	48.9	1.2
小温庄		17.0	131.6	4.5
七里铺	0.16	24.5	45.0	0.8
邢庄			-46.5	-0.5
沈庄大麦	0.17	5.6	84.7	4.7

沈庄、张家林等 4 个基点土壤速效磷含量为 5.7 ~ 12.9 毫克/千克，每亩施用过磷酸钙 40 斤左右，增产小麦 131.0 ~ 264.7 斤，合每斤磷肥增产 2.6 ~ 6.4 斤。周庄、鲁家等 4 个基点土壤速效磷在 12.9 ~ 17.0 毫克/千克，增收小麦 48.9 ~ 131.6 斤，合每斤磷肥增产 1.2 ~ 4.5 斤。德州市近郊七里铺土壤速效磷含量为 24.5 毫克/千克，增产小麦 45 斤合每斤磷肥增产 0.8 斤，邢庄两年来磷肥用量较大，1970 年又亩施过磷酸钙在 100 斤以上，施用磷肥没有增产。

2. 施用磷肥经济收入情况

在当前施用有机肥和氮肥的基础上，每亩增施 40 ~ 50 斤过磷酸钙作基肥，除邢庄历年施用大量磷肥没有增产外，其他点的增产幅度都比较大，若每斤磷肥按0.0725元，每斤小麦按0.14元计算，磷肥收益列入表5。

表5　磷肥投资与小麦收入比较表

地点名称	过磷酸钙用量（斤/亩）	磷素化肥投资（元/亩）	小麦增产（斤/亩）	磷肥增产小麦收入（元/亩）	盈余（元/亩）
沈庄	40	2.90	264.7	37.06	34.2
张家林	35	2.54	166.0	23.24	20.7
袁辛	44	3.19	186.8	26.15	22.9
周庄	50	3.63	131.0	18.34	14.7
常庄　水地	40	2.90	117.3	16.42	13.5
常庄　旱地	35	2.54	44.6	6.24	3.7
鲁家	40	2.90	135.2	18.93	16.0
小野庄	40	2.90	48.9	6.85	4.0
小温庄	40	2.90	131.6	18.42	15.5
七里铺	60	4.35	45.0	6.30	2.0
邢庄	88	6.38	−46.5	−6.51	−12.9
沈庄大麦	18	1.31	84.7	11.86	10.6

从表5看出，在施用有机肥和氮肥的基础上，施用少量过磷酸钙作基肥，按9个点计算，每亩磷肥投资为2.54～3.63元，纯收益为3.70～34.2元，配合施用磷肥，既能大幅度增产，又能大量增加社员收入，对国家和集体都很有利。

3. 施用化学氮肥的投资情况

本小麦磷肥联合试验是在高产先进单位大队举行的，氮素化肥用量比较大，每亩施用氨水、尿素、碳酸氢铵等肥料折合标准硫酸铵为60～100斤，每亩氮肥投资为2.70～9.82元。袁辛和小野庄每亩氮肥用量高达131斤和180斤，这样就大大增加了化肥投资，仅氮肥一项就投资12.8元和13.05元。由于本试验中未设绝对不施氮地区，不能说明大量施用氮肥增产效果。根据我们过去的肥料试验，在这样的产量水平，过多的氮肥，是不必要的。

4. 施用硫酸铵作基肥的增产效果

有沈庄等4个点的试验，设有使用少量氮肥作基肥的对比区，产量结果列入表6。

表6　硫酸铵用作基肥的增产效果

施用地点	硫酸铵用量（斤/亩）	小麦增产（斤/亩）	每斤硫酸铵增收小麦（斤）
沈庄	18	30.0	1.7

（续表）

施用地点	硫酸铵用量（斤/亩）	小麦增产（斤/亩）	每斤硫酸铵增收小麦（斤）
小野庄	10	25.5	2.6
鲁家	34	69.2	2.0
邢庄	44	29.7	0.7

从表6结果看出，有沈庄等3个点在当地施用有机肥料的情况下，施用少量氮肥作基肥是有效的，每斤硫酸铵可增收小麦1.7~2.6斤，邢庄点土壤肥力较高，每亩施用硫酸铵44斤，增收小麦29.7斤，合每斤氮肥增收小麦0.7斤。本地区水浇地小麦习惯施氮肥作追肥，在目前有机肥料的质量比较差的情况下，在基肥中适当地施用一些氮肥，是值得研究的问题。

*　　*　　*　　*

从以上结果反映了以下几个问题。

1. 德州地区的农民过去很少施用磷肥，近年来，灌溉面积和氮肥用量逐年增加，单位面积产量也有所提高，磷肥的供应和施用问题就很快反映出来。为了迅速提高农业产量，改变低产面貌，如何解决磷肥的供应和施用，已经成为农业发展中的关键性问题。

2. 本地区土壤肥力较差，有机肥料不足，除个别地块施用大量厩肥和磷肥外，一般土地耕层土壤中速效磷含量较低，约在百万分之十，需要补充磷肥。试验证明，在施用当地有机肥和氮肥的条件下，每亩施用40~50斤磷肥作基肥，10个试验点中有8个点磷肥区比对照区每亩增产小麦48.9~264.7斤，合每斤磷肥增收小麦1.2~4.6斤，氮肥与磷肥配合施用，既能大幅度增产，又能大量增加社员收入。

3. 本试验是在高产社队进行的，氮肥用量比较高，每亩施用氨水、碳酸氢铵、尿素等氮肥，折成标准硫酸铵为60~100斤，甚至有的高达130~180斤。若能适当地施用一部分磷肥，并改进氮肥的施用技术，可以节约很多氮肥，这样不仅可以减少作物贪青、倒伏和病虫的为害，扩大施用面积，提高产量，还可以降低成本，增加社员收入。

4. 大部分试验每亩施用过磷酸钙40~50斤作基肥，若能改为种肥在播种沟里施用，施用磷肥的数量还可以适当减少。磷肥品种并不只限于过磷酸钙，根据各地条件生产钙镁磷肥、脱氟磷肥、钢渣磷肥、磷酸铵、硝酸磷肥等。

对德州地区发展磷肥生产的意见

陈尚谨

（1975 年于德州）

毛主席教导我们说："肥料是植物的粮食。"每生产 100 斤粮食，大约要从土壤中吸收氮素 2~3 斤，磷酸 1~1.5 斤，氧化钾 2~3 斤。缺哪一种元素，也不能生产这些粮食。中国大部分土壤含钾质比较丰富，除对果树、烟草等喜钾作物增施钾肥有较明显的肥效外，对一般作物肥效多不显著。目前，我国钾矿资源尚未正式开采，对粮食作物钾肥可以暂时不用。所以，关于化肥的生产和施用问题集中表现在氮肥和磷肥方面。

一、氮肥和磷肥的基本性质和氮磷配合施用的重要性

氮素是植物体内蛋白质、叶绿素和各种酶类的重要组成部分。施用氮肥可以使作物很快变为深绿色，枝叶茂盛，迅速生长，延长生育期并推迟成熟。磷是植物体内核蛋白、磷酸脂和植素的主要组成部分，施用磷肥可以促进作物根部发育，能更好地从土壤中吸收水分和养分，增加抗旱、抗寒和抗病的能力，增加有效分蘖，提早成熟，增加籽粒产量。过去，有些同志弄不清磷肥的作用，施肥后在短期内看不到庄稼的迅速生长，叶色转绿，就误认为磷肥作用不大，这种看法是不正确的。

氮肥和磷肥的作用显然是不同的，它们可以相互促进，但是不能互相代替。在过去大部分土地很少施用氮肥，单位面积产量也很低，土壤中速效磷的含量还不感缺乏，增施一些氮肥就可以增产，现在大量施用氮肥，产量也有所提高，作物从土壤中吸收的磷，也相对增加，土壤中速效磷就感到不足。为了进一步提高产量，就需要补充磷肥。氮肥和磷肥的作用是相互促进的，在土壤严重缺乏氮的情况下，单独施用磷肥增产效果很小，同样在严重缺磷的情况下，单独施用氮肥的作用也很小，氮肥与磷肥配合施用，可以大幅度地增加产量。豆科作物如大豆、花生、绿肥可以借助根瘤从空气中固定氮素，施用磷肥就可以增产，氮肥可少用或不用。对粮食作物，氮肥与磷肥适当配合是经济有效施用化肥的重要问题。

欧美各国施用化肥的年限较长，他们施用氮肥与磷肥的比例（均按标准肥计算）大约是 1∶0.5。中国南方各省如两广、两湖、江浙一带，对氮肥和磷肥同等重视，缺一不可。华北大部分农民过去很少有施用磷肥的习惯，近年来，由于氮肥用量增加，补充磷肥的问题就要提到议事日程上来了。

二、德州地区对磷肥的需要情况

本地区为了迅速提高农业产量，改变低产面貌，在大力发展养猪积肥，广辟肥源和扩种绿肥的同时，积极发展化肥工业。1971 年已有 5 处合成氨厂投产，再加上一部分从外地调进的化肥，本年度全地区计划供应氮肥 13 万多吨，磷肥 3 000 多吨，合每亩平均施用氮肥 25 斤，到 1975 年每县要建立一处合成氨厂，全区平均亩施氮肥 50 斤，这是一个伟大的计划，只有在社会主义新中国，才能有这样的飞跃发展。但是，目前本地区生产的化肥和从外地调进的化肥，绝大部分都是氮肥，磷肥数量很少，仅占 2.3%，这个比例显然对发展农业生产是很不适应的。

本地区大部分土壤肥力较低，据我所最近的土壤分析结果，大部分土壤速效磷含量仅为百万分之几到百万分之十几，这是极为缺磷的土壤。盐碱土地区和常年施不上猪厩肥或厩肥用量不多的地区，土壤肥力就更差。在这样的土壤上单独施用氮肥就不能满足作物生育的需要。

1971 年我所在晏城农场进行的小麦磷肥试验，在亩施芸子并 80 斤的基础上，在 2 月底每亩追施硫酸铵 15 斤的，亩产小麦 236.6 斤；每亩施用硫酸铵和过磷酸钙各 15 斤的，亩产小麦 310.3 斤。每亩施用磷肥 15 斤，增收小麦 73.3 斤合 31.1%，平均每斤磷肥增产小麦 4.9 斤。增施磷肥区比对照区在小麦株高，有效分蘖和千粒重等方面都有显著提高。在山东省其他地方，也有不少农民反映磷肥肥效很突出。如桓台县果里公社东马大队，系小清河流域井浇地，过去每亩施用氮肥 70~80 斤，浇水 5~6 次，每亩仅产小麦 100 多斤，有的甚至几十斤，后来他们改革栽培技术，结合施用磷肥，小麦亩产猛增到 450 斤，有的地块取得 600 斤以上的好收成。蓬莱县大辛店莫庄大队，亩施磷肥 30 斤，结合改进栽培技术，小麦亩产由 100 多斤提高到 350 多斤。又冠县春河公社科研队每亩施氮肥 70~80 斤，亩产小麦 100 多斤，增施磷肥后，小麦产量提高到 300 多斤。以上这些实例，充分说明在施用氮肥的基础上，配合施用磷肥，小麦产量可以大幅度增长，这样可以充分发挥氮肥的肥效，降低化肥成本，在政治上和经济上都有重大意义。

在胶东地区增施磷肥对防治小麦全蚀病有显著效果。还有些地区反映，由于土壤中严重缺磷，影响到饲料中也严重缺磷，使马驹不能成活。在饲料中添加骨粉和胡萝卜补充了磷素，马驹可以安全成长。这充分说明，山东地区有些土壤缺磷的严重性。除小麦外对其他作物如玉米、水稻、花生、大豆、棉花和各种绿肥作物增施磷肥也有很好的效果。

对豆科绿肥作物施用磷肥，可以增加氮肥肥源，改造低产田具有重大意义。在一般低产土壤上种植绿肥，绿肥生长不好，鲜草产量很低，翻压后作用不大，因而，在低产田地区推广种植绿肥，发生很大困难。近年来在低产区绿肥作物上施用了磷肥，鲜草量由过去的几百斤增加到 3 000 斤左右，其中，所含的氮素也由 3~4 斤增加到 15 斤左右，翻压后用作绿肥相当于每亩施用硫酸铵 70~80 斤，解决了氮肥供应不足的问题。对绿肥作物施用的磷肥，并没有损失，还可以通过绿肥供给下茬作物吸收利用。这种方法深受农民欢迎，成为改造低产田、迅速提高产量一个重要措施。从以上情况看来，在本地区适当地发展磷肥生产，不仅当年就可以提高产量，并为将来扩种绿肥、培肥土壤、迅速改变低产面貌发挥作用，所以，不论为当前和将来，磷肥都是不可缺少的。

三、适宜本地区的磷肥品种和基建设备

磷肥的种类很多，各有其优劣点，在本地区首先可以考虑的是过磷酸钙和钙镁磷肥，将来还可以进一步提高生产磷酸铵或硝酸磷肥。今分别介绍如下。

1. 过磷酸钙含水溶性磷酸 14% ~ 18%，适用于本地区石灰性土壤，也是我国目前工业生产数量最多，肥效最好的一种磷肥。在山东省济南、青岛和莱芜都设有工厂。主要原料是磷矿粉和硫酸。

我国磷矿埋藏量十分丰富，闻名世界，但大矿多分布在西南各省。距山东最近的一个大矿是江苏海州锦屏磷矿，规模很大，磷矿石大部分向日本输出。近年来，我国还从非洲摩洛哥进口一部分磷矿，品质很好，很适合于生产过磷酸钙。自文化大革命以来，在过去所谓没有磷矿的省份，也都发现了磷矿。泰安县徂徕山公社最近也开始生产了磷矿粉，详见附件。

制造过磷酸钙所需要的磷矿粉，细度约为 80 目，磷酸（P_2O_5）含量最好在 30% 左右。铁、铝、硅酸、石灰等杂质，不宜过高，最好在 3% 以下。否则影响产品质量。每吨磷矿粉大约需要 1 吨 60% ~ 70% 的硫酸，可制成 1.7 ~ 1.8 吨过磷酸钙。生产过磷酸钙投资很少，设备简单，几个月内就可投入生产。主要设备有电动搅拌器一台，可用木制或生铁制，普通粉碎机一台，砖池两个，硫酸槽一个及泵、敞棚和仓库数间。这些设备本地区都可生产，约需两万余元。

制造方法也很简单，先将磷矿粉放入搅拌器内，加入适量硫酸后，加盖迅速搅拌约5 分钟，移入第一号砖池，化学反应在池内进行，温度可升高到 100 ~ 110℃，同时发生氟化氢、氟化硅和二氧化碳气体，前两种有毒系贵重化工原料，可以收回制成杀虫剂。在池内停放一两个星期，化学反应完成，当第一池堆满时，取出粉碎即成。第一池与第二池轮流使用。

估计一座年产 1 万吨过磷酸钙的车间，每年需磷矿粉 5 000 ~ 6 000 吨，60% ~ 70%硫酸 5 000 吨。硫酸可由外地输入，也可以在当地制造。生产硫酸的主要原料是黄铁矿，在博山和胶东一带均有生产。设备有黄铁矿燃烧炉、转化器、吸收器等部分，化工石油局有定型设计，可以参考。济南市也有硫酸厂可以参观学习。估计一座年产硫酸 5 000吨的设备投资费用也不过数十万元。

2. 钙镁磷肥含 2% 柠檬酸可溶性磷酸 14% ~ 18%，适用于微酸性土壤，在石灰性土壤上施用，它的肥效要比过磷酸钙慢一些，但也有一定的肥效。生产钙镁磷肥的优点是不需要硫酸，但是需要较多的焦炭，在河南安阳等地有这种工厂，可能与该地区煤炭资源丰富有关。生产钙镁磷肥的原料是磷矿石（品质要求较低）、含镁矿石如蛇纹石、橄榄石或白云石、焦炭。将上述 3 种原料按适当比例放入小高炉中煅烧，当温度达到 1 400℃左右，矿石熔融后由炉底流出，用冷水冷淬，从水中捞出、烘干后，用球磨机粉碎，一般要求通过 80～100 目，钙镁磷肥质地坚硬，粉碎比较困难。

3. 磷酸铵和硝酸磷肥均为含氮、磷的复合性肥料，肥效很好，适宜在本地区施用。生产技术比较复杂，需要进行研究，为将来大量生产做好准备。

以上仅系初步意见，错误之处请批评。

附件：化工石油动态一份（无）。

湖南祁阳县丘陵水稻区磷肥施用技术

陈尚谨　陈永安　杜芳林　江潮余　郭毓德　李纯忠
良文英　唐之干　谢黎明　张先畴　邓茂方　易跃寰

（中国农业科学院土壤肥料研究所）
（1964 年 3 月）

一、前　言

中国磷矿资源极为丰富，自 1958 年大跃进以来，磷肥工业有了很大发展，磷肥产量逐年增加，由于我国农民过去没有施用磷肥的经验，施用不当，未能充分发挥肥效，有不少地区磷肥有滞销积压情况，总结研究磷肥肥效的规律，提高施用技术，充分发挥肥效，是迫切需要解决的问题。

近年来，各地农业研究单位，进行了不少磷肥试验，并取得一定结果。但是，各地土壤和自然环境不同，局部变化很大，轮作栽培方式也很复杂，这些复杂变化都直接或间接地影响到施用磷肥的肥效，所以，在少数地块上进行的试验，难以很好地反映出当前生产上的需要。为了使磷肥肥效试验密切结合实际，为农业生产服务，有必要在农村复杂的环境中进行系统研究，找出磷肥肥效的规律，并做出示范样板，把施用技术交给农民，才能达到合理施用磷肥的目的。有鉴于此，中国农业科学院土壤肥料研究所，联合湖南有关农业科学研究单位在祁阳县典型丘陵水稻区，设立农村试验基点，于 1961年开始在文富市公社官山坪和王家岭两个大队进行磷肥肥效试验。系统研究丘陵水稻地区施用磷肥肥效土壤类型、农业措施和施用方法的关系。1963 年联合祁阳县农业局，进一步在全县范围内进行了 180 多个磷肥试验和对比示范，验证了过去试验结果，并作了修正补充。初步摸清了磷肥肥效与土壤类型、土壤肥力、农业措施、作物种类和施肥方法的关系。在各种土壤中以鸭屎泥、冷浸田、冷沙泥施用磷肥肥效最为显著，它们分别占全县水稻总面积的 15.8%、6.4% 和 7.4%。这些稻田多习惯在冬天休闲泡水，水稻生育不良，有轻重不同的"坐秋"现象。每亩施用过磷酸钙 40 斤，可增收稻谷 80 ~ 200 斤或 20% ~ 50%。若遇秋冬干旱，冬水田落干开坼，翌年水稻要严重发生"坐秋"，产量锐减，施用磷肥可以有效地防治"坐秋"，磷肥肥效更为突出。黄夹泥、白夹泥和灰夹泥分别占全县稻田总面积的 14.9%、7.5% 和 7.3%，轮作栽培方式复杂，土壤肥力和单产变化幅度大，磷肥肥效不稳定。黄沙泥、黑沙泥分别占水稻总面积 5.0% 和 15.6%，常年施用较大量的厩肥，土壤肥力较高，磷肥肥效多不显著。

对水稻、紫云英绿肥等作物施用磷肥有较大的增产效果，每亩施用过磷酸钙 40 斤，每斤磷肥可增收稻谷 2 ~ 5 斤，绿肥鲜草 18 ~ 50 斤。对油菜、甘薯和小麦施用磷肥也有一定的肥效。各种作物中，以绿肥作物磷肥效果最好，其次是水稻和油菜。水稻不同品种间施用磷肥肥效也有明显不同。对生育期较短的早稻品种南特号施用磷肥，每斤磷肥约可增产稻谷 5.6 斤。对迟稻品种"公黏"，每斤磷肥仅增产稻谷 2.2 斤。

对鸭屎泥、冷浸田等低产的水稻田，在当地一般底肥用量情况下，每亩施用过磷酸钙 60 ~ 80 斤，肥效最好。在较高肥力的稻田，以每亩施用过磷酸钙 30 ~ 40 斤较为适宜。在一般低产田，以撒施面肥效果最好，其次是点蔸和蘸秧根；在冷沙泥等过水田，以点蔸肥效最好，可以减少磷肥用量和流失，用作面肥肥效较差；在磷肥供应不足，交通不方便地区，可以用少量磷肥蘸秧根，获得较大的增产效果。各地需要根据具体条件选择最适宜的施肥方法。

通过 3 年来的磷肥试验和示范样板，将当地磷肥肥效规律传授给农民群众，明确了最需要施用磷肥的土壤和作物，并提高了施肥技术，改变了当地农民过去认为磷肥无效的看法。认识到磷肥施用得当，它的肥效不次于硫酸铵，是防治水稻"坐秋"的"灵丹妙药"。过去常年积压的磷肥全部脱销。1963 年全县共施用了磷肥 69 385 担，为全县农业生产起到很大作用。这些经验在南方各省丘陵水稻区均有参考意义。

二、试验材料和方法

（一）土壤基本概况

祁阳县有山区、丘陵和河流冲积地。按地形部位和土地利用情况大致可分为以下几种：在山区山坡上部为林木及旱土，山谷为稻田；在丘陵区上部为红壤、黄壤土地，丘陵中部为旱土，丘陵坡脚为水稻田；由于地形地貌，成土母质及耕作措施不同，形成了各种不同的旱土和水田类型。祁阳县山地、旱土和稻田共有耕地面积 319 万亩，其中，山地面积占总面积 76%，旱土占 3.6%，水田面积占 20.4%。农业生产以水稻为主，其次为小麦、甘薯。

主要稻田土壤类型有 8 种，将其性质简述如下。

黑沙泥约占全县水田总面积 5%，泥色呈黑灰色，土质疏松，耕性良好，肥分充足，保水保肥力强，大多种植双季稻，复种指数高，产量稳定，这种稻田在大量施用有机肥料和精耕细作等条件下形成的，多分布在居民点附近的垄田和平田上，因此，农民又叫"自肥田"。

黄沙泥约占全县总面积的 15.6%，泥色呈暗黄色，耕层疏松，深厚易犁耙，水源充沛，保肥保水力强，分布在河流两岸，是肥沃水稻田的一种，主要种植双季稻。

黄夹泥约占全县水稻田总面积的 14.9%，泥色黄，土质黏重，耕性不良，土壤熟化程度差，需肥量大，大多数分布在丘陵的中坡或坡脚，阳光充足，排水条件好，大多数为水旱轮作，也有一部分由于水源条件好，而采用冬浸泡田，多种植单季稻，也有少数种植双季稻，是丘陵地区低产田中较好的土壤。

白夹泥和灰夹泥分别占全县水稻田总面积的7.9%和7.3%，都是丘陵地区的低产田，泥色灰白，处于灰夹泥上部，水源条件较差，大多种单季稻或一季早稻，每亩产量约300斤。灰夹泥，水源条件好，泡水时间长，泥色呈青灰色，这两种土壤，土质较黏重，耕性差，在水源较好地区，尽量采取冬水泡田，但干坼后耕作困难，漏水、漏肥，水稻移栽后有"坐秋"情况，长期不返青，产量很低。

鸭屎泥约占全县水稻田总面积的15.8%，土质黏重，速效养分少，大多分布在垄田中，水源条件好，种植单季稻，也有少部分地势较高，可种植双季稻，这种土壤大多常年泡水，一经冬干，成团成块，速效养分减少，尤其作物能利用的磷素更为缺乏，水稻有"坐秋"现象，是丘陵地区低产田中，产量极不稳定的一种土壤。

冷浸田约占全县水稻田总面积的6.4%，它的特点是地下水位高，出冷浸水，水温、泥温低，土层深厚，耕作费力，潜在肥力高，速效养分少，禾苗生长缓慢，分蘖少，大多种植单季稻，是山区的一种低产田。

冷沙泥约占全县水稻田总面积的7.4%，处于较低的地形部位，常受冷水影响，禾苗返青慢，分蘖少，产量低，一经冬干后，水稻有"坐秋"现象。这种土壤，在山区，丘陵地区都有分布，是低产田中较好的一种。

本县旱土类型主要有黑沙土、红沙土、红土、黄土、白夹土5种，多种植小麦、甘薯，由于本地区以种植水稻为主，对旱土作物耕作粗放，施肥较少，土地瘠薄，产量不稳定。现将上述土壤类型的化学性质列入表1。

表1　祁阳县主要水稻土壤类型化学性质成分表

田别	土壤类型	地点	深度（厘米）	pH 值	全氮（%）	全磷酸（%）	酸溶性钾（%）
水稻田	黄沙泥	沙滩河	0～10	6.5	0.19	0.20	0.52
			10～25	6.5	0.18	0.21	0.57
	黄夹泥	官山坪	0～10	6.5	0.18	0.14	0.59
			10～25	6.6	0.15	0.12	0.52
	鸭屎泥	官山坪	0～10	7.4	0.19	0.096	0.47
			10～25	7.4	0.19	0.096	0.47
	冷浸田	忠和观	0～10	6.5	0.23	0.13	0.37
			10～25	6.4	0.20	0.08	0.35
旱土	黑沙土	上升	0～15	微酸性	0.11	0.12	1.21
	红沙土	庙山岭	0～15	酸性	0.071	0.12	1.14
	黄土	官山坪	0～15	7.2	0.086	0.10	1.45
	白夹土	官山坪	0～15	微酸性	0.069	0.084	1.35

（二）试验方法

本试验于 1961 年开始在文富市公社官山坪和王家岭两个大队进行田间小区试验和群众性大田对比试验。1963 年与该县农业局协作，在全县范围内各种土壤上，进行磷肥肥效试验，试验是在当地施用有机肥料和每亩 10 ~ 15 斤磷酸铵的基础上进行的。试验采用小区试验，大田对比试验和群众调查经验相结合的工作方法，把全县试验点分为 3 级：一级点包括祁阳农村试验基点工作组、6 个农业技术推广站和祁阳农场，在各单位所在地主要土壤类型上进行小区试验和大田对比试验；二级点为了补救一级点不足或当地土壤代表性不广，祁阳农村试验基点工作组和农业技术推广站各选 1 ~ 2 个二级点，采用大田对比试验方法，并在当地作出典型田丘样板，便于示范推广；三级点祁阳农村试验基点工作组和农业技术推广站，再选择 2 ~ 3 个不同产量水平的生产队，作为施用磷肥调查点，以便定期联系，发现问题进行研究。该年共设一级点 8 个，二级点 11 个，三级点 16 个。每个点根据具体情况，选择 5 ~ 20 亩典型田丘，进行试验。

在做好以上各点的同时，注意到积极指导各农业技术推广站所在区的大面积磷肥施用技术指导工作，并在施用磷肥有习惯的地区，通过示范，提高农民磷肥施用技术，进一步地扩大磷肥施用面积；在没有施用磷肥习惯的地区，选择典型生产队进行对比试验，肯定肥效，作出典型样板。

三、试验结果

（一）土壤类型与磷肥肥效的关系

1. 水稻田磷肥肥效

1961—1963 年，祁阳农村试验基点工作组联合该县 6 个农业技术推广站在本县主要稻田土壤类型上，共做了磷肥对比试验 149 个，其中，增产率在 5% 以下的仅有 29 个，增产率 5% ~ 10% 有 27 个，增产率 10% ~ 30% 有 69 个，增产率为 30% ~ 50% 有 16 个，增产率在 50% 以上的有 8 个，今将稻田土壤类型与磷肥肥效的关系分述如下。

149 个稻田磷肥对比试验结果指出，在鸭屎泥、冷沙泥、冷浸田施用磷肥对水稻增产效果极显著；黄夹泥、白夹泥、灰夹泥，磷肥肥效有大有小，还不稳定；黑沙泥、黄沙泥磷肥效果不显著。各种土壤类型、磷肥不同增产率的试验数目列入表2。

表2　祁阳县主要稻田土壤类型磷肥肥效比较表

（表内数字为试验数目）

土壤类型	试验数目	试验对照区平均产量（斤/亩）	增产率（%）								
			1 以下	1 ~ 5	5 ~ 10	10 ~ 20	20 ~ 30	30 ~ 40	40 ~ 50	50 ~ 60	60 以上
黑沙泥	3	517	1	2							

（续表）

土壤类型	试验数目	试验对照区平均产量（斤/亩）	增产率（%）								
			1以下	1~5	5~10	10~20	20~30	30~40	40~50	50~60	60以上
黄沙泥	9	521	2	7							
黄夹泥	34	439	4	10	13	6	1	1			
灰夹泥	3	360				3					
白夹泥	12	271	1	2		4	3	1			1
鸭屎泥	73	390			12	23	24	6	5	1	2
冷沙泥	9	451			2		2	1	1	2	1
冷浸田	6	341				4	1				1

1963 年又在祁阳县 10 个区的 52 个生产队不同土壤类型上，进行了 61 个典型田丘调查，调查结果与上表结果是完全符合的，但由于大田生产中，有机肥料用量较少，田间管理粗放，磷肥增产率比试验田更高些。现将典型土壤类型施用磷肥对水稻生育期、生产性状和产量的影响简介如下。

黄沙泥、黄夹泥和鸭屎泥田代表当地高、中、低 3 种不同肥力的土壤，施用磷肥对水稻生长发育都有一定良好作用。对黄沙泥田在苗期表现较为显著，由于后期气温渐高，土壤养分充足，水稻生育表现差异渐小，在产量上多不表现增产效果；在黄夹泥上，由于苗期气温低，土壤供应磷素能力弱，水稻苗期肥效最为显著，后期由于气温渐高，水稻根系发达，吸取磷素能力加强，水稻后期差异逐渐减小，但仍有一定增产效果；在鸭屎泥、冷沙泥上由于土壤中含磷少，根系发育不良，若不施磷肥，稻苗弱，分蘖少，根系发育不良，成熟迟，产量很低，施磷后水稻成熟期可提早 5~7 天，对低产"坐秋"田甚至提早成熟 15~30 天，由于水稻季节的提早，对增加复种，躲过螟虫为害，减少白穗、躲过秋旱，都有很大作用，更由于增施磷肥后，水稻幼苗生长旺盛，对抵抗杂草为害，减少空壳率也有显著效果。兹将官山坪大队鸭屎泥田，通过施用磷肥增加复种后产量的变化列入表 3。

表3　鸭屎泥田施用磷肥对增加复种和产量的影响　　　　　　　（斤/亩）

轮作形式	处理	水稻			紫云英	水稻总产	增产率（%）
		双季早稻	中稻	双季晚稻			
早稻—晚稻	对照	385.0		224.0		609.0	19.9
	磷肥	470.0		260.0		730.0	
中稻—晚稻	对照		432.0	230.0		662.0	20.4
	磷肥		515.0	282.0		797.0	
中稻—绿肥	对照		417.0		174.0	417.0	45.8
	磷肥		608.2		250.2	608.2	

注：磷肥区每亩施用过磷酸钙 40 斤

从表 3 看出，在鸭屎泥冬浸条件下，双季稻增产都在 20% 左右，中稻—绿肥轮作，在绿肥上每亩增产紫云英鲜草 760 斤或 43.5%，又增产水稻谷粒 191.2 斤或 45.8%，采用早熟中稻品种南京一号种和对季节要求差的晚稻品种老黄谷，结合施用磷肥，增产效果更大。

2. 旱土磷肥效果

在主要类型旱土上，进行了磷肥试验，结果列入表 4。

表 4　祁阳县主要旱地作物磷肥效果比较表　　　　　　　（斤/亩）

土壤类型	作物	过磷酸钙施用量	对照	施磷	增产率（%）
黑沙土	小麦	50	152.0	161.0	5.9
红沙土	甘薯	20	2 208.0	2 281.0	3.3
黄 土	小麦	40	123.7	138.9	12.3
白灰土	小麦	60	110.0	145.0	31.8

表 4 所载各种旱土类型，磷肥效果不同，试验指出：以白夹泥、黄土磷肥肥效较好，黑沙土、红沙土肥效较差。

本县白夹土、红土和黄土约有 56 604 亩，占旱土总面积的 48.5%，施用磷肥肥效较好。黑沙土和红沙土有 60 082 亩，占旱地总面积 51.5%，施用磷肥肥效较差。据全县 52 个生产队调查，本年仅有 4 个生产队在旱地上施用过磷酸钙，施用面积也很少，其原因是，旱土管理措施粗放，产量较低，施用磷肥不很经济，据官山坪大队调查，旱土历年施肥少，甘薯产量受 6~7 月雨水影响很大，如当年雨水少受旱，产量很低，旱土作物产量较低不稳定，农民多不愿施用磷肥，另一原因是在旱土地上施用磷肥，由于产量低，增产百分率虽高，但每斤磷肥增产数量少，经济效益差。

（二）土壤肥力与磷肥肥效关系

由于作物栽培和施肥措施不同，在同一类型土壤中，也有高、中、低 3 种肥力的土壤，一般产量水平大致可以代表肥力水平高低，磷肥肥效随着肥力程度不同而有区别，在鸭屎泥田不同产量水平条件下进行 73 个对比试验，结果指出，产量水平低，磷肥增产效果就更显著，稻谷亩产在 250 斤以下，共计有 11 个试验，平均增产稻谷 127 斤或 50%，每斤磷肥增产稻谷 3 斤；稻谷亩产水平在 250~350 斤者，共计有 17 个试验，平均可增产稻谷 90 斤或 30%，每斤磷肥增产稻谷 2.3 斤左右；亩产 350~450 斤水平的，共计有 21 个试验，平均可增产稻谷 70 斤或 20%~30%，每斤磷肥增产 1.8 斤稻谷；亩产在 450 斤以上共有 24 个试验，平均每亩增产稻谷 57 斤或 10%~20%，每斤磷肥增产稻谷 1.4 斤。磷肥在肥力水平较差的土壤上，增产效果特别显著。

（三）厩肥用量与磷肥效果的关系

厩肥中含有丰富的磷素，长期大量施用有机肥料，磷肥肥效有降低的情况。1962—

1963 年曾在祁阳县文富市公社过渡性黄夹泥和大村甸黄沙泥上，进行了厩肥用量与磷肥肥效试验，结果列入表 5。

表 5　有机肥料用量与磷肥肥效的关系　　　　　　　（斤/亩）

土壤名称	底肥	对照	施磷	增产率（%）
过渡性黄夹泥（秧丘）	猪圈肥 1 250 斤/亩	327.5	405.1	23.7
	猪圈肥 2 500 斤/亩	556.3	577.4	3.8
黄沙泥（大古脑丘）	常年施用少量底肥	430.9	473.4	9.9
	常年施用少量底肥	485.1	490.4	1.1

由表 5 看出，在过渡性黄夹泥（秧丘），猪圈肥用量少时，每亩施用 40 斤过磷酸钙增产稻谷 77.6 斤或 23.7%，猪圈肥用量增加一倍时，同量过磷酸钙，增产稻谷 21.1 斤或 3.8%。大村甸公社黄沙泥田（大古脑丘），在常年施用多量猪牛圈肥情况下，土壤较肥沃，每亩施用过磷酸钙 45 斤，增产稻谷 5.3 斤或 1.1%，肥效不显著，而连续 3 年施用少量底肥时，农民说："这田已带夹性"。1963 年每亩施用过磷酸钙 45 斤，增产稻谷 47.5 斤或 9.9% 以上，指出圈肥用量不足，磷肥肥效可以大大发挥。

（四）冬水田在泡水和干坼条件下的磷肥效果

祁阳县约有 25 万亩水稻田，主要包括鸭屎泥、冷沙泥、冷浸田及部分黄夹泥、白夹泥、灰夹泥，这些土壤在泡水和干坼条件下，对磷肥反应有显著的不同，鸭屎泥、冷沙泥、过渡性黄夹泥、白夹泥在泡水和干坼条件下磷肥对产量的影响，结果列入表 6。

表 6　泡水和干坼条件下施用磷肥对水稻产量效果　　　　（斤/亩）

土壤类型	试验地点	冬季土壤状况	对照	磷肥	增产率（%）
鸭屎泥	官山坪	泡水	449.4	512.2	14.0
		干坼	363.6	466.1	28.2
冷沙泥	下马渡	泡水	450.9	566.7	25.7
		干坼	388.7	580.6	49.3
过渡性黄夹泥	官山坪	泡水	531.6	567.2	6.7
		干坼	460.0	549.0	19.3
白夹泥	下马渡	泡水	310.0	370.0	19.5
		干坼	208.5	281.5	35.0

鸭屎泥、冷沙泥及部分白夹泥，由于地形部位较低，多为冬水田，土温泥温低，禾苗返青慢，分蘖少，施用磷肥后，显著提高稻谷产量，每亩施用过磷酸钙 40 斤，鸭屎泥平均增产稻谷 62.8 斤或 14%，冷沙泥平均增产 115.8 斤或 25.7%，白夹泥平均增产

稻谷 60 斤或 19.5%。这些土壤，一经脱水冬干后，土壤理化性质变化，移栽后，"坐秋"情况严重，"坐秋"的现象是长期黑根、不返青、分蘗少，死苗死蔸，农民形容这种禾苗为"黑胡子（根）黄尖子（茎叶），笔杆子（不分蘗）"，产量锐减。施用磷肥可以有效防治"坐秋"，促进稻苗早生新根、分蘗发蔸，粒实饱满，提早成熟，磷肥是改良冬坼田的一个重要保产措施。在干坼条件下，每亩施用过磷酸钙 40 斤，鸭屎泥田平均增产稻谷 102.5 斤或 28.2%，冷沙泥田平均增产稻谷 191.9 斤或 49.3%，白夹泥平均增产稻谷 73 斤或 35%，过渡性黄夹泥在冬水田条件下，磷肥效果较差，每亩用过磷酸钙 15 斤蘸秧根，平均增产稻谷 35.6 斤或 6.7%，但在冬坼条件下，由于耕性变劣，速效养分减少，返青慢，用同量磷肥平均增收稻谷 89 斤或 19.3%。

我们在祁阳县 52 个生产队进行大面积调查，也验证了施用过磷酸钙是防治水稻"坐秋"的重要措施。如大村甸五星大队、青砖院生产队，有稻田 85 亩，大部分为鸭屎泥。历年平均亩产 330 斤左右，由于 1960 年干旱，1961 年全队 95% 稻田脱水干坼，肥源缺乏，全队施用过磷酸钙克服了由于干旱带来的灾害，比一般年成产量还高。1962年全队稻田增加了磷肥用量，稻谷总产量更有增产，由于磷肥的施用，使一些常年亩产200～300 斤低产冬水稻田，而变为亩产 400 斤左右的中等田。

（五）主要作物的磷肥效果

祁阳县稻田主要作物有双季稻、中稻、迟稻、油菜、紫云英、满园花等。旱土主要作物有小麦、甘薯，现将这些作物在鸭屎泥、黄夹泥、黄沙泥和旱土上的磷肥效果列入表7。

表7　祁阳县主要作物施用磷肥的增产效果　　　　　　　　　　　　　　（斤/亩）

土壤类型	作物	对照	磷肥	增产率（%）	统计田丘
黄沙泥	水稻	536	555	3.5	7
	紫云英	3 076	3 361	9.3	3
黄夹泥	水稻	490	500	2.0	5
	油菜	122	139	13.9	3
	紫云英	1 896	2 308	21.7	3
鸭屎泥	水稻	366	453	23.8	5
	紫云英	1 104	1 824	65.0	3
黄土（旱土）	小麦	134	150	11.9	2
	甘薯	1 204	1 449	21.0	2

上述试验水稻品种为南特号，最后一次犁田时，每亩撒施过磷酸钙 40 斤。小麦、油菜和甘薯，每亩穴施过磷酸钙 40 斤，紫云英苗高 0.5 厘米左右，每亩撒施过磷酸钙40 斤。

从表 7 看出，在稻田中，含磷丰富的黄沙泥，每亩施用过磷酸钙 40 斤，增产稻谷

19 斤或 3.5%，施用在紫云英上可增产鲜草 285 斤或 9.3%，以施用在绿肥紫云英上较为显著。黄夹泥每亩施用过磷酸钙 40 斤，在水稻上增产稻谷 10 斤或 2%，施用在油菜上，增产菜籽 17 斤或 13.9%。施用在紫云英上增加鲜草 412 斤或 21.7%，以用在紫云英上磷肥效果较好，其次油菜、水稻较差。在鸭屎泥上，各种作物都有良好效果，每亩施用过磷酸钙 40 斤，对水稻增产稻谷 87 斤或 23.8%，施用在紫云英上增加鲜草 720 斤或 65%。在旱土黄土上，每亩施用过磷酸钙 40 斤，可增产小麦籽粒 16 斤或 11.9%，施用在甘薯上，可增产鲜薯 245 斤或 21%，施用在甘薯上较为显著。

不仅作物种类间磷肥效果不同，不同品种间磷肥效果也有差异。1961 年在官山坪鸭屎泥稻田上，进行早、中迟稻的磷肥试验，每亩施用过磷酸钙 40 斤，在早稻上增产稻谷 110 斤或 34.5%，在中稻上增产稻谷 89 斤或 22.3%，在迟稻上增产稻谷 42 斤或 8.3%。1963 年又选择中等肥力鸭屎泥田，进行不同水稻品种磷肥试验，每亩施用过磷酸钙 30 斤，对早稻"南特号"增产稻谷 166.5 斤或 71.5%，每斤磷肥增产稻谷 5.6 斤，对迟稻"公黏"增产稻谷 66.6 斤或 15.8%，每斤磷肥增产稻谷 2.2 斤，南特号本田生育期为 86 天，公黏稻生育期为 160 天。以施用在生育期短的早稻较为显著。早稻田长期冬浸，施用粗肥多，分解慢，土壤中积累较多的有机质，氮素营养比较丰富，磷素营养差，往往水稻生长不良，施用磷肥改种早稻，也可以达到中等田的产量水平。

（六）过磷酸钙施用方法的研究

祁阳县农民一般对稻田施用过磷酸钙的方法，主要有面肥撒施、蘸秧根、点蔸 3 种方法，为了比较不同方法的效果，1963 年祁阳农村试验基点工作组和农业技术推广站，在不同土壤上进行了不同施用方法试验结果列入表 8。

表 8　不同土壤类型磷肥施用方法对水稻生长及产量的影响

土壤类型	处理（斤/亩）	成熟期	有效分蘖（个）	每穗粒数 总粒数（个）	每穗粒数 空壳率（%）	亩产（斤/亩）	增产率（%）	每斤过磷酸钙增产稻谷（斤/亩）
黄沙泥	对照	13/8	—	—	—	536	—	—
	蘸秧根 15 斤	13/8	—	—	—	546	1.9	0.67
	撒施 40 斤	12/8	—	—	—	555	3.6	0.48
	点蔸 40 斤	13/8	—	—	—	539	0.6	0.08
冬干鸭屎泥	对照	28/7	1.6	37	15.4	310	—	—
	蘸秧根 15 斤	29/7	1.8	58	15.3	362	16.5	3.45
	撒施 40 斤	18/7	1.5	70	10.1	454	46.0	1.44
	点蔸 40 斤	20/7	1.9	66	12.1	450	45.0	1.40

（续表）

土壤类型	处理（斤/亩）	成熟期	有效分蘖（个）	每穗粒数		亩产（斤/亩）	增产率（%）	每斤过磷酸钙增产稻谷（斤/亩）
				总粒数（个）	空壳率（%）			
冬浸鸭屎泥	对照	—	2.1	67	25.8	455	—	—
	蘸秧根 15 斤	—	2.1	71	22.6	485	6.5	1.96
	撒施 40 斤	—	1.9	82	18.9	529	16.5	1.24
	点蔸 40 斤	—	2.1	78	21.7	505	11.0	0.82
冷沙泥	对照	21/7	1.9	69	13.1	505	—	—
	蘸秧根 15 斤	20/7	1.9	62	9.1	531	5.2	0.66
	撒施 40 斤	18/7	1.9	74	12.0	549	8.7	1.10
	点蔸 40 斤	19/7	2.3	93	8.1	639	26.4	3.33

注：水稻移栽期黄沙泥为 5 月 13 日，冬干鸭屎泥为 5 月 1 日，冬浸鸭屎泥为 5 月 5 日，冷沙泥为 4 月 27 日

表 8 指出，含磷丰富的黄沙泥，采用任何施用方法效果都较差。而在含磷少的鸭屎泥和冷沙泥上采用，3 种施用方法都有良好效果。在低产田上，一般以撒施效果最好，其次是点蔸和蘸秧根。如在冬干鸭屎泥田，撒施面肥成熟期为 7 月 18 日，比对照提早 10 天，比点蔸提早 2 天，比蘸秧根提早 6 天，又撒施作面肥空壳率为 10.1%，比对照减少 5.3%，比点蔸减少 2%，比蘸秧根减少 5.2%，产量也以撒施增产效果最高。冷沙泥田撒施磷肥效果差，而点蔸施用效果好，其原因是对过水田丘，撒施面肥，由于水层流动，施入磷肥有的流失，所以，效果较差。在磷肥供应量不足，交通不便地区，可以采用蘸秧根的方法，少量磷肥获得较大的增产效果，因此，必须根据具体条件选择最适宜的施用方法。

（七）磷肥适宜用量

当地过磷酸钙用在低产稻田每亩施用量偏高，为 100 斤左右，为了找出经济合理的磷肥施用数量，必须综合考虑土壤类型、肥力、干湿情况、施用磷肥历史、底肥数量等，才能解决磷肥合理施用数量问题，今将黄沙泥，灰夹泥和鸭屎泥不同磷肥用量试验结果列入表 9。

表 9　土壤类型与磷肥施用量的效果

| 土壤类型 | 处理（斤/亩） | 有效分蘖（个） | 每穗粒数 | | 量（斤/亩） | 增产率（%） | 每斤磷肥增产稻谷（斤/亩） |
			总粒数（个）	空壳率（%）			
黄沙泥	对照	2.7	72.8	10.0	586	—	—
	磷肥 30 斤	2.7	76.0	10.5	551	—	—
	磷肥 60 斤	2.7	68.0	8.9	577	—	—
	磷肥 80 斤	2.7	74.5	11.6	600	2.4	—
灰夹泥	对照	—	—	—	360	—	—
	磷肥 40 斤	—	—	—	396	10.0	0.9
	磷肥 60 斤	—	—	—	423	17.5	1.1
	磷肥 80 斤	—	—	—	405	12.5	0.6
鸭屎泥（冬浸田）	对照	3.2	61.5	28.0	452.7		
	磷肥 40 斤	2.8	59.3	30.7	544.4	20.2	2.0
	磷肥 80 斤	3.2	63.4	24.4	508.3	12.2	0.7
	磷肥 120 斤	3.0	53.0	23.9	519.4	14.7	0.6
鸭屎泥（冬干田）	对照	1.8	38.9	40.6	232.5		
	磷肥 30 斤	1.9	48.5	27.0	399.0	7.1	5.6
	磷肥 60 斤	2.1	52.9	25.0	481.0	110	4.1
	磷肥 120 斤	1.8	55.3	22.5	498.0	115	2.2

由表 9 看出，对黄沙泥，增加磷肥用量肥效仍不显著；对灰夹泥，每亩施用过磷酸钙 40 斤，比对照增产 36 斤或 10%，亩施 60 斤增产稻谷 63 斤或 17.5%，亩施 80 斤增产稻谷 45 斤或 12.5%；对鸭屎泥冬浸田每亩施用过磷酸钙 40 斤，增产稻谷 91.7 斤或 20.2%，每亩施用 80 斤，增产稻谷 55.6 斤或 12.2%，施用 120 斤，增产稻谷 66.7 斤或 14.7%，以每亩施用过磷酸钙 40 斤最好，过多，水稻易倒伏。

冬水田一旦脱水冬干，土壤理化性质变劣，土体内多泥块，速效养分降低，能被植物利用的有效磷含量显著降低，水稻根系生长不良，需要较多量的磷肥。鸭屎泥冬干田磷肥高用量比中少用量更能提高产量。每亩施用磷肥 120 斤，成熟期为 7 月 20 日，比对照提前 11 日，比每亩施用磷肥 30 斤和 60 斤处理的，成熟期分别提前 5 天和 2 天，对增加每穗粒数和减少空壳率，均比中少用量的有所改进。每亩施用过磷酸钙 30 斤处理比对照区增加稻谷 166.5 斤或 71.6%，每斤磷肥增产稻谷 5.6 斤；每亩施用过磷酸钙 60 斤，比对照区增产稻谷 254.5 斤或 109.4%，每斤磷肥增产稻谷 4.2 斤，每亩施用过磷酸钙 120 斤，增产稻谷 265.5 斤或 114%，每斤磷肥增产稻谷 2.2 斤，以磷肥 120 斤处理产量最高，但经济效果较差，在施用一般底肥条件下，磷肥施用量提高到每亩60 ~

80 斤较为经济合理。

一般在施用磷肥的新区，施用量偏高。如在下马渡区调查，每亩磷肥用量为 150 斤左右，大多采用点蔸追肥方式，因为磷肥施用量过大和部分田施肥过迟，当季作物利用率很少，第二年就可以少施。在文明铺区大坪铺公社福星大队第一生产队调查，1962 年在鸭屎泥田方丘，每亩施用过磷酸钙 150 斤增产稻谷 100 斤，大量施用磷肥有一定后效，但磷肥用量少时，翌年后效不大。据祁阳农村试验基点官山坪试验结果，每亩施用过磷酸钙 40 斤，继续 3 年施用的稻谷产量为 617.4 斤，连续施用两年后，一年不施磷肥区每亩稻谷产量为 518.2 斤，连续 3 年不施磷肥区，每亩稻谷产量为 508.8 斤，两者相差很少，所以，在施用磷肥量较大的地区，可以少施一些，施用磷肥较少地区，后效不大需要连年施用。

四、摘　要

祁阳县磷肥需要数量和施用条件，根据本县磷肥肥效试验可以概括地把全县土壤分为以下 3 类。

（一）磷肥肥效极显著的土壤

主要包括鸭屎泥、冷沙泥、冷浸田和部分白夹泥、灰夹泥，全县约有 24 万亩，占水稻田总面积 37.1%。这些土壤每亩平均稻谷产量 300～400 斤，轮作形式简单，大多为中迟稻冬浸休闲，水源充足，常年施入有机肥料以草皮土、山青为主，土壤全磷酸含量较低为 0.07%～0.1%，在水稻苗期土壤中速效磷含量仅为 5～10 毫克/千克，施用磷肥肥效极为显著，对这些土壤需要供应磷肥，特别对冬干坼田，更迫切需要施用磷肥。

（二）磷肥效果不稳定的土壤

主要为黄夹泥及部分灰夹泥、白夹泥，全县约有 23 万亩，占稻田总面积 35.5%。这些土壤亩产幅度变化大，在 200～500 斤。轮作形式复杂，主要轮作形式有双季稻→绿肥，双季稻→冬浸休闲，中迟稻→绿肥，中、迟稻→冬干休闲，中、迟稻→冬季作物（油菜、小麦、秋荞、蔬菜）早稻→甘薯，中迟稻冬浸休闲等。由于历年水源条件的变化，轮作形式，施肥量也不同，所以，土壤肥力参差不一，农业措施多种多样，土壤全磷酸含量 0.10%～0.18%，水稻苗期土壤速效磷含量为 10～20 毫克/千克，磷肥效果不稳定，在一定条件下对水稻供应磷肥，可以获得增产效果，但不稳定。对紫云英施用磷肥，肥效很好。

（三）磷肥效果不显著土壤

主要包括黑沙泥、黄沙泥、紫色水稻田，约有 18 万亩，占总稻田面积 27.4%。这些土壤是本县丰产土壤，主要分布在河流两岸及居民点附近，历年来，施用有机肥料多，土质好，产量一般在 450 斤以上，产量变化幅度不大，轮作形式主要为双季稻→绿肥，土壤中全磷酸含量较高为 0.2% 左右，水稻苗期速效磷含量为 20~30 毫克/千克，施用磷肥肥效多不显著。

第一类土壤每年每亩需要施用磷肥 60~80 斤，第二类土壤按半数面积施用磷肥，每亩可施用磷肥 20~30 斤；第三类土壤，由于目前磷肥肥效差，可暂时不用。

注：这项工作系湖南省祁阳县官山坪低产田改良联合工作组研究工作的一部分，并受到湖南省科委、湖南省农业科学研究所和衡阳专区农业局的支持。所在单位：文英系省农科所，唐之乾系衡阳专区农业局。谢黎明、张先畴、邓茂方、易跃寰系祁阳县农业局。参加这项工作的还有：章士炎、王莲池、陈福兴、余太万、刘协庚、刘莲秋、胡之献、吴中栋、罗文栋、王逢春、刘运武、谷振中、杨清、黄增奎、马燕茹。

参考文献

[1] 湖南省农业科学研究所. 湖南省肥料志.

[2] 1959 年祁阳县农业局. 湖南省祁阳县土壤志.

[3] （日）二井进午，朱光琪等译. 水稻无机营养、施肥和水稻改良.

[4] 湖南省祁阳县磷肥肥效的研究（简报）. 1962（5）.

[5] 湖南省祁阳县磷肥肥效的研究（简报）. 改良低产田汇编. 1963（5）.

[6] 鲁如坤等. 我国南方几种水稻土的磷肥施用问题 [J]. 土壤学报，1962（10）：2.

湖南省祁阳县磷肥试验总结报告

陈尚谨　江朝余　陈永安　杜芳林　蔡　良　谢黎明　张先畤　邓茂云

（中国农业科学院土壤肥料研究所；湖南省祁阳县农业局）

（1964 年 3 月）

一、前　言

中国农业科学院土壤肥料研究所湖南祁阳试验基点（以下简称祁阳基点），在几年来，磷肥试验的基础上，继续研究祁阳县土壤主要类型磷素化学肥料增产幅度与农业措施和施用技术的关系，作出全县经济合理施用磷肥样板，为国家计划生产，调配和施用磷肥，提供科学依据。1963 年，联合祁阳县农业局，农业技术推广站，在全县各种类型低产田上，进行了 180 多个磷肥肥效试验和示范对比，试验指出：在湖南祁阳丘陵地区，以鸭屎泥、冷沙泥、冷浸田及部分白夹泥、灰夹泥施用磷肥肥效最显著，这些稻田多习惯冬季泡水，种一季稻或迟稻，轮作形式单一，水稻生育不良，有轻重不同坐秋现象，平均亩产 300～400 斤，亩施过磷酸钙 40 斤，增产稻谷 35～175 斤或 10%～50%，施用磷肥可以防止水稻坐秋，特别对冬水田干坼后，防止稻苗坐秋的作用更为显著。黄夹泥和部分白夹泥、灰夹泥，土壤肥力和单产变化幅度大，轮作栽培方式复杂，磷肥肥效不稳定。黄沙泥、黑沙泥、紫色水稻田，土壤肥力较高，磷肥效果多不显著。鸭屎泥、冷沙泥和冷浸田等低产水稻田，在当地一般底肥用量情况下，每亩施用过磷酸钙 60～80 斤，肥效最好。在较高肥力稻田，以每亩施用过磷酸钙 30～40 斤最为适宜。

二、试验方法和材料

本试验采用小区试验，大田对比试验和群众经验调查相结合方法，把全县试验点分为 3 级，各级点任务如下：一级点：为祁阳基点、各农业技术推广站和祁阳农场，要求明确本队土壤类型的磷肥效果和磷肥经济有效施用的方法，采用小区试验和大田对比试验相结合。二级点：为了补救一级点不足或有些一级点代表性不广，如分布在河流附近，土壤类型单一，或当地没有施用磷肥习惯以及磷肥施用量过高地区，需要作典型田丘样本，便于示范推广，祁阳基点和农业技术推广站各选择 1～2 个二级点采用大田试验对比方法。三级点：祁阳基点和农业技术推广站，各选择 2～3 个不同产量水平的生产队，作为施用磷肥调查点，以便定期联系，发现问题。本年共设一级点 8 个，二级点

11 个，三级点 16 个。

在做好以上各点工作的同时，注意到积极指导各农业技术推广站所在区的大面积磷肥施用技术工作，并在施用磷肥有习惯的地区，通过示范，指导农民，降低单位面积的磷肥用量，并进一步扩大施用面积，在没有施用磷肥习惯的地区，选择典型生产队进行对比试验，肯定肥效，作出典型样板。

本试验在祁阳全县范围内进行。祁阳境内，山地起伏，沟渠贯穿，有山区、丘陵区及河流冲积地，又按地形部位，土地利用情况分为以下几种：在山区山坡上部为林木及旱土，山谷为稻田；在丘陵区上部为红壤、黄壤荒地，大多数尚未开垦，丘陵中部为旱土，丘陵坡脚为稻田。由于地形部位、成土母质及耕作措施不同，形成不同旱土和水田类型。

祁阳县山地、旱土和稻田共有面积 3 195 769 亩，其中，山地面积为 2 421 338 亩，占三者总面积的 76%，旱土面积为 118 623 亩，占三者总面积的 3.6%，水田面积为 655 808 亩，占三者总面积的 20.4%。山地面积大，主要为草类林木和极少部分经济作物，农业生产上，以水稻为主，次为小麦、甘薯。本县旱土和稻田土壤性质，介绍如下。

祁阳县旱土类型主要有黑沙土、红沙土和红土、黄土、白夹土 5 种，种植小麦、甘薯。由于本地区以种植水稻为主，对旱土作物耕作粗放，施肥较少，土质瘠薄，现将主要旱土类型的化学性质列入表 1。

表 1　祁阳县主要旱土类型化学性质

土壤类型	地　点	有机质（%）	pH 值	全氮（%）	全磷酸（%）	全钾（%）
黑沙土	上升	—	—	0.11	0.12	1.21
红沙土	庙山岭	—	—	0.071	0.12	1.14
黄土	官山坪	0.69	7.2	0.086	0.10	1.45
白夹土	官山坪	—	—	0.069	0.084	1.35

祁阳县主要稻田土壤类型有 8 种，现将其性质简述如下。

黑沙泥：泥色呈灰黑色，土质疏松，犁耙易翻坯碎土，耕性良好，肥分充足，保水保肥力强，大多种植双季稻，复种指数高，产量稳定。这种稻田系大量施用有机肥料精耕细作而形成，多分布在居民点附近的垅田和平田上，因此，农民又叫"自肥田"，全县共有这种土壤 32 964 亩，占水田面积的 5%。

黄沙泥：泥色呈暗黄色，耕层疏松、深厚易犁耙，水源充沛，保肥保水力强，主要种植双季稻，全县约有 102 613 亩，占稻田面积的 15.6%，主要分布在河流两岸及丘陵地区，是本县肥沃稻田之一。

黄夹泥：泥色呈黄色，土质黏重，耕性不良，大多为水旱轮作，也有部分由于水源条件好，且土壤熟化差，需肥量大，大多分布在丘陵中坡或坡脚，阳光充足，排水条件好，而采用冬浸泡田，多种植单季稻，也有少数种植双季稻，是丘陵地区低产田中较好的土壤，全县有 97 391 亩，占水田总面积的 14.9%。

白夹泥、灰夹泥都是丘陵地区的低产田。白夹泥泥色灰白色，处于灰夹泥上部，水源条件较差，大多种植单季稻或一季早稻，每亩产量 300 斤左右。灰夹泥水源条件好，泡水时间长，泥色呈青灰色，故叫灰夹泥。这两种土壤，土质较黏重，犁耙困难，所以有些水源较好地区，尽量采取冬水泡田，但干坼后耕作困难，漏水，水稻移栽后，长期不返青，产量低。全县有白夹泥 51 342 亩，灰夹泥 47 559 亩，分别占全县稻田的 7.9% 和 7.3%。

鸭屎泥田土质黏重，速效养分少，大多分布在垅田中，水源条件好，种植单季稻，也有极少部分处于地势较高，种植双季稻。这种土壤大多常年泡水，一经冬干，成团成块，速效养分减少，尤其植物能利用的磷素更为缺乏，水稻有"坐秋"现象，是丘陵地区低产田中，产量极不稳定的一种土壤。全县有 102 890 亩，占水稻田面积的 15.8%。

冷浸田特点是地下水位高，常出冷浸水，水温泥温低，土层深厚，耕作费力，潜在肥力高，速效养分少，禾苗生长缓慢，分蘖少，大多种植单季稻，是山区的一种低产田，全县有 41 953 亩，占稻田面积的 6.4%。

冷沙泥处于较低的地势部位，常受冷水影响，禾苗返青慢，分蘖少，产量低，一经冬干后，水稻有"坐秋"现象。这种土壤，在山区、丘陵地区都有分布，是低产田中较好的一种土壤，全县有 48 546 亩，占稻田面积的 7.4%，现将上述水稻田中，占全县面积较大，分布较广的几种土壤类型的化学性质列入表 2。

表 2　祁阳县主要类型水稻土壤化学性质

土壤类型	地　点	深度（厘米）	pH 值	全氮（%）	全磷酸（%）	酸溶性钾（%）
黄沙泥	沙滩河	0～10	6.5	0.19	0.20	0.52
		10～25	6.5	0.18	0.21	0.57
黄夹泥	官山坪	0～10	6.5	0.18	0.14	0.59
		10～25	6.6	0.15	0.12	0.52
鸭屎泥	官山坪	0～10	7.4	0.19	0.096	0.47
		10～25	7.4	0.19	0.095	0.47
冷鸭田	忠和观	0～10	6.5	0.23	0.13	0.37
		10～25	6.4	0.20	0.08	0.35

祁阳基点磷肥试验是在每亩施用 10～15 斤硫酸铵的基础上进行的

三、试验结果和讨论

（一）祁阳县施用磷肥概况

祁阳县从 1955 年开始施用过磷酸钙，到现在已有 9 年的历史，但据每年施用量、施用面积和效果，可分为 3 个阶段。

1. 1955—1956 年为磷肥试用阶段

过磷酸钙是硫酸铵在生产上应用的一个新的化学肥料品种，主要分配在交通方便地区及农场，强调与有机肥料施用在具有较高肥力水平稻田上，每亩约用 40 斤作面肥撒施，1955 年全县购进 55 担，施用面积 138 亩，1956 年全县购进 324 担，施用面积 810 亩，有一定增产效果。

2. 1957—1960 年为磷肥积压阶段

1957 年后，开始大量购进过磷酸钙，由于分配在肥沃稻田上和施用方法不当，虽有一定肥效，但增产率不高。1957 年共购进 10 683 担，实际用量为 3 561 担，施用面积为 7 122 亩；1958 年购进 3 088 担，实际用量 1 544 担，施用面积 3 088 亩，1958 年购进 9 385 担，实际用量为 4 693 担，施用面积为 7 802 亩；1960 年购进 9 886 担，实际用量为 4 836 担，施用面积为 6 450 亩。本期间过磷酸钙大量积压在区、乡基层供销社仓库和部分生产队，群众称过磷酸钙为"石灰渣子""地灰""水泥"肥料，普遍认为，磷肥效果差。

3. 1961 年以来

磷肥积压引起各有关部门的重视，中国农业科学院土壤肥料研究所和湖南省、专、县农业研究单位，在祁阳县建立农村试验基点，在各种土壤类型上进行广泛的试验，找出了某些适合施用磷肥的土壤类型和作物种类，以及经济有效的施用方法，更由于祁阳县 1960 年干旱，猪仔减少，肥源缺乏，过磷酸钙价格又进行调整，向农民推广施用过磷酸钙，开辟了磷肥施用在低产稻田上的新途径。

通过 1961 年、1962 年两年过磷酸钙在农业生产中大量试用，虽然已是供不应求，但由于磷肥不及硫酸铵适用性广，常常在一个生产大队中某些生产队有效，某些生产队无效，甚至一个生产队中，某些田丘有效，某些田丘无效。过去曾有些生产队施用过磷酸钙，由于方法不当，磷肥效果差，对全县推广磷肥发生很大困难，在推广施用磷肥方面，还存在如下几个问题。

（1）全县磷肥施用面积不广

主要集中在文明铺、黎家坪、大村甸和羊角塘，据前 3 区统计，水田总面积为 179 913 亩，占全县稻田总面积 27.4%。1961 年，3 个区磷肥用量为 13 306 担，占全县总用量 64%，1962 年，3 个区磷肥总用量为 35 723 担，占全县总用量 74.5%，其他 10 个区除白水区、萧家村区和金洞区外，都有较大面积低产土壤适合施用磷肥，但是农民还没有普遍施用磷肥的习惯。

（2）单位面积施用磷肥数量过高

1961 年平均每亩过磷酸钙用量为 150 斤，1962 年平均每亩用量为 120 斤，据调查黎家坪区、书林寺大队、朱山院生产队施用磷肥的稻田，平均每亩过磷酸钙用量为 330 斤。虽然 1961—1962 年施用磷肥数量较多，但每亩用量高，施用面积小。

（3）需要继续加强磷肥肥效的研究工作，进一步明确主要土壤类型增产幅度和施用技术的关系

针对以上的几个问题，1963 年在全县进行磷肥试验，示范和推广工作。

（二）祁阳县磷肥试验结果

1. 旱土磷肥效果

祁阳基点在旱土作物上，进行了磷肥试验，结果列入表3。

表3　祁阳县旱土磷肥效果

土壤类型	作物	过磷酸钙施用量（斤/亩）	对照（斤/亩）	磷肥（斤/亩）	增产率（%）
黑沙土	小麦	50	152.0	161.0	5.9
红沙土	甘薯	20	2 208.0	2 281.0	3.3
黄　土	小麦	40	123.7	138.9	12.3
白夹土	小麦	60	110.0	145.0	31.8

各种旱土类型，磷肥效果不同。黑沙土小麦每亩施用过磷酸钙50斤，增产小麦籽粒9斤或5.9%；红沙土甘薯每亩施用磷肥20斤，增产鲜薯73斤或3.3%；黄土小麦每亩施用过磷酸钙40斤，增产小麦籽粒15.2斤或12.3%；白夹土上每亩施用过磷酸钙60斤，增产小麦籽粒35斤或31.8%。上述试验指出：以白夹泥、黄土磷肥肥效较好，黑沙土、红沙土较差。

本县白夹土和红黄土约有56 604亩，占旱土总面积的48.5%，施用磷肥肥效较好。黑沙土和红沙土约有60 082亩，占旱土面积51.3%，施用磷肥肥效较差。据全县52个生产队调查，本年仅有4个生产队在旱土上施用磷酸钙，各队施用面积也仅有2～3亩，磷肥在旱土上施用极少，其原因是，旱土管理措施粗放，产量较低，施用磷肥不很经济。据官山坪大队调查，旱土历年来施肥少，甘薯每亩施用人粪尿80～120斤，火土灰1 000～1 500斤，亩产鲜薯1 000～2 000斤，甘薯产量又受6～7月雨水影响很大；如当年雨水多，不受旱，产量高，小麦每亩施用人粪尿80～120斤，火土灰1 000斤左右，产量80～120斤，这样旱土作物上，产量低又不稳定，不愿施用磷肥。另一原因是在旱土上施用磷肥，由于产量低，增产百分率虽高，但每斤磷肥增产数量少，经济效益差。

甘薯、小麦在南方粮食作物中，占有重要地位，农家有2～3个月的主要粮食为甘薯，旱土作物不容忽视，因此，今后在旱土上除注意施用有机肥料外，应加强氮磷配合和降低磷肥用量以及提高磷肥肥效的研究。

2. 稻田磷肥效果

1961—1963 年，祁阳基点和祁阳县农业技术推广站在本县主要稻田土壤类型上，共做了磷肥对比试验149 个。其中，增产率在5%以下的有29 个，增产率5%～10%的有27 个，增产率10%～30%的有69 个，增产率有30%～50%的有16 个，增产率为

50% 以上的有 8 个。从以上试验看出，稻田磷肥效果有大有小，与稻田土壤类型、肥力程度、有机肥料用量、冬干冬浸等因素有密切关系，现分述如下。

（1）土壤类型与磷肥肥效关系

祁阳县 1961—1963 年，在稻田中进行 149 个磷肥对比试验，各种土壤类型上，磷肥不同增产率的试验数目列入表 4。

表4　祁阳县主要土壤类型磷肥不同增产率的试验数目

土壤类型	试验数目	1%以下	增　产　率（%）							
			1~5	5~10	10~20	20~30	30~40	40~50	50~60	60以上
黑沙泥	3	1	2							
黄沙泥	9	2	7							
黄夹泥	34	4	10	13	6	1				
灰夹泥	3			3						
白夹泥	12	1	2		4	1	3			1
鸭屎泥	73			12	23	24	6	5	1	2
冷沙泥	9			2		2	1	1	2	1
冷浸田	6				4	1				1

黑沙泥上做了 3 个对比试验，增产率分别为 0%、4% 和 5%，增产效果不显著；黄沙泥田上，共做 9 个对比试验，其中，有一个小区试验，3 次重复，连续进行两年，增产率最高为 5%，增产效果不显著；黄夹泥上共做 34 个对比试验，增产率在 1% 以下的有 4 个，增产率在 1%~10%，有 23 个，增产率在 10%~20%，有 6 个，增产率 20%~30% 有 1 个，黄夹泥田上磷肥效果不稳定；灰夹泥上 3 个对比试验，增产率分别为 10%、13% 和 17%；白夹泥上共做 12 个对比试验，增产率在 5% 以下的有 3 个，在 10%~30% 有 5 个，在 30% 以上的有 4 个，增产效果较显著；鸭屎泥共做 73 个对比试验，增产率 5%~10% 的有 12 个，增产率 10%~30% 有 47 个，增产率在 30% 以上的有 14 个；冷沙泥共做 9 个对比试验，增产率在 5%~10% 的有 2 个，增产率为 20%~30% 有 2 个，增产率在 30% 以上的有 5 个；冷浸田共做 6 个对比试验，增产率 10%~20% 有 4 个，增产率 20%~30% 有 1 个，增产率在 30% 以上的有 1 个。以上结果指出，对鸭屎泥、冷浸田施用磷肥稻谷增产效果极显著。

1963 年又在祁阳县 10 个区，52 个生产队不同土壤类型上，进行了 61 个典型田丘调查，调查结果列入表 5。

表5　祁阳县生产队主要稻田土壤类型
典型田丘磷肥增产率

土壤类型	田丘数目	增　产　率（%）									
		1%以下	1~5	5~10	10~20	20~30	30~40	40~50	50~60	60~80	80以上
黑沙泥	3	1		2							
黄沙泥	7	1	1	4	1						

（续表）

土壤类型	田丘数目	增产率（%）									
		1%以下	1~5	5~10	10~20	20~30	30~40	40~50	50~60	60~80	80以上
紫色水稻田	3	2	1					0			
黄夹泥	4		1		2			1			
白夹泥	5		1				1				4
鸭屎泥	25			1	4	7	4	3		2	4
冷沙泥	11					1	1		1	3	5
冷浸田	3						2				1

表 5 调查与 149 个试验结果是符合的，但由于大田生产中，有机肥料用量较少，田间管理粗放，磷肥增产率比试验田更为高些。

现把上述磷肥不同反应的典型土壤对水稻生育期、生产性状和产量影响列入表 6。

表 6　不同土壤类型施用磷肥与水稻生育期对产量影响

土壤类型	处理	生育期				有效分蘖	每穗总粒数（粒）	粒数空壳率（%）	株高（厘米）	穗长（厘米）	千粒重（克）	产量（斤/亩）
		移栽期	返青期	齐穗期	成熟期							
黄沙泥	对　照	28/4	6/5	15/6	18/7	2.0	72.8	10.6	112.0	18.6	—	586.0
	磷肥30斤/亩	28/4	5/5	11/6	16/7	2.2	68.0	8.9	109.0	18.1	—	612.8
黄夹泥	对　照	30/4	4/5	25/6	13/7	3.5	77.1	31.4	112.8	17.9	24.6	556.3
	磷肥40斤/亩	30/4	4/5	24/6	12/7	3.3	54.8	24.8	112.6	18.7	25.0	577.4
鸭屎泥	对　照	1/5	7/6	17/7	31/7	1.8	38.9	40.6	92.2	15.6	20.6	232.5
	磷肥30斤/亩	1/5	10/5	6/7	25/7	1.9	48.5	27.0	106.9	17.7	24.4	399.0
冷沙泥	对　照	27/4	9/5	10/7	22/7	2.3	60.3	21.4	115.8	19.8	—	450.9
	磷肥40斤/亩	27/4	8/5	8/7	20/7	2.6	62.6	9.2	117.6	19.0	—	566.7

从表 6 看出，土壤中全磷酸含量较高的黄沙泥全磷酸含量中等的黄夹泥和全磷酸含量低的鸭屎泥田，施用磷肥对生长发育都有一定良好影响。在黄沙泥田上，苗期表现较为显著，由于后期气温渐高，土壤养分充足，水稻上表现差异渐小，由于在苗期气温低，土壤供应磷素能力弱，也以水稻苗期最为显著，后期由于气温渐高，水稻根系发

达，利用磷素能力加强，水稻植株后期差异逐渐减小，但有一定增产效果。在鸭屎泥、冷沙泥上，由于土壤中含磷少，根系发育不良，从土壤中利用磷素能力弱，若不施磷肥，稻苗弱，分蘖少，根系发育不良，成熟迟，产量低，施磷后水稻成熟期一般可提早5～7天，有些低产"坐秋"田甚至提早15～30天，由于水稻季节的提早，带来了四大好处。

①增加复种：鸭屎泥、冷沙泥大多为中、迟稻—冬浸田的轮作方式，复种指数低，但通过施用磷肥可使部分肥力水平较高的鸭屎泥和冷沙泥改种双季稻或增种绿肥，有效防止水稻"坐秋"。表7为官山坪大队鸭屎泥田，通过施用磷肥改种后的产量情况。

表7　鸭屎泥田施用磷肥对复种产量的影响

轮作形式	处理	水　稻（斤/亩）			紫云英（斤/亩）	水稻总产（斤/亩）	增产率（％）
		双季早稻	中　稻	双季晚稻			
早稻—晚稻	对照	385.0		224.0		609.0	19.9
	磷肥	470.0		260.0		730.0	
中稻—晚稻	对照		432.0	230.0		662.0	21.0
	磷肥		515.0	282.0		797.0	
中稻—绿肥	对照		417.0		1 742.0	417.0	45.8
	磷肥		608.2		2 502.0	608.2	

注：早稻—晚稻，每季水稻上每亩各施过磷酸钙40斤。中稻—绿肥，绿肥上每亩施用过磷酸钙40斤

从表7看出，在鸭屎泥冬浸条件下，双季稻不施用磷肥每亩稻谷总产为609斤，施用磷肥为每亩稻谷总产为730斤，增产121斤或19.9%；在鸭屎泥冬浸条件下种植中稻和双季晚稻，不施磷肥，每亩两季产量合为662斤，施用磷肥，两季产量合为797斤，增产135斤或21.0%。

中稻—绿肥上，在绿肥上每亩施用过磷酸钙40斤，增产紫云英鲜草760斤或43.5%，增产水稻谷粒191.2斤或45.8%。尤其采用早熟中稻品种南京一号种需肥少，对季节要求差的晚稻品种老黄谷，结合施用磷肥，更易为群众接受。

②避过螟害：中、迟稻螟虫为害较为严重，白穗多，造成水稻严重减产，由于施用磷肥，提早水稻成熟期，减少了白穗，提高了稻谷产量。

③减少水稻干旱损失：祁阳县7～9月，常有秋旱，造成水稻减产，甚至失收，由于施用磷肥，提早季节，减少损失程度。据下马渡农技站在鸭屎泥水稻田施用磷肥对受旱程度，产量的影响列入表8。

表8　中稻万粒籼不同时期受旱施磷对稻谷产量的影响

脱水时间	对照区（斤/亩）	磷肥区（斤/亩）	增产率（%）
7月25日	0	80	—
8月4日	27	143	150
8月11日	250	332	33
未受干害	360	447	24

移栽时间：5月12日；成熟时间：8月24日；磷肥用量：每亩过磷酸钙80斤。

在水稻孕穗期—抽穗期受旱，不施磷肥的没有收获，施磷产稻谷80斤；在水稻抽穗期受旱，施磷比不施磷的增产稻谷86斤或150%；在水稻灌浆期受旱，施磷每亩增产稻谷82斤或33%；不受旱的施磷肥增产稻谷87斤或24%。施用磷肥，可以提早发育，躲过干旱，减少水稻损失。

④减少稻田杂草，低产水稻田稻苗早期生长不良，田间易生杂草，施磷后禾苗生长好，使稻田通风差，阳光少，抑制了杂草生长。另外，施用磷肥对增加水稻有效穗数、粒重和减少空壳率都有良好影响，所以，增产效果显著。

（2）土壤肥力与磷肥肥效的关系

因为栽培措施的不同，在同一类型的土壤中，也有高、中、低3种肥力水平，磷肥肥效也随着肥力程度不同而有区别，一般认为，在同一类型土壤上，土壤肥力高、低与产量的关系很大。1963年，在鸭屎泥田上不同产量水平下，进行40个对比试验和16个典型田丘调查，磷肥增产稻谷数量列入表9。

表9　鸭屎泥田在同产量水平下磷肥增产率的试验数目

产量水平（斤/亩）	试验数目	1%~5%	5%~10%	10%~20%	20%~30%	30%~40%	40%~50%	50%以上
250以下	4	—	—	—	—	—	—	4
250~300	4	—	—	—	—	1	3	—
300~350	7	—	—	1	—	1	4	1
350~400	8	—	—	—	4	3	1	—
400~450	5	—	—	1	4	—	—	—
450~500	25	1	—	14	6	1	—	—
500以上	3	—	—	2	1	—	—	—

从表9看出，产量水平愈低，磷肥增产效果愈显著。稻谷亩产在250斤以下，平均增产稻谷125斤或50%，每斤磷肥增产稻谷3斤；稻谷亩产水平在250~300斤，平均增产稻谷100斤或33%，每斤磷肥增产稻谷2.5斤左右；亩产350~450斤，平均可增产稻谷80斤或20%~30%，每斤磷肥增产2斤稻谷；亩产在450斤以上，平均每亩增产稻谷60斤或10%~20%，每斤磷肥增产稻谷1.5斤。磷肥在肥力水平较差的土壤上，增产效果特别显著。

（3）厩肥用量与磷肥效果的关系

厩肥中含有丰富的磷素，在大量施用有机肥料，可降低磷肥肥效。如祁阳基点，板木塘生产队，秧丘，种植早稻有南特号，1961年、1962年不同底肥用量下磷肥效果列入表10。

表10　过渡性黄夹泥不同有机肥料用量下磷肥效果

底　　肥（斤/亩）	对　照	过磷酸钙（40斤/亩）	增产率（%）
猪圈肥（1 250斤/亩）	327.5	405.1	23.7
猪圈肥（2 500斤/亩）	556.3	577.4	3.8

过渡性黄夹泥上，猪圈肥用量少时，每亩施用40斤过磷酸钙增产稻谷77.6斤或23.7%；猪圈肥用量增加1倍时，每亩施用40斤过磷酸钙，增产稻谷21.1斤或3.8%。另据大村甸公社农技站试验，土壤为黄沙泥，每亩施用猪牛圈肥2 000斤，沟泥2 000斤，人粪尿200斤，其中，大古脑丘，1960年起比一般施肥水平减半，1963年施用一般底肥水平，种植早稻、进行磷肥试验，结果如表11。

表11　黄沙泥常年不同底肥水平磷肥肥效

底　　肥	对照（斤/亩）	过磷酸钙（45斤/亩）	增产率（%）
常年施用少量底肥	430.9	473.4	9.9
常年施用多量底肥	485.1	490.4	1.1

常年施用多量猪、牛圈肥情况下，土壤较肥沃，每亩施用过磷酸钙45斤，增产稻谷5.3斤或1.1%，而连续3年施用少量底肥时，农民说："这田已带夹性"。1963年在施用一般底肥情况下，每亩增施过磷酸钙45斤，增产稻谷42.5斤或9.9%。圈肥用量不足，磷肥肥效可以大大提高。

（4）冬水田在泡水和干坼不同条件下的磷肥效果

祁阳县有25万亩稻田是常年冬水田，主要土壤类型有鸭屎泥、冷沙泥、冷浸田及在泡水和干坼条件下，对磷肥反应有显著不同。表12列出，鸭屎泥、冷沙泥、过渡性黄夹泥、白夹泥在泡水和干坼条件下磷肥对产量的影响。

表12　泡水和干坼不同条件下磷肥效果

土壤类型	水分状况	对照（斤/亩）	磷肥（斤/亩）	增产率（%）
鸭屎泥	泡水	449.4	512.2	14.0
	干坼	363.6	466.1	28.2
冷沙泥	泡水	450.9	566.7	25.7
	干坼	388.7	580.6	49.3
过渡性黄夹泥	泡水	531.6	567.2	6.7
	干坼	460.0	549.0	19.0

（续表）

土壤类型	水分状况	对照（斤/亩）	磷肥（斤/亩）	增产率（%）
白夹泥	泡水	310.0	370.0	19.5
	干坼	208.5	281.5	35.0

鸭屎泥、冷沙泥及部分白夹泥，由于地形部位较低，多为冬水田，禾苗返青慢，分蘖少，施用磷肥后，显著提高稻谷产量，每亩施用过磷酸钙40斤，鸭屎泥增产稻谷62.8斤或14%，冷沙泥增产115.0斤或25.7%，白夹泥增产稻谷60斤或19.5斤。这些土壤经脱水冬干，土壤理化性质变化，移栽禾苗后，黑根、不返青、分蘖少、死苗死蘖，农民形容这种禾苗为"黑胡子、黄尖子、笔杆子"，稻谷产量锐减。施用磷肥可促进早生新根，分蘖发叶，壮籽，提早成熟，磷肥是冬坼田的一个重要保产措施。在干坼条件下，每亩施用过磷酸钙40斤，鸭屎泥田平均增产稻谷102.5斤或28.2%，冷沙泥田平均增产稻谷191.9斤或49.3%，白夹泥平均增产稻谷73斤或35%，过渡性黄夹泥冬水田条件磷肥效果差，每亩用过磷酸钙15斤蘸秧根，增产稻谷35.6斤或6.7%。但在冬坼条件下，由于耕性变劣，速效养分减少，返青慢，每亩用15斤过磷酸钙蘸秧根，可增收稻谷89斤或19.3%。

我们在祁阳县52个生产队调查，大面积验证了施用过磷酸钙是防止稻田水稻"坐秋"重要措施之一。如大村甸五星大队，共有稻田85亩，其中，鸭屎泥田占59%，表13为这个生产队历年施用磷肥与稻谷产量的关系。

表13 青砖院生产队磷肥用量与稻谷产量关系

年份	稻田过磷酸钙用量		总产量（斤/亩）	
	总用量（斤）	亩平均用量（斤）	总产量	亩平均产量
1961	3 000	35	28 000	330
1962	7 000	82	38 000	450
1963	8 000	94	41 000	483

青砖院生产队为低产队，过去历年平均亩产330斤左右。由于1960年干旱，1961年全队95%稻田脱水干坼，肥源缺乏，施用过磷酸钙3 000斤，稻谷总产为28 000斤，克服由于干旱带来的灾害，比一般年成还增产10%。1962年，全队稻田磷肥用量为7 000斤，稻谷总产为38 000斤，比一般年成增产50%。1963年，全队稻田用磷肥8 000斤，稻谷总产41 000斤，比一般年成增产61%。由于磷肥的施用，使一些常年亩产200~300斤低产冬水稻田，而变为亩产400斤左右的中等田。现把部分施用磷肥的典型田丘，增产效果列入表14。

表14　干坼田施用磷肥防止水稻"坐秋"增产的效果

地点	对照（斤/亩）	磷肥（斤/亩）	增产率（%）
城关镇小江口大队8队	90	450	400
城关镇芹菜岭大队5队	290	480	66
下马渡区太白山大队玛王皇堂队	200	430	115
下马渡区大茅坪大队川石堂队	220	375	70
观音滩区占家冲大队占家冲队	350	450	29
黎家埠区湘江大队包塘队	200	360	80
黎家埠区大湾大队石桥边队	120	370	210
大村甸区五星大队6队	250	370	48
大村甸大区石桥铺大队2队	220	400	80
大村甸区黄角大队2队	350	450	29
文明铺区石佛大队1队	306	444	46
文明铺区碧蓬大队11队	257	484	88
大忠桥区三星大队3队	320	420	32
潘家埠区杨华大队土地庙队	320	490	53

据各类土壤及在不同条件下，磷肥肥效试验，可把全县土壤分为3类：

磷肥效果极显著土壤：主要包括鸭屎泥、冷沙泥、冷浸田和部分白夹泥、灰夹泥，全县约有241 819亩，占稻田面积37.1%，这些土壤亩平均稻谷产量300～400斤。由于大多采用冬季泡水，禾苗返青慢，轮作形式简单大多为中、迟稻—冬浸，水源充足。但常年施用有机肥草皮土、山青为主，土壤全磷酸含量为0.07%～0.1%，在水稻苗期土壤中速效磷含量为5～10毫克/千克，磷肥效果显著，需要供应磷肥，特别对冬干坼田，更迫切需要施用磷肥。

磷肥效果不稳定土壤：主要土壤为黄夹泥及部分灰夹泥、白夹泥，全县约有233 990亩，占稻田总面积的35.5%，这些土壤亩产幅度变化大，在200～500斤。轮作形式复杂，主要轮作形式有双季稻—绿肥，双季稻—冬浸，中、迟稻—绿肥，中、迟稻—冬干，中、迟稻冬季作物（油菜、小麦、秋荞、蔬菜），早稻—甘薯，中、迟稻—冬浸等。由于历年水源条件变化，轮作形式，施肥不同，所以土壤肥力参差不一，农业措施多种多样，土壤全磷含量在0.1%～0.18%，水稻苗期土壤速效磷含量为10～20毫克/千克，磷肥效果不稳定，在一定条件下供应磷肥，可获得增产效果，但不稳定。

磷肥不显著土壤：主要包括黑沙泥、黄沙泥、紫色水稻田，约有179 994亩，占总稻田面积的27.4%，是本县丰产土壤，主要分布河流两岸及居民点附近。历年来，施用有机肥料多，土质好，产量一般在450斤以上，产量变化幅度不大。轮作形式主要为双季稻—绿肥，土壤中全磷酸含量为0.2%左右，水稻苗期速效磷含量为20～30毫克/千克，磷肥效果不显著。

3. 主要作物磷肥效果

祁阳县稻田主要作物有水稻（双季稻、中稻、迟稻），油料作物有油菜、紫云英、满园花等。旱土作物上主要作物有小麦、甘薯。现将这些作物在鸭屎泥、黄夹泥、黄沙泥和旱土上的磷肥效果列入表 15。

表 15　祁阳县主要作物磷肥效果

土壤类型	作物	对照（产量斤/亩）	磷肥（产量斤/亩）	增产率（%）	统计田丘
黄沙泥	水　稻	536	555	3.5	7
	紫云英	3 076	3 361	9.3	3
黄夹泥	水　稻	490	500	2.0	5
	油菜（籽）	122	139	13.9	3
	紫云英（鲜重）	1 896	2 308	21.7	3
鸭屎泥	水　稻	366	453	23.8	5
	紫云英（鲜重）	1 104	1 824	65.0	3
黄土（旱土）	小　麦	134	150	11.9	2
	甘　薯	1 204	1 449	21.0	2

上述试验磷肥施用方法，水稻为南特号，最后一次犁田，每亩撒施过磷酸钙 40 斤，小麦、油菜和甘薯，每亩穴施过磷酸钙 40 斤，紫云英苗高 0.5 厘米左右，撒施过磷酸钙 40 斤。

从表 15 看出，在稻田中含磷丰富的黄沙泥，每亩施用过磷酸钙 40 斤，可增产稻谷 19 斤或 3.5%，施用在紫云英上可增产鲜草 285 斤或 9.3%，以施用在绿肥紫云英上较为显著，黄沙泥产量一般都较高，水稻、紫云英磷肥效果都不十分显著。黄夹泥每亩施用过磷酸钙 40 斤，在水稻上增产稻谷 10 斤或 2%，施用在油菜上增产菜籽 17 斤或 13.9%，施用在紫云英上增加鲜草 412 斤或 21.7%，以用在紫云英上磷肥效果较好，其次油菜、水稻较差。在鸭屎泥田上，各种作物都有良好效果，如每亩施用过磷酸钙 40 斤，对水稻增加稻谷 87 斤或 23.8%，施用在紫云英上增加鲜草 720 斤或 65%。在旱土黄土上，每亩施用过磷酸钙 40 斤，可增产小麦籽粒 16 斤或 11.9%，施用在甘薯上，可增产鲜薯 245 斤或 21%，施用在甘薯上较为显著。

不仅不同作物磷肥效果不同，同一作物品种，磷肥效果也有差异。1961 年，祁阳基点，在鸭屎泥稻田上，进行早、中、迟稻的磷肥试验结果，每亩施过磷酸钙 40 斤，在早稻上增产稻谷 110 斤或 34.5%，在中稻上增产稻谷 89 斤或 22.3%，在迟稻上增产稻谷 42 斤或 8.3%。1963 年，又选择中等肥力鸭屎泥田，进行不同水稻品种磷肥试验，结果列入表 16。

表 16　不同水稻品种磷肥效果

水稻品种	本田生长期（日）	对照（斤/亩）	磷肥（30 斤/亩）	增产率（%）
南特号	86	232.5	399.0	71.5
公　黏	106	422.2	488.8	15.8

试验土为冬干鸭屎泥，每亩施用过磷酸钙30斤，增产早稻稻谷166.5斤或71.5%，每斤磷肥增产稻谷5.6斤，增产迟稻稻谷66.6斤或15.8%，每斤磷肥增产稻谷2.2斤，以生育期短的早稻效果较为显著，迟稻效果较差。这种土壤长期冬浸，施用粗肥多，分解慢，土壤中积累较多的有机质，氮素营养比较丰富，磷素营养差，往往水稻生长不良，施用磷肥，改种早稻，也可达到中等田的产量水平。

祁阳县过磷酸钙主要施用在水稻上，旱土作物上施用极少，而稻田中施用主要分配在中迟稻上而双季稻施用较少，表17为两个生产大队磷肥在各种作物上分配情况。

表17　两个生产大队磷肥在各种作物上分配情况

队名	耕地面积（亩）	稻田面积（亩）	稻田（亩）						旱　土（亩）	
			早	中迟	晚	油菜	绿肥	小麦	甘薯	小麦
观音滩公社沿古大队	892	873	30	78	12	0	0	0	0	5
梅溪公社沿江大队	915	889	10	99	0	0	0	0	0	12

磷肥分配在中、迟稻上的原因，因为早稻生长季短，要求阳光充足，水源条件好的肥沃土壤，土壤含磷丰富，这样全县磷肥分配在早稻上较少。中、迟稻大多分布在地势低洼，返青慢，含磷少的土壤上，因此，磷肥施用在早稻上面积较少，而用在中迟稻上面积较大。

4. 过磷酸钙施用方法

我们在祁阳县调查，稻田中过磷酸钙的施用方法有沤凼、撒施、蘸秧根、点蔸4种方法，为了比较不同方法的效果，1963年祁阳基点、农业技术推广站，在不同土壤进行了不同施用方法试验，结果列入表18。

表18　不同土壤类型磷肥施用方法对水稻生产及产量的影响

土壤类型	处理	移栽期	成熟期	有效分蘗	每穗粒数		穗长（厘米）	亩产（斤）	增产率（%）	每斤过磷酸钙增产（斤）
					总粒数（粒）	空壳率（%）				
黄沙泥	对照	13/5	13/8	—	—	—	—	536	—	—
	蘸秧根15斤/亩	13/5	13/8	—	—	—	—	546	1.9	0.67
	撒施40斤/亩	13/5	12/8	—	—	—	—	555	3.6	0.48
	点蔸40斤/亩	13/5	13/8	—	—	—	—	539	0.6	0.08

（续表）

土壤类型	处理	移栽期	成熟期	有效分蘖	每穗粒数		穗长（厘米）	亩产（斤）	增产率（%）	每斤过磷酸钙增产（斤）
					总粒数（粒）	空壳率（%）				
冬干鸭屎泥	对照	1/5	28/7	1.6	37	15.4	17.0	310	—	—
	蘸秧根15斤/亩	1/5	24/7	1.8	58	15.3	18.3	362	16.5	1.44
	撒施100斤/亩	1/5	18/7	1.5	70	10.1	19.3	454	46.0	1.40
	点蔸100斤/亩	1/5	20/7	1.9	66	12.1	18.0	450	45.0	—
冬浸鸭屎泥	对照	5/5	—	2.1	67	25.8	19.1	455	—	—
	蘸秧根15斤/亩	5/5	—	2.1	71	22.6	19.1	485	6.5	1.96
	撒施60斤/亩	5/5	—	1.9	82	18.9	19.4	529	16.5	1.24
	点蔸60斤/亩	5/5	—	2.1	78	21.7	19.6	505	11.0	0.82
冷沙泥	对照	27/4	21/7	1.9	69	13.1	17.7	505	—	—
	蘸秧根15斤/亩	27/4	20/7	1.9	62	9.1	18.2	531	5.2	0.66
	撒施40斤/亩	27/4	18/7	1.9	74	12.0	19.4	549	8.7	1.10
	点蔸40斤/亩	27/4	19/7	2.3	93	8.1	21.0	639	26.4	3.33

表18指出，含磷丰富的黄沙泥，采用任何施用方法效果都较差，而在含磷少的鸭屎泥上，冷沙泥上采用4种施用方法都有良好效果。但在低产田上，一般以撒施效果最好，其次点蔸和蘸秧根。如在冬干鸭屎泥田，撒施面肥成熟期为7月18日，比对照区提早10日，比点蔸提早2日，比蘸秧根提早6日，又撒施作面肥空壳率为10.1%，比对照减少5.3%，比点蔸提早2日，比对照减少5.3%，比点蔸减少2%，比蘸秧根减少52%，产量也以撒施效果最高。冷沙泥田撒施效果差，而点蔸施用效果好，其原因是本田为过水丘，撒施面肥，由于水层流动，施入磷肥有被水流动流失情况，效果较差，因此，必须根据具体条件选择施用方法。现把几种磷肥施用方法分述如下。

（1）磷肥沤凼

农民又叫拌污凼，即是在冬季或春季把过磷酸钙放入凼中与草皮土、沟泥堆沤。据祁阳基点在鸭屎泥上试验，每亩过磷酸钙用量40斤，于4月10日翻凼放入，经过25天，移栽水稻，产量结果如表19。

表19　磷肥沤凼和撒施对比试验水稻产量结果

田丘	对照	凼内沤磷 50 斤/亩	凼肥对撒施磷肥 50 斤/亩
1	425.0	515.1	522.2
2	470.0	545.1	544.5

过磷酸钙加入凼中堆沤的凼肥，泥发乌，茎秆腐烂好，能促进有机肥料腐熟，一般每亩比对照区增产稻谷 16% ~ 21%，撒施每亩比对照区增产 16% ~ 22%，沤磷和撒施效果相近。很多地区农民反映，磷肥加入凼中堆沤，泥发乌发臭是一种好肥料，但是磷肥混在凼肥中，不易撒匀，往往出现大小蔸的现象，因此，群众认为，过磷酸钙沤凼需要用量多，一般为每亩用量约 150 斤，再者，凼肥撒入田中，犁翻入较深土层，不能及时供应作物苗期需要，以至降低磷肥效果，这样，磷肥凼时，过磷酸钙用量大，经济效果差。

（2）撒施（面肥）

移栽水稻前或是最后一次耙田前，每亩施入过磷酸钙 40 ~ 80 斤，是稻田较好的施用方法。优点是易撒均匀，省工方便，增产效果大，据试验在冬浸鸭屎泥田上，磷肥撒施作面肥比等量过磷酸钙作追肥增产稻谷 24.5 斤或 49%。其缺点是必须控制水层，施入肥料后的 7 ~ 10 天不过水，因此，在大水田及过水丘不能采用此种方法。

（3）蘸秧根

稻苗蘸根的方式，主要有干蘸和湿蘸两种。干蘸即是稻根蘸上粉状过磷酸钙，湿蘸即是稻根蘸上与水调和成糊状的过磷酸钙，每亩用量应控制在 12 ~ 15 斤，同时要随蘸随插和移栽在一定水层的稻田中。因此，过磷酸钙蘸秧根技术性较强，较费工，由于磷肥用量少，不能满足水稻整个生长期中对磷素的需要，增产效果不及撒施面肥或点蔸追肥，但其优点是肥料用量少，经济效益大。如冬浸鸭屎泥蘸秧根，每斤过磷酸钙可增产稻谷 2 斤，撒施和追肥每斤过磷酸钙增产稻谷 1.2 斤和 0.8 斤；冬干鸭屎泥田每斤过磷酸钙蘸秧根增产稻谷 35 斤；而蘸施和点蔸，每斤过磷酸钙增产稻谷 1.4 斤。过磷酸钙蘸秧根方法，适用在有一定经验和交通运输困难，磷肥肥料缺乏的地区，最为合适。

（4）点蔸（追肥）

点蔸方法分为两种，第一种是放在禾苗根旁表土，农民叫"丢蔸"，另一种是放在表土下的根旁，农民叫"塞蔸"。这两种方法，丢蔸较塞蔸省工，但需肥量大，还需要控制水层，塞蔸较费工，用量比丢蔸可少些，不需要控制水层。磷肥作为追肥的缺点是施用量较大，也较费工，并要求施用得愈早愈好。因此，在移栽水稻时，没有肥料或是部分大水田、过丘由于串灌应采用点蔸方式。

5. 磷肥施用量问题

过磷酸钙在低产稻田上施用，其特点是，每亩施用量不高，在生产中，每亩过磷酸钙用量为 100 斤左右，为了找出经济合理的磷肥施用数量，必须综合考虑土壤类型、肥力、干湿情况、施用磷肥历史、底肥数量等，才能解决磷肥合理施用问题。今将黄沙泥、灰夹泥和鸭屎泥不同磷肥用量结果列入表20。

表20　3种土壤类型磷肥施用量效果

土壤类型	处理	有效分蘖	每穗粒数		穗长（厘米）	产量（斤/亩）	增产率（%）	每斤磷肥增产稻谷（斤）
			总粒数（粒）	空壳率（%）				
黄沙泥	对照	2.7	72.8	10.6	18.6	586	—	—
	磷肥30斤/亩	2.7	76.0	10.5	20.0	551	—	—
	磷肥60斤/亩	2.7	68.0	8.9	18.1	577	—	—
	磷肥80斤/亩	2.7	74.5	11.6	21.6	600	2.4	0.03
灰沙泥	对照	—	—	—	—	360	—	—
	磷肥40斤/亩	—	—	—	—	396	10.0	0.9
	磷肥60斤/亩	—	—	—	—	423	17.5	1.05
	磷肥80斤/亩	—	—	—	—	405	12.5	0.56
鸭屎泥	对照	1.3	83.7	18.2	19.7	475	—	—
	磷肥40斤/亩	1.5	86.7	22.3	20.9	511	7.5	0.89
	磷肥80斤/亩	1.7	89.2	19.8	21.2	589	2.4	1.42
	磷肥120斤/亩	1.4	95.1	17.5	21.6	533	12.2	0.48

从表20中看出对黄沙泥，增加磷肥用量效果仍不显著，对灰夹泥和鸭屎泥，磷肥效果也不是随着磷肥用量增加而产量直线上升的。如在灰夹泥上，每亩施用过磷酸钙40斤，比对照区增产稻谷36斤或10%，每亩施用过磷酸钙60斤，增产稻谷63斤或17.5%，每亩施用过磷酸钙80斤，增产稻谷45斤或12.5%。鸭屎泥田上，每亩施用过磷酸钙40斤，增产稻谷36斤或7.5%，每亩施用过磷酸钙80斤，增产稻谷114斤或24%，每亩施用过磷酸钙120斤，增产稻谷48斤或12.2%。随着磷肥用量提高，每斤磷肥增产稻谷渐减低，所以，不同土壤类型上，需要磷肥用量是不同的，为了降低磷肥施用量应考虑如下几个方面。

（1）圻田多施，冬水田少施

冬浸田一旦脱水冬干，土壤理化性质变劣，土体内多泥团，速效养分降低，尤其植物能利用的有效磷显著降低，植物根系生长不良，因此，在干田应多施。表21为鸭屎泥在冬圻和冬浸条件下，不同磷肥用量对产量影响。

表21　鸭屎泥干坼田和浸冬田磷肥施用量增产效果

土壤	处理	移栽期	成熟期	有效分蘖	每穗粒数		穗长（厘米）	千粒重（克）	产量（斤/亩）	增产率（%）
					总粒数（粒）	空壳率（%）				
冬浸田	对照	28/4	19/7	3.2	61.5	28.0	18.8	24.8	452.7	—
	磷肥40斤/亩	28/4	18/7	2.8	59.3	30.7	18.8	25.0	544.4	20.2
	磷肥80斤/亩	28/4	18/7	3.2	63.4	24.4	18.7	25.0	508.3	12.2
	磷肥120斤/亩	28/4	18/7	3.0	53.0	23.9	18.7	24.8	519.4	14.7
冬干田	对照	1/5	31/7	1.8	38.9	40.6	15.6	20.6	232.5	—
	磷肥30斤/亩	1/5	25/7	1.9	48.5	27.0	13.8	24.4	399.0	71
	磷肥60斤/亩	1/5	22/7	2.1	52.9	25.0	17.6	24.3	487.0	110
	磷肥120斤/亩	1/5	20/7	1.8	55.3	22.5	18.0	24.4	498.0	115

冬浸田每亩施用过磷酸钙40斤，增产稻谷91.7斤或20.2%，每亩施用过磷酸钙80斤，增产稻谷55.6斤或12.2%，每亩施用过磷酸钙120斤，增产稻谷66.7斤或14.7%。以每亩施用过磷酸钙40斤左右最好，过多水稻易倒伏。

在冬干田上，高肥量比中肥量、少肥用量更能提早生育期，增加总粒数，并减少空壳率。如每亩施用磷肥120斤处理，成熟期为7月20日，比对照提前11日，比每亩施用过磷酸钙30斤和60斤处理，成熟期提前5和2日，每亩施用磷肥120斤处理，每穗总粒数为55.5粒，空壳率为22.5%，每穗总粒数比对照区增加16.4粒，比每亩施用过磷酸钙30斤和60斤增加6.8粒和2.4粒，空壳率比对照区减少18.1%，比每亩施用过磷酸钙30斤和60斤的减少4.5%和2.5%。每亩施用过磷酸钙30斤处理，比对照区增加稻谷166.5斤或71%，每斤磷肥增产稻谷5.6斤。每亩施用过磷酸钙60斤，比对照区增产稻谷254.5斤或110%，每斤磷肥增产稻谷4.2斤。每亩施用过磷酸钙120斤，增产稻谷265.5斤或115%，每斤磷肥增产稻谷2.2斤。以磷肥120斤处理产量最高，但经济效果差。在冬干低产稻田上，在施用一般底肥条件下，磷肥施用量以每亩60～80斤为经济有效。

（2）施肥习惯与磷肥用量的关系

有机肥料中含有丰富的磷素，火土灰也是含有较多速效磷的肥料，祁阳地区有用火土灰作为稻田追肥的习惯，每亩用量1 500～3 000斤，用过磷酸钙配合火土灰施用可以降低磷肥用量，在磷肥不足时，可以多烧制火土灰。据五星大队漆家坪生产队调查，对照区每亩稻谷产量为320斤，每亩施用过磷酸钙50斤和火土灰2 000斤，稻谷产量为480斤，比对照增产50%，每亩施用过磷酸钙100斤，稻谷产量为490斤，比对照区增产53%。所以，配合火土灰施用是降低磷肥用量途径之一，农民认为，稻田中底肥足，火土灰用量多，可少施磷肥，反之，稻田底肥不足，火土灰用量少，要多施磷肥。

（3）施用磷肥历史与磷肥用量关系

在施用磷肥的新区，施用量偏高。如在下马渡区调查，每亩磷肥用量为150斤左右，大多采用点蔸（追肥）方式，因为磷肥施用量较大和部分田施肥迟，当季作物利用很少，翌年就可以少施。在文明铺区大坪铺公社福星大队第一生产队调查，1962年在鸭屎泥田方丘，每亩施用过磷酸钙150斤增产稻谷100斤，1963年不施磷肥，每亩还继续增产稻谷100斤，大量施用磷肥有一定后效，但每亩磷肥用量少，翌年后效不大。据祁阳基点官山坪试验结果，每亩施用过磷酸钙40斤，连续3年稻谷产量为617.4斤，连续两年后，不施磷肥每亩稻谷产量为518.2斤，3年不施磷肥，每亩稻谷产量为508.8斤，所以，在施用磷肥量较大的地区，可以少施一些。

四、祁阳县磷肥施用中的几个问题

祁阳县1963年磷肥施用量为69 385担，比1962年增加38%，施用面积为69 385亩，比1962年增加66%，但还存在如下几个问题。

1. 单位面积施用量和后效问题

1963年全县施用磷肥稻田，每亩平均为100斤，虽比1961年降低33%，比1962年降低16.6%，但单位面积磷肥用量还是偏高，经济效益差，由于单位面积磷肥用量高，磷肥效果往往延续到翌年，农民认为，过磷酸钙是"长命肥"，有一定后效，今后应加强不同磷肥用量和磷肥后效的经济效益的研究。但在目前磷肥供不应求情况下，磷肥对施用极显著的水稻田，若每亩施用过磷酸钙数量由今年每亩用量100斤，降到了40斤计算，全县需要过磷酸钙96 728担，比1963年全县用量还多39%，还有部分绿肥，旱土作物也需一定数量磷肥，迫切需要研究降低磷肥用量并提高肥效。此外，还应加强其他磷肥品种试验工作，增加烧制火土灰数量，以补充磷肥不足。

2. 磷肥在稻田中施用时期问题

湖南早春气温低，土壤中供应植物吸收的速效磷较少，水稻苗期迫切需要磷素供应，磷肥应早施，但全县稻田中，磷肥大多作为追肥用，有部分追肥时间太迟，效果很差，今后应抓住季节，做好调运和供应工作，适时施肥才能发挥磷肥更大的效果。

3. 磷肥与圈肥配合施用问题

过磷酸钙的施用，使历年来亩产200~300斤的低产田变为亩产400斤左右的中等田，由于这些土壤施用粗肥多，又长期浸水，氮素营养丰富，施用磷肥效果极显著，这样农民认为，过磷酸钙是提高低产田产量的灵丹妙药，而忽视了有机肥料施用。据不少地区农民反映，由于单纯大量施用磷肥，土壤发生夹性或板结现象，耕作困难，磷肥效果降低，所以，施用磷肥必须配合一定数量的有机肥料，还须进一步提高产量，增加施用有机肥料数量和扩大种植绿肥面积，全面培肥土壤。

4. 磷肥施用地区问题

全县共有 13 个区，除萧家村、白水、金洞区施用磷肥数量很少外，其他各区都已施用磷肥，但在各个区中，磷肥施用都比较集中在某些公社和大队，还有很多空白点，尤其在施用磷肥的新区中，更是如此。如下马渡区有 8 个公社，1963 年全区磷肥用量为 34 万斤，仅四里桥一个公社磷肥用量为 19 万斤，占全区用量 56%。1963 年，全县施用磷肥面积仅占鸭屎泥、冷沙泥、冷浸田面积的 28.7%，还有很大部分土壤迫切需要供应磷肥，除了大力发展磷肥生产外，还需要继续进行多点示范和大面积磷肥经济有效施用推广工作。

本文刊登在《科学研究年报》1964 年 第 4 号

湖南祁阳县丘陵地区水稻田磷肥肥效的研究

陈尚谨　　陈永安　　杜芳林

（中国农业科学院土壤肥料研究所）

（1962 年 3 月）

一、绪　言

中国磷矿资源极为丰富，国家和地方积极生产磷肥支援农业，过磷酸钙产量逐年增加，对农业生产起到一定的作用。但还有不少地区，农民反映磷肥肥效不大，磷肥有积压和滞销情况。所以，研究和总结施用磷肥的肥效规律，改进施用磷肥方法，提高肥效，对促进我国农业生产具有重大意义。

近年来，我国对磷肥进行了不少的研究。各地试验证明，施用磷肥的肥效与土壤类型的关系很大。如四川省农科所试验结果指出，在眉山、邛崃的黄泥田，施用磷肥肥效较好；而在石骨子土上，施用磷肥肥效较差。中国农业科学院土壤肥料研究所与河北省水稻研究所合作，于 1960 年在天津良王庄试验得出，在土壤熟化程度较差、连年不施用厩肥的土壤上施用磷肥，肥效表现得突出；施用在土壤熟化程度较高或大量施用厩肥的土壤上，磷肥肥效较差。初步指出，磷肥肥效不仅与土壤类型有关还与农业措施的关系也很大。在国外，近年来，日本三井进午对水稻田施用磷肥问题也进行了不少研究，认为水稻对磷的要求不高，建议将磷肥施用在旱田作物上；但是，他没有提到不同水稻土对施用磷肥肥效反应的差别。我国水稻土种类甚多，虽有其共同的性能，但不同类型的水稻土也各有其特殊的性能。同时，水稻又系我国主要粮食作物。为了合理施用磷肥，提高水稻产量，有必要深入研究。

二、试验研究方法及结果

我国水稻产区大致可分为平原和丘陵地区，尤以后一种所占面积更大。为了研究南方丘陵地区主要类型水稻田施用磷肥的效果，选择了湖南祁阳县文富市公社，作为农村研究基点，结合当地具体生产情况，进行磷肥田间试验和大田对比，系统研究磷肥肥效与土壤类型和冬干、冬浸、冬种绿肥、水稻品种等农业措施以及磷肥施用方法的关系。

该社 1960 年曾由祁阳县领到一部分过磷酸钙进行试验，由于施用和对比方法不恰当，没有看到增产效果。1961 年改进了试验方法，除继续进行多次重复的小区试验外，并广泛地在各种土壤上进行群众性的磷肥对比试验；为了避免土壤本身的肥力差异，由过去丘与丘的对比，改为一丘田分为两半，中间做临时田埂，进行不同磷肥处理间的比较，观测不同处理间水稻生育状况，重点分析了土壤中有效磷的变化，并分收产量。本年共进行了 21 个对比试验和两个小区试验，每个小区试验重复 3～4 次，定期进行田间生育调查和取土分析。

试验结果指出：在不同类型土壤上和采取不同农业措施，磷肥肥效表现有很大区别。在冬干鸭屎泥田肥效表现最为突出；在冬浸鸭屎泥田上，施用磷肥增产效果也很大。于该年 6 月 25 日召开现场会议，由当地老农参观鉴定，一致认为，磷肥施用得法增产效果很大，打破了过去认为磷肥无效的看法。今将试验成果介绍于后。

（一）湖南祁阳县丘陵地区主要土壤类型的磷肥效果

湖南祁阳县丘陵地区的土壤类型主要有鸭屎泥、冷浸田、黄夹泥、白夹泥、黄沙泥 5 种，均系由红黄壤发育而成的水稻土。黄夹泥泥色深黄，分布位置较高，水源条件较差，土壤质地黏重，冬季多种植油菜、小麦，是本地区低产土类中较好的土壤。白夹泥泥色灰白，其他性质与黄夹泥相似。鸭屎泥分布在较低部位，排水不良，土壤耕性差，若经冬干后，表土沉淀快，不易形成泥浆，泥团多，耕耙困难，速效养分减少，水稻禾苗黑根"坐秋"，对水稻产量影响很大。

冷浸田主要分布在半山丘陵区，土壤特点是田中出冷浸水，水温泥温低，土粒高度分散，泥脚深，耕作不便，养分分解慢，速效养少。

黄沙泥系河淤水稻土，耕性和肥力好，为当地丰产土壤，大多种植双季稻。上述几种土壤的化学成分列入表 1。

表 1　湖南祁阳县丘陵地区主要类型土壤化学成分表

土壤类型	采样地点	层次（厘米）	酸碱度（pH值）	全氮（%）	全磷（%）	酸溶性钾（1：1盐酸浸提)%	水稻苗期土壤速效磷毫克/千克（1%碳酸铵浸提液）
鸭屎泥	官山坪	0～10	6.9	0.16	0.17	0.47	5.2
		10～25	7.0	0.16	0.13	0.47	
冷浸田	忠和观	0～10	6.5	0.23	0.13	0.37	6.2
		10～25	6.4	0.20	0.08	0.35	
黄夹泥	黄家岑	0～10	6.5	0.18	0.14	0.59	10.5～15.4
		10～25	6.6	0.15	0.12	0.52	
黄沙泥	导字丘	0～10	6.5	0.19	0.20	0.52	24.2
		10～25	6.5	0.18	0.21	0.57	

今将以上几种土壤（除冷浸田为迟稻外）种植早稻的磷肥效果统计如表 2。

表 2　湖南祁阳县丘陵地区主要类型土壤施用磷肥增产效果表 *

编号	土壤类型	对照区产量（斤/亩）	磷肥区产量（斤/亩）	增产率（%）	统计田垭
1	鸭屎泥	322	427	32.7	6
2	冷浸田	368	422	14.5	3
3	黄夹泥	504	520	3.2	1
4	白夹泥	314	315	0.3	3
5	黄沙泥	525	531	1.0	1960 年小区试验小区面积 0.1 亩重复 3 次

*磷肥：过磷酸钙每亩基肥 30 斤（鸭屎泥田中，有三丘每亩用过磷酸钙 12～15 斤蘸秧根）

从表 2 结果看出：在鸭屎泥田施用磷肥 6 个丘平均增收稻谷 32.7%，增产效果最大。冷浸田施用磷肥 3 个丘平均增收稻谷 14.5%，增产效果也很显著。在黄夹泥田上施用磷肥，有的田丘表现增产，有的田丘不表现增产，磷肥效果不稳定（参看后面附表）。在白夹泥、黄沙泥上施用磷肥没有显著效果。施用磷肥的效果与土壤中速效磷含量有密切关系。鸭屎泥和冷浸田在早稻插秧时土壤速效磷含量最低，仅百万分之（5.2～6.2），施用磷肥肥效表现最好；黄夹泥含速效磷百万分之（10.5～15.4），磷肥肥效较差；黄沙泥速效磷含量最高，达百万分之 24.3，施用磷肥肥效不显著。上述 5 种土壤全磷含量都相当高，与施用磷肥的效果没有显著的关系。

（二）不同农业措施对磷肥肥效的影响

在相同的鸭屎泥田施用磷肥，由于过去对土壤利用方式不同和农业措施不同，增产效果也很不一致。今将试验结果分述如下。

1. 冬干和冬浸对磷肥肥效的影响

鸭屎泥田在冬干和冬浸的不同条件下，禾苗生长不同，对磷肥的反应也有显著差别。在冬干田上施用磷肥，可促进禾苗早生新根，缩短返青或"坐秋"时间，提早成熟期，增加有效分蘖，因而，提高了水稻产量。在冬浸鸭屎泥田上稻苗生育较好，没有"坐秋"情况，施用磷肥的主要作用是增加水稻有效分蘖和减少空壳率。由于磷肥施在冬干田上可以缩短"坐秋"时间，成熟整齐，因而，冬干田磷肥效果比冬浸田更为显著，结果如表 3 所示。

表 3　鸭屎泥田在冬干、冬浸条件下磷肥效果的比较
（品种：南特号）

土壤状况	处理	返青天数	成熟期（日/月）	有效分蘖（个）	穗粒数（粒/穗）	空壳率（%）	千粒重（克）	产量（斤/亩）	增产率（%）	统计田丘
冬干田	对照	31	31/7	1.4	53.7	32	25.5	317.5		3
	磷肥*	16	28/7	1.7	51.3	18	26.4	423.0	33	2

（续表）

土壤状况	处理	返青天数	成熟期（日/月）	有效分蘖（个）	穗粒数（粒/穗）	空壳率（%）	千粒重（克）	产量（斤/亩）	增产率（%）	统计田丘
冬浸田	对照	6	23/7	1.6	37.0	23	25.6	358.3		2
	磷肥*	0	23/7	1.8	76.0	18	27.5	429.8	19.5	2

* 过磷酸钙施用方法：每亩 12~15 斤蘸秧根

冬干鸭屎泥田磷肥效果特别显著的原因，一方面是由于冬干鸭屎泥田在水稻各个生育期土壤速效磷的含量比冬浸田和一般田为低，尤其在水稻苗期，冬干鸭屎泥田土壤速效磷含量更少。由于适当供应磷肥，提高有效分蘖率，减少空壳率 14% 左右，提早成熟 6~7 天，因而增加产量。

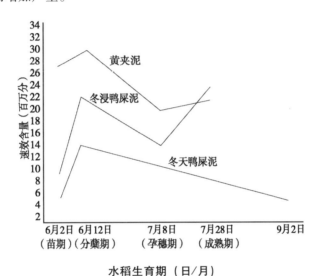

图 冬干、冬浸鸭屎泥和黄夹泥 3 种土壤早稻生育期中速效磷含量的变化

冬干鸭屎泥田磷肥效果比较显著的另一原因，是磷肥施用在低产水稻土中，可促进禾苗返青、早生新根、缩短"坐秋"时间、克服了水稻黑根和根系发育不良、禾苗生长缓慢等情况。如"坐秋"严重，长期不能生根，稻苗生长停滞，甚至造成死苗死蔸，影响产量很大。田间观察结果证明，冬干鸭屎泥田泥土团、容重与水稻苗期的根系发育有密切关系如表4。

表4 鸭屎泥田泥团数量、大小与根系发育的关系

土 壤	泥团数量（个/8 000 厘米³）					容 重 0~5 厘米	移栽后 10 天观察		移栽后 20 天观察	
	直径（厘米）						根重（克/株）	新生根（条/株）	根重（克/株）	新生根（条/株）
	0~1	1~2	2~3	3~4	>4					
冬干田	260	42	8	6	2	0.91	全部黑根		0.023	5
冬浸田	32	7	2	1	1	0.74	0.082	1.2	0.19	32

在冬干鸭屎泥田用磷肥，对水稻禾苗早生新根、增加青重有良好影响。不施用磷肥根系发育差，苗小，直到孕穗期才能逐渐赶上施用磷肥的，结果见表5。

表5　冬干鸭屎泥田施用磷肥对水稻根重、青重的影响

测定时期项目 处理	苗期（17/5）		分蘖期（4/6）		齐穗期（23/7）		产量 （斤/亩）
	根重 （克/株）	青重 （克/株）	根重 （克/株）	青重 （克/株）	根重 （克/株）	青重 （克/株）	
对　照	0.06	0.1	0.1	1.3	2.5	13.5	386.3
磷肥	0.06	0.1	0.82	3.8	3.2	15.8	432.4

（注）品种：万粒籼。磷肥处理：每亩用13～15斤过磷酸钙蘸秧根

过磷酸钙施用在冬干鸭屎泥田对水稻有良好影响。但在水稻苗期施用硫酸铵的试验，则没有表现良好效果，施用硫酸铵处理的水稻株高、叶宽、青重、根重都不及对照区和施用磷肥的处理。可能因为硫酸根被还原，产生硫化氢，稻苗有中毒的情况。

2. 种植冬季绿肥和冬干沤凼对磷肥肥效的影响

冬干鸭屎泥田前作不同，磷肥对水稻的效果也有很大不同。冬干后种植紫云英的，施用磷肥，对水稻的增产效果比冬干沤凼的更为显著。结果列入表6。

表6　鸭屎泥田种植紫云英与冬干沤凼后水稻施用磷肥的效果

土壤种 植情况	处　理	返青 天数	成熟期 （日/月）	有效 分蘖 （个）	穗粒数 （粒/穗）	空壳率 （％）	千粒重 （克）	产量 （斤/亩）	增产率 （％）	统计 丘田
冬种紫 云英	泡水 对照	39	16/8	1.3	69	24.0	29.0	379.3		2
	过磷酸 钙基肥 20～30 斤/亩	25	13/8	1.3	73	24.4	29.3	457.9	20.5	
冬干 沤凼	对照	31	3/8	1.2	56	28.8	28.6	470.7		3
	过磷酸 钙基肥 20～30 斤/亩	18	28/7	1.7	64	24.0	28.7	507.4	7.8	

以上试验指出：冬种绿肥后，由于冬干的影响，水稻坐秋情况较严重，施用过磷酸钙可以显著提早返青，每亩施用过磷酸钙20～30斤，增收稻谷78.6斤或20.5％。冬干沤凼田于12月中泡水沤凼，由于增加了有机肥料，浸水时间较久，改善了土壤物理结构，施用同样数量过磷酸钙，每亩增产稻谷36.7斤或7.8％。

3. 磷肥肥效与水稻品种的关系

在冬干鸭屎泥田上施用磷肥对早、中、迟稻都有增产效果，但以早稻增产效果最显著，其次为中稻，迟稻增产较少。试验结果列入表7。

表7　冬干鸭屎泥田磷肥对早、中、迟稻生育情况及产量的影响

品　种	处理	返青天数	成熟期（日/月）	有效分蘖（个）	穗粒数（粒/穗）	空壳率（%）	千粒重（克）	产量（斤/亩）	增产率（%）	统计田丘
早稻（南特号）	对照	39	30/7	1.6	58	35.3	25.6	319		3
	磷肥	18	24/7	2.3	60	25.0	26.0	429	34.5	
中稻（万粒籼）	对照	40	16/8	1.1	58	28	28.3	387.6		2
	磷肥	30	14/8	1.5	64	16	28.8	476.6	22.3	
迟稻（公黏）	对照	46	6/9	—	—	—	—	503		2
	磷肥	35	3/9	—	—	—	—	545	8.3	

注：磷肥区每亩用过磷酸钙30斤作基肥施用

磷肥增产效果的大小与水稻生育期长短和气温状况有显著关系。如早稻南特号本田生育期81～85天，增产率为34.5%；中稻万粒籼本田生育期96天左右，增产为22.3%；迟稻本田生育期为110天左右，增产率为8.3%。水稻品种生长期越短，磷肥肥效越大，早稻施用磷肥增产效果最大，最需要施用磷肥。

（三）磷肥的施用方法

过磷酸钙在水稻田的施用方法，主要有蘸秧根、基肥和追肥，这3种方法在冬干鸭屎泥田上都表现了显著的增产效果，结果如表8。不同施用方法的增产作用分述如下。

表8　过磷酸钙不同施用方法与水稻增产效果的关系（土壤：冬干鸭屎泥）

施用方法	磷肥用量（斤/亩）	水稻品种	对照区产量（斤/亩）	磷肥区产量（斤/亩）	增产率（%）	统计丘数
蘸秧根	12～15	南特号	321	430	33.8	3
		万粒籼	386	432	11.9	2
基肥	30	南特号	319	429	34.5	2
		万粒籼	389	476	22.3	2
追肥	50	公黏	460	492	7.0	2

1. 蘸秧根

过磷酸钙蘸秧根的优点，是肥料附于根系上，集中施用，易被吸收，能达到经济施用肥料的目的，是水稻田施用过磷酸钙的一种良好方法；但是用量过多时，易引起禾苗叶片卷尖、死苗死蔸等现象。一般每人一天能移栽1.5亩，采用磷肥蘸秧根的措施，每人一天能移栽1.2亩，比较费工。为保证蘸秧根效果和提高工作效率，在施用时应注意如下几点。

首先是要注意随蘸随插。过磷酸钙蘸秧根对禾苗的要求是：拔起的禾苗不要搁置过

久或经过暴晒，应随蘸随插，尽量避免过磷酸钙蘸在茎及叶上和蘸后放置过久，否则都可能造成毒害，引起水稻死苗死蔸。若仅为了移栽时的方便，在田埂上把秧苗蘸上过磷酸钙丢入水中，再行插秧，肥料被水洗去，即不能显出磷肥效果。

其次要注意过磷酸钙蘸秧根应在本田中保留一定的水层。若放干插秧以后再灌水，用过磷酸钙蘸秧根往往造成毒害。试验证明，无水层稻田插秧每亩用过磷酸钙 12 斤蘸秧根，禾苗受害率达 52%，在有 5 厘米水层的稻田蘸秧根，禾苗没有显著受害情况。

过磷酸钙蘸秧根一般采用的方法有以下两种：一是插秧时把过磷酸钙放在自备的篾篓中，随蘸随插，速度较快；另一方法是把过磷酸钙放在面盆中，盆子由插秧人随时移动。采用以上两种方法既可保证蘸秧根的质量又不至过分影响移栽速度。

2. 基肥

水稻田施用过磷酸钙，可以在耕翻前或耕翻后作基肥，今年大多采用耕翻后耙平前或耙平后混水施入，在冬干鸭屎泥田采用以上方法都获得良好增产效果。基肥每亩以施用过磷酸钙 30 斤，相当于每亩用 12~15 斤过磷酸钙蘸秧根的效果；所以，基肥用量较大，但比蘸秧根省工。

3. 追肥

今年在冬干鸭屎泥田发现禾苗长期"坐秋"，每亩用过磷酸钙 50~80 斤，与火土灰混合点蔸追施，可使禾苗迅速好转，增加植株高度、叶宽，对促进返青和提高产量效果也很明显。

（四）秧田施用磷肥效果

试验用过磷酸钙作为秧田基肥或追肥，对秧苗的株高、叶宽、叶色及秧苗可移栽的日数均没有获得显著效果。但用硫酸铵作追肥，可以使秧苗提早移栽 5~6 日。并且获得粗壮秧。湖南早春季节气温低、寒潮多，播种期过早易烂秧；用硫酸铵催苗，加强秧田管理，可提早水稻栽插季节，并结合过磷酸钙蘸秧根，是经济有效地施用化学肥料的好方法。

三、摘　要

第一，在湖南祁阳县丘陵地区。鸭屎泥、冷浸田两种低产水稻田速效磷含量低，结构差，施用磷肥效果最显著。黄沙泥对磷肥反应很差。黄夹泥磷肥效果不稳定。可以清楚地看出，农业土壤类型与磷肥效果有明显的关系，为今后研究因土施肥和发展我国农业土壤的理论，提供了线索。

第二，鸭屎泥田在不同的农业措施下，施用磷肥对水稻的肥效有很大差别，冬干田比冬浸田好，冬干种植紫云英的比冬干沤水的好，早稻施用磷肥肥效最大，中稻次之、迟稻磷肥效果较差，为今后经济施用磷肥，提供了依据。

第三，在鸭屎泥和冷浸田等低产水稻田施用磷肥，增产效果极为突出。是由于土壤熟化程度差、速效磷的含量低，过磷酸钙能促使水稻禾苗早生新根，有利于禾苗的根系生长发育，减轻或防止冬干鸭屎泥田禾苗"坐秋"，这对提高水稻产量作用很大，也是改良低产水稻田的有效措施。

第四，用过磷酸钙蘸秧根是经济有效的施肥方法。为保证过磷酸钙蘸秧根的增产效果，应掌握随蘸随插，并在本田中留有薄层水层，每亩用量不应超过 15 斤。作基肥和追肥也能显著地提高水稻产量，但肥料用量要酌量增加。

（＊此项研究工作系湖南省祁阳官山坪低产田改良联合工作组 1961 年工作的一部分，并经工作组组长江朝余、余太万两同志及官山坪生产大队王伦相书记大力支持）。

参 考 文 献

［1］湖南祁阳县土壤志．1959.

［2］四川省农研所 1961 年化学肥料研究总结（未发表）．

［3］（日）三井进午，朱光琪等译．水稻无机营养、施肥和土壤改良．

［4］水稻生理．（日）户苅义次·松尾孝岭编，安克贵等译．

［5］陈尚谨等．湖南鸭屎泥、黄夹泥，天津水田盐碱土和北京黑胶泥对水稻供应磷素能力的研究．

附　群众性对比试验及小区试验产量表

编号	土壤名称	地点	对照区产量（斤/亩）	磷肥区产量（斤/亩）	增产率（％）	备注
1	冷浸田	湖南祁阳忠和观	365	416	14	迟稻，冬浸，过磷酸钙基肥亩施 30 斤
2	冷浸田	湖南祁阳忠和观	362	420	15	迟稻，冬浸，过磷酸钙基肥亩施 30 斤
3	冷浸田	湖南祁阳忠和观	378	429	13.2	迟稻，冬浸，过磷酸钙基肥亩施 30 斤
4	白夹泥	湖南祁阳官山坪	308	310	0.8	早稻，冬干，过磷酸钙基肥每亩 30 斤
5	白夹泥	湖南祁阳官山坪	318	322	1.5	早稻，冬干，过磷酸钙基肥每亩 30 斤
6	白夹泥	湖南祁阳官山坪	317	314	－1	早稻，冬干，过磷酸钙基肥每亩 30 斤
7	黄夹泥	湖南祁阳官山坪	504	520	3	早稻，冬干，过磷酸钙追肥每亩 30 斤
8	黄夹泥	湖南祁阳黄家岭	456	433	－5	中稻，冬浸，过磷酸钙基肥每亩 20 斤小区试验
9	黄夹泥	湖南祁阳黄家岭	441	497	13	中稻，冬浸，过磷酸钙基肥亩施 20 斤。小区试验
10	黄沙泥	湖南祁阳黎家坪	525	531	1	早稻，冬浸，过磷酸钙基肥每亩 30 斤。1960 年小区试验

（续表）

编号	土壤名称	地点	对照区产量（斤/亩）	磷肥区产量（斤/亩）	增产率（%）	备注
11	鸭屎泥	湖南祁阳官山坪	296	405	37	早稻，紫云英，过磷酸钙蘸秧根每亩 12～15 斤
12	鸭屎泥	湖南祁阳官山坪	405	494	22	迟稻，紫云英，过磷酸钙蘸秧根每亩 12～15 斤
13	鸭屎泥	湖南祁阳官山坪	339	441	31	早稻，紫云英，过磷酸钙蘸秧根每亩 12～15 斤
14	鸭屎泥	湖南祁阳官山坪	386	432	12	中稻，紫云英，过磷酸钙蘸秧根每亩 12～15 斤
15	鸭屎泥	湖南祁阳官山坪	369	440	10	中稻，紫云英，过磷酸钙基肥每亩 20 斤
16	鸭屎泥	湖南祁阳官山坪	390	476	22	中稻，紫云英，过磷酸钙基肥每亩 30 斤
17	鸭屎泥	湖南祁阳官山坪	310	403	30	早稻，冬干沤凼，过磷酸钙基肥每亩 30 斤
18	鸭屎泥	湖南祁阳官山坪	328	455	39	早稻，冬干沤凼，过磷酸钙基肥每亩 30 斤
19	鸭屎泥	湖南祁阳官山坪	328	444	36	早稻，冬干沤凼，过磷酸钙蘸秧根每亩 12～15 斤
20	鸭屎泥	湖南祁阳官山坪	503	545	8	迟稻，冬干沤凼，过磷酸钙基肥每亩 30 斤
21	鸭屎泥	湖南祁阳官山坪	375	446	19	早稻，冬浸，过磷酸钙蘸秧根每亩 12～15 斤
22	鸭屎泥	湖南祁阳官山坪	342	414	21	早稻，冬浸，过磷酸钙蘸秧根每亩 12～15 斤
23	鸭屎泥（冷浸）	湖南祁阳官山坪	383	450	18	迟稻，冬浸，过磷酸钙蘸秧根每亩 12～15 斤
24	鸭屎泥	湖南祁阳官山坪	475	507	7	中稻，冬干沤凼，过磷酸钙基肥每亩 20 斤。小区试验
25	鸭屎泥	湖南祁阳官山坪	460	492	7	迟稻，冬干沤凼，过磷酸钙追肥每亩 50 斤

本文刊登在《土壤肥料专刊》1962 年第 2 号

湖南鸭屎泥、黄夹泥、天津水田盐碱土和北京黑胶泥对水稻供应磷素能力的研究

陈尚谨　郭毓德　王瑞新　刘怀旭

（中国农业科学院土壤肥料研究所）

（1962 年 3 月）

一、绪　言

　　磷对植物有多方面的作用，植物体内核蛋白、植素、磷脂等化合物中都含有磷；蛋白质、淀粉、纤维质等化合物虽然不含磷，但在生成过程中也需要磷的参加。施用磷肥能调节植物生长发育对磷素的需要，对提高农业产量起着重要的作用。各种土壤对磷素的供应能力不同，施用磷肥的效果也有很大差异。1961 年在湖南祁阳县文富市公社进行的试验结果指出，过磷酸钙施用在鸭屎泥早稻田增收稻谷 32.7%，施用在冷浸田增收稻谷 14.5%，施用在黄夹泥仅增收 3.2%。1960 年又曾在天津良王庄水稻研究所水田盐碱土上进行试验，在常年不施用厩肥的地块上，施用磷肥效果极为显著；但在肥力较高，常年施用大量厩肥的地块上，增施磷肥效果不显著。在北京西郊和其他地区也有不少试验，施用磷肥肥效很差。为了经济合理施用磷肥，使它在农业生产上发挥最大的增产作用，有必要研究土壤对作物供应磷素的能力，厩肥与磷肥肥效的关系和施用磷肥肥效的规律。

　　近年来，研究土壤供应磷素的能力，主要有以下几种方法：①利用 ^{32}P 示踪法与植株化学分析配合起来，能直接测定有多少磷是从土壤吸收的，有多少磷是从肥料中吸收的，较过去一般磷肥盆栽或田间试验能获得更确切的结果。②土壤的化学分析法，根据土壤全磷量和速效态磷含量来判断土壤供应植物磷素的能力。全磷量，经常采用劳伦兹的重量法，（劳伦兹—歇费尔）的容量法和比色法测定。对有效磷的测定还存在许多问题，一般利用不同溶剂来浸提和测定土壤中可溶性磷的含量，溶剂的选择是根据土壤性质来决定，酸性土壤多用酸性溶液，碱性土壤多用碱性溶液，由于溶液的性质和浓度不同，浸提出来的磷量也有很大的不同；所以，土壤"有效磷"的含量不是绝对的，仅能用作参考比较。③磷肥田间试验和盆栽试验。土壤中磷的多寡，直接影响作物的生长发育。田间试验或盆栽试验内设对照和施用磷肥处理，观察作物生长势和产量的变化来测定土壤供应磷的能力和施用磷肥的效果，是最确实可靠的方法，便于广泛应用，不过需要较多劳力和时间。④幼苗观察测定。植物在生长的初期对磷素的吸收能力很弱，迫切需要磷素的供应，这时是作物对磷肥的临界期。因此，观察幼苗的生育情况来预测施

用磷肥的效果可能是简而易行的好办法。

近年来，国内外对磷肥肥效的研究获得了许多的资料，但在实际应用中还存在不少问题，应用的局限性很大；有必要进一步深入研究，找出可靠的研究方法及其理论依据。为此，我们在1962年进行了不同土壤对水稻供应磷素能力的研究。

二、试验方法和步骤

从湖南祁阳、天津良王庄和本院农场采取4种水稻土进行水稻磷肥盆栽试验，并采用同位素^{32}P示踪法来研究土壤供应磷素的能力和水稻吸收磷肥的规律。试验材料和方法简述如下。

（1）试验用湖南鸭屎泥、黄夹泥、天津水田盐碱土和北京黑胶泥，其化学成分列入表1。

表1 试验用4种水稻土化学成分表

土壤号	地点	土名	pH值	有机质（%）	全氮（%）	全磷（%）	酸溶性钾（%）	有效磷毫克/千克	有效钾（%）
Ⅰ	湖南祁阳	鸭 屎 泥	7.31	4.19	0.18	0.18	0.20	33	0.011
Ⅱ	湖南祁阳	黄 夹 泥	6.82	2.13	0.11	0.15	0.23	67	0.018
Ⅲ	天津良王庄	水田盐碱土	7.93	0.95	0.06	0.14	0.43	12	0.020
Ⅳ	北京西郊	黑 胶 泥	7.60	1.92	0.09	0.20	0.33	152	0.023

鸭屎泥、黄夹泥取自湖南祁阳县文富市公社官山坪大队。该地系典型丘陵地带，土壤系由石灰岩发育而成的。鸭屎泥田分布的位置较低，冬干后土壤结构很坏，早稻插秧后禾苗发生黑根和"坐秋"现象，生长停滞，甚至死亡，因而产量很低，一般亩产200~300斤，是农业生产中迫切需要解决的问题。从化学成分看，鸭屎泥pH值7.3，系石灰性土壤，有机质含量4.19%，全氮0.18%，和其他3种土壤相比较，有机质、全氮量较高；土壤潜在肥力很高，但土壤熟化程度很差，在这种土壤上施用磷肥有很明显的增产效果。黄夹泥田分布的位置较高，土壤肥力好，熟化程度也较高，接近于中性，pH值6.32，有机质含量2.13%，全氮量0.11%。黄夹泥田由于质地黏重，有机质分解较慢，需肥量大；在这种土壤上施用磷肥，也有一定效果，但肥效不稳定。

天津水田盐碱土取自天津良王庄稻作研究所，该处地势低洼，系渤海湾盐渍土经洗盐后的水稻田，过去没施过磷肥，近3年来没有施用过有机肥料，土壤熟化程度低，微碱性，pH值7.93，含有机质0.95%，全氮0.06%，养分含量低，对施用磷肥的反应很大，在不施用磷肥或有机肥料的情况下，单独施用氮肥常常不能获得增产效果。

黑胶泥取自本院农场水稻田，过去每年施用大量有机肥料，熟化程度高，土壤物理性质很好，是高额丰产的水稻田，含有机质1.92%，全氮量0.09%，仅为鸭屎泥的一半，有效性磷含量为152毫克/千克，较其他3种土壤高出2~3倍以上；施用氮肥效果很大，施用磷钾肥效果不显著。试验用厩肥含有全氮0.49%，全磷0.68%，全钾1.33%，为腐熟良好的马粪。

（2）盆栽试验方法和处理：本试验所用盆钵高25~28厘米，直径20厘米，盛土约9公斤。试验土壤取自耕作层，层深0~20厘米，经风干打碎后，通过直经约1厘米的筛子。试验水稻品种是早熟种"大雪"，于4月3日预先将种子用0.1%福尔马林浸种半小时，洗净后，再用水浸种；经24小时催芽后在黑胶泥上育秧，温室温度约为25℃；当苗高约15厘米时，迁至室外；5月13日插秧，每盆20株。对4种土壤每种均设有4种肥料处理，重复4次，共计64盆，肥料处理如表2。

表2　盆栽试验肥料处理表

处理号 \ 肥料处理	肥料名称	马粪（克/盆）	硫酸铵（克/盆）	硫酸钾（克/盆）	过磷酸钙（克/盆）	同位素^{32}P（微居里/盆）
I	对照（NK）	—	2	2	—	—
II	施磷（NPK）		2	2	4	150
III	施马粪（MNK）	150	2	2	—	—
IV	施马粪和磷（MNPK）	150	2	2	4	150

马粪在全盆土壤中混拌，过磷酸钙和含有^{32}P的磷酸氢钠制成溶液，分9层均匀施入土壤全层。硫酸铵、硫酸钾均溶于水内，施入表层4厘米内。在水稻生育期中于5月23日和6月26日每盆追施硫酸铵各1克。并在水稻生育期中进行5次株高、分蘖、穗数、植株干重的调查和测定，日期是5月25日（分蘖）、9月2日（拔节）、6月26日、7月5日和7月15日（孕穗），并在分蘖、拔节、孕穗3个发育阶段分别按处理于每盆中采取样本10株、5株、3株，进行植株中全氮、磷、钾含量分析和同位素磷的测定。植株化学分析采用硫酸和过氯酸5:1的混合试剂分解后，用蒸馏法测定氮素，用钼酸铵比色法测定磷，用火焰光度计测钾。同位素^{32}P的测定方法是，先把植株上土粒洗去，于烘箱中烘干，温度保持在90~100℃粉碎后称取0.1克样本置于小铝盘中压平，放入铅室内用钟罩式计数管测定。

为了了解磷肥对幼苗生长的影响，又分别于上述4种土壤上进行了幼苗盆栽试验，分施磷和不施磷2个处理，重复3次，并利用速测箱进行了幼苗含磷量的测定。

三、试验结果和讨论

（一）生育观察的结果

可参见表3及不同时期干物质重量的曲线图和照片。

表3 4种土壤，不同处理对水稻生长发育的影响

（7月15日调查）

处理号	土壤 项目处理	鸭屎泥				黄夹泥				水田盐碱土				黑胶泥			
		株高 （厘米）	干重 克/10 株	分蘖 （单株）	抽穗 （单株）	株高 （厘米）	干重 克/10 株	分蘖 （单株）	抽穗 （单株）	株高 （厘米）	干重 克/10 株	分蘖 （单株）	抽穗 （单株）	株高 （厘米）	干重 克/10 株	分蘖 （单株）	抽穗 （单株）
I	对照（NK）	25.4	1.8	0	0	63.8	72.2	11.2	7.0	20.5	1.5	0	0	64.4	83.6	7.5	5.6
II	施磷（NPK）	48.1	7.5	3.2	0	70.3	92.7	10.2	7.0	59.1	15.3	8.3	1.3	64.4	76.5	7.5	6.1
III	施马粪（MNK）	64.9	90.5	11.1	5.5	69.7	107.5	10.2	8.9	65.2	65.3	6.9	5.8	64.9	82.0	8.2	6.1
IV	施马粪和磷 （MNPK）	66.9	85.8	12.3	6.8	74.5	117.5	9.9	7.6	61.7	40.8	8.3	2.7	63.8	68.9	7.9	5.9

注：本试验植株干物质重量标准差是 8.25 克/10 株

4种土壤不同施肥处理水稻植株干物量积累情况列入图1和照片1、2、3、4、5。从水稻生育观察获得的结果分述如下。

①图1和照片1～5一致说明，4种土壤对水稻生长的影响，存在着显著的差异，在黄夹泥、黑胶泥上水稻生育最好，鸭屎泥次之，水田盐碱土最差。

②施用厩肥对天津水田盐碱土和湖南鸭屎泥两种低产水稻土效果极为显著。不施用厩肥的稻苗几乎不能生长，叶面生锈斑，根子变黑，这种情况在湖南称为"坐秋"，在天津地区称为"稻缩苗"，虽然两地相距很远，原因也不尽相同，但施用厩肥可以完全避免这种不良情况，干物重增加几倍到几十倍，株高、分蘖数和抽穗数也有显著增加。相反地，厩肥对丰产土壤如湖南黄夹泥、北京黑胶泥的当年肥效不大。

③施用磷肥对湖南鸭屎泥、黄夹泥、天津水田盐碱土都有显著效果。尤以对鸭屎泥和水田盐碱土的效果更大，每10株干物重由1.5～1.8克，增加到7.5～15.3克，株高、分蘖数也有显著增加。

④过磷酸钙与厩肥合用的效果不比单用厩肥的好，并有磷肥肥效降低的趋势，4种土壤都有同样的现象。据水稻苗期生育观察，在插秧后5～10天，凡不施用厩肥的处理，稻苗有萎缩不长和死苗情况，尤以施用过磷酸钙全盆混拌的处理稻苗生育显著较差。曾怀疑是否因为施用同位素^{32}P和磷酸氢钠的影响，并进行了辅助试验，结果说明每盆用同位素^{32}P150微居里和过磷酸钙4克对稻苗生育并无不良影响。上述现象的原因，尚待进一步研究。

⑤从以上结果看出：水田盐碱土和鸭屎泥两种低产水稻土有效磷含量较低，仅12～33毫克/千克，施用磷肥效果较为明显。又马粪中含有充足的有效磷和其他的养分，能改善土壤理化性质，并能消除土壤中各种有毒物质，肥效极为显著。黄夹泥、黑胶泥本身含有效性磷的数量较高，土壤物理性状良好，其他养分也充足，因此，无论施用磷肥、马粪或磷肥马粪合用效果都不很大。

⑥4种土壤含氮量有很大不同。水田盐碱土含氮最低，仅0.06%，黑胶泥含氮0.09%，黄夹泥含氮较高，为0.11%，鸭屎泥含氮最高，为0.18%。5月中下旬，在水田盐碱土和黑胶泥上水稻叶片色泽开始变为黄绿，有缺乏氮肥的情况，而在黄夹泥上

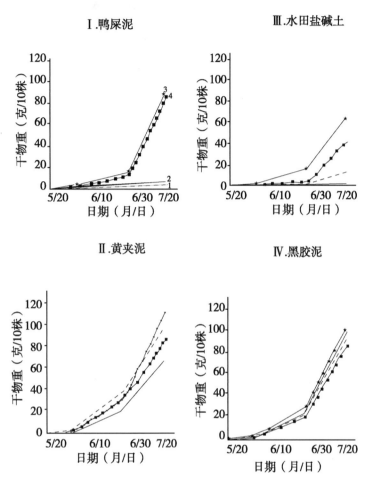

图1 4种土壤不同施肥处理水稻植株干物质重量积累图

水稻叶片仍表现宽壮而浓绿,与黄夹泥含氮量较高与水田盐碱土和黑胶泥含氮量低的分析结果,完全符合。到出穗后,黄夹泥上水稻植株也开始表现黄绿色、氮肥有不足的情况,而鸭屎泥上水稻植株始终保持着深绿色,表明鸭屎泥中氮素的含量高,潜在氮肥肥力很大。

(二) 植株内放射性同位素^{32}P的测定

在水稻分蘖、拔节和孕穗3个发育阶段,进行同位素^{32}P的测定,3次结果列入表4、表5和图2。

照片1.四种不同土壤每盆施用硫酸铵4克，硫酸钾2克水稻生育情况（1961年7月15摄）

照片2.湖南鸭屎泥施用四种肥料水稻生育情况（1961年7月15日摄）（N·2硫酸铵4克，K:硫酸钾2克，P:过磷酸钙4克，M：马粪150克）

照片3.湖南黄夹泥施用四种肥料水稻生育情况（1961年7月15日摄）（N:硫酸铵4克，K：硫酸钾2克，P:过磷酸钙4克M:马粪150克）

照片4.天津水田盐碱土施用四种肥料水稻生育情况（1961年7月15日摄）（N:硫酸铵4克，K:硫酸钾2克，P:过磷酸钙4克，M:马粪150克）

照片5.北京黑胶泥施用四种肥料水稻生育情况（1961年7月15日摄）(N:硫酸铵4克，K:硫酸钾2克，P:过磷酸钙4克，M:马粪150克）

照片　1、2、3、4、5

表4　4种土壤不同肥料处理对水稻吸收 ^{32}P 的影响

（单位：脉冲/分钟 0.1 克干物质 4 盆平均）

土号	土 壤	处理\日期	6/2	6/26	7/15	合计
I	鸭屎泥	施磷（P + ^{32}P）	134.1	1 741.8	7 844.5	9 720.4
	鸭屎泥	施马粪和磷（MP + ^{32}P）	337.9	2 379.8	4 170.5	6 888.2
II	黄夹泥	施磷（P + ^{32}P）	556.4	1 686.6	3 887.5	6 100.5
	黄夹泥	施马粪和磷（MP + ^{32}P）	384.7	1 372.7	4 971.5	6 728.9

（续表）

土号	土壤	处理／日期	6/2	6/26	7/15	合计
III	水田盐碱土	施磷（P + ^{32}P）	90.5	6 300.9	9 307.6	15 699.0
	水田盐碱土	施马粪和磷（MP + ^{32}P）	470.1	4 762.1	5 371.4	10 603.6
IV	黑胶泥	施磷（P + ^{32}P）	1 434.7	1 623.2	3 871.5	6 929.4
	黑胶泥	施马粪和磷（MP + ^{32}P）	851.0	1 442.9	3 684.6	5 978.5
		平均值的标准差	$m_1 = 29.7$	$m_2 = 23.1$	$m_3 = 25.7$	

注：以上脉冲数均已经过时间的修正，按施肥期 5 月 10 日的比强折算

表5　4种土壤不同肥料处理对水稻吸收 ^{32}P 的影响
（单位：脉冲/分钟 $1mgP_2O_5$ 4 盆平均）

土号	土壤	处理／日期	6/2	6/26	7/15	合计
I	鸭屎泥	施磷（P + ^{32}P）	323	10 501	12 247	23 071
	鸭屎泥	施马粪和磷（MP + ^{32}P）	1 880	6 427	6 721	15 028
II	黄夹泥	施磷（P + ^{32}P）	943	2 111	6 479	9 533
	黄夹泥	施马粪和磷（MP + ^{32}P）	552	1 415	5 125	7 092
III	水田盐碱土	施磷（P + ^{32}P）	373	3 493	11 368	15 234
	水田盐碱土	施马粪和磷（MP + ^{32}P）	741	3 551	5 641	9 933
IV	黑胶泥	施磷（P + ^{32}P）	1 510	2 352	6 673	10 535
	黑胶泥	施马粪和磷（MP + ^{32}P）	1 001	2 004	4 386	7 391

不同土壤水稻植株中全磷量和脉冲数的关系如图2。

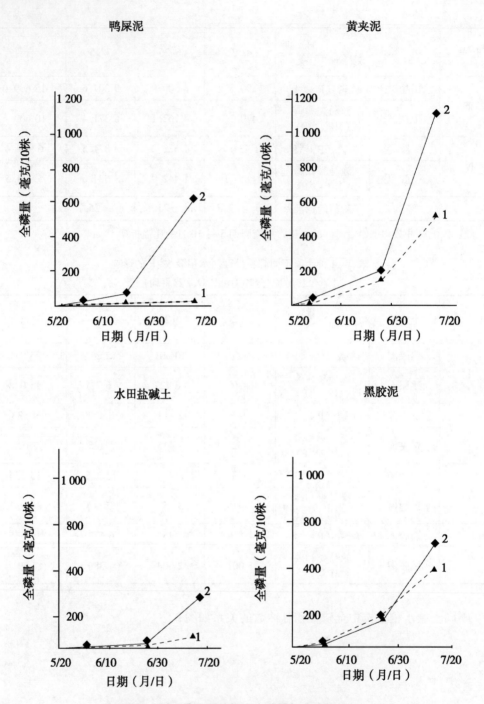

图2　4种土壤水稻植株中全磷量与脉冲数关系

①从表4、表5及图2的结果，简述如下。根据3次同位素^{32}P测定结果，说明水稻吸收无机磷肥的速度和水稻生长发育之间存在着密切的关系。由6月2日起到6月26日止，脉冲数平均增加3倍到10倍，其中，黑胶泥脉冲数增加较少，为1.2～2倍，从

6月26日至7月15日，脉冲数平均增加1~3倍。

从表4和图2的结果说明，水稻在生长前期由水溶性磷肥中吸取较多的磷素，而后期由土壤中吸取较多。这样的变化和水稻根系的发育是密切相关的。由于根系在前期还不发达，根部吸收作用生成二氧化碳和分泌有机酸的数量较少，溶解土壤中磷素的能力也较弱，因此，在生育初期水稻需要从水溶性磷肥中吸取较多的速效性磷来满足自己生长发育的需要，而后期由于根系发育壮大，逐渐可以由土壤中吸收较多的磷素。

②4种土壤上水稻植株中的脉冲数存在着显著的差异。在分蘖期（6月9日）测定结果，以黑胶泥占首位，为1 434.7脉冲/分钟0.1克，黄夹泥次之为556.4脉冲/分钟0.1克，鸭屎泥再次之，为134.1脉冲/分钟0.1克，天津水田盐碱土最少，为90.5脉冲/分钟0.1克。在拔节和孕穗期（6月26日及7月15日）两次测定结果，表现与第一次不同。由于在黄夹泥、黑胶泥上水稻初期生长势较在鸭屎泥、水田盐碱土上旺盛，因此，吸收同位素^{32}P也较多；生育中期以后，因为鸭屎泥、水田盐碱土中有效磷含量较黄夹泥和黑胶泥要少，需要由水溶性磷肥吸收较多的磷素，故植株中的脉冲数较高。

通过放射性同位素^{32}P的测定，可以充分证明，黄夹泥和黑胶泥速效性磷的含量较高，供给水稻磷素的能力也强，增施磷肥肥效不大，而鸭屎泥和水田盐碱土恰恰相反，速效性磷的含量低，需要施用磷肥，磷肥肥效也很显著，这和土壤化学分析结果是吻合的。

③从植株内同位素^{32}P测定证明，马粪中含有充足的速效性磷，肥效与水溶性化学磷肥很相似。据水稻分蘖期（6月2日）测定结果，对鸭屎泥、水田盐碱土两种低产土壤，马粪和磷肥合用比磷肥单施的脉冲数要高；这是因为施用马粪促进了水稻生长，随之增加了对磷肥的吸收能力。但在黄夹泥、黑胶泥上，所得结果恰恰相反；因为黄夹泥、黑胶泥中本身养分充足，加施马粪对植株生长影响不大，但施入马粪供应了部分有效磷，因此，减少了由水溶性磷中吸收磷素的数量，所以，植株内脉冲数减少了，到水稻生育中期，如在拔节和孕穗期（7月6日和7月15日）两次测定结果，对4种土壤，磷肥和马粪合用比单施磷肥的植株内脉冲数都有下降的趋势；这是由于水稻生长到中期以后，马粪经过微生物的作用，不断分解出有效磷，供给吸收利用，同时水稻根系发达，吸收磷的能力加强，可以由土壤和马粪中吸取足够的磷，由化学肥料中吸收的磷就相对地减少了。这种现象对鸭屎泥、水田盐碱土有明显差异，对黄夹泥、黑胶泥差别不大。

由以上结果可以说明，鸭屎泥、水田盐碱土土壤肥力差，施用马粪效果明显，而黄夹泥黑胶泥土壤肥力较高，因此，马粪效果不明显。

（三）植株的化学分析

不同生育期水稻植株中全氮、磷、钾分析结果见表6。根据化学分析所得数据，说明如下。

①各处理间植株中干物质和氮、磷、钾绝对含量均随着生育期而不断增加，植株内氮、磷、钾的百分含量却随着生长发育而逐渐降低。

②水稻植株全氮、磷、钾的含量与土壤性质有关。如含氮量较高的黄夹泥上植株的

全氮量也高，在含磷量较高的黑胶泥上，植株的全磷量也高。

③4种土壤水稻植株中含氮量，在苗期（6月2日）看不出有规律性的变化，这和第一次取样不均匀有关。但水稻生育中期以后，根据6月26日、7月15日两次测定，说明在低产土壤如湖南鸭屎泥和天津水田盐碱土上，厩肥与化学磷肥合用比单施化学磷肥的植株中含氮量普遍要高，但这种差异在黄夹泥和黑胶泥上不显著。

从对植株全钾量的分析数据中看出，氮和钾存在着互相增长的情况。

④植株全磷的测定结果指出：在鸭屎泥、黄夹泥、水田盐碱土3种土壤上，单施磷肥、单施厩肥或磷肥和厩肥合用植株全磷量比对照区要高。但黑胶泥含磷极丰富，4个处理之间植株含磷量差异不大，证明磷肥供给充足，水稻植株内全磷量显著要高一些（表6）。

表6 水稻植株内氮、磷、钾含量与土壤种类和施肥的关系

（单位：毫克/10株）

测定项目	处理	鸭屎泥 6/2	鸭屎泥 6/26	鸭屎泥 7/15	黄夹泥 6/2	黄夹泥 6/26	黄夹泥 7/15	水田盐碱土 6/2	水田盐碱土 6/26	水田盐碱土 7/15	黑胶泥 6/2	黑胶泥 6/26	黑胶泥 7/15
全氮量	对照（NK）	9.8	21.5	49.6	25.9	368.0	779.8	8.2	11.5	20.4	51.3	365.3	727.3
	施磷（NPK）	9.6	47.2	165.8	30.1	666.7	1 372.0	3.1	88.1	198.9	29.4	355.7	1 297.1
	施马粪（MNK）	15.1	525.0	1 728.5	27.0	588.1	956.8	19.5	257.6	816.3	42.4	385.6	1 189.0
	施马粪和磷（MNPK）	14.7	449.0	1 097.6	16.1	686.1	1 034.0	3.2	147.3	522.2	33.7	501.1	730.3
全磷量	对照（NK）	2.5	2.1	5.5	5.8	70.0	469.3	1.1	0.9	3.3	18.9	205.7	585.2
	施磷（NPK）	1.7	8.1	51.8	8.4	176.3	556.2	1.0	1.4	116.3	11.6	159.4	450.1
	施马粪（MNK）	3.8	96.3	832.6	9.5	195.1	774.0	6.7	92.1	333.0	13.8	206.6	442.8
	施马粪和磷（MNPK）	3.7	95.8	634.5	5.2	224.1	1 139.8	0.9	36.3	326.4	12.1	167.0	578.8
全钾量	对照（NK）	4.8	26.1	24.6	26.1	327.8	1 191.3	3.0	2.2	4.9	6.9	491.2	961.4
	施磷（NPK）	4.3	16.3	121.5	34.7	551.4	2 363.9	1.7	24.4	24.6	29.8	434.3	2 250.8
	施马粪（MNK）	11.3	411.3	1 040.8	31.5	658.5	1 720.0	24.9	265.1	751.0	48.9	655.2	1 313.0
	施马粪和磷（MNPK）	13.1	386.1	2 058.0	16.2	649.1	2 115.0	1.8	92.3	542.6	37.7	501.1	999.1

（四）土壤化学分析

土壤供应植物磷素的能力和植物根系发展有密切关系，所以，土壤"有效磷"的含量不是绝对的，仅能用作参考比较。为了真正了解土壤供应磷素的能力，曾采用4种溶液来浸提，测定土壤"有效磷"的含量，结果列入表7。

表7 不同浸提液和土壤中有效磷测定结果的关系

（单位：百万分）

土 号	土壤名称	浸提液 1% 碳酸铵	0.5N 醋酸	2% 柠檬酸	0.2N 盐酸
Ⅰ	鸭屎泥	33.0	40.8	122.0	71.3
Ⅱ	黄夹泥	67.0	40.0	68.0	48.0
Ⅲ	水田盐碱土	12.0	55.0	128.0	372.8
Ⅳ	黑胶泥	152.0	449.0	320.0	363.0

从以上所得数据来看，4 种土壤采用 1% 碳酸铵溶液来浸提最为适当，与以上水稻生育观察和同位素^{32}P 测定结果较为吻合。若能再采用 0.5N 醋酸浸提测定作补充参考，更能获得可靠结果，但是用其他浸提液测得结果无规律性。用 1% 碳酸铵和 0.5N 醋酸浸提所得结果一致指出，黑胶泥速效磷量充足，黄夹泥中等，鸭屎泥不足，水田盐碱土可给磷最少。

（五）幼苗生育测定和植株含磷量速测

由于植物幼苗对土壤中磷的吸收力较弱，可以用幼苗生长势来鉴定土壤供给磷素的能力，并结合植株组织速测法测得植株中含磷量，可以大致反映土壤供应磷素的能力和预测施用磷肥的效果。试验结果如表 8。

表8 水稻幼苗施磷与不施磷的生育情况和植株内含磷量的关系

（3 个盆钵平均数）

土壤	处理 项目	不施磷肥 株高（厘米）	青重（克/10 株）	速测磷（毫克/千克）*	施过磷酸钙 株高（厘米）	青重（克/10 株）	速测磷（毫克/千克）*
鸭屎泥		31.1	7.0	10	35.9	15.1	20
黄夹泥		37.4	19.2	20	40.7	20.9	25
水田盐碱土		9.9	1.8	5	33.2	9.9	30
黑胶泥		25.1	7.6	20	37.2	13.3	10

注：植株样本重为 0.5 克，水 5 毫升，用磷钼兰法速测

以上盆栽辅助试验 7 月 28 日插秧，在 8 月 18 日调查水稻的株高，在不施磷肥和施用过磷酸钙的处理之间无显著差别，但 9 月 19 日水稻已达分蘖期，水稻生育调查结果差异显著，若按不施磷肥和施用过磷酸钙相对比来看，鸭屎泥不施磷肥的，每 10 株稻苗青重为 7.0 克，施过磷酸钙的青重上升到 15.1 克；水田盐碱土不施肥的青重为 1.8克，施用过磷酸钙的为 9.9 克，磷肥效果极为明显。对黄夹泥磷肥效果不明显。在这 3种土壤生长的水稻，按速测法测得植株内磷的含量结果也和青重的变化相吻合，黑胶泥

上施用磷肥对幼苗也有良好作用，可能是因为土样进行连作的原因（其他3种土壤都是休闲土壤样本）。植株速测结果又说明在黑胶泥施磷和不施磷，对稻苗内含磷量影响不大，用观察苗期生育情况和植株内含磷量的变化相结合的办法，大致可以预测施用磷肥的效果。这种办法简单易行，可以在农村中试用。

四、摘 要

①通过植株生育观测，放射性同位素^{32}P示踪测定，植株全氮、磷、钾分析和土壤化学分析结果，进一步明确了磷肥肥效与土壤特性及肥力水平有密切关系。湖南鸭屎泥含有效磷30毫克/千克，水田盐碱土含有效磷12毫克/千克，施用磷肥均有明显效果；湖南黄夹泥含有效磷66毫克/千克，磷肥肥效较差；而北京黑胶泥含有效磷152毫克/千克，施用磷肥肥效不明显。

②在低产土壤上如鸭屎泥、水田盐碱土施用厩肥对促进水稻生育有显著的作用，对防止水稻"坐秋和稻缩苗"有突出的效果，其原因有待进一步研究。

③通过植株同位素^{32}P含量的测定，指出水稻从分蘖期到拔节期由水溶性磷肥中吸取较多的磷素，从拔节期到孕穗期，根部吸收能力加强，磷素由土壤中吸收量增加。这种现象在肥力较低的鸭屎泥和水田盐碱土上表现尤其明显。

④利用同位素^{32}P示踪法试验结果表明，对水稻盆栽每10公斤土壤使用放射性同位素^{32}P150微居里标记过磷酸钙1克合磷酸0.8克较为合适，在水稻拔节期进行测定，可以得到比较正确的结果。

⑤对石灰性水稻土和与石灰性土壤交错分布的中性水稻土壤中，有效磷含量的测定以采用1%碳酸铵提取法较好，对微酸性土壤也适用。再用0.5N醋酸浸提法测定作补充参考，更能正确反映土壤供应水稻苗期和中期对磷的需要情况。

⑥利用幼苗试验法观测在水稻分蘖期施用和不施用磷肥的生育情况，并用植株速测法分析植株中含磷量，大致可以反映土壤供应磷肥的能力和施用磷肥的效果，方法简便，效果明显，可以在农村中试用。

参考文献

［1］ A. B. 索柯洛夫. 磷的农业化学.
［2］ 陈尚谨等. 湖南祁阳县丘陵地区水稻田磷肥肥效的研究.

本文刊登在《土壤肥料专刊》1962年第2号

湖南冬干鸭屎泥水稻"坐秋"的原因及其防治措施

江朝余　陈永安　李纯忠　杜芳林　陈尚谨　郭毓德　文　英　唐之干

（中国农业科学院土壤肥料研究所；湖南省农业科学研究所；湖南省衡阳专区农业局）

（1964 年）

一、冬干鸭屎泥水稻"坐秋"的情况

冬浸田在中国南方水稻栽培地区分布很广，仅湖南一省便有 1 000 多万亩，其中，有相当数量的冬浸田，如鸭屎泥田等，在秋季或冬季遭受干旱的影响，不能泡水过冬，土壤经过一度脱水变为冬干田后，翌年栽培水稻则发生"坐秋"。插秧后长期不返青，稻根变黑腐烂，不长新根，秧苗枯萎，叶片发黄，产生褐色斑点，死苗死蔸，分蘖很少，呈半死不活状态，生长停滞达 20～40 日之久，农民形容水稻生长状态为"黑胡子（黑根）、笔杆子（不分蘖，一支笔禾）、黄尖子（叶尖发黄）"，稻苗复苏生长时，季节已过，成熟极不一致，产量锐减，一般减产 30%～50%，水稻"坐秋"严重的亩产 100～200 斤，有的甚至只有几十斤，因此，有"一年干冬，三年落空""冬田谷，坼田哭"的农谚，说明冬干"坐秋"的危害性。

冬干以后，耕作困难，耕后质量也差，群众说："一次犁耙粒子粒，二次犁耙有沉泥，三次犁耙泥合水，四次犁耙才有泥"，犁耙次数增加，整理田塍，插秧等费工，1 亩冬干田要比冬浸田多 1.5～2.5 个牛工，4～5 个人工；冬浸田干田后，田内和田塍龟裂，漏水，漏肥，需水量增加，以鸭屎泥为例，冬浸时一寸深的水维持 15 天左右，冬干田只能保持 10 天；"冬田出谷，坼田要肥"，底肥猪厩肥的用量比冬浸田多用 30%～50%，在增加追肥数量和次数的情况下，水稻产量仍不易达到冬浸田的水平。

从上述情况可见，由于冬干"坐秋"的影响，劳力和用水量增加，粮食欠收，稻草减少，饲料不足，猪牛粪草来源不多，对翌年生产带来一定困难，直接影响农业生产的发展。

为了避免稻田冬干所带来的不利影响，农民采用蓄水冬浸的办法，但是，有相当部分的冬浸田，受水源条件的限制，很难保证常年冬浸，以雨水丰歉为转移，有水冬浸稳产，无水冬干减产。据湖南衡阳地区近 50 年来的气象记载，大约每隔两三年，就要发生一次冬干，水稻产量极不稳定，因此，冬干坐秋是水稻产量提高的主要限制因素之一。"坐秋"有的地方又叫"坐蔸""翻秋""发红""发僵"，原西南农业科学研究所对云南的"发红"田，四川省农业科学研究所对邛崃再积台地的"翻秋"黄泥大土田、白鳝泥田进行过一些研究，而冬干"坐秋"鸭屎泥田，农民虽然有许多防治水稻"坐秋"的宝贵经验，但过去未进行过系统的调查、总结和开展试验研究。

1960 年，中国农业科学院土壤肥料研究所与湖南省有关单位在湖南祁阳县官山坪大队组成低产田改良联合工作组，对改良冬干鸭屎泥，防治水稻"坐秋"进行了试验研究。

官山坪大队位于湖南省的南部，是一个以栽培水稻为主的丘陵地区。当地年平均温度 15 ~ 18℃，年降水量 1 300 ~ 1 500mm，主要集中在 3 ~ 6 月，7 ~ 9 月雨水稀少，常出现秋旱冬干，土壤主要是石灰岩地区的冬浸浅脚鸭屎泥和深脚鸭屎泥，占大队 470 亩田中的 55.2%。而官山坪大队又是一个人多田少的地区，每人平均不足 1 亩田，冬浸田占稻田面积的 70% 左右，一年一熟水稻，轮作单一复种指数低，如遇冬干水稻"坐秋"减产，严重影响当地农业生产的发展。

二、施用磷肥防治水稻"坐秋"

在进行试验研究以前，着重总结了农民对付"坐秋"田的传统经验，1960 年先后在湖南省祁阳和祁东等县的 52 个生产队进行了调查，在农民用牛骨粉蘸秧根以促进冷浸田水稻返青经验的启示下，以群众防治水稻"坐秋"的措施作基础，经过 4 年在农村基点和室内反复试验研究，以及大面积推广应用所验证的结果，说明以过磷酸钙防治水稻"坐秋"的效果最好，促进早生新根，据水稻分蘖期调查，施磷的单株根重为 0.82 克，不施磷的只 0.1 克。地上部秧苗青葱浓绿，返青期提早 15 ~ 20 天，成熟期提前一周左右，空壳率减低，千粒重增加，产量大大提高，见表 1。

表1 冬干鸭屎泥施用过磷酸钙防治水稻"坐秋"的作用

处　理	返青天数	成熟期（日/月）	空壳率（%）	千粒重（克）	产量（斤/亩）	增产率（%）	每斤磷肥增产稻谷（斤）
对照	31	7 月 31 日	32	25.5	317.5	—	—
磷肥 15 斤蘸秧根	16	7 月 28 日	18	26.4	423	33	7.3
对照	—	7 月 31 日	40.6	20.6	232.5	—	—
磷肥 30 斤/亩撒施基肥	—	7 月 25 日	27	24.4	399	71	5.6
磷肥 60 斤/亩撒施基肥	—	7 月 22 日	25	24.3	487	110	4.2
磷肥 120 斤/亩撒施基肥	—	7 月 20 日	22.5	24.4	498	115	2.2

从表 1 可见，每亩用 15 斤过磷酸钙蘸秧根，增产稻谷 105.5 斤或 33%，30 斤撒施作基肥，增产稻谷 166.5 斤或 71%，60 斤撒施作基肥，增产稻谷 254.5 斤或 110%，120 斤撒施作基肥，增产稻谷 265.5 斤或 115%，其中，以 10 ~ 15 斤过磷酸钙蘸秧根 30 ~ 40 斤撒施作基肥，增产效果最好。用量过多，每斤磷肥增产稻谷数减少。

为了进一步验证磷肥防治水稻"坐秋"的效果，进行了室内的盆栽试验，结果见表2。

表2　早稻不同肥料处理产量表

调查项目 处理	株高（厘米）	穗数（个/盆）	总重（克/盆）	籽粒重（克/盆）	增产（克/盆）	千粒重（克）
1. 对照（追施N1.4克）	92.3	10.0	87.2	27.2	—	25.2
2. 追施过磷酸钙（$P_2O_5$1克）	108.8	30.0	178.2	85.4	58.2	25.3
3. 基施过磷酸钙（$P_2O_5$1克）	111.5	29.0	198.0	72.9	45.7	26.5
4. 基施过磷酸钙（$P_2O_5$1克＋N1.4克）*	108.8	27.2	195.8	75.8	48.6	26.1
5. 25克猪粪蘸秧根	111.3	19.2	156.8	57.2	30.0	24.8
6. 猪粪100克基施	105.3	20.2	139.8	36.7	9.5	24.2

＊氮素用硫酸铵折算0.2克作基肥，其余1.2克作追肥；
湿猪粪养分含量全N0.19%，全$P_2O_5$0.16%，全K_2O 0.06%

由表2看出对照产量最低，仅为27.2克，追施过磷酸钙产量最高，每盆平均收稻谷85.4克，少量氮肥和磷肥基施每盆平均收稻谷72.9～75.8克，猪粪虽然有良好的增产作用，但效果比过磷酸钙差，进一步证明了磷肥能有效地防治水稻"坐秋"，增加产量。

经过农村基点成百丘大田对比和室内盆栽反复试验，确证磷肥能防治冬干鸭屎泥水稻"坐秋"以后，1963年我们采用试验、示范、推广三结合的办法在祁阳县大面积上推广运用，于7万亩冬干"坐秋"鸭屎泥等土壤上施用了6 938 500斤磷肥，使用面积比1960年6 450亩增加11倍，使用量比1960年的483 600斤，增加了14倍。一般1斤磷肥增产稻谷2斤左右，1963年因施用磷肥防治冬干田水稻"坐秋"减产，约为全县增产粮食1 400多万斤，进一步在大面积生产中，验证了过磷酸钙防治水稻"坐秋"的作用。1963年湖南省在400万亩冬干田上推广了官山坪的经验，据6个专区的295多万亩冬干田上施用磷肥的增产资料看出，有很好的效果，一般1斤磷肥增产稻谷1～3斤，多的有达10斤以上，因此，深受各地农民的欢迎，称磷肥是"防治冬干坐秋田的灵丹妙药""改良坐秋田的法宝""坐秋田的救命肥"。从而，我们也就总结出"冬干坐秋，坐秋施磷"，防治冬干鸭屎泥水稻"坐秋的有效措施"。

三、冬干鸭屎泥水稻"坐秋"的原因

鸭屎泥冬干以后水稻"坐秋"的原因是什么？我们从磷肥能克服"坐秋"的事实出发，对"坐秋"的鸭屎泥和不"坐秋"的黄夹泥土壤中磷素的含量，供应情况等进行了研究，揭示水稻"坐秋"原因。供试验研究土壤的性质，见表3。

表3 供试土壤结果表

土壤	耕层（厘米）	有机质（%）	全氮（%）	全磷（%）	全钾（%）	速效磷（毫克/千克）
鸭屎泥	0～15	3.33	0.177	0.075	1.69	11
黄夹泥	0～15	1.83	0.144	0.101	1.76	26

注：全氮（凯氏法）、全磷（钼酸铵法）、全钾（氢氟酸法）、速效磷（1%碳酸铵法）。

鸭屎泥全磷含量为0.075%，速效磷11毫克/千克，黄夹泥全磷含量为0.101%，速效磷26毫克/千克，鸭屎泥的全磷和速效磷的含量均比黄夹泥低。水稻生育期测定，黄夹泥速效磷含量高，水稻生育正常没有"坐秋"，冬浸鸭屎泥速效磷含量比黄夹泥低，水稻生长虽较差，但没有"坐秋"，鸭屎泥经冬干以后，速效磷显著减低，水稻发生"坐秋"，见图1。

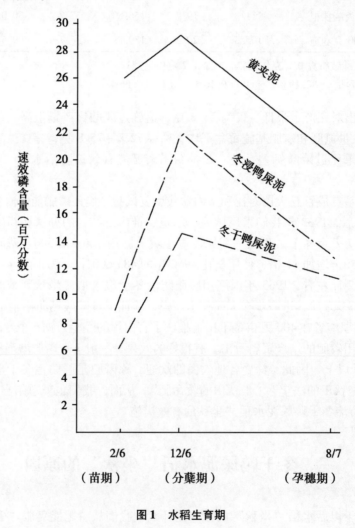

图1 水稻生育期

显然水稻"坐秋"与土壤在脱水干田过程中磷素发生固结有密切的关系，为了进一步验证这两种土壤对水稻供应磷素的能力，用同位素^{32}P（$NaH_2^{32}PO_4$）标记磷肥，盆栽水稻，重复 4 次，施磷处理每盆标记^{32}P200 微居里，水稻品种银坊稻，6 月 15 日插秧，从水稻生育调查指出，黄夹泥有效磷含量较高，不施磷素化肥，水稻生育正常，没有发生"坐秋"，每盆水稻总干物重 165.3 克，施磷的为 164.4 克。鸭屎泥有效磷含量低，施用过磷酸钙显著提高产量，每盆水稻总干物重 160.2 克，对照为 108.0 克，在水稻拔节期（7 月 25 日）和孕穗期（8 月 15 日）采取样本测定植株中脉冲数，并计算水稻分别从土壤和肥料中吸收磷酸的数量见表 4。

表 4　鸭屎泥和黄夹泥水稻单株干物质从土壤和肥料吸收磷酸的数量

土　壤	7 月 25 日（拔节期）测定（P_2O_5mg）				8 月 15 日（孕穗期）测定（P_2O_5mg）			
	总 P_2O_5	从肥料中吸收	从土壤中吸收	土壤有效磷"A"值（毫克/千克）	总 P_2O_5	从肥料中吸收	从土壤中吸收	土壤有效磷"A"值（毫克/千克）
干燥鸭屎泥	7.3	2.27	5.09	106	51.17	13.92	37.25	125
	100	30.8	69.2		100	27.2	72.8	
干燥黄夹泥	37.44	4.15	33.29	381	75.95	11.70	64.25	258
	100	11.1	88.9		100	15.4	84.6	

结果说明，鸭屎泥在水稻分蘖和拔节期，从水溶性磷肥中吸收磷酸占总磷量的 30.8％和 27.2％，黄夹泥为 11.1％与 15.4％，鸭屎泥从肥料中吸收的磷酸多，鸭屎泥从土壤中吸收磷酸占总磷量分别为 69.2％与 72.8％，黄夹泥为 88.9％和 84.6％，鸭屎泥从土壤中吸收磷酸比黄夹泥少，尤其在水稻生育前期，在拔节期和孕穗期有效磷含量用"A"值表示，鸭屎泥为 106~125 毫克/千克，同时期黄夹泥的"A"值为 381~258 毫克/千克，比鸭屎泥高 2~3 倍，土壤中有效磷含量显然与水稻"坐秋"有明显关系。

从措施入手研究土壤中磷素的同时，我们又根据群众鉴别冬干鸭屎泥土壤性质的经验开展研究，进一步探索坐秋田低产的原因。农民认为，冬浸田脱水开裂以后，土壤收缩，泥变紧实，"土质不化食，犁田土成坨"，产生泥团泥块，形成水肥不融和的"冷饭泥"；犁田耙田时不起泥浆，土粒下沉快，"犁田水不浊，上田不洗脚"，根据群众经验，田间实际调查证明，冬浸田因干田后，土壤强裂收缩产生龟裂，浅足鸭屎泥最宽的裂缝可达 9 厘米，裂缝深 41 厘米，深足鸭屎泥宽到 14.4 厘米，深达 56 厘米，漏水漏肥严重，泡水犁耙，耕作层多泥团泥块，仅 8 公斤土体中便有不同粒级的团块 318 个，见表 5。泥团土粒排列紧实，容重为 1.23（稀泥为 0.90），外干内湿，不易耙烂泡散，经泡水 2~3 年之久，耕作层内仍有泥团。

表 5　冬干田泥团数量与大小

土　壤	耕作层 8 公斤土体中泥团数量				
	直径 0.5 ~ 1 厘米	直径 1 ~ 2 厘米	直径 2 ~ 3 厘米	直径 3 ~ 4 厘米	直径 > 4 厘米
冬干鸭屎泥	260	42	8	6	2
冬干黄夹泥	68	55	4	2	0

群众指出，泥团对水稻生长有两方面的坏处：一方面是泥团性硬紧实，幼小稻根不易伸入泥团内部吸收养分，影响稻根的生长和分布，测定证明，禾蔸下有直径 5 厘米的泥团，伸入泥团内部的稻根只占总稻根的 23.5%，而 76% 的稻根短小而弯曲的分布在泥团间的稀泥内，更重要的一方面是，泥团使冬浸状态下充分分散的土粒，聚结成块，可溶性的养分固结在泥团内，减少了稻根吸收养分的营养面积。根据我们用 1%（NH_4）$_2CO_3$，浸提不同粒级的鸭屎泥土壤，浸出有效磷的情况是，1 毫米与 2 毫米的细土分别为 27.2 毫克/千克与 27.1 毫克/千克，5 毫米土块为 5.3 毫克/千克，10 毫米土块降低到 5 毫克/千克，40 毫米的土壤仅为 3.2 毫克/千克。鸭屎泥的有效磷含量低，加以泥团固结，含量更少，不能满足水稻苗期之需要，稻根生长微弱，插秧后 10 天观测，有泥团冬干鸭屎泥幼苗全部黑根，无泥冬浸田单株根重 0.082 克，每株幼苗有新生白根 1.2 条，插秧后 20 天观测，冬干田和冬浸田单株根重分别为 0.023 克与 0.19 克，新生白根分别为 5 根与 32 根。"下不走根，上不出身"，地上部植株矮小枯萎，发生"坐秧"。

群众经验还认为，冬干"坐秧"田除有泥块外，而泥浆部分也和冬浸田不同，长期泡水的泥浆，经干涸后，水稻根系不易与之接触吸收养分，不走根。为了进一步明确鸭屎泥经干浸处理后土壤微团聚体变化情况及其对吸附磷酸盐的能力，采用了 A.Φ 丘林法测定各组土壤微团聚体组成的变化，并在土壤干燥和浸水处理时，加入 $N_{a2}H^{32}PO_4$50 微居里进行标记，测定各组微团聚体对磷酸盐的吸附能力。结果证明，鸭屎泥经过一度干燥后，3 组土壤微团聚体的组成和对磷酸盐的吸附能力显著不同见表 6 和表 7。

表 6　鸭屎泥经过浸水或干燥处理后土壤微团聚体组成分的变化

土壤	各组微团聚体含量（%）				残渣
	0 组	I 组	II 组	3 组总和	
经过干燥后的土壤	4.0	8.0	26.0	38.0	62.0
长期浸水的土壤	28.0	4.0	9.0	41.0	59.0

表7 鸭屎泥经过浸水或干燥处理后各组微团聚体和残渣
吸附磷酸盐的能力 （0.1克微团聚体每分钟脉冲数）

水分处理	0 组	Ⅰ 组	Ⅱ 组	残 渣
经过干燥后的土壤	1 776	1 385	1 310	546
长期浸水的土壤	1 973	1 154	1 081	787

鸭屎泥经过长期浸水，0 组微团聚体多，经过干燥处理的 0 组减少，Ⅱ 组显著增加，通过示踪测定，3 组微团聚体中，以 Ⅱ 组吸附磷酸盐能力小，Ⅱ 组的数量因干燥后又增加，不利于水稻根系的发育和生长。

综合上述研究结果，我们初步认为，"坐秧"田土壤有效磷素低，冬干后又显著减少，供应能力变差，是水稻"坐秧"的重要原因；冬干后土壤结构变坏除直接影响水稻生育外，对减低磷素的活化能力有重要的作用。水稻苗期磷素不足，不利新根的生长，地上部植株因而发生"坐秧"的病症。

施用磷肥正好补充因冬干后磷素的不足，促进根系生长，防治水稻"坐秧"，但是如何使固结在土壤结构中的磷素释放出来，供水稻利用呢？农民除通过精耕细作，多犁多耙等措施消灭和减少泥团泥块增加泥浆外，还有用猪粪、石灰等来泡泥的经验，根据群众经验，我们把大小和个数大体一致的鸭屎泥团 2 500 克，放入以下 5 个处理中：①清水对照；②石灰 150 克；③湿猪粪 500 克；④过磷酸钙 150 克；⑤猪粪 500 克加过磷酸钙 150 克。每隔一周将泥团取去，去掉重力水后，称重计算其溶化百分率，结果看出，以猪粪化泥的效果最好，沤泡 1 周泥团溶化 40% ~ 50%，3 周溶化 80% ~ 90%，石灰的效果最差，有过磷酸钙的处理介于两者之间，见图 2。

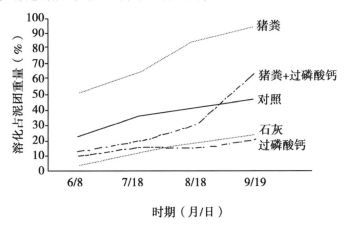

图2 不同处理下鸭屎泥泥团溶化速度

这些材料说明，猪粪化泥效果最好，很可能它对防止磷素固结，活化土壤中，磷酸盐有特殊的作用，与农民大量使用猪粪，防治水稻"坐秧"的经验是一致的，另一方面使用过磷酸钙对防治水稻"坐秧"虽有突出的效果，但在沤泥化块方面没有显著的作用，由此可见，它主要是供给水稻生育所需的磷素。

因此，除了施用磷肥以外，同时必须增施有机肥料，以改良土地的结构，活化磷素，根据我们在浅足鸭屎泥上的试验结果，每亩施 3 000 斤猪粪，收水稻 530 斤，比对照 490 斤增产 17%，防治水稻"坐秋"有良好效果。但是，在冬干田大面积发生时，受肥源限制，哪里有那样多的猪粪呢？很难在大面积上广泛使用。为了争取时间加速改良"坐秋"田，提高土地肥力和复种指数，我们在官山坪大队采取引种紫云英绿肥的措施。

四、种好绿肥改良"坐秋"田

通过 1960—1963 年连续 4 年的种植绿肥，土壤性质发生很大变化，泥团数量显著减少，容重由 1.06 降低到 0.98。绿肥田铵态氮的含量比冬浸田提高 3 毫克/千克，速效磷提高 7 毫克/千克。群众反映种过两年绿肥的田，土壤由瘦变肥，泥色由黄转黑，土性发沙变松，犁田省力，耙田省工，耕作容易。因而，大大提高了稻谷产量，绿肥田比冬浸鸭屎泥每亩增产稻谷 107 斤或 22.4%，比冬干鸭屎泥每亩增产稻谷 194 斤或 51%。目前，官山坪大队绿肥栽培面积已发展到占稻田面积的 40% 以上。种绿肥不仅防治了水稻"坐秋"。并且使过去的单季稻冬浸为主的耕作制度，改变为中、迟稻绿肥和双季稻绿肥制度，增加了复种指数，开辟了肥源，培养了地力，对彻底改良"坐秋"低产田，培肥为稳产高产的农田打下了良好的物质基础。

在冬干"坐秋"鸭屎泥上种好绿肥，必须抓好排水晒田和增施磷肥两项技术措施。排水不好绿肥不易出苗，叶黄生长差，产量低。土壤不干不湿形成"夹浆泥"或"牛皮田"，翌年水稻"坐秋"会更为严重。不同水分含量与鸭屎泥水稻"坐秋"关系的盆栽试验材料，说明了这个问题。经过干燥处理的土壤"坐秋"轻微，每盆收籽粒 41.5 克；保持最大持水量 30%，约含水分 10% 的半湿润的土壤，"坐秋"比较严重，收籽粒 25.4 克；保持最大持水量 60%，约含水分 18% 的湿润土壤"坐秋"最为严重，收籽粒 12.0 克。注意提早排水，挖深沟排水，使土壤晒干透，是新栽培绿肥的"坐秋"田上，长好绿肥的重要措施。

增施肥料，特别是磷肥，是种好绿肥和使绿肥丰产的另一个关键措施。据鸭屎泥上种绿肥 6 个试验材料的统计，每亩施过磷酸钙 30 斤，紫云英绿肥鲜草量 3 183 斤，比对照 1 644 斤增产 63%。每亩施火土灰 1 000 斤，增产 19%，硫酸铵 6 斤，增产 22.8%，效果均比过磷酸钙差。

1960—1963 年农村试验研究基点的过程中，根据当地生产问题出发，在调查总结和研究群众经验的基础上，提出了"使用磷肥和种好绿肥"防治和改良冬干"坐秋"鸭屎泥田的措施，这个措施具体运用在官山坪大队，生产上发挥了显著的效果，水稻产量不断上升，由 1960 年平均增产 350 斤，提高到 564 斤，增产 62%。1963 年当地遭受特大自然灾害，冬干田大面积存在的情况下，早稻仍获得良好的收成，比 1961 年增产 13%，改变了当地的低产面貌。从而，我们也就总结出"冬干坐秋，坐秋施磷，磷肥治标，绿肥治本，以磷增氮，加速土壤熟化"规律性的有效措施。

注：此项研究工作得到高惠民、梁勇、肖泽宏、刘更另、徐淑华同志的指导与当地党政领导王伦相等同志的大力协作与支持。

先后参加这项工作的有余太万、刘运武、谷振中、刘协庚、易跃寰、章士炎、陈福兴、蔡良、穆从如、姜伏初、顾春阳、李淑筠、王瑞新、王莲池、杨清、黄增奎、马燕如等同志。

参考文献

[1] 湖南祁阳官山坪低产田改良工作组．改良低产田资料汇编．湖南科学技术情报研究所，1963（5）．

[2] 中国农业科学院土壤肥料研究所．土壤肥料专刊，第2、第3号．

[3] 中国农业科学院土壤肥料研究所，湖南祁阳县农业局．湖南省祁阳县磷肥肥效试验总结报告．

[4] 湖南祁阳官山坪低产田改良工作．冬圻田坐秋问题的初步研究．湖南科学技术协会，1963（11）．

[5] 鲁如坤等．江苏南部几种水稻土的有机矿质复合体的初步研究 [J]．土壤学报，1962，10（2）．

[6] 兰士珍，刘文通，程晋福．两种水稳性团聚体分析方法在不同耕作土壤中的表现 [J]．土壤通报，1962（5）．

[7] 谢森祥．水稻土大小团聚体联合测定问题 [J]．土壤通报，1963（4）．

本文刊登在《科学研究年报》1964年第4号

湖南鸭屎泥田水稻"坐秋"的原因及其防治方法的研究

陈尚谨　郭毓德　王莲池

（中国农业科学院土壤肥料研究所）

（1963 年）

为了进一步研究水稻"坐秋"的原因及其防治方法的效果，1964 年配合我所湖南祁阳工作站，继续在北京进行盆栽试验和土壤分析工作。试验用鸭屎泥由湖南祁阳县官山坪运来，于冬季在温室进行风干、碎土（5 毫米左右）、装盆，每盆盛土 20 市斤，并按计划进行泡水、风干和不同土壤水分的处理，处理间重复 4 次。试验盆钵于 5 月底移进纲室，6 月 4 日插秧，水稻品种为银坊；在水稻插秧前施用磷肥、有机肥和绿肥；磷肥处理：每盆施用过磷酸钙 5 克；有机肥处理：每盆施用猪粪 100 克；绿肥处理：于冬季种植紫云英在插秧前一星期翻压。氮肥处理：每盆施用硫酸铵 5 克；氮磷处理：每盆施硫酸铵和过磷酸钙各 5 克。鸭屎泥一般为粉沙黏壤土，含全氮 0.18%，全磷酸 0.10%，有机质 3.28%，有效磷百万分之 5～15，pH 值 7.8。有效磷分析方法系采用 1% 碳酸铵溶液浸提。兹将 1964 年盆栽试验结果分述如下。

一、冬闲期间土壤水分状况对水稻"坐秋"的影响

1963 年盆栽试验指出（详见科学研究年报第 4 号），鸭屎泥在冬闲期间处于泡水状态，翌年水稻插秧，即使不施用磷肥，稻苗生长依然正常，也不会发生"坐秋"，若冬季土壤处于风干状态（土壤含水量为 5%～6%），翌年水稻"坐秋"程度也较轻，土壤水分保持在田间最大持水量的 30% 和 60%（相当土壤含水量 10% 和 18%），水稻"坐秋"现象极严重，产量最低，几乎没有收获。1964 年重复了这个试验，并增加了土壤水分保持在田间最大持水量 80% 的处理，试验结果产量列入表 1。水稻生长情况如照片。

表1 冬闲期间不同水分处理对水稻产量的影响 （不施用磷肥）

年份	冬闲期间土壤水分处理	株高（厘米）	每盆穗数（个）	每盆总重（克）	每盆粒重（克）	粒重百分率以浸水为100%
1964	浸水	92.0	14.5	72.5	27.5	100.0
	风干	89.0	14.7	70.9	32.8	118.0
	保持水分在田间最大持水量30%	32.0	2.5	1.4	0.4	1.3
	保持水分在田间最大持水量60%	30.0	2.0	0.7	0.2	0.5
	保持水分在田间最大持水量80%	72.0	3.0	0.6	3.6	13.3

照片 冬闲期间不同水分处理水稻生长情况

说明：自左至右：浸水、风干、保持水分在田间最大持水量的
80%、60%、30%。

从照片、表1可以看出，两年来的盆栽试验结果基本是一致的，就稻谷产量、穗部性状以及水稻生长期内干物质的积累情况等项来看，以浸水和风干处理最好，处理间差别不大，保持水分在田间最大持水量30%~80%，发生严重"坐秋"，而以保持在最大持水量30%和60%的处理尤为严重。

为了进一步说明冬闲期间不同土壤水分状况和土壤结构的关系，于1964年10月水稻收获后，在不同土壤水分处理的盆钵中，距表层5厘米以下取泥50克，用套筛进行了泥团分析，每个处理重复两次，分析结果列入表2。

表2　冬闲期间不同土壤水分对结构状况的影响　　（不施磷肥对照）

冬闲期土壤水分处理	水难分散的泥团（%）						直径大于1毫米总和	直径小于0.25毫米
	直径7毫米	直径5毫米	直径3毫米	直径1毫米	直径0.5毫米	直径0.25毫米		
浸水	0.00	1.75	5.43	5.38	2.42	3.68	12.56	81.30
风干	5.40	6.67	6.00	8.56	3.15	6.30	26.63	63.90
保持水分在田间持水量的30%	12.50	10.90	10.50	16.70	3.30	6.40	50.60	39.70
保持水分在田间持水量的60%	10.90	10.20	10.50	11.60	2.00	7.40	43.20	47.40
保持水分在田间持水量的80%	15.20	8.30	12.30	16.40	1.24	5.10	52.20	41.50

从表2材料看出，冬季浸水的鸭屎泥，大于1.0毫米的泥团最少，只占全土重的12.6%，而小于0.25毫米的颗粒却有81.3%，由于土壤团粒细小，水泥相融，有利于水稻根部的生长发育，水稻未发生"坐秋"现象，产量也最高。在冬季保持土壤水分在田间最大持水量的30%~80%时，由于土壤水分保持在毛管润湿状态，形成了坚固的土块，泡水后泥团不易溶散，达不到水泥相融的程度，虽然经过水稻生长期5个月的浸水，表土中仍有大量泥团。如对照不施磷肥的处理，大于1.0毫米泥团占土量43.20%~52.20%，比冬季泡水的增加3倍以上，因之水稻生育不良，"坐秋"严重，几乎没有收获。土壤在冬季处于风干状态（土壤含水量相当5%~6%），由于这种土壤里面空气较多，一经泡水，水分容易向土壤中心渗透，生成的泥团较松软，长期泡水后可以被水分散。在同时期测定，表层泥团小于0.25毫米占全土重63.9%，基本没有发生水稻"坐秋"。但是，实际情况湖南鸭屎泥田，地下水位高，在当地一般气候条件下，要使水田彻底干透是不容易的，随着冬季雨雪的渗透融化，落干后的稻田土壤水分多保持在田间最大持水量的30%~60%，生成大量坚固泥团，并且由于土壤胶体性质的变化，使土壤养分的活化能力减低，是翌年水稻发生"坐秋"的主要原因之一。

二、施用磷肥、有机肥和冬种绿肥对防止 水稻"坐秋"的作用

生产实践与田间试验证明，对冬干鸭屎泥田施用磷肥、猪、牛粪，以及冬季种植绿肥，均有防止水稻"坐秋"的作用。1964年盆栽试验进一步证明，通过以上措施，不

仅可以供给有效养分防止水稻"坐秋",获得增产,而且对改良鸭屎泥土壤也起到一定的效果。现将各肥料处理对冬干鸭屎泥防止"坐秋"作用列入表3、表4。

表3　施用过磷酸钙对防止鸭屎泥水稻"坐秋"的作用

冬闲期间土壤水分	肥料处理	株高（厘米）	每盆穗数（个）	每盆总重（克）	每盆粒重（克）
冬　浸	对　照	92	14.5	72.5	27.5
	施　氮	89	14.0	80.1	36.4
	施氮磷	91	33.0	112.0	50.3
冬　干	对　照	89	14.7	70.9	32.8
	施　氮	93	12.0	54.8	26.0
	施氮磷	98	38.2	142.8	63.5
水分保持田间最大持水量的30%	对　照	30	2.0	0.75	0.15
	施　氮	29	0.5	0.47	0.10
	施氮磷	98	34.0	109.30	50.00
水分保持田间最大持水量的60%	对　照	32	2.5	1.37	0.37
	施　氮	32	1.5	0.85	0.12
	施氮磷	99	23.7	100.80	44.80
水分保持田间最大持水量的80%	对　照	72	3.0	6.60	3.70
	施　氮	55	2.7	2.50	0.70
	施氮磷	95	35.2	99.90	42.50

表4　施用有机肥料和冬种绿肥对防止水稻"坐秋"的作用
（鸭屎泥冬闲期间土壤水分均保持在最大持水量的**60％**）

施肥处理	株高（厘米）	每盆穗数（个）	每盆总重（克）	每盆粒重（克）
对照	32.0	2.5	1.37	0.37
冬闲种绿肥不施磷肥	82.0	7.0	26.30	12.70
冬闲种绿肥施磷肥	84.5	8.7	34.20	15.70
100克猪粪基施	85.2	7.5	32.80	14.20

从表3、表4材料看出,对不同土壤水分处理的鸭屎泥,单独施用氮肥增产效果不显著,而施用氮磷肥、有机肥和冬种绿肥都可以有效地防止水稻"坐秋",显著增加产量。其中,以磷肥所起的作用尤为明显。表3材料说明,5种不同水分处理条件,不施用磷肥对照每盆仅产稻谷0.15～32.8克,施用氮肥没有效果,增施磷肥防止了水稻"坐秋",每盆产量提高到42.5～63.5克。在表4材料中,对照处理每盆仅产稻谷0.37

克，几乎没有产量，通过种植绿肥和施用磷肥及有机肥后，产量提高到 12.7 ~ 15.7 克。以上材料充分说明，土壤严重缺乏磷素营养也是水稻发生"坐秋"的重要原因。

为了进一步验证，通过以上施肥（磷肥、有机肥、绿肥）措施，对鸭屎泥土壤结构的影响，于 1964 年 10 月水稻收获后，在以上施肥处理的盆钵中，取距表层 5 厘米以下的土壤进行了泥团的分析，结果列入表 5。

表 5   施肥措施对鸭屎泥土壤结构的影响

施肥处理	产量粒重/盆（克）	水难分散的泥团（%）						直径大于1 毫米总和	直径小于0.25毫米总和
		直径7 毫米	直径5 毫米	直经3 毫米	直径1 毫米	直径0.5 毫米	直径0.25毫米		
对　照	0.37	10.9	10.2	10.5	11.6	2.0	7.4	43.2	47.1
施　氮	0.12	9.4	9.8	12.2	18.4	2.4	5.3	48.8	42.4
氮　磷	44.80	3.7	6.4	8.0	8.0	2.5	5.8	26.1	65.1
猪　粪	14.20	13.2	8.8	9.5	10.2	1.6	5.2	42.4	60.9
各种绿肥施磷（插秧前翻压）	15.90	0	2.9	2.6	2.3	0.9	4.3	7.8	86.7

注：冬闲期间土壤水分保持在田间最大持水量的 60%

从表 5 看出，在鸭屎泥土壤结构不良的状况下，通过增施磷素化肥、有机肥和各种绿肥，可以显著改善土壤结构，使泥团分散，如表 5 对照处理上层土壤中大于 1.0 毫米的泥团为 43.2%，通过施用绿肥和氮磷肥泥团减少到 7.8% 和 26.1%，由于泥团的分散，水土相融，大大增加了根部和土壤接触的面积，土壤中有效养分数量相对增加。有利于水稻生长，对防止水稻"坐秋"的作用很大。众所周知，猪厩肥、绿肥等有机肥料有供给植物养分和改良土壤的作用。磷肥是一种矿物质肥料，没有直接改良土壤结构的作用，增施磷肥对改良土壤结构的效果，显然是因为水稻在生长期间有了充足的速效养分，增强了根系的发育，通过根系对泥团的间接影响。因此，可以肯定，在鸭屎泥田中，通过以上施肥措施，不仅可以供给养分，有效地防止水稻"坐秋"，获得增产，同时，还可以起到改良土壤的作用。

三、小　结

长期泡水的鸭屎泥田，一经冬干后，土壤水分降低到田间最大持水量的 80% 以下，由于土壤体积收缩，翌春泡水耕耙后，形成很多泥团，长期不能被水分散，泥团中所含的养分很难被根部吸收利用。根部与土壤接触的面积相对减少，对水稻生育的影响很大。鸭屎泥有效磷含量很低，一般多在百万分之 10 左右，水稻缺乏磷素营养，根部发育很差，更难从土壤中吸收养分。可以认为，土壤结构不良和土壤有效磷含量低，是冬干鸭屎泥田水稻发生"坐秋"的两个主要原因。

　　试验结果证明，对鸭屎泥田采取增施磷肥、有机肥以及各种绿肥等措施，可以有效防止水稻"坐秋"。显著增加稻谷产量。如冬闲期间土壤水分保持在田间最大持水量的30%～80%，不施磷肥处理每盆产量仅为0.15～3.7克，增施磷肥后每盆产量显著增加到42.5～50.0克。施用氮肥没有防止"坐秋"的作用。

　　通过泥团分析，进一步验证了在鸭屎泥田中，施用磷肥和绿肥，不仅供给了有效养分，而且可以起到改良土壤的作用。如在水稻收获后测定水难分散的泥团结果，对照处理上层大于1.0毫米的泥团占全部干土的43.2%，施用磷肥和冬种绿肥的泥团降低到26.1%和7.8%。磷肥能起到改良土壤的作用，显然是因为水稻在生长期间有了充足的速效养分，增强了根系的发育，通过根系对土壤的作用，间接起到了改良土壤的结果。因此，在鸭屎泥田中施用磷肥、有机肥和冬种绿肥，提高土壤肥力，是有效防止水稻"坐秋"的主要措施，早期泡水和多犁多耙，使土团分散，水土相融，也是防止水稻"坐秋"的有效方法。

本文刊登在《科学研究年报》1965年第5号

湖南鸭屎泥田土壤理化性质的研究

陈尚谨　郭毓德　王莲池

（中国农业科学院土壤肥料研究所）

（1964 年 3 月）

一、摘　要

本试验是结合湖南祁阳农村基点进行的，土壤样本由湖南运来，在本所进行盆栽试验。试验指出，在不增施磷素化肥的情况下，鸭屎泥冬闲期间，土壤水分多少，对翌年水稻"坐秋"有明显的影响。冬闲期间土壤水分保持在最大持水量的 60%（土壤水分含量 18.0%），水稻"坐秋"最为严重，每盆收稻谷 12.00 克；保持在最大持水量 30%（土壤水分含量 10.0%）严重程度次之，每盆收稻谷 25.4 克；保持风干状态（土壤水分含量在 5%~6%），每盆收稻谷 41.5 克，"坐秋"程度较轻，试验结果与当地农谚"冬干要干透"的说法是符合的。冬浸的水稻生育正常，没有发生"坐秋"，每盆收稻谷 44.9 克。水稻发生"坐秋"的原因，除与冬闲期间土壤水分有关外，与土壤耕作性能，形成土块大小也有明显关系。泥团愈大，土壤与水稻根系接触面积减少，供应有效磷的数量相应减少，水稻生长不良，"坐秋"程度就愈严重。试验指出，土块直径 1~2 毫米，有效磷含量如 28 毫克/千克，不增施磷肥水稻生长接近正常，"坐秋"现象轻微，每盆稻谷产量如 36.3 克；土壤直径如 5 毫米，每盆稻谷产量如 31.8 克，有效磷含量如 6 毫克/千克，水稻生育不正常，"坐秋"程度较严重；土壤直径如 10 毫米，有效磷含量如 5 毫克/千克，水稻生育最坏，"坐秋"程度严重，每盆仅产稻谷 3.3 克。土壤水分影响土壤结构和土壤有效磷的供应能力，因而，影响到水稻生产不良，并发生"坐秋"。

冬干鸭屎泥，施用磷肥或施用有机肥料（苕子）均能改善土壤理化性质和水稻营养条件，使土壤微团聚体 0 组：Ⅱ组比值由 1.3 增大为 3.3 及 4.14，施用有机、无机肥料，水稻根系发达，对鸭屎泥微团聚体分散也有一定良好作用，并减轻水稻"坐秋"的危害。

冬干鸭屎泥水稻田采用直播办法，若不供给磷肥，仍有"坐秋"现象。冬干鸭屎泥施用磷肥，培育壮苗，对本田水稻生长有良好作用，可以减轻"坐秋"。冬干鸭屎泥在施用磷肥的基础上接种固氮兰藻有增产的趋势，值得注意研究。

二、研究目的

湖南祁阳低产水稻土鸭屎泥冬水田，常常由于秋冬气候干旱，脱水落干，土壤经过一度干燥后，理化性质变坏，泡水插秧后水稻生育不良，严重减产。如何防止鸭屎泥冬干"坐秋"是生产上和科学上需要研究解决的重要问题。通过1960—1962年3年来湖南祁阳农村基点试验和本所盆培试验初步指出：低产水稻土鸭屎泥冬干后，水稻发生"坐秋"与土壤物理性状和土壤有效养分供给能力均有一定关系。施用磷肥或有机肥料改善了土壤理化性质，供给水稻生长所需要的养分，可以有效地防止水稻"坐秋"。

为了探讨水稻发生"坐秋"的原因及其有效防止方法。本试验着重研究了鸭屎泥经过浸水与干燥和不同土块大小对水稻"坐秋"的影响，不同土壤水分条件下对土壤结构和土壤微团聚体的变化。施用磷肥和冬种绿肥对防止水稻"坐秋"的作用。

三、试验方法及供试材料

本研究系配合我所湖南祁阳农村基点工作而进行的，由湖南运来土壤在本所里进行盆栽试验，试验用盆栽有两种。一种为高32厘米，直径25.5厘米，容土32市斤。另一种为高27.0厘米，直径19.5厘米，容土20市斤。鸭屎泥于2月初运回后，风干、打碎、过筛、装盆。并测定土壤最大持水量及土壤基本分析。试验用土为鸭屎泥，潜在肥力较高，有机质为3.3%，全氮为0.19%，全磷酸为0.18%，酸溶性氧化钾为1.5%，pH值为7.5，而有效磷很低（为1%碳酸铵浸提，比色法测定结果），仅为百万分之七。试验用水稻品种为银坊稻。试验于4月27日及6月4日播种插秧。

土壤团聚体的测定方法：采用 A. Φ. 丘林方法，分离土壤团聚体，土壤团聚体分为3部分：①"0组"为水能分散的游离部分。②"Ⅰ组"为钙离子和胡敏物质凝聚而生成的团聚体，用食盐溶液分散的部分，其中，R_2O_3 物较少，活性较低。③"Ⅱ组"为通过化学方式与三氧化二物结合的胡敏酸物质而生成的团聚体，其中，营养难被作物吸收。Ⅱ组系采用机械磨碎法分散的。

四、试验结果

本年试验主要有3个内容，分述如下。

（一）鸭屎泥不同水分条件和种绿肥对水稻"坐秋"的影响

本试验有9个处理，重复4次，处理如下。
①冬浸（由2月8日到6月4日保持泡水状态）。

②冬干（同上时间保持风干状态，相当土壤水分 5% ~6%）。

③冬干、插秧时施过磷酸钙 5 克。

④在上述时期土壤水分保持最大持水量的 30%（相当土壤含水量 10%）。

⑤在上述时期土壤水分保持最大持水量的 60%（相当土壤含水量 18%）。

⑥在上述时期土壤水分保持最大持水量的 60%，于 2 月 15 日早期施入过磷酸钙 5 克。

⑦在上述时期土壤水分保持最大持水量的 60%，于水稻插秧时（6 月 4 日）施过磷酸钙 5 克。

⑧在上述时期土壤水分保持最大持水量的 60%，于 2 月 27 日至 5 月 29 日种植苕子。

⑨在上述时期土壤水分保持最大持水量的 60%，施过磷酸钙 5 克做基肥种植苕子。

自 2 月 15 日开始，各盆钵按处理分别保持土壤水分为最大持水量的 30% 及 60%。处理⑥、⑨施入磷肥，2 月 27 日播种苕子每盆 10 株。3 月 29 日调查，施过磷酸钙的苕子叶色油绿，生长旺盛。不施磷肥处理苕子枝条细弱，叶片小而带有紫红色、生长停滞。5 月 27 日收获。青草产量，生育调查列入表 1，生育情况如照片。

表 1   毛叶苕子生育情况表

项目 处理	株高（厘米）	地上青草鲜重 （克/盆）	根鲜重 （克/盆）	根部结瘤情况
对　　照	42.2	23.3	5.9	0
施过磷酸钙	93.2	124.8	16.6	+ +

苕子收获后，剪碎翻压，处理⑧不施磷肥的苕子生长很差，青草产量很低，从田间取回苕子鲜草 101.5 克与处理⑨同重量的青草压入盆内。处理⑦按计划施入磷肥。5 月 27 日全部盆钵泡水。6 月 4 日插秧。水稻秧苗系田间育成银坊稻苗，每盆插秧 10 株。分期取样疏苗，最后定株 3 棵，收获产量。各个处理均供应充足氮素营养，每盆施入硫酸铵 7 克，分蘖、拔节、孕穗前 3 次施入。在水稻返青、拔节、孕穗及成熟期进行生育调查和考种。并取土测定土壤有效磷含量及土壤微团聚体分组测定。

一般来说本年冬干鸭屎泥水稻"坐秋"情况不如过去试验严重，处理②于返青后稍有"坐秋"现象。生育情况接近正常，在拔节期冬浸处理有分蘖 6.1 个。冬干处理的有分蘖 3.6 个。生育初期和中期泡水处理优于干燥处理。到孕穗期以后干燥处理分蘖数已达 6.2 个与泡水处理相近。

在不同土壤水分条件下，鸭屎泥冬浸处理，水稻生长最好；冬干的第二；冬季保持土壤水分在最大持水量的 30% 水稻生长较差，"坐秋"比较严重，分蘖也少，在拔节期单株仅有分蘖 2.1 个，孕穗期 3.0 个；在冬季土壤保持水分在最大持水量的 60%（旱作最适宜的土壤水分），水稻生育反而最差，"坐秋"也表现最严重，叶片有锈斑，返青缓慢，单株分蘖力也很差，至孕穗期分蘖仅为 1.5 个，生长停滞。水稻生育情况以干物重量表示如图 1。

发育情况照片

照片从左至右：对照；施过磷酸钙

从孕穗期到成熟期各个处理间生育概况仍保持上述情况，10 月 4 日收获产量，结果列入表2。

表2　鸭屎泥不同水分处理产量结果表

项目 / 处理	总重 （克/盆）	粒重 （克/盆）	穗数/盆	千粒重 （克）	株高 （厘米）
1. 冬浸	176.2	44.9	20	19.6	99.6
2. 冬干	127.8	41.5	18	19.3	105.4
3. 土壤水分保持 最大持水量30% （土壤水分10.3%）	75.5	25.4	11.2	21.4	97.7
4. 土壤水分保持 最大持水量60% （土壤水分18%）	36.2	12.0	6.2	20.7	88.8

在不同土壤水分条件下，水稻产量结果表明，从 2 月到 6 月浸水处理产量最高，每盆收稻谷44.9克，冬干处理次之，每盆收稻谷41.5克，保持土壤水分在最大持水量的30% 又次之，为25.4克，保持土壤水分在最大持水量的60% 产量最低，仅收稻谷 12.0

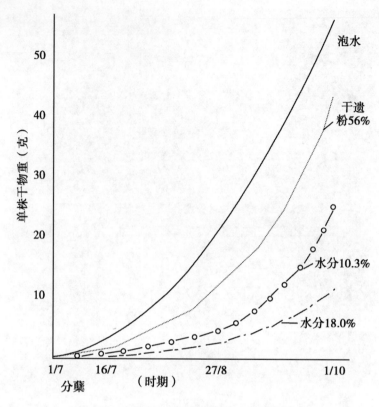

图1　不同土壤水分水稻植株干物质积累情况

克。由于土壤水分在冬春季休闲期间，土壤理化性状发生变化，"坐秋"严重程度不同，每盆分蘖抽穗和产量结果均有显著区别。结果表明在冬闲期间保持土壤水分在最大持水量的60%，是鸭屎泥最坏的土壤水分条件。在这种水分情况下，于冬闲期间施用磷肥，或在插秧时施用磷肥，或种植绿肥结合施磷等措施，均能改善鸭屎泥的营养条件，水稻叶色，株高，分蘖，干物质积累情况均优于对照处理。抽穗期提早一星期左右。但这些处理仍不及冬干施磷肥的处理③生长好。水稻生育情况如图2、图3所示。

在插秧时施用磷肥与冬闲期4个月施磷肥处理比较，以在插秧时施入磷肥肥效较好，特别在前期较为明显，但是，最后产量区别不够明显，初步指出，磷肥在土壤中停留时间长短对磷的固定作用影响不大。

水稻于10月4日成熟收穗，由于螟虫为害严重，产量较低，各重复间差异稍大，但处理间区别仍很明显，现将产量结果列入表3。

表3　施用磷肥及绿肥产量结果表

项目 处理	总重 （克/盆）	粒重 （克/盆）	穗数/盆	千粒重 （克）	株高 （厘米）
2. 冬干（对照）	127.8	41.5	18.0	19.3	105.4

（续表）

项目\处理	总重（克/盆）	粒重（克/盆）	穗数/盆	千粒重（克）	株高（厘米）
3. 冬干施磷	203.6	71.2	35.8	20.3	100.6
6. *冬闲施磷	120.9	44.2	19.2	23.3	95.0
7. *插秧施磷	117.2	50.1	18.5	22.4	98.8
8. *施入绿肥 125 克	109.8	39.4	15.5	20.2	97.3
9. *施入绿肥加磷	147.9	47.1	20.0	22.7	102.3
5. *保持最大持水量 60% 不施磷（对照）	36.3	12.0	6.3	20.7	88.8

注："＊"的各个处理均保持土壤水分在最大持水量的60%

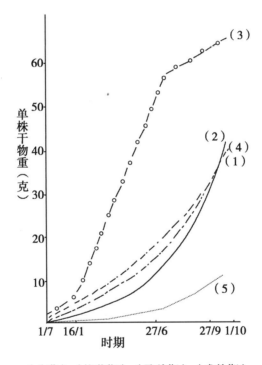

图2　不同土壤水分条件下，不同施磷方法
水稻干物质积累情况

产量结果表明，鸭屎泥在冬季风干后，增施磷肥产量最高，每盆收稻谷71.2克，比不施磷的对照多收稻谷29.7克，冬闲期间保持土壤水分在最大持水量的60%，于插秧时施入磷肥、插秧前4个月施磷、施入绿肥和冬种绿肥，种绿肥施磷肥的各个处理对水稻营养都有一定好处。但提高产量幅度则不如冬干施磷水稻增产幅度大。每盆收稻谷

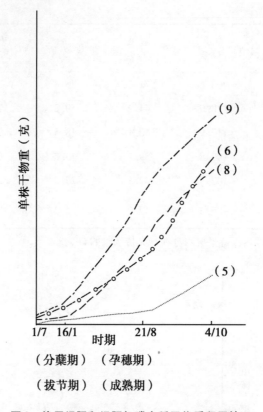

图3　施用绿肥和绿肥加磷水稻干物质积累情况

39.4～50.1克，比保持土壤水分在最大持水量60%的对照增产27.4～38.1克，比冬干施磷处理低31.8～21.1克。

（二）鸭屎泥冬干后不同土壤粒径对水稻发生育的影响

本试验有7个处理。

①细土：粒径为2毫米。

②细土：插秧时施入过磷酸钙5克。

③土壤块径5毫米。

④土壤块径10毫米。

⑤*土壤块径30毫米。

⑥*土壤块径40毫米，插秧时施入过磷酸钙5克。

⑦*土壤块径40毫米。

注："*"⑤、⑥、⑦处理盆表面混入2～10毫米似细土约1/4。

本试验由5月21日进行碎土，按不同块径要求，过筛、称重、装盆，采用盆钵为27.0厘米，直径19.5厘米，装土20市斤。⑤、⑥、⑦处理盆钵下部装大直径土块，于盆表面盖覆2～10毫米碎土5斤，以便插秧，并按不同粒径采取样本，测定土壤有效磷含量。于5月底泡水，6月4日按处理施肥插秧，每盆插秧10株，分期取样进行生育调查，最后留苗 3 株收获产量，重复 5 次：全部盆钵供给充足氮素营养，分分蘖、拔节、孕穗 3 次追施硫酸铵 7.0 克。水稻生育情况以干物质积累情况表示，如图 4。

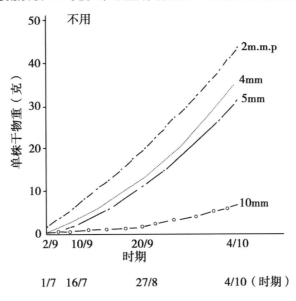

图 4　不同土壤粒径水稻植株干物质积累情况

由图 4 可以看出土块大小，对水稻生育影响很大，"坐秋"程度也有明显不同。以 10 毫米土壤水稻生长最差，返青慢，叶片有锈斑，随之逐渐干枯，分蘖力很差，至 8 月 29 日仅有分蘖 0.5 斤，植株矮小，"坐秋"严重。至收穗时单株总重很低，仅有 7.3 克。严重的影响繁殖器官发育，抽穗很少，产量很低。

土壤粒径在 2 毫米左右范围的处理，水稻生长正常，没有看到"坐秋"现象于插秧后两星期返青，即开始分蘖，至 8 月 29 日分蘖达 5~8 个；土壤块径 5 毫米处理，生长情况次于 2 毫米粒径，有轻重坐秋现象发生，至 8 月 29 日分蘖达 5.1 个；处理⑤、⑦土块有 30 毫米和 40 毫米，由对在盆内加入碎土 5 斤，水稻植株高度，叶色表现比块径在 10 毫米的稍好；处理②和⑥不论土块大小，施用磷肥，均能使水稻生育快，株形高，叶色深绿，分蘖力强，8 月 29 日生育调查单株分蘖为 6.4 个和 7.6 个，较不施肥处理提早成熟 15 天左右。施磷处理于 10 月 4 日收获，不施磷处理于 10 月 17 日收获，收获后考种，产量结果列入表 4。

表 4　不同土壤粒径水稻产量结果

项目 处理	总重 （克/盆）	粒重 （克/盆）	千粒重 （克）	穗数/盆	株高 （厘米）
1. 细土（2 毫米直径）	109.5	36.3	20.9	19.8	96.2

（续表）

处理 \ 项目	总重 （克/盆）	粒重 （克/盆）	千粒重 （克）	穗数/盆	株高 （厘米）
2. 细土施磷	130.9	49.3	22.4	21.8	101.7
3. 土壤粒径 5 毫米	96.6	31.8	20.7	15.4	98.2
4. 土壤粒径 10 毫米	22.0	3.3	19.3	4.0	82.3
5. 土壤粒径 30 毫米 （加 1/4 细土）	41.2	12.7	16.8	7.2	94.4
6. 土壤粒径 40 毫米、 施磷（加 1/4 细土）	137.9	47.5	22.0	22.4	97.5
7. 土壤粒径 40 毫米 （加 1/4 细土）	68.4	22.9	17.6	10.0	97.0

从产量结果看出，在细土上水稻生长较好，产量也较高。2 毫米细土，每盆穗数为 19.8 个，收稻谷 36.3 克；5 毫米土粒每盆有 15.4 个穗，收稻谷 31.8 克；10 毫米土块处理产量最低，仅收稻谷 3.3 克；大于 30 毫米土块，因盆钵表面混合 1/4 细土，因之产量结果与生育情况，反而比 10 毫米的水稻产量表现稍高。无论对细土和大粒径土壤，施用磷肥都能改善水稻的磷素营养条件，水稻生长旺盛，分蘗力强，处理②和⑥有效穗数，分别为 21.8 个和 22.4 个，因之产量每盆达 49.3 克和 47.5 克，较不施磷增产 13.0 克和 34.8 克。鸭屎泥冬干后耕性变坏，犁耕后，土壤结块，因而，影响了有效磷的供应能力，产生严重"坐秋"现象，造成减产。

不同粒径土壤有效磷分析结果指出：粒径愈小，土壤有效磷可提出的量愈多，粒径愈大，可浸提有效磷含量愈少。如图 5 所示。

从图 5 看到：1 毫米细土与 2 毫米粒径土壤有效磷含量区别不大，可浸出有效磷含量为 27.2 毫克/千克及 27.1 毫克/千克，5 毫米土块可浸提有效磷含量为 5.3 毫克/千克，10 毫米土块可浸提有效磷含量为 5.0 毫克/千克，40 毫米土块可浸提有效磷为 3.2 毫克/千克，分析结果初步证明，土粒愈细，可被利用的有效磷愈高。土块愈大可被利用的有效磷愈低。

（三）不同水稻栽种方法和接种兰藻对水稻生育影响（接种兰藻部分与微生物室陈延伟同志协作进行）

冬干鸭屎泥田上栽种水稻，稻苗"坐秋"黑根影响生长发育，为了避免此现象，曾考虑水稻"坐秋"可能与插秧后水稻复根有关，因此，进行了水稻直播与插秧不同栽种方法试验。试验处理如下。

①直播水稻：不施磷肥（对照 1）。

②直播水稻：施过磷酸钙 5 克。

③直播水稻：施过磷酸钙 5 克加入 10 毫克/千克硫酸铜溶液，杀死土壤兰藻。

④插秧水稻：不施磷肥（对照 2）。

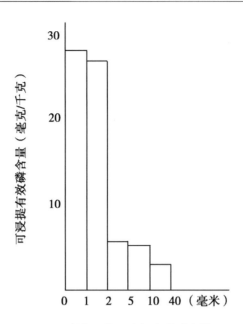

图 5　不同粒径土块可浸提有效磷含量图

⑤插秧水稻：施过磷酸钙 5 克。

⑥插秧水稻：施过磷酸钙 5 克加入 10 毫克/千克硫酸铜溶液，杀死土壤兰藻。

⑦插秧水稻：施过磷酸钙接种固氮兰藻。

本试验用盆钵容土 20 市斤，于 4 月 15 日装盆，水稻品种采用银坊稻。4 月 26 日用 1% 福尔马林消毒后浸种 24 小时。在室温条件下，进行催芽，5 月 3 日播种，每盆播种 44 粒，播种前按施肥处理施入磷肥，每盆施过磷酸钙 5 克，处理④~⑦于 5 月 28 日插秧，拔取本盆秧苗，再行插秧一次。（对照处理的稻苗为施磷处理秧苗），每盆插苗 10 株。处理 7 于插秧后接种固氮兰藻。直播各处理同时进行疏苗，每盆留苗 10 株，按分蘖、拔节、孕穗等生育期进行疏苗及生育调查，最后定苗 3 株，收获产量。重复 4 次，全部盆钵供给充足氮素营养，每盆施硫酸铵 7 克。

播种后因气温较低，水稻生长比较缓慢，从 5 月下旬水稻生长比较迅速，秧苗生长正常，至 5 月 28 日插秧时施用磷肥处理和对照已有明显区别，以单株干重看，对照处理单株干重为 0.02 克，施磷的处理为 0.04 克，插秧后，对照处理有"坐秋"现象，直播的更为严重。处理④，（对照 2）"坐秋"不严重的原因是曾对秧苗施磷育秧。从而说明秧田施磷对于本田稻秧起到良好的作用。施磷肥的各个处理都没有"坐秋"现象，叶色油绿，返青快，6 月 8 日生育调查，当施磷的各处理分蘖达 2.4~5.3 个，对照处理仅为 1.0 个和 1.3 个。至 8 月 16 日调查，施磷的各处理分蘖达 16.7~18.7 个，对照处理仅为 7.3 个。生育情况以干物质积累情况及分蘖数表示列入表 5。

表5 不同播种方法水稻生育情况表

处理	项目日期	干物质量（克/株）				分蘖数（个/株）		
		28/5	8/6	17/6	16/8	8/6	17/6	16/8
直播	不施磷（对照）	0.022	0.079	0.229	7.83	1.0	1.3	7.3
	施磷	0.044	0.407	2.127	28.20	5.3	10.5	18.7
	施磷 + CuSO$_4$	0.046	0.400	2.210	28.53	5.1	11.7	18.0
插秧	不施磷（对照）	0.022	0.143	0.347	12.37	1.3	1.4	7.3
	施磷	0.039	0.293	1.550	29.07	3.8	7.7	17.3
	施磷 + CuSO$_4$	0.05	0.240	1.380	28.9	3.1	6.7	16.7
	施磷接种兰藻	0.04	0.246	0.983	—	2.4	6.4	—

从表5看出：施磷处理从返青到拔节，直播水稻单株干物重为0.04～2.2克，插秧水稻为0.04～1.5克，拔节后插秧水稻生长迅速，赶上了直播水稻。到成熟期直播水稻也不如插秧好。在插秧处理中，又以施磷接种固氮兰藻处理表现最好。不施磷肥各处理都表现"坐秋"。施用磷肥，促进水稻生长发育，增加分蘖，提早抽穗及成熟期，可以防止"坐秋"。施磷处理水稻于9月20日收穗，对照处理于10月12日收获。成熟期相差22天，产量结果列入表6。

表6 不同播种方法水稻产量结果表

处理	项目	总重（克/盆）	粒重（克/盆）	穗数（个）	千粒重（克）	株高（厘米）
直播	（对照）不施磷	132.8	31.9	6.4	18.4	95.4
	施磷	187.0	52.9	15.3	19.4	95.2
	施磷 + CuSO$_4$	206.8	61.2	16.1	20.1	96.7
插秧	（对照）不施磷	155.2	47.3	7.4	21.3	106.3
	施磷	213.5	53.5	15.5	18.9	97.4
	施磷 + CuSO$_4$	198.2	53.4	15.1	18.9	97.8
	施磷接种兰藻	230.0	72.2	14.0	22.2	100.4

鸭屎泥冬干后，种植水稻，在不施用磷肥，无论直播或插秧，水稻生长发育都受到一定影响，有"坐秋"现象，分蘖力也差，有效穗数少，产量低。直播水稻不施磷处理有效穗数为6.4个，每盆收稻谷31.9克，插秧不施磷处理（秧苗曾施磷肥），有效穗数为7.4个，每盆收稻谷47.3克，两者比较以插秧的比直播的好，每盆多收稻谷15.4克，从而说明，在秧田施用磷肥，保证壮苗对本田水稻生长有一定的良好作用。

不论直播或插秧水稻在冬干鸭屎泥上施用磷肥，均能提高水稻产量，施磷肥各处理，每盆收获水稻52.9～61.2克，施磷又接种固氮兰藻产量提高，为72.2克，千粒重为22.2克，均比不接种的高20%左右。初步指出鸭屎泥在施用磷肥的基础上，施用少量硫酸铜溶液，对水稻苗期生长有良好作用，对产量影响不大；接种固氮兰藻，初期表现效果不明显，但开花后生育转好，对产量有一定良好作用，需要进一步研究。

五、结果讨论

以上试验指出，湖南低产水稻土鸭屎泥于冬季脱水开坼，翌年水稻发生"坐秋"的原因，与土壤水分条件和土壤理化性质的变化有密切关系。从图1看出：鸭屎泥在冬季浸水处理的水稻生长最好，没有"坐秋"现象；在冬季落干土壤水分保持在风干土的情况，水稻生长较差，有"坐秋"现象发生；冬闲期间土壤水分含量在最大持水量的30%（土壤水分10.3%），翌年水稻生长更差，"坐秋"现象也较严重；土壤水分保持在最大持水量的60%（土壤水分18%），水稻生长最差，"坐秋"现象也最严重。如图6所示产量亦有明显区别。看来土壤水分影响了土壤理化性状。不能满足水稻正常生长发育的条件，产生"坐秋"，生长停滞，造成减产。在水稻生育期中曾进行了土壤团聚体的测定，结果表明鸭屎泥冬季长期浸水，有利于胶体分散。"0组"和"I组"含量较高，"II组"较少。鸭屎泥在冬季经过干燥后与冬浸的相反，"II组"较高，两种处理水稻不同生育阶段微团聚体变化情况，用"0组"与"II组"的比值来表示如图7。

鸭屎泥由于浸、干不同处理，土壤团聚体0组、I组、II组三组含量有明显不同。按A.Φ丘林方法说明："0组"与"I组"游离部分多，养分供应能力较好，"II组"则较差。以上结果指出，鸭屎泥浸、干处理对水稻生育情况表现与三组团聚体有明显关系。

土壤浸透和干透，土壤团聚体组合情况如上所述，然而，在自然条件下，土壤水分含量往往是不干、不湿或时干时湿、既不能泡透、又不能干透。在这样水分条件下，土壤团聚体组合及有效养分供应情况仍是研究中的实际问题，今将不同土壤水分条件水稻生育期间，鸭屎泥土壤团聚体含量，结果列入表7。

表7　不同水分处理水稻生育期间土壤团聚体变化情况表（0/II比值）

处理 \ 水稻生育期　0/II比值	插秧前2/3	拔节期29/7	抽穗期2/9	收获后24/10
冬浸（冬闲期间）	5.23	2.16	4.34	4.56
冬干（冬闲期间）	1.16	2.16	2.56	2.9
土壤水分10%（持水30）（冬闲期间）	—	2.12	3.48	1.3
土壤水分18%（持水60）（冬闲期间）	—	2.65	4.62	1.44
冬干施磷（持水量）	—	3.76	4.84	3.3
冬种绿肥（冬闲期间）	—	4.03	4.40	4.14

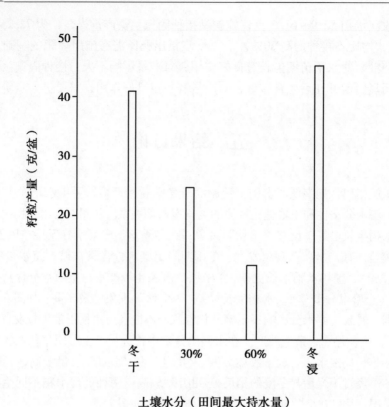

图6　冬闲期间不同土壤水分水稻产量区别

　　从表7看出，0/Ⅱ比值随着浸泡时间而有逐渐增加的趋势。但对冬闲期间土壤水分保持在最大持水量30%及60%的各处理，比值变化情况不够平稳，波动较大。拔节期0/Ⅱ比接近干燥处理为2.1及2.7，水稻生育表现不如风干处理的好，抽穗期0/Ⅱ比值突然增高为3.5及4.6，到收获期又降低为1.3~1.4，这可能与浸水时间有关，尚待进一步研究。

　　压绿肥处理与冬干施磷两个处理：0组/Ⅱ组比值变化均与冬浸处理的相似为3.3~4.8，高于冬干处理或保持土壤水分在最大持水量的30%及60%各处理，表明施用磷肥或翻压绿肥有间接或直接改善土壤的作用。施用磷肥改善了土壤营养条件，水稻生长旺盛，根系发达，水稻根部及其分泌物有改善土壤和土壤团聚体的作用，施肥促进根部发育间接地起到提高土壤肥力，改善土壤理化性的作用。

　　4次土壤有效磷分析结果表明，在2月15日冬闲期施磷处理经3个月后，土壤有效磷含量为35.5毫克/千克，未施磷的各处理有效磷为7~8毫克/千克。但到7月29日拔节期测定，各处理土壤有效磷含量均降低至6.0毫克/千克左右，冬闲期间土壤水分保持在18%的处理，土壤有效磷含量最低为4.5毫克/千克，水稻生育也表现最坏。说明在18%的土壤水分条件下经耕反而土壤结构变得坏，土壤胶体分散力很差，形成大量泥团，有效磷释放能力差，是水稻发生"坐秋"的主要原因。至孕穗期土壤有效

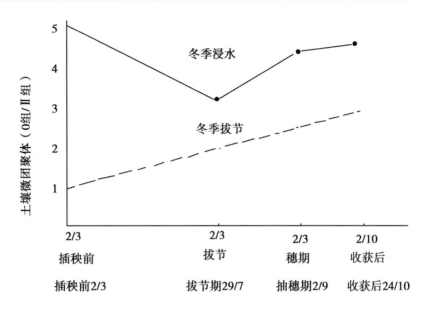

图 7　鸭屎泥浸干处理与水稻不同生育阶段
土壤团聚体变化情况（0/Ⅱ比值）

磷又有普遍提高的现象，可能因为水稻生育后期吸收磷的能力减弱，气温增高，有一部分土壤中迟效磷转变为速效磷的原因。

鸭屎泥标记^{32}P 后，经过浸、干处理置放 20 天，分离测定各组土壤团聚体含量及各组吸附^{32}P 的强度。试验方法详见"湖南鸭屎泥对水稻供磷能力的研究"结果指出：不同浸、干措施土壤中 0 组、Ⅰ组、Ⅱ组土壤微团聚体含量有显著不同，各组中吸附的^{32}P也有明显区别。冬浸鸭屎泥经过干燥后，"0 组"含量最低，仅占总土量的4%，"Ⅱ组"含量较高，占总土量的 26%；保持浸水状态处理，"0 组"含量最高为 28%，"Ⅱ组"含量仅为"9%"。吸附^{32}P 测定结果表明，"0 组"含量较多，^{32}P 放射强度也大，说明吸附磷酸离子多，鸭屎泥浸水处理，磷素较易于释放，有利于作物吸收利用，而鸭屎泥经过干燥处理后，磷营养多被固定于"Ⅱ组"，不易分散，难以为作物吸收利用。干燥的鸭屎泥再经长时间浸水，"0 组"含量可以逐渐恢复。

本年基点试验及盆栽试验表现水稻"坐秋"严重程度比 1962 年轻，从而说明：湖南鸭屎泥田水稻"坐秋"是可以通过施肥、种绿肥和耕作等土壤改良措施加以根治。"坐秋"不仅与土壤脱水程度、犁耙质量、泥团大小有关，还与土壤培肥程度、栽培管理措施以及气候条件的变化等也有一定的关系。

从水稻生长情况看出，对冬季干透的鸭屎泥施用磷肥肥效最好，产量也最高。冬闲期间保持土壤水分在 10% ~18% 的处理，叶色表现较浅，虽然施用磷肥并供给充足氮素营养，叶色仍不很正常，这种现象说明，冬闲期间不同土壤水分处理对鸭屎泥供应氮磷和其他各种营养成分的能力都有所变化，这些变化对水稻生理作用是需要进一步探讨的问题。

本文刊登在《科学研究年报》1964 年第 4 号

湖南鸭屎泥对水稻供磷能力的研究

陈尚谨　郭毓德　王莲池

（中国农业科学院土壤肥料研究所）

（1964 年 2 月）

一、提　要

本试验系和湖南祁阳农村基点磷肥研究工作配合进行的，鸭屎泥和黄夹泥土壤样本由湖南运来，在所内进行盆栽试验和室内分析。黄夹泥有效磷含量为百万分之十二，不增施磷素化肥水稻生育正常，没有感到磷素缺乏，各生育期间植株吸收磷素速度近直线增加。鸭屎泥有效磷含量少，仅为百万分之五，施用过磷酸钙，无论对冬干或冬浸处理均能显著提高水稻产量。利用放射性同位素磷进行盆栽试验，结果指出：水稻从鸭屎泥中吸取的放射性磷肥比从黄夹泥多 12.0% ~ 20.0%。这是由于黄夹泥对水稻的有效磷素供给较为充分所致。这两种土壤有效磷含量以 "A" 值表示，鸭屎泥为 131 ~ 135 毫克/千克，黄夹泥为 299 ~ 343 毫克/千克，相差约 2.4 倍。

为了说明鸭屎泥经过干燥后土壤结构的变化曾模拟田间情况利用同位素 $Na_2H^{32}PO_4$ 标记鸭屎泥土壤，分别进行干燥和浸水处理，再按 A. Φ 丘林法提取土壤各组微团聚体，并进行放射性测定。结果表明：鸭屎泥经过一度干燥后，土壤结构发生明显变化。浸水状态的 0 和 Ⅱ 组微团聚体分别为全土重量的 28.0% 和 9.0%。经过一度干燥后，土壤 0 组微团聚体锐减至 4.0%，比长期浸水的减少 24.0%，而 Ⅱ 组则显著增多，由 9.0% 增加到 26.0%。浸水和干燥状态的三组微团聚体总量为全土的 41.0% 和 38.0%，它们吸收 ^{32}P 数量占全土的 81.0% ~ 84.0%。浸水状态的鸭屎泥，磷素大半为 0 组吸收，经过干燥的大部分 ^{32}P 为 Ⅱ 组所吸收，0 组吸收 ^{32}P 量亦较浸水的为弱。以上试验指出，鸭屎泥经过一度干燥后水稻生育差，发生 "坐秋" 现象的原因，不仅与土壤有效磷含量有关，与土壤结构微团聚体的性质，也有明显关系。

二、研究目的

磷是水稻生长所需要的主要元素之一。稻田土壤干湿变异，可能使稻田的有效磷状况发生变化，而影响水稻生长发育。湖南祁阳丘陵地区的冬水田，冬干以后，翌年水稻生长就要受到抑制，于分蘖前后发生所谓 "坐秋" 现象。这种情况，在鸭屎泥田尤为普遍。近几年来的工作证明，对鸭屎泥冬干田施用磷肥，可以防止水稻"坐秋"，并较冬浸田有更大增产效果。为了研究磷肥对防止水稻"坐秋"的作用，我们采用了示踪原子法，利用同位素 ^{32}P 标记磷肥，进一步探讨水稻在不同生育期对磷素的吸收能力，以及不同土壤经过浸水和干燥后土壤胶体的变化和对磷素供应的能力。为有效防止"坐秋"提供科学依据。

三、试验设计和试验方法

盆栽试验采用鸭屎泥、黄夹泥两种土壤，均采自湖南祁阳官山坪农村基点。鸭屎泥熟化程度差，潜在肥力高，但有效肥力低，黄夹泥相反，有效肥力高而潜在肥力低（表1）。鸭屎泥冬干后，土壤结构变坏，产生很多泥团，泡水不易溶散，因此影响水稻生育，发生"坐秋"，严重减产。黄夹泥熟化程度较高，冬干后无此现象。关于这两种土壤性质，详见《中国农业科学》1963 年第 6 期，施用磷肥对防止湖南冬干鸭屎泥和黄夹泥稻苗"坐秋"的效果一文，这里不再重述。供试土壤的基本特性见表 1。

表 1　供试土壤的基本特性

土壤	全 N（%）	全 P_2O_5（%）	有机质（%）	有效磷[*]（毫克/千克）	微团聚体总量（%）	pH 值
黄夹泥	0.117	0.14	1.78	12	51.0	5.8
鸭屎泥	0.189	0.10	3.28	5	38.2	7.8

试验处理如下。

鸭屎泥　1. 冬浸（对照）　　　　　　黄夹泥　5. 冬浸（对照）
　　　　2. 冬浸施磷（用 ^{32}P 标记）　　　　　6. 冬浸施磷（用 ^{32}P 标记）
　　　　3. 冬干（对照）　　　　　　　　　　7. 冬干（对照）
　　　　4. 冬干施磷（用 ^{32}P 标记）　　　　　8. 冬干施磷（用 ^{32}P 标记）

以上处理重复 4 次，供试土壤于 1963 年 2 月从湖南运回，在温室进行风干、碎土、装盆，每盆盛土 30 斤。并分别进行泡水和干燥处理，模拟田间冬浸和冬干状态。试验盆钵于 5 月底移进网室内。插秧前对施磷肥处理每盆施入标记 $Na_2H^{32}PO_4$（240 微居里）的 5 克过磷酸钙溶液，分 6 次与全盆土壤充分混匀后泡水。次日（6 月 14 日）插秧，每盆 10 株。于（10/7）分蘖期，（25/7）拔节期，（25/8）孕穗初期进行生育调查，并取苗测定植株内脉冲数，10 月 4 日收获测定产量。在生育期中先后追施硫铵 3 次，总量 7 克。水稻生育期中螟虫为害较严重，对试验产量有一定影响。

另一部分工作是取冬干冬浸状态下的鸭屎泥样品在室内进行分析，检验土壤胶体对 ^{32}P 的吸收能力。

具体做法是于 1963 年 6 月 25 日称取 5 克鸭屎泥土 6 份置于 250mL 广口瓶中，每瓶加入 $Na_2H^{32}PO_4$ 溶液 50 微居里，拌匀后分为 3 种处理：①浸水样本标记后即刻进行干燥。②浸水样本标记后保持浸水状态。③干燥样本标记后进行浸水。以上处理在标记后第 21 天时全部泡水，并按 A. Φ. 丘林法提取 3 组土壤胶体，即零组、Ⅰ组和Ⅱ组，零组用水消散，Ⅰ组用 N. NaCl 消散，Ⅱ组用研磨法消散。然后将提出的三组胶体，在烘箱内以 80℃温度干燥，再称取 0.1 克胶体，盛入铝器中压平，进行放射性测量。

四、试验结果与讨论

（一）施磷对水稻植株生育状态的影响

通过今年盆栽试验，可以看出鸭屎泥田无论在冬干冬浸条件下，施用磷肥以后，均能表现明显效果。从水稻植株的生育性状看，单株分蘖和有效分蘖数以及单株干物重均比未施磷的为好，冬浸施磷的单株分蘖数比未施磷的约高 30%，冬干施磷的比未施磷的可超出 1 倍左右（表 2）。

表 2　施用磷肥对水稻生育影响及产量结果表

采样日期处理	产量（克/盆）	单株干物质重（克）				单株分蘖数（个）			有效分蘖数（个）
		分蘖期 10/7	拔节期 25/7	孕穗期 15/8	收获 4/10	分蘖期 10/7	拔节期 25/7	孕穗期 15/8	收获 4/10
黄夹泥浸对照	59.4	0.78	4.50	16.2	61.20	4.90	11.70	8.50	10.00
黄夹泥施^{32}P	48.0	0.77	5.70	13.23	52.50	5.00	10.70	9.00	10.50
黄夹泥干对照	75.5	0.96	4.49	14.35	55.10	5.90	9.00	10.20	10.00
黄夹泥干施^{32}P	63.4	0.91	5.76	12.45	54.90	5.90	10.60	9.20	8.70
鸭屎泥浸对照	41.9	0.35	1.29	5.85	36.90	2.00	4.30	6.80	5.40
鸭屎泥施^{32}P	42.4	0.46	1.97	8.50	50.60	3.30	7.00	9.50	8.00
鸭屎泥干对照	37.7	0.32	0.71	3.98	36.00	1.30	2.50	4.80	5.00
鸭屎泥干施^{32}P	54.2	0.51	1.99	11.90	53.40	3.90	6.30	11.00	10.70

单株干物质的积累速度也有明显的差异（图 1）。但是这种趋势在黄夹泥，就不明显。

另外，在冬干冬浸状态下，鸭屎泥未施磷的植株性状是冬浸的优于冬干，但在施磷以后，冬干的反比冬浸为好。这种情况，可能与土壤经过干燥后有效氮和其他速效营养的转化有关。

（二）两种土壤磷素的供应能力及水稻从土壤和肥料中吸取磷素的情况

供试的两种水稻土，有效磷的供应能力很不一样，这种情况，使得所施用的磷肥效果也不同。从表 3 和图 2 可以看出，水稻单株干物质内的含磷总量因土壤不同而有很大差异，速效磷含量高的黄夹泥，水稻单株干物质含磷量是接近直线上升的，而速效磷含

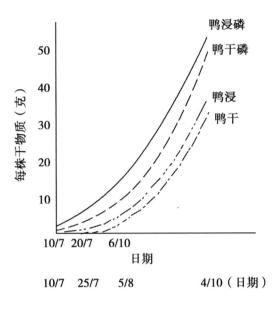

图 1　单株干物质积累速度

量低的鸭屎泥，在分蘖到拔节期间，单株干物质内的全磷量积累速度较慢，拔节以后速度转快，这种情况可能与水稻根系吸磷能力有关。生长后期由于根系发达，吸收磷的能力增强，可以由土壤中吸取足够的磷素。水稻在两种土壤中吸磷情况如图 2、图 3 所示。从图 2 可以明显看出：黄夹泥有效磷素含量较高，水稻在拔节期从土壤中吸取的磷素较多，约占植株全磷的 89%。鸭屎泥有效磷素较低，水稻从土壤中吸取的磷素较少，比黄夹泥少 12% ~ 20%。这种现象，说明了在有效磷素供应充足的黄夹泥，磷肥效果不明显的内在原因。另一方面也证明了对鸭屎泥施用磷肥，可以防止稻苗"坐秋"，促进水稻生长。从产量来看，冬干冬浸状态下的鸭屎泥，施磷比不施磷有显著增产。而对黄夹泥施用磷肥增产效果不明显。再从水稻植株中吸收土壤磷和肥料磷的数量，来计算这两种土壤有效磷含量，以"A"值来表示，结果列入表 4。

表 3　不同土壤中水稻从土壤和肥料中吸磷情况

采样日期 处理	吸磷总量 P_2O_5（毫克/株）			从土壤中吸收量 P_2O_5（毫克/株）			从肥料磷吸收量 P_2O_5（毫克/株）			从肥料吸收量 占全磷 P_2O_5%		
	分蘖期 10/7	拔节期 25/7	孕穗期 15/8	分蘖期 10/7	拔节期 25/7	孕穗期 15/8	分蘖期 10/7	拔节期 25/7	孕穗期 15/8	分蘖期 10/7	拔节期 25/7	孕穗期 15/8
黄夹泥 浸施^{32}P	5.61	47.70	82.70	4.96	36.58	69.00	0.65	5.12	13.70	12.0	12.4	17.6
黄夹泥 干施^{32}P	5.73	37.44	75.95	5.11	33.29	64.25	0.62	4.15	11.70	10.8	11.0	15.4
鸭屎泥 浸施^{32}P	2.11	8.06	36.55	1.62	5.62	26.01	0.49	2.44	10.54	23.2	30.0	28.6
鸭屎泥 干施^{32}P	2.31	7.36	51.17	1.82	5.09	37.25	0.49	2.27	13.92	21.3	30.8	27.2

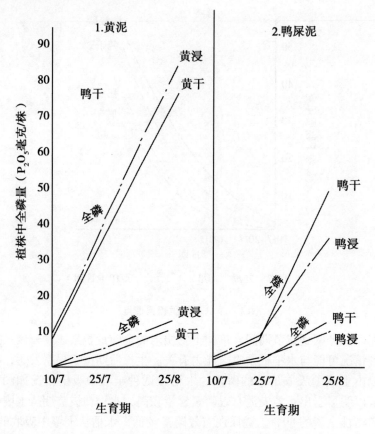

图 2　黄夹泥和鸭屎泥吸取全磷量和肥料中磷的比较

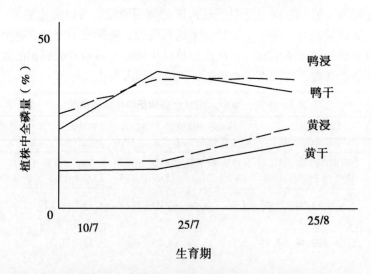

图 3　水稻在两种土壤中从肥料中吸磷量占 P_2O_5 全磷 （%）

表4 黄夹泥和鸭屎泥有效磷含量（A）值表 （"A"值 = P_2O_5毫克/千克±）

采样日期处理	分蘖期（10/7）	拔节期（25/7）	孕穗期（15/8）	平均
黄夹泥（浸水）	345	332	220	299
黄夹泥（干燥）	389	381	258	343
鸭屎泥（浸水）	156	110	117	128
鸭屎泥（干燥）	173	106	125	135

从表4明显看出，黄夹泥有效磷含量比鸭屎泥高，在分蘖期、拔节期和孕穗期3次采样测定，结果都很符合，黄夹泥的"A"值是299～343 P_2O_5毫克/千克±，鸭屎泥"A"值仅为128～135，相差约2.4倍。但是这两种土壤经过长期浸水和干燥处理的"A"值没有显著变化，水稻生育正常，没有发生"坐秋"，处理间产量也没有明显差别，这和田间试验是不符合的，追究其原因可能是因为在试验开始时，为了使标记过的磷肥与土壤密切混合，在混合过程中，打碎了所有的泥团，并破坏了原来的土壤结构，以至这两种土壤水分处理间"A"值没有表现差别，这又很好地说明了鸭屎泥冬干田"坐秋"严重发生的主要原因，是因为土壤物理性质不好，由于冬干后产生大量泥团，影响到水稻根部发育不良，不能很好地从土壤中吸收磷素营养所致。通过本试验为当地提早泡水，犁田冬泡，精耕细作，防止"坐秋"提供依据。

（三）鸭屎泥长期浸水和一度干燥后各组土壤微团聚体的变化以及对 ^{32}P的吸收情况

各组微团聚体对^{32}P吸收的能力与土壤所处的环境有很大关系。由表5可以看出，无论处于浸水或干湿交替状态，都以零组对^{32}P吸收为多，其中，长期处于浸水的吸磷量最多。Ⅱ组微团聚体的吸磷量以干湿交替处理为多。磷吸附在各组微团聚体中的顺序是0组＞Ⅰ组＞Ⅱ组＞残渣，土壤中水溶性磷有81.0%～84.0%，为3组微团聚体所吸收，根据A.Φ丘林学说，0组所吸附的磷大部分是有效的，Ⅱ组所吸附的磷大部分是难以利用的。土壤中0组和Ⅱ组数量的多少，显然对有效磷的供给也会产生很大影响。表5材料证明，长期处于浸水状态不仅0组的含量多，高达28.0%，而且吸磷量也多；Ⅱ组相反减少为9%。干燥以后，0组急剧减少，仅有4%，吸磷能力也随之削弱，Ⅱ组却增多为26%。这种情况是不适合水稻正常生长的。至于这种变化的内在原因，尚待进一步研究。

表5　鸭屎泥各组土壤微团聚体的含量及其吸收^{32}P的能力

试验处理		各组微团聚体含量（%）			微团聚体总量（%）	0.1克微团聚体内的放射性强度脉冲/分				三组团聚体吸磷量占全土（%）
		0组	I组	II组		0组	I组	II组	残渣	
鸭屎泥	浸水标记后干燥	4.0	8.0	26.0	38.0	1 776	1 385	1 310	546	81.0
	浸水标记后浸水	28.0	4.0	9.0	41.0	1 973	1 154	1 084	787	84.0
	干燥标记后浸水	10.0	5.0	23.0	38.0	1 484	1 336	1 452	760	84.0

本试验布置时曾由湖南基点章士炎同志参加讨论并参加部分工作。

本文刊登在《科学研究年报》1964年第4号

石灰质土壤施用海州磷矿粉的肥效

陈尚谨　郭毓德

（华北农业科学研究所）

华北石灰质土壤地区，使用磷素化学肥料时间不久，经验不多。在某些地方群众反映，施用过磷酸钙作基肥、追肥或根外追肥效果较好；而在另一些地区效果却不好。对于使用海州磷矿粉（以下简称磷矿粉）的效果如何，更不明确。为了便于以上问题的研究，先在温室内进行了盆栽试验。今将试验方法和初步观察结果报告如下。

一、试验材料

采用 8 厘米 ×8 厘米小型盆钵，供试作物为玉米和小麦。磷灰石粉为江苏海州锦屏磷矿所产。试验采用北京西山红土和黑龙江嫩江县黑色土。西山红土内含碳酸钙 0.75%，有机质 1.41%，全氮 0.08%，全磷 0.15%，速效磷 18 毫克/千克（石灰质土壤速效磷分析法采用 1%（NH_4）$_2CO_3$ 溶液提取），pH 值 8.1；黑色土内含有机质 4.75%，全氮 0.28%，速效磷 16 毫克/千克（微酸性土壤速效磷分析法采用 $0.002NH_2SO_4$ 溶液提取），pH 值 5.0。前一种是石灰性的，后一种是微酸性的。都是已知比较缺乏磷的土壤。

二、试验方法和结果

1. 玉米施用磷矿粉和喷磷的效果

供试品种为华农一号玉米。1954 年 12 月 15 日播种，每盆两株，在灌水时不断加入缺磷营养溶液［缺磷营养溶液：每公斤溶液含三氯化铁 0.25g（$FeCl_3 \cdot 6H_2O$）、硫酸镁 0.06g（$MgSO_4$）、硝酸铵 0.24g（NH_4NO_3）、硫酸钙 0.344g（$CaSO_4 \cdot 2H_2O$）、氯化钾 0.16g（KCl）］。一部分玉米于翌年 2 月 14 日和 2 月 18 日喷射 3% 过磷酸钙溶液两次。3 月 14 日收青。肥料处理和结果列入表 1。

表 1　玉米施用磷矿粉、过磷酸钙和喷射过磷酸钙溶液的肥效

处理 （以下处理另施用 缺磷营养液）	喷磷两次			未喷磷		
	青重 （克）	株高 （厘米）	叶宽 （厘米）	青重 （克）	株高 （厘米）	叶宽 （厘米）
1. 对照（沙耕）	2.2	33.0	1.3	4.5	46.0	1.6

（续表）

处理 （以下处理另施用 缺磷营养液）	喷磷两次			未喷磷		
	青重 （克）	株高 （厘米）	叶宽 （厘米）	青重 （克）	株高 （厘米）	叶宽 （厘米）
2. 西山土，不施肥	15.3	70.5	2.2	10.5	67.0	2.0
3. 磷灰石粉500克，加土1克	19.8	87.0	2.2	11.5	66.0	2.7
4. 磷灰石粉500克，加入碳酸钙2克	17.6	68.0	2.8	12.7	66.0	2.1
5. 磷灰石粉500克，加入过磷酸钙2克	45.6	85.5	4.2	44.5	92.0	4.0
平均	20.1	68.8	2.54	16.74	67.4	2.48

最初施用过磷酸钙（处理5）的玉米幼苗，生长茂盛和迅速，植株较高，叶片较宽。其他各处理生长缓慢，叶中脉和叶尖端显紫红色，内叶边缘也显紫色，对照处理缺磷象征更是严重。2月中旬以后除施用过磷酸钙（处理5）玉米生育尚称正常外，其余各处理缺磷象征较前更为严重，下部叶子枯死达4～5片。一部分玉米在12月14日进行喷施过磷酸钙溶液，15天后，玉米生育情况逐渐转好。内部新生叶片已无红色边缘，叶片转宽转厚，底叶已停止向上枯死，但已黄萎的叶片不能再生。其未曾进行喷磷的玉米，底叶继续向上枯死，新生叶片即显红色，缺磷象征更趋严重。从表1试验分析的结果，以对照无磷处理青重最低，仅4.5克，磷矿粉内加用过磷酸钙（处理5）青重最高，为44.5克，株高92.0厘米，叶宽4.0厘米。磷矿粉的磷肥效果很差，全盆磷灰石粉供给玉米磷酸的能力仅约与西山土相仿。这两种处理玉米青重是10.5～11.5克，仅为加入过磷酸钙（处理5）青重45.6克的1/4。株高66～67厘米，叶宽2.0～2.7厘米。这证明过磷酸钙和磷矿粉的磷肥效果相差很多。

喷磷效果显著，在缺乏磷肥和不施用过磷酸钙的基础上，喷磷两次，一个月后，玉米青重增加5～8克。但在加用过磷酸钙的基础上，再进行喷磷，仅增加青重1.1克，效果不显著。

2. 小麦施用磷灰石粉的肥效

供试品种为1885号小麦，12月15日播种，每盆4株，灌水时不断添加缺磷营养溶液。采用西山红土和嫩江黑色土，共有10个不同处理。重复2次，4月2日收青，肥料处理和生育调查结果列入表2。

表2　小麦施用磷矿粉和过磷酸钙的肥效

处　理	青重 （克）	株高 （厘米）	分蘖期 （合8株）	速测磷* （级）
1. 沙子（对照）	5.3	12.5	2	1
2. 西山红土	7.1	15.0	17	2⁻

（续表）

处　　　理	青重 （克）	株高 （厘米）	分蘖期 （合8株）	速测磷* （级）
3. 西山红土加施磷矿粉10克	7.2	16.0	15	3
4. 西山红土加施过磷酸钙2克	13.5	19.0	37	5
5. 嫩江五区双胜屯黑钙土	8.6	14.0	23	2
6. 嫩江五区双胜屯黑钙土加施磷矿粉 10克	9.4	16.5	24	2
7. 嫩江五区双胜屯黑钙土加施过磷酸 钙2克	17.5	19.0	54	5
8. 磷矿粉500克加土壤1克	15.7	18.5	25	3
9. 磷矿粉500克加施碳酸钙2克	13.9	19.0	24	3⁻
10. 磷矿粉500克加施过磷酸钙2克	24.6	29.0	23.0	3

　　*：小麦组织里水溶磷酸含量，每半小麦茎叶内含 P_2O_5　1级：1毫克/千克　2级：3毫克/千克
3级：5毫克/千克　4级：10毫克/千克　5级：20毫克/千克

　　以对照沙子（处理1）小麦幼苗生育最坏，青重为5.3克，株高12.5厘米，两盆合计分蘖仅2个。红土和黑土（处理2、5）盆内小麦幼苗亦不良，青重红土的是7.1克，黑土的是8.6克；株高红土的是15.0厘米，黑土的是14.0厘米；总分蘖红土的是17个，黑土的是23个，可见黑土较红土肥沃。磷矿粉磷肥效果（处理3）对石灰性红土不显著。仅比未施磷矿粉的（处理2）增加青重0.1克，株高增加1.0厘米，分蘖反有减少。磷灰石粉用在微酸性黑土上（处理6），肥效亦不大，比未施的（处理5）增加青重0.8克，株高增加2.5厘米，分蘖多一个。红土加过磷酸钙比未施的（处理2）增加青重6.4克，株高增加4.0厘米，分蘖多20个；黑土加过磷酸钙比未施（处理5）增加青重8.9克，株高增加5厘米，分蘖多31个。在这两种土壤上施用过磷酸钙肥效都很好。在完全磷矿粉内播种（处理8），小麦生长亦好，青重为15.7克，株高18.5厘米，分蘖为25个。但是磷矿粉内混加少量石灰石粉（处理9）即有减少磷酸利用的情况。青重减少1.8克，分蘖减少1个。磷矿粉内加入过磷酸钙肥料（处理10），过磷酸钙肥效仍然极为显著。较磷矿粉加土的（处理8）青重增加8.9克。由此可知，在严重缺磷的情况下，小麦可以从海州磷矿粉里争取吸收一小部分磷，但数量很少。

　　小麦缺少磷的象征是生育迟缓，下部低叶先变紫红色，而后逐渐枯死，这点和缺乏氮肥的底叶枯死不同。上部叶尖向光面发现紫红色，分蘖少，甚至不能分蘖。在氮、钾和其他肥料元素充分供应和相同的管理情况下，小麦的分蘖数目多少，与磷肥供应情况有很大关系。

　　3. 小麦施用磷灰石粉和过磷酸钙的肥效受碳酸钙存在的影响

　　华北石灰质土壤一般含磷酸0.10%～0.15%，碳酸钙2%～12%，假定土壤中磷酸主要成分为磷灰石〔$Ca_3(PO_4)_2$〕$_3Ca(OH)_2$形态存在（它约含 P_2O_5 42%），土壤里的磷酸含量折合成磷灰石为0.25%～0.4%。土壤中，碳酸钙和磷灰石间的比例为5～50。

供试品种为 1885 号小麦。肥料用海州磷矿粉和石灰石粉，按 1：5，1：25，1：50 等比例混合，又分加施与不加施过磷酸钙共计 9 个处理。重复 3 次。2 月 20 日播种，4 月 29 日收青，试验处理及小麦幼苗生育调查结果列入表 3。

表 3　小麦施用磷矿粉和石灰石的肥效

处　　理	青重（克）	株高（厘米）	底叶枯死数	分蘖共数	速测磷（级）
1. 沙子（对照）	8.1	14.5	5	19	3
2. 磷矿粉	14.7	20.0	19.0	16.0	4
3. 磷矿粉石灰石粉 1：5	4.8	11.0	24	19	3
4. 磷矿粉石灰石粉 1：25	4.4	10.5	29	10	3
5. 磷矿粉石灰石粉 1：50	4.5	12.0	23	18	2⁻
6. 磷矿粉 500 克加用过磷酸钙 1 克	22.1	25.5	13	33	5
7. 同 3，加用过磷酸钙 1 克	21.6	22.0	3	39	5
8. 同 4，加用过磷酸钙 1 克	15.5	17.5	10	39	5
9. 同 5，加用过磷酸钙 1 克	17.4	21.0	12	37	5

在未加施过磷酸钙肥料各处理（处理号 1，2，3，4，5）中小麦生育很差，分蘖数少，仅有 10~19 个，底叶变黄变紫，缺磷情况严重；加施过磷酸钙各处理（处理号 6，7，8，9），小麦生育较好，分蘖数较多，有 33~39 个。株高、青重和组织内磷酸含量也增加很多。

磷矿粉添加石灰石粉后，由青重 14.7 克（处理 2）减低至 4.4~4.8 克（处理 3，4，5），小麦组织里含磷量也有减少，石灰石粉对小麦利用磷矿粉的能力影响很大。磷矿粉加入一定量过磷酸钙后，再混合不等量的石灰石粉，小麦青重由 22.1 克（处理 6）仅降低至 21.6~15.5 克（处理 7，8，9），小麦植株里含磷量也相差不多，虽然过磷酸钙的肥效受到石灰石粉存在的影响，但不甚严重。

三、结果讨论

华北石灰质土壤田地里，很少看到作物有严重缺磷的象征，因此，当作物生育不正常的时候，也很难确定是否为缺磷的原因。从以上试验可知小麦幼苗时期对磷的反应很灵敏，缺乏磷的现象是生育缓慢，分蘖很少，底部叶片有变紫和枯死的情况。同一小麦品种，在相同的田间管理情况下，用观察小麦幼苗对磷肥反应的情况，来推断土壤里磷肥供给多少，想是一个很有用很简单的办法。所以，若在小麦播种时，选择几行小麦在播种沟里施用一些过磷酸钙肥料，来观察小麦幼苗生育情况有无改进，分蘖有无增多，借此就可以知道该地土壤是否迫切需要加施磷肥。

玉米缺磷象征是幼苗生长缓慢，叶中脉和尖端呈红色，下部叶子枯死。缺磷现象发生后，可以用喷磷的办法使它逐渐恢复，不过需要一个相当长的时期才能见效。在磷肥充足供应情况下，喷磷效果不大。

小麦、玉米等作物的幼苗，从海州磷矿粉中吸取磷素的能力都很弱，和过磷酸钙肥效比较相差很远。又磷矿粉的肥效与土壤 pH 值和石灰质含量有很大关系，人工混合磷矿粉与石灰石的比例为 1：5 时，磷矿粉对小麦幼苗的利用能力就更加降低。这说明磷矿粉在石灰质土壤上使用，肥效是很低的。

施用过磷酸钙混加一些石灰石粉，虽然也受到一些不利影响，但由于生成的 $CaHPO_4$ 和 $Ca_3(PO_4)_4$ 份量极少，所以，影响不大。这是过磷酸钙仍能被植物幼苗很好地利用的原因。

四、结　论

从本试验结果，初步指出了华北石灰质土壤上，使用海州磷矿粉是不相宜的。并证明，小麦在幼苗期间，对速效性磷肥反应非常灵敏，因此，就可以利用这种方法来鉴别当地土壤内含速效磷酸数量的多少，是否需要增施磷肥。

本文刊登在《华北农业科学》1 卷 4 期

磷矿粉肥的肥效试验

陈尚谨

（1975 年）

1972 年湖南长沙"三磷"会议以后，各地进行了很多磷矿粉肥效试验。目前，已经收到黑龙江、吉林、辽宁、山东、河北、内蒙古、山西、河南、湖北、湖南、江西、上海、江苏、浙江、福建、广东、广西、贵州、四川、云南、陕西、甘肃、宁夏、新疆等 24 个省、市、自治区的资料 30 多份。据不完全统计，在中国主要土壤上，对稻、麦、棉花、大豆、油菜、绿肥等作物进行了 1 000 多个试验。现将各地几年来的试验结果，初步加以整理，简要介绍如下。

一、不同种类磷矿粉的肥效

磷矿本身含有部分可供植物吸收利用的枸溶性磷，不需要经过化学加工，用机械磨细后，即可制成磷矿粉肥。磷矿粉肥肥效高低与其中枸溶性磷含量有很大关系。

试验用磷矿粉有湖北荆襄、远安、黄陂、黄梅等 11 种，四川金河、峨嵋 2 种，贵州开阳、遵义 2 种，浙江江山、大东、诸暨 3 种，陕西阳平，江苏海州，安徽凤台，江西玉山、大南、朝阳 3 种，宁夏贺兰山，广西玉林，河南鲁山，辽宁敖汗、复县等 4 种，黑龙江鸡西等共计 30 多种。另有从国外进口的如摩洛哥、加夫塞、越南 3 种。据各地试验，初步看出有以下几点。

磷矿大致可分为磷灰石和磷块岩两大类。前一类结晶大，枸溶性磷含量低，适宜用作制造磷肥的原料，而不适宜直接用作肥料。如我国海州磷矿属于这一类，含总磷量 30%，枸溶性磷 1% ~ 2%，枸溶性磷占总磷量的 3% ~ 5%。后一类结晶很小或看不出有结晶，枸溶性磷含量较高，如摩洛哥磷矿粉含总磷量 31% ~ 35%，枸溶性磷 6% ~ 10%，占总磷量 20% 左右。我国开阳、昆阳、荆襄、凤台、复县等磷矿属于这一类，品位高的适宜用作制造磷肥的原料，中低品位磷矿适宜直接作肥料使用。辽宁省土肥所采用几种磷矿粉肥对大豆进行磷肥种类肥效比较试验，结果列入表 1。

表 1　不同磷矿粉肥的肥效[*]　（作物：大豆）

磷矿粉名称	总 P_2O_5（%）	枸溶性 P_2O_5（%）	枸溶性磷占总磷（%）	产量（斤/亩）	增产率（%）
开　阳	31.3	4.4	14.1	303	16.1
昆　阳	26.9	4.4	16.0	260	18.7

（续表）

磷矿粉名称	总 P_2O_5（%）	枸溶性 P_2O_5（%）	枸溶性磷占总磷（%）	产量（斤/亩）	增产率（%）
荆 襄	28.4	2.9	10.3	287	17.6
建 平	30.9	1.3	4.2	341	5.5
复 县	7.5	1.2	16.0	255	42.2
摩洛哥	31.6	8.6	27.2	268	17.0

* 复县磷矿粉每亩用200斤，其他几种用100斤；增产%按各试验对照区产量计算；试验地土壤为微酸性

从以上结果可以看出：磷矿粉肥的肥效与枸溶性磷的含量有明显关系，而与总磷量关系不大。如复县磷矿粉仅含总磷量的7.5%，但枸溶性磷含量较高，占16%，亩施磷矿粉200斤，对大豆增产42.2%；建平磷矿含总磷量30.9%，但枸溶性磷含量低，仅占4.2%，亩施磷矿粉100斤，仅增产5.5%。前一种磷矿粉适宜于直接使用，后一种适宜用作制造磷肥的原料。

关于磷矿粉的细度问题，一般认为增加细度可以提高肥效。辽宁土肥所曾试验用普通摩洛哥磷矿粉（80%通过100目）和经过再磨细（通过200目）的磷矿粉在盆钵内对大豆进行肥效比较，施用细磷矿粉的产量比粗磷矿粉有所提高，植株中含磷量也有明显的增加，这说明了细磷矿粉更有利于植物对磷的吸收。

二、不同土壤施用磷矿粉肥的增产效果

中国土壤种类很多，就化学反应来说，大致可以分为石灰性和非石灰性土壤（包括酸性和中性）。我国长江以南，气温高，雨量大，土壤中的石灰物质淋失较多，土壤中的钙、镁离子逐渐被氢离子所代换，形成酸性、微酸性或中性土壤；反之，黄河流域雨量较少，土壤中的石灰物质含量较高，土壤大部分是石灰性的。我国石灰性的和非石灰性土壤的面积，约各占一半，东北三省的东部、北部，山东半岛，河南信阳，陕西汉中等地的土壤是中性或微酸性的，长江以南也有局部地区受到石灰岩和施用石灰的影响而为石灰性土壤。现将我国几种主要土壤施用磷矿粉的肥效列举如表2、表3。

表2　南方几种主要土壤施用磷矿粉肥的肥效

土壤种类	试验地点	土壤 pH 值*	土壤总 P_2O_5（%）	土壤速效磷（毫克/千克）**	每百斤磷矿粉增产（斤）			
					水 稻	小 麦	油 菜	绿肥鲜草
红黄土	湖北	5~6	0.10	1.8	110	30	44	—
丘陵黄土	湖北	6.5~7.0	0.09	2.7	—	37	30	1 520
冲积土	湖北	7.0~7.5	0.15	21.2	0	10	31	200

（续表）

土壤种类	试验地点	土壤 pH 值 *	土壤总 P₂O₅（%）	土壤速效磷（毫克/千克）**	每百斤磷矿粉增产（斤）			
					水 稻	小 麦	油 菜	绿肥鲜草
滨海盐土	浙江	7.1~8.7	0.11~0.14	2.5~4.0	28~71	—	—	—
咸酸田	广东、广西	5	0.145	3.0	150~200			
黄泥田	四川	5~6	0.075~0.08	5.9~7.1	58	31	22	—
紫色土	四川	6.6~7.2	0.075~0.13	1.9	33~48	33	38	—
灰色冲积土	四川	7.2~7.9	0.16~0.23	39~41	18	17	12	—

* pH 值 表示酸碱度，pH 值 7 为中性，7 以下为酸性，7 以上为碱性；　** 毫克/千克表示百万分之一

表3　石灰性土壤施用磷矿粉肥对几种主要作物的肥效

地 区	磷矿粉肥		每百斤磷矿粉肥增产（斤）					
	产地	用量（斤/亩）	小麦	水稻	玉米	高粱	谷子	花生
河 北	摩洛哥、湖北	100 左右	54	—	69	51	38	26
甘 肃	当 地	100 左右	34	—	—	—	—	—
宁 夏	贺兰山	200 左右	8	40				
河 南	鲁 山	100 左右	—	69	4	22	22	6
山 东	摩洛哥	100 左右	27	54	23	—		36

从以上结果可以看出，各地在施用农家肥和氮肥的基础上，施用磷矿粉肥都有所增产，其增产效果大小与土壤酸碱度和有效磷含量有关。一般来说，在酸性、微酸性的缺磷土壤上施用磷矿粉肥，效果较好，在石灰性和含磷丰富的土壤上肥效较差。广西、广东咸酸田土壤酸度较大，施用磷矿粉肥效果很突出，亩施磷矿粉肥 150 斤，增收稻谷 150~200 斤。在南方丘陵地区的红黄土、黄泥田等微酸性瘠薄土壤上，磷矿粉肥的肥效也比较显著。一般冲积土壤含磷潜力较高，施用磷矿粉肥效较差。

关于石灰性土壤上磷矿粉肥的肥效问题，目前，国内外都有争论。1973 年河北、河南、宁夏、甘肃、山东等省（区）对小麦、玉米、高粱、谷子、花生等作物进行了不少试验，部分结果列入表3。初步看出，磷矿粉肥施用在北方严重缺磷的石灰性土壤，对主要作物都有一定的增产效果，但不及施用在酸性土壤上肥效高。据山东德州土肥所做的 8 个小麦试验，表现增产的有 5 个，增产幅度 5.0%~22.9%。对花生和田菁各进行了两个试验，均表现增产，花生增产幅度 11% 左右，田菁鲜草增产 12.7%~17.5%。对豆类作物增产效果较为明显。

三、磷矿粉肥肥效与作物种类的关系

各种作物对利用难溶性磷的能力有所不同，因而磷矿粉肥施用于不同作物上的肥效也有很大差别。以施用在绿肥、豆类和油菜等作物上肥效较好，经济效益也较高。用在适宜的土壤上对粮食作物，也有明显的增产作用。如湖北省对各种主要土壤上的油菜施用磷矿粉肥试验，均有显著肥效；对绿肥也有明显的效果；对禾谷类作物只有在缺磷土壤上，才能起到增产作用；在冲积土上含磷较丰富施用磷矿粉肥肥效多数不明显。广西的试验，以豆科绿肥对磷矿粉肥的利用能力最强，每百斤磷矿粉肥增产紫云英鲜草710~800斤，增产率35.5%~40.1%。对水稻的效果也很好。磷矿粉肥用在冬季绿肥上比直接用在水稻上可以多收稻谷27.3斤，增产率3.5%。浙江省试验也以豆科绿肥和豆子利用磷矿粉肥的能力最强，对薯类施用磷矿粉肥效也很明显，其次是冬大麦和小麦，施用在早稻和晚稻肥效稍好，对早稻平均增产7.4%，对晚稻平均增产5.5%。从江西省的试验结果中可以看出，利用磷矿粉肥能力强的作物有：肥田萝卜、油菜、芥麦、紫云英、苕子、花生、豌豆、黄豆、饭豆、豇豆、茶树、果树、橡胶等；利用磷矿粉肥能力中等的作物有：芝麻、马铃薯、玉米、甘蔗等；利用磷矿粉肥能力弱的作物有：小麦、大麦、水稻。每斤磷矿粉肥约能增产肥田萝卜鲜草41.7斤，紫云英14.1斤，苕子9.7斤。四川省农业科学院在简阳进行的豌豆试验，亩施磷矿粉肥50斤，增产11.8%，第二作磷矿粉肥的后效还增产8%，因而磷矿粉肥应优先施用在绿肥豆科等利用难溶性磷能力强的作物上。

四、磷矿粉肥有效施用方法

磷矿粉是迟效性肥料，需要采用适当的施肥方法，才能达到经济有效的目的。各省在施用方法方面进行了不少试验，简介如下。

（一）磷矿粉肥与有机肥料堆沤后施用

1973年四川、福建、广西、贵州、河北、河南、甘肃、宁夏、山东等省（区）进行了不少磷矿粉肥与有机肥堆沤的试验。在南方酸性土壤地区：四川曾试验用磷矿粉肥与一倍到两倍农家肥混合堆沤，经过30天左右后作底肥施用，试验结果列入表4。

表4　磷矿粉肥与农家肥堆沤与不堆沤的肥效

作物名称	磷矿粉肥用量（斤/亩）	产量（斤/亩）		比对照增产	
		对照（不堆沤）	堆沤	（斤/亩）	（%）
油　菜	120	249	255	6	2.4
	160	192	209	17	8.8
小　麦	120	368	387	19	5.1
	140	429	458	29	6.7
棉　花	120	81.2	92.5	11.3	13.9

　　从表4结果可以看出：对油菜、小麦、棉花施用经过堆沤的磷矿粉肥比对照不堆沤的都有增产。每百斤磷矿粉肥增产油菜2.4%～8.8%、小麦5.1%～6.7%、棉花13.9%。福建、广西、贵州的试验结果也说明，磷矿粉肥经过与农家肥堆沤后，可以提高肥效。

　　在北方石灰性土壤地区：河北省进行的31个堆沤试验说明，经过堆沤的每斤磷矿粉肥增产粮食0.63斤，比不经堆沤的多增收粮食0.11斤。河南省进行了20个试验，不同程度提高肥效的有15个试验，其中，有两个玉米试验，堆沤比不堆沤的平均增产37.5斤，增产7%。甘肃和宁夏也进行了不少试验，但未能证明堆沤后可以提高肥效。山东省土肥所曾在德州地区进行试验，在堆沤过程中pH值始终保持在7.5～8.5，有效磷含量稍有增加，但数量不多，在8个田间肥料试验中，增产与不增产的各占一半。

　　从以上结果可以看出，在南方酸性土壤地区，磷矿粉肥与农家肥堆沤，有较稳定的增产作用；在北方石灰性土壤地区，堆沤的作用不够稳定，尚待进一步研究。

（二）连续施用磷矿粉肥的肥效和磷矿粉肥的后效

　　磷矿粉肥肥效较慢，一次施用，肥效可以连续几年。若连年施用，当年肥效与前几年的后效加起来，肥效可以提高很多。现将湖北省试验结果，列入表5。

表5　连年施用磷矿粉肥的肥效*

种植情况	对照区产量（%）	过磷酸钙区产量（%）	钙镁磷肥区产量（%）	磷矿粉肥区产量（%）
第一作　水　稻	100.0	109.9	111.8	99.6
第二作　紫云英	100.0	625.0	742.0	252.0
第三作　水　稻	100.0	141.8	142.8	113.9
第四作　苕　子	100.0	234.0	538.0	379.0
第五作　水　稻	100.0	164.8	200.0	156.5

＊普钙每亩用35斤，钙镁磷肥用35斤，磷矿粉肥用70斤

从表 5 可以看出，在水稻、绿肥轮作中，每季连续施用磷矿粉肥 70 斤，对第一作水稻增产效果不明显，以后肥效逐年提高，到第五作水稻每亩增产 188 斤，增产率 56.5%。它的增产作用相当于每亩施用 35 斤过磷酸钙肥效的 87%，或 35 斤钙镁磷肥的 56%。3 年平均每亩增产水稻 79 斤，增产率 21.6%，接近 35 斤普钙的肥效。不施用磷肥区的水稻产量逐年下降，证明连续施用磷矿粉肥的肥效是很好的。

广东省在惠阳县镇隆公社进行磷矿粉肥后效试验。试验分 4 个区：第一区第一年早稻和晚稻每亩分别施磷矿粉肥 64 斤；第二区早稻和晚稻分别施普钙 30 斤；第三区早稻和晚稻分别施钙镁磷肥 30 斤；第四区为对照区。翌年各试验区没有再施磷肥。试验结果列入表 6。

表 6　磷矿粉肥的后效

肥 料 处 理		对照区	普钙区	钙镁磷肥区	磷矿粉区
第一年亩产	早 稻	332	444	461	402
	晚 稻	225	305	300	275
	全 年	557	749	761	677
第二年亩产	早 稻	189	300	308	370
	晚 稻	458	532	544	605
	全 年	647	832	852	975
两年总增产（斤/亩）		—	377	409	450
增产率（%）		—	31.2	33.8	37.3
后效占两年增产总和（%）		—	49.0	50.0	73.0

表 6 结果表明，在该地亩施磷矿粉肥 64 斤，当年肥效不及施 30 斤普钙或钙镁磷肥，分别为两种磷肥肥效的 63% 和 60%。但磷矿粉肥的后效大，两年稻谷总产量则以施用磷矿粉肥的最高，两年共增产 450 斤，增产率 37.3%，比施用普钙和钙镁磷肥分别多增产 6.1% 和 3.5%。山东德州土肥所在石灰性土壤上试验，对小麦施磷矿粉肥 100 斤，后茬夏玉米比对照增产玉米 44.9 斤，增产率达 22.3%，也证明磷矿粉是有后效作用的。

（三）磷矿粉肥与过磷酸钙混合施用的肥效

速效性过磷酸钙和迟效性磷矿粉肥混合施用，既能满足作物幼苗期对磷的要求，又能在作物整个生育期中不断供应作物对磷的需要。据四川、浙江两省对水稻和油菜进行的试验结果（表 7）表明，磷矿粉肥与普钙混合施用，可以提高肥效。每亩混合施用普钙 15～20 斤与磷矿粉肥 50～100 斤，产量比每亩单用普钙 20～30 斤或磷矿粉肥 100 斤，多增产 16.5～38.0 斤。磷矿粉肥配合少量过磷酸钙施用，比单施磷矿粉肥作用大，这是因为磷矿粉肥是迟效性肥料，对利用难溶性磷能力弱的小麦，其苗很难吸收磷矿粉中的磷素，而小麦幼苗期又迫切需要磷素。若磷矿粉肥中配合少量的速效性磷肥，就能满足小麦苗期生长需要，促进小麦根系发达，从而提高小麦后期对难溶性磷矿粉肥的利用能力。根据山东土肥所在小麦上试验结果，等量过磷酸钙与磷矿粉肥配合施用，比单施过磷酸钙的多增产小麦50.3斤。用少量的过磷酸钙配合磷矿粉肥的这种施用方法是可行的。

表7 迟速效磷肥混合施用的增产效果

试用地点	作物	过磷酸钙30斤产量（斤/亩）	磷矿粉100斤产量（斤/亩）	磷矿粉肥与减量过磷酸钙混用	
				产量（斤/亩）	增产（斤）
四川	水稻	557.6	575.5	592.0*	16.5~34.4
	油菜	175.0	159.0	182.5*	7.5~23.5
浙江**	水稻	550	563	588.0	25.0~38.0

* 普钙15斤与磷矿粉肥50斤混合

** 每亩分别用普钙20斤、磷矿粉肥100斤；普钙10斤与磷矿粉肥100斤混合

（四）磷矿粉肥通过绿肥对下茬粮食作物的增产效果

广西玉林曾试验用磷矿粉肥通过绿肥对水稻的增产作用，亩施磷矿粉肥100斤，增产鲜草701.2斤，翻压后使水稻增产97.6斤，增产率16.4%，比直接施用于早稻多增产23.7斤，增产率提高4.0%，结果见表8。

表8 磷矿粉肥通过绿肥对水稻的增产效果

处理内容	绿肥		每百斤磷矿粉肥增产鲜草（斤）	早稻	
	产量（斤/亩）	增产（%）		亩产（斤/亩）	增产（%）
磷矿粉肥100斤用于冬季绿肥	2 709	35.0	709	693.4	16.4
磷矿粉肥100斤用于早稻	2 000	0	0	669.7	12.4
对照	2 000	0	0	595.8	0

山东德州土肥所试验，在北方田菁绿肥上，亩施磷矿粉肥100斤，增产田菁430斤，增产率18.4%，田菁翻压后，对小麦有较好的增产作用，比直接施用磷矿粉肥多增产小麦68斤，增产率达12.0%。

根据以上各项试验结果可以初步看出：磷矿粉肥的肥效大小决定于磷矿粉的性质、土壤、作物种类和施用方法。为了经济有效的施用磷矿粉肥，需要注意以下几个问题。

第一，要选择适宜的矿源。

我国各地有不少中低品位磷矿，系非结晶质或结晶体细小、含枸溶性磷较高的磷块岩、磷灰土或溶洞磷矿，可制成磷矿粉用作肥料。

第二，要施用在适宜的土壤上。

一般来说，凡是缺磷土壤，施用磷矿粉肥都有一定的增产效果，又以非石灰性土壤

增产效果较大。如广东、广西沿海地区的咸酸田，肥效最为突出：施用在华南、华中、华东和西南等地的缺磷土壤，如黄泥田、红黄土、紫色土，东北和华北等地的白浆土、丘陵棕黄土等也有较好的肥效。土壤需磷程度不仅与土壤种类有关，和常年施肥种类、数量、栽培历史也有密切关系。如常年施用化学磷肥或施用大量厩肥的田地，土壤速效性磷比较丰富，施用磷肥肥效比较差；反之，常年施用化学氮肥、有机肥用量不足的田地，土壤速效性磷缺乏，需要补充磷肥，施用磷矿粉肥肥效就大。在北方石灰性土壤上施用磷矿粉肥，若土壤严重缺磷，也有一定增产作用，但肥效不稳定，尚待进一步研究。

第三，要施用在适宜的作物上。

磷矿粉肥应优先施用在利用难溶性磷能力较强的作物上，如对肥田萝卜、紫云英、苕子、大豆、花生、蚕豆、豌豆、荞麦、油菜、果树、橡胶等作物肥效较大。对各种粮食作物也有一定的肥效，也可以施用。为了经济有效施用磷矿粉肥，最好把它先施用在豆科绿肥作物上，加强其根系发育和根瘤菌的固氮作用，增加鲜草和籽粒产量，其中所含的有机物质，氮和磷也相应增加，翻压后用作绿肥，或通过饲养业用粪肥还田，比直接对粮食作物施用磷矿粉肥更为经济。

第四，要采用经济有效的施用方法。

由于磷矿粉肥是难溶性的肥料，应作基肥深施，最好是在秋耕前或对前季作物施用磷矿粉肥，使它在土壤中充分分解，可以提高肥效。磷矿粉肥与有机肥料堆沤，在南方酸性土壤地区比不堆沤的有明显的增产作用，在石灰性土壤地区增产效果不稳定，还待进一步研究。用磷矿粉垫圈，可以节省劳力，并起到与厩肥混合堆沤相同的作用。将磷矿粉肥集中施用在播种沟内或用磷矿粉肥塞秧蔸、蘸秧根，能节约用肥，提高肥效，也是经济有效施用的好办法。施用磷矿粉肥也和磷素化肥一样，要注意与氮肥配合施用，因为在缺氮土壤上，单施用磷肥的增产作用是很低的。磷矿粉肥与酸性或生理酸性化肥混合施用（若普钙、硫酸铵等），可以提高肥效。

磷矿粉肥是一种迟效性肥料，每亩用量为 50～100 斤，在目前较为适宜。在缺磷土壤上施用，当季肥效可能不大，但后效较长，连年施用磷矿粉肥，当年肥效与多年残效的总和常常与施用磷素化肥的肥效相近，甚至超过。将磷矿粉肥施用在绿肥或豆子茬地上，隔几年施用一次，肥效可以持续好几年。

我国的磷矿资源极为丰富，中低品位磷矿储藏量远远超过富矿，大部分中小磷矿又属于磷块岩、磷灰土或溶洞磷矿，这些中、低品位磷矿都可以用来生产磷矿粉肥。适于就地开采，就地加工，就地使用，可以节约运输费用，降低农业成本，又可大搞群众运动，符合多快好省精神，应该大力提倡。

本文刊登在《土壤肥料》1975 年第 5 期

磷肥的肥效和施用方法

陈尚谨

(1961 年 11 月 10 日在中央电台广播)

磷肥是一种很好的肥料。它是构成核蛋白、磷脂和植素不可缺少的东西。施用磷肥可以促进作物根系发育，更好的从土壤里吸收水分和养分，从而促进作物生长发育，提早成熟，增加抗旱和抗寒能力。磷肥肥效缓慢持久，做底肥或者种肥。这种肥料资源在我国是很丰富的，磷肥产量也逐年增加，对促进农业生产的作用很大。现在的问题是要摸清磷肥和土壤的关系，掌握施用磷肥技术，提高它的增产效果。

磷肥虽然是一种好肥料，但是它并不是在所有的土壤上施用都能取得增产效果，它跟土壤性质，农业措施，作物种类和施用方法都有密切的关系。现在我就根据我们所知道的一些，跟大家谈一谈。

第一，先谈谈磷肥的肥效和土壤性质的关系。我们国家地方很大，土壤种类很多，肥力高低差别也很大。就一般农田来说，它所含的磷酸大约是千分之一到千分之二，其中，能够被庄稼吸收的有效磷是十万分之一到十万分之三。庄稼里的磷大多数是从土壤里吸收来的。因此，施用磷肥效果的大小，跟土壤性质和土壤供应磷素能力的大小有很大关系。根据各地的试验，我国大部分地区都可以施用磷肥，肥效显著，并且在不少地区施用磷肥获得了比较大的增产效果。各地的试验材料表明：不论在黑龙江的白浆土，或者在黑土地带，还是在河北的黄土平原上，或者在渤海湾盐碱土的水稻田里，也不论在江苏太湖流域稻季两熟地区，或者在苏南宜兴、溧阳、高淳的红沙土和苏北靠海边的盐渍土地上，还是在浙江省的大部分地区施用磷肥都有很好的效果。在安徽省的红土、黄泥地区，或者在湖南丘陵黄泥地区和鸭屎泥上，还是在四川、贵州的黄泥田上和甘肃陇东的覆盖垆土上，施用磷肥的效果也都很显著。可是在各省、区也都有些土地不适合施用磷肥，或者施用了磷肥效果不大。比如像南京、镇江的马肝土、浙江省的黄筋泥田和甘肃省中部的麻土地区、西部地区等。这些地区施用磷肥的效果就比较差，甚至没有多大的用处。那么，究竟在什么样的土地上施用磷肥比较好呢？一般是土壤熟化程度比较差，也就是比较生的土壤上，或者酸性比较强的土壤上施用磷肥，效果是比较好的。原因是这些土地里能够被庄稼吸收的有效磷比较少，而地里的铁和铝的离子成分又比较多，庄稼不容易在这样的土地里吸收它所必需的磷素，所以，在这些土地上适当地施用一些磷肥是可以获得比较明显的增产效果的。相反的要是把磷肥施用在磷素供应能力本来就比较高的土壤上，那作用当然是不会大的，甚至没有什么作用。所以，我们必须在各地进行试验和示范，弄清楚磷肥的肥效和土壤性质的关系，把肥料用在增产效果最大的土地上，才能发挥磷肥的增产作用。过去有些地方施用磷肥增产效果不大，可能就因为没有摸清土壤的性质有关。

第二，磷肥的肥效跟轮作和施用技术也有关系。在同样的土壤上，由于前茬庄稼不同，用的肥料的种类和数量不同，产量高低不同，磷肥的肥效也有很大差别。根据山西和陕西省的经验，在种植绿肥、苜蓿、蚕豆、豌豆的下茬种小麦，施用磷肥增产效果比较大。这是因为前茬是豆科作物，豆科作物一方面要消耗地里比较多的磷肥，另一方面它又在地里留下较多的氮素，所以在这样的地上种小麦，需要补充磷肥，施用磷肥的增产作用也大。根据江苏的经验，在水旱轮作的地区种植小麦和油菜，要是施用磷肥它的效果也比较好。这是因为水稻田到冬天变成旱地之后，地里的酸碱度和土壤物理性质有了变化，比如原来可以被庄稼吸收的有效磷，冬天有一部分被干土固定起来了，庄稼没有法子吸收它了，这就需要施用磷肥来补充。湖南省也有这样的经验，在冬季变成旱地的水稻田里施用磷肥，比在冬浸田里施用的效果要好，道理也是一样的。

各地的试验还证明，磷肥跟氮肥配合起来施用比单施用磷肥要好。在一些连年施用氮素化肥的土地上，要是圈肥用得不够，而单位面积产量又比较高的土地上，施用磷肥，它的作用就比较大；相反的要是连年施用了大量的圈肥，土地肥力很高的土地上施用磷肥，它的效果就比较差。这是因为圈肥里含有比较多的磷质肥料的缘故。此外，在非常干旱的土地上或者严重缺乏氮肥的土地上施用磷肥，它的肥效也是比较差的，作用是不大的。

第三，磷肥和增产效果跟庄稼的种类也有关系。刚才我说过在磷素供给能力比较差的土地上施用磷肥，它的增产效果是比较显著的，这不仅对水稻、小麦、棉花和其他各种庄稼都是这样，要是在磷素供给能力不强、也不够的中等土地上施用磷肥，由于各种作物对磷肥的要求和吸收能力的不同，它的增产作用相差就很大。我们曾经在河北石家庄谈古村的黄土上做过试验，耕作施肥完全相同的条件下，每亩施用过磷酸钙 30 斤，结果是冬小麦增收 87.5 斤，玉米增收 58.5 斤，甘薯增收 102 斤，谷子增收 20 斤，棉花增收籽棉。这就是说磷肥对冬小麦的作用最大，其次是玉米。我国大部分土地都缺乏磷素，这也常常降低了施用磷肥的效果，但是根据一些地方试验和群众的反映，要是在蚕豆、豌豆和豆科绿肥作物田里施用磷肥，不但能使蚕豆、豌豆作物增产，而且通过绿肥来肥田，比直接把磷肥施用在水稻田和棉田上，作用要大得多，产量可以大大提高。这是因为在豆科作物施用磷肥，可以加强它的根瘤作用，每亩紫云英或苕子施用过磷酸钙或钙镁磷肥 10 斤，紫云英或苕子可以多从空气中吸收 1.2 ~ 1.6 斤氮素，相当于 6 斤到 8 斤的硫酸铵。这样就增加了绿肥当中的磷肥又增加了氮肥，并且，绿肥里的磷肥见效很快，所以，在绿肥田里施用磷肥既简单又很合算，用庄稼话来说就是："以小肥换大肥""以磷肥换氮肥"，是一举两得的事情，应该大力提倡。

第四，我简单地介绍一下几种不同的磷肥和施用方法。我国生产的磷肥种类很多，主要有过磷酸钙、钙镁磷肥和磷矿粉 3 种。过磷酸钙可以溶化在水里，肥效最快，对于稍微有点酸性的和中性的或者稍带碱性的土地都适合用。钙镁磷肥不能够溶在水里，但是可以溶在柠檬酸里，肥效比过磷酸钙稍微慢些，在酸性和中性的土地上施用。一般磷矿粉肥效比较慢，只在酸性土壤上适合用。只要根据磷肥的不同性质，结合当地具体的土壤性质，并且采用正确的施肥方法，都能够达到良好的增产效果。现在我把 3 种磷肥的施用方法简单地介绍一下。

先说过磷酸钙。过磷酸钙施到地里被水溶化，变成磷酸钙之后，它就不再会被水溶化了，也不能上下移动了，所以要埋得深一些，施在作物的根的周围，不能施得太浅，更不能撒在地面上。为了避免过磷酸钙和土壤过多的接触而被固定着了，在具体施用上注意三点：一个要局部集中使用。比如集中施用在播种沟或者播种穴里，或者在插秧的时候用来蘸秧根。一般用作底肥，每亩要二三十斤；采用集中施用和蘸秧根的方法，每亩只要 10 斤左右。再一个是可以跟农家肥料混合起来施用。跟粪肥混在一块堆沤，可以防止氮素丢失，这样肥劲就很大；还有一个是在酸性土壤里施用的话，要先施用石灰，降低土壤的酸性，然后才把过磷酸钙跟一般的圈肥一块施到地里去，但是不要跟石灰混合在一起施用。

再说钙镁磷肥。钙镁磷肥施用在带点酸性的土壤上，效果很好。但是具体施用也要注意三点：一个是要磨得细一点。拿到手里捻一捻感觉不出有粒子就成了。再一个，最好跟一般农家肥料一起堆沤，一个月以后施用，实在来不及堆沤，也要和农家肥料混在一起施用；还有一个要注意的是，只能用作底肥或种肥，不能作追肥，并且要施到两三寸深以下的土里。

至于磷矿粉要在酸性土地上使用，中性和石灰性的土地都不适合用。施用的时候也要磨得细细的，和有机肥料堆沤一个月以后施用，施用的时候最好结合犁地施到地里去作底肥，不要用来作追肥。

目前，怎样才能更好地施用磷肥，发挥磷肥的肥效，还缺乏经验，需要根据各地具体情况，进行试验和示范，积累经验。刚刚说的，仅供各地参考。

磷肥对改良低产田土壤有何作用
——肥料专家陈尚谨答本报记者问

（文汇报记者）

（1962 年 8 月 21 日）

　　（本报北京讯）施用磷肥有没有效果，肥料专家陈尚谨经过多年的研究，对记者作了肯定的答复。他还认为，在目前来说，施用磷肥可以作为改良低产田土壤的主要措施之一。

　　中国磷肥资源极为丰富，近年来为了支援农业，我国的磷肥工业发展很快，磷肥产量逐年增加。但是不少地区，农民反映磷肥肥效不大，不愿施用。

　　为什么肥效不大呢？中国农业科学院土壤肥料研究所肥料研究室副主任陈尚谨认为，这主要是没有掌握磷肥的施用规律，应用不当，因此，影响肥效的发挥。他说，磷素是构成作物体内核蛋白、磷脂和植素不可缺少的物质。适当施用磷肥，可以使作物根系发达，更好地从土壤中吸收水分和养分，促进生长发育，提早成熟，增加抗旱和抗寒能力，饱满籽粒，提高作物产量。但是磷肥和氮肥不同，并不是在所有土地上都能获得显著效果的。磷肥效果的大小与土壤性质、农业措施、作物种类和施肥方法，都有密切关系。

　　陈尚谨说，根据各地试验的结果来看，可以肯定在我国大部分地区施用磷肥都是有效的，特别是低产地区和新垦荒地施用磷肥，增产效果最为显著。因为这类地区的土壤，磷素供应能力较低，适当施用磷肥，即可获得良好效果。相反，如果把磷肥施用在磷素供应能力高、连年大量施用厩肥的丰产土壤上，肥效就很差，甚至表现不出增产效果。利用同位素磷进行肥料试验证明，作物中所含的磷素，大部分是从土壤中吸收的。肥力很高的土壤，有效磷的含量已足够作物的吸收利用，在这样土地上再施用磷肥，就表现不出它的增产效果。由此可以看出，在目前将磷肥施用在低产田上，对改良低产田土壤，提高低产地区作物的产量具有重大意义。

　　陈尚谨还着重指出，在南方的低产水稻田，提倡冬季种植绿肥，通过绿肥还田对改善土壤结构、提高土壤的有机质，有很大好处。但是这样的土地，由于肥力水平很低，种绿肥也生长不好。如果先在绿肥上施用磷肥，即可大大提高绿肥的产量。据试验，每亩施用过磷酸钙 10 斤，约可增收紫云英或苕子青草 300 斤，并能从空气中多固定氮素 1.2 ~ 1.6 斤，相当于硫酸铵 6 ~ 8 斤，绿肥中所含的磷又全部是速效性的，可以供给下茬作物吸收利用。这样施用磷肥又增加了氮肥，一举两得，效果更大。

　　陈尚谨说，虽然新的磷肥肥效主要是土壤，但人为的施肥措施，比土壤的影响还要大。在同样的土壤上，由于前茬作物、施肥种类、施肥数量以及作物种类和产量水平的不同，施用磷肥的效果也会有很大差别。

关于磷肥肥效与施肥种类的关系，他认为，将氮肥与磷肥配合施用，一般效果都比较好，但将厩肥与磷肥配合施用，结果就不同。因为厩肥中含有大量有机质和各种矿物质营养，含磷量高，并且大部分是速效性的。这方面，他们曾在河北国营芦台农场做了一次有趣的试验，这个试验表明，厩肥和磷肥的连应极显著。当厩肥和磷肥配合施用时，随着厩肥用量的增加，磷肥的效果就降低。当不施厩肥时，每斤过磷酸钙最高可以增收小麦 5.7 斤；当施用厩肥 1 500 斤时，每斤过磷酸钙最高只能增产小麦 1.22 斤。

作物种类对磷肥肥效的影响也很大。陈尚谨说，这方面目前在科学上还不能作出统一的答案，但据各地试验，提供了一个很值得注意的线索，即在秋冬季播种的作物，施用磷肥，效果较大。如北方的大麦、小麦，南方的冬种油菜、豆科绿肥作物等。据初步分析，这可能是由于冬季土壤温度较低，土壤微生物活动力弱，同时，这些作物的特性，需要较多的磷，因此，施用磷肥，有较大的效果。

关于磷肥的施用方法，陈尚谨认为集中施用效果最大。如将过磷酸钙集中施用在播种沟或播种穴内，或在水稻插秧时蘸秧根，都是最经济有效的施用方法。

陈尚谨说，关于磷肥的肥效是一个比较复杂的问题。为了将磷肥用在最感缺磷的土壤上，以提高磷肥效果，除了科学研究部门需要做进一步的试验研究外，并建议以各省为单位，从公社中挑选一批具有一定文化程度的农民，进行短期的训练，把施用磷肥的技术和简单的试验方法传授给他们，国家可以拿出万分之一到千分之一的磷肥分给他们进行试验。他们掌握了磷肥施用规律后，估计至少可以提高磷肥的效果 30% ~ 50%。

本文刊登在《文汇报》1962 年 8 月 21 日

论施用磷肥与增加农作物产量

陈尚谨

（中国农业科学院土壤肥料研究所）
（1961 年 6 月）

磷是作物生长发育所需要的三大要素之一，是构成核蛋白、磷脂和植素不可缺少的物质。植物缺乏磷，就会发生茎叶生长停滞、分蘖力弱、叶片变成紫红色、下部叶片逐渐死亡、延迟出穗、开花和成熟期等症状；如果施用磷肥，既可以防止这些病症，且能促进作物生长发育，增加其抗旱和抗寒能力。因此，要增加农业产量，要改进水果蔬菜和烟草等作物的质量，必须施用磷肥。

我国磷矿资源极为丰富。国家很注意生产磷肥，因此，磷素化学肥料的产量逐年增加。但因我们施用磷肥的时期较短，经验不足，在施用方法上，还存在不少问题。研究施用磷肥的方法和总结施用的经验就有重大的现实意义。

磷肥种类很多。按其基本性质，大致可以分为 3 类：①水溶性磷肥：过磷酸钙、重过磷酸钙、磷酸铵（氮磷复合肥料）等属于这一类；②柠檬酸可溶性磷肥：钙镁磷肥和钢渣磷肥等属于这一类；③酸溶性磷肥：磷灰土粉、骨粉、海岛粪等属于这一类。以上各种磷肥都有特点。水溶性磷肥肥效最快，对各种土壤都适用；柠檬酸可溶性磷肥肥效稍慢，适用于酸性和中性土壤；酸溶性磷肥肥效较慢，仅适用于酸性土壤。若能选择适宜的地区和土壤，采用恰当的施肥方法，均能获得良好的效果。

过磷酸钙的性质及其施用方法

水溶性磷肥的性质可以过磷酸钙为代表。它是用磷矿粉和硫酸制造而成的，含水溶性磷酸 14% ~ 20%。是微酸性肥料，施到地里能很快被土壤水分溶解，与土壤粒子化合生成磷酸钙、磷酸铁、磷酸铝等极微细的沉淀。这些物质不溶于水，不能随水上下移动，需要通过微生物和作物根部分泌的有机酸和二氧化碳溶解后，才能被作物吸收。所以，过磷酸钙需要施在作物根部的周围。不能施得过浅，更不能施在土壤表层。

过磷酸钙用于石灰性土壤和中性水稻土时，与土壤粒子化合，主要生成磷酸二钙和磷酸亚铁。不溶于水，但可溶于弱酸里，比较容易被作物吸收利用。若过磷酸钙施用于含铁、铝离子较高的土壤，就易生成磷酸高铁和磷酸铝，溶解度很小，就很难被作物所吸收利用。这种变化称为磷酸被土壤固定。要发挥过磷酸钙的肥效，必须使它避免和土壤粒子过分接触。办法是：

1. 局部集中施用

将过磷酸钙集中施在作物根部或种子附近，或在水稻插秧时用它蘸秧根。或在播种前用过磷酸钙溶液浸种，使肥料与根部接触的机会增多，以减少它与土壤混拌和被固定的机会，这可以大大提高肥效。一般过磷酸钙用作基肥，每亩用量是 20～30 斤，若集中施用作种肥或蘸秧根，每亩减少到 7～8 斤即可。

2. 过磷酸钙与有机肥料堆沤或混合施用

过磷酸钙与有机肥料混合施用，使有机物包围在过磷酸钙的周围，减少它和土壤粒子接触的面积；同时，有机质在土壤分解过程中所产生的碳酸气也有助于磷酸钙和磷酸铁、铝的溶解。过磷酸钙和人畜粪尿一起堆沤，不仅减低被土壤固定的作用，同时，过磷酸钙里的游离酸度还可以与粪尿里的氨化合生成磷酸铵，减少氨的挥发丢失，提高粪尿肥料的质量。

3. 把过磷酸钙肥料制成颗粒状来施用

粉状过磷酸钙施到地里，与土壤粒子接触的表面很大，不如颗粒状的好。一般都制成 0.2～0.3 厘米大小的颗粒。这种颗粒肥料可集中施在作物根部或种子附近，好处是能提高肥效，同时便于机械施肥。使用颗粒状磷酸钙肥也要因地制宜。在酸性土壤地区，因土壤固定磷酸的能力很强，将过磷酸钙与有机肥料制成有机—无机颗粒肥料后局部集中施用，是很好的办法；但在中性和石灰性土壤地区，就不一定这样做。

在酸性土壤地区施用过磷酸钙，要注意施用些石灰，以便降低土壤中铁铝离子的含量，提高磷肥肥效；但不宜与石灰混合施用，并要结合施用一些有机肥料。以免土壤板结。

钙镁磷肥的性质及其施用方法。

柠檬酸可溶性磷肥，可以用钙镁磷肥来代表。它是用磷矿石和蛇纹石融制而成的，含 2% 柠檬酸可溶性磷酸 10%～20%，是微碱性的肥料，不溶于水，施到地里，没有被土壤固定降低肥效的危险。适用于酸性和中性土壤。各种作物都可施用。近年来，各地试验证明，钙镁磷肥施用在酸性土壤上肥效很好，与施用等磷量过磷酸钙的肥效大致相等，有时甚至超过；施用在石灰性土壤上，肥效稍差。根据我所在天津国营芦台农场试验结果，当年肥效相当过磷酸钙肥效的 60%～80%。钙镁磷肥在施用时要注意以下几点。

①钙镁磷肥的肥效和粒子细度有很大关系。粒子愈小，与作物根部接触的机会愈大，肥效也就愈好。一般商品规定要有 80% 以上的粒子能通过 100 号筛孔。在华北石灰性土壤地区施用，对粒子细度的要求更要注意。据天津水稻研究所试验证明：对水稻施用通过 80 号筛孔的钙镁磷肥，肥效最好；施用 50 号到 80 号部分，当年肥效降低到 50%～60%；施用粗于 50 号筛孔的部分，当年肥效不显著。

②钙镁磷肥与有机肥料堆沤后施用，可以提高肥效。经过磨细的钙镁磷肥，再和有机肥料堆沤后施用，可以通过微生物的作用，产生有机酸，促进分解，提高肥效。若来不及预先堆沤的，也应与有机肥料混合施用。

③钙镁磷肥应做基肥或种肥施用，不应用作追肥。由于钙镁磷肥在土壤中不能移

动，应结合耕作用作基肥，施在地表 2 ~ 3 寸以下，一般每亩用量为 20 ~ 40 斤。我所在天津地区曾进行试验。在水稻插秧时，每亩用钙镁磷肥 10 斤蘸秧根，肥效很好，与每亩施用 40 斤作基肥的相等。但因它肥效缓慢，所以，不易作追肥。

磷矿粉的性质及其施用方法。

磷矿粉是用磷矿石粉碎制成，含磷酸 15% ~ 25%。各地所产磷矿石的性质不同，肥效也有差别。磷矿大致可以分为磷灰石和磷灰土两大类。磷灰石是制造过磷酸钙和钙镁磷肥等化肥的原料，而不应直接用作肥料。磷灰土系次生磷矿岩。可作为制造磷素化肥的原料，也可以直接用作肥料。在施用时应注意以下各点。

①磷灰土粉分解缓慢，适用于酸性土壤。它可借助于土壤酸度，促进溶解，提高肥效，对中性和石灰性土壤，不宜施用。磷灰土粉不溶于水，没有被土壤固定的危险。

②磷灰土粉的肥效也与粒子细度有关，一般要求 80% 的粒子可以通过 100 号筛孔。若粒子粗肥效就差。在施用前要与有机肥料放在一起堆沤。据云南 14 个试验的结果，磷矿粉与有机肥料混合施用，比单用有机肥料对水稻多增产 13.3%。贵州试验结果，每亩用有机肥料 2 000 ~ 4 000 斤与磷矿粉 40 ~ 60 斤混合堆沤后施用，能使水稻增产 15.6%，玉米增产 14%，油菜增产 32.6%。

③经过堆沤的磷灰土粉，每亩一般用量为 40 ~ 60 斤。由于分解缓慢，应结合犁地，用作基肥，施在地表 2 ~ 3 寸以下，不应用作追肥。

除以上所述各种磷肥的种类及其施用方法应加注意外，施用磷肥的效果与土壤肥力和作物种类的关系也很大。试验证明，各地土壤供应磷肥的能力不同，不同作物从土壤中吸取磷肥的能力也有差异，再加上施肥习惯的不同，因而，各地施用磷素化肥的效果也很不一致。据湖南省生产试验证明：过磷酸钙或钙镁磷肥施用在冷浸田、板泥田、青夹泥和鸭屎泥等地势低洼、水温较低的水稻田，磷肥肥效就很突出。施用在冲积性水稻田、紫色土和速效磷酸含量较高的土壤上，效果较差。又据河北天津地区试验得出：磷肥和氮肥配合施用，效果最大；磷肥施用在连年施用硫酸铵，单位面积产量较高。而厩肥用量不足的地区，磷肥效果最为突出。如国营芦台农场小麦肥料试验，在施用硫酸铵的基础上，每亩加施过磷酸钙 10 斤作基肥，增收小麦 57 斤。而单独施用磷肥，增产效果不大。反之在干旱地，单位面积产量较低，或氮素肥料施用不足的地区，施用磷肥多不能收到良好效果。

各地试验证明，磷肥施用得当，对水稻、棉花、杂粮、豆类、油料、糖类等作物，都能提高产量。特别施用在小麦、豌豆、蚕豆、油菜和冬季绿肥如紫云英和苕子上，肥效表现最好。这些作物除生理特性的原因需要增加供应磷肥外，又由于秋季播种，土壤温度低，土壤微生物活动能力差，作物根部从土壤中吸收磷肥的能力较弱，所以在犁地或播种时，用些磷肥作基肥或种肥，可以增加抗寒性并显著提高产量。在秋季施用磷肥，不仅能供给冬季作物的需要，并且还可以继续供给下茬作物的需要。山西和陕西的经验都证明，加施少量磷素化肥，对豆科的下茬作物可显著提高产量。

总之，我国磷矿资源十分丰富，磷肥大有发展前途。但因为使用磷肥时间短，还缺乏经验，山西已总结了一些方法。今后，不同地区还可不断进行田间试验，通过试验，采用当地最适宜的施用方法，使我国宝贵的磷肥资源能够充分发挥作用，为大办农业，大办科学和促进农业生产服务，这还有待于我们科学工作者和广大农村公社社员共同努力。

本文刊登在《大公报》1961 年 6 月 19 日

低肥力旱地土壤磷肥肥效试验报告

梁德印　　贺微仙　　肖国壮

（中国农业科学院土壤肥料研究所）

（1962 年 3 月）

近年来，我所曾在华北地区的几种不同类型和肥力的土壤上进行过矿质磷肥肥效试验，试验结果初步证明，矿质磷肥的效果和土壤类型、土壤熟化程度以及农业措施均有密切关系。例如，北京本院试验农场高肥力的黑黄土，多年施用大量有机肥料，土壤熟化程度较高、供应养分能力强、含速效磷酸百万分之六十至八十，加施矿质磷肥对作物增产不显著；而河北省石家庄地区中等肥力的黄土，以及天津地区的水稻田盐碱土，土壤熟化程度低、供应养分的能力弱、土壤含速效磷酸百分之十至二十，加施矿质磷肥对小麦、水稻增产效果显著，每斤过磷酸钙可增产小麦 1~3 斤，水稻 2~5 斤。这些试验结果为进一步研究磷肥肥效问题提供了线索。但是，以往的试验对低肥力旱地土壤的磷肥肥效以及氮肥和磷肥配合施用的问题尚注意不够，而这种土壤目前占华北耕地的40% 左右，研究这类地区的磷肥肥效问题，对合理施用磷肥，提高单产，具有很大意义。

一、试验方法

1962 年的磷肥试验，是在河北省中部新城县和北京东郊顺义县进行的，新城县的磷肥试验地，选择在该县西北部的乔刘樊公社平安店大队的黄土上，这种土壤的质地 2 尺以上的土层为粉沙壤土，2 尺以下为黏性稍重的壤土，再下为有石灰结核的姜石土，地下水位平时在 3 公尺左右，雨季时高达 1 米。顺义县的试验地位于北法信公社十里铺大队，其土壤群众称为黄土瓣，质地也是粉沙壤土，土层深厚，无明显层次，地下水位达 7 米左右，两处试验地目前均无灌溉条件，由于过去施用农家肥料的数量很少，为低肥力土壤，从试验地土壤养分含量分析结果来看（表1），耕层土壤中全氮、全磷含量虽具有中等水平，但速效性氮、磷都很缺乏。

表1　试验地耕层（0～16厘米）土壤主要养分含量

地点	有机质（%）	腐殖质（%）	全氮（%）	全磷（%）	$NO_3^- - N$（毫克/千克）	速效 P_2O_5（毫克/千克）	pH 值
河北新城黄土	0.76	0.13	0.075	0.10	1～3	8	7.5
北京顺义黄土	0.80	—	0.088	0.12	2～5	7	7.4

注：$NO_3^- - N$ 为玉米生长期间的含量范围，酚二磺酸法测定。

速效 P_2O_5 采用1%碳酸铵浸提法测定

磷肥试验是采用田间小区试验方法，供试作物为当地主要作物春玉米、夏玉米和小麦。小区面积0.07～0.2亩，两次重复。施肥处理是在当地施用农肥的基础上，加施矿质磷肥（过磷酸钙或摩洛哥磷矿粉），加施氮素化肥（硫酸铵），加施氮肥和磷肥（混合施用），以不施化肥区为对照，采用随机或顺序排列。化肥施用方法是作基肥撒施或作种肥施。耕地、播种、田间管理均按当地栽培习惯进行。

二、试验结果

（一）产量结果

施用矿质磷肥，以及磷肥和氮肥配合施用以后，对各种主要作物籽粒产量的影响列入表2至表6。

表2　氮、磷肥对春玉米产量的影响　（河北新城）

化肥种类和用量（斤/亩）	小区产量（斤）				折合亩产（斤）	差异（斤/亩）
	I	II	III	平均		
不施化肥（对照）	3.4	4.1	3.6	3.7	68.2	—
过磷酸钙40斤	5.3	3.7	6.9	5.3	98.5	30.3
硫酸铵40斤	18.0	13.4	6.8	12.8	236.1	167.9
过磷酸钙40斤加硫酸铵40斤	22.6	25.2	20.1	22.6	418.7	350.5

表3　氮、磷肥对夏玉米产量的影响　（河北新城）

化肥种类和用量（斤/亩）	小区产量（斤）				折合亩产（斤）	差异（斤/亩）
	I	II	III	平均		
不施化肥（对照）	7.5	8.5	11.8	9.3	122.9	—
过磷酸钙40斤	10.9	16.4	13.2	13.5	215.2	92.3
硫酸铵40斤	12.0	10.8	11.1	11.3	150.6	27.7
摩洛哥磷矿粉160斤	8.8	10.7	10.3	9.9	131.8	8.9

（续表）

化肥种类和用量（斤/亩）	小区产量（斤）				折合亩产（斤）	差异（斤/亩）
	I	II	III	平均		
过磷酸钙40斤加硫酸铵40斤	23.3	19.8	23.6	22.2	296.3	173.4
过磷酸钙40斤加磷矿粉160斤	19.1	14.4	14.9	16.1	179.4	56.5
硫酸铵40斤加磷矿粉160斤	9.0	16.1	15.5	13.5	180.4	57.5
过磷酸钙40斤加硫酸铵40斤加磷矿粉160斤	22.5	24.4	20.9	22.9	306.0	183.1

注：5%差异显差＝56.3斤/亩

1%差异显差＝78.5斤/亩

表4　氮、磷肥对夏玉米产量的影响　（河北新城）

化肥种类和用量（斤/亩）	小区产量（斤）				折合亩产（斤）	差异（斤/亩）
	I	II	III	平均		
不施化肥（对照）	26.9	28.6	27.9	28.5	173.5	—
硫酸铵40斤	40.1	35.3	35.9	37.1	226.3	52.8
硫酸铵40斤加过磷酸钙40斤	61.4	65.4	57.5	61.4	374.4	200.9

注：5%差异显差＝30.8斤/亩

1%差异显差＝44.9斤/亩

表5　氮、磷肥对冬小麦产量的影响　（北京顺义）

化肥种类和用量（斤/亩）	小区产量（斤）				折合亩产（斤）	差异（斤/亩）
	I	II	III	平均		
不施化肥（对照）	13.3	16.1	19.4	16.6	108.6	—
过磷酸钙15斤	16.1	20.0	20.6	18.9	126.0	17.4
硫酸铵5斤	15.0	18.9	22.2	18.7	124.7	16.1
过磷酸钙15斤加硫酸铵5斤	20.6	22.2	23.9	22.2	148.0	39.4

表 6　氮、磷肥对冬小麦产量的影响　（河北新城）

化肥种类和用量 （斤/亩）	小 区 产 量 （斤）				折合亩产 （斤）	差异 （斤/亩）
	Ⅰ	Ⅱ	Ⅲ	平均		
不施化肥（对照）	5.6	6.9	6.1	6.2	41.5	—
硫酸铵 40 斤	8.1	8.0	8.2	8.1	54.3	12.8
硫酸铵 40 斤 加过磷酸钙 20 斤	14.4	13.6	12.9	13.6	91.3	49.8

注：5% 差异显差 = 10.5 斤/亩

　　1% 差异显差 = 18.0 斤/亩

由以上产量结果可以看出，在当地速效氮、磷都比较缺乏的土壤上，单独施用矿质磷肥虽有一定增产效果，但肥效并不很大，每亩施用过磷酸钙 40 斤，增产春玉米 30.3 斤，增产夏玉米 92.3 斤，亩施过磷酸钙 15 斤，增产冬小麦 17.4 斤。如果磷肥和氮肥同时施用，则增产效果极为显著，不仅提高了磷肥的肥效，也增加了氮肥肥效。如表 2 结果所示，春玉米单施 40 斤过磷酸钙，增产籽粒 30.3 斤，单施 40 斤硫酸铵，增产 167.9 斤，而氮、磷肥合施，增产 350.5 斤，比氮肥、磷肥单施增产之和要多 152.3 斤。同样夏玉米单施磷肥增产 92.3 斤，单施氮肥增产 27.7 斤，氮磷肥合施则增产 173.4 斤，比氮肥、磷肥单施增产之和多 53.4 斤（表 3）。冬小麦也有同样的结果。说明在氮、磷养分均缺乏的土壤上，氮素不足是限制磷肥肥效的一项因子，加施氮肥后提高了磷肥的肥效。

从表 3 结果可知，摩洛哥磷矿粉在当地石灰性土壤上施用，不论单独施用或是与氮肥、与水溶性磷肥配合施用，第一年均未表现增产效果。

（二）生育调查结果

在作物生长期间，进行了生育调查，结果如表 7、表 8。

表 7　氮、磷肥对春玉米生育的影响

处理	成熟期 （月/日）	成熟期 叶片颜色	秸秆青物重 （斤/亩）	穗粒重 （克/穗）	幼苗植株中 $NO_3^- - N$ （毫克/千克）	抽穗盛期吐 雌穗率（%）
对　照	9/5	黄	796	24.3	2	55
过磷酸钙	9/4	黄	981	32.3	20	69
硫酸铵	9/8	大部分为绿色	1 081	64.0	5	89
过磷酸钙 加硫酸铵	9/5	黄	1 426	89.5	40	97

表8　氮、磷肥对冬小麦生育的影响

处理	株高（厘米）	穗长（厘米）	穗粒重（克/穗）	千粒重（克）
对　照	49	3.7	11.1	22.5
过磷酸钙	58	4.8	16.2	23.3
硫酸铵	55	4.6	14.9	23.3
过磷酸钙加硫酸铵	61	4.9	17.1	25.1

从表7结果可看出，施用磷肥有促进春玉米生长发育的作用，使玉米吐雌穗的时期提早，可提前成熟期1～3天，但单独施用过磷酸钙，虽然提前生育期，植株都表现瘦弱缺肥现象，果穗重和秸秆重量都很低。单施硫酸铵能加强植株的生长，增加秸秆重和穗重，但延迟了成熟期，成熟时大部分叶片仍为深绿色。氮肥和磷肥配合施用以后，不仅成熟时期不至延迟，而且成熟得很正常，果穗和秸秆重量均比单施氮或单施磷增加很多。在玉米苗期测定植株中养分含量的结果，单独施用氮肥，植株中硝态氮含量很低，而氮、磷肥配合施用后，增加了植株中硝态氮的含量，比单施氮肥的要多8倍，说明磷肥有促进玉米幼苗吸收利用氮素的作用。表8结果证明，氮磷肥配合施用后的小麦穗部性状，比单施氮或单施磷的为优。

三、小　结

①河北新城县和北京顺义县的低肥力旱地土壤，合速效氮和速效磷很低。由于氮素不足，限制了磷肥肥效的提高，氮、磷化肥配合施用后，不仅提高磷肥的增产效果，也提高氮肥的肥效。

②氮、磷配合施用，增强了作物对氮素养分的利用能力，植株中硝态氮含量增加。氮磷配合施用不仅生长速度快、产量高而且可以提前成熟。

③当地石灰性土壤上施用摩洛哥磷矿粉，不论单施或与速效氮、磷肥配合施用，第一年均未表现肥效。

＊　本试验是在陈尚谨同志的指导下进行的，并蒙本所河北新城和北京顺义基点李笃仁、林葆、黄不凡等同志的协助，谨表感谢。

彭谦先生钾定量分析法之探讨（摘要）

陈尚谨

（1938 年）

彭氏于中华民国二十五年（1936 年）发表《钾之新容量分析法》一文，〔载 Trans Science Society of China　8　153 ~ 156 页（1936）〕，其法为先将钾离子沉淀为亚硝酸钴钾（$K_2NaCo(NO_2)_6$）再用标准盐酸内含有尿素与之化合，所离盐酸之量，用标准氢氧化钠溶液滴定之，其应用化学变化方程式如下。

$$K_2NaCo(NO_2)_6 + 3CO(NH_2)_2 + 6HCl \rightarrow 2KCl + CoCl_3 + NaCl + 3CO_2 \uparrow + 9H_2O + 6N_2 \uparrow \cdots$$

上述方法曾被作者试用多次，结果欠准确，以后又发现其所用化变方程式亦不能代表其中所有化学变化，除如上式右端诸化合物产生外，并有铵发生。可用奈式溶液证明之，故当有一部盐酸被中和而消失。

据 E. A. Werner 氏研究尿素与亚硝酸之化合变化，可知彭氏所用之方程式仅能代表变化之一部，同时则又有以下变化。

$$K_2NaCo(NO_2)_6 \cdot H_2O + 6CO(NH_2)_2 + 12HCl \rightarrow 2KCl + NaCl + CoCl_3 + 6CO_2 + 6N_2 \uparrow + 6 \cdots$$

彭氏所用第一方程式中，每一分子亚硝酸钴钾钠与 6 个盐酸分子化合，与第二式须用 12 个盐酸分子不同，实验时所用盐酸量愈多，则第二式反应亦愈大，而致分析结果错误亦愈高。

又洗沉淀时所用之洗液为 2% 硫酸钠溶液，在 10℃ 时对于亚硝酸钴钾钠沉淀，仍有粉化作用（peptizing effect），故一部分沉淀漏下，而致结果过低，若改用 0.1% 硝酸时，则无此困难。

总之，硫酸钠洗液每使结果过低，反之滴定部分，因同时有铵根之产生。每使结果太高，此两种反向差误大小不同，普通情形下，每得结果过低，请注意及之。

我国钾肥肥效试验结果初步报告（初稿）

陈尚谨

（1973 年 6 月）

一、前 言

新中国成立以来，在毛主席和党中央的英明领导下，我国化肥工业有了很大的发展，由新中国成立初期的几十万吨，增加到几千万吨。根据国务院领导同志关于"加强进行有组织、有系统的化肥肥效研究和示范工作"的指示，1958 年开始建立全国化肥试验网，有计划地开展了经济合理施用化肥的研究，取得了不少的科研成果，对提高我国粮食和经济作物产量起了重要作用。

任何事物内部都存在着矛盾，引起了事物的运动和发展。由于化肥的生产和施用数量的迅速增加，水利灌溉面积的发展，复种指数的扩大，单产的提高，各种主要农作物对氮、磷、钾化肥的需要程度也起着明显的变化，大致可以分为以下 3 个阶段。

第一个阶段是氮肥的发展阶段。在 1958 年以前，单产不高，化肥用量不多，主要靠农村有机肥料，它是一种完全肥料，含有一定量的磷、钾。在这样的产量和施肥条件下，最需要的是化学氮肥，提高施用氮肥水平，可以显著增产。在毛主席的无产阶级革命路线指引下，采取化肥工业大、中、小同时并举的正确方针，氮肥工业获得飞跃发展，对促进我国农业生产迅速发展起到了很大的作用。

第二阶段是磷肥的发展阶段。1962 年前后，在我国南方如湖南、广东、浙江、广西等省开始施用磷肥改良低产水稻田，可以防治水稻"坐秋"，收到了显著效果。对豆科绿肥施用磷肥，可以大幅度增加鲜草量，其中，所含的氮、磷、钾也相应增加，豆科绿肥中大部分的氮是靠共生根瘤菌从空气固定而来的，翻压后用作稻田绿肥，增产效果和经济效益都比直接对水稻施用磷肥好得多，"以磷增氮，以氮增粮"就是这个道理。由于我国南方和北方的农业生产条件不平衡，在这期间，北方大部分地区，对磷肥也没有足够的重视，在氮肥供应不足的情况下，增施磷肥的作用不够明显，直到 1970 年前后，才开始重视起来。在施用有机肥和氮肥的基础上，增施磷肥对各种主要作物，都可以显著增产。在常年施用氮肥数量较大的土壤，若不配合施用磷肥，氮肥肥效很低，甚至不能增产。因而，增加了农业成本，并造成氮肥的严重浪费，对国家和集体都不利。到 1971 年前后，北到黑龙江，西到新疆，磷肥很快脱销，供不应求，从而促使多种磷肥的发展。

第三阶段是使用钾肥的开始阶段。大约从 1967 年起，在我国南方几省开始发现施用钾肥的重要作用。如广东、湖南、浙江、福建、上海等省市的一些地区，在施用有机肥和氮、磷化肥的基础上增施钾肥，对水稻、豆科绿肥、花生、棉花等作物都有明显的增产效果，并有防治病害和抗倒伏的作用。对北方地区的烟草、果树、甜菜等经济作物，不仅可以增产，还有防病，提高产品质量的作用。目前在北方各省的粮食作物施用钾肥的肥效，还在试验中。从过去我国磷肥的发展情况来看，都是先从南方开始，然后很快地发展到北方各省的。我国钾肥的发展，也可能和磷肥的发展过程相似，要加以重视。钾肥肥效不仅与土壤的速效钾含量和供钾能力有关，更重要的是：随着氮、磷化肥施用数量的增加和单位面积产量的提高，钾肥的施用已成为夺取高产稳产的重要因素。目前在广东、湖南、福建、上海等省、市都有这样的反映：最初氮肥不足阻碍着生产的发展；氮肥施用水平提高了，磷肥的施用就必须相应地增加；现在我国南方大部分地区氮、磷化肥施用水平进一步提高了，钾肥的施用就要提到议事日程上来。

遵照伟大领袖毛主席关于"深挖洞，广积粮，不称霸"和要"认真总结经验"的教导，1973 年 3 月在德州召开全国化肥试验网研究工作会议建议，由中国农业科学院土壤肥料研究所约请浙江、广东、湖南等省农业科学院土壤肥料研究所的同志参加，将近年来我国钾肥试验特别是自文化大革命以来的结果，初步加以整理，为我国化学钾肥生产和合理施用，提供科学依据。

二、钾肥的作用与增产效果

据浙江、广东、江西、广西、福建、上海等省、市试验，增施钾肥对我国南方各种主要粮食作物和经济作物，大多都有显著的增产效果。一般在施用氮、磷化肥的基础上，施硫酸钾 10～20 斤（或氯化钾 8～16 斤），比不施钾肥大约增产 10%，高的可达40% 以上。施用钾肥除能显著增产外，并对促进农作物正常生长发育，增加抗逆、抗病力和提高产品品质等都有良好作用。

作物种类不同，施用钾肥的增产效果不一，一般对豆科绿肥的增产幅度大（增产44.3%～135.1%），其次为薯类、棉花、烟草及油料作物（增产 11.7%～43.3%），水稻、小麦、玉米等禾谷类作物增产幅度较低（增产 9.4%～16.0%）。又据浙江省试验大麦施用钾肥有较大的增产效果（平均增产 32.9%）。

近年来，据不完全统计在我国南方几省硫酸钾和氯化钾对主要作物进行了两个肥效试验，结果列入表 1。

表 1　钾肥对各种主要作物增产数量表（部分资料统计）

作物种类	试验次数	钾肥种类	氯化钾用量（斤）	增产（斤/亩）	增产（%）	每斤氧化钾增产（斤）	备注
1. 水稻	716	硫酸钾、氯化钾	8.8	8.2	9.6	5.5	籽粒
2. 玉米	9	硫酸钾、氯化钾	9.0	47.9	11.4	5.3	籽粒

（续表）

作物种类	试验次数	钾肥种类	氯化钾用量（斤）	增产（斤/亩）	增产（%）	每斤氧化钾增产（斤）	备注
3. 大麦	25	硫酸钾	9.0	64.7	32.92	7.2	籽粒
4. 小麦		硫酸钾	8.8	24.5	16.0	2.8	籽粒
5. 甘薯	33	硫酸钾	8.5	283	11.7	33.3	薯块
6. 花生	15	硫酸钾	6~10	48.7	19.8	7.1	荚果
7. 油菜	19	硫酸钾	8~10	17.0	14.4	2.7	种子
8. 甘蔗	14	硫酸钾	9.6	148.5	25.7	84.1	蔗茎
9. 棉花	32	硫酸钾	13.7	26.1	9.8	1.9	籽粒
10. 黄麻	7	硫酸钾	10.7	67.7	13.5	4.1	干纤
11. 烟草	1	硫酸钾	10	20.0	20.0	2.2	烟叶子
12. 豆科绿肥紫云英（鲜草）	18	硫酸钾	7.3	1 160	44.3	159	
紫云英（种子）	2	硫酸钾	5.0	8.6	15.5	1.7	
苕子（鲜草）	1	硫酸钾	10.0	1 535	135.1	153.6	
共计	892						

1. 水稻

近年来，根据广东、浙江、湖南、江西、福建、上海等省（市），进行的 716 个硫酸钾和氯化钾肥效试验，平均每亩施用硫酸钾 17.6 斤或氯化钾 14.7 斤（相当氧化钾 8.8 斤），比不施钾肥增产稻谷 48.2 斤，增产率为 9.6%，折合每斤氧化钾增产稻谷 5.5 斤（表 1）。其中以广东省的增产幅度较大，据该省 159 个试验平均，亩施硫酸钾 12.5 斤比不施钾肥增产稻谷 80.9 斤，折合每斤氧化钾增产稻谷 10.5 斤，一般增产幅度为 10%~20%，高的可达 30%~50% 或更多。

各地试验观察，施用钾肥可促使水稻快生早发，根系发达，茎秆粗壮，并对稻叶的正常生长和叶色长相有良好影响，以及对促进穗大、粒多、谷粒饱满等都有良好作用。钾肥还有增强稻株抗病、抗倒、耐寒和减少早衰现象的作用；同时对增加出米率和提高米质也有一定作用。如广东省开平县群众反映，施钾肥的米质好，腹白少而坚硬，米粒不易破碎，饭味较好。

又据广东、浙江、湖南、广西等省（区）调查，在缺钾土壤上施钾肥的稻苗，比对照回青早 2~3 天，分蘖也相应提高，株高增长 2~12 厘米；每亩有效穗数增加 1.75%~5.5%，每穗粒数增加 2~10 粒以上，结实率提高 2%~10%，千粒重增加 0.5~3 克，出糙米率每百斤谷增加 1~3 斤。施钾肥的根系发达，据开平县调查每株根数多 2.05%，新根多 13.1%，根粗长，色白，活力强；施钾肥的叶宽、厚、长、叶色青翠，有光泽，颜色润调，剑叶梗立，生势壮健，叶片寿命长，后期能保持较多青叶，比对照的青叶数多82%，有效地抑制了早衰现象的发生。

施用钾肥对减轻纹枯病、胡麻叶斑病、稻瘟病、赤枯病、菌核杆腐病等都有明显效果。据广东省开平县、浙江省上虞县等地调查，对照区纹枯病发病率为10.3% ~58.92%，而钾肥区仅为4.17%~6.99%，病情减轻2~5倍。对照区的胡麻叶斑病发病率为10%~17.2%，每15株有病斑345个，病害严重的茎叶早枯，出穗时叶斑病蔓延至顶叶和谷粒，呈现一片焦黄，造成严重减产；而施钾肥的发病率仅5%~8.1%，病斑129个，病情减轻2~3倍，有效地抑制病斑的扩展。又据广西壮族自治区试验，高肥少钾区穗颈稻瘟发病率99.5%，而高肥多钾区发病率为77.5%，降低22%。上海市试验，施用钾肥能减少早稻纹枯病和晚稻稻瘟病发病率30%左右。湖南湘潭、双峰等地调查，施钾肥对增强早稻秧苗耐寒能力，减少烂秧也有一定作用。

钾肥增产效果与试用期有关。据广东、湖南、浙江、江西等省的试验，认为在连作早稻施用钾肥以用作基肥增产效果较好。如用追肥亦应早期追施，一般后期追施表现不好。如广东开平县农科所1968年试验，钾肥作基肥增产13.9%，后期追的仅增产5.4%。湖南1971年早稻窑灰钾肥施用期试验，第二次中耕时追肥的仅为面肥肥效的53%。对连作晚稻施肥期采用基肥和前期追肥相结合方法肥效较好，如根据浙江省绍兴、诸暨等县3个试验综合，以分作1/2基肥、1/2分蘖肥施用的肥效最好，增产16.5%；基肥其次，增产13.0%；作穗肥施用的一般增产效果都较低。

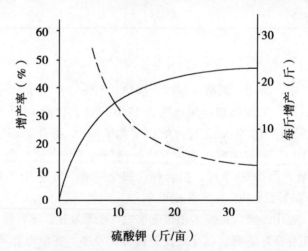

图　硫酸钾用量对水稻的增产效果（广东省开平县农科所）

　　注："————"每斤钾肥增产（斤）"— — — — — —"增产率（%）

对于保水保肥能力较差的田地，应考虑分次施用，以防钾肥的流失，以基、追兼施或分次施用比一次集中施用的效果好。

钾肥增产效果与施用量有关。据广东省1967年在缺钾土壤上试验，在每亩施硫酸铵40斤的基础上，增施硫酸钾5~30斤，稻谷产量随着钾肥用量增加而增加，而每斤钾肥的增产量则随着用量增加而递减，其中，以10~20斤用量的经济效益及增产作用较大，20斤以上的经济效益渐低。

钾肥用量在很大程度上与氮肥施用水平有密切关系。据广东试验，在氮肥施用水平较低时（即每亩施硫酸铵20斤），亩施硫酸钾30斤，反较20斤的稻谷产量有所下降。在目前高产栽培条件下，施肥水平高，氮肥较多，采用矮秆高产良种或粳稻的，亩施硫酸钾20斤左右为宜；氮施用水平低时，亩施硫酸钾10斤为宜；对一般施肥水平，以15斤为宜。江西、广西等省（区）试验结果，在一般农家肥基础上，认为亩施用硫酸钾或氯化钾10～15斤较为适宜，使氮、钾养分平衡协调，达到增产的目的。

钾肥的增产效果与水稻的品种有关。据广东和广西两省（区）试验，矮秆、高产良种及粳稻对钾肥反应较为敏感，增产幅度比高秆品种及籼稻大，结果列入表2。可以说明，在高产栽培条件下更迫切需要增施钾肥。

表2 钾肥肥效与水稻品种的关系

试验单位	水稻品种	稻谷产量（斤/亩）		钾肥增产	
		对照（不施钾肥）	硫酸钾（20斤/亩）	（斤）	（%）
广东省恩平县廉钩坡生产队	科青三号	369.0	476.0	107.0	29.1
	珍珠矮	479.3	562.3	84.4	17.4
	恩矮一号	448.9	501.5	52.6	11.7
	广解九号	388.3	408.0	19.7	5.1
广东省开平县农科所	科青三号	561.7	755.3	195.6	34.0
	平白一号	617.5	727.5	110.0	17.8

2. 大麦、小麦

近年来，浙江省对大麦进行了25个钾肥试验，亩施硫酸钾合氧化钾9斤，平均每亩增收大麦64.7斤，增产32.9%，每斤K_2O增收7.2斤。浙江、福建、广东、上海等省、市对小麦进行了17个钾肥试验，每亩施用硫酸钾合氧化钾8.8斤，平均每亩增收小麦24.5斤，增产16.0%，每斤氧化钾增收小麦2.8斤。

据福建省试验初步看出：就水稻和小麦比较，水稻比小麦对氮肥更显得需要，而小麦对磷、钾养分的需要程度较水稻为高。

在缺钾土壤上施用钾肥，可使大麦、小麦植株壮健、叶色翠绿、晚枯、秆强并有减轻倒伏和提高抗病的作用。据浙江温州农科所试验，对小麦施用钾肥秆粗平均为0.33厘米，比对照增加13.7%，对防止小麦赤霉病也有一定作用。对大麦施钾肥的秆粗平均为0.37厘米，比对照增加15.6%。

3. 玉米、甘薯

据浙江省对玉米进行的9次钾肥试验：在施用农村杂肥和氮磷化肥的基础上，每亩施用硫酸钾合氧化钾9斤，平均每亩增产玉米47.9斤（幅度13.5～89.3斤），增产11.4%，每斤氧化钾增收玉米5.3斤。又据5个钾肥施用量计算：每亩施氧化钾4.5斤的，每亩平均增收玉米 84.8 斤（幅度 20.0 ~ 103.9 斤），增产 10.3%，每斤钾（K_2O）增收玉米 4.9 斤。每亩施氧化钾 9 斤的，平均每亩增收 45.7 斤，增产 9.7%，每斤钾增收 4 ~ 6 斤。每亩施氧化钾 13.5 斤的，平均每亩增收玉米 55.9 斤，增产 12.6%，每斤钾增收玉米 8.3 斤，以上说明，加大钾肥用量对产量影响不大，目前，以每亩硫酸钾 10 ~ 20 斤为宜。

又据浙江 6 个钾肥施用期试验：每亩施氧化钾 4 ~ 5 斤，用作基肥的，比对照增收玉米 52.2 斤，增产 11.1%，每斤钾素增收 5.2 斤。同样数量的钾肥用作拔节肥的，增收 55.3 斤，增产 12.2%。每斤钾素增收 5.5 斤。基肥和拔节肥分两次施用的，比对照增收 70.2 斤，增产 13.4%，每斤钾增收玉米 7.0 斤，从以上结果来看，每亩施用硫酸钾 10 斤分作基肥和拔节肥两次施用肥效最好。对玉米施用钾肥和植株生长、发育都有一定促进作用。据东阳县 4 个点和东阳县安文镇公社试验的统计，施用钾肥比对照区株高增加 5 ~ 18.9 厘米，穗长增加 1 ~ 2 厘米，减少秃顶 0.1 ~ 0.9 厘米，提早成熟 2 天，单穗粒重增加 12.5 克，千粒重增加 30.6 克。

由于施用钾肥，植株生长健壮，对病害的抵抗力加强。据东阳县 3 个试验的测定，施用钾肥对茎基腐病和叶斑病的感染程度显著下降。茎基腐病下降 6.9%，大叶斑病指数下降 21.8%。

对甘薯的增产作用，广东、福建、浙江、上海等省、市进行了 33 个钾肥试验，每亩施用硫酸钾合氧化钾 7.2 ~ 10 斤，增收薯块 117.7 ~ 588 斤，平均为 283 斤。增产 11.7%，每斤氧化钾增产块根 33.3 斤，薯块较大，表面光泽，品质较好。据广东省开平县农科所试验，亩施硫酸钾 12.5 斤，用作基肥比对照增收 616 斤，增产 38.6%，其中，大块甘薯又比对照增收 10%。若作追肥，比对照增收 335 斤，增产 21.1%，大块甘薯增收 6.5%。从以上试验来看，对甘薯施用钾肥以基肥较好，若用作追肥，要及早穴施，施后覆土。

对甘薯增施钾肥可提高淀粉率，如浙江省缙云县红旗公社试验施用钾肥提高淀粉率 0.6% ~ 2.1%。

4. 油料作物

近年来，广东、福建、江西等省对花生共进行了 15 个钾肥试验：每亩增施硫酸钾合氧化钾 6 ~ 10 斤，平均增收花生荚果 48.7 斤（幅度为 41.2 ~ 101 斤），增产 19.8%，每斤氧化钾增产花生 7.1 斤。

花生增施钾肥，对促进茎叶生长，根系发育和根瘤的形成，以及增加荚果的充实度，都有良好作用。据广东省开平农科所等单位的调查，增施钾肥比对照叶数及分枝增多 16% ~ 50%，株高增加 21 ~ 27.9 厘米，荚果多 3.5% ~ 45.3%。植株生长也较健壮，增加抗病能力，对叶斑病和褐枯病均显著减少；延长叶片寿命，薄叶较少。到花生后期能保持较多的青叶，有利于光合作用的进行，促进荚果的形成、发育和饱满程度等。据广东开平农科所秋植花生试验，每亩增施硫酸钾 12.5 斤；用作基肥比对照亩产 240 斤，增收 130 斤，增产 54.2%，每斤氧化钾增收花生 23.2 斤。在始花期用作追肥的增产 73 斤，增产 30.4%，每斤氧化钾增收花生 13.1 斤。追肥肥效比基肥差，但是，用作基肥的对花生鲜茎叶产量都比追肥少。前者亩产 300 斤，比对照增多 34.6%；后者亩产 366

斤，增产42.2斤；追肥比基肥多增产鲜草60斤，增产7.4%。

近年来，浙江、福建等省对油菜进行了19个钾肥试验：都是在施用氮肥的基础上亩施硫酸钾合氧化钾8~10斤，平均每亩增产菜籽17.0斤，增产14.4%，每斤氧化钾增产菜籽2.7斤。对油菜施用钾肥，能促进植株生长发育，增加株高、分枝、茎粗和荚数，因而，可以提高产量。据浙江省5个试验平均，钾肥区平均每株结荚368.3个，比对照多67.6个，每荚粒数也有增加，但对于粒重影响不大。施用钾肥可以提早成熟，减少收获时的青秆百分率。浙江绍兴县城南公社对当地种矮大秆油菜进行调查：增施钾肥区全生育期为210天，比对照提早成熟5天，青秆比对照减少9.1%。

增施钾肥对油菜抵抗毒素病和菌核病的能力有所增强。如在绍兴黄班坤泥上的试验，单施氮肥病毒病发病率为20%，氮钾配合施用的发病率降低到5%。在宁波青紫泥田试验，氮肥区菌核病发病率为43.6%~60%，氮钾配合区40.6%~50%，病情有所减轻。对油菜施用钾肥还有利用抗寒和防冻。据宁波农科所采用细流法测定，施用钾肥显著增加了细胞中的糖分，提高细胞液的渗透压。在苗期和初薹期测定氮肥区叶内细胞液浓度为0.136~0.170克分子，渗透压为3.18~3.84大气压；施用钾肥区叶细胞液浓度提高到0.153~0.244克分子，渗透压提高到3.60~5.55大气压。因而，增强了植株的抗寒和防冻能力。

增施钾肥还可以显著提高菜籽的品质。据余杭等5个试验点分析结果：对照区菜籽含油53.4%~44.2%平均为40.4%，钾肥区含油量则为39.4%~45.6%平均为42.9%，含油量增加5%。

5. 棉、麻

近年来，浙江、江西、上海等省、市进行的32个棉花钾肥试验，亩施硫酸钾合氧化钾13.7斤，平均增产籽棉26.1斤，增产9.8%，每斤氧化钾增收籽棉1.9斤。钾肥能促使棉花早发、提前吐絮，并能增加株高和果枝数。据浙江慈溪和上虞县分别在花期和吐絮初期调查，施钾区的每株铃数比对照区增加0.01~0.65个，吐絮率比对照增加40%左右。在蕾铃脱落方面也有差别：施钾区的脱落率为59%比对照减少5%。

棉花质量也有显著提高，如增施钾肥区的纤维比对照区增长1~6毫米，对中期收花的纤维长度增长作用更为显著。钾肥对棉花防病也有明显的作用。如在浙江近年发生红叶茎枯病，棉株叶片枯萎死亡，使棉桃变小，严重影响产量。1971年上虞县松下农技站调查，该区因红叶早衰严重影响产量的有3万多亩。据该县张胡和进建种子场调查，增施钾肥区健康棉株分别占81%和78%，而对照区仅有49%和33%。

据浙江肖山和慈溪两县的试验，钾肥用作蕾期一次追肥比对照区的籽棉分别增产8.6%和32.2%，用作苗期一次追肥比对照区分别增产5.5%和25.6%，用作基肥的分别增产5.5%和16.8%。分为两次在苗期和蕾期施用的比对照分别增产6.5%和16.2%；作基肥和蕾期施用的比对照分别增产6.0%和8.5%。从以上结果初步看出，钾肥最好集中在蕾期、苗期或作基肥施用，比分为两次追用的好。但也有的试验结果不同，尚待进一步研究。

黄麻是我国制造麻袋的原料。对黄麻施用钾肥可明显的促进根、茎、叶的生长，增加纤维产量，并能增强对炭疽病和金边叶病的抗病力。据广东4个试验平均，每亩施用硫酸钾 23.8 斤，合氧化钾 10.7 斤，增收纤维 67.7 斤，增产 13.5%，每斤氧化钾增产纤维 4.1 斤。据调查不施钾肥的纤维拉力为 38.3 公斤，施用钾肥的拉力为 41.45 公斤，增强 8.2%。又据湖南沅江中国农业科学院麻类研究所的钾肥用量试验（表 3），以每亩施用硫酸钾 20 斤为宜。

表 3　黄麻钾肥施用量试验结果　（1961—1962 年平均）

硫酸钾用量 （斤/亩）	株高 （厘米）	株粗 （厘米）	纤维 （斤/亩）	纤维增产		每斤氧化钾 （斤/亩）
				（斤/亩）	（%）	
0	292.8	0.98	351.8	—	—	—
20	308.8	1.10	381.4	29.6	8.4	3.7
35	318.3	1.14	370.3	18.5	5.3	1.2
50	319.8	1.15	366.2	14.4	4.1	0.61

6. 烟、糖

中国烟农过去有施用饼肥的习惯。饼肥中含有氮、磷、钾各种养分。烟草施用饼肥的产量和质量都很好，近年来，曾用化学氮肥代替饼肥，以至叶片肥大，产量提高，但质量下降。增施磷肥可以提早成熟，对产量和质量也有提高。在施用有机肥、氮、磷化肥的基础上，适当地增施钾肥，可以减少中部叶片的破碎率，减轻枯斑病，对防治花叶病更为显著，因而提高产品质量。据浙江省温州的试验，每亩施用硫酸钾 20 斤，产量由 100 斤提高到 120 斤，每斤氧化钾增收烟叶 2.2 斤，质量也有所提高，每斤烟叶价格由 0.50 元增加到 0.60 元。

近年来，在广东湛江砖红壤性黄色土和海南岛砖红壤性红色土上对甘蔗共进行了 14 个钾肥肥效试验，每亩施用硫酸钾合氧化钾 6.4 ~ 12.8 斤，增产 25.7%，每斤氧化钾增产蔗茎 84.1 斤。据开平县农科所调查，施用钾肥的根系又粗又长，新根较多，叶色青翠，对分蘖，株高，生长速度和茎粗，茎长、茎重，都有良好影响，并增加抗病和抗寒能力。缺乏钾肥在生长中期叶缘褐黄，产生不少裂痕，叶身暗黄无光泽，严重影响产量。增施钾肥对提高甘蔗含糖量有明显增加。广东甘蔗科学研究所对甘蔗施用钾镁肥试验：以全作基肥的增产效果较好，增产 26.8%；半基半追的肥效较低，增产 17.6%。但钾镁肥直接作基肥对甘蔗萌芽有一定影响，宜先与有机肥混合堆沤后施用。

7. 绿肥作物

近年来，广东、湖南、江西、浙江等省对紫云英进行的 19 个钾肥试验材料统计，每亩施用硫酸钾合氧化钾 7.3 斤的，平均每亩增收紫云英鲜草 1 160 斤，增产 44.3%，每斤钾素增收鲜草 159 斤。每亩施用氧化钾 5 斤的增收种子 8.6 斤，增产 15.5%，每斤钾素增收种子 1.7 斤。

对紫云英施用钾肥的表现在：冬前发得早，苗子壮，叶青鲜嫩，长势好；春暖后长得块，茎粗叶茂，鲜草产量高。留种地的分枝多，盘数和荚数都有明显的增加。

据广东阳江县试验，对苕子每亩施用硫酸钾合氧化钾 10 斤的，增产 1 535 斤，增产率135.1%，每斤钾素增收鲜草153.6斤。由于鲜草产量增加，其中含有的大量氮素大半是靠根瘤菌从空气固定来的，翻压后用作水稻绿肥，比直接对水稻施用钾肥有利，群众称之为"以钾调氮，增产稻谷"是一种切实可行、行之有效的办法。

对紫云英和苕子亩施硫酸钾10～30斤，绿肥鲜草量可随施钾量的增加而增加，可增产1～1.8倍；如再增加钾肥用量，产量还可以提高，但每斤钾肥的增产量则缓慢下降，在目前钾肥供不应求的情况下，以亩施硫酸钾或其他钾肥合氧化钾5～10斤的较为经济。

三、钾肥肥效与其他肥料配合施用的关系

提高施用钾肥对作物的增产效果，不仅要看地区、看季节，做到适期适量地施用，同时要适当配合氮、磷化肥和有机肥料，以满足作物对各种养分的需要，才能使钾肥充分发挥其对作物的增产作用。

1. 氮肥施用水平对钾肥肥效的影响

钾肥的肥效与氮肥施用水平及氮钾配合比例有关。在一定氮肥用量范围内，钾肥肥效可随氮肥施用水平的提高而提高。

据广东开平、恩平等县农科所试验，水稻施用硫酸钾15斤和30斤，配施硫酸铵从每亩20斤提高到40斤和60斤，钾肥肥效可提高16%～43%。但在钾肥施用水平较低时，不适当地过量增施氮肥，即当 $N : K_2O$ 为 1:0.6 时，则不但不能充分发挥氮肥增产作用，而且钾肥的肥效反有所降低。在氮肥施用水平较低时，不适当地增施钾肥，即当 $N : K_2O$ 为 1:3.6 时，钾肥肥效也不能得到充分发挥，较一般施钾量的产量有所下降（表4）。

表4　氮肥水平和氮钾配合比例对硫酸钾肥效的影响　（广东省开平等县农科所）

编号	处理			稻谷产量（斤/亩）				比不施钾增加（斤）	增产效果对比
	硫酸铵用量（斤/亩）	硫酸钾用量（斤/亩）	$N : K_2O$	I	II	III	平均		
1	20	0	1:0	416	624	585	542	0	—
2	20	15	1:1.8	464	741	670	625	83	100
3	20	30	1:3.6	482	729	655	622	80	96
4	40	0	1:0	465	632	695	597	0	—
5	40	15	1:0.9	495	800	785	693	96	116
6	40	30	1:1.8	489	824	765	693	96	116
7	60	0	1:0	463	634	725	607	0	—
8	60	15	1:0.6	490	829	775	698	91	109
9	60	30	1:1.2	497	859	825	726	119	143

根据试验结果初步看来，氮钾的适宜配合比例为 N：K_2O = 1.09 ~ 1.2，即氧化钾用量接近或略高于氮量（以纯氮计）能较好发挥两者的作用。江西省农科所 1965 年水稻氮钾配合试验也得到类似结果。又据浙江省对油菜的试验，在每亩施用猪厩肥 2 200斤的基础上不配施氮肥而单施钾肥的（施硫酸钾 20 斤/亩），不能显示增产效果；低氮水平的（施硫酸铵 15 斤/亩）增施同量钾肥，增产 4.9%；高氮水平，增施硫酸铵 30斤，增产 7.0%。上述结果都说明在施用钾肥的同时，必须配合施用适量氮肥，才能充分发挥钾肥的作用。但不同土壤、养分供应状况及不同作物的需肥特性所适宜的氮钾配合比例，有待于进一步研究。

2. 氮、磷化肥和有机肥料配合施用对钾肥肥效的影响

浙江、江西等省试验：氮磷钾三要素配合施用较氮钾二要素配合，可使钾肥增产效果提高 39% ~ 54%（表 5）。

表 5　氮磷配合施用对钾肥肥效的影响

试验省份	肥料处理	稻谷产量（斤/亩）	钾肥增产（斤/亩）	（%）	增产效果对比	备 注
浙江省	氮	617.0				
	氮、钾	643.7	26.7	4.3	100	余杭、奉化等
	氮、磷	650.3	—			3 个试验统计
	氮、磷、钾	689.3	37.0	5.7	139	
江西省	氮	509.5				
	氮、钾	534.7	25.2	4.9	100	赣州、抚州、宜春、南昌、九江、吉安
	氮、磷	549.5	—			6 个试验统计
	氮、磷、钾	588.3	38.8	7.1	154	

又据各地试验，施用有机肥料的种类和数量，均对钾肥肥效有一定影响。如江西省试验，早稻施用豆科绿肥，含氮较高，施用钾肥肥效较为显著；晚稻主要肥源为牛栏粪和窑肥，磷、钾含量较高，再配施钾肥则肥效较低。上海、浙江等省、市也有类似试验结果（表 6）。

表6　施用有机肥料对钾肥肥效的影响

试验地点	作物	处 理	肥料种类	产 量（斤/亩）	施钾肥增产（%）	每斤氧化钾增产（斤）	增产效果对比（S）
浙江省温州地区农科所农场	油菜	（1）不施有机肥	亩施硫酸铵90斤、过磷酸钙60斤	88.14	—	—	—
		（2）钾肥	同上加硫酸钾25斤	121.2	37.1	4.8	100
		（3）有机肥	亩施有机肥72担	82.8	—	—	—
		（4）有机肥＋钾肥	同上＋硫酸钾25斤	91.6	11.0	1.3	27
上海市郊区	水稻*	（1）不施有机肥	钾肥	—	8.78	—	100
		（2）施有机肥	亩施40担草塘泥＋钾肥	—	3.77	—	43
上海市郊区	棉花**	（1）不施有机肥	钾肥	—	14.95	—	100
		（2）施有机肥	亩施25担猪厩肥＋钾肥	—	7.97	—	53

* 二次试验平均　　** 三次试验平均

四、钾肥肥效与土壤种类熟化程度和排溉方式的关系

土壤种类对施用钾肥的增产效果悬殊很大，同种土壤又以耕作、施肥、管理条件特别是水肥管理上的差别，对钾肥肥效也产生显著影响。

1. 土壤种类与钾肥肥效

土壤种类对钾肥肥效的影响，首先是土壤钾素含量和供应状态对钾肥肥效的影响，我国一般农田土壤含钾量通常在1%～3%，其中，绝大部分是不能为植物吸收利用的原生矿物如钾长石、云母之类，而能为作物吸收利用部分仅占全钾量的0.3%～5%。大部分耕层土壤中每亩代换性钾含量为10～150斤。我国地域广阔，土壤种类繁多，土壤代换性钾含量差异很大。分布在广东、广西、福建、江西南部、浙江西部红壤性水稻土，广东沿海地区由浅海沉积物发育的沙性土壤，都是比较缺钾的。对这些地区施用钾肥，有可能获得较好的增产效果。

近年来，我国南方各省在不同土壤上进行大量的钾肥试验肥效表现不同，而同一母质发育的土壤，也因地形条件及耕作施肥水平，而有不同的肥效。广东、湖南、江西、上海等省、市对主要土壤类型进行钾肥肥效试验所得结果列入表7。

表7　各种土壤类型钾肥增产效果　　（作物：水稻）

土壤类型	省 份	试验点数	氧化钾用量平均（斤/亩）	平均增产量		每斤氧化钾增产（斤）	备 注
				（斤/亩）	（%）		
红壤性水稻土	江 西	78	6.0	37.0	—	6.2	第四纪红黏土、红沙岩 砖红壤发育 红壤丘陵低产田 红壤丘陵地区 红壤丘陵低产田
	广东黄泥田	3	7.3	86.6	27.5	11.8	
	广东赤壤田	1	5.0	65.5	15.7	13.1	
	湖南青夹泥	7	8.6	89.1	14.4	13.6	
	湖南地灰泥	6	9.9	60.2	9.8	6.1	
	湖南鸭屎泥	11	8.7	86.4	14.0	9.9	
冲积性水稻土	江 西	29	7.1	57.2	—	7.9	洞庭湖湖积物
	广东潭江冲积田	6	10.7	188.5	39.1	17.6	
	广东沙质田	10	7.7	131.6	39.5	17.0	
	湖南湖积沙壤土	2	16.5	90.0	22.5	5.5	
冷浸性水稻土	江 西	5	6.2	51.5	—	7.9	
	湖 南	4	9.3	57.3	6.2	6.2	
	广东山坑田	3	5.5	23.8	4.2	43	
沉积性母质水稻土	广东沙泥田	7	7.9	91.4	21.2	11.6	发育花岗岩风化母质低产田
	广东沙围田	2	5.5	20.3	4.2	4.0	
	广东黑泥田	1	8.3	201.3	40.8	24.1	
	上海黄泥头沟干泥	15	7.5	60~70	8.9	8~8.1	
紫色土	江 西	29	6.1	9.4	—	1.9	—
石灰岩水稻土	江西青坤泥	12	6.0	18.1	—	30	—

　　我国南方红壤性水稻田，钾肥增产效果都比较显著，如广东的黄泥土、江西、湖南等省的第四纪红色黏土和红沙岩发育的红壤性稻田，钾肥增产量均较高，特别是这些地区的低产田，如湖南的鸭屎泥、青夹泥等，增产效果较为突出。熟化程度较高的地灰泥增产效果稍次。由紫色砂页岩和石灰岩风化物为母质的紫色土和青坤泥，土壤含钾高，黏性重，钾肥肥效较差。分析在山区和丘陵地区的冷浸田，由于土壤质地轻松，渗漏性强和串灌的结果，容易导致钾的淋失，有效钾含量低，水稻容易发生胡麻叶斑病，施用钾肥增产很明显，特别是含硫的硫酸钾，肥效更为突出。分布在广东山区的山坑田，由于土壤本身含钾量高，增产效果比江西和湖南的稍差。

　　由江河冲积物为母质的发育的水稻土，分布面积也很广，钾肥肥效大都比较显著。江西冲积性水稻土及湖南湖积物发育的水稻土，钾肥肥效也相当高，而在广东榕江冲积土上，钾肥增产效果则较差。

广东、上海等沿海地区，由浅海沉积物质形成的沙围田、沙泥田及上海郊区的黄泥头沟干泥，施用钾肥也有一定增产效果。广东沿海分布的黑泥土，由于各种养分都缺乏，在氮肥的配合施用下，钾肥肥效也较好。

另外，浙江在主要水稻土上，进行的241个早晚稻钾肥肥效试验，结果列入表8。

表8 浙江主要土壤类型钾肥增产效果表

土壤类型	土壤母质	试验点数	增产点数	早稻增产（斤/亩）				晚稻增产（斤/亩）			
				300~500	500~700	700~900	平均增产（斤/亩）	300~500	500~700	700~900	平均增产（斤/亩）
青紫坤黏土	浅海沉积物	28	22	30.9	23.8	29.9	27.2	23.9	30.6		27.6
泥筋土	冲积物及坡积物	21	15	15.5	19.3	30.8	24.9	30.0	27.5		28.1
青紫泥	沉积母质	72	43	18.9	45.5	31.2	34.6	63.1	25.5	24.1	30.9
黄斑坤	沉积母质	24	18	—	31.5	27.4	29.6	7.2	25.0		19.9
小粉土	沉积母质	27	21	28.9	35.5	28.4	30.0	27.7	42.0		35.9
泥沙土	冲积物	42	40	66.8	37.4	47.0	48.2	49.8	46.5	33.3	41.9
黄大泥土	第四纪红土层	25	22	53.0	56.7	25.3	43.2	19.4	22.4		25.8
淡涂泥	浅海沉积	2	2	23.2	—		23.2	20.4			20.4

浙江省的试验结果，反映出红壤性水稻土和冲积土上钾肥增产效果与土壤肥力、有效性钾含量以及土壤机械组成，都有一定关系。黄大泥、泥沙土及小粉土，含钾量较低，耕层土壤中，黏粒占0%~25%，而沙粒占60%~70%，土壤黏粒较少，而黏土矿物又多为高岭土（黄大土）或钾长石（泥沙土），因此，在这样的土壤上，钾肥增产效果较明显。泥筋土和青紫坤黏土黏粒占25%~40%以上，土壤黏性大，钾肥肥效则较差。

广西柳州农业试验站在成土母质相同而土壤质地差别较大的土壤上进行试验，钾肥肥效差别很大（表9）。

表9 不同土壤质地对钾肥肥效的影响（柳州农试站1970年）

母质	第四纪红土		砂质岩		石灰岩		河流冲积物	
质地	壤土	黏土	沙壤	黏土	沙壤	黏土	沙壤	黏壤
地点	江湾二队	江湾二队	古仁	永安	潭竹	大安	永安	大村
产量（斤/亩）	480	402.7	801.0	399.1	331.0	294.5	646.2	456.3
增产（%）	5.0	4.2	12.8	-0.3	24.4	8.0	19.9	5.2

江西于诚县小港公社赣江冲积性黏质土壤上进行试验，水稻每亩施用氯化钾 10 斤和 20 斤。比对照亩产 616 斤分别增产 36 斤和 56 斤稻谷；而在金潜县浒湾公社沙质土壤上进行的两个试验，亩施氯化钾 10 斤和 15 斤的，比对照亩产 746.7 斤和 662.4 斤，分别增产 91.3 斤和 26.86 斤，同样说明地质粗的沙性土比细黏土施用钾肥增产效果高。

2. 土壤熟化程度与钾肥肥效

土壤经过长期的耕作、轮作、施肥、灌溉等措施，土壤熟化程度有很大差异。土壤熟化程度高的土壤，基本肥力较高，因而，影响钾肥的肥效。据湖南、广东的结果认为：随着产量水平的提高和土壤熟化程度的改善，对钾肥肥效的反应一般不甚敏感（表 10）。

表 10　土壤熟化程度对钾肥肥效的影响　（广东农业科学院）

地　点	土壤母质	熟化程度	硫酸钾用量（斤/亩）	对照产量（斤/亩）	施用钾肥增产		备　注
					（斤/亩）	（％）	
开平赤坎公社		高	20.0	762	67.0	8.2	耕作时间久
长沙公社		高	30.0	653	137.3	21.2	耕作时间久
水江公社 1	潭江冲积土	中	30.0	407	121.7	29.5	离村近
2		低	20.0	340	280.0	20.5	耕作时间短
		低	20.0	231.5	265.0	53.4	离村远

潭江冲积母质发育的土壤，耕作时间较短、离村较远、土壤熟化程度差的地块，钾肥增产幅度较大，施用钾肥比对照区每亩稻谷增产量可达 263～280 斤。

湖南根据不同产量水平的地块，进行窑灰钾肥的肥效试验，结果（表 11）初步看出：在 500 斤以下产量水平的地块上，施用窑灰钾肥增产效果较明显。经 13 个点试验结果平均每亩增产 97.2 斤，增产率 23.3％。亩产 800 斤以上的地块，平均每亩增产 52 斤，增产率 6.2％。

表 11　窑灰钾肥的肥效与产量水平的关系　（湖南省农业科学院）

产量水平（斤/亩） 产量（斤）	500 斤以下	500～600 斤	600～700 斤	700～800 斤	800 斤以上
对照区平均产量（斤/亩）	418.0	564.0	647.5	725.5	843.0
施钾区增产　（斤/亩）	97.2	78.7	56.7	49.2	52.0
（％）	23.3	14.0	8.8	6.5	6.2
试验点数	13	17	31	12	5

上海市农业科学院分析了 10 多年来钾肥试验的肥效反应认为，近几年来，由于复种指数提高到 220％左右，粮食单产在 1 300 斤左右，每亩标准氮肥施用量为 180～190

斤，钾肥的增产趋势比以前越来越明显。

土壤熟化程度和产量水平的高低是土壤肥力状况的综合反应，其对钾肥肥效的影响是多方面的，上海、浙江的试验与广东、湖南的试验钾肥肥效反应不一致，对于钾肥的有效施用条件还有待进一步探明。

3. 稻田排灌对钾肥肥效的影响

据广东开平县农科所试验，钾肥的肥效与灌溉方式有关，结果初步表明：湿润排灌和长期淹水处理，水稻产量高，钾肥肥效明显，比对照区增产 19.8% ~ 20.8%，平均每斤硫酸钾增产 6.7 ~ 6.8 斤稻谷；而干湿交替，中期采用重晒田处理，施用钾肥效果较低，增产幅度为 12.0%，每斤硫酸钾仅增收稻谷 4.1 斤，后者钾肥肥效仅为前者的61%（表12），初步看出，排灌方式对钾素在土壤中的固定与释放产生不同影响有关。经常保持浸水或湿润，土壤固定钾量较少，钾肥效果较高，干湿交替则增加钾的固定，钾肥肥效较低。

表 12　不同排灌方法对钾肥的增产效果　（水稻）

处理 \ 项目		产量（斤/亩）	施钾区增产		每斤硫酸钾增产（斤/亩）	处理说明
			（斤/亩）	（%）		
常浸区	1. 无钾区	480.0				从插后至黄熟保持水层，但中期9月8日后7天内，只是浅水湿润交替
	2. 施钾区	582.0	102.0	20.8	6.8	
湿润区	1. 无钾区	516.6				从插后至黄熟保持浅水湿润交替，中期天旱，晒至土壤变硬斑裂
	2. 施钾区	618.0	101.4	19.5	6.8	
中期重晒区	1. 无钾区	514.0				前期浅水，中期重晒田，晒田中期土大裂，至减数分裂前才回浅水，以后浅水湿润交替至黄熟
	2. 施钾区	576.0	62.0	12.1	4.13	

五、主要钾肥品种的肥效

随着农业生产的飞跃发展和对钾肥的迫切需要，我国南方地区积极开发钾肥资源，大搞综合利用，新的钾肥品种不断涌现，钾肥新品种的肥效试验工作蓬勃发展。据浙江、湖南、广东、广西、江西、吉林、上海等省（区、市）的不完全统计，近年来，对硫酸钾、氯化钾、窑灰钾肥、钾钙肥等9个钾肥品种在水稻上共进行了 1 485 次肥效对比试验。平均每亩施用氧化钾 8.1 斤，每亩平均增产稻谷 58.9 斤，增产率为 11.4%，折合每斤氧化钾增产稻谷 6.6 斤。充分显示了钾肥在农业中的重要作用（表13）。

表13　不同钾肥的品种对水稻的增产效果

品　种	试验数	施 K_2O（斤/亩）	增产（斤/亩）	增产（%）	每斤 K_2O增产（斤/亩）	试验地点
硫酸钾	646	8.5	47.0	9.4	5.6	浙江、湖南、广东、广西、江西、上海
氯化钾	137	6.4	34.7	6.9	5.4	湖南、江西
窑灰钾肥	463	9.6	73.0	14.2	7.7	湖南、浙江、江西、广东、吉林
钾镁肥	43	10.5	52.0	11.5	4.8	浙江、广东
钾钙肥	25	4.5	83.3	12.3	17.5	湖南、广东
磷钾肥*	124	3.3	74.2	12.8	—	湖南
氮磷钾复合肥*	28	4.2	116.8	25.1	—	湖南、浙江
三钾肥	5	10.4	93.3	15.3	9.2	湖南
草木灰	14	8.0	98.3	20.7	12.0	江西、广东
平均	1 485	8.1	58.9	11.4	6.6*	

＊：由于含 NP，每斤 K_2O 增产数未统计在内

1. 硫酸钾和氯化钾

硫酸钾和氯化钾是我国常用的品种。硫酸钾一般含氧化钾 50% 左右，氯化钾含氧化钾 60% 左右。这两种钾肥物理性状好，水溶性大，易被作物所吸收，是良好的速效钾肥品种。增产效果显著而稳定。据浙江、广西、江西、广东、湖南、上海等省（区、市）进行的 646 次试验结果统计，平均每亩施用氯化钾 8.5 斤，每亩增产稻谷 47 斤，增产 9.4%，折合每斤氧化钾增产稻谷 5.6 斤。又据湖南、江西进行的 137 个氯化钾试验结果，平均每亩施氧化钾 4.6 斤，增产稻谷 34.7 斤，增产率 6.9%，折合每斤氧化钾增产稻谷 5.4 斤。由于这两种钾肥都是生理酸性肥料，因此，在施用时，应根据土壤条件和作物忌氯情况，分别配合有机肥和石灰施用，对忌氯作物应避免施用氯化钾。

2. 窑灰钾肥

窑灰钾肥是水泥工业副产品。具有工艺简单、制造方便、投资少、见效快、成本低等优点，每吨只需 30 元左右。

窑灰钾肥含氧化钾 8%～10%，含氧化钙 35%，并含有镁、硅、硫、铁及其他多种微量元素（表14），碱性较强（pH 值 8.9～11.0）。

表14　几种钾肥品种的主要成分　　（%）

钾肥品种	氮	磷酸	氧化钾	氧化钙	氧化镁	氧化铁	氧化铝	氧化硅	硫	食盐
硫酸钾			45							

（续表）

钾肥品种	氮	磷酸	氧化钾	氧化钙	氧化镁	氧化铁	氧化铝	氧化硅	硫	食盐
氯化钾			50~60							
窑灰钾肥			8~10	35.0	1.44	3.70	8.19	17.38	7.1	
钾镁肥			33.1		28.7					30
钾钙肥			4.1	41.6	4.28					
磷钾肥		9.7	2.7							
N、P、K肥	15.0	15.0	17.0							
三钾肥			26.0							
草木灰		2.1	5.0							

窑灰钾肥中钾是以多种化合物形态存在，其中，水溶性钾和2%柠檬酸可溶性钾含量占总钾的90%以上，这部分钾对作物是有效的。据湖南、浙江、吉林、江西、广东等省463个试验结果，平均每亩施用窑灰钾肥合氧化钾9.6斤，每亩增产稻谷73斤，增产率14.2%，折合每斤氧化钾增产稻谷7.7斤，由于窑灰钾肥不仅含有10%左右的氧化钾，还有35%左右的氧化钙和多种微量元素，因此，施用窑灰钾肥，不仅能使植株高度、穗长和粒重都有很大提高，还可以中和土壤的酸性，改善水稻的生长环境防止早衰和增强抗病力。

窑灰钾肥对冬季绿肥（紫云英）也有十分显著的肥效。据湖南连续两年70个试验结果，平均每亩施用窑灰钾肥137.4斤，增产绿肥鲜草1 406.1斤，增产33.4%，每百斤窑灰钾肥增产鲜草1 023斤。广东省的试验结果增产鲜草42%，高的成倍地增产。试验证明，每百斤窑灰钾肥直接施在早稻上平均能增产稻谷55斤左右；若将100斤窑灰钾肥施在冬季绿肥上平均可增产紫云英鲜草1 350斤。用作早稻田的基肥增产稻谷达到67.5~135斤。窑灰钾肥施在绿肥留种田上，促使前期早生发快，后期茎秆粗壮、后劲足，大大减少死秆烂秆现象，保证结荚后期养分继续供应，大大增加有效荚盘数，从而增加绿肥种子的产量。据湖南16个试验，平均每亩施用窑灰钾肥167.5斤，能增产绿肥种子28.4斤，增产率达60.4%。窑灰钾肥在其他作物上亦表现不同程度的增产效果：如对棉花增产10%~16%；黄豆增产25%~60%；甘薯增产23%~46%；黄麻增产13%；甘蔗增产16%。

窑灰钾肥是一种多元素肥料，含氧化钙35%左右，从湖南多次等钙量的对比试验结果（表15），可以看出：窑灰钾肥增产效果的主导因素是钾。

表15　窑灰钾肥和等量石灰肥效比较

类　别	对　照	窑灰钾肥	石　灰
产量（斤/亩）	348.5	415.0	355.0
产量百分比	100.0	119.1	101.8

一般窑灰钾肥和有机肥堆沤制成凼肥作基肥或面肥施用较好。施用时期宜早，一般应在第一次中耕前施用增产效果较大。从经济效益角度来看，一般水田用量以每亩80～150斤为宜。窑灰钾肥不宜与铵态氮肥混合施用或贮存，以免损失肥分。窑灰钾肥和其他钾肥一样，要在氮、磷肥配合施用的条件下，才能充分发挥其增产效果。

据湖南进行的多次等钾量硫酸钾、氯化钾、窑灰钾肥肥效比较试验结果（表16）看出：在早稻和晚稻中硫酸钾和窑灰钾肥的肥效相近，而氯化钾肥效相对较低。在绿肥肥效对比中，硫酸钾比窑灰钾肥稍高。

表16　硫酸钾、氯化钾、窑灰钾肥肥效比较

	硫酸钾	氯化钾	窑灰钾肥
早 稻	100.0	96.0	99.7
晚 稻	100.0	92.5	102.6
绿 肥*	100.0	—	94.8

＊：绿肥（紫云英）10次试验平均值

当前，窑灰钾肥还存在着含钾量偏低且不够稳定的情况，以至施用量过大。窑灰钾肥颗粒过细，不便于包装和撒施，在长途运输中损耗量较大。还存在着供不应求和某些水泥厂对回收钾肥不够重视的现象，有待进一步研究解决。

3. 氮磷钾复合肥

复合肥是近代化肥工业中重要品种之一。它在化肥生产中的地位与日俱增。氮磷钾复合肥具有作物所必需的三种营养元素，它具有肥分高、养分全面、物理性状良好等优点。因此，当前各国对复合肥料的生产和试验都极为重视。近年来，我国亦已开始试制和生产（供试品种 N：P：K = 15：15：12；12：12：19；14：14：14；21：14：14）。据湖南、浙江等省对氮磷钾复合肥进行的28次试验肥效结果统计，平均每亩施用35斤（折合氧化钾约4.2斤），比氮磷区增产稻谷116.8斤，增产125.1%；平均每斤氧化钾增产稻谷27.2斤，增产效果稳定而显著，深受贫下中农欢迎。

4. 钾镁肥

钾镁肥又名卤渣或称"高温盐"，是制盐工业的副产品。它含有较多的硫酸钾和硫酸镁以及一定量的食盐，一般含 K_2O 33%，MgO 28.7%，NaCl 30%，钾和镁均为作物所必需的营养元素。南方广大地区红壤发育的酸性水稻土在不同程度上都需要钾素和镁素营养，增施钾、镁肥对夺取农业高产具有重要意义。

我国浙江、福建等沿海省份有施用钾镁肥的历史。据广东、浙江进行的43个试验统计，平均每亩施用钾镁肥32斤（折合 K_2O 10.5斤），每斤氧化钾增产稻谷4.8斤。浙江进行的钾镁肥和硫酸钾、硫酸镁单施肥效对比试验（表17）进一步证明，钾镁肥比单施硫酸钾或硫酸镁均有所增产，显示了镁对作物的增产效果。

表 17　钾镁肥、硫酸钾、硫酸镁肥效比较　　（水稻田 9 个试验平均）

处　理	硫酸钾	钾镁肥	硫酸镁	对　照
产量（斤/亩）	495.5	514.8	512.6	455.0
肥效比较（％）	100.0	103.8	103.4	91.8

　　钾镁肥在旱地作物上增产亦很显著。一般常年耕作施肥水平较低，代换性钾、镁含量较少的土壤增产效果较大。如浙江红壤稻田黄筋泥上，钾镁肥增产率达 32.34％，而在耕作历史较长、施肥水平较高的青紫坤黏土和泥沙土上，增产率分别在 12.4％ 和 6.5％。此外，钾镁肥对喜钾作物（如甘薯）增产效果较显著，增产率 8.3％ ~ 19％，每亩可增产甘薯 166 ~ 360 斤。

　　我国沿海线长，利用苦卤制造钾镁肥，具有广泛的前途。但是，目前生产量还不大，产品中钾镁含量还不稳定。此外，钾镁肥中含有一定数量的食盐，盐分在土壤中积累和对作物的影响问题，还有待今后研究解决。

　　5. 磷钾肥

　　磷钾肥是 1972 年在湖南试制成功的品种。它是以磷矿石和钾长石为原料，利用钙镁磷肥的生产设备、经过高温熔制而成。原料易于解决，制造过程比较简单，生产潜力较大。成品含全磷 11.39％，有效磷 9.77％；全钾 2.74％；有效钾 2.71％。据湖南在早稻和晚稻进行的 124 次试验结果统计，平均每亩施用 122 斤（折合 K_2O 3.3 斤），每亩增产稻谷 74.2 斤，增产 12.8％，每斤磷钾肥增产稻谷 0.6 斤。

　　由于磷钾肥是生产钙镁磷肥过程中加入钾长石烧制而成的，在生产过程中，每增加一份钾就降低二份磷，磷钾肥中的磷比钙镁磷肥有所降低，为了探索磷钾肥中钾的增产作用，在湖南对早、晚稻共进行了 38 次磷钾肥与钙镁磷肥的肥效对比试验，结果磷钾肥比钙镁磷肥分别增产 3.0％ 和 2.7％。

　　磷钾肥在水田每亩施用量一般是 80 ~ 150 斤为宜。早施效果较好，因水稻在苗期需磷钾较多，且吸收土壤中磷钾元素能力较弱，早期供应磷、钾养分能助长根系发育，防止"坐秋"，增强抗寒抗逆能力，从而起到壮秆、增穗、促进籽粒饱满的作用。采用集中施肥方法，更能提高其增产效果。

　　此外，磷钾肥对棉花、甘薯、高粱、果树等作物亦表现良好的增产效果。

　　目前的问题是如何保证磷钾肥中钾素的含量和进一步开展肥效试验。

　　6. 钾钙肥

　　钾钙肥是利用钾长石、石灰石、石膏泥、白煤为原料经过破碎、球磨、煅烧等工艺而制成，一般含 K_2O 4.1％（CaO 4.16％，MgO 4.28％），此外，还含有硅、硫等元素。据湖南、广东进行的 25 个试验结果统计，平均每亩施用钾钙肥折合氧化钾 4.5 斤的，增产稻谷 83.8 斤，增产率 12.3％，折合每斤 K_2O 增产稻谷 17.5 斤。据湖南的试验测定：插秧后施用钾钙肥的土壤中速效钾含量为 44.5 毫克/千克，较对照 9.5 毫克/千克提高近 5 倍，插秧后一个月测定土壤中速效钾含量为 31 毫克/千克，较未施的（9毫克/千克）提高 3 倍多，由于钾钙肥提高了土壤中的有效钾含量，保证了水稻生长期中的钾素营养，促使禾苗早生快发，分蘖增多，降低空壳率，增加千粒重。另外，钾钙肥还含有41.6%的氧化钙和硅等元素，氧化钙能促进土壤中有机质的分解和氮素的有效化。施用钾钙肥，水稻体内硅酸含量亦有所增加，在齐穗期测定，施钾钙肥的植株硅酸含量为13.0%，未施的为9.4%，由于硅酸含量的增加，对水稻起到壮秆、防倒伏、减轻病虫为害的作用。在鸭屎泥、冬浸田等"坐秋"田上施用，钾钙肥可以减轻和防治水稻"坐秋"。

钾钙肥以作基肥和早期追肥较好，施用量以每亩 $100\sim200$ 斤（K_2O $4\sim8$ 斤）经济效益较大。

7. 三钾肥

三钾肥是湖南省利用炼硝的下脚料生产出的一种含有氯化钾、硫酸钾、碳酸钾及大量食盐等的混合物，其含氧化钾总量为20%～35%，产品为白色结晶，易溶于水。1972年湖南在早稻上进行了5次肥效试验，平均每亩施用三钾肥折合氧化钾10.4斤，每亩增产稻谷93.3斤，增产率15.3%，每斤氧化钾增产稻谷9.2斤。三钾肥作面肥施用效果较好。

湖南益阳地区将三钾肥和相等量的食盐及等钾肥量的窑灰钾肥进行比较试验。结果表明三钾肥和等钾量的窑灰钾肥肥效基本相等，而食盐肥效很小仅增产5%以下。三钾肥中含有相当数量的食盐，在施用的当季并未发现不良现象，至于对后作的影响和长期连续施用的效果问题，有待进一步试验。三钾肥售价偏高，还未广泛使用。

8. 草木灰

草木灰在我国农村施用历史悠久，据粗略的统计，我国每年燃烧植物的灰量在2 000万吨以上，若以含 K_2O 5%～8%计算，折合生产氧化钾100万～160万吨，是我国农业生产一项大的肥源。草木灰含相当数量的碳酸钾和其他形态的钾，有较多的钙和磷，以及少量的镁、铁、硫、硼、铜、锌、锰、钼等微量元素。生产实践证明，施用草木灰在我国各地区，除少数盐碱地区外，对各种作物均能获得良好的效果。常比施用单纯化学钾肥获得更高的产量。如辽宁锦州试验，在等钾量情况下，施硫酸钾增产籽棉3.6%。施氯化钾增产籽棉6.0%，施草木灰增产籽棉12.4%。据广东、江西14次水稻试验结果，平均每亩施用草木灰160斤（折合 K_2O 8斤）增产稻谷98.3斤，增产率20.7%，每斤 K_2O 增产稻谷12斤。

据广东、草木灰、硫酸钾和窑灰钾肥肥效比较试验，结果如表18。草木灰在产量上仅次于硫酸钾。

表18　草木灰的肥效

肥料种类	硫酸钾	草木灰	窑灰钾肥	对照
产量（斤/亩）	484.5	480.3	471.8	367.8
增产（斤）	31.7	30.6	28.3	0
产量比较（%）	100	99.13	97.3	75.9

施用草木灰还可以疏松土壤，保温护秧，和在一定程度上增强作物的抗病力，草木灰对马铃薯、甘薯、荞麦、豆科作物等喜钾作物增产效果更为显著。草木灰是碱性肥料，贮存时要注意不应与硫铵、硝铵、人粪尿等含铵氮肥混合，以免氮素的挥发损失。

六、存在问题和今后工作意见

全国化肥试验网成立以来，在各级党委的领导和支持下，作出了不少成绩，取得了一些经验。广大贫下中农和肥料科学工作者付出了辛勤劳动，在全国各地做了几万次化肥试验。1961年前后，全国肥料科学工作者又深入农村，分别在各地建立农村研究基点，开展三结合的试验研究，使科学研究工作密切联系群众，密切联系生产实际，将全国化肥试验工作向前大大推进一步。

无产阶级文化大革命以来，特别是在批修整风和"农业学大寨"群众运动的推动下，群众性的科学试验运动蓬勃发展，为革命种田和科学种田更加深入人心，为全国化肥试验网工作的开展，创造了更为有利条件。

十几年来，我国化肥研究工作虽然取得了很大成绩，但全国各地工作开展还很不平衡，对已取得的数以万计的化肥试验结果，尚未及时地做好整理总结工作。对化肥钾肥的研究，目前只是局限于南方几个省市。随着我国氮、磷化肥生产的迅速发展，在研究氮、磷化肥施用技术的基础上，进一步研究钾肥的增产效果和有效施用技术是十分必要的。研究减少化肥的损耗量和提高化肥的利用率，加强运输贮存过程的管理工作，经济合理施用化肥，充分发挥化肥的增产作用，为完成我国1980年粮、棉产量指标作出贡献。

为了更好地完成有关化肥生产和合理施用的科研任务，建议：

①加强对化肥研究工作的领导，充实专业队伍。将全国化肥试验网研究任务列为全国重要科学技术研究项目，进一步充实化肥网的各级技术力量，保证科研工作的相对稳定。本着勤俭办科学的精神，制定必要的年度预算，及时拨给试验用化肥，添置必要的仪器和设备。

②组织协作，加强综合研究。在党的一元化领导下，由农业、化工、商业和科研等部门共同组织，对生产、运输、贮存及施用等环节进行综合性调查研究，达到增加生产，减少损耗，科学用肥的目的。

③做好情报交流和总结工作。有计划地组织各级化肥试验网相互交流经验，必要时可以召开现场会，参观学习，也可举行短期学习班，传授技术经验。每年定期举行全国和各级化肥网研究工作会议，总结工作，制定计划，向有关领导部门汇报研究情况，研究成果要及时推广应用。

④充分利用资源，生产多种钾肥。为了适应我国农业生产不断发展的需要和氮、磷化肥迅速发展的形势，钾肥一定要相应地发展。现在广东、湖南、福建、浙江、上海等省、市已经开始发生了施用钾肥的问题，因此，加强钾肥资源的钻探工作，争取早日找到大型钾肥矿源，应列入议程。在尚未发现钾盐矿以前，可以有计划地、因地制宜地生

产各种钾肥品种及综合利用工业副产品作钾肥。实践证明，只要是水溶性的钾肥，其肥效基本与硫酸钾相似。例如，在浙江、安徽等地，钾矾石矿源丰富，可由国家和地方协作生产氮、钾混合肥料，在生产食盐过程中，可以从盐卤中提取氧化钾 30% 左右的钾镁肥；生产水泥可以副产窑灰钾肥，其中，含有氧化钾 10% 左右；广东省以钾长石生产的钾钙肥，湖南省利用钙镁磷肥设备生产的磷钾肥，各地的田间试验证明，这些钾肥品种增产效果都很好，价格较低廉，很受农民群众的欢迎。因地制宜地扩大生产和推广使用，以满足农业生产的发展和对钾素化肥肥料的迫切需要。

本文刊登在《土壤肥料》1974 年第 1 期

土壤盐分速测法的设计和准确程度的讨论

陈尚谨　刘以福　叶柏龄

（华北农业科学研究院所）

（1957 年 12 月）

　　土壤盐分速测是一种快速测定土壤含盐量的简单方法。所用仪器、药品和设备均甚简便，可以随身携带，操作容易，适宜土壤工作者进行荒地勘察及土壤改良之用。我国华北、东北、西北、内蒙古等地区和沿海一带盐碱土、盐渍土很多，若采用这种方法，可以节省很多人力、物力，并可获得大量有用而及时的结果，能作为选择可垦荒地、土壤改良和耕作栽培等措施的参考。

　　盐碱土大致可以分为海滨和内陆两种。沿海盐渍上以氯化钠为主要盐分，并含有少量硫酸盐、碳酸氢钠等成分。内陆盐碱土含有大量氯化钠、硫酸钠，并含有不同量的碳酸钠、碳酸氢钠和少量的钙盐、镁盐。本速测箱可以用来速测 Cl^-、SO_4^{2-}、HCO_3^-、CO_3^{2-} 等四种阴离子。由于一般土壤含水溶性 Ca^{2+}、Mg^{2+}、K^+ 数量不多，速测手续也比较复杂，未能包括在内。这项速测法的设计是 1955 年由农业部土地利用总局委托华北农业科学研究所设计，试制盐分速测箱，供给各地试用。经过试用后又稍有改进，今将修改后的仪器、药品等设备，使用方法和准确程度，介绍如下。

一、土壤速测箱内仪器和试剂

　　土壤盐分速测小木箱 27.4 厘米 ×17.5 厘米 ×16 厘米，内盛有仪器和药品，重约 4 公斤，有提手和背带，便于随身携带。除需要另外携带蒸馏水外（可用铝制旅行水瓶携带），不需要其他物品。

　　1. 仪器

　　①小克秤一台，称重 10 克，感重 0.2 克。

　　②土壤浸提瓶 5 个，附橡皮塞，容量约 20 毫升，刻有 5 毫升、10 毫升、15 毫升刻度。

　　③短颈漏斗，内口 4 厘米 5 支。上下套放，漏斗与漏斗中间有皮垫。漏斗颈长约 0.5 厘米。

　　④滴定瓶 10 个，附橡皮塞，容积 17 毫升，刻有 1~10 毫升刻度。

　　⑤平底试管 5 个，内径 20 毫米（准确），高 6 厘米，管底要平正，薄厚均匀。

　　⑥标准线条磁板 1 个，直径 4.5 厘米中间有"十"字黑线。

　　⑦滴管 2.5 毫升 4 支，刻度值 0.05 毫升内径约 0.5 厘米，其中，一支为棕色，专

用作吸取硝酸银溶液。

⑧滤纸 200 张，直径 7 厘米。

⑨小毛刷子 1 只。

⑩抹布一块。

2. 试剂及其配制

①硝酸镁试剂，15～20 毫升 1 瓶。称取 Mg（NO₃）₂·6H₂O（化学纯）20 克溶于 80 毫升蒸馏水中。附滴管。

②氯化钡试剂，100 毫升 1 瓶。称取 BaCl₂（化学纯）10 克，溶于 80 毫升蒸馏水，加 10% HCl（化学纯）10 毫升附滴管，1 毫升处有刻度。

③酚酞指示剂 15 毫升 1 瓶。称取酚酞（指示剂）0.5 克，溶于 100 毫升 95% 酒精，用 0.1N NaOH 滴成红色，再加 0.0167N H₂SO₄ 滴至退色。附滴管。

④标准硫酸（0.0167N）100 毫升 1 瓶。取 0.1N 标准硫酸 250 毫升加蒸馏水至 1 500 毫升瓶上 100 毫升处有环线。

⑤甲基橙指示剂 15 毫升 1 瓶。称取甲基橙（指示剂）0.1 克，溶于 250 毫升蒸馏水。附滴管。

⑥铬酸钾试剂 15 毫升 1 瓶。称取 K₂CrO₄（最纯）10 克，溶于 90 毫升蒸馏水。附滴管。

⑦标准硝酸银（0.0564N）100 毫升 1 瓶。用精细天平称取 AgNO₃（化学纯）9 588 克，溶于 11 毫升蒸馏水，瓶上 100 毫升处刻有环线。每毫升相当 Cl⁻ 2.00 毫克。

3. 备品

另装纸盒，不在木箱内。以下备品用完后，可再向盐分速测箱制造发售处零购。

①标准硫酸（0.334N）5.00 毫升 1 安瓿。

②标准硝酸银（1.128N）5.00 毫升 1 安瓿。

③氯化钡固体（化学纯）10 克 1 小瓶。

④盐酸 10%（化学纯）20 毫升 1 小瓶。

⑤铬酸钾固体（化学纯）5 克 1 小瓶。

⑥硝酸镁固体（化学纯）10 克 1 小瓶。

⑦橡皮头 3 个。

以上备品留作试剂用完后，自行配制之用。标准硝酸银的配制方法如下：先用蒸馏水将试剂瓶洗净，将安瓿瓶颈部打破，细心用蒸馏水冲洗，将安瓿内原液，完全洗入瓶内，不可损失一点，并加水至环状刻线上。摇匀即成 0.0564N 的标准硝酸银溶液。标准硫酸配法同上。其他试剂可按"2."试剂及其配制方法制备。

二、操作方法

1. 土壤标本的采集

土壤盐分，随土层深度、季节及雨前雨后，都有很大的变化。同时也受地形、地势及植物覆盖、耕作等的影响，局部变化很大。因此，在采集速测标本时，要注意上述情况的变化。选择有代表性的地区，用采土器采取 4～5 个样本，混合成为综合的样本，风干粉碎后，即可进行速测。若不能风干时，可估计土壤含水量多少，酌量增加一些土样用量（一般土壤田间持水量约为 20%，湿土按含水 20%，半湿土按 10% 估计）。取土深度可按 0～5 厘米，5～20 厘米，20～50 厘米层次采用，或按自然层次，试验需要，另行规定。

2. 土壤浸出液

土壤浸提瓶（仪器 1）内先放入蒸馏水至 15 毫升刻度处。用小秤（仪器 2）称风干土样 7.5 克，或相当风干土 7.5 克（要粉碎后用）。倒入瓶内，加入硝酸镁（试剂 1）3～4 滴，塞好，摇荡 1～2 分钟，静置 2～3 分钟，用漏斗和滤纸过滤（仪器 3）或抽取澄清土液，放入滴定瓶（仪器 4）内。

3. 硫酸根的速测

平底试管内先放入氯化钡（试剂 2）1 毫升，放在标准线条磁板上（仪器 6），在充足光线下，用刻有"土液"字样的滴管（仪器 7）吸取土壤浸提液，逐滴滴入，即有硫酸钡沉淀出现，随时摇动，眼睛由管口向下俯视，滴至恰好看不清磁板刻线为止。记下土壤浸出液用量毫升数。估计温度可按下表直接获得结果。若测定地下水或灌溉用水时，用原水样本滴定，见表 1。

表 1　硫酸根速测* 　（土壤浸出液　水：土 = 2：1）

滴加土壤浸出液（毫升）		土壤含硫酸根（%）	折合硫酸钠（%）	地下水含硫酸根（克/公斤）
（5～20℃）	（20～30℃）	（SO_4^{2-}）	（Na_2SO_4）	（SO_4^{2-}）
0.5	0.7	1.0	1.48	5.0
0.65	0.8	0.8	1.18	4.0
0.8	0.95	0.6	0.89	3.0
1.0	1.10	0.5	0.75	2.5
1.2	1.3	0.4	0.59	2.0
1.4	1.5	0.3	0.44	1.5
1.6	2.0	0.25	0.37	1.3
1.9	2.5	0.20	0.30	1.0
2.3	3.0	0.15	0.22	0.75
2.9	4.1	0.10	0.15	0.50
4.8	6.6	0.05	0.075	0.25
8.0	12.0	0.025	0.04	0.13

* 速测用平底试管内径为 20.0 毫米

若样本中硫酸根含量过高，不能测定时，土壤浸出液用蒸馏水稀释 5～10 倍、摇匀后按上法速测，由表1查得硫酸根浓度后，乘以稀释倍数，即获得结果。1955年作者等曾使用联苯胺试剂，但考虑到联苯胺成本高，受氯根的影响较大，现改用氯化钡试剂。试验结果准确性，后面另有讨论。

4. 碳酸根与重碳酸根的速测

用刻度滴管吸取土液2毫升（相当于土样1克），放入滴定瓶内，加蒸馏水2~3毫升加酚酞指示剂（试剂3）2滴，如现红色，即表明有 CO_3^{2-} 的存在，用2.5毫升的刻度滴管（仪器7）吸取0.0167N H_2SO_4（试剂4）滴定至红色消失，记下所用 H_2SO_4 的毫升数，得 V_1。然后加甲基橙（试剂5）一滴，继续用标准 H_2SO_4 滴定，滴至由黄色变为橙红色，记下 H_2SO_4 滴定总用量毫升数，得 V_2。滴定后的余液，不要抛去，留作氯根的速测。

计算公式：土样 $CO_3^{2-}\% = \dfrac{V_1 \times 1}{土样（1克）\times 10} = 0.1V_1$

$HCO_3^-\% = \dfrac{V_2 - 2V_1}{土样（1克）\times 10} = 0.1\,(V_2 - 2V_1)$

若测定地下水或灌溉水，取原水样10毫升滴定，计算公式如下。

水样 CO_3^{2-} 克/公斤 $= \dfrac{V_1 \times 1}{10\,毫升} = 0.1 \times V_1$

HCO_3^- 克/公斤 $= \dfrac{V_2 - 2V_1}{10\,毫升} = 0.1\,(V_2 - 2V_1)$

重碳酸根的计算，应为 0.102（$V_2 - V_1$），但是为了方便，用整数 0.1（$V_2 - V_1$）计算。

5. 氯根的速测

用重硫酸根滴定后的溶液，加入铬酸钾（试剂6）一滴，用棕色2.5毫升的滴管（仪器7）吸取0.0564N硝酸银（试剂7）滴定至有红色沉淀存在。记下硝酸银用量毫升数。

1毫升 0.0564N $AgNO_3$ = Cl^- 2.0mg = NaCl 3.3mg

测定地下水或灌水时，按水样用量，硝酸银消耗量计算。

三、对土壤盐分速测法准确程度的讨论

野外速测盐分，并不要求过分准确，以上介绍的方法，不仅设备简单，操作方便，并有一定程度的准确性，过去国内国外对硫酸根的速测，都感到很大困难，我们提出这个新的方法，用土壤浸出液来滴定氯化钡试剂到一定混浊度，按滴定的体积，即可测出硫酸根的含量。在实际应用上还很方便。1955年曾用联苯胺为沉淀试剂，现建议改换为氯化钡，今将采用两种试剂受温度和氯化钠浓度的影响，结果列入表2。

表2　采用联苯胺和氯化钡两种试剂，速测硫酸根结果受温度和
氯化钠浓度的影响　（表内数字为滴定溶液毫升数）

已知 SO_4^{2-} 浓度（%）	用联苯胺试剂 1 毫升				用氯化钡试剂 1 毫升		
	12℃（毫升）	29℃（毫升）	$SO_4^{2-}:Cl^-$ $=1:2$（毫升*）	$SO_4^{2-}:Cl^-$ $=1:4$（毫升*）	14℃（毫升）	25℃（毫升）	$SO_4^{2-}:$ $Cl^-=$ $1:4$（毫升**）
1.0	0.5	0.6	0.55	0.7	0.5	0.7	0.5
0.8	0.6	0.8	0.65	0.85	0.65	0.8	0.65
0.6	0.8	1.0	0.75	1.0	0.8	0.95	0.8
0.5	0.9	1.25	1.0	1.2	1.0	1.10	1.0
0.4	1.0	1.5	1.35	1.5	1.2	1.3	1.2
0.3	1.4	1.75	1.65	1.75	1.4	1.5	1.5
0.25	1.6	2.0	1.95	2.0	1.6	2.0	1.7
0.2	2.0	2.3	2.3	2.2	1.9	2.5	2.3
0.15	2.4	3.0	2.8	2.5	2.3	3.0	2.7
1.0	2.8	4.2	3.5	3.5	2.9	4.1	3.55
0.05	4.3	7.8	5.1	5.2	4.8	6.6	5.5
0.025	8.0	9.5	10.5	11.0	8.0	12.0	8.5

＊　试验温度为12℃

＊＊　试验温度为14℃

由上表结果可以看到，采用联苯胺试剂受氯化钠的影响较大，改用氯化钡试剂后，几乎不受氯化钠的影响。又采用氯化钡试剂稍受温度的影响，可以用大约估计温度的办法，予以校正。

还有一个问题需要讨论，当浸提黏质土壤溶液的时候，因为过滤困难，需要加入一定的澄清剂。华东农业科学研究所对海滨盐渍土使用醋酸钙为澄清剂，但应用在内陆盐碱土，醋酸钙对硫酸根、碳酸根的测定是有影响的。中性硝酸钾的澄清作用不大，不能满足要求。现改用硝酸镁为澄清剂，既不影响硫酸根的速测，又对碳酸根、重碳酸根速测的影响也很少。今将试验结果列入表3。

表3　硝酸镁澄清剂，对滴定碳酸根、重碳酸根的影响　（溶液为5毫升）

20% $Mg(NO_3)_2$ 用量（滴数）	$NaHCO_3$ 的测定标准 酸滴定用量（毫升）	Na_2CO_3 的测定 标准酸滴定用量（毫升）
0（对照）	3.15	4.70
1	3.10	4.70
2	3.10	4.75
3	3.19	4.65
4	3.20	4.70
5	3.18	4.70

以上结果证明，在 5 毫升溶液中加入 20% $Mg(NO_3)_2$ 1～5 滴，对 $NaHCO_3$、Na_2CO_3 结果无显著影响。

又经试验证明，在 0.2%、0.4%、1.0%、2.0%、4.0%、8%、10% 等浓度 Na_2CO_3 10 毫升溶液内，加入 20% $Mg(NO_3)_2$ 2～3 滴，都没有沉淀发生。证明使用硝酸镁澄清剂，对速测碳酸根和重碳酸根都没有什么影响。

氯根的速测法基本上和室内分析相仿，不须再加讨论。为了更明确速测方法的可靠性曾选用 15 个土壤样本进行速测和室内分析，以作比较，获得结果如表 4。

表 4 采用盐分速测法与室内分析法获得结果的比较 *

土号	SO_4^{2-} %		HCO_3^- %		CO_3^{2-} %		Cl^- %	
	分析结果	速测结果	分析结果	速测结果	分析结果	速测结果	分析结果	速测结果
4114	0.49	0.5	0.033	0.03	0	0	0.52	0.51
3777	0.36	0.3	0.041	0.03	0	0	0.44	0.42
3794	0.21	0.3	0.025	0.02	0	0	0.20	0.24
3797	0.26	0.25	0.024	0.02	0	0	0.28	0.24
3789	0.003	0.05	0.025	0.03	0	0	0.13	0.15
3784	0.07	0.1	0.026	0.02	0	0	0.035	0.10
3802	0.36	0.4	0.026	0.03	0	0	0.16	0.15
3796	0.32	0.3	0.043	0.03	0	0	0.72	0.64
4254	0.21	0.25	0.093	0.03	0	0	0.36	0.33
3824	0.23	0.25	0.029	0.02	0	0	0.09	0.09
3825	0.12	0.15	0.025	0.02	0	0	0.06	0.07
3823	0.37	0.4	0.019	0.02	0	0	0.41	0.39
3820	0.24	0.2	0.016	0.02	0	0	0.27	0.27
3795	0.12	0.2	0.023	0.02	0	0	0.15	0.15
3793	0.34	0.3	0.018	0.02	0	0	0.91	0.90

* 室内分析结果由本系分析组同志所做

由以上结果可以认为，室内分析结果和速测结果大致是相同的，对一般土壤工作者，经过几次练习，就可以获得以上准确程度。这样的准确度，对土壤盐分速测的要求是足够的。

最后我们希望以上盐分速测法，在土壤调查和土壤改变等实际工作中，加以利用，并希望在实际工作中，提出修正意见，再予以改进。

参考文献

[1] 中华人民共和国农业部土地利用总局编．土壤速测法．财政经济出版社，

1955 （0691）.

［2］中国土壤学会第一次代表大会及土壤肥料工作会议期刊中华人民共和国农业部土地利用总局编印 . 1955.

［3］普里克郎斯基，拉普杰夫合著 . 地下水的物理性质和化学成分 . p. 125.

Field Rapid Tests of Salt Contents of Saline and Alkaline Soils

Chen shang-jin, Liu yi-fu and Ye Bo-ling

North China Agricultural Research gnstitute

Field rapid tests of HCO_3^-, CO_3^{2-}, Cl^- and SO_4^{2-} anions are recommended for saline and alkalinc soil survey and their reclaimation work. 7. 5gms of soil sample is extracted with 15 ml. of H_2O. 4 drops of 20% $Mg(NO_3)_2$ is used as the fluctuating agent. 2 ml. of the extrate, corresponding to 1gm. soil, is used for HCO_3^-, CO_3^{2-} and Cl^- determinatios by titration with 0. 0167 N H_2SO_4 and 0. 0564 N $AgNO_3$ respectively. It is found that $Mg(NO_3)_2$ did not introduce any errors in the final result. A new turbidity method is suggested for the SO_4^{2-} detesmination. Soil extract is added drop by drop from a graduated pipet for 1 mL. of $BaCl_2$ reagent (10% $BaCl_2$ and 10% HCl) in a flat bottomed tube with 20. 0m. m. in diameter. The tube is placed on a pice of glass on which there is a standard line.

The titration is continued until a certain degree of turbidty caused by $BaSO_4$ ppt. that the standard line on the glass can not absornod clearly from the top of the tube. From the mL. Of soil extract titrated, the SO_4^{2-} content of the sample can be obtained from atable calibrated with known SO_4^{2-} concentratons.

The paper shows that the results obtained from the rapid tests and standard laboratory methods are closely comparable.

本文刊登在《华北农业科学》1957 年 12 月第 1 卷第 4 期

法国化肥技术交流代表团座谈记录

陈尚谨　甘晓松

（中国农林科学院科研生产组）

（1973 年 7 月）

　　法国化肥技术交流代表团应化工进出口公司的邀请，于 1973 年 6 月 21 日至 7 月 3 日来我国访问，并与化工进出口公司、燃化部、商业部、轻工业部、中国农林科学院的有关同志进行了贸易谈判和技术交流，现将有关化肥施用技术的座谈记录整理如下，以供参考。

　　法国化肥技术交流代表团成员：

　　团长：胡格斯·戴·塔哈哥·氮钾肥贸易公司经理，农艺工程师，曾任联合国粮农组织技术委员会主席。

　　团员：戴克努思·农艺工程师，图卢兹农业试验站站长，土壤分析室主任。

　　克莱贝尔·负责生产复合肥料工程师。

　　鲁斯鲍莫·氮钾肥贸易公司商业经理。

　　以上 4 人均属法国化学矿物企业公司所属单位的工作人员。

　　法国位于欧洲西部。地势东南高、西北低，中南部有中央高原，西北部是北法平原。酸性土壤约占耕地面积 1/3，其他为中性及石灰性土壤。年平均降水量，从西北往东由 600 毫米递增至 1 000 毫米左右。农业比较发达。农牧业比重：农业占 43%，畜牧业占 57%。农业生产和粮食出口都在西欧中占优势。农业人口占全国人口的 20% 左右。主要农产品有麦类、玉米、马铃薯、甜菜、稻米、烟草、葡萄、柑橘等。

一、法国化学矿物企业公司（E. M. C）概况

　　法国化学矿物国营企业于 1967 年成立，由国营氮工业局和国营钾矿公司合并而成，现有职工 17 000 人。企业投资 4.95 亿法郎，为法国第三化工集团。1971 年仅出售国内工厂的产品额达 26 亿法郎。该公司下设 4 个分公司。

　　1. 阿尔萨斯钾矿公司（MINES DE POTASSE L'ALSACE S. A）

　　1904 年发现该钾矿，面积有 2 万公顷，矿层深度为 420～1 100 米，矿层平均厚度 2.5 米，最厚为 5 米，含 K_2O 24%。1971 年开采量为 1 213 万吨，以 K_2O 计算为 200 万吨，部分矿石可就地加工为硫酸钾、氯化钾。1971 年出售 185 万吨，其中，内销 135 万吨，出口 50 万吨。现有职工 1 1 000 人，投资 6 500 万法郎。

2. 氮和化工品产品公司（A ZOTE ET PRODUCTS CHIMIQUES S A）

1967 年由国营氮工业局及化肥公司合并而成，投资 2.8 亿法郎，有职工 3 400 人。在法国有 7 个主要工厂，主要产品为硫铵、硝铵、尿素、复合肥料（包括颗粒与液体化肥两种）硫酸钾、磷肥、硝酸、盐酸及有机化工产品等。1971 年用于化肥的纯氮为 66 万吨，其中，32 万吨生产硝铵，16.5 万吨生产尿素，其余用于生产复合及液体化肥。1971 年出售化肥 21 亿法郎。

3. 化肥矿物投资管理公司（SCCICTE DE GESTION E PARTIPATIONS ET CHIMIQUES）

主要负责向其他化工厂投资，进行控制。现在法国有 17 个化工厂或公司有投资，比利时有 4 个，加拿大钾矿的 50%，西班牙也有，与刚果（布）合办钾矿，1971 年产钾肥 50 万吨，全部出口，有资金 1.2 亿法郎。

4. 氮、钾肥贸易公司（SOCIETE COMMERCIACE DE POTASSES ET DE AZOTE）

向国内外销售钾肥和向国内销售氮肥。该公司设有农艺试验站，研究各种化肥，特别是钾肥与作物增产的关系和研究不同土壤、气候条件下，不同作物的施肥时期。

二、图卢兹农业试验站工作概况

法国国家农业研究所（I. N. R. A）在各地设有试验站和技术推广组织。图卢兹（Touiouse）试验站重点研究氮、磷、钾化肥的使用，还有一个试验站重点研究钾肥。

法国还组织发展各种专业的协会，如烟草协会、玉米协会等，作为国家的技术顾问。私人也可以组织协会，向国家提出建议，领取报酬。法国对交流国际间的农业科学研究资料很重视，他们的研究成果，译成英文、西班牙文和德文，向国外交流。对农民宣传推广科学技术的办法，主要是写小册子、开会和演电影。

图卢兹位于法国南部，第一次世界大战后建立。由于该地区农业不发达，建设了一座大型氮肥厂，每天生产合成氨 1 000 吨。由于氮肥用量过大，常常发生小麦倒伏、葡萄落花、落果等现象。在第二次世界大战前，成立图卢兹试验站，研究解决上述问题。

该试验站设在氮肥厂的前面，有土壤分析室、温室和小片试验地。他们的研究办法是：①分析土壤成分；②进行盆栽试验；③进行田间试验，简介如下。

1. 土壤分析工作

人员方面：设工程师一名，负责组织和检查工作，改进工作方法；设主任和秘书各一名，分别负责分析室工作和打字、收发信件等；化学分析人员 6 名；处理土壤样本人员一名，共计 10 人。

分析数量、项目和方法：分析室机械化程度较高，每年分析土壤样本 8 000 ~ 9 000 个。分析项目分"普通"和"特殊"两种，普通分析项目一般为 5 ~ 10 个，最多为 18 项，每年每人平均分析 17 000 项次。

普通分析的主要项目有机械分析，石灰酸碱度、有机质、全氮、有效磷、交换性钙、镁、钾、钠等。分析方法摘要如下：

①机械分析：采用吸管法。机械化程度较高，每8小时工作可完成50个土样，每个土样包括砾石、粗沙、粉沙、黏土等项；

②石灰：与盐酸反应后，测定二氧化碳的体积；

③酸碱度：土壤与水的比例为1∶2.5；

④有机质：有机质与重铬酸钾和硫酸化合，经稀释后用比色法测定三价铬离子的浓度（Cr^{3+}为绿色）；

⑤有效磷：对石灰性土壤采用0.2N草酸铵溶液浸提法，对酸性土壤采用2%柠檬酸溶液浸提；

⑥交换性离子：取10克土壤样本，加入200毫升当量醋酸铵溶液，调pH值到7，用颠倒式振荡机转1小时，即可过滤。钙、镁、钾、钠等离子，用火焰光度计测定。

特种分析项目：硫、铁、锰、铜、锌等项。

以上分析，是为施肥服务的。农民送来样本，一般均可在15天内完成。

采取土样方法：

对一般耕地取土深度为0~20厘米或0~35厘米，即耕层深度。每公顷取10~20个点，平坦土地取10点即可，混合成土样1公斤，若土壤不含砾土，可减到600克。

对草地土壤，先将草层除去，再取土到15厘米深度。

对果树土壤，要按当地具体情况，一般取土深度0~30厘米或0~50厘米，也可分两层取，上层0~10厘米土壤，可以很好地反映过去施用磷、钾肥的情况，下层土壤主要反映土壤结构和排水情况。取土工具为60厘米的单槽式取土器。

以上系图卢兹试验站采用的快速分析法，国家农业研究所另有制定的标准方法。

2. 盆栽试验工作

从电影和幻灯片中看到他们的温室和室内设备。室内有四排地下水泥池，每池容积为1立方米，用以进行各种土壤对主要作物的化肥试验。池下有水泥底，用以收集漏液和分析漏液的营养成分。每9~14池子为一行，两行为一排，每排中间设人行沟，可以收集每个池子的漏液。

温室内铺有铁轨，铁轨上有活动试验台，台上放满盆钵，盆钵系塑料制成，每盆盛土6~7公斤，上口略大于下底，上口为正方形。在盆钵中正在进行对小麦、玉米施用各种化肥和微量元素肥料的试验。据说在法国玉米有缺锌的问题。按天气情况，可以将盆钵推到室外，室内光线强度用铝片调节。

3. 田间试验工作

田间试验主要有3种：第一种系在1立方米的池子中进行的，形式与温室里的很相似，但是没有水泥底。在池子里进行氮、磷、钾化肥长期试验，已连续十几年，随机排列，重复3次，每个池子可种玉米5株。第二种系6平方米的小区试验，试验方法与池子试验相似。第三种是在较大面积上进行的，小区面积1公顷左右，在农庄地里进行，主要是为了示范和推广。在20世纪50年代，大田试验系用手工操作，如用人工收割和称重等，现已改用"田间试验用小型联合收割机"，既可节省劳力和时间，又能获得准确结果。

4. 土壤分析和施肥

该站指导农民施肥，主要靠土壤分析，植株分析作为辅助。关于植株分析的研究工作，由另一个研究单位负责，互相协作。据该站的经验，作物需肥种类和数量，不仅与土壤有效养分含量有关，并且和黏土的含量也有很大关系。他们通过试验，绘成施肥数量参考图，将土壤中黏土的百分数列为纵坐标，土壤有效磷或代换性钾的千分数（‰）列为横坐标，如图1和图2。

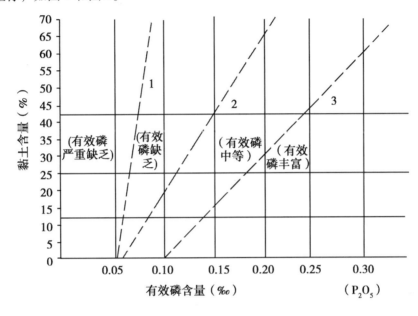

图1　磷肥用量参考图

如某地土壤的分析结果，按其所含的有效磷（‰）和黏土（%）在图1坐标中查对，其交点在"虚线3"的右下方，证明该土壤有效磷含量相当丰富，照作物从土壤中吸收磷（P_2O_5）的总量来施肥［每公顷常年产量乘以地上各组织部分的含磷量（P_2O_5）之和］。若分析结果在"虚线2"和"虚线3"之间，系含有效磷中等的土壤，按上述施用磷肥量酌量予以增加。若分析结果分布在"虚线2"与"虚线1"之间，系缺磷土壤，磷肥用量要再多些。若分析结果在"虚线1"的左方，系严重缺磷的土壤，要再加大磷肥用量。

对钾肥的施用量，可参阅图2，方法与磷肥同，不再重述。上述施肥方法，仅适用于图卢兹地区，若在其他土壤上施用，要经过土壤分析和田间肥效试验，加以校正。据该站的经验，氮肥肥效试验，进行一年即可获得有用结果；磷、钾肥效试验要连续进行3~4年。

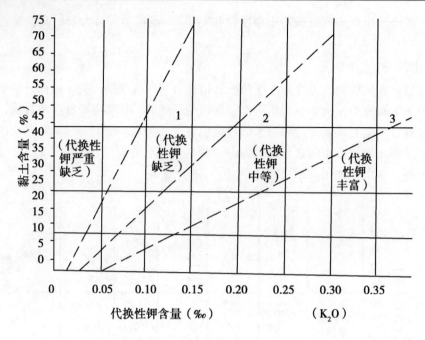

图2　钾肥用量参考图

三、玉米、烟草、果树等施肥试验研究情况

1. 玉米

玉米是法国种植的主要农作物之一，特别是法国西南部种植玉米已有很长历史，全国玉米平均单位面积产量达727斤/亩。增施和合理施用肥料是玉米高产的重要因素之一。主要施肥措施有：

深层施肥：

在法国，玉米在生长季节（6~8月3个月）遇到的问题是缺少水分。此时玉米需要大量氮肥，但是，因蒸发量大，氮素随着水分蒸发多集中在地表，即使每公顷施100公斤的氮素，因玉米根系已扎入深层，还是吸收不到所需的营养，而表现缺氮。目前，法国肥料工作者在玉米生长到60厘米时，采取深层施肥，深施20厘米左右，以满足作物对氮肥的需要，促进玉米增产。

氮钾配合施用：

在测定玉米的营养状况时，首先作叶子分析，此外还分析整个植株。在紧靠玉米雌穗下部取不同时期生长的叶子，然后分析其成分，确定需肥情况，见表1。

表1 图卢兹试验站的肥料试验

叶内含量	施氮肥量公斤/公顷		
	0	60	120
含氮量	1.82%	2.17%	2.18%
含钾量	1.25%	0.86%	0.77%
含镁量	0.52%	0.92%	1.14%

由表中可看出，植物体中的含氮量随着施用氮肥量的增加而提高。如施氮肥过多，则造成钾的含量的不足。一般正常叶片中含 K_2O 1.25%，氮钾的比例失调，则引起作物成熟期推迟。

此外，随着作物品种的不断改良，施用钾肥的水平也相应提高，根据图卢兹试验站的试验结果，以每公顷施 150~160 公斤 K_2O 为最高量，以叶中含钾量 1.8% 为适量，低于此含量，则玉米产量随着叶子中钾的含量增加而提高。如超过 1.8% 其产量的提高开始减缓，多施钾肥也不能取得相应的增产效果。

大田试验也取得同样结果。小区和大田相结合进行试验，加速了试验研究结果的取得，提高了试验结果的准确性。

2. 烟草的肥料试验

在法国烟草的种植由政府直接控制，烟草的生产由政府的专门公司经营，任何一个农民要种植烟草，其种植面积的大小，必须与政府签订合同，生产的烟草必须交售给政府的专营公司。法国烟草公司在波尔多地区设有实力较强的烟草研究所，该所有现代化的试验室，对烟草进行各种成分的分析。

种植烟草的关键问题是烟草的质量，而烟草的质量的好坏又与下列几个问题紧密相关。

①烟叶中需含一定量的钾。中等质量的烟草钾的含量应在 2%~8%，高质的烟叶，钾的含量则达 10%，如 K_2O 的含量低于 3%，则说明土壤中钾的含量不足。测定烟草的质量，主要是测叶子的拉力。测叶脉、叶柄，并看叶子的燃烧情况，叶脉所含 K_2O 应 3 倍于叶子。

②硫的含量。据试验，烟叶中的含硫量以 0.59% 为适量，0.67% 为最佳。因此，低于 0.67% 含量时，可以继续施硫，如过此量则不要再施，因含硫过高，也影响质量，一般烟叶中硫的含量变化不如钾的变化显著。

③氯对烟草质量的危害。吸烟时要求烟草燃烧要有一定的持续时间。试验结果证明，质量高的烟草，吸一口可隔一分半钟，才能熄灭，且燃烧彻底，烟灰呈现白色。如含氯多，则烟草燃烧持续的时间短，熄灭得快，燃烧得不彻底，烟灰呈黑色，见表2。

表 2　氯对烟草质量的影响

钾每英亩施氧化钾量（磅）	可持续燃烧时间（秒）	
	硫酸钾	氯化钾
0	4.4	4.4
24	5.8	3.5
168	46.3	2.1

表 2 说明氯与烟草燃烧延续时间的关系。

试验结果证明，随着施用硫酸钾量的提高，烟草燃烧的持续时间延长。如每英亩施 168 磅 K_2O 施钾肥数量过高，则质量又有所下降，主要是由于硫酸钾中也含有一定量的氯。因此，要求施用含低氯（不超过 3%）的硫酸钾。施用氯化钾的烟草质量显著下降。

④施用氮肥过多，烟叶中尼古丁含量增加，见表 3。

表 3　施用氮肥量与烟叶中尼古丁含量的关系

氮（公斤/公顷）	烟叶产量（公斤/公顷）	尼古丁含量（%）
0	2.100	2
46.5	2.400	2.5
93	2.575	2.8
139.5	2.686	3

试验结果说明，施用氮肥量以 100 公斤，尼古丁含量在 2.8% 比较适中。此外，选择氮肥品种也很重要，要根据土壤不同而异，一般沙土地施用硫铵，黏土地施用硝酸铵。

如烟叶中含氮 1.5% ~ 2%，说明植株缺少氮，需要施氮肥。烟草最需要氮、钾的时间，是在种植后的 50 天左右。

一般烟草生长时对磷的需要较少，据法国有关的试验结果表明，每公顷 P_2O_5 施用 30 公斤即可。最好在移栽时把足够的磷施进去，特别是在缺磷土壤，在移栽时，就应把磷肥全部施入。

法国烟草种植者，还施用大量有机肥料，并在施用前搞清有机肥料的各种养分含量，牲畜吃的是什么饲料，是否含有很多的氯，如含氯多，则不宜作烟草的肥料。

3. 法国的果树施肥

法国主要的果树有苹果、梨和桃等。苹果过去采取自然生长，每公顷只能种 400 ~ 500 株，现在广泛采用矮化砧木，每公顷可栽 1 000 ~ 4 000 株。选用矮化砧木使上部枝条生长缓慢，法国常用的苹果砧木为 Paradil 9 号，3 年就可以结果（在英国对此砧木研究较多），按每株产果 5 公斤计算，4 000 株可产苹果 20 吨，法国苹果的主要产区为尼罗河平原、地中海海滨、图卢兹、罗雅尔等省。

果树施肥。果树定植前，首先对果园进行土壤分析，并深耕 50～60 厘米。根据土壤分析的材料，在深耕时将磷、钾肥施入土内，根据土壤肥力情况，每公顷各施 300～600 公斤。为了使果树生长得快，深耕时最好多施基肥（厩肥）每公顷施 30～60 吨。

老的施肥方法多采用穴施，把果树周围挖个坑，将肥料施入，新的施肥方法则是普遍施，或在行间开沟深施。定植后，每年根据果树生长的需要施肥，施基肥，同时施氯化钾，如是酸性土壤则和钾肥一起施入汤马斯磷肥，如果土壤中含钙较多，磷肥施用过磷酸钙。结果前 2～3 年中施 80 公斤 P_2O_5，120～160 公斤的钾（K_2O），果树开始结果后，则施肥量须适当增加，一般氮肥每公顷施 200～250 公斤，果实产量愈高，施用氮肥量也应相对增加。此外施 P_2O_5 80～90 公斤，K_2O 250 公斤。

施肥时间，一般是春秋两季。法国管理比较好的果园每公顷可收 40～50 吨水果，9 月中或 10 月初收获后应立即施肥。

三次施肥量是：秋施　　　49 公斤 N，80 公斤 P_2O_5，120 公斤 K_2O；

　　　　　　　　2～3 月份 96 公斤 N，48 公斤 P_2O_5，160 公斤 K_2O；

　　　　　　　　5 月　　　　40 公斤 N，80 公斤 P_2O_5；

　　　总计 N：P：K = 176 公斤：208 公斤：280 公斤。

土地翻耕后，水肥容易渗漏，为了防止渗漏，法国果园大量发展草坪，每月修剪一次，一般是果树栽种后 3～4 年开始种草。

此外，果园还采取喷灌法和滴灌法进行灌溉，喷灌的喷头要高，以节约用水，果园进行灌溉，可更好地发挥肥效。

四、其　他

塔哈哥团长和代克努思在座谈会时，还介绍了一些其他有关问题，主要问题如下。

①法国土壤约有 3/4 是石灰性的，不直接施用磷矿粉。仅有 1/4 的土壤是微酸性的，分布在法国东南角靠近西班牙地区，中部也有零星分布。在酸性土壤上可以直接施用磷矿粉。他们多施用突尼斯产磷矿粉，含枸溶性磷 2%～3%，仅对牧草地施用，并提早在冬前耕地时用，每公顷用量 300～400 公斤。

②为了提高磷矿粉的肥效，用氯化钾与磷矿石按比例混合，粉碎通过 100 目，制成 0：14：30，0：14：14，0：10：20 等磷、钾混合肥料。氯化钾是生理酸性肥料，当钾离子被作物吸收后，在土壤中产生盐酸，能溶解一部分磷矿粉，可提高磷矿粉的肥效。过磷酸钙和硫酸铵是速效性的，应在春后用，而不宜在冬前施用，所以，速效性氮、磷化肥没有和磷矿粉混合施用的。

③法国采用拖拉机牵引的离心式化肥施肥机，可向左、右喷施颗粒状化肥。

④关于枸溶性和水溶性磷肥问题，他们认为两种磷肥都很好。水溶性磷肥还可以制成液体复合肥料，是其优点。法国每年用磷肥（以 P_2O_5 计）175 万吨，其中，40 万吨为非水溶性的，钢渣磷肥和磷矿粉大约各占一半，约占总量的 11.5%。

⑤在座谈石灰性土壤有效磷的分析方法时，他们说：对石灰性土壤采用碳酸氢钠溶液浸提法也很好，在非洲含铁、铝较多的酸性土壤地区，采用碳酸氢钠和氟化铵混合溶液浸提，结果也很好。可供我们参考。

⑥对忌氯作物如烟草、马铃薯、葡萄等，不宜施用氯化钾，而应改用硫酸钾。法国产的硫酸钾有"普通"和低氯两种规格，前一种含氯3%左右，后一种含氯在1%以下。在一般地区对忌氯作物可施用普通硫酸钾，在厩肥含氯量较高的地区，应施用低氯硫酸钾。

⑦施用钾肥可以提高烟草、水果、糖料等作物的产品质量；可以防止或减轻多种病害；有抗倒伏的作用。施用钾肥加强了植物的皮层组织，可以减轻昆虫的为害。

⑧法国北部巴黎附近作物产量较高，化肥用量要比全国平均用量高3倍。北方地区每公顷平均用化肥（有效成分）297公斤，最高量为363公斤。对饲草作物施用量要少。

⑨水泥池试验证明：在休闲土壤上，一次施用的氮肥，经过5年，在土壤中从无机氮转化为蛋白质等有机物质，再分解为无机氮，经过多次反复，最后全部氮肥由渗透液中排出。

附：法国代表们介绍，他们除对蔬菜、果树、马铃薯、烟草等经济作物施用有机肥料外，对一般粮食作物，一概不用有机肥，全部靠施用化肥。在参考本记录中有关施肥技术时，请注意。

STUDY ON THE PHOSPHATE FERTILIZER REQUIREMENT AND THE PHOSPHATE RESIDUAL EFFECT IN CALCAREOUS SOILS

Chen Shang-jin, Liu Li-xin and Yang Feng

Soil and Fertilizer Research Institute, Chinese Academy of Agricultural Sciences

ABSTRACT

According to our research, the relationship between added P_2O_5 and the increment of available P_2O_5 (Olsen-P), measured ten days after incubation in a given calcareous soil, was a straight line with a characteristic slope for that soil. The value of this slope, was termed "the Phosphate Fertilizer Index" (PFI). The PFI means the amount of added P_2O_5 to increase 1 unit of the available phosphorus in soil.

Meanwhile, the increment of available phosphorus is only temporary, and decreases exponentially. The time of the added P_2O_5 remains in available phosphorus is best expressed as "a halt-lift". It is the time that tasks for 50 percent of the increment to become non-available form by the Olsen method. Using "the half-life", we may evalutate the rate and variance of the increment of available phosphorus by added phosphate fertilizer.

In phosphorus deficient soils, the relationship between the increasable yield of phosphate applied before and natural logarithm of the increment of available phosphorus or the available phosphorous content by added P_2O_5 are nearline correlation (in the former r = 0. 8818, in the latter r = 0. 8600). The increment of available phosphorus decreases exponentially, so the increasable yield may also decline exponentially.

According to the results abtained from the same field or different fields, the relationship between increasable yield of fresh phosphate fertilizer applied and natural logarithm of available phosphorus content is also nearline correlation (in the same field r = 0. 9531, in different fields r = 0. 7417). this shows that variable effect of fresh phosphate fertilizer applied must be that, when a large amount of phosphate fertilizer has been applied for a long time, the soil available phosphorus content will increase, then the effect of fresh phosphate fertilizer applied on crop yield will decline.

In calcareous soils with or without phosphate fertilizer applied the requirement of phosphate fertilizer depends on and there is a high relation between the requirement of phosphate fertilizer and calculable requirement of that soil (in the pot trials r = 0. 953, in the field trials r = 0. 932).

INTRODUCTION

A study of the effect of phosphate fertilization and its residual effect on crop yield and the requirement of phosphate fertilizer in calcareous soils is of significance for avoiding the misuse of phosphate fertilizer in agricultural production.

S. Larsen (1965) indicated that the increases exponentially. The "half-life" is in average 2. 5 years (from 1 to 6 years) in the non-acid mineral soils studied [2,3]. A. H. Fitter (1974) indicated, the increment of available phosphorus (Olsen method) by adding P_2O_5 decreases exponentially 60 days after adding P_2O_5 in colliery shale soils [1].

According to our pot and field trials on calcareous soil on 1974—1981, the increment of available phosphorus (Olsen method, P_2O_5, ppm-the same as below) by adding phosphorus fertilizer declines exponentially, too [6,7]. The time of the added P_2O_5 remains in the available form is best expressed as a "half-life", that is the time when 50% of the increment become non-extractable 0. 5M $NaHCO_3$-P. We call "the half-life" of fallow soil as "the phosphate ageing rate half-life" represented as $t_{1/2}$ and describe the half-life in rotation soil as "the phosphate decline rate half-life" expressed as $T_{1/2}$. It is in average 100 days in Dezhou City in Jiaonan and Linqu County as well as in Shandong Province [7,6].

Peech (1945), Vittum et al (1952) and Eiket (1961) showed that the soil Phosphorus test value increased linearly as increasing amound of phosphate fertilizer was applied. Fisher (1974) found the relationship between the added P_2O_5 and the square root of the soil phosphorus test value with Bray P-2 method was a linear relation. Lee (1977) found the relationship between the added P_2O_5 and the square root of the NH_4OAC-P, measured after incubation of a given acid or limed soil, was a straight line with a characteristic slope for that soil. The value of this slope is termed the "Phosphate Fertilizer Index" (PFI). There is a renewed interested in developing sound systems for testing soils to make fertilizer recommendations [7].

This paper studies the amount of phosphorus fertilizer required and the effect of added P_2O_5 and its residual in calcareous soils.

METHODS AND MATERIALS

1. Dezhou field trial:

After different rate of P_2O_5 was applied annualy for four years, in the fifth year

（1983.9），the original plot was devided into A and B parts：part A was not provided with P_2O_5, but part B was supplied with 12.8 jin P_2O_5/mu. The soil samples were taken from each original trial plot before adding P_2O_5 in September of 1983.

2. Field trials：

There were 9 field trials, called P_0, P_4, P_8, P_{12}, P_{24}, here the subscipt numbers representing the relative amounts of added P_2O_5 jin/mu, and every treatment was supplied with the same rate of N (21.0 jin/mu)；there was one field trial, the treatments were P_0, P_6, P_{12}, and P_{18}, and every treatment supplied N (22.0 jin/mu). Every plot had an area of $34m^2$. Three replications were done with winter wheat.

3. Greenhouse pot trials：

11 soils samples were taken from Hebei, Shandong, Hubei, Shanxi and Xin-jiang. Provinces and Beijing suburbs. The treatment had five levels of added P_2O_5, which were 0, 160, 320, 640 and 1280 mg P_2O_5 per pot respectively, and the same rate of N is 840mg N/pot. The soil weight per pot was 8.5kg with 2 replications on winter wheat.

4. Laboratory soil test：

The soil samples were tested for available phosphorus content, Organic Matter (wet digestion method %), $CaCO_3$ (gas tolerance method %), pH (soil water pH) and texture (specific gravity balance method).

(1) The determination of PFI：

15g of soil per sample was taken (the same weight as below) and incubated for ten days after adding a predetermined amount of P_2O_5, then available phosphorus content was measured. For example, each field trial sample was divided into six parts, and 0, 208, 416, 624, 832 and 1248r of P_2O_5 were added respectively；another field sample was divided into four parts and 0, 319, 5, 639, 958.5r of P_2O_5 were added respectively. Each pot trial soil sample was divided into five parts, and 0, 282, 564, 1128, 2256r of P_2O_5 were added respectively. Each of the above parts was incubated at laboratory temperature and moisture for ten days. After airdrying the samples of soil, we tested the available phosphorus content, and at the same time counted the regression equation between added P_2O_5 and increment of available phosphorus. The slope is the PEI.

(2) The determination of half-life：

Six levels of P_2O_5 were added, these were P_0, $P_{6.4}$, $P_{12.8}$, $P_{25.8}$, $P_{51.2}$ and $P_{102.4}$, being subscript numbers representing relative amounts of P_2O_5 applied in De Zhou field trial of fallow soil and rotation soil. Then samples were taken from each side of this field 0, 10, 175, 186, 220, 266, 313 and 357 days after adding P_2O_5, the available phosphorus content was tested, and the regression equation between the increment of available phosphorus and the time after supplying P_2O_5, and the half-life was calculated.

RESULTS AND ANALYSIS

The effect of phosphate fertilizer to available phosphorus content in calcareous soils after adding P_2O_5 for 4-6 years: It was determined that "the phosphate decline rate half-life" ($T_{1/2}$) from $P_{12.8}$, $P_{25.8}$, $P_{51.8}$ and $P_{102.4}$ of Dezhou field trial were 88, 106, 116 and 127 days respectively. In practice, the increments of available phosphorus of the relative treatments $P_{12.8}$, $P_{25.6}$, and $P_{102.4}$ were annualy, 1.3, 21.8 and 40.2 ppm respectively. The increments of available phosphorus evaluated by $T_{1/2}$ were 2.7, 21.3 and 42.7 ppm respectively (see Tab. 1 and 2, and Figure 1). As a viliage in the suburb of Dezhou, Shandong Province, after continuously supplying 90kg P_2O_5 annually per ha. for six years, the phosphorus deficient soil area was reduced from 89.8% (in 1977) down to 0.2% (in 1982) on 92 ha. cultural field, crop yield of the village increased significantly during this period. (see Tab. 3).

Tab. 1 "the phosphate ageing rate of half-life" ($T_{1/2}$) and "the phosphate decline rate half-life" ($T_{1/2}$) in Dezhou City field trial. Shandong Province.

Treatment (P_2O_5/mu)	Fallow soil		Rotation soil	
	T (days)	r	T (days)	r
6.4	186.7	0.777	115.6	0.842 *
12.8	141.6	0.985 **	87.6	0.929 **
25.6	174.2	0.832 *	106.2	0.097
51.2	196.5	0.844 *	116.2	0.819 *
102.4	165.9	0.893 *	126.7	0.871 *

Tab. 2 Variance of available phosphorus content (Olsen method. P_2O_5 ppm)

Treatment P_2O_5 jin/mu	Total p applied in 1979 P_2O_5 times			in 1981 9	in 1982 9	in 1983 9	Average increment in	
							Practice (ppm)	Calculated (ppm)
Un supplied 6.4	0	0	4.0	—	4.0	5.0	—	—
Supplied every crop	6.4	9	4.0	7.5	—	16.4	2.8	—
Supplied every fall	12.8	4	4.0	6.0	7.5	10.2	1.3	2.7
Supplied every two years fall	25.6	2	4.0	5.3	8.5	17.6	3.2	—
Supplied every fall	51.2	4	4.0	29.5	86.0	92.0	21.8	21.3
Supplied every fall	102.4	4	4.0	51.5	100.0	166.0	40.2	42.7

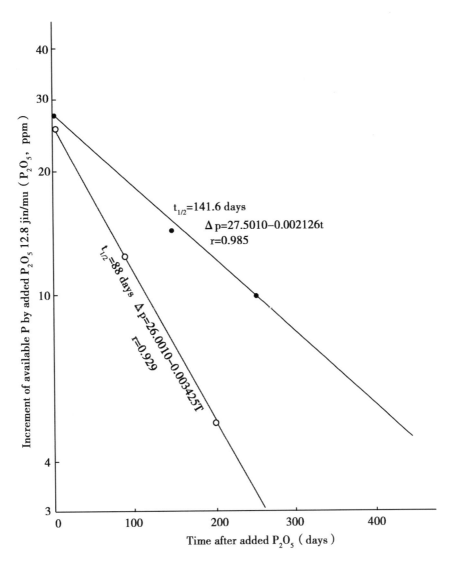

Fig. 1   Relation between the increment of available phosphorus and time after added P_2O_5

Tab. 3   Variance of available phosphorus from 1977 to 1983 in cultural field of Dezhou field trial

Grade of available phosphorus (P_2O_5 ppm)	In 1977. 2		In 1983. 9	
	Average (P_2O_5 ppm)	% (total area as 100)	Average (P_2O_5 ppm)	% (total area as 100)
Very low 5	4. 7	3. 2	—	—
Low 5 ~ 12	7. 3	89. 8	11. 0	0. 2
Lower 12 ~ 23	13. 1	6. 4	19. 2	71. 1

（续表）

Grade of available phosphorus (P_2O_5 ppm)	In 1977. 2		In 1983. 9	
	Average (P_2O_5 ppm)	% (total area as 100)	Average (P_2O_5 ppm)	% (total area as 100)
Middle 23 ~ 32	—	—	28. 0	11. 1
High 32	44. 6	0. 7	39. 0	15. 4

Variance of phosphate fertilizer residual effect:

From the comparison of the yields in different treatments, it was showed that the wheat yield of the field unsupplied with phosphate fertilizer was still about 200 jin/mu, but the yield of the field supplied with different rate of P_2O_5 annualy increased from 136 to 418 jin/mu (see Tab. 4). There were different available phosphorus contents and yields in different treatments. The relationship between the residual effect and natural logarithm of increment of available phosphorus were nearline, the regression equation was:

$$\Delta Y = 129. 97 + 45. 37891 \ln \Delta P$$

Y and P represents the increasable yield and the increment of available phosphorus respectively (the $r = 0. 8818$, $r_{0.01} = 0. 875$), the relationship between the residual effect and the natural logarithm of available phosphorus content was also nearline, the regression equation was:

$$\Delta Y = -66. 5 + 91. 58261 \ln P$$

P represents the available phosphorus content (the $r = 0. 8600$; $r_{0.01} = 0. 7977$). These showed that not only increment of available phosphorus, but also available phosphorus content can be used to evaluate the residual effect of supplied phosphate fertilizer.

Tab. 4   The yield in Dezhou field trial (1983-84 winter wheat)

Treatment P_2O_5 jin/mu	Total amount P_2O_5 supplied (P_2O_5 jin times)	Avail. Phosphorus content (P_2O_5 ppm)	A residual effect (jin/mu)	B fresh phosphate fertilizer effect (jin/mu)	L S D 5%	L S D 1%
Unsupplied P_2O_5	0	5. 0	200. 8	540	37. 9	51. 2
6. 4 every crop supplied	6. 49	16. 2	407. 5	652. 5	37. 9	51. 2
12. 8 every summer supplied	12. 84	6. 2	363. 1	577. 5	37. 9	51. 2
9. 6 every summer and 3. 2 every fall supplied	(9. 6 + 3. 2) 4	6. 2	337. 2	644. 5	37. 9	51. 2

（续表）

Treatment P_2O_5 jin/mu	Total amount P_2O_5 supplied (P_2O_5 jin times)	Avail. Phosphorus content (P_2O_5 ppm)	A residual effect (jin/mu)	B fresh phosphate fertilizer effect (jin/mu)	L S D	
					5%	1%
12.8 every fall supplied	12.84	10.2	417.1	614.2	37.9	51.2
25.6 every two fall supplied	25.62	17.6	400.2	540.4	37.9	51.2
LSD	5%	—	91.2	78.1	—	—
	1%	—	129.0	108.2	—	—
Unsupplied P_2O_5	0	6.0	224	442.4	147.4	231.2
51.2 every falls supplied	51.24	92.0	642	602.0	147.4	231.2
102.4 every fall supplied	102.44	166.0	544.7	665.5	147.4	231.2
LSD	5%	—	147.4	147.4	—	—
	1%	—	231.2	231.2	—	—

This point tells us, when the available phosphorus content is higher or lower, the residual effect will be higher or lower, too. So the variance of the residual effect of added P_2O_5 will decline exponentially with the lapse of time.

The variance of freshly supplied phosphate fertilizer effect:

The comparison of Part A and B yields in different treatment in Dezhou trial showed that the relationship between the effect of freshly added phosphate fertilizer and the natural logarithm of the available phosphorus content was negative nearline and that the regression equation was

$$Y\Delta = 33.9876 - 6.62211 nP$$

$Y\Delta$ represents increasable yield per 1 unit P_2O_5 by added P_2O_5 (the $r = 0.9531$; $r_{0.01} = 0.9172$).

Meanwhile, 31 field trials in Shandong province and Beijing sububs proved that relationship between the effect of added fresh phosphate fertilizer and the natural logarithm of available phosphorus content was negative nearline, too. The regression equation was

$$Y\Delta = 34.5637 - 8.52991 nP \quad (the\ r = 0.7467,\ r_{0.01} = 0.4869)$$

This point tells us, the same situation will happen in the calcareous soils, when a large amount of phosphate fertilizer is supplied for a long time. The soil available phosphorus content will increase, and then the effect of freshly added phosphate fertilizer will decline.

Tab. 5　Effect of added P_2O_5 based on grade of available phosphorus content (1983—1984 winter wheat)

Grade of available phosphorus		Increased yield per jin P_2O_5 (jin)	Profit (yuan)
Very low	6 ppm	3. 8	0. 52
Low	6 ~ 12	2. 8	0. 35
Lower	12 ~ 23	2. 6	0. 32
Middle	23 ~ 32	2. 4	0. 28
High	32 ~ 80	0. 55	− 0. 032
Very high	80 ~ 170	0. 52	− 0. 037

The amount of phosphate fertilizer required in calcareous soils:

The results of pot and field trials of planting winter wheat with different rate of P_2O_5 applied indicated that the relationship between the added P_2O_5 and the increment of available phosphorus content by added P_2O_5 was straight line with a characteristic slope for that soil. The value of the slope termed the "phosphate fertilizer index" (PFI) (see Tab. 6 and 7 and Figure 2). To make phosphate fertilizer recommendation based on soil test results, three pieces of information must be furnished: (a) the present level of available phosphorus, (b) the optimum level of available phosphorus for particular crop on that soil, and (c) the increment was from present level increase to the optimum level of available phosphorus. We were interested in knowing the amount of phosphate fertilizer required for that increment. This paper deals with the third requirement.

Tab. 6　Soil test value of pot trials, PFI and requirement of phosphate fertilizer

Location	pH	Organic matter (%)	$CaCO_3$ (%)	Total phosphorus P_2O_5 (%)	Available phosphorus P_2O_5 (%) (ppm)	Mechanical composition (%)				Amount of phosphorus fertilizer required (g/pot)			PFI correlation coefficient r
						0.2 ~ 2 mm	0.02 ~ 0.2 mm	0.002 ~ 0.02 mm	0.002 mm	Q_0	Q	C	
Farmer of CAAS	8.4	2.5874	4.60	0.240	54.5	7	50	20	23	0	0	1.69	0.990
Shijiazhuang	8.4	1.9108	6.40	0.193	66.5	2	47	26	25	0	0	3.06	0.964
BaLizhuang	8.6	1.0501	7.80	0.192	44.5	0	45	33	22	0	0	1.55	0.995
HuBei	6.7	1.8025	0.20	0.127	33.0	2	13	46	39	0	0	3.499	0.972
Xinjiang	8.7	1.4128	8.80	0.208	7.5	5	36	30	29	2.7	2.0	1.71	0.997
Jining	8.3	1.5265	0.60	0.117	4.5	1	7	27	65	3.5	3.33	2.54	0.997
Dezhou	8.6	1.1367	7.4	0.182	10.5	1	52	28	19	3.0	2.44	2.37	0.986
Shanxi	8.5	1.1448	7.00	0.204	13.0	1	19	49	21	2.2	1.71	1.87	1.997
Soils of CAAS	8.5	0.6441	5.4	0.133	4.0	1	31	29	39	2.8	3.7	2.79	0.972
Tuqiao	8.5	0.9310	7.00	0.181	10.5	1	45	33	21	1.8	1.6	1.555	0.995
Shunyi	8.3	0.9906	0.60	0.105	10.5	1	49	23	27	2.00	1.94	1.66	0.998

Tab. 7 Soil test value of field trials, PFI and requirement of phosphate fertilizer

Location	pH	Organic matter (%)	CaCO₃ (%)	Total phosphorus P₂O₅ (%)	Available phosphorus P₂O₅ (%) (ppm)	Mechanical composition (%)				Amount of phosphorus fertilizer required (g/pot)			PFI correlation coefficient r
						0.2~2 mm	0.02~0.2 mm	0.002~0.02 mm	0.002 mm	Q_0	Q	C	
Shuangmaiochen	8.8	1.1800	8.20	0.179	16.0	1	38	37	24	13.5	10.2	2.05	0.993
Goli	8.7	0.9960	7.80	0.181	22.0	1	42	22	35	8.0	6.5	2.07	0.998
Qiantun	8.9	0.6983	7.40	0.168	14.0	1	45	36	17	14.0	11.1	2.00	0.997
Xingchunliu	8.7	1.1854	8.00	0.184	25.5	0	33	37	30	0	3.7	1.74	0.987
Qizhuang	—	—	—	—	60	—	—	—	—	0	0	—	–
Tuqiao (Liu)	8.6	1.1557	7.40	0.197	29.5	1	41	35	23	0	1.83	2.03	0.993
Tuqiao (cai)	8.7	0.4818	7.60	0.195	14.0	2	45	34	19	12.0	11.7	(2.11) *	—
Qiangyuen	8.7	1.2612	6.80	0.178	16.5	1	28	37	34	12.0	11.14	2.32	0.996
Yuanqiao	8.8	1.0907	7.80	0.178	26.0	0	39	33	17	0	4.4	2.28	0.974
Tangzhuang	8.8	0.8715	7.80	0.157	15.0	0	35	37	28	11.0	11.92	2.27	0.974

* Average of 7 samples.

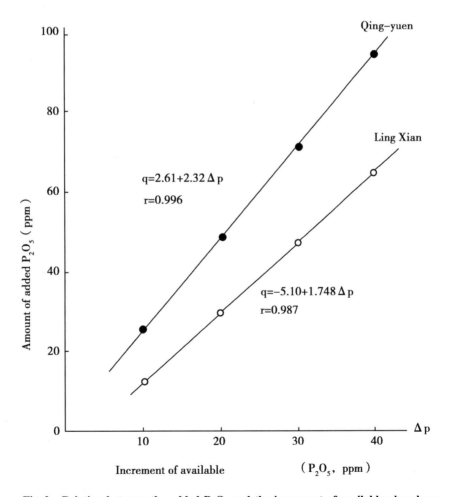

Fig. 2 Relation between the added P₂O₅ and the increment of available phosphorus

The amount of phosphate fertilizer required to wheat in calcareous can be expressed as the following equation:

Q = 0. 3 C (K-P)

Q: the amount of phosphate fertilizer required was arbitrarily chosen as the amount needed to give 95% of the maximum obtainable yield.

C: PFI.

K: the optimum level of available phosphorus in these case is about 32. 5 ppm.

P: the present level of available phosphorus content.

(K-P): the increment from the present level to the optimum level of available phosphorus.

0. 3: means from ppm retune to jin/mu.

The yields of pot and field trials are shown in Tab. 8 and 9, and the value of soil test of these trials in Tab. 8 and 9. The value available phosphorus content, organic material, Ca-CO_3, total phosphorus, pH, texture and amount of P_2O_5 required for each trial, amount of P_2O_5 were calculated according to the equation above and PFI etc.

Tab. 8   The effect of added P_2O_5 of greenshouse pot trials (g/pot) (1983—84 winter wheat)

Location	Suprephosphate g/pot					LSD	
	0	1	2	4	8	5%	1%
Farmer of CAAS	17. 69	15. 13	16. 73	16. 42	16. 20	—	—
Shijiazhuang	16. 96	14. 55	17. 05	17. 80	17. 35	—	—
BaLizhuang	16. 25	17. 46	14. 88	18. 05	19. 37	—	—
Hubei	16. 01	15. 01	14. 64	14. 89	17. 40	—	—
Xinjiang	9. 57	16. 32	15. 91	18. 27	19. 09	3. 13	5. 19
Jining	10. 32	17. 04	15. 71	16. 80	20. 00	3. 24	5. 37
Dezhou	11. 11	17. 45	18. 41	21. 82	21. 59	4. 49	7. 45
Shanxi	9. 61	18. 97	19. 83	24. 00	20. 67	1. 76	2. 91
Soil of CAAS	10. 85	17. 66	18. 90	17. 55	19. 42	1. 57	2. 60
Tuqiao	11. 33	17. 48	20. 19	19. 58	19. 60	3. 94	6. 53
Shunyi	13. 65	15. 44	16. 17	15. 97	18. 10	3. 50	5. 81

Tab. 9   The effect of added P_2O_5 in field trials 1983-84 (jin/mu)

Location	P_2O_5 added jin/mu						LSD	
	0	4	8	12	16	24	5%	1%
Shuangmaiochen	347. 9	504. 1	519. 1	666. 4	739. 6	689. 3	135. 9	193. 3

（续表）

Location	P$_2$O$_5$ added jin/mu						LSD	
	0	4	8	12	16	24	5%	1%
Goli	303. 1	278. 9	324. 3	370. 9	344. 4	369. 1	86. 8	123. 5
Qiantun	250. 3	174. 5	242	366. 6	389. 4	361. 3	124. 9	177. 6
Xingchunliu	341. 8	542. 1	469. 6	405. 4	350. 6	416. 8	—	—
Qizhuang	668. 3	680. 1	649. 5	666. 7	666. 7	648. 1	—	—
Tuqiao（Liu）	687. 7	660. 3	628	659. 7	706. 4	857. 3	—	—
Tuqiao（cai）	326	287. 3	407. 3	442	452	461. 3	159. 9	227. 4
Qiangyeun	464. 4	527	547. 6	589. 4	644. 6	635. 2	42. 9	61
Yuanqiao	534	600	608	632	566	636	—	

Location	P$_2$O$_5$ added jin/mu					
	0	6	12	18		
Fangzhuang	148	274. 4	284. 6	326. 4	66. 5	94. 5

The optimum level of available phosphorus was about 32. 5 ppm accoridng to trials above. For example, the relationship between the relative effect of non-added P$_2$O$_5$ (when the applied P$_2$O$_5$ yield was 100) and the present level of available phosphorus from 77 field trials of Dezhou and Beijing ShunYi County indicated that the optimum level of available phosphorus was about 32. 5 ppm; the relationship between relative effect of each treatment (when the maximum yield of treatment was 100) and the level of available phosphorus by added P$_2$O$_5$ in greenhouse pot and field trials suggested, increasing from present level to 32. 5 ppm of available phosphorus by added P$_2$O$_5$, the relative effect of added P$_2$O$_5$ was obtained about 95% to the maximum, so the optimum level was about 32. 5 ppm, too.

If Q$_0$ was representative of the amount of phosphate fertilizer required from each pot and field trial, Q was representative of the amount of phosphate fertilizer required trial according to above equation Q = 0. 3C (32. 5-P). The relationship between Q$_0$ and Q has a higher correlation (the field trials r = 0. 938, the pot trials r = 0. 953) than the relation between Q$_0$ and P (the field trial r = 0. 717, the pot r = 0. 901 see Tab. 10).

Tab. 10　The relationship among the amount of trials, calculate amount and
available phosphorus content (shows correlation coefficient r)

Factor	Calculate amount of P Q	Available P content P	r$_{0.05}$	r$_{0.01}$
Field trials. Q$_0$	0. 938	− 0. 717	0. 632	0. 765
Pot trials. Q$_0$	0. 953	− 0. 0914	0. 602	0. 735

These results showed that the equation can make phosphate fertilizer recommendation in calcareous soils.

Tab. 11 The relationship among the requirement, available phosphorus content, PFI, CaCO$_3$, total P, pH, organic material and clay content. (shows correlation coeffcient r)

Factor	CaCO$_3$	Total P	pH	Organic material	Clay content	PFI	r$_{0.05}$	r$_{0.01}$
PFI	0. 4671*	0. 483*	0. 622**	0. 1905	0. 3995	1. 000	0. 444	0. 561
Available P. Content	0. 0122	0. 442*	0. 2102	0. 6522*	0. 2660	0. 1467	0. 444	0. 561
Requirement Q$_0$	0. 0787	−0. 3499	0. 2374	0. 3990	0. 3562	0. 0301	0. 444	0. 561

DISCUSSION

1. The optimum leve of available phosphorus varied with the soil climatic zone, crops, cultural technique, etc.

2. Amount of phosphate fertilizer required in calcareous soil varied with the present level of available phosphorus and PFI, but didn't relate closely with clay content of soil.

3. PFI related closely with CaCO$_3$, total P$_2$O$_5$, pH; the available phosphorus content was in close relation with total P$_2$O$_5$ organic material, but didn't relate closely with clay content of soil.

4. The half-life varied with the amount of added P$_2$O$_5$, the r was from 0. 6941 to 0. 9126. S. Larsen and A. H. Fitter indicated the half-life varied with CaCO$_3$, pH, and buffering capacity of phosphate. We must study it continuously.

REFERENCES

[1] Fitter, A. H. 1974. The J. of Soil Sci. Vol. 25, No. 4, 1−50.

[2] Larsen. S., D. Gunary and S. D. Sutton 1965. J. Soil Sci. 16: 141−148.

[3] Larsen, S. 1971. Technical Bulletin Residual Value of Applied Nutrient. No. 20: 34−41.

[4] Ozanne P. G. and T. C. Shaw 1967. Australian J. of Agricultural Research. Vol. 18 No. 4, 601−612.

[5] Parriz. N. Soltanpour et, al. 1979. Guide to Fertilizer Recommendation in ColoRad Soil and analysis and computer process.

[6] Soil and Fertilizer Institute of CAAS. Research Experiment Annual Report. 1974: 110−114, 1976: 75−80, 1978: 74−79, 1979: 39−42.

[7] Soil and Fertilizer Institute of CAAS. Science Study Annual Report. 1980: 93−97, 1981: 103-107, 1982: 94−100, 1982: 117−121.

[8] Walsh. L. M. and Beaton. J. D. Soil Testing and Plant Analysis.

[9] Yong, S. Lee. and R. T. Barlett. 1977. Soil Sci. Soc. of Am. Journal. Vol. 41. 710−712.

Alkalies, Sulfur, and Titania content of Certain Peng Cheng Clays

By
Chen Shang Chin
B. N. （32023）

A thesis submitted to the Department of Chemistry of College of Natural Sciences of Yenching University in partial fulfillment of the requirement for the degree of Bachelor of Science.

Approved by

Dept. of Chemistry

Dean of College of
Natural Sciences

AKNOWLEGEMENT

The writer wishes to express his gratitude to Prof. E. O. Wilson for the suggestion of the problem and his invaluable directions. He also thanks Mr. Lin Cho Yuan, the research associate of the ceramic project in this university, who gave him many suggestions, and Prof. Y. M. Hsieh in the department of physics who kindly gave permission for the using his high temperature furnace.

TABLE OF CONTENTS

Alkalies, Sulfur, and Titanis, Content of Certain Peng Cheng Clays

I. Introduction

The word "ceramics" has a broader meaning than we usually think of Materials which are manufactured at high temperature from raw materials of the earthy nature are ceramic products. The term covers nearly one-third of all industry activity, and may be classified into eight main branches [1]; they are: 1. structural wares, 2. pottery, 3. refractories, 4. glass, 5. lime and cement, 6. abrasives, 7. enameled metals, and 8. insulation products.

Ultimate chemical analysis of raw materials has a great value in ceramic industries. Based upon the analysis, we can estimate the purity of the clay, the fired color, strength, shrinkage, porosity and the vitrification range of unknown clays, and from this, we can make use of clays with different characteristics in the different industries.

The purity of the clay can be expressed as the percent of $Al_2O_3 \cdot 2SiO_2 \cdot 2H_2O$ in the total. The practical burning test for color is not sufficient as a test of purity, because clay may contain impurities as sand, limestone, and many other colorless impurities.

The refractoriness of clay decreases as the percentage of fluxes, Na_2O, K_2O, CaO, MgO, TiO_2, and Fe_2O_3 increases. The alumina-silica ratio gives the approximate softening point of the clay.

The fired color can be estimated by the percentage of iron oxide, lime, alumina, titania and other color affecting ingredients. Clays containing less than one percent iron oxide usually bun nearly white and those with 1-3 percent iron oxide to some shade of buff. So we can not expect to get pure white wares if clays containing high percentages of iron oxide are burnt.

Sulfur gives much trouble even thou it is present in only small amounts. It causes bloating and black-coring when not removed by oxidation. In the form of sulfate, SO_4^{2-}, it also indicates the presence of the two most common scum or efflorescence-forming minerals, calcium sulfate, and magnesium sulfate. The removal of these troublesome compounds can not be accomplished unless the clay is carefully analyzed.

Mr. Lin Coyuan, [2] research associate of the ceramic project in this university, has already analyzed the essential constituents of the Peng Cheng Clays; except alkalies, sulfur, and titania which are present usually in small amounts. In this paper, the analysis of those four constituents is given and the relation of the substances to the manufacture of refractories is discussed.

II. Abstract

Six clays from Peng Cheng were taken from analysis. The percentage of soda, potash, titania, and total sulfur were determined. The procedure, results, and precision are discussed. The effect of fluxes on refractoriness is mentioned and their softening points calculated by using two different methods, Schuen's equation, and Brown and Grieg's curve. In the absence of a standard high temperature furnace, experimental softening points were determined for only two samples which are comparatively less refractory.

Peng Cheng Clays, in general, contain about 1.5% KNaO, 1.0% TiO_2, and 0.2% ~ 0.6% SO_3. Peng Cheng Clays are fire clays, their softening points are around cone, 31 ~ 35 or equivalent to 1 680 ~ 1 770℃. They are suitable for making fire bricks, stonewares, and saggers.

III. A Review of previous work

Many of our most important industrial products could not be prepared without the aid of refractory materials. Thus, without fire clay of suitable substitute we could not get glass, basic open hearth steel, gold, platinum, and many other important products.

The large use of fire clay refractories is in the steam power plants. It is generally believed that in order to get good combustion, the boiler furnace must be lined with refractories in order to provide the high temperature radiating surface, and also as an insulator to decrease the heat loss.

The second use of refractories is in the steel industries. In the manufacture of steel, the open hearth furnace is now used almost exclusively. Practically every industry employing high temperature uses fire clays in same form.

The earliest type of refractory materials used was siliceous rocks. Kaolin was used ate a certain time, but now fire clays, magnesite, aludum and other special refractories are used. The efficiency of a furnace depends largely upon the grade of fire bricks used. A furnace with high grade refractory bricks can obtain a much higher temperature and also out down the fuel cost. Although fire clays are very important in industry, the deposits in China have not been carefully studied.

The pyrometric cone, as used for measuring high temperatures, was invented in 1882 by Lauth and Uoget, but the system was brought into practical use by Heman A. Seger,[3] director of research laboratory of the Royal Porcelain Factory at Berlin, Germany. Cones are made of Na_2O, PbO, SiO_2, and Al_2O_3 with a proper composition, so that they will be melted at a definite temperature. Cone manufacture was started in the United States in the year 1896 by Edward Orton. Now, two kinds of cones are sold under the name of Seger and Orton, the former is manufactured in Germany, and the latter is manufactured in United States.

High temperatures can also be measured by using radiation pyrometer instead of cones, but the instrument costs much and it must be taken care of, so the softening points of clays are generally determined by pyrometric cones. Cones measure the effect of heat treatment and thus give the better idea of the behavior of clay under the same condition. Rate of heating-effects can not be shown by thermocouple or pyrometer, and cones may be placed in positions not visible to pyrometers. The refractoriness of the clays are usually expressed in term of the number of cones, because they do not measure the true temperature except under rigidly standardized conditions.

Various German investigators such as [4], Richter, Ludwig, Bramer, and Bischof developed general charts for the comparison of molecular compositions to cone fusion determinations, but the idea of such a comparison is rather fallacious.

The best attempt to establish a relationship between the softening point and the composition of refractory clays is purely a empirical one developed by Monlgomery and Fulton [5] in 1917. He found that the ration of alumina and silica gave the approximate softening temperature of the material, and the amount of fluxes reduce the softening temperature from the silica-alumina ratio in direct relation to the sum of all the fluxes irrespective of their compositions. Many other relations have been worked out, but most of them are inaccurate.

In 1910, Bleininger and Brown [6] made a test on the behavior of fire bricks under load conditions. Mellor and Moore gave an empirical formula for calculating the effect of load at high temperature.

Now, the refractory industries are rapidly developing. American Society of Testing Materials Standards on Refractory Materials [7] was published in the United States in 1935. It gives a series of experiments on refractory materials. This helps the development of refractory industries greatly.

IV. Experimental

(A) Chemical analysis

1. Samples:

Six samples from Peng Cheng (彭城) were analyzed their names and present eses are listed as follows.

Clay	Name	Name	Present uses
A	白咸	Pei-chien	Slip or engobe
C	白土泥	Pei-tu-ni	Earthenware body
D	细缸土	Fine sagger-clay	Small saggers
F	粗缸土	Coarse	Stone ware body
H	青土	Tsing-tu	Earthenware body
I	咸子	Chien-tze	Slip or engobe

The samples were presented by the quartering method and ground to pass 200-mesh. The sample was dried in weighing bottle between 105 ~ 110℃ before it was weighed. Thus, all the analysis below are on a moisture-free basis.

2. Procedures.

(a) The determination of K_2O and Na_2O

The alkalies were determined by the standard J. Lawrence Smith method, per chloric acid being used as the precipitating regent. The direction is given in "Inorganic Quantitative Analysis" – by Fales, pp. 420~426.

(b) The determination of titania.

Titania was determined by the colorimetric method, following the direction given in analysis of Silicate and Carbnate Rock,[8] with some modifications. The detail of the procedure followed is given in the appendix.

(c) The determination of total aulfur.

Total sulfur was determined by following the direction given in "Refractories" [9]

3. Results

Moisture-free basis

	K_2O		Na_2O		TiO_2		SO_3		KNaO
	%	Average	%	Average	%	Average	%	Average	%
A	1.16	1.14	0.3	0.26	0.86	0.89	0.49	0.49	1.40
	1.12		0.22		0.92		0.49		
C	1.45	1.38	0.4	0.33	0.97	0.99	0.46	0.42	1.68
	1.32		0.27		1		0.38		
D	1.21	1.17	0.22	0.18	1.15	1.13	0.17	0.19	1.39
	1.13		0.13		1.1		0.21		
F	0.96	1.01	0.2	0.22	0.97	0.97	0.17	0.17	1.23
	1.07		0.23		0.97		0.17		
H	1.51	1.43	0.51	0.45	0.78	0.77	0.64	0.64	1.88
	1.36		0.42		0.76		0.64		
I	1.2	1.16	0.44	0.46	0.94	0.95	0.12	0.13	1.62
	1.12		0.48		0.95		0.13		

4. Precision of the results.

(a) The determinations of potash and sod have a deviation between 0.07% to 0.02%. The Procedure gave a long and complex process, so a considerable error was introduced. Perchloric acid was used as the precipitating reagent instead of chlorplatinic acid which is expensive, the results with the former reagent are less precise.

(b) The determinations of titania have a deviation between 0.03% to 0.00%. Iron oxide gives some color, but it would not affect the result in the presence of five percent sulfuric acid. Phosphate, floride, and sodium sulfate have bleaching power the decrease the intensity of the color of solution. Phosphate, and floride were previously removed by heating with concentrated sulfuric acid, H_3PO_4 and HP had to be formed and evaporated off, if they were present. The bleaching power of sodium sulfate was also greatly decreased in the presence of five percent sulfuric acid. It would not affect the numerical result within this precision. At the same time, ferric oxide tends to give higher results and sodium sulfate tends to give low results, these two errors may balance each other, therefore no further correction is necessary.

(c) The determinations of the total sulfur have to deviation between 0.04% to 0.00%. The percentage of sulfur in the clays is so small that the weight of barium sulfate formed is as low as 2.5mg. So a small error would influence the result greatly.

5. A more complete analysis of Peng Cheng clays is show as follows.

(Moisture-Free Basis)

%	A	C	D	F	H	I
Ignition loss	13.40	7.67	10.66	9.95	6.88	13.04
SiO_2	44.70	60.27	51.63	52.49	63.60	39.75
* Al_2O_3	37.21	26.01	28.51	27.09	25.49	41.13
Fe_2O_3	0.93	1.88	5.00	6.03	0.59	2.15
* TiO_2	0.89	0.99	1.13	0.97	0.77	0.95
CaO	0.72	0.29	0.82	1.89	0.39	0.18
MgO	1.08	1.49	0.35	1.25	0.91	1.38
* K_2O	1.14	1.38	1.17	1.01	1.43	1.16
* Na_2O	0.26	0.33	0.18	0.22	0.45	0.46
* SO_3	0.49	0.42	0.19	0.17	0.64	0.13
Total	100.82	100.74	99.63	101.07	100.96	100.33

A part of the analysis is taken from the First Annual Report on Ceramic Project in Yenching University.

(B) Determination of softening points of clays

1. Theory:

(a) Definition

The atoms or molecules of a solid are confined to short periods of vibrations about definite positions of rest, while those of a liquid are more or less freely movable. As a solid is heated, the amplitude of vibration increases until the atoms approach and influence each other so strongly that some no longer return to their original positions. A definite temperature is finally reached where so few atoms return that the structure of the crystal is destroyed, or the crystal is said to melt. The congruent melting temperature is the temperature at which the liquid and crystalline phases of the same composition are in equilibrium with each other.

(b) Chemical composition and softening point

The melting point of pure substance is nearly always lowered by the addition of a small amount of something of different chemical nature from itself. From Raoult's law,[10] "that equimolecular portions of different substance produce the same effect on the lowering of the melting point" can possibly be applied only to the melting temperatures of very dilute silicate solutions. There have been a number of relations suggested to connect the chemical composition of clays with their softening points. The earliest work on this subject was that Richter.[11] Richter's law has been applied to fire clays by Lridig who found the law restricted to certain conditions, such as low concentrations and intimate mixtures. Richter's law is: various fluxes have eqial effects if they were taken in molecular equivalents. He also stated that if a number of fluxes are present their influence is proportional to the sum of their equivalents. This work was a great step forward in logical procedure.

Schuen[12] gave an equation for calculating the softening point of fire clays in degrees centigrade.

$$\mathrm{M \cdot P \cdot ^{\circ}C} = \frac{360 + Al_2O_3\text{-}RO}{0.228}$$

The Al_2O_3 and RO are given in percentages, so calculated that the Al_2O_3 and SiO_2 equal one hundred.

H. Salmany[13] and Hohler have studied the influence of grain size on the softening point. They found that the finer the grains, the lower the softening point.

Chiywsshii and Tschischewslay[14] have tried to correlate the amount of water of constitution with the softening point.

Sabell showed that the softening point of clays are roughly (60℃) proportional to their kaolin content. Kaolin has a definite percentage of chemically combined water, so the amount of water present is measure of the refractoriness. Bowen and Grieg[16] worked out a curve showing the alumina-silica concentration and their softening points. This must be further corrected by the amount of fluxes present.

Another curve shows the cone depression corresponding to the total flux content in the diagram of the proper alumina content.

A number of different methods have been employed for determining the softening points of refractories.

1. Comparison with cones: - It has the advantage that it can be carried out without expensive equipment. Cones measure the effect of heat treatment and thus give a better idea of the behavior of clay under the same condition. Rate of heating-effects can not be shown by thermocouple or pyrometers. It has the disadvantage of not giving precise melting temperature due to un-

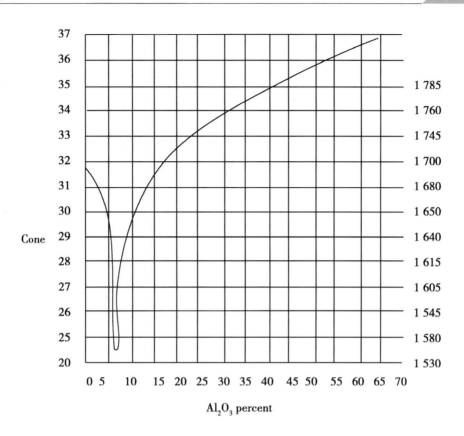

The curves are shown as follows.

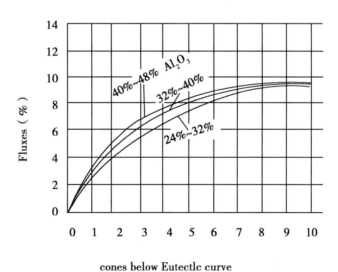

cones below Eutectlc curve

（o）Method of obtaining softening points

certainty of the melting points of the cones, caused by variations in the furnace conditions.

2. Measurement with pyrometers, - This method of direct measurement by means of an optical pyrometer requires a carefully calibrated pyrometer which gives a precision of ±7℃. There are also many kinds of furnace used.

(a) Gas furnace, - It can produce a temperature about 1 650℃.

(b) Oxyacetylene furnace, - It enables to get a temperature as high as high as 2 000℃. However the expense of running this type of furnace is considerable.

(c) Electric-tube furnace, - Probably the most convenient way to determine softening points is in the electric furnace. Horizontal tube furnace with water cooled electrodes is most satisfactory one.

(d) Factors affecting the softening temperature of clays.

Beside the chemical constitution, there are many factors which affect their softening points.

1. Molecular arrangement.

2. The size and states of aggregation of the particles and grains, the finer the grains the lower the softening temperature.

3. The intimacy of missing and the uniformity of composition.

4. The density and porosity of the material to be heated, lower density and higher porosity usually gives higher softening temperature.

5. The rate of heating. -A very slow heating causes the material to melt at a lower temperature.

6. The expulsion of vapor and internal gases. -Furnaces with a oxidizing or neutral atmosphere are used. Very reducing atmosphere is objectionable, because a layer of hard carbon will deposit on the surface of the cones, and the hard carbon surface will resist the deformation of the shape of the cones.

7. The pressure applied while heating, -a pressure decreases the softening temperature.

8. The rate of increasing fluidity near the softening temperature, $-K_2O_2 \cdot SiO_2$ is more viscous than $Na_2O \cdot SiO_2 \cdot$ So K_2O has a greater effect. FeO produces more fluidity than MgO; and CaO will lower the viscosity of most clays at temperature closes to their softening points.

The ability of common oxides to impart characteristic viscosity effects in different composition at fusion temperature as peculiar to the individual as other physical properties.

(e) The value of the determination of softening points

The value of a softening point in determining the possibility of a material for specific purposes has often been overestimated. The softening point does not show whether a material can be used for certain furnaces or not, but it shows materials which can be used at certain temperatures. The softening point of a materials is by no means a criterion of its ability to carry a load at high temperatures which is the essential factor for actual uses. For example, commercial magnesite has a melting point of over 2000℃; but it will not carry a load at temperature over

1 400℃ to 1 500℃; On the other hand a mullite brick which has a softening point of 1 780℃ will carry a load up to 1 730℃. Therefore the determination of the softening point is only a preliminary test to show that certain clays might be used at a certain temperature after the load test, and those clays which softening points are below the furnace temperature can never be used.

2. Calculation of softening points.

（a）By brown and Grieg's curve.（the curve is shown on page 13）

（Moisture-Free Basis）

	A	C	D	F	H	I
SiO_2	44. 70	60. 27	51. 63	52. 49	63. 60	39. 75
Al_2O_3 by difference	38. 10	27. 00	29. 6	28. 06	26. 26	42. 08
TiO_2	0. 89	0. 99	1. 13	0. 97	0. 77	0. 95
% Al_2O_3	37. 21	26. 01	28. 51	27. 09	25. 49	41. 13
$SiO_2 + Al_2O_3$ = Basis 100% Al_2O_3	45. 42	30. 14	35. 57	34. 04	28. 61	50. 86
% total Flux	5. 02	6. 33	8. 65	14. 99	4. 54	6. 28
Flux Basis 100	6. 13	7. 33	10. 80	14. 20	5. 10	7. 76
Approx. . M. P.	35. 50	34. 20	34. 70	34. 40	33. 80	36. 00
Depression due to Fluxes	2. 30	5. 00	10. 00	10. 00	3. 40	4. 20
Cone no.	33. 20	29. 20	24. 70	24. 40	30. 40	31. 80

（b）By Schuen's equation

$$M \cdot P \cdot ℃ = \frac{360 + Al_2O_3 \text{-} RO}{0.228}$$

	A	C	D	F	H	I
SiO_2%	44. 70	60. 27	51. 63	52. 49	63. 60	39. 75
Al_2O_3%	37. 21	26. 01	28. 51	27. 09	25. 49	41. 13
Al_2O_3 basis（SiO_2 + Al_2O_3 = 100）	45. 42	30. 14	35. 57	34. 04	28. 61	50. 85
% RO	5. 02	6. 33	8. 65	14. 29	4. 54	6. 28
RO basis 100	6. 13	7. 33	10. 80	14. 20	5. 10	7. 76
M · P · ℃	1 756	1 683	1 697	1 677	1 684	1 773
Eq. to Cones	33 ~ 34	31 ~ 32	31 ~ 32	30 ~ 31	31	34 ~ 35

3. Determination of softening points of clays.

(a) Procedure

1. Preparation of plaque

A plaque was made of mixture of 20% of 100-mesh alundum powder, 30% "A" clay grog through 20-mesh sieve, and 50% "A" clay with 100-mesh. The mixture was mixed with e-nough water and it wad made in the form of disk, two inches in diameter, and 3/8 inch in thickness. When it was dry, it was heated to 1 300℃ for the purpose of sintering into a firm condition to permit handling.

2. Preparation of test cones.

The sample was ground to pass a 20-mesh sieve. A piece of magnet was repeatedly passed over the sample until all iron particles were removed. Then it was thoroughly mixed with the addition of sufficient dextrin and water to allow plastic molding. The test cones were made in a metal mold in the shape of tetrahedron measuring 5mm on the side at the base and 25 mm high. When the test cones dried, they were heated to 900℃ to make them firm enough to be handled.

(b) Mounting.

1. One test cone was mounted on the plaque with three segar cones. They were mounted with the base embedded approximately 3mm in the plaque and one edge inclined at an angle of 82° with the horizontal. The plaque with cones mounted was put in the tube of furnace and it was ready to be heated.

2. Discussion of the apparatus used.

The high temperature furnace used was named as "Electric 'High-Temp.' Furnace", patented in Dec 24th, 11912. It was manufactured by the Makers of Multiple Replaceable Unit Furnaces, Serial 9043, Electric Heating Apparatus Co. New York, made for Arthur H. Thomas Co. The maximum temperature should be 1 800℃, but the rate of temperature rising was very slow and not suitable for the determination of softening points of the clays. Current used was 20 amperes at the beginning and then it was raised to 35 amperes. Voltage was constant at 110 volts. The objections of the furnaces of the type were:

(1) The rate of heating was very slow, about three times as slow as the standard furnace.

(2) The atmosphere was more or less reducing, because charcoal was used as a conductor. The plaque and cones become black after heated, it might be due to the deposition of graphite particles or to the iron oxide in the "A" clay.

(3) No holes were on the side walls to see the deformation of the cones. When the temperature was above 1 500℃, the whole are in the furnace became all white bright, it was very difficult to see the cones from the top even wearing black glasses.

(4) The furnace could be hardly heated to 1 700℃ or cone 32. It was impossible to determine sample: with higher refractoriness in this furnace. Only two samples were determined

A.Diagram of High Temperature Furnace.

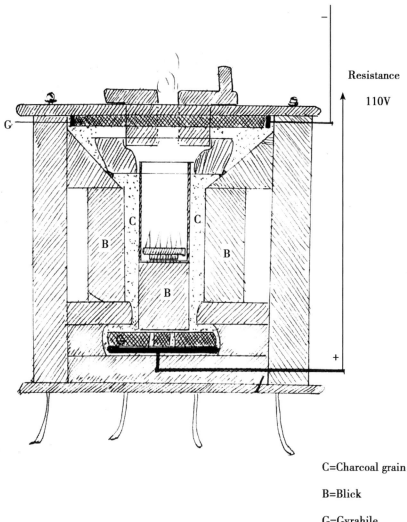

Resistance

110V

C=Charcoal grain

B=Blick

G=Gyrahile

which are comparatively less refractory.

The optical pyrometer used was in the type of Pyro-Perfection Pyrometer.

The maximum reading was $2\,600\,°F$ or equivalent to $1\,440°C$. The softening points of these clays are much higher than this temperature, so it was only used to measure the rate of heating.

3. Results.

Rate of Heating.

The known effect of long heating at lower temperatures is to cause early fusion.

Because the furnace was not suitable for this purpose only two samples were deter-

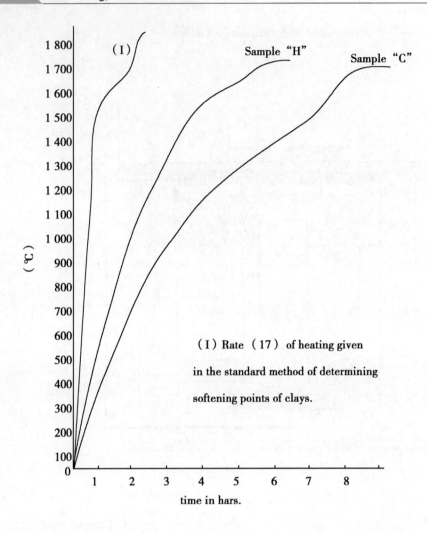

(I) Rate (17) of heating given

in the standard method of determining

softening points of clays.

time in hars.

mined. The results are given in the following table compared with the calculated values.

	A	C	D	F	H	I
By Brown & Grieg's Curve	33-34	29-30	24-25	24-25	30-31	31-32
By Scheun's equation	33-34	31-32	31-32	30-31	31	34-35
By Exp. Cones	—	31-32	—	—	30 ~ 31	—
Eq. to ℃		1 680 ~ 1 700			1 650 ~ 1 680	
Eq. to °F		3 056			3 002 ~ 3 056	

The actual degree of dformation of the cones are shown as the following figure.

4. Accuracy of the result

Although the furnace was not of the standard type and the rate of heating was very slow,

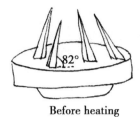

Before heating

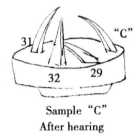

Sample "C"
After hearing

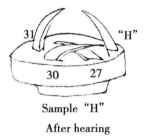

Sample "H"
After hearing

yet it was quite satisfactory to give an approximation. The results check very closely with the calculated values, so it showed that the approximation was not very mistaken.

V. Discussion of the Results

Soda and potash are always present in clays. They have a similar character both to make the wares less refractory. If the alkalies are combined as feldspar, mica, or absorbed salts, they make the wares more translucent, and do not cause any colors. So alkalies are not objectionable for making slip and engobe, but very objectionable for making fire-bricks, when they are present in large amounts. The percentage of KNaO present in Peng Cheng clays is about 1.5% as shown in the results of analysis. This amount of KNaO is comparatively small, and does not have much influence on refractoriness.

Small quantities of titania are present in most clays, the amount is usually very small and the coloring power so feeble that the color is but little affected. Titania occurs as rutile, TiO_2, or ilmenite, $FeO \cdot TiO_2$ and produces light-buff or straw colors when missed with white clays or glazes. Titania itself is a refractory material, but it decreases the refractoriness of a clay when it is present as impurities. Two percent, or below, of titania only slightly impairs refractoriness and softening under pressure. Titania in Peng Cheng clays was found around 1% only, so the effect of color and refractoriness is very small.

Although 1% of titania does not change materially the property of refractory clays, yet its determination is great importance. The amount of alumina increases the refractoriness of the material. The ratio of alumina and silica is a direct means of measuring the softening points of clays. The percentages of alumins are usually determined by difference of the combined oxide and the ferric oxide. This assumption does not make much mistake if the percentage of titania is negligible. In this case of Peng Cheng clays, it is found that they contain about one percent titania. This amount is too big to be neglected, so the assumption can not be applied in this case. The actually percentage of alumina present is about one percent lower than their corresponding value.

The difference of softening points calculated by Schuen's equation with and without the correction of titania present are compared as the following table.

Clays	A		C		D	
	With	Without	With	Without	With	Without
SiO_2%	44. 70		60. 27		51. 63	
Al_2O_3 By Dif.	38. 10		27. 00		29. 64	
TiO_2%	0. 89		0. 99		1. 13	
Al_2O_3%	37. 21	38. 10	26. 01	27. 00	28. 51	29. 64
Al_2O_3 Basis 100	45. 42	46. 01	30. 14	30. 94	35. 57	36. 47
Flux %	5. 02	4. 15	6. 33	5. 34	8. 65	7. 52
Flux Basis 100	6. 13	4. 99	7. 33	6. 12	10. 80	9. 25
℃ Cal.	1 756	1 763	1 683	1 691	1 697	1 706
Difference℃	7°		8°		9°	

Clays	F		H		I	
	With	Without	With	Without	With	Without
SiO_2%	52. 49		63. 60		39. 75	
Al_2O_3 By Dif.	28. 06		26. 26		42. 08	
TiO_2%	0. 79		0. 77		0. 95	
Al_2O_3%	27. 09	28. 06	25. 49	26. 26	41. 13	42. 08
Al_2O_3 Basis 100	34. 04	34. 83	28. 61	29. 22	50. 85	51. 42
Flux %	11. 37	10. 40	4. 54	3. 77	6. 28	5. 33
Flux Basis 100	14. 29	12. 94	5. 10	4. 20	7. 76	6. 53
℃ Cal.	1 677	1 686	1 684	1 691	1 773	1 781
Difference℃	9°		7°		8°	

From the table above, the difference is around 7 ~ 10℃. If the percentage of titania is two or three percent then the error will be still greater.

There are tree kinds of sulfur compounds present in clays, they are: (1) water-soluble sulfur, (2) remaining pyrite, and (3) sulpho-silicate. The amount of sulfur determined in this experiment is the total sulfur including all these three kinds. Soluble sulfate in the form of $MgSO_4$ and $CaSO_4$ causes efflorescence. This is very troublesome to glaze. If there is ample supply of air in the kiln, the sulfur will be oxidized to sulfate in the glaze which leads to "blinding", dullness, and other well known defects. Under reducing conditions polysulfides may be formed and produces a yellow or brown discoloration. When the clay is heated at certain high temperature, it is decomposed to envolve sulfur dioxide suddenly. If the ware has a low porosity, and the volume of the sulfur gases is considerable, the gas my not be able to get out as fast as it is formed. Then a pressure develops inside the viscous ware, consequently the wall swells. So the manufacturer must heat his kilns very slowly if the clay used contains large quantity of sulfur.

Sulfur is not objectionable in refractory materials. It does not cause early fusion. The vitrification or sealing up point of refractory clays is usually above the temperature of gas evolution. And the porosity is sufficient for ready exit. Clays "H", "A" and "C" have relatively high percentage of SO_3 about 0.5%. Clays "D", "F", and "I" contain SO_3 less than 0.2%. For the purpose of making pottery, sulfur compounds should be removed by purification if present in large quantities, while it is not necessary for making fire bricks.

The softening points of clays calculated by the Bowen and Grieg's curve, and by Schuen's equation [19] are not the same. It is seen that fluxes have a greater effect on refractoriness according to Brown and Grieg's curve than Schuen's equation. The softening points of clays "D", "F", and "C" calculated according to the curve are much lower than according to the equation, because these three samples contain more fluxes. By experiment, the softening points of clays "C" and "H" determined check very closely with that calculated by Shuen's equation. It shows that the equation holds more accurately than the curve for fire clays.

Because the furnace should not be heated further, the other four samples were not determined. Since the softening points of two samples check very closely with the calculated value, it may be assumed without much error that the softening points of the other for clays are very close to their theoretical value.

The deformation point of fire clays under load stands a very important position. Many industries, such as open-hearth furnace for steel, require high grade fire bricks which stand at high temperature with load. The softening pint of a material is by no means a criterion of its ability to carry a load at high temperature. In the absence of equipments, the deformation point can not be determined.

The deformation points of fire clays under load can be calculated by the empirical formula given by Mellor and Moor. [20]

The equation is,

Squatting temperature $= C e^{-kw}$

Where C denotes the squatting temperature in cones without load.

W is the load in pounds per square inch.

e denote the exponential constant.

k is a numerical constant, different for different materials.

For china clays whose fusion points are around

Cone 35　　K = 0. 0082

For fire clays whose fusion points are around

Cones 31　　K = 0. 0078

In the calculation, the load, W, is chosen to be 25lbs. per square inch; this value is generally used for experimental load determinations. The value of "K" for clays "A", and "I" is assumed to be 0. 0082, because these two clays have higher alumina contents and their chemical compositions are very closed to china clays. The value of "K" for clays "C", "D", "F" and "H" is assumed to be 0. 0078, because they contain less alumina and their fusion points are very close to Cone 31. The calculations are shown as the following table:

Clays	K	C	W#/"	Sq. temp.
A	0. 0082	33 ~ 34	25	26 ~ 27
C	0. 0078	31 ~ 32	25	28 ~ 29
D	0. 0078	31 ~ 32	25	28 ~ 29
F	0. 0078	30 ~ 31	25	27 ~ 28
H	0. 0078	31	25	28
I	0. 0082	34 ~ 35	25	26. 7 ~ 27. 6

From the calculations above, the clays "A" and "I" are less refractory under load than the other four clays. Mellor states that the more aluminous the fire clay or more nearly its composition approaches that of china clay, the greater the difference between the squatting temperature with and without a load. Many theories explain the failure of refractoriness under load, but they don't agree one another. Some chemists chowed that the period of weakness was due to the molecular rearrangement of Al_2O_3 and SiO_2 to form mullite in the mass. But latter on, Watts[21] disapproved the above explaination. He showed that at the squatting temperature, not much mullite was formed, and the quantity of mullite crystals formed had no influence to the fusion point. He believed that the cause of failure of clay refractories is the fluxing of bond clay and the finer grinding of the bond clay would merely cause its more rapid fusion.

In general, bodies made of interlocking crystals are more resistant to load at high temperature than are the amorphous bodies. This has been noted in the high resistance of silica bricks.

According to Anon [15] firebricks may be classified into four grades:

1. High-heat duty fire brick   above 28

2. Intermediate-heat duty fire brick   below 28

3. Moderate-heat duty fire brick   below 26

4. Low-heat duty fire brick   below 19

According to his classification, clays "C", "D", and "H" may be classified as the first grad and clays "F", "A" and "I" are intermediate-heat duty fire clays.

Many other factors besides that deformation point must also be considered.

1. Resistance to large rapid temperature fluctuations.

2. Resistance to chemical corrosion.

3. Thermal conductivity.

4. Thermal expansion.

5. Resistance to mechanical stress in the hot and cold states.

VI. Conclusions

1. The softening point of fire clays can readily be calculated according to their chemical compositions. For calculation, Schuen's equation holds more accurately than Brown and Grieg's curve.

2. Fluxes lower the softening point of the clay, but their effect on lowering the softening point is not so great as shown by Brown and Grieg's curve.

3. In the ultimate analysis of fire clays, titania must be taken into consideration even though it is only present in small amounts, because the actual percent of alumina is equal to the percent of "Al_2O_3" minus the percent of titania. So the percent of alumina is always too high, if titania is neglected. A considerable mistake is often made.

4. If the amount of titania is neglected in the analysis then each percent of titania will make an error of about 10℃ in the calculation of softening points.

5. If it is desired to determine titania in clays in a spate sample, the procedure used in this paper is found very satisfactory, that is to vaporize SiO_2 off by HF at first and then fuse the residue with $KHSO_4$, detailed procedures are described in the appendix.

6. Clays "C", "D", "H" are high grade fire clays. Their softening points are around cone 31-32 and their squatting temperature under a load of 25lbs. per square inch are about cone 28 or above. If found satisfactory for thermal conductivity, chemical resistance, and thermal expansion, then they would be very valuable for industrial uses.

7. Clays "A" and "I" are flint fire clays. Their softening temperature without loads are as high as cone 34 ~ 35. But high content alumina fire clays softens at much lower temperature

with carrying loads. By Mellor's empirical equation, their squatting temperatures under a load of 25 lbs. per square inch are about cone 26-27. This must be further proved by an actual experiment.

Bibliography

(1) Ceramics-Clay Technology by H. Wilson (1927) pp. 2 ~ 6

(2) First Annual Report, Ceramic Project-Yenching University (1934 – 35) p. 7

(3) Ceramics-Clay Technology by H. Wilson (1927) pp. 259 ~ 260

(4) Refractories by F. H. Norton (1931) p. 306

(5) Ceramics-Clay Technology by H. Wilson (1927) p. 270

(6) Tune. Am. Ceram. Soc. Vol. 12, by Breininger end Brown (1910) p. 337

(7) A. S. T. M. Standard on Refractory Materials (1935)

(8) Analysis of Silicate and Carbonate Rock, W. F. Hillebrand pp155 ~ 162

(9) Refractories F. H. Norton (1931) p. 499

(10) Clay Technology by Wilson (1927) pp. 269 ~ 270

(11) Refractories F. H. Norton (1931) p. 306

(12) Refractories F. H. Norton (1931) p. 307

(13) Refractories by F. H. Norton (1931) p. 307

(14) Refractories by F. H. Norton (1931) p. 307

(15) Pit. And quarry 19 (11) 38 (1930) from American Ceramic Society Abstract 9 (1930)

(16) Clay Technology by H. Wilson (1927) p. 270

(17) A. S. T. M. Standard on Refreactory Materials (1935) p. 52

(18) Clay Techology by H. Wilson (1927) p. 270

(19) Refractories by F. H. Norton (1931) p. 306

(20) Clay Technology by H. Wison (1927) pp. 275 ~ 76

(21) J. Am. Ceramics Society by Watts (Vol. 3) p. 449

VII. Appendix

Procedure in detail

A. Determination of K_2O and Na_2O

About 0. 5 gm. of the sample was mixed with 0. 5gm. of NH_4Cl and 5 gms. of $CaCO_3$ in an agate mortor. Then the mixture was transferred to a nickel Smith crucible. Then it was gently heated with a low flame until no NH_3 was formed, it was heated strongly with Bunsen burner for about one hour until the content was contracted into a soft cake, but not fused. Then the cake was transferred to a 300℃ casserole with 50 c. c. of water. It was heated on a water bath and the lumps were broken by a stirring rod. The residue was washed four times with hot water by decantation and the residue was transferred on a funnel and washed free from chloride. The filtrate was concentrated to 200 c. c. and the residue was tested for complete decomposition by treating with 3 M. Hel. If the decomposition was complete, all solids want to the acid solu-tion. The Ca in the filtrate was double precipitated with 0. 25 M. $(NH_4)C_2O_3$ making the so-lution slightly basic by means of 3 M. NH_3H_2O solution. Then the solution was evaporated on water bath until to 50 c. c. It was, then, transferred to a platinum dish and again evaporated until to dryness. The residue was carefully ignited to drive of all ammonium salts. Then the resi-due was dissolved in 5 c. c. of water, and a few drops of 0. 25 M. $(NH_4)_2C_2O_4$ was added to precipitate the remaining Ca. "mg". after warming and settling, it was filtered with a small filter paper. The filtrate was collected in a platinum dish and evaporated to dryness. The residue was again carefully ignited until a constant wt. was obtained. This gives the combining weight of NaCl and KCl. The combined chloride was dissolved in a small amount of water and a few c. c. of 3 M. Hel O_4 was added. The mixture was heated with low flame until dense fumes were formed. After cooling, 5 c. c. of water was added to dissolve the precipitatic. Then perchloric acid was again added and evaporated to fumes. When it was cooled to 10 ~ 15℃, 10 c. c. of absolute alcohol containing 0. 2% of perchloric acid was added and it was allowed to stand ten minutes at the same temperature. The supernatant liquid was decanted through a weighted Gooch crucible, leaving most of the precipitate in the dish. The residue remaining in the dish was again dissolved and evaporated with perchloric acid. After cooled to 10 ~ 15℃, 10 c. c. of 0. 2% alcoholic perchloric solution was added to dissolve the sodium perchlorate. The superna-tant liquid was again decanted through the Gooch crucible. This process was repeated four times until the separation of $KClO_4$ and $NaClO_4$ was complete. Then the precipate in the dish was transferred to the Gooch crucible and washed the 0. 2% alcoholic perchloric acid solution and then with small portions of absolute alcohol for eight times. The Goodch crucible was dried in an oven at 125℃ for 1 hour. It was weighed as $KClO_4$. From the wt. of $KClO_4$, the wt. of KCl can easily be calculated. The wt. of combined chloride minus the wt. Of KCl gives directly the wt. of NaCl.

B. The determination of TiO_2

TiO_2 in clays and rocks is usually determined by the colorimetric method rather than the gravimetric method, because it exists only in a very small amount. The analysis is based on the fact that when H_2O_2 was added to the sulfuric acid solution of TiO_2 $(SO_4)_3$ a yellow color is developed due to the formation of TiO_3 or $TiO_3 \cdot xH_2O$. The intensity of the color is directly proportional to the amount of TiO_2 present, so it can be determined by comparing the intensity of the color of the unknown solution to the standard solution.

The experimental directions are given in "A. S. T. M Standard on Refractory Materials" "Clay Technology", Analysis of Silicate and Carbonate Rock", and many other quantitative analysis. But all procedures give a systematic analysis, TiO_2 is determined after three, the analysis of SiO_2 and Al_2O_3. So it is too long and not suitable for separate determinations of TiO_2 only without some modifications. The modified procedure is described as follows.

About 0. 5 gm. Of sample was transferred to a platinum crucible. 10 c. c. of H F and a few drops of Con. H_2SO_4 were added and the mixture was evaporated in a n air bath. SiO_2 was evaporated off as shown in the equation.

$$TiO_2 \cdot SiO_2\_ 6 \ HF \ CaF_2\_ \ SiF_4\_ \ 3H_2O.$$

After it was evaporated to dryness and the decomposition of the sample was complete, it was heated to red hot to ignite all organic matter. The residue became white and its constituents are generally Al_2O_3, MgO, CaO, K_2O, Na_2O, TiO_2, and Fe_2O_3. 5 c. c. of conc. H_2SO_4 was added and evaporated to dryness again to be sure that all floride was expelled. Then the residue was fused with $K_2S_2O_7$ gently until all solids went to solution except a very small amount of $CaSO_4$. After cooling the fusion was again heated with 10 c. c. of conc. H_2SO_4 so it remained liquid when cooled. Then it was diluted to 200 c. c. in the volumetric flask and the concentration of H_2SO_4 was adject to be 5% or more. 3 c. c. of H_2O was added and so a yellow color was developed. It was compared with the standard solution which was already prepare by dissolving Ti_2 $(SO_4)_3$ and standardized by the gravimetric method.

C. The determination of total SO_3

About 0. 5 gm of sample was mixed with 5 gms. of unhydrous Na_2CO_3 and 1. 25 gms of KNO_3. The mixture was heated in the nickel crucible for about 10 minutes at the temperature just sufficient to keep the mass molten. When coo, it was leached with 100 ml. of water and filtered to a casserole. Then it was acidified with Hol and evaporated to dryness to dehydrate silica. After filtering, the solution was heated to boil and the sulfate was precipitated as BaSO$_4$ with 10% BaCl$_2$ solution. The precipitate was digested for 48 hours and filtered, dried, and weighed in a Gooch crucible.

D. Results （a） The determination of K$_2$O and Na$_2$O

Clay	A		C		D	
Sample	1	2	1	2	1	2
wt. of Sample Taken （gm）	0.5002	0.5005	0.5090	0.5026	0.5000	0.5038
wt. of combined Cl （gm）	0.0132	0.0126	0.0156	0.0130	0.0116	0.0104
wt. KClO$_4$ （gm）	0.0165	0.0197	0.0218	0.0100	0.0178	0.0205
wt. of KCl Cal. （gm）	0.0089	0.0093	0.0117	0.0105	0.0096	0.0110
wt. of NaCl Cal. （gm）	0.0043	0.0033	0.0030	0.0025	0.0020	0.0014
% K$_2$O	1.12	1.16	1.15	1.32	1.21	1.13
% K$_2$O average	1.14		1.38		1.17	
% Na$_2$O	0.30	0.22	0.40	0.27	0.22	0.13
% Na$_2$O average	0.26		0.33		0.18	
% NaKO	1.40		1.71		1.35	

Clay	F		H		I	
Sample	1	2	1	2	1	2
wt. of Sample Taken （gm）	0.4990	0.5008	0.5014	0.5013	0.5000	0.4098
wt. of combined Cl （gm）	0.0095	0.0102	0.0169	0.0158	0.0138	0.0134
wt. KClO$_4$ （gm）	0.0142	0.0158	0.0224	0.0211	0.0118	0.0166
wt. of KCl Cal. （gm）	0.0076	0.0065	0.0120	0.0108	0.0096	0.0089
wt. of NaCl Cal. （gm）	0.0019	0.0017	0.0049	0.0010	0.0042	0.0045
% K$_2$O	0.96	1.07	1.51	0.36	1.20	1.12
% K$_2$O average	1.01		1.43		1.16	
% Na$_2$O	0.00	0.00	0.51	0.42	0.44	0.48
% Na$_2$O average	0.22		0.45		0.46	
% NaKO	1.35		1.88		1.62	

（b） Determination of TiO$_2$

Standardization of the standard solution

Sample	1	2
Volume of solution taken	50 c. c.	50 c. c.
wt. of TiO$_2$ pt. Crucible	20. 0374	20. 1268
wt. of pt. Crucible	19. 9654	20. 0520
wt. of TiO$_2$	0. 0720	0. 0748
gm/c. c.	0. 00144	0. 00150
average	0. 00147	

0. 00002x1000/0. 00147 = 13. 61 c. c.

13. 61 c. c. of this solution was diluted to 1000 c. c. so one c. c. of the solution will contain 0. 00002 gm. of TiO$_2$. This concentration was used throughout the whole experiments.

Clay	A		C		D	
Sample	1	2	1	2	1	2
wt. of Sample Taken	0. 5002	0. 5003	0. 4999	0. 5001	0. 5000	0. 5000
volume of solution taken	200 c. c.	200 c. c.	200 c. c.	200 c. c.	200 c. c.	200 c. c.
Scale reading for standard solution	30. 0	30. 0	40. 0	40. 0	40. 0	40. 0
Scale reading	28. 0	26. 0	33. 0	32. 5	28. 0	29. 0
% TiO$_2$	0. 86	0. 92	0. 97	1. 00	1. 15	1. 10
average	0. 89		0. 98		1. 13	

Clay	F		H		I	
Sample	1	2	1	2	1	2
wt. of Sample Taken	0. 5000	0. 5000	0. 5000	0. 5000	0. 5000	0. 5001
volume of solution taken	200 c. c.	200 c. c.	200 c. c.	200 c. c.	200 c. c.	200 c. c.
Scale reading for standard solution	40. 0	40. 0	35. 0	35. 0	40. 0	40. 0
Scale reading	33. 0	33. 0	36. 0	37. 0	34. 0	33. 5
% TiO$_2$	0. 97	0. 97	0. 78	0. 76	0. 94	0. 95
average	0. 97		0. 77		0. 95	

(c) The Determination of total SO$_3$

Clay	A		C		D	
Sample	1	2	1	2	1	2
wt. of Sample Taken	0.4478	0.5078	0.5002	0.5002	0.4995	0.4988
wt. BaSO$_4$ Gooch Cru.	19.1182	18.7166	19.1250	18.7223	14.1670	14.5810
wt. of Gooch Crucible	19.1118	18.7093	19.1181	18.7166	14.1645	14.5785
wt. of BaSO$_4$	0.0064	0.0073	0.0069	0.0057	0.0025	0.0025
% SO$_3$	0.49	0.49	0.46	0/38	0.17	0.17
average	0.49		0.42		0.17	

Clay	F		H		I	
Sample	1	2	1	2	1	2
wt. of Sample Taken	0.5010	0.5015	0.5009	0.5007	1.0005	1.0002
wt. BaSO$_4$ Gooch Cru.	14.1643	14.5781	19.1356	18.7320	19.1392	18.7358
wt. of Gooch Crucible	14.1618	14.5750	19.1262	18.7226	19.1356	18.7320
wt. of BaSO$_4$	0.0025	0.0031	0.0094	0.0094	0.0036	0.0038
% SO$_3$	0.17	0.21	0.64	0.64	0.12	0.13
average	0.19		0.64		0.13	

Rate of heating the cones
Clay "C"

Time	°F	℃	Time	°F	℃
0：35	1 100	590	3：45	2 125	1 170
0：50	1 210	650	4：25	2 175	1 200
1：05	1 310	710	4：35	2 210	1 220
1：15	1 380	750	4：50	2 275	1 250
1：30	1 460	800	5：00	2 325	1 275
1：45	1 500	820	5：15	2 360	1 300
2：32	1 700	970	5：27	2 475	1 360
2：54	1 850	1 010	5：55	2 600	1 440
3：05	2 000	1 100	6：25	cone 29 down	
3：29	2 050	1 125	7：40	turn out	

Clay "H"

Time	°F	℃	Time	°F	℃
0：30	1 160	630	2：20	2 270	1 250
0：40	1 220	660	2：30	2 360	1 300
0：50	1 400	760	2：40	2 420	1 330
1：00	1 540	820	2：50	2 450	1 350
1：15	1 620	890	3：10	2 525	1 390
1：20	1 670	915	3：30	2 560	1 410
1：40	1 700	930	5：00	cone 29 down	
1：57	1 770	970	5：10	cone 29 down	
2：10	2 125	1 170	5：40	Turn out	

磷肥在土壤中的固定和转化

陈尚谨　刘立新

（1980 年）

　　为了经济有效地对施用磷肥提出科学依据，我所于 1974 年开始摸索适合于我国有关磷肥在土壤中迟效化的研究方法。初步结果，简介如下。

一、几种土壤含磷物质

　　本试验是 1974 年进行的，我们参考采用杰克逊和张经过通口福男简化和改进的方法来测定土壤中的主要含磷物质。试验土壤有山东德州潮土（石灰性）、山东胶县棕黄土（中性）和湖南祁阳红壤性旱土（微酸性）。其中磷酸钙、磷酸铝和磷酸铁的含量，分别用 2.5% 醋酸、1N 氟化铵和 0.1N 氢氧化钠溶液浸提后，用钼兰法测定。并分析了土壤有机磷和难溶性磷。结果如表 1。

表 1　几种土壤含磷物质（P_2O_5 毫克/克土）

土壤名称 磷的形态	山东德州潮土 （毫克/克）%		胶县棕黄壤 （毫克/克）%		祁阳红壤性旱土 （毫克/克）%	
磷酸钙	0.20	17	0.08	16	0.025	3
磷酸铝	0.03	2.5	0.05	10	0.15	18
磷酸铁	0.02	2	0.03	6	0.05	6
有机磷	0.25	21	0.08	16	0.20	25
难溶性磷*	0.70	57.5	0.26	52	0.395	48
总磷量	1.20	100	0.50	100	0.82	100

* 难溶性磷用减差法计算

　　从表 1 看出我国石灰性、中性和微酸性土壤含磷物质有明显差别。山东德州石灰性土含磷酸钙最高，占总磷量的 17%；磷酸铝和磷酸铁含量较低，分别占总磷量的 2.5% 和 2.0%。湖南祁阳红壤性旱土含磷酸铝和磷酸铁较高，占总磷量的 18% 和 6%，磷酸钙含量很低，仅占 3%。胶县棕黄土含磷物质的成分介乎前两种土壤之间。3 种土壤含有机磷 16%～25%，难溶性磷 48%～57.5%，差别不大。土壤含磷物质与土壤类型、酸碱度和石灰含量有密切关系。

二、水溶性磷肥在石灰性土壤中的转化

为了探索磷肥在石灰性土壤中的固定和转化，我们对德州潮土进行了探索性试验，方法如下：取土样 1 克，加入过磷酸钙溶液 0.4 毫升含 P_2O_5 0.74 毫克，水分约在 40%，在德州 6~7 月室温下，停放 3 天、10 天、30 天，按期分析其中水溶磷、速效磷（1% 硫酸铵法）、磷酸钙、磷酸铁和磷酸铝的含量。结果列入表 2。

表 2　水溶性磷在德州石灰性土壤中的转化（P_2O_5）

试验天数	水溶液性磷 *		有效磷		磷酸钙（mg/g）	磷酸铝（mg/g）	磷酸铁（mg/g）
	mg/g	%	mg/g	%			
当天	0.74	100	0.74	100	0.30	0.03	0.02
3 天	0.42	57	0.60	80	0.27	0.05	0.03
10 天	0.26	35	0.54	73	0.25	0.04	0.04
30 天	0.26	35	0.56	76	0.25	0.03	0.03

* 有效磷含量包括水溶性磷

从表 2 看出，水溶性 P_2O_5 0.74 毫克加入 1 克石灰性土壤中，前 3 天水溶性磷和有效磷含量下降很快，10 天内分别下降到 35% 和 73%。土壤中磷酸钙、磷酸铝和磷酸铁含量变化不大。由于水分逐渐蒸发，接近风干状态，转化基本停止。

土壤中水溶性磷和"有效磷"对作物磷素营养是很重要的。土壤有效磷应包括水溶性磷。我们试图用测定"有效磷"在土壤中的变化来研究磷肥被固定（迟效化）的数量和速度。并探索磷肥在轮作中分配时期和数量问题。

三、磷肥在轮作中的分配问题

国内外有不少报道认为，少量磷肥用作种肥对每作施用效果很好，也比较经济；但也有人认为隔几作施用一次作基肥肥效也很好。这两种施肥方法，可能与当地土壤性质和栽培条件不同有关。为了探索华北地区磷肥在轮作中经济有效的施用方法，我们于 1975 年至 1976 年在德州进行盆栽试验。试验用当地石灰性缺磷土，含有效 P_2O_5 约 6 毫克/千克。每盆盛土 40 斤，采用一年两熟，两年共收获毛叶苕子、夏高粱、冬小麦和夏高粱四季作物。磷肥用粉状过磷酸钙，重复 4 次，设有以下 6 个处理。

①对照（不施磷肥）；
②第一季苕子每盆用 P_2O_5 0.16 克，以后未用；
③每季用 P_2O_5 0.16 克；四季共用 0.64 克；
④第一季和第三季各用 P_2O_5 0.32 克；两季共用 0.64 克；

⑤第一季用 P_2O_5 0.64 克，以后未再用；

⑥第一季用 P_2O_5 1.28 克，以后未用。

磷肥与土壤充分混拌，加速与土壤转化的作用，并为采取均匀土样作分析准备，不施磷肥的处理也同样混拌作对照。每季氮肥和钾肥充足供应，结果列入表3。

表3 磷肥盆栽试验，四季轮作产量结果表（德州潮土）

处 理 号		毛苕*	夏高粱	冬小麦	夏高粱	四作合	处理 3.4.5 平均	增产		注
								倍数	%	
1. 对　　照	籽粒产量（克/盆）	6.5	11.9	2.9	0.5	21.8		1.0		*毛苕未收种系干物重
2. 第1季用 P_2O_5 0.16 克		19.9	20.8	4.1	0.7	45.4		2.1		
3. 每季用 P_2O_5 0.16 克		20.0	31.5	23.4	10.5	85.4	102.6	3.9	100	
4. 第1、3季用 P_2O_5 0.32 克		30.0	25.4	38.8	6.7	100.9		4.5	115	
5. 第1季用 P_2O_5 0.32 克		33.1	71.5	11.4	5.6	121.6		5.5	141	
6. 第1季用 P_2O_5 1.28 克		28.9	82.7	27.9	7.9	147.4		6.7		
1. 对　　照	干物重（克/盆）	6.5	42.5	9.1	21.8	79.9		1.0		
2. 第1季用 P_2O_5 0.16 克		19.9	68.0	11.0	33.1	131.9		1.6		
3. 每季用 P_2O_5 0.16 克		20.0	104.0	63.6	48.6	236.2	251.6	2.9	100	
4. 第1、3季用 P_2O_5 0.32 克		30.0	83.8	102.9	43.1	259.8		3.2	110	
5. 第1季用 P_2O_5 0.32 克		33.1	156.7	25.5	43.7	259.0		3.2	110	
6. 第1季用 P_2O_5 1.28 克		28.9	170.4	70.1	46.2	315.6		3.9		

从表3结果看出：

第一，对照1产量最低，四季籽粒总产量为21.8克；处理2第一季作物用 P_2O_5 0.16克，四季总产量为45.4克，比对照增收1.1倍；处理3、4、5平均产量为102.6克，比对照增收3.6倍；处理6第一季用 P_2O_5 1.28克，总产量为147.4克，比对照增收5.7倍。各处理地上干物重也随着磷肥用量成倍增加。

第二，从处理3、4、5籽粒产量看出，在等磷量情况下，两年四季共用 P_2O_5 0.64克，以处理（磷肥两年一用）的产量最高，四季总产量为121.6克；处理4（磷肥每年一用）的产量次之，总产量为100.9克；处理3（每季平均分用）的总产量最低为85.4克。初步看出德州石灰性土壤施用磷肥对当季作物增产效果最大，但从四季总产量来看，对每季作物平均施用磷肥，增产效果最低，两年一用或一年两季一用，比每季分用的略好。其原因还要进一步研究。

第三，磷肥增产效果与土壤中"有效磷"积存量的关系。上述盆栽试验在磷肥各处理中另设有休闲盆，定期测定土壤"有效磷"的变化。分析方法采用 0.5M $NaHCO_3$ 溶液浸提比色法。结果列入表4。

表4　磷肥肥效与土壤"有效磷"变化的关系（BO_5 mg/盆）

试验天数	处理号数					注
	2	3	4	5	6	
当　　天	(160)	(160)	(320)	(640)	(1, 280)	
63　天	108	108	180	294	504	括弧内数字为当天加入水溶 P_2O_5 mg
105　天	68	60 + (160)	144	244	514	
208　天	65	97 + (160)	38 + (320)	184	412	
468　天	16	92 + (160)	152	96	255	
608　天	8	116	84	52	152	
6 次合计	425	1 113	1 338	1 510	3 117	
四季籽粒产量（克）	45.4	85.4	100.9	121.6	147.4	
四季干物重产量（克）	131.1	236.2	259.8	259.9	315.6	

对照土壤含有效 P_2O_5 6 毫克/千克，在试验过程中变化不大。为了便于比较各处理不同时期有效 P_2O_5 含量，已将对照土壤中有效磷含量减去。各次施用水溶性 P_2O_5 毫克数，按有效磷一同计算。从表 4 结果看出：处理 2、5、6 每盆分别施入水溶 P_2O_5 160 毫克、640 毫克和 1 280 毫克，在 100 天内有效磷下降很快。以后逐渐变慢，到 608 天有效磷分别下降到 8 毫克/千克、52 毫克/千克和 152 毫克/千克，结果如下页图。

从表 4 还可以看到，各处理产量与土壤有效磷有明显的关系。在试验期间 6 次有效磷合计，处理 2 为 425 毫克/千克，四季产量共为 45.4 克，也是最低的。处理 3、4、5 和 6 土壤有效磷总量分别为 1 113 毫克/千克、1 338 毫克/千克、1 510 毫克/千克和 3 117 毫克/千克，籽粒总产量分别为 85.4 克、100.9 克、121.6 克和 147.4 克，都是按顺序增长。地上干物重也是随着土壤有效磷的总量高低而变化的。四季作物产量和"有效磷"总量呈正相关。

同时又看到四季作物在每盆用 P_2O_5 0.64 克等磷量情况下，处理 5（两年用一次）磷肥的籽粒产量最高为 121.6 克，6 个时期分析"有效磷"总量为 1 510 毫克/千克也是最高的；处理 3（每季施用 P_2O_5 0.16 克），总产量 86.4 克为最低，"有效磷"总量 1 113 毫克/千克也是最低的；处理 4（两季用一次磷肥），总产量 100.9 克，"有效磷"总量为 1 338 毫克/千克，介乎前两个处理之间。再从植株中含磷量来看，也是和土壤"有效磷"总量大致呈正相关。

通过以上探索性试验，初步看出：在德州石灰性缺磷土壤上，进行磷肥四季轮作试验，在总磷量相等的情况下，并不是每季平均施用磷肥增产效果最高，一年两作施用一次，或两年四作施用一次，都比每季分用为好；两年用一次又比每年用的好。"少吃多餐"的办法不一定对各种土壤都是适宜的。提高磷肥用量并适当地集中施用，可以减缓磷肥被土壤的固定，是否可行，尚待进一步研究。

土壤性质和类型对磷肥固定或"迟效化"的能力是不同的，施肥方法应取决于土

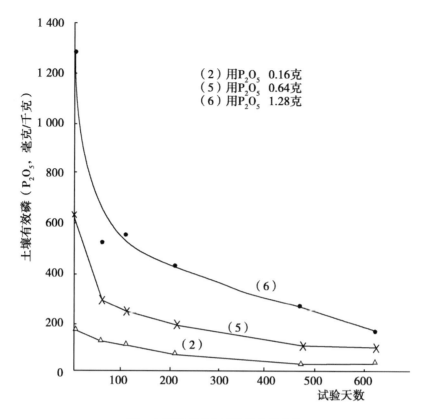

（2）用P_2O_5 0.16克
（5）用P_2O_5 0.64克
（6）用P_2O_5 1.28克

图　土壤有效磷与试验天数的变化

壤性质。磷肥品种如水溶性磷、枸溶性磷等，磷肥施用量、施用法，如深施、浅施、集中、分散施等，肥料形态如粉状、粒状，栽培条件如土壤水分、温度、气候条件，栽培密度、作物种类、品种等，都会影响到作物对磷肥的利用，还要继续研究。

　　最后，土壤"有效磷"不是绝对值，而是相对性的。为了简单易行，我们试用"有效磷"的变化来反映磷肥在土壤中的固定或"迟效化"的作用。可靠性如何，还要通过生产实践进一步验证。初步认为，采用土壤"有效磷"分析和生物测定相结合，简单易行，是研究磷肥在土壤中的固定和转化的好办法。

本文刊登在《科学年报》1980 年

几种枸溶性和迟效性磷肥肥效的研究[*]

陈尚谨　杨　铮

（1981 年）

　　近年来国内外对水溶性磷肥的研究较多，对枸溶性和迟效性磷肥的研究较少，特别对石灰性土壤的试验资料更少。我国目前生产和试制枸溶性磷肥的品种很多，年产钙镁磷肥的数量仅次于普钙，普钙施入土壤后，也转化为枸溶性和迟效性磷。为了摸清枸溶性和迟效性磷肥的肥效及其在石灰性土壤中的转化，于 1981 年开始选择几种主要磷肥品种，包括土壤中主要含磷物质如磷酸钙、磷酸铝、磷酸铁和有机肥料进行试验，本年获得结果汇报如下。

一、试验材料与方法

　　本年度试验土壤采自山东德州簸箕刘大队进行盆钵试验。该种土壤是石灰性的缺磷土，理化性质如下。

土壤质地：中壤土，含黏粒 13.7%，　　碳酸钙：4.12%

pH 值	8.45	全磷（P_2O_5）0.15%
有机质	0.88%	有效磷（P_2O_5）3.5 毫克/千克
全氮（N）	0.041%	有效钾（K）137.8 毫克/千克

试验用盆钵高 25cm，直径 20cm，盛土 15 斤。试验设有 14 个处理，试验用肥料的成分、数量和补加硫铵氯化钾的数量列入表 1。

表 1　试验用肥料品种及用量表

处理号	肥料名称	每盆肥料用量及肥分含量			硫铵 N 基肥用量（g/盆）	氯化钾 K_2O 基肥（g/盆）
		用量（g）	含 P_2O_5（g）	含 N（g）		
1	磷酸三钙	0.49	0.20	—	1.0	0.5
2	普钙（少量）	0.95	0.10	—	1.0	0.5
3	普钙（中量）	1.90	0.20	—	1.0	0.5
4	对　照	—	—	—	1.0	0.5
5	磷酸二钙	0.24	0.1	—	1.0	0.5

---

[*]　参加工作的还有刘艳平同志

（续表）

处理号	肥料名称	每盆肥料用量及肥分含量			硫铵 N 基肥用量（g/盆）	氯化钾 K_2O 基肥（g/盆）
		用量（g）	含 P_2O_5（g）	含 N（g）		
6	钙镁磷肥	0.88	0.2	—	1.0	0.5
7	磷酸铁	2.39	0.8	—	1.0	0.5
8	磷酸铝	2.39	0.8	—	1.0	0.5
9	氟磷矿粉	2.68	0.8	—	1.0	0.5
10	猪 粪	3.57	0.2	0.09	0.91	0.5
11	芝麻饼	5.41	0.2	0.38	0.62	0.5
12	脱胶骨粉	2.39	0.8	0.10	0.90	0.5
13	普钙（高量）	3.81	0.4	—	1.0	0.5
14	窑灰磷肥	0.69	0.20	—	1.0	0.5

试验用磷酸铝系塞内加尔产，经过煅烧磨细，95% 通过 0.16mm 筛。氟磷灰石系湖北产，通过 100 目；脱胶骨粉通过 100 目；窑灰磷肥系小高炉生产黄磷的副产品，由中国科学院化工冶金研究所供给，磷酸三钙 $[Ca_3(PO_4)_2]$、磷酸二钙（$CaHPO_4 \cdot 2H_2O$）、磷酸铁（$FePO_4 \cdot H_2O$）为化学试剂，其他为商品饲料或肥料。处理中，添加不施磷肥为对照和普钙少量、中量和高量，以作比较。

本年试验选用两种作物：①谷子代表吸收"磷能力较弱"的禾本科作物；②荞麦代表"吸收磷能力较强"的作物。磷肥和钾肥都用作基肥，混施在 0～10 厘米土层，氮肥一半用作基肥，一半用作追肥，各处理重复 4 次，另设一盆休闲，按期测定土壤有效磷含量的变化。

二、试验结果

（一）谷子肥效试验

谷子品种选用"水里混"，于 5 月 18 日播种，6 月下旬喷用乐果杀虫剂防治螟虫，7 月下旬，每盆追施硫铵 N 1g，9 月 17 日收获，生育调查和产量列入表 2。

表 2　谷子试验结果（产量为四盆和）

肥料种类	(1) 每盆 P_2O_5（g）	(2) 株高（cm）	(3) 植株全重（g）	(4) 穗重（g）	(5) 粒重（g）	(6) 千粒重（g）
（1）磷酸三钙	0.2	70.0	98.3	47.9	41.9	2.34
（2）普钙（少量）	0.1	108.8	287.0	119.6	99.8	2.37

（续表）

肥料种类	(1) 每盆 P_2O_5 （g）	(2) 株高 （cm）	(3) 植株全重 （g）	(4) 穗重 （g）	(5) 粒重 （g）	(6) 千粒重 （g）
（3）普钙（中量）	0.2	125.0	368.1	157.9	130.7	2.33
（4）对照	—	99.8	166.0	76.5	65.7	2.26
（5）磷酸二钙	0.1	107.3	243.3	113.9	104.9	2.29
（6）钙镁磷肥	0.2	117.3	308.0	123.9	102.8	2.45
（7）磷酸铁	0.8	110.5	291.2	130.9	112.3	2.55
（8）磷酸铝	0.8	121.8	370.8	154.0	143.6	2.04
（9）氟磷矿粉	0.8	93.3	172.4	58.7	62.2	2.04
（10）猪 粪	0.2	120.0	325.5	140.9	117.7	2.33
（11）芝麻饼	0.2	120.0	348.8	146.2	124.7	2.34
（12）脱胶骨粉	0.8	96.8	193.9	84.7	70.5	2.46
（13）普钙（多量）	0.4	125.8	341.4	153.8	126.8	2.37
（14）窑灰磷肥	0.2	129.0	320.2	141.2	117.1	2.33

粒重 F = 24.96 ** 　　　差异标准差 1% = 5.71g/盆 　　　5% = 4.26g/盆

从表 2 结果看出：①处理（1）磷酸三钙、（9）氟磷矿粉、（12）脱胶骨粉三种肥料第一作谷子产量都很低，与对照产量相近。②处理（5）磷酸二钙、（6）钙镁磷肥、（10）猪粪、（11）芝麻饼、（14）窑灰磷肥的肥效较好。③处理（7）磷酸铁、（8）磷酸铝也有一定的肥效。若以等磷量普钙的肥效为 100%，上述 10 种肥料的肥效列入表 3。

表 3　谷子磷肥试验产量结果表

处 理 号	肥料名称	P_2O_5 用量 （g/盆）	籽粒产量 （g/四盆和）	比对照增产 （g/四盆和）	肥效相当普钙 的（%）
（2）	普 钙	0.1	99.8	34.1	100
（5）	磷酸二钙	0.1	104.9	39.2	115
（3）	普 钙	0.2	130.7	65	100
（1）	磷酸三钙	0.2	41.9	−23.8	−36.6
（6）	钙镁磷肥	0.2	102	37.1	57.1
（10）	猪 粪	0.2	117.7	52	80.1
（11）	芝麻饼	0.2	124.7	59	90.8
（14）	窑灰磷肥	0.2	117.1	51.4	79.1
（13）	普 钙	0.4	126.8	61.1	100

（续表）

处 理 号	肥料名称	P_2O_5用量 （g/盆）	籽粒产量 （g/四盆和）	比对照增产 （g/四盆和）	肥效相当普钙 的（%）
（7）	磷酸铁	0.8	112.3	46.6	76.3 *
（8）	磷酸铝	0.8	143.6	77.9	127.5 *
（12）	脱胶骨粉	0.8	70.5	4.8	8.0 *
（9）	氟磷矿粉	0.8	62.2	−3.5	−5.7 *
（4）	对　　照	—	65.7	—	—

＊以半量普钙的肥效为 100% 计算

上述试验从谷子株高、全重、穗重和千粒重的调查数字来看，各处理间的表现有明显差别，与籽粒产量结果是符合的。

（二）荞麦磷肥肥效试验

本年共种植二茬荞麦，品种为山西右玉农家种。第一茬于 6 月 4 日播种，由于气温较高未结实，于 8 月 5 日收割，烘干。第二茬按本地习惯在"三伏" 8 月 10 日播种，10 月 15 日收获。第一茬荞麦，磷肥用作基肥，磷肥品种和用量与谷子试验相同，窑灰磷肥停做。对第二茬荞麦未再施用。氮肥、钾肥适当供应。试验结果列入表 4。

表 4　荞麦磷肥肥效试验结果

肥料处理	每盆用 P_2O_5 （g）	第一茬荞麦 植株干重 （g）	第二茬荞麦			两茬干重 （g）
			株高（cm）	干物重（g）	粒重（g）	
（1）磷酸三钙	0.2	5.9	42.8	20.5	10.9	26.4
（2）普钙（少量）	0.1	22.4	45.0	24.8	10.2	47.2
（3）普钙（中量）	0.2	33.5	52.8	38.4	18.1	71.9
（4）对　照	—	8.3	51.0	30.7	12.0	39.0
（5）磷酸二钙	0.1	11.2	51.5	48.2	21.5	59.4
（6）钙镁磷肥	0.2	24.2	46.8	37.6	16.4	61.8
（7）磷酸铁	0.8	8.6	55.3	45.2	21.9	53.8
（8）磷酸铝	0.8	27.3	51.0	45.6	19.7	72.9
（9）氟磷矿粉	0.8	2.8	54.3	41.5	18.9	44.3
（10）猪　粪	0.2	24.8	50.5	30.8	14.8	55.6
（11）芝麻饼	0.2	32.0	43.7	32.0	11.8	64.0
（12）骨　粉	0.2	7.0	48.0	28.7	13.3	35.7
（13）普钙（高量）	0.4	44.7	50.3	45.9	23.7	90.6

从表 4 两茬荞麦干重看出：①处理（1）磷酸三钙、（9）氟磷矿粉和（12）脱胶骨粉肥效很差，产量也很低，与（4）对照相仿；②处理（5）磷酸二钙稍高于普钙（0.1g）的产量；③处理（6）钙镁磷肥（10）猪粪、（11）芝麻饼的肥效稍低于等磷量普钙（0.2g）的肥效；④处理（7）磷酸铁、（8）磷酸铝有一定的肥效。

再从第二茬荞麦的籽粒产量来看，①处理（1）磷酸三钙、（11）芝麻饼和（12）骨粉的肥效不明显；②处理（5）磷酸二钙的肥效稍高于等磷量普钙的效果；③处理（6）钙镁磷肥、（10）猪粪稍低于等磷量普钙的肥效；④处理（7）磷酸铁、（8）磷酸铝、（9）氟磷矿粉稍低于半量普钙的肥效。由于试验差异不显著，以上结果仅供参考。

（三）几种枸溶性和迟效性磷肥在石灰性土壤中的变化

在盆栽肥效试验的同时，对各处理的休闲土按期用 0.5M NaHCO$_3$ 溶液测定土壤有效磷含量。几种磷肥在 0.5M NaHCO$_3$ 溶液中的溶解数量和在土壤中有效磷的变化列入表 5。

表 5　磷肥试验土壤有效磷的变化

肥料种类	0.1g肥料*溶度 P$_2$O$_5$ mg	休闲土壤有效磷含量（毫克/千克）（P$_2$O$_5$）								谷子** 增产（%）
		26天	74天	85天	107天	118天	167天	197天	平均	
（1）磷酸三钙	0.30	8.3	6.0	8.6	9.0	11.3	8.3	6.8	8.3	63.8
（2）普钙（少量）	0.80	18.0	—	12.9	—	12.3	11.5	11.5	13.2	151.9
（3）普钙（中量）	0.80	24.0	—	14.9	17.8	18.0	16.0	17.3	18.0	198.9
（4）对　照	—	—	4.6	—	5.0	5.8	7.3	6.8	5.9	100.0
（5）磷酸二钙	0.34	—	7.7	8.3	8.3	9.0	7.3	9.8	8.4	159.7
（6）钙镁磷肥	0.22	17.1	15.0	12.9	—	12.8	11.8	13.5	13.9	156.5
（7）磷酸铁	0.17	24.9	28.6	30.3	32.8	—	31.8	23.8	28.7	170.9
（8）磷酸铝	0.26	14.0	19.1	23.7	21.8	27.5	17.0	28.0	21.6	218.6
（9）氟磷矿粉	0.03	10.3	—	6.0	—	9.5	—	7.3	8.3	94.7
（10）猪　粪	0.21	12.0	12.6	10.3	12.3	14.8	7.8	12.0	11.7	179.1
（11）芝麻饼	0.28	12.3	10.9	8.9	13.3	5.8	8.3	12.0	11.6	189.8
（12）脱胶骨粉	0.24	—	7.1	5.7	—	8.0	7.3	8.5	7.3	107.3
（13）普钙（高量）	0.80	35.4	28.0	29.1	26.0	39.5	21.8	29.3	29.9	193.0

＊　0.1g 肥料样本溶于 50mL　0.5M NaHCO$_3$　（P$_2$O$_5$）mg（30℃）。

＊＊　以对照产量为 100% 计算

从表 5 可以看出：①处理（4）对照，（1）磷酸三钙（0.2g），（9）氟磷矿粉（0.8g），（5）磷酸二钙（0.1g），（12）脱胶骨粉（0.8g），土壤有效磷最低，分别为

5.9 毫克/千克、7.3 毫克/千克、8.3 毫克/千克、8.4 毫克/千克和 7.3 毫克/千克；②处理（10）猪粪（0.2g），（11）芝麻饼（0.2g），（2）普钙（0.1g），（6）钙镁磷肥（0.2g），普钙（0.2g）为中等，分别为 11.7 毫克/千克、11.6 毫克/千克、13.2 毫克/千克、13.9 毫克/千克和18.0 毫克/千克；③处理（8）磷酸铝（0.8g），（7）磷酸铁（0.8g），（13）普钙（0.4g）土壤有效磷较高，分别为 21.6 毫克/千克、28.7 毫克/千克和 29.8 毫克/千克，土壤中有效 P_2O_5 含量与谷子产量有正相关系。

三、小 结

1981 年采用几种磷肥对山东德州石灰性土壤进行谷子和荞麦盆钵肥效试验，初步看出：①磷酸二钙的第一年肥效大致与等磷量普钙的肥效相同或稍高，对生产和施用沉淀磷肥和硝酸磷肥提出初步根据；②猪粪和芝麻饼对谷子的肥效约为普钙的 80% 和 91%，磷酸三钙的肥效很差，对谷子未能表现肥效；③磷酸铁和磷酸铝对谷子当年肥效约为普钙半量的 76% 和 128%；④脱胶骨粉的肥效很差，对谷子仅为半量普钙的 80%；⑤谷子对磷肥品种的肥效有明显差别，对荞麦的差别不明显；⑥窑灰磷肥是试验用小高炉生产黄磷的副产品，含有效磷 29%，其肥效为等磷量普钙 79.1%，可以用作肥料；⑦氟磷灰石粉在石灰性土壤上施用肥效很差，而磷酸铝在石灰性土壤上施用，增产效果显著。近年来，我国四川发现有综合性磷酸铝矿，数量很大，尚未开采使用。在目前我国磷肥供不应求的情况下，这项磷肥资源如何开采利用，很值得重视，需要进一步研究。

复合肥料长期肥效试验*

陈尚谨　蔡　良

（1981 年）

近年来，欧、美、日本等国复合肥料发展很快，它具有肥分浓厚、施用方便、便于贮存和运输等优点，受到农民的欢迎。我国 20 世纪 60 年代开始对复合肥料进行肥效试验，化工部门也小规模生产。为了研究适用于我国复合肥料品种及其施用方法，1980年全国化肥试验网将复合肥料研究纳入国家项目，我所也开始进行肥效试验，现将1980—1981 年试验结果，简单汇报如下。

一、试验材料和方法

（一）土壤

本试验是在北京西郊本所农场进行的。试验地原是公社生产菜地，曾多年施用农家肥料，有灌溉条件。试验地经过小麦、玉米两茬不施肥匀地后，于 1980 年秋开始进行试验，土壤比较肥沃，理化性质如下。

1. 土壤质地：0～20 厘米炉灰渣较多

大于 1.0 毫米占 26.3%，0.25～0.5 毫米占 13.5%，

0.5～1.0 毫米占 14.9%，小于 0.25 毫米占 46.9%。

大于 0.5 毫米部分占 41.2%，主要是炉灰渣。小于 1.0 毫米的细土为中壤。

2. 土壤不同土层的化学性质见表 1

表 1　试验地不同土层的化学性质

项目	土层深度			
	0～20 厘米	20～30 厘米	30～50 厘米	80～100 厘米
pH 值	8.6	8.6	8.7	8.6
有机质（%）	3.64	2.97	1.66	1.38
全氮（%）	0.14	0.11	0.085	0.08
全磷（P_2O_5%）	0.32	0.32	0.23	0.13

---

* 参加工作的还有高文洪同志

（续表）

项目	土层深度			
	0～20 厘米	20～30 厘米	30～50 厘米	80～100 厘米
有效磷（P_2O_5 毫克/千克）	54.5	41.7	17.3	6.0
代换钾（K 毫克/千克）	145.9	163.5	115.8	113.2

（二）轮作及施肥

1. 轮作

本试验采用两年三熟制：第一作小品种"93 红"，于 1980 年 10 月 8 日播种，1981 年 6 月 17 日收获。第二作夏玉米品种华农 2 号，于 6 月 30 日播种，10 月 6 日收获。1981 年冬休。

2. 肥料有以下 8 个处理

①用 20-20-16 复合肥料，每亩施 N 10 斤，P_2O_5 10 斤，K_2O 8 斤；代号（$N_{10}P_{10}K_8$）。其中，铵态氮和硝态氮，水溶性磷和枸溶性磷，各占一半；②肥料成分同①，用硫酸铵、普钙和氯化钾混成，代号（$N_{10}P_{10}K_8$）；③用 20-20 复合肥料，亩施 N 10 斤，P_2O_5 10 斤，代号（$N_{10}P_{10}$），其中铵态氮、硝态氮，水溶磷，枸溶磷各占一半；④肥分用量同③，用硫普钙混成，代号（$N_{10}P_{10}$）；⑤用硫酸铵，每亩 N 10 斤，代号（N_{10}）；⑥亩用 N 10 斤，P_2O_5 10 斤，用尿素普钙混合，代号（尿 $N_{10}P_{10}$）；⑦用 20-20 复合肥，亩用 N 5 斤，P_2O_5 5 斤，追施硫酸铵 N 5 斤。代号（N_5P_5）+N_5；⑧对照不施肥，代号 CK。

试验小区长 27.6 米，宽 3.6 米，面积 0.144 亩，重复 3 次。随机排列，小麦行距 30 厘米，大、小垄，玉米行距 60 厘米。氮磷钾肥用作基肥，先将肥料均匀撒施在地面，用圆盘耙耙地 10 厘米，施肥深度 0～10 厘米。处理⑦有一半氮肥用作追肥。各季作物肥料处理不变。

二、试验结果

（一）小麦试验

1. 肥料对小麦出苗、返青和分蘖的影响

1980 年冬前小麦出苗良好，该年 10 月 29 日，12 月 10 日和 1981 年 4 月 3 日进行出苗、返青和分蘖率调查，结果见表 2。

表 2　小麦出苗和分蘖率调查结果

处理及代号	1980 年				1981 年	
	10 月 29 日出苗数（12 米苗数）		12 月 10 日冬前分蘖（12 米总分蘖）		4 月 3 日返青后分蘖数（6 米总分蘖数）	
	（个）	与对照比（个）	（个）	与对照比（个）	（个）	与对照比（个）
①（$N_{10}P_{10}K_8$）	353.3	−21	521.3	−15	1 658	−122
②$N_{10}P_{10}K_8$	367.6	−6.7	527.3	−9.3	1 838	58
③（$N_{10}P_{10}$）	355.3	−19	562.3	25.7	1 646	−134
④$N_{10}P_{10}$	348	−26.3	558.3	22	1 742	−38
⑤N	358.2	−16.3	570.3	34	1 696	−84
⑥N 尿$_{10}P_{10}$	345.3	−29	575.4	39	1 594	−185
⑦（N_5P_5）＋N_5	348.3	−26	512.7	−23.6	1 766	−12
⑧CK	374.3	—	536.3	—	1 780	—
F 值	2.77*		0.61		（不显著）	
5% 显著	27.0 个		（不显著）			
1%	37.5 个					

注（　）表明系粒状复合肥料

从表 2 看出：①各处理间，以表 2 中处理⑧对照区小麦出苗率最高，表 2 中处理⑥用尿素作基肥出苗率最低，比对照减少 7.7%，具有 5% 显著差异。其他处理出苗率也有所下降，但差异不够显著。②12 月 10 日冬前分蘖调查，各处理间平均每株分蘖 1.4 ~ 1.6 个，返青后于 1981 年 4 月 3 日调查，小麦生长茂盛，单株分蘖约为 4.7 个，冬前和返青后两次调查，处理间分蘖数的差异均不显著。

2. 小麦成熟期植株调查

本年小麦生育良好，单产较高，小区除局部点片外，基本未发生倒伏。6 月 15 日成熟，每小区采取两个样本，每样 1 米，结果见表 3。

表 3　小麦成熟期植株调查（6 月 15 日）

处理＼项目	①（$N_{10}P_{10}K_8$）	②$N_{10}P_{10}K_8$	③（$N_{10}P_{10}$）	④$N_{10}P_{10}$	⑤N	⑥尿$N_{10}P_{10}$	⑦（N_5P_5）＋N_5	⑧CK
株高（cm）	92.2	90.0	97.2	93.9	95.3	92.7	95.2	93.2
株数（万株/亩）	34.8	31.4	33.9	36.1	34.8	32.9	33.9	35.1
无效分蘖（万个/亩）	29.4	14.1	17.8	18.9	20.8	16.1	26.8	18.7
穗数（万穗/亩）	51.1	45.6	52.8	52.0	54.4	52.8	48.7	53.2

（续表）

处理 项目	① （$N_{10}P_{10}K_8$）	② $N_{10}P_{10}K_8$	③ （$N_{10}P_{10}$）	④ $N_{10}P_{10}$	⑤ N	⑥ 尿 $N_{10}P_{10}$	⑦ （N_5P_5） +N_5	⑧ CK
秸秆重 （斤/亩）	1 592	1 385	1 697	1 712	1 639	1 504	1 610	1 631
籽粒重 （斤/亩）	928.9	847.9	933.9	952.9	935.9	927.9	912.9	962.9
秆粒比	1.71	1.63	1.82	1.80	1.75	1.62	1.76	1.69

从表3看出，各处理小麦株高90.0～97.2厘米，每亩31.4万～36.1万株，48.7万～54.4万穗，无效分蘖14.1万～29.4万个，秸秆干重1 385～1 712斤，粒重848～963斤，秆粒比1.62～1.82。以上调查结果与肥料处理没有明显关系。

3. 小麦产量及千粒重

本试验于6月16日进行小区单收。小麦产量和千粒重结果见表4。

表4　小麦产量及千粒重*

肥料处理	产量（斤/亩）	千粒重（克）	平均值
①（$N_{10}P_{10}K_8$）	806.7	37.6	37.5
②$N_{10}P_{10}K_8$	746.5	38.3	
③（$N_{10}P_{10}$）	963.0	37.5	37.9
④$N_{10}P_{10}$	902.8	38.2	
⑤N_{10}	866.9	36.9	—
⑥N尿$_{10}P_{10}$	878.5	38.7	38.4
⑦（N_5P_5）+N_5	902.8	38.0	
⑧CK	881.9	35.6	—

* 产量和千粒重间差异均不显著

从表4看出：处理间每亩产量746.5～963.0斤，对照区产量也高达881.9斤。处理间差异不显著，这是由于试验田地力虽经过两茬不施肥匀地，土壤肥力仍显过高，地力不匀，地面也不够平整，灌溉水量不匀，影响产量。又初次使用联合收割机收获，工作中发生一定困难，也影响产量准确性。小麦收获前，各个小区还有丢失的情况，以上产量数字，仅供参考。

再以肥料处理间小麦籽粒千粒重来看，虽然生物统计差异不显著，初步看出有以下几点：①混合处理②$N_{10}P_{10}K_8$和处理④$N_{10}P_{10}$的千粒重分别为38.3克和38.2克平均为38.3克，较复合肥①（$N_{10}P_{10}K_8$）和③（$N_{10}P_{10}$）的千粒重37.6克和37.5克平均为37.6克，相差0.7克，表明在同等肥分条件下，复肥与混肥的肥效对千粒重没有明显区别。②NPK肥处理①（$N_{10}P_{10}K_8$）和$N_{10}P_{10}K_8$平均千粒重37.5克，比二元肥③（N_{10}

P_{10}）④$N_{10}P_{10}$平均千粒重 37.9 克，也没有明显区别。表明钾肥在本试验也没有什么作用。③处理④和⑥比较，表明用尿素做氮肥肥源与硫铵也没有明显差别。④处理④与⑦比较，表明在本试验地条件下，减少复肥用量，补加氮肥可同样获得良好效果，在土壤肥力较高，对磷肥需要量不多的情况下，减少复肥用量，适量地补加氮肥，也可同样获得良好结果。⑤处理⑤N 和⑧CK，千粒重最低，为 36.9 克和 35.6 克，认为 NPK 处理①和②的 96% 和 93%，表明氮肥与磷肥配合施用比单用氮肥好。

（二）夏玉米试验

1. 小麦收获后按原计划施用肥料，翻耙 8～10 厘米，于 6 月 30 日机播夏玉米，品种"华南 2 号"，每小区播 6 行，行距 60 厘米，当苗高 30 厘米，疏苗定苗，处理③按计划追硫铵 N 每亩 5 斤，随后中耕培垄。玉米生育期间，天气闷热干旱，玉米生育中等。成熟前测定每小区株数，并采取有代表性的样本 5 株，进行调查，10 月 5 日收获，结果见表 5。

表 5　夏玉米植株性状调查

处理代号	株数（株/亩）	株高（厘米）	秆重（斤/亩）	穗数（个/亩）	粒重（斤/亩）	粒重（%）	秆/粒
①（$N_{10}P_{10}K_8$）	3 514	158	545.2	1.27	423.6	134.6	1.29
②$N_{10}P_{10}K_8$	3 139	167	672.6	1.2	454.5	144.4	1.47
③（$N_{10}P_{10}$）	3 209	162	559.7	1.33	430	136.6	1.3
④$N_{10}P_{10}$	3 306	165.2	624.5	1.33	430.8	136.8	1.45
⑤N	2 861	171	580.6	1.2	386.4	122.7	1.5
⑥N 尿$_{10}P_{10}$	3 014	164.3	536.7	1.2	397.6	126.4	1.35
⑦（N_5P_5）＋N_5	3 347	166.7	546	1.27	390.4	124	1.4
⑧CK	3 195	172	476.9	1.13	314.8	100	1.51
平　　均	3 200	165.8	567.8	1.24	402.9		1.41

从表 5 看出，本试验平均每亩 3 200 株，株高 165.8 厘米，秆重 567.8 斤，每株穗数 1.24 个，籽粒重 402.9 斤，粒秆比 1：1.41。从籽粒产量看，①处理①与②之和为 439.1 斤，比③与④之和 430.4 斤仅增加 2.0%，表明本试验地钾肥增产效果不显著。②处理③与④比⑤增产 43.6～44.4 斤，表明本试验田施用磷肥可能有效。③复肥处理①与③籽粒产量平均为 401.8 斤，混肥②与④平均 442.6 斤，混肥肥效不低于复合肥料。④处理⑥与④比较，以尿素作为氮源的亩产 397.6 斤比硫铵区低 43.2 斤/亩。

2. 小区籽粒产量结果

10 月 7 日成熟后，每小区收获 3 行，风干脱粒籽粒重及千粒重结果见表 6。

表6　试验小区籽粒产量

处理及代号	籽粒产量*		千粒重（克）
	（斤/亩）	（%）	
①（$N_{10}P_{10}K_8$）	393.1	102.6	165.8
②$N_{10}P_{10}K_8$	400	104.4	170.8
③（$N_{10}P_{10}$）	430.6	112.3	168.6
④$N_{10}P_{10}$	400.1	104.4	172.1
⑤N_{10}	423.6	110.5	175.6
⑥N 尿$_{10}P_{10}$	368	96	161.9
⑦（N_5P_5）+N_5	418	109.1	161.9
⑧CK	383.3	100	169.6

＊处理间籽粒产量和千粒重用生物统计差异均不显著

处理间产量结果差异虽不显著。初步看出：

①处理①与②的平均为396.6斤/亩，处理③与④的平均415.6斤/亩，钾肥没有增产，反而减少20.1斤/亩。②处理①与③的平均为411.6斤/亩，比②与④的平均400.0斤/亩，高11.6斤，表明复合粒状肥比混合粉状肥增加11.5斤，两者间区别不大。③处理④与⑤比较相差23.5斤，磷肥没有增产效果。④处理④与⑥比较，相差32斤，尿素不如硫铵。⑤处理④与⑦比较，施用硫铵半基半追，比硫铵全部作基肥的高18.0斤。⑥氮磷钾配合施用比单用氮肥，产量略有增加。

总起来看，原菜园地肥力较高，虽经小麦、夏玉米两茬不施肥匀地后，仍未能达到匀地目的。高肥沃土地小麦、玉米产量较高，一年产量可达1 300~1 400斤。但是，肥料处理间产量差异不明显。磷钾肥均未表现增产。

碳铵与普钙混合有效氮、磷养分转化的探讨

陈尚谨　杨　铮

（1982 年 4 月）

我国现在有 1 000 多个小氮肥厂，以生产碳铵为主。碳铵易分解，挥发丢失氮素。各地还有不少磷肥厂生产普钙。在农村中提出碳铵与普钙是否可以混合，如何混合，混合后氮、磷有效成分是否损失？1982 年我们针对这方面的问题，将碳铵与普钙按几种比例混合，放置一定时间，测定其有效养分的变化。

一、试验材料与方法

碳铵含 N 16.8%、水分 5%，普钙经过 3 天风干，其中，含有效 P_2O_5 11.9%、水溶 P_2O_5 7.9%、游离酸 P_2O_5 3.2% 和水分 8.6%。参照目前农村混合施用的比例，以纯 N 和有效 P_2O_5 计，$N : P_2O_5$ 按 1 : 0.5、1 : 1、1 : 2、3 : 1 等比例进行试验。为了避免取样中的误差，将碳铵与普钙称好，立即放入 100mL 开口玻管中充分混匀，在 30℃ 恒温箱中放置 30 分钟。1 天、3 天、7 天、11 天后，分别测定水溶磷、枸溶磷和氨态氮的含量。有效磷的测定先后采用两种方法，前一种方法先测水溶磷，再测残渣中柠檬酸铵可溶磷。以后为了简化手续和保持应有的准确性，改用 2% 柠檬酸（农化分析— 全国土壤学会编）一次提取，两种方法均用钒钼黄比色法测定。氨态氮的测定先后也用了两种方法，最初用蒸馏法，以后为了简化和重复前一次结果，改用扩散吸收法测定。两种方法所得结果，氮肥、磷肥中养分丢失与转化结果基本符合。

二、实验结果

碳铵与普钙按 1 : 0.5、1 : 1、1 : 2 等比例混合后，在 30℃ 开口停放 30 分钟，1 天、3 天、7 天后，有效氮、磷的变化列入表 1 和图 1。

表 1 碳铵与普钙混合有效养分的变化（表内数字%）

N : P_2O_5	1 : 0.5			1 : 1			1 : 2		
	P_2O_5			P_2O_5			P_2O_5		
	H_2O-P	枸-P	有效性	H_2O-P	枸-P	有效性	H_2O-P	枸-P	有效性
混合前	7.9	4.0	11.9	7.9	4.0	11.9	7.9	4.0	11.9
30 分钟	5.5	5.0	10.5	5.5	6.0	11.5	5.5	5.0	10.5
1 天	1.2	13.0	14.2	1.0	13.0	14.0	3.8	11.5	15.3
3 天	1.3	10.0	11.3	1.6	10.0	11.6	4.3	—	10.8
7 天	1.0	10.0	11.0	2.3	8.5	10.8	1.3	10.0	11.3

（磷用水和柠檬酸铵二次提取法；按原普钙中肥分计算%）

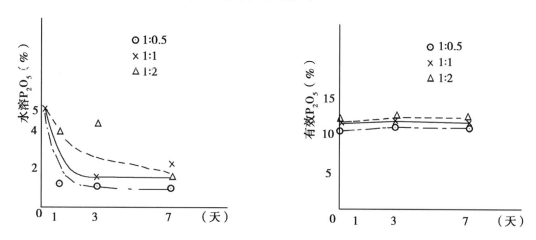

图 1 碳铵与普钙混合后水溶 P_2O_5 和有效 P_2O_5 的变化

由表 1 可以看出：普钙与碳铵混合后，水溶磷下降很快，7 天内从 7.9% 下降到 1.0% ~ 2.3%；枸溶磷增加很快，从 4.0% 上升到 8.5% ~ 10.0%，但总有效磷变化幅度不大，保持在 10.0% ~ 11.3%。

为了简化分析手续和保持一定的准确度，有效磷改用 2% 柠檬酸法一次提取，并用蒸馏法测定氮。一次浸提与两次浸提所获结果基本符合。在 7 天内水溶 P_2O_5 从 7.6% 下降到 0.68% ~ 2.2%，有效磷约保持在 11.5% 左右；氮素从 16.8% 下降到 2.2% ~ 11.4%。用扩散吸收法测定从碳铵丢失氮数量，最为灵敏，混合肥中增加普钙对保氮作用极为明显。在 30℃ 下康维器内停放 11 天，碳铵丢氮 89.5%，N : P_2O_5 混合比例按 1 : 0.5、1 : 1、1 : 1.5、1 : 2 和 1 : 3 分别丢失氮素 80.2%、69.7%、57.8%、45.3% 和 29.2%，如表 2 所示。

表 2　扩散吸收法测氮损失情况（30℃、11 天）

混合比例 N∶P$_2$O$_5$	实用 1.100N HCl（mL）	挥发 N（mg）	丢失 N%*
1∶3	3.19	49.1	29.2
1∶2	4.94	76.1	45.3
1∶1.5	6.31	97.1	57.8
1∶1	7.61	117.2	69.7
1∶0.5	8.75	134.7	80.2
碳铵	9.77	150.3	89.5

* 以碳铵含 N 16.8% 为 100，含 N 168.0mg

三、盆栽肥效比较试验

试验采用山东德州簸箕刘石灰性缺磷土壤，含全磷（P$_2$O$_5$）0.15%，有效磷（P$_2$O$_5$）3.5 毫克/千克，全氮 0.04%，碳酸钙 4.1%，pH 值 8.45，系缺氮又缺磷的土壤。基肥设（1）对照（不施肥）、（2）氮、（3）磷、（4）氮磷混用、（5）氮磷分用。5 个处理，重复 4 次，各处理施用碳铵和普钙的数量见表 3。

表 3　肥料试验化肥用量

处理	混合比例 N∶P$_2$O$_5$	每盆有效肥分用量（g）	肥料用量（基肥）（g/盆）
（1）	0	0（对照）	0
（2）	2∶0	N 0.4	碳铵 2.4
（3）	0∶1	P$_2$O$_5$ 0.2	普钙 2.0
（4）	2∶1	N 0.4、P$_2$O$_5$0.2（混用）	碳铵 2.4、普钙 2.0
（5）	2∶1	N 0.4、P$_2$O$_5$0.2（分用）	碳铵 2.4、普钙 2.0

盆钵高 25cm，直径 20cm，盛土 15 斤。试验作物为夏玉米，于 1982 年 7 月 5 日播种，每盆 2 株，由于玉米生育不佳，7 月 29 日又追肥一次，处理（4）按 N∶P$_2$O$_5$ 2∶1 混合后施入，处理（5）氮磷肥分开施，处理（2）和（3）分别施入氮肥和磷肥。10 月 12 日收获，每盆干物产量列入表 4。

表4 夏玉米生物产量（g/盆）

重复 处理	Ⅰ	Ⅱ	Ⅲ	Ⅳ	平均	产量（%）	位次
CK	18.5	11.2	24.5	21.0	18.8	100.0	5
N 0.4	22.8	27.0	26.5	26.5	25.7	136.7	4
P 0.2	21.8	29.7	27.0	29.0	26.9	143.1	3
NP（混用）	54.2	54.7	35.7	38.0	45.7	243.1	1
NP（分用）	41.0	24.6	34.0	49.5	37.3	198.4	2

F = 6.02 ** 处理间差异极显著

差异显差 5% = 12.5（g/盆），1% = 17.5（g/盆）

通过盆栽试验初步看出，碳铵和普钙混用与分用的肥效均比对照、碳铵、普钙高，差异很显著，混用比分用产量略高。由于本试验受涝，准确度差，差异不显著。

四、结果讨论

第一，以上实验的混合比例是按 N 与 P_2O_5 计算的，如混合比例 1:1，按碳铵和普钙实物计算则为 1:1.6，其他比例以此类推。

第二，采用蒸馏法和扩散吸收法测定碳铵与普钙混合后氮素的丢失情况，基本相似。前种方法混合肥在开口玻管放入恒温箱内停放，空气比较干燥，而后种方法在康维器内停放，水汽近饱和。本试验在干湿两种情况下，同样看出混合肥中增加普钙的比例可以明显提高保氮能力。

第三，普钙对碳铵的保肥作用，是由于以下两步化学变化。①游离磷酸与碳铵化合为磷酸一铵，$H_3PO_4 + NH_4HCO_3 \rightarrow NH_4H_2PO_4 + CO_2\uparrow + H_2O$。②磷酸一钙包括新生成的磷酸一铵，与碳铵生成磷酸二钙（以下简称二钙）和磷酸二铵。$Ca(H_2PO_4)_2 \cdot H_2O + 2NH_4HCO_3 \rightarrow CaHPO_4 \cdot 2H_2O + (NH_4)_2HPO_4 + CO_2\uparrow$。

第四，本试验用普钙含游离 P_2O_5 3.2%，水溶性 P_2O_5 7.9%。按上述化学变化方程式，每百斤普钙中游离酸约可保氮 0.51 斤，并生成一定数量的磷酸一钙。其中水溶 P_2O_5 按磷酸一钙计，又可保氮 0.95 斤，两者相加共保氮 1.46 斤。再按试验中碳铵含氮 16.8% 计，每百斤普钙约能保存 8.3 斤碳铵中的氮素。本试验系参照农村自制混合肥比例进行的，我们选用 N:P_2O_5 比例从 1:0.5 到 1:3，即每百斤普钙与 15.7 斤到 94.0 斤碳铵混合，混加碳铵的数量，远远超过普钙所能保存氮的能力，所以在本试验的各处理中，都有氮的挥发损失。

第五，磷酸二钙不溶于水，但能溶于柠檬酸铵溶液，硝酸磷肥也含有相当数量的二钙，二钙在酸性土壤上施用，肥效可能优于普钙，在 pH 值 6.5 时，二钙克分子溶解度为 6.41×10^{-4}；在石灰性土壤上施用，当 pH 值 8.0 时，二钙克分子溶解度为 $1.45 \times$

10^{-4}，肥效也与普钙相近，尚待进一步验证。磷酸三钙不溶于2%柠檬酸和柠檬酸铵溶液，肥效很差。对一钙进行氨化时，一般转化为二钙，只有在一定条件下，二钙才有可能转化为磷酸三钙（以下简称三钙）。参照国内外前人（注1.2）的实验，可以认为生成三钙的条件，有以下几个：①对磷酸一钙和石膏氨化时有可能生成硫酸铵和一部分三钙，但需要在全部磷酸一钙转化为二钙以后才有可能；②氨化在密封容器进行；温度计高到100℃以上才可能生成一部分三钙；③无水二钙不能与氨化合，也不会生成三钙。按本实验的条件，不致生成三钙，我们又曾分析混合肥中硫酸根含量没有增加，也未发生有生成三钙的情况。

第六，有些农民为了施肥方便，自动将普钙与碳铵混合后施用，反映效果良好。普钙与碳铵混合可以保存一部分氮素是肯定的，但数量不多，每百斤普钙（本试验含游离 P_2O_5 3.2%，水溶 P_2O_5 7.9%）最多能保存8.3斤碳铵中的氮素，碳铵超过这个限度，仍将有氮素挥发丢失。由于碳铵和普钙适宜用作基肥，目前农村混合肥料实物比例多为1：1，显然普钙不能保存全部碳铵中的氮素，仍将有大量氮素挥发损失，所以在混合时，要注意氨的挥发，混合后要包装密封或及早施用，施肥时和碳铵一样，要注意深施埋土防止氨的挥发。

第七，在土壤肥力较高，磷肥肥效不明显的地块，不要采用上述混合施用的办法，若磷肥未起作用，仅利用普钙来保有碳铵中的氮素，在经济上是不值得的。在目前磷肥供不应求的情况下，更要注意。

注1. 熊为焱等，西北大学化学工业，1982（4）.
注2. L. M. White，Ind. Eng. Chem.，1935，27，562～567.

从土壤含磷强度和缓冲作用探索磷肥需要量的研究

陈尚谨　杨　铮

（中国农业科学院土壤肥料研究所）
（1980 年）

近年来，国际间磷肥价格高涨，我国磷肥需要量很大，在目前供不应求的情况下，研究经济合理施用磷肥，提高磷肥利用率更有重要意义。

国内外公认，磷肥利用率不高。对土壤施入水溶磷，有相当一部分转化为迟效性的。各地土壤对磷的缓效化作用是不同的。格里芬（Griffin）和汉纳（Hanna）①（1967）曾对美国新泽西土壤进行试验，从土壤中每浸提出有效磷 1kg/ha，每英亩要施入相当于 1～90kg/ha 肥料磷，从土壤中浸提出的磷与施入量之比称为"肥料当量"（Fertilzer Equivalent）。皮奇（Peech）等②试验（1945）施入磷与浸提磷的数量成直线关系。费希尔（Fisher）③（1974）采用 Brag-I（0.025NHCl + 0.03NNH$_4$F）浸提液试验，认为施入磷与浸出磷的平方根成直线关系。Y. S. Lee & R. J. Bertlett ④（1977）采用 pH 值 4.8 NH$_4$OAC 浸提液进行测定也认为，土壤有效磷的平方根与施入磷成直线关系，这条直线的斜率叫做"磷肥指标"（Phosphourus Fertilizer Index）。

近年来，我国在这方面也开始进行研究，山东省农业科学院原子能应用所，北京、上海市农业科学院土壤所等单位，做了不少工作，利用^{32}P 示踪法和用化学方法测出磷在土壤中的缓效化结果是一致的。

我国土壤有 1/2 强的面积是石灰性的，国内外多年试验证明，采用 0.5MNaHCO$_3$ 法测定土壤有效磷最为适宜，该方法并可适用于中性和微酸性土壤。我们继续前几年的试验，试用 Olsen 法测定土壤有效磷与缓冲作用来探索磷肥需要量。1981 年获得结果，简单汇报如下。

一、试验材料与方法

选择山东德州簸箕刘、济宁潘庄、陵县王岗和北京顺义高丽营 4 种含有效磷、质地及化学成分各不同的耕层土壤进行试验。4 种土壤基本情况列入表 1。

表1 土壤基本情况

土号	取土地点	利用情况	质地*（含黏粒%）	pH值	有机质（%）	CaCO₃（%）	全N（%）	有效P₂O₅（毫克/千克）	有效K（毫克/千克）
01	德州簸箕刘	棉田	中壤土（13.7）	8.45	0.88	4.12	0.041	3.5	137.8
02	顺义高丽营	小麦地	中壤土（22.5）	8.70	1.06	微量	0.075	8.0	104.9
05	济宁潘庄	小麦地	中黏土（50.9）	8.03	1.64	0.04	0.102	27.0	252.4
06	陵县王岗	荒地已耕待种	轻壤土（13.1）	8.52	0.53	4.29	0.033	1.7	168.7

* 括弧内为黏粒百分数

为了减少分析手续和取样中的误差，我们称取2.5g土壤样本，放入150mL试管内，分别加入1mLH₂O或KH₂PO₄溶液，使土壤含水溶P₂O₅为0毫克/千克、20毫克/千克、80毫克/千克、160毫克/千克、320毫克/千克，土壤水分保持在40%。在温度30℃条件下（本试验开始于6月份，室内温度约30℃），保温1天、2天、4天、30天、60天后，用Olson法测土壤有效磷和有效磷增加的数量。分析方法如下：在试管内加入0.5MNaHCO₃溶液50mL，土与溶液比为1∶20，加入适量活性炭，在28~30℃情况下，用颠头振荡机振荡30分钟，每分钟约40转，过滤后，用钼蓝比色法测定。

二、结果与讨论

（一）4种土壤不同处理有效磷含量与停放时间的关系

试验结果列入表2，从表2看出，4种土壤含20~320毫克/千克水溶P₂O₅，土壤中有效P₂O₅含量随时间的延长而明显降低，前4天下降最快，趋于直线，以后下降速度逐渐减慢，30天以后，下降速度更加缓慢，与1974年试验结果相似。为了便于比较，以水溶P₂O₅320毫克/千克为例，4种土壤有效P₂O₅下降情况如图1。从图1看出4种土壤有效P₂O₅下降速度起初都很快，但也各不相同，以05号济宁潘庄土有效磷下降速度最快，02号顺义高丽营土次之，01号德州簸箕刘土又次之，06号陵县王岗土最慢。若以施入的320毫克/千克为100%，在30天后它们分别降低到14.9%、21.6%、24.1%和43.0%。过去我们曾认为，土壤中有效磷含量的对数值与停放时间成直线关系。经1981年试验，结果见表3，图2，看出在前4天有效磷下降很快，它们的对数值与停放时间不能呈直线关系，第四天后，有效P₂O₅下降速度逐渐缓慢下来，它们的对数值和停放时间大约呈直线关系。1976年我们曾看到类似情况，但是，由于该试验初期分析次数不够，没有引起注意。

表2　土壤有效磷含量与停放时间的变化

土号	取土地点	停放天数（天）	对照 1ml H_2O	加入 P_2O_5毫克/千克				
				20	80	160	320	（100%）*
				提出 P_2O_5毫克/千克				
01	山东德州 簸箕刘	1	3.5	11.5	—	—	266.5	
		2	6.0	10.0	46.0	116.0	214.0	
		4	5.0	6.0	32.0	71.0	177.0	
		30	2.8	0.7	10.2	31.2	77.2	（24.1%）*
		60	5.3	—	9.0	45.0	78.0	
02	北京顺义 高丽营	1	8.0	8.0	32.0	86.0	172.0	
		2	10.0	8.0	34.0	70.0	140.0	
		4	11.8	—	15.2	72.2	166.0	
		30	3.5	—	1.5	16.6	69.0	（21.6%）*
		60	4.0	—	—	12.0	66.0	
05	山东济宁 潘庄	1	27.0	—	—	—	—	
		2	22.5	5.5	35.5	53.5	125.5	
		4	13.3	11.7	21.7	55.7	103.7	
		30	7.3		3.7	17.7	47.7	（14.9%）*
		60	5.5		41.5	10.5	43.5	
06	山东陵县 王岗	1	1.7	9.3	—		198.3	
		2	4.5	6.5	37.5	83.5	215.5	
		4	1.0	6.0	30.0	75.0	181.0	
		30	1.13	—	6.5	33.5	137.5	（43.0%）*
		60	微痕	—	—	22.0	124.0	

*　括弧内数字，以320毫克/千克为100，停放30天的百分数

表3　提出有效 P_2O_5 的对数值与时间的关系

停放天 logP_2O_5 毫克/千克 土号	0	1	2	4	30	60
01	2.505	2.297	2.333	2.258	2.138	2.09
02	2.505	2.426	2.330	2.248	1.890	1.89
05	2.505	2.236	2.146	2.220	1.839	1.82
06	2.505	1.991	2.099	2.016	1.679	1.64

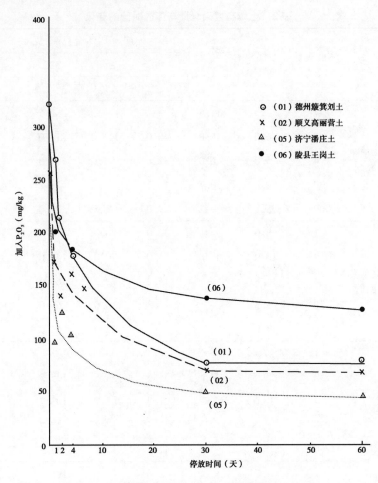

图1　四种土壤浸出有效 P_2O_5 与停放时间的关系

（水溶 P_2O_5 320 毫克/千克）

（二）施入土壤磷与浸出磷的关系

对试验用 4 种土壤加入水溶 P_2O_5，使土壤含 P_2O_5 20 ~ 320 毫克/千克，停放 1 ~ 60 天，加入磷与浸出磷数量的变化关系列入表 4，停放时间延长，磷的缓效化作用加大，初期最快，4 天后逐渐减慢，30 天后变得更慢。为了简单便于比较，以停放两天的结果为例，表示如图 3。

从图 3 看出对 4 种土壤加入水溶 P_2O_5 两天后，与浸提出 P_2O_5 的关系，呈直线关系，4 条直线的相关系数 r 分别为（01 号土 0.9974、02 号土 0.9999、05 号土 0.9208、06 号土 0.9943），若以这四条线的斜率代表土壤对磷的缓冲作用，将加入磷量与浸出量之比叫做"磷肥指标"，01、02、05、06 四种土壤的"磷肥指标"分别为 1.65、2.51、2.86、2.15（4 个浓度的平均数）。"指标"数字大，表明对土壤加入磷量多而能浸出的有效磷数量少，对发挥磷肥的肥效是不利的。反之，"指标"值小，表明对土壤加入磷肥需要量不大，而能提出有效磷量较多，对发挥磷肥肥效是有利的。若"指标"等

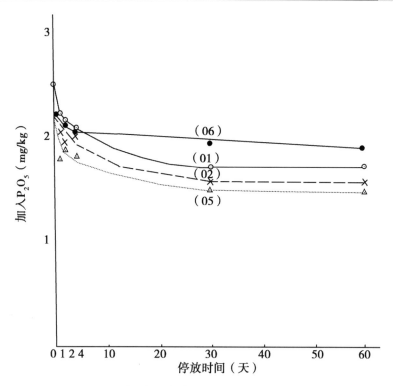

图 2　四种土加入水溶 P_2O_5 后，提取出有效
磷的对数值与时间关系（水溶 P_2O_5 320 毫克/千克）

于 1，表明施入土壤中的磷没有固定现象。关于各种土壤"磷肥指标"与土壤性质的关系，初步看到与土壤质地和有机质的含量有关，如济宁潘庄"磷肥指标"为 2.86，它含黏粒 50.8%，有机质 1.64%，均比其他 3 种土壤高，结果见表 1，由于我们试验土样太少，尚待进一步研究。

费希尔（Fisher）用 Bray-I 溶液（0.025NHCl + 0.03NNH$_4$F）和 Lee & Bartlett 曾用 Morgan 溶液（pH 值 4.8NH$_4$OAC）对酸性土壤进行试验，他们认为土壤加入磷和浸提出磷的平方根成直线关系。我们对华北石灰性土壤用 0.5MNaHCO$_3$ 浸提液进行试验，将结果也用上述方法进行计算，结果见表 4、图 4。从图 4 可以看出：在本试验条件下，加入磷与提出磷的平方根并不呈直线关系，而与皮奇（Peech）的结果相似，加入磷与提出磷呈直线关系。由于系直线关系，所以，测定"磷肥指标"的方法，可以大大简化，可选择保温 2 天，对土壤加入水溶 P_2O_5 100 毫克/千克，测定一个数值即可。

表 4　4 种土壤加入水溶 P_2O_5 与浸出 P_2O_5 的变化关系

加入水溶 P_2O_5 毫克/千克	01		02		05		06	
	提出 P_2O_5		提出 P_2O_5		提出 P_2O_5		提出 P_2O_5	
	毫克/千克	√毫克/千克	毫克/千克	√毫克/千克	毫克/千克	√毫克/千克	毫克/千克	√毫克/千克
20	10.0	3.16	8.0	2.83	5.5	2.35	6.5	2.55

加入水溶 P₂O₅ 毫克/千克	01		02		05		06	
	提出 P₂O₅		提出 P₂O₅		提出 P₂O₅		提出 P₂O₅	
	毫克/千克	√毫克/千克	毫克/千克	√毫克/千克	毫克/千克	√毫克/千克	毫克/千克	√毫克/千克
80	46.0	6.78	34.0	5.83	35.5	5.96	37.5	6.12
160	116.0	10.77	70.0	8.37	53.5	7.31	83.5	9.14
320	214.0	14.63	140.0	11.83	125.5	11.20	215.5	14.68

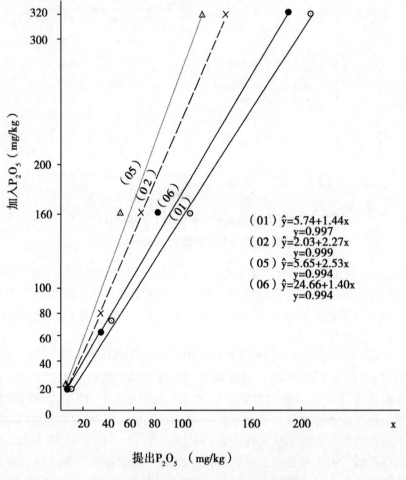

$$（01）\hat{y}=5.74+1.44x \quad y=0.997$$
$$（02）\hat{y}=2.03+2.27x \quad y=0.999$$
$$（05）\hat{y}=5.65+2.53x \quad y=0.994$$
$$（06）\hat{y}=24.66+1.40x \quad y=0.994$$

图 3　加入 P_2O_5 与提出有效 P_2O_5 的关系

（三）对计算磷肥需要量的设想

研究磷肥需要量要有以下 3 方面的数据：①要知道当地土壤磷的供应强度，我们试用原土中有效磷含量为代表；②要了解当地土壤对磷的缓冲作用，我们试用"磷肥指标"来表示，即施入磷与浸出磷间的比例；③要知道获得良好产量要求耕层土壤中有效磷的含量，可在当地进行调查总结或磷肥用量田间试验来测定。若具备以上 3 方面的

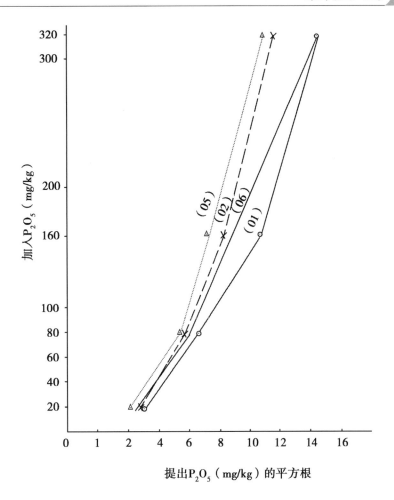

图4 加入 P_2O_5 与提出 P_2O_5 平方根的关系

数据，当地磷肥需要量可以用以下简单公式计算。

$$Q = \frac{0.3 \times C \ (P\text{-}P_0)}{S\%}$$

式中：Q——每亩需用磷肥斤数；

C——当地土壤"磷肥指标"；

P——计划耕层土壤有效 P_2O_5 提高到若干毫克/千克；

P_0——耕层土壤未施磷肥前有效 P_2O_5 毫克/千克；

0.3——常数。每亩耕层土壤增加 1 毫克/千克相当 P_2O_5 斤数，

按每亩耕层土壤 30 万斤计算；

S%——磷肥含有效 P_2O_5 的百分数。

例如：某土 P_0 = 5 毫克/千克、P = 25 毫克/千克、C = 1.5、S% = 15%

$$Q = \frac{0.3 \times 1.5 \ (25 - 5)}{15\%} = 60 \ 斤/亩$$

若同样条件"磷肥指标"C 为 3.0 时

$$Q = \frac{0.3 \times 3.0\ (25-5)}{15\%} = 120\ 斤/亩$$

以上方法简单，成本低廉，不需要复杂仪器，在大部分县农科所或农技站都能测定。上述方法要在当地施用氮肥、有机肥和有些土壤施用钾肥的基础上进行。结果的可靠性和指导作用，尚待进一步田间试验和在生产实践中验证和修正。

参考文献

［1］ Griffin, G. F, and W. J. Hanna. Phosphorus fixation and profitable fertilization：I. Fixation in New Jersey soils［J］. Soil Sci., 1976, 103：202 – 208.

［2］ Pecch, M. Nutrient status of soils in commericial potatoproducing areas of the Atlantic and Gulf coast：Purt II. Chemical data on soils［J］. Sci Soc. Am. Proc., 1945, 10：245 – 251.

［3］ Fisher, T. R. 1974, Some considerations for interpretation of soil tests for phosphorus and potassium Res, Bull. no. 1007. Agric. Exp. Stn., Univ. of Missouri, Columbia.

［4］ Yong S. Lee and R. J. Bartlett. Assessing Phosphorus Fertilizer Needs Based on Intesity-Capacity Relationships［J］. Soil, Sci Soc of Am. Journal, 1977, 7 – 8；710.

［5］ 汪寅虎. 上海郊区磷素形态及其有效性的初步研究［J］. 土壤, 1979 (5).

［6］ 张广思, 阚连春. 利用^{32}P示踪法研究提高磷肥利用率. 山东农业科学院原子能应用研究所专题论文, 1981 (12).

［7］ 黄德明等. 温吸附磷量. 北京农业科学院土壤所, 1980 (油印本).

硝酸磷肥的肥效和施用问题

陈尚谨　黄增奎

（中国农业科学院土壤肥料研究所）

（1981 年）

硝酸磷肥是一种复合肥料。在肥效研究方面，美国、英国、法国、西德、荷兰、日本、印度、巴基斯坦等国对硝酸磷肥做了大量田间试验工作。

在我国，从 1976 年开始，由上海化工研究院组织和联系全国很多省区的农业科学院、农科所对冷冻法生产的硝酸磷肥进行了大量田间肥效试验。本文将报道有关硝酸磷肥的试验工作，以及对硝酸磷肥的一些认识。

一、硝酸磷肥的肥性

生产硝酸磷肥不需要硫酸，它在硫资源贫乏的国家，其优点非常突出。世界各国化肥生产总趋向是朝着复合、高浓、颗粒、液体和长效发展。制造复合肥生产工艺基本可归纳为两大类：一是用硫酸分解磷矿制得磷酸，用氨中和，即得氮磷复合肥，或再加入钾源即为三元复合肥；二是用硝酸分解磷矿，除去液相中多余的钙，再用氨中和，即得氮磷复合肥。我们把前一类肥料称为磷酸铵类型肥料，后一类肥料就是硝酸磷肥类型肥料。

本试验用的硝酸磷肥，系上海化工研究院供给，由冷冻法生产。颗粒状，肥料中主要成分为硝酸铵、磷酸铵和磷酸二钙，其含量全氮 20.76%（其中，铵态氮 11.30%，硝酸态氮 9.46%）、有效磷 20.74%（水溶性 P_2O_5 占 9.24%，枸溶性 P_2O_5 11.50%）。这种硝酸磷肥氮磷比为 1:1，或写成商品规格为 20 - 20 - 0。

二、硝酸磷肥与等氮磷量化肥比试

供试作物为小麦和夏玉米，于 1977—1978 年在山东临朐县进行。在小麦上，硝酸磷肥和等氮磷量的尿素、过磷酸钙混合肥分别撒在畦内，用耘锄来回混匀和耙平，用作基肥，然后机播小麦。对夏玉米于播后 30~35 天。作追肥（穴施）。试验小区 0.15~0.60 亩，重复 3~6 次，试验地农化性质如表 1。

表 1 供试土壤的农化性质

地　点	作物	土壤类型	pH 值	有机质（%）	有效磷[*]（毫克/千克）
吕家庙一队	小麦	红黏土	8.2	1.16	10.5
上　庄一队	小麦	红黏土	8.2	0.89	<2
吕家庙一队	玉米	壤　土	8.4	0.964	15.4
吕家庙四队	玉米	红黏土	7.9	0.956	6.7
吕家庙五队	玉米	红黏土	8.1	0.976	8.0

[*] 用 0.5M $NaHCO_3$ 浸提，系 P_2O_5

表 1 所示，供试土壤有效磷含量很低（2~15.4 毫克/千克），是严重缺磷或相当缺磷的地块，土壤偏碱性，肥力中下等。

肥效对比试验结果见表 2。

表 2 硝酸磷肥与氮磷混合肥的肥效比较[*]

地点	作物	肥料	小区产量（斤）	折亩产（斤）	增产（%）
吕家庙一队	小麦	氮磷混合	118.5	790	
		硝酸磷肥	121.7	811	2.7
上　庄一队	小麦	氮磷混合	99.3	662	
		硝酸磷肥	91	607	-8.5
吕家庙一队	夏玉米	氮磷混合	353.9	615.8	
		硝酸磷肥	354.6	617	0.2
吕家庙四队	夏玉米	氮磷混合	255.9	501.6	
		硝酸磷肥	294.9	577	15.3
吕家庙五队	夏玉米	氮磷混合	367.3	566.7	
		硝酸磷肥	404	623.4	10

[*] 硝酸磷肥每亩用量 35~40 斤，小区产量为 6 次重复的平均

从表 2 可看到，硝酸磷肥与等氮磷化肥对小麦的肥效基本相似，而对夏玉米追施，硝酸磷肥肥效有两例则超过混合肥。表 2 中上庄一队施用硝酸磷肥的小麦产量有所下降（用 t 值测验，两者相比不显著），原因可能有两个：硝酸磷肥中有半数是枸溶性磷，过磷酸钙中磷几乎全部是水溶性的，在偏碱性土壤上，小麦幼苗期根系摄取磷素营养，从过磷酸钙中吸收水溶性磷比从硝酸磷肥中吸收枸溶性磷要快；硝酸磷肥颗粒较大，颗粒中浓度较高，相对来说使用面积小，没有像粉状过磷酸钙与土体和根系有更多的接触机会。因此，在上述严重缺磷地块，可以见到施混合肥的麦

苗长势比施硝酸磷肥的要好些。国内外有不少试验证明，颗粒磷肥施用在酸性土壤上肥效比粉状好，而在石灰性土壤上，施用粉状磷肥比颗粒肥好，所以，在北方石灰性土壤地区，硝酸磷肥颗粒不宜过大。

三、硝酸磷肥的增产效果

增产效果见表3。

表3　增施硝酸磷肥对产量的影响

作　物	有效磷（毫克/千克）	肥料（斤/亩）	亩产（斤）	增产		斤肥增产（斤）
				（斤/亩）	（%）	
小麦 *	<2	不施	314			
		40	607	293	93.3	7.3
小麦 **	<3	不施	661			
		31.4	739	78	11.8	2.5
夏玉米	6.4	不施	557.6			
		30	675.4	117.8	21.1	3.9

* 试验在上庄一队，曾追氨水 120 斤/亩；

** 试验在吕家庙三队，曾施土粪 8 000斤/亩；夏玉米试验在罗家树三队，曾追氨水 120 斤/亩

表3 很清楚说明，在严重缺磷地块，亩施氨水 120 斤，小麦单产 314 斤，缺磷是限制产量上升的主要障碍因素，增施硝酸磷肥 40 斤，小麦单产提高到 607 斤，几乎翻了一倍，一斤硝酸磷肥能增产小麦籽粒 7.3 斤，超过上海化工研究院统计的每斤硝酸磷肥在北方平均增产小麦 3.37 斤这个数字。由此可知，硝酸磷肥肥效与土壤有效磷多少呈强烈的依赖关系。吕家庙三队试验地，1 斤硝酸磷肥只增产 2.5 斤，低于平均值，这是因为土壤虽然也严重缺磷，不过施入大量优质土粪，补充了麦苗对有效磷的需要，使硝酸磷肥的肥效降低。表3 中夏玉米试验，1 斤硝酸磷肥增产 3.9 斤玉米籽粒，这与上海化工研究院统计的 4.22 斤平均数字基本接近。

四、如何经济合理施用硝酸磷肥

根据田间试验，硝酸磷肥应优先施用在肥力水平低和有机肥、磷肥不足的缺磷土壤上，对小麦、玉米等作物的增产效益都很大，硝酸磷肥宜作底肥或种肥，也可以一部分作基肥，一部分作追肥。在一般情况下，亩施 30～50 斤比较经济合理。根据过去试验，对旱作施用硝酸态氮肥和铵态氮肥都很好，没有什么显著差别，但是，对水稻施用铵态氮肥比硝酸态氮肥好，所以，含硝酸态的肥料，应着重在旱作物上推广施用。当目前硝

酸磷肥供应还不充裕时，应首先施用在北方小麦上，优先供应旱、涝、盐、薄交错有一定灌溉条件的缺磷低产地上，如把硝酸磷肥作种肥施用，用联合播种机，则每亩用量可减少到 10~20 斤，是最经济的施用方法。

本文刊登在《土壤肥料》1981 年第 5 期

磷酸铝矿的利用

陈尚谨

（1981 年）

塞内加尔有较大的磷酸铝矿，在捷斯矿区的储量就有 1 亿吨。在始新世中期形成的磷酸三钙薄层，沉积在高铝黏土层间，经过地质构造运动和变迁，再经过淋洗，形成磷酸铝钙矿。这种磷酸铝钙矿是由磷、氧化铝和石灰完整地结合而成的，无游离的 Al_2O_3 存在，仅有部分 Fe_2O_3 以复合磷酸盐的形式存在，还有 SiO_2 及化合水。其不宜用硫酸来制造过磷酸钙和磷酸，但可用各种干法或湿法加工成肥料，如加热脱水后制成含 P_2O_5 34% 的"磷波"，并有部分能溶于碱性柠檬酸铵溶液中。在"磷波"的水悬浮液中，混加氮肥和钾肥可直接施用，未发现有损失肥分或其他的有害反应。也可单独施于酸性、中性和碱性土壤，该肥料与种子和幼根直接接触，也未发现有害影响。

摘译自《Thies 磷酸铝消息》，李蓉卿 校

关于黄淮海地区协作进行磷肥示范、推广、
试验的由来、意义、工作内容、
预期效果和有关经费问题的函

农业部土地利用局、科技局：

近年来，有不少试验证明，在低产缺磷土壤上，合理施用磷肥、氮肥磷肥配施，是迅速提高产量，投资小，受益大，简单易行，行之有效的好办法，为迅速将农业科研成果推广出去，变为生产力，提高黄淮海低产缺磷土壤地区农业产量，改变低产面貌，于1982年2月15日在北京召开中国农学会土壤肥料研究会成立大会上，我所和有关省份代表向大会建议，并在化肥组座谈会上讨论，认为这项工作十分重要，在生产上有重大意义（附件1）。经有关代表讨论拟定于1982年开始在山东德州，河北廊坊等五个地区，河南商丘、开封和安徽蒙城等地区，进行科学施用磷肥技术的示范、推广和试验工作，由中国农业科学院土肥所，河北廊坊地区农科所，河南、安徽省土肥所有关研究人员自愿联合起来，组织成协作组，共同进行这项工作。

预计在3年内，试验区粮食年产量每亩从200～300斤，提高到600～700斤，将技术交给农民，并找出适合我国黄淮海地区的磷肥品种、分配供应办法和经济有效施用磷肥的数量和方法，通过示范推广发现的问题再做进一步研究。

1982年示范推广和试验面积如下。

①中国农业科学院土肥所在山东地区陵县，小麦、玉米，试验区面积约4 000亩。

②河北廊坊、邯郸、邢台、衡水、沧州等五个地区小麦、玉米等作物试验区面积约10万亩，河南商丘、开封花生、大豆等作物试验区面积约1万亩，安徽小麦、水稻等作物试验区面积约2 000亩。

田间试验内容有磷肥用量、用法试验，磷肥品种肥效试验；碳铵与普钙混合施用方法等示范实验。经费请予支持，是否可行，请批示，如蒙同意请尽早将经费拨下，以利工作的开展。

附件及附表。

抄报：中国农业科学院

抄送：河北省廊坊地区农科所

河南省农林科学院土肥所

安徽省农业科学院土肥所

中国农业科学院陵禹实验站

中国农业科学院土壤肥料研究所

1982年3月1日

附件1

黄淮海旱涝碱综合治理应先从氮磷化肥开始
（科学家建议）

大量实验证明，在低产缺磷土壤上，合理施用磷肥，和氮磷配合使用，当年粮食就可以从一二百斤提高到三四百斤或五六百斤。这项措施是迅速改变低产面貌，变低产为高产的好办法，投资小，见效快，受益大，简单易行，深受群众欢迎。我们认为黄淮海旱涝碱综合治理应先从这里起步。

在目前人力不足的情况下，不可能普遍铺开。我们建议先从黄淮海低产缺磷地区开始，在山东、河北、河南、安徽等省，每省选一个或几个低产县，进行磷肥示范。根据各省情况确定示范推广面积，出省地县农业部门组织科学研究、技术推广和物质供应部门进行示范，所需要肥料请省里帮助解决，实验研究计划由土肥研究人员拟订，希望中国科协、中国农学会支持必要的推广费。我们有信心，当年见效，3年可以获得突出的结果，在丰产增收的基础上，再进行旱涝碱综合治理的其他项目，必然事半功倍。

以上建议请予以考虑实施。

中国农业科学院土肥所

研究员　陈尚谨、副研究员　刘更另、林葆

河南省农业科学院土肥所副所长　　王生厚

河北廊坊地区农科所副所长　　宁守铭

安徽省农业科学院土肥所　　许厥明

附件 2

黄淮海平原低产土壤地区科学施用磷氮化肥示范、推广和研究协作方案（初稿）

一、简要说明、目的和要求

冀鲁豫皖 4 省黄淮海流域低产土壤面积很大，长期以来，由于旱、涝、盐、碱、瘦等影响，作物单产低。通过群众和科技工作者的不断努力，初步查明这些地区低产的主要因素是土地瘠薄、严重缺磷。为了在这些地区迅速大幅度提高产量，科学施用磷肥是投资小、见效快、切实可行的好办法，亟待在当地对主要作物，进行示范、推广并研究提高当地施用磷肥的技术问题。

不少试验证明，在上述地区单施磷肥增产效果很少。磷氮混合施用，可成倍增加产量。为了把这些经验很快地普及推广，摸出一套适合于当地的化肥品种及其供销、分配方法，从工作中发现问题，进一步提高施肥技术。黄淮海地区土壤性质基本相似，为了早日使科研变为生产力，冀鲁豫皖肥料研究者都有共同愿望，自愿协作起来，向黄淮海低产土壤地区要粮，为该地区农业现代化打下基础。协作期限暂定 3 年，预期在 3 年内，粮食作物产量争取能翻一番，每年单产从 200 ~ 300 斤达到 600 ~ 700 斤，经济作物也将大幅度提高产量。

提出协作方案如下。

二、示范推广内容和方法

在低肥力土壤地区，对小麦、玉米、棉花、谷子、花生、大豆等主要农作物，进行示范、推广磷氮混合作基肥或种肥的技术。一般亩施优质过磷酸钙 40 ~ 80 斤，含有效 P_2O_5 6 ~ 12 斤；碳铵 30 ~ 60 斤，含有效 N 5 ~ 10 斤。对需肥较多的作物或当地化肥质量差，肥料用量酌量增加，但不可过多。最好先选择具有灌溉条件的地块，进行示范推广。开沟作种肥使用比用作基肥更为经济有效。也可以根据当地习惯，"上施"在 0 ~ 10 厘米土层内，但应注意磷肥要晒干、轧碎、过筛，并注意与氮肥充分拌匀，施肥时要与种子隔离，防止烧苗。对豆类作物，氮肥施肥量可适当地减少些，或者不用氮肥。示范推广面积一般在几百亩到几千亩，可根据当地需要与可能自行决定。

在示范推广区内，应设若干个不施磷肥对照区，也可以改变磷肥用量或用法（深度等），每500亩左右，最少设一个无磷对照区，面积0.2~0.5亩。播种前要取有代表性耕层土样（0~20厘米）2市斤，进行化验，见四项4和附件。在磷肥示范推广工作要计算成本和经济效益。在示范推广中发现的问题，要进一步研究，不断提高施肥技术。

三、示范推广地点和面积

1. 河北省在廊坊、沧州、衡水、邢台、邯郸5个地区的14个县、45个公社内进行。1981年麦播时，已建立10万亩小麦"氮磷上施"试验区。计划对主要作物—小麦、玉米、棉花、谷子、花生、大豆，进行示范推广。

2. 山东省在中国农业科学院土肥所的推动下，于1981年麦播时在德州地区陵县7个大队建立4 000亩磷氮混合示范推广试验区。主要作物有小麦、夏玉米。

3. 河南省在省土肥所组织推动下，计划于1982年在商丘地区宁陵、开封地区半坡店建立万亩磷氮混施试验区。主要作物有花生、大豆、小麦、玉米。

4. 安徽省在省土肥所组织推动下，计划于1982年在蒙城马店、利辛县魏楼建立磷氮混施实验区2 000亩。主要作物有水稻、小麦、杂粮等。

1982年上半年实验区面积共计为116 000亩，取得经验后，再进一步扩大。

四、试验研究内容及注意事项

初步拟定以下6个研究内容：根据各地条件，技术力量和生产需要、缓急，选择其中几种，进行试验。

1. 研究适合当地土壤和作物的磷肥需求量和磷肥施用方法。如撒施、沟施、深施、浅施，速效肥和迟效肥混施等。小区面积因作物种类可选用0.05~0.2亩，重复4次。播种前，无磷区要取土样2市斤，土层0~20厘米，进行化验。磷肥用量试验，按P_2O_5计，每亩0.5斤、10斤、15斤。施肥方法可根据当地情况试用：对照、种肥、上施（0~10厘米）、深施犁底层、全层施0~20厘米。

2. 无机促有机。一般低产区由于农作物产量低，秸秆产量也很低，加之农村能源和牲畜饲料不足，有机肥料不足，很难有效地增加土壤有机质，培肥地力。合理施用磷氮肥，即使在很瘠薄的土地上，当年就可以获得亩产600~700斤的好收成，秸秆产量也相应提高，有利于发展畜牧业。留在土壤中的根系、残茬也将有所增加，每两年采取土样，测定土壤有机质含量和土壤物理性质。这种试验，年限可以长一些，试验处理不可过多，小区面积要适当大一些。

3. 增强抗逆能力。小麦苗期氮磷供应充足，可以促根早生、伸长、深扎，能较好地利用土壤深层养分和水分。有利于抗旱和抗寒，在干旱和寒冷低产地区有着实际意义。为了寻求供磷对提高抗逆能力的作用，可在不施磷肥及等氮条件下，设置磷肥不同用量的处理。作物抗旱试验要在旱地上进行，耐寒试验最好选用当地推广的作物品种、而有发生冻害的情况。磷肥用量可参考1。

4. "磷肥指标"的研究。研究土壤磷的供应强度、缓冲作用，与适宜磷肥用量的关系，可在各种有关磷肥用量小区试验的对照小区，在播前采取土样2市斤，进行化验。注意土壤质地与土壤磷肥缓冲作用的关系，分析方法，见附件。

5. 磷肥品种肥效鉴定试验。可在当地选择有推广前途的磷肥品种，如设对照、普钙、钙镁磷肥、当地磷矿粉（用倍量）、磷酸铝、沉淀磷肥（磷酸二钙）。

6. 研究碳铵和普钙混合施用对氮磷肥效的影响。设①对照②碳铵与普钙混合后施用③单用碳铵④单用普钙⑤碳铵与普钙分用，共5个处理进行比较。注意要在缺磷的石灰性土壤上进行。碳铵与普钙用量，按每亩N和P_2O_5各10斤计算。若有分析化验条件，可同时在实验室内测试两者混合后有效性P_2O_5和NH_3的变化（包括测定氮的挥发损失），为碳铵和普钙混合施用提出依据。

请注意，以上试验①要在缺磷的土壤上进行。②要设有对照，以便比较。③各小区普遍施氮肥。④要在等量有效P_2O_5基础上进行比较（磷肥用量试验除外）。⑤结合当地栽培习惯，可在施用有机肥基础上进行。但有机肥用量不能超过当地一般用量水平。以免影响试验结果。并要加强田间管理。⑥作物主要发育阶段要做生育调查，示范推广区也要做观察记载。⑦小区试验要单打单收，计算产量。大区推广示范，可采用5~6个，估计产量。并要有领导、群众和科技人员参加，对示范、推广区（包括对照区）的产量，认真核实，计算成本和经济效益，为以后扩大推广，打下基础。

7. 组织领导和技术交流。冀鲁豫皖磷肥联合示范研究协作组，拟请农业部土地利用局、科技局指导，中国农业科学院土肥所办理四省有关技术交流、相互参观学习、并转达上级交下来的各项任务和指示。具体分工如下。

河北省廊坊地区农科所宁守铭副所长负责组织联系。

山东省由中国农业科学院土肥所陈尚谨、王少仁同志负责联系。

河南省由河南省农业科学院土肥所王生厚副所长负责组织联系。

安徽省由安徽省农业科学院土肥所许厥明主任负责组织联系。

主要作物在播种前和收获后进行计划和总结。作物主要生育阶段进行调查和书面交流、介绍情况，请一式三份，分寄3省协作组。在适当时期，若有必要，可邀请各省协作组，到现场参观交流经验。在适当的季节，各省可邀请各级领导到示范区或试验地，检查工作，扩大影响。请各省做好档案工作。若有条件，希望制作彩色幻灯片和实物标本，便于宣传。协作组每年至少举行碰头会一次，时间地点另定。有关经费问题和磷肥供应问题尚待向上级汇报，确定后，另行奉告。

以上，经4省协作组在北京八大处几次讨论后，请宁守铭同志执笔，写出提纲，再经补充、整理，请各协作组提出意见。

中国农业科学院土肥所磷肥研究组

1982年3月1日

"黄淮海"磷肥试验、示范、推广

协作组工作情况的报告

(1982 年 12 月 29 日)

为了迅速改变黄淮海平原的低产面貌，在农牧渔业部农业局土肥处支持下，中国农业科学院土肥所，安徽、河南土肥所，河北廊坊地区农科所参加的黄淮海磷肥试验、示范、推广协作组，于 1982 年 3 月在北京全国土壤肥料学术会议上自愿组织成立。参加协作组的有化肥、绿肥和作物栽培三个专业；服务的基点：中国农业科学院土肥所在山东陵县；冀、豫、皖分别是大城县、汝南县和利辛县。并于 1982 年 12 月在京召开了第二次科研协作会议，交流了磷肥在黄淮海平原的显著增产效果及其施用技术，畅谈了科研面向生产，面向经济取得的可喜成果，提出了今后工作的打算。

（一）

黄淮海平原耕地近 3 亿亩，其中，粮田面积占 70% 左右。粮食单产和总产水平一直很低，年均亩产三四百斤，特别是中、低产面积过大，占耕地 2/3 以上，单产较全区平均低 1/3，拖了"四化"建设的后腿。因此，尽快地抓好这一地区农业大幅度增产问题，具有重大的战略意义。

"旱、涝、薄、碱"是造成本地区农业生产低而不稳的主要原因。一般说来，低产多由于薄、碱；而不稳多由于旱、涝和其他气象灾害。历史地、具体地分析：薄是经常而又普遍地存在着，旱、涝则是跳跃的区域性发生。实践证明，"一肥三抗"，即以肥治薄，以肥抗碱；以肥促根、以根抗旱；以肥壮苗，壮苗有利于抗涝。在当前治薄有容易着手解决的可行性，而治旱一时则难度很大。由于目前氮、磷生产比例和化肥分配不合理，加之"重氮轻磷"的不良施肥习惯，黄淮海绝大部分地区土壤普遍缺氮，严重缺磷，两者很不协调。如淮北平原有效磷在 2~7 毫克/千克的土壤占耕地的 70%~80%；黑龙港地区缺磷面积也达 90% 以上。少氮缺磷，特别是缺磷已成为这个地区农业生产的主要限制因子（附表 1 和附表 2）。

综上所述，当前治理本区应以治薄为主，兼顾抗旱防涝。如何治薄？大家一致认为，在不投入化肥的条件下，年平均秸秆基本上近乎一个常量。且受年景好坏的制约。因此，单靠封闭式的有机循环很难实现农业生产的突破。大量试验和调查研究证明，以肥为主，化肥先行，磷肥突破，氮磷平衡，以无机促有机，加之配合施用农家肥料，建立用养结合的耕作制度，逐步实现无机与有机结合的半封闭式的生态平衡，才能缓和与解决粮食、饲料、燃料、肥料之间的矛盾，促进物质循环，达到发展生产培肥地力的目的。

（二）

一年来，各地磷肥试验、示范、推广工作，都取得了显著成效。中国农业科学院土肥所在山东陵县两块有效磷 <3 毫克/千克的缺磷土壤上试验，玉米亩施 15 斤纯 N，单产 197.3 斤与 205 斤，增施 8 斤 P_2O_5，亩产 384.7 斤和 592.0 斤，分别增产 95% 和 188.5%。下茬冬小麦在玉米施用 8 斤 P_2O_5 基础上继续施 15.6 斤 P_2O_5，亩产 57.3 斤和 724.1 斤，亩施 30 斤纯 N 的小麦亩产仅为 283.3 斤和 224.3 斤，分别比施氮增产 102.7% 和 222.8%，全年玉米与小麦产量由 480.6 斤和 429.5 斤分别上升到 959.0 斤和 1 316.1 斤。土壤中残存的有效磷亦随磷肥用量的增加而增多（附表 3、附表 4 和附表 5）。小麦氮磷配合施用示范 4 400 亩，平均亩产 519 斤，比不施磷肥的 4 个对照区（共 9.2 亩）单产 293.5 斤增产 43.4%，每亩净增 225.5 斤，共增加产量 992 200 斤，扣除购买磷肥款 37 400 元外，盈余 106 469 元。河南省土肥所在南阳县邓桥大队水解氮 88.2 毫克/千克，速效磷 2.2 毫克/千克的土壤上进行小麦氮磷肥效试验，结果是对照（不施肥），亩产只有 266.9 斤；氮肥区（50 斤尿素）亩产 284.2 斤，增产仅为 6.5%；而磷肥区（$P_2O_5$11 斤/亩）则亩产 397.7 斤，增产 49%；氮磷配合区亩产 525.6 斤，增产达 96.9%。该所汝南县新坡大队基点，在亩施有机肥 2 000~4 000 斤的基础上，N：P_2O_5 以 2：1 配合，每亩施尿素 20 斤，碳铵 70~80 斤，钙镁磷肥 60~70 斤，1982 年 2 050 亩小麦，单产 636 斤，总产 133.5 万斤，比不施磷肥的 1981 年总产增加了 40.5 万斤，单产增加 135 斤，增产 43.5%。该大队的张楼车生产队，今年 153 亩小麦亩产 713 斤，较 1981 年的 316.5 斤/亩，每亩净增 396.5 斤，氮磷肥配合还明显提高氮肥肥效和磷肥利用率。在油菜、大豆等作物上增施磷肥的效果也十分显著，1982 年油菜每亩施碳铵 50 斤，过磷酸钙 30~50 斤，单产达 257 斤，比 1981 年的 92 斤/亩，亩增 165 斤。600 亩夏播大豆示范田，亩施 60 斤普钙，20 斤硫铵，亩产 259 斤，比对照亩增产 54~110 斤，每斤磷肥增产大豆 0.8~1.8 斤（附表 6 和附表 7）。

河北省廊坊地区农科所，针对当地目前麦田普遍发生的"小老苗"现象。采取氮磷混合作种肥的方法，取得了大面积增产增收的显著效果。全区 100 多个点的试验表明，在缺磷土壤（10 毫克/千克以下），亩施百斤磷肥（配合 30~50 斤碳铵）作种肥，比不施磷的增产 109.3~339.2 斤/亩。磷肥集中沟施（3 寸左右），比传统的面撒深扣，每亩增产 50~70 斤。试验结果同时还表明，在极度缺磷土壤（有效磷 4.6 毫克/千克，全 N0.07%），单施氮素无效，甚至还要减产。1980—1981 年在三河县高楼等 124 000 亩麦田上进行大面积示范，平均亩产 294.1 斤，较上年增产 36.5%。当年在全省黑龙港流域九县 45 万亩麦田上扩大示范；平均单产 251 斤，比对照（不施磷）亩增 81.8 斤，增产 65.3%。总产增加 3 804 万斤，总增产值 668.7 万元，经济效益 409 万元。这些大面积的增产典型，充分说明了在黄淮海中低产区，氮磷配合科学用肥已势在必行。我们设想，如在本区域普及这一技术，那么，年均亩产就可增产百斤左右，全区就可获得年增产200亿斤的巨大的经济效益（附表8）。安徽省土壤所在蒙城县小马店公社试验区的结果是，不施化肥的小麦亩产只有90斤，亩施尿素34.8斤，普钙66.7斤的，亩产490斤、增产400斤，平均每斤混合肥料增产小麦3.94斤，每增产1斤小麦的化肥成本仅0.033元。该省阜阳地区农科所在有效磷2~4毫克/千克土壤上试验结果也表明：每亩增施纯氮4.5斤，亩产小麦254.9斤，再增施5斤P_2O_5，亩产小麦367.8斤，增产44.3%。

通过试验、示范，还明确了土壤速效磷含量是决定磷肥有效性的关键。一些地块施磷无效的主要原因是土壤供磷水平高。据河南省农业科学院土肥所试验，土壤有效磷（P_2O_5）6.7毫克/千克，1斤P_2O_5增产小麦7.8斤，土壤有效磷1.03毫克/千克，1斤P_2O_5可增产小麦13.1斤；由此说明，对缺磷土壤第一次投入磷肥的肥效最高，可视为磷肥投放的重点地区。廊坊地区农科所试验有效磷在20毫克/千克以上时，小麦施磷增产是不显著的。

安徽阜阳地区农科所在大豆上试验，土壤有效磷超过15毫克/千克也无明显增产效果。在土壤供氮水平高，严重缺磷条件下施氮也无效。土壤越缺磷，磷肥效果越好。在磷肥施用技术上，对当地产磷肥施用前要强调"三道工序"。即晒干、轧碎、过筛，这是提高磷效的重要措施。磷肥用量要讲究经济效益，要因土因作物而定。以小麦而论，土壤有效磷在5毫克/千克以下，可施标准磷肥80~100斤；6~10毫克/千克，可施40~60斤。施用时期，底施比追施好。施肥方法，集中施比分散施好。深度以3~4寸为宜。在不同的轮作制中，安徽的同志主张把磷肥施用在豆科作物和绿肥上，以磷增氮，为逐步实现农牧结合，用养结合的生产体制创造条件。

（三）

主要经验有3条。

1. 组织起来，搞好协作

为了把各单位的科研成果尽快应用在黄淮海地区的农业生产中，使示范推广变为生产力，中国农业科学院土肥所组织上述院、所，在多学科的参加下，建立了黄淮海磷肥试验、示范、推广协作组。统一制定了协作计划和试验计划，分头执行，强调重点，因地制宜，不搞一刀切。协作组不单是条条协作，而且还是块块协作，各地都是在当地统一领导下，组织各部门力量，协同作战。协作组定期或不定期碰头交流资料，互相启发，取长补短，使工作进展快，效果好。

2. 以点带面，现场培训

协作组成员和有关科技人员都是深入第一线蹲点，亲手搞试验，培养示范样板田，以点带面，配合地、县领导利用召开现场会等形式，宣传群众，普及技术，推动整个示范区工作的开展。河南省土肥所抓了一个新坡大队，推动了全社的科学施肥活动。地、县多次召开现场会，影响很大。廊坊地区农科所抓"一队三户"（每社抓一个连续翻番的大队，三户是试验户，重点示范户和由重点户负责技术指导的联合户）和七次"现场会"（是指在小麦 7 个生长发育阶段召开现场会的方法），把科学技术送到了千家万户，在新形势下，使科学试验有了阵地，普及技术有了桥梁。

3. 科研为生产，生产促科研

黄淮海平原是我国的低产区，针对这一地区低产的重要因素，从培肥土壤起步，进行磷肥的联合示范、推广、试验研究，其本身就体现了科研面向生产，为经济建设服务，贯彻领导、科技人员、群众相结合，和科研、生产、推广相结合的指导思想，适应了国家、群众和当前形势的要求。我们的许多课题就是来自生产实践，这样选题，出成果快，示范推广快，又大大促进了科研工作，并使研究课题常新，直接为发展生产服务。

（四）

一年来，农牧渔业部对本协作组的工作给予很大的支持，河北省常务省长李锋同志、安徽省副省长杨纪珂同志，都亲临现场，视察了示范区的工作，肯定了我们的科研方向，对我们是很大的鼓舞。

为进一步扩大示范效果，协作组商议决定，要在今年示范 20 万亩的基础上，1985 年扩大到 100 万亩。主要示范作物包括小麦、玉米、棉花、大豆等。3 年内，要在现有产量水平的基础上，几种主要作物要求增产 60% ~ 80%。

黄淮海平原幅员辽阔，各地气候和生态条件差别很大，要真正实现施肥的科学化，指标化、规范化，是一项较长的科研任务。协作组除继续开展学术交流及多种形式的协作外，要侧重应用研究和开发研究，特别是要抓好那些技术难度不太大，经过努力可以较快的在生产上见效的工作，其研究内容是。

①磷肥经济有效的施用技术
②磷肥培肥土壤的作用
③磷肥在轮作中分配使用的效益
④磷肥品种肥效比较试验
⑤磷肥提高作物抗逆性的研究
⑥粉状普钙的施用工具
⑦磷肥提高氮肥肥效的研究
⑧无机促有机的研究

我们设想，经过 3 年左右时间，基本上完成上述示范和试验任务，在各个基点上使施肥技术达到一个新水平，并将对整个黄淮海平原的农业生产产生深远的影响。另外，我们拟向国家有关部门建议：

①在目前化肥不足的情况下，要把有限的肥料，优先分配到黄淮海中低产区，实现按比例增施氮、磷化肥，以发挥最大的增产潜力和经济效益。
②注意磷肥的开源节流。目前磷肥产、供、销矛盾很大，开源节流要以节流为主。

要提倡磷肥条施、集中施，要在土壤普查的基础上，有重点、有计划地分配使用。把钢用在刀刃上，要进行多种磷肥品种的肥效、适应区域等试验研究，以发挥钙镁磷肥、钢渣磷肥、磷酸铝钙、沉淀磷肥的作用。建议进口高品位的优质磷肥。同时，还要发挥紫穗槐叶、饼肥、禽粪、人畜粪、河泥这些含磷量较高的有机肥料的作用，以弥补磷肥的不足。

中国农业科学院土肥所
河南省农业科学院土肥所
安徽省农业科学院土肥所
河北省廊坊地区农科所
1982 年 12 月 29 日

附表 1　磷肥的增产效果（中国农业科学院土肥所）地点：山东陵县

处理	夏玉米				冬小麦				全年		
	亩施肥量	平均产量（斤/亩）	%	增产（斤/亩）	亩施肥量	平均产量（斤/亩）	%	增产（斤/亩）	产量（斤/亩）	%	增产（斤/亩）
CK	0.0	204.9	100	—	10斤N	279.5	100	—	484.3	100	—
N	15斤N	197.3	96.3	-7.6	30斤N	283.3	101.4	3.9	480.6	99.2	-3.7
P	8.3斤P_2O_5	275.4	134.4	70.4	10斤N 15.6斤P_2O_5	643.9	230.4	364.5	919.3	189.8	435.0
NP	15斤N 8.3斤P_2O_5	384.7	187.8	179.8	30斤N 15.6斤P_2O_5	574.3	205.5	294.9	925.6	198.0	441.3

小麦各处理每亩都追 N10 斤

附表 2　春小麦磷肥深浅和用量试验结果　　　　　（斤/亩）

	产　量	磷肥深度（2寸）	磷肥深度（4寸）	磷肥深度（6寸）
对照（无基肥）	175.1	—	—	—
单氮硫铵作基肥	170.0	—	—	—
普钙30斤	—	386.7	361.5	303.4
普钙70斤	—	486.3	406.4	422.2
普钙100斤	—	563.1	495.4	433.5

地点：天津、静海、河北廊坊地区农科所

附表 3　磷肥不同用量的增产效果　地点：山东陵县（中国农业科学院土肥所）

处理	夏玉米				冬小麦				全年			
	平均产量（斤/亩）	%	增产（斤/亩）	1斤P_2O_5增产（斤）	平均产量（斤/亩）	%	增产（斤/亩）	1斤P_2O_5增产（斤）	产量（斤/亩）	%	增产（斤/亩）	1斤P_2O_5增产（斤）
试验（一）												
N	197.3	100			283.3	100			480.6	100		
NP_1	323.5	164	162.2	39.0	550.1	194.4	266.8	34.2	873.6	181.8	393.0	32.8
NP_2	384.7	195	187.4	22.5	574.3	202.7	291.3	18.6	959.0	199.5	478.4	19.9
NP_3	394.0	199.7	196.7	15.8	590.0	208.3	306.7	13.1	990.0	206.0	509.4	14.2
试验（二）												
N	205.2	100			224.3	100			429.5	100		
NP_1	517.5	252.2	312.3	75.1	602.8	268.7	378.5	48.5	1 120.3	260.8	690.8	57.7

（续表）

处理	夏玉米				冬小麦				全年			
	平均产量（斤/亩）	%	增产（斤/亩）	1斤P_2O_5增产（斤）	平均产量（斤/亩）	%	增产（斤/亩）	1斤P_2O_5增产（斤）	产量（斤/亩）	%	增产（斤/亩）	1斤P_2O_5增产（斤）
NP_2	592.0	288.5	386.8	46.5	724.1	322.8	499.8	32.5	1 316.1	306.4	886.6	37.0
NP_3	652.2	317.8	447.0	35.8	627.4	279.7	403.1	12.9	1 252.6	291.6	823.1	18.0
NP_4	674.2	328.6	469.0	28.2	622.9	277.7	398.6	6.4	1 297.1	302.0	867.6	11.0

注：试验（一）夏玉米 N 用量 15 斤/亩；$P_1P_2P_3$ 用量分别为 4.16、8.32、12.5 斤 P_2O_5/亩。冬小麦 N 用量 30 斤/亩；$P_1P_2P_3$ 用量分别为 7.81、15.6、23.4 斤 P_2O_5/亩。

试验（二）夏玉米 N 用量 15 斤/亩；$P_1P_2P_3P_4$ 用量分别为 4.16、8.32、12.5、16.6 斤 P_2O_5/亩。冬小麦 N 用量 30 斤/亩；$P_1P_2P_3P_4$ 用量分别为 7.81、15.6、31.2、62.4 斤 P_2O_5/亩

附表4　磷肥不同用量对小麦生物产量、植株含磷量及土壤有效磷的影响

处理	有效P_2O_5用量（斤/亩）	生物产量（斤/亩）	植株含P_2O_5（%）	吸P_2O_5（斤/亩）	亩多吸P_2O_5斤数	收获后土壤有效P_2O_5毫克/千克	施N（斤/亩）	植株含N（%）	吸N（斤/亩）	多吸N（斤/亩）
试验（一）										
N	0.00	658.7	0.286	1.004		9.2	30	1.45	9.55	
NP_1	7.81	1 370.0	0.321	4.398	2.514	32.1	30	1.31	17.95	8.40
NP_2	15.6	1 474.0	0.321	4.732	2.848	50.4	30	1.36	20.05	10.50
NP_3	23.4	1 621.1	0.367	5.949	4.065	66.4	30	1.42	23.02	13.47
试验（二）										
N	0.00	565.0	0.241	1.362		6.9	30	1.39	7.85	
NP_1	7.81	1 534.7	0.298	4.573	3.211	18.3	30	1.26	19.34	11.49
NP_2	15.6	1 833.0	0.321	5.884	4.522	36.7	30	1.33	24.38	16.53
NP_3	31.2	1 831.7	0.321	6.081	4.719	91.7	30	1.28	23.45	15.60
NP_4	62.4	1 855.3	0.355	6.586	5.224	100.8	30	1.15	21.34	13.49

地点：山东陵县（中国农业科学院土肥所）

附表5　磷肥不同用量的经济效益　地点：山东陵县（中国农业科学院土肥所）

处理	夏玉米					冬小麦					全年共盈（元）
	产量（斤/亩）	增产（斤/亩）	磷肥投资（元）	增收玉米款（元）	盈（元）	产量（斤/亩）	增产（斤/亩）	磷肥投资（元）	增收小麦款（元）	盈（元）	
试验（一）											
N	197.3					283.3					

（续表）

处理	夏玉米					冬小麦					全年共盈（元）
	产量（斤/亩）	增产（斤/亩）	磷肥投资（元）	增收玉米款（元）	盈（元）	产量（斤/亩）	增产（斤/亩）	磷肥投资（元）	增收小麦款（元）	盈（元）	
NP$_1$	323.5	126.2	4.55	12.62	8.07	557.8	274.5	8.5	39.8	31.30	39.37
NP$_2$	384.7	187.4	9.09	18.74	9.65	574.3	291.0	17.0	42.2	25.20	34.85
NP$_3$	394.0	196.7	13.64	19.67	6.03	596.0	312.7	25.5	45.34	19.84	25.87
试验（二）											
N	205.2					224.3					
NP$_1$	517.5	312.3	4.55	31.23	26.68	602.8	378.5	8.5	54.88	46.38	73.06
NP$_2$	592.0	386.8	9.09	38.68	29.59	724.1	499.8	17.0	72.47	55.47	85.06
NP$_3$	652.0	447.0	13.64	44.70	31.06	627.4	403.1	34.0	58.45	24.45	55.51
NP$_4$	674.2	469.0	18.19	46.90	28.71	622.9	398.6	68.0	57.78	-10.22	18.49

注：磷肥每斤以当地价格 0.085 元；玉米以 0.10 元、小麦以 0.145 元计

附表 6　小麦磷肥示范结果　（斤/亩）地点：河南汝南县新坡大队（河南省土肥所）

队别 / 处理	试验站	俄庄	后贺	前贺	平均	增产（%）
不施磷肥	394	359	247.2	570	377.5	100
施用磷肥	520	421.6	460.8	657	514.9	36.4
增产（斤/亩）	126	62	213	147	137.4	—
每斤磷肥增产（斤）	2.1	1.03	3.55	2.45	2.28	—

注：每亩用碳铵 50 斤，磷肥 60 斤做基肥，尿素 20 斤做追肥，耕层土壤有效 P_2O_5 3 毫克/千克

附表 7　不同氮磷比例增产效果　（河南省土肥所）

肥料处理（斤/亩）	小麦产量（斤/亩）	比对照增产（斤）	经济效益（元/亩）
N8 斤	545.1	16.2	7.9
N16 斤	609.1	29.7	13.8
P_2O_5 8 斤	531.9	13.3	5.8
N8 斤 P_2O_5 8 斤	711.0	51.4	31.3
N16 斤 P_2O_5 8 斤	869.5	85.2	53.3
N16 斤 P_2O_5 16 斤	943.3	100.9	61.0
对照（不施化肥）	469.5	—	—

注：小麦价格 0.17 元/斤

附表 8　磷肥试验示范结果　　（小麦斤/亩）（河北廊坊地区农科所）

肥料处理 试验地点	普钙 200 斤 碳铵 100 斤	普钙 150 斤 碳铵 100 斤	普钙 100 斤 碳铵 100 斤	普钙 50 斤 碳铵 100 斤	碳铵 100 斤
香河、安平平四街	374	328.5	319	272	225.5
三河高楼六队	489.6	428.7	413	353	232
三河、高庙二队	541	433	445	339	217
大城、吴会罗大队	614	596	452	402	340
安次、落贷大队	462	632	610	495	292.9
大城、大广安公社	515	484	405	321	239
大厂、大仁庄大队	350.2	352.1	327.9	342.2	316.7
固安、马公庄大队	544	471	405	315	223
静海地区所	528.9	493	484	440	302
平　均	491	468.7	428	364	265

＊ 以普钙 100 斤与碳铵 100 斤较好

附表 9　小麦大田对比试验　　地点：安徽利辛县（安徽省土肥所）

项目 ＼ 区社	王庙公社	卫大清西队	卫大清大队
施磷面积	10 亩	2.8 亩	6 亩
施磷亩产	354 斤	540 斤	260 斤
不施磷面积	10 亩	1.5 亩	54 亩
不施磷亩产	176 斤	76 斤	58 斤

附件 1　1983 年磷肥试验研究内容和承担单位

题目	研究内容	承担单位和负责人	主要作物	备注
磷肥经济有效施用技术的研究	施肥用量、施用方法、施肥深度、位置等	中国农业科学院土肥所 王少仁、杨铮、吴荣贵	小麦、玉米、大豆	
		河南省农业科学院土肥所 张桂兰、窦世忠、宝德俊	小麦、大豆、油菜、芝麻	
		河北廊坊地区农科所 宁守铭、姚振凡、张义林、孟广尧	小麦、玉米、棉花	
		安徽省农业科学院土肥所 李重光、张文玉	小麦、水稻、大豆、油菜	
磷肥培肥土壤的研究	通过增施化肥提高作物生物产量促进有机肥源的增加和畜牧业的发展，从而使瘠薄地快速高产、稳产、改善土壤理化性状	中国农业科学院土肥所 王少仁、杨铮、吴荣贵	小麦、玉米、大豆	请注意：试验前采取土壤土样
		河北廊坊地区农科所 宁守铭、姚振凡、张义林、孟广尧	小麦	
		安徽省农业科学院土肥所 李重光、张文玉	小麦、水稻、大豆、油菜	

（续表）

题目	研究内容	承担单位和负责人	主要作物	备注
磷肥在轮作中分配的研究	在不同的轮作制度中，研究等量磷肥分配使用的最高经济效益	中国农业科学院土肥所 王少仁、杨铮、吴荣贵	小麦、玉米、棉花	在缺磷土壤上进行
		河南省农业科学院土肥所 张桂兰、窦世忠、宝德俊	小麦、大豆、油菜、芝麻	
磷肥品种肥效试验	磷肥品种肥效比较：普钙、钙镁磷肥、钢渣磷肥、沉淀磷肥、磷酸铝等，注意后效（连续实验3年），施用量，施用方法	中国农业科学院土肥所 王少仁、杨铮、吴荣贵	小麦、玉米、棉花	设对照区，重复4次，磷肥用量10斤P_2O_5/亩
		河南省农业科学院土肥所 张桂兰、窦世忠、宝德俊	小麦、大豆、油菜、芝麻	
		河北廊坊地区农科所 宁守铭、姚振凡、张义林、孟广尧	小麦、玉米、棉花	
		安徽省农业科学院土肥所 李重光、张文玉	小麦、水稻、大豆、油菜	
磷肥对提高作物抗逆性的研究	磷肥对作物抗旱、寒、盐碱和干热风能力的研究	河北廊坊地区农科所 宁守铭、姚振凡	小麦、玉米、棉花	
磷肥提高氮肥肥效的研究	研究在不同土壤肥力和生产水平条件下，适宜的氮磷比例和数量	中国农业科学院土肥所 王少仁、杨铮、吴荣贵	小麦、玉米、大豆	
		河北廊坊地区农科所 宁守铭、姚振凡、张义林、孟广尧	小麦、玉米、棉花	
		河南省农业科学院土肥所 张桂兰、窦世忠、宝德俊	小麦、大豆、油菜、芝麻	
		安徽省农业科学院土肥所 李重光、张文玉	小麦、水稻、大豆、油菜	

附件2　1983年磷肥示范推广内容、地点和承担单位

单位	地点	土壤	作物	项目内容	面积	负责人
安徽省农业科学院土肥所	阜阳地区利辛县西庙公社	砂姜黑土	小麦、水稻大豆、油菜	磷肥的增产效果，氮磷的合理配比及经济有效施用方法	7 000~10 000亩	李重光、张文玉
河南省农业科学院土肥所	驻马店地区汝南县水屯公社（包括新坡大队）	砂姜黑土黄土白散土	小麦大豆油菜芝麻	小麦氮磷用量和配比示范油菜磷肥肥效试验示范大豆磷肥示范(种肥)	新坡大队3 000亩公社计划6万亩	张桂兰、窦世忠、宝德俊（地区所胡天福公社管麦员）
河北廊坊地区农科所	大城县、坝县、三河县	潮土	小麦玉米棉花	氮磷混合作种肥经济施磷方法	20万亩	宁守铭、姚振凡
中国农业科学院土肥所	山东	潮土	小麦玉米棉花	磷肥的增产效果，氮磷配比及经济施磷方法	2万亩	王少仁、杨铮、吴荣贵

1982—1983 年陵县磷肥试验、示范、推广工作的汇报（初稿）

（1983 年 12 月 8 日）

为了迅速改变黄淮海平原低产面貌，进一步发挥现有磷肥的经济效益，使农民得到实惠，按照农牧渔业部农业局的指示精神，在德州地区行署、农委、农业局、土肥站、陵县科委、农业局、土肥站的领导和支持下，开展了磷肥试验、示范、推广工作，现将1982—1983 年工作情况简要汇总如下。

一、陵县土壤概况，磷肥效果和产量提高的情况

1. 土壤概况

陵县地处黄泛平原，地势比较平坦，土层深厚，全县可利用面积约 151.5 万亩，其中，小红土占耕地面积的 7.1%，两合土占 46.8%，白土占 42%，白沙土占 3.5%，沙土占 0.6%。在作物生长季节，光照充足，热量丰富，雨量也较充沛（年降水量平均约 600 毫米），从 1973 年开始引黄灌溉，有效灌溉面积约 61 万亩，占耕地的 49%，防洪排涝能力也有所提高，这些基本情况都是发展农业的有利条件。从第二次土壤普查结果看出：本县大部分土壤有机质含量不足，超 1% 的只有 38.3 万亩，占耕地面积的 31.9%，普遍缺氮，土壤全氮在 0.075% 以上的只有 3.8 万亩，仅占 3.2%，土壤有效磷（P_2O_5 以下同）严重缺乏，大于 22.9 毫克/千克的有 8.7 万亩，占 7.3%，6.9 ~ 22.9 毫克/千克的有 77.1 万亩，占 64.3%，小于 6.9 毫克/千克的有 34.1 万亩，占 28.4%，即陵县有 92.7% 的耕地面积有效磷不足，需要增施磷肥。大部分土壤速效钾（K）比较丰富，在 100 毫克/千克以上的地块有 80 多万亩，占 76%（表1）。

2. 磷肥的效果

近年来，德州地区随着农业生产发展的需要，氮肥用量逐年增加，在严重缺磷的地区，出现了单独施用氮肥，虽然施用量不断提高，但产量增加很少。通过多年肥料试验逐步认识到，大部分低产田既缺氮又缺磷，单独施用氮肥或磷肥其肥效很低，甚至减产。为此，我所于 1971 年 9 月和 1972 年 10 月先后向德州地区和山东省提出了"发展磷肥的意见"，并于 1971 年开始，在德州地区 9 个县开展了磷肥肥效多点联合试验，通过 25 个农村基点的科学试验结果表明，在本地区大部分土壤磷肥增产效果很突出，在当地施用氮肥的基础上，每亩施 40 斤过磷酸钙含（16% P_2O_5），可使小麦增产 10% ~ 90%，玉米 9% ~ 15%，折合每斤磷肥增产小麦 0.8 ~ 6.4 斤，平均 3.6 斤，玉米 3.1 ~

6.2 斤，平均 4.6 斤。1970 年以前，该地区农民欢迎氮肥，不知施磷肥，据 1971 年调查，全地区施用化肥 $N : P_2O_5$ 仅为 $1 : 0.097$。通过各地磷肥试验、示范，群众开始对磷肥有了认识，使本地区原存的磷肥一销而空，供不应求，并从 1972 年起不少县建立了磷肥厂，为合理施用和分配氮磷化肥创造了物质基础。经过多年的科学实践表明，土壤供磷能力强弱受 pH 值、有机质、土壤质地等影响，而土壤有效磷水平是决定磷肥肥效的主要因素。当土壤有效磷为 5.7 ~ 10 毫克/千克，12.9 ~ 17 毫克/千克和 24.5 毫克/千克时，每斤磷肥分别增产小麦 2.9 ~ 6.4 斤，1.2 ~ 4.5 斤和 0.3 斤。当时本地区大面积低产田，小麦单产不过一二百斤，当土壤缺磷时，若只施氮肥，则小麦植株暗绿，很少分蘖或不分蘖，表现"僵苗"现象，群众形容这种麦苗是"括着膀，缩着头，越看越愁"，经测定其土壤有效磷都过低，施磷肥后明显好转。单产在 200 斤水平而有水浇条件的麦田，氮肥与磷肥配合施用，可以很快把产量提高到 600 ~ 700 斤，群众称赞："磷肥是缺磷低产田的翻身肥"。合理施用磷肥是改良低产田的有效措施。

3. 产量提高情况

三中全会以来，落实了党的农业政策，调动了群众的积极性，推广合理施用磷肥，使农业生产突飞猛进，如陵县粮食总产量 1979 年为 3.3 亿斤比 1975 年的 2.7 亿斤增产 21%，1981 年又比 1975 年增产 1.1 亿斤，增产 41%；该县抬头寺公社 1980 年小麦总产 270 万斤，1981 年为 320 万斤，1982 年为 650 万斤，1983 年为 1 050 万斤，连年大幅度上升，该公社在施用氮肥的基础上，每年亩施磷肥 100 斤左右，4 年内小麦单产由 150 斤逐步上升到 280 斤、400 斤、500 斤和 650 斤。以上表明：政策落实了，群众思想解放了，合理施用磷肥推广了，扭转了过去"重氮轻磷"的思想，使当地单产提高 3.9 倍。

现在磷肥的增产作用已经肯定，而迫切要研究如何施用好磷肥，充分发挥经济效益的问题。据 1980 年统计资料，陵县供应的小麦化肥成本达 34%，棉花用化肥成本达 46%，加之各社队及社员户购进的议价化肥，化肥成本就更高了。为了使有限磷肥充分发挥经济效益，从 1982 年起开展了有关合理施用磷肥的试验、示范、推广工作。

二、1982—1983 年上半年氮磷肥试验示范结果

我们于 1982 年下半年，开始在陵县神头、张习桥、土桥、滋镇、于集、丁庄、边镇、梅镇、城关和抬头寺等公社 14 个大队进行了夏玉米氮磷肥示范试验，秋季又对小麦继续试验。

本项工作是与该县科委协作进行的，先召开有关各社队技术员和科技户的学习班，学习田间肥料试验技术，并落实计划任务。夏玉米试验内容有：磷肥追肥用量、追施尿素时期、氮磷配合等。在夏玉米生育期间进行了检查，收获前又召开技术员和科技户学习班，传授收获和总结方法，并落实小麦试验的任务和要求。小麦肥料试验内容有：冬小麦磷肥基肥用量、小麦磷肥施用方法、钙镁磷肥肥效，并进行了 85 亩盐碱荒地施氮磷化肥的试验推广等工作。结果如下。

1. 套种夏玉米氮磷肥示范试验，试验小区一般为 0.2 亩，重复 2~3 次

（1）夏玉米追施磷肥用量

试验表明，夏玉米追施磷肥都有不同程度的增产作用，从各试验总平均看（表2），在当地施用有机肥和 15~50 斤尿素水平上，增施过磷酸钙 50 斤、100 斤、150 斤、200 斤和 250 斤，分别增产玉米 31.7 斤、56.3 斤、79.1 斤、111.3 斤和 75 斤。折合每斤磷肥增收玉米 0.63 斤、0.56 斤、0.53 斤、0.56 斤和 0.3 斤，均表现增产但不能增收。这可能与追磷时间有关。一般认为，在玉米需磷临界期（大约出苗后半个月，4~5 片叶期）以后追施磷肥增产作用不大。我组曾在德州市簸箕刘大队试验，先条施磷肥 80 斤，而后播种夏玉米产量由每亩 250~400 斤提高到 650~734 斤，合每斤磷肥增产玉米 5.0 斤和 4.2 斤，增产明显，收益很大。今后对本县套种夏玉米施磷方法与时期应继续研究和改进。

（2）夏玉米、棉花尿素追肥时期试验

从土桥公社夏玉米追氮肥时期试验结果看（表3），早期追肥效果较好（7月10日以前），但张习桥公社的试验结果较差，尚须进一步研究。于集公社棉花盖顶肥试验，在等氮（60 斤碳铵）、等磷（80 斤普钙）条件下，8 月 7 日追施尿素 20 斤，亩产皮棉 168 斤，不施尿素的对照区，亩产皮棉 137 斤，折合每斤尿素增产皮棉 1.55 斤，增产增收。

2. 冬小麦施用磷肥试验。磷肥用作底肥，试验小区面积 0.2 亩，重复 2~3 次

（1）从冬小麦磷肥用量

试验结果看（表4），亩施 10% 过磷酸钙 40~50 斤，增产小麦 63 斤，亩施 100 斤、150 斤磷肥增产小麦 85 斤和 154 斤，但亩施 200 斤和 250 斤磷肥的，效果明显下降，仅增产 65.7 斤和减产 6.2 斤。该地区小麦磷肥用量初步认为，以 100~150 斤较好（折 P_2O_5）每亩 10~15 斤。

（2）小麦磷肥施用深度试验结果（表5）

磷肥深施（撒后耕），浅施（耕后撒耙）及分层施（70% 撒后耕，30% 耕后撒耙），总的来看，不同深度没有明显差异，尚待进行细致的研究。

（3）小麦施用钙镁磷肥结果（表6）

若以 50 斤钙镁磷肥为对照，继续加大用量到 100 斤和 150 斤，尚有增产作用，每斤钙镁磷肥比对照增产小麦 1.3~1.4 斤。这说明，在陵县石灰性土壤条件下钙镁磷肥的增产作用是明显的，过去认为华北地区石灰性土壤上不大适宜施用钙镁磷肥的问题尚须深入研究。

（4）氮磷化肥对夏玉米—冬小麦连作的增产效果

本试验在丁庄公社时楼大队进行，土地比较瘠薄，土壤有机质是 0.74%，全氮 0.056%，有效磷小于 3.0 毫克/千克，历年全年粮食产量在 150~220 斤。磷肥对夏玉米和冬小麦的增产效果列入表7。对夏玉米单施氮肥减产，氮磷配合能显著提高产量。冬小麦单施氮肥增产也很少（1.4%），氮磷配合提高了产量两倍多，增产增收；从全

年粮食总产量来看，亦表现为单施氮肥减产，氮磷配合增产增收（表7）。

（5）1982年曾在时楼大队盐碱荒地上进行了85亩施用碳铵和普钙的示范

第一季作物为冬小麦，总产16 410斤，平均亩产193斤；另一块相邻荒地25亩，没施氮肥磷肥，总产1 000斤，平均亩产40斤为对照，则施用化肥比对照每亩增产153斤，增产382.5%，由于仅系一季结果，经济效益如何仍需继续研究。

三、连年施用磷肥对土养供磷能力的影响

在缺磷的土壤上，连续几年施用较大量的磷肥以后，还要不要每年施用，磷肥对土壤有效磷的影响及再施磷肥的肥效如何？是亟待研究解决的问题。为此，于1983年7～8月对抬头寺公社15 000亩麦田，土桥公社3 000亩在施肥前按地块情况每50～200亩取一个混合土样分析土壤有效磷结果表明，连续几年施用磷肥后土壤有效磷含量有明显增加，但仍然较低，适当地增施磷肥还是必要的。抬头寺公社，从1980年秋种开始普遍施用磷肥每亩50～100斤，到目前这15 000亩麦田中，土壤有效磷低于12毫克/千克（P_2O_5）的有38%，12～23毫克/千克的有47.7%，23～32毫克/千克的有6.7%，大于32毫克/千克的仅有7.6%。其中，23毫克/千克以下的土地面积占85.7%，比全县第二次土壤普查的92.7%有所减少；土桥公社是从1976年秋种起开始施磷的，目前3 000多亩麦田中土壤有效磷小于12毫克/千克的占35.5%，12～23毫克/千克的占36.8%，23～32毫克/千克的占17.7%，大于32毫克/千克的仅占10%，其中23毫克/千克以下的占72.3%，比第二次土壤普查结果也有明显减少，这说明连续施用磷肥，土壤有效磷含量有所增加。但据我们过去试验结果，在土壤有效磷低于23毫克/千克时，对大部分麦田施用磷肥可以增产增收。因此，德州地区必须注意经济施用磷肥，而不是施用磷肥越多越好，也不是所有土地每年一律要施多少，要因土、因作物和产量适宜，使有限磷肥发挥最大效益。

四、1983年陵县小麦氮磷肥试验示范推广工作计划和明年打算

为进一步摸清陵县和德州地区合理施用氮磷化肥的数量和方法，计划1983—1984年与德州地区土肥站、陵县土肥站协作，进行以下试验：①磷肥用量试验；②磷肥品种对比试验（过磷酸钙、钙镁磷肥、塞内加尔磷酸铝钙）；③氮磷肥用量和比例试验；④碳酸氢铵机器深施追肥试验；⑤氮肥品种对比试验（碳酸氢铵、尿素和硫铵等）。

根据我所多年研究，并参阅近几年来国内外资料，在当地施用有机肥和氮肥的情况下，初步提出了德州地区土壤有效磷肥力分级和测土推荐施磷方法（表8）。1983年秋在抬头寺和土桥公社进行了3 800亩小麦测土推荐施磷示范田，2万亩推广田，并选择了有

代表性的地块设不施磷肥对照区，以便计算磷肥的增产作用及其经济效益。为了顺利开展上述试验、示范、推广工作，先后培训了两个公社的农民技术员和科技带头户，并采用试验示范现场会方式传授田间试验技术。在抬头寺公社、土桥公社又举办了有公社领导、大队书记、大小队长，1~3 级农民技术员，科技带头户 400 多位同志参加的测土推荐施磷学习班，又与德州地区土肥站系统联合开办有各县土肥站站长、科技人员、化验员 40 多位同志参加的学习班 3 天，介绍土壤磷有关测试技术、田间试验方法、数理统计和推荐施磷原则等，为本地区大面积示范、推广、合理施磷，培养了技术力量。

明年的打算：打算明年与地区土肥站协作，根据当地需要在德州地区每县各选一个公社作试点，进行测土推荐施磷的示范、推广约 50 万亩小麦，为全地区作出样板。

我们的经验还很不足，上述意见是否妥当，请批评指正。

中国农业科学院土肥所磷肥协作组

1983 年 12 月 8 日

表 1 陵县土壤养分状况表

分级	有机质			全氮			碱解氮			有效磷（P$_2$O$_5$）			速效钾（K）		
	（%）	面积（万亩）	占总面积（%）	（%）	面积（万亩）	占总面积（%）	毫克/千克	面积（万亩）	占总面积（%）	mg/kg	面积（万亩）	占总面积（%）	mg/kg	面积（万亩）	占总面积（%）
1	>4			>0.2			>150			>91.6			>200	3.5	2.3
2	3~4			0.15~0.2			120~150			45.8~91.6	0.76	0.5	150~200	8.03	5.3
3	2~3			0.1~0.15			90~120	0.24	0.16	22.9~45.8	10.3	6.8	100~150	51.51	34.0
4	1~2	48.3	31.9	0.075~0.1	4.8	3.2	60~90	11.66	7.7	11.5~22.9	35	23.1	75~100	52.12	34.4
5	0.6~1	95.7	63.2	0.05~0.075	107.4	70.9	30~60	126.7	83.6	6.9~11.5	62.42	41.2	50~75	29.85	19.7
6	<0.6	7.4	4.9	<0.05	39.24	25.9	<30	12.88	8.5	<6.9	43.03	28.4	30~50	4.85	3.2
7													<30	1.67	1.1

表 2 1982 年夏玉米磷肥用量试验结果

试验地点	产量(斤/亩) 化肥用量	尿素（斤/亩）	普钙用量（斤/亩）					
			0	50	100	150	200	250
1. 神头	槐里	40	491.4	542.2	492.7	529.0		
2. 张习桥	小孙	33	601.3	581.3	610.7	604.0		
3. 滋镇	前许	40	537.3	551.0	525.7	524.0		
4. 土桥	谭庄	15	522.5		627	653	667	
5. 丁庄	雨林	40	648.0	706.0	721.0	770.7		
6. 边镇	阎庄	30	487.0	499.0	519.0	530.0	578.0	562
7. 梅镇	周家	40	756.0		828.0	892.0	917.4	

（续表）

化肥用量 产量（斤/亩） 试验地点	尿素 （斤/亩）	普钙用量（斤/亩）					
		0	50	100	150	200	250
8. 于集　　大于集	40	731.6	743.0	781.0	821.6		
9. 梅镇　　后张	50	782.0	865.9	887.5	873.3		
总　　产（斤）		5 485.1	4 488.4	5 992.6	6 196.9	2 162.4	562
平　　均（斤/亩）		609.5	641.2	665.8	688.6	720.8	
增、减（斤/亩）		—	+31.7	+56.3	+79.1	+111.3	+75
斤普钙增产（斤）		—	×0.63	+0.56	+0.53	+0.56	+0.3
磷肥投资（元）*		—	5	10	15	20	25
增收玉米（元）			3.17	5.63	7.91	11.13	7.5
盈、亏（元）		—	−1.85	−4.37	−7.09	−8.87	−17.5

* 注：普钙按 0.1 元/斤，玉米 0.1 元/斤计算

表3　1982 年夏玉米尿素追肥期试验

处理 产量 地点	（无肥） 对照	7月10日 早追	7月20日 中期追	8月3日 晚追	尿素 （斤/亩）	普钙 （斤/亩）
土桥	554	698	510	514	40	100
		+144	−44	−40		
张习桥	455.6	466.2	440	442	50	50
		+10.6	−15.6	−13.5		

表4　1982—1983 年冬小麦磷肥用量示范试验结果

处理 产量 试验地点	对照 （无肥）	施用普钙（斤/亩）					
		40~50	75~80	100	150	200	250
丁庄　　雨林	537	602		653	737		
边镇　　阎家	695.2	761.5		757.5	804.3	760.9	689.0
土桥　　谭庄	633	767	617				
抬头寺　　张申	765.5	755.5					
丁庄　　孙集	580	640		656			
城关　　北关	600		750				
总　　计	3 210.7	3 526	1 367	2 066.5	1 541.3	760.9	689.0

（续表）

处理 产量 试验地点	对照（无肥）	施用普钙（斤/亩）					
		40~50	75~80	100	150	200	250
平　均	642.1	705.2	683.5	688.8	770.7	760.9	689.0
增、减（斤）	—	+63.1	+67	+84.7	+154.6	+65.7	-6.2
（%）	100	109.8	110.8	114.0	125.0	109.4	99.1
每斤磷肥增产（斤）		1.3	0.86	0.85	1.03	0.33	（-）
磷肥投资（元）*		4.5	7.75	10	15	20	25
增收小麦（元）		9.97	10.59	13.38	24.43	10.38	-0.98
盈、亏（元）		5.47	2.84	3.38	9.43	-9.63	-25.98

* 注：按过磷酸钙0.1元/斤，小麦0.158元/斤计算

表5　磷肥施用深度对比试验

试 验 地 块	深度（对照）	浅施	分层施
土桥公社谭庄大队	520	526.5	549.2
梅镇公社周家大队	760.3	622.7	715.0
梅镇公社陶家大队	819.2	799.3	843.3
张习桥公社小孙家大队	696.6	708.6	—
滋镇公社前许大队	613.1	700.4	777.8
共　　计	3328.2	3357.5	2685.3
平　　均	665.6	671.5	671.3
%	100.0	100.9	100.9

小区面积0.1~0.6亩，重复2~3次

表6　钙镁磷肥用量试验

试验地块	钙镁磷肥用量（斤/亩）			备　　注
张习桥公社	50	100	150	肥底：土粪2车，碳铵100斤，饼肥100斤，尿素20斤
产　　量	606	678	732	
增产小麦（斤/亩）	—	72	126	

表 7　施氮磷化肥对夏玉米、冬小麦的增长效果

作物 产量 处理	夏玉米			冬小麦			全年产量		
	斤/亩	%	比 CK 增产（斤）	斤/亩	%	比 CK 增产（斤）	斤/亩	%	比 CK 增产（斤）
CK	204.9	100		279.5	100		484.3	100	
N（15 斤）	197.3	96.3	−7.6	283.3	101.4	3.9	480.6	99.2	−3.7
P_2O_5（8.32 斤）	275.3	134.4	70.4	643.9	230.4	364.5	919.3	189.8	435
$N+P_2O_5$（N15 斤、8.32 斤）	384.7	187.8	179.8	574.3	205.5	294.9	925.6	198	441.3

表 8　土壤有效磷肥力分级和推荐施磷量表

土壤有效磷 毫克/千克（P_2O_5）	< 120	12~23	23~32	> 32
土壤磷肥力	低	偏低	中	高
推荐施 P_2O_5 量（斤/亩）	13	10	8	5

1982—1983 年黄淮海中低产地区科学施用磷肥试验、示范、推广工作的汇报（初稿）

（1984 年 1 月 25 日）

黄、淮、海中、低产地区磷肥试验、示范、推广协作组第二年度汇报总结会于 1983 年 12 月 17 ~ 19 日在北京中国农业科学院土肥所召开。农牧渔业部农业局土肥处和土肥所领导同志参加了会议，对工作提出了指导意见。会议中各单位汇报了工作情况，交流了经验，总结了成绩和存在的问题，并确定了 1983—1984 年度研究和工作计划，现分别汇报如下：

一、协作工作开展情况

在 1981—1982 年协作基础上，今年在农牧渔业部农业局土肥处的支持下，4 所有关科技人员，继续开展了黄淮海中低产区的科学施用磷肥试验、示范、推广工作，取得了明显效果。

安徽省农业科学院土肥所的磷肥试验和示范区落实在利辛县张村区，面积由 2 000 亩扩大到 1 万亩，作物由小麦增加到大豆、棉花等。主要研究淮河流域小麦、大豆轮作中氮磷肥的经济有效施用技术。对全县施磷起到了推动作用。

河南省农业科学院土肥所试验、示范区落实在汝南县水屯公社。着重研究在沙姜黑土上进行磷肥用量、氮磷比例、磷肥后效等项试验。在历史上有名的低产贫困的新坡大队，开始推广氮肥经济用量和氮磷适当配比，1983 年全大队 2 050 亩小麦，亩施磷肥 65 ~ 70 斤，碳铵 70 ~ 80 斤，尿素 20 斤，小麦单产 651 斤，亩增产 135 斤。1983 年继续氮磷配施，平均单产 762 斤，较上年又增产 111 斤，淮北平原成为薄地快速高产的典型。1984 年又进行了配方施磷示范试验。

中国农业科学院土肥所的试验、示范区落实在山东陵县抬头寺、土桥等 10 个公社的 14 个大队。研究在鲁西北潮土上，小麦、玉米、棉花的磷肥用量、氮磷适宜配比和经济有效的施用方法。还在 85 亩盐碱荒地上进行氮磷示范，取得了一定的效果。又根据多年研究结果，并参阅近几年国内外资料，1983 年秋初步提出，在施用有机肥和氮肥的基础上，陵县土壤有效磷肥力分级和测土推荐施磷的方法。开始在抬头寺和土桥两公社进行小麦测土推荐施磷示范田 3 000 亩，推广田 2 万亩，并选择了有代表性的地块，设有不施磷肥对照区，以便计算磷肥增产作用及其经济效益。

河北廊坊地区农科所，采取了多层次结构的示范区，在大城县 10 个公社的 13 个大队麦田上，建立了第一个层次的中心试验区；在这 10 个公社 17 万亩麦田上建立了第二个层次的示范区，以带动全县 32 万亩麦田，全县是第三个层次圈。这样圈圈相连，层层推移的全面布局，就能放开手脚打开局面。在作物方面，除小麦外又增加了夏玉米、棉花和花生示范区。在中心试验区除安排各项试验外，还组织、培训了"示范户、联系户、试验户，"从而带动和提高了廊坊以及黑龙港的低产区磷肥施用技术。

4 所参加示范、试验区的科技人员，情绪饱满，精神振奋，与当地领导，科技人员以及广大群众密切结合起来，因而取得磷肥试验、示范以及推广方面的预期效果，并深受群众欢迎。

二、1982—1983 年的主要效果

（一）把现有的科研成果变成生产力，取得了较高的经济效益

协作单位都抓了一个试验，示范基地县，在当地领导大力支持下，建立了试验、示范区，在示范区里又建立了示范基点。并以基点为阵地，培养样板，向广大群众进行宣传，辅导氮磷配合、集中底施等科学施用技术，使粮、棉生产大幅度提高。如山东陵县1979 年全县粮食总产 3.3 亿斤，皮棉 5.4 万担，1982 年粮食增加到 4.4 亿斤，皮棉增到 62 万担，农业总收入由 1979 年的 5 123 万元增加到 1982 年的 2.4 亿元，翻了两番，棉油、棉籽饼、棉柴等经济收入尚未计算在内。河北大城县土壤旱、薄、碱、涝条件最差，小麦示范田 17.5 万亩，单产 254 斤，比去年亩增产 90.4 斤，比当年对照区增产193 斤，纯技术经济效益为 171.2 万元。1.1 万亩棉花示范田纯技术效益 30.2 万元；8 000 亩夏玉米示范田的经济效益为 6.7 万元；3 项合计达 208.1 万元。安徽利辛县 130万亩小麦，历史上单产都在 150 斤左右，自 1979—1983 年磷肥用量骤增，产量也大幅度上升。近四年来，施磷肥量分别为 1.1 万吨、2.4 万吨、5.5 万吨、6.6 万吨，单产分别为 179 斤、279 斤、367 斤、400 斤，增加 1.7 倍。

河南汝南县水屯公社 1982 年 6.4 万亩小麦施磷肥面积 2 万余亩，总产 3 239 万斤，较 1981 年增产 677 万斤，增长率 26.4%。1983 年施用磷肥 904 吨，施磷肥面积 3.5 万亩，再加上大豆施磷后效，施磷面积 81.5%，由于增施了磷肥，并调整氮磷比例，小麦产量大幅度提高。6.4 万亩小麦，总产 4 070 万斤，平均单产 630 斤，较 1982 年总产增加 830 万斤。各地取得以上效果，是在落实三中全会农村政策，并配合其他农业综合性技术措施而获得的，增施磷肥，氮磷配合起了重要作用。

（二）各项调查和试验研究也都取得了预期的效果

1. 黑龙港地区氮磷肥配合，集中作底施的技术逐步明确起来

初步找出当地小麦、棉花、大豆、玉米的氮磷适宜施用量，适宜时期及配合比例。在山东陵县和河南汝南县小麦中等肥力土壤，氮磷比以 1：（0.5～1.0），而黑龙港地区瘠薄小麦低产土壤，氮磷比应接近于 1：1 或 1：1.5（表1）。说明了土壤越贫瘠，施磷量就应该适当地增加，否则就会发现显著地生长不齐和发育延迟，甚至完全停滞生长

的现象。在施肥深度上明确了旱地较水地应稍深，肥地较薄地应深些。又阐明了磷肥晒干、压碎、过筛"三道工序"，具有实践和理论价值。实践证明：无论粮、棉、油等作物，在低产薄地上都以集中底施为好，产量可以成倍或成几倍的增产。由于磷肥的后效较长，连续施用达到一定数量后，磷肥肥效将逐渐下降，氮磷适宜比例也要适宜下降，还需要进一步研究。以上施磷技术在黄淮海低产地区具有重大意义。磷肥施用量不是越多越好。如山东陵县在当地施用氮肥和有机肥基础上，冬小麦亩施普钙（含 P_2O_5 10%）40～50 斤，增产小麦 63 斤，亩施普钙 100 斤和 150 斤，增产 85 斤和 154 斤，若再增到 200 斤和 250 斤，肥效明显下降，仅增 65.7 斤和减 6.2 斤。该地区小麦磷用量初步认为以 100～150 斤较好，（折 P_2O_5 每亩 10～15 斤）（表2）。4 所试验结果基本一致，磷肥用量要根据不同的土壤和作物施，超过适宜用量，再增施磷肥，增产效果明显下降，甚至减产。

2. 在增产前景上摸索到主攻目标

初步明确了"治薄为首，兼顾抗旱"是改造黄淮海低产地区的主攻目标。改变了多年来在改造途径上的"旱、涝、碱、薄"的排列次序为"薄、旱、碱、涝"，冲破了单纯依靠灌溉的禁锢，特别在没有灌溉条件下，要走旱作农业的路子。相应的制定了"以肥（有机、无机）为主，化肥先行，磷肥突破，氮磷平衡"，以无机促有机，有机和无机配合，用地养地相结合，"抗旱先治薄，靠两蓄（雨）、保（墒）、带（水）"以及"足肥促根、以根抗旱"等一整套农业栽培技术路线。为黄淮海低产地区发展农业开创高速度（当年大幅度，甚至成倍增产），高水平（小麦单产由百十斤，迅速提高并稳定在旱地 200 斤，一水 300 斤，两水 500 斤，三水 700 斤/亩的水平），看出少投资，高效益的前景（表3）。

3. 在磷肥后效以及轮作施磷制度研究中，也有新的进展

通过试验明确磷肥后效在低产地区十分显著。如廊坊地区的定位试验：1980 年亩施普钙 100 斤，以后未再施用，在三年五作中，作物都有明显的磷肥后效。小麦、玉米三作亩增产粮食 682 斤，向日葵增产 58.8 斤，大豆增产 20 多斤（表4）。河南汝南县试验在前作大豆上亩施过磷酸钙 65 斤，第二季小麦亩产 324 斤，较不施磷的 194 斤增产 130 斤。这些试验都提示了季季施或年年施以及隔季、隔年施的经济效益问题，需要进一步研究。

安徽利辛县多点试验证明，大豆施磷效果很突出，亩施普钙 60 斤可增籽粒 153～197 斤，而且观察到根瘤发育好，可以收到"以磷增氮"的效果。河南汝南对大豆施用磷肥后，根瘤生长情况和植株积累氮素情况（表5）。大豆的枯枝残叶留在田间也起到增加有机物和积累氮素的作用。对以麦、豆轮作为主的广大淮北地区，确定轮作形式和施磷制度，有着重要意义。

4. 磷肥集中条施作种肥，具有提高肥效和"节流"的重要作用

从安徽利辛县试验亩施 50 斤普钙用耧条施作种肥，单产 476.8 斤；每亩用耧施 100 斤，单产 538.7 斤，比撒施 100 斤的增产 105.8 斤，增产 24.4%。用耧条施比全面撒施可省磷肥 40%～50%（表6）。当地农民利用自己制造的三腿施肥、播种两

用耧，造价低廉，操作简便，今年已在示范区 3 个大队 7 000 亩小麦，由去年普遍撒施，改为用耧集中施。廊坊地区多年来试验和大面积生产也证明，用耧开沟集中施磷比面撒耕翻的，小麦单产提高 50～70 斤。这些都是节约用肥，挖掘磷肥潜力的重要措施。

（三）工作方法和体会

通过两年来的实践，进一步体会到：加强领导，明确目标，组织力量，调动积极性，把技术送下去，经验总结上来，切实地处理好试验、示范、推广三结合，点和面，科研部门与生产部门之间的三大关系，是开展好农业开发性科研工作的基础，具体方法如下：

1. 建立"多层次结构，大小圈相联"的示范区，使"点多面广"迅速地发展生产，提高经济效益

各省都采取了以点带片，以片带面的做法，收到实效。如：廊坊大城不仅有县的多层次结构，而且在地区农业局、科委的组织下与廊坊各县组成了协作圈，又在河北省农业科学院组织下与黑龙港 5 个地区形成另一个协作圈，通过本协作组又扩大成为黄淮海这样的一个更大的范围。圈圈相联，互通情况，好经验互相交流观摩，更有助于试验与示范的迅速发展。1983 年 5 月我们黄淮海四所的联合考察，到皖北、豫南，进行现场调查，收获很大。充分体现了省与省之间，学科之间（本协作包括化肥、绿肥、栽培 3 个专业）的优越性。从而产生了"治薄为首""氮磷配合""磷肥突破"的共同概念，为迅速提高农业生产，改变低产面貌，作出贡献。这些措施在大部分中、低产地区是切实可行的。

2. 通过"4 条渠道""三户带头"把科学技术送到千家万户去

在各地行政领导和有关部门的配合下，通过"层层培训、咨询小报，有线广播，观摩交流"4 条渠道，并培训"示范户、试验户、联系户"使他们成为传播技术的带头人，先进技术就能很快地送到群众手里去。

3. 科研人员在思想方法上获得明显的提高

两年来科技人员在长期与生产实际相结合中，不断对复杂多变的实际问题进行研究。通过辛勤劳动，在思想方法上也有个飞跃。许多同志解决了科研与示范、观察与试验、宏观与微观、综合与分析、归纳与演绎相对立的观点，取得辩证唯物认识论的可喜收获，从而能抓住新现象，解决新问题，探求新理论。协作组最大特点是把科学研究与生产实践紧密联系起来，把科研人员与各级行政领导和广大群众紧密结合起来，在使用中研究，在研究中使用，把两者同时推向前进。

三、1984 年的工作打算

本协作组对第二年度（1983—1984 年）的工作进行了深入的讨论，要求四所各有

侧重，共同协作完成以下 4 项课题，并扩大示范区面积。

（一）瘠薄地稳产、高产

这是具有现实意义和理论价值的课题。群众承包了瘠薄地后，想最快地增加产量，必须大量投入化肥和有机肥。各地实践已证明：薄地可以经济合理投入化肥，能获得较高产量，今后建设高产稳产的土壤结构，应从技术上和理论上使之更具体完备起来。

（二）旱、薄、碱地的开发利用

黄淮海低产区还有相当面积产量很低的低产田，大多是旱、薄、碱综合危害的结果。两年来大城和陵县已经找到了"足肥促根、以根抗旱、抗碱"的路子，并做出了可喜的成功样板。今后抓住足肥（即足量配比的氮磷肥），结合全面配套技术，在旱、薄、碱地上进行大面积的开发性研究。

（三）磷肥在不同轮作形式中施用制的研究

研究黄淮海地区夏收和夏播作物施肥数量的长期肥效试验并观察其后效，选定对不同轮作科学的施肥制度。淮河流域重点研究小麦、大豆（或夏棉花、夏花生）轮作。黄、海河流域重点研究小麦、夏玉米轮作，要大范围地开展这项研究和示范工作。

（四）磷肥的"开源"与"节流"（即经济有效施用技术）的研究

"开源"本年放在钙镁磷肥以及钢渣磷肥的施用研究上，而"节流"重点放在粮、豆绿肥的施肥方法、氮磷适宜配合和适宜用量等问题上。

为了在广大范围里收到实效，在"三结合"的组织形式下，示范区将由原来的 29 万亩，1984 年扩大到 120 万亩，试验、示范、推广计划请见（附表 1、附表 2）。

协作组总结会上提出，拟于本年 4 月中下旬赴各农村试验示范基点进行联合检查，希望领导参加指导，对这项工作是极大的鼓舞。

四、存在的问题

①在播种季节磷肥很难买到，氮肥也较缺，为了保证试验示范工作的顺利进行，给四所的磷（氮）肥试验、示范、推广农村基点在肥料指标上予以照顾。

②明年各项工作要严格执行专款专用。试验、示范田中设有无肥对照区，需要给农民以适当的补助。我们到农村工作，交通工具不便，望解决购买需要少量自行车的指标，并准予报销。

③以前认为在石灰性土壤上，只能用过磷酸钙，而不用钙镁磷肥，通过试验和示范、推广，初步看到钙镁磷肥在石灰性土壤上效果也相当好，而目前河北、山东西北、皖北和豫北都买不到钙镁磷肥，为了开展这项试验研究工作，希望能给上述地区调拨少

量钙镁磷肥以便试验、示范工作的顺利进行。

中国农业科学院土壤肥料研究所
安徽省农业科学院土壤肥料研究所
河南省农林科学院土壤肥料研究所
河北省廊坊地区农业科学研究所

1984 年 1 月 25 日

表1 黑龙港地区 N、P 配比试验结果表

处理 项目 地点	1：0 亩产（斤）	1：0.5 亩产（斤）	1：1 亩产（斤）	1：1.5 亩产（斤）	1：2 亩产（斤）	对照 亩产（斤）	备注
邯郸 广平	511.2	530.2	602.5	610.3	624.4	470.4	"1" 为16斤 （P_2O_5）N
盐山县	156.7	227.5	267.2	291.9	309.1	167.8	"1" 为8斤 （P_2O_5）（N）
邢台所	82.5	202.5	270	321.5	347.5	—	"1" 为8斤 （P_2O_5）（N）
河间县	92.7	392.5	489.5	460.2	—	38.5	"1" 为12斤 （P_2O_5）（N）
故城县	377.6	480	471	—	474.5	343.9	"1" 为12斤 （P_2O_5）（N）
廊坊地区 三河县	250	—	380	470	513	220	"1" 为12斤 （P_2O_5）（N）

表2 山东陵县 1982—1983 年冬小麦磷肥用量示范试验

处理 产量 （斤/亩） 试验地点 （公社、大队）	对照 （无肥）	施用普钙量（斤/亩）					
		40～50	75～80	100	150	200	250
丁庄 雨林	537	602		653	737		
边镇 阎家	695.2	761.5		757.55	804.3	760.9	689.0
土桥 谭庄	633	767	617				
抬头寺 张申	765.5	755.5					
丁庄 孙集	580	640		656			

（续表）

处理 产量（斤/亩） 试验地点 （公社、大队）	对照 （无肥）	施用普钙量（斤/亩）					
		40~50	75~80	100	150	200	250
城关 北关	600		750				
总 计	3 210.7	3 526	1 367	2 066.5	1 541.3	760.9	689.0
平 均	642.1	705.2	683.5	688.8	770.7	760.9	689.0
增减（斤）		+63.1	+67	+84.7	+154.6	+65.7	-6.2
增减（%）	100	109.8	110.8	114.0	125.0	109.4	99.1
每斤磷肥增产（斤）		1.3	0.86	0.85	1.03	0.33	

注：磷肥用作底肥，试验小区面积0.2亩，重复2~3次

表3 大城县水浇地、旱地和一水小麦氮磷试验产量结果表
（1982—1983 年）

处理 项目 地点	CK	0:1	1:0	1:0.5	1:1	1:1.5	1:2	1:4	1:5	备注
	亩产（斤）	亩产（斤）	亩产（斤）	亩产（斤）	亩产（斤）	亩产（斤）	亩产（斤）	亩产（斤）	亩产（斤）	
吴五台 （浇地）	83.1	359	368.3	677.3	842.5	879.8	883.3	—	—	"1" 为100斤
霍辛庄 （浇地）	86	227	185	251	400	442	478	—	—	"1" 为100斤
霍辛庄 （浇地）	86	227	185	—	—	—	478	536	—	"1" 为100斤
吴五台 （一水）	26.1	79.2	69.6	—	—	—	314.8	420.4	—	"1" 为100斤
八方 （旱地）	171	—	—	—	390	—	366	416	—	"1" 为50斤
南楼堤 （一水）	120	—	—	—	—	—	540	570	—	"1" 为100斤

注：碳铵和普钙之比按实物100斤计

表4 廊坊地区文安县徐屯大队磷肥后效结果表

年份 项目 处理	1981 年		1982 年		1983 年
	冬小麦亩产（斤）	夏玉米亩产（斤）	冬小麦亩产（斤）	夏向日葵亩产（斤）	春大豆亩产（斤）
1980 年施磷 100 斤/亩	415	403	279	224.1	110
不施	141	166	107	165.3	89
亩增产（斤）	274	237	172	58.8	21

注：1980 年施入磷肥 100 斤，1981 年、1982 年、1983 年各季都不施磷肥

表5 不同施肥处理对大豆结瘤和氮素积累的影响（河南省汝南县）

处理	苗期			初苗期			
	根瘤		积累氮量	根瘤		积累氮量	
	（个/株）	（克/株）	（N 斤/亩）	（个/株）	（克/株）	（N 斤/亩）	（%）
对照	35.6	0.004	1.15	104	0.30	5.98	100.0
N	—	—	—	88	0.28	6.99	116.89
P	56.6	0.056	1.29	211.4	0.80	9.93	166.1
K	87	0.056	1.69	136.8	0.40	8.9	148.8
NP	—	—	—	113.8	0.54	9.24	154.5
NK	—	—	—	127.8	0.38	8.79	146.99
PK	66.4	0.066	1.98	228.6	0.56	12.48	208.6
NPK				172.2	0.50	11.95	199.8

表6 磷肥不同施用方法对小麦生长及产量的影响（利辛县西李生产队）

处理	株高（厘米）	分蘖			穗长（厘米）	每穗粒数（粒）	千粒重（克）	产种量（斤/亩）	产草量（斤/亩）
		共计（个）	有效（个）	无效（个）					
耧施磷肥5斤	80.4	2.0	0.9	1.1	10.6	26.3	34.05	476.8	555.4
耧施磷肥100斤	86.81	1.9	0.3	1.6	13.35	35.5	35.0	538.7	752.5
撒施磷肥100斤	82.3	2.6	0.7	1.9	11.8	26.8	33.3	432.9	555.4

附表1 1984—1985年磷肥试验研究内容和承担单位

题目	研究内容	承担单位和负责人	主要作物	备注
		利辛县农科所张树勤		
一、磷肥经济使用技术的研究	（1）磷肥施用方法：设亩施用普钙 P_2O_5 10斤纯N20斤撒深施作底肥，撒浅施作底肥，集中施作种肥，配合2斤纯N集中作种肥，对照等处理	安徽省农业科学院土肥所张文玉、李重光	小麦	利辛县

（续表）

题目	研究内容	承担单位和负责人	主要作物	备注
	（2）氮肥与磷肥施用量和比例的研究	利辛县农科所张树勤		
	磷肥为普钙，以亩施纯 N20 斤为 1，N：P_2O_5 为 1：0.25，1：0.5，1：0.75，1：1 等			
	在砂姜土上，P_8，P_{16}，P_{32}，P_{40} 斤/亩，以 P_2O_5 计算，纯 N16 斤/亩			
	在中、低产地上获得小麦高产的适宜 N、P 施用量			
	在德州地区研究适宜的氮磷用量，比例及推荐施磷			
		安徽省农业科学院土肥所张文玉、李重光		
		利辛县农科所张树勤	小麦	利辛县
		河南农科院土肥所张桂兰	小麦、大豆	汝南县
		驻马店地区农科所窦世忠		
		同上	小麦	汝南县
		中国农业科学院土肥所刘立新、杨铮	小麦	陵县和德州地区
		德州地区土肥所崔开明	小麦	
	同上	同上	小麦	同上
	（3）氮肥品种对比试验			
	尿素、硫铵、碳铵的肥效对比	同上	小麦	同上
二、瘠薄地快速高产与旱薄碱地的开发利用	（1）瘠薄地快速高产			
	主要是在原单产百斤左右的土地上当年达到 600～800 斤产量	廊坊地区农科所宁守铭	小麦	地点：河大城县

（续表）

题目	研究内容	承担单位和负责人	主要作物	备注
	（2）旱薄碱地的开发利用			
	在原来几十斤产量的基础上的旱地、半旱地使产量达到300~400斤	同上	小麦	地点：河大城县
三、磷肥在轮作中分配用制的研究	小麦、大豆轮作磷肥施用方法的研究			
	安排在小麦、大豆连作全试验周期施$P_2O_5$10斤纯N20斤/亩，以磷作基肥全部施在小麦或大豆上，N的4/5施于小麦上，1/5施于大豆上，通过3年连作观察以磷增氮的效应	安徽省农业科学院土肥所张文玉、李重光利辛县农科所张树勤	小麦大豆	地点：安徽省利辛县
四、磷肥品种肥效试验	在不同土壤上进行普钙、钙镁磷肥、磷酸铝钙肥效比较试验	河南省农业科学院土肥所张桂兰，驻马店地区农科所窦世忠	小麦、大豆	地点：河南省汝南县
	每亩施纯N20斤对照为过磷酸钙其余品种为磷酸铝钙，钙镁磷肥沉淀磷肥等	廊坊地区农科所宁守铭，中国农业科学院土肥所刘立新、杨铮	小麦	地点：山东省陵县
		安徽省农业科学院土肥所张文玉、李重光	小麦	增加沉淀磷肥试验

附表2　1984—1985年磷（氮）肥示范、推广内容地点和承担单位

单位	地点	土壤	作物	项目内容	示范面积	推广面积	负责人
安徽省农业科学院土肥所	利辛县张村区集四庙乡	砂姜黑土	小麦、大豆、棉花、油菜	1. 改进施磷技术，探讨总结磷肥节流增产，提高经济效益的规律	7 000~10 000亩	80 000~100 000亩	张文玉、李重光

（续表）

单位	地点	土壤	作物	项目内容	示范面积	推广面积	负责人
				2. 探讨在轮作制度中施磷的方法及数量，通过三年麦、豆连作观察以磷增氮，以磷增粮，以磷增加有机肥源的效应			
河南省农业科学院土肥所	汝南县水屯公社三桥公社	砂姜黑土、潮土	小麦、大豆、芝麻	1. 小麦氮磷适宜配比经济施用	6 000～8 000亩	100 000～150 000亩	张桂兰、窦世忠
				2. 在麦、豆轮作中磷肥的施用方法和用量			
河北省廊坊地区农科所	河北省大城县	潮土	小麦、玉米、大豆、棉花、花生	1. 瘠薄地快速高产	14 000亩	400 000亩	宁守铭
				2. 旱薄碱地开发利用	40 000亩		
中国农业科学院土肥所	山东德州陵县	潮土	小麦、玉米、棉花	推荐施用磷肥	36 000亩	50万～60万亩	刘立新、杨铮、崔开明

我国磷肥在农业生产上的作用
——供磷肥技术政策参考

陈尚谨　王少仁

（中国农业科学院土壤肥料研究所化肥研究室）

（1981 年 10 月）

新中国成立以来，我国化肥工业有了很大发展。按有效成分计算，1949 年约生产氮肥 6 000吨，1980 年增加到 1 000万吨；1955 年约生产磷肥 1 万吨，到 1980 年增加到 200 多万吨；钾肥从 1958 年也开始有了生产（注1）。由于化肥用量增加，对提高我国粮食和经济作物的产量，起到很大作用。

一、磷在化肥中的地位

氮、磷、钾是作物从土壤中吸收数量较多的元素。它们具有各自的功能，相辅相成，互相促进。它们在作物组织中的含量，各有不同，但都是同等重要，不可代替。国内外对作物需要氮、磷、钾的数量和比例进行了大量工作，今将几种作物每生产 100 斤籽粒或其他产品，需要从土壤吸收氮、磷、钾的数量，列入表1。

表1　几种作物从土壤吸收氮、磷、钾的数量　　（单位：斤）

作 物 种 类	N	P_2O_5	K_2O
冬小麦	3.0	1.3	2.5
水　稻	2.4	1.3	3.1
棉　花	13.9	4.8	14.4
油菜籽	5.8	2.5	4.3
甘薯（块）	0.35	0.18	0.55
蔬　菜	0.4	0.2	0.5
果　树	0.5	0.2	0.5

从表1看出：各种作物需要一定数量的氮、磷、钾，氮和钾需要量较磷素为多，它们之间的比例大致为 1：0.5：1。它们具有同等重要性，不能以氮代磷，或以磷代氮，也不能以多补少，否则作物就要出现营养失调，生长发育不良，产量下降。若磷肥不足，即使施用大量氮肥，也不能很好地被作物吸收利用，并造成氮肥的损失浪费。

按我国近年来化肥产量计算，在 1965—1976 年期间，氮、磷比例大致保持在 1：0.5 范围。1977 年以后，氮肥增加很快，而磷肥没有相应地增加，以至氮、磷比例逐年下降。如 1977 年下降到 1：0.358；1978 年又下降到 1：0.135；1979 年开始略有好转为 1：0.206；1980 年又上升到 1：0.231。氮、磷比例失调问题已受到重视，对我国发展农业生产，将起到重大作用。

二、磷肥对农业生产的重要性

磷是作物体内核酸、核蛋白、植素和多种酶类的组成部分，促进作物生长发育，细胞分裂和糖的代谢等作用。适当地施用磷肥，对提高作物产量和改进品质的效果很大。现将部分地区施用磷肥的作用举例说明如下。

例一，磷肥促进作物根系发育，能更好地从土壤中吸收水分和养分。我国南方低产缺磷水稻土，主要分布在湖南、广东、广西、四川、云南、江西、福建等省。面积很大，土壤种类很多，有冷浸田、咸酸田、死泥田、黄泥田等。在水稻苗期缺磷，幼根变为黄褐色或灰黑色。插秧后长期不能返青，农民称为"僵苗"或"坐秋"。它的症状是根少、细弱，呈"黑胡子"状，对养分的吸收发生障碍，以至植株矮小，很少分蘖，叶片直立，成"一炷香"状，严重影响产量，甚至绝产。追施氮肥，反而使禾苗症状更加严重。若每亩施用磷肥 30~50 斤，可以很快改变这些症状，恢复正常生长发育，产量大幅度上升。

鸭屎泥是冷浸田的一种，土壤物理性状很差，分布在江南丘陵地带，面积较大。为冬水田，若冬季缺雨落干，土壤龟裂，复水后耕耙不开，形成大小泥团，在水中长期不能融化，致使稻苗根系发育不良，发生"坐秋"危害很大，单产仅百十斤，甚至绝产，并影响几年。当地农民有深刻感受，流传着"一年干冬，三年落空"。这个问题长期得不到解决。通过试验，施用磷肥能加强稻根对泥团的穿透能力，根系发达，可以有效防治"坐秋"，产量大幅度上升。磷肥在该地带成为有无收成的关键。目前，磷肥已成为改良低产水稻田一项重要措施（注2）。对提高我国水稻产量，起到一定作用。

例二，我国华北有大面积低产缺磷土壤，冬小麦和大麦苗期生长缓慢，次生根生长受阻，分蘖很少，穗小粒少，千粒重下降，单产一般为一二百斤或更低。当地对这种麦苗称为"小老苗"或"老小苗"。其中，大麦对磷肥反应更为敏感。由于缺乏磷肥，常有大面积死苗的情况。施用氮肥和灌水，效果均不明显。通过试验，认识到巧施磷肥，是解决当地"小老苗"的有效措施（注3）。在这些地区对小麦、大麦单产可以提高 50% 或 1 倍以上。

我国低肥力土壤缺磷情况严重，缺磷土壤面积也很大。除上述水稻、小麦、大麦等作物外，其他作物也迫切需要增施磷肥。

例三，磷肥能促进花芽分化，缩短花芽分化期，从而使作物提早开花、结籽和成熟。我国东北、华北和西北北部，作物生长季节较短。有些年份，早霜和初雪期或夏天雨季出现过早，影响成熟和收获。据黑龙江记载，该省每两三年出现一次早冻，或雨期过早，影响秋作和小麦收获，对农业损失很大。适当地施用磷肥，可使大豆、水稻、小麦、高粱、谷子等作物提早成熟 2～6 天，并能使籽粒饱满，提高产量，对这些地区稳产、保收有很大意义。

例四，磷肥能提高作物可溶性糖含量和细胞内的水分，增强作物的抗寒和抗旱能力，有利于小麦、油菜和其他作物的安全越冬。苹果缺乏磷肥，抗寒能力减弱，花芽显著减少，果实含糖量降低，从而影响产量和质量。缺乏磷肥的柑橘，果实畸形，外表粗糙，含酸量增加，品质下降。番茄、甘蓝等蔬菜缺乏磷肥也同样减少产量，降低品质。

施用磷肥，能促进作物根系的发育，使根系伸到较深的湿润土层中吸收水分，从而减轻干旱的危害。中国农业科学院油料所在湖北的大豆磷肥试验。在 1974 年干旱的情况下，200 亩大豆施用磷肥区抗旱能力增强，单产 207 斤，比邻近 200 亩不施磷肥对照区单产 130 斤，每亩增产 77 斤。

例五，对豆科作物施用磷肥，能促进根瘤菌的生长发育，加强固氮能力。我国种植绿肥的面积很大。施用磷肥对紫云英、苕子、田菁、草木樨等绿肥作物，提高鲜草量的作用很显著。每亩施用 P_2O_5 2～4 斤，每斤 P_2O_5 约可增产鲜草 100 多斤。由于磷肥加强了根瘤菌的固氮能力，所以，就能从空气中多固定很多氮素。绿肥中所含的磷，经过在土壤中分解，仍能被作物吸收利用。群众简称这种施肥措施是"以磷增氮"，或"以小肥养大肥"，经济效益很大，已在我国绿肥地区广泛采用。山东南部临沂地区，是新发展的水稻绿肥区，当地有"无磷不种苕，无苕不种稻"的谚语。已认识到给绿肥作物施用磷肥对增产水稻十分显著。

由于施用磷肥能增加根瘤菌的固氮能力，在我国东北、华北、华东、中南等地施用磷肥，对提高大豆、花生等豆科作物的产量潜力很大。

例六，磷肥是低产土壤变高产的物质基础，又是高产再高产的保证措施。据 1980 年调查（注4），山东桓台县，1979 年施用磷肥的小麦田，有 3 个大队单产超过千斤，9 个大队过八百。而单用氮肥的大队生产 600 斤都难以达到。黄县丁家大队试验，氮肥与磷肥适当配合，小麦单产由 535 斤猛增到 917 斤，农民认识到，施用磷肥花钱不多，当年就能获得利益。

三、我国主要土壤含磷量及其供磷能力

（一）土壤全磷含量

我国土壤种类很多，含磷量有很大差别，如东北黑土含全磷（P_2O_5）0.25%～0.35%，华南红土仅含 0.05%，相差 4～7 倍。今将我国几种主要土壤的酸碱度、有机质和全磷量列入表 2（注5）。

表2 我国主要土壤酸碱度、有机质和全磷量

土壤种类	地　点	pH 值	有机质（％）	全 P_2O_5（％）
东北地区				
黑　土	黑龙江哈尔滨	6.5	3~5	0.25~0.35
灰沙土	吉林长岭	7.4	1.2	0.02
棕黄土	辽宁沈阳	6.2	1.7	0.11
华北地区				
两合土	河北平原	7.5	0.4~1.2	0.10~0.17
黄绵土	山西解虞	8.0	0.8	0.18~0.20
西部地区				
黑　土	陕西洛川	8.4	1.6	0.10
澄　土	宁夏银川	8.2	0.7~1.5	0.20
西南地区				
紫泥田	四川丘陵地	7.0	1.3	0.17
黄泥土	贵州安顺	4.0	1.4	0.04
中南地区				
赤　土	广州雷州半岛	4.5~5	1~2	0.03~0.08
鸭屎土	湖南祁阳	6.1	2.3	0.14
华东地区				
马干土	江苏江宁	7.2	2.0	0.14
冷浸田	福建顺昌	5.0	2.3	0.05

土壤全磷多以难溶性状态存在，是土壤含磷物质的基础。我国土壤全磷量大致可分为高、中、低3级。在0.15％以上的为高量，如东北黑土、山西黄绵土、宁夏澄土、四川紫色土等；在0.08％~0.15％的为中量，我国大部分土壤多属于此类；在0.08％以下的为低量，如东北灰沙土、贵州黄泥、广东赤土、福建冷性水稻土等。全磷量高低，受成土母质的影响较大，而与土壤供磷能力，没有明显的关系。含磷量低的土壤，供磷能力也大多偏低，施用磷肥常常可以获得增产，但是，全磷量高的土壤，供磷能力不一定高，对供磷能力低的土壤，施用磷肥也能显著增产。

（二）土壤有效磷含量

土壤有效磷含量多少，与需磷程度有明显关系。我所曾在北京地区对小麦、玉米等作物进行试验。每亩施用普钙30~40斤，结果表明，磷肥效果与土壤有效磷含量有密切关系。结果列入表3（注6）。

表3　磷肥效果与土壤有效磷含量的密切关系

土壤有效磷（P$_2$O$_5$） （毫克/千克）	试验地块 （个）	磷肥增产 （%）	每斤普钙增产粮食 （斤）
0 ~ 10	10	38.6	2.30
10 ~ 15	11	34.5	1.58
15 ~ 20	2	10.9	0.49
20 以上	3	3.5	0.30

从表3可以看出：土壤有效磷含量，可以大致反映土壤需磷程度。试验田含有效磷在10毫克/千克以下的有10处，平均增产38.6%，每斤磷肥平均增产粮食2.3斤；有效磷10~15毫克/千克的地块有11处，平均增产34.5%，每斤磷肥增产1.58斤；有效磷15~20毫克/千克的地块有两处，平均增产10.9%，每斤磷肥增产0.49斤；大于20毫克/千克的地块有3处，平均增产3.5%，每斤磷肥仅增产粮食0.3斤，效果不明显。

（三）我国缺磷土壤面积逐渐扩大

1957年我所曾邀请各地肥料研究工作者，对我国缺磷耕地面积，做过粗略的估计。当时全国约有4亿亩土壤缺磷，约占耕地20%，施用磷肥，可以获得增产效果。1963年又曾做过估计，缺磷土壤面积增加到耕地的50%~60%。1980年山东省曾在各县采取1 989个有代表性的土壤样品，进行了分析（注7）。有效磷（P）低于3毫克/千克的样品占42%，3~5毫克/千克的占22%，5~10毫克/千克的占29.8%，10~20毫克/千克的占10.6%，20毫克/千克以上的仅占1.3%。有效磷低于5毫克/千克是严重缺磷的土壤，低于10毫克/千克是缺磷的土壤。山东省缺磷和严重缺磷的耕地面积达到88%，很值得注意。除我国西南地区有丰富磷矿资源，磷肥供应较好外，其他大部分省份氮肥用量增加很快，而磷肥不足，也会发生和山东省相似的情况。

四、我国磷肥肥效变化的情况

我国自古以来，长期施用有机肥料。有机肥料直接或间接来自于植物，其中，含有氮、磷、钾等各种肥分，是一种完全肥料。新中国成立初期，单位面积产量较低，在当时耕作栽培条件下，大部分土壤缺乏有机质，氮素供应能力较低，氮素化肥施用量又很少，因而，对磷和钾的要求不突出，农民欢迎氮素而不欢迎磷、钾肥，这种情况反映了当时我国土壤肥力的状况。近年来，我国氮肥工业有了很大发展，氮肥用量明显增加，单位面积产量提高，作物从土壤中吸取磷、钾的数量，也相应增加。有机肥料中含磷数量有限，施用水平也很低，磷素长期得不到应有的补充，土壤缺磷现象，首先表现在低肥力土壤上，并逐渐扩大到中肥力土壤，土壤缺磷程度也逐渐加深。这种情况可以从历年磷肥试验结果反映出来。

1949—1951 年，我所曾联合华北四省 20 个地点，对小麦、棉花和杂粮进行氮、磷、钾肥效试验（注 8）。每亩施用氮素 4～8 斤，对小麦显著增产的有 14 处，每亩施用普钙（P_2O_5）4～8 斤，有显著增产的 7 处。在 18 个棉花和杂粮试验中，氮肥有 11 处表现增产，而磷肥仅有 3 处。说明华北地区在 20 世纪 50 年代初期，作物对氮肥肥效很明显，磷肥的作用远不及氮肥。

1958—1962 年全国化肥试验网，在全国范围内进行试验，氮肥肥效一般都显著。若施肥得当，每亩施用氮素 4～8 斤，每斤氮可增收稻谷 20～25 斤，小麦 10～15 斤，籽棉 10 斤左右。磷肥肥效不及氮肥，它的增产效果因土壤种类和土壤肥力差别很大。对缺磷低产田，每斤 P_2O_5 可增收稻谷 10～20 斤，小麦 7～15 斤；对中等肥力的土壤，每斤 P_2O_5 增产数量约为低产田的一半，土壤肥力高的地块，对粮食作物磷肥肥效多不明显。

20 世纪 70 年代各地氮肥用量增加很快，每亩施用氮素多在 8 斤以上，每斤氮素增产粮食的数量比 50 年代降低很多，磷肥肥效则有所增加。

山东是一个氮肥增加很快，而缺乏磷肥的省份。该省于 1952—1953 年，在不同地区进行了 112 个小麦试验。当时认为磷肥有一定的增产作用，但效果不稳定，往往是增产不多，抵不过购买磷肥的费用。在当时土壤肥力和产量水平下，氮肥不足是影响产量的主要矛盾，磷肥问题还不突出。到 60 年代，磷肥肥效得到肯定，并证明磷肥效果较以前有所提高。70 年代，由于氮肥用量增加很多，磷肥肥效更加明显，在氮、磷配合施用情况下，磷肥肥效超过了氮肥。今将 60 年代初期和 70 年代，每斤氮（N）和磷（P_2O_5）对小麦和夏玉米增产效果，列入表 4（注 9）。

表 4　每斤氮和磷对小麦和夏玉米增产效果（斤）

作物名称	小　麦				夏　玉　米			
试验年代	60 年代初		70 年代		60 年代初		70 年代	
肥料种类	N	P_2O_5	N	P_2O_5	N	P_2O_5	N	P_2O_5
烟台地区	23.0	12.1	13.0	16.8	21.0	8.3	14.6	15.1
昌潍地区	12.6	12.9	8.8	15.0	14.2	6.9	8.4	10.3
德州、惠民、聊城、菏泽地区	6.4	3.9	14.5	15.5	12.5	6.3	10.3	14.3
平均	14.0	9.6	12.1	15.8	16.0	7.2	11.1	13.1
70 年代比 60 年代初			−1.9	+6.2			−4.9	+5.9

从表 4 看出：山东 6 个地区，20 世纪 70 年代试验结果，比 60 年代初期，每斤氮素对小麦少增收 1.9 斤，而每斤 P_2O_5 多增收 6.2 斤。同时期对夏玉米每斤氮素少增收 4.9 斤，而每斤 P_2O_5 多增收 5.9 斤。十几年来氮肥肥效明显下降，而磷肥肥效明显上升。这个变化与该省氮肥、磷肥用量的变化有明显关系。

五、对几种主要磷肥品种的评价

我国生产和试验用的磷肥，有水溶性、枸溶性、难溶性和复合肥料 4 种，简述如下。

（一）水溶性磷肥

主要有过磷酸钙（简称普钙）和重过磷酸钙（简称重钙）。普钙含水溶性 P_2O_5 12%～18%，制造方法简单，肥效较快，我国有多年的施用历史，施用数量也最大。过去认为它对土壤和作物的适应性广，在磷肥品种比较试验中，多选用普钙作为标准，在等磷量基础上进行比较。通过各地试验看出，普钙用在北方石灰性土壤上，肥效较其他品种好，但在南方酸性和微酸性土壤上施用，普钙的肥效常常不及钙镁磷肥和其他枸溶性磷肥。如江苏溧阳和广东惠阳水稻试验，在等磷量对比下，钙镁磷肥比普钙分别多增产 16.5% 和 28.0%。这可能与施用普钙增加土壤酸度，和磷被铁、铝等固定，降低肥效所致。

重钙含水溶性 $P_2O_5$45%～52%，较普钙高出 1～2 倍，系用磷酸分解磷矿而成。它的性质和肥效基本与普钙相似。由于成分浓厚，便于包装、运输和贮存，优点很多，每亩用量较少，一般为 15～20 斤。人工撒施很难均匀，以致于有不少试验反映肥效偏低。在播种时，用做种肥，肥效较好，也最方便。选用适合于当地的施肥机具，将肥料均匀地施入土壤适宜的位置，可以显著提高肥效。重钙是我国优良品种之一。

（二）枸溶性磷肥

种类很多，主要有钙镁磷肥、沉淀磷肥、钢渣磷肥、脱氟磷肥、钙钠磷肥、偏磷酸钙等。

①钙镁磷肥含有效 $P_2O_5$14%～18%，还含有大量 CaO、MgO 和 SiO_2，系用磷矿与蛇纹石或白云石加热熔融，经水淬、磨细而成。熔融温度在 1 300℃ 以上，耗用焦炭或其他燃料较多，我国生产和施用钙镁磷肥的数量很大，仅次于普钙。通过各地肥效试验表明，钙镁磷肥施用在酸性和微酸性土壤上，与等磷量普钙的肥效约相等或稍高，后效超过普钙，广东、江苏、贵州等省试验都有类似结果。但是，在北方石灰性土壤地区，如河北、山西、内蒙古、河南等省（区）试验，对一般粮食作物，它的肥效不及普钙，为普钙肥效的 70%～80%。

②沉淀磷肥是用盐酸分解磷矿提取磷酸，用石灰中和而成。它的主要成分是磷酸二钙（$CaHPO_4 \cdot 2H_2O$）含有效 $P_2O_5$27%～40%。用在中性、微酸性和酸性土壤上，肥效很好，与普钙相等或稍高。在石灰性土壤上施用，在作物苗期，肥效不及普钙，到生育中期，基本上与普钙相等。由于我国盐酸数量有限，沉淀磷肥生产的数量不多。硝酸磷肥中含有大量磷酸二钙。我国若能利用硝酸生产沉淀磷肥，很有发展希望。以后将再加说明。

③钢渣磷肥，是采用高磷铁炼钢工业中的副产品，含有效 P_2O_5 15% 左右。包钢、马钢、连源等炼钢厂都有生产钢渣磷肥的条件。20 世纪 50 年代曾在全国范围内，对钢渣磷肥的肥效进行试验，结果表明，在微酸性和酸性土壤上，肥效很好，与普钙的肥效相近，对豆科作物和绿肥尤为适宜。但是在石灰性土壤上，当年肥效仅为普钙的 70% 左右。我国有大面积土壤，适宜施用这种肥料。

④脱氟磷肥的主要成分是 α 型磷酸三钙，含有效 P_2O_5 15% ~ 20%，试制品含 P_2O_5 在 30% 以上。脱氟磷肥系用磷矿石和石灰、石英熔融，通过水汽制成。在广东惠阳等酸性土壤地区试验，它的肥效优于普钙；在河北、山西、新疆维吾尔自治区（以下简称新疆）等省（区）石灰性土壤上试验，它的肥效约为普钙的 82% ~ 96%。精制脱氟磷肥又可用作饲料，补充家畜、家禽磷素营养，是有发展前途的磷肥品种。

⑤钙钠磷肥约含有效 P_2O_5 20%，系用硫酸钠（芒硝）与磷矿石煅灼而成。它的主要成分是 $CaNaPO_4$。通过陕西、河南等地试验，当年肥效与普钙相似，反映较好。我国芒硝、钙芒硝的资源丰富，对发展这种磷肥是有希望的。目前，试验数目还不够多，又缺乏长期试验资料，尚待广泛深入研究。

⑥偏磷酸钙（$CaPO_3$）约含有效 P_2O_5 60%，含磷量很高，系用黄磷汽与石灰化合而成。偏磷酸钙在土壤中经过水解生成正磷酸后，即可被作物吸收利用。据广东丘陵水稻田试验，它的肥效与钙镁磷肥相似。在山东、山西等省试验，肥效也接近普钙。

（三）磷矿粉仅能溶解于强酸中，肥效较缓慢

我国磷矿大致可分为融洞磷肥、磷灰石和磷块岩。融洞磷肥多产在广西，肥效很好，深受农民欢迎，但数量有限，后两种埋藏量很大。

磷灰石晶体较大，枸溶性磷含量低，为 1% ~ 2%，占总磷量的 3% ~ 5%，适宜用作制造磷肥的原料，而不适宜直接用作肥料。江苏海州锦屏磷矿和我国北方不少小型磷矿多属于这一类。磷灰石易于选矿，是其优点。

磷块岩晶体很细，枸溶磷含量较高，一般有 3% ~ 5%，占总磷量的 15% 左右。高品位磷块岩应做制造磷肥的原料，中低品位不适宜化学加工的，可以磨粉，直接用作肥料。我国贵州、云南、湖南、湖北、四川等省磷矿多属于这一类。

磷矿粉的肥效（注 10）与土壤类型和酸碱度有密切关系。据各地试验，每亩用 50 ~ 100 斤在酸性缺磷土壤上，如广东咸酸田、砖红壤，江西、贵州红黄壤，四川黄泥和缺磷紫色土，施用磷矿粉，增产效果较大，肥效与 20 ~ 40 斤钙镁磷肥相近，并优于普钙，后效也比较长。但是，在石灰性土壤和供磷能力较高的土壤上施用，肥效很差或基本无效。

据四川省农业科学院试验，磷矿粉的肥效与作物种类也有明显差别。苕子、蚕豆、豌豆、油菜、荞麦和各种绿肥，吸收磷的能力较强，能较好地利用磷矿粉；水稻、小麦、甘薯次之；玉米更差。

（四）含磷复合肥料

近年来，欧美复合肥料发展很快，我国试验用含氮磷二元复合肥料品种主要有磷酸

铵、硝酸磷肥和偏磷酸铵。

①磷酸铵是磷酸和氨直接化合而成，其中，含有磷酸一铵和磷酸二铵，含N13% ~ 20%，含 P_2O_5 20% ~48%，其中，氮素全部是铵态的，磷也是水溶性的。通过各地试验，肥效很好，对各种主要作物和土壤都能适用，与等氮、磷单体肥料合用的肥效相等或稍高。磷酸铵适用于南方水稻区，因为铵态氮比硝态氮更适于水稻，可以减少流失和脱氮作用，较硝酸磷肥好。对北方旱作，磷酸铵的肥效也很好。

②硝酸磷肥是用硝酸分解磷矿，再用氨中和制成。因工艺不同，成分有很大差别，一般含氮20% ~26%，含 P_2O_5 13% ~20%。其中，主要化合物为硝酸铵、磷酸铵、磷酸一钙和磷酸二钙。氮素中铵态和硝态约各占一半，水溶性和枸溶性磷也大致各占一半。近年来各地试验，硝酸磷肥的肥效与单体氮、磷肥合用，大致相等，对小麦、玉米、棉花等旱作物肥效很好，与磷酸铵类复肥相近。但是对水稻肥效较差，不及磷酸铵（注11）。硝酸磷肥适宜的氮磷比例，与土壤需氮、需磷程度有关，在缺磷地区施用，以含磷较高的为适宜。

③偏磷酸铵是用黄磷汽与氨化合而成，约含N15%，P_2O_5 73%。偏磷酸在土壤中水解生成正磷酸盐后，即可被作物吸收利用。经昆明市农科所对水稻和玉米试验，肥效显著，与单体化肥相似。结果列入表5（注12）。

表5　偏磷酸铵对水稻和玉米肥效试验

肥料处理	水稻产量		玉米产量	
	（斤/亩）	增产（%）	（斤/亩）	增产（%）
1. 偏磷酸铵 30 斤/亩	803	20.7	740	24.6
2. 偏磷酸铵 20 斤/亩	742	11.4	746	25.6
3. 普钙加碳铵	730	9.7	768	29.6
4. 对照	665	—	594	—
试验次数	三次重复		两次重复	

偏磷酸铵含磷很高，是其优点。由于试验还不够多，且缺乏长期试验资料，尚待进一步研究。

六、磷肥施用方法的研究

经济有效施用磷肥的方法，主要有3点：首先要将磷肥用在缺磷的土壤上，并要选择适宜当地土壤的磷肥品种。其次要注意氮、磷或氮、磷、钾适当地配合。最后，采用多种措施，因地制宜，减少磷肥被土壤固定，提高肥效。关于磷肥品种与土壤的关系，已经介绍，不再重复。现将经济有效施用磷肥的方法，介绍于下。

（一）氮磷配合

各地试验表明，对粮食作物，氮肥和磷肥适当地配合施用，交互作用很大。即两者合用的效果超过两者分用之和的效果。江西省农业科学院曾在中肥力土壤上对水稻进行试验，单施氮肥增产11.8%，单施磷肥增收2.5%，氮肥与磷肥配合施用增产18.6%。中国农业科学院土肥所在山东盐碱土上对小麦进行试验，单施磷肥比对照增产21.0%，单施氮肥增产48.0%，氮肥和磷肥配合增产106.9%，比两者分用之和多增产37.3%。

对肥力偏低的土壤，单施氮肥或磷肥增产幅度较小，氮肥与磷肥（有些地方氮、磷、钾）配合施用，可以大幅度增产，是经济有效施用氮肥和磷肥的关键性问题。

（二）用作种肥

我国很早就有施用种肥的习惯。将少量磷肥集中施用在播种沟或穴内，可以减少磷肥与土壤接触面积，减少固定，又能及早供给幼苗吸收，是经济有效施用磷肥的好办法。吉林省土肥所在黑土上进行玉米试验，将普钙用作种肥比对照增收25%，用在种子下3厘米，增收19.7%，用在种子下7厘米，仅增收11.3%。使用联合播种机可以在播种的同时，将磷肥条施在种子旁边，节省一次施肥作业，并能提高肥效。

（三）水稻蘸秧根、包秧根和秧田施用磷肥

我国使用有机肥料蘸秧根有很久的历史。近年来，插秧时用少量磷肥蘸秧根或包秧根，可以节省肥料，并能取得很好效果。湖南祁阳县用12～15斤普钙或钙镁磷肥蘸秧根，增收稻谷109斤或38.8%，比用作基肥的多增收4.8%。对秧田施用普钙100斤，促进秧苗生长，根系发达，获得壮秧，也可以提高产量。

（四）迟效性与速效性磷肥混合施用

作物苗期根系尚未发达，施用速效磷肥肥效很明显。生长到中期，作物根系比较发达，能吸收较迟性磷，对水溶磷和枸溶磷均能较好地利用，差别不大。迟效和速效磷肥混合施用，能满足作物全生育期对磷肥的需要，并能提高迟效性磷肥的肥效。吉林通化农科所试验，对大豆亩施普钙40斤，增产率为100%，用钙镁磷肥40斤，增产72.8%，亩施30斤钙镁磷肥混合10斤普钙，增产96.8%，提高了钙镁磷肥的肥效。又如四川化肥研究室在大足县油菜试验，亩施磷矿粉50斤与15斤普钙混合，产菜籽186斤，比亩施普钙30斤增产4%，比亩施磷矿粉100斤，增收18%。

七、对发展我国磷肥生产和提高肥效的意见

（一）氮磷适宜比例问题

我国主要作物吸收 N：P_2O_5 的比例，大致为1：0.5。为了培养地力和获得高产、

稳产，氮磷比例不宜低于此数。日本和法国 1977—1978 年施用化肥氮磷比例约为 1：1，其他工业发达国家氮磷比例也多在 1：0.5 以上。我国于 1965—1975 年 10 年中，氮磷比例大致为 1：（0.5～0.6），1976 年后大型合成氨厂，相继投产，氮肥发展很快，这是很需要的，可惜磷肥工业没有很好地跟上去，以至氮磷比例发生变化。1978 年曾下降到 1：0.14。1979 年开始有所回升，1980 年上升到 1：0.23，磷肥仍显过低，影响到氮肥肥效不能很好地发挥。根据国内外的经验，我国化肥氮磷比例 1：0.5 是适宜的。要尽快发展磷肥工业。

（二）合理施用磷矿粉

近年来，工业发达国家直接施用磷矿粉的数量，一直保持在一定水平，如苏联磷矿粉用量约占总磷量的 1/10。磷矿粉适用在酸性土壤和豆类、绿肥、牧草地上，于冬耕前施入土中，而不用在石灰性土壤地区的谷类作物上。

我国磷矿多集中在西南地区，四川、贵州、云南、湖南等省有大面积酸性缺磷土壤，过去有施用磷矿粉的习惯，并取得良好的效果，这些经验是可贵的。1974—1975 年，曾在我国普遍推广磷矿粉，由于大部分土壤不适宜施用，没有取得满意结果，有些地方磷矿粉用量反而减少。今后，应有计划地按土壤性质，如土壤酸度、缺磷程度和作物种类，进行磷矿粉的试验、示范和推广。合理施用磷矿粉，比施用磷肥可以节约大量硫酸和能源，并能降低农业成本，促进农业的发展。

（三）关于生产"半过磷酸钙"的问题

磷矿粉与速效性磷肥混合施用，可以提高肥效。但是磷矿粉应施用在对它有效的地区，而不是用在所有土壤上。一般磷块岩含有一定数量的钙、镁、铁等杂质，若加半量或 1/4 量的硫酸，杂质可能就要消耗掉不少硫酸。将磷矿粉制成"半过磷酸钙"，还是因地制宜混拌少量普钙或其他枸溶性磷肥施用，那种方法经济效益是值得研究的。近年来，农民反映有些小型磷肥厂生产的普钙，品质太差，不受欢迎，值得考虑。

（四）研究生产高浓度、高效磷肥

我国土地辽阔，需要大量磷肥。高品质磷矿多分布在西南地区，为了便于远途运输，生产高浓度磷肥很有必要。在水电条件好的地点，可考虑先生产黄磷，在当地或外运后加工制成高浓度磷肥。如：重钙、聚磷酸、偏磷酸钙、偏磷酸铵等。目前有些品种资料还不多，尚需要继续进行工业的和农业的实验，从多方面计算经济效益。

近年来，四川发现综合性磷酸铝矿。磷酸铝的融点比氟磷灰石约低 200 度，是否有利于生产黄磷，节省能源，可以考虑。

（五）要着重研究中低品位磷矿制成磷肥的途径

我国中低品位磷矿贮存量很大，分布在大部分省和地区。结合我国情况研究经济可行，利用中、低品位磷矿的技术，是很重要的课题。学习和引进技术是需要的，但是更要重视研究适合于我国条件的新工艺。

我国有不少大、中、小型硝酸工厂，生产硝酸铵。可以考虑先用稀硝酸分解中品位磷矿，用氨和碳酸铵中和生产沉淀磷肥。滤液中的硝酸钙，还可以转化成硝酸铵，除去碳酸钙，再利用车间余热，浓缩生产农用硝酸铵。若能试验成功，合成氨中的氮可以全部被利用，沉淀磷肥又是一种很好的磷肥。沉淀磷肥在石灰性土壤地区施用，可以酌量加入少量磷酸一钙，提高肥效。

（六）关于复合肥料和混合肥料问题

复合肥料优点很多，如肥分浓厚，便于运输、施用、贮存等。但是，它的成分是固定的，在某地区，对某作物适用，对其他地区和作物就不一定合适。我国土壤和作物种类十分复杂，自然条件的变化也很大，选择适于我国各地的复合肥料是困难的。硝酸磷肥比较适宜于北方旱作物地区，磷酸铵比较适宜于水稻区。但是，南方、北方水旱轮作方式很普遍，一种复合肥料很难适应广大地区。加之我国习惯以磷肥作基肥，部分氮肥作基肥，部分氮肥作追肥。而复合肥料中的氮、磷、钾不能分开施用，这也是它的一个缺点。

各地试验表明复合肥料与混合肥料的肥效大致相仿。混合肥料有很大的灵活性，可以因地、因作物、因季节制宜，根据县、社的需要自行配制。目前，国外施用混合肥料的数量远比化学合成的复合肥料多，是有原因的。我国生产和施用复合肥料、混合肥料的种类和数量，要按各地条件做好安排。为了配制高肥分的混合肥料，就需要供应高浓度的单体肥料，应及早做好准备。

（七）分配供应问题

过去在化肥分配方面，做了大量工作，也存在不少问题。西南各省磷矿资源丰富，因而供应磷肥多，而氮肥少。其他地区供应氮肥多，而磷肥少。氮和磷不能很好配合，从而使两种肥料都不能充分发挥应有的作用。1975 年全国氮、磷销售比例为 $1：0.52$，这个平均数字是适宜的。但是各大区和各省、市分配比例，有很大差别，如表 6（注 13）。

表 6　全国氮、磷分配比例
（表内数字以 N 为 1，N 与 P_2O_5 的比例）

肥 料 要 素	P_2O_5
西南区	1.11
西北区	0.31
中南区	1.02
华北区	0.24
东北区	0.25
华东区	0.32

（续表）

肥 料 要 素		P_2O_5
华东区	上海	0.16
	江苏	0.48
	浙江	0.32
	安徽	0.35
	福建	0.31
	江西	0.89
	山东	0.13

在山东各地区间，氮磷比例也有很大差别。磷肥多用在烟台等高产地区，而低产缺磷地区，磷肥分配数量很少。如德州是一个低产缺磷地区，20 世纪 70 年代初期氮磷分配比例仅是 1：0.02，严重影响该地区化肥效果。在德州地区内部，各县、市也有很大差别，磷肥多集中在德州市郊和高产社、队，一般县、社基本上用不到磷肥。在这些低产土壤上，氮、磷配合施用，十分重要，比单独施用氮肥产量可成倍增加。由于磷肥的缺乏，氮肥也不能很好地被作物吸收利用，造成很大浪费。在全国磷肥生产和分配的布局时，需要注意。

（八）研究解决施肥机械问题

机械施肥不仅能提高工作效率，并能将化肥均匀地施在适当的位置，可以显著提高肥效。高浓度优质磷肥，如重钙、复合肥料等，每亩用量很少，用作种肥肥效最好，但是由于缺乏施肥机具，肥效不能充分发挥。研究适合于各地区和不同作物的施肥机具，是迫切需要解决的问题。

（九）对发展我国磷肥生产和提高肥效的意见

提高化肥利用率，是全国性重大课题，解决这个问题有 3 个重要环节。第一，要生产充足的优质和廉价肥料；第二，合理分配，能及时供应到最需要的土壤和作物地区；第三，采用经济有效的施肥技术。这 3 个环节是紧密结合的，不能分开。若化工、供销和农业能很好地配合，事半功倍，否则，事倍功半，并造成国家和集体的浪费、损失很大。

农业生产受自然条件的影响很大，肥料是农业八字宪法中的一个重要环节，磷肥又与其他肥料的关系很密切，施用技术的综合性很强。磷肥试验要和示范、推广密切结合起来，才能早日在农业生产中发挥作用。农业是群众性的工作，需要大量技术（包括推广）人员，培训大批技术骨干，是十分重要的问题。在党的正确领导下，施用磷肥和其他技术一样，必将很快地发展起来，为我国农业现代化作出应有的贡献。

注：（1）"有关磷肥情况"上海化工研究院编（1980年）。

（2）中国农业科学院土肥所研究报告，1964年被评为国家科委重大研究成果。

（3）河北省廊坊地区农科所试验总结。1981年受到该省奖励。

（4）"关于加速发展磷肥生产，调整氮、磷施肥比例失调的报告"。山东省化工石油工业厅（1980年）。

（5）参考"中国土壤志"农业部土地利用局。

（6）"中国农业科学院土肥所年报"（1965年）。

（7）"山东省化肥区划初稿"（1981年）。

有效（P）1毫克/千克 = 有效 P_2O_5 2.3毫克/千克。

（8）"农业科学通讯"（1951年和1952年）。

（9）"山东省化肥区划初稿"表五，加以整理。

（10）"磷矿粉肥的肥效试验"中国农业科学院土肥所整理"土壤肥料"（5）1975年。

（11）"冷冻法硝酸磷肥的农业评价"，上海化工研究院（1980年）。

（12）"云南化工技术"（1974年）。

（13）同注（1）加以整理。

参加国家科委和化工部在云南昆明召开的磷矿资源开发与利用科研攻关项目论证会的汇报

陈尚谨

（1982 年 12 月 30 日）

全国磷矿资源与利用科研攻关项目论证会于 1982 年 11 月 26～30 日在昆明举行（附通知）。参加会议的有 36 个单位，有 11 个省、市，冶金、机械、化工部门，还包括大学、科研、设计、矿山、化肥生产的代表共 100 人。国家科委副主任林华同志、国家科委贾蔚文局长、化工部杨光启副部长、云南省马文车副省长等领导同志出席了会议。在农业方面有：中国科学院南京土壤所蒋柏藩同志、上海化工研究院李绍唐同志和我院科研部张绍丽同志、钾肥组梁德印同志、磷肥组王少仁、陈尚谨同志参加了会议。陈尚谨同志为该会领导小组成员。张绍丽同志为农业小组组长。大会首先由国家科委贾蔚文局长讲话。他说：这次会议是在赵紫阳总理在全国科技授奖大会上的重要讲话后不久召开的，体现了党中央和国务院对科技工作的高度关切和重视。科技工作是关系到我国经济能否振兴；关系到我国到 20 世纪末经济发展的战略目标能否达到；关系到四个现代化能否实现的一个战略问题。这次会议对解决我国磷矿开发、磷肥生产和施用，纠正目前 N：P_2O_5：K_2O 比例失调问题，将起到关键性的作用。

（一）

我国磷矿资源条件比较好，占世界第四位，据 1979 年估计，储量约 110 亿吨，其中，工业储量为 45 亿吨。储藏丰富。但也有如下不少问题。

①我国 90% 以上的磷矿（以 P_2O_5 计），分布在云、贵、川、鄂、湘 5 省，其中，以云南矿藏最大，品位也最高，约占全国的 30%。但地处边疆，交通不便，运资较高，铁路运输能力紧张，目前，运出的磷矿石远远不能满足国家的需要。

②我国低于 30% 以下的中低品位磷矿（以 P_2O_5 计），占总量的 90%，目前，还不能用来制作高浓度、高效磷肥或复肥的原料。

③我国磷矿以沉积（胶质）磷块岩为主，占总 P_2O_5 量的 90%。选矿困难，尤以"硅钙质磷矿"选矿尤为困难，现在国内外都在抓紧研究，尚未解决。我国西南富矿多为这类型的磷矿。变质磷矿石选矿容易，如江苏锦屏磷矿，原矿石仅含 P_2O_5 百分之十几，经选矿后，可达到 35%，北方各地磷矿品位低，但多属于此类。

④1980 年全国共有磷矿 269 个，年产量大约 1 000 万吨。从 1955 年起，我国开始生产磷肥，目前以 P_2O_5 计算年产量约 250 万吨，但还远远不能满足农业的需要。

⑤"六五"期间，计划引进年产 3 万吨黄磷设备，折合 $P_2O_5$6.9 万吨，按每亩用

4～8 斤计算，可肥田 1 725万～3 450万亩，从全国来看，数量不大。

⑥据铁道部估计，现每年可以从云南运出矿石 240 万吨，到 1990 年，只能增加到 300 万吨，折合 P_2O_5 约 21 万吨，按目前氮肥用量 1 000 万吨计，仅使 $N：P_2O_5$ 提高 0.021（目前比例是 1：0.25）。

⑦我国磷肥品种少，质量低。1978—1979 年美国磷肥平均有效成分达 45.8％。我国生产普钙和钙镁磷肥占全国磷肥总量的 96.5％，含 P_2O_5 平均在 20％ 以下，有的磷肥厂产品仅含 $P_2O_5$7％～8％ 或更低。

⑧我国开采磷矿也有不少问题，由于技术和管理等问题，开 1 吨磷矿石要损失 1 吨磷矿。到四川金河磷矿和湖北化工局矿山公司参观访问时反映，开采 1 吨合格的磷矿石，损失量有的高达 3～5 吨，对磷矿的浪费是惊人的。国家为了提高普钙的品位，1980 年曾（不成文）规定，低于 20％，湖北低于 24％P_2O_5 的磷矿石不能算是磷矿，看做是一般石头，不收购也不作价，对两省磷矿界震动很大。现在有不少省需要磷矿石，数量很大，不合格的磷矿石国家不收购，转卖给地方小磷肥厂，磷矿还可照常开工生产。从以上情况来看，研究利用中、低品位磷矿石（含 $P_2O_5$25％左右），制成高品位优质磷肥，是当前亟待研究和解决的重大问题。

（二）

通过论证会议，建议列入国家攻关的有以下 10 项。
①滇池区域磷矿资源开发综合评价研究；
②云南昆明磷矿缓倾斜中厚磷矿露天开采方法研究；
③贵州开阳磷矿砂坝矿段、缓倾矿中厚矿、地下开采方法研究；
④云南海口磷矿 I、II 采区硅钙质磷块岩选矿试验；
⑤湖北王集磷矿硅钙质磷块岩矿石、半工业选矿试验；
⑥湿法磷酸和磷酸一铵制造技术开发研究；
⑦粒状重钙的生产技术的开发；
⑧大型电炉制磷和热法磷肥技术开发；
⑨高效复（混）合肥料新品种和施用技术的研究；
⑩磷、钾肥科学施肥技术的研究。

以上攻关项目，尚待三委（科委、计委、经委）联合批准后，再召开会议。落实研究设计方法，参加单位，物资和经费等。

林华和贾蔚文同志曾来农业小组，领导同志对农业肥效研究工作很重视，参加讨论，对我们鼓舞很大。

（三）

目前，我国缺磷土壤面积很大，迫切需要磷肥，这次论证会在"六五"期间，重点研究是利用高品位磷矿石，生产高浓度复合肥和磷肥方面。我们认为：在上述研究项目的同时，还应加强对我国 90% 中、低品位磷矿石的加工和利用的研究。希望通过研究能从中、低品位磷矿制造高品位、高效磷肥来。广辟磷矿资源，增加磷肥产量，早日纠正目前 N：P_2O_5 比例失调问题，对我国工农业生产将起到重大作用。据我们多年来试验研究和结合国家需要，经小组讨论，书面向大会提出两项建议：

①建议加强对沉淀磷肥（$CaHPO_4 \cdot 2H_2O$）约含 P_2O_5 40%，工业制造和施肥技术的综合性研究；

②建议对四川什邡、绵竹等地硫磷铝锶矿的利用进行综合性研究。

经与化工部有关代表交谈，初步做了以下打算：第一项，由我所与大连化工学院化工系林铎代表协作，进行研究；他要求供应试验用中、低品位磷矿 200 公斤。第二项，化工部矿山局朱文升副总工程师和郭友廉工程师介绍我们去四川金河磷矿参观访问。由于该矿没有粉碎设备，田间肥效试验用硫磷铝锶矿样的磨粉包装，铁路运输可由矿山设计院承担。若有需要可与化工部矿山设计院和地质研究所（地址在河北涿县）协作进行。

11 月 29 日组织代表们赴云南磷肥厂（新建年产 10 万吨重钙厂参观，该厂将于本年底投产），并赴昆明磷矿参观。11 月 30 日大会结束，杨副部长作了总结。12 月 1 日组织代表赴"石林"参观。王少仁和陈尚谨同志当晚乘火车赴四川成都，参观访问金河磷矿厂。经该厂厂长周文林和邱炽昌地质副总工程师交谈：利用中低品位磷矿石制造磷肥和直接利用硫磷铝锶矿石（不用化肥加工）是亟待研究解决的重大问题。硫磷铝锶矿石不能作为制造普钙的原料，性质与一般磷矿石不同，不知作何用，成为废品，还要用工把它除掉，他们完全同意和支持我们的意见。经介绍该矿情况后，采取了少量矿石样品，于 12 月 5 日去重庆。王少仁同志赶回北京，准备"黄淮海地区氮磷肥示范试验座谈会"（会期 12 月 18～24 日），已于 11 月 15 日上报我院和农业部。12 月 9～12 日，陈尚谨同志赴武昌我院油料所，并与该所土肥室同志们座谈了有关土壤肥料研究工作问题，12 月 14 日到湖北省化工局矿山公司与该公司副经理陈国志，荆襄磷矿矿务局局长曾春荀同志交谈了有关该省磷矿及磷肥生产等问题。他们介绍：1979 年以前，磷矿含 P_2O_5 18% 以上的都有销路，1980 年以后强调精矿政策，要求磷矿含 P_2O_5 在 24% 以上的才作价收购（四川金河磷矿邱总说含 P_2O_5 20% 的矿石才收购，不到 20% 的算一般石头，不算磷矿），给磷矿界很大压力，迫切需要研究解决中、低品位磷矿的加工和施用问题。他们愿意给我们研究上的方便。我将大连化工学院愿意承担这项工作，需要有代表性的中、低品位磷矿石 200 公斤。经与他们研究认为，荆襄磷矿大峪口矿交通方便，可提供。当时言明，收到我所公函后，即向大连工学院运发，并切望获得成功，为今后中低品位磷矿打开出路。

回所后，向化肥室主任作了口头汇报，由于 1983 年工作尚未决定，还将在全室大会上讨论以上两个项目的落实问题。

以上两个建议，化工部、地质研究所和大连工学院化工系分别派人和来函联系工作。我们是否与他们协作？若需要协作通过什么方式协作？请予批示。

以上是简要汇报，有不清楚之处，还可以口头补充。

我国化肥施用情况和改进的意见

陈尚谨

（1983 年 1 月 25 日）

新中国成立以来，化肥工业发展很快，1949 年全国生产标准化肥仅有 3 万吨，到 1981 年上升到 6 000 多万吨，占世界第 3 位，其中，标准氮肥约 5 000 万吨，标准磷肥 1 000 万吨，钾肥仅有几万吨，对我国农业起到很大作用。近年来，我国化肥总产值达到 150 多亿元，平均每亩耕地化肥成本费 10 元左右，约占农业生产成本的 30%，有些地方甚至高达 50% 以上。30 多年来，每亩化肥用量由不到 2 两提高到 83 斤，但是施用化肥的增产效果，却明显下降，尤其是氮肥，更为显著。20 世纪 60 年代施用 1 斤标准氮肥，可增产粮食 3~4 斤，现在只能增产 2 斤左右，有的甚至不到 1 斤。这主要是由于：①氮磷钾化肥比例失调；②化肥分配不合理；③施肥的盲目性所造成的。

一、氮磷钾化肥比例失调问题

作物生长发育，要从土壤里吸收一定数量的氮、磷、钾，并有一定的比例。作物种类和作物品种不同，产量水平高低，都影响到比例的变化，但是从多种作物和一般产量水平来看，吸收氮和钾的数量较多，磷素较少，它们之间的比例大约为 1 : 0.5 : 1。氮、磷、钾都是同等重要的，不能互相代替，缺一不可。土壤中含有氮磷钾，但仅有很少一部分当年可以被吸收利用；农家肥料是直接或间接从动植物残体转变来的，也含有一定数量的氮磷钾。由于农家肥料增长速度慢，肥分含量低，在农业产量水平不高的情况下，还可以维持产量，而现在对农产品需要量急剧增加的情况下，远远不能满足需要。化学肥料肥分浓厚，又是从工厂制造的，不与农业争地，可以很快发展，所以，研究化肥的制造工艺、合理分配和经济有效的施肥方法，受世界各国的普遍重视。

1965—1976 年我国氮磷比例大约在一比零点五（1 : 0.5），1977 年大型氮肥厂相继投产，磷肥生产也有所增加，但远远赶不上氮肥；1978 年氮磷比例下降到一比零点一三五（1 : 0.135），距作物生长所需的比例相差太大了；1981 年开始有所上升，提高到一比零点二五（1 : 0.25），氮磷比例还是相差很远。这样长期下去，氮素比较丰富，土壤中的磷按比例消耗，得不到很好的补充，到一定时间，土壤和有机肥中的磷不能满足需要，农业产量就受到影响。在低肥力土壤上，表现得更为严重，单独施用氮肥就不能增产，造成氮肥的大量浪费。又氮肥不能在土壤中长期贮存，它要化为气体或溶于水中流失，给国家和人民造成很大损失。

我国 20 世纪 60 年代，在江南几省首先反映磷肥供应不足，磷肥供应改善后，农业生产有明显的提高。多年来，生产和施用钾肥的数量很少，由于土壤和农家肥料中含有一定数量的钾，直到 20 世纪 70 年代中期，钾肥问题开始在华南反映出来。目前，在广东、广西、湖南、福建等省（区）缺钾问题很严重，已成为农业生产不能提高的限制因素，迫切需要解决。华北各省从 60 年代缺磷现象开始表现，没有得到很好解决，以至缺磷土壤面积增加很快，缺磷程度也日益加深，全国化肥试验资料和群众反映能充分说明。

二、化肥分配不合理

我国有大、中、小型合成氨厂 1 000 多个，遍及全国。生产氮肥主要用煤（天然气）、空气和水，原料比较简单，供应情况也比较好。制造磷肥、钾肥需要解决矿源问题。我国高品位磷矿多分布在西南和中南地区，其他地区磷矿较少，也没有很好地开发利用。据 1975 年调查，全国生产化肥氮磷比例为一比零点五二（1∶0.52），这个数字是适宜的。但是各大区和各省市化肥分配比例有很大差别，如该年，西南和中南区分配化肥中，氮磷比例分别为一比一点一一（1∶1.11）和一比一点零二（1∶1.02）；华北和东北地区比例明显下降，分别为一比零点二四（1∶0.24）和一比零点二五（1∶0.25）；华东和西北地区分别为一比零点三二（1∶0.32）和一比 零点三一（1∶0.31）。再从华东地区中各省分配情况来看，以江西省比例最高为零点八九（0.89）；山东省分配比例最低仅为零点一三（0.13）；其他 4 省的比例居于中间，在零点三一（0.31）到零点四八（0.48）。在山东省各地区间，氮磷比例也有很大差别。磷肥多分配在烟台等高产地区，而低产缺磷地区磷肥分配数量很少。如德州是一个低产缺磷土壤地区，该年分配到化肥氮磷比例仅是一比零点零四（1∶0.04），严重影响到氮肥的肥效不能发挥。在德州地区内各县、社、队间，也同样有很大差别。磷肥多分配到市郊和高产社、队，一般县、社施用磷肥很少或基本上用不到磷肥。这种情况近年来稍有改善，但是地区间差别仍然很大，这是华北黄淮海流域低产土壤严重缺磷的重要原因。

再者，过去分配化肥不是按土壤和作物的需要，而是多从各地购买化肥能力来考虑。还有相当多的化肥，特别是尿素受到群众的欢迎，多用作收购农、副产品的奖励。过去化肥价格较低，有国家一部分补贴，据说现在进口化肥还有补贴，以上分配化肥的办法，富裕社、队购买化肥较多，得到补贴也多；穷队买不起多少化肥，得到补贴也少，这种办法显然是不对的。

三、化肥质量差，盲目性大

过去多重视数量，而忽视质量。以磷肥为例，美国 1978—1979 年度，磷肥平均含有效成分 45% 以上，而我国磷肥含有效成分多不到 14%，小型磷肥厂生产的磷肥有效成分更低。磷肥价格按每吨计算，不考虑质量，这就无形鼓励生产劣质肥料，使化肥的信誉受到很大损失。

在施肥方面，不少地方有重氮、轻磷、不要钾的情况，也有不少同志误认为，施用化肥越多越好，这样不仅经济效益降低，还有减产的可能。还有的未掌握化肥性质而盲目分配和施用。如氯化铵中含有氯离子，氯离子是盐碱土的一种有害物质，要用在非盐碱土上，最好用于水稻田；碳铵挥发性强，要深施覆土，不能撒在地表；硝酸铵应用于旱地和水浇地上，而不宜用于稻田等问题，都需要注意。

我国土地面积很大，气候变化、土壤性质和作物种类都有很大差别。各地施肥种类、数量和方法要因地制宜、因作物制宜，而不能一刀切。为了经济合理施用化肥，并提出适宜于各地的化肥品种，于 1957 年开始成立全国化肥试验网。有组织、有计划地在全国范围内进行化肥试验，迄今已获得数以万计的试验结果。十年内乱期间受到很大影响，现已完全恢复工作，并在积极进行。但在工作中还存在经费不足，试验条件差等问题，尚待解决。这项工作是发展性和应用科学研究，关系很多方面和部门，希望各级领导予以重视和支持。

四、几项建议

为了早日实现我国农业现代化和在 20 世纪末以前国民经济翻两番的伟大目标，在化肥方面提出几项初步建议，供参考。

①要根据我国土壤和作物的需要，生产适用于各省的化肥种类和品种，并提高产品质量。希望化工部门与有关单位协作，共同研究，要求在 3～5 年内，改变氮、磷、钾化肥比例结构，并提出切实可行的有效措施；

②改革过去分配和供应化肥的办法，做到按需供应，而不是按购买能力；改变用化肥奖励收购农、副产品的办法；

③培训农业行政和技术骨干，能掌握对化肥的管理、供应和施用等技术问题；

④化肥的制造、分配和施用，是密切相联系着的。为了提高化肥利用率，从单方面入手，很难解决问题。建议成立"全国化肥制造、供销、施用、科研联合公司"，由有关部门领导和科技人员参加，先进行综合性调查研究，再拟定我国近期和远景化肥发展和应用等技术问题；

⑤在上述联合公司的领导下，加强化肥研究和全国化肥试验网的工作，试验经费由化肥利润中按万分之（1～2）提成，约需 300 万元。试验地、实验设备、科技研究人员等方面，要予以加强，按国家任务按期完成。在党的统一领导下，各级政府的支持下，为我国农业现代化和国民经济收入翻两番，早日作出贡献。

我国使用磷肥的历史概况

陈尚谨

（中国农业科学院土壤肥料研究所）

（1982 年 3 月 20 日）

新中国成立前，我国仅在沿海一带施用少量化肥，据调查当时化肥在福建、广东、浙江、江苏每年约用 20 万吨（按实物重计），广西、江西、山东、安徽、河北等省（区）约用 10 万吨。当时化肥以氮肥为主，又以硫酸铵为主，磷肥用量很少，钾肥几乎没有。台湾省用量较高，每年约用 45 万吨（注 1）。

1949 年我国约使用氮肥 6 000 吨（按氮素计算），1980 年增加到 1 000 万吨。1955 年约使用磷肥 1 万吨（按 P_2O_5 计算），1980 年增加到 200 多万吨（注 2）。

我国施用磷肥品种主要有普钙和钙镁磷肥。前一种用量较大，约占总量 70%，普钙对主要作物和多种土壤都适用。钙镁磷肥适用于中性和微酸性土壤，对华北、西北等石灰性土壤肥效较差，它的肥效相当等磷量普钙 70% 左右（注 3）。直接施用磷矿粉仅适用于酸性土壤地区。脱氟磷肥、沉淀磷肥、磷酸铵、偏磷酸铵（钙）等新品种，磷肥使用的数量还很少。

近年来，我国施用氮磷化肥的比例有所变化。由于大型合成氨厂的相继投产。氮肥有了很快发展。历年施用氮磷比例，1975—1976 年全国氮肥、磷肥（按有效养分计算）销售比例大致为 1∶0.5，这个平均比例数字是适宜的。1977 年降低到 1∶0.36，1978 年又下降到 1∶0.14，1979 年以后，情况开始有所好转，但由于磷肥工业发展较慢，氮磷比例关系尚远远不能满足我国农业生产的需要（注 4）。

我国目前经济有效施用磷肥方法主要有：①氮肥、磷肥适当地配合；②用作种肥；③迟效与速效性磷肥适当地混合施用；④将磷肥施用在低产缺磷土壤上，对各种作物增产效果都很好，经济收益也最大；⑤对一般中肥力土壤施用在豆科绿肥、豆类作物和喜磷作物上，如小麦、油菜等作物，也有较大肥效。

我国有关磷肥研究工作，随着化肥工业的发展和农业生产的需要，也进行了不少工作。最早于 1933—1941 年曾在我国较大地区（主要在南方西南）进行土壤肥力的测定（注 5）。当时提出我国农业需要以氮为最重要，磷肥次之，钾肥又次之。1950—1951 年又曾对冀、晋、鲁、豫 4 省进行肥料三要素肥效试验，结果与上述的情况相似，钾肥肥效不及我国南方地区。

我国 1957 年成立化肥试验网，在全国范围内有组织、有系统、有计划地在全国范围内进行肥效试验。几年内获得上万个试验结果。

1959 年以来，开始采用示踪法研究磷肥利用率和在土壤作物内的运动和转化，也获得不少结果。

1979 年配合全国土壤普查，进行全国各省（市、区）化肥区划工作，为合理施用磷肥作出区划。1981 年先在山东省进行这项工作，并已编成"山东省化肥区划"。以上各项工作均在继续深入进行中。对台湾省磷肥使用情况不很了解，未包括在内。

注：（1）农业科学通讯（1950 年）

（2）"有关磷肥情况"．上海化工研究院（1980 年）

（3）华北石灰性土壤磷肥肥效的研究．中国农业科学（1965 年）

（4）我国磷肥在农业生产上的作用（单印本）．中国农业科学院土肥所（1981 年）

（5）地力的测定．《土壤专刊》（1941 年）

钙镁磷肥

陈尚谨

钙镁磷肥是中国常用的磷肥品种。据 1977 年统计，全国约生产磷肥 1 000 万吨，其中，钙镁磷肥占 30%。它和过磷酸钙相比，在制造方法、消耗原料、肥料性质和施用方法上都有所不同，现简介如下。

制法和性质

钙镁磷肥是用磷矿、蛇纹石或白云石在高炉内熔融，经冷淬、磨细而成。生产 1 吨钙镁磷肥，需 0.6 吨磷矿石，0.5 吨蛇纹石，0.25 吨焦炭。我国南方不少地区既缺磷又缺钾，在目前尚未发现大型钾盐矿之前，生产钙镁磷肥的同时，适当地加入钾长石，可使产品中含 2%～4% 的氧化钾。

钙镁磷肥是一种不定形的玻璃体粉末，稍带灰褐色或淡绿色，含有效磷（五氧化二磷）14%～18%。其中，还含有 25%～30% 的氧化钙，15%～16% 的氧化镁，40% 左右的氧化硅。

钙镁磷肥不溶于水，在土壤中移动性小。但能溶解在柠檬酸溶液中，称为枸溶性磷肥。肥效比水溶性磷肥慢，但后效较长。

这种肥料呈微碱性，不吸潮，不结块，对人畜无害，不腐蚀皮肤和衣物。长期贮存或与其他化肥混合，无不良影响，和种子、幼苗接触，无伤苗现象。

钙镁磷肥的肥效，受土壤酸碱度影响较大。施入酸性土壤，借助土壤酸度，可以促进其溶解，提高肥效，与过磷酸钙的肥效相等或稍高。钙镁磷肥中的氧化钙、氧化镁等碱性物质，可中和土壤酸度。在石灰性土壤上施用肥效较差，相当于过磷酸钙肥效的80%。据广东、江苏、贵州等省在酸性土壤上试验，钙镁磷肥的肥效比过磷酸钙高10% 左右。

钙镁磷肥的肥效与其颗粒大小密切相关，细小者肥效好，一般通过 80 目筛。

施用技术

施肥技术是按肥料特性制定的。现以水稻为例，经济有效地施用钙镁磷肥的方法有以下几点。

①选择在酸性、微酸性、中性土壤上施用。一般用作面肥，亩施 50～60 斤；也可

用它蘸秧根，每亩用 20 斤左右；作追肥，如点秧蔸应尽早施用，最好和等量过磷酸钙混施。

②钙镁磷肥最好用在水稻前茬绿肥作物上，亩施 30～60 斤，磷可促进根瘤菌的固氮作用，即所谓"以磷增氮"，可使绿肥鲜草量增加，翻压后作稻田绿肥，比直接在水稻上施用钙镁磷肥经济效益高。

③秧田施肥。磷具有促进秧苗根系发育和提早生长的作用。钙镁磷肥不影响种子发芽，也不会灼苗。每亩秧田施用量 300 斤左右。最好配合有机肥和氮肥一起施用，可获得早秧、壮秧；插秧后返青早，提高产量。

④其他旱作物的施法。钙镁磷肥作小麦、玉米的种肥或基肥较好。若作追肥肥效较差。一般每亩基施 50～60 斤。

注意事项

①钙镁磷肥和其他磷肥一样，只有在配合施用氮肥的情况下，才能更好地表现肥效。尤其在严重缺氮的土壤上，单独施磷不能获得预期效果，反而会使作物早衰。

②有些地方反映钙镁磷肥肥效差，不受欢迎。原因可能是多方面的，如肥料质量差、施肥方法不当等。同时，要充分注意土壤条件。一般来说，长江以北的土壤，大半是石灰性的，施用钙镁磷肥的肥效较差；东北和山东东部地区的微酸性土壤，施用钙镁磷肥的效果好。在长江以南的大部分土壤是酸性和微酸性的，施钙镁磷肥适宜。石灰性土壤，以及常年施用石灰，土壤已转变为碱性的，不再适宜施用钙镁磷肥。

③施肥量不宜过多。以免增加成本，降低经济效益。不同地区的土壤和不同作物的最经济施用量，要通过当地试验确定。

复合肥料的性质和施用

陈尚谨

（中国农业科学院土壤肥料研究所）

（1982 年）

近年来，中国施用复合肥料的数量增长很快。1974 年约施用 40 万吨，1979 年增加到 100 多万吨。复合肥料最先用于烟草、茶叶、果树等经济作物，现在已用于粮食作物。由于它有很多优点，受到农民的欢迎，化工部门也在积极研究，准备生产。

欧洲于 1927 年开始生产和施用复合肥料。第二次世界大战后，停用了一个时期，到 20 世纪 50 年代，又迅速发展。1979 年西欧各国复合肥料用量，约占化肥总量的 60%，还在继续发展。为了我国能更好地应用复合肥料，今将它的性质和施用方法，介绍如下。

一、复合肥料的种类

复合肥料是含有两种或三种肥料要素的化学肥料。复合肥料种类很多，就其制造方法而言，主要有"化学合成"和"机械混合"两大类。

（一）化学合成的复合肥料

简单来说，它是一种化合物，成分含量是固定不变的，可以用化学分子式来表示。如硝酸钾（KNO_3）含氮 13% ~ 15%，含氧化钾（K_2O）45% ~ 46%；磷酸二铵（$(NH_4)_2HPO_4$）含氮 16% ~ 18%、含磷酸（P_2O_5）46% ~ 48% 等多种。由于农用肥料对纯度要求不同，所以，复合肥料中要素含量，有一个变化幅度。

（二）机械混合的复合肥料

它是用几种化肥按比例混合而成。如氮磷复合肥料可以用硫铵和过磷酸钙混合，氮钾复合肥料可以用硝铵和氯化钾混合。它们不是化合物而是混合物。选用化肥种类和混合比例，要按当地土壤和作物的需要来确定。

（三）化学合成再加入机械混合的复合肥料

如磷酸二铵再混加氯化钾或硫酸钾，制造氮磷钾三要素复合肥料。氮磷钾复合肥料再添加某些微量元素，制造三要素微肥复合肥料等。

以上 3 种方法制成的肥料，都叫作复合肥料。复合肥料还可以按其中所含三要素种类，分为以下几种。

①凡含有 NP 或 NK 或 PK 两种要素的复合肥料，称为二元复合肥料；

②凡含有 NPK 三种要素的复合肥料，称为三元复合肥料；

③含有微量元素的复合肥料。二元或三元复合肥料还可以含有微量元素，如硼（B）、铜（Cu）、锰（Mn）、锌（Zn），钼（Mo）中的一种或几种。

二、复合肥料命名法

复合肥料的种类有千百种之多。为了简便起见，一般用它们所含三要素的有效成分来命名。

（一）二元复合肥料（20-20-0）

括号内第一个数字"20"表示有效氮素含量的百分数，第二个数字"20"表示有效磷酸含量的百分数；第三个数字"0"表示不含钾。从以上可知其中含有效 N20%，有效 P_2O_5 20%，是一种氮磷二元复合肥料。又如（20-0-20）复合肥料中，含有效氮20%，有效钾（K_2O）20%，但不含 P_2O_5。种类很多，不再列举。

（二）三元复合肥料（15-15-12）

其中，含有 N 15%，有效 P_2O_5 15%，有效 K_2O 12%；又如（14-8-40）复合肥中，含有效 N 14%，有效 P_2O_5 8%，有效 K_2O 40%。

（三）复合肥料（20-20-15-B2）

表明其中含有效硼2%的（20-20-15）三元复合肥料。又如（15-15-12-Zn1.5），表明含有效锌1.5%的三元复合肥料。

尽管复合肥料的种类很多，但采用以上方法，可简单明了地表示出它们的成分。这是国际间通用方法，不论是化学合成的或机械混合的，统一按以上方法来命名表示。

三、复合肥料的性质

复合肥料的性质，决定于其中所含化肥的种类。复合肥料中化肥的主要性质，简介如下。

（一）氮素

主要有铵态和硝酸态两种。含铵化肥种类很多。如硫铵、碳酸氢铵、氯化铵等。含硝酸的化肥有硝酸钙、硝酸钠等。含铵和硝酸的化肥是水溶的，对作物都是有效的，但是它们的性质有明显的区别。铵可以被土壤粒子吸收，流失的问题不大。在旱地和水浇地

"好氧"的情况下，铵经过土壤微生物的作用，很快转化为硝酸态氮。硝酸态氮不能被土粒吸收，随水流失性大，就要注意流失问题。在水稻田"嫌氧"条件下，硝酸还可以被微生物还原为氮气，丢失肥分，这叫"脱氮"作用。铵态和硝酸态氮对一般旱地和水浇地都很适用，对各种作物也适合。水稻田长期淹水呈"嫌氧性"，以施用铵态氮肥较好，若施用硝酸态肥料，要注意随水流失和"脱氮"丢失肥分的问题，改用铵态肥料比较经济。硝酸铵含有铵态和硝酸态两种氮素，各占一半，它兼有两种肥料的性质。尿素在土壤中很快受到微生物的作用，转化为碳酸铵，所以尿素的性质和铵态氮肥相似。

含有磷酸铵类型的复合肥料，其中，氮素是属于铵态的，含有硝酸磷肥或硝酸铵的复合肥料，其中，氮素具有铵态和硝酸态两种性质。含硝酸态氮的复合肥料不很适用于水稻，在选择复合肥料时要加注意。

（二）磷素

复合肥料中的有效磷，主要有水溶性和枸溶性（柠檬酸可溶性的简称）两种。前一种的肥效要比后一种快些。一般作物幼苗期吸收水溶性磷肥较好，生育中期以后，两种磷肥肥效基本相似。过磷酸钙和磷酸铵中的磷是水溶性的。磷酸二钙是枸溶性的。硝酸磷肥含有水溶性和枸溶性两种。施用在酸性土壤，水溶性和枸溶性磷的肥效大致相仿，但在石灰性土壤中，水溶性磷稍优于枸溶性的。

（三）钾素

复合肥料中的钾主要有硫酸钾和氯化钾两种。对大部分作物施用硫酸钾和氯化钾都很好，但是有少数"忌氯作物"对氯根反应不好，对烟草、茶叶等作物不宜施用含氯较多的复合肥料。

四、复合肥料的主要优缺点

主要优点有：

①复合肥料含有两种或三种要素，能比较均衡地供给作物所需要的养分。如收获100斤小麦，要从土壤中大约吸收氮2.5斤、P_2O_5 1斤、K_2O 2斤。若长期仅施用氮肥，磷肥、钾肥得不到补充，靠土壤供给，到了一定年限，土壤中的磷、钾就不能满足作物的需要，单施氮肥不能增产，必须加施磷钾肥后，才能继续增产。施用复合肥料，就可以避免这种情况。

②制成复合肥料可以改善某些单一化肥的物理性质。如过磷酸钙和碳酸氢铵适当地混合，可以减少碳酸氢铵分解挥发，又可改善过磷酸钙的吸潮、结块等不良性状。

③复合肥料肥分浓厚，施用量可以相对减少。如对某种作物每亩要用N10斤、P_2O_5 10斤，要用硫铵（含N20%）50斤和过磷酸钙（含P_2O_5 14%）70斤共计120斤。若改用（20-20）复合肥料，50斤就够了。

④一般复合肥料为颗粒状的，施用方便。避免风吹损失。颗粒肥流动性能好，便于

机械化施肥。若采用联合播种机，可以在播种的同时，将肥料条施在种子的旁边，节省劳力，施肥均匀，肥料位置适当，可以提高肥效。

⑤复合肥料肥分浓厚，物理性质良好，在包装、贮存、运输和施用上，有很多方便，能节约不少费用。

复合肥料也有不足的地方，要加以注意。

第一，复合肥料氮、磷、钾的比例是预先决定的，一种复合肥料在某地区对某种作物是适合的，但对另一地区和另一种作物，就不一定适宜，在施用和选择复合肥料时，必须加以注意。

第二，氮肥在土壤中移动性较大，我国多习惯施用氮肥作追肥。磷肥、钾肥在土壤中移动性小，一般多用作基肥。复合肥料中的各种肥分结合在一起，必须同时使用。若施用不当，就不能起到应有的作用。

第三，复合肥料大多是颗粒状的，颗粒肥有很多优点，上面已经提到，但是有些化肥，施用粉状肥料比颗粒肥料好。如在石灰性土壤地区施用颗粒状的枸溶性磷肥就不如粉状的好。复合肥料中若含有枸溶性磷酸二钙，在制造时就需要混加一定数量的水溶性磷肥，才能达到良好效果。在石灰性土壤上施用，更要注意这点。

第四，制造复合肥料的成本，从理论上说，可能要比生产等量肥分的单一肥料贵些。但施用得当，能减少包装、贮存、运输等费用，还是比较经济的。

第五，复合肥料是化学肥料，还需要施用有机肥料，来培养地力和改善土壤物理和生物性质。

总之，复合肥料优点很多，缺点也不少，在施用时首先要按土壤和作物的需要，选择适用复合肥料的品种，再结合当地情况，采用最经济有效的施肥方法，才能达到合理施用的目的。

五、复合肥料的施用方法

按照复合肥料的特点，施用方法主要有以下几种。

（一）基肥

在播种前将肥料撒施均匀，用圆盘耙混入土壤6~8厘米层，然后播种。

（二）种肥

在播种时，将复合肥料施在种子旁边2~3厘米远，4~6厘米深处，种子出苗即可很好地吸收养分。若采用联合播种机，将复合肥料与种子同时条播，节约施肥工序，经济方便。但要注意复合肥料不要和种子直接接触，以免肥料浓度太高，影响出苗，特别对含有尿素的肥料，更要注意。

（三）早期追肥

复合肥料中的磷、钾肥，用作基肥或种肥较好。其中，氮肥用作基肥、种肥或追肥都可以。为了兼顾复合肥料中各种养分的作用，对旱地和水浇地一般用作种肥或基肥较好，用作追肥，肥效要差。若因为时间关系必须用作追肥，要提早施用，并施在湿土层。对水稻和蔬菜，用作基肥、种肥、早期追肥都可以，但是追肥过晚，肥效也差。

关于复合肥料的用量，要按其中要素含量多少来计算，并加以灵活运用。如某地根据过去试验或当地经验，每亩需要用 N8 斤和 P_2O_5 8 斤，若用复合肥料（20-20），每亩用 40 斤就够了。若对某些作物需要氮肥较多，每亩要用 N16 斤和 P_2O_5 8 斤，为了经济有效施用（20-20）复合肥料，每亩可以使用复合肥料 40 斤，再补加硫酸铵 40 斤或其他氮素肥料。若每亩施用（20-20）复合肥料 80 斤，它可以满足对氮素的需要，但其中磷肥较多，剩余不少，对当季作物而言，增加了农业成本，造成浪费。在严重缺磷或钾的土壤上，也可以在施用三元复合肥料的基础上再适当地补充磷肥或钾肥。一般粮食作物需要氮肥较多，可以考虑施用复合肥料作基肥或种肥（种肥用量一般比基肥减少一半左右），再用适当数量的氮肥作追肥，可达到经济用肥和充分发挥肥效的目的。

开辟磷肥资源解决氮磷比例失调问题

陈尚谨

（1980 年）

目前，中国氮磷比例严重失调，增加磷肥产量，提高质量，改进施用方法是迫切需要解决的问题。

一、磷矿资源

我国磷矿资源仅次于摩洛哥、美国和苏联，居世界第四位。现已查明的储量约 104 亿吨，工业储量 45 亿吨。1980 年已查明全国磷矿 269 个，但 90% 以上的储量为中低品位，含五氧化二磷 30% 以下。具有制造高效、高浓度磷肥的富矿（约含五氧化二磷 35%），多集中在西南和中南地区，如云南的昆明、晋宁，贵州的开阳，湖北的宜昌等。

从磷矿主要类型来看，沉积磷块岩矿床储量最大，占总储量的 69.6%，它结晶细小，选矿困难，西南和中南地区的磷矿大多属于此类，对硅钙质磷块岩选矿尤为困难，国内外都没有成熟经验，尚在继续研究中。变质磷矿床约占总磷储量的 30%，其中，有些矿石品位较低，但结晶颗粒大，易于选矿，如海州锦屏磷矿，原矿石仅含五氧化二磷百分之十几，经过选矿可达到 35%。此外，还有少量洞穴、鸟粪磷矿床等，都不需要化学加工，可直接用作磷肥。

除磷矿外，用酸法生产水溶性磷肥，需解决大量硫酸供应问题；生产钙镁磷肥需解决煤和焦炭问题；用电炉法生产黄磷需解决电力问题。我国硫黄资源比较缺乏，能源的开发与利用，需要统一计划研究。

此外，作物吸收的磷多集中在籽粒和糠麸中，秸秆内也含有一部分磷，通过食物和饲料，磷转化到粪尿里。因此，提倡有机肥料的积存和施用，是增加磷肥的另一重要来源。

二、发展磷肥的途径

我国目前缺磷土壤面积约占耕地半数以上。严重缺磷土壤有 4 亿~5 亿亩，对磷肥需要量很大。各地应根据磷矿品位、性质、杂质含量、选矿难易、运输条件、磷矿资源、土壤缺磷程度和性质，来确定生产当地适宜的磷肥品种和数量，以便获得最大的经济效益。不同磷肥对磷矿品位和性质的要求有所不同。生产高品位、高效磷肥有利于运输、贮存、包装和施用，但是需要选用高品位的富矿。我国富矿多集中在西南地区，运输较难，储量有限，难以在短期内满足全国对磷肥的需要。中低品位磷矿数量很大，遍及各地，应择优选用其中有开采价值的，发挥地方优势，生产适合当地的磷肥品种，如沉淀磷肥、普通过磷酸钙、钙镁磷肥和其他品种等，可以减少长途运输和基建投资，投产也快。期望能利用中低品位磷矿石，制成高品位、高效磷肥。生产上述磷肥，首先要注意对矿床作好全面评价，对生产磷肥新品种的工艺和施用方法，也要进行综合性研究。

四川省什邡县、绵竹县有硫磷铝锶矿，含五氧化二磷 7% ~ 22%，估计储量有 6 000 ~ 7 000 万吨，不适宜加工制造普钙，由于它的性质不同于一般氟磷灰石，尚未能开采利用。初步试验看出，硫磷铝锶矿石经约 600℃煅灼磨细，不用化学加工，有希望直接用在石灰性土壤上。

在石灰性土壤上磷肥肥效演变的研究和施磷的建议

陈尚谨　刘立新　杨　铮

（中国农业科学院土壤肥料研究所）

（1987 年）

摘要：研究指出，在石灰性土壤上，磷肥用量和土壤有效磷增量两者间呈直线关系，直线的斜率称为"磷肥指数"。同时，这个土壤有效磷增量又随施磷后的时间大体上按指数函数关系衰减，可以用"减半期"表示。

在同一地块或在不同地块上，磷肥肥效与土壤有效磷的自然对数呈直线负相关（其中，同一地块的相关系数 $r = 0.9531$，不同地块 $r = 0.7476$）。这种函数关系表明，磷肥肥效的演变趋势是，新施磷肥的肥效将因长期大量施磷肥使上壤有效磷提高而逐渐卜降，亦将随施磷后间隔较长时间不施磷，使土壤有效磷下降而肥效再次提高。

在石灰性土壤中，磷肥需要量取决于土壤有效磷和磷肥指数。实验确定的土壤需磷量和计算的土壤需磷量密切相关（相关系数 $r_{盆栽} = 0.953$，$r_{大田} = 0.932$）。

磷肥施入土壤后土壤有效磷随即增加，我们把施磷引起的土壤有效磷增加的数量称为土壤有效磷增量（由施磷处理的土壤有效磷减去对照土壤有效磷表示一下同）。近年来，国外就施磷数量、施后时间与土壤有效磷增量间的关系进行了不少的研究[1,3,4,5]。我所 1974—1981 年通过盆栽、大田试验研究指出，在石灰性土壤上，土壤有效磷增量随时间大致按指数函数关系衰减[7,8]：

$$\Delta P = a \cdot 10^{-mt} \tag{1}$$

其中，ΔP 表示土壤有效磷增量，t 表示施磷后的时间，a、m 为常数（本文中所涉及土壤有效磷、全磷、磷肥、磷等均指 P_2O_5）。这一关系亦可用"减半期"表示，我们把在休闲条件下测得的"减半期"叫"磷肥老化速率减半期"用 $T_{1/2}$ 表示；把在轮作条件下测得的"减半期"称为"磷肥衰减速率减半期"，用 $T_{1/2}$ 表示，则：

$$t_{1/2}（或 T_{1/2}） = 1g2/m = 0.301/m \tag{2}$$

在山东省德州市、胶南县、临朐县大田测得的 $T_{1/2}$ 平均为 100 天[7,8]。

在石灰性土壤上，施入磷量与土壤有效磷增量间呈直线关系[5,8]：

$$q = b + C \cdot \Delta P \tag{3}$$

其中，q 表示施入磷量，C 表示磷肥指数，b 为常数。预计，利用这一关系可提出土壤需磷量的公式[2,5,6,8]。

参考文献

［1］ Geoffrey M. Gadd and Alan J. Griffiths. Microorganism and Heavy Metal Toxicity,

Microbial Ecology, 1978 (4): 303 –317.

[2] Den Dooken de Jong, L. E. et al. Tolerance of Chlorella vulgaris for Metallic and Non-metallic Ions, Antonic Van Leeuwenhoek, 1965, 31, 301 –313.

[3] Coppola S. Effects of Heavy Metals on Soils Microorganism, Environ. Eff. Org. Inorg. Contam. Sewage Sludge, 1983, 171 –175.

[4] Den Dooren de Jong, L. E. et al. Tolerance of Azotobacter for Metallic and Non-metallic Ions, Antonie Van Leeuwenhoek, 1971, 37, 119 –124.

[5] Alexander, M. And F. E. Clark. Method of Soil Analysis, Park 1965, 2.

[6] 伊崎和夫. 重金属イオン存在下ごの細菌の生育, 微生物の生态8, 极限环境の微生物. 微生物生态研究会编, 学会出版ャンター 1980, 173 –190.

STUDY ON THE USE OF AZOTOBACTER SP. AS AN INDEX FOR THE DETERMINATION OF THE TOXICITY OF HEAVY METALS IN SOIL

Liao Ruizhang, Jin Lizhi, Shen Shuling, Liu Dacheng

(Institute of Soils and Fertilizers, Chinese Academy of Agricultural Sciences, Beijing)

ABSTRACT

Azotobacter sp. was applied as an index for the determination of the critical toxic concentration of six heavy metals and non-metals in the wet meadow cinnamon doil in Beijing. It was found that *Azotobacter* sp. was much more sensitive to the heavy metals and non-metals, and may serve as the representative of soil microorganisms. The imporved method of gas chromatography was adopted to determine the critical toxic concentration of the poisons, which possessed the characteristic of a simpler and more convenient, swift, accurate as well as economical method in determining the number of *Azotobacter* than by the dilution method. The critical toxic concentrations were related to the concentration harmful to the experimental plant. In the research of "the environmental capacity of soil", it may furnish a parameter to the critical toxic concentration of heavy metals and non-metals in soil.

本文仅就石灰性土壤施磷后土壤有效磷、磷肥后效、新施磷肥肥效的演变、土壤需磷量以及如何应用这些关系开展建议施磷等进行了粗浅的研究，汇总如下。

材料与方法

一、大田试验

（一）德州定位试验的裂区试验：始于 1976 年 6 月，连续 4 年不同施磷处理（分别亩施磷每作 3.2kg、每年夏施 6.4kg、每年夏施 4.8kg 秋施 1.6kg、每年秋施 6.4kg、每 2 年秋施 12.8kg、每年秋施 25.6kg 和每年秋施 51.2kg）的基础上，于 1983 年秋种前安排了裂区试验：把每个小区分成 A、B 两个部分，其中，A 不施磷肥，B 新施磷 6.4kg/亩，记载收获产量，取每个小区耕前基础土样测定土壤有效磷等。

（二）磷肥用量试验：1983 年在山东省陵县、庆云县等地区安排了磷肥用量试验，分别亩施磷 0kg、2kg、4kg、6kg、8kg、12kg 共 6 个处理，各处理施等量纯氮 10.5kg/

亩，小区面积半分，重复 3 次，种植当地优良小麦品种，记载收获产量，取基础土样测定土壤有效磷等。

（三）引用 1981—1982 年北京顺义县农科所氮磷肥用量试验的部分试验结果。

二、温室盆栽试验

取自河北、山东、湖北、陕西、新疆等地土样 11 个（均系石灰性土壤），每个土样设 5 个处理，分别施磷 0kg/盆、160kg/盆、320kg/盆、640kg/盆、1 280kg/盆，每盆施等量硫铵 4g，装土 8.5kg，重复两次，小麦品种为丰抗 13 号，记载收获产量，取施肥前基础土样分析土壤有效磷等。

三、室内分析

对盆栽和大田试验土样均测定土壤有效磷（Olsen 法），有机质（丘林法）、碳酸钙（气量法）、全磷（湿消化、钒钼黄比色法），pH 值（水浸、电位计法）和机械组成（比重天平法）等项，其中，C、$t_{1/2}$ 和 $T_{1/2}$、K 值的测定说明如下。

（一）磷肥指数（斜率 C）的测定

对每个磷肥用量试验的基础土样，按其处理加入相应的 KH_2PO_4 溶液，在室内培育后测定土壤有效磷。如盆栽，每种土样称土 15g5 份，分别加入水溶性 $P_2O_5$0、282、564、1 128、2 256r，大田试验各称土 15g6 份，分别加入 $P_2O_5$0、208、416、624、832 和 1 248r，在室温条件下保温保湿 10 天，风干后测定土壤有效磷。用作图法计算斜率，以 C_1 表示；用计算法，则为直线回归方程的斜率，以 C_2 表示。

（二）磷肥"减半期"的测定

在德州定位试验设轮作与休闲的微区试验，亩施 $P_2O_5$0kg、3.2kg、6.4kg、12.8kg、25.6kg 和 51.2kg，于施磷后 10 天、175 天、186 天、220 天、266 天、313 天和 357 天取土、风干，于 1983 年测定土壤有效磷，通过回归分析计算磷肥"减半期"$t_{1/2}$ 和 $T_{1/2}$。

（三）K 值的测定

为测定不需要施磷肥的土壤有效磷最低界限值，用 K 表示，可利用两种散点图测定之：第一种是用田间试验的"对照相对产量"与对照基础土样土壤有效磷量作散点图，当"对照相对产量"（以施磷处理中最高产量为 100）达到 95% 时的相应土壤有效磷水平，就是最经济的不需要施磷肥的土壤有效磷最低界限值；第二种是通过"各处理相对产量"与相应处理施磷后 10 天的土壤有效磷量作散点图，当"处理相对产量"

（以施磷处理中最高产量为100）达到95％时的土壤有效磷水平，即为最经济的不需要再增施磷肥的土壤有效磷最低界限值，亦即 K 值。

结果与分析

按以下4个方面汇总试验结果如下。

一、所施磷肥对土壤有效磷的影响

大田、盆栽试验、室内模拟测试结果指出，在石灰性土壤上磷肥用量和土壤有效磷增量间呈直线关系，其斜率"磷肥指数"因计算方法不同略有差别，参见表2、表3中的 C_1、C_2 部分；同时定位试验指出，土壤有效磷增量随施磷后的时间大体上按指数函数关系衰减，亩施6.4kg、12.8kg、25.6kg 和 51.2kg 各处理的"磷肥衰减速率减半期" $T_{1/2}$ 分别为88天、106天、116天和127天，参见表1。

表1 山东德州大田定位试验测得的磷肥"减半期" $t_{1/2}$ 和 $T_{1/2}$

处理 (P_2O_5 kg/亩)	休闲土		轮作土	
	$t_{1/2}$（天）	r	$T_{1/2}$（天）	r
3.2	186.7	0.777	115.6	0.842*
6.4	141.6	0.985**	87.6	0.929**
12.8	174.2	0.832*	106.2	0.907*
25.6	196.5	0.844*	116.2	0.819*
51.2	165.8	0.893*	126.7	0.871*

应用磷肥"减半期"能估计土壤有效磷增量随时间变化的数量和趋势：以德州定位试验为例，从1979年到1983年秋种4年间，每年亩施 P_2O_5 6.4kg、25.6kg 和 51.2kg 各处理的土壤有效磷平均每年实际增加1.3毫克/千克、21.8毫克/千克和40.2毫克/千克，用相应的 $T_{1/2}$ 估计，平均每年理论增加2.7毫克/千克、21.3毫克/千克和42.7毫克/千克，两者很相近。

因此，施用磷肥在一定时间内可以改善土壤供磷能力和提高生产能力。以该定位试验所在村1300亩农田的土壤有效磷和产量变化为例，从1977年2月到1983年秋种6年间，在施有机肥基础上，每年亩施50kg过磷酸钙，使全村严重缺磷（＜5毫克/千克）和缺磷（＜12毫克/千克）的土地面积由92.9％缩小到只占0.2％，而土壤有效磷含量中等以上的面积由0.7％扩大到26％；同期内，全大队夏粮（麦类等）平均亩产由157kg（1977年）提高到343kg（1983年），秋粮平均亩产由107kg提高到343kg。施磷改善了全村土壤有效磷状况，培肥了地力，提高了土地生产能力。

二、对磷肥后效的影响

从定位试验裂区部分 A 的产量结果的相互比较中可以看到，原对照小区亩产在 100kg 水平上，而原施磷各处理的后效（指原施磷处理亩产减去对照亩产）为 68kg 到 209kg 不等，增产效果极显著；在同一地块，由于原施磷处理不同造成的土壤有效磷水平参差不齐，因而，土壤有效磷增量也各不相同，磷肥后效与土壤有效磷增量或土壤有效磷水平间可用对数回归方程描述：

$$Y_{后效} = 129.7 + 45.3789 \ln \Delta P \tag{4}$$

其中，$Y_{后效}$ 为磷肥后效（增产小麦 kg/亩）。相关系数 $r = 0.8818^{**}$（$r_{0.01} = 0.8745$）。它表明磷肥后效与土壤有效磷增量的自然对数间呈直线关系。或：

$$Y_{后效} = -66.5 + 91.5826 \ln P \tag{5}$$

其中，P 为土壤有效磷水平（毫克/千克）。相关系数 $r = 0.8600^{**}$（$r_{0.01} = 0.7977$）。它表明，在同一地块磷肥后效与土壤有效磷的自然对数间亦呈直线关系。

从这函数关系可以看出：磷肥后效、一方面随磷肥的施用使土壤有效磷提高而延长；另一方面，在同一地块磷肥后效亦将随施磷后时间的延长而按"减半期"趋势逐渐减弱。

三、对新施磷肥肥效的影响

从裂区试验部分 A 和 B 的相互比较可以看到，新施磷肥肥效（每千克 P_2O_5 增产小麦千克数，下同）与土壤有效磷的自然对数呈直线负相关：

$$Y_{肥效} = 33.8976 - 6.6221 \ln P \tag{6}$$

其中，$Y_{肥效}$ 为磷肥肥效。相关系数 $r = 0.9531^{**}$（$r_{0.01} = 0.9172$）。

在德州地区和北京顺义县 31 个大田试验中，也看到磷肥肥效与土壤有效磷的自然对数呈直线负相关：

$$Y_{肥效} = 34.5637 - 8.5299 \ln P \tag{7}$$

其中，相关系数 $r = 0.7467^{**}$（$r_{0.01} = 0.4868$）。

这个负相关关系告诉我们，当土壤有效磷低时，磷肥肥效高，当土壤有效磷高时，则磷肥肥效低。当土壤有效磷超过一定数值时，则施磷肥不仅没有肥效，还可能减产；另一方面，由于土壤有效磷增量与施磷量和时间的动态变化，则新施磷肥肥效将因过去施磷引起的土壤有效磷提高而逐渐下降；而过去施磷后停施磷肥的时间越长，则新施磷肥肥效将相应上升。

四、土壤需磷量的研究

10个大田的和11个土壤温室盆栽的小麦磷肥用量试验有关的各项分析结果、土壤需磷量、磷肥指数及计算的理论需磷量均列于表2、表3。

表2 大田试验土壤分析结果、磷肥指数、需磷量等

试验地点	有机质（%）	有效磷（mg/kg）	CaCO$_3$（%）	全磷（%）	pH值	机械组成（%）				土壤需P$_2$O$_5$（kg/亩）			磷肥指数		
						2~0.2mm	0.2~0.02mm	0.02~0.002mm	0.002mm	Q$_0$	Q$_1$	Q$_2$	C$_1$	C$_2$	C$_2$的相关系数r值
双庙陈	1.1800	16.0	8.20	0.179	8.8	1	38	37	24	6.8	5.8	5.1	2.35	2.05	0.993
沟 李	0.9960	22.0	7.80	0.181	8.7	1	42	22	35	4.0	3.4	3.3	2.13	2.07	0.998
钱 屯	0.6983	14.0	7.40	0.168	8.9	1	45	37	17	7.0	5.9	5.6	2.10	2.00	0.997
香椿刘	1.1854	25.5	8.00	0.184	8.7	0	33	37	30	0	1.5	1.9	1.47	1.74	0.987
齐 庄	—	60.0	—	—	—	—	—	—	—	0	0	0	—	—	—
土桥（刘）	1.1557	29.5	7.40	0.197	8.6	1	41	35	23	0	0.9	0.9	2.10	2.03	0.993
土桥（蔡）	0.4818	14.0	7.60	0.195	8.7	2	45	34	19	6.0	5.6	5.9	(2.0)*	(2.11)*	—
庆云县	1.2612	16.5	6.80	0.178	8.7	1	28	37	34	6.0	5.8	5.6	2.40	2.32	0.996
袁 桥	1.0907	26.0	7.80	0.178	8.8	0	39	44	17	0	2.5	2.2	2.55	2.28	0.974
方 庄	0.8715	15.0	7.80	0.157	8.8	0	35	37	28	5.5	7.4	6.0	2.80	2.27	0.974

注：*系土桥镇7个土样C$_1$、C$_2$值的平均值，非测定值

表3 温室试验土壤分析结果、磷肥指数、需磷量等

取样地点	有机质（%）	有效磷（mg/kg）	CaCO$_3$（%）	全磷（%）	pH值	机械组成（%）				土壤需P$_2$O$_5$（g/盆）			磷肥指数		
						2~0.2mm	0.2~0.02mm	0.02~0.002mm	<0.002mm	Q$_0$	Q$_1$	Q$_2$	C$_1$	C$_2$	C$_2$的相关系数r值
院农场	2.5874	54.5	4.60	0.240	8.4	7	50	20	23	0	0	0	2.42	1.69	0.990
石家庄	1.9108	66.5	6.40	0.193	8.4	2	47	26	25	0	0	0	3.33	3.06	0.964
景 县	1.0501	44.5	7.80	0.192	8.6	0	45	33	22	0	0	0	1.75	1.55	0.995
孝 感	1.8025	33.0	0.20	0.127	6.7	2	13	46	39	0	0	0	3.50	3.50	0.972
新 疆	1.4128	7.5	8.80	0.208	8.7	5	36	30	29	2.7	2.1	2.0	1.80	1.71	0.997
济 宁	1.5265	4.5	0.60	0.117	8.3	1	7	27	65	3.5	3.6	3.3	2.80	2.54	0.997
德州市	1.1367	10.5	7.40	0.182	8.6	1	52	28	19	3.0	2.6	2.4	2.55	2.37	0.986
武 功	1.1448	13.0	7.00	0.204	8.5	1	19	49	31	2.2	2.1	1.7	2.32	1.87	0.997
院内生土	0.6441	4.0	5.40	0.133	8.5	1	31	29	39	2.8	3.3	3.7	2.50	2.79	0.972
土 桥	0.9310	10.5	7.00	0.181	8.5	1	45	33	21	1.8	1.6	1.6	2.00	1.56	0.995
顺 义	0.9906	10.5	0.60	0.105	8.3	1	49	23	27	2.0	2.0	1.9	2.00	1.66	0.998

（一）大田和温室盆栽的小麦磷肥用量

试验结果表明，施磷量与土壤有效磷增量间存在着直线关系，它们的相关系数r值均在0.964以上。利用这一关系，可以推导出建议施磷公式：

$$Q = 0.3 \times C \times (K - P) \tag{8}$$

其中，Q为达到最高产量95%时的土壤需磷量（P$_2$O$_5$ kg/亩），亦即建议施磷量，

C 为磷肥指数，P 仍为土壤有效磷，K 为达到最高产量 95％ 时的不需要施磷肥的土壤有效磷最低界限值[2.4.6]，K – P 是指使某地块作物产量达到最高产量 95％ 时，所需的土壤有效磷增量，0.3 是按亩耕层 15 万千克土，把毫克／千克折成 kg／亩的系数。

（二）K 值的确定

图 1 表示出了在京郊顺义县和山东德州地区 77 个田间试验的"对照相对产量"与未施磷肥时土壤有效磷间关系散点图，从中可以看到，32.5 毫克／千克是达到"对照相对产量"为 95％ 时的土壤有效磷最低界限值。图 2、图 3 分别表示出了大田和温室试验的各"处理相对产量"与模拟施磷肥后 10 天的土壤有效磷量间关系散点图，除个别点外，凡通过施磷使土壤有效磷（10 天后）升到 32.5 毫克／千克的，其"处理相对产量"即可达到 95％ 或 95％ 以上，可不再施磷肥。

从上述两种散点图的研究可得出共同的结果：32.5 毫克／千克就是我们要寻找的不要施磷肥的土壤有效磷最低界限值。在这一地区，冬小麦建议施磷的公式应为：

$$Q = 0.3 \times C \times (32.5 - P) \tag{9}$$

（三）相关分析

试验确定的土壤需磷量 Q_0 与按公式（9）计算的土壤需磷量 Q 间相关关系达到了极显著水平的高度相关（其中，$r_{大田} = 0.938^{**}$，$r_{盆栽} = 0.953^{**}$），均优于 Q_0 与土壤有效磷 P 间的相关系数（其中，$r_{大田} = 0.717$，$r_{盆栽} = 0.901$）。这些结果指出，利用公式（9）可在石灰性土壤上开展建议施磷的工作。

相关分析还指出，利用作图法求得的 C_1 和与之相应的 Q_1，用回归法计算的 C_2 和与之相应的 Q_2 都与 Q_0 间的相关系数相近，因此，两种计算"磷肥指数"C 的方法均可应用。

讨　论

①K 值与作物种类、土壤气候条件及栽培技术水平密切相关，因此，K 值具有区域性和时间性，应因地因时地确定之。

②本试验相关分析表明，Q_0 与 P，Q_0 与 Q 间均有良好的相关关系；磷肥指数 C 与土壤 pH 值、碳酸钙和全磷量间具有显著水平的中度相关；同时土壤有效磷和土壤全磷、土壤有机质均呈中度相关。但 Q_0、C 和 P 与土壤黏粒间的关系不密切，值得进一步研究[5]。

③磷肥"减半期"与土壤磷饱和度有密切关系，存在着因施磷量加大而"减半期"延长的趋势，其相关系数为 0.6941 ~ 0.9126*。S. Larsen 和 A. H. Fitter 指出，"减半期"与 $CaCO_3$ 含量、pH 值、磷酸盐缓冲容量密切相关[1.3.4]，尚须进行深入研究。

④可运用建议施磷公式（9）导出的建议施磷检索表施磷：一是计算出本地块的磷肥指数查表施磷；二是参考磷肥指数把土壤有效磷分级进行建议施磷。

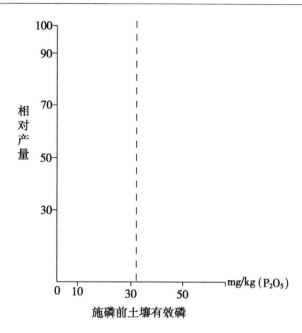

图 1　顺义、德州及定位试验对照相对产量和
对照土壤有效磷关系散点图

（1980—1984 年小麦）

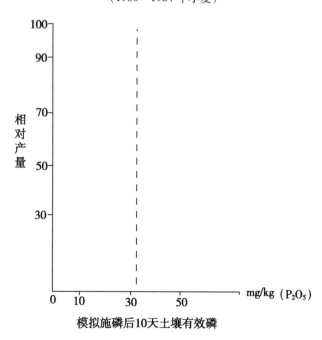

图 2　德州地区磷肥用量试验各处理相对产量与
各处理模拟施磷后土壤有效磷关系散点图

（1983—1984 年小麦）

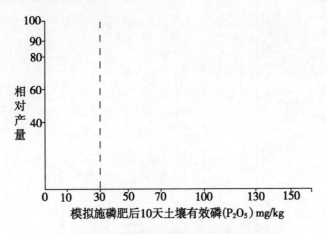

图 3　温室小麦磷肥用量各处理"相对产量"
与各处理模拟施磷后土壤有效磷关系散点图

（1983—1984 年）

注：为减少误差，凡重复间均匀。施磷无效的各处理"相对产量"一律为 100%，凡超过"处理相对产量"100% 的更高的磷肥用量的处理"相对产量"也一律为 100%。

参考文献

［1］Larsen，S.，D. Gunory and S. D. Sutton. J. Soil Sci.，1965（16）：141 – 148.

［2］Ozanne，P. G. and T. C. Show. Australian J. of Agricultural Research，1967，18（4）：601 – 612.

［3］Larsen，S. Technical Bulletin：1971（20）：34 – 41.

［4］Fitter，A. H. The J. of Soil Sci.，1974，25（1）：41 – 50.

［5］Lee，Yong S. and R. T. Bartlett. Soil. Sci. Soc. of An Journal，1977，41，701 – 712.

［6］美 L. M. 沃尔什、J. D. 比坦什主编，周铮鸣译，袁可能校. 土壤测定与植物分析，1982（5）78 – 87.

［7］中国农业科学院土壤肥料研究所. 科学实验年报，1974：110 – 114. 1976：75 – 80. 1978：74 – 79. 1979：39 – 42.

［8］中国农业科学院土壤肥料研究所. 科学研究年报，1980：93 – 97. 1981：103 – 107. 1982：94 – 100. 1982：117 – 121.

A STUDY OF EFFECT VARIANCE AND RE COMMENDATION OF PHOSPHATE FERTILIZER IN CALCAREOUS SOILS

Chen Shangjin, Liu Lixin, Yang Zheng

(Institute of Soil and Fertilizer, Chinese Academy of Agricultural Sciences, Beijing)

ABSTRACT

According to our research, the relationship between the added P_2O_5 and the increment of available P_2O_5 (Olsen-P), measured after 10 days of incubation in a given calcareous soil, was a straight line with a characteristic slope for that soil. The value of this slope was termed the "Phosphate Fertilizer Index" (PFI). Meanwhile, the increment of available phosphorus is only temporary, and decreases exponentially. The time for the added P_2O_5 to remain as available phosphorus is best expressed as "a half-life".

According to the results obtained from one field or different fields, the relationship between the increased yield of fresh phosphate fertilizer applied and natural logarithm of available phosphorus content is also a "linear negative" correlation (in one field r = 0.9531, different fields r = 0.7467). These showed that the effect variance of fresh phosphate fertilizer applied must be the following: when a large amount of phosphate must be the phosphorus has been supplied for a long time, the available phosphorus content of the soil will increase, then the effect of fresh phosphate fertilizer applied to the crop yield will decline. When the fertilizer is not supplied, the content will decrease, then the effect will increase again.

The requirement of phosphate fertilizer depends on the availbale phosphorus content of the soil and the PFI in calcareous soils. There is a close relation between the reqirement of phosphate fertilizer and calculable requirement of that soil (the pot trails r = 0.953, the field trails r = 0.932).

本文刊登在《中国农业科学》1987, 20 (2): 56~62

施磷肥对石灰性土壤有效磷、磷肥后效、磷肥肥效的影响和建议施磷的研究

陈尚谨　刘立新　杨　铮

（中国农业科学院土壤肥料研究所）

（1985 年 10 月）

摘　要

　　研究指出，在石灰性土壤上，磷肥用量和土壤有效磷增量（Olsen 法）两者间呈直线关系，直线的斜率为"磷肥指数"，它是指使土壤有效磷增加一个单位应施入土壤中水溶性磷的数值；同时，这个土壤有效磷增量又随施磷后的时间大体上按指数函数关系衰减，可以用"减半期"（half-life）表示，应用磷肥"减半期"可大致估计土壤有效磷增量随时间变化的数量和趋势。

　　在同一缺磷地块上，磷肥后效与土壤有效磷增量的对数或土壤有效磷的对数呈直线正相关（前者相关系数 r = 0.8818、后者 r = 0.8600），由于土壤有效磷增量按"减半期"衰减，故所施磷肥的后效也大致按"减半期"的趋势下降。

　　在同一地块（由各施磷处理引起的土壤有效磷不同）或在不同地块上（由于土壤及其施磷的差异而土壤有效磷就更不同）的肥效试验结果指出，单位磷肥肥效与土壤有效磷的对数呈直线负相关（其中，同一地块的相关系数 r = 0.9531，不同地块的 r = 0.7467）。这种函数关系不仅表明，磷肥肥效与土壤有效磷关系密切，而且也表明，磷肥肥效的演变趋势是，新施磷肥的肥效将因施过磷肥（使土壤有效磷提高）而逐渐下降。

　　在施过和未施过磷肥的土壤上，应否施用磷肥，施多少磷肥，主要取决于土壤有效磷水平和"磷肥指数"，并可计算出理论土壤需磷量。试验测得的需磷量与计算的理论土壤需磷量间相关分析表明，它们达到了极显著水平的高度相关关系（其中，温室试验相关系数 r = 0.953，大田试验 r = 0.932），可以利用这一方法开展建议施磷。

前　言

　　为克服盲目施磷（指不因地制宜的一刀切、过量施或不施磷等），充分发挥现有磷肥的增产作用，研究施磷对土壤有效磷、磷肥后效、磷肥肥效的影响以及土壤需磷量和建议施磷，是当前农业科研中亟待解决的问题之一。

磷肥施入土壤后，土壤有效磷随即增加，我们把施磷引起的土壤有效磷增加的数量称为土壤有效磷增量（由施磷处理的土壤有效磷减去对照土壤有效磷表示——下同）。近年来，国内外就施磷数量、施后时间、与土壤有效磷增量间的关系进行了不少的研究：S. Larsen 等 1959—1965 年在英国的大田试验研究指出，土壤活性磷（同位素稀释法、L 值）与施磷后的时间按指数函数衰减，其"减半期"（half-life）平均为 2.5 年（1～56 年不等）[1.3]；A. H. Fitter 等 1974 年用英国黑色叶岩土壤在室内培育研究指出，土壤有效磷增量（Olsen 法）随施磷两个月后的时间按指数函数衰减[4]；我所 1974—1981 年通过盆栽、大田试验研究指出，在石灰性土壤上，土壤有效磷增量随时间大致按指数函数关系衰减：

$$\Delta P = a \cdot 10^{-mt} \qquad (1)$$

其中，ΔP：表示土壤有效磷增量（Olsen 法—下同）。

t：表示施磷后的时间。

a、m 为常数。

（本文中所涉及土壤有效磷、全磷、磷肥磷等均指 P_2O_5——下同）

这一关系亦可用"减半期"表示，我们把在休闲条件下测得的"减半期"叫"磷肥老化速率减半期"，用 $t_{1/2}$ 表示，把在轮作条件下测得的"减半期"称为"磷肥衰减速率减半期"，用 $T_{1/2}$ 表示，则：

$$t_{1/2} （或 T_{1/2}） = 1g^2/m \qquad (2)$$

在山东省德州市、胶南县、临朐县大田测得的 $T_{1/2}$ 平均为 100 天[8.9]。

可见，施磷可能改善土壤供磷状况，提高土地生产能力，并获得较好的经济效益。

M. Peech 1945 年指出，施入磷量与浸出磷量间呈直线关系，T. R. Fisher 1974 年用 $Bray p_2$ 法、Y. S. Lee 1977 年用醋酸铵法研究均指出，施入磷量与浸出磷量的平方根呈直线关系[5.7]。

中国农业科学院土肥所陈尚谨等指出，在石灰性土壤上，施入磷量与土壤有效磷增量间呈直线关系[9]：

$$q = b + c \cdot \Delta P \qquad (3)$$

其中，q：表示施入磷量。

c：磷肥指数。

b：常数。

并预计，利用这一关系可提出土壤需磷量公式[9]。

本文仅就石灰性土壤施磷后土壤有效磷（Olsen 法——下同）、磷肥后效、新施磷肥肥效的演变、土壤需磷量以及如何应用这些关系开展建议施磷等进行了粗浅的研究，汇总如下。

材料与方法

1. 大田试验

（1）德州定位试验的裂区试验

本试验始于 1979 年 6 月，在连续 4 年不同施磷（分别亩施 P_2O_5 每作 6.4 斤 9 次、每年夏施 12.8 斤 4 次、每年夏施 9.6 斤秋施 3.2 斤 4 次、每年秋施 12.8 斤 4 次、每两年秋施 25.6 斤 2 次、每年秋施 51.2 斤 4 次和每年秋施 102.4 斤 4 次）的基础上，于1983 年秋种前安排了裂区试验：把每个小区分成 A、B 两个部分，其中，A 不施磷肥，B 新施 P_2O_5 12.8 斤／亩，收获产量，取每个小区耕前基础土样测定土壤有效磷等。

（2）磷肥用量试验

1983 年在山东省陵县、庆云县等安排了磷肥用量试验 9 个处理分别为亩施 P_2O_5 0 斤、4 斤、8 斤、12 斤、16 斤、24 斤 6 个处理，各处理施等量纯氮 21 斤／亩；另一试验为亩施 P_2O_5 0 斤、6 斤、12 斤、18 斤共 4 个处理，各处理亩施等量纯氮 22 斤、小区面积半分、重复 3 次、种植当地优良小麦品种、收获产量、取基础土样测定土壤有效磷等。

（3）引用 1981—1982 年顺义县氮磷肥用量试验的部分试验结果（表 6）

2. 温室盆栽试验

取自河北、山东、湖北、陕西、新疆等地土壤 11 个（均系石灰性土壤），每个土设 5 个处理，分别施 P_2O_5 0 毫克／盆、160 毫克／盆、320 毫克／盆、640 毫克／盆、1 280 毫克／盆，各处理施等量硫铵 4 克，每盆装土 17 斤，重复两次，小麦品种为丰抗 13 号，收获产量，取施肥前基础土壤分析土壤有效磷等。

3. 室内分析

对盆栽和大田试验土样均测定土壤有效磷（Olsen 法、P_2O_5、毫克／千克——下同）、有机质（丘林法）、碳酸钙（气量法）、全磷（湿消化、钒黄比色法）、pH 值（水浸电位计法）和机械组成（比重天平法）等项，其中，C、$t_{1/2}$ 和 $T_{1/2}$、K 值的测定说明如下。

（1）"磷肥指数"的测定

对每个磷肥用量试验的基础土样，按其处理加入相应的 KH_2PO_4 溶液，在室内培育后测定土壤有效磷。如盆栽，每种土称土样 15 克 5 份，分别加入水溶性 P_2O_5 0 微克、282 微克、564 微克、1 128 微克、2 256 微克；9 个大田试验均各称土 15 克 6 份、分别加入 P_2O_5 0 微克、208 微克、416 微克、624 微克、832 微克和 1 248 微克，另一大田试验称 15 克 ±4 份，分别加入 P_2O_5 0 微克、319.5 微克、639 微克、958.5 微克。在室温条件下保温保湿 10 天，风干后测定土壤有效磷。按施入磷与土壤有效磷增量间直线关系，其斜率就是磷肥指数，则可用作图法（纵坐标为施磷量、横坐标为土壤有效磷增量）、通过原点画一直线，计算斜率，用 C_1 表示；用计算法，则为回归分析的直线斜率，用 C_2 表示。

（2）磷肥"减半期"的测定

在德州定位试验设轮作与休闲的微区试验，亩施 P_2O_5 0 斤、6.4 斤、12.8 斤、25.6 斤、51.2 斤和 102.4 斤，于施磷后 10 天、175 天、186 天、220 天、266 天、313 天和 357 天取土、风干，于 1983 年测定土壤有效磷，通过回归分析计算磷肥"减半期" $t_{1/2}$ 和 $T_{1/2}$（表 1）。

（3）K 值的测定

为测定土壤不需要施磷肥的土壤有效磷最低界限值，用 K 表示，利用两种散点图测定之：第一种是用田间试验的"对照相对产量"与对照基础土样土壤有效磷量做散点图，当"对照相对产量"（以施磷处理中最高产量为 100——下同）达到 95% 时土壤有效磷水平，就是最经济的不需要施磷肥的土壤有效磷最低界限值；第二种是通过各"处理相对产量"与相应各处理施磷后 10 天的土壤有效磷量做散点图，以试验各"处理相对产量"（以施磷处理中最高产量为 100——下同）达到 95% 时的土壤有效磷水平，即为最经济的不需要再增施磷肥的土壤有效磷最低界限值，亦即 K 值。前一种散点图表明施磷前土壤有效磷与磷肥肥效的关系，后一种散点图表明，施磷 10 天后土壤有效磷与不同施磷量的肥效关系。

结果分析

按以下 4 个方面汇总试验结果如下。

1. 所施磷肥对土壤有效磷的影响

表 1　山东省德州市大田定位试验磷肥老化
速率减半期 $t_{1/2}$ 和衰减速率减半期 $T_{1/2}$

处　理 （P_2O_5 斤/亩）	休闲土		轮作土	
	$t_{1/2}$（天）	r	$T_{1/2}$（天）	r
6.4	186.7	0.777	115.6	0.842[*]
12.8	141.6	0.985[**]	87.6	0.929[**]
25.6	174.2	0.832[*]	106.2	0.907[*]
51.2	196.5	0.844[*]	116.2	0.819[*]
102.4	165.8	0.893[*]	126.7	0.871[*]

大田、盆栽试验、室内模拟测试结果指出，在石灰性土壤上磷肥用量和土壤有效磷增量间呈直线关系，其斜率"磷肥指数"因计算方法不同略有差别（图 1，表 10、表 11 中的 C_1、C_2 部分）；同时定位试验指出，土壤有效磷增量随施磷后的时间大体上按指数函数关系衰减，亩施 12.8 斤、25.6 斤、51.2 斤和 102.4 斤各处理的"磷肥衰减速率减半期"$T_{1/2}$ 分别为 88 天、106 天、116 天和 127 天（表 1）。

应用磷肥"减半期"能估计土壤有效磷增量随时间变化的数量和趋势：以德州定位试验为例，从 1979 年到 1983 年秋施 4 年间，每年亩施 P_2O_5 12.8 斤、51.2 斤和102.4 斤各处理的土壤有效磷平均每年实际增加 1.3 毫克/千克、21.8 毫克/千克和 40.2毫克/千克，用相应的 $T_{1/2}$ 估计，平均每年理论增加 2.7 毫克/千克、21.3 毫克/千克和42.7 毫克/千克，两者很相近（表 1、表 2、图 1）。

因此，施磷肥在一定时间内可以改善土壤供磷能力和生产能力：以该定位试验所在大队 1 300 亩农田的土壤有效磷和产量变化为例，从 1977 年 2 月到 1983 年秋施 6 年间，在施有机肥基础上，每年亩施 100 斤过磷酸钙，使全村严重缺磷（＜5 毫克/千克）和

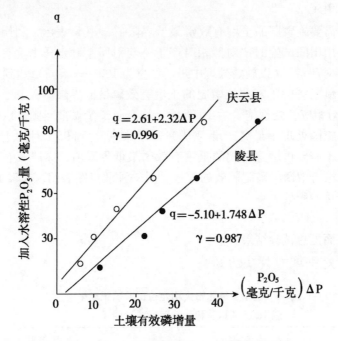

图1　土壤有效磷增量和施入水溶性磷量的关系

缺磷（< 12 毫克/千克）的土地面积由 92.9% 缩小到只占 0.2%，而土壤有效磷含量中等以上的面积由 0.7% 扩大到 26%；同期内，全大队夏粮（麦类等）平均亩产由 313 斤（1977 年）提高到 686 斤（1983 年），秋粮平均亩产由 214 斤提高到 685 斤。施磷改善了全村土壤有效磷状况，培肥了地力，提高了土地生产能力（表3）。

2. 对磷肥后效的影响

从定位试验裂区部分 A 的产量结果的相互比较中可以看到，原对照区小麦亩产在 200 斤水平上，而原施磷各处理的后效（指原施磷处理亩产减去对照亩产，下同）为 136 斤到 418 斤不等，增产效果极显著（表4）；在同一地块，由原施磷处理不同造成的土壤有效磷水平参差不齐，因而土壤有效磷增量也各不相同，通过不同的回归方程比较指出：直线回归和指数回归方程的相关系数 r 值均小于对数回归方程（表5 注），因此，选用对数回归方程能更好地描述它们的关系。磷肥后效、土壤有效磷增量或土壤有效磷水平间有如下关系（表2、表3）：

$$Y_{后效} = 129.7 + 45.3789 \ln \Delta P \qquad (4)$$

其中，$y_{后效}$：为磷肥后效（增产小麦斤/亩）。

相关系数 r = 0.8818**（$r_{0.01}$ = 0.8745）。它表明，磷肥后效与土壤有效磷增量的自然对数间呈直线关系。或：

$$Y_{后效} = -66.5 + 91.5826 \ln P \qquad (5)$$

其中，P：为土壤有效磷水平（毫克/千克）。相关系数 r = 0.8600**（$r_{0.01}$ = 0.7977）。它表明磷肥后效与土壤有效磷的自然对数间亦呈直线关系。

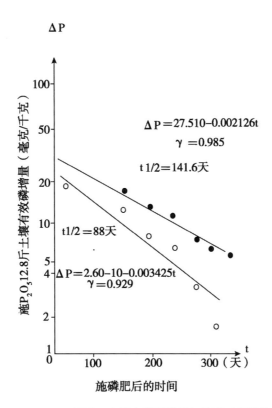

图2 土壤有效磷增量与施磷时间的关系

表2 土壤有效磷变化情况
（P_2O_5 毫克/千克）

处　理 （P_2O_5）	共　施 $P_2O_5 \times$次	1979 年 6 月	1981 年 9 月 23 日	1982 年 9 月 26 日	1983 年 9 月 24 日	平均每年递增	
						实际	按 $T_{1/2}$ 估计
不施磷	0	4.0	—	4.0	5.0	—	—
每作施 6.4 斤	6.4 ×9	4.0	7.5	—	16.4	2.8	
每年秋施 12.8 斤	12.8 ×4	4.0	6.0	7.5	10.2	1.3	2.7
每二年秋施 25.6 斤	25.6 ×2	4.0	5.3	8.5	17.6	3.2	—
每年秋施 51.2 斤	51.2 ×4	4.0	29.5	86.0	92.0	21.8	21.3
每年秋施 102.4 斤	102.4 ×4	4.0	51.5	100.0	166.0	40.2	42.7

表3　德州郊区簸箕刘大队全村 1 300 亩农田土壤有效磷变化情况表

（1977—1983 年）

土壤有效磷分级 P_2O_5	1977 年 2 月 毫克/千克（P_2O_5）	平均占总面积（％）	1983 年 9 月 毫克/千克（P_2O_5）	占总面积（％）
极低 < 5	4.7	3.1	—	—
低 5 ~ 12	7.3	89.8	11.0	0.2
偏低 12 ~ 23	13.1	6.4	19.2	71.1
中 23 ~ 32	—	—	28.0	11.1
高 > 32	44.6	0.7	39.0	15.4

注：1977 年夏粮亩产 313 斤，1983 年夏粮亩产 686 斤；

1977 年秋粮亩产 214 斤，1983 年秋粮亩产 685 斤

上述关系表明，在缺磷土壤上，不仅可用土壤有效磷增量来估计磷肥后效（只有在定位试验条件下才能测出 ΔP），也可用土壤有效磷水平来估计（对任一地块均可取土测定），后者应用方便、范围广。从这函数关系我们可以看出，磷肥后效，一方面随磷肥施用使土壤有效磷提高而升高；另一方面，在同一地块磷肥后效亦将随施磷后的时间的延长而按"减半期"趋势逐渐减弱。

3. 对新施磷肥肥效的影响

从裂区试验部分 A 和 B 的相互比较、以及通过 3 种回归方程对比中，可以看到，新施磷肥的单位磷肥肥效（每斤 P_2O_5 增产小麦斤数，下同）与土壤有效磷的自然对数呈直线负相关（表4）：

$$Y_{肥效} = 33.8976 - 6.221 \ in \ P \qquad (6)$$

其中，$Y_{肥效}$：为单位磷肥肥效（增产小麦斤/P_2O_5 斤）。相关系数 r = 0.9531[**]（$r_{0.01}$ = 0.9172）。

在德州地区和京郊顺义县 31 个大田试验中，也看到单位磷肥肥效与土壤有效磷的自然对数呈直线负相关（表6 及其注）：

$$Y_{肥效} = 34.5637 - 8.5299 \ in \ P \qquad (7)$$

其中，相关系数 r = -0.7467[**]（$r_{0.01}$ = -0.4869）。

这个负相关关系告诉我们，当土壤有效磷低时，单位磷肥肥效高，当土壤有效磷高时，则单位磷肥肥效低。当土壤有效磷超过一定数值时，则施磷肥不仅没有肥效，还可能减产、赔钱（表7）。另一方面，由于土壤有效磷增量与施磷量和时间的动态变化，则新施的单位磷肥肥效将因过去施磷引起的土壤有效磷提高而逐渐下降；而过去施磷后停施磷肥的时间越长，则新施的单位磷肥肥效将相应上升。

4. 土壤需磷量的研究

11 个土壤的温室小麦盆栽和 10 个大田小麦磷肥用量试验的产量结果列于表8、表9，有关土壤各项分析结果、土壤需磷量、磷肥指数及计算的理论需磷量均列于表10、表11。从结果看，以上各试项均有较大的差异。盆栽土取自 5 个省市，取土范围较广，

大田试验是山东两个县的土壤。它们的理化性状、肥力差异、对磷肥的反应、土壤需磷情况等具有广泛的代表性。

①温室盆栽和大田的小麦磷肥用量试验结果表明，施磷量与土壤有效磷增量间存在着直线关系，[图1，公式（3）]，它们的相关系数 r 均在 0.972 以上（表10、表11）。利用这一关系，可以推导出建议施磷公式（9）：

$$Q = 0.3 \times C \times (K-P) \tag{8}$$

其中，Q：达到最高产量95%时的土壤需磷量（P_2O_5 斤/亩），亦即建议施磷量。

C：磷肥指数。

P：土壤有效磷（毫克/千克）。

K：为达到最高产量95%时的不需要施磷肥的土壤有效磷最低界限值 [2.4.6]（毫克/千克）。

K-P：是指使某地块作物产量达到最高产量95%时，所需的土壤有效磷增量（毫克/千克）。

0.3 常数，是按亩耕层30万斤土，把毫克/千克折成斤/亩的系数。

②K值的确定：图3表示出了在京郊顺义县和山东德州地区77个田间试验的"对照相对产量"与未施磷肥时土壤有效磷间关系散点图，从中可以看到，32.5毫克/千克是达到"对照相对产量"为95%时的土壤有效磷最低界限值。凡土壤有效磷高于32.5毫克/千克时，"对照相对产量"超过95%以上，低于32.5毫克/千克时则参差不齐，有的达100%，有的只有百分之几十，有的个别试验，在土壤有效磷为31毫克/千克时，"对照相对产量"仍低于70%，还必须施用磷肥。图4、图5分别表示出了大田和温室试验的各"处理相对产量"与模拟施磷肥后10天的土壤有效磷量间关系散点图，除个别1~2个点外，凡通过施磷使土壤有效磷（10天后）升到32.5毫克/千克的，其"处理相对产量"即可达到95%或95%以上，可不再施磷肥。

表4 德州定位试验裂区产量结果
（1983—1984 年小麦）

处理	共施（P_2O_5 斤×次）	土壤有效磷毫克/千克（P_2O_5）	A 过去施过磷肥，当季不施磷（后效）（斤/亩）	B 过去施过磷肥，当季施12.8斤 P_2O_5（斤/亩）	LSD 5%	LSD 1%
不施磷	0	5.0	200.8	540	37.9	51.2
每作施 6.4	6.4 ×9	16.2	407.5	652.5	37.9	51.2
每年夏施 12.8	12.8 ×4	6.2	363.1	577.5	37.9	51.2
每年夏施 9.6 秋 3.2	(9.6＋3.2) ×4	6.2	337.2	644.5	37.9	51.2
每年秋施 12.8	12.8 ×4	10.2	417.1	614.2	37.9	51.2
每二年秋施 25.6	25.6 ×2	17.6	400.2	540.4	37.9	51.2
LSD	5%	—	91.2	78.1	—	—

（续表）

处理	共施（P_2O_5 斤×次）	土壤有效磷毫克/千克（P_2O_5）	A 过去施过磷肥，当季不施磷（后效）（斤/亩）	B 过去施过磷肥，当季施 12.8 斤 P_2O_5（斤/亩）	LSD 5%	1%
	1%	—	129.0	108.2	—	—
不施磷	0	6.0	224	442.4	147.4	231.2
每年秋施 51.2	51.2×4	92.0	642	602.0	147.4	231.2
每年秋施 102.4	102.4×4	166.0	544.7	665.5	147.4	231.2
LSD	5%	—	147.4	147.4	—	—
	1%	—	231.2	231.2	—	—

表5　同一地块磷肥后效与土壤有效磷及其增量的关系

序　号	土壤有效磷（毫克/千克）P	土壤有效磷增量（毫克/千克）ΔP	产量（斤/亩）Y 产量	施磷后效（增产斤/亩）Y 后效
1	5.0（CK_1）	—	200.8	—
2	16.2	11.2	407.5	206.7
3	6.2	1.2	363.1	162.3
4	6.2	1.2	337.2	136.4
5	10.2	5.2	417.1	216.4
6	17.6	12.6	400.2	199.4
7	6.0（CK_2）	—	224.0	—
8	92.0	86.0	642.0	418.0
9	166.0	160.0	544.7	320.7

注：1. 序号 2~6 以 CK_1 为对照，序号 8、9 以 CK_2 为对照

5. 直线、对数、指数回归方程及其相关系数

直线回归：$Y_{后效} = 123.0 + 1.6991P$　　　$r = 0.7048^*$（$r_{0.05} = 0.666$）

$Y_{后效} = 132.8 + 1.6409\Delta P$　　　$r = 0.6978^*$（$r_{0.05} = 0.666$）

对数回归：$Y_{后效} = -66.5 + 91.5826\ \mathrm{in}\ P$　　　$r = 0.8600^{**}$（$r_{0.01} = 0.798$）

$Y_{后效} = 129.97 + 45.3789\ \mathrm{in}\ \Delta P$　　$r = 0.8818^{**}$（$r_{0.01} = 0.798$）

指数回归：$Y_{后效} = 5.1816 \cdot e^{0.004909 \cdot P}$　　　$r = 0.7838^*$（$r_{0.05} = 0.754$）

$Y_{后效} = 5.2108 \cdot e^{0.004724 \cdot \Delta P}$　　　$r = 0.7731^*$（$r_{0.05} = 0.754$）

表6 北京郊区顺义县和德州地区31个冬小麦大田试验单位
磷肥肥效与土壤有效磷的关系

序 号	土壤有效磷 （毫克/千克） P	磷肥肥效 （小麦斤/P$_2$O$_5$斤） Y$_{肥效}$	序 号	土壤有效磷 （毫克/千克） P	磷肥肥效 （小麦斤/P$_2$O$_5$斤） Y$_{肥效}$
1	5.0	26.5	17	26.0	0.0
2	16.2	19.1	18	15.0	11.4
3	6.2	16.8	19	5.0	16.4
4	6.2	24.0	20	8.7	15.3
5	10.2	15.4	21	10.8	6.7
6	17.6	11.0	22	7.1	14.7
7	6.0	17.1	23	7.6	27.4
8	92.0	0.0	24	12.8	7.3
9	16.0	24.5	25	12.8	17.8
10	22.0	5.7	26	10.1	6.5
11	14.0	8.7	27	23.4	17.1
12	25.5	0.0	28	31.8	12.5
13	60.0	0.0	29	36.2	0.0
14	29.5	0.0	30	34.1	0.0
15	14.0	9.7	31	57.9	0.0
16	16.5	10.4			

注：1. 1~8号是德州定位试验，9~18号是德州地区各县1984年小麦试验，19~31号是北京顺义县1981—1982年试验；

2. 磷肥肥效是指该试验中经济效益最高的处理的折每斤P$_2$O$_5$增产小麦斤数。参见1982年、1985年土肥所年报；

3. 直线、对数、指数回归方程及其相关系数：

$Y_{肥效} = 17.179 - 0.2911 \cdot P$ $r = -0.6467^{**}$ （$r_{0.01} = 0.456$）

$Y_{肥效} = 34.5632 - 8.5299 \cdot \ln P$ $r = -0.7467^{**}$ （$r_{0.01} = 0.456$）

$Y_{肥效} = 2.8974 \cdot e^{-0.0229 \cdot P}$ $r = -0.33$ （$r_{0.01} = 0.413$）

表7 各小区土壤有效磷分级每斤磷肥增产效果和经济收益综合表
（1983—1984 年小麦）

土壤有效磷分级	斤磷肥增产小麦（斤）	斤磷肥增收（元）
极低 <6 毫克/千克	3.8	0.52
低 6 ~ 12	2.8	0.35
偏低 12 ~ 23	2.6	0.32
中 23 ~ 32	2.4	0.28
高 32 ~ 80	0.55	− 0.032
很高 80 ~ 170	0.52	− 0.037

表8 温室盆栽小麦（丰抗13）磷肥用量试验产量结果
（1983—1984 年）（克/盆）

土名	每盆施含16%（P_2O_5）磷肥的克数					LSD 5%	LSD 1%	显著性 F
	0	1	2	4	8			
院内农场土	17.69	15.13	16.73	16.42	16.20	—	—	不显著
河北石家庄土	16.96	14.55	17.05	17.80	17.35	—	—	不显著
景县八里庄土	16.25	17.46	14.88	18.05	19.37	—	—	不显著
湖北黄棕壤	16.01	15.01	14.64	14.89	17.40	—	—	不显著
新疆漠钙土	9.57	16.32	15.91	18.27	19.09	3.13	5.19	**
济宁砂姜黑土	10.32	17.04	15.71	16.80	20.00	3.24	5.37	**
德州簸箕刘土	11.11	17.45	18.41	21.82	21.59	4.49	7.45	**
陕西垆土	9.61	18.97	19.83	24.00	20.67	1.76	2.91	**
院内生土	10.85	17.66	18.90	17.55	19.42	1.57	2.60	**
陵县土桥土	11.33	17.48	20.19	19.58	19.60	3.94	6.53	**
顺义南法信土	15.65	15.44	16.17	15.97	18.10	3.50	5.81	（*）

表9 冬小麦大田磷肥用量试验产量结果
（1983—1984 年）（斤/亩）

地名	每亩施 P_2O_5（斤）						SD 5%	LSD 1%	显著性 F
	0	4	8	12	16	24			
陵县抬头寺双庙陈	347.9	504.1	519.1	666.4	739.6	689.3	135.9	193.3	**
陵县抬头寺沟李	303.1	278.9	324.3	370.9	344.4	369.1	86.6	123.5	*
陵县抬头寺钱屯	250.3	174.5	242	366.6	389.4	361.3	124.9	177.6	**
陵县抬头寺香椿刘	341.8	542.1	469.6	405.4	350.6	416.8	—	—	不显著
陵县抬头寺齐庄	66 8.3	680.1	649.5	666.7	666.7	648.1	—	—	不显著
陵县土桥（刘）	687.7	660.3	628	659.7	706.4	857.3	—	—	不显著
陵县土桥（蔡）	326	287.3	407.3	442	452	461.3	159.9	227.4	*
庆云县	464.4	527	547.6	589.4	644.6	635.2	42.9	61.0	**
陵县袁桥	534	600	608	632	566	636	—	—	不显著

地名	亩施 P_2O_5（斤）						
	0	6	12	18			
陵县惠王方庄	148	274.4	284.6	326.4	66.5	94.5	**

表10 温室土样土壤分析结果、磷肥指数、需磷量等

项目 \ 土	有效磷 P_2O_5（毫克/千克）	$CaCO_3$（%）	全磷 P_2O_5（%）	pH值	有机质（%）	机械组成（%）				土壤需磷量（克/盆）			磷肥指数		
						2~0.2 mm	0.2~0.02mm	0.02~0.002mm	<0.002 mm	Q_0	Q_1	Q_2	C_1	C_2	C_2相关系数 r
农村土	54.5	4.60	0.240	8.4	2.5874	7	50	20	23	0	0	0	2.42	1.69	0.990
石家庄土	66.5	6.40	0.193	8.4	1.9108	2	47	26	25	0	0	0	3.33	3.06	0.964
八里庄	44.5	7.80	0.192	8.6	1.0501	0	45	33	22	0	0	0	1.75	1.55	0.995
黄棕壤	33.0	0.20	0.127	6.7	1.8025	2	13	46	39	0	0	0	3.50	3.499	0.972
漠钙土	7.5	8.80	0.208	8.7	1.4128	5	36	30	29	2.7	2.1	2.0	1.80	1.71	0.997
砂姜黑土	4.5	0.60	0.117	8.3	1.5265	1	7	27	65	3.5	3.6	3.33	2.80	2.54	0.997
簸箕刘土	10.5	7.40	0.182	8.6	1.1367	1	52	28	19	3.0	2.6	2.44	2.55	2.37	0.986
墶 土	13.0	7.00	0.204	8.5	1.1448	1	19	49	31	2.2	2.1	1.71	2.32	1.87	0.997
生 土	4.0	5.40	0.133	8.5	0.6441	1	31	29	39	2.8	3.3	3.7	2.50	2.79	0.972
土 桥	10.5	7.00	0.181	8.5	0.9310	1	45	33	21	1.8	2.0	1.6	2.00	1.555	0.995
南法信	10.5	0.60	0.105	8.3	0.9906	1	49	23	27	2.00	2.00	1.94	2.00	1.66	0.998

表 11　大田试验土样土壤分析结果、磷肥指数、需磷量等

项目 地名	土有效磷 P_2O_5 （毫克/ 千克）	$CaCO_3$ （％）	全磷 P_2O_5 （％）	pH值	有机质 （％）	机械组成（％）				土壤需 P_2O_5 量（斤/亩）			磷肥指数		
						2～0.2 mm	0.2～0. 02mm	0.02～0. 002mm	＜0.00 2mm	Q_0	Q_1	Q_2	C_1	C_2	C_2相关 系数r
双庙陈	16.0	8.20	0.179	8.8	1.1800	1	38	37	24	13.5	11.6	10.2	2.35	2.05	0.993
沟　李	22.0	7.80	0.181	8.7	0.9960	1	42	22	35	6.0	6.7	6.5	2.13	2.07	0.998
钱　屯	14.0	7.40	0.168	8.9	0.6983	1	45	36	17	14.0	11.7	11.1	2.10	2.00	0.997
香椿刘	25.5	8.00	0.184	8.7	1.1854	0	33	37	30	0	3.0	3.7	1.47	1.74	0.987
齐　庄	60	—	—	—	—					0	0	0			
土桥（刘）	29.5	7.40	0.197	8.6	1.1557	1	41	35	23	0	1.69	1.83	2.10	2.03	0.993
土桥（蔡）	14.0	7.60	0.195	8.7	0.4818	2	45	34	19	12.0	11.1	11.7	(2.0)*	(2.11)*	—
庆云县	16.5	6.80	0.178	8.7	1.2612	1	28	37	34	12.0	11.5	11.14	2.40	2.32	0.996
袁　桥	26.0	7.80	0.178	8.8	1.0907	0	39	44	17	0	4.97	4.4	2.55	2.28	0.974
方　庄	15.0	7.80	0.157	8.8	0.8715	0	35	37	28	11.0	14.7	11.92	2.80	2.27	0.974

注：＊系土桥镇七个土样 C_1、C_2 值的平均值，非测定值

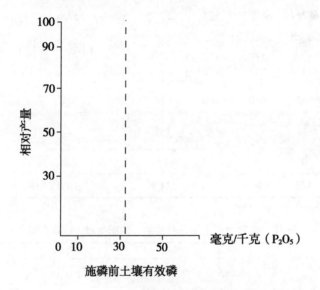

图 3　顺义、德州及定位试验对照相对产量和
对照土壤有效磷关系散点图
（1980—1984 年小麦）

注：为减少误差，凡地力均匀，施磷无效的试验，对照"相对产量"
为100％

　　从上述两种散点图的研究可得出共同的结果，凡未施磷肥的土壤有效磷超过 32.5
毫克/千克时，可以不必施磷肥，它表明，土壤所能供应的磷足以维持作物的正常生长；
凡通过施磷 10 天后能使土壤有效磷升高到 32.5 毫克/千克时，就不必再升高了，它表
明，只要施足与之相应的磷量后就不必再增施磷肥，亦即能满足作物对磷的要求。因
此，32.5 毫克/千克就是我们要寻找的不要施磷肥的土壤有效磷最低界限值。则在这一
地区，建议施磷的公式应为：

$$Q = 0.3 \times C \times (32.5 - P) \tag{9}$$

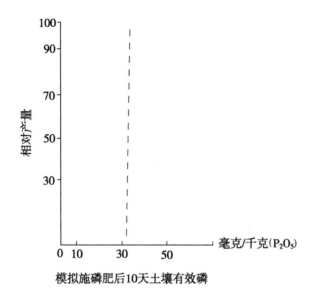

模拟施磷肥后10天土壤有效磷

图4　德州地区磷肥用量试验各处理相对产量与
各处理模拟施磷后土壤有效磷关系散点图
(1983—1984 年小麦)

注：为减少误差凡地力均匀，施磷无效的各处理"相对产量"一律为100%，凡超过处理"相对产量"100%的更高的磷肥用量的处理"相对产量"也一律为100%

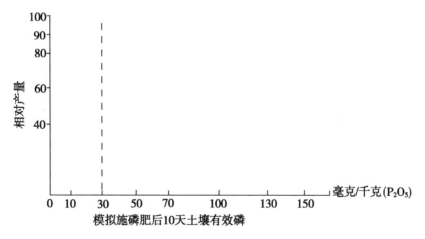

模拟施磷肥后10天土壤有效磷

图5　温室小麦磷肥用量各处理"相对产量"
与各处理模拟施磷后土壤有效磷关系散点图
(1983—1984 年)

注：为减少误差，凡重复间均匀，施磷无效的各处理"相对产量"一律为100%，凡超过处理"相对产量"100%的更高的磷肥用量的处理"相对产量"也一律为100%

相关分析：试验确定的土壤需磷量[8]用 Q_0 表示，按公式（9）计算的土壤需磷量用 Q 表示，统计分析表明，Q_0 与 Q 的相关关系达到了极显著水平的高度相关（其中

$r_{大田} = 0.938^{**}$，$r_{盆栽} = 0.953^{**}$），均优于 Q_0 与土壤有效磷 P 的相关系数（其中 $r_{大田} = 0.717$）。

$r_{盆栽} = 0.901$（表 12）。这些结果指出，利用公式（9）可在石灰性土壤上开展建议施磷的工作。

相关分析还指出，利用作图法求得的 C_1 与之相应的 Q_1，用回归法计算 C_2 与之相应的 Q_2 都与 Q_0 间的相关系数相近，因此，两种计算"磷肥指数" C 的方法均可应用。

讨　论

①K 值与作物种类、土壤气候条件及栽培技术水平密切相关，因此，K 值具有区域性和时间性，应因地因时的确定之。

②本试验相关分析表明，Q_0 与 P，Q_0 与 Q 间均有良好的相关关系，但在本试验范围内 Q_0 与黏粒关系并不密切（表 12）；磷肥指数 C 与土壤 pH 值、碳酸钙和全磷量间具有显著水平的中度相关；同时土壤有效磷和土壤全磷、土壤有机质均呈中度相关（表 13），但与黏粒间关系并不密切，值得进一步研究。

③磷肥"减半期"与土壤磷饱和度有密切关系，存在着因施磷量加大而"减半期"延长的趋势，其相关系数为 0.6941 ~ 0.9126（*），S. Larsen 和 A. H. Fitter 指出，"减半期"与 $CaCO_3$ 含量、pH 值、磷酸盐缓冲容量密切相关[1.3.4]，尚须进行深入研究。

④可运用建议施磷公式（9）导出的建议施磷检索表（表 14）施磷：①计算出本地块的磷肥指数查表施磷；或者②考磷肥指数把土壤有效磷分级进行建议施磷：如德州地区 20 多个地块测定的平均值为 2.27，查表 14，把土壤有效磷低于 9 毫克/千克为一级，一律亩施 P_2O_5 16 斤；9 ~ 25 毫克/千克为另一级，一律亩施 10 斤；25 ~ 33 毫克/千克亩施 5 斤；大于 33 毫克/千克不施磷或亩施 3 斤 P_2O_5 作种肥，以维持地力不下降。

表 12　土壤需磷量 Q_0 与理论需磷量 Q 土壤有效磷相关分析结果
（表内值为相关系数 r 值）

项目	理论需磷量 Q	土壤有效磷（P_2O_5 毫克/千克）	$r_{0.03}$	$r_{0.01}$
大田试验 Q_0	0.938	− 0.717	0.632	0.765
盆栽试验 Q_0	0.953	− 0.9014	0.602	0.735

表13 土壤需磷量、有效磷、磷肥指数与
土壤碳酸钙、全磷、pH 值、有机质、黏粒的相关关系
（表内为相关系数 r 值）

项目	CaCO₃	全磷	pH 值	有机质	黏粒	磷肥指数	$r_{0.05}$	$r_{0.01}$
磷肥指数	0.4671*	0.483*	0.622**	0.1905	0.3995	1.000	0.444	0.561
土壤有效磷	0.0122	0.442*	0.2102	0.6522*	0.2660	0.1467	0.444	0.561
土壤需磷量	-0.0787	-0.3499	0.2374	0.3990	0.3562	0.0301	0.444	0.561

表14 适于华北石灰性土壤需磷量检索表
（P₂O₅ 斤/亩）

土壤有效磷（0.5MNa HCO₃ 法）为种麦前基础土样，"磷肥指数" C 模拟 10 天土样风干测定

土壤有效磷 P₂O₅ 毫克/ 千克	C=1.47	C=1.74	C=2.00	C=2.14	C=2.27	C=2.32	C=2.80	C=3.00	C=3.50
1	13.9	16.4	18.9	20.2	21.5	21.9	26.5	28.4	33.1
2	13.5	15.9	18.3	19.6	20.8	21.2	25.6	27.5	32.0
3	13.0	15.4	17.7	18.9	20.1	20.5	24.8	26.6	31.0
4	12.6	14.9	17.1	18.3	19.4	19.8	23.9	25.7	29.9
5	12.1	14.4	16.5	17.7	18.7	19.1	23.1	24.8	28.9
6	11.7	13.8	15.9	17.0	18.0	18.4	22.3	23.9	27.8
7	11.2	13.3	15.3	16.4	17.4	17.7	21.4	23.0	26.6
8	10.8	12.8	14.7	15.7	16.7	17.1	20.6	22.0	25.7
9	10.4	12.3	14.1	15.1	16.0	16.4	19.7	21.2	24.7
10	9.9	11.7	13.5	14.4	15.3	15.7	18.9	20.3	23.6
11	9.5	11.2	12.9	13.8	14.6	15.0	18.1	19.4	22.6
12	9.0	10.7	12.3	13.2	14.0	14.3	17.2	18.5	21.5
13	8.6	10.2	11.7	12.5	13.3	13.6	16.4	17.6	20.5
14	8.2	9.7	11.1	11.8	12.6	12.9	15.5	16.7	19.4
15	7.7	9.1	10.5	11.2	11.9	12.2	14.7	15.8	18.4
16	7.2	8.6	9.9	16.6	11.2	11.5	13.9	14.9	17.3
17	6.8	8.1	9.3	10.0	10.6	10.8	13.0	14.0	16.3
18	6.4	7.6	8.7	9.3	9.9	10.1	12.2	13.2	15.2
19	6.0	7.0	8.1	8.7	9.2	9.4	11.3	12.3	14.2
20	5.5	6.5	7.5	8.0	8.5	8.7	10.5	11.3	13.1
21	5.1	6.0	6.9	7.4	7.8	8.0	9.7	10.4	12.1
22	4.5	5.5	6.3	6.7	7.2	7.3	8.8	9.5	11.0
23	4.2	5.0	5.7	6.1	6.5	6.6	8.0	8.6	10.0

（续表）

土壤有效磷 P₂O₅ 毫克/千克	C = 1.47	C = 1.74	C = 2.00	C = 2.14	C = 2.27	C = 2.32	C = 2.80	C = 3.00	C = 3.50
24	3.7	4.4	5.1	5.5	5.8	5.9	7.1	7.7	8.9
25	3.3	3.9	4.5	4.8	5.1	5.4	6.3	6.8	7.9
26	2.9	3.4	3.9	4.2	4.4	4.5	5.5	5.9	6.8
27	2.4	2.9	3.3	3.5	3.7	3.8	4.6	5.0	5.8
28	2.0	2.3	2.7	2.9	3.1	3.1	3.8	4.1	4.7
29	1.5	1.8	2.1	2.2	2.6	2.4	2.9	3.2	3.7
30	1.1	1.3	1.5	1.6	1.7	1.7	2.1	2.3	2.6
31	0.6	0.7	0.9	1.0	1.0	1.0	1.3	1.4	1.6
32	0.2	0.3	0.3	0.3	0.3	0.3	0.4	0.5	0.5
33	0	0	0	0	0	0	0	0	0

使用说明：秋播前 10～25 天内取耕层土壤，测定土壤有效磷（Olsen 法 P₂O₅ 毫克/千克），同一土样测定"磷肥指数"C（参阅"华北石灰性土壤需磷量及推荐施磷的研究"），称 15 克土 6 份，每份分别按每克土加入水溶性 P₂O₅0 微克、13 微克、80 微克、27 微克、7 微克、41.4 微克、55.4 微克、82.8 微克，在室温保湿 10 天，风干测土壤有效磷并计算"磷肥指数"C。然后查表，即可得推荐施磷量。在相同地区，亦可采用测 20 个土的"磷肥指数"C 的平均值，按其平均值查表

致 谢

我所张乃凤先生对推荐施磷工作大力支持，并作了具体指导，我组刘艳萍同志参加了部分工作，我所分析中心化验了全部土样，山东德州地区土肥站和北京顺义农科所部分同志参加了大田试验工作等，特此致谢。

A STUDY OF EFFECT ON SOIL AVAILABLE PHOSPHORUS CONTENT, PHOSPHATE AND ITS RESIDUAL RESPONSE IN CALCAREOUS SOILS BY APPLICATION SUPERPHOS-PHATE

Chen Shang-jin Liu Li-xin Yang zheng

(Soil and Fertilizer Research Institute, Chinese Academy of Agricultural Sciences.)

Abstract

According to our research, the relationship between added P₂O₅ and the increment of available P₂O₅ (Olsen-p), measured after ten days of incubation in a given calcareous soil, was a straight line with a characteristic slope for that soil. The value of this slope was termed "the Phosphate Fertilizer Index" (PFI). The PFI means the amount of added P_2O_5 to increase 1 unit of the available phosphorus in soil.

Meanwhile, the increment of available phosphorus in only temporary, and decreases exponentially. The time of the added P_2O_5 remains in available phosphorus is best expressed as "a half-life". It is the time that takes for 50 percent of the increment to become non-available form by the Olsen method. Using "the half-life" may evaluate the rate and variance of the increment of available phosphorus by added phosphate fertilizer.

In phosphorus deficient soils, the relationship between the increasable yield of phosphate applied before and natural logarithm of the increment of available phosphorus or the available phosphorus content by added P_2O_5 are nearline correlation (the first $r = 0.8818$, the last $r = 0.8600$). The increment of available phosphorus decreases exponentially, so the increasable yield may also declines exponentially.

According to the results obtained from one field or different fields, the relationship between increasable yield of fresh phosphate fertilizer applied and natural logarithm of available phosphorus content is also nearline correlation (in one field $r = 0.9531$, different fields $r = 0.7417$). These showed, variable effect of fresh phosphate fertilizer applied must be that, when a large amount of phosphate fertilizer have been supplied for a long time, the soil available phosphorus content will increase, then the effect of fresh phosphate fertilizer applied to crop yield will decline.

The requirement of phosphate fertilizer depends on available phosphorus content of soil and PFI in calcareous soils, which was applied and unapplied phosphate fertilizer. There is a high relationship between the requirement of phosphate fertilizer and calculable requirement of that soil (the pot trials $r = 0.953$, the field trials $r = 0.932$).

参考文献

［1］ S. Larsen, D. Gunory and S. D. Sutton 1965. J. Soil Sci. 16: 141 – 148.

［2］ P. G. Ozanne and T. C. Show 1967. Australian J. of Agricultural Research. Vol. 18, No. 4, 601 – 612.

［3］ S. Larsen. 1971. Technical Bulletin No. 20, 1971: 34 – 41.

［4］ A. H. Fitter. 1974. The J. of Soil Sci. Vol. 25, No. 1, 41 – 50.

［5］ Yong S. Lee and R. T. Bartlett. 1977, Soil Sci. Soc. of An. Journal. Vol. 41, 710 – 712.

［6］ Parriz. N. Soltanpour at al. 1979, Guide to Fertilizer Recommendation in colorad soil and analysis and computer process.

［7］ ［美］ I. M. 沃尔什、J. D. 比坦什主编，周铮鸣译，袁可能校. 土壤测定与植物分析. 1982 (5): 78 – 87.

［8］中国农业科学院土壤肥料研究所．科学实验年报，1974：110 – 114. 1976：75 – 80. 1978：74 – 79. 1979：39 – 42.

［9］中国农业科学院土壤肥料研究所．科学研究年报，1980：93 – 97. 1981：103 – 107. 1982：94 – 100. 1982：117 – 121.